DAXING HUODIAN JIZU GONGCHENG JIANSHE
SHIYONG SHOUCE

大型火电机组工程建设实用手册

吉林省宏远东方电力工程管理有限公司
郑 岩 主编

中国电力出版社
CHINA ELECTRIC POWER PRESS

内 容 提 要

　　为适应我国火电机组建设工程大力发展的现状，满足该领域不同专业人员对相关技术的学习需要，本书重点阐述了大容量、高参数火力发电机组建设的有关实用技术。全书共分十章，内容包括高参数、大容量机组建设及设备，设备技术监造性能验收，高参数、大容量机组安装，电厂化学装置安装，环保技术，火电施工相关计算，预控防范及问题处理，启动与调试，大型火电厂机组工程建设范例，建设工程监理纲要等，并在书末作为附录列入了火电机组工程建设过程中需要查阅的部分技术性能参数表，方便、实用。

　　本书可供火电工程建设、施工、监理调试及生产单位的相关技术人员阅读、使用，并可作为相关高等院校师生学习参考用书。

图书在版编目（CIP）数据

　　大型火电机组工程建设实用手册/郑岩主编. —北京：中国电力出版社，2018.1
　　ISBN 978-7-5198-1122-8

　　Ⅰ.①大…　Ⅱ.①郑…　Ⅲ.①火力发电-发电机组-技术手册　Ⅳ.①TM621.3-62

　　中国版本图书馆 CIP 数据核字（2017）第 217185 号

出版发行：中国电力出版社
地　　址：北京市东城区北京站西街 19 号（邮政编码 100005）
网　　址：http://www.cepp.sgcc.com.cn
责任编辑：安小丹（010-63412367）
责任校对：王开云
装帧设计：张俊霞　赵姗姗
责任印制：蔺义舟

印　　刷：北京九天众诚印刷有限公司
版　　次：2018 年 1 月第一版
印　　次：2018 年 1 月北京第一次印刷
开　　本：787 毫米×1092 毫米　16 开本
印　　张：49
字　　数：1212 千字
印　　数：0001—1000 册
定　　价：195.00 元

作 者 简 介

郑岩，1938年生，吉林省松原市扶余县人，教授级高级工程师，自参加工作以来，一直致力于火电工程建设工作，在火电建设企业管理、技术管理方面具有丰富的经验，先后担任技术负责人、援外专家、公司经理、副总指挥、总监理师、监理专家组组长等职务。1998年退休后至今仍在电力一线奉献余热。

几十年的工作生涯中，曾参与多个电厂的300、600MW及1000MW级火电机组建设，安装调试过50多台火力发电机组。进入共荣的电建队伍，安装全国第一台自建火电机组、全国第一台高温高压机组、全国第一台氢冷机组、全国第一台168h试运移交机组、容量较大的双水内冷机组。曾获得"吉林省劳动模范""能源部功臣个人"等荣誉称号及阿尔巴尼亚人民议会嘉奖证书、劳动勋章；曾被聘为全国火电建设委员会委员、全国安全文化建设编委会编委。

前 言

随着我国国民经济不断发展和人民生活水平的持续提高，对电力需求逐年攀升，曾出现过全国性的电力短缺局面。2002年电力体制改革后，各大发电公司和地方发电企业纷纷加大电力项目投资，大批电力工程陆续开工建设；电力设备制造水平同时快速提升，我国通过多年发展，全国电力装机容量飞跃增长，其中大容量、高参数的火力发电机组，即600、1000MW级的超临界、超超临界机组和以300MW为代表的供热机组是主要部分。

近年来，新能源蓬勃发展，我国提出建设清洁低碳、安全高效的现代能源体系，关停小型燃煤机组，大力发展再生能源，努力调整发电结构。在能源生产革命中，应科学、有序、减排、高效地发展煤电。当前，我国15亿kW的装机总量中，火电超过10亿kW，还保持着增长势头，大型火电机组的建设仍是电力建设的主力。

本书重点阐述火电大容量、高参数机组建设的实用技术，为火电工程建设、施工、监理、调试及生产单位技术管理者提供参考，主要内容有高参数大容量机组建设及设备、设备监造性能验收、高参数大容量机组安装、电厂化学、环保技术、施工计算、预控防范及问题处理、启动试运、大型火电机组工程建设范例、建设工程监理纲要、附录等。各章节分别介绍：机组状态，机组选型；设备监造，设备交验；建筑安装，阀门电缆；金属材料，焊接监督；化学环保，相关计算；预控防范，问题处理；机组调试，试验方法；机组范例，格局工期；电力监理，监理方略等。

本书是作者半世纪学习和工作的总结，特别是近20年在电力建设一线实践的结晶，并参考多家厂商电站资料，引用设计调试单位成果，借鉴析赏电力相关著作，在此一并表示感谢！鉴于水平和时间所限，书中难免有疏漏或不妥之处，恳请广大读者批评指正。

2018年1月

目 录

第一章

高参数、大容量机组建设及设备

火力发电厂参数有多项，就其蒸汽压力而言，可分为中压、高压、超高压、亚临界、超临界、超超临界和特超临界压力的发电机组。中国能源政策之一，大电网中 100MW 及以下容量的纯凝机组均为淘汰拆除对象。因而，200MW 机组为暂时留用的常规机组，300MW 及以上机组为火力发电厂发电供热的主要机组；600MW 和 1000MW 是电网的主力机组。

我国上海、哈尔滨、东方、北京等电气集团公司是电站主设备生产厂家，电站辅助设备制造单位很多，下面只能涉及部分厂商的产品、设备性能和技术要求。

第一节　300MW 级亚临界和超临界机组

我国 300MW 级的机组是 20 世纪 70 年代后期的电网主力机组，城市供热首选机组。早期建设的是元宝山引进的法国 300MW 机组。80 年代后建设的有瑞金、海南、石柱、葫芦岛、丰泰、黄台、青山、任丘、盐城、潍坊、蒲圻、榆社、双辽、白莲河、大连、大港、沙角、南通、十里泉、利港、石横、惠州、淮阴、巡检司、珲春、大通、昆二、七台河、哈热、新华、齐齐哈尔、温州、台州、准格尔、宣威、石嘴山、长三、长四、甘谷、灞桥、安阳、四平、伊春、康巴什、盛乐、京宁等电厂。进入 21 世纪，电网容量较大、技术先进、制造水平提高，除供热机组外，我国火电与核电建设多数采用 60 万 kW 和百万千瓦及以上机组。

一、电厂建设纪实

1971 年 8 月，姚孟电厂主厂房破土动工；1973 年 12 月 10 日锅炉大件吊装；1973 年 11 月 30 日汽轮机台板就位；1974 年 5 月 11 日锅炉水压，9 月 23 日汽轮机扣盖；1975 年 5 月 17 日点炉，9 月 23 日汽轮机冲转；1975 年 11 月移交生产。望亭电厂扩建 10 号 300MW 机组动工晚，发电于 1974 年 11 月率先投产。

1971 年，我国生产制造第一台亚临界压力带中间再热的 30 万 kW 机组。

1974 年，国产 30 万 kW 双水内冷机组投产，配自己设计制造的 1000t 燃油锅炉。

1974 年 11 月，我国生产制造的第一台超高压带中间再热的 30 万 kW 机组，在望亭电厂投产。

1975 年 11 月，我国首台直流锅炉，30 万 kW 机组在姚孟电厂投产。

1978 年 12 月 21 日，引进（法国、瑞士）一台 30 万 kW 机组在元宝山电厂并网发电。

1979 年 4 月，上海宝钢总厂自备电厂破土动工，引进日本两台 35 万 kW 机组、两台 1160t/h 锅炉；供电煤耗 316g/kWh，1982 年 4 月及 1983 年 3 月相继投产。

1987 年 6 月 30 日，从美国引进第一台 30 万 kW 机组并网发电。

2000 年 12 月 26 日，双辽 4 号机组移交生产，建成 4 台 300MW 机组。

2003 年 11 月 28 日，湖北白莲河抽水蓄能电站（4×300MW）开工建设。

2004 年 8 月 4 日，全国火电大机组 30 万 kW 竞赛第 33 届有 217 台机组。其中获优胜进口机组特等奖的有华能大连电厂、天津大港发电厂；获一等奖的有沙角 B 发电厂、华能南通电厂。获国产机组特等奖的有十里泉电厂；获一等奖的有利港发电厂、石横发电厂。

2005 年 1 月 10 日，国内最大的惠州抽水蓄能电站开工建设。8 台 30 万 kW 立轴单极可逆混流式机组。装机总容量 240 万 kW，设计年抽水用电量 60.03 亿 kWh，年发电量 45.63 亿 kWh。

2005 年 1 月 11 日，东电四公司承建淮阴电厂二期扩建（2×330MW）3 号机组通过 168h 满负荷试运，安装用 14 个月 25 天，速度快。

2005 年 5 月，中国东方电气集团东方锅炉股份有限公司与广州恒运 D 电厂签订 2×30 万 kW 机组烟气脱销工程总承包合同，实现我国烟气脱销环保产业和设备国产化"零"的突破。选择性催化还原（SCR）脱销工艺将氮氧化物转化成氮气和水，效率达 90% 以上。

2007 年 1 月和 11 月，华电云南巡检司发电公司 2×300MW 机组相继投产。该项目是华电首批循环流化床机组，2009 年 2 月 4 日通过竣工环保工程检查及验收。

2007 年 12 月 29 日，大唐甘谷发电厂（2×330MW）2 号机组通过 168h 试运。用 16 个月的时间完成浇灌第一罐混凝土到机组双投。

2008 年 11 月 21 日，大唐灞桥热电厂 2×300MW 技改项目 2 号机组投产；1 号机组于 11 月 28 日完成 168h 试运，实现双投。

2008 年 11 月 22 日，大唐安阳发电厂 2 号机组通过 168h 试运；1 号机组于 8 月 29 日建成投产，实现一年双投。

2009 年 12 月，华能长春热电厂（2×300MW）1 号机组投产。该机组是我国生产的第一台超临界 30 万 kW 级发电机组。

注：（1）至 2001 年我国有 300MW 机组 186 台投入运行；1974 年 11 月我国首台 30 万 kW 机组在望亭电厂发电投产；美国 1955 年第一台 30 万 kW 机组投产；苏联 1963 年投入第一台 30 万 kW 机组；美国有 300、327.6、330MW 机组。2014 年底我国 30 万 kW 及以上机组达 77.790。

（2）1980 年我国电力装机容量（万 kW），水电 2032，火电 4555，计 6587；发电量（亿 kWh），水电 582，火电 2424，计 3006。

（3）1980 年世界主要国家装机容量（万 kW）：美国 63 176；苏联 26 060；日本 14 370；西德 8197；加拿大 8097；英国 7955；中国 6587；法国 6290；意大利 4611。1980 年世界前八国发电量（亿 kWh）：美国 23 528；苏联 12 930；日本 5775；西德 3688；加拿大 3667；中国 3006；英国 2849；法国 2458。

二、电站主要设备

（一）超高压机组

1. 锅炉

（1）HG - 1021/18.2 - HM5，由哈尔滨锅炉厂制造，安装在双辽电厂。额定蒸发量 1021t/h，过热蒸汽出口温度 540℃，汽包工作压力 19.61MPa，二次汽入口温度 320℃，二次汽出口温度 540℃，二次汽入口压力 3.82MPa，二次汽出口压力 3.62MPa。再热蒸汽流量 824t/h，给水温度 278.4℃，排烟温度 278.4℃，一次热风温度 120℃，二次热风温度 312℃，锅炉效率 90%。锅炉板梁顶标高 73.6m，汽包中心标高 66.67m，火室宽度

14.048m、深度 14.03m，炉架几何尺寸 57m×38.4m×74.1m。

（2）B&W-1025/16.8M，是北京锅炉厂按英国巴威公司技术制造的锅炉，首台安装在大坝电厂。

2. 汽轮机

（1）N33-16.7/537/537，是上海汽轮机厂引进西屋公司技术生产的亚临界中间再热反动式汽轮机，形式为单轴双缸、高中压合缸、低压缸双排凝汽式机组，建在汉川电厂。叶片级数为（1＋10）＋9＋（2×7）＝34 级，主汽门前压力 16.67MPa，再热进汽蒸汽压力 3.78MPa，调节系统为纯电调。汽轮机有八级回热系统（3 高 2 低 1 除氧），两台 50% 容量的汽动给水泵，一台 50% 容量的调速电动给水泵。给水泵汽轮机型号为 GT0.3，单缸冲动凝汽式，额定转速 6000r/min。最大功率 5500kW，配 DG560-240 给水泵，额定流量 510t/h，电动机功率 5100kW，转速 1486r/min。给水泵汽轮机有两路汽源：高压 16.7MPa，537℃；低压 0.785MPa，332℃。

（2）C280/N350-16.7/537/537，是哈尔滨汽轮机厂制造的抽汽凝汽式汽轮机，安装在长春热电三厂。

（3）N300-16.5/535/535，是上海汽轮机厂生产的国产改进型汽轮机，安装在大坝电厂。

（4）N300-16.7/537/537，由东方汽轮机厂制造，安装在华鲁电厂。

3. 发电机

QFSN-300-2 型，额定容量 353MVA，有功功率 300MW，无功功率 186MVar，额定电压 20kV，额定电流 10189A，YY 型接线，额定运行氢压 0.31MPa。配备 ZLWS-MN 额定功率 900kW、额定电压 330V、额定电流 2727A 主励磁机和 OMG14-225.5×350 型永磁式副励磁机。

4. 变压器

SFP7-360000/220 型强油风冷主力变压器。

（二）亚临界机组

1. 锅炉

采用亚临界参数、一次中间再热、单炉膛、平衡通风、自然循环汽包锅炉。三分仓回转式空气预热器。锅炉采用全钢构架、悬吊结构紧身封闭。

最大连续蒸发量 1072t/h、过热蒸汽出口压力 17.5MPa、过热蒸汽出口温度 540℃、再热蒸汽流量 869t/h、再热蒸汽进口压力 3.79MPa、再热蒸汽进口温度 331℃、再热蒸汽出口压力 3.594MPa、再热蒸汽出口温度 540℃、省煤器入口给水温度 280℃、燃煤量（设计煤质）148.78 t/h、锅炉保证效率（按低位发热量）≥92%。

2. 汽轮机

采用亚临界、一次中间再热、单轴、双或三缸、双排汽、抽汽凝汽式汽轮机。额定出力（保证工况）300MW、最大连续出力 336MW、主汽门进口蒸汽压力 16.67MPa ［170kgf/cm² （绝）］、主汽门进口蒸汽温度 537℃、再热蒸汽门进口蒸汽温度 537℃、额定冷却水温度 20℃、维持额定出力的最高冷却水温度 33℃、额定背压 4.9kPa ［0.05kgf/cm² （绝）］、最大连续出力蒸汽耗量 1072t/h、最大抽汽量 640t/h（最大负荷工况）、额定转速 3000r/min、旋转方向为由汽轮机向发电机端看为顺时针方向。

临界转数（r/min）：汽轮机，高压转子 1834、中压转子 1626、低压转子 1649；发电机，一阶 958，二阶 2492。

3. 发电机

额定功率 300MW、额定功率因数 0.85、额定电压 20kV、额定电流 10 190A、周波 50Hz、额定转速 3000r/min；冷却方式为定子绕组水内冷，转子绕组为氢内冷，定子铁芯及其他构件为氢冷；效率≥99%（计入轴承、油密封损耗和励磁系统）；励磁方式为静态励磁系统。

（三）超临界机组

1. 锅炉

SG－1210/25.4－M4402 型，选用超临界参数，一次中间再热、单炉膛、平衡通风，固态排渣，全紧身封闭，全钢构架的 π 型直流炉。锅炉 BMCR 工况主要参数：

（1）过热蒸汽：最大连续蒸发量 1210t/h；出口蒸汽压力 25.4MPa（g），出口蒸汽温度 571℃。

（2）再热蒸汽：流量 1011t/h；进/出口蒸汽压力 4.93/4.74MPa（g）、进/出口蒸汽温度 332/569℃。

（3）给水温度：289℃；省煤器进口压力 29.3MPa。

2. 汽轮机

CJK350－24.2/0.42/566/566 型，超临界蒸汽参数，一次再热、单轴、间接空冷抽汽凝汽式机组。汽轮机 TMCR 主要参数如下：

（1）汽轮机高压主汽门前参数：额定压力 24.2MPa（a）；额定温度 566℃。

（2）汽轮机中压主汽门前参数：不小于 90% 汽轮机高压缸排汽压力；再热蒸汽压力 4.413MPa、额定温度 566℃、流量 1166.8t/h。

（3）给水温度：285.8℃。

（4）非调节四段抽汽：供引风机汽轮机的抽汽压力 3.9MPa。

（5）调整抽汽参数：额定抽汽压力 0.42MPa；额定抽汽量 380 t/h；最大抽汽量 500t/h。

（6）回热抽汽（包括除氧器）级数：7 级。

（7）其他参数：工作转速 3000 r/min；旋转方向为从汽轮机向发电机看为顺时针；最大允许系统周波摆动为 48.5～51.5Hz；设计背压为 10kPa；铭牌出力时的背压（TRL）为 28kPa。

3. 发电机

QFSN－300－350－2 型，为水氢氢冷却汽轮发电机，采用静态励磁。发电机参数如下：

（1）额定容量：412MVA。

（2）额定功率：350MW。

（3）额定电压：20kV。

（4）额定功率因数：0.8（滞后）。

（5）额定频率：50Hz。

（6）额定转速：3000r/min。

4. 每台锅炉风机配置

（1）一次风机：PAF15.3－11.8－2 型，采用 2 台 50% 动叶调节轴流式风机。风量

为 $67.73m^3/s$，全压为 $15.05kPa$，风机的风量裕量为 25% 并加温度裕量，风压裕量为 27%。

（2）送风机：FAF20 - 9.5 - 1 型，采用 2 台 50% 动叶调节轴流式风机。风机风量为 $161.11m^3/s$，全压为 $3902Pa$，风机的风量裕量为 8% 并加温度裕量，风压裕量为 20%。

（3）引风机：1788AZ/1965 型，配 2 台 50% 容量汽动离心式，由给水泵汽轮机 NK50/56 型驱动，引风机与脱硫增压风机合一方案。风机风量为 $380.78m^3/s$，全压为 $18.8kPa$，风机的风量裕量为 10% 并加温度裕量，风压裕量为 20%。

（4）密封风机：M300 - 2 型，每台炉 2 台。风压 $9kPa$、风量 $9.75kg/s$、转速 $1450r/min$；电动机为 Y315L2 - 4 型。

5. 中速磨煤机

ZGM113K - II 型 5 台。

6. 煤、油燃烧器

煤粉燃烧器采用四角切向布置的摆动燃烧器，最大摆角为 $30°$；油燃烧器的总输入热量按锅炉 20%BMCR 输入热量。

7. 空气预热器

三分仓回转容克式，2 - 29.5VI（$50°$）- 2200（$90''$）型，每炉配 2 台。空气预热器除配有主电动机和备用电动机外，还配有盘车装置，满足空气预热器启动和低速转动的需要，并设有消防装置、火灾和停转报警装置及清洗装置等。空气预热器漏风率第一年内不大于 5%，运行一年大修期内不大于 6%。

8. 电袋除尘器

2FAA2×35M×2 - 96 - 150 型，为干式、卧式、板式静电除尘器与布袋除尘器组合，烟气温度 $124℃$，烟气过滤面积 $36\ 512m^2$，处理烟气量 $2\ 184\ 408m^3$，电除尘通流面积 $2×288m^2$，单电场有效宽度 $2×10.11m$，电场有效宽度 $6.48m$，总集尘面积 $20\ 160m^2$。每台炉配 2 台除尘器，除尘器入口烟气参数（BMCR 工况）：除尘效率为 99.9%，出口含尘浓度 $≤30mg/m^3$。

9. 脱硝装置

采用选择性催化还原法（SCR）脱硝，脱硝反应器布置在省煤器和空气预热器之间，按 2＋1 设置，脱硝效率不小于 80%。脱硝系统不设置烟气旁路。

10. 脱硫装置

FGD 喷淋塔、石灰石-石膏的脱硫工艺。

三、机组建设动态

（一）典型工期记载

20 世纪末，$300\sim350MW$ 已成为主力机组，我国已建多台，见表 1 - 1、表 1 - 2。

（二）工程建设实例

进入 21 世纪后，300MW 机组又有多台建成投产。特殊机组选列如下：

（1）2000 年 9 月 27 日，山东电建二公司承担主体施工的策城 2×30 万 kW 国产燃煤机组第二台（1 号）机组建成投产，首次点火至交机仅用 11d 的世界最短纪录；300MW 机组首次开机连续稳定运行 131d 的世界纪录，被入选为基尼斯世界纪录大全。

表 1—1 火电工程施工工期汇总表（300~350MW 机组新建工程）

序号	工程名称	容量		主厂房挖土	汽轮发电机			锅炉				72h试运	正式移交生产	主厂房挖土至第一台机组72h试运（个月）	主厂房挖土至交付安装（个月）	汽轮机台板就位至空负荷试转（d）	锅炉大件起吊至点火（d）
		机(MW)	炉(t/h)		台板就位	扣大盖	空负荷试转	组合	大件起吊	水压试验	点火						
1	姚孟电厂1号机组	300	935	1971.08	1973.11.30	1974.09.23	1975.09.25	1972.03	1973.12.10	1974.05.11	1975.05.17	1975.09.30	1975.11	50	28	665	524
2	大港电厂1号机组	320	1050	1974.12.16	1977.05.06	1977.10.04	1978.10.01	1976.03.31	1976.05.16	1976.06.24	1978.07.13	1978.11.10	1978.11.25	47	17	512	790
3	元宝山电厂1号机组	300	921	1975.09.07	1977.10.06	1978.04.17	1978.12.16	1977.06.10	1977.08.27	1978.07.26	1978.12.10	1978.12.28	1978.12	40	24	438	472
4	宝钢自备电厂1号机组	350	1160	1979.04.26	1980.10.24	1981.05.25	1982.03.21	—	1979.11.12	1981.05.15	1982.01.15	1982.04.30	1982.07.29	36	7	513	794
5	邹县电厂1号机组	300	1000	1983.10.01	1984.12.10	1985.05.30	1985.11.18	1985.03.12	1985.05.15	1985.08.30	1985.11.04	1985.11.29~12.02	1985.12.12	26.3	14	343	174
6	洛河电厂1号机组	300	1000	1982.12.11	1984.09.24	1984.12.31	1985.10.06	1984.01.10	1984.07.01	1985.03.28	1985.11.09	1985.12.31	1986.01.11	36	17	377	496
7	石横电厂1号机组	300	1025	1984.05.01	1986.04.28	1986.10.03	1987.05.18	1985.09.16	1986.07.30	1986.08.28	1987.04.08	1987.06.29	1987.06.30	38	15	386	618
8	沙角B电厂1号机组	350	1070	1985.08	—	1987.04.13	—	—	1986.04.01	1986.10.30	1987.03.15	1987.04.22	1987.06.30	—	—	—	345
9	石洞口电厂1号机组	300	1125	1985.07.27	1986.12.26	1987.04.17~06.18	1987.12.06	1986.12.26~1987.5.12	1987.02.14~05.18	1987.07.05	1987.11.26	1987.12.28	1988.02.13	29	16	345	285
10	大连湾电厂1号机组	350	1150	1986.08.01	1988.01.06	1988.03.10	1988.07.29	—	1986.12.10	1987.10.14	1988.06.05	1988.09.19	1988.10.16	25	4.5	205	553
11	福州电厂1号机组	350	1150	1986.08.15	1988.01.11~01.28	1988.03.16~03.28	1988.08.12	—	1987.01.29~05.15	1987.11.29	1988.06.23	1988.09.27~09.30	1988.11.17	25.5	5.5	198	404

表 1-2　火电工程施工工期汇总表（300～350MW机组扩建工程）

序号	工程名称	容量 机(MW)	容量 炉(t/h)	汽轮发电机 台板就位	汽轮发电机 扣大盖	汽轮发电机 空负荷试转	锅炉 组合	锅炉 大件起吊	锅炉 水压试验	锅炉 点火	锅炉 72h试运	正式移交生产	汽轮机台板就位至空负荷试转(d)	锅炉大件起吊至点火(d)
1	望亭电厂11号机组	300	1000	1974.01.19	1974.05.11	1974.07.02	1973.10.16	1973.11.26	1974.03.11	1974.09.08	1974.11.12	1974.11.16	165	287
2	望亭电厂12号机组	300	1000	1975.12.25	1976.03.13	1975.07.02	1975.09.17	1975.11.01	1976.03.23	1976.09.16	1976.09.29	1976.10.29	190	321
3	大港电厂2号机组	320	1050	1978.04.19	1978.09.22	1978.12.31	—	1976.12.19	1978.09.30	1978.10.30	1979.02.23	1979.10.37	255	680
4	谏壁电厂7号机组	300	1000	1979.04.11	1979.11.15	1980.09.19	1978.10	1979.04.29	1980.03	1980.12.06	1980.12.11	1980.12.19	517	600
5	姚孟电厂2号机组	300	1000	1979.09.20	1979.12.28	1980.11.23	1979.03	1979.05.11	1979.11.07	1980.11.23	1980.12.26	1981.01.23	420	480
6	宝钢自备电厂2号机组	350	1160	1981.09.19	1982.05.25	1983.02.24	—	1980.09.25	1982.06.20	1982.12.20	1983.03.15	1983.05.25	523	816
7	谏壁电厂8号机组	300	1000	1982.02.25	1982.09.30	1983.09.22	1981.08.10	1981.12.27	1981.12.09	1983.09.10	1983.10.27～10.31	1983.11.27	575	623
8	姚孟电厂3号机组	300	924	1984.12.28	1985.05.12	1985.12.14	1983.09.01	1983.12.10	1985.05.23	1985.11.15	1985.12.28	1986.05.02	351	705
9	谏壁电厂9号机组	300	1000	1985.09.14	1985.11.30～12.31	1986.06.27～06.30	1985.02.10～05.25	1985.05.25～09.26	1985.12.28	1986.08.30	1986.09.06～09.09	1986.09.09	283	436
10	洛河电厂2号机组	300	1000	1985.11.12	1986.03.29	1986.07.25	1985.09.12	1985.11.26	1986.05.18	1986.09.16	1986.10.04～10.07	1986.10.14	255	294

续表

| 序号 | 工程名称 | 容量 | | 汽轮发电机 | | | 锅炉 | | | | 72h试运 | 正式移交生产 | 汽轮机台板就位至空负荷试转(d) | 锅炉大件起吊至点火(d) |
		机(MW)	炉(t/h)	台板就位	扣大盖	空负荷试转	组合	大件起吊	水压试验	点火				
11	邹县电厂2号机组	300	1000	1986.13.17	1986.06.14	1986.10.16	1986.03.12	1986.05.20	1986.08.16	1986.10.07	1986.10.16~10.24	1986.11.05	215	140
12	姚孟电厂4号机组	300	924	1985.12.28	1986.06.10	1986.12.20	1984.08.07	1984.10.01	1986.08.23	1986.11.14	1986.12.28	1987.05.28	358	775
13	谏壁电厂10号机组	300	1000	1986.11.21	1987.02.19	1987.06.29	1986.09.30	1986.10.30	1987.04.08	1987.08.13	1987.09.03	1987.09.21	218	287
14	黄台电厂7号机组	300	1025	1987.03.01	1987.05.31	1987.10.15	1986.12.01	1987.04.15	1987.07.15	1987.09.27	1987.11.14	1987.00.24	229	166
15	沙角B电厂2号机组	350	1070	—	—	—	—	1986.07.07	1987.01.23	1987.06.15	1987.07.22	1987.09.30	—	338
16	邹县电厂3号机组	300	1000	1988.06.17	1988.09.19	1988.11.16	1988.03.01	1988.03.05	1988.09.01	1988.11.04	1988.11.30	1988.12.13	153	243
17	石洞口电厂2号机组	300	1025	1987.12.21	1988.04.12	1988.11.22	1987.10.13	1987.12.19	1988.06.10	1988.10.28	1988.11.23	1988.12.22	337	314
18	石横电厂2号机组	300	1025	1987.12.09	1988.05.09	1988.11.06	1987.04.03	1987.05.13	1988.03.31	1988.09.12	1988.12.07	1988.12.26	333	488
19	福州电厂2号机组	350	1150	1988.05.29~08.10	1988.08.30~09.16	1988.12.04	—	1987.08.30~11.30	1988.05.25	1988.11.12	1988.12.22~12.25	1988.12.31	190	440

（2）2000 年度全国国产 30 万 kW 机组年发电量最多机组，台州 8 号（24.5 亿 kWh）；该厂 7、8 号机组以 330g/kWh 的供电煤耗，被评为煤耗率最低机组。

（3）东电一公司抢建河南华润登封电厂（2×30 万 kW）1 号机组，号称东电速度：2003 年 6 月 8 日钢架吊装，10 月 19 日汽包吊装；2004 年 2 月 13 日锅炉水压，7 月 3 日完成 168h 试运。钢架吊装 123d，受热面安装 118d，水压至移交 141d，汽轮机本体安装 76d。以 382d 创 30 万 kW 机组钢架吊装开始至满负荷试运结束的全国纪录。

（4）2006 年 12 月 22 日，大唐太原第二热电厂 10 号 30 万 kW 机组 168h 试运完成，标志我国首台 30 万 kW 直接空冷供热机组投产发电。

（5）2013 年内蒙古京能盛乐电厂 $2 \times 350MW$ 机组动土开工，建烟囱、间冷塔、脱硫 FGD 塔三合一建筑，塔高 180m，两机一塔；安装大容量的双水内冷汽轮发电机。这是我国首次建设的领先技术的火电厂，也是呼和浩特现代服务集聚区、沙尔沁工业区和林格尔开发区及城关镇的"三区一城"集中供热的冷热电新型电厂。

四、设备质量问题

（一）液压动叶可调轴流引风机磨损严重

汉川电厂选用沈阳鼓风机厂引进丹麦技术生产的引风机，设计使用寿命 11 000h，叶片是铝合金，进口端包不锈钢。初启动时，没投电除尘器，投粉仅 258h，两台引风机叶片即报废。其原因是，四台均未经 4Cr13 防磨处理；处理后，防磨层又成片脱落，与母材结合不好；运行没超过 3000h；引风机允许含尘量 $284mg/m^3$。之后，决心将叶片改用 TLT 钢叶片。

两年后两台引风电动机定子又扫膛而烧坏。

（二）风扇磨煤机及高温炉烟系统问题

（1）风扇磨煤机磨损严重。双辽电厂依据煤质选用风扇磨煤机，之后冲击板脱落，造成很大的动不平衡，振动扰动力使地脚螺栓松动。

（2）高温炉烟管高温强度较差。为防止煤粉系统内燃爆，采用高温炉烟和热风混合作为干燥剂。高温炉烟是从火室顶部取出，烟气温度达 850℃。高温炉烟管道虽然选用铬镍含量较高的板材卷制，但在额定参数运行下，曾多处出现高温炉烟管母材和焊缝裂纹、断裂、脱落；活动盘胀缩变形，内套筒也有裂纹。大修时，高温区的高温炉烟管、滚动盘、伸缩节全部换新。

（三）过热器钢管晶间腐蚀及晶间应力腐蚀裂纹

渭河电厂 3 号锅炉由上海锅炉厂制造，其高温过热器和分隔屏在安装结束后做锅炉整体超压试验时，先后发现 20 处泄漏，经取样试验分析证明，属厂家制造问题。该过热器部分用 TP304H 奥氏体不锈钢，后屏过热器采用 TP347H 不锈钢（日本进口），有异种钢焊口，热处理时管材处于敏化状态。

1. 原因分析

（1）热处理工艺与管材敏化：制造厂对管排焊完热处理温度为 1066℃，保温 15min 后快冷；退火是整排管在炉内热处理，其温度为 700～740℃，保温 2h 出炉空冷。在上述热处理过程中，不锈钢管受到敏化，晶间碳化物链状聚集，晶界周围贫铬，造成材质抗腐蚀性降低。

（2）制造厂在单排炉管试压检验时，采用当地的自来水，含氯量达 40ppm。

（3）厂家供货时管排存水腐蚀：分割屏、后屏、高温过热器管排，在现场通球时，进行内部除锈检查，发现管排内有积水，管子有相当程度的腐蚀。

（4）3 号锅炉的腐蚀问题，4 号炉同样发生。

2. 处理情况

（1）3 号和 4 号锅炉的过热器所有 TP304H 管（包括后屏少量 TP347H 管）全部更换新管。

（2）已封炉的过热器，揭开顶棚进行更换，制造厂又制作 38 排 89t；分隔屏、后屏管，计 13t。

第二节　600MW 级超超临界机组

600MW 级火电机组已成为我国电网的主力机组，已有多台投产运行，如元宝山、平圩（1、2 号）、石洞口、沙角 C、吴泾（八期）、北仑（一期）、哈三、邹县（5、6 号）、扬州（1、2 号）利港、德州、盘山、托克托、发耳、聊城、洛黄、大同、大港、常熟、泸州、江阴、台山、阳逻（三期）、荆门（四期）、襄樊（二期）、宁海、宁德、后石、丰城（二期）鄂州（二期）、镇江、邯峰、阜阳、漳山（二期）、兰溪、清河、景泰、大别山、武乡、龙山、王曲、沁北、鹤岗、乐溪、双鸭山、湘潭、首阳山、景康平、宁德、长山、九台、清河、桂冠、合山、新乡、东营、胜利、准格尔等电厂。

一、电厂建设简介

1985 年 12 月 28 日，建成投产引进（法国、瑞士）一台 60 万 kW 机组，在元宝山电厂并网发电。这是元宝山的第二台机组，板梁标高 126m，最高处 131m，首台 60 万 kW 机组，从受电到整套启动用了 7 个月，至投产发电为 9 个月；停机 40 次，跳闸停炉 37 次，并网31 次。

1987 年 10 月 22 日，我国引进两台 60 万 kW 超临界参数机组。瑞士 BBC、美国 CE 和瑞士苏尔寿合作中标，设备造价 270 美元/kW，安装在上海石洞口二厂。

1988 年，我国生产制造第一台超临界压力带中间再热、汽轮发电无刷励磁的 60 万 kW机组安装在平圩电厂，1989 年 11 月 4 日投入运行。

2000 年 9 月 28 日，北仑发电厂第五台 60 万 kW 机组投产，成为当时我国最大的火力发电厂，总容量 300 万 kW，总投资 177 亿元。

2002 年 8 月 19 日，国电大同发电公司与德国 GEA 公司在北京签订了 2×60 万 kW 火电机组直接空冷凝汽器系统供货合同。该系统是世界当时用于发电的容量最大的铝钢单排管、变频调速风机直接空冷凝汽器，为干旱地区火电建设开辟了新的途径。

2003 年 10 月 21 日，亚洲最大的燃煤发电厂——广州台山电厂第一台机组并网发电，共计 8 台 600MW 机组。

2004 年 4 月 10 日，国产首台 60 万 kW 超超临界示范机组的锅炉在中国东方电气集团公司研制完成，安装在华能沁北电厂。

2004 年 7 月 15 日，福建后石电厂 6 号机组投产，一、二期工程（6×600MW）全部建成发电。该机组是由台塑美国公司独资兴建的超临界机组。

2004 年 11 月 23 日，我国首台国产超临界燃煤 60 万 kW 机组在华能沁北电厂投入生产，由东电一公司承建，从安装到发电仅用 18 个月 13 天。

2004 年底，北京电建公司抢建托克托电厂 3 号机组（60 万 kW）工程，主要工期：2003 年 5 月 1 日汽包吊装，12 月 28 日锅炉水压；2004 年 2 月 6 日定子就位，6 月 2 日整套启动，7 月 14 日移交生产。从汽包吊装至移交生产创下 14.5 个月新纪录。

2007 年 6 月 8 日，华电宁夏灵武发电公司第一台空冷 60 万 kW 亚临界机组投产发电；年末第二台投运。两台机组每小时可节水 3406m^3，全年可节水 187.3 万 t 水。

2007 年 8 月 31 日，我国首台国产化 60 万 kW 超超临界燃煤机组——华能营口电厂 3 号机组投产；2007 年 10 月 14 日，华能营口电厂 4 号机组也通过 168h 试运投产，标志全国首座国产 2×60 万 kW 超超临界燃煤电厂全面建成。煤耗为 292g/kWh（全国火电平均煤耗为 362g/kWh），与同容量超临界机组相比，每年节约标煤 14 万 t。

2007 年 9 月 30 日，大唐运城发电厂 60 万 kW 机组经 168h 试运移交生产。从钢架吊装至机组移交仅用 17 个月零 3 天。

2007 年 11 月 8 日，我国首台国产 60 万 kW 空冷脱硫燃煤机组——华能铜川电厂 1 号机组通过 168h 试运并移交生产；同年 12 月 12 日 2 号机组投产。

2007 年 12 月 18 日，东方锅炉厂设计制造的我国首台拥有自主知识产权的 60 万 kW 机组配套的超临界燃煤锅炉，在河南南阳天益发电有限公司 3 号机组投产运行。

2008 年 7 月 24 日，大唐华银金竹山电厂"上大压小"1×600MW 获核准。

2008 年 7 月 28 日，国电铜陵电厂一期 1 号 60 万 kW 机组同脱硫工程一起通过 168h 试运行。

2008 年 8 月 6 日，淮浙煤电公司凤台电厂 1 号 600MW 机组通过 168h 试运。

2008 年 8 月 30 日，内蒙古呼伦贝尔 360 万 kW 煤电基地项目正式开工建设 2×600MW 机组。

2008 年 8 月 23 日，国电民权发电公司（河南 2×600MW）1 号机组通过 168h 试运。

2008 年 12 月 30 日，国电蚌埠电厂 1 号机组（600MW）通过 168h 试运结束。

2009 年 1 月 9 日，国电荥阳煤电一体化一期 2×600MW 工程举行开工仪式。

2009 年 1 月 23 日，大唐信阳华豫二期（2×600MW）工程 3 号机组并网发电。

2009 年 2 月 5 日，国家发改委核准国电霍州电厂"上大压小"2×600MW 工程。

2009 年 10 月，华能九台电厂安装我国制造的第一台 600MW 级超超临界燃褐煤塔式锅炉，670MW 机组投产，开辟大容量超超临界国产化锅炉新纪元。

2012 年 12 月 18 日，山东东营胜利电厂 1×600MW 机组建设工程浇制第一罐混凝土。计划工期：2013 年 4 月 20 日主厂房出零；主厂房封闭 13.12.17；锅炉钢架吊装 13.06.01；锅炉水压试验 14.04.15；锅炉酸洗完成 14.06.05；锅炉吹管完成 14.06.15；汽机台板就位 13.08.15；汽机扣盖 14.03.10；厂用电受电 14.03.15；油循环 14.06.20；汽机冲传 14.08.20；完成 168h 试运 14.10.18。

注：（1）至 2001 年我国 600MW 机组有 22 台投入运行，2004 年 8 月全国有火电 60 万 kW 机组 49 台。

（2）美国 1960 年第一台 50 万 kW 机组投运；苏联 1967 年第一台 50 万 kW 单轴及 80 万 kW 双轴机组和 1971 年单轴 80 万 kW 机组投运；美国建有单机 550、575.01、704MW 机组。

（3）1987 年底，全国发电装机容量为 10 286.85 万 kW，居世界第四（新中国成立后至 1 亿 kW 用时 38 年 3 个月，相当于美国 20 世纪 50 年代初的水平和日本 1975 年 11 228.5kW 的水平）。

（4）1987年，全国6MW以上机组2122台；100MW以上机组313台；百万千瓦级电站11个；进口机组21 000MW，占总容量的21%。

（5）1995年3月，全国装机容量突破2亿kW（1亿kW增至2亿kW用时7年3个月）。1995年底装机容量达2.1512亿kW。

（6）1995年全国电力装机容量（万kW），水电5218，火电16294，计21512；发电量（亿kWh），水电1868，火电8074，计9942。

（7）主要国家1980年电力弹性系数：美国0.94；苏联1.06；日本0.78；德国1.16；英国0.61；法国1.96。

二、机组施工范例

600MW汽轮发电机组是我国目前火电设备中单机容量较大的机组。CCLN600 – 25/600/600型汽轮机是哈汽公司与日本三菱公司联合设计与生产的国内首台超超临界600MW汽轮机。

（一）600MW级机组主要技术规范

（1）机组形式：超超临界、一次中间再热、双缸、双排汽、单轴、凝汽式。

（2）汽轮机型号：CLN600 – 25/600/600，最大连续功率624.1MW，数字电液调节。

（3）额定蒸汽条件：额定主蒸汽压力25MPa、额定主蒸汽温度600℃；额定再热蒸汽进口压力4.12MPa、额定再热蒸汽温度600℃；额定高压缸排汽口温度339.2℃、额定高压缸排汽口压力4.58MPa。

（4）给水回热级数：8级（3个高压加热器、4个低压加热器、1个除氧器）。

（5）噪声水平：机组在THA工况时，距设备外壳1米，距汽轮机运转层上1.2m高处测得的最大噪声不大于85dB（A）。

（6）通流级数：28级，高压缸I+10级、中压缸7级、低压缸2×5级。

（7）低压末级叶片长度1220mm、热耗率（THA）7424kJ/kWh、主蒸汽额定进汽量1621.6 t/h、再热蒸汽额定进汽量1330.0 t/h、额定排汽压力0.0049MPa、设计冷却水温度21.35℃、额定给水温度289.0℃、汽轮机总内效率90.5%、高压缸效率88.5%、中压缸效率94.0%、低压缸效率89.7%。

（二）主要建筑结构

建筑工程量：土方89 000m³，钢筋混凝土58 000m³。

1. 主厂房布置

主厂房由汽机房、煤仓间、锅炉房、电子设备间及偏屋组成。

汽机房：汽机房柱距分别为9.5、9.0m，跨度为36.0m，两台机中间有9.0m宽的检修场地，伸缩缝处设双柱，主厂房总长151.2m。汽机房共分三层，分别为地面层（±0.000m）、中间层（6.900m）及运转层（13.700m）。吊车轨顶标高为25.840m，屋架钢梁底标高为28.690m。

煤仓间：煤仓间柱距分别为9.5、9.0m，跨度为11.5m，总长度为132.0m。煤仓间共分为四层，分别为地面层（±0.000m）、给煤机层（17.000m）、皮带层（42.000m）及皮带头部（48.800m，总长30.5m）层。煤仓间两炉中间断开，皮带层（42.000m）在两炉中间通过钢桁架结构栈桥连接；炉前通道跨度为6.5m。

锅炉房：每台炉纵向总长50.000m，横向总长48m，紧身封闭。风机房屋顶标高为18.90m。

2. 集中控制楼

集中控制楼布置在汽机房固定端，柱距 7.5m，跨度为 36.0m，共分为五层，标高分别为 ±0.000、5.300、9.500、13.700、19.700 m；标高 ±0.000m 和 5.300m 设有金属实验室及 MIS 通信机房；13.700m 为集中控制室、电子设备间工程师站、交接班室、更衣室、卫生间等辅助用房；19.700m 为空调机房。

3. 主厂房结构

主厂房区依次为汽机房内设除氧器、煤仓间、炉前通道、锅炉房、除尘器、引风机、烟囱。

汽机房跨度 36.0m，煤仓间跨度 11.5m，炉前通道跨度 6m。柱距以 9.5m 为主、9m 为辅；两机组之间设置 9.00m 柱距检修场地，中间设置一道伸缩缝（1.2m），汽机房纵向总长为 151.2 m。中间层标高 6.9m，运转层标高 13.700m，吊车轨顶标高 25.840m，屋架下弦标高 28.690m。

在汽机房，将除氧器、加热器及给水泵汽轮机布置在 B 排侧，其中给水除氧器模块跨度为 7.1m，汽轮发电机组中心线偏 A 排布置。汽机房 B 排加热器侧分多层设置平台，共分三层，即 ±0.000、6.900、13.700m 层。除氧器布置于汽机房 13.700m 层平台。

煤仓间分 ±0.000m 磨煤机层、17.000m 给煤机层、42.00m 皮带层。

集中控制楼布置在汽机房固定端，占两个 7.5m 柱距，另一方向长为 36.0m，共分为四层，为独立的混凝土框架结构，与汽机房之间相距 6m。楼/屋面采用现浇混凝土楼板。

汽机房/煤仓间为独立的结构体系。横向由 A 排柱、平台梁柱、钢屋架及 B、C 排柱组成混凝土框/排架结构体系，纵向由柱、纵梁组成混凝土框架结构体系。

4. 主要建（构）筑物地基及基础

汽机房、煤仓间采用混凝土独立或联合桩承台，底标高一般为 −5.0m，局部受工艺布置要求，如循环水管坑等条件限制处，可考虑适当加深。

锅炉房采用混凝土独立和局部联合桩承台，底标高为 −5.0m；烟囱采用混凝土环板式桩承台，底标高为 −5.0m；汽轮机基座采用混凝土板式桩基础；磨煤机基础采用弹簧基础、桩基。

碎煤机室、脱硫工艺楼、脱硫综合楼、化学水综合楼等主要建（构）筑物基础采用桩基础方案，满足要求地段可改为天然地基。

对其他建/构筑物等，在挖方区的可以采用天然地基，根据地层情况，可选可塑、硬塑状态粉质黏土作为地基持力层。在填方区也可选可塑、硬塑状态粉质黏土作为地基持力层，基础采用局部换填或深基础加大基础短柱方式处理。

（三）主要设备

（1）锅炉：HG2100/25.4 - HM11 型，是全钢架、单炉膛、WR 夹心风式燃烧器、八角切圆、一次再热、平衡通风、固态风冷干排渣、紧身封闭、超临界、塔式直流炉。炉屋顶高 133.25m，排汽屋顶 121.75m，叠梁顶高 118.95m，顶棚管中心标高 115.4m。出口蒸汽压力 25.4MPa，出口蒸汽温度 571℃。配套 8 台风扇磨煤机，炉墙砌筑 900m³，热力系统保温 19 865m³，水压焊口 63 596 个。

（2）汽轮机：CLN600 - 25/600/600 型，超超临界、一次中间再热、单轴三缸四排汽凝汽式汽轮机。

（3）发电机：QFSN - 670 - 2 型，额定功率为 670 MW，水氢氢冷却方式，自并励静态励磁。

（4）主变压器：单相变压器，DFP - 260000/500 型。

（5）厂用高压变压器：SFF10 - CY - 50000/20 型。

（6）热工控制系统：DCS 采用上海新华公司的集散控制系统；单元机组现场总线控制系统 FCS；配有 FSSS、MFT、ETS、TSI、DEH、RB、SIS、VCP、AGC、FGD 及 500kV 开关场配电装置的 GIS。

（四）工艺系统

1. 主蒸汽及再热蒸汽系统

主蒸汽及高、低温再热蒸汽系统采用单元制系统。主蒸汽管道和热再热蒸汽管道分别从过热器和再热器出口联箱的两侧引出，采用 2 - 1 - 2 模式，分别接入高压缸和中压缸左右侧主蒸汽关断阀和再热蒸汽关断阀。冷再热蒸汽管道从高压缸的两个排汽口引出，在机头处汇成一根总管，到锅炉前再分成两根支管分别接入再热器入口联箱。

主蒸汽管道的主管采用按美国 ASTM A335 P91 标准生产的无缝内径管钢管，其他相关管道（疏水管道）采用 12Cr1MoVG 无缝钢管。

再热（热段）蒸汽管道的主管采用按美国 ASTM A335 P91 标准生产的无缝钢管（内径管），其他相关管道（疏水管道）采用 12Cr1MoVG 无缝钢管。

再热（冷段）蒸汽管道：高压缸排汽口至高压缸排汽止回阀前管道根据高压缸排汽跳闸温度的限制，采用按 ASTM A672 B70 CL32 标准生产的电熔焊钢管。

2. 汽轮机旁路系统

每台机组设置一套一级汽轮机旁路系统。根据机组功能要求及汽轮机启动方式要求，旁路容量按 30％ BMCR 一级旁路设置。

3. 给水系统

每台机组设置 2 台 50％容量的汽动给水泵和 1 台 30％容量的电动启动/事故备用给水泵。每台汽动给水泵配置 1 台电动给水前置泵，汽动给水泵与前置泵不考虑交叉运行。电动给水泵采用低扬程的定速给水泵，仅作为启动/事故备用，配有 1 台与主泵用同一电动机拖动的前置泵。在一台汽动给水泵故障时，另一台汽动给水泵运行可以满足汽轮机 60％额定负荷的需要。

系统设 3 台全容量、卧式、单流程高压加热器。目前高压加热器的可靠性明显提高，因此 3 台高压加热器给水采用大旁路系统。当任一台高压加热器故障时，3 台高压加热器同时从系统中退出，可快速切换。

4. 抽汽系统

机组采用八级非调整抽汽（包括高压缸排汽）。一、二、三级抽汽分别供给 3 台高压加热器；四级抽汽供汽至除氧器、锅炉给水泵汽轮机和辅助蒸汽系统等；五、六、七、八级抽汽分别供给 4 台低压加热器。

5. 辅助蒸汽系统

工程辅助蒸汽系统为母管制，汽源来自再热冷段、四级抽汽和启动锅炉蒸汽母管。

每台机设一根压力为 0.8～1.3MPa（g），温度为 320～365℃的辅助蒸汽母管。两台机的辅助蒸汽母管互相连接，之间设隔离阀，做到互为备用。辅助蒸汽系统供除氧器启动用汽、给水泵汽轮机调试及启动轴封用汽、汽轮机轴封和预热用汽、锅炉空气预热器吹灰及磨煤机灭火用汽等。

本工程高压管道重 952t，中、低压管道重 712t。

（五）吹管启动时的重要系统

1. 启动时（含机组安装后吹管）汽水循环阶段的水系统流程

给水泵→省煤器→水冷壁下联箱→水冷壁→汽水分离器→贮水器→省煤器再循环→溢流管阀→排水管→输水扩容器→集水箱→集水输送泵→疏水箱→脱氧器→给水泵。

2. 排汽管材消音事项

（1）临界参数锅炉的主蒸汽、再热蒸汽、安全门排汽管及 VCP 阀排汽管材应选 0Cr18Ni9。

（2）排汽管室外顶端的消音器，其排汽能力或排汽孔总面积应进行校核。

（3）对消音器及排汽管的固定方式、部位加强、焊条选用、受力分析要十分认真。

3. 光谱分析及硬度检验

（1）光谱检查：进厂焊条抽查 582 根；进厂焊丝抽查 834 根；合金钢部件 1 535 467 点；受热面焊接 7854 点；进厂管件 860 件。

（2）安装焊口硬度检验；热处理合金焊缝硬度检验 2286 点。

第三节　　800～950MW 机组

2001 年 7 月 18 日，上海外高桥发电厂二期工程破土动工，安装两台 90 万 kW 单轴超临界燃煤机组。2002 年引进投产俄罗斯单机容量最大 800MW 火电机组；德国等国家也有 800MW 机组。

一、800MW 级机组

（1）绥中发电有限公司一期工程安装两台 800MW 机组。

1）主要设备型号。

a. 锅炉：ТПП－807 型（ПП－2650－25－545KT）：超临界参数、一次中间再热直流炉。

b. 汽轮机：K－800－240－5 型：超临界、一次再热、单轴、五缸、六排汽凝汽式汽轮机，通流段数为 1＋11/9×2/5×2/5×2/5×2，末级叶片高 960mm。

c. 给水泵：机组配 2 台 K－17－15 型汽动给水泵、2 台 ПЭ600－300－4 型电动给水泵。

2）主要参数：锅炉最大蒸发量 2650t/h，主蒸汽压力 25.01MPa，主蒸汽温度 545℃，再热蒸汽压力 3.86/3.62MPa，再热蒸汽温度 283/545℃，再热蒸汽流量 2151.5t/h，给水压力 32.8MPa，给水温度 277℃，排烟温度 138℃，锅炉效率 92.3%，耗煤量 336.5t/h。

3）机组试运暴露出的主要问题：1 号锅炉个别燃烧器烧损，1 号汽轮机转子不平衡，1 号炉费斯顿管爆破，电气除尘器堵灰，调节阀执行器漂移，空气预热器转子停转保护故障等。

（2）德国黑泵电站。

1）额定容量 2×800MW，最大出力 841MW；主要参数为 32.1MPa/600℃/600℃，1977 年运行。

2）配套锅炉深 94m，高 166m。

3）烟囱和冷却水塔合一构筑物，喉部高 104m，塔高 141m；烟塔合一的烟道采用玻璃钢制品。

（3）美国 GE 公司生产 850MW 及以上容量火电机组共约 10 台，全部是超临界机组，最大的超临界双轴机组为 1050MW，最大的超临界单轴机组为 884MW。

二、900MW 级机组

（一）900MW 机组

1. 建设

火电：2004 年 5 月 23 日，国内首台单轴 900MW 火电机组并网发电，安装在上海外高桥二期工程 5 号机组，共计 2 台（当时全世界只有 12 台）。主设备分别是由阿尔斯通、西门子、日立、三菱和德国廖勒公司提供，投资 106 亿元。钢结构 1 万 t、焊口 10 万个，参加锅炉水压焊口 7 万多个，发电机定子 463t，煤耗 284g/kWh；2004 年 4 月 20 日完成 168h 满负荷试运行。最高出力达 100.2 万 kW，稳定运行 98 万 kW。1999 年打第一根桩，2001 年浇第一罐混凝土，2003 年 11 月 15 日临时吹管管路爆破，17m 层 8 个集装箱式办公室被冲毁，所幸无人受伤。

外高桥 6 号机组：2005 年初上海外高桥第二发电公司 6 号标段 90 万 kW 机组，由安徽电建二公司承建。工期：2003 年 6 月 30 日低缸扣盖，7 月 15 日厂用电受电，9 月 27 日锅炉水压；2004 年 3 月 15 日酸洗，3 月 29 日点炉冲管，5 月 23 日并网。

2. 凝汽器

凝汽器是由西门子公司设计，上海电站辅机厂生产，为单壳体、双流程、双回路、表面式，冷却面积为 43 989m²，钛管共 32 920 根。凝汽器连体，散供拼装后外形尺寸为 19 190mm×8240mm×11 700mm。

（1）结构特点：

1）低压外缸的重量全部落在凝汽器上，低压内缸靠悬臂伸出外缸并落在轴承座上，低压缸与凝汽器组成整体，其膨胀和位移不影响内缸和轴系中心。

2）中小型机组凝汽器是弹性支撑，即两体之间由膨胀节连接。而 300MW 以上机组是刚性支撑，凝汽器只能向上膨胀。用 64 只球面、叠片弹簧作为支撑，分为四组，并设有导向或固定装置，起到定位作用。

3）抽空气管是用 219mm 母管，母管上开有规格不同的孔；每两个隔板间的空冷区连通。

4）循环水腐蚀性较大时，对凝汽器前、后水室进行衬胶；水室盖板设有 56 个阴极保护点。

（2）注意事项：

1）保障弹簧受力均匀、一致，要采取一些必要措施。

2）凝汽器与低压外缸用 30mm 的连接板双面（里、外）"V" 形坡口焊接，围成密闭容器。

3）凝汽器顶部应设计为 "T" 形，解决凝汽器拼装与低压外缸的尺寸偏差问题。

3. 空气预热器

容克式空气预热器主要参数：制造厂商为德国 Rothmuhle 公司，转子规格 P16400×

2480FlllTI，转速 1.3r/min；烟温 375.5℃/125.5℃，流量 491～517kg/s；一次风温 35℃/345.5℃，流量 98～71kg/s；二次风温 38℃/335.7℃，流量 355～356kg/s；漏风率，一年内≤5.3%，一年后≤8%。

上海外高桥电厂二期工程建设 2 台 900 MW 超临界汽轮发电机组。锅炉岛和汽轮机岛分别由德国 ALSTOM 能源公司及 SIEMENS 公司供货。第一台（5 号）锅炉于 2003 年 11月 10 日开始冲管，到 2004 年 2 月 11 日机组第一次带到满负荷止，其配置的 2 台空气预热器频繁发生转子故障，最严重的一次导致齿轮箱报废，共有 12 次停炉处理。按制造厂商的设计在排烟温度超过 250℃ 的情况下发生空气预热器停转，将会出现转子变形的严重后果。所幸每次转子堵转事故，均发生在排烟温度 250℃ 以下。

（二）950MW 机组

（1）美国田纳西流域管理（TVA）的田纳西州 Bull Run 电厂建设一台 950MW 机组。1962 年 4 月 2 日开工，1966 年 2 月 18 日初次通气，1967 年 6 月 12 日移交生产。

锅炉：由美国 CE 公司制造，为超临界、复合循环、一次再热、正压、双炉膛煤粉直流炉。配 10 台碗式磨煤机，燃烧器 80 支，油枪 48 支，额定负荷时燃煤 316t/h。

汽轮机：由美国 GE 公司制造，采用冲动式、双轴、四排汽，高压转子转速 3600r/min，低压转子转速 1800r/min；3600r/min 轴由单流、高压段及双流、再热段组成，1800r/min 轴由两个相同的双流段低压透平组成，末级叶片长 1092mm，总共 22 级，主汽门前压力 246kg/cm²，汽温 538℃，再热门前汽压 36.9kg/cm²，气温 538℃。

发电机：高压透平驱动的发电机 475MW，低压透平驱动发电机 527.778MW，功率因数 0.9，氢压 3.164 kg/cm²，定子电压 2.4 万 V，丫型接线，中性点经过一台 75kVA、24000/220V 的单相接地。高压透平转速 3600r/min，低压透平转速 1800r/min。

机组效率为 2232.7kcal/kWh，厂效率 38.5%，全美燃煤机组之中效率最高，煤耗为319g/kWh。

美国 NiederauBem 单轴 950MW 机组，压力为超超临界，温度为 580℃，故主蒸汽管道采用 E911。美国的超临界单轴机组为 893MW。

（2）西门子 910MW 单轴五缸六排汽超低背压机组，25.8MPa/544℃/580℃，2.91/3.68kPa，1999 年投产。

（3）德国尼德豪森 950MW 机组，27MPa/580℃/600℃，2002 年投产。

注：（1）1949 年全国装机容量共 184.86 万 kW，火电占 91%，水电占 9%。发电量 43.1 亿 kWh，装机容量及发电量居世界 21 位和 25 位。35kV 以上电力变电总容量 346 万 kVA，35kV 以上电力输配电线路总长度 6475km。

（2）1998 年底，我国电力装机容量达 2.7495 亿 kW，比新中国成立初期增加 149 倍；跃居世界第二；年发电量 11670 亿 kWh（总计），是建国初期的 271 倍。

（3）1998 年全国电力装机容量（万 kW）：水电 6507，火电 20988，计 27495；发电量（亿 kWh）：水电 2043，火电 9388，计 11431；总计 11670（含自备电厂及其他发电量）。

第四节　1000MW 超超临界机组

我国单机百万千瓦机组建成和在建项目有浙江玉环、山东邹县、国电北仑、国华宁海（二期）、辽宁绥中、潮州三百门、华能金陵、江苏泰州、天津北疆、上海外高桥（三期）、华能海门、华润铜陵、上海漕泾、宁夏灵武（空冷）、广东平海、华能沁北、华润湖北浦圻、华润广西贺州、河南平顶山、浙江嘉兴、江苏彭城、广东惠州、郑州新密、山东莱州、陕西府谷、江苏新海、华能海门、大唐定襄、广东珠江、大唐克腾、华润苍南、江西抚州、广东海丰、舟山六横、惠来静海、国华宁电、广州平海、国电汉川、沙角 A 三期、谏壁扩建、龙岗禹州、福建惠安、国电兴博、河南鲁阳、山东东营、国华徐州、江苏常熟、鲁能罗源等大容量超超临界机组。至 2015 年 9 月 18 日，全国单机百万千瓦机组已投产 82 台。

国外单机 1000MW 超超临界机组项目有日本东芝公司制造投运的橘湾、袖浦、东扇岛、广野、新地、原町、碧南等电厂。

一、百万千瓦机组的建设

2004 年 6 月 28 日，华能浙江玉环电厂破土动工，地处瓯江口乐清湾东岸，为港口电站，该机组是我国第一台超超临界 1000MW 机组，2006 年 10 月 13 日 1 号机组并网发电，2006 年 11 月 28 日投入商业运行。规划装机容量为 4×100 万 kW 超超临界燃煤机组，先建两台，投资 96 亿元。锅炉由哈锅制造，汽轮机、发电机由上海电气集团公司制造第二台机组 2006 年 12 月 30 日投产。2007 年 11 月 11 日华能玉环电厂二期 3 号百万机组投产，24 日二期 4 号百万机组投产。400 万 kW 超超临界机组建成。

2005 年 4 月 28 日，华电国际邹县发电厂四期 2×1000MW 机组建设工程举行开工庆典。邹县电厂 8 号百万发电机是东方电气集团在引进关键技术基础上独立制造的，为国产首台。发电机定子重 409t，外形尺寸为 11.9m×5.85m×4.7m。工程计划动态总投资 84.9 亿元，建设两台超超临界机组，2007 年投产发电。

2006 年 11 月平顶山第二电厂，规划建设容量为 4×1000MW，一期工程建设规模为 2×1000MW 超超临界国产化燃煤发电机组。

2008 年 12 月 9 日，全球首台百万千瓦空冷机组华电宁夏灵武二期工程获国家发展和改革委员会核准批复。

2008 年 12 月 18 日，安徽首台百万千瓦机组铜陵皖能发电公司六期工程，1×1000MW 超超临界燃煤机组扩建工程奠基。2009 年 3 月 28 日主厂房破土动工，2011 年 5 月 6 日完成 168h 试运。

2008 年 12 月 20 日，国电北仑电厂三期（2×1000MW）工程首台（6 号）百万超超临界机组通过 168h 试运。

2008 年 12 月 22 日，广东平海电厂单机百万超超临界机组开工，规划建 6 台单机百万千瓦机组。

2010 年 10 月 28 日，华润湖北蒲圻电厂二期 2×1000MW 机组建设工程开工浇筑第一灌混凝土，第一台机组于 2012 年 10 月投产。

注：（1）2005 年全国火电厂：二氧化硫 6.49g/kWh；烟尘 1.76g/kWh，氮氧化合物 3.18g/kWh；

（2）华能玉环电厂两年投产 4 台超超临界百万机组，创造我国火电建设史上四个第一：第一个百万级机组；第一个超超临界机组；第一个两年投产 4 台百万千瓦机组火电厂；第一个超超临界机组群火电厂。

（3）美国 1965 年投产第一台 100 万 kW 机组。

（4）2000 年 4 月 19 日 14 时 42 分，苏州工业园华能电厂 2 号 30 万 kW 机组投产，中国电力装机容量突破 3 亿 kW（从 2 亿 kW 增至 3 亿 kW 用 5 年 49 天）。2000 年底水、火电装机容量 3.1689 亿 kW。

（5）2000 年全国电力装机容量（万 kW），水电 7935，火电 23 754，计 31 689；发电量（亿 kWh），水电 2431，火电 11 079，计 13 510。

（6）2004 年 5 月底，我国装机容量达 4 亿 kW，达到 40 060 万 kW；年底达 4.47 亿 kW。（从 3 亿 kW 增至 4 亿 kW 用 4 年 1 个月）

（7）2004 年 9 月 23 日，水电装机容量突破 1 亿 kW 大关，历时 55 年；2006 年底，水电装机容量达 1.2857 亿 kW，居世界首位。

（8）2010 年成为世界风电装机容量最大的国家。我国已进入风电高质时代，步入良性发展轨道，2010 年风电装机容量达到 3107 万 kW，超过美国；2011 年达到 4500 万 kW；2013 年达到 7548 万 kW。

我国部分建成投产的百万千瓦机组见表 1-3。

表 1-3 我国部分建成投产百万千瓦机组一览表

序号	电厂名称	机组编号	装机容量（万 kW）	汽轮机编号	锅炉厂家	投产日期（年）	厂址
1	华能浙江玉环电厂	1、2 号 3、4 号	4×100	上汽 196	哈锅	2006、2007 各投产 2 台	浙江省台州市
2	华能广东海门电厂	1、2 号	2×100	D1000A	东锅	2009	广东省汕头市
3	国电江苏泰州电厂	1、2 号	2×100	CCH02	哈锅	2007	江苏省泰州市
4	国电浙江北仑电厂	6、7 号	2×100	上汽 196	东锅	2009	浙江省宁波市
5	国华辽宁绥中电厂	3、4 号	2×100	D1000A	东锅	2010	辽宁省葫芦岛市
6	国华浙江宁海电厂	5、6 号	2×100	上汽 196	上锅	2009	浙江省宁波市
7	华电山东邹县电厂	7、8 号	2×100	D1000A	东锅	2006	山东省邹城市
8	中电投上海漕泾	1、2 号	2×100	上汽 196	上锅	2010	上海市金山区
9	华润徐州彭城电厂	5、6 号	2×100	上汽 196	上锅	2009	江苏省徐州市
10	申能上海外高桥第三发电厂	7、8 号	2×100	上汽 196	上锅	2008	上海市浦东新区
11	国投北疆电厂	1、2 号	2×100	上汽 196	上Ⅱ	2009	天津市滨海新区

二、百万千瓦机组的特点

（一）土建工程

（1）大体积混凝土较多：铜陵锅炉基础几何截面尺寸为 44.25m×45.5m×5m，混凝土量 10 067m³，强度等级 C40，用水泥 4770t，砂石 33 920t，养护时间 14d，测温点多，控制温差不超过 25℃。蒲圻锅炉（3103t/h）外柱基础中心的外几何尺寸为 70.8m×70.3m。

（2）跨度大、柱距长：汽机房跨度 36.00m；屋面高 38.500～39.690m；桥吊轨顶标高 30.70m；屋架下弦标高 34.7m。主厂房 A～B 轴 36m，B～C 轴 10m，C～D 轴 14m；框架轴向柱距以 12m 居多。

（3）冷却水塔面积大、塔体高：

1）淋水面积 14 000m²，塔总高 180m，进风口高 12.7m，塔筒喉部高 150m，塔筒喉部直径 81.21m，塔底部直径 145.186m，水池底面积 16545m²；塔筒最小壁厚 0.26～0.28m，最大厚壁 1.2～1.3m。

2）环基外径 146.802m，环基内径 130.802m，水池内壁 145.602m，环基中心线径距 138.802m，人字柱中心线径距 137.146m，塔筒顶直径 81.418m，环板基础高 2m；人字柱外径 1100mm。

3）目前国内最高、淋水面积最大的冷却塔已突破规范中不大于 165m 的限制。需进行整体稳定和局部稳定分析、计算和优化，烟囱、间冷塔、FGD 塔三合一构筑物，有加强肋间冷塔高 180m。

（4）混凝土设计强度细化：汽机房 A 轴，基础 C35、短柱 C50；BCD 轴，基础 C35、短柱 C60；混凝土烟囱底板及杯口 C30，烟囱 90m 以下 C45、90m 以上 C40；冷却水塔集水池及环低板 C30、塔筒 C35、人字柱 C40。

（二）热机部分

（1）锅炉系统：有启动分离器及启动系统，分离器有湿态和干态运行；水冷壁采用光管螺旋管圈、内螺纹螺旋管圈；水冷壁及其他管内易产生蒸汽高温氧化结垢，尤其在 650～700℃更易产生 Fe_3O_4、Fe_2O_3；大量氧化物（高达 200～250g/m²）脱落易堵管爆管，采用 HR3C 或喷丸；没有排污系统。

（2）水冷壁及二次再热系统：水冷壁采用螺旋盘绕内螺纹管圈＋垂直管屏全焊接的膜式水冷壁，保证燃烧室的严密性，鳍片宽度能适应变压运行的工况。保证在水冷壁内有足够的质量流速，以保持水冷壁水动力稳定和传热不发生恶化，特别是防止发生在亚临界压力下的偏离核态沸腾和超临界压力下的类膜态沸腾现象。我国大容量机组向二次再热系统挺进，安源、莱芜、泰州等电厂已投产。

（3）汽轮机结构：

1）整个高压缸定子件和整个中压缸定子件由它们的猫爪支承在汽缸前后的两个轴承座上；低缸外缸的重量完全由与它焊在一起的凝汽器颈部连接承担，其他低压定子部件的重量通过低压内缸的猫爪由其前后的轴承座来支承，轴承座与低压缸猫爪之间的滑动支承面均采用低摩擦合金。2 号轴承座位于高压缸和中压缸之间，是整台机组滑销系统的死点。在 2 号轴承座内装有径向推力联合轴承，整个轴系以此为死点向两头膨胀；高压缸和中压缸的猫爪在 2 号轴承座处也是固定的，高压外缸受热后也是以 2 号轴承座为死点向机头方向膨胀；而中压外缸与中压转子的温差远远小于低压外缸与低压转子的温差，这样的滑销系统在运行中通流部分动静之间的差胀较小，有利于机组快速启动。

2）高压外缸筒形内缸垂直于纵向分面；高压缸为单流式，有 1 个双向流冲动式调节级和 9 个冲动式压力级；主汽门与气缸直接连接；提供滑压运行效率的补汽阀。

（4）现场安装要求：高压缸整体精装出厂，排汽过渡段已焊好，中压部分整体精装出厂，电厂现场均不必开缸；低压Ⅰ部分和低压Ⅱ部分的通流间隙在制造厂内已调准，到现场需复核通流间隙，若不符合设计要求，须现场修准；低压Ⅰ部分外缸和低压Ⅱ部分外缸厂家不组装，现场拼装焊接。

（5）热机几何尺寸及大单件质量：锅炉尺寸为 71.9m×70.8m×70.3m，质量 30 100t；大板梁为叠梁，高 2.8m，单梁尺寸为 42.5m×3.8m×1.4m，质量 180t（不含包装）。高压缸转子与缸合一，尺寸为 9.8m×3.9m×4.16m，质量 125t；汽轮机中压缸转子与缸组合体尺寸为 10.0m×4.2m×4.68m，质量 195t/205t；汽轮机低压转子尺寸为 8.5m×4.4m×4.4m，质量 111t/106t。

（6）主要材质：主蒸汽、热段材料采用 A335 P92，过热器出口、再热器出口管段材料采用 P92，冷段材料采用 A691Cr2－1/4 CL22 电熔焊钢管，高压给水管道材料采用 15NiCuMoNb5－6－4。

（7）主水主蒸汽系统：

1) 压力温度的确定增加裕度：按国内外电厂设计压力取值，同时考虑汽轮机旁路配套超压溢流功能，主蒸汽设计压力按锅炉出口额定工作压力加 5%，即 $27.46 \times 1.05 = 28.84$ MPa；主蒸汽温度按锅炉过热器出口额定温度加运行允许温度正偏差 5℃，即 610℃。

2) 主蒸汽管道上不装设流量测量喷嘴，主蒸汽流量通过测量汽机第 5 级进口压力来判定。

3) 在除氧间内两根主蒸汽管道设一压力平衡连通管。

4) 主蒸汽管道上设水压试验堵板。

5) 高压旁路容量按 40%BMCR 工况设计。

6) 卧式加热器，高加单列或双列、可用碳钢管束。

(8) 汽轮机形成及参数：

a. 汽轮机型号为 TC4F，汽轮机本体总重 1570t。

b. 主要参数：铭牌功率为 1000MW，VWO 工况功率为 1094.665MW。

c. 额定工况参数（THA 工况）：高压主汽阀前主蒸汽额定压力 26.25MPa，高压主汽阀前主蒸汽额定温度 600℃，中压主汽门前再热蒸汽压力 5.0MPa，中压主汽门前再热蒸汽额定温度 600℃，设计背压范围为 4.685～5.984kPa (a)，平均设计背压 5.3kPa，最终给水温度 290℃，最大允许系统周波摆动为 47.5～51.5Hz。

d. VWO：3103.3t/h（主蒸汽）、2590.1t/h（再热）。

(9) 电厂效率高、布置紧凑：电厂效率达 43.3%；厂用电率为 4.5%；特超临界电厂效率为 47%；超超临界锅炉节煤 9%～10%；凝汽器上部桁架支撑 7、8 号组合式低压加热器。

(10) 环保监测要求高：

1) 烟气连续监测系统测量原烟气及净烟气的两系列参数，如 SO_2、O_2、烟尘浓度、温度、压力及烟气流量、湿度等；CEMS 必须连续投入。

2) 烟气连续监测系统能满足至少 90d 运行不需要非日常维修的要求；CEMS 系统应具有 95% 以上可利用率；其功能包括自我诊断、主要仪器部件故障报警、不准有两位数浓度值的变化、指示不准漂移、显示报警无误、有启动隔离快关门、全部打印出测量的污物成分。凡是与烟气或校正气接触的探头和其他零部件均应由 Teflon、玻璃、不锈钢、Hastelloy C-276 或其他耐腐蚀合金构成。

(三) 电气部分

(1) 发电机定子尺寸为 11.65m×5.12m×4.8m，运输重 443t（不包括冷却器端罩，包括吊攀），发电机定子吊装重 431t（不包括端盖）。

(2) 单相主变压器尺寸为 9.8m×3.9m×4.16m，总重 176t；三相变压器比单相变压器事故率低；占地少、布置清晰、维护检修简便；投资省、运输条件好。设有一台启动备用变压器，容量为 86/47-47MVA，采用分裂式变压器（有载调压）。

(3) 采用 GIS 组合电气设备；AGC 自动发电量控制；发电机出口断路器 GCB；电网微机监控系统（含远动、五防闭锁）NCS；现场总线控制系统 FCS。

(4) 厂用电设快速切换装置：机组故障时保证机组安全停机，配置微机型厂用电快切装置。厂用电快切装置独立于 DCS 工作，其正常工作和故障报警信号接入 DCS，并与 EFCS 有通信接口。

(5) 发电机的技术特点：额定电压较高，采用进口一次成型防晕或涂刷型防晕材料；增加功率密度；氢压范围为 0～520kPa；减少线圈温升；铁芯端部设有并联磁通，降低定子铁芯端部温升；优化长度 L 与直径 D 之比，以降低轴振；机座的自然频率低于磁力激振频率区；定子铁芯与机座间设置组合式弹性定位筋隔振结构；铁芯端部压圈设有紧固结构，铁芯端部设置磁屏蔽；定子线棒采用换位结构。上下层线棒采用不等截面；定子绕组槽内固定采用高强度槽楔侧面波纹板；定子绕组端部固定采用刚性–柔性结构，适用于调峰运行工况；定子绕组端部紧固件全部为非金属材料；转子绕组采用含银铜线制造，采用滑移结构，适用于调峰运行工况；转子采用可靠的滑移结构，可提高发电机的不对称运行能力；转子绕组采用气隙取气斜流通风冷却；转子绕组的电气连接部件采用柔性连接结构，可降低结构件的循环应力和热应力；转子结构件的机械设计按启停机 10 000 次要求，可提高发电机的可靠性和寿命；发电机采用高效率螺旋桨式风扇；发电机采用椭圆式轴承及单流双环式油密封，可在下半端盖就位时抽插转子；冷却器采用穿片式结构；采用集装式氢、油、水系统。

（四）热控部分

（1）自动化程度更高，包括分散控制系统 DCS、数据采集系统 DAS、协调控制系统 CCS、顺序控制系统 SCS、模拟控制系统 MCS、现场总线控制系统 FCS、管理信息系统 MIS、监控信息系统 SIS、办公管理系统 OA、工程合同管理 EXP 等。

（2）自动控制系统完备，包括炉膛控制系统 FSS、燃烧器管理系统 BCS、（FSSS＝FSS＋BCS）、燃料控制系统 MFT 等；汽机自动控制系统 TAS、汽机本体安全监控仪表 TSI、汽机紧急停机系统 ETS、数字电液（调速）控制系统 DEH、机组自启停系统 APS 等；电气监控系统 ECS、厂用电监控管理系统 ECMS、组合电气设备 GIS、发电机断路器 GCS 等。

（3）电网远动控制优化，包括自动发电量控制 AGC、电网电压自动控制 AVC、自动调度系统 ADS、远程数据采集站 RDA、电力系统稳定装置 PSS、电网微机监控系统 NCS 等。

第五节　1000MW 以上容量机组

一、1100MW 机组

德国 RWE 电力公司在德国波鸿市建起诺拉电厂，2×1100MWe 燃烧褐煤机组，电厂效率达 43％。采用烟塔合一技术建设，塔高 172m，水池外部直径 118m，底部直径 114m，烟道直径 10m。

德国 GEA 能源技术有限公司是德国 GEA 技术集团所属企业，主要业务领域是能源工业所需的空冷法发电技术、水冷却塔技术、烟塔合一技术及产品，GEA 集团是德国最大的工程技术集团之一，年营业收入达 41 亿欧元，在中国有分公司。

（1）烟道式自然通风冷却塔，即烟塔合一技术的产物。世界各国多以湿法脱硫为主流，占脱硫工艺的 90％。为缓解低温饱和减少烟气对烟囱的腐蚀，减少排烟烟雨和改善扩散效应，一般对脱硫后的烟气进行加热。20 世纪 80 年代开始，以德国为代表尝试利用冷却塔排放湿法脱硫后的烟气，节省了较大的加热器投资和运行费用，提高了电厂热效率，并改善了排烟的扩散效果。

德国新建火力发电厂均采用烟塔合一技术，如德国黑泵电站 2×800MW 机组，也采用烟塔合一建设，1997 年开始运行；德国还有 1×900、6×500、2×920、1×510、1×

300MW 的褐煤或烟煤机组，均为采用烟塔合一的电厂；老厂也相继改为冷却塔排烟。

（2）我国烟塔合一技术应用与发展。

1）华能北京热电有限公司建成我国第一个烟塔合一电厂。

2）2013 年，京能集团在内蒙古盛乐冷热电联供双水内冷机组工程中率先建设烟囱、间冷塔、脱硫 FGD 塔"三合一塔"的新型构筑物，又是"两机一塔"，取消烟囱，两炉的 FGD 均布置在一个间冷塔内，布置紧凑，占地面积少，间冷塔高达 180m，系统简化，提高了热效率。

（3）技术分析和技术要求。

1）烟气入塔后，抽风能力提高，烟气入塔增加阻力相补偿，略有提高。

2）烟气中的剩余微尘经湿冷塔内高湿度会逐渐降温，并起到洗涤作用。

3）塔防腐层（环氧树脂）厚度：塔喉部内下 $>200\mu m$，塔喉部内上 $>300\mu m$，塔风筒外 $>80\mu m$，塔内构件 $>100\mu m$。

4）烟气中的成分随冷凝水进入塔内，所以间冷塔内散热系统及管道要巡检，做好阴极防腐。

二、1150MW 机组

900MW 以上运行机组，无论 50Hz 还是 60Hz，大都采用双轴布置。但是，随着近年来机组参数的不断提高，单轴布置也成为发展趋势。

单机最大功率单轴汽轮机仍然是苏联制造的 1200MW 汽轮机；双轴最大功率汽轮机是美国西屋公司制造的 60Hz 的 1390MW 机组。

（1）美国肯塔基州 Paradise 电厂 3 号机组容量是 1150.2MW，为超临界机组。

1）锅炉：由美国 B&W 公司制造的直流旋风煤粉炉，为单炉膛、正压、再热、超临界、液体除渣、半露天锅炉。主蒸汽出力 3624 t/h，主蒸汽温度 540℃，主蒸汽压力 256.6kg/cm²；再热蒸汽出力 2428 t/h，蒸汽温度 540℃，蒸汽压力 37kg/cm²；配旋流式燃烧器 23 支，燃煤 439t/h。

2）汽轮机：由美国 GE 公司制造，采用冲动反动式、双轴、抽汽、四排汽，高压转子转速 3600r/min，14 级；低压转子转速 1800r/min，9 级；末级叶片长 1320mm。3600r/min 轴由单流、高压段及双流、再热段组成，由 3600r/min 轴上的再热蒸汽 IP 缸的排汽，进入 1800r/min 轴的 IP 缸，两排汽到同轴的两 LP 低压缸。

3）发电机：两台并联，每台额定出力 639MW，3600r/min 转子氢冷，氢压 4.2186kg/cm²，功率因数 0.9，定子电压 2.4 万 V，Y 型接线，中性点经过一台 75kVA、24 000V/220V 的单相配电变压器接地，二次侧并联 0.14Ω。

4）主要工期：

a. 1966 年 5 月 3 日主厂房混凝土工程开工，12 月 19 日主厂房钢架开始安装；1967 年 11 月 21 日主厂房钢架完成。

b. 1967 年 7 月 12 日锅炉开始安装；1968 年 12 月 2 日锅炉水压完成，1969 年 3 月 31 日锅炉点火冲管。

c. 1968 年 1 月 17 日汽轮发电机安装；1969 年 5 月 4 日汽轮机通气。

d. 1969 年 5 月 20 日发电机并网发电，7 月 28 日移交生产运行；1970 年 2 月 27 日商业运行开始。

（2）俄罗斯建设 1200MW 机组，1981 年投产运行。

（3）法国建设 1300MW 机组，采用双轴布置，其参数是 24.2MPa/538℃/538℃，3600/3600r/min。

三、1390MW 及以上容量机组

美国田纳西州 Cumberland 电厂为 2×1300MW 超临界火电单轴机组；美国 1390MW 超临界火电机组为双轴机组。

（1）锅炉：由美国 B&W 公司制造的直流旋风煤粉炉，为单炉膛、正压、再热、超临界、直流锅炉。主蒸汽出力 4213 t/h，主蒸汽温度 540℃，主蒸汽压力 256.6kg/cm²；再热蒸汽出力 3438.3 t/h，蒸汽温度 540℃，蒸汽压力 41.5 kg/cm²；配磨煤机 11 台，燃烧器 88 个；燃煤 510 t/h。

（2）汽轮发电机：由瑞士 BBC 公司制造。汽轮机采用双轴、八级抽汽、转速 3600r/min/3600 r/min，两台发电机完全相同，额定出力 722 222kVA，定子水冷，转子及定子铁芯氢冷，氢压 4.218 kg/cm²，功率因数 0.9，定子电压 2.2 万 V，短路比 0.6，发电机重 340 t，转子重 62.5t，励磁系统由励磁变压器、晶闸管整流器及控制保护设备组成。

（3）主要工期。

1）1 号机组：

a. 1968 年 11 月 15 日主厂房混凝土开工；1969 年 6 月 3 日主厂房钢架开始安装。

b. 1969 年 9 月 23 日锅炉开始安装；1971 年 5 月 20 日锅炉水压完成；1972 年 2 月 10 日锅炉点火冲管。

c. 1970 年 11 月 13 日汽轮发电机安装；1972 年 4 月 1 日汽轮机通气。

d. 1972 年 4 月 22 日发电机并网发电；1973 年 3 月 1 日商业运行开始。

2）2 号机组：

a. 1968 年 11 月 15 日主厂房混凝土开工；1969 年 9 月 12 日主厂房钢架开始安装。

b. 1970 年 7 月 13 日锅炉开始安装；1972 年 5 月 25 日锅炉水压完成；1972 年 11 月 21 日锅炉点火冲管。

c. 1970 年 7 月 26 日汽轮发电机安装；1973 年 1 月 9 日汽轮机通气。

d. 1973 年 2 月 1 日发电机并网发电，11 月 1 日商业运行开始。

注：（1）中国电力建设全球速度第一。

1949 年，我国发电装机容量 184.86 万 kW，其中水电 16.64 万 kW、火电 168.22 万 kW。

1957 年，我国发电装机容量 464 万 kW，其中水电 102 万 kW、火电 362 万 kW。

1965 年，我国发电装机容量 1508 万 kW，其中水电 302 万 kW、火电 1206 万 kW。

1970 年，我国发电装机容量 2377 万 kW，其中水电 624 万 kW、火电 1753 万 kW。

1980 年，我国发电装机容量 6587 万 kW，其中水电 2032 万 kW、火电 4555 万 kW。

1987 年，我国发电装机容量 1.0290 亿 kW，其中水电 3019 万 kW、火电 7271 万 kW。

1995 年，我国发电装机容量 2.1512 亿 kW，其中水电 5218 万 kW、火电 16294 万 kW。

2000 年，我国发电装机容量 3.1689 亿 kW，其中水电 7935 万 kW、火电 23754 万 kW。

2004 年，我国发电装机容量 4.47 亿 kW，其中水电 10 800 万 kW、火电 32 500 万 kW、核电 701 万 kW、风电 76 万 kW。

2005 年，我国发电装机容量 5.1718 亿 kW，其中水电 11 625 万 kW、火电 38 413 万 kW、核电 701 万 kW、风电 106 万 kW。

2006 年，我国发电装机容量 6.2314 亿 kW，其中水电 12 857 万 kW、火电 48 405 万 kW、核电 785 万 kW、风电 267 万 kW。

2007 年，我国发电装机容量 7.1533 亿 kW，其中水电 14 500 万 kW、火电 55 400 万 kW、核电 908 万 kW、风电 605 万 kW。

2008 年，我国发电装机容量 7.9253 亿 kW，其中水电 17 152 万 kW、火电 60 132 万 kW、核电 1075 万 kW、风电 894 万 kW。

2009 年，我国发电装机容量 8.741 亿 kW，其中水电 19 700 万 kW、火电 65 200 万 kW、核电 2305 万 kW、风电 1613 万 kW。

2010 年，我国发电装机容量 9.6641 亿 kW，其中水电 21 361 万 kW、火电 71 072 万 kW、核电 2305 万 kW、风电 3012 万 kW；2010 年美国发电装机容量 10.3914 亿 kW。

2011 年，我国发电装机容量 10.5576 亿 kW，其中水电 23 100 万 kW、火电 76 500 万 kW、火电 2305 万 kW、风电 4505 万 kW；2011 年美国发电装机容量 11.531 49 亿 kW。

2013 年，我国发电装机容量达 12.4738 亿 kW，其中水电 28 002 万 kW、燃煤火电 86 238 万 kW、核电 1461 万 kW、风电 7548 万 kW、太阳能发电 1479 万 kW、其他 10 万 kW；2013 年美国发电装机容量 11.5315 亿 kW（因关停下降）。2013 年我国发电装机容量超过美国。

2014 年，我国发电装机容量 13.6019 亿 kW。

2015 年，我国发电装机容量 15.3092 亿 kW。

（2）中国超英赶美成为全球电力王国。1988 年全国电力装机容量达 11 550 万 kW，是新中国成立时装机容量的 62 倍；2010 年我国电力装机容量是新中国成立时装机容量的 520 倍。1986 年我国电力装机容量超过英国，2011 年用电量超过美国，2013 年电力装机容量超过美国，世界排名第一。我国水电、风电、光伏发电、特高压电网均为世界第一，堪称全球电力王国（电力总量超过美国，但人均用电量美国是我国的 5 倍）。

第二章

设备技术监造性能验收

第一节 超临界机组

一、超超临界机组选用

（一）超临界、超超临界机组的定义

蒸汽压力大于临界压力 22.115MPa、小于 25MPa 的锅炉称为超临界锅炉；蒸汽压力为 25～31MPa 的锅炉称为超超临界锅炉，配套的汽轮发电机称为超超临界汽轮机，合起来称为超超临界机组；蒸汽压力为 32～35MPa 的锅炉为特超临界锅炉，与配套的汽轮发动机合为特超临界机组。

按蒸汽压力与温度参数合一判定：亚临界是大于 17.23MPa，535℃；超临界是 24.32MPa，560℃；超超临界是 30.4MPa，560℃及以上。在超临界与超超临界状态，水由液态直接成为汽态（由湿蒸汽直接成为过热蒸汽、饱和蒸汽），热效率高。因此，超临界、超超临界发电机组已经成为发达国家的主力机组。超临界机组：德国 1956 年世界第一台 117MW，$p=29.3$MPa，$t=600$℃机组投产；美国 1957 年（125MW）超临界机组运行；美国现有 160 多台超临界机组，俄罗斯有 230 多台。

进入超临界（Supercritical，缩写 SC）之后参数如何分档，目前世界上没有定论。共识水的临界压力是 22.115MPa，相变点温度是 374.12℃。多数国家把常规超临界参数的技术平台定在 24.2MPa/566℃/566℃（3500Psig/1050℉/1050℉）上，而把高于此参数（无论压力升高还是温度升高，或者两者都升高）的超临界参数定义为超超临界参数的机组。1998 年丹麦首先建成超超临界机组。

（二）350MW 机组超临界与亚临界的比较

为提高发电厂热效率，各国都积极采用超临界参数的大容量火电机组，自 1956 年德国建设小容量 117MW 的超临界机组，继而 1957 年美国试验性超临界（621t/h，31MPa，566/566℃）125MW 机组投运以来，到 20 世纪 90 年代初，仅美国、日本、苏联、德国、意大利、丹麦 6 个国家就投运了 500 多台超临界机组。超临界机组的相对热效率平均提高约 2.5%，可靠性不逊于亚临界机组。

日本投运的超临界机组最小容量为 350MW；俄罗斯 300MW 及以上容量机组全部采用超临界参数。我国已投入运行的 300MW 级燃煤机组中，有多台超临界压力机组，锅炉蒸发量为 1000t/h 级，主蒸汽参数由 25MPa/545℃至 25MPa/571℃，定压或滑压运行。

1. 我国设备状况

汽轮机：对于 300MW 级超临界汽轮机，汽轮机的高、中压缸模块可在原 300MW 亚临界汽轮机的基础上进行改造和更换材料等，如高中压内缸、动叶片、汽缸用螺栓等需更换材质；喷嘴结构由原反流式改为正流式；高中压叶片由原小焓降叶片改为大焓降叶片等。配套的高压主汽调节阀和再热汽调节阀的通流面积、阀壳及阀门底座螺栓等均需修改设计。低压缸只需在原300MW亚临界汽轮机低压缸的基础上略作修改即可。

锅炉：国内在超临界锅炉的设计、制造和运行等方面具有较强的实力。对于300MW等级超临界机组容量，锅炉制造技术是完全可行的。锅炉设计方案均采用单炉膛、一次中间再热、固态排渣、Ⅱ型结构；水冷壁采用下部螺旋管圈＋上部垂直管圈的形式，水冷系统螺旋管圈分为灰斗部分和螺旋管上部，垂直管圈分为垂直管下部和垂直管上部，螺旋管圈和垂直管圈之间采用中间集箱过渡，水动力特性稳定，适用于滑压运行。

发电机：以国内主机制造厂现有的技术水平及制造能力，完全可以自行设计制造300MW级超临界机组的主机。

综述：1974年我国自制300MW机组投运，比苏联晚11年，比美国晚19年。

2. 参数比较

超临界机组技术参数：350MW机组在国外是区域电网的主力机组，现以亚临界机组（参数16.7MPa/538℃/538℃）为比较基础，超临界机组（参数24.2MPa/538℃/566℃）的效率提高2.4%；超临界机组（参数24.2MPa/566℃/566℃）的效率提高3.2%；超超临界机组（参数25MPa/600℃/600℃）的效率提高5.6%。国内制造行业已能够设计制造参数为24.2MPa/538℃/566℃和24.2MPa/566℃/566℃的600MW超临界机组及1000MW超超临界机组，二者选材基本相同，造价基本持平，而参数为24.2MPa/566℃/566℃的600MW超临界机组的效率比参数为24.2MPa/538℃/566℃的同容量超临界机组要高0.8%。因此，从设计、选材、造价及电厂热效率各方面考虑，对300MW级超临界机组选择24.2MPa/566℃/566℃参数合适。华能安源660MW特超临界二次再热机组，主蒸汽压力32.45MPa、温度605℃，一、二次再热器出口蒸汽温度623℃，采取10项攻关措施，机组热效率比一次再热提高2%。

3. 可靠性分析

(1) 供热可靠性：350MW超临界供热机组是在300MW亚临界供热机组的基础上发展来的，主要变化在部分结构改造和材料更换上，抽汽口位置和抽汽能力、参数基本未变，反映到机组供热可靠性上，与300MW亚临界供热机组相比没有区别。

(2) 辅机设备制造和运行：350MW超临界供热机组的辅机容量要比常规300MW亚临界供热机组大10%左右，而国内各辅机制造水平近年来逐年提高，生产1000MW机组的大部分辅机对于350MW超临界供热机组的辅机来说，不存在设备制造上的难题，只是设备价格略高。

(3) 材料供应分析：350MW超临界供热机组的四大管道材料与常规300MW亚临界供热机组基本相同，主蒸汽管道采用A335-P91，给水管道采用WB36，只不过管径和壁厚有所加大，但还在同一规格系列内，故从采购供应上与常规300MW亚临界供热机组相比无太大变化。

4. 技术经济比较

选用300MW级超临界机组具有降低能耗、提高发电效率、减少环境污染等优点，但增加了电厂初投资，所以还需要对其进行技术经济分析比较，来确定选用超临界机组是否经济。

（1）热经济性比较：按工业抽汽 50t/h、采暖抽汽 500t/h 计算机组热经济性。在 THA 工况时，超临界机组的热耗值比亚临界机组少 138.8kJ/kWh。在冬季额定采暖抽汽工况时，超临界机组的热耗值比亚临界机组少 314.3kJ/kWh，节省燃料成本和减少大气污染物排放等方面有很明显的经济效益和社会效益。在节约能源方面：超临界比亚临界在热耗、煤耗方面具有较大优势，热效率提高约 2.1%，节能效果好。在保护环境方面：超临界机组的二氧化碳、二氧化硫、烟尘、氮氧化合物等有害气体排放也较少，对保护环境具有重要意义。

（2）电厂的初投资比较：主设备初投资比较（两台机组）

以亚临界 2×300MW 机组为基准，当机组容量增加为 350MW 时，投资增加约 4000 万元；当机组容量增加为 350MW 主蒸汽参数提高至超临界水平时，投资增加约 8200 万元。

5. 经济效益分析

（1）超临界 2×350MW 机组煤耗较低，年平均发电标煤耗率较亚临界 2×350MW 机组和亚临界 2×300MW 机组分别减少了 14.1g/kWh 和 12.2g/kWh；按年利用小时为 4700h/a 计算，年节约标煤分别为 4.6 万 t 和 3.4 万 t。

（2）标煤单价按 640 元/t（含税）计算，超临界 2×350MW 机组较亚临界 2×350MW 机组年节省燃煤投资 2176 万～2944 万元。

6. 综合评价

（1）600MW 级超临界或超超临界机组和 1000MW 超超临界机组已全部实现国产化，可靠性和安全性非常高；350MW 超临界机组主机早已实现国产化。

（2）超临界机组由于提高了热效率，降低了燃料成本和烟尘排放物的含量，符合环保国策。

（3）虽然蒸汽初参数提高，相应地增加了电厂初投资，但是综合比较经济效益还是显著的。

（三）国内 600MW 机组升级为超超临界参数的必要性

自 20 世纪 80 年代初我国引进 300MW 和 600MW 亚临界机组技术以来，到目前为止，300～600MW 亚临界机组为我国火力发电主力机组已成为历史，提高发电效率、减少污染、节约资源的超超临界机组是今后火电机组的发展方向，提高蒸汽参数、发展大容量机组是提高机组热效率的主要手段。

目前，世界各国火力发电机组参数已由亚临界参数（18.0MPa、540℃）发展到超临界参数（25.0MPa、540～566℃）和超超临界参数（25.0～31.0MPa、580～610℃及以上）。超超临界机组的发电效率可达 45%～47%，比亚临界机组高 6%～7%，比超临界机组高 3%～4%，其可靠性与超临界和亚临界机组基本相当，技术成熟。因此，发展超超临界燃煤机组，提高机组热效率、降低发电煤耗、减少二氧化碳和其他大气污染物的排放，是我国火力发电机组发展的必然趋势。

从我国电网容量上看，需要装设 1000MW 等级的大机组。但是今后在电网中不可能全部建设 1000MW 机组，其原因是：厂址受到建厂条件和运输条件的限制；机组容量越大，电网对其可靠性要求越高。从供热和纯凝发电的需要及级配合理的角度而言，我国大电网应 300、600、1000MW 级搭配。

以 300MW 和 600MW 亚临界机组为例，300MW 机组首先成为电网的主力机组，现在开始建设的工程绝大部分已采用 600MW 机组和 1000MW 机组。将 600MW 机组参数升级为超超临界，虽然会引起一些变化，但主要是集中在主机的部件要采用更好的材料上，对于辅机基本没有影响。600MW 超超临界机组将与 1000MW 超超临界机组并行发展。

（四）再热方式选择

超超临界机组在提高进汽压力的同时，为避免汽轮机末级蒸汽湿度过高，国外一些超超临界机组采用二次再热。与传统的一次再热循环比较，二次再热有以下三个优点：

（1）降低低压缸的排汽湿度，减少末级叶片的磨蚀。

（2）降低再热器的温升，一次再热循环系统中再热器的温升为 280℃ 左右，采用二次再热系统每个再热器中的温升在 200℃ 左右，这使得锅炉出口蒸汽温度更均匀。

（3）提高机组效率，二次再热与一次再热比较，其热效率一般高出 1.3%～1.5%。

低压缸的排汽湿度与机组的初参数、再热蒸汽参数的选择及汽轮机背压都存在一定的关系。排汽湿度一般控制在 10% 左右，且最大不应超过 12%，否则将造成末级叶片的严重腐蚀。若蒸汽参数选择 28.0MPa、580℃/600℃，汽轮机背压为 4.9kPa 时，排汽湿度就将达到 10.7%，已经达到了较大的排汽湿度。日本在川越电厂的两台机组由于主蒸汽压力高（31MPa），采用了二次再热。丹麦两台机组主蒸汽压力为 29MPa，但由于汽轮机背压低，也采用了二次再热。

虽然采用二次再热循环有上述优点，但二次再热要求汽轮机增加一个超超高压缸，低压缸进口温度将大于 400℃，使低压缸转子进入高温回火脆性区，必须对低压转子材料进行特殊处理，将使汽轮机设备成本增加 30%，锅炉增加比例会更多，机组的造价也要高 10%～15%。而机组设备的投资一般占电厂总投资的 45%～48%，将提高电厂投资 4.5%～7.2%。由此可见，二次再热所带来的总体经济性有所提高，但二次再热循环系统复杂，运行操作也不方便，运行成本增加。考虑各种因素，目前我国超超临界机组采用一次再热循环的电厂较多。二次再热系统也起步，安源等电厂已建成投产。

（五）蒸气参数选择

1. 蒸汽参数与经济性的关系

（1）主蒸汽压力由 18.5MPa 提高到 25.0MPa，可降低净热耗 2%；提高到 30.0MPa，可再降低 0.75%。

（2）主蒸汽温度每提高 10℃，一次再热机组效率提高 0.25%～0.30%；一次再热蒸汽温度每提高 10℃，二次再热机组效率提高 0.25%；二次再热蒸汽温度每提高 10℃，二次再热机组效率提高 0.15%。

（3）机组参数从亚临界参数 169kg/cm² 、538℃/538℃ 提高到超临界参数 246 kg/cm²、538℃/566℃ 后，机组效率可提高 2.5%。由于压力的提高，使效率提高 1.7%；温度的提高，使效率提高 0.8%。

（4）机组参数从超临界参数 246kg/cm² 、538℃/566℃ 提高到超超临界参数 250 kg/cm²、600℃/600℃ 后，机组效率提高约 3.2%。

可见，亚临界参数到超临界参数转变中，对机组效率的影响主要来自于压力的提高；而从超临界参数到超超临界参数的转变中，温度的提高对于机组效率的影响要比压力提高的影响大得多。

2. 主蒸汽温度选择

由于更高温度参数（如温度 650、700、760℃）的实施尚需进行大量的研究及中间实验工作，目前超超临界机组已有较多运行业绩，火电机组的主蒸汽及再热蒸汽温度范围是566℃/566℃、566℃/580℃、580℃/580℃、580℃/600℃、600℃/600℃、600℃/610℃、605℃/623℃。

从超临界参数至超超临界参数的转变中，主蒸汽温度的提高对机组经济性效益的提高显著。目前国际上主蒸汽温度/再热蒸汽温度600℃/600℃运行业绩较多，与之对应的高温材料也已经很成熟。

下面将超超临界机组主蒸汽温度分别为580℃和600℃进行对比分析：从经济性的角度看，主蒸汽进汽温度从580℃提高到600℃，机组热效率提高0.5%～0.6%。对锅炉而言，过热蒸汽从585℃提高到605℃，锅炉形式基本一样，仅后屏过热器和末级过热器的工质温度提高，使得后屏过热器部分受热面管子、集箱、管道的材料档次提高。后屏过热器的管子材料还是可以使用T91、TP347H，但管子壁厚将增加0.5～1mm；而末级过热器管系材料使用TP347HFG的部分要增加，相应使用材料档次提高一档；集箱和管道的材料由P91改用P92，增加锅炉总价的1%。

二、超超临界汽轮机

国内600MW机组的汽轮机，目前汽温600℃参数机组的使用已相当成熟，在日本及德国针对不同的阀门、汽缸、转子等已有系列的标准材料。据统计无论投运时间长短，在进汽温度538～600℃的范围内，整机可用小时达到8300h左右的高水平。

（1）在538～600℃范围内，设备结构基本相同，价格主要随材质而变化。机组的运行特性、启动及变负荷性能体现在温差、变化速率、寿命损耗这三个参数的关系上，进汽温度的高低将使转子的温升变化，影响到变化速率或寿命损耗。进汽温度选择的技术经济比较见表2-1。

表2-1　　　　　　　　　　　　　进汽温度选择的技术经济比较

主进汽温度（℃）	经济性相对提高（%）	冷态启动至满负荷时间增加（相对同样的寿命损耗）（min）	冷态启动至满负荷寿命损耗增加（相对同样的速率）（%）	部件材料				造价提高（%）
				转子	内缸	主汽门	叶片	
538	基准	基准	基准	—	—	—	—	基准
566	0.75	15	0.0025	CrMoV	2.24CrMo	2.24CrMo	—	4
580	1.1	20	0.034	CrMoV	12Cr	9Cr	—	10
600	1.6	30	0.005	12Cr	12Cr	9Cr	12Cr	10

根据以上技术经济比较，对主蒸汽温度580℃与600℃汽轮机材料完全相同，因此设备价格基本相同。至于主蒸汽温度升高后，对汽轮机启动时间或者寿命的影响是正常的，对机组的实际运行性能并不会产生很大的影响。

（2）主蒸汽管道在相同压力下，当主蒸汽温度为580℃时，采用P91材料，P91材料一般最高可用到593℃，或采用P92或E911；当主蒸汽温度提高到600℃时，则必须采用P92。

机组参数为24.7MPa/580℃/600℃，主蒸汽管道也采用E911，在这种情况下，主蒸汽温度提高到600℃，材料则不会改变，只是管道壁厚会有所增加。在相同参数下，采用P91的管道壁厚比采用P92的管道壁厚要大44%左右，再考虑钢结构、支吊架的费用，采用

P91 不一定比采用 P92 经济。所以，对于主蒸汽温度 600℃，推荐采用 P92，而对于主蒸汽温度 580℃，既可采用 P91，也可以采用 P92。因此，主蒸汽温度 580℃ 与 600℃ 对于主蒸汽管道费用影响不大。

（3）高压给水管道在相同压力下，对于主蒸汽温度 580℃ 与 600℃，给水的温度都不会有大的变化，所以管材不会改变；由于给水流量变化很小，因此管径不会变化，对管道壁厚也不会有影响。

综上所述，主蒸汽温度从 580℃ 提高到 600℃，机组热效率提高 0.5%~0.6%，锅炉造价增加 1%，对汽轮机造价影响不大，主蒸汽管道壁厚会有少量的增加。目前从超超临界机组发展趋势看，主蒸汽温度逐渐提高，新建的 1000MW 级超超临界机组主蒸汽温度一般为 600~610℃。

三、主蒸汽压力选择

火电超超临界机组采用的进汽压力为 25、28、31MPa（>31MPa 为特超临界机组），现对三种压力参数的适用性进行分析。

（1）采用 31MPa 时，为了降低排气湿度，通常需采用二次再热。因此，在采用一次再热循环的机组上难以应用。我国已建成 32.45MPa 的特超临界机组，采用二次再热系统其蒸汽温度达 623℃。

（2）25MPa 和 28MPa 两个压力参数的比较：

1）在机组热经济性方面，提高进汽压力将使机组的热耗降低，28MPa 压力与 25MPa 压力相比，在额定负荷下热耗相对降低 0.2%~0.3%；当进汽压力从 25MPa 提高到 28MPa 时，整个锅炉的受压件和阀门都将改变，锅炉成本将增加约 5%。

2）当进汽压力从 25MPa 提高到 28MPa 时，汽轮机进汽端承压部套，如主蒸汽管、阀门、外缸、蒸汽室及喷嘴的强度都会提高，相应的材料也会多消耗一些，汽轮机设备价格上升 3% 左右。

3）在相同温度下，主蒸汽压力由 25MPa 提高到 28MPa，对主蒸汽的管材选择没有影响，只是管子的壁厚要增加。尽管理论上由于压力升高后，蒸汽的比体积减小，在同样流速下管径可以减小，但由于管径规格的限制，实际上是难以做到的。因此，主蒸汽管道的重量会增加。

综合考虑，上述设备价格和管道重量的增加，压力由 25MPa 提高到 28MPa，投资增加 1%~2%。

（3）超超临界机组已有成熟的运行业绩，在主蒸汽温度达到 600℃ 条件下，主蒸汽压力大多在 25~28MPa，主蒸汽压力由 25MPa 升到 28MPa 所获得的经济效益有限，在其他方面，如电厂投资、安全可靠性，综合性价比并不占优。

华能玉环电厂和邹县四期 2×1000MW 超超临界机组，根据压力参数运行特性，纯滑压运行，则在 VWO 工况汽轮机进汽压力将达到 26.25MPa，再考虑补汽条件，在 TMCR 工况汽轮机进汽压力就达到 26.25MPa，因此玉环电厂汽轮机进汽压力最终确定为 26.25MPa。山东邹县四期工程汽轮机由东方-日立公司供货，机组采用定—滑—定运行，汽轮机额定进汽压力为 25MPa。随着新材质的涌现，超超临界机组压力还会有所提高。

四、汽轮机形式选择

600MW 等级超超临界机组是在超临界机组的基础上提高主蒸汽、再热蒸汽的参数，使通流部分、叶片形式及末级叶片长度等不发生变化，不改变汽轮机汽缸结构和数量，现国内外已投运的600MW机组大多采用三缸四排汽或早期的四缸四排汽机型。但随着汽轮机设计制造技术、末级叶片和材料的发展，汽轮机正朝着结构简单、尺寸减小、效率高的方向发展。目前，日本三菱公司生产制造的600MW两缸两排汽汽轮机已在日本广野（Hirono）电厂投运。

大容量超超临界汽轮机机型有：

（1）三缸四排汽机型。

（2）两缸两排汽（或三缸两排汽）机型：日本三菱高中压合缸；德国西门子公司技术为三缸两排汽机型，高中压缸分缸。

根据目前汽轮机本体技术及制造水平，以及汽轮机末级叶片的发展应用结果，我国600MW超超临界机组应优先考虑采用两缸（或三缸）两排汽机型。理由如下：

（1）技术发展的必然趋势。随着汽轮机设计制造技术和材料的发展，大功率火电机组朝着结构简单、尺寸小、效率高发展，是火电机组永恒的追求目标。600MW机组采用两缸两排汽或三缸两排汽是今后600MW等级机组的发展趋势。

（2）技术上可行。目前国际上可用于600MW机组两排汽的末级叶片只有西门子公司1146mm和三菱公司的1220mm末级叶片。西门子公司的1146mm末级叶片自1997年运行至今已运行超过30 000h，在矶子电厂1号机、外高桥二期工程有成功运行业绩；据介绍，西门子公司目前已完成1430mm钛合金末级叶片的设计及试验验证工作，其排汽面积可达到13.5m²，比1146mm钢叶片降低热耗0.6%，该叶片用于两排汽机型。三菱公司1220mm末级叶片是由神户电厂60Hz机组40in末级叶片模化而成，神户电厂运行1年后对40in末级叶片进行检查，情况良好，且模化成的1220mm末级叶片已在日本广野电厂5号机应用，运行正常。因此采用两缸（三缸）两排低压缸技术可行。

（3）运行经济性差别不大。目前，两排汽轮机组与三缸四排汽机组相比，采用可选用的1146mm和1220mm两种末级叶片，在额定负荷工况下，由于排汽面积小于四排汽面积，排汽的余速损失增加，使汽轮机效率略有降低，从汽轮机制造厂计算结果看，额定负荷时两排汽比四排汽热耗高20kJ/kWh左右，但在部分负荷运行时两排汽热耗还低于四排汽机型。因此，经济性上的差别主要取决于机组实际的运行工况。在假定条件下，考虑了年平均运行工况后，两排汽比四排汽热耗高6kJ/kWh左右，所以两排汽与四排汽的年平均经济性相差不大。随着西门子公司1430mm末级叶片的开发成功，排汽面积进一步加大，排汽损失随之减少，两排汽的经济性会优于四排汽机型。

（4）降低汽机造价。由于两排汽比四排汽少1个低压缸，三菱公司在广野5号机组采用两缸两排汽比三缸四排汽汽轮机长度可缩短7m，汽轮机成本降低。因此，国内汽轮机厂也认为，两缸两排汽机型造价会低于三缸四排汽机型。

综上所述，我国600MW超超临界机组应优先考虑采用两排汽汽轮机机型。

五、超超临界机组设计与设备

（一）三大主机设计特点

锅炉：锅炉可采用塔式、Ⅱ型炉或π型炉，单炉膛，一次中间再热，对冲燃烧或四角燃烧，垂直盘型管圈或垂直上升内螺纹管圈，平衡通风、固态排渣、全钢构架。

汽轮机：600MW超超临界汽轮机可采用一次（或二次）中间热、三缸（或四缸）四排汽或两缸（或三缸）两排汽、单轴、凝汽式。

发电机：600MW 或 1000MW 等级超超临界机组与超临界机组容量的发电机是相同的，发电机不受超超临界及超临界参数影响，在设计及结构上没有区别。

（二）主要附属系统及辅机配置特点

锅炉配套辅机（磨煤机、风机、除尘器）不受超超临界参数影响，仅仅是烟风制粉系统在燃料和烟、风量上的减小，在系统配置上与超临界机组相同。

汽轮机配套辅机中高压加热器和给水泵受高参数的影响，其材料的选用和强度计算会有变化，但配置的形式和数量不变，与常规 600MW 超临界机组相同。

汽轮机回热系统为 8 级抽汽，即 3 高＋1 除氧＋4 低。旁路系统采用 100％旁路（代替安全阀）或 30％二级串联或一级大旁路。

给水系统采用二汽加一电泵，不少扩建和新建电厂已取消电泵；凝结水系统为二凝结水泵或三凝结水泵。

（三）设备验收及保管

1. 开箱验收和检查

在每批设备到达现场两个月内，由用户通知供货公司，供货公司保证及时派人到现场进行清点交接。用户若不及时通知供货公司而自行进行开箱清点，在以后安装过程中发现设备遗失、损坏及缺少零部件等问题时，供货公司对此概不负责。如果用户已按时通知供货公司，供货公司一个月内又未派人进行点交，用户可自行开箱检查，并对发现的问题做好记录。这些问题待供货公司确认后，由供货公司负责处理。

对于转子、汽缸、汽封、轴承、阀门、调节部套、各种仪表及所有辅机设备都要进行全面宏观检查，发现问题，要认真及时处理。验收后由四方人员共同写出并签署点交纪要或开箱交接记录。

2. 设备交接前的保管

设备到达现场后，应由有一定专业水平的人员对设备进行分类，分库妥善保管，冬季应将设备存放于温度为 5℃以上的环境中保管，防止变形。

现场运送过程中，应防止碰撞等现象发生，不得将两箱或两箱以上的箱子重叠堆放和运送。同时应建立合理的保管制度，防止火灾、水灾及各种有害物质的腐蚀。

3. 厂家设备移交后的保管

设备移交后，用户应将设备分类入库，按规定进行保养。同时应根据设备的不同情况制定合理的检查制度和防止事故发生的措施。

对重要零部件，如转子、调节部套、主汽阀、轴承、仪表及大螺栓等，严禁露天存放。库房存放时，必须保持库房干燥。必要时要重新涂油，以加强防腐、防湿，尤其是转子轴颈及汽缸、隔板套的中分面处。对于易碰坏的零件（如汽封），必要时可以从部套上拆下，按级别、编号分别装入专用器具，以免混杂。对各径向轴承和推力轴承的瓦块乌金应特别保护好，避免磕碰、损坏。

汽轮机转子是汽轮机的重要部件，存放时不得受到其他物品的砸、压、挤，运输时不得出现窜动；存放时必须每 3 个月转动 180°，并应及时检查油封，发现锈蚀应及时处理。

大型部件如汽缸、隔板套、汽封体、轴承箱等存放时必须放置平稳，支垫合理，水平中分面应保持水平，水平度不大于 3mm/m，部套底面距地面的距离应不小于 300mm。

加热器、冷凝器、冷油器、抽汽器等设备不允许有积水。按设备特点，水平度或垂直度不大于 3mm/m；如有堵板的设备应密封好；已充氮的容器要保持表压，使充氮保护处于良好正压状态。

对所有部套应定期保养，一般以不超过 6 个月为宜。对当地气温条件较差的应根据当地条件及时保养，严禁锈蚀，如发现锈蚀应及时处理。对所使用的各种防腐油脂，使用前应进行检查。

第二节　主设备交接与验收

一、锅炉部分

（一）厂家应提供的资料（重要部分）

（1）锅炉设计资质核准证书。

（2）锅炉质量证明书（含产品合格证、承压承重部件材质说明书）。

（3）承压部件（汽包、集箱、管子）强度计算数据汇总。

（4）热力计算数据汇总表。

（5）锅炉产品设计说明书、安装说明书和使用说明书。

（6）几何尺寸计算书。

（7）锅炉产品安全性能检验报告。

（8）水循环计算书或汇总表。

（9）安全阀排放量计算书及质量证明书。

（10）烟风阻力计算数据汇总。

（11）汽水阻力计算书。

（12）承压部件设计修改技术资料。

（13）过热器、再热器壁温计算书等。

（二）锅炉厂家的性能保证及其条件

（1）设计煤种、额定给水温度、过热再热温度及压力额定值、蒸汽品质合格，保证锅炉最大连续出力（BMCR）值。

（2）在燃用设计煤种、环境温度 20℃、大气相对湿度 60%、锅炉带额定负荷（BRL）工况、锅炉热效率按 ASME PTC 进行计算及有关项目的修正、煤粉细度在设计规定范围内，锅炉保证效率不低于 91.7%（按低位发热量）。

（3）在燃用设计煤种 BMCR 工况回转空气预热器单台漏风率投产第一年内为 6%，一年后不高于 8%。

（4）在燃用设计煤种、煤粉细度在设计规定范围内不投油，最低稳燃负荷不超过 30%～40%BMCR。

（5）在燃用设计煤种、BMCR 工况，烟、风压降实际值与设计值偏差不大于 10%。

（6）在燃用设计煤种、BMCR 工况、煤粉细度在设计规定范围内，锅炉 NO_x 排放浓度不超过 450mg/m³（$O_2 = 6\%$）。

（7）在满足煤种、过量空气系数不超温下，50%～100%BMCR 时，过热蒸汽能维持额定汽温；在 60%～100%BMCR 时，再热器能维持额定蒸汽温度。蒸汽温度允许偏差为

$\pm5℃$。

（8）在校核煤种、额定过热蒸汽温度、任何工况下，过热器总减温水量实际值在设计值150%范围内。

（9）锅炉强迫停用率小于2%，公式为

$$锅炉强迫停用率 = \frac{锅炉质量引起的强迫停炉小时数}{运行小时数 + 锅炉质量引起的强迫停炉小时} \times 100\%$$

（三）锅炉监造及性能验收试验

（1）监造

1）监造项目：汽包（23项）、集箱（16项）、"三器一壁"受热面（20项）、钢架（7项）、燃烧器（5项）、回转式空气预热器（7项）。

2）监造方式：双方要明确诸多个项目，并分清文件见证点R、实物见证点W、停工待检点H监造点。

（2）性能验收试验内容

1）锅炉出力及参数测定。

2）锅炉各种负荷下的热效率。

3）锅炉汽水品质测定。

4）空气预热器漏风试验。

5）不投油最低稳燃负荷试验。

6）锅炉起停特性试验。

7）变动工况试验。

8）水循环及水动力特性试验。

9）吹灰器性能试验。

10）过热器热偏差试验。

11）汽水及烟风系统阻力测定。

12）附件中规定的其他性能保证值。

13）锅炉性能验收试验使用设计煤种，其工业分析的允许变化范围为：

a. 干燥无灰基挥发分＝±5%（绝对值）。

b. 收到基全水分＝±1%/－4%（绝对值）。

c. 收到基灰分＝＋5%/－10%（绝对值）。

d. 收到基低位发热量＝＋1000/－500kJ/kg。

e. 锅炉热效率的计算和修正按ASME PTC 4.1进行。

（3）机组热力性能验收试验按ASME PTC进行。

（4）性能验收试验报告由测试单位编写，报告结论买卖双方均应确认。

二、汽机部分

（一）主要资料

（1）汽轮机装箱清单（主机部分）。

（2）汽轮机交货验收技术条件。

（3）汽轮机证明书。

（4）汽轮机安装技术条件。

（5）汽轮机热力特性。

（6）汽轮机调节保安系统说明书。

（7）汽轮机启动运行规程。

（二）技术要求

1. 大型汽轮机本体性能要求

（1）汽轮机能满足冷态、温态、热态和极热态启动方式；采用高、低压串联的 30% BMCR 容量旁路系统参数配套。

（2）机组能以"定—滑—定"压力启动。滑压运行最大范围可达 30%～90% 的额度负荷。

（3）制造厂应提供不同启动方式的汽轮机的启动曲线。

（4）机组在 48.5～51.5Hz 频率范围内汽轮机能安全连续运行。以下范围允许运行时间：48.0～48.5Hz/次时大于 300s、连续运行大于 500min；47.5～48Hz/次时大于 60s、连续运行大于 60min；47～47.5Hz/次时大于 10s、连续运行大于 10min。

（5）汽轮机寿命：

1）正常使用不少于 30 年；30 年内汽轮机热疲劳寿命消耗不大于 70%。

2）启机方式界定及保证启机次数（在保证使用寿命期内）：

a. 冷态启动：停机超过 72h，汽缸金属温度低于该测点满负荷时 40%，120 次。

b. 温态启动：停机在 10～12h，汽缸金属温度低于该测点满负荷时 40%～80% 之间，1200 次。

c. 热态启动：停机在 10h 以内，金属温度已下降至 80% TMCR 以上，3000 次。

d. 极热态启动：停机 1h，金属温度仍维持或接近 TMCR 的温度，150 次。

e. 负荷阶跃：≥10% 额度功率/次，12 000 次。

3）在保证使用寿命期内，除承受启停、变负荷运行次数外，每一轴段和整个轴系的强度（即应力和疲劳寿命）均能满足承受电力系统各种扰动的冲击（如定子绕组出口三相和二相突然短路、系统近处三相短路及切除、单相快速重合闸误并网等）。

两相短路的异常工况下轴颈承受扭矩、扭应力及安全系数见表 2-2。

表 2-2　　　　　　　两相短路的异常工况下轴颈承受扭矩、扭应力及安全系数

数据内容	1 号轴颈	2 号轴颈	3 号轴颈	4 号轴颈
扭矩（N·m）	2688.14	2 125 232.9	1 994 355.86	5 344 204.6
扭应力（MPa）	0.553	261.5	96.4	258.3
安全系数	616.6	1.3	3.54	1.665

4）制造厂在 T～G 轴系扭应力设计时，考虑电网的电气故障影响，应向用户提交轴系扭振固有频率，疲劳寿命数据。

a. 在发生单相接地故障的切除与重合闸时，按最严重情况考虑，T～G 轴的寿命损耗累计低于 0.1%，保证值为小于 0.1%（发生两相故障的切除与重合时，寿命损耗最大为 1%）。

b. 机组短路（一次）；120°误并列（一次）；在一般快速（＜150ms）切除故障时间内，切除近处三相短路（三次）；慢速（＞150ms）切除近处三相短路，两侧电势已摆开（一次），以上故障合并考虑，总的寿命损耗不大于30%，保证值为30%。

c. 下列扰动时，轴系寿命疲劳损耗值：发电机出口三相或两相短路，疲劳损耗最大值为1%；90°～120°误并列，疲劳损耗最大值为7%；近处短路及切除，切除时间小于150ms时，疲劳损耗为3%；切除时间大于150ms时，疲劳损耗为5%。

d. 各种启动工况下的寿命损耗数据见表2-3。

表 2-3　　　　　　　　　各种启动工况下的寿命损耗数据

序号	启动方式	次数	寿命损耗（%/次）	总寿命损耗（%）
1	冷态	120	0.03	3.6
2	温态	1200	0.008	9.6
3	热态	3000	0.004	12
4	极热态	150	0.002	0.3
5	负荷阶跃	12 000	0.001	12
6	合计	—	—	37.5

e. 汽轮机大修周期不少于6年。

f. 汽轮机辅机及主要配套设备与主机具有相同寿命。

（6）汽轮机能满足下列运行工况：

1）发电机出口母线发生两相或三相短路，单相短路重合闸或非同期合闸。

2）汽轮机能在排汽温度不高于80℃下长期运行，短期（15min）可为121℃；若超过121℃不能迅速降温，则停机处理。

3）汽轮机允许在最低功率1.5万kW至额度功率之间带调峰负荷。

4）汽轮机甩负荷后，空负荷运行时间不少于15min，不能超速，排汽缸温度不大于120℃。

5）汽轮机负荷从100%甩至零时，机组能自动降至同步转数，并自动控制转速，防止停机。

6）机组强迫停用率不大于2%。

7）汽轮机发电机轴系的固有频率在0.9～1.1和1.86～2.14倍工作频率范围之外。

8）机组允许负荷变化率：70%～100% TMCR不小于5%/min，50%～70% TMCR不小于3%/min，50% TMCR以下不小于2%/min；负荷在50%～100% TMCR之间的阶跃变化幅度为每分钟不小于10%，负荷在50% TMCR以下阶跃变化幅度为每分钟不小于5%。

9）汽轮发电机轴系各阶临界转数避开工作转数±15%，轴系扭振、自振频率在工频±10%和2倍工频±7%范围内无扭振、自振的频率。

10）汽轮机轴承座的双向振幅振动值，轴承盖垂直向、横向、轴向均不大于0.025mm，各轴颈上测得振动双向振幅值不小于0.075mm；通过临界转数的振幅振动值不大于报警值 0.125mm。

11) 汽轮机允许最大背压值为 18.6kPa。

12) 排汽压力升高到报警背压，允许机组带额度负荷运行的时间为 15min。

13) 当自动主汽门突然关闭，发电机仍与电网并列时，其间在正常背压至报警备压，至少具有 1min 无蒸汽运行能力，而不致引起设备上的任何损坏。

14) 汽轮机阻塞背压为 3kPa。

15) 超速试验时汽轮机在 114％额度转数下短期运行，不损坏设备，轴系振动不超过报警值。

16) 热耗率保证：平均抽汽工况的热耗率不高于 6166kJ/kWh，纯凝热耗考核工况的热耗率不高于 7865kJ/kWh（厂家是在给水泵汽轮机效率 80％、给水泵效率 81％、再热系统压降 10％的条件下计算对热耗率的保证值）。

17) 汽轮机平均抽汽工况下，1、2、3 段抽汽压损为 3％，其他各段抽汽压损为 5％。

18) 厂家明确机组铭牌工况出力数，机组最大连续运行工况（TMCR）出力数，最大电负荷机组调门全开（VWO）工况出力数。

19) 汽轮机化妆板外 1m、汽轮机运转层及辅设所测噪声值低于 85dB（A 声级）。

2. 汽轮机本体结构设计要求

(1) 汽缸连接螺栓的硬度 HB 为 242～270，螺母的硬度应比螺栓的硬度小 50。

(2) 汽轮机转子。

1) 超速试验按转数的 2％进行，只试验一次，连续时间不超过 10min，任何情况都不允许超过额定值的 20％，超速试验最高为 112％，3360r/min，进行时间为 1min。

2) 转子高速动平衡试验精度不大于 1.2mm/s。

3) 提供转子脆性转化温度的数值。

4) 提供转子重量、重心、转动惯量及惯性矩值。

5) 叶片在允许的周波内不得产生共振，提供末级和次末级叶片的坎贝尔频谱图、现场静态测自由叶片频率的方法和叶片频率分散率数值。

6) 防围带断裂措施：围带热强度校核，整圈连接，采用无事故围带。

7) 配合完成汽轮发电机机组的转子安装扬度曲线。

(3) 轴承及轴承座。

1) 任何情况下，各轴承的回油温度均不超过 70℃，油窗照明电压不超过 12V。

2) 各轴承设计金属温度不超过 90℃，但乌金材料允许在 110℃以下长期运行。

3) 推力瓦外壳上有一永久型基准点，用于测量大轴的位置。

(4) 汽轮机控制用抗燃油系统。

1) 该系统采用不锈钢钢管及配件。

2) 两台高压供油泵瞬间失电 5s，不使汽轮机跳闸。

3) 提供 2.5 倍容量的抗燃油（1.5 倍为备用），油质达到 NAS 1638 中 5 级，提供牌号。

4) 任何情况下，抗燃油油温均不超过 120℃。

5) 抗燃油冷却器进水温度按 38℃设计。

(5) 汽轮机润滑油系统。

1) 交流电失电，油冷器断水，确保安全停机，实现规定的惰走时间，油箱中油温不超过 80℃。

2）主油箱电加热可将油温加热到 40℃。

3）油系统清洁度的标准为 NAS 7 级。

4）许用杂质质量［杂质颗粒（μm）/每 100mL 样品允许颗粒数］：5～15/32 000、15～25/5700、25～50/1012、50～100/180、＞100/32。

（6）保护装置。

1）危机保安器至少两套，其中一套为机械式，另一套为电子式。

2）危机保安系统动作值为额度转数的 109%～111%；复位转数高于额定转数。

3）从危机保安器动作到主汽门和再热汽门完全关闭的时间小于 0.3s，各抽汽止回阀、采暖抽汽快关调节阀的紧急停机操作时间小于 0.5s。

（7）保温要求：当环境温度为 25℃时，汽轮机保温表面的温度不超过 50℃。

3．汽轮机本体仪表和控制

（1）随机本体提供的所有远传测温组件均采用外径 5～6mm、K 分度铠装热电偶（如测量金属壁温或蒸汽温度）或 Pt100 三线制热电阻（如轴承、推力瓦工作面、非工作面），且有防振技术。

（2）所有模拟接口信号应是 4～20mA（热电偶及热电阻除外），输出触点应为无源触点。

（3）数字电液控制系统（DEH）具有"自动"（即 ATC/APS 汽轮机自启停控制系统）、"操作员自动"及"手动"三种运行方式。

（4）ATC 系统包括：

1）预检、满足自动升速的最低条件。

2）汽轮机升速率（可调）限制。

3）所有调节汽轮机升速率的必要运算和监视过程。

4）汽轮发电机组的自动同期。

5）能满足机组冷、温、热、极热态的启机要求。

6）带初始负荷。

7）汽轮机负荷限制。

8）所有显示应一致。

（5）汽轮机监测装置（TSI）包括：每个轴振动及相位角（$x-y$ 双坐标，含发电机轴振）；相对膨胀；偏心率；气缸绝对膨胀；汽轮机转数；汽轮机零转数，兼有鉴相功能；轴向位移；瓦振。另外应有 TDM（机组振动故障分析诊断系统）接口和 MODBUS 协议通信接口。

（6）汽轮机紧急跳闸系统（ETS）包括：手动停机（双按钮控制）；机组超速保护（至少应有三个独立于其他系统且来自现场的转速信号）；凝汽器真空低保护（至少应设三个进口逻辑开关）；机组轴向位移大保护；轴承润滑油压力低保护（至少应设三个进口逻辑开关）；汽轮机抗燃油压力低保护（至少应设三个进口逻辑开关）；发电机故障保护；DEH 保护跳闸；MFT；DEH 系统故障；推力瓦瓦振。汽轮机、发电机制造厂要求的其他保护项目：

1）跳闸保护系统需经人工复位，才允许汽轮机再次启动。

2）每个跳闸通道上都应提供两个输出，分别用于 DAS 监视系统和硬报警接线系统。

3）汽轮机跳闸系统的保护信号均应采用硬接线。

4．油质控制

（1）EH 油清洁度标准见表 2-4。

表 2-4　　　　美国国家宇航 EH 油标准 NAS1638（计数法 100mL 油中粒子数）

级数	粒子直径（μm）				
	5～15	15～25	25～50	50～100	＞100
00	125	22	4	1	0
0	250	44	8	2	0
1	500	89	16	3	1
2	1000	178	32	6	1
3	2000	356	63	11	2
4	4000	712	126	22	4
5	8000	1425	253	43	8
6	16 000	2850	506	90	16
7	32 000	5700	1012	180	32
8	64 000	11 400	2025	360	64
9	128 000	22 800	4050	720	128
10	256 000	45 600	8100	1440	256
11	512 000	91 200	16 200	2880	512
12	1 024 000	182 400	32 400	5760	1024
13	2 048 000	364 800	64 800	11 520	2050
14	4 096 000	729 600	129 600	23 050	4100
15	8 192 000	1 459 200	259 200	46 100	8200
16	16 384 000	2 918 400	518 400	92 200	16 400

（2）ISO 分级标准与 NAS、MOOG 分级标准的等量关系见表 2-5。

表 2-5　　　　　　ISO 分级标准与 NAS、MOOG 分级标准的等量关系

ISO 标准	NAS 标准	MOOG 标准	ISO 标准	NAS 标准	MOOG 标准
20/16、19/16	10	—	14/11	5	2
18/15	9	6	13/10	4	1
17/14	8	5	12/09	3	0
16/13	7	4	11/08	2	—
15/12	6	3	10/08、10/07	1	—

（3）美国汽车工程协会（SAE）、材料试验协会（ASTM）、飞机工业协会（ALA）试用的液压油污染标准 MOOG 的污染等级标准（每 100mL 油液污染颗粒数）见表 2-6。

表 2 - 6　美国汽车工程协会（SAE）、材料试验协会（ASTM）、飞机工业协会（ALA）
试用的液压油污染标准 MOOG 的污染等级标准（每 100mL 油液污染颗粒数）

污染颗粒级 尺寸范围（µm）	污染等级						
	0	1	2	3	4	5	6
2.5～5	未定						
5～10	2700	4600	9700	24 000	32 000	87 000	128 000
10～25	670	1340	2680	5360	10 700	21 400	42 000
25～50	93	210	380	780	1510	3130	6500
50～100	16	28	56	110	225	430	1000
＞100	1	3	5	11	21	41	92

（4）使用情况见表 2 - 7。

表 2 - 7　　　　　　　　各种等级污染油液的大致使用情况

级数	要求内容	级数	要求内容
0	很难达到	4	一般较高的系统用
1	MIL - H - 5606B	5	要求不高的导弹系统用
2	要求较高的导弹系统用	6	未经处理的油液
3	一般较高的系统用	7	工业使用

（5）EH 油指标。EH 油系统采用液压油为三芬基磷酸脂抗燃油，正常的工作温度为
35～60℃。哈尔滨汽轮机厂控制工程有限公司建议有关电厂采用美国大湖化学有限公司
（GLCC）生产的三芬基磷酸脂抗燃油。中国 EH 油标准及试验结果见表 2 - 8、表 2 - 9。

表 2 - 8　　　　　　　　中国 EH 油标准及试验结果

项目	异常极限值		异常原因	处理措施
	中压油	高压油		
密度（20℃） （g/cm²）	＜1.13	＜1.13	被矿物质油或 其他液体污染	换油
运动黏度 （40℃）	比新油值 差±20%	比新油值 差±20%	—	—
矿物油含量 （%）	＞4	＞4	—	—
闪点 （℃）	＜235	＜240	—	—
自燃点 （℃）	＜530	＜530	—	—
酸值（mg KOH/g） 水分（%）	＞0.25	＞0.20	1. 运行油温度高，已 致老化； 2. 油中混入水，使水 分解	1. 调节冷油器阀门，控制油温； 2. 更换吸附再生滤芯或吸附剂， 每隔 48/h 分析，直至正常； 3. 检查冷油器等是否有泄漏
氯含量 （%）	＞0.015	＞0.010	1. 含氯杂质污染； 2. 强极性物质污染	1. 检查系统密封材料等是否损坏； 2. 更换吸附再生滤芯及吸附剂， 每隔 48h 进行取样分析

项目		异常极限值		异常原因	处理措施
		中压油	高压油		
颗粒污染度（级）	SAE749D	75	73	1. 被机械杂质污染；2. 精密过滤器失效	1. 检查精密过滤器是否损坏失效，必要时更换芯；2. 检查油箱密封及系统部件是否有腐蚀、磨坏；3. 消除污染源
	SAS1638	≤6	≤6		
泡沫物性（24℃）（mL）		50	50	1. 油老化或被污染；2. 添加剂不合适	1. 查明原因，消除污染源；2. 更换旁路吸附再生滤芯或吸附剂，进行处理

表 2－9　　　　　　　　我国抗燃油新油执行标准及运行后允许标准

序号	标准项目	单位	新油执行标准	运行油允许标准
1	水分	mg/L	≤600	≤1000
2	运动黏度	mm²/s	41.5～50.6	39.1～52.9
3	酸值	mg KOH/g	≤0.05	≤0.20
4	电阻率	Ω·cm	$1×10^{10}$	$1×10^{9}$
5	凝点	℃	−18	−18
6	颗粒污染度	级	≤6	≤6
7	泡沫特性	24℃，mL	50	200
		93.5℃，mL	10	—

三、发电机部分

（一）重要资料

1. 配合工程初步设计的资料和图纸

（1）发电机外形图、剖面图、总装图、安装图。

（2）汽轮发电机基础荷载分布图（包括正常运行及发电机短路时机组的动静荷载和转动力矩）。

（3）转子的质量分布图及发电机扰力分布图。

（4）发电机座板布置图、密封油系统图、定子冷却水集装设备外形图。

（5）励磁系统原理图，励磁系统设备外形图、组装图、安装图（含励磁变压器、调节屏、交直流进出线屏、功率屏、灭磁屏等）。

（6）发电机转子和轴系的临界转速。

（7）仪表接线图、供氢系统图、氢干燥器外形图、定子冷却水系统图、氢油分离箱外形图、氢气冷却器外形图。

（8）连接封母的接点图及断面图。

（9）氢、水系统说明书，密封油系统说明书。

2. 配合施工图设计的资料和图纸

（1）励磁装置原理图、接线图及安装接线图。

（2）发电机套管 TA 接线盒端子接线图。

（3）氢、油、水系统的仪表和控制设备外形图、原理图、安装接线图。

（4）二氧化碳供给装置外形图，置换控制阀和管路外形图。

（5）发电机、励磁系统及其他部件使用说明书。

（6）励磁调节部件试验报告和整组试验报告。

（7）励磁系统调试大纲。

（8）励磁调节器插件板原理。

（9）严密性试验的方法及标准。

（10）汽轮发电机运行说明书及有关技术特性。

（11）汽轮发电机接线盒接线图及接线盒位置布置图。

（12）各项信号报警及保护动作的整定值，发电机断水保护逻辑图和其他连锁保护逻辑要求等。

（13）汽轮发电机测温布置图。

3. 设备监造检验所需技术资料

（1）工厂检验：卖方提供的合同设备须签发质量证明、检验记录和测试报告，且是交货时的质量证明文件的组成部分；检验范围包括原材料、组件的进厂，部件加工、组装、试验至出厂试验。

（2）设备监造：

1）明确 W、H、R 点。W 点为买方监造代表参加的检验或试验项目；H 点为厂家须停工等待买方监造代表参加的检验或试验项目；R 点为文件见证点。

2）如买方代表不按时参加，则 H 点自动转为 W 点；W 点自动转为 R 点。

3）监造项目。

a. 发电机部分包括转轴、护环、中心环、槽楔、风叶、集电环、转子铜线、转子导电螺钉、硅钢片、定子空心铜线、定子实心铜线、定子引线导电铜线、转子、转子线棒、定子、出线磁套、进出水汇流环、密封瓦、氢冷器、氢水油控制系统等。一般确定 91 项，其中 H 点两项（转子匝间短路试验和超速试验）；W 点 41 项；R 点 48 项。发电机试验报告包括整机轴电压试验、电话谐波因数、电压波形畸变率、温升试验、短路比、电抗和时间常数、空载特性试验、稳态短路特性试验。

b. 励磁系统包括：励磁设备质量保证书；交流耐压试验；温升试验；励磁系统各零部件绝缘试验；励磁调节装置各单元特性测定；励磁调节装置总体静特性测定；控制保护信号模拟动作试验；功率整流装置均流均压试验；转子过电压保护单元试验；功率整流装置噪声试验；手动励磁控制单元调节范围测定；自动电压调节器调节范围测定；调差率测定或检查；静差率测定；励磁调节装置调节通道切换试验；强励电压倍数及电压响应时间测定；励磁控制系统电压/频率特性；发电机空载电压给定阶跃响应试验；发电机零起升压试验；PSS 试验；发电机灭磁试验；发电机起磁试验；励磁调节装置抗电磁干扰试验；功率整流装置输出尖峰电压测量；励磁系统模拟和参数的确认试验；发电机轴电压测量。

（二）主要技术要求

1. 发电机部分

（1）输出额定功率。

（2）最大连续输出容量与汽轮机连续出力工况（TMCR）的输出功率相匹配。

（3）最大输出容量与汽轮机阀门全开工况（VWO）的输出功率相匹配。

（4）发电机可用率不低于99％，强迫停用率小于0.5％。

（5）发电机使用寿命不少于30年。

（6）额定氢压0.35MPa，最高允许氢压0.37MPa，漏氢量不大于10m³/24h，发电机冷氢温度为46℃，氢冷却器进水温度为38℃。

（7）发电机内氢气纯度不低于95％（额定功率时），但计算和测定效率时的基准氢气纯度为98％。

（8）发电机线圈冷却水温度范围为46～50℃，冷却器进水温度为38℃，线圈出口水温不大于85℃。

（9）发电机线圈冷却水水质：电导率（25℃）为0.5～1.5μS/cm，pH值为7.0～9.0，硬度<2μg E/L（即微克当量/升）。

（10）定子线圈内冷却水允许断水时间，在带满负荷时不大于30s。

（11）发电机轴承排油温度不超过70℃，运行中轴瓦金属温度不超过90℃。

（12）发电机可承受1.3倍额定定子电流下运行至少1min，允许电枢电流及持续时间应有规定，发电机励磁绕组能在励磁电压为125％额定值下运行至少1min，励磁电压应有允许运行时间规定。

（13）发电机具有失磁异步运行能力，厂家应提供失磁运行的有功功率和维持时间。

（14）发电机具有进相运行能力，在功率因数为0.95（超前）的情况下，发电机能带额定负荷长期运行，各部件温升不超过允许值。

（15）发电机具有频繁启停等调峰（变负荷）允许能力，允许启停1万次，不产生有害变形。

（16）发电机在额定功率因数下，电压变化范围为±5％，频率变化范围为5％～+3％，能连续输出额定功率，其各部温升及允许运行时间应有规定。

（17）发电机在满负荷（相应保护动作时间内）下，发电机端三相短路故障时，不会发生有害变形。

（18）发电机每一轴段的自然扭振频率不在0.9～1.1倍及1.8～2.2倍工频范围内（热态）。

（19）发电机适合于中性点经电阻接地方式运行（电阻指接地变压器二次侧电阻）。

（20）发电机在稳态运行额度转速下瓦振水平、垂直方向不大于0.025mm、轴振0.075mm，临界转速时瓦振/轴振不应大于0.08/0.15mm，超速时瓦振/轴振不应大于0.1/0.15mm。

（21）定子铁芯振幅≤0.04mm，基座振幅≤0.01mm，其固有频率均应避开倍频±10％以上。

（22）发电机临界转速要在额定转速的±10％范围以外。

（23）定子绕组三相直流电阻在冷态时，两相或任何两分支直流电阻之差不超过其最小值的1.5％。

（24）发电机定子绕组在空载及额定电压下，其线电压波形正弦性畸变率不超过1％。

（25）发电机电话谐波因数不超过0.5％。

（26）轴电压不大于 10V。

（27）冷却器组停 1/4 时，发电机仍可带 80％额定功率连续运行，而不超过允许温度。

（28）定子绕组、转子绕组、定子铁芯的绝缘采用 F 级绝缘，按 B 级绝缘的温升考核。

（29）定子基座、端盖、冷却器罩、出线盒有足够强度和刚度，避免产生共振；定子机壳与铁芯之间有弹性连接的隔振措施，隔振系数大于 8。

（30）发电机轴承应确保不产生油膜振荡。

（31）机壳和端盖能承受 0.8MPa、15min 的水压试验，以保证内部氢爆不危及人身安全。

2. 励磁系统技术要求

（1）满足 IEEE 的有关规定，其动态和静态应符合《汽轮发电机自并励静止励磁系统技术条件》（DL/T 650—1998）。

（2）励磁电压和励磁电流为额定值的 1.1 倍时，励磁系统保证连续运行。

（3）励磁系统强励倍数不小于 2.5，允许强励时间为 20s。

（4）励磁系统电压上升速度不低于 3.58 倍/s。

（5）励磁系统稳态增益保证发电机电压静差率达到±1 ％。

（6）发电机自动零起升压时，自动电压调节器保证发电机定子电压超调量不大于额定值的 10％，振荡次数不超过 3 次，调节时间不大于 10s。

（7）励磁控制系统保证发电机甩额定无功功率时，发电机定子电压不超过额定值的 115％。

（8）在发电机空载运行下，频率每变化额定值的±1 ％，其端电压变化不大于±0.25 ％额定值。

（9）发电机空载运行，自动电压调节器的给定电压调节速度不大于 1％额定电压/s，且不小于 0.3％。

（10）励磁装设浪涌吸收措施，抑制尖峰过电压；装设滤波电路，限制轴电压，防止破坏轴承油膜。

（11）整流装置并联组件有均流措施（电抗器、组件配对等），整流组件的均流系数不应低于 0.9。

（12）励磁调节器（AVR）采用数字微机型，设有过励磁限制、过励磁保护、低励磁限制、PSS 电力系统稳定器、V/H 限制及保护、转子过电压和 TV 断线闭锁保护、转子一点接地保护、转子温度测量、串口通信模块、跨接器（CROWBAR）、高次谐波过滤等。

（13）自动励磁调节器 AVR 设有两个完全相同且独立的（AC 调节器）自动通道运行，可无干扰切换，各通道有独立的 TV、TA 及稳压电源，且每个通道有手动电路（DC 调节器）作为备用，自动回路故障时，能无干扰切换到手动。

（14）AVR 具备四种运行方式，即机端恒压运行方式、恒励磁电流运行方式、恒无功功率运行方式、恒功率因数运行方式。

（15）自动励磁调节器有与 DCS（或 FCS）的硬线接口及通信接口。

（16）因励磁系统故障引起发电机强迫停运率小于 0.25 次/年，励磁系统强行切除率不大于 0.1％。

（17）自动灭磁装置开关，强励状态下灭磁发电机转子过电压值不超过 4～6 倍额定励磁电压值。

（18）励磁变压器在高压侧接厂用电源，满足汽轮发电机短路、空载试验130％额定机端电压。

（19）励磁变压器温控器有4～20mA模拟量远方温度接口，有励磁电压和励磁电流4～20mA模拟量远方温度接口各三路，灭磁开关辅助接点不少于8开8闭引至端子排。

（20）励磁系统的DSP处理器、大规模可编程器件、集成电路芯片、工控机、继电器、接插件、晶闸管和灭磁开关等关键部件可采用国产进口优质产品。

3．其他要求

（1）氢气系统技术要求。

（2）密封油系统技术要求。

（3）定子冷却水系统技术要求。

（4）电流互感器技术要求。

（5）发电机仪表及控制技术要求。

（6）阀门技术要求。

4．材料材质技术要求

（1）定子硅钢片型号：50W310。

（2）铜线型号：SBEQB-155。

（3）转轴材料：26Cr2Ni4MoV。

（4）转子铜线：含银冷拉铜排。

（5）护环材质：18Mn18Cr。

（6）集电环材料：50Mn。

（7）转子槽楔材质：LY12-CZ（槽部）、铍铜（端头）。

（三）性能验收试验

1．通用条款

（1）一般试验应在买方现场，并由买方指定的国家级测试单位进行。

（2）试验由买方主持，卖方参加。

（3）试验大纲由买方提供并与卖方讨论后确定。

2．试验内容

（1）发电机的额定出力。

（2）发电机的效率。

（3）发电机轴承座及轴振动。

（4）发电机最大连续出力（T-MCR）。

（5）漏氢量（10m³/24h）。

（6）发电机强励倍数和强励时间。

（7）机组性能验收试验由制造厂分担全部测点，对试验方法和测试仪器提出建议。

3．试验标准和方法

性能验收试验除国家标准规定的项目外，还应进行以下六项验收试验：

（1）额定功率，包括额定的定子电压、定子电流、功率因数、氢压、冷却水温，额定转速下发电机输出的功率（扣除采用自并励静止励磁所需的功率）。在保证期内进行发电机温升试验时确定。

（2）发电机效率，即发电机输出功率和输入功率之比，可采用以下两种方法测定：

1）间接测量法。测量出发电机本身和辅助设备损耗Σp，包括恒定损耗、负载损耗、励磁损耗、杂散损耗、辅设损耗，然后按以下公式计算：

$$\eta_\text{g}=\left(1-\frac{\Sigma p}{P_\text{n}+\Sigma p}\right)\times100\%$$

式中　P_n——发电机额定输出功率；

　　Σp——发电机在额定负载时所有损耗之和。

2）直接测量法（又称"量热法"）。在发电机额定负荷下：

a. 测量发电机基准表面内部损耗，包括定子线圈冷却水带走的损耗、氢冷却水带走的损耗、热传导到基础及轴上的损耗、机壳表面散掉的热损耗。

b. 测量基准表面外部损耗，包括集电环的损耗、发电机轴承油带走的损耗、氢侧及空侧密封油带走的损耗，损耗加起来为Σp，然后按上式计算出效率。

（3）发电机轴承座（轴）振动。

（4）发电机最大连续出力（TMCR）。

（5）漏氢量（$10\text{m}^3/24\text{h}$）。

（6）发电机强励倍数和强励时间。

性能验收试验的测点、一次组件和就地仪表由厂家提供，并符合规程、规范、标准的规定，且经用户确认。

4. 性能验收试验结果确认

性能验收试验报告由测试单位编写，报告结论用户、厂家双方承认。

四、变压器及电气设备

（一）主力变压器

1. 主力变压器的一般要求

厂家应提供产品试验合格证、变压器油化验单、安装使用说明书、半液态封胶使用说明书、铭牌及铭牌数据、产品外形尺寸图及运输尺寸图、备件一览表、储油柜安装使用说明书、套管合格证、温度控制器使用说明书、绕组温控器使用说明书、压力释放阀使用说明书、油位表使用说明书等。

2. 主变压器运输装卸

（1）行车最大时速：完好公路为40km/h；较好的公路为20km/h；未铺砌的公路为10km/h。

（2）牵引拖运速度一般在100m/h以下。

（3）吊装变压器钢丝绳与铅锤夹角不宜大于30°。

（4）运输过程中，偏离铅垂方向的倾斜角不得超过15°。

（5）电压等级为220kV及以上、容量大于120MVA的变压器，在运输与装卸的全过程中均应装设冲撞记录仪，记录运行方向、横向、垂直方向的重力加速度，任何方向的重力加速度范围均为$1\sim3g$，视为全过程正常；若一方等于或大于$3g$（正负向量等同对待），则认为运输过程中发生故障，应对变压器进行全面检查。

3. 交验与保管

（1）对充氮变压器，其气体压力应保持正压，高于大气压$5\sim20\text{kPa}$。

（2）读取最大冲撞加速度值，记入交接记录。

（3）检验变压器油。

1）充油运输的变压器或曾出现过未保持正压的充气运输变压器，应向油箱内充 0.03～0.04MPa 的高纯氮气或干燥空气（露点小于－20℃或－40℃），保持 24～48h，检查是否泄漏。

2）测定变压器油含水量、耐压强度及气中含水量，如超过以下指标，则判断为受潮：油的耐压强度小于出厂值的 75%；油中含水量＞20ppm；氮气（或干燥空气）的含水量≤100ppm。

（4）存储保管。

1）到货后三个月内，每天记录一次氮气压力；观察压力表应随气温而变化，否则检查原因。

2）当气压低于表压 10kPa 时，应补充氮气。

3）如变压器长期保存，则应真空注油，每月巡检一次，每半年进行一次油化验。

4）油纸电容式套管可放在原包装箱内储存。

（二）高压启动/备用变压器

高压启动/备用变压器是当机组正常启动，或主变压器和高压厂用变压器故障，或本机厂用电、UPS 失电，或直流失电、计算机系统黑屏等时，为保障机组安全停机和启动而必备的设置。

（1）1000MW 机组的发电机出口设有断路器，厂内设 500kV 配电装置，可采用 3/2 接线，两回发电机-变压器进线与两回 500kV 出线组成两个完整串，同名回路接入不同串的不同母线侧。

（2）扩建大容量机组，每台机组设置 2 台 50/28－28MVA 高压厂用工作分裂变压器。在低压侧封闭母线 T 接 6.3kV 电源，或从 220kV 启动/备用电源出线回路上 T 接，作为扩建机组的停机电源。这样不设 500kV 级降压引接启动/备用电源方案。

（3）新建大容量机组，采用 50/28－28MVA 高压厂用工作分裂变压器和 500kV 级降压引接启动/备用电源方案。

（4）容量选取。

1）按备用选取：其容量是 1 台单元机组高压厂用变压器容量的 100%。

2）按安全停机选取：其容量是 1 台单元机组高压厂用变压器容量的 60%。

（三）发电机断路器

发电机断路器（GCB）可提高机组运行的安全可靠性，简化厂用电的操作，提高发电厂的可用率，保护主变压器。

1. 发电机断路器由来

（1）GCB 装设在发电机与主变压器之间，机组容量小时，中压配电装置可用于发电机的投切。1940 年后，单机容量不断增大，额定电流和短路水平都超过标准配电装置的额定值，故大截面、高电流的离相封闭母线技术应运而生，发电机、变压器单元接线广泛采用。自 1969 年第一台 GCB 诞生以来，GCB 得到各国广泛应用；大容量火电机组不允许厂用电切换，从而引发了 GCB 技术的发展。

（2）1996 年 3 月，ABB 研制的 HEC－8 型 GCB 通过荷兰 KEMA 试验，该断路器额定电压达 30kV，额定电流达 28000A，开断能力达 160kA，使得 SF_6 断路器用于 1000MW 发电机出口成为可能。相继，法国的 GEC‐ALSTOM、日本三菱等公司也先后开发出 SF_6 的 GCB。

2. 发电机断路器发展

ABB 的 SF_6 GCB 产品的 HE 型（含 HEC 和 HEK 型）生产近 1200 台，故障率小于 0.3%。现在的 GCB 不仅是一台断路器，而是集成电压互感器、电流互感器、隔离开关、接地开关等与主变压器之间的设备，成为具有多功能的组合电器。

3. 发电机断路器优点

（1）采用 GCB 后，正常工况下，发电机组的启停电源是经过主变压器倒送电至高压厂用变压器，从机组启动直到发电机并网发电，整个过程无需厂用电源切换；停机时，从发电机减负荷直到发电机解列停机，也无需进行厂用电切换。

（2）当发电机事故跳闸，特别是非电气原因引起的跳闸时，厂用电仍由主变压器倒送，各种厂用辅机不会因发电机跳闸而改变工作状态。

（3）可使高压厂用电源的切换次数减少，有效提高发电机安全可靠性，也使厂用电的操作、运行大大简化。

（4）可以在 50～80ms 内快速切除故障，使发电机免遭损坏；若不装 GCB，发电机会持续提高不平衡负载给故障点，灭磁过程会超过 10s，导致发电机严重损坏。

（四）机组电气控制系统

20 世纪后期至今，大机组电气控制经历了以下三个阶段：

第一阶段：采用强电一对一控制方式，在主控室设模拟控制屏，受控对象的控制开关、状态显示，监视仪表及中央信号设置于控制屏上，控制范围有局限性。

第二阶段：随着电站热控的 DCS 发展和应用，电气控制落后较大。1995 年提出电气系统纳入 DCS 控制系统，即提升到电热 DCS 一体化设计理念。

第三阶段：进入 90 年代中后期，计算机网络控制技术运用于变电站，在该控制领域引入了现场总线技术，并取得成熟的运行经验。2000 年提出并推动电厂厂用电控制系统智能化，近几年，现场总线技术为基础的电气计算机控制系统成为主流。

（五）高压厂用电压等级选择

1. 通用规则

高压厂用电压等级，一般电厂均采用 6kV。对大机组厂用电负荷总量过大，仍采用一级电压已不能将高压厂用母线短路水平限制在 50kV 以内，采用 10kV 一级电压已能将短路水平限制在 40kV 之内，但电动机投资过大。采用两级高压厂用电压，可降低高压开关柜和电动机设备投资水平，但变压器台数会有所增加。

2. 方案

采用 6kV 一级电压；采用 10kV 一级电压；采用 10kV 和 6kV 两级电压，进行优选。

（六）现场总线（FCS）技术

现场总线在电厂运用的时间不长，相关规程、规范尚未出台，无论从系统软件、硬件配置，还是总线标准的选择均处于一个新的阶段，尚需实践一段时间。

（1）目前世界上已开发的总线有上百种，除了满足 IEC61158 现场总线国际标准的主流现场总线产品以外，还有非主流现场总线产品。IEC61158 中采用的 8 种类型分别为：

类型 1：IEC 技术报告（即 FFH1）。

类型 2：Control Net（美国 RockweII 公司支持）。

类型 3：Profbus（德国 Siemens 公司支持）。

类型 4：P－Net（丹麦 Process Data 公司支持）。

类型 5：FF HSE（美国 FR 公司支持）。

类型 6：Swiff Net（美国 Boeing 公司支持）。

类型 7：World FIP（法国 Alstom 公司支持）。

类型 8：Intebus（德国 Phoenix Contact 公司支持）。

每一类总线都有其适用的领域，选择什么样的总线，首先要了解控制对象的特点。

（2）在火力发电厂电气系统中，现场总线技术应用于厂用电系统，其控制系统有以下特点：

1）厂用电系统实现的是顺序控制，即数字量控制，模拟量信号仅作监视，不参与逻辑控制，与热工模拟量过程控制有本质的区别。

2）控制系统中某些功能对动作时间及响应速度有很高的要求，这些功能通常由继电保护、快切、备自投、故障录波器等电气专用装置实现，可以适当降低通过总线实现信号检测与快速控制能力的要求，但仍然比热力生产过程控制要求高，所以厂用电系统宜采用高速现场总线。

3）厂用电系统控制对象较多，信息量大。如一座 $2\times600MW$ 电厂控制节点数量为 300～400 个，通信数据可达 20 000 点左右。

4）厂用电智能前端设备大都安装在 6、10kV 或 380V 配电装置内，水汽粉尘无污染，对总线本身的防暴特性要求不高，但由于配电柜内存在较强的电磁干扰，要求总线有很强的抗干扰能力。

5）电气配电装置分散于电厂整个厂区，应用于大中型电厂时，要求采用传输距离较长的总线。

根据厂用电控制系统的主要特点，以及国内各厂用电控制系统智能设备厂商所能提供产品的情况，目前厂用电系统应用较多的有四类总线及以太网：基于 Modbus－RTU 协议的 RS485 总线；CAN 总线；Profibus－DP 总线；Lonworks 总线；工业以太网。

（七）电气监控系统（ECS）

1. 技术参数

（1）额定参数：

1）TA 变比，包括主变压器高压侧、主变压器高压侧套管、主变压器高压侧中性点套管、发电机出口侧、高压厂用变压器高压侧套管、高压厂用变压器低压侧中性点套管。

2）TV 二次电压，包括主二次绕组 $100/\sqrt{3}$ V（相对地）、辅助二次绕组 100V（中性点直接接地系统）；100/3V（中性点不直接接地系统）。

（2）断路器参数值。

2. 性能要求

（1）监控范围：发电机-变压器组、高压厂用工作及备用电源、AVR 及同期、低压厂用变压器、断路器、PC 至 MCC 电源线、DCS（FCS）控制电动机、直流系统、交流不停电电源、保安电源。

（2）系统主要参数：测量值指标、状态信号指标、系统实时响应指标、事故追忆、含实时数据库容量（模拟量、开关量、脉冲量、遥控量、虚拟量）、历史数据库存储容量、可靠性指标、监控系统时间与 GPS 标准时间的误差（≤1ms）、CPU 负荷率、系统以太网的负荷率。

（3）功能要求。

1）数据采集与处理：各种信号、脉冲量采集。

2）监视与报警。

3）控制：

a. 单元控制室控制：DCS、ECS。

b. 后备手动控制：当 ECS 系统站级控制层停运时，对厂用电源，可利用相对应配电柜上操作设备进行控制，或在测控单元上实现一对一的操作。

4）操作：操作功能状态显示功能、操作权限控制功能、标牌功能、信息提示功能、数据输入功能、操作记录功能、控制切换功能。

5）人机接口及管理功能。

6）统计计算，包括下列内容：

有功、无功、功率因数计算、功率总和；电度量的累积、分时统计；开关，保护动作次数的统计；监控设备、无功装置投退率计算；机组发电量统计计算（含日、月、年、最大值、最小值及出现时间）；厂用电率；发电成本；发电机功率因数；设备的使用寿命计算；变压器负荷率及损耗统计；主要设备运行小时数统计；周、月、季、年或用户自定义的统计时间段的上述所有统计功能。

7）记录和制表打印、时钟同步。

8）与其他系统的接口功能：

a. 机组继电保护装置、机组故障录波装置、直流系统、AVR、厂用电快切、微机自动准同期、UPS、网控系统、DCS、SIS、MIS 及电厂报价系统等接口功能。

b. 接口方式：接点方式（保护装置重要信号）、串口通信方式（保护装置等大量信号）、与以太网 TCP/IP 协议通信方式。

9）实时在线自诊断及冗余管理：自诊断；自启动；再启动。

10）维护功能及主控单元功能要求。

（4）监控系统的软、硬件配置及要求。

（八）厂用电源切换装置

1. 主要功能

（1）正常运行中需要切换厂用电时，应有双向切换功能，即"工切备"和"备切工"。当工、备电源属同一系统时，宜选并联切换，即先合备用断路器，再跳工作电源断路器；或先合工作电源断路器，再跳备用电源断路器。

（2）在电气事故或不正常运行，如母线电压低、工作电源断路器偷跳时，应能自动切向备用电源，且只允许用串联切换。先跳工作电源断路器，再合备用电源断路器，切合过程会瞬间断电。

（3）串联切换同时开放。

1）快速切换：在母线残压与备用电源电压第一次反相位之前，合上备用电源断路器，是一种延时最短、合闸冲击电流最小的切换方式。

2）同相位切换：在母线残压与备用电源电压第一次反相位之后，合上备用电源断路器，是一种延时较长的切换方式。

3）残压切换：母线残压较低时才合上备用电源断路器，是一种延时长的切换方式。

在工作断路器调整瞬间满足快切条件时执行快速切换，否则执行同相位切换及残压切换。

（4）在并联切换过程中，应防止两电源长期并列形成环流，并列时间不宜超过 1s。

（5）在工作母线 TV 断路器断线或备用电源电压低时，应闭锁切换。

（6）具有自动复位功能。若复位后仍不能正常工作，应发出异常信号或信息，装置不宜误动作。

2. 主要技术要求

（1）并联切换条件：频率差小于 0.2Hz、相位差小于 15°、电压幅值差小于 5V。

（2）快速切换条件。当满足下列任一条件时，可执行该操作：

1）频率差小于 2.0～3.0Hz，且相位差小于 20°～40°。

2）电压矢量差的幅值为 40～60V。

3）电压矢量差与频率差的积为 80～180V·Hz。

（3）快速切换装置动作时间："跳到合"的时间不大于 15ms。

（4）同相位切换条件：备用电源断路器合上时，相位差小于 60°。

（5）残压切换条件：母线残压幅值低于 30%U_n（交流电压额定值）。

（6）工作母线低电压启动切换条件：母线电压幅值低于 65%U_n，且延时 0.5～2s。

（7）事件顺序记录的分辨率：不大于 2ms。

（8）绝缘电阻：回路对金属及外壳和无联系回路，500V 的绝缘电阻表测量电阻值大于 100MΩ。

（9）冲击电压：交直流回路、输出触电等各回路对地及回路间，应能承受 1.2μs/50μs 标准雷电波的短时冲击电压试验。

第三节　附属机械及辅助设备热控选用与验收

一、磨煤机及制粉系统

磨煤机及制粉系统型式应根据煤种的煤质特性、煤种变化、负荷性质、磨煤机适用条件，并结合炉膛结构和燃烧器型式等因素及一厂同型的互换优势等进行选型，经过技术经济比较后确定。

（一）磨煤机选型

（1）大容量锅炉，在煤种适宜时，宜优先选用中速磨烧煤机。

（2）对无烟煤、低挥发分贫煤、磨损性很强的易爆烟煤等煤种，可选用双进双出钢球磨煤机。

（3）根据系统设计要求，适宜的煤种，中储式制粉系统，可选常规的单进单出的钢球磨煤机。

（二）中速磨煤机

中速磨煤机是 20 世纪五六十年代发展起来的煤粉碾磨技术，得到世界广泛应用，如美国 CE 公司的 RP、HP 碗式中速磨煤机；德国 Babcock 公司的 MPS 辊式中速磨煤机等。

1. 形式

（1）HP 型碗式中速磨煤机：两个碾磨部件之间，在压紧力的作用下，煤受到挤压和碾磨而粉碎成煤粉。由于碾磨部件的旋转，磨成的煤粉被抛至风环区。热风以一定速度通过风环进入干燥空间，对煤粉进行干燥，并带入粗粉分离器；不合格的粗粉回到碾磨区重磨。合格的煤粉经煤粉分配器由干燥剂引至一次风管，送到燃烧器。较重的杂物落到箱内，进入收集系统。

（2）MPS 型磨煤机的碾磨辊采用弹簧加载，磨煤机出力由煤量和进风量来控制。

2. 主要优点

（1）碾磨效率较钢球磨煤机高很多（一般情况下，少消耗 10kWh/t 煤粉）。

（2）磨制煤粉的运行电耗较低。

（3）国产化程度较高，生产成本较低，设备价格比双进双出钢球磨煤机低。

（4）启动速度快，启动力矩小，出粉迅速，灵活响应锅炉的负荷变化，机组调峰的经济性好。

（5）密封性能好，磨辊更换方便，结构紧凑，占地面积小。

3. 主要缺点

（1）对煤质变化适应性较差，尤其燃煤中的"三块"（铁、木、石）对运行不利。

（2）煤粉较粗，对难着火和难燃尽的煤种燃烧不佳。

（3）维护量较大：磨辊磨碗衬板易损，磨辊寿命 10 000h 左右，补焊后延长至 15 000h。

（4）运行外运量较大：杂物较多，需及时清除，一般情况每小时清除 50kg 左右。

4. 通用规定

（1）主要数据。

1）设备规格：330MW 机组配 MPS190 - HP - Ⅱ型磨煤机 6 台；350MW 机组配 ZGH113K - Ⅱ型磨煤机 5 台；1000MW 机组配 HP1103/Dyn 型磨煤机 6 台。

2）投产后第一年，年利用小时数 5500h，第二年及以后为 8000h，强迫停运率小于 2%。

3）价格中含润滑油及油站用油，油量满足试运用量的 150%。

（2）主要设备名称。

1）本体：分离器、出口气动插板门、分配器、石子漏斗、石子漏斗进出口气动门、磨辊轴承、出口气动关断阀执行机构、石子煤进口气动关断阀执行机构。

2）磨煤机、电动机、齿轮减速机、密封风机及其底座、基础螺栓等附件。

3）润滑冷却装置及管路、密封空气管路。

4）变加载装置。

5）排出气路控制系统：二位四通阀、限位开工、气缸及连管等。

6）一次组件、就地监视仪表、控制设备、油站控制柜、液压油站。

7）空气过滤器。

8）盘车装置。

9）专用工具 17 种。

（3）中速磨煤机主要技术参数（以超高压 350MW 机组锅炉配套的中速磨煤机为例），见表 2-10。

表 2-10 磨煤机及其附属设备主要技术规范

序号	项目	单位	参数	备注
1	数量	台	5	—
2	制造厂家	—	北京电力设备总厂	—
3	形式	—	冷一次风机正压直吹	—
4	型号	—	ZGM113K-Ⅱ	—
5	磨辊数量	台	3	—
6	磨辊加载方式	—	液压变加载	—
7	计算出力	t/h	47.05	性能保证值
8	最大计算出力	t/h	59.03	设计煤种
9	单位电耗	kW/t	≤8.41	性能保证值
10	单位磨损率	g/t	6～8	磨损后期保证出力下
11	额定通风阻力	kPa	5.62	BMCR 工况，设计煤种
12	最大通风阻力	kPa	6.38	性能保证值
13	磨煤机轴功率	kW	424.4	BMCR 工况，设计煤种
14	磨煤机转速	r/min	30	—
15	分离器形式	—	静态分离器	—
16	煤粉均匀性系数	—	1.1	—
17	额定通风流量	kg/s	19.92	BMCR 工况，设计煤种
18	最大通风流量	kg/s	22.01	磨煤机最大出力工况
19	最小通风流量	kg/s	14.31	—
20	密封风量	kg/s	1.5	—
21	中速磨煤机电动机型号	—	YMKQ600-6	6kV、560kW
22	润滑油油泵形式	—	立式三螺杆泵	电动机 5.0/7.5kW
23	润滑油型号		SNS280R43UHJ92W21	—
24	润滑油流量	m³/min	0.245	—
25	润滑油压	MPa	0.63	—
26	液压油油泵形式	—	齿轮泵	电动机 7.5kW/380V
27	液压油油泵型号	—	PFG327/D/RO	—
28	液压油油泵流量	m³/min	0.15	—

（三）双进双出钢球磨煤机

双进双出钢球磨煤机于 20 世纪 60 年代在燃煤电厂逐渐得到应用，1000WM 机组可选 BBD4360 型双进双出钢球磨煤机。

1. 我国引进投运的机型

（1）法国 ALSTON 公司的 BBD 系列：由沈阳重型机械厂引进，上海重型机械厂引进 STEIN 公司技术制造，目前已实现整机国产化。

（2）美国 Foster Wheeler 公司的 D 系列：由北京电力设备总公司引进 Foster Wheeler 公司技术制造，目前已有部件国产化，但整机尚需 FW 公司提供性能担保。

（3）瑞典 SVEDALA 公司的 ALLIS 系列：筒体可分包国内制造，SVEDALA 的磨只能整机进口。

2. 制粉程序

磨煤机由两个完全对称的循环系统组成。

（1）煤落入混煤箱热风干燥后，再由螺旋输送机送入磨煤机内碾磨成粉。

（2）灼热的一次风通过磨煤机的中空轴进入筒体，可干燥和输送煤粉。

（3）包含煤粉的风介质通过中空管和中空轴，离开磨煤机本体后，进入分离器。

（4）不合格的粗粉由重力作用返回罐体重新碾磨。

（5）达到细度要求的煤粉被直接送入燃烧器。

3. 主要优点

（1）适应性强：适应各种硬度、各种磨损性指数的煤质。

（2）运行可靠："三块"适应性好，出力和煤粉细度稳定，易着火、稳燃、燃尽。

（3）维修量小：衬板使用寿命达 40 000h，满足一个大修期；钢球耗量 100g/t 煤，钢球随时添加。

（4）运行灵活：出力与通风量成线性关系，可迅速响应锅炉负荷变化，磨煤机内煤粉储存量大，停止供煤仍维持 8～10min 供粉，有利于动态响应，低负荷时，可半磨运行，维持合理的风/煤比，又获得极细的煤粉细度，不投油可在较低的负荷下运行。

（5）自控安全：采用先进的料位探测系统，可实现自控，配合机组自动控制，运行人员工作量小，有蒸汽惰性置换系统和 CO 监测系统，运行安全。

4. 主要缺点

（1）初投资费用较中速磨煤机大。

（2）运行电耗较高：因钢球量恒定在一范围内，不随负荷变化而改变，在低负荷时制粉电耗高。

（3）对燃煤水分的适应性有限：全水分应在 15% 以下，否则制粉系统易堵。

（四）制粉系统选型

采用中速磨煤机或双进双出钢球磨煤机的制粉设备，宜采用直吹式制粉系统。

磨煤机及制粉系统的选择见表 2-11。

表 2-11　　　　　　　　　　　磨煤机及制粉系统选择

煤种	V_{daf} (%)	I_T (%)	K_e	M_f (%)	R_{90} (%)	磨煤机及制粉系统	机组容量
无烟煤	≤10	>900	不限	≤15	5	钢球磨煤机贮仓式热风送粉	不限
	≤10	800～900	不限	≤15	5～10	钢球磨煤机贮仓式热风送粉或双进双出钢球磨煤机直吹式	不限

煤种	V_{daf} （%）	I_T （%）	K_e	M_f （%）	R_{90} （%）	磨煤机及制粉系统	机组 容量
贫瘦煤	10～20	800～900	不限	≤15	5～10	同无烟煤	不限
		700～800	＞5.0	≤15	10	双进双出钢球磨煤机直吹式	不限
		700～800	≤5.0	≤15	10	中速磨煤机直吹式	不限
烟煤	20～37	700～800	—	≤15	10	中速磨煤机直吹式或双进双出钢球磨煤机直吹式	不限
		600～700	≤5.0	≤15	10～15	中速磨煤机直吹式	不限
		600～700	＞5.0	≤15	10～15	双进双出钢球磨煤机直吹式	不限
		＜600	≤5.0	≤15	15～20	中速磨煤机直吹式	50MW 以下
		＜600	≤1.5	≤15	20	风扇磨煤机热风干燥直吹式	
褐煤	＞37	＜600	≤5.0	≤15	30～35	同中速磨煤机直吹式	不限
		＜600	≤3.5	＞15	45～55	三介质或二介质干燥风扇磨煤机直吹式	不限

注　I_T——着火温度；K_e——冲刷磨损指数；V_{daf}——干燥无灰基挥发分；R_{90}——煤粉细度；M_f——外水分。

直吹式制粉系统分类如下：

（1）正压冷一次风机系统。

（2）正压热一次风机系统。

（3）负压一次风系统。

二、给水泵配置

（一）配置方式

（1）大机组一般设置：两台50%容量的汽动给水泵，一台35%容量的启动用/不备用、配液力耦合器的电动给水泵；另配置一台35%容量的启动/备用、配液力耦合器的电动给水泵。

（2）无启备泵电厂配置，如外高桥三期、宁海二期、蒲圻二期的2×1000MW机组、内蒙古康巴什2×3500MW机组，均不设电动给水泵，配置一台100%BMCR或两台50%BMCR的汽动给水泵。

（二）汽动给水泵

（1）台数的选择：取决于机组容量、设备质量、机组在电网中的作用、设备投资等因素。配置方式以2×50%容量居多，也有1×100%容量进行配置。

（2）采用2×50%容量配置方式，运行灵活、安全，运行经济性好。

（3）与2×50%容量配置相比，采用100%全容量给水泵的优缺点如下：

1）优点：可提高机组的热经济性，发电标煤耗降低0.62g/kWh；负荷变化没有泵的增减启停与控制环节，可靠性高；数量少，便于维护；给水泵效率和给水泵汽轮机效率均高，可高出4个百分点。

2）缺点：初投资要高1/4；灵活性较差，一旦出现故障将影响主机出力，或导致停机。

（4）2×50%容量配置的汽动给水泵：国内有成熟的制造运行经验；国外有德国KSB公司、英国苏尔寿公司、美国Flowserce公司、日本荏原制作所等。

（三）电动给水泵

1. 配置准则

对适应超超临界机组启动功能的电动给水泵应满足以下条件：

（1）满足锅炉最小直流负荷的要求。

（2）电动给水泵启动后，需满足机组达到某一负荷后，高压缸排汽能通过辅助蒸汽联箱供给驱动汽动给水泵，可切除电动给水泵。

（3）有足够的扬程，能与汽动启动给水泵并列。

2. 性能保证

（1）机组启动功能：启动时锅炉正常供水功能。

（2）紧急备用功能：当配置 $2\times50\%$ 容量启动给水泵时，突然一台解列，给水量降低，造成水冷壁水位快速下降，分离器出口蒸汽温度升高，为避免停炉，先启动快速减负荷（RB），减少燃料，降低燃烧率，避免 MFT 跳闸，电动给水泵必须在 15s 内投入。

（3）实现紧急备用功能：电泵的油泵必须经常运行；泵经常处于热备状态；泵出口门常开，止回阀长期承受高压；热控处于并列状态；电气要设置自动投入等。

1000MW 机组的电泵功率较大（1.35 万 kW），大机组实现紧急备用功能难度很大。

（4）单机百万机组的电泵功能：启动功能；一台汽泵紧急停运，快投 RB，降荷后，启动电泵。

（5）启动功能的电泵工作到机组负荷 $25\%\sim30\%$ 时，开始启动汽泵。此时，机组滑压运行，省煤器入口压力较低，电泵扬程较低。若实现启动/备用双功能，则压头需很高，只有启动功能扬程需 $1500mmH_2O$，启动/备用双功能杨程需 $2750mmH_2O$。

（6）只有启动功能的电泵，可选配定速泵，但对滑启、吹管不利，对运行负荷变换也不适应，所以大机组的电泵还是选用配置液力耦合器或变频器的变速泵。

3. 容量要求

（1）1000MW 超超临界机组启动循环泵的启动系统，为避免电泵与汽泵切换时引起启动循环泵流量、压头波动，影响机组启动的稳定，电泵容量不宜低于锅炉最小直流负荷。

（2）启动或停炉时，如果启动循环泵发生故障，汽水分离器的疏水全部排入凝汽器，则电动给水泵的容量也必须大于或等于锅炉最小直流负荷。选电泵宜大于 30%BMCR（推荐选取 35%BMCR），扬程不低于 12MPa。

4. 取消电泵

国内外均有电厂取消电泵，如美国有 9 台 1000MW 级机组，我国石洞口、漳州后石、邯峰、西柏坡、衡水、蒲圻、康巴什等电厂均取消电泵。取消电泵，启动时用汽泵的前置泵工作供给锅炉，且给水泵汽轮机要设置凝汽器。减少建设投资，但运行不灵活，并承担机组多停运的风险。简述如下：

（1）不设电泵、汽泵的汽轮机宜自带凝汽器：这样不受主机的真空影响，无论正常启机，程序停机，还是事故后再启动，均可随时开启汽动给水泵，与主机凝汽器状态无关，可按要求正常点炉升压。否则，要延误主机组的启动时间。

（2）不设电泵，主凝汽器工期需提前：采用 $2\times50\%$ 容量汽动给水泵而无电泵，不单独布置凝汽器，在锅炉水压试验、吹扫管道等环节，均需主凝汽器具备接收汽泵汽轮机排汽的条件方能进行。若汽轮发电机机组不超前施工完毕，真空循环水系统不及时完善，出现炉等机，将会延误工期。

（3）1000MW 机组若不设电泵，将会增加设备费：100％汽动给水泵可自带凝汽器，不影响建设工期的干扰。但是，要增加一整套凝汽、循环水、清洗等系统，设备费要增加 1600 万元。

（4）不设电泵，对调试的影响：吹管要等待条件，给水泵汽轮机调试受影响；投产后锅炉检修试压要创造许多条件才能进行，没有电泵那样快捷灵活；增加调试时间。

（5）不设电泵，对机组启动的影响：取消电泵，机组启动前锅炉上水、冲洗可由汽动给水泵的前置泵来完成。锅炉点火后，用辅助蒸汽向汽泵供汽启动，能保证机组启动升压时正常向锅炉供水。

1）不同容量、参数的机组在扩建时，汽泵启动汽源不匹配。一般辅助蒸汽汽源是四段抽汽，大容量机组采用再热冷段抽汽减压供给；新机组启动时，需大量辅助蒸汽，如 1000MW 机组启动至 30％BMCR 时，汽泵需 32t/h 较高参数的蒸汽，尤其是机组要热态或极热态快启，汽泵汽轮机要求蒸汽温度达到 380～400℃，要妥善解决，避免给水泵汽轮机弯轴。

2）没有电泵，在点火后小流量（3％～5％BMCR）时，汽泵需调节控制，相当困难；超超临界机组启动并泵需要平滑，压力、流量波动要小，不能断水，否则易导致 MFT 动作，汽泵控制较难。

不设电泵虽有上述问题，但是不设电泵的电厂运行实践证明，这些难题均可以克服和解决。

三、电站风机

（一）风机选择

1. 大容量超超临界机组的锅炉风机配置

（1）送风机：动叶可调轴流风机、静叶可调轴流风机、离心风机三种。

（2）一次风机：离心风机、动叶可调轴流风机两种。

（3）引风机：动叶可调轴流风机、静叶可调轴流风机两种。

350MW 机组锅炉另有选汽动离心风机。

2. 生产厂家

（1）600MW 及以上机组配套风机厂家有上海鼓风机厂、成都电力机械厂，引进国外的设计和制造技术。

（2）600MW 机组配套风机厂家还有沈阳鼓风机厂、豪顿华公司。

（二）风机选型

1. 一次风机

多台 600MW 机组的一次风机是动叶可调轴流风机和离心式风机，前者居多；1000MW 机组（玉环、邹县、外高桥、泰州计 10 台）的一次风机均为动叶可调轴流风机；平圩电厂两台（1、2 号）600MW 机组，吴泾电厂两台（1、2 号）600MW 机组的一次风机是上海鼓风机厂生产的两级叶轮动叶可调轴流风机；目前 350MW 的一次风机及送风机也选用动叶可调轴流风机。

2. 送风机

动、静叶可调轴流风机和离心式风机均可选用。推荐顺序是动叶可调轴流风机→静叶可调轴流风机→离心式风机。其优缺点比较如下：

（1）离心式风机靠进口挡板调节、入口导叶调节、变转速（双速、内反馈、液力耦合器及变频器）调节。离心式风机外形尺寸大、重量大，叶轮是热套，拆卸困难。600MW机组配套的送风机叶轮长约4m，1000MW机组的送风机叶轮尺寸更大，制造、运输、安装、检修都较困难；转动惯量大，基础设计庞大，耗材多；风量易偏离设计点。

（2）动、静叶可调轴流风机，调节范围广、效率高、体积小、质量轻；当机组负荷大范围变化、运行工况偏离设计值时，动叶可调风机仍能保持高效率。但一次性投资大，而年运行费用较小。

3. 引风机

大机组的引风机一般不选用离心式，除上述缺点外，离心式风机调峰经济性差，运行耗电量大。国内1000MW机组的引风机，多数采用静叶可调轴流风机。京能康巴什电厂采用给水泵汽轮机拖动离心式引风机。

（1）静叶可调轴流风机。

结构：由进气箱、进口调节门、带整流导叶环的机壳、扩压器和转子组成。转子叶片为钢板压形扭曲叶片，与轮毂焊接。

调节：静叶调节不仅流量、压头以静叶方向调节，也可在一定范围内进行方向调节，借助静叶反向调节获得的负旋绕来增加流量和压头。力求工况点位于风机效率的最高点；静叶可调轴流风机对叶轮进口气流条件不敏感，简单的静叶调节可获得较好的调节性能，使风机有较高的平均效率。

（2）动叶可调轴流风机。

结构：由进气箱、带整流导叶环的机壳、扩压器和转子组成。机壳有水平中分面，便于安装和检修。叶轮轮毂采用低碳合金钢焊接结构，叶片用高强度螺栓固定于轮毂内叶柄上。

调节：靠改变动叶角度调节风量及压头，该调节方式对流量、压头可增可减，在较大负荷变化范围内获得较高的平均效率。静叶可调轴流风机的等效率曲线最高效率低于动叶可调轴流风机，动叶可调轴流风机的高效率区域较广，负荷变化时动叶可调轴流风机有较强的调节特性。

耐磨性：风机叶轮的磨损数率与转速的平方成正比，与烟气冲刷叶片速度的3.5次方成正比。动叶可调轴流风机需要叶轮的圆周速度较高，对烟尘的适应性差，因而引风机均选用静叶可调轴流风机；1000t/h级锅炉也有选离心式风机。

（3）耐磨性比较。

1）成都电力机械厂生产的AN系列的静叶可调轴流风机，设计叶轮流道以空动理论优化，避免叶片尖部和后导叶冲刷。后导叶在不停机时也可更换。在$250\sim400mg/m^3$烟气中不加防磨，其耐磨寿命超过25 000h，有的达50 000h。在叶轮叶片和后导叶上喷熔镍基炭化钨耐磨材料，络氏硬度为HRC55-60，可大幅度提高耐磨性。

2）采用上海鼓风机厂生产的动、静叶可调轴流风机作为引风机时，均采用低碳合金钢，表面热喷涂碳化钨加粘合剂的硬质合金耐磨层，在$250\sim400mg/m^3$烟气中，耐磨寿命超过26000h，修补$3\sim4$次可继续使用。静叶可调轴流风机，在静叶上喷焊耐磨层，在$200mg/m^3$烟气中，使用寿命达50 000h以上。

3）豪顿华公司的动叶可调轴流风机叶片有耐磨措施，当含尘量在$100mg/m^3$时，叶片采用铸铝或锻铝，防磨寿命为 16 000h；含尘量在 $300mg/m^3$ 以下时，叶片采用铸铁，防磨寿命为 24 000h；根据情况，可在叶轮表面焊上抗腐蚀的钨铬钴合金材料。

（4）维护检修经济性：静叶可调轴流风机比动叶可调轴流风机低约 50%。

（三）引风机与脱硫增压风机布置

（1）大电厂在初期均采用串联方案：300MW 机组国内有四家，600MW 机组没有；600、1000MW 机组国内天津北疆是二合一布置。现阶段采用两机合一布置方案的电厂较多。

（2）两机合一方案的安全经济性。

1）线速度要高得多，对叶片强度、寿命都有影响，且需双级叶轮，结构更加复杂。

2）都设有旁路，其旁路门门前是正压，门后是负压，压差很大，要强化刚度设计，开启力矩很大。更重要的是，脱硫系统故障退出，旁路门紧急打开，系统阻力突然降低，引风机来不及调整，则炉膛负压波动很大，可能引起炉膛正压保护动作，威胁锅炉安全运行。

3）风机 TB 点压头大于 10kPa，已超过常规炉膛瞬态防爆压力，可能需要提高炉膛防爆等级，增加设备造价。

4）当脱硫停运、消缺、检修时，风机处于低负荷，效率降低，厂用电率升高。

5）风机的电动机容量较大，可达 10 000kW，风机启动和事故下自启动，对厂用电系统冲击很大，需处理好高压厂用变压器阻抗。要提高厂用电压等级到 10kV。

（四）风量、压头裕量

600MW 机组的合理配置，国内有设计技术规程规定，但 1000MW 机组的风机配置只能通过实践参考。

1. 国外 1000MW 机组风机选用

美国 EBASCO、法国 ALSTOM、日本三菱等公司 1000MW 机组风机选型：送风机选型时，风量裕度为 10%～19%、压头裕度为 21%～37%；引风机选型时，风量裕度为 15%～20%、压头裕度为 30%～37%。

2. 国内已建 1000MW 机组风机裕度

（1）规程规定一次风机风量裕度为 35%～40%、送风机≥5%、引风机≥10%；实际选用一次风机风量裕度为 40%、送风机为 17%、引风机为 17%～32%。

（2）规程规定一次风机压头裕度为 30%、送风机≥10%、引风机≥20%；实际选用一次风机压头裕度为 30%、送风机为 30%～37%、引风机为 32%。

风机选型风量、压头有裕度是必要的，但是裕度太大，会影响预热器尺寸、结构及运行费用。

（五）引风机驱动方式

（1）双速电动机。

（2）电动机带动液压耦合器。

（3）变频装置加电动机。

（4）汽轮机拖动离心式引风机等。

四、循环水泵

自然通风冷却塔的二次循环供水系统，采用 TMCR 工况下的凝汽量来计算。一般循环水冷却倍率为夏季 60 倍、冬季 45 倍。例如单机 1000MW 机组的循环水泵，水量为夏季 111 500m^3、冬季 84 300m^3；采用 1 机 3 泵（33％容量），单台泵组流量 10.4m^3/s，扬程 30m，电动机功率达 4200kW。

（1）类型：离心泵、轴流泵、混流泵。

我国已建和在建 600MW 及 1000MW 机组 80 多台，配套 160 多台循环水泵，除元宝山电厂采用 2 台卧式混凝土蜗壳离心泵外，其余均为立式混流泵。

（2）循环水泵叶片调节：可提高泵组的高效运行，分为转子动叶可调和泵进口导叶调整，又可分为停泵调节和不停泵调节。循环水泵的供水静扬程稳定，动扬程变化小，动叶调节意义不大。

（3）变速调节：水泵性能的流量与转数成一次方关系，扬程与转数成二次方关系，功率与转数成三次方关系。

调节形式有单速、双速和变频。多数电厂选用单速或双速循环水泵，变频调节较复杂。

五、凝结水泵

流量确定：VWO 工况下的凝汽量＋7、8 号低压加热器疏水量＋2％的补水量。对 1000MW 机组凝结水总流量为 2500t/h，扬程为 330mmH$_2$O。

（1）配置：每台机组装设 3 台 50％容量凝结水泵；每台机组装设 2 台 100％容量凝结水泵。

（2）设备：国内三大泵厂为沈阳水泵厂、上海 KSB 公司、长沙中联泵业，前两个厂已有 1000MW 配套 100％容量凝结水泵业绩；北京昌宁集团、山东双轮集团也生产凝结水泵。

国外厂商：日本荏原制作所、德国 KSB 公司、英国 Sulzer 公司、美国 Flowserve 公司、美国 ITT GOULDS PUMP 公司均有大机组配套凝结水泵业绩，设备价格比国产价格高 45％左右。

600MW 机组 100％容量凝结水泵和 1000MW 机组采用 50％容量凝结水泵，国内配套技术成熟，运行可靠。

六、锅炉点火助燃系统

锅炉点火助燃系统一般包括燃油的卸载、贮存、输送、加热、伴热、吹扫、点火设施等。电站耗油是个大户，每年需 1120×10^{4}t，其中锅炉启动和助燃油量达 480×10^{4}t。

（一）点火助燃油

（1）供油能力确定：一台锅炉最大的点火油量与另一台最大容量锅炉启动助油量之和。点火燃油量视油枪总数及油枪出力而定。

（2）煤种：烟煤、高挥发分贫煤，宜为锅炉最大连续蒸发量工况下输入热量的 10％；无烟煤、低挥发分贫煤，宜为锅炉最大连续蒸发量工况下输入热量的 20％。

（3）稳燃油量宜为锅炉最大连续蒸发量工况下输入热量的 5％。

（4）有回油系统，按设计燃油量与最小回油量之和，加 10％的裕度。

（5）小油枪少油点火稳燃：将小油枪植入主燃烧器一次风管中，点火时用压缩空气的高速射流将燃料油击碎，同时利用燃烧产生的热量对燃料进行初期加热、扩容和后期加热，在极短的时间内完成油滴的蒸发雾化，变气体燃料直燃。出力仅为 10～20kg/h，节油率达 80％，统称微油点火系统。

（二）等离子点火稳燃技术

等离子点火是用等离子体电弧直接点燃煤粉的技术。等离子体是指物质被电离后生成的原子、电子、离子和分子等粒子组成的正、负电荷数相等，对内为良好导体、对外为中性体的粒子集合体。利用空气等离子体内的高温，通过煤粉气流深度裂解，产生比工业分析多20％～80％的挥发分，快速点燃，继而点燃固态碳。这样，煤粉流连续燃烧，形成稳定的煤粉火炬。

（1）等离子点火稳燃的发展：自20世纪70年代初，美国、苏联、澳大利亚等国的公司和科研单位开始进行研究；我国70年代进入研究阶段。90年代末解决了工业应用的技术难点，得到广泛应用。

（2）等离子点火稳燃的现状：2000年2月，在山东烟台电厂1号50MW机组的锅炉上，我国第一次应用等离子点火稳燃技术，其工业实践达到应用水准；2000年，吉林热电厂技术改造，在引进俄罗斯锅炉时改用等离子点火；2002年4月，大唐盘山电厂实现世界等离子点火稳燃技术四项首创；调试600MW机组直吹式制粉系统应用、蒸汽加热空气冷炉启动中速磨煤机点炉、大机组主燃烧器兼做等离子燃烧器。目前，我国锅炉等离子点火稳燃均有较广泛的应用。

（3）等离子点火稳燃的局限性。

1）对煤种的适应性有局限性：使用于收到基挥发分 $V_{dar} \geqslant 14\%$ 的煤种。

2）易损件消耗快：等离子装置的阴、阳极拉弧，高温氧化，寿命较短。

七、布袋除尘器

（一）主要技术要求

（1）除尘器入口含尘量：$20g/m^3$。

（2）布袋使用寿命：3年。

（3）除尘器在锅炉30％～110％负荷下能正常工作。

（4）除尘器使用寿命：30年。

（5）除尘保证效率（设计煤种和校核煤种）：＞99.9％。

（6）除尘器本体漏风率：≤2％。

（7）当除尘器入口粉尘增加到设计条件的150％时，烟尘排放浓度保证小于 $50mg/m^3$（现标准为 $5mg/m^3$）。

（8）除尘器过滤面积在正常运行时过滤风速为0.9～1.0m/min。

（9）允许连续烟气入口温度小于160℃、允许最高烟气温度小于190℃。

（10）布袋规格（一般型）为 $\phi160 \times 8000mm$、滤袋材质为PPS。

（11）除尘器运行阻力，在质保期内系统最大阻力不超过1200Pa。

（12）烟气超温，锅炉爆管，水分增加，开启旁路系统，投油助燃时开启预喷涂CaO或粉煤灰系统。

（13）布袋在保证期内失效率小于0.5％，寿命期内失效率小于1％。

（二）技术参数项目

（1）除尘器型号。

（2）除尘器除尘效率。

（3）处理烟气量。

（4）除尘器出口排放浓度及保证值。

（5）除尘器滤料的材质、规格、数量、寿命。

（6）除尘器滤料的性能参数。

（7）除尘器本体阻力、漏风率。

（8）除尘器单元数目。

（9）除尘器的气布比。

（10）除尘器脉冲清灰阀型号、数量。

（11）除尘器壳体设计压力。

（12）除尘器进出口接口尺寸。

（13）除尘器荷载图、热膨胀量及推力图。

（14）除尘器总图（平、断面、外形）。

（15）清灰控制方式。

（16）安装、检修时最大吊装件重量。

（三）冷却水系统

在缺水地区建设火电厂时，主机循环水采用间冷塔自然通风系统：扇形区＋三角散热器＋全面积百叶窗调节；辅机间冷塔系统，设机力通风机多台；给水泵汽轮机采用湿冷并设机力通风系统。

八、热工自动化装置

（一）热工自动化水平

（1）全厂自动化水平：全厂采用分层分级网络结构，有 MIS、SIS、机组控制三层控制管理系统。

（2）机组的热工自动化水平：炉、机、电单元控制，以 DCS 为中心的控制系统。

（3）电气控制软件 ESC 逐渐实施，将厂用电气与开关场组合电气自动控制和 DCS 一体化已成熟。

（4）辅助车间及公用系统的自控：早期的化水、补水、凝结水、输煤、除渣等系统采用 PLC 实现过程控制。现在 SCR、FGD 及循环水泵房、空压机站、脱硫脱硝全系统、输煤、化学、除灰等 DCS 与主机组 DCS 连为一体，在集控室统一控制、协调和管理。

（5）现场总线制（FCS）、机组自启停（APS）、自动控制系统（ACS）、发电量自动控制系统（AGC）、远程数据采集站（RDA）、自动调度系统（ADS）等应用，使火电厂自动化水平大幅度提高。

（二）控制系统总体结构

（1）实现液晶显示器 LCD 及计算机监控，控制台区仅留机组紧急停运的控制设备。

（2）采用自治分层结构，各层或各级间通过双环路或双总线进行信息交换和传递，分层如下：

1）机组协调管理层：操作员站、DAS 站、控制站、管理计算机接口站、工程师站等；人-机界面通信；信息交换、监视、控制、计算、编程、组态、调试、整定、操作、记录、打印、贮存等功能。

2）系统层：模拟量控制系统（MCS）、顺序控制系统（SCS）及 FSSS 等。

3）子系统层：模拟量、开关量的分类采集与处理，子系统定值调节，顺控与联锁。

4）直接驱动控制层：子系统要控制多个执行器，实现 M/A 双向无扰切换及后备手操功能；单控、直驱及通过 I/O 级操作的驱动。

（3）智能远程 I/O 配置：仅进入 DAS 监视测点信号，如过热器、再热器壁温，发电机定子铁芯及线圈的温度测量等。

（三）控制系统适用性

（1）可用性、可靠性、可控性、通用性及可维护性。

（2）分散控制、数据采集等采用先进的微机处理机分散技术。

1）性能指标：系统可用率 99.9%。

2）精度：输入信号 ±0.1%，输出信号 ±0.25%。

3）事故顺序记录分辨率：1ms。

4）抗干扰能力：共模电压 250V，共模拟制比 120dB。

（3）实时性和响应速度：

1）画面不大于 1s，复杂模拟画面不大于 2s。

2）LDC 画面上的数据刷新周期为 1s。

3）键盘发出指令至 LCD 上显示的总时间为 2.5～3s。

4）控制器的工作时间：模拟量控制不大于 0.25s，开关量控制不大于 0.1s。

（4）系统裕量：

1）控制器 CPU 负荷率不大于 40%，操作员站 CPU 负荷率不大于 40%。

2）内部存储器占用容量不大于 50%，外部存储器占用容量不大于 40%。

3）I/O 点裕量 10%～15%，I/O 插件槽裕量 10%～15%。

4）电源负荷裕量 30%。

5）共享式以太网络的通信总线负荷率不应超过 20%，其他网络负荷率不应超过 30%～40%。

（四）热工自动化系统功能

1. 分散控制系统（DCS）

DCS 是利用先进的"计算机、通信、网络"技术，把电厂生产过程的数据采集、处理运算、监视控制、联锁保护等有机融为一体，成为机组自动化系统的核心。DCS 覆盖 DAS、MCS、SCS、FSSS、APS、PSS 等系统，重点部分列述如下：

（1）数据采集与处理系统（DAS）：对生产过程的各种信息量（模拟量、开关量、脉冲量）进行采集、处理、运算、巡检及储存。

1）输入信息处理。

2）LCD 画面图表显示。

3）记录与报表。

4）报警管理。

5）性能计算。

6）操作指导。

（2）模拟量控制系统（MCS）：将锅炉、汽轮机、发电机作为一个综合控制对象，并同时向锅炉和汽轮机并行发出负荷指令，通过调节、控制联锁保护，确保机组以最快速度和最大稳定性满足机组的负荷变化，并保持稳定地运行。机组带基本负荷并具有调峰功能，除汽温控制子系统在一定负荷时进行调节外，其他主要控制子系统都能实现全程调节。同时根据汽轮机蒸汽旁路系统容量，具备 FCB 运行工况条件。

1）协调控制系统运行：

a. 协调控制方式（CCS）：锅炉和汽轮机之间有机的关系，同时响应机组的负荷指令。

b. 锅炉跟随方式（BF）：此时锅炉主控保持主蒸汽压力，汽轮机响应机组负荷指令。

c. 汽轮机跟随方式（TF）：汽轮机主控控制主汽压力，锅炉接受负荷指令。

运行人员可以选择以上三种控制方式，在控制方式改变时，不会有任何系统扰动。在机组遇到受限制的工况时，控制系统能平稳地将运行方式自动转换到合适的运行方式，当锅炉响应负荷指令受到限制时，系统切换至汽轮机跟随方式。当限制取消时，再回到协调方式，当系统不能实现运行人员所选择的运行方式时，将向运行人员报警。

d. 手动控制方式：此时锅炉和汽轮机的负荷变化是分别通过锅炉主控和汽轮机主控来实现的。

2）MCS 主控制系统：包括机组负荷指令形成、锅炉主控和汽轮机主控。

a. 机组负荷指令：控制系统具有机组负荷指令回路，用于自动调度系统（ADS）和机组运行人员与控制系统的接口，机组的目标负荷指令可以由 ADS 或者运行人员设定。MCS 真空系统接受目标指令后，根据不同工况，进行各种限制运算形成机组的实际负荷指令。机组负荷指令类别如下：

（a）机组负荷指令高、低限制：运行人员可调整负荷高、低限制，用于机组的负荷设定。当机组在跟踪（TRACK）、甩负荷（RB）或者迫降（RD）时，如果机组负荷超越了设定的限值，限制将自动地趋向实际机组负荷。

（b）机组负荷指令变化频率设定与限制：频率变化的限幅将不允许机组负荷指令变化到比选择的频率变化限值更高，以保护机组的安全。

（c）甩负荷/迫降协调方式：当机组辅机由于故障或停止而减少了运行数量时，将产生机组 RB；当机组负荷指令与运行中机组设备的能力不匹配时，机组将产生 RD。

（d）机组负荷闭锁增、闭锁减限制。

（e）发电机独立运行装置 FCB，锅炉-汽轮发电机为一个整体，在特定的工况下汽轮机蒸汽旁路系统快速开启，汽轮机 DEH 对汽轮机进行特定控制（包括瞬间快速关闭主蒸汽调门一定时间、切换为维持机前压力等）。在协调方式时，当系统的实际指令高于或低于最大或最小值，或者高于或低于当前指令时，将产生闭锁增、闭锁减。

b. 锅炉主控：将机组负荷指令以并行调节的方式转化为对锅炉燃料和风量的控制特点。

（a）锅炉指令按可供的风量来限制燃料量出力，以保证燃料量绝不高于匹配的风量。

（b）锅炉指令按送入锅炉的总燃料量（含辅助燃料）来限制风量，以保证风量不低于燃料量。

（c）根据燃料的不同发热量进行校正。

c. 汽轮机主控：

（a）控制系统根据机组负荷指令向汽轮机控制系统 DEH 发出汽轮机调门开度指令信号。

（b）控制系统将调速级压力控制回路和功率控制回路与 DEH 相应控制回路协调。

3）MCS 的子控制系统：由若干子系统组成，这些子系统协调运行，并且有前馈特点，使锅炉和汽机能灵敏、安全、快速与稳定地运行，保证在任何工况下，使机组热能的输入适应电能的输出，产生出满足机组负荷指令所要求的电量。MCS 的子系统主要包括：燃料控制系统；送风量控制系统；炉膛负压控制系统；给水控制系统；燃水比及中间点温度控制系统；二次风量控制系统；炉膛压力控制；一次风压力控制系统；燃油压力控制；启动分离器水位控制系统；汽轮机高低压旁路压力温度控制系统；一级过热汽温控制系统；二级过热汽温控制系统；再热汽温控制系统；磨煤机入口风量控制系统；磨煤机出口温度控制系统；空气预热器热风再循环控制系统；SCR 注入氨气流量控制系统；除氧器压力和水位控制系统；凝汽器水位控制系统；高、低压加热器水位控制系统；给水泵最小流量再循环控制系统；凝结水补水箱水位控制系统；辅助蒸汽压力和温度控制系统；凝结水最小流量控制系统；闭水温度及膨胀水箱水位控制。

（3）顺控系统（SCS）：

1）SCS 是 DCS 的一部分，冗余配置，SCS 设计满足机组启动/停机、正常运行及事故处理要求。

2）SCS 控制对象：电动机、断路器（发电机 - 变压器组）电动门、电磁阀和执行器等。从适应和可靠的原则出发，SCS 以大机组功能组级控制、响应子组级及单项控制方式为主。

3）功能组级和子组级顺控能自动顺序操作，各功能组级和子组级控制功能的启、停能独立进行。

4）对于每一个功能组级和子组级项目及其相关设备与每一个单项控制对象，其启停状态、启动许可条件、操作顺序和运行方式均在 LCD 上以统一标准的画面形式显示出来。

5）在自动或手动顺序控制方式下，为操作员提供操作指导，这些操作指导以统一标准的图形方式显示在 LCD 上，按照步序，可显示下一步应被执行的步序。控制顺序中的每一步均应通过从设备来的反馈信号得以确认，每一步都监视预定的执行时间，并根据设备状态变化的反馈信号（包括电动机启停状态，电动门、电磁阀的开关状态）在 LCD 上改变相应设备的颜色。

6）在自动顺序执行期间，出现任何故障或运行人员发出中断信号，可使正在运行的程序中断并回到安全状态，使程序中断的故障及运行人员指令在 LCD 上显示，并可由打印机打印出来。当故障排除后，顺序控制在确认无误后再进行启动。

7）运行人员在 LCD 键盘上操作每一个被控对象，手动操作有许可条件，可有效预防人员误操作。

8）设备的联锁、保护指令具有最高优先级，手动指令则比自动指令优先，被控设备启动、停止或开、关指令互相闭锁，且使被控设备向安全方向动作。

9）保护和闭锁功能始终有效，无法由控制室人工切除。

10）对互为备用的被控制设备，控制系统的组态考虑采用不同的分散处理单元或控制组件，以防系统故障时两个被控设备同时失去控制。

（4）燃烧器控制系统和炉膛安全系统（FSSS）：

1）FSSS 的设计应符合 NFPA8502 和 NFPA8503 的规定及锅炉制造厂的要求。

2）通过键盘和 LCD 显示画面，完成被控对象的操作和获取系统手动、自动运行的信息。

3）FSSS 的主要功能包括炉膛吹扫、燃油系统泄漏试验、油燃烧器自动管理煤燃烧器自动管理、风门挡板控制、冷却风机控制、火焰控制、燃料跳闸、炉膛和烟道的防内外爆保护、锅炉断水保护。

4）主燃料跳闸（MFT）：

a. 当发生下列情况时，应发出 MFT 指令：手动 MFT；所有送风机跳闸；所有引风机跳闸；炉内投粉燃烧时所有一次风机跳闸；炉膛压力高于或低于设定值；总风量低于最低设定值；没有检测到油枪和煤燃烧器火焰；重要电源丧失；燃料丧失；燃烧器停运不成功；汽轮机跳闸；锅炉断水；在 MFT "继电器" 复归后，在规定时间内炉膛点火失败。

b. 当发生 MFT 时，应自动执行下列操作：产生报警输出；跳闸原因显示在 LCD 上；油系统隔绝阀关闭；所有点火枪切除并退出；所有磨煤机跳闸；所有给煤机跳闸；所有一次风机跳闸；送指令到 MCS 执行相关动作；退出吹灰；跳闸电除尘等。

c. MFT 后启动炉膛吹扫程序（吹扫时间可调）；完成吹扫时间后，允许停送风机；若在吹扫时炉膛正压过高或过低，应立即将风机跳闸。

2. 汽轮机数字电液控制系统（DEH）

（1）基本要求：

1）采取由纯电流调节和高压抗燃油液压伺服系统组成的数字式电液控制系统。百万机组采用德国西门子公司生产的 TXP3000 控制系统其他控制系统。

2）下列运行方式均能安全经济运行：锅炉跟随 BF、汽轮机跟随 TF、协调控制、滑压运行、定压运行。

3）机组事故工况（如 RB、FCB）的停运要求。

4）DEH 具有与机组 DCS、旁路控制系统 BPC、汽轮机监视系统 TSI、电压自动调节系统 AVR、自动同期装置 ASS 等系统的常规信号接口。

5）DEH 系统确保如下指标：转速调节范围从盘车转速至 3500r/min；转速控制回路的控制误差不超过 ±1.0r/min；最大升速率下的超调量不超过 ±0.3％额定转速；调节转速的迟缓率不超过 0.06％；甩满负荷下转速超调量小于 7％；负荷控制范围 0％～115％；负荷控制精度 0.5％N（在蒸汽参数稳定的条件下）；静态特性转速不等率可调范围 3％～6％；在指定功率附近的局部不等率整定范围很大。

（2）系统功能：

1）控制功能：转速控制、负荷控制（功率反馈限制及切除、变负荷率控制、最高最低负荷限制、加速度限制、主蒸汽压力限制、低真空限制等）、甩负荷维持空转、阀门调整等。

2）启机运行中监视与操作。

3）甩负荷控制功能：瞬间甩负荷快控、超速保护控制、加速度控制、快关功能。

4）主蒸汽压力控制功能。

5）汽轮机自启停系统（APS）及发电负荷自动控制（AGC）。

6）热应力技术功能。

7）汽轮机辅助系统控制。

（3）运行方式：

1）操作员自动方式（OA）。

2）汽轮机自启动和自动带负荷控制方式（ATC）；汽轮机自动加负荷包括 ATC 管理、控制方式。

（4）液压伺服系统。

3. 汽轮机跳闸系统（ETS）

在以下工况该系统提供保护：远方手动停机；汽轮机的转速超过动作转速；真空低于给定的极限值；润滑油压下降超过极限值；转子轴向位移超过极限；推力瓦温度超过极限值；汽轮机轴振达到危险值；排汽缸温度超过极限；抗燃油油压过低；发电机保护；DEH 保护跳闸；MET 动作。

4. 汽轮机监测装置（TSI）

（1）1000MW 机组 TSI 的本体状态监测多采用瑞士 VIBROMETER 公司的 VM600 产品。

（2）TSI 的功能：键相测量；轴振动测量；轴向位移测量；胀差测量（西门子轴承座落地且有推力杆，胀差较小，动静间隙比产生最大胀差均大，此类设备可不测胀差）；轴偏心即轴弯曲测量；汽缸膨胀测量；推力瓦磨损测量。

5. 给水泵汽轮机数字电液控制系统（MEH）

（1）系统功能：

1）最低功能：自动升速的控制、给水泵转速控制、滑压控制、联锁保护、阀门试验、跳闸试验、盘车控制。

2）自诊断功能：系统故障切手操功能、系统组态功能。

（2）运行方式：

1）手动转速控制方式（LP 调速阀、HP 调速阀依次打开等）。

2）操作员自动转速控制方式。

3）远控转速自动控制方式（接受给水控制指令）。

6. 给水泵汽轮机危机跳闸系统（METS）

保护项目包括超速保护（机械、电气两套保护）、轴向位移、润滑油压低、真空、振动、轴承温度、MEH 遮断信号等。

7. 给水泵汽轮机本体安全监视系统（MTSI）

监测项目包括转速、位移、振动、汽压、汽温、真空、油压、油温、凝汽器冷却水进出温度、轴承温度等。

8. 汽轮机瞬态数据管理系统（TDM）

处理机组轴系振动及相关数据，评价运行水平，分析振动故障和指导操作，功能包括实时在线采样、机组瞬态振动采集分析存储、报警识别追忆、日常采集、历史资料存储查阅、报表打印、转子平衡重量计算、振动特征分析、振动故障诊断。

9. 自动电压调节装置 AVR

不纳入 DCS 系统，采用专用装置对电压进行自动调节。

10. 同期装置 ASS

不纳入 DCS 系统，采用专用装置实现同期功能。

11. 保护系统

（1）供运行人员直接手动跳闸的硬接线设备，在事故工况（分散系统失灵、失电、黑屏等）下，确保主设备安全停止或处于安全状态。

（2）电厂保护系统跳闸项目包括汽轮机及辅机、锅炉及辅机、发电机及辅机、电力系统。

12. 厂级监控信息系统（SIS）

面向全厂生产工艺过程、主辅设备接受电网调度系统命令（ADS），自动调节被控对象的工作状态；为信息管理系统（MIS）提供实时信息及处理后的信息。

系统显示实时参数监控信息；性能计算；经济分析信息（含电量、各种效率、损耗、厂用电率、补水率等）；生产数据报表信息；厂级经济负荷调度；辅助及公用工艺系统信息。

13. 闭路电视监视系统

系统配置：大机组设 210 个监视点；如加入输煤、储煤等系统，监视点还要增多。

14. 锅炉炉管泄漏检测装置

功能包括炉管泄漏早期报警；跟踪泄漏发展趋势；实时监听炉内噪声；系统自检测试；将炉管泄漏检测装置的信息送至单元机组 DCS 网络。

15. 炉膛火焰工业电视系统

采用"两头一尾"模式配置炉膛火焰工业电视系统。

16. 汽轮机旁路控制系统

采用液动执行机构并配供相应控制系统；控制系统与 DEH、DCS 等有硬接线接口，能配合机组实现 FCB 功能。

17. 烟气连续监测系统（CEMS）

一般并入脱硫岛和脱硝系统，统一设计，与脱硫、脱硝系统净烟气侧烟气分析监控仪表合设。

18. 其他控制系统或装置

其他控制系统或装置包括空气预热器漏风控制系统、锅炉吹灰程控系统、炉膛烟温测量探针装置、空气预热器停转报警系统、锅炉再热器安全阀控制装置等。

（五）热控现场总线概述

1. 电厂控制系统历史轨迹

（1）第一代控制系统：基地式气动仪表控制系统，用标准气压信号完成简单回路调节。

（2）第二代控制系统：电动单元组合式模拟仪表控制系统，变标准气压信号为标准电信号，系统简化，但精度低，易受干扰。

（3）第三代控制系统：集中数字控制系统。以单片机、PCL 等为控制器，控制器内部传输数字信号。因控制器处理能力有限，所以系统规模小。

（4）第四代控制系统：集散控制系统。"集"是指人机接口集中，电子设备如分散处理单元 DPU、过程输入/输出（即 I/O）等均集中布置。"散"是指分布式控制：一是控制回路、调节回路等分布在不同 DPU 中，使得危险分散；二是控制站（DPU）可作分散布置。

2. 现场总线控制系统（FCS）

在第四代控制系统广泛应用的高峰期，又出现以通信总线为核心纽带的全数字式控制系统，而且将并入软件的电气控制系统（DSP），实现热控和电气合一控制。

列入国际标准的现场总线有 Type1 TS61158、Type2 ControlNet 和 Ethenet/IP、Type3 Profibus、Type4 PNET、Type5 FF HSE、Type6 Swift‑Net、Type7 WorldFIP、Type8 INTERBUS、Type9 FF H1、Type10 PROFInet 十种。

我国现场总线控制系统设计制造已有长足进展，其优点是精度高、节省电缆、控制系统全数字化（最本质优势）、彻底分散，已有多个电厂设计和应用，技术很成熟。

现存问题：

（1）必须配备智能总线设备，价格昂贵。

（2）智能测控设备的总线协议难达到一致性。

（3）冗余技术有待发展。

（4）工程技术力量有待强化。

第三章

高参数、大容量机组安装

第一节 机组安装重要事项

一、锅炉安装

（一）锅炉本体安装

（1）柱梁连接要求：接触面积＞70％，间隙可不作处理；接触面积＞70％，间隙＜1.6mm，可不加垫片；接触面积＜70％，间隙为1.6～6mm，需加垫片，接头不得悬空。

（2）连接板与柱端翼板连接的间隙＜1mm，可不作处理；间隙为1～3mm时，将厚的一侧按1：10过渡；间隙＞3mm，需加垫调整，摩擦面同样处理。

（3）汽包数据及安装要求：材质DIW353、直径1600mm、壁厚100mm、全长20200mm，总质量（含内部装置）95 795.2kg。汽包标高允许偏差为±5mm、纵横水平允许偏差为±2mm、轴向位置允许偏差为±1mm。

（4）水压试验：一次汽系统是汽包设计压力的1.25倍；二次系统按再热器设计压力的1.5倍；升速为0.2～0.3MPa/min，在试验压力下保持20min，再降到工作压力检查，压力值保持不变。

（二）钢架紧固件检验

1. 高强度螺栓复检、安装及验收

高强度螺栓复检、安装及验收按《钢结构工程施工质量验收规范》（GB 50205）规定进行。

（1）高强度大六角头螺栓连接副的扭矩系数和扭剪型高强度螺栓连接副的紧固轴力（预拉力）是施工的重要依据，因此要求生产厂家在出厂前要进行检验，且出具检验报告，施工单位应在使用前及产品质量保证期内及时复验，该复验应为见证取样、送样检验项目。

（2）钢结构制作和安装单位按规定分别进行高强度螺栓连接摩擦面的抗滑移系数试验和复验，现场处理的构件摩擦面应单独进行摩擦面抗滑移系数试验，其结果应符合设计要求。

（3）高强度螺栓连接副的生产厂家是按出厂批号包装供货和提供产品质量证明书，在储存、运输、施工过程中，应严格按批号存放、使用。不同批号的螺栓、螺母、垫圈不得混杂使用。高强度螺栓连接副的表面已经特殊处理。在使用前应尽可能地保持其出厂状态，以免扭矩系数或紧固轴力（预拉力）发生变化。

（4）高强度大六角头螺栓连接副终拧完成1h后、48h内应进行终拧扭矩检查，检查结果应符合规定。检查数量按节点数抽查10％，且不应少于10个；抽查节点按螺栓数抽查

10%，且不少于 2 个。

（5）扭剪型高强度螺栓连接副终拧后，除因构造原因而无法使用专用扳手终拧掉梅花头者外，未在终拧中拧掉梅花头的螺栓数不应大于该节点螺栓数的 5%。对所有梅花头未拧掉的扭剪型高强度螺栓连接副应采用扭矩法或转角法进行终拧并作标记，且按规定进行终拧扭矩检查。检查数量按节点数抽查 10%，但不应少于 10 个节点，被抽查节点中梅花头未拧掉的扭剪型高强度螺栓连接副全数进行终拧扭矩检查。

2. 高强度螺栓连接工程检验项目

（1）高强度螺栓连接副施工扭矩检验。高强度螺栓连接副扭矩检验含初拧、复拧、终拧扭矩的现场无损检验。检验所用的扭矩扳手其扭矩精度误差应不大于 3%。检验方法分为扭矩法和转角法两种，检验应在施拧 1h 后、48h 内完成。

1）扭矩法检验。检验方法：在螺尾端头和螺母相对位置划线，将螺母退回 60° 左右，用扭矩扳手测定拧回至原来位置时的扭矩值。该扭矩值与施工扭矩值的偏差在 10% 以内为合格。

2）高强度螺栓连接副终拧扭矩值按下式计算：

$$T_c = KP_c d$$

式中　T_c——终拧扭矩值，N·m；

　　　P_c——施工预拉力值标准值，kN（见表 3-1）；

　　　d——螺栓公称直径，mm；

　　　K——扭矩系数，按规定试验确定。

高强度大六角头螺栓连接副初拧扭矩值 T_0 可按 $0.5T_c$ 取值。扭剪型高强度螺栓连接副初拧扭矩值 T_0 可按下式计算：

$$T_0 = 0.065 P_c d$$

（2）转角法检验方法。

1）检查初拧后在螺母与相对位置所画的终拧起始线和终止线所夹的角度是否达到规定值。

2）在螺尾端头和螺母相对位置画线，然后全部卸松螺母，再按规定的初拧扭矩和终拧角度重新拧紧螺栓，观察与原画线是否重合，终拧转角偏差在 10° 以内为合格。

（3）扭剪型高强度螺栓施工扭矩检验。检验方法：观察尾部梅花头拧掉情况。尾部梅花头被拧掉者视同其终拧扭矩达到合格质量标准；尾部梅花头未被拧掉者应按上述扭矩法或转角法检验。

表 3-1　　　　　　　　　高强度螺栓连接副施工预拉力标准值　　　　　　　　　　kN

螺栓的性能等级	螺栓公称直径 (mm)					
	16	20	22	24	27	30
8.8s	75	120	150	170	225	275
10.9s	110	170	210	250	320	390

（4）高强度大六角头螺栓连接副扭矩系数复验。在安装的螺栓批中随机抽取，每批应抽取 8 套连接副进行复验。连接副扭矩系数复验用的计量器具应在试验前进行标定，误差不得

超过 2%。每套连接副只应做一次试验。在紧固中垫圈发生转动时，应更换连接副，重新试验。连接副扭矩系数的复验应将螺栓穿入轴力计，在测出螺栓预拉力 P 的同时，应测定施加于螺母上的施拧扭矩值 T，并应按下式计算扭矩系数 K：

$$K = T/(Pd)$$

式中　T——施拧扭，N·m；

　　　d——高强度螺栓的公称直径，mm；

　　　P——螺栓预拉力，kN。

进行连接副扭矩系数试验时，螺栓预拉力值应符合表 3-2 的规定。

表 3-2　　　　　　　　　　　　　螺栓预拉力值范围　　　　　　　　　　　　　　kN

螺栓的性能等级	螺栓公称直径（mm）					
	16	20	22	24	27	30
10.9s	93~113	142~177	175~215	206~250	265~324	325~390
8.8s	62~78	100~120	125~150	140~170	185~225	230~275

每组 8 套连接副扭矩系数的平均值应为 0.110~0.150，标准偏差小于或等于 0.010。

（三）摩擦面抗滑移系数 μ 的确定

（1）在摩擦型连接钢结构中，安装前要进行摩擦面抗滑移试验。由厂家提供试验用的双栓片或三栓片；2000t 为一个批次，一批次共 3 组。

（2）摩擦面抗滑移系数 μ 由构件钢号确定，3 号钢 $\mu = 0.35~0.45$；低合金钢 $\mu = 0.45~0.55$。

（3）摩擦面抗滑移系数计算公式如下：

$$\mu = N/n_f \times \sum P_t$$

式中　N——滑动载荷；

　　　n_f——一般取 2；

　　　$\sum P_t$——紧固力之和，取 5 套实测平均值（一般 $P_t = 0.959~1.059$）。

（4）参考部分：

1）合金结构钢材质：20MnTiB，对螺栓规格的性能等级 10.9s，其屈服强度≥940MPa，抗拉强度 1040~1254MPa。

2）连接副组合：螺栓 10.9s、螺母 10H、垫圈 HRC35~45；螺栓 8.8s、螺母 8H、垫圈 HRC35~45。螺母保证载荷 315kN；螺栓洛式硬度 HRC28.5~42.0。

3）连接副材质：螺栓 20MnTiB/35VB、螺帽 45/35 号钢、垫圈 45 号钢。

4）紧固轴力：与直径、材质有关，对 10.9s 螺栓 M22 终紧值为 216~225kN，190~230kN 为合格；紧固力标准偏差≤19.0kN；楔负荷保证 353kN。

二、汽轮机安装

汽轮机安装前，按厂家及规范要求进行开箱验收、设备检查，签署清点交接记录或纪要；按规定保管好设备，若存放时间长，要有防腐蚀、防弯曲等措施；对设备基础进行检查验收，测量重要几何尺寸和标高；垫铁布置应合理，接触面积要达标。安装工作应特别注重以下事项。

（一）基架滑销及汽缸安装

基架是汽轮机安装运转的根基，滑销是汽轮机热态定向膨胀自如的保障，汽缸是机组安装的核心部套，要特别重视尺寸、间隙和工艺达到规定要求。

（1）严格按低压缸机架图和前轴承箱机架图的要求施工，水平、标高及中心要精心调整定位，偏差应控制在1mm以内。

（2）各种大型汽轮发电机组的滑销系统在设计上存在差异，但都必须查清转子的相对死点，高、中压缸及低压缸死点；明确转子膨胀方向，高、中、低压缸及发电机定子的膨胀方向；前轴承箱导向键及连接片的配合间隙必须符合图纸要求。

（3）低压外缸，低压内缸，高、中压外缸和高、中压内缸，要按顺序分别进行安装调整，接触面积、间隙值、中心尺寸等必须达到合格，最好是优良标准，方可进行下道工序。

（4）测量与调整通流间隙时，要掌握不同机型汽轮机的 K 值（轴向间隙），将转子定位，然后根据转子间隙图的要求测量各级轴向及径向通流间隙。

（二）轴系扬度

大型汽轮机形式、型号不同，轴系扬度会有所不同，对轮下张口尺寸存在差异，要严格按厂家规定进行操作调整，确保机组运行平衡。举例如下：

（1）设计理论扬度值（每格精度是0.01mm/m斜度；前扬为正，后扬为负）；高压转子上的1号瓦为11.349格；中压转子上的2号瓦为6.866格，3号瓦为1.934格；低压转子4号瓦为2.210格，5号瓦为－2.102格；发电机转子上的6号瓦为－1.762格，7号瓦为－8.292格。

（2）半缸安装对轮找正后（对轮没把紧前），实际测量值是以低压转子两轴承的中点为零的比较值，而不是扬度（斜度值×至所测轴瓦的距离）。实测值（mm）：1号瓦为1.12；2号瓦为0.56；3号瓦为0.15；4号瓦为0.19；5号瓦为－0.22。

（3）冷凝器连接后扬度复查：冷凝器连接前后4号瓦均为0.19mm，5号瓦均为－0.22mm。说明冷凝器连接未使扬度发生改变（表明发电机上6、7号瓦的扬度也没变化）。如果扬度出现变化，要重新调整测量，直至达标。

（4）对轮下张口值按厂家规定严格进行调整实施，对轮张口及错位误差只允许0.02mm；对轮连接后，原先各项测定的值如有变化，则应全面复查扬度及其他相关值。

（5）有的机组要求测量扬度是半缸值和全缸值；300MW及以上容量的汽轮机，其高、中压缸是合缸，有的是整体到货；根据机组实际情况，按厂家要求进行轴系找正。

（6）60万汽轮发电机轴承标高差值［轴承号/轴承相对标高（mm）］：1号/4.42；2号/0.79；3号/0；4号/0；5号/0.97；6号/12.63；7号/19.11。调整轴承箱纵向扬度，需经计算获得。

（三）低压转子找中心

低压缸前油挡洼窝测量位置为D，低压缸后油挡洼窝测量位置为E。

站在汽轮机头往后看，轴与油挡的间隙代号，左为 a、右为 b、下为 c，各值如下：

（1）设计允许偏差值：$a-b=0.05\sim0.10$mm；$c-(a+b)/2=0.05\sim0.10$mm。

（2）实际测量值：

位置代号D：$a=4.550$mm；$b=4.540$mm；$c=4.550$mm。

位置代号 E：$a=4.550$mm；$b=4.550$mm；$c=4.560$mm。

（四）转子找正

1. 高中压转子找中心

（1）设计允许偏差值：$a-b=0.05\sim0.10$mm；$c-(a+b)/2=0.05\sim0.10$mm。

（2）高压转子对油挡洼窝找中心：$a=4.69$mm；$b=4.52$mm；$c=5.21$mm。

运行经验表明 $a>b$，故找正时 $a-b=0.1\sim0.15$mm。

2. 低压缸转子轴向定位

（1）在低压转子 28 级左侧转子凸肩与轴瓦内侧的间隙保持 10.50mm。

（2）低压缸后轴承箱左外侧与转子轴向定位值 $L=110.30$mm。

3. 汽轮机发电机转子对轮找正

（1）高中低压转子及发电机转子对轮的径向任何位置之差不应大于 0.05mm。

（2）安装主油泵时将主油泵转子相对抬高 0.2mm，两侧轴向间隙之差不应大于 0.06mm。

（3）高中低压转子及发电机转子对轮的轴向任何位置之差不应大于 0.03mm。

（4）高压转子与主油泵轴向间隙各方位之差不应大于 0.06mm。

（5）对于高中压转子对轮轴向间隙下比上之差应为 0.2～0.25mm（即下张口）。

（6）发电机安装找正：

1）发电机找磁中心：定子中心相对转子中心向刷架方向预移 8.1mm。

2）测量发动机及低压转子原始及连接后的晃动值、中低压转子连接前后的晃动值及垫片值。

3）测量检查高中压转子连接前后的晃动度。

4）测量检查发电机空气间隙（一般有 12 处）。

（五）其他检查

（1）高中低压转子叶片径向跳动检查。

（2）所有轴的不椭圆度检查。

（3）高中低压动静间隙，即通流间隙检测。

（4）隔板装配间隙、键槽间隙、隔板套悬挂间隙检测。

（5）高中低压汽封轴、径向间隙检测。

各间隙值均需满足设计要求，由于转子各处胀差不同，各部位的间隙不等，值小影响膨胀，产生摩擦，造成不良后果；值大影响缸内效率。

（六）中压缸启机

采用中压缸启机方案的前提：有临机正常运行、本机大修或某缸大修，更换叶片，检查转子平衡或找平衡；汽轮机安装全部完毕，锅炉点炉严重滞后，先行考验汽轮机动态热态水准。

1. 准备工作

（1）利用二抽蒸汽，压力调至 0.8MPa，要有措施避免超压。

（2）二抽手动总门前连接一条管路，能向中压主汽门前供汽，向再热系统倒送汽。

（3）暖管 8h 以上，再热系统凝结水全部放掉，保证有过热度，无积水。

（4）高压缸门全部关严，高压排汽止回阀及旁路阀关严，严防高压缸及转子受到不均匀受热。

（5）使用的临机蒸汽机组的 AGC 解列，EH 系统工作正常。

（6）启动一台轴抽风机，向高中低压轴封供汽，供汽母管压力为 0.04～0.06MPa。

2. 冲转

（1）高中压主汽门及低压调节汽门全开，高中压调节汽门全关，进行摩检。

（2）开中压调门冲机，至 250 r/min，检查盘车装置自动脱开。

（3）中压调门全关，进行摩检；正常后，开中压调门升至 500 r/min，关盘车来油门。

（4）转速升至 1300、3000r/min 按正常操作。

3. 注意事项

（1）暖管盘车时，大轴晃动不允许超标。

（2）中压缸启动过程各项指标按冷态滑启规定执行。

（3）更换叶片启机全过程若振动超标，要立即打闸停机。

（4）控制好凝汽器水位。

（5）因转子轴向力发生变化，要严密监视轴向位移、推力瓦温度及回油温度。

（七）汽轮机波德图、坎贝尔图、费留格尔公式

（1）波德（BODE）图：又称幅频响应和相频响应曲线图，一般是旋转机械基频上的幅值和相位对转子转速的直角坐标图。

波德图作用：表明转子趋近和通过转子临界转速时的相位响应和幅值响应，从波德图包含的信息中可以辨识临界转速与转子系统中的阻尼，以及确定校正平衡的最佳速度。

（2）坎贝尔（Campbll）频谱图：是静态自由叶片频率和叶片频率分散率数值的频谱表示图。

（3）费留格尔公式：汽轮机运行中，判断通流部分结垢或腐蚀的公式。

$$G_1/G_0 = a \times p_{01}/p_0 = 1$$

式中　G_1——变化后主蒸汽流量；

　　　G_0——变化前主蒸汽流量；

　　　p_{01}——变化后调节级压力；

　　　p_0——变化前调节级压力；

　　　a——变化工况前后调节级通流面积比。

同一负荷或同一流量下，当 p_{01}↑，$a<1$ 时，说明结垢；当 p_{01}↓，$a>1$ 时，说明腐蚀。

三、电热安装

（一）机组备用电源 UPS 和事故照明

（1）某电厂机组厂用 6kV 6A、6B 段备用电源，分别引自 2 号启动备用变压器低压侧 O2A 和 O2B 开关，通过 18 根电缆，分别送到厂用 6kV 的厂用 VIA、VIB 段，作为机组备用电源。再通过 606A 和 606B 开关分别接引到 6kV 厂用 VIA、VIB 段。为机组启动试运提供可靠电力。经带电试运和机组试运工备切换试验可靠。

（2）UPS 产品应经受长期运行考验，经厂家、电建、调试和安装人员反复试验，三路电源均需顺利切换，为机组重要负荷提供可靠电力。

（3）事故照明：共设两面低压 380 盘，其电源一路引自 380V 6A 段，另一路引自保安段，作为事故照明的工作和备用电源。正常用 380V 6A 段向事故照明段送电。事故情况下，

由保安段供电，带机组事故照明负荷。事故照明段两电缆切换好用，为机组事故照明提供可靠电力。

（二）电气除尘器电气

（1）控制变压器型号为 GGAJ02－0.8/66 和 GGAJ02－1.2/72。

（2）空载试验时，同电压等级变压器两台并联升压分别达到 66kV 和 72kV。

（3）电气除尘器安装完毕，进行空载升压试验时，厂家均用两台变压器并联升压，这是因为单台升至额定电压，二次电流将超过额定电流。

（4）单台空载试验，达到额定电流时，测试电压值，应达到额定电压的 85%。

（三）自动控制与保护

1. 自动控制装置投入情况

自动控制装置投入情况见表 3－3。

表 3－3　　　　　　　　　　　　　　　自动控制装置投入情况

序号	名称	数量	备注	投入
1	炉跟机（BF）	1	机响应负荷、手动指令，炉响应流量及汽压偏差	√
2	机跟炉（TF）	1	炉响应机负荷、手动指令，机响应炉的汽压变化	√
3	机炉协调（CCS）	1	炉机建立协调关系，同时响应机组负荷指令	√
4	A 侧一级过热汽温	1	减温器出口温度信号为超前变化的前馈信号	√
5	B 侧一级过热汽温	1	减温器出口温度信号为超前变化的前馈信号	√
6	A 侧二级过热汽温	1	减温器出口温度信号为超前变化的前馈信号	√
7	B 侧二级过热汽温	1	减温器出口温度信号为超前变化的前馈信号	√
8	A 侧再热汽温	1	再热器出口温度信号为超前变化的前馈信号	×
9	B 侧再热汽温	1	再热器出口温度信号为超前变化的前馈信号	√
10	给水	2	三冲量控制汽包水位	√
11	炉膛负压	2	前馈补偿的单级调节系统	√
12	送风	3	甲、乙送风，氧量	√
13	轴封压力	1	单回路调节系统 PT1803	√
14	凝汽器水位	1	单回路调节系统 LT2201/LT2202	√
15	1 号低压加热器水位	1	单回路调节系统 LT2501	√
16	2 号低压加热器水位	1	单回路调节系统 LT2601	√
17	3 号低压加热器水位	1	单回路调节系统 LT2602	√
18	4 号低压加热器水位	1	单回路调节系统 LT2603	√
19	除氧器水位	1	单回路调节系统 LT1801	√
20	1 号高压加热器水位	1	单回路调节系统 LT2101/2 号高压加热器是自调节	√
21	除盐水箱水位	1	单回路调节系统 LT2203	√
22	闭式水箱水位	1	单回路调节系统 LT2801	√
23	轴封加热器水位	1	单回路调节系统 LIS2501	√
24	数字电液调节	3	转速、调压、功率	√
	合计	31		30

2. 保护

（1）锅炉主保护：两台送风机跳闸、两台引风机跳闸、汽包水位高、汽包水位低、炉膛压力高、炉膛压力低、全炉膛灭火、燃料丧失、冷却风丧失、手动 MFT、风量＜30％、汽轮机跳闸、发电机跳闸，合计 13 套。

（2）汽轮机主保护：润滑油压力低、EH 油压力低、真空低、轴向位移大、110％电超速、轴瓦振动大、汽轮机胀差大、DEH 超速、DEH 失电、MFT 动作、发电机主保护动作、手动停机，合计 12 套。

四、焊接技术

（一）金属监督检验情况统计

（1）一台 200MW 机组：受监焊口共计 18 834 个；共检验焊口 10 446 个，返修 84 个，焊口检验一次合格率 99.19％。检验方法和数量见表 3－4。

表 3－4 　　　　　　　　　　　　检 验 方 法 和 数 量 　　　　　　　　　　　　（个）

检验方法	符号	数量
射线检验	RT	4969
超声波检验	UT	5958
渗透检测	PT	519
磁粉检测	MT	—
涡流检验	ET	—

另外还有声发射检测 AET；泄露检测 LT；诺特检测中心 PRT。

（2）按业主要求，对省煤器厂家焊口 100％射线检验复查，共计检测焊口 17 034 个，其中 1 个不合格（咬边），返修处理。

（3）根据规范要求对受热面厂家焊口进行 5‰抽查，共计 180 个（见表 3－5）。

表 3－5 　　　　　　　　　　　　焊 口 抽 查 情 况

部位	数量（个）	部位	数量（个）
前、后、左、右水冷壁	80	省煤器吊挂管	10
前、后、左、右包墙管	40	再热器热段	20
对流过热器	10	再热器冷段	20

（4）主蒸汽、再热热段监察段以及高、中压导汽管安装，并检测蠕变测点计 88 组。

（5）汽轮机高中压汽缸螺栓和高、中压主汽阀、调节阀各类规格高强螺栓计 444 个分别进行 100％光谱分析、超声波探伤和硬度检测，结果合格。

（6）合金钢部件 100％光谱分析复查，共计复查 83 997 点，查出不合格 249 点（见表 3－6）。

表 3－6 　　　　　　　　　　　　光 谱 分 析 复 查 情 况

项目	数量（点）	结果（点）	项目	数量（点）	结果（点）
锅炉	69379	不合格 190	焊接	1224	不合格 0
汽轮机本体	1991	不合格 59	热控	881	不合格 0
汽轮机管道	2602	不合格 0	保温	8000	不合格 0

（7）循环水管道焊缝检验：

1）射线检验（RT）：485个（含10％超声波检验后复检）。

2）超声波检验（UT）：295个。

（二）350MW机组焊接及金属监督

焊口35 868个；检验焊口44 683个（RT 26 818个、UT 14 787个、PT 30个，检验比例124.6％；四大管道现场焊口192个，检验焊口270个，检验比例140.6％）；不合格焊口214个，一次焊接合格率99.52％；合金件光谱分析244217点，焊口光谱分析4287道，硬度检验1559道，热处理5382道，金相检查11项检测片。

五、安装工期

（1）在1982～1988年新建的16台200MW机组中：

1）安装速度最快：邢台电厂1号机组，1983年7月1日主厂房开挖至1985年12月11日72小时试运结束，历时29个月。

2）安装速度最慢：通辽电厂1号机组，1979年8月13日主厂房开挖至1985年6月29日72小时试运结束，历时70个月。

（2）在1981～1988年建成投产的51台200MW机组中，安装速度较快的扩建机组：

1）龙口电厂4号机组。1988年9月3日锅炉大件开始吊装，1988年11月17日锅炉点火，历经75d；1988年8月6日台板就位至1988年11月28日空负荷试运，共用114d。

2）安装速度正常偏快扩建机组：锦州5号机组。1985年12月29日锅炉大件开始吊装，1986年10月26日锅炉点火，历经204d；1986年4月19日台板就位至1986年11月18日空负荷试运，共用214d。

（3）21世纪后，长春第二热电厂200MW 5号机组安装工期：

1）建筑工程（2005年11月16日主厂房浇筑第一罐混凝土，2006年4月1日建筑工程全面开工）：

a. 3号烟囱到顶：2006年9月10日。

b. 5号冷却水塔到顶：2006年10月11日。

c. 汽轮机岛交付安装：2006年7月27日。

d. 主厂房集控室暖封闭：2006年11月20日。

e. 脱硫工程开工：2006年10月30日。

f. 脱硫工程基础交付安装：2007年1月7日。

2）安装工程：

a. 锅炉钢结构连续吊装：2006年9月20日。

b. 锅炉超压试验：2007年3月30日。

c. 汽轮机低压缸下车室就位：2006年12月26日。

d. 汽轮机三缸扣盖：2007年4月9日。

e. 主厂房内厂用电受电：2007年4月21日。

f. 锅炉点火：2007年6月15日。

g. 锅炉吹管结束：2007年6月23日。

h. 脱硫工程电气系统受电：2007年6月23日。

i. 脱硫工程分部试验运结束：2007 年 7 月 24 日。

j. 220kV 系统倒送电：2007 年 7 月 7 日。

k. 汽轮机冲转：2007 年 7 月 22 日。

l. 首次并网发电：2007 年 7 月 23 日。

m. 满负荷 72h 试运结束：2007 年 7 月 31 日。

n. 满负荷 24h 试运结束：2007 年 8 月 1 日。

第二节 大型锅炉安装

一、锅炉安装范例

（一）锅炉简述

大唐长春第三热电厂新建工程 2×350MW 机组的锅炉，是哈尔滨锅炉厂根据美国 ABB－CE 燃烧工程公司技术设计制造的，配 350MW 机组的亚临界压力一次中间再热自然循环汽包锅炉。采用平衡通风中速磨煤机，燃料采用以褐煤为主、烟煤为辅的混煤，其混配的质量比为 7∶3。锅炉以最大连续负荷（BMCR）工况为设计参数，最大连续蒸发量为 1165t/h，过热器再热器蒸汽出口温度均为 540℃，给水温度 279.2℃。

锅炉采用全钢结构构架，高强螺栓连接，连接件接触面采用喷砂处理工艺，提高了连接结合面间的摩擦系数。

锅炉呈"Ⅱ"型布置，设计有固定的膨胀中心，受热面采用全悬吊结构，炉膛上部布置有墙式再热器、分隔屏、后屏过热器；水平烟道中布置有后屏再热器、末级再热器、末级过热器和立式低温过热器；后烟道竖井布置有水平低温过热器和省煤器；后烟道下部布置有两台引进技术设计制造的三分仓回转式空气预热器。

炉膛断面近似方形，宽度 15115mm，深度 14019mm。炉膛高热负荷区域水冷壁采用内螺纹管的膜式水冷壁。炉顶过热器和再热器各部件采用大口径连接管连接。

锅炉采用摆动式燃烧器，四角布置，切向燃烧方式，燃烧器一次风喷嘴可上下摆动 ±20°，二次风喷嘴可以上下摆动 ±30°。过热蒸汽温度主要靠一、二级喷水减温器调节，再热蒸汽温度主要以燃烧器摆动调节为主。

锅炉配有炉膛安全监控系统（FSSS）、炉膛火焰电视监视装置、汽包水位电视监视装置及吹灰控制装置，自动化水平高。锅炉除渣采用水封斗式除渣装置。

（二）设备到货及现场保管

1. 总则

（1）锅炉设备现场存放直接关系到锅炉机组安装质量好坏及稳定运行。

（2）基建单位除严格遵守我国《电力基本建设火电设备维护保管规程》（DL/T 855—2004）外，还应执行说明书要求。

2. 设备到货与验收

（1）用户应对到货件数量与装车单进行核对，到货及包装有损坏情况要有回执。

（2）包装损坏应明确责任。

（3）施工单位或建设单位应在设备开箱、拆捆前 15d 通知制造厂交验人员到达现场。

（4）未交验设备不得使用。

（5）应共同签署"设备到货交验单"。

（6）有两台锅炉设备到现场，应按令号分别保管存放。

3. 设备的保管及存放

按 DL/T 855—2004 要求保管存放。

在有湿度控制的库房内存放的设备包括：点火器、油枪及油枪伸缩机构；空气预热器的组件盒、转子和轴承；各类阀门、电动装置、弹簧吊架、吊杆及高强螺栓等经过机械加工的零件；所有控制设备及电器仪表组件；吹灰器、取样器、汽包内部设备、水位表；较贵重的金属件、不锈钢板、不锈钢管、铝制或镀锌的锅炉外护板等。

下列设备可以露天存放：锅炉构架、平台楼梯及刚性梁；汽包、集箱、水冷壁、过热器、再热器、省煤器组件、连接管；烟风道组件；铸铁件。燃烧器可半露天存放，但存放一定要垫平且用帆布等遮盖，防止变形影响摆动和保温材料受潮脱落，内护板等薄板也可半露天存放。

露天存放的要求如下：

（1）露天存放场地要平坦、道路通畅，有良好的排水设施，并能满足消防要求。

（2）所有设备应用经过防腐处理的枕木或相应的支座垫高。

（3）设备的油漆及件号标志应保持完好。

（4）锅炉构架应放在经过校正的支架上，防止产生变形。

（5）汽包及各类集箱上管接头的管盖必须完好。筒体及管接头不得接触地面避免碰伤及腐蚀。

（6）各类蛇形管排及管屏的支撑应平整，防止变形，管口的管盖应经常检查，脱落应补齐。

（7）刚性梁在运输、存放时不允许使蹬形夹受力变形而失去作用。

（8）大口径的管道、连接管和集箱等稍微倾斜放置以免积水。

（9）各类阀门应竖直放置，安全阀必须竖直存放，防止阀杆变形。

（10）各种吊杆应水平放置在平坦的支架上，不要叠放，注意保护螺纹部分以防止碰伤及变形。

（11）存放时间超过一年，湿度不超过 50%，所有管盖应穿小孔，内表面与库内干燥空气相通。

（12）存放期超过一年的汽包内部充氮保护，装设压力表以监视内部氮气压力，压力为 0.03MPa。

（三）锅炉钢结构的安装

锅炉为全钢结构构架，采用高强螺栓连接，因炉型不同构架宽度深不一，构架分 5～7 层，制造时分成不同颜色或色环加以区别，设水平支撑，零米布置柱低脚。分层吊装，吊装顺序待每层高强螺栓上完初紧，经检查验收合格后，才能进行下一层钢结构的安装。安装时所有连接杆件必须按设计要求就位，不允许缓装或随便预留开口，施工单位在编制施工组织设计时要充分考虑。

1. 锅炉钢结构布置区域与相关编号

锅炉整个钢柱均布置在由 B0 和 BE 轴线确定的平面内。

（1）图号和清单号中英文字母释意：A 表示杂件；B 表示梁；C 表示柱；D 表示柱底板；F 表示紧固件；G 表示地角螺栓支架；H 表示水平支撑；L 表示钢结构续补件；P 表

示平台楼梯；S表示小罩支撑；T表示安装加固结构；V表示垂直支撑；W表示随机专用工具。

（2）各种代号释意。

1）柱的编号：

2）梁的编号：

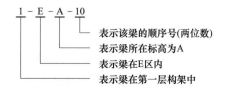

3）水平支撑的编号：

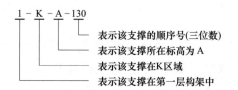

4）垂直支撑的编号：

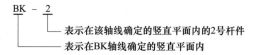

5）杆件规格示例：

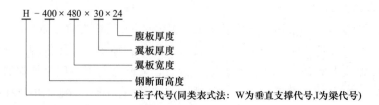

6）梁和水平支撑所在标高的字母释意见表3-7。

2. 钢结构安装注意事项及要求

地脚螺栓和柱底板公差见图3-1，柱底板平面公差见图3-2。

表 3－7　　　　　　　　　　梁和水平支撑所在标高的字母释意　　　　　　　　　　mm

名称	字母	标高	名称	字母	标高
梁、水平支撑	A	6000	梁、水平支撑	F	54 300
	B	12 600		G	64 200
	C	20 100		H	72 200
	D	32 600		J	75 300
	E	42 600	大板梁顶	K	77 500

注　A、C在第一层构架上；D在第二层构架上；E在第三层构架上；F、G在第四层构架上；H、I、J、K在第五层构架上。

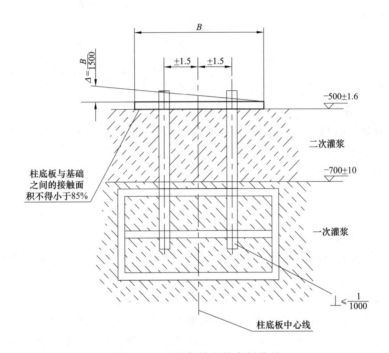

图 3－1　地脚螺栓和柱底板公差

（1）各种标高公差为±5mm。

（2）测量器具必须经检测合格，注意环境对测量结果的影响；基础一次灌浆合格，柱底板找正后进行二次灌浆，要保证与柱底板有大于85％的充满度，养生强度未达标不能承载。

（3）安装前梁和柱要在地面核对外形尺寸，所有立柱都应检查垂直偏差，每层柱子垂直偏差要控制在1/1000以内，整体单根柱子不超过25mm。

（4）所有杆件都要有发货标记，发货标记全部在杆件左侧。

（5）安装中要设法消除积累误差。

3. 钢结构安装强制性条文

采用高强螺栓时，高强螺栓的储运、保管、安装、检验和验收除应按GB 50205及《钢结构高强度螺栓连接技术规程》（JGJ 82）的有关规定进行外，还应符合下列规定：

（1）高强度大六角头螺栓连接副的扭矩系数和扭剪型高强度螺栓连接副的紧固轴力（预

83

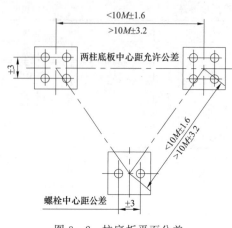

图 3-2　柱底板平面公差

（拉力）除应有生产厂家在出厂前出具的质量证明和检验报告外，还应在使用前及时抽样复验，复验应为见证取样检验项目。

（2）钢架制造和安装均应按规定分别进行高强度螺栓连接副摩擦面的抗滑移系数试验和复验，现场处理的构件摩擦面应单独进行摩擦面抗滑移系数试验，其结果应符合设计要求。

合金钢材质的部件应符合设备技术文件的要求；组合安装前必须进行材质复查，并在明显部位做出标识；安装结束后应核对标识，标识不清时应重新复查。

4. 锅炉钢结构受热面吊装布置

3013t/h 锅炉钢结构受热面吊装布置示意图见图 3-3。

5. 锅炉构架安装要求

锅炉构架为全钢结构，全部采用高强螺栓连接，按美国 ABB-CE 公司技术设计，按 ASME 法规进行制造。在构架安装过程中，要严格按高强螺栓施工工艺进行。

（1）安装前应对摩擦滑移面及高强螺栓副进行检查。

（2）锅炉钢结构连接件接触面制造时全部采用喷沙工艺处理，摩擦系数不低于 0.40，安装时包括与螺栓头、螺母、垫圈接触的所有接触面均应除去氧化物、毛刺、油脂、油漆和其他影响紧密连接的外来杂物。

（3）螺栓密封包装应随用随拆，必须保证高强螺栓的清洁、完好无损，螺栓长度必须按图选用。

6. 扭剪型高强螺栓的施工流程及相关要求

施工流程：摩擦面处理→杆件装配→临时螺栓紧固→构件安装偏差校正→检查验收→高强螺栓安装→初紧（60%～80%扭矩）→结构质量复检并记录→终紧（梅花头全断）→紧固质量检查→涂防锈防腐漆。

施工要求：

（1）对不能用专用扳手（电动扳手）拧紧的扭剪型高强螺栓，其终紧和检查方法按 JGJ 82 中的有关条款执行。

（2）构件定位应借助安装螺栓（临时螺栓）和定位销，不得采用不当的方法强迫定位，定位时使用的安装螺栓不允许少于该节孔数的 1/3，且不能少于两个。定位销不得超过安装螺栓的 30%。

（3）安装中如发现螺栓孔不同心，严禁强行穿入螺栓（如锤击），可用铰刀修整扩孔，禁止火焰切割。

（4）与螺栓头部接触的连接部分表面倾斜度不得超过螺栓轴线的 1/20。若斜度超过 1/20，应使用斜面垫圈，以弥补接合面的不平行。

（5）高强螺栓初紧和终紧时，应从刚性最大的部分到自由端，即先紧中间后紧两边对称进行。

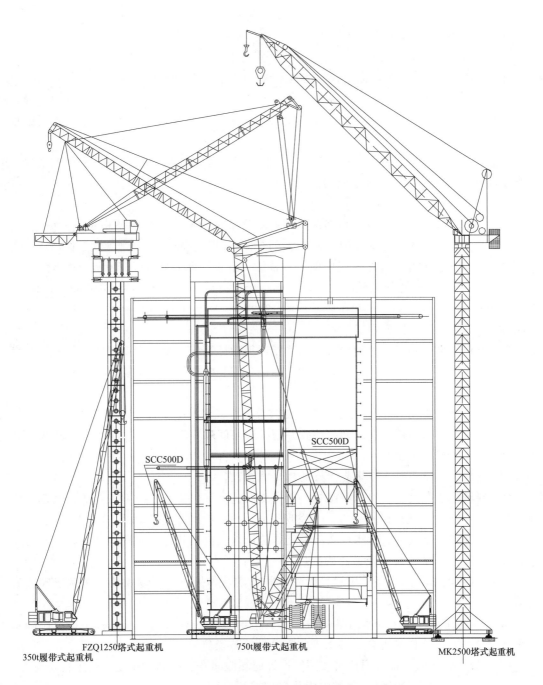

图 3-3　3013t/h 锅炉钢结构受热面吊装布置示意图

7. 柱接头接触面积及间隙的要求

（1）柱子安装过程中其端面接触面积＞70％时，间隙可不作处理。

（2）接触面积小于 70％且间隙不大于 1.6mm 时，可不加垫片。

（3）接触面积小于 70％且间隙在 1.6～6.2mm 之间时，加垫片。垫片应采用硬度值低于母材的低碳钢材料，但柱接头绝对不允许悬空。

8. 连接板与柱端翼板、腹板接触间隙的处理方法

（1）间隙小于 1mm 时，可不作处理。

（2）间隙在 1～3mm 之间时，将较厚的一侧适当削薄按 1∶10 过渡。

（3）间隙大于 3mm 时，加垫板，垫板要求与摩擦面同样处理。

（4）在安装水平支撑时，如个别水平杆件制造为负偏差，装配尺寸难以保证时，允许垫梳形垫片，每侧最多垫两片。如果间隙过大，则采用一块厚垫板，垫板两侧必须作喷砂处理。

（5）每层节点在螺栓终紧结束并检查合格后，要立即涂上防锈防腐漆，有间隙的要事先用腻子填好，防腐油漆不得少于两遍。

（四）汽包与降水管的安装

（1）汽包（或汽水分离器）是锅炉的主要承压部件，也是锅炉本体中重量最大的部件，要制定严格的起吊方案。吊装时利用汽包上的纵向起吊耳板将汽包提升到预定标高后，再将汽包放平，采用横向起吊耳板牵引向前平移就位。吊装过程中耳板焊缝不能承受弯矩。

（2）锅炉有的汽包总长度为 21 982mm，重约 162t，其材质为 DIWA353，标高为 70 580mm（汽包中心线），汽包吊杆总重约 12.980t。汽包采用倾斜起吊，汽包倾斜角度不大于 30°。

（3）汽包在倒运和起吊过程中应特别注意不得碰坏管座，要制定良好的运输吊装方案。

（4）汽包吊杆与螺母在厂内试装并做有标记，安装时要根据标记装配，不允许更换。

（5）汽包吊装前应在地面对汽包及吊杆进行准确划线，标定汽包中心标记线。U 形吊杆最底中心点起吊前做好标记，汽包就位时使汽包中心线与吊杆下部中心点相吻合。

（6）进行汽包与吊杆配合的间隙检查并记录。当间隙太大时，可以加垫片，所加垫片应为硬度值较低的低碳钢。

（7）汽包吊装就位时，按事先画好的标高线找正。

（8）现场严禁在汽包上引弧或施焊，若发现汽包上有引弧点，要对该点进行磨削，将引弧点清除后应进行着色或磁粉检查。若发现问题，应及时与制造厂联系。

（9）为准确校验汽包实际水位从而标定水位计，汽包上装有水位取样装置，安装时应将汽包内连接管、外部连接管及截止阀装好。

（10）汽包辅助蒸汽管座是供设计院系统设计的，如果不用，须加装一次截止阀或直接封堵。

（11）汽包采用四根主降水管，每段降水管端部装设的对口用吊挂耳板是按单段降水管的重量设计的，不能作为组合后降水管的对口吊挂装置。

（12）降水管导向装置必须严格按图纸设计的膨胀间隙、标高、角度方向进行安装施工。

（13）分散降水管安装前，主降水管与导向装置之间要固定好，水冷壁集箱标高调整好并检查合格。

（14）汽包内部设备中的旋风分离器、波形板分离器等可拆卸部分，应拆出入库妥善保管，一般要求在化学清洗后再装入汽包。

（五）受热面支吊和固定方式

1. 受热面的支吊

（1）水冷壁及包墙管：集箱耳板→U 形夹组件→吊杆→支吊梁。

（2）分隔屏：连接管耳板→U形夹组件→小吊杆→过渡梁→大吊杆→支吊梁。

（3）后屏过热器、后屏再热器、末级过热器、末级再热器、立式低温过热器：密封板→高冠板→端板→U形夹组件→吊杆→支吊梁。

（4）省煤器、水平低温过热器：吊挂集箱→水冷悬吊管→U形夹组件→小吊杆→过渡梁→吊杆→支吊梁。

（5）部分集箱、大口径连接管：U形吊杆→过渡梁→吊杆→支吊梁。

2．受热面管排间固定方式

（1）分隔屏是靠流体冷却夹管固定。

（2）后屏再热器和后屏过热器横向节距靠流体冷却间隔管固定。

（3）末级过热器、末级再热器靠定位板和U形杆固定。

（4）水平低温过热器、立式低温过热器靠疏形板及U形杆和定位弯板固定。

（5）省煤器靠扁钢及省煤器撑架固定。

3．受热面管间固定方式

（1）分隔屏、过热器后屏、再热器后屏靠活动夹块固定。

（2）末级再热器、末级过热器、立式低温过热器用定位孔板、定位舌板和拉杆固定。

（3）水平低温过热器通过管夹固定在悬吊管上。

（4）省煤器由其撑架固定。

4．吊杆的安装

（1）锅炉吊杆材料一般为两种：一种为合金钢吊杆，工作温度高于413℃，材质为SA182-F11；另一种为碳钢吊杆，工作温度低于413℃，材质为SA675-GR70。

（2）吊杆到现场后，合金钢吊杆与碳钢吊杆应分别存放保管，防止混料，入库存放时应涂刷色标加以区别。搬运时要注意保护好吊杆的螺纹部分，吊杆安装前要进行尺寸核查并清理检查螺纹，U形夹与吊杆装配时螺纹部分涂润滑油并在地面试装。合金钢吊杆安装前应进行光谱复查。

（3）一部分吊杆穿过顶棚时有密封膨胀节，如前墙和两侧墙再热器吊杆，安装这些吊杆时要先将密封膨胀节穿上。

（4）吊杆可参照相应图纸进行冷热态调整并锁紧。

（5）SA182-F11材料的吊杆许用负荷见表3-8。

表3-8　　　　　　　　　　　　　**SA182-F11材料的吊杆许用负荷**　　　　　　　　　　　kg

规格	427℃许用负荷 P	冷态时负荷乘1.2倍 $P_冷$	规格	427℃许用负荷 P	冷态时负荷乘1.2倍 $P_冷$
$\phi19$	2262	2715	$\phi54$	21 422	25 700
$\phi26$	4160	4990	$\phi57$	23 995	28 800
$\phi32$	6650	7980	$\phi63$	29 529	35 430
$\phi38$	10 251	12 300	$\phi72$	40 325	48 390
$\phi46$	16 103	19 320	$\phi78$	44 634	53 500
$\phi50$	20 367	24 400			

注　SA675-GR70吊杆，$\phi38$以上许用负荷比SA182-F11少5%，$\phi38$以下取相同负荷值。

（六）受热面的安装

（1）锅炉的水冷壁和包墙管过热器均为膜式壁，采用连续鳍片密封焊接，除水冷壁的角部散管外，其余均成片出厂。管屏可以单片起吊空中对口，对口时要由两个焊工在管屏两侧同时施焊，以防单侧焊接引起管屏变形。管屏还可以在地面组合成组件起吊。个别管子对口困难时，可将鳍片割开。

（2）壁式再热器在厂内与相应的水冷壁管屏组装后出厂，因管屏较长，吊装时应注意吊点位置，不应使管屏弯曲挠度过大而使管子承受过大应力。检查再热器穿墙处与水冷壁鳍片之间的间隙，避免运行磨损。

（3）所有水冷壁、过热器、再热器、省煤器管排组合前，应复核管屏外形尺寸和进行外观检查。

（4）水冷壁、包墙管过热器、过热器、再热器、省煤器及水冷壁角部散管等在组合前均要进行通球检查。通球压缩空气压力不应低于 0.59MPa（6kgf/cm²）；水冷壁通球时要考虑内螺纹的高度。

（5）前后水冷壁灰斗及后水折焰角部吊装时，一定要有可靠的临时加固装置，利用起吊孔装卸。

（6）所有合金钢组件（包括管子、集箱、管接头、固定装置、吊挂装置等）安装前，都必须按图纸及设计修改通知书施工，防止错用材料。

（7）后屏过热器、末级过热器、末级再热器均设有安装用吊挂耳板，吊挂耳板只负担管屏本身重量；分隔屏、后屏再热器由于管壁抗撕裂强度不够，未设起吊耳板，吊装时应使管屏的大部分管子均匀受力。

（8）壁式再热器入口集箱与壁式再热器对口前，应先把密封板套在管子上再对口。

（9）壁式再热器出口连接管对口前应先把密封膨胀节套上，然后对口。

（10）大口径顶部连接管在安装前要将内部清理干净，按图纸要求调整并检查合格后方可安装。

（11）必须在水冷壁、过热器、再热器的位置调整好后方可进行顶棚过热器的安装。顶棚管须安装平整。

（12）所有集箱安装组合前，应对其内部进行清理，检查管接头垂直度和平整度、集箱尺寸。

（13）水冷壁、包墙管过热器上所有安装用孔和起吊用孔在锅炉整体水压前应全部焊封，前包墙、侧包墙、后包墙下集箱，密封用扁钢仅与管子和鳍片焊封即可，不可与集箱焊接。

（14）膜式壁上所有孔门支架的焊缝，除须保证强度外，还应保证密封，顶棚内护板中所有焊缝均为密封焊缝，角部焊缝和膨胀节的安装绝不允许花焊。

（15）管件支撑及密封部件中过热器、再热器吊挂用的高冠板与密封板的焊缝，以及高冠板与端板的焊缝既传递载荷，又要求密封，焊接时必须满焊、密封，严禁花焊。

（16）与折焰角及炉底冷灰斗与顶棚管相连接处侧水冷壁上的密封板，地面焊好。

（17）垂直顶棚包覆框架、折焰角包覆框架、炉底包覆框架及内护板连接，要注意腰形孔内螺栓的膨胀方向，螺栓拧紧后应再退回半圈，螺母与螺栓点焊防松。

（18）锅炉所有密封焊缝焊接结束后，要进行表面质量检查，合格后再进行锅炉炉膛整体风压（严密性）试验，风压试验压力为 $150mmH_2O$，严格检查密封性能。

（19）推荐现场采用焊缝坡口形式。

1）对于外径小于 89mm 的管子，工地焊接坡口形式见表 3-9。

表 3-9　　　　　　　　　　　　　　　　管子焊接坡口形式

序号	厚度 δ	坡口角度 α	适用范围
1	≤6mm	75°	工地安装焊缝坡口
2	>6mm	60°	

2）当两管对接壁厚不同且壁厚差大于 0.5mm 时，超出部分厚度按 1:4 过渡。

（七）刚性梁的安装

（1）刚性梁编号如下：

QGL——前刚性梁。

CGL——侧刚性梁。

HGL——后刚性梁。

FG ——导向装置。

LGL——垂直刚性梁。

XGL——水平联系刚性梁。

MGL——后烟道后墙刚性梁。

SA——承剪支座。

（2）锅炉刚性梁蹬形夹、承剪支座、槽钢组装后出厂，现场组合及安装过程中在任何情况下都不允许切割分段，承剪支座的普通螺栓应换成高强螺栓。

（3）安装刚性梁校平装置时，必须将刚性梁的腹板调整到水平状态进行安装焊接。

（4）安装刚性梁时必须注意梳形板及垂直支撑钢板处的槽钢与膜式壁管子全部贴紧后方可焊接，安装刚性梁与蹬形夹接触的翼板时，下边缘要与下角铁贴实，12mm 的间隙留在上边。

（5）锅炉设有固定膨胀中心，膨胀中心导向装置的位置必须准确，焊缝高度及导向间隙符合设计要求。

（八）管道、阀门及吹灰设备的安装

（1）锅炉范围内所有管道安装前均应核对图纸及单根管子的外形尺寸，对于合金钢管应进行光谱检查，对于带有弯头的小口径管子应进行通球检查。

（2）锅炉范围内管道（包括杂项管路、水位表管路、减温水管路、吹灰器管路），凡图纸注明水平管道需要有一定坡度的应严格按图纸要求施工。直径 76mm 以下的管子按总长供货，安装中可视具体情况配制，并要考虑管道热膨胀量和坡度。

（3）过热器和再热器的减温器安装前要对内部套筒、喷嘴及管接头进行全面检查，套筒与外壁夹层中不得有泥沙，注意喷水方向要与蒸汽流动方向相同。

（4）锅炉本体使用的阀门在出厂时，均达到安装使用条件，现场不需解体，但应在地面进行水压试验。

（5）安装单位应提前六个月将主安全阀安装时间书面通知制造厂，制造厂根据此时间安排发货。

（6）主安全阀出厂时在厂内试验台上已进行校验整定，该阀门到现场后不允许解体，要妥善保管（竖直存放）。该阀门出厂前装入了水压试验阀瓣，此阀瓣应在冲管结束后、启动试运前取出。安全阀校验由调试单位负责，调整方法详见安全阀说明书。

（7）恒力弹簧吊架应按制造厂说明书及有关文件进行安装，全部载荷、水压试验结束后调整吊杆螺母并取下定位销，不允许用强力或火焰切割方法取下定位销。

（8）长伸缩式吹灰器安装就位时要按图纸区别不同型号吹灰器的位置及坡度，要严格区分以免装错。

（9）吹灰器通电调试前，应先进行手操调试，保证进退自如，检查行程开关无误后再通电调试，就地单台调试通过后再进行程控调试。

（10）吹灰器在第一次进汽前，应先调整减压站的减压调节阀和安全阀。减压调节阀靠基地式调节仪进行控制，基地式调节仪的整定值和安全阀整定值按系统需要，满足吹灰设备安全及有关图纸规定。

（九）燃烧器、油枪、点火枪、火焰监测器的安装

（1）燃烧器包装架及燃烧器本身均设有起吊耳板，倒运吊装中必须使用起吊耳板。

（2）锅炉燃烧器采用四角布置切圆燃烧，燃烧器在水冷壁吊装中可临时吊挂在相应标高的构架上，燃烧器就位后才允许切割包装架。

（3）水冷壁整体调整好后固定焊接前，燃烧器组件方可与水冷壁角部管屏找正焊接。四台燃烧器的标高应保证一致，其标高误差应不超过±5mm。燃烧器喷嘴与水冷壁之间夹角应严格按图纸调整。

（4）不允许将煤粉管道等附加重量作用在燃烧器上，防止燃烧器变形影响摆动和内部零件的膨胀，所有煤粉管道应安装就位后再与燃烧器连接。

（5）燃烧器安装结束后，应全面检查各喷嘴的水平度（摆动机构的刻度盘上指针示为零位时，各喷嘴应处于水平位置），其水平角度误差一般不大于 0.5°，并使喷嘴位置与刻度盘相符。

（6）燃烧器在与一、二次风管道连接前和连接后，应分别接通动力气源对喷嘴摆动进行联锁调试。要求四只燃烧器喷嘴摆动灵活、同步，摆动角度达到设计要求，止动盘上的柱塞组件应灵活好用，当安全销被剪断时必须能够迅速弹出。

（7）油枪安装时可将油枪伸缩机构稳燃罩与尾部解体，稳燃罩从炉膛内向外装，油枪其他部分从炉外向炉内装，打开燃烧器的护板将稳燃罩与油枪尾部装在一起。

（8）油枪、点火枪的伸出长度及角度必须严格按图施工，安装后检查油枪、点火枪与二次风导流板的间隙，保证燃烧器在摆动时油枪、点火枪不受外力挤压。

（9）火监探头冷却风在炉前应采用软管连接，软管的活动量应能满足锅炉膨胀量。

（10）火监探头装在套管的滑槽内，套管与燃烧器喷嘴的焊接要保证燃烧器喷嘴摆动时金属软管有一定的补偿量而不损坏探头。

（11）油枪的金属软管应垂直安装，最小弯曲半径应大于 10 倍软管外径，油枪进退动作时金属软管应在同一平面内，保证金属软管只产生弯曲变形不产生扭曲变形。

（12）油枪的雾化片、螺母、喷嘴体等到现场后应检查并采取措施，防止锈蚀及螺母咬死，安装时螺纹部分应涂 MoS_2。

（十）烟道、风道的安装

（1）烟道、风道护板的边缘设计有 $\phi20$ 的安装用孔，用螺栓连接护板，施工结束后全部焊封。

（2）为补偿运行中的热膨胀量，在烟道上设有膨胀节，应该按照图纸要求进行冷拉后再安装。

（3）燃烧器一次风入口闸板门设有密封风和吹扫风，密封风压力为 0.6MPa。密封风和吹扫风系统由设计院负责设计，安装施工中不可遗漏。

（十一）炉墙施工

（1）炉墙附件及炉墙支撑需要与受压部件焊接的零件，须在水压前焊完。

（2）锅炉的炉膛、水平烟道、汽包、烟风道均采用轻型耐火纤维毡和岩棉泡棉保温，内外两层保温材料的接缝错开。刚性梁槽钢及蹬形夹处的保温材料必须填实，以防对流影响保温效果。

（3）炉墙门孔座的外盖板与门框之间要垫入耐火纤维板并压紧。

（4）门孔内层充填耐火塑料后焊封罩壳，孔门封闭应加填料压紧，水冷却门必须接冷却水。冷却水进口温度 30℃，出口温度 54℃，入口水压力 0.45MPa，流量 $1m^3/h$。

（十二）锅炉主要辅机设备的安装

1. 回转式空气预热器的安装

（1）回转式空气预热器是锅炉本体中最大的转动部件，预热器安装运行维护的好坏，不仅会直接影响锅炉的出力和运行的经济性，而且还会造成预热器着火烧损传热组件，破坏密封系统，危及机组安全。在施工中要保证预热器的三大密封间隙满足图纸要求，运行时不能卡涩，并保证密封效果，具体的安装方法及要求详见回转式空气预热器安装说明书。投运后要有安装总结报告。

（2）预热器传热组件运到现场后，一般要求室内存放，在室外存放防止传热组件受潮锈蚀。

（3）空气预热器传热组件地面组合装入扇形仓后，除垫高遮盖防潮外，必须立即用 0.5mm 的薄铁皮点焊盖上，防止杂物落到传热组件间隙内造成堵塞。薄铁皮应在锅炉安装后点火前拆除。

（4）安装预热器漏风控制系统时，要检查传感器探头与固定块之间的间隙，并涂防锈润滑剂防止锈蚀卡涩。传感器设有密封风和冷却风，具体要求见漏风控制系统说明书，详见设备资料。

2. 除渣设备的安装

（1）锅炉除渣设备为水封斗式除渣设备，要求所有焊缝有良好的密封性能。若是干式除渣系统，则有耐热链式捞渣机、碎渣机、渣仓、程控等系统。

（2）内衬钢筋布置时要避开膨胀缝，且在浇注混凝土之前，内衬、钢筋及护板应涂上一层沥青。

（十三）水压试验

1. 水压试验应具备的条件

（1）制订整体水压试验方案。

（2）所有与受热面和承压部件焊接的密封件，如内护板、保温钉、炉顶密封、炉墙附件、热工仪表部分及与水压有关的部件安装全部完工，需要进行热处理的工作全部结束。

（3）所有吊杆受力均匀，一切临时加固支撑件全部拆除，悬吊部件全部处于自由状态。

（4）所有膨胀指示器安装完毕并调整到零位；设置部位应便于观察，记录人员安全。

（5）汽包内清理干净并检查后，封闭人孔。

（6）供除盐水的化水系统达到供水条件，满足水压用水量和水质要求。

（7）水压试验用压力表、温度表等仪表经校验合格，排水通畅。

（8）水压试验按 ASME 标准进行，共分两部分，锅炉的汽水系统、过热器和省煤器作为一次汽系统，以 1.5 倍锅炉设计压力进行水压试验，水压试验压力为 19.95 × 1.5＝29.925MPa。

锅炉厂安装说明书和电力技术规范中的锅炉水压试验以汽包工作压力或锅炉工作压力的 1.25 倍进行超压试验。再热器系统以 1.5 倍设计压力（即最高允许工作压力）进行水压试验，水压试验压力为 4.26×1.5＝6.39MPa。

（9）水压试验用水为软化水或除盐水，水压时金属壁温保持在 35～70℃之间。

（10）水压试验环境温度应在 5℃以上，当环境温度低于 5℃时要有可靠的防冻措施。

（11）水压试验前对受压部件进行风压试验，风压试验压力推荐 0.3MPa，空气须过滤无油。

（12）水压试验中升降压速度不能过快，不大于 0.294MPa/min（3kgf/cm²）。

（13）当压力升至试验压力后保持 20min，然后降至锅炉设计工作压力（再热系统降至设计压力），对锅炉受热面进行全面检查，检查期间金属壁温不能超过 49℃。

（14）超压期间必须严格控制压力，不允许超过试验压力的 6%，超压期间不进行直观检查。

（15）锅炉双色水位计不参加水压试验。

2. 水压试验中要求检查的项目

（1）所有受压组件。

（2）所有制造厂和安装单位焊口。

（3）与承压部件相连接的所有焊缝。

（4）阀门和临时堵板等。

锅炉水压试验后应尽量将水放净，并采用可靠的防腐措施，如水压后到酸洗时间间隔较长，应进行充氮保护［氮气压力不低于 0.03MPa 或参考《电力基本建设热力设备化学监督导则》（DL/T 889）］。

（十四）相关数据

1. 受热面管子、集箱及管间固定材料的特性温度

（1）水冷壁、过热器、再热器、省煤器（管径≤159mm）抗氧化温度见表 3-10。

表 3-10　　　　　　　　水冷壁、过热器、再热器、省煤器抗氧化温度

材质	SA-210C 20G	15CrMoG	SA-213T22	SA-213T91	SA-213TP304H SA-213TP347H
抗氧化温度（℃）	470	550	580	635	704

（2）集箱、顶部连接管（管径≥219mm）介质平均温度限制见表 3-11。

表 3 - 11　　　　　　　　　　　集箱、顶部连接管介质平均温度限制

材质	SA - 106B	SA - 335P12	SA - 335P22
介质平均温度限制（℃）	≤427	≤535	≤580

（3）管间紧固件平均烟气温度见表 3 - 12。

表 3 - 12　　　　　　　　　　　管间紧固件平均烟气温度

材质	Cr25Ni13（铸件）	A167TYPe309 管夹定位梳形板	SA - 387GR12CL1 SA - 387GR11CL1
平均烟气温度（℃）	＞816	538～816	371～538

2. 高强螺栓性能表

高强螺栓性能表见表 3 - 13。

表 3 - 13　　　　　　　　　　　高强螺栓性能表

类别	性能等级	推荐材料	材料标准号	质量（kg）
螺栓	10.9S	20MnTiB	GB 3077	—
螺母	10S	—	GB 699	0.136
		15MnVB	GB 3077	0.136
垫圈	硬度	—	GB 699	0.0284

（十五）锅炉安装强制性条文

（1）凡《特种设备安全监察条例》涉及的设备，出厂时均应附有安全技术规范要求的设计文件、产品质量合格证明、安装及使用维修说明、监督检验证明等文件。

（2）锅炉机组在安装前应按本部分对设备进行复查，如发现制造缺陷应提交建设单位、监理单位与制造单位研究处理并签证。

（3）设备安装过程中，应及时进行检查验收；上一工序未经检查验收合格，不得进行下一工序施工。隐蔽工程隐蔽前必须经检查验收合格，并办理签证。

（4）采用高强螺栓时，高强螺栓的储运、保管、安装、检验和验收除应按 GB 50205 及 JGJ 82 的有关规定进行外，还应符合施工技术规范规定。

（5）合金钢材质的部件应符合设备技术文件的要求；组合安装前必须进行材质复查，并在明显部位做出标识；安装结束后应核对标识，标识不清时应重新复查。

（6）受热面管通球试验应符合下列规定：受热面管在组合和安装前必须分别进行通球试验，试验应采用钢球，且必须编号并严格管理，不得将球遗留在管内；通球后应及时做好可靠的封闭措施，并做好记录。

（7）不得在汽包、汽水分离器及联箱上引弧和施焊，如需施焊，必须经制造厂同意，焊接前应进行严格的焊接工艺评定试验。

（8）合金钢管子、管件、管道附件及阀门在使用前应逐件进行光谱复查，并做出材质标记。

（9）防爆门安装应符合下列规定：防爆门安装应注意防爆门引出管的位置和方向，要防

止运行中防爆门动作时伤及人体或引起火灾，并符合设计规定。

（10）直埋燃油管道焊口部位的防腐工作应在管道经 1.5 倍设计压力水压试验合格后进行；管道经验收合格后方可填埋。

（11）燃油系统扩建或试运期间的动火作业必须编制安全措施并经安全部门审核批准。

（12）排油管严禁接入全厂排水系统；排出口不得朝向设备或建筑物，不得随意对地排放。

（13）燃油系统安装结束后，所有管道必须经水压试验合格，并应办理签证，水压试验的压力符合设计规定，无规定时按管道设计压力的 1.5 倍进行。

（14）防雷和防静电设施按设计安装、检测试验完毕并经验收合格。

（15）消防设施完善，消防道路畅通，消防系统经试验合格并处于备用状态。

（16）调整完毕的安全阀应做出标识，在各阶段试运过程中，禁止将安全阀隔绝或楔死。

二、锅炉及管道冲洗

（一）管道冲洗质量衡量标准

（1）吹管动量难以直接测量，只有用压差法来检测吹管工况。

当取区段很小时，压差 Δp 可用流体力学的方法取得：

$$\Delta p = \xi \left[C^2 / (2gV) \right]$$

式中　Δp——阻力（压差）；

ξ——阻力系数；

C——平均流速；

V——蒸汽比体积；

g——重力加速度。

吹管时压差 Δp 与额定工况压差 Δp_0 之比大于 1，则满足冲管要求，即

$$\Delta p / \Delta p_0 = \xi \left[C^2 / (2gV) \right] / \xi \left[C_0^2 / (2gV_0) \right] = (C^2 / V^2) / (C_0^2 / V_0^2)$$

$$= \left[(GV/F)^2 / V \right] / \left[(G_0 V_0 / F)^2 / V_0 \right] = (G^2 V) / (G_0^2 V_0) = 冲管系数$$

（2）冲管系数 K：吹管时汽流对异物的冲刷力应该大于锅炉额定工况时汽流的冲刷力，二者的比值为冲管系数。上式可见公式推导来源。

冲管系数可用吹管时汽流的动量与额定工况时汽流的动量之比来表示，也可以用被冲洗系统小区段内冲洗时的压降与额定工况下这一区段的压降之比来代表，则

$$K = \frac{GC}{G_0 C_0} = \frac{G^2 v}{G_0^2 v_0} \geqslant 1 \sim 1.5$$

$$K = \frac{\Delta p}{\Delta p_0} \geqslant 1 \sim 1.5$$

式中　K——冲管系数；

　G、G_0——冲洗工况和额定工况时蒸汽流量；

　C、C_0——冲洗工况和额定工况时蒸汽流速；

　v、v_0——冲洗和额定工况时的蒸汽比体积；

Δp、Δp_0——冲洗和额定工况时小区段压降。

（3）冲洗重点是过热器和再热器，一切参数和方式的选择都应该以其冲管系数是否大于

1 作为衡量其正确与否的依据。

（二）冲管方法

1. 稳压法

稳压法是指冲洗管路时，尽力保持压力、温度、流量不变。

（1）优点：

1）对蓄热能力小，温度升降速度受限制的直流炉较适宜，因为确保水动力稳定，必须保持水冷壁的启动压力和流量。

2）新炉吹管稳压法，可考验锅炉，暴露缺陷，对生产操作人员进行实践演练，为启动做好准备。

3）冲洗管路时参数变化小，操作相对稳定、缓慢、容易控制，不因汽包压力或汽水分离器水位剧变，带水进入过热器，恶化蒸汽品质。

（2）缺点：

1）冲管时间长，耗用燃料多，50%容量的电动给水泵方可使用。

2）耗水量大，有时为此延长吹管时间。

3）投入燃料多，吹再热管时，过热器系统干烧超过允许温度，需有保护措施。

2. 降压法

降压法是指锅炉升压到定值后，锅炉灭火，全开控制门，利用压降扩容，产生附加蒸发量，并利用锅炉工质、受热面管及炉墙的蓄存热能，短时集中释放出来，提高冲洗流量的方法。

（1）优点：

1）冲洗时间短，门全开后保持 1～3min；燃料少，炉膛热负荷不高，再热器不用保护。

2）耗水量小，比稳压法省水近 1/3～1/2。

3）压力、温度变化大，有利于焊渣、氧化物脱落，提高效果，30%容量的电动给水泵适宜使用。

（2）缺点：

1）参数变化大，易出现假水位，水位控制较难；盐分易进入过热器。

2）控制门开闭要快速，对于汽包炉应小于 1min。

3）压降大、速度快，要考虑下降管是否汽化，是否影响水循环。

3. 稳压与降压联合冲洗法

稳压与降压联合冲洗法是上述稳压法和降压法的合理组合，优点同在，缺点互补。早期实施稳压法，中期进行降压法，中后期交替，后期用稳压法为宜。

（三）汽包压力值的计算

汽包应保持的压力值：

$$p = \frac{1.25\Delta p_0}{\Delta p} p_1$$

式中 Δp、Δp_0——此次冲洗和额定工况时区段压降；

p、p_1——下次应保持和此次冲洗时的出口压力。

注：区段较长时，压降比是平均值，修正区段入口值。

（四）吹洗管路反作用力计算

详见第七章第二节相关内容。

（五）加氧吹管工艺及事故防范

吹管加氧是为了缩短吹管时间，减少吹管次数，节约大量燃料，管内易形成耐腐蚀的氧化膜，因此在电站吹扫工艺中得到应用。

1. 加氧吹管工艺机理

在高温蒸汽和高压氧气共同作用下，管壁的沉积物强度遭到破坏，部分垢物被氧化，在 $50\sim80m/s$ 蒸汽流速的冲刷下易排出。

2. 事故简要过程

某工程是 $2\times300MW$ 机组配套的锅炉蒸汽吹扫，增加高压氧气工艺。设置两组氧气供给站，每组 10 个工业用的氧气瓶，压力在 13MPa 左右；用支管及两道高压阀门控制，接入屏式过热器系统。在一组管路加氧吹扫发现有漏汽现象，在切换另一组时，发生支管路爆炸，管路断裂，操作人员被灼伤。

3. 管路爆炸原因

经分析：加氧系统的管路、阀门材质、压力等级及焊接质量均符合规程规定，但发现使用的同批管路内有较多的油脂。油中含烃、烷等物质，在高温下分解出可燃气体，在高温下与氧混合发生爆炸。

4. 采取相应措施

（1）加氧临时管路采用合金钢管和合格阀门，临时系统经过脱脂、除油并清洗烘干。

（2）与氧气组连接用活接头连接，加快切换速度。

（3）管路全氩弧焊接。

（4）临时系统进行工作压力的 1.25 倍水压试验，无渗漏。

（5）试验的压力表为禁油的氧气压力表。

（6）为防止蒸汽倒串，加装止回阀。

（7）备足合格、满压的氧气瓶和消防器材，设置安全防护区。

（六）稳压与降压联合冲洗的分析

1. 稳压冲洗的必要性

（1）先冲走小的质轻杂物，避免杂物大量沉积堵塞。

（2）稳压法吹洗，时间长、压力稳，测量数据方便，为下次吹洗提供数据。

（3）检查锅炉各部位及管路热胀情况是否正常。

（4）升压过程中，再热器无足够的蒸汽冷却，所以炉膛出口温度不超过 500℃、超临界锅炉不超过 538℃。

2. 降压冲洗的必要性

（1）如果不是一、二次汽串联吹洗，则过热器前烟气温度不能大于 500℃，动量比就达不到要求，故需要降压法。

（2）降压法吹洗，因瞬间降压，比体积剧增，短时间有较高的流量和动能。小径管形成杂物堵塞时，稳压法汽流从联箱串回，两边蒸汽压力易平衡难以清除，降压法压差大，易清除杂物堵塞。

（七）吹管质量标准和要求

（1）铝制靶板宽为吹管管道排出口管直径的 8%，长度横贯排气口直径，靶板上冲击粒径没有大于 0.8mm 的斑痕，0.2～0.8mm 肉眼可见的斑痕不多于 8 点，且连续两次均不超标即为吹管合格。如采用两段法，或特殊化工动力工程采用多段法冲管，则每段均合格，方认为吹管工作合格。

（2）临时控制阀门及管路视锅炉吹管参数而定，一般应耐压 16MPa、耐温 450℃；为保护主临时控制阀门和临时管道暖管需要，应加装旁路系统和阀门。高中压主汽门的进汽管应作为死点限位固定，有强大反作用力的排汽出口的吹管系统，最后一道支架必须是固定支架。

（3）再热机组采用一段吹管时，必须在再热器冷段管上加装集粒器，且要满足压力（＞1.5MPa）和温度（380～450℃）及相应的材质要求；滤网孔径不大于 12mm，吹洗主蒸汽不能直吹，要有收集杂物的空间且有封闭的取杂物口。

（4）汽包锅炉在吹管时汽包压力为 5～7MPa，可满足吹管要求。直流炉主蒸汽压力为 5.5～6.5MPa，再热蒸汽压力为 0.8MPa，进入再热冷段的蒸汽温度要控制在 380～400℃。

（5）控制温度和流量，以再热器管排不过热为前提，干烧不超温为限。

（6）厂家提供过热器、再热器设计压差值，或采集同类型锅炉的实际压差值，经理论验算和测验，当吹洗时过热器压差与额定工况过热器压差的比值不小于 1.4 时，能保证吹管系数大于 1 的要求。

（7）采用降压法时，为防止汽包寿命损耗，吹洗时汽包压力下降值不能低于饱和蒸汽温度下 42℃范围以内；每小时不超过 4 次。

（8）吹管程序中要停炉两次，停炉时间各需 12h 以上，待各种管冷却，以提高吹洗效果。

（9）为了减小噪声，减轻分贝扰民，应加装消声器。消声器内胆端头有少量排气孔，可减小蒸汽的推动力；排气口朝天，排汽余压的反作用力作用在地上；根据周边建筑设备布置状况，要考虑安全和二次污染。

第三节 汽轮发电机安装

一、主要技术规范

以 CCLN600－25/600/600 型汽轮机本体安装为例：

（1）机组形式：超超临界、一次中间再热、双缸、双排汽、单轴、凝汽式。

（2）额定功率：600MW。

（3）额定转速：3000 r/min。

（4）旋转方向：顺时针（从调端看）。

（5）额定蒸汽条件：额定主蒸汽压力 25MPa、额定主蒸汽温度 600℃、额定再热蒸汽进口压力 4.12MPa、额定再热蒸汽温度 600℃、额定高压缸排汽口温度 339.2℃、额定高压缸排汽口压力 4.58MPa。

（6）给水回热级数：8 级（3 个高加、4 个低加、1 个除氧器）。

（7）噪声水平：机组在 THA 工况时，距设备外壳 1m，距汽轮机运转层 1.2m 高处的假想平面处测得的最大噪声不大于 85dB（A）。

（8）通流级数：28 级。高压缸 I＋10 级、中压缸 7 级、低压缸 2×5 级。

（9）高压缸效率 88.5%；中压缸效率 94.0%；低压缸效率 89.7%。

（10）调速控制系统形式：数字电液调节。

（11）低压末级叶片长度：1220mm。

（12）热耗率（THA）：7424kJ/kWh。

（13）主蒸汽额定进汽量：1621.6t/h。

（14）再热蒸汽额定进汽量：1330.0t/h。

（15）额定排汽压力：0.0049MPa。

（16）设计冷却水温度：21.35℃。

（17）额定给水温度：289.0℃。

（18）汽轮机总内效率：90.5%。

（19）最大连续功率 624.1MW。

二、设备验收及保管

（一）开箱验收和检查

在开箱过程中，厂家、用户、安装单位专业人员共同参加，按顺序逐项清点，并做好记录。首先检查箱子在运输中是否有碰伤，是否影响设备的完好性，然后按发货单核对箱号、清点箱数，再按装箱单清点零部件数量并核对规格。开箱验收过程中，对设备要进行严格检查，发现设备有锈蚀、损伤等问题要及时处理。对于转子、汽缸、汽封、轴承、阀门、调节部套、各种仪表及所有辅机设备都要进行全面的宏观检查，验收后由三方人员共同写出并签署点交记录。

（二）交接前后设备在现场的保管和维护

1. 设备交接前的保管

设备到达现场后，应由有一定专业水平的人员对设备进行分类，分库妥善保管，防止日晒雨淋；在冬季应将设备存放于温度为5℃以上的环境中保管，防止冻害和严重变形。

在现场运送过程中，应防止碰撞等现象发生，不得将两箱或两箱以上的箱子重叠堆放和运送。同时应建立合理的保管制度，防止火灾、水灾及各种有害物质（液态及气态）的腐蚀。

2. 设备移交后的保管

（1）设备移交后，用户应将设备分类入库，按制度进行保养。同时应根据设备的不同情况制定合理的检查制度和防止事故发生的措施。

（2）对重要零部件，如转子、调节部套、主汽阀、轴承、仪表及大螺栓等严禁露天存放。库房存放时，必须保持库房干燥。必要时要重新涂油，以加强防腐、防湿，尤其是转子轴颈及汽缸、隔板套的中分面处。对于易碰坏的零件（如汽封），必要时可以从部套上拆下，按级别、编号分别装入专用器具，以免混杂。对各径向轴承和推力轴承的瓦块乌金应特别保护，以避免磕碰、损坏。

（3）汽轮机转子是汽轮机的重要部件，存放时不得受到其他物品的砸、压、挤，运输时不得出现窜动；存放时必须每3个月转动180°，检查油封，发现锈蚀应及时处理。

（4）大型部件如汽缸、隔板套、汽封体、轴承箱等应放置平稳、支垫合理，水平中分面应保持水平，水平度不大于3mm/m，部套的底面与地面的距离应不小于300mm。

（5）加热器、冷凝器、冷油器、抽汽器等设备不允许有积水。按设备特点，水平度或垂直度不大于3mm/m；如有堵板的设备，应密封好；已充氮的容器要保持表压力。

（6）对所有部套应定期保养，一般以不超过 6 个月为宜。对当地气温条件较差的应根据当地条件及时保养，严禁锈蚀。如发现锈蚀应及时处理，并缩短保养期。所使用的各种防腐油脂在使用前应进行检查，严禁使用过期或不合格的防腐用品。

三、轴系找中

（1）轴系挠度曲线，应严格按厂家给定的轴系找正图进行调整。

（2）轴承标高值见表 3－14。

表 3－14　　　　　　　　　　　　　轴　承　标　高　值　　　　　　　　　　　　　mm

轴承号	轴承标高	轴承号	轴承标高
1	4.42	5	0.97
2	0.79	6	12.63
3	0	7	19.11
4	0		

（3）联轴器张口及错位值。现场进行轴系找中时，在未把对轮螺栓的情况下，首先应保证各轴承标高符合图纸 CCH01.003.1Q－1 的要求；然后应保证各转子连接面处，即高中压转子与低压转子、低压转子与发电机转子、发电机转子与励磁机轴的连接面处两连接面平行且同心，张口及错位值允差 0.02mm。如果张口及错位值超出允差范围，现场可根据实际情况利用汽缸下的可调垫铁及调整垫板对 1、2、5、6、7 号轴承标高进行微调。厂家对联轴器有下张口要求（0.21～0.253mm）的一定要严格执行。

四、本体安装

编制汽轮机安装流程（见图 3－4），此流程只适用于本机型汽轮机。编制的汽轮机安装流程是本机型汽轮机安装的基本程序，在具体的安装过程中，可根据设备的实际到货情况及安装现场的实际情况对汽轮机的具体安装程序做适当调整。

目前，汽轮机一般高中压部分采用合缸结构，低压缸采用两层缸结构；前、中、后轴承座为落地结构。高中压外缸 4 个下猫爪支撑在前、中轴承座上，高中压外缸内部装有高压内缸、高压持环、中压内缸、中压持环、高压排汽侧平衡活塞汽封等零部件，两端装有端汽封。低压外缸内装有低压内缸、内缸隔热罩、进汽导流环。

高中压转子为双流结构，高压与中压为反流布置，转子支承于两

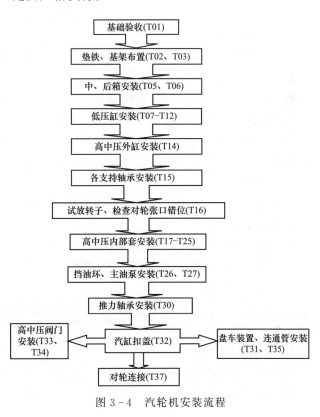

图 3－4　汽轮机安装流程

个径向轴承上，转子调阀端连接延伸轴，其上装有推力盘、主油泵轮，并与危急遮断器小轴相连。

汽轮机的通流部分由高、中、低压3部分组成。低压为双流级，蒸汽从低压缸中部进入，然后分别流向两端排汽口进入下部凝汽器，故低压转子几乎没有轴向力。

（一）基础验收

（1）基础的自振频率应避开汽轮发电机转子的一阶临界转速。

（2）机组安装之前，基础地脚螺栓及其套管组件、机组定位锚固板、主蒸汽（再热）调节阀支架和梁及低压加热器底座等均应浇注完成。

（3）基础的纵、横向中心线应符合设计要求。

（4）基础表面应平整，无钢筋外露，无裂缝，无蜂窝麻面，不应有水泥砂浆封面。

（5）基础上各预埋件与纵、横向中心线相对位置应正确。同时按汽轮发电机外形及布置图复查低压缸的基础尺寸，应符合设计要求。

（6）汽轮机基架下混凝土标高、凝汽器基础标高及各种辅助设备（如主油箱、冷油器、汽封冷却器、EH油系统组合油箱座架、各种泵类等）基础的位置和标高均应符合设计要求。

（7）核对各地脚螺栓数量、规格、位置及标高，以确保主蒸汽调节阀等与机组中心线的相对位置。

（8）核对基础中的预留孔（吊放各管道、凝汽器、前轴承座底部进出套装油管路所需空间），应满足以后机组安装需要。

（9）为观测安装期间及运行后的基础情况，监测机组下沉量，必须做好沉降记录。

（二）垫铁布置

（1）基础验收合格后，根据垫铁及对中组件图在基础上画出垫铁位置，按图纸要求布置垫铁。

（2）垫铁布置要均匀，与垫铁接触的基础表面应无砂浆层或渗透在基础上的油垢。

（3）垫铁与基础表面应接触均匀，接触面积不小于80％，且四周无翘动。

（4）各垫铁沿轴线方向均应按一定的标高及扬度布置。各垫铁的标高及扬度可根据提供的轴系找中图所规定的轴承中心及标高计算得到。

（三）基架布置

（1）按低压缸基架图和前轴承箱基架图的要求，对基架进行检查，并在垫铁上布置基架，要求如下：

1）基架上的灌浆搭子不应与垫铁干扰碰撞。

2）基架与垫铁应均匀接触，接触面积不小于75％。

3）接触面应清洁。

（2）校准基架水平及标高，同时按基础预埋锚固板的标记拉钢丝找正基架纵向和横向中心线，偏差应在1mm之内。

（四）滑销系统说明及间隙调整

机组低压缸膨胀的死点在低压缸中心向调端偏300mm的位置，由预埋在基础中的两块定位键（锚固板）限制低压外缸的轴向位移。高中压外缸以中轴承箱为死点向调端膨胀（见图3-5）。

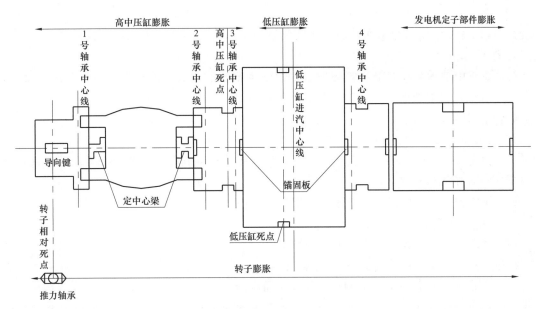

图 3-5 滑销系统图

高中压缸由四只猫爪支托，猫爪搭在轴承箱上，猫爪与轴承箱之间通过键配合，猫爪在键上可以自由滑动。

中、后轴承箱在轴向和径向方向都有相应的锚固板对轴承箱的轴向位移和径向位移进行限制。高中压缸与中轴承箱、前轴承箱之间在水平中分面以下由定中心梁连接。汽轮机膨胀时，高中压缸和前轴承箱沿机组轴向向调速器端膨胀。前轴承箱受基架上导向键的限制，可沿轴向自由滑动，但不能横向移动。轴承箱侧面的压板限制了轴承箱产生的任何倾斜或抬高的倾向。这种滑销系统经运行证明，膨胀通畅。

CCLN600-25/600/600 型汽轮机滑销系统具体的安装间隙如图 3-6 所示。

（五）中轴承箱和后轴承箱安装

（1）将中轴承箱和后轴承箱在相应的基架上就位，检查轴承箱下表面与基架的接合面间隙，要求沿周边 0.04mm 塞尺不入。检查轴承箱压板与中箱的配合间隙为 0.05～0.10mm，侧面间隙为 5mm。在后轴承箱和中轴承箱两端架上钢丝，并延伸至机组的调端（钢丝中心应与机组理想中心线重合）。机组各部套的找中均以此钢丝为基准；使用钢丝作为找中基准，应考虑钢丝挠度。

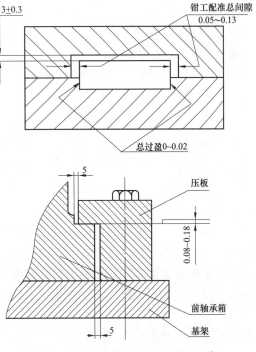

图 3-6 CCLN600-25/600/600 型汽轮机滑销系统安装间隙

（2）调整中轴承箱与后轴承箱的开档尺寸为 7480mm（以后的各项工作中此值都应保证不变）。该尺寸指中箱电端挡油环加工端面到后轴承箱调端挡油环加工端面的距离，测左右两点，允差 1mm。

（3）找正中轴承箱和后轴承箱的中心，使轴承箱的电调端挡油环中心与钢丝中心重合，允差 0.05mm，在中轴承箱和后轴承箱下半电调端挡油环洼窝处测量。

（六）低压外缸安装

1. 低压外缸安装前应做好的工作

（1）相应冷凝器已就位，与低压外缸排汽口连接的补偿节应预先装焊于冷凝器喉部，以备与低压外缸排汽口相连接。

（2）相应抽汽管等内部配管应吊入冷凝器喉部内。

2. 低压外缸下半接配

（1）将低压外缸（调）下半、低压外缸（电）下半分别在相应的基架上初步就位，检查低压外缸撑脚与基架的接合面间隙，要求沿周边 0.04mm 塞尺不入。在低压外缸下半垂直法兰面处敷设涂料；调整基架下调整垫铁及调整螺栓使两段汽缸在垂直中分面处的水平中分面平齐，高低错位值小于 0.05mm，两段汽缸的纵横向水平在 0.05mm/m 之内（其中横向水平偏差方向应一致），汽缸下半撑脚与基架间隙 0.04mm 塞尺不入。

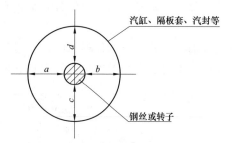

图 3-7 汽缸、轴承、隔板套等找中示意图（从汽轮机向发电机方向看）

a—钢丝到部套水平中分面左侧尺寸；

b—钢丝到部套水平中分面右侧尺寸；

c—钢丝到部套下部最低点的尺寸；

d—钢丝到部套上部最高点的尺寸

（2）在低压外缸电调端之间架上钢丝，并使钢丝中心与中、后轴承箱中心重合，允差 0.05mm，在中、后轴承箱下半电调端挡油环洼窝处测量。找低压外缸（调）下半中心，要求：$a=b$，$c=(a+b)/2$，允差 0.05mm，在低压外缸调端下半膨胀节洼窝处测量，见图 3-7。以同样方法找正低压外缸（电）下半中心。

（3）调整低压外缸（调）与中轴承箱的开档尺寸 685mm，该尺寸指中箱电端挡油环加工端面到低压外缸（调）膨胀节洼窝槽电端端面的距离，测左右两点，允差 1mm。

（4）调整低压外缸（电）与后轴承箱的开档尺寸 685mm，该尺寸指后箱调端挡油环加工端面到低压外缸（电）膨胀节洼窝槽调端面的距离，测左右两点，允差 1mm。

（5）复查中、后轴承箱与低压缸的开档尺寸不变（以后的各项工作中此值都应保证不变）。

（6）连接低压外缸下半两段，把紧垂直中分面 1/3 螺栓，垂直中分面间隙应 0.05mm 塞尺不入，然后把紧其余螺栓，装入相应的偏心定位销组件，并将偏心衬套与缸体点焊。

（7）低压外缸下半接配后，复测低压外缸中心，要求低压外缸下半与钢丝同心，在电调两端膨胀节洼窝处测量。

3. 复查低压外缸横向水平

利用等高垫铁、平尺及水平仪复查低压外缸水平中分面横向水平。低压外缸横向水平均应为 0mm/m，允差 0.03mm/m，电调端横向水平偏差方向应一致。若低压外缸水平中分面横向水平超差，可通过调整基架上的调整螺栓来调整。

（1）测量并调整低压外缸下半水平中分面平面度：通过调整基架下平面垫铁，保证低压外缸下半水平中分面平面度小于 0.25mm。

（2）低压外缸上半接配。

1）将低压外缸（调）上半、低压外缸（电）上半垂直中分面敷设涂料，分别吊到低压外缸下半相应位置上就位，装入水平中分面定位螺栓，检查自由状态下水平中分面间隙，应 0.30mm 塞尺不入，把紧水平中分面 1/3 螺栓，要求水平中分面间隙 0.05mm 塞尺不入。

2）把紧低压外缸上半垂直中分面 1/3 螺栓，垂直中分面间隙应 0.05mm 塞尺不入，然后把紧低压外缸上半垂直中分面的其余螺栓，装入相应的偏心定位销组件，并将偏心衬套与缸体点焊。

（3）对低压外缸上、下半垂直接合面实施密封焊，注意避免汽缸变形。

（七）低压内缸安装

1. 低压内缸就位找中心前的准备工作

将工艺支撑垫片置于低压外缸中分面左右用于支撑低压内缸的平面上，吊入低压内缸下半，保证工艺支撑垫片与内缸撑脚及外缸下半均匀接触，且结合面处 0.02mm 塞尺不入。

2. 低压内缸就位找中心

（1）在低压外缸两端架上钢丝，并使钢丝中心与中、后轴承箱中心重合，允差 0.05mm，在中、后轴承箱下半电调端挡油环洼窝处测量。

（2）通过增减工艺支撑垫片厚度调整低压内缸相对于钢丝的中心，要求：

1）$a=b$，$c=(a+b)/2$，允差 0.05mm，在低压正反向第 5 级隔板出汽侧内圆处测量。

2）低压内缸与低压外缸水平中分面左、右高度差一致，允差 0.10mm。

（3）检查低压内缸在低压外缸中的轴向位置：低压正反向第 5 级隔板出汽侧端面至低压外缸电调端内加工表面尺寸一致，允差为 2mm，两端都测左、右两点，平行度允差 0.20mm。

（4）合上低压内缸上半，检查自由状态水平中分面间隙，应 0.10mm 塞尺不入；把紧水平中分面 1/3 螺栓，检查水平中分面间隙，应 0.05mm 塞尺不入。

（5）复查低压内缸相对于钢丝的中心，应保证：$a=b$，$c=(a+b)/2$，允差 0.05mm，在低压正反向第 5 级隔板出汽侧内圆处测量。

（6）配制低压内缸与低压外缸所有的 L 形垫片，并用螺栓把紧在低压内缸相应位置上，间隙要符合图纸要求。

（7）按工艺支撑垫片厚度配制低压内缸下半左右撑脚下产品支撑垫片，并用螺栓把紧在低压外缸下半相应位置上，要求支撑垫片与内缸撑脚及外缸下半均匀接触，且结合面周围 0.02mm 塞尺不入。

（8）再次复查低压内缸相对于钢丝的中心，应保证：$a=b$，$c=(a+b)/2$，允差 0.05mm，在低压正反向第 5 级隔板出汽侧内圆处测量。

（八）低压蒸汽室安装

1. 低压蒸汽室就位找中心前的准备工作

（1）将工艺支撑垫片置于低压内缸水平中分面左右相应位置上，吊入低压蒸汽室下半，保证工艺支撑垫片与低压内缸左右支撑面均匀接触，且四周间隙小于 0.02mm。

（2）合上低压蒸汽室上半，检查自由状态水平中分面间隙，应小于 0.10mm；把紧水平中分面螺栓，检查水平中分面间隙，应小于 0.05mm。

2. 低压蒸汽室就位找中心

（1）在低压外缸两端架上钢丝，并使钢丝中心与中、后轴承箱中心重合，允差 0.05mm，在中、后轴承箱下半电调端挡油环洼窝处测量。

（2）通过增减工艺支撑垫片厚度调整低压蒸汽室相对于钢丝的中心，要求：

1）$a=b$，$c=(a+b)/2+0.02$，允差 0.05mm，测量电调两挡。

2）低压蒸汽室与低压内缸水平中分面左右高度差一致，允差 0.10mm。

（3）按工艺支撑垫片厚度配制低压蒸汽室下半左右撑脚下的产品支撑垫片，并置于低压内缸下半相应位置上。要求支撑垫片与低压内缸下半均匀接触，且四周间隙小于 0.02mm。

（4）复查低压蒸汽室相对于钢丝的中心，应保证：$a=b$，$c=(a+b)/2+0.02$，允差 0.05mm，测量电调两挡。

（5）根据图纸要求，配准支撑键的厚度。

（九）低压排汽导流环安装

1. 低压排汽导流环就位找中心前的准备工作

低压内缸正式安装前，将低压排汽导流环下半吊入低压外缸中，固定好，待用。

2. 低压排汽导流环就位找中心

（1）用螺栓将低压排汽导流环上下半分别把在低压内缸相应位置上。

（2）在低压外缸两端架上钢丝，并使钢丝中心与中、后轴承箱中心重合，允差 0.05mm，在中、后轴承箱下半电调端挡油环洼窝处测量。

（3）利用对中销调整低压排汽导流环上下半，使其与钢丝同心，要求：

1）$a=b$，$c=(a+b)/2-0.13$，允差 0.05mm。

2）低压排汽导流环上下半在水平中分面处应有 8mm 宽间隙。

（4）低压排汽导流环上下半中心找好后，将低压排汽导流环上下半用螺栓把紧在低压内缸上，装上相应的偏心定位销组件，并对偏心套与导流环体、偏心销与偏心套分别点焊固定。

（十）低压缸端部外汽封安装

（1）将低压缸端部外汽封波纹节从低压转子端部小心穿入。落下低压转子，使外汽封波纹节在低压外缸下半相应的洼窝内就位。将汽封体安装环在相应轴承箱端面上就位，旋入连接螺栓。

（2）落入汽封体下半，下部用千斤顶支撑好，并用螺栓将汽封体下半把紧在汽封波纹节端面上，要求无间隙。旋紧螺栓使波纹节内端面与低压外缸贴合。调整波纹节外圆与低压缸配合面洼窝内径四周间隙相等，允差 0.10mm。波纹节的内法兰和外法兰需调成同心且同面。

（3）调整汽封体下半中心，在低压外缸两端架上钢丝，并使钢丝中心与中、后轴承箱中心重合，允差 0.05mm，在中、后轴承箱下半电调端挡油环洼窝处测量。调整低压缸端部外汽封，使其与钢丝同心，要求：$a=b$，$c=(a+b)/2-0.21$，允差 0.05mm。

（4）调整安装环中心，使安装环内孔与转子外径四周间隙相等，允差 0.10mm。安装环水平中分面与轴承箱中分面齐平，允差 0.05mm。把紧与轴承箱的连接螺栓，把偏心套放入，旋转偏心套方向装入偏心销合格后对偏心套进行敛缝。把紧汽封体下半与安装环配合螺栓，把偏心套放入，旋转偏心套方向装入偏心销合格后对偏心套进行敛缝。

（5）落入汽封体上半，打入水平中分面定位销，水平中分面要求在自由状态下 0.05mm 塞尺不入。把紧水平中分面螺栓。把紧汽封体上半与波纹节配合面上的螺栓。

（十一）低压内缸与低压外缸中部进汽口法兰处连接

1. 检查冷拉值

合上低压内缸和低压外缸上半，在低压内缸承接管与低压外缸中部进汽口法兰面处搭一平尺测量法兰面高低差，低压外缸中部进汽口法兰面比低压内缸承接管进汽口法兰面高出 10mm±0.20mm，即冷拉值，两法兰平行允差 0.02mm。

2. 配制 L 形垫片

按 0.15~0.18mm 的间隙，配制低压内缸承接管与低压外缸中部进汽口法兰面处 L 形垫片，并用螺栓将 L 形垫片把紧在低压外缸进汽口处，要求 L 形垫片与低压外缸全接触（此项工作最好在精测通流后实缸状态下进行），配合间隙应符合图纸要求。

（十二）前轴承箱安装

1. 前轴承箱就位找中心前的准备工作

（1）检查前轴承箱及前轴承箱基架与纵向导向键间配合间隙，要求如图 3-9 所示。

（2）在前轴承箱基架支撑面上涂上润滑油，将前轴承箱下半合在前轴承箱基架上，保证轴向相对尺寸，推拉检查应活动自如。

（3）调整前轴承箱电端挡油环端面到中轴承箱调端挡油环端面轴向尺寸，使其为 5873mm，允差 1mm。

（4）调整前轴承箱基架下平面垫铁，使前轴承箱下半与前轴承箱基架接合面间隙小于 0.04mm。

（5）装上前轴承箱左右压板，检查配合间隙，要求如图 3-9 所示。

2. 前轴承箱就位找中心

（1）在前轴承箱调端与低压外缸电端间架上钢丝，并使钢丝中心与中、后轴承箱中心重合，允差 0.05mm，在中、后轴承箱下半电调端挡油环洼窝处测量。

（2）调整前轴承箱电端挡油环端面到中轴承箱调端挡油环端面轴向开档尺寸，使其为 5873mm（以后的各项工作中此值都应保证不变），允差 1mm。

（3）调整前轴承箱相对于钢丝的中心及前轴承箱纵、横向水平，要求：

1）前轴承箱相对钢丝的中心为：$a=b$，允差 0.05mm；$c=(a+b)/2-4.42$，允差 0.10mm；在 1 号轴承洼窝处测量前后两点，平行度允差 0.02mm。

2）前轴承箱横向水平为：0mm/m，允差 0.05mm/m，偏差方向与低压外缸一致。

3）前轴承箱纵向水平为：$(4.42-4.23)/0.262=0.725$mm/m，允差 0.05mm/m。

其中 0.262 为前轴承箱电端挡油环端面与 1 号轴承中心线间的距离，单位为 m；4.42 为 1 号支持轴承的标高值；4.23 为前轴承箱电端挡油环端面相对于基准的设计标高值；扬度值为 "+" 表示汽缸前扬，扬度值为 "—" 表示汽缸后扬。

（4）调整基架下的可调垫铁来调整前轴承箱下半相对钢丝中心，使 1 号轴承达到设计标高，前轴承箱扬度符合要求。

（5）在保证前轴承箱相对钢丝中心及纵、横向水平不变的情况下，通过调整前轴承箱基架下可调垫铁消除前轴承箱下半与前轴承箱基架接合面的间隙，要求沿周边 0.04mm 塞尺不入。

（十三）高中压外缸安装

1. 高中压外缸就位找中心前的准备工作

将找中用工艺垫片分别置于中轴承箱调端和前轴承箱电端相应位置上，并将高中压外缸下半吊放在相应位置上，保证工艺垫片上下无间隙。

2. 高中压外缸就位找中心

（1）在前轴承箱调端与低压外缸电端架上钢丝，并使钢丝中心与中、后轴承箱中心重合，允差 0.05mm，在中、后轴承箱下半电调端挡油环洼窝处测量。

（2）调整高中压外缸下半相对前轴承箱及中轴承箱轴向开档尺寸，要求：

1）高中压外缸调端外汽封端面到前轴承箱电端挡油环洼窝端面的开档尺寸为 363mm ±1mm，平行度允差 0.10mm。

2）高中压外缸电端外汽封端面到中轴承箱调端挡油环洼窝端面的开档尺寸为 352mm ±1mm，平行度允差 0.10mm。

（3）在保证高中压外缸下半相对前轴承箱及中轴承箱轴向开档尺寸的情况下，调整高中压外缸下半：

1）使高中压外缸下半与钢丝同心，要求：$a=b$，$c=(a+b)/2$，允差 0.05mm，在高中压外缸电调端内汽封洼窝处测量前后两点，偏差方向应一致，不允许扭斜，当中心与开档矛盾时以中心为准。

2）使高中压外缸下半横向水平为 0mm/m，允差 0.05mm/m。

（4）合上高中压外缸上半，检查自由状态下水平中分面间隙应 0.05mm 塞尺不入，把紧水平中分面 1/3 螺栓后，中分面间隙应 0.03mm 塞尺不入。

（5）复查高中压外缸相对于钢丝的中心，应保证：$a=b$，$c=(a+b)/2$，允差 0.05mm，在高中压外缸电调端内汽封洼窝处测量前后两点，偏差方向应一致，不允许扭斜。

（6）确定高中压外缸负荷分配情况并予以适当调整。负荷分配情况的确定是通过测量高中压外缸猫爪的下垂量来进行的，其过程如下：

1）调端猫爪下垂量的测量：拧紧电端猫爪上的两只螺母，在几个方便的点上测量并记录调端猫爪与轴承箱之间的垂直距离。在右侧猫爪与支承键之间放置一块 0.50mm 厚的垫片，测量左侧猫爪的下垂量；取掉右侧猫爪下放置的垫片，再将其放到左侧猫爪下面，测量右侧猫爪下垂量。如果左右两侧猫爪的下垂量相同，即表示其承担的负荷相同；如果左右两侧猫爪的下垂量不相同，即表示左右猫爪负荷不等，则应调整支承键下的垫片或前轴承箱基架下的垫铁，使左右猫爪所承担的负荷基本相等。注意：一般左右猫爪下垂量之差应小于左右猫爪下垂量平均值的 5%。每处猫爪支撑装置的垫片不得多于 3 片。

2）电端猫爪下垂量的测量：电端猫爪下垂量的测量方法与调端的测量方法原理相同。

（7）按工艺垫片的厚度确定高中压外缸四个猫爪下部产品垫片，并装入产品垫片、支承键及猫爪连接螺栓等，要求高中压外缸猫爪支承面与相应支承键的接触面积均匀，且接触面积大于总面积的 75%。

(8) 复查高中压外缸下半相对前轴承箱及中轴承箱轴向开档尺寸。

(9) 复查高压外缸下半的中心及横向水平。

(十四) 1～4 号支持轴承安装

1. 1～4 号支持轴承外圆处垫块与轴承洼窝接触情况检查

(1) 在 1～4 号支持轴承下半壳体外圆处的垫块上涂上红丹粉，并分别将 1～4 号支持轴承下半在轴承箱内相应洼窝处就位。注意轴承电、调端方向，不得装反。

(2) 对研 1～4 号支持轴承下半壳体外圆处的垫块与轴承洼窝，检查其接触情况，接触面积应不小于总面积的 75%。如不合格应予以适当的处理。

2. 1～4 号支持轴承找中心

(1) 在 1～4 号支持轴承巴氏合金内孔上涂上润滑油，分别将低压转子吊放在 3、4 号支持轴承上，将高中压转子吊放在 1、2 号支持轴承上。

(2) 分别测量低压转子相对于中轴承箱电端挡油环洼窝和后轴承箱调端挡油环洼窝的中心，以及高中压转子相对于中轴承箱调端挡油环洼窝和前轴承箱电端挡油环洼窝的中心，要求：$a=b=c$，允差 0.05mm。如不合格应通过增减轴承下半壳体外圆处的调整垫片予以调整，此时应保证轴承下半壳体外圆处的垫块与轴承洼窝的接触面积仍不小于总面积的 75%。

3. 1～4 号支持轴承与相应轴颈及轴承箱上盖间的配合间隙检查

(1) 合上 1～4 号支持轴承上半，自由状态下水平中分面间隙应 0.03mm 塞尺不入，检查 3～6 号支持轴承与相应轴颈间的配合间隙，应符合图纸的技术要求。

(2) 合上各轴承箱上盖，检查 1～4 号支持轴承与相应轴承箱上盖间的配合间隙，应符合要求。

(十五) 试放转子检查联轴器张口及位移

(1) 转子就位。

1) 将 1～4 号支持轴承内孔清理干净，放少许透平油，油质应保持清洁，将各转子轴颈擦干净，分别吊放到各自对应的支持轴承内。

2) 将低压转子及高中压转子分别就位。

(2) 调整前轴承箱及中轴承箱扬度，使低压转子调端端面与高中压转子电端端面平行且同心，允差 0.02mm。

(3) 测量各转子轴颈处的扬度值，并做好记录。

(十六) 高压内缸安装

1. 高压内缸就位找中心前的准备工作

(1) 检查高压内缸与高中压外缸上下半空心定位销（径向衬套）配合尺寸，以及高压内缸与高中压外缸上下半径向销配合尺寸。

(2) 将工艺支撑垫片置于高中压外缸水平中分面左右相应位置上，吊入高压内缸下半，保证工艺支撑垫片与高压外缸水平中分面均匀接触，且结合面处 0.02mm 塞尺不入。

(3) 合上高压内缸上半，检查自由状态下水平中分面间隙，应 0.05mm 塞尺不入；把紧水平中分面 1/3 螺栓，检查水平中分面间隙，应 0.03mm 塞尺不入。

2. 高压内缸就位找中心

(1) 在高中压外缸电调两端拉钢丝，并使钢丝中心与中、后轴承箱中心重合，允差

0.05mm，在中、后轴承箱下半电调端挡油环洼窝处测量。

（2）通过增减工艺支撑垫片厚度调整高压内缸相对于钢丝的中心，要求：

1）$a=b$，$c=(a+b)/2$，允差0.05mm，测量电调端两挡。

2）高压内缸与高中压外缸水平中分面左、右高度差一致，允差0.10mm。

（3）按工艺支撑垫片厚度配制高压内缸下半左右产品垫片，并用螺栓把紧在高中压外缸下半相应位置上。要求支撑垫片与高中压外缸下半水平中分面均匀接触，结合面处0.02mm塞尺不入。

（4）按要求配制高压内缸支撑键上部垫片，并用螺栓把紧在高压内缸下半的相应位置上。

（5）复查高压内缸相对于钢丝的中心，应保证：$a=b$，$c=(a+b)/2$，允差0.05mm，测量电、调端两挡。

（十七）高中压进汽侧平衡环安装

1. 高中压进汽侧平衡环就位找中心前的准备工作

（1）检查高中压进汽侧平衡环与高压内缸上下半径向销配合尺寸，应符合图纸要求。

（2）将支撑键安装在高中压进汽侧平衡环下半，将下支撑垫片置于高压内缸水平中分面左右相应位置上，吊入高中压进汽侧平衡环下半，保证支撑垫片与高压内缸水平中分面均匀接触，结合面处0.02mm塞尺不入。

（3）合上高中压进汽侧平衡环上半，检查自由状态下水平中分面间隙，应0.05mm塞尺不入；把紧水平中分面1/3螺栓，检查水平中分面间隙，应0.03mm塞尺不入。

2. 高中压进汽侧平衡环就位找中心

（1）在高中压外缸电调两端拉钢丝，并使钢丝中心与中、后轴承箱中心重合，允差0.05mm，在中、后轴承箱下半电调端挡油环洼窝处测量。

（2）通过增减工艺支撑垫片的厚度来调整高中压进汽侧平衡环相对于钢丝的中心，要求：

1）$a=b$，$c=(a+b)/2+0.40$，允差0.05mm，测量电调端两挡。

2）高中压进汽侧平衡环与高压内缸水平中分面左右高度差一致，允差0.10mm。

（3）按工艺支撑垫片厚度配制高中压进汽侧平衡环下半左右产品垫片，并用螺栓把紧在高压内缸下半相应位置上。要求支撑垫片与高压内缸下半水平中分面均匀接触，结合面处0.02mm塞尺不入。

（4）按图纸要求配制高中压进汽侧平衡环支撑键上部垫片，并用螺栓把紧在高中压进汽侧平衡环下半相应位置上。

（5）复查高中压进汽侧平衡环相对于钢丝的中心，应保证：$a=b$，$c=(a+b)/2+0.40$，允差0.05mm，测量电调端两挡。

（十八）高压喷嘴安装

（1）在高中压外缸电调两端拉钢丝，并使钢丝中心与中、后轴承箱中心重合，允差0.05mm，在中、后轴承箱下半电调端挡油环洼窝处测量。

（2）找喷嘴组的中心，通过修配支撑键，使喷嘴组与钢丝同心，要求：

1）$a=b$，$c=(a+b)/2+0.41$，允差0.05mm，测量电调端两挡。

2）喷嘴组与高中压外缸水平中分面左右高度差一致，允差0.10mm。

（3）找正后，拧紧中分面处与内缸下半的连接螺栓。

（十九）高压隔热罩安装

（1）将高压隔热罩在高压内缸内就位，通过调整隔热罩上下部定位板的厚度，使高压隔热罩在高压内缸中正确定位。定位槽间隙符合图纸要求。

（2）通过调整隔热罩各部位调整垫片的厚度，使高压隔热罩与高压内缸的间隙在全周相等。

（二十）中压隔板套安装

1. 中压隔板套就位找中心前的准备工作

（1）检查中压隔板套与高中压外缸上下部定位销的配合尺寸。

（2）将支撑键安装在隔板套下半，注意左右相应位置，吊入中压隔板套下半，保证下支撑垫片与高中压外缸水平中分面均匀接触，且结合面处 0.02mm 塞尺不入。

（3）合上中压隔板套上半，检查自由状态下水平中分面间隙，应 0.05mm 塞尺不入；把紧水平中分面 1/3 螺栓，检查水平中分面间隙，应 0.03mm 塞尺不入。

2. 中压隔板套就位找中心

（1）在高中压外缸电调两端拉钢丝，并使钢丝中心与中、后轴承箱中心重合，允差 0.05mm，在中、后轴承箱下半电调端挡油环洼窝处测量。

（2）通过增减工艺支撑垫片厚度调整中压隔板套相对于钢丝的中心，要求：

1）$a=b$，$c=(a+b)/2$，允差 0.05mm，测量电、调端两挡。

2）中压隔板套与高中压外缸水平中分面左、右高度差一致，允差 0.10mm。

（3）按工艺支撑垫片厚度配制中压隔板套下半左右产品下垫片，并用螺栓把紧在高中压外缸下半相应位置上。要求支撑垫片与高中压外缸下半水平中分面均匀接触，且结合面处 0.02mm 塞尺不入。

（4）按图纸要求配制中压隔板套支撑键上部垫片，并用螺栓把紧在高中压外缸下半相应位置上。

（5）复查中压隔板套相对于钢丝的中心，要求：$a=b$，$c=(a+b)/2$，允差 0.05mm，测量电调端两挡。

（二十一）中压隔热罩安装

（1）将中压隔热罩在高中压外缸内就位，检查中压隔热罩与高中压外缸上下部定位销的配合尺寸。

（2）通过调整隔热罩各部位调整垫片的厚度，使中压隔热罩与其他零件径向间隙在全周相等。

（二十二）高压排汽侧平衡环安装

1. 高压排汽侧平衡环就位找中心前的准备工作

（1）检查高压排汽侧平衡环与高中压外缸上下半径向销的配合尺寸，应符合图纸要求。

（2）将支撑键安装在高压排汽侧平衡环下半，将下支撑垫片置于高中压外缸水平中分面左右相应位置上，吊入高压排汽侧平衡环下半，保证支撑垫片与高中压外缸水平中分面均匀接触，结合面处应 0.02mm 塞尺不入。

（3）合上高压排汽侧平衡环上半，检查自由状态下水平中分面间隙，应 0.05mm 塞尺不入；把紧水平中分面 1/3 螺栓，检查水平中分面间隙，应 0.03mm 塞尺不入。

2. 高压排汽侧平衡环就位找中心

(1) 在高中压外缸电调两端拉钢丝，并使钢丝中心与中、后轴承箱中心重合，允差 0.05mm，在中、后轴承箱下半电调端挡油环洼窝处测量。

(2) 通过增减工艺支撑垫片厚度调整高压排汽侧平衡环相对于钢丝的中心，要求：

1) $a=b$，$c=(a+b)/2+0.41$，允差 0.05mm，测量电调端两挡。

2) 高压排汽侧平衡环与高中压外缸水平中分面左右高度差一致，允差 0.10mm。

(3) 按工艺支撑垫片厚度配制高压排汽侧平衡环下半左右产品下垫片，并用螺栓把紧在高中压外缸下半相应位置上。要求支撑垫片与高中压外缸下半水平中分面均匀接触，结合面处 0.02mm 塞尺不入。

(4) 按图要求配制高压排汽侧平衡环支撑键上部垫片，用螺栓把紧在高压排汽侧平衡环下半位置上。

(5) 复查高压排汽侧平衡环相对于钢丝的中心，应保证：$a=b$，$c=(a+b)/2+0.41$，允差 0.05mm，测量电调端两挡。

(二十三) 高中压外缸端部汽封（调）安装

1. 高中压内侧端汽封（调）就位找中心前的准备工作

(1) 检查高中压内侧端汽封（调）与高中压外缸下半径向销的配合尺寸，应符合图纸要求。

(2) 将高中压内侧端汽封（调）下半落入高中压外缸两端相应洼窝内，合上高中压内侧端汽封（调）上半，检查自由状态下水平中分面间隙，应 0.05mm 塞尺不入，把紧水平中分面螺栓，检查水平中分面间隙，应 0.03mm 塞尺不入。汽封支撑键装配间隙按图纸要求进行。

2. 高中压内侧端汽封（调）就位找中心

(1) 在前轴承箱调端与低压外缸电端之间架上钢丝，并使钢丝中心与中、后轴承箱中心重合，允差 0.05mm，在中、后轴承箱下半电调端挡油环洼窝处测量。

(2) 通过修配支撑键调整高中压内侧端汽封（调）相对于钢丝的中心，要求：

1) $a=b$，$c=(a+b)/2+0.03$，允差 0.05mm。

2) 高中压内侧端汽封（调）与高中压外缸水平中分面左右高度差一致，允差 0.10mm。

3. 高中压外侧端汽封（调）就位找中心前的准备工作

(1) 将高中压外侧端汽封（调）下半（含燕尾结合式垫片）用内六角螺栓把紧在高中压外缸下半两端汽封端面上。

(2) 合上高中压外侧端汽封（调）上半，检查自由状态下水平中分面间隙，应 0.05mm 塞尺不入，把紧水平中分面螺栓，检查水平中分面间隙应 0.03mm 塞尺不入。

(3) 按匹配记号装入高中压外侧端汽封（调）下半定位销。

4. 高中压外侧端汽封（调）就位找中心

(1) 在前轴承箱调端与低压外缸电端之间架上钢丝，并使钢丝中心与中、后轴承箱中心重合，允差 0.05mm，在中、后轴承箱下半电调端挡油环洼窝处测量。

(2) 调整高中压外侧端汽封（调）相对于钢丝的中心，要求：$a=b$，$c=(a+b)/2$，允差 0.05mm。

(3) 高中压外侧端汽封（调）中心调整好后，将连接螺栓把紧。

（二十四）高中压外缸端部汽封（电）安装

1. 高中压内侧端汽封（电）就位找中心前的准备工作

（1）检查高中压内侧端汽封（电）与高中压外缸下半径向销配合尺寸。

（2）将高中压内侧端汽封（电）下半落入高中压外缸两端相应洼窝内，合上高中压内侧端汽封（电）上半，检查自由状态下水平中分面间隙，应 0.05mm 塞尺不入，把紧水平中分面螺栓，检查水平中分面间隙，应 0.03mm 塞尺不入。汽封支撑键装配间隙应符合图纸要求。

2. 高中压内侧端汽封（电）就位找中心

（1）在前轴承箱调端与低压外缸电端之间架上钢丝，并使钢丝中心与中、后轴承箱中心重合，允差 0.05mm，在中、后轴承箱下半电调端挡油环洼窝处测量。

（2）通过修配支撑键调整高中压内侧端汽封（电）相对于钢丝的中心，要求：

1）$a=b$，$c=(a+b)/2+0.05$，允差 0.05mm。

2）高中压内侧端汽封（电）与高中压外缸水平中分面左右高度差一致，允差 0.10mm。

3. 高中压外侧端汽封（电）就位找中心前的准备工作

（1）将高中压外侧端汽封（电）下半（含燕尾结合式垫片）用内六角螺栓把紧在高中压外缸下半两端汽封端面上。

（2）合上高中压外侧端汽封（电）上半，检查自由状态下水平中分面间隙，应 0.05mm 塞尺不入，把紧水平中分面螺栓，检查水平中分面间隙应 0.03mm 塞尺不入。

（3）按匹配记号装入高中压外侧端汽封（电）下半定位销。

4. 高中压外侧端汽封（电）就位找中心

（1）在前轴承箱调端与低压外缸电端之间架上钢丝，并使钢丝中心与中、后轴承箱中心重合，允差 0.05mm，在中、后轴承箱下半电调端挡油环洼窝处测量。

（2）调整高中压外侧端汽封（电）相对于钢丝的中心，要求：$a=b$，$c=(a+b)/2+0.02$，允差 0.05mm。

（3）高中压外侧端汽封（调）中心调整好之后，将连接螺栓把紧。

（二十五）安装挡油环

（1）将前、中、后轴承箱各挡油环分别就位，螺栓把紧。

（2）在前箱调端与后轴承箱的电端之间架上钢丝，并使钢丝中心与中、后轴承箱中心重合，允差 0.05mm，在中、后轴承箱下半电调端挡油环洼窝处测量。

（1）调整前轴承箱挡油环、中轴承箱调端挡油环、后轴承箱电端挡油环与钢丝同心，要求：$a=b$，$c=(a+b)/2-0.20$，允差 0.05mm。

（2）调整中轴承箱电端挡油环后轴承箱调端挡油环，使其与钢丝同心，要求：$a=b$，$c=(a+b)/2$，允差 0.05mm。

（3）合前、中、后轴承箱上半，装入定位销，把紧螺栓。合各挡油环上半，装入定位销，把紧水平中分面螺栓，检查间隙应 0.02mm 塞尺不入，然后把紧挡油环上半与轴承箱盖之间的螺栓，复查中分面间隙，应 0.02mm 塞尺不入。

（4）复查各挡油环中心。

（二十六）主油泵安装

（1）将主油泵调整垫片、O 形圈及主油泵下壳体在前轴承箱内相应位置处就位，装入主油泵与前轴承箱定位圆柱销，并用螺栓将主油泵下壳体把紧在前轴承箱上。

（2）吊入高中压转子，检查主油泵下壳体相对转子延伸轴的中心，要求：a、b、c 三点一致，允差 0.05mm。

（3）按图纸要求将高中压转子定位，检查主油泵叶轮、壳体及油封环之间的装配间隙，各间隙值符合图纸规定，如不合格应予以适当的处理。

（二十七）通流间隙测量及调整

1. 通流间隙测量及调整前应具备的条件

（1）汽缸及其内部各部套全部就位找中心完毕。

（2）汽封齿无飞边、毛刺，且无倒斜现象，如有应加以修正。

（3）汽封弧段应灵活无卡涩，且退让自如。

（4）转子侧通流部位无飞边、毛刺。

2. 通流间隙测量及调整的依据和方法

（1）通流间隙测量及调整的依据：CCLN600－25/600/600 型汽轮机转子间隙图及质量证明书。凡不符合图样及技术文件要求的通流间隙，均应予以必要的调整。

（2）通流间隙测量的方法：按间隙图中对 K 值（动静间隙值）的要求将转子定位，然后根据转子间隙图要求测量各级轴向及径向通流间隙。轴向通流间隙：用塞尺或塞尺加量块测量。径向通流间隙：左、右用塞尺测量；顶部、底部必须采用压铅丝的方法进行测量。为保证机组效率，必须严格按照图纸要求调整径向间隙。轴向及径向通流间隙应至少测量转子在 0°、90°两个位置。

3. 高中压通流间隙的测量

按转子间隙图（高中压部分）中对 K 值的要求将高中压转子定位（$K=9.55$mm），然后根据转子间隙图要求测量各级轴向及径向通流间隙。

4. 低压通流间隙的测量

按转子间隙图（低压部分）中对 K 值的要求将低压转子定位（$K=29.67$mm），然后根据转子间隙图要求测量各级轴向及径向通流间隙。

（二十八）转子轴向位移试验

通流间隙测量并调整合格后，做转子轴向位移试验。

1. 高中压转子轴向位移试验

（1）半实缸状态下，将高中压转子按 K 值定位，进行高中压转子轴向位移试验：监视测量仪表及推力瓦未装，高压转子向调端可移动 $4.9^{+1.5}_{-0.5}$mm，向电端可移动 $5.4^{+1.5}_{-0.5}$mm。

（2）全实缸状态下，将高中压转子按 K 值定位，合上高中压缸上半（含内部套），把紧水平中分面螺栓，然后进行高中压转子轴向位移试验：高中压转子向调端可移动 $4.9^{+1.5}_{-0.5}$mm，向电端可移动 $5.4^{+1.5}_{-0.5}$mm。

2. 低压转子轴向位移试验

（1）半实缸状态下，将低压转子按 K 值定位，进行低压转子轴向位移试验：低压转子向调端可移动 $7.07^{+2.0}_{-0.5}$mm，向电端可移动 $19.07^{+2.0}_{-0.5}$mm。

（2）全实缸状态下，低压转子按 K 值定位，合上低压缸上半（含内部套），把紧水平中分面螺栓，然后进行低压转子轴向位移试验：低压转子向调端可移动 $7.07^{+2.0}_{-0.5}$mm，向电端可移动 $19.07^{+2.0}_{-0.5}$mm。

（二十九）推力轴承安装

1. 推力轴承就位前的准备工作

（1）将工艺支撑垫块及推力轴承壳体下半吊放在前轴承箱中的推力轴承座上，使推力轴承初步就位。推力轴承中分面应与轴承箱中分面齐平，允差 0.10mm。

（2）合上推力轴承壳体上半，装入中分面定位销，把紧中分面螺栓，检查中分面间隙，应 0.02mm 塞尺不入。

2. 推力轴承就位

（1）吊入高中压转子，并使高中压转子按 K 尺寸定位。

（2）检查推力轴承壳体两个内端面与转子延伸轴推力盘的平行度，应小于 0.02mm。

（3）装入推力轴承体下半，调整推力轴承轴向位置，使推力轴承瓦块与推力盘的电端贴紧，推力盘的调端与推力瓦块应有 0.25～0.38mm 的间隙。

（三十）盘车装置安装

（1）将盘车装置在后轴承箱相应位置处就位，装入定位销，把紧连接螺栓。

（2）检查盘车大齿轮与小齿轮齿侧间隙应为 0.28～0.87mm。当盘车齿轮脱开时，保证小齿轮和联轴器大齿轮齿尖距离不小于 19.5mm。

（3）检查供油孔对中情况和喷油嘴方向，应保证供油通畅，喷油准确。

注意：在保证齿侧间隙和齿顶间隙的前提下，检查小齿轮和联轴器大齿轮的齿面接触均匀。

（三十一）汽缸正式扣缸

1. 汽轮机扣缸必须保证的条件

（1）汽轮机正式扣缸前，缸内各部套均应试扣合格。

（2）垫铁与基架、基架与汽缸撑脚及前轴承箱间间隙应符合要求。

（3）前轴承箱基架导向键、汽缸猫爪支撑键、各部套上下对中定位销间隙应符合要求。

（4）汽缸定中心梁已安装并符合要求。

（5）各部套水平中分面间隙应符合要求。

（6）汽轮机轴系中心、汽缸水平、仰度应符合要求。

（7）通流间隙应符合要求。

（8）内缸底部疏水管应预先焊好一段，隔热罩安装调整应合格。

（9）各热工仪表传感器安装应就绪，且信号输出线都已引出，堵头、孔洞等应清理干净。

（10）导向键及键槽（销槽）等表面用二硫化钼或干鳞状石墨粉擦拭，保证润滑。

（11）各部套中分面螺栓、螺母内不得有毛刺、油垢；螺栓、螺母试装时应无卡涩、咬死现象；螺纹部分应涂螺纹涂料。

2. 汽轮机正式扣缸

（1）检查汽缸进汽管密封环间隙应符合图纸要求，方向不得装反。

（2）在各部套结合面处敷设密封涂料，涂料厚度一般在 0.05mm 左右，螺栓的四周及内外缘等处应留有 10mm 空档，以防涂料被挤入螺孔或其他通流部分。

（3）汽缸水平中分面应采用流动性好、易涂均匀的密封涂料，有助于汽缸中分面的密封。

（4）汽缸及其内部各部套水平中分面螺栓应严格按设计要求进行冷、热紧，具体要求和方法按提供的主机说明书等技术资料要求进行。

注意：螺栓热紧工作必须严格符合技术资料要求，避免热紧力度不够造成运行汽缸中分面漏汽。

（5）汽轮机扣缸后应盘车检查缸内是否有摩擦声。

（三十二）高压主蒸汽、再热主蒸汽调节联合阀安装

本机组高压主蒸汽、再热主蒸汽调节联合阀（左、右）为外购，其安装方法及技术要求见该部套有关技术资料。

注意：虽然本机组高压主蒸汽、再热主蒸汽调节联合阀为进口阀门，在现场不需要解体，但现场在进行吹管时，取出阀芯后，现场要对阀门进行进一步检查。

（三十三）主蒸汽管、再热蒸汽管、中低压连通管安装

（1）主蒸汽管、再热蒸汽管现场安装时，必须保证冷拉值要求，留冷拉值是为防止运行中管道对机组产生推力和拉力。法兰连接处，两法兰面应平齐，金属缠绕垫应均匀压紧。

（2）中低压连通管为外购，其安装的方法及技术要求详见该部套的有关技术资料。

（三十四）基础二次灌浆

（1）在汽轮机扣缸完毕，连接好主蒸汽管、再热蒸汽管后便可进行基础的二次灌浆。二次灌浆前应对下列工作进行检查：

1）前轴承箱、汽缸与基架的间隙以及猫爪与支撑键的间隙。

2）各转子轴颈的扬度及轴承箱的纵、横向水平。

3）转子联轴器的中心。

（2）以上检查合格后清理基架，将基架滑动面四周接合处用胶布贴好。

（3）二次灌浆的具体要求应由设计院确定。

（三十五）联轴器连接

联轴器连接的好坏直接影响汽轮发电机组的安全运行，所以连接时必须认真。联轴器连接后机组中心线相对于原中心不应发生变化，联轴器螺栓应受力均匀，并且不对转子附加不平衡重量。

1. 联轴器联接前的准备工作

（1）清理联轴器螺栓及螺孔，去除铁屑、毛刺和油垢等。

（2）测量联轴器端面瓢偏度应小于 0.03mm；复测联轴器张口值及错位值，应合格。

（3）将转子分别按 K 值定位，测出联轴器垫片厚度，其误差应小于 0.05mm。

2. 联轴器的连接

联轴器的连接应按下列程序进行：

（1）将各联轴器螺栓、螺母称重，依次以重的螺栓与轻的螺母搭配成组，各组质量差不大于 3g。大于 3g 的应对螺栓、螺母进行去重处理（处理时，螺母厚度应保持不变）。

注意：应该将重的螺栓均匀地分布于整圈，不要将重量偏差集中于某一段圆弧。

（2）将联轴器垫片装入联轴器之间，嵌准止口台阶，用 1 件产品螺栓及 3 件工艺螺栓将联轴器把紧，测量联轴器晃动值，并将此值调整到 0.04mm 之内。

（3）由于每组联轴器之间存在着高低差，因此不能用螺栓硬拉，必须用千斤顶将两半联轴器顶至同心，再将联轴器拉拢，待拧紧 4 件螺栓后方可将千斤顶松去。

（4）在 180°方向对称装上产品螺栓并把紧，连接时各螺栓紧力保持相等，螺栓把紧程度通过测量螺栓的伸长量获得。螺栓端面应低于螺母端面。

（5）联轴器连接后，复测联轴器外圆晃动值，应小于 0.03mm。

（6）联轴器盖板装入联轴器止口内，盖板外圆与止口内圆的间隙应符合设计要求。

注意：联轴器螺栓与螺孔的配合间隙及螺栓伸长量大小应严格符合图纸等技术资料的要求。

（三十六）本体保温

汽轮机扣缸及各热力系统管道连接后，便可进行本体保温工作。保温质量的好坏对充分利用能源，改善汽轮机周围环境，保证汽轮机安全稳定运行等极为重要。

汽轮机本体保温，原则上是对机体外壁温度大于 100°的部分予以保温，即对高中压外缸、高中压端部外汽封、高压主汽阀、再热主汽阀、导汽管、汽封管道、疏水管道等部件予以保温。为了减小上下缸温差，下缸保温层厚度应比上缸保温层厚度厚，并宜采用可拆卸新型保温设施。

为了使保温层能牢固地贴合在汽缸外表面上，已将汽缸壁焊上了足够的碰焊钩，以便现场固定保温层。保温层厚度及材料的选择应由设计院提供。

五、汽轮机调速

（一）电调与电网

汽轮机数字电液控制系统简称 DEH（digital electric hydraulic control system）。电力系统对供电品质（频率的因数）提供保证，是 DEH 控制系统的主要任务。

电网将发电厂生产的电能源源不断地输送到各个用电设备，为人们的生产、生活服务。为保证各种用电设备能正常运转，不但要求提供连续不断的电能，而且还对供电的品质提出了严格的要求：频率误差不超过 ±0.4%（50Hz 的电网：48～52Hz）；电压误差不超过 ±6%（380V 电压：357.2～402.8V）。

1. 电厂为电网调频与调峰

供电频率由电网中的总发电量、总用电量共同确定。稳态时，供电频率与汽轮发电机组的转速对应相等。若总发电量＞总用电量，则供电频率增加，机组转速也增加。必须通过控制系统使电网中并网发电机组的总发电量适应总用电量的要求，才能保证供电频率精度。

2. 机组调频适应电周波变化

电网中的总用电量是一个随机变量，其频谱表明：负荷变化低频率对应大幅度，高频率对应小幅度。小幅度高频率的负荷变化，通过汽轮机调节系统的一次调频功能，利用锅炉的蓄能调节发电量，使总发电量适应总用电量的变化。大幅度低频率的负荷变化，由电网的自动调频装置通过汽轮发电机组控制系统的自动发电 AGC 功能自动地或手动地改变机组的负荷指令，改变机组的发电量，使总发电量适应总用电量的变化，这就是二次调频作用。电网中调根据负荷的统计特性要求发电机组按日负荷曲线大幅度改变负荷，这就是调峰作用。

二次调频和调峰，由于负荷变化的幅度较大，锅炉控制系统必须相应动作，使锅炉的出力满足汽轮机的要求，同时为保证整个发电系统的安全性和经济性，要求在改变负荷的过程中，机、炉、电控制系统必须协调动作。

3. 汽轮发电机的定速功能

必须将汽轮发电机组的转速升到同步转速，即 3000r/min，发电机并网后才能向电网输出电能。因此要求汽轮机调节系统具有升速控制功能。汽轮机是一种高转速的大型旋转机械，它对转速的要求很高，转速超过 120% 后，机组就可能损坏。因此要求汽轮机控制系统具有完善的保护功能。

汽轮机调节系统的主要任务就是调节汽轮发电机组的转速、功率，使其满足电网的要求。汽轮机控制系统的控制对象为汽轮发电机组，它通过控制汽轮机进汽阀门的开度来改变进汽流量，从而控制汽轮发电机组的转速和功率。在紧急情况下，其保安系统迅速关闭进汽阀门，保护机组的安全。

由于液压油动机独特的优点，驱动力大、响应速度快、定位精度高，汽轮机进汽阀门均采用油动机驱动。汽轮机控制系统与其液压调节保安系统是密不可分的，确保汽轮发电机不超速。

汽轮机数字电液控制系统 DEH 分为电子控制部分和液压调节保安部分。电子控制主要由分布式控制系统 DCS 及 DEH 专用模件组成，它完成信号的采集、综合计算、逻辑处理、人机接口等方面的任务。液压调节保安部分主要由电液转换器、电磁阀、油动机、配汽机构等组成，它将电气控制信号转换为液压机械控制信号，最终控制汽轮机进汽阀门的开度，确保汽轮发电机定速。

（二）控制对象

1. 汽轮发电机组控制特性及临界转数

汽轮机控制系统的控制对象就是汽轮发电机组。汽轮机的转子与发电机的转子通过联轴器连接为一个整体。蒸汽通过调节阀进入汽缸后，经过膨胀对转子上的叶片做功，带动发电机转子旋转。

在汽轮机升速阶段，发电机与电网是断开的，因此 $M_G = 0$。随着转速给定增加，控制系统使调节阀开大，蒸汽主动力矩 M_G 克服阻力矩 M_{LS} 后汽轮机转速逐渐升高，最终升到同步转速 3000r/min，以便发电机并网发电。由于汽轮机的自平衡能力较差，为保证升速过程安全、平稳，通常采用转速闭环控制。各个转子及轴系有多个共振频率，当转速等于共振频率时，机组振动将会大大增加，此转速为临界转速。因此在升速过程中，转速进入临界区时，必须加大升速率，快速冲过去。

2. 发电机的电压、频率、相位、相序控制

到达 3000r/min 后，发电机就要并网发电。为减小对发电机、电网的冲击，防止损坏设备，发电机端的电压必须与电网侧的一致，才能并网，即电压、频率、相位、相序相同。电压由发电机的励磁系统调节；频率、相位由自动准同期装置通过汽轮机调节系统调节；相序由发电机接线确定。

并网后，汽轮机转速与电网频率对应相等。供电频率由电网中的总发电量、总用电量共同确定。通常由于单个机组占电网总发电量的比例很小，因此调门开大时负荷增加，转速几乎不变。通俗地说转速被电网拖住了。

3. DEH 控制的蒸汽系统

汽轮机启动过程是蒸汽对汽轮机逐渐加热的过程。由于尺寸很大，各部分受热不均匀，

膨胀大小不一。为减小金属热应力及转子汽缸胀差，保证机组的安全，在启动过程中必要时，应停止升速、升负荷，对汽轮机进行暖机。锅炉将给水泵送来的循环工质除盐水加热升温、升压，变为过热蒸汽。过热蒸汽通过调节阀后进入汽轮机，经膨胀加速对叶片做功后，温度压力逐级减小，最终凝结成水，再由给水泵将水送入锅炉，即形成蒸汽循环系统。对于大型汽轮机发电机组，为提高热力系统的经济性，通常还配有再热器。为避免锅炉干烧、调节启动参数等要求，蒸汽系统还配有旁路系统。DEH 控制对象系统图见图 3-8。

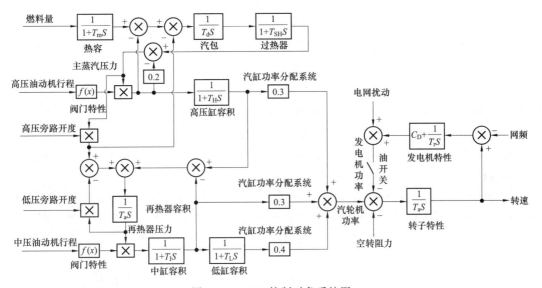

图 3-8　DEH 控制对象系统图

4. 汽轮发电机组的转子转动方程

$$J \frac{\mathrm{d}\omega}{\mathrm{d}t} = M_{\mathrm{T}} - M_{\mathrm{G}} - M_{\mathrm{LS}}$$

式中　J——汽轮发电机组转子的转动惯量；

　　　ω——转子的角速度；

　　　M_{T}——汽轮机产生的主动力矩；

　　　M_{G}——发电机产生的阻力矩；

　　　M_{LS}——各种损耗产生的阻力矩。

转子转动方程经过数学处理可得传递函数为

$$W(s) = \frac{1}{T_{\mathrm{a}}S}$$

式中　T_{a}——汽轮机的转子时间，为 6～10s。

汽轮机产生的主动力矩 M_{T} 正比于进汽流量 Q_{T}，进汽流量 Q_{T} 又正比于等效阀门开度 F_{T} 与主蒸汽压力 P_{T} 的乘积，即 $M_{\mathrm{T}} \propto Q_{\mathrm{T}} \propto F_{\mathrm{T}} \times P_{\mathrm{T}}$。传递函数为：

$$W(s) = \frac{1}{1 + T_{\mathrm{H}}S}$$

式中　T_{H}——汽缸的容积时间，通常为 0.1s。

对于中间再热机组，由于蒸汽从高压缸排出后，还要返回到锅炉中，在再热器中加热后，才能送到中、低压缸做功，再热器的传递函数为

$$W(s) = \frac{1}{T_z S}$$

式中　T_z——再热器的容积时间，通常为 8～10s。

中压油动机全开时，再热器时间将使中低压缸的功率滞后。高压缸功率占汽轮机总功率的比例约为 0.3；中低压缸功率占汽轮机总功率的比例约为 0.7。

发电机的传递函数为

$$W(s) = C_D + \frac{1}{T_r S}$$

式中　C_D——发电机异步转矩对应的系数，通常为 20～25；

　　　T_r——发电机同步转矩对应的时间，通常为 3～6ms。

当发电机并入无穷大电网时，由于电网的供电频率由电网的总发电量、总用电量共同确定，单台机组对供电频率的影响极小，可认为电网供电频率不变。

阀和调节阀。主汽阀通常由汽轮机的保安系统控制为全开、全关两位工作。调节阀通常由汽轮机的调节系统控制，可精确定位在全开和全关之间的任何位置，以便有效地调节汽轮机的进汽量。由于通常汽轮机的转子时间很短，仅为 6～8s，为了保证转速、功率的调节性能，调节阀的时间常数要求小于 0.5s；为了有效抑制汽轮机甩负荷工况下及在机组超速打闸时转速的飞升量，要求主汽阀、调节阀的快关时间小于 0.2s。另外由于汽轮机蒸汽参数高、流量大，作用在阀门上的蒸汽力很大。因此汽轮机的进汽阀门均由作用力大、动作速度快的液压油缸活塞——油动机驱动。

考虑汽缸加热的均匀性，要求进入汽缸的蒸汽流量分布均匀，各调门的流量相等，像单个阀门一样，即单阀方式。考虑蒸汽流动的经济性，要求随时仅有一个调门起节流作用，其他调门为全开或全关状态，即顺序阀方式。为了兼顾均热性和经济性，通常采用复合配汽方式：汽轮机启动阶段采用对称进汽形式，正常变负荷阶段采用顺序阀方式。上述配汽方式传统上采用凸轮配汽方式实现，采用 1 个油动机对应 1 个调节阀（1 机 1 阀）的调节系统后，改由软件实现上述配汽方式。

（三）DEH 系统工作原理

数字式电液调节系统简称 DEH，其液压调节系统简称 EH 的控制油为 14MPa 的磷酸脂抗燃液，而机械保安油为 0.8～1.0MPa 的低压透平油，该系统有一个独立的高压抗燃油供油装置。每一个进汽阀门均有一个执行机构控制其开关，其中中压主汽阀执行机构为开关型两位式执行机构，高压主汽阀执行机构、高、中压调节阀执行机构为伺服式执行机构。所有阀门执行机构的工作介质均为高压抗燃油，单侧进油，即所有阀门执行机构均靠液压开启阀门，弹簧力关闭阀门。

起机时首先通过挂闸电磁阀使危急遮断器滑阀复位，并通过 ETS 系统将 AST 电磁阀带电，然后接受 DEH 的阀位指令信号开启相应的蒸汽阀门，从而实现机组的启动、升速、并网带负荷。

在超速保护系统中布置有两个并联的超速保护电磁阀（OPC），当机组转速超过 103%

额定转速时或机组发生甩负荷时，该电磁阀得电打开，迅速关闭各调节汽门，以限制机组转速的进一步飞升。

在保安系统中配置有一只飞锤式危急遮断器和危急遮断滑阀，危急遮断器滑阀和危急遮断杠杆的工作介质为 $0.83\sim0.90$MPa 的低压透平油。当转速达到 $109\%\sim110\%$ 额定转速时，危急遮断器的撞击子飞出击动危急遮断器杠杆，拨动危急遮断器滑阀，泄掉薄膜阀上腔的保安油，使 EH 油系统危急遮断母管的油泄掉，从而关闭所有的进汽阀门，进而实现停机。除此以外在 EH 系统中还布置有 4 个自动停机 AST 电磁阀，它们能接受各种保护停机信号，遮断汽轮机。

（四）液压系统主要部套

（1）油动机：为液压系统的功率输出级，其活塞杆通过凸轮配汽机构或直接驱动进汽阀门。它与操纵座、油动机滑阀、反馈滑阀或操纵座、伺服阀、行程测量组件 LVDT 等设备组成完整的油动机，完成位置随动，功率输出功能。

（2）伺服阀（电液转换器）：为 DEH 电气信号与液压系统的接口设备，它将电气信号转换为与之对应的液压信号，与伺服控制单元、油动机等结合完成电压位置随动控制。

（3）滑阀：为液压系统的综合运算、放大环节，它将油压、油口开度等信号进行综合放大，并通过油管路将信号传递到各油动机。

（4）调速泵（弹性调速器、旋转阻尼）：为汽轮机转速的敏感部件，它将转速转换为与之对应的液压信号，再通过滑阀进行综合放大。

（5）危急遮断器（飞锤）：为机组超速的检测装置，为保证安全可靠通常配有互为冗余的两组。当机组转速超过预定值时，危机遮断器立即动作，通过危机遮断器滑阀使主汽门、调门快速地关闭。

（6）电磁阀：为电气开关信号与液压系统的接口设备。DEH 通过它使调节阀快速关闭机组打闸。

（7）测速探头：DEH 通过它感知机组的转速。通常采用磁阻式测速探头，汽轮机转子上安装有 60 齿的测速齿盘，DEH 的测速单元接受到测速探头的感应电压后，即可计算出机组的转速。

（五）DEH 控制系统的组成

DEH 控制系统包括电子控制系统和液压调节保安系统。

1. 电子控制系统

DEH 电子控制系统主要包括 I/O 控制柜、硬操盘、与 DCS 共享的操作员站、工程师站等。控制柜中除配有与通常 DCS 系统类似的开入、开出、模入、模出 I/O 模块外，还配有 DEH 专用模块——测速单元、伺服单元。通过先进的图形化组态工具，可设计出完善的控制策略，以适应不同汽轮机、不同液压系统的要求。操作画面、数据库、历史库等均可与 DCS 系统共享。

电子控制设备硬件系统图见图 3-9。图 3-9 为低压透平油系统的配置。对于高压抗燃油系统还需增加一对主控单元、伺服单元及部分 I/O 模块。

2. 测速、伺服单元的功能

测速单元：有三路测速通道，内部三选中逻辑，可输出超速限制、超速保护接点信号，具有测速范围大（$1\sim5000$Hz）、测速精度高（0.1%）、响应速度快（10ms）等特点。

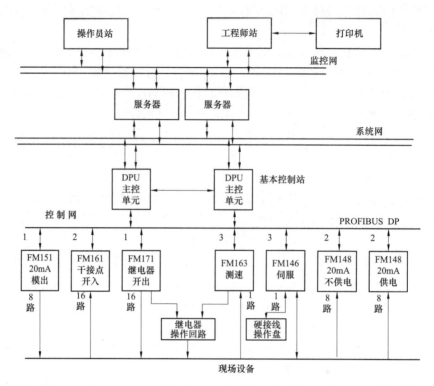

图 3-9　双抽机组 DEH 电子控制设备硬件系统图

伺服单元：与伺服阀、油动机、LVDT 等组成位置随动系统，具有自动整定零位幅值及紧急手动控制功能。定位精度为 0.2%，响应时间小于 0.5s。可与各种液压伺服系统相配。

3. 液压调节保安系统

（1）转速敏感部件：将转速信号转换为液压信号。

（2）给定部件：操作员通过启动阀（同步器）马达或手柄，改变调节系统给定值。

（3）综合运算部件：由各种滑阀完成给定、实际信号的偏差放大，控制信号分配到各油动机。

（4）执行部件：控制信号由油动机完成功率放大，通过配汽机构（杠杆、凸轮）驱动调节阀。

（5）保护系统：包括危急遮断系统、挂闸系统、主汽阀执行部件等。

（6）试验系统：包括喷油试验、超速试验、阀门严密性试验、阀门活动试验等。

（7）油源系统：为调节保安系统液压部套提供油源，包括透平油油源和有高压抗燃油油源系统。

不同类型的汽轮机，其液压调节保安系统有所不同。按照用户的要求，作出简捷实用的液压系统方案，再根据改造后的液压系统，确定 DEH 主要功能、I/O 信号清单、硬件配置。

4. 按照液压系统与 DEH 电气部分的关系分类

（1）同步器控制：DEH 通过同步器马达与液压系统相连。

（2）电液并存切换控制：DEH通过电液转换器、同步器马达与液压系统相连。电液相互跟踪，实现无扰切换。以电调方式运行为主、液调方式作备用。

（3）电液并存联合控制：DEH通过电液转换器、同步器马达与液压系统相连。电液无需跟踪，可采用两种运行方式：

1）同步器置于极限位置，利用调节系统静特性，使电调系统投入工作。必要时操作同步器即可平滑地使液调系统投入工作，电调系统退出工作。

2）随时改变同步器的位置，使液调系统承担稳态负荷，电调系统负责动态负荷的调节。

（4）纯电调控制：DEH通过电液转换器与液压部套相连，没有液调系统作后备。既有1个电液转换器控制多个调节阀的形式，也有1个电液转换器仅控制1个调节阀的形式。可沿用低压透平油作油源，也有采用高压抗燃油作油源的，见图3-10。

（六）伺服系统工作原理

DEH控制系统的阀位控制信号在伺服单元与油动机的实际行程LVDT信号综合，并经PI调节后，控制信号送到伺服阀改变其油口开度，使油动机相应地上或下运动。当油动机行程达到阀位控制信号指定的位置后，油动机活塞的油口被封住，因此油动机活塞被定位在指定位置，调节阀被定在相应位置。

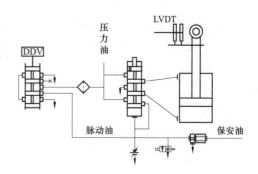

DEH控制系统使用的电液转换器主要有两种：MOOG公司的761型伺服阀和633、634型直接驱动式伺服阀——DDV阀。

执行机构的调整：

（1）高中压主汽门执行机构调整：最大行程，关闭位置、阀芯零位环线定位LVDT输出电压近似为零，调锁紧螺母输出电压为零。

（2）高压主汽门、调门及再热主汽门、调门执行机构关闭时间测定。

（3）隔膜阀、空气引导阀动作试验：手动遮断位置，隔膜阀开启，危机遮断器系统AST油压消失，汽门关闭。

761型伺服阀（见图3-11）：带有喷嘴挡板式前置放大机构，此伺服阀仅用于高压抗燃油系统中。控制电流在伺服阀线圈中产生偏转力矩，使挡板偏离中间平衡位置，通过喷嘴在控制滑阀两端产生油压差，推动滑阀向边上运动，滑阀又通过弹簧片带动挡板恢复到中间平衡位置。滑阀

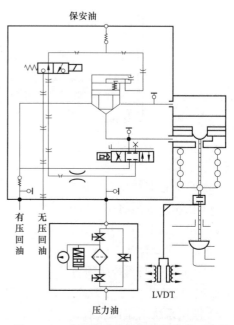

图3-10 高压抗燃油调节阀油动机示意图

的位移与电流的大小成比例变化，同时控制了A、B口接通压力油P和排油T的面积。油动机的油缸通常设计为单侧进油形式，A口与油动机活塞下油压相连，B口堵死。伺服阀内部有两组线圈，通常采用并联连接形式，额定总电流为正负20mA，对应额定油口开度。稳

态时，油动机定位在中间任意位置，A 口被封住，为克服伺服阀的机械零偏，有 5mA 左右的电流。

DDV 阀（见图 3 - 12）与常规伺服阀相比，最大的区别在于从结构上取消了喷嘴——挡板前置放大级、用大功率的直线马达代替了小功率的力马达。用先进的集成块与微型位置传感器替代了工艺复杂的机械反馈装置——力反馈杆与弹簧管。从而简化了结构，提高了可靠性，却保持了伺服阀的基本性能与技术指标。它的抗污染能力比喷嘴——挡板式的伺服阀强得多。由于其动态特性与供油压力无关，因此它可用于各种压力等级的液压系统。

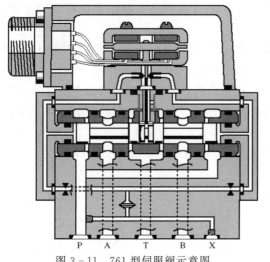

图 3 - 11　761 型伺服阀示意图

（七）DEH 控制系统性能指标

（1）转速控制范围：冲转至 3600r/min。

（2）转速控制精度：±1r/min。

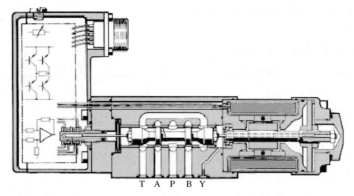

图 3 - 12　DDV 阀（D633、D634）示意图

（3）负荷控制精度：±0.2%。

（4）控制系统迟缓率：<0.06%。

（5）甩负荷最高飞升转速：<7%。

（八）可靠性设计

（1）DEH 控制系统必须符合国际电工委员会汽轮机技术规范规定的故障安全原则：

1）DEH 系统失电时机组能安全停机。

2）液压系统工作油压消失时能安全停机。

3）具有防止误操作的措施。

4）统间切换无扰。

5）有完善的保护系统，且能独立于调节系统工作。

（2）冗余设计

1）重要信号采用三选中冗余设计，如转速；

2）油动机 LVDT 反馈为双冗余高选。

（3）测功信号采用数值滤液，能有效防止电网负荷扰动引起的反调；完善的跟踪措施，保证控制方式切换为无扰。

（4）冲转汽轮机必须分别按挂闸、开主汽门、开调门的操作顺序由逻辑控制回路保证，可以预防误操作，防止转子意外冲转。

（5）高压抗燃油油动机采用单侧进油、弹簧复位设计，可保证万一动力油源失压时能可靠停机。

（6）电液伺服阀设置了机械零偏，可保证万一控制系统失电时能可靠停机。

（九）DEH 控制系统功能

在汽轮发电机组并网前，DEH 为转速闭环无差调节系统。给定转速与实际转速之差，经 PID（Proportional - Integral - Differential Controller）调节器运算后，通过伺服系统控制油动机开度，使实际转速跟随给定转速变化。

操作员通过操作员站上的软操盘设置升速率、目标转速后，给定转速自动以设定的升速率向目标转速逼近，实际转速随之变化。当进入临界转速区时，自动将升速率改为大于或等于 400r/min/min 快速冲过去。在升速过程中，通常需对汽轮机进行暖机，以减小热应力。

在机组同期并网时，总阀位给定立即阶跃增加 4%～6%，使发电机带上初负荷，并由转速 PI 控制方式转为阀位控制方式。并网后 DEH 的控制方式可在阀位控制、功率控制、主蒸汽压力控制方式之间方便地无扰切换，并且可与协调控制主控器配合，完成协调控制功能。

在阀控方式下，操作员通过设置目标阀位或按阀位增减按钮控制油动机的开度。在阀位不变时，发电机功率将随蒸汽参数变化而变化。

在功控方式下，操作员通过设置负荷率、目标功率来改变功率给定值，给定功率与实际功率之差，经 PI 运算后控制油动机的开度。在给定功率不变时，油动机开度自动随蒸汽参数变化而变化，以保持发电机功率不变。

在压控方式下，操作员通过设置压变率、目标压力来改变压力给定值，给定压力与实际功率之差，经 PI 运算后控制油动机的开度。在给定压力不变时，油动机开度自动随蒸汽参数变化而变化，以保持主蒸汽压力不变。

为了确保机组的安全，还设置了多种超速限制、负荷限制及打闸保护功能。有的还可进行试验，以验证其正确性。

1. 调节系统功能

（1）升速控制：根据机组热状态，可控制机组按经验曲线完成升速率设置、暖机、过临界转速区，直至 3000r/min 定速。

（2）同期并网：可与自动准同期装置配合，将机组转速调整到电网同步转速，以便迅速完成并网操作。并网时，自动使发电机带上初负荷。

（3）阀控方式：司机通过 CRT 设置目标阀位或按增减按钮改变总阀位给定值（单位为%），来调整机组负荷。

（4）功控方式：根据司机设置的目标负荷（MW），自动调整机组负荷。

（5）压控方式：根据司机设置的目标主蒸汽压力（MPa），自动调整主蒸汽压力。

（6）CCS 方式：接受 6CCS 主控器负荷管理中心来的负荷指令信号，自动调整机组负荷。

（7）一次调频：在机组并网后，除紧急手动外，均具有一次调频功能。死区在 $\pm2r/min$ 内，初值为 $2r/min$。不等率在 $3\%\sim6\%$ 内连续可调，初值为 4.5%。

（8）紧急手动：伺服单元在紧急手动方式下，操作员通过备用手操盘的增减按钮直接控制油动机，增减速率为 $30\%/min$。

2. 限制保护功能

（1）超速限制：在发电机脱网状态下，当转速超过 $3090r/min$ 时，关调门；当转速小于 $3060r/min$ 时，控制恢复正常。油开关跳闸时，目标给定等于 $3000r/min$，调门立即关 2s 后控制恢复正常。

（2）阀位限制：总阀位给定小于阀位限制值。在改变阀位限制值后，总阀位给定以 $6\%/min$ 的速率减到此限制值。

（3）高负荷限制：负荷大于限制值时，高负荷限制动作，总阀位给定以 $6\%/min$ 的速率下降。

（4）主蒸汽压力低限制：主蒸汽压力低于主蒸汽压力限制值时，主蒸汽压力低限制动作，总阀位给定以 $6\%/min$ 的速率下降。

（5）快卸负荷：锅炉系统主、辅机故障时，汽轮机负荷以规定速率减到规定的下限值。

（6）低真空负荷限制：当真空对应的负荷限制值小于实际负荷时，真空保护动作。总阀位给定以 $12\%/min$ 的速率下降。

（7）超速保护：

1）原有机械超速保护。

2）原有 TSI 电气超速保护。

3）DEH 软件组态超速保护。

4）DEH 测速板硬件超速保护。

3. 试验系统功能

（1）超速保护试验：用于检验各超速保护的动作转速。做机械超速试验时，DEH 超速保护动作转速自动改为 $3390r/min$，作后备保护。

（2）阀门严密性试验：分别进行调门、主汽门严密性试验，并记录转子惰走时间。

（3）飞锤喷油试验：可在线进行喷油试验，活动危急遮断器飞锤。

（4）阀门活动试验：可分别对 MSV1、MSV2、RSV1、RSV2、ICV 油动机进行试验。油动机活动范围为 $85\%\sim100\%$。

（5）遮断模块试验：可在线进行试验，用于检验遮断模块动作是否灵活。

4. 辅助系统功能

（1）自动判断热状态：冲转前高压内缸中上壁温度划分为冷、温、热、极热四种热状态。

（2）预暖：在中压缸启动方式下，机组若为冷态，可根据机组预暖系统设计预暖程序，自动对高压缸进行预暖。

（3）汽轮机自启动（必要时）：DEH 采集汽轮机的有关运行状态信号，计算汽轮机转子的应力等参数，按照安全、经济的原则，与锅炉控制系统密切配合，自动完成汽轮机的启动升负荷及变工况控制。

（十）注油及超速试验

1. 注油试验

汽轮机首次升到3000r/min时进行，将超速试验手柄搬至试验位置，握住不放，缓慢打开注油阀充油，监视油压至遮断位置，记录油压值，关闭注油阀；手柄扳至复位位置，慢慢放开，手柄返回到"正常"位置，再放开超速试验手柄。

2. OPC试验

（1）点击"投入"OPC电磁阀按钮动作，GV/IV关闭；点击OPC试验"切除"，重新开启GV/IV，维持3000r/min。

（2）进行103%超速试验：点该按钮，DEH自动设定为3100r/min，并以100r/min的速率升速；当大于3090r/min时，OPC电磁阀动作，GV/IV关闭，转速小于3030r/min后，GV/IV重新开启，维持3000r/min。

3. 电超速试验

点击"110%超速试验"按钮，自设定3300r/min，达到时AST动作，汽轮机跳闸。

4. 机械超速试验

屏蔽OPC（3090r/min）屏蔽电超（3280r/min）AST不动作；110%机械超速保护动作值记录，需进行两次试验，动作转速差不超过18r/min。

第四节　发电机验装

一、发电机定子

（一）测量定子绕组的绝缘电阻和吸收比

（1）各项绝缘电阻的不平衡系数不应大于2。

（2）吸收比：对沥青沁胶及烘卷云母绝缘不小于1.3，对环氧粉云母绝缘不小于1.6（绝缘电阻：额定电压每千伏1MΩ）。

（二）测量绕组的直流电阻

（1）在常温状态，测绕组表面温度与周围空气温度之差应为±3℃。

（2）相间、分支的直流电阻差别不应超过最小值的2%，与出厂值比不应大于2%。

（三）发电机定子直流耐压及泄漏电流

（1）查明厂家耐压试验是干式、湿式，还是干、湿两种状态均已试验，其值各是多少。

（2）根据国际"电气装置工程电气设备交接试验标准"，水内冷发电机，在水质合格通水状态下进行耐压试验。所以，厂家必须有湿式状态下的耐压试验值。

（3）发电机直流耐压试验。

1）直流耐压是校核性，交流耐压是考核性。

2）《电气装置安装工程　电气设备交接试验标准》（GB 50150）规定，定子绕组直流耐压试验和泄漏电流测量：①试验电压为发电机额定电压的3倍；②试验时依次按0.5倍额定电压升高，每阶段停留1min，记录泄漏电流。

（4）泄漏电流：

1）各相泄漏电流的差别不应大于最小值的 50％。

2）在 2.5 倍发电机额定电压时，最大泄漏电流在 $20\mu A$ 以下值，与出厂试验值进行比较，不应有明显差别。

3）泄漏电流不应随时间延长而增大。

4）氢冷电动机必须在充氢前或氢排除至 3％ 以下时，方可进行试验。

300MW 发电机试验实例如下：

发电机干式耐压试验：电压依次加至 10、20、30、40、50、60、70kV，分别测出三相泄漏电流，由 $9\sim480\mu A$，绝缘电阻 2500/600MΩ。

发电机湿式耐压试验：先通 80℃ 合格水，循环 72h，水温降至 28℃ 进行直流耐压，电压依次加至 10、20、30、40、50kV，三相泄漏电流 $2.8\sim140\mu A$。

（四）发电机绕组交流耐压试验

（1）发电机交流耐压：在直流耐压试验合格后，进行交流耐压试验。

（2）试验电压：容量 1 万 kW 以下，额定电压 3150～6300V，试验电压为 $1.875U_n$；容量 1 万 kW 以上，额定电压 6300V 以上，试验电压为 $1.5U_n+2250V$。注：U_n 为发电机额定电压。

二、发电机转子

（一）转子绝缘电阻

（1）发电机绕组的绝缘电阻值不宜低于 0.5MΩ。

（2）水内冷转子绕组使用 500V 及以下绝缘电阻表测量，绝缘电阻不应低于 5000Ω。

（3）定子绕组绝缘电阻合格，转子绕组的绝缘电阻值不低于 2000Ω，机组方可启动投入运行。

（4）超速试验前后测量转子绕组的绝缘电阻。

（二）转子直流电阻

（1）在常温状态，测绕组表面温度与周围空气温度之差应为 ±3℃；直流电阻测量数值与出厂值之比不应超过 2％。

（2）湿极式转子绕组，应对各磁极绕组进行测量，当超标时对连接点电阻进行测量。

（三）绕组交流耐压

（1）整体到货的湿极式转子，试验电压应为额定电压的 7.5 倍，且不低于 1200V。

（2）工地组装的湿极式转子，其单个磁极耐压按制造厂规定执行。

（3）组装后的交流耐压试验：

1）额定励磁电压为 500V 及以下时，试验电压为额定励磁电压的 10 倍，且不低于 1500V。

2）额定励磁电压为 500V 以上时，试验电压为额定励磁电压的 2 倍加 4000V。

（4）隐极式转子绕组不进行交流耐压试验，可采用 2500V 绝缘电阻表测量绝缘电阻来代替。

三、发电机安装

（一）发电机范例

型号：QFSN-350-2 额定功率 350MW、额定电压 20kV、额定电流 11 887A、功率因数 0.85、额定频率 50Hz、额定转速 3000r/min、额定励磁电压 340V、额定励磁电流

2830A、水氢氢、氢压 0.41MPa、额定氢温≤45℃、效率 99％、短路比 0.51、绕组连接方式 YY、直流同步电抗 Xd 210％、交流同步电抗 Xq 205％、负序电抗 X2 19.8％、零序电抗 Xo 9.12％。

（1）发电机封端盖前的隐蔽检查项目：螺栓紧固、铁芯短接、通风口、绝缘状况、防锈层、电气热工试验、清洁等。

（2）发电机引出线连接及手包绝缘的隐蔽检查项目：发电机引线与出线的接触面、两面连接螺栓规格与数量（M16×85 不锈钢 192 套）、紧固力矩（91.8N·m）、未构成闭合磁路、绝缘材料证明、工艺质量控制、包扎质量、耐压试验。

（3）离相封闭母线封闭前检查项目：母线与外壳中心误差（2mm）、支持绝缘子固定、母线对地最低绝缘值 2500MΩ、短路板位置、伸缩节连接螺栓规格及力矩、对口中心偏差 0.2mm、支持绝缘子表面、电流互感器电气试验、焊工资格证编号、母线焊接工艺评定、母线外壳接地等。

（二）发电机转子安装

1. 转子主要技术数据

（1）励磁电压 445V；励磁电流 1765A；励磁方式为静止励磁。

（2）应注明制造厂家、出厂编号、出厂时间。

2. 发电机转子通风试验区域划分及测量值

（1）试验风机出口风压 1600Pa，控制恒定试验风压 1000Pa±50Pa。

（2）转子端部测试均速不低于 10m/s，其他风压不低于 6m/s，8m/s 风速不允许超过 10 个。

（3）转子线圈槽部通风道平均风速大于 4m/s，不允许低于 2m/s，2.5m/s 风速不允许超过 15 个。

四、发电机相关部分

（一）励磁回路

（1）励磁回路连同设备的绝缘电阻值≥0.5MΩ（电子组件应拔出）。

（2）励磁回路连同设备的交流耐压试验电压为 1000V（电子组件应拔出）。

（二）定子铁芯试验

（1）采用 0.8～1.0T 的磁通进行试验，新机的铁芯齿部温升≤25℃，温差≤15℃，试验连续 90min。

（2）制造厂已做过此项试验，且有出厂试验报告者，交接现场可不进行试验。

（三）轴承、支座绝缘试验

（1）装好油管后，用 1000V 绝缘电阻表测量，绝缘电阻≥0.5MΩ。

（2）对氢冷发电机应测量内、外挡油盖的绝缘电阻，其值符合厂家规定。

（四）其他测量

（1）检温计绝缘电阻应符合厂家规定。

（2）灭磁电阻器、自同步电阻器的直流电阻与铭牌比较，其差值≤10％。

（3）超瞬态电抗和负序电抗厂家无试验报告，应测量。

（4）转子绕组的交流阻抗和功率损耗应在静止状态下的定子堂内、堂外，超速前、后分别测试，试验时施加电压的峰值不应超过额定励磁电压值。

（5）三相短路特性曲线与出厂试验值比较应无明显差别。

（6）空载特性曲线：对发电机变压器组，当发电机本身的空载特性和匝间耐压厂家有试验报告时，可不将发电机组拆开做发电机的空载特性试验，只做发电机-变压器组的空载试验，电压加至定子额定电压值的 105%。

（7）灭磁时间常数，可带变压器同时进行。

（8）发电机在空载额定电压下，自动灭磁装置分闸后，测量定子残压。

（9）发电机的相序必须与电网相序一致。

（10）轴电压：

1）在空载、额定电压、带负荷后，分别测试。

2）汽轮发电机的轴承油膜被短路时，转子两端轴上的电压宜等于轴承与机座的电压。

第五节 电气热控设备安装

一、电力变压器安装

（一）安装

（1）必要准备：真空滤油机，流量 $>6000L/h$；CO_2 或 Cl_4 灭火器。

（2）油箱内氧气含量少于 18% 时，不得进人；动明火要有安全措施。

（3）器身暴露时间计算：打开密封至密封完开始抽真空的总时间。器身暴露时间要求：空气相对湿度 $\leqslant 65\%$，为 16h；$>65\%$ 且 $\leqslant 75\%$，为 12h。

（4）排氮：

1）真空注油排氮：用真空泵抽真空达 133.3Pa，不停泵保持 2h，由油箱下部注入合格油。检查时再从底部排油。

2）真空注干燥空气排氮：当接近达到大气压时，即可进入油箱检查。

3）注油排氮：箱底注油，打开顶部排气口，当油浸没铁芯上铁轭上表面时，静放 24h 或更长时间，其目的是使油入绝缘深部，排氮更佳。

（5）检查：器身、内部、底部检查后，检查人要签字。

（二）试验

（1）用 2500V 绝缘电阻表测量铁芯的绝缘电阻小于 200MΩ；若达不到此值，要打开拉带的连线、旁轭或铁芯屏蔽连线，单独测绝缘。

（2）测量接触电阻：接触电阻的允许值与流过接头接触面的电流成反比。通过 1A 电流，不超过 0.1Ω；如发电机变压器的低压引线分两边与大电流套管相连接，设每边通过电流 5000A，用内插法求接触电阻，即 $1A：5000A = X：0.1\Omega$，则 $X = 20 \times 10^{-6}\Omega$。

（3）当发现进水或受潮现象时，应测器身在空气中的全部或局部绝缘特性（绝缘电阻、泄漏电流及 $\tan\delta$ 等），找出受潮点，妥善处理。

（4）电容式套管的检验：测量绝缘电阻、$\tan\delta$（电阻与电容之比）和电容量。

（5）套管电流互感器试验：绝缘电阻不小于 1MΩ。

（6）油试验报告：有出厂合格报告，现场可不进行性能检验；但下列指标必须在现场各油罐中采样实测数据。

1）击穿强度：500kV 级为 $\geqslant 60kV/2.5mm$，220kV 级为 $\geqslant 50kV/2.5mm$。

2) 含水量：500kV 级为≤10ppm，220kV 级为≤15ppm。

3) 含气量：500kV 级为≤1%。

4) tanδ（90℃）：≤0.5%。

（三）交接验收

(1) 测量绕组连同套管的绝缘电阻、吸收比和极化指数。

1) 绝缘电阻：记录 15s 和每 60s 时的读数，连续 10min，共读取 11 个数据；折算到 20℃，对于 500kV 级变压器应不小于 2000MΩ，对于 220kV 级应不小于 800MΩ，并与出厂值比较，在相同温度下，应不低于出厂值的 70%。

2) 吸收比：R_{60}/R_{15}：在 10～40℃ 温度下测试，可不进行温度折算，一般应不小于 1.3；当 R_{60} 绝对值很大，而吸收比小于 1.3 时，要进行综合分析，不能简单判断受潮。

3) 极化指数：$P_1 = R_{10}\min/R_1\min$，一般不应小于 1.5。

(2) 测量绕组连同套管和套管单独的 tanδ。用高压西林电桥等仪器，测量绕组连同套管用反接法，测量套管单独的 tanδ 用正接法；对于 500kV 变压器要求不大于 0.6%，220kV 变压器不大于 0.8%，220～500kV 套管不大于 0.7%，并与出厂的试验值比较，应不大于出厂值的 130%。

(3) 测量绕组的直流电阻：要求相间互差（取三个互差中最大的一个）不大于三相平均值的 2%；比出厂变化不应大于 2%。

(4) 校验绕组所有分接位置的电压比：对于额定分接位置不超过 ±0.5%，其他分接位置不超过 ±1%，与出厂值接近即可。

(5) 测量铁芯对地的绝缘电阻：最低值不应小于 200MΩ。

(6) 密封试验：在油箱顶部施加 35kPa 压力，持续 24h 无渗漏。

(7) 绝缘油试验。

1) 含水量：500kV 级为≤10ppm，220kV 级为≤15ppm。

2) 含气量：500kV 级为≤1%（体积），220kV 级不作规定。

3) 击穿电压：500kV 级为≥60kV/2.5mm，220kV 级为≥50kV/2.5mm。

4) tanδ（90℃）：≤0.5%。

5) 油中溶解气体的色谱分析（绝缘试验和冲击合闸试验后）：总烃量≤10ppm，氢含量≤50ppm，乙炔含量为 0。若不符合要求，应进行脱气。

(8) 测量局部放电：在线端对地电压为 $1.5U_m/\sqrt{3}$ 时，放电量偏差与出厂值比较不超过 30%，且视在放电量的值符合合同规定。U_m 为最高电压。系统标称电压为 220、330、500kV 时，U_m 为 252、363、550kV，对应的短路视在容量为 18 000、32 000、60 000MVA。

(9) 绕组连同套管的交流耐压试验。对象是高压绕组中性点或低压绕组。工频试验电压 1min，试验电压值取出厂试验值的 85%；电压无突然下降，油箱内无放电声，则试验合格。

(10) 有载调压开关检验。

1) 测量限流电阻的电阻值，与厂家值相比，不超过 ±10%。

2) 切换装置切换电压无开路现象；电气和机械限位的功能正确。

3) 操作电源电压为额定电压的 85% 及以上。

(11) 额定电压下冲击合闸试验。

目的：检验变压器和相关系统承受的额定电压及冲击合闸时产生的励磁涌流是否会使继电器误动。试验时中性点必须接地；发电机变压器组无断开点的变压器，可不做此试验；冲击合闸宜在高压侧进行，第一次合闸后停30min以上，听查有无异常，再做4次，每次间隔5～10min。继电保护需要调整，其后继续进行一次，但总次数不变。

（12）测试噪声：一般不应大于80dB。

二、电气其他设备

（一）母线焊接测试

（1）封闭母线焊接直流电阻（Ω）：标准电阻0.004 499，焊接电阻0.004 071（环境湿度40％）。

（2）开关场母线焊接直流电阻（Ω）：标准电阻0.003 729，焊接电阻0.003 709（环境湿度40％）。

（二）绝缘测试及检查

（1）发电机绝缘水管检查：本体管道对外部管道绝缘电阻应不小于1MΩ（可达500MΩ）。

（2）发电机附件安装检查试验：刷架对地绝缘电阻应不小于1MΩ；电刷与刷握间隙应为0.1～0.2mm，且能活动；电刷端面与集电环接触面积应不小于75％。

（3）电动机绝缘：

1）6kV：一次回路绝缘值1000～2500MΩ；二次回路绝缘值500MΩ。

2）380V：一、二次回路绝缘值500MΩ。

3）SF_6断路器安装：SF_6气体压力，厂家规定为0.5MPa。

（三）蓄电池充放电

1. 220V蓄电池组（电池型号GFM-1200Ah、电瓶103个）

（1）充电要求：充电电压220V，充电电流120A；允许液温小于45℃，恒压充电电压不大于厂家规定最大值，单体电池电压不大于2.4V，初始连续供电大于25h，不合格电池与电池组平均电压差值不大于2％，电压不合标准的电池数不大于5％，放完电后至再充电搁置时间不大于10h。

（2）放电要求：放电电流120A，放电电压220V，单体电池最低终止电压2.051～1.900V，室温26℃（大电厂蓄电池电力：220V储电容量不小于1400Ah；110V储电容量不大于500Ah）。

2. 110V蓄电池组（电池型号GFM-400Ah、电瓶52个）

（1）充电要求标准同220V蓄电池组。

（2）放电电流40A，放电电压110V，单体电池最低终止电压2.064～1.934V，室温26℃。

（四）配电装置

（1）屋外敞开式配电装置（AIS）。

（2）屋内和屋外全封闭组合电器（GIS）。

三、热工控制装置

（一）热电偶

（1）型号：S、K、E、J、T、N型，所配热电偶补偿导线为SC、KC、EX、TX、NC及NX型，并分普通和精密型。

（2）工作用镍铬-镍硅（铝）热电偶：

1）检定点温度：400、500、600℃，标准热电偶证书值为 3.259mV，有 S、K 型。

2）检测值：参考温度、参考端温度修正后热电势、被检偶检定点实际热电势、分度表热电势、温度误差值及修正值。

（二）绝缘电阻检测

（1）导线线路：信号线路≥2MΩ，补偿导线≥5MΩ，≤24V 导线≥0.1MΩ，＞24V 导线≥1MΩ。

（2）执行机构电动门电路绝缘电阻：正常环境≥1MΩ，潮湿环境≥0.5MΩ。

（3）测温组件绝缘电阻：≥100MΩ。

（4）压力取源部件绝缘电阻：＞1000MΩ。

（三）DCS 受电前准备

1. 资料准备

资料包括：收集设计图纸和设备资料；分散控制系统的软件及硬件使用说明书；分散控制系统的设计规范；分散控制系统的电源接线图和设备布置图；分散控制系统的 I/O 清单；分散控制系统组态逻辑图；参加分散控制系统和设备的技术培训；积极参与分散控制系统的逻辑组态工作；对新技术和新设备进行调研；参加分散控制系统出厂调试和验收；编制受电措施计划；编制受电登记记录表格。

2. 设备检查

检查项目包括：DCS 配置检查；环境检查；机柜检查；接地检查；电源检查；卡件检查；电缆检查；工作站检查；外部设备检查等。

（四）软件恢复及通道校验

这项工作是厂家、安装、调试、监理单位联合检验和设备交接的过程，四方均有代表参加，软件恢复、通道校验正常，经见证和签认后，移交调试单位进行全面调试工作。

1. 带电试验

保证集散控制系统从硬件和软件能够正常操作和运行；进行各种传动；采暖加热站系统调试；确保厂用电受电需要；确保其他系统正常调试。

2. 送电程序

（1）电源系统测试，接地系统测试，机柜送电。

（2）控制模件送电：依次插入各个控制模件，观察其状态指示是否正确，或用工程师站对控制模件的基本功能或性能进行测试。对冗余系统还应该进行主控制模件和备用控制模件切换试验。

（3）其他模件的送电：解开端子板至模件的预制电缆，依次插入各个通信模件和 I/O 模件，观察其状态指示是否正确，或者用工程师站对控制模件的基本功能或性能进行测试。

3. 系统 I/O 通道检查

解开端子板至模件的预制电缆，用高精度信号发生器及高精度万用表对 DCS 系统的输入和输出通道进行完好性检查。

（1）电压电流型模拟量输入通道检查：用模拟量信号发生器发出所需要的模拟量信号（如 4～20mA 或 1～5V）；在工程师站上检查显示值（一般为工程单位值），记录下每一个通道的输入信号值和输出显示值。每一个通道检查 3 点：0%、50%、100%，并做好模拟量输入通道检查记录表。

（2）热偶、热阻模拟量输入通道检查：用热偶信号发生器或标准电阻箱发出所需要的模拟量信号；在工程师站上检查显示值（一般为工程单位值），记录下每一个通道的输入信号值和输出显示值。每一个通道检查3点：0%、50%、100%。对于热偶信号要考虑冷端温度补偿，并做好记录。

（3）模拟量输出通道检查：在工程师站上设置模拟量输出信号，在模拟量输出通道的接线端子上，用标准电流电压表测试其输出值，每一个模拟量输出通道均同上测出3点。

（4）数字量输入通道检查：用短接线短接开关量输入信号，在工程师站上检查显示状态（可能的工程显示单位为开门/关门、启动/停止等），并做好记录（数字量输入通道检查表）。

（5）数字量输出通道检查：在工程师站上发出不同的指令信号（可能的工程单位信号为开门/关门、启动/停止等），在输出通道的接线端子上，用连灯或万用表测试其状态的变化，并做好记录。

4. 操作员站、工程师站恢复

（1）将分散控制系统主机、操作员站、工程师站及打印机的通信电缆全部接好，按照厂家说明书进行操作员站硬、软件恢复，建立与主机的正常通信，在操作员站上进行各种检查，操作员站与主机应能够做出正确反应。

（2）将工程师站硬、软件按照说明书进行恢复，并与主机建立正常通信，在工程师站上对系统软件进行检查，应能正确无误地实现系统提供的各种功能。

5. 控制系统冗余功能检查

首先投入具有冗余功能的控制系统，使其处于正常工作状态。采用组态方法或其他的编程方法改变控制系统中某一个模拟量的数值并进行监视。试验时应拔出主控制器或关断主控制器的工作电源，此时备用控制器应该立即投入，相应的各个指示灯应指示备用控制器已经接替原主控制器的任务，此时被监视模拟量的值应该没有任何变化。同样可进行另一台控制器的冗余功能试验。

6. 控制系统通信功能检查

在各系统正常运转后，各系统任取一模拟量和数字量点，检查相应控制器是否接收，数值是否正确，检查各系统之间发送和接收的通讯功能正确后，恢复强制。

上述检查，如果某一项功能不满足规范要求，应及时查找原因并尽快处理。仍不能达标，则分清责任单位，责其处理或换件，直至各项功能符合设计规范。

第六节　电站常用金属材料

一、通则

（一）常用代号

1. 各国标准

（1）国际标准：国际标准化组织标准 ISO；国际电工委员会标准 IEC；国际电气电子工程师学会标准 IEEE；欧盟标准 EN。

（2）中国标准：中国国家标准 GB；国家机械工业局标准 JB；水利行业标准 SL/SLJ；

工程建设国家标准 GBJ；电力行业标准 DL/DLJ；中国化工标准 HG；中国石油化工标准 SH；工程建设标准化协会标准 CECS；安全行业标准 AQ；地震行业标准 DB；地质行业标准 DZ；航空工业标准 HB；行业标准 HY；建筑行业标准 JB/JBJ；林业行业标准 LY；石油行业标准 SH/SHJ；核工业行业标准 EJ；化工行业标准 HG/HGJ；机械行业标准 JB/JBJ；国家计量技术规范 JJF；劳动和劳动安全行业标准 LD；航天行业标准 QJ；电子行业标准 DJ；档案行业标准 DA；环境保护行业标准 HJ；建材行业标准 JC；国家计量检定规程 JJG；煤炭行业标准 MT；气象行业标准 QX；石油天然气标准 SY/SYJ；外贸行业标准 WM；黑色冶金行业标准 YB/YBJ；有色金属行业标准 YS/YSJ；铁路行业标准 TB/TBJ。台湾标准 CNS。

（3）美国标准：美国铝协会标准 AA；美国轴承制造商协会标准 ABME；美国混凝土协会标准 ACI；美国航天工业协会标准 AIA；美国航空航天协会标准 AIAA；美国石油学会标准 API；美国空调与制冷协会标准 ARI；机械工程师学会标准 ASME；美国质量管理协会标准 ASQC；材料与试验协会标准 ASTM；焊接协会标准 AWS；美国国家标准 ANSI；钢结构学会标准 AISC；钢铁学会标准 AISI；机械工程师学会压力管道规范《动力管道》ASME B31.1；航天材料规格 ASME AMS；美国联邦法规 CFR；美国电子协会标准 EIA；美国联邦标准 FED；热交换学会标准 HEI；美国仪表协会标准 ISA；美国军用标准 MIL；美国国家宇航标准 NAS；防腐工程学会标准 NACE；防火保护协会标准 NFPA；新电厂性能（环保）标准 NSPS；管子制造商协会标准 PFI；机械工程师学会动力试验规程 PTC；美国联邦政府标准 QQ；锅炉压力容器标准 SA；美国汽车工程协会、材料试验协会、飞机工业协会试用的液压油污染标准 SAEA；钢结构油漆委员会标准 SSPC；美国动力机械工程师协会标准 SAE。美国核电标准 ASME QME/ANSI/ASTM D、E。

（4）其他国家：日本国工业标准 JIS；德国标准 DIN；法国核电标准 NF；英国皇家标准 BS；英国标准 BSI；俄罗斯/苏联建筑标准 CHИΠ。

2. 试验指标

R_e（R_{eL}）：屈服强度（相当于 σ_s），单位 MPa。

R_m：抗拉强度（相当于 σ_b），单位 MPa。

A：断面延伸率（相当于 δ_5），单位%。

BT：弯曲试验。

A_{kv}：冲击吸收力（V 形缺口试样），单位是 J。

α_{kv}（A_{kv}）：V 形缺口试样冲击韧性值，单位 J/cm^2。

α_k：梅式试样冲击韧性值，单位 J/cm^2。

3. 无损探伤

（1）常用无损检测。

UT：超声波探伤检验。

RT：射线探伤检验。

PT：渗透探伤检验。

MT：磁粉探伤检验。

ET：涡流探伤检验。

（2）非破坏性检测。

VT：外观检查。

AET：声发射检测检验。

LT：渗露检测。

NRT：中子射线照相检测。

ERT：低应变检测。

NDT：非破坏性检查。

PRT：诺特检测中心。

（二）建筑常用钢材代号

1. 钢筋种类

（1）热轧钢筋。

Ⅰ级钢：HPB235级钢，Q235，标准强度 f_{yk}、$f_{pyk}=235N/mm^2$。

Ⅱ级钢：HRB335级钢，20MnSi、20MnNb（b），标准强度 f_{yk}、$f_{pyk}=335N/mm^2$，屈服强度 $R_{eL}=335MPa$，抗拉强度 $R_m=455MPa$。

Ⅲ级钢：20MnSiV、20MnTi、K20MnSi，标准强度 f_{yk}、$f_{pyk}=400N/mm^2$。

Ⅳ级钢：40Si2MnV、45SiMnV、45Si2MnTi，标准强度 f_{yk}、$f_{pyk}=540N/mm^2$。

（2）冷轧钢筋。

Ⅰ级：直径 $d \leqslant 12mm$，f_{yk}、$f_{pyk}=280N/mm^2$。

Ⅱ级：$d \leqslant 25mm$，f_{yk}、$f_{pyk}=450N/mm^2$；$d \leqslant 28 \sim 40mm$，f_{yk}、$f_{pyk}=430N/mm^2$。

Ⅲ级：f_{yk}、$f_{pyk}=500N/mm^2$。

Ⅳ级：f_{yk}、$f_{pyk}=700N/mm^2$。

（3）冷轧带肋钢筋。

LL550：$d=4 \sim 12mm$，f_{yk}、$f_{pyk}=550N/mm^2$。

LL650：（$d=4 \sim 6mm$），f_{yk}、$f_{pyk}=650N/mm^2$。

LL800：（$d=5mm$），f_{yk}、$f_{pyk}=800N/mm^2$。

（4）热处理钢筋。

40Si2Mn（$d=6mm$）、48Si2Mn（$d=8.2mm$）、45Si2Cr（$d=10mm$）：f_{yk}、$f_{pyk}=1470N/mm^2$。

2. 钢筋强度代号

（1）钢筋强度标准值：f_{yk}、f_{pyk}。

（2）钢筋抗拉强度设计值：f_y、f_{py}。

（3）钢筋抗压强度设计值：f_y'、f_{py}'。

二、铁碳合金金相及元素

（一）铁碳合金金相图解

1. 含渗碳体量与温度的各区域的定义域

（1）100～723℃区域。

1）0～450℃，含渗碳体量（%）变化，金相变化：①0～0.008，铁素体＋三次渗碳体；②0.008～0.6，铁素体＋珠光体；③0.8，珠光体；④0.8～2.06，珠光体＋二次渗碳体；⑤2.06～4.3，珠光体＋二次渗碳体＋莱氏体；⑥4.3，莱氏体；⑦4.3～6.67，一次渗碳体＋莱氏体。

2）450～723℃，含渗碳体量（％）变化，金相变化：①0/0.008～2.06，珠光体；②2.03～6.67，莱氏体。

（2）铁素体：500～900℃，含渗碳体量0％～0.008％的三角区。

（3）奥氏体＋铁素体：723～900℃，含渗碳体量0/0.008％～0.8％的三角区。

（4）奥氏体＋二次渗碳体：723～1147℃，含渗碳体量0.8％～2.06％的三角区。

（5）奥氏体＋二次渗碳体＋莱氏体：723～1147℃，含渗碳体量2.06％～4.3％的矩形区。

（6）一次渗碳体＋莱氏体：

1）723～1147℃，含渗碳体量2.06％～4.3％的矩形区。

2）1147℃，含渗碳体量4.3％～6.67％的矩形区。

（7）奥氏体723/900/1147～1392/1493℃，含渗碳体量0/0.16％～2.06％的不规则多边形区。

（8）液体＋奥氏体：1147～1493℃，含渗碳体量0.16％～2.06/4.3％的两弧边三角形区。

（9）液体＋一次渗碳体：1147～1600℃，含渗碳体量4.3％～6.67％的单弧边三角形区。

（10）δ铁素体：1392～1493～1534℃，含渗碳体量0％～0.1％的三角形区。

（11）δ铁素体＋奥氏体：1392～1493℃，含渗碳体量0％～0.1％～0.16％的三角形区。

（12）液体＋δ铁素体：1493～1534～1493℃，含渗碳体量0％～0.1％～0.51％的三角形区。

（13）液体：1147～1534～1600℃，含渗碳体量0％～6.67％的两弧边三角形区。

2. 铁碳合金相图的状态线（见附录Ⅰ）

ACD 线：液相线。

AECF 线：固相线。

AC 线：奥氏体结晶开始线。

AE 线：奥氏体结晶终了线。

GS 线：铁素体析出开始线。

GP 线：铁素体析出终了线。

PQ 线：碳在铁素体中最大溶解度线。

ES 线：碳在奥氏体的最大溶解度线。

PSK 线：共析线。

CD 线：一次渗碳体结晶开始线。

ECF 线：共晶线。

（二）合金元素在钢中的作用

为了提高钢的某些性能或使其获得某种特殊性能，在钢中加入一定量的一种或几种其他元素而形成的钢称为合金钢。

铬（Cr）：在钢中加入Cr元素后，Cr和C的亲和能力大于Fe和C，且能优先与C形成多种碳化物。如Cr取代一部分Fe元素而形成复合渗碳体（FeCr）3C和Cr的复杂碳化物（CrFe）7C3、FeCr23、C6等，对固溶体进行强化。加入Cr元素的主要目的是提高钢的抗氧化能力和耐腐蚀能力，并提高钢的渗透性和耐腐蚀性及回火稳定性，在一定的含量之内，

Cr 还能提高钢的持久强度和蠕变极限。

钼（Mo）：在钢中加入 Mo 元素后，Mo 既能溶于固体中，也能形成碳化物，Mo 通过强化 α 固溶体来提高钢的耐热性。Mo 的熔点高，在钢中能抑制 Fe 的扩散和其他元素的扩散速度。Mo 溶解在 α 固溶体中时，能使固溶体发生强烈的晶格畸变，同时 Mo 能增强原子键引力，并提高再结晶温度。Mo 元素能阻止扩散过程，进而抑制钢在珠光体区的转变，在中温区转变加快。所以当冷却速度大时，Mo 钢也能形成一定数量的贝氏体，并消除自由铁素的形成，从而有利于提高钢的热强度。此外，Mo 还能提高钢在高温下的抗松弛性。

钒（V）：加入钢中后能强烈地和 C 结合形成碳化物，均匀细小地弥漫分布在钢的基体中，从而起到强化作用。另外它与氮、氧的亲和能力也很强，所结合成的化合物稳定性很强。V 能细化钢的组织和晶粒，进而提高晶粒粗化温度，降低钢的过敏感性，并提高钢的抗拉强度和韧性，在钒的含量不太高时，能提高钢的热强性。V 还可以提高钢的抗松弛性能。V 元素溶入 α 固溶体与 C 强烈结合后，能促使 Cr、Mo、V 等元素更多地溶入 α 固溶体，有效地强化 α 固溶体。

镍（Ni）：既能提高钢的强度又能提高塑性和韧性。Ni 在钢中不形成碳化物，只能固溶于奥氏体与铁素体，起着细化晶粒、强化铁素体和改善韧性，特别是低温韧性的作用，同时又能增大钢的淬渗性。

钛（Ti）：是很活泼的金属元素，在钢中与 C 的结合能力强，形成的碳化物只有 TiC 一种，其化学性质稳定难分解。钛与碳的结合物 TiC 到高温状态（>1000℃）时才能溶入固溶体，在未溶之前，TiC 可以起到阻碍晶粒长大的作用，从而可以细化晶粒。当钢中含 Ti 量大于 0.75% 时，钢中会出现合金铁元素体组织，这时会使钢的室温塑性和韧性显著下降，并产生严重的脆化现象。所以在钢中加适量的 Ti 元素，能提高钢的强度和持久强度，并能改善钢的塑性。但是当超过一定量时，会出现一些不利的现象。

硅（Si）：来自生铁和脱氧剂。Si 脱氧能力很强，是主要的脱氧剂，能与 FeO 作用而形成 SiO_2，进入炉碴而被排除。在室温下溶入铁素体中的 Si 也能对钢有强化作用。

钨（W）：在钢中能溶入固溶体，与 C 结合成稳定的碳化物。形成的碳化物稳定性强，回火时不易析出与聚集，提高了钢的再结晶温度，增强了钢的回火稳定性。钢中加入了 W 后在较高温度下回火时，还能因析出碳化物造成二次硬化，使钢具有较高的红硬性；此外，W 还能阻止晶粒长大，起到细化晶粒的作用，还能增加钢的淬透性。

铌（Nb）：在周期表中和 V 同族，因此性能与 V 有较多相似之处，Nb 与 C 形成 NbC 或 Nb_4C_3，在高温下极为稳定，亲和力仅次于 TiC。在低合金钢中加入少量的 Nb，对蠕变极限和持久强度有较好影响，特别是 V 与 Nb 复合加入时，其效果更为明显。Nb 与 C 形成的碳化物呈细小均匀的颗粒，弥散于基体中，起沉淀强化作用。剩余的 Nb 溶入固溶体，显著增强晶格原子键引力，提高再结晶温度并增加晶格畸变，强化了 α 固溶体。

锰（Mn）：来自生铁及脱氧剂。它具有很好的脱氧能力，能清除钢中的二氧化铁（FeO_2），还与硫形成 MnS，以消除硫的有害作用。这些反应产物大部分进入炉碴而被除去，小部分残留在钢中成为非金属夹杂物。因此，锰能改善钢的品质，降低钢的脆性，提高热加工性能。此外，锰可溶于铁素体中，对钢有一定的强化作用。

（三）耐酸钢中化学元素作用

（1）Mn、Cu、Cr、Ti、Sb 等元素能抗硫酸露点腐蚀。

（2）Cu、Cr、Sb 是抗大气腐蚀的重要元素；在含硫介质腐蚀条件下，Cu 在钢的大气腐蚀过程中起着活性阴极的作用。

（3）Cu 消耗电子与 SO_4^{-2} 反应，在钢板表面形成致密的 Cu_2S 膜，进而隔离 Fe 同硫酸溶液的接触，并且消耗周边的 SO_4^{-2} 来抑制 Fe 的涌出，促进钢产生阳极钝化，降低钢的腐蚀度。铜在锈层中的富氧能够改善锈层的保护性能。

（4）Ti 在高温、高浓度环境下有利于抵制硫酸腐蚀。

（5）Cr 在高温（>200℃）下可提高耐硫酸腐蚀。

（6）S 在 0.04% 以内，可提高耐硫酸性能。

（四）钢材临界温度

钢材临界温度就是钢材的奥氏体、珠光体、马氏体、铁素体的转变温度，不同的钢材有着不同的临界点，见表 3-15。将钢加热到铁碳相图的临界点（如 A_{c1}、A_{c3}、A_{r1}、M_s、A_2 等），即铁碳质变的转变温度。A_{c1} 为加热时珠光体向奥氏体转变的开始温度；A_{c3} 为加热时先共析铁素体全部转变成奥氏体的终了温度；A_{r1} 为冷却时奥氏体向珠光体转变的开始温度；M_s 为淬火时马氏体的转变起始温度；A_2 为在 $Fe\text{-}Fe_3C$ 状态图上，铁素体的磁性转变曲线的温度。

表 3-15　　　　　　　　　　　　　常用钢材的临界温度　　　　　　　　　　　　　℃

材质	临界温度		标准号	材质	临界温度		标准号
	A_{c1}	A_{c3}			A_{c1}	A_{c3}	
10	724	876	GB 3087	12CrMoV	820	945	GB/T 3077
20	735	855	GB 3087	12Cr1MoV	774~803	882~914	GB/T 3077
20G	735	855	GB 5310	12Cr3MoWVTiB	812~830	900~930	GB 5310
22G	735	855	GB 713	12Cr3MoVSiTiB	870~879	965~970	GB 5310
35	724	802	GB/T 699	T23	810	980	ASTM A213
12CrMo	720	880	GB/T 3077	T24	815	960	ASTM A213
15CrMo	745	845	GB/T 3077	T91	800~830	890~940	ASTM A213
30CrMo	757	807	GB/T 3077	T92	800~845	900~920	ASTM A213
35CrMo	755	800	GB/T 3077				

三、大机组常用高温钢材

（一）我国分类号——DL/T 869 及 DL/T 868 A 类钢

1. A-Ⅰ 类钢（GB：Q235A、10、20、20G、25、Q245R；DIN：st35.8、st45.8；JIS：STPT370、STPT410、STPT480、SB410、SB450、SB480；ASTM：A 级、B 级、C 级、D 级、60 级、65 级、A672B70、A-1、WCB、WCC）

（1）钢号 20，标准号 GB 3087 A-1。

1）化学成分（%）：C 0.17~0.24、Mn 0.35~0.65、Si 0.17~0.37、Cr 0.25、Ni≤0.30、Cu≤0.25、S≤0.035、P≤0.035。

2）常温力学性能：R_{eL}（MPa）≥245、R_m（MPa）410~550、A（%）≥20。

（2）钢号 20G，标准号 GB 5310 A-1。

1）化学成分（%）：C 0.17~0.24、Mn 0.35~0.65、Si 0.17~0.37、Cu≤0.20、S≤

0.015、P≤0.025。

2）常温力学性能：R_e（MPa）≥245、R_m（MPa）410～550、A（%）≥24、A_{kv}（J）49。

（3）钢号22G，标准号 GB 713 A-1。

1）化学成分（%）：C≤0.26、Mn 0.6～0.9、Si 0.17～0.37、Cu≤0.25、S≤0.35、P≤0.035。

2）常温力学性能：R_e（MPa）265、R_m（MPa）420～560、A（%）24、A_{kv}（J）59。

（4）钢号St45.8，标准号 DIN 17175 A-1。

1）化学成分（%）：C≤0.21、Mn 0.4～1.2、Si 0.1～0.35、S≤0.04、P≤0.04。

2）常温力学性能：R_e（MPa）235～255、R_m（MPa）410～520。

2. A-Ⅱ类钢（GB：Q345R、18MnMoNbR；JB：20MnMo；DIN：17Mn4、19Mn5；ASTM：A级、B级、WPB、WPC）

钢号16Mng，标准号 GB 713 A-Ⅱ。

（1）化学成分（%）：C 0.12～0.2、Mn 1.2～1.6、Si 0.2～0.6、S≤0.015、P≤0.025。

（2）常温力学性能：R_{eL}（MPa）245～345、R_m（MPa）440～655、A（%）18～21、A_{kv}（J）34。

3. A-Ⅲ类钢（GB：18MnMoNbR、15Ni1MnMoNbCu（WB36）；DIN：15NiCuMoNb5-6-4）

钢号15MnMoV，标准号 JB 735 A-Ⅲ。

（1）化学成分（%）：C 0.1～0.17、Mn 0.8～1.2、Si 0.15～0.5、Mo 0.25～0.5、Ni 1～1.3、Al≤0.05、N≤0.02、Nb 0.015～0.045、Cu 0.5～0.8、S≤0.015、P≤0.025。

（2）常温力学性能：R_{eL}（MPa）440、R_m（MPa）620～780、A_{kw}（J）40、HBW156～228。

（二）我国分类号——DL/T 869及DL/T 868 B类钢

1. B-Ⅰ类钢（GB：12CrMoG、15CrMoG、12CrMoV、12Cr1MoVG；JB/T：ZG15Cr1Mo1V、ZG20CrMoV；DIN：15Mo3；ASTM：A、T1、P1、P2、P11、P12、F1；JIS：SB450M、SCPH21、SCPH22、STBA 12、STBA 13、STBA20、STBA22、STBA23、STPA 12、STPA20、STPA22、STPA23；ASTM：WP11 1、WP12 1、WC6、11、T2、F2、F12、T11、P11、T12、F12）

（1）钢号12CrMoV，标准号 GB 3077 B-Ⅰ。

1）化学成分（%）：C 0.08～0.15、Mn 0.4～0.7、Si 0.17～0.37、Cr 0.3～0.6、Mo 0.25～0.35、V 0.15～0.3、S≤0.035、P≤0.035。

2）常温力学性能：R_e（MPa）225、R_m（MPa）440、A_{kw}（J）78。

（2）钢号15CrMo，标准号 GB 5310 B-Ⅰ。

1）化学成分（%）：C 0.12～0.18、Mn 0.4～0.7、Si 0.17～0.37、Cr 0.8～1.1、Mo 0.4～0.55、S≤0.035、P≤0.035。

2）常温力学性能：R_e（MPa）235、R_m（MPa）441～638、A（%）21。

（3）钢号12Cr1MoVG，标准号 GB 5310 B-Ⅰ。

1）化学成分（%）：C 0.08～0.15、Mn 0.4～0.7、Si 0.17～0.37、Cr 0.9～1.2、Mo

0.25～0.35、V 0.15～0.3、S≤0.015、P≤0.025。

2）常温力学性能：R_e（MPa）≥255、R_m（MPa）471～638、A（%）21、A_{kw}（J）40。

（4）钢号 10CrMo910，标准号 DIN 17175。

1）化学成分（%）：C 0.08～0.15、Mn 0.4～0.7、Si≤0.5、Cr2～2.5、Mo0.9～1.2、S≤0.035、P≤0.035。

2）常温力学性能：R_e（MPa）269～280、R_m（MPa）450～600。

（5）钢号 P22，标准号 ASTM A335。

1）化学成分（%）：C≤0.15、Mn 0.3～0.6、Si≤0.5、Cr 1.9～2.6、Mo 0.87～1.13、S≤0.03、P≤0.03。

2）常温力学性能：R_e（MPa）207、R_m（MPa）413、A（%）22。

（6）钢号 T23，标准号 ASTM A213。

1）化学成分（%）：C 0.04～0.1、Mn 0.1～0.6、Si≤0.5、Cr 1.9～2.6、Mo 0.05～0.3、V 0.2～0.3、Al≤0.03、B 0.0005～0.006、W1.45～1.75、Cb0.02～0.08、S≤0.01、P≤0.03。

2）常温力学性能：R_e（MPa）400、R_m（MPa）510、A（%）20、HBW220。

（7）钢号 F12，标准号 ASTM A336。

1）化学成分（%）：C 0.1～0.2、Mn 0.3～0.8、Si 0.1～0.6、Cr 0.8～1.1、Mo 0.45～0.65、S≤0.025、P≤0.025。

2）常温力学性能：R_e（MPa）≥205、R_m（MPa）≥415、A（%）≥20、HBW121～174。

（8）钢号 P11，标准号 ASTM A335。

1）化学成分（%）：C≤0.5、Mn 0.3～0.6、Si 0.5～1、Cr 1～1.5、Mo 0.44～0.65、S≤0.03、P≤0.03。

2）常温力学性能：R_e（MPa）207、R_m（MPa）413、A（%）20。

（9）钢号 P11，标准号 ASTM A335。

1）化学成分（%）：C≤0.15、Mn 0.3～0.61、Si≤0.5、Cr 0.8～1.25、Mo 0.44～0.65、S≤0.045、P≤0.045。

2）常温力学性能：R_e（MPa）≥205、R_m（MPa）≥415、A（%）22。

2．B-Ⅱ类钢（GB：12Cr2MoWVTiB、12Cr3MoVSiTiB、12Cr2MoG；JIS：STPA24；DIN：10CrMo910；ASTM：T23 A213、P22、F22、WC9 ）

（1）钢号 12Cr2MoWVTiB，标准号 GB 5310。

1）化学成分（%）：C 0.08～0.15、Mn 0.45～0.75、Si 0.45～0.75、Cr 1.6～2.1、Mo 0.5～0.65、V 0.28～0.42、Ti 0.08～0.18、B≤0.008、W 0.3～0.55、S≤0.015、P≤0.025。

2）常温力学性能：R_e（MPa）343、R_m（MPa）540～736、A（%）18、A_{kw}（J）40。

（2）钢号 12Cr3MoVSiTiB，标准号 GB 5310，分类号 DL/T 868、B-Ⅱ钢。

1）化学成分（%）：C 0.09～0.15、Mn 0.5～0.8、Si 0.6～0.9、Cr 2.5～3.0、Mo 1.0～1.2、V 0.25～0.35、Ti 0.22～0.38、B 0.005～0.011、S≤0.01、P≤0.02。

2）常温力学性能：R_e（MPa）441、R_m（MPa）608～804。

3. B-Ⅲ类钢（GB：10Cr9Mo1VNbN、10Cr9MoW2VNbBN、11Cr9Mo1W1VNbBN、10Cr11MoW2VNbCu1BN；JB：1Cr5Mo；JIS：STPA25、STPA26；DIN：X20CrMoV121；ASTM：P5、T91、T92、P9、P91、P92、F91、P911、P122）

（1）钢号 T91，标准号 ASTM A213（或 ASME SA-213）B-Ⅲ钢。

1）化学成分（%）：C 0.08～0.12、Mn 0.3～0.6、Si 0.2～0.5、Cr 8～9.5、Mo 0.85～1.05、V 0.18～0.25、Ni≤0.4、N 0.03～0.07、Nb 0.06～0.1、Al≤0.04、S≤0.02、P≤0.01。

2）常温力学性能：R_e（MPa）≥415、R_m（MPa）≥585、A（%）≥20、HBW≤250。

（2）钢号 T92，标准号 ASTM A213，分类号 DL/T 868—2004、B-Ⅲ钢。

1）化学成分（%）：C 0.07～0.13、Mn 0.3～0.6、Si≤0.5、Cr 8.5～9.5、Mo 0.3～0.6、V 0.15～0.25、Ni≤0.4、N 0.03～0.07、B 0.001～0.006、W 1.5～2、Nb 0.04～0.09、Al≤0.04、S≤0.01、P≤0.02。

2）常温力学性能：R_e（MPa）≥440、R_m（MPa）≥620、A（%）≥20、HBW≤250。

（3）钢号 P91，标准号 ASTM A335（大径管）。

1）化学成分：与 T91（小径管）相同。

2）常温力学性能：除 A（%）纵≥20 外，其他性能均与 T91 相同。

（4）钢号 P92，标准号 ASTM A335（大径管）。

1）化学成分：完全与 T92（小径管）相同。

2）常温力学性能：除 A（%）纵≥20 和 HBW 无保证值外，其他性能均与 T92 相同。

（5）钢号 WC9，标准号 ASTM A217。

1）化学成分（%）：C≤0.18、Mn 0.4～0.7、Si≤0.6、Cr 2～2.75、Mo 0.9～1.2、Ni≤0.5、W≤0.1、Cu≤0.5、S≤0.045、P≤0.04。

2）常温力学性能：R_e（MPa）≥275、R_m（MPa）485～660、A（%）≥22。

（6）钢号 F91，标准号 ASTM A336。

1）化学成分（%）：C 0.08～0.12、Mn 0.3～0.6、Si 0.2～0.5、Cr 8～9.5、Mo 0.85～1.05、V 0.18～0.25、Ni≤0.4、N 0.03～0.07、Nb 0.06～0.1、Al≤0.04、S≤0.025、P≤0.025。

2）常温力学性能：R_e（MPa）≥415、R_m（MPa）585～760、A（%）≥20。

（三）我国分类号——DL/T 869 及 DL/T 868 C 类钢

1. C-Ⅰ类钢［DL/T 869 及 GB/T 20808：12Cr13（1Cr13）、06Cr13（0 Cr13）］

（1）钢号 12Cr13（1Cr13）。

1）化学成分（%）：C≤0.15、Mo≤1、Si≤1、Cr 11.5～13.5、Ni 0.6、S≤0.03、P≤0.03。

2）常温力学性能：R_e（MPa）≥343、R_m（MPa）538、A（%）≥25、A_{kv}（J）98.1、HBW≤159。

（2）钢号 06Cr13（0 Cr13）。

化学成分（%）：C≤0.08、Mo≤1、Si≤1、Cr 11.5～13.5、Ni 0.6、S≤0.03、P≤0.03。

2. C-Ⅱ类钢 [GB/T 20878 及 DL/T 869：10Cr15 (1Cr15)]

(1) 钢号 0Cr13AI，标准号 GB 1220。

1) 化学成分 (%)：C≤0.08、Mn≤1、Si≤1、Cr11.5～14.5、S≤0.03、P≤0.03。

2) 常温力学性能：R_e (MPa) ≥177、R_m (MPa) 412、A (%) ≥20、A_{kv} (J) 98.1、HBW≤183。

(2) 钢号 10Cr15 (1Cr15)。

化学成分 (%)：C≤0.12、Mn≤1、Si≤1、Cr11～16、S≤0.03、P≤0.03。

3. C-Ⅲ类钢 [GB：12Cr18Ni9、10Cr18Ni9NbCu3BN、07Cr25Ni21NbN、08Cr18Ni11NbFG；JIS：SUS304；ASTM：TP304、TP316、TP347H、F304、TP347HFG、S30432 (super304H)、TP301HCbN (HR3C)]

(1) 钢号 1Cr18Ni9Ti，标准号 GB 5310。

1) 化学成分 (%)：C≤0.12、Mn≤2、Mo≤1、Si≤1、Cr 17～19、Ni 8～11、S≤0.03、P≤0.035。

2) 常温力学性能：R_e (MPa) ≥206、R_m (MPa) 520、A (%) ≥40、HBW≤187。

(2) 钢号 SUS304，标准号 JIS G3459。

1) 化学成分 (%)：C≤0.08、Mn≤2、Si≤1、Cr18～20、Ni≤8～11、S≤0.03、P≤0.04。

2) 常温力学性能：R_e (MPa) ≥210、R_m (MPa) ≥530、A (%) ≥30。

(3) 钢号 SA312-TP304。

1) 化学成分 (%)：C≤0.08、Mn≤2、Si≤0.75、Cr18～20、Ni8～11、S≤0.03、P≤0.04。

2) 常温力学性能：R_{eL} (MPa) ≥205、R_m (MPa) 515、A (%) 纵≥35。

(4) 钢号 SA312-TP316。

1) 化学成分 (%)：C≤0.08、Mn≤2、Si≤0.75、Cr16～18、Ni11～14、Mo2～3、S≤0.03、P≤0.04。

2) 常温力学性能：R_{eL} (MPa) ≥205、R_m (MPa) ≥515、A (%) 纵≥35。

(5) 钢号 SA213-TP347H。

1) 化学成分 (%)：C0.04～0.1、Mn≤2、Si≤0.75、Cr17～20、Ni9～13、Nb+Ta≤8×C、S≤0.03、P≤0.04。

2) 常温力学性能：R_{eL} (MPa) ≥205、R_m (MPa) ≥515、A (%) 纵≥35。

(6) 钢号 A182-F304。

1) 化学成分 (%)：C≤0.08、Mn≤2、Si≤1、Cr18～20、Ni8～11、N≤0.1、S≤0.03、P≤0.04。

2) 常温力学性能：R_{eL} (MPa) ≥205、R_m (MPa) ≥515、A (%) 纵≥35。

(7) 钢号 S30432 (super304H)。

1) 化学成分 (%)：C0.07～0.13、Mn≤1、Si≤0.3、Cr17～19、Ni7.5～10.5、N0.05～0.12、B0.001～0.01、Al0.003～0.03、Nb0.3～0.6、Cu2.5～3.5、S≤0.01、P≤0.04。

2) 常温力学性能：R_{eL} (MPa) ≥235、R_m (MPa) ≥590、A (%) 纵≥

35、HBW192。

(8) 钢号 TP301HCbN（HR3C）。

1) 化学成分（%）：C0.04～0.1、Mn≤2、Si≤0.75、Cr24～26、Ni17～23、N0.15～0.35、Cb＋Ta0.2～0.6、S≤0.03、P≤0.03。

2) 常温力学性能：R_{eL}（MPa）≥295、R_m（MPa）≥655、A（%）纵≥30、HBW256。

(9) 钢号 07Cr25Ni21NbN，标准号 GB 5310。

1) 化学成分（%）：C0.04～0.1、Mn≤2、Si≤0.75、Cr24～26、Ni19～22、N0.15～0.35、Nb0.2～0.6、S≤0.015、P≤0.03。

2) 常温力学性能：R_{eL}（MPa）≥295、R_m（MPa）≥655、A（%）纵≥30、HBW256。

（四）常见国内外钢材分类

1. 碳素钢及普通低合金钢（即 A 类钢）

(1) A 类 Ⅰ 级钢：含碳量≤0.35%（碳素钢），屈服强度小于 275MPa。

中国钢材：Q235、Q235F、Q235R、10、20、20R、20g、22g、25、ZG25。

美国钢材（ASTM）：SA36、SA105、SA106A、SA106B、SA181 60、SA210A－1、SA283B、SA283C、SA285A、SA285B、SA285C、SA515 65、SA515 60；106C、SA181 90、A178 C 级 D 级、A216 WCB。

日本钢材（JIS）：SB41、SB35、SB42、SGP、SB46、STB35、STB42、STPT38、STPT42、STPG38、STPG42、STPV41、SB49；STPT49。

德国钢材（DIN）：St35.8、St38.5、St41、St45.8。

苏联钢材（ГОСТ）：10、20、15K、20K、22K。

(2) A 类 Ⅱ 级钢：屈服强度 240～379MPa（小于 400MPa，普通低合金钢）。

中国钢材：09Mn2V、12Mng、16Mn、16MnR、16Mng、15MnV、15MnVg、15MnVR、17Mn4、Q345R、19Mn4、20MnMo；JB 4726：20MnMo。

美国：ASTM A299；A 级、B 级；A234 WPB、WPC。

德国：17Mn4、19Mn5；苏联：15TO、10T2、20T2。

(3) A 类 Ⅲ 级钢：屈服强度 400～440MPa（大于 400MPa，普通低合金钢）。

中国钢材：15MnMoV、15MnVNR、20MnMoNb、14MnMoV、18MnMoNbg；GB 713：18MnMoNbR；GB 5310：15Ni1MnMoNbCu（WB36）。

德国：BHW35、15NiCuMoNbS；15NiCuMoNb5－6－4（DIN EN10216）。

2. 热强钢及合金结构钢（即 B 类钢）

(1) B 类 Ⅰ 级钢（珠光体耐热钢）：屈服强度 205～375MPa，抗拉强度 380～640MPa。

中国钢材：12GrMo、12CrMoG、15CrMo、15CrMoG、ZG20GrMo3；12GrMoV、12Gr1MoV、ZG15Gr1Mo1V、ZG20GrMoV。

美国钢材：SA204 A、SA209 T_1、WP11 1 类、WP12 1 类（A234）、WC6（A217）；SA335 P_1、P_2、P11、P12；A182 F1；A691 11；A213 T2、T12；A182 F2、F12；T11、T12；SA335 P11；A336 F12。

日本钢材：SB46M、STBA12、STBA13、STPA13、STBA20、STPA30、SCMV2、SCMV3、STPA12；STBA22、STBA23、STPA22、STPA23 。

德国钢材：15Mo3、16Mo5；13CrMo44、14CrV63、16 CrMo44、20 CrMo5；13 CrMo42、22CrMo44。

苏联：16M；12MX、15XM、20XM、20XMA、20XMJI。

（2）B类Ⅱ级钢（贝氏体耐热钢）：屈服强度205～440MPa，抗拉强度415～8050MPa。

中国钢材：12Cr2MoWVTiB；12Cr3MoWVSiTiB。

美国钢材：T23、P22、F22、WC9。

德国钢材：10CrMo910。

日本钢材：STBA24、STPA24、SCMV4。

（3）B类Ⅲ级钢（马氏体耐热钢）：屈服强度205～490MPa，抗拉强度410～760MPa。

中国钢材：Cr5Mo、1Cr5Mo、Cr9Mo1、10Cr9Mo1VNbN、10Cr9MoW2VNbBN、11Cr9Mo1W1VNbBN、10Cr11MoW2VNbCu1BN。

美国钢材：SA335P5、SA335P9、SA387 5；P91、P92。

日本钢材：STBA25、STBA26、STPA25、STPA26、SCMV6。

德国钢材：X12CrMo91、X20CrMov121、X20CrMoWV122。

3. 不锈钢（即 C 类钢）

（1）C类Ⅰ级钢（马氏体不锈耐热钢）：国内钢材有0Cr13、1Cr13、12Cr13；国外无同类钢材。

（2）C类Ⅱ级钢（铁素体不锈耐热钢）：国内钢材有10Cr15、1Cr15；国外无同类钢材。

（3）C 类 Ⅲ 级钢（奥氏体不锈耐热钢）：屈服强度 205 ～ 295MPa，抗拉强度515～655MPa。

1）中国钢材：0Cr18Ni9、1Cr18Ni9、0Cr18Ni9Ti、1Cr18Ni9Ti；1Cr23Ni18；12Cr18Ni9、10Cr18Ni9NbCu3BN、07Cr25Ni21NbN。

2）美 国 钢 材：SA240 304、SA240 3041、SA240 316、SA240 3161、SA240 321、SA312 TP304、SA312 TP316、SA312 TP321、SA376 TP304、SA376 TP316、SA376 TP321、SA376 TP347；SA240 309S、SA240 310S、SA312TP309、SA312TP310；ASME SA：TP304；ASTM A213；ASME SA213；ASME SA213、TP347H；ASME A182；ASTM A213；S30432（super 304H）、TP310HCbN（HR3C）。

3）日本钢材：SUS304TP、SUS304LTP、SUS316LTP、SUS316HTP、SUA309STP、SUS304L、SUS309S、SUS316、SUS316L、SUS321、SUS347；SUS310S、SUS310STP。

4）德国钢材：X12CrNi2521、XCrNi2520。

5）苏联钢材：1X19H9T。

（五）主要设备材料

1. 锅炉压力容器及其他材料

（1）汽包锅炉。

1）高压锅炉：P335GH 锅炉钢板卷制而成。其主要化学成分（%）：C 0.10～0.22、Si ≤0.6、Mn1.0～1.7、Cr≤0.3、Ni≤0.3；DLWA353 13MnNiMo（679t/h 锅炉汽包）。

2）超高压锅炉：DIWA353 厚钢板卷制而成，1000t/h 锅炉汽包（100～145mm）。其主要化学成分（%）：C≤0.17、Si 0.05～0.56、Mn 0.95～1.7、Cr 0.15～0.45、Ni 0.55～1.05、Mo 0.15～0.45、Nb 0.005～0.025、Al≥0.015；主要机械性能：R_{eL} 为 380MPa，

R_m 为 570～740MPa，延伸率为 18％，冲击值 A_{kv} 为 31J。

（2）超临界直流锅炉。

1）分离器：超临界及超超临界锅炉设备，外径 ϕ813，厚 90mm，材质为 SA335 P91（B-Ⅲ类钢）；封头 ϕ650 SA182-F91（B-Ⅲ类钢）；管座 12Cr1MoV（B-Ⅰ类钢）。贮水箱 SA302-C。

2）主蒸汽管道：ID235×40、ϕ330×56 SA335-P91（B-Ⅲ类钢）。

3）再热热段管道：ID749×25、ϕ559×19 SA335-P91（B-Ⅲ类钢）。

4）再热冷段管道：ϕ813×23.83、ϕ559×15.88 A672B70 CL32（A-Ⅰ钢）。

5）高压旁路出口混合段：10CrMo910（B-Ⅱ类钢）。

6）超临界压力给水管道：15NiCuMoNb5-6-4（WB36 钢种，A-Ⅲ类钢）。

7）过热器减温器：Ⅰ级 12Cr1MoVG（B-Ⅰ类钢）；Ⅱ级 SA335-P91（B-Ⅲ类钢）。

8）集箱：过热器 SA335-P91、12Cr1MoVG、SA213-T23（B-Ⅱ类钢），水冷壁，下集箱 SA106-C、上中间集箱 12Cr1MoVG；省煤器 SA105（A-Ⅰ类钢）。

9）水冷壁螺旋管：ϕ32×5.5mm，15CrMoG（B-Ⅰ类钢）；直管段 ϕ32×6.5mm，15CrMoG、12Cr1MoVG（B-类钢）。

10）省煤器管：ϕ44.4×7mm，SA210-C（A-Ⅰ类钢）、SA-213-T12（B-Ⅰ类钢）、WB36（A-Ⅲ类钢）。

（3）超超临界锅炉：主蒸汽管道、再热器管道为 SA335-P92（B-Ⅲ类钢）。

（4）连续排污扩容器：S11-16 型，压力容器Ⅰ类，制造等级 A1，设计压力 p_s＝1.4MPa，工作压力 p_g＝0.45MPa，t＝350℃，壳体、封头材质为 06Cr19Ni10/Q345R。

（5）风扇磨系统的高温炉烟及支吊架耐高温材质：2Cr25Ni9Si2Pt、2Cr25Ni20Si2Pt。

（6）双进双出钢球磨煤机（MGS-4760 型）有关材质：

1）筒体 16Mn、端盖 ZG20MnMo。

2）主轴承：巴氏合金 Zchsnsb11-6，（正常运行温度不大于 50℃、最高不超过 55℃、主轴承温度 57℃报警，60℃停磨，最高允许温度≤57℃）。

3）滚动轴承采用进口 SKF 系列。

4）衬板材料：高铬铸铁；衬板寿命 10 年，筒体寿命 30 年。

5）钢球耗量不大于 120g/t（80g/t），钢球材质：中铬铸球，钢球硬度 HRC48-52，化学成分（％）为 C 2.5～3.2，Si 0.6～1，Cr 3～5，Mn 0.3～1，P、S≤0.1。

6）螺旋推进器：支撑棒 35CrMo（每台磨煤机 16 个每侧 8 个）。

7）大齿轮 ZG35CrMo；小齿轮 34CrNi3Mo，大、小齿轮的寿命为 10 年。

（7）锅炉脱硫烟囱内管。

1）钛复合钢板，基材＋复材：基材 Q235、20g、15MnV、16Mn、16MnR、13SiMnV、14MnMoV、18MnMoNb 等；复材 TA1、TA2、TA5 等。

2）耐硫酸露点腐蚀钢板 JNS。

（8）仪表压缩空气罐：C11-12，压力容器Ⅰ类，制造等级 A2，设计压力 p_s＝0.9MPa，工作压力 p_g＝0.8MPa，t＝50℃，壳体、封头材质为 06Cr19Ni10/Q345R。

（9）动叶可调轴流送风机：

1）风机叶片为锻铝合金 LD5（飞机螺旋桨的材料）。

2) 冷却水管为 0Cr17Ni14Mo2。

(10) 引风机转子：轴 45 号钢，轮毂 ZH230 - 450，叶片 15MnV。

2. 汽轮机材质

(1) 超临界汽轮机：

1) 高中压合缸外缸 ZG15Cr2Mo1；高压内缸 10315AP；低压内缸 20g；低压外缸 Q235 - A。

2) 高中压转子 30Cr1Mo1V（FATT≤121℃）；低压转子 30Cr2Ni4MoV（FATT≤0℃）。

3) 高中压叶片 2Cr12NiMo1WV；喷嘴 2Cr11NiMoNbVN；低压叶片 1Cr12Mo、0Cr18Ni9、0Cr17NiCu4Nb。

4) 高压主汽门及中压主汽门门体 10315AP（为 B-Ⅰ类和 B-Ⅱ类之间的耐热铸钢）。

5) 高压静叶封环 ZG15Cr2Mo1。

6) 高中压导汽管 P91。

7) 高中压缸螺栓 1Cr10NiMoW2VNbN、2Cr12NiMo1W1V。

(2) 超超临界汽轮机：

1) 高压缸外缸：进汽缸 GX12CrMoWVNbN10 - 1 - 1；出汽缸 G17CrMoV5 - 1。

2) 高中压缸内缸：GX12CrMoVNbN9 - 1。

3) 主汽阀体、补汽阀体、再热汽阀体：GX12CrMoVNbN10 - 1 - 1。

4) 汽轮机螺栓：高压缸螺栓 X19CrMoNbVN11 - 1；主汽门螺栓 X12CrMoVNbN9 - 1 - 1；再热汽门螺栓 GX12CrMoVNbN10 - 1 - 1。

5) 叶片：高压第一级动叶、中压第一级动叶 NiCr20TiAl；高压第一级斜置静叶、中压第一级斜置静叶 X12CrMoWVNbN10 - 1 - 1。

6) 超超临界机组的高压喷嘴采用渗硼处理，中压喷嘴采用涂陶瓷材料处理，增加表面的硬度。喷涂厚度 0.25mm±0.05mm，硬度 1000HV。

(3) 给水泵汽轮机（TC4F 1000MW 汽轮机配套的 G22 - 1.0 给水泵汽轮机）：

1) 汽轮机转子：30Cr2Ni4MoV。

2) 叶片：调节级动叶片 2Cr12NiMo1W1V；第 2～6 级动叶片 1Cr12Ni2Mo1W1V。

3. 发电机设备相关材质

(1) 定子硅钢片型号：50W310。

(2) 铜线型号：SBEQB - 155（无氧铜）。

(3) 转轴材料：26Cr2Ni4MoV。

(4) 转子铜线：含银冷拉铜排。

(5) 转子护环材质：18Mn18Cr。

(6) 集电环材料：50Mn。

(7) 氢气冷却器管材为 B30、管板材质为 HSN62 - 1。

(8) 转子槽楔材质：LY12 - CZ、铍铜（端头）。

4. 高压加热器

(1) 高压机组的高压加热器。筒身、封头、球封（水室）为 Q345R；管板为 20CrMoⅣ；管座、人孔盖为 20CrMoⅢ；换热管为 SA - 556M C2。

(2) 超临界机组的高压加热器。

1) 高压给水管道：15NiCuMoNb5 - 6 - 4（EN10216 - 2），ϕ457×50mm。

2）壳体：15CrMoR/Q345R；SA516Cr7。

3）封头：13MnNiMo5/Q345R。

4）管束：SA－556C2（$\phi 16 \times 2.3$mm），是美国 HEI 推荐冷拔无缝钢管，其化学成分（％）为 C0.25，P0.03、S0.02，逐根进行 100％涡流试验。

5）水室：13MnNiMo5－4（DIWA353）；SA516Cr7/SA533TP/DIWA353。

6）管板 20MnMoNb、20MnMoNbⅣ（JB 4726—2000）。

7）换热管：SA556CrC2/16Mo3。

5．除氧器

（1）高压及超高压机组的除氧器。

型号 1：XMC－680G，设计压力 0.97MPa，设计温度 410℃，运行压力 0.769MPa，运行温度 170.6℃，额定出力 680 t/h，安全阀开启压力 0.90MPa。

型号 2：GMC－650 型，压力容器Ⅰ类，制造等级 A1，设计压力 p_s＝1.0MPa，工作压力 p_g＝1.0MPa，t＝250℃；壳体、封头材质为 06Cr19Ni10/Q345R。

（2）超临界及超超临界机组的除氧器

1）型号：GS－3103/GS－350。

2）材料：筒身为 Q345R；挡水板、罩、隔板均为 0Cr18Ni9 不锈钢。

6．凝汽器

（1）凝汽器通则。

1）国产凝汽器铜管：H68、HSn70－1、HAI70－1.5、HAI77－2、HAI77－2A。

2）钛管：TA1、TA2。

3）不锈钢管板：08Cr19Ni10、12Cr18Ni9、022Cr19Ni10、07Cr19Ni11Ti。

（2）凝汽器：N－13250－1 型，冷却面积 13 250m²，循环水量 28 600t/h，水室工作压力 0.245MPa，水温 20℃，材质 TP304，管径 $\phi 25 \times 0.5$mm、$\phi 25 \times 0.7$mm，汽侧工作压力 4.9kPa，温度 34.3℃。

（3）凝汽器冷却管：TP316L；冷却面积约 60 000m²。

（4）空气冷凝器：钢制单排椭圆翅片管，管束 220mm×20mm，翅片 220mm×58mm，翅片管为碳钢覆铝，翅片为铝质。

（六）10CrMo910/25CrMoV 的原始状态比较

（1）力学性能；抗拉强度（MPa）280/785；屈服强度（MPa）450～600/930；冲击韧性（J）28/14；延伸率（％）20/55；硬度值（HB）≤241/≤174；工作温度（℃）540/510。

（2）金相组织：贝氏体耐热钢/回火贝氏体或索氏贝氏体。

（3）化学成分（％）：Cr 2～2.5/1.5～1.8；Mo 0.9～1.1/0.25～0.35；V 0/0.15～0.35。

（4）钢种用途：10CrMo910 是 B－Ⅱ钢，用在电站高压锅炉主蒸汽管道；25CrMoV 或 25Cr2MoV 属高强耐热钢，多用在高压高温系统紧固件。

（七）合金特点

（1）合金比纯金属具有更好的机械性能和工艺性能。

（2）金属材料的物理性能是指熔点、比重、热膨胀系数，导热性（热导率）及导电性

（电阻率）。

1）往往在蒸汽管道、汽轮机转子等高温设备上，必须考虑到由于热膨胀系数的不同，使构件产生的应力和变形。

2）蒸汽管道受到蒸汽压力的长期作用，可以发生变形和破裂，而与之抵抗产生变形的能力，便是力学性能。其含有的指标包括弹性、塑性、强度、冲击韧性等。

弹性：金属材料受外力作用时产生变形，外力去掉后又恢复原来形状的能力。但对于细长的或薄板零件，弹性变形达到一定值即失去弹性。

塑性：金属材料受到外力作用后产生永久变形而不破坏的能力。它常以拉伸试验时所得的延伸率 δ 和断面收缩率 ψ 来衡量。

强度：金属材料抵抗变形或断裂的能力。其指标有屈服强度 R_e/σ_S 和抗拉强度 R_m/σ_b。

3）屈服强度就是金属材料发生屈服现象时的屈服极限，也为抵抗微量塑性变形的应力，即 $\sigma_S = P_S/A_0$。（P_S 为试样产生屈服现象时所承受的最大外力，N；A_0 为试样原来的横截面积，mm^2）。

4）冲击韧性：金属材料抵抗冲击性外力作用而不断裂的能力。

（八）硬度

硬度：金属材料抵抗更硬物体压入的能力。

（1）布氏硬度（静压法）：布氏硬度一般用于材料较软时，如有色金属、热处理之前或退火后的钢铁。以一定的载荷（一般 3000kg）把一定大小（直径一般为 10mm）的淬硬钢球压入材料表面，保持一段时间，去载后，负荷与其压痕面积之比，即为布氏硬度值（HB），单位为 N/mm^2。HB 与 HRC（标尺洛式硬度）钢球可以查表互换。其公式为：1HRC≈1/10HB。

用球面压痕单位面积上所承受的平均压力表示的硬度值，符号为 HB；用钢球（或硬质合金球）试验时的布氏硬度值，可表示为 HBW 或 HBS。

常用钢材硬度值（HB）如下：

1）T2、T11、T12、T21、T22、10CrMo910：120～163。

2）P2、P11、P12、P21　P22、10CrMo910：125～179。

3）P2、P11、P12、P21　P22、10CrMo911 类管件：130～197。

4）T23、12Cr2MoWVTiB（G102）：150～220。

5）T/P91、T/P92、T911、T/P122：180～250。

6）T/P91、T/P92、T911、T/P122 的焊缝：180～270。

7）WB36：180～252。

8）12CrMo：120～197。

9）12Cr1Mo1V：135～179。

10）F2 管件阀门：143～192。

11）F11，3 级：156～207。

12）F12，2 级：143～207。

13）F22，3 级：156～207。

14）F91：175～248。

15）F92：180～269。

16）F911：187～248。

17）F122 管件阀体：177～250。

18）20：106～159。

19）16Mn：121～178。

20）1Cr18Ni9、0Cr17Ni12Mo2、0Cr18Ni11Nb：140～187。

21）TP304H、TP316H、TP347H：140～192。

22）1Cr13 动叶片：192～211。

23）2Cr13 动叶片：212～277。

24）1Cr12MoWV 动叶片：229～311。

25）ZG15Cr1Mo、ZG15Cr2Mo1、ZG20CrMoV、ZG15Cr1Mo1V：140～220。

26）35 螺栓：146～196。

27）45：187～229。

28）35CrMo：255～311。

29）42CrMo：255～321。

30）25Cr2MoV、25Cr2Mo1V、20Cr1Mo1V1：248～293。

31）2Cr11Mo1NiWVNbN：290～321。

32）45Cr1MoV：248～293。

33）R‐26（Ni‐Cr‐Co 合金）、GH445 螺栓：262～331。

34）ZG20CrMo 汽缸：135～180。

35）ZG15Cr1Mo、ZG15Cr2Mo、ZG20Cr1MoV、ZG15Cr1Mo1V 汽缸：140～220。

（2）洛氏硬度（静压法）：用表面洛氏硬度相应标尺刻度满量程值与残余压痕深度增量 e 之差计算的硬度值，即 $100～e$。洛氏硬度是一个无量纲的力学性能指标，其表示方法为硬度数据＋硬度符号，如 50HRC。

洛氏硬度值按下列公式计算：

$$洛氏硬度＝N－h/S$$

式中　N——给定标尺的硬度数（$N＝100$ 或 $N＝130$）；

　　　h——残余压痕深度；

　　　S——给定标尺单位，对于洛氏硬度 $S＝0.002mm$。

洛氏硬度标尺分为 HRA、HRB、HRC、HRE、HRF、HRG、HRL、HRM 等九种。

1）A 标尺洛氏硬度（HRA）是用圆锥角为 120°的金刚石压头，在初始试验力为 98.07N、总试验力为 588N 的条件下试验，用 $100－e$ 计算出的洛氏硬度。用于硬度极高的材料（如硬质合金等）。

2）B 标尺洛氏硬度（HRB）是用直径为 1.588mm 的钢球，在初始试验力为 98.07N、总试验力为 980.7N 的条件下试验，用 $130－e$ 计算出的洛氏硬度。用于硬度较低的材料（如退火钢、铸铁等）。

3）C 标尺洛氏硬度（HRC）是用圆锥角为 120°的金刚石压头，在初始试验力为 98.07N、总试验力为 147N 的条件下试验，用 $100－e$ 计算出的洛氏硬度。用于硬度很高的材料（如淬火钢等）。

洛氏硬度（HRC）一般用于硬度较高的材料，如热处理后的硬度等。洛式硬度是以压痕塑性变形深度来确定硬度值指标。以 0.002mm 作为一个硬度单位。当 HB＞450 或者试样过小时，不能采用布氏硬度试验而改用洛氏硬度计量。它是用一个顶角 120°的金刚石圆锥体或直径为 1.59mm 或 3.18mm 的钢球，在一定载荷下压入被测材料表面，由压痕的深度求出材料的硬度。

（3）维氏硬度（静压法，VB）：不如洛氏法简便，在钢管标准中很少用到。

（4）其他：里氏硬度（HL）；肖氏硬度（回跳法）；邵氏硬度（用于橡胶、塑料）；巴氏硬度；努氏硬度；韦氏硬度（HW）；莫氏硬度（划痕法）等。

（九）600℃以下螺栓常用材质

（1）35CrMoA：工作温度不超过 480℃。

（2）42CrMoA：工作温度不超过 415℃。

（3）21CrMoVA：工作温度不超过 540℃。

（4）40CrMoVA：工作温度不超过 470℃。

（5）35CrMoVA：工作温度不超过 470℃。

（6）20Cr1Mo1VA：工作温度不超过 480℃。

（7）45Cr1Mo1VA：工作温度不超过 480℃。

（8）40Cr2MoVA：工作温度不超过 480℃。

（9）20Cr1Mo1V1A：工作温度不超过 510℃。

（10）25Cr2MoVA：工作温度不超过 510℃。

（11）2Cr12MoV：工作温度不超过 540℃。

（12）25Cr2Mo1VA：工作温度不超过 540℃。

（13）2Cr12NiMo1W1V：工作温度不超过 565℃。

（14）2Cr11NiMoNbVN、2Cr11Mo1VNbN：工作温度不超过 570℃。

（15）18Cr1Mo1VTiBA、20Cr1Mo1VTiBA、20Cr1Mo1VNbTiBA：工作温度小于 570℃。

（16）2Cr10NiMoW2VNbN：工作温度不超过 600℃。

第七节　焊接及金属监督

一、焊接

（一）建筑钢筋焊接

1. 焊条选用

（1）电弧焊焊条：

HPB235 用 E4303、窄间隙焊用 E4316/E4315。

HRB335 用 E4303、窄间隙焊用 E4316/E4315、坡口焊预埋件穿孔塞焊 E5003。

HRB400 用 E5003、窄间隙焊用 E6016/E6015、坡口焊预埋件穿孔塞焊 E5503。

RRB400 用 E5003、坡口焊预埋件穿孔塞焊 E5503。

（2）电渣压力焊和预埋件埋弧压力焊：选用 HJ431 焊剂。

2. 钢筋焊接形式

（1）钢筋电阻点焊：混凝土结构中的钢筋焊接骨架和钢筋焊接网，宜采用电阻点焊制作。钢筋焊接骨架和钢筋焊接网可由 HPB235、HRB335、HRB400、CRB550 钢筋制成。当两根钢筋直径不同时，焊接骨架较小钢筋直径小于或等于 10mm 时，大、小钢筋直径之比不宜大于 3；当较小钢筋直径为 12～16mm 时，大、小钢筋直径之比不宜大于 2；焊接网较小钢筋直径不得小于较大钢筋直径的 0.6 倍。电阻点焊的工艺过程中应包括预压、通电、锻压三个阶段。焊点的压入深度应为较小钢筋直径的 18％～25％。

(2) 钢筋闪光对焊：

根据不同直径、状态和材质分别进行连续闪光焊；钢筋端面较平整，宜采用预热闪光焊；钢筋端面不平整，应采用闪光-预热闪光焊。

RRB400 钢筋闪光对焊时，与热轧钢筋比较，应减小调伸长度，提高焊接变压器级数，缩短加热时间，快速顶锻，形成快热快冷条件，使热影响区长度控制在钢筋直径的 0.6 倍范围之内。

HRB500 钢筋焊接时，应采用预热闪光焊或闪光-预热闪光焊工艺。当接头拉伸试验结果发生脆性断裂，或弯曲试验不能达到规定时，尚应在焊机上进行焊后热处理。当螺丝端杆与预应力钢筋对焊时，宜事先对螺丝端杆进行预热，减小调伸长度；钢筋一侧的电极应垫高，确保两者轴线一致。

(3) 钢筋电弧焊：钢筋电弧焊包括帮条焊、搭接焊、坡口窄间隙焊和熔槽帮条焊 5 种接头型式。

(4) 钢筋电渣压力焊：适用于现浇钢筋混凝土结构中竖向或斜向（倾斜度在 4∶1 范围内）钢筋的连接。电渣压力焊焊机容量应根据所焊钢筋直径选定。

(5) 钢筋气压焊：气压焊可用于钢筋在垂直位置、水平位置或倾斜位置的对接焊接。当两钢筋直径不同时，其两直径之差不得大于 7mm。

气压焊按加热温度和工艺方法的不同，可分为熔态气压焊（开式）和固态气压焊（闭式）两种；在一般情况下，宜优先采用熔态气压焊。

焊接夹具应能夹紧钢筋，当钢筋承受最大轴向压力时，钢筋与夹头之间不得产生相对滑移；应便于钢筋的安装定位，并在施焊过程中保持刚度；动夹头应与定夹头同心，并且当不同直径钢筋焊接时，亦应保持同芯；动夹头的位移应大于或等于现场最大直径钢筋焊接时所需要的压缩长度。

(二) 特殊耐热钢及焊接

1. T91 与 P91

(1) T91：是铁素体和奥氏体钢合金制成的无缝钢管。T 代表锅炉内用小径管。全称 ASME SA - 213 T91。

从 T91 管材出现代替奥氏体不锈钢 TP304 (0Cr18Ni9 GB/T 14975 无缝钢管)、TP304H、TP321、TP347H (1Cr18Ni9Ti GB13296)；以及 2.25Cr - 1Mo（如 T22 及 10CrMo910 钢）而出现的新管材。

(2) P91：是 1984 年美国研制出的大管径高温管道铁素体钢无缝钢管。该材料在工作温度 580℃时采用，一般最高达 593℃。全称：ASME SA - 335 P91（或 ASTM A - 335 P92）。

(3) T91、P91 的优点：

1) 价格比奥氏体钢低 1/2。

2）管壁厚比 P22、T22 减少 1/2。

3）620℃时，其强度比奥氏体钢高。

4）线膨胀系数与珠光体接近，可改善接头热疲劳性能。

5）导热率比奥氏体钢高。

（4）T92、P92 与 T91、P91 的主要区别：T91、P91 含钼 1%，含钨 0%；T92、P92 含钨 2%，含钼 0.4%。

（5）欧洲开发的马氏体耐热钢：X10CrMoVNb91 属于 T91、P91；E911 属于 T92、P92。日本开发的马氏体耐热钢：NF616 属于 T92、P92。

2. 常用高温钢材等级

一等：TP304（A-213）、TP301H（A-213），最高使用温度 700℃。

二等：X20Cr1MoV121（DIN17175）630～650℃，T91（A-213）、P91（A-335）、EM12（NFA49213），工作温度 600℃，最高使用温度 650℃。

三等：T22（A-213）、P22（A-335）、12Cr1MoV（GB 5310），最高使用温度 590℃。

3. F91

F91 为锻件铁素体和奥氏体钢合金。

4. W91

W91 为碳钢和合金钢中温和高温锻制管件。

5. GR91

GR91 为板材铁素体和奥氏体钢合金。

6. P92

P92 是超超临界机组使用钢材，属于 B-Ⅲ钢，该材料在工作温度 610～630℃时采用。

（1）P92 钢焊接接头性能合格指标：抗拉强度≥620MPa，断后延伸率（5d）≥15%，180°冷弯裂纹长度≤3mm，焊缝冲击功≥41J，硬度≤300HB。

（2）焊材选用：

1）焊缝金属的化学成分和力学性能应与母材相当。

2）焊接材料熔敷金属的转变点 A_{c1} 应与被焊母材相当，且不低于 750℃。

3）光学显微镜下观察的焊接熔敷金属组织均匀，没有偏析。

7. 风扇磨煤机系统的高温炉烟管道及支吊架耐高温材质

风扇磨煤机系统的高温炉烟管道及支吊架耐高温材质为 2Cr25Ni9Si2Pt、2Cr25Ni20Si2Pt。

（三）异种钢焊接

1. 异种钢焊接接头方式

（1）不同类别（A、B、C）钢种的焊接。

（2）同类别钢种中不同组别（Ⅰ、Ⅱ、Ⅲ）钢种的焊接。

（3）同种钢材选择异质填充金属的焊接。

2. 异种钢焊接分类

（1）同类同组织的异种钢焊接：如 T/P91 与 T/P92 焊接，同属Ⅰ类、同马氏体组织不同钢号的焊接。

（2）同类异组织的异种钢焊接：如 T/P91、T/P92 与 T/P22 焊接，同属Ⅰ类，不同组织（前者是马氏体、后者是贝氏体组织），故为同类异组织不同钢号的焊接。

（3）异类异组织的异类钢焊接。

（4）异类异组织镍基焊缝异种钢焊接。

3. 焊接材料的选用

（1）宜采用低匹配原则，即不同强度钢材之间的焊接，其焊接材料选择适于低强度侧钢材的材料。

（2）A 类异种钢焊接接头，焊接材料应保证熔敷金属的抗拉强度不低于强度较低侧的母材标准强度规定的下限值。

（3）B 类或 B 类与 A 类组成的异种钢焊接接头，宜选用合金成分与较低一侧钢材相匹配或介于两侧钢材之间的焊接材料。

（4）C-Ⅰ、C-Ⅱ及其与 A、B 类组成的异种焊接接头，可选用合金含量与较低侧钢材匹配的焊接材料，也可选用奥氏体型或镍基焊接材料。

（5）与 C-Ⅲ类组成的焊接接头，选用焊接材料应保证焊缝金属的抗裂性能和力学性能，其焊接材料选用应符合下列规定：

1）当设计温度不超过 425℃时，可采用 Cr、Ni 含量较奥氏体母材高的奥氏体型焊接母材。

2）当设计温度高于 425℃时，应采用镍基焊接材料。

3）两侧为同种钢材，应选用同质的焊接材料，否则应选优于钢材性能的异质焊接材料。

（6）特殊接头处理：超临界机组的高中压汽门进汽插管（材质为 10315AP），在其过渡段堆焊 10mm 的 E9015-B9 与 P91 管焊接。

4. 焊接热处理

（1）预热及层间温度：

1）若一侧是奥氏体钢，则只对奥氏体钢预热，选择较低的预热温度，层间温度不宜超过 150℃。

2）若两侧均是奥氏体钢，应按母材预热温度高的选择，层间温度应不低于预热温度的下限。

（2）焊后热处理

1）若一侧是奥氏体钢，热处理应避开脆化温度敏感区，防止晶间腐蚀和 σ 相脆化。

2）若两侧均不是奥氏体钢，应按加热温度要求较低侧的加热温度上限来确定。

（四）特殊材料焊接

1. 铝材焊接

（1）铝母线焊接。熔化极氩弧焊焊接参数：焊丝 $\phi 1.6$、极性 PCR。

1）焊件厚度 8mm：焊接电流 180～220A，焊接电压 24～26V，送丝速度 4.5～6.2m/min，氩气流量 25～28L/min，焊接层数 2 层。

2）焊件厚度大于 12mm：焊接电流 190～230A，焊接电压 24～26V，送丝速度 4.8～6.5m/min，氩气流量 27～30L/min，焊接层数大于 2 层。

3）焊件厚度大于 20mm：焊接电流 200～240A，焊接电压 25～27V，送丝速度 5.0～6.5m/min，氩气流量 27～30L/min，焊接层数大于 3 层。

（2）封闭母线焊接。

1）选用熔化极半自动气体保护焊。

2）封闭母线材质一般为1060，使用焊丝ER4043、ϕ1.6实焊。

3）为防变形而采用对称焊，焊前先点固，直径300mm封母，每隔120°点一处；直径大于300mm，每隔60°点一处；点固长度30～50mm，焊高约为焊件厚度的2/3，且不小于4mm。

4）焊机：熔化极半自动气体保护焊机，A-130-500型。

2. 复合钛钢管焊接

对钛及钛合金管焊接工艺要特别重视，否则易出现以下缺陷：

(1) 脆化气孔：氩气纯度达99.99%，露点在－40℃以下，当杂质高焊缝易发生氧化，出现裂纹，导致脆化和气孔。

(2) 应力开裂：严格控制焊接升降温，过快或热影响区过大，高温时间过长，钛元素重新结晶的晶粒大，焊缝塑性下降，焊缝存在较大残余应力，有外力易开裂。

(3) 电偶腐蚀：铁的电极电位是－0.44v，钛的电极电位是－1.63v，高达1.19v电位差，则钢与钛之间极易发生电偶腐蚀。某电厂钛设备与碳钢管接触，运行1.5月后，8mm厚的金属板腐蚀穿透。

(4) 腐蚀氢脆：焊接施工中工艺偏离，焊缝晶粒过大，可能出现缝隙腐蚀和氢脆。

(五) 焊工焊接考核项目代号表述

1. 焊接类型

AW（ARC WELDING）：电弧焊。

TIG：钨极氩弧焊。

SMAW（shielded metal arc welding）：焊条电弧焊。

Ws：全氩弧焊接。

GTAW＋SMAW：为手工钨极氩弧焊打底＋手工电弧焊盖面。

GTAW（gas tungsten arc welding）：钨极气体保护电弧焊（实芯或药芯焊丝）。

OAW（oxy-acetylene welding）：氧乙炔焊。

Ws＋Ds：氩弧打底＋电弧盖面。

MIG：熔化极半自动惰性气体保护焊。

FCAW：药芯焊丝CO_2保护焊。

SAW（submerged arc welding）：埋弧焊。

GMAW：CO_2半自动焊。

LBW（laser beam welding）：激光焊。

OFW：气焊。

FW（flash welding）：闪光焊。

EGW：气体立焊。

FRW（friction welding）：摩擦焊。

EXW（explosion welding）：爆炸焊。

FCAW（flux cored arc welding）：药芯焊丝电弧焊

ESW（electroslag welding）：电渣焊。

FCW-G（gas-shielded flux cored arc welding）：气体保护药芯焊丝电弧焊。

2. 焊接位置及焊接种别代号

（1）评定焊接位置。

1）板状（板-板焊接）：1G 平焊；2G 横焊；3G 立焊；4G 仰焊；2G＋3G＋4G 为横、立、仰焊均可，则板焊所有位置。

2）管状（管-管焊接）：1G 水平转动焊；2G 垂直固定焊；5G 水平固定焊；2G＋5G 为垂直及水平固定焊；6G 为 45°固定焊。

（2）适用焊件焊接位置及焊接种别。

1）板-板对接焊接：

SMAW/Ds（焊条板-板手工电弧焊）：1G 平焊、2G 横焊、3G 立焊；4G 仰焊；2G＋3G＋4G 为横、立、仰焊均可，则板焊所有位置。

（K）：表式带垫板的板板对焊焊接。

2）板-板角接焊接：

SMAW/Ds（焊条板-板手工电弧焊）：1F 平焊、2F 横焊、3F 立焊、4F 仰焊；1F＋2F＋3F＋4F 为平、横、立、仰焊均可。

3）管状（管/板）焊接：

SMEW/Ds（焊条管-管手工电弧焊）：1G、1F 平焊；1G、2G 及 2F 横焊；1F、1G、5G 及 4F、5F 立焊；1F、1G、5G 及 4F、5F 仰焊；2G＋3G＋4G 为全方位管板焊；1G 管状水平转动；1G、2G 及 2F 管状垂直固定焊。

4）板管焊接 SMEW/Ds（焊条手工电弧焊）：2FRG 水平转动焊；2FG 垂直固定平焊；4FG 垂直固定仰焊；5FG 水平固定焊；6FG 为 45°固定焊。

5）手工钨极氩弧焊（GTAW/W_s）：

板-板焊接：如 1－4G－6－FefS－02/11/13。

管-管焊接：如 1G/2G/5G/6G－5/57－02/11/13。

管-板焊接：水平转动焊，如 2FRG－12/57－FefS－02/11/13；垂直固定平焊，如 2FG－8/57－FefS－02/11/13；垂直固定仰焊，如 4FG－8/57－FefS－02/11/13；水平固定焊，如 5FG－8/57－FefS－02/11/13；45°固定焊，如 6FG－8/57－FefS－02/11/13。

6）CO_2 半自动焊-药芯焊丝（FCAW）：

板-板焊接：如 1－4G－12－FefS－11/15。

管-管焊接：如 1G/2G/5G/6G－8/89－11/15。

板-管焊接：水平转动焊，如 2FRG－12/57－FefS－11/15；垂直固定平焊，如 2FG－12/57－FefS－11/15；垂直固定仰焊，如 4FG－12/57－FefS－11/15；水平固定焊，如 5FG－12/57－FefS－11/15；45°固定焊，如 6FG－12/57－FefS－11/15。

7）埋弧焊：板-板水平固定焊，如 SAW－1G（K）－07/09/19。

8）手工堆焊：管垂直固定焊，如 SMAW（N10）－FeⅡ－2G－86－Fef4。

9）气焊：管-管水平固定焊，如 OFW－CuⅠ－5G－5/50－CufS1。

10）气体立焊：板-板垂直固定焊，如 EGW－3G（K）－07/08/19。

3. 金属材料

FeⅠ：碳素钢。

FeⅡ：普通低合金钢。

FeⅢ：Cr≥5％铬钼钢等合金钢、铁素铁钢、马氏体钢。如 1Cr5Mo、06Cr13、12Cr13、10Cr17、1Cr9Mo1、10Cr9MoVNb、00Cr27Mo、06Cr13Al、ZG16Cr5MoG；Cr5Mo、1Cr5Mo、Cr9Mo1。

FeⅣ：奥氏体钢、奥氏体与铁素体双相钢。如 06Cr19Ni10、06Cr17Ni12、Mo2、6Cr23Ni13、06Cr19Ni11Ti、06Cr25Ni20、CF3、CF8；0Cr18Ni9、1Cr18Ni9、0Cr18Ni9Ti、1Cr18Ni9Ti；1Cr23Ni18。

4．焊条类别代码

（1）碳钢、低合金钢、马氏体钢、铁素体钢焊条：

Fef1：钛钙型。

Fef2：纤维素型。

Fef3：钛型、钛钙型。

Fef3J：低氢型、碱型。

（2）奥氏体钢、奥氏体与铁素体双相钢焊条：

Fef4：钛型、钛钙型。

Fef4J：碱性。

5．焊丝代码

FefS：全部钢焊丝。相应型号：全部实心和药芯焊丝。

CufS1：纯铜焊丝。相应型号：HSCu。

TifS1：纯钛焊丝。相应型号：ERTi-1、ERTi-2、ERTi-3、ERTi-4。

6．焊接工艺因素代号

（1）手工焊接工艺因素代号。

1）气焊、钨极气焊、等离子弧焊丝：01，实心 02，药心 03。

2）钨极气保焊电流类别与极性：直流正接 12，直流反接 13，交流 14。

3）熔化极气体保护焊：喷射弧、溶滴弧、脉冲弧 15，短路弧 16。

4）钨极气保、熔化极气保、等离子弧焊时背面保护气体：有 10，无 11。

（2）机动焊接工艺因素代号。

1）钨极气保自动稳压系统：有 04，无 05。

2）各种焊接方法：目视观察控制 19，遥控 20。

3）各种焊接方法自动跟踪系统：有 06，无 07。

4）各种焊接方法每面坡口内焊道：单道 08，多道 09。

（3）自动焊。

摩擦焊：连续驱动摩擦 21，惯性驱动摩擦 22。

（六）评定合格焊工实焊项目代号释解（含沿用执行代号及新代号）

（1）项目代号 SMAW-FeⅠ-1G（K）-12-Fef1：手工焊条电弧焊；碳素板材；蒂垫板平焊；钢板厚 12mm；钛钙型焊条。

（2）项目代号 GTAW-1-4G-6-FefS-02/11/13：钨极气体保护电弧焊板状焊接，平焊、横焊、立焊、仰焊均可；试样板厚 6mm；全钢焊丝；手工实心焊丝/背面无气保护/直流反接。

(3) 项目代号 GTAW - 1G \ 2G \ 5G \ 6G - 8/89 - 11/15：钨极气体保护电弧焊（管管焊接），水平转动焊/直固定焊/水平固定焊/45°角固定焊均可；管壁 8mm、直径 89mm；钨极气保（熔化极气保、等离子弧焊）背面无保护气体/脉冲弧焊接。

(4) 项目代号 SMEW/D_S - 2FRG - 12/57 - FefS - 02/11/13：焊条手工电弧焊板管焊接；水平转动焊；钢板厚 12mm/管径 57mm；全钢焊丝；实心/背面无气体保护/直流反接。

(5) 项目代号 FCAW - FeⅡ - 3G - 10 - FefS - 11/15：药芯焊丝半自动 CO_2 保护焊；普通低合金钢钢板（如 Q345R）；立式焊件无衬垫；板厚 10mm；填充物为药芯焊丝；背面无气体保护/喷射弧施焊。

(6) 项目代号 GTAW - FeⅢ - 6G - 7/42 - FefS - 02/10/12 & SMAW - FeⅢ - 6G（K）37/273 - Fef3J：氩弧管管焊接；耐热合金管材；全方位施焊；小管径壁厚 7mm、直径 42mm；全钢焊丝；实心/钨极（熔化极）气体保护/直流正接。和手工焊条电弧焊管管焊接；耐热合金管材；全方位施焊（带垫圈）；大管径壁厚 37mm/直径 273mm；低氢型碱型焊条。

(7) 项目代号（新规程符号表示法及释解）：

W_S/D_S - BⅢ - 41J：氩弧打底＋电弧盖面；三类高合金耐热钢材质施焊；冲击韧性 41J。

W_S - CⅢ - 38J：全氩弧焊接；三类高合金奥氏体不锈钢材质施焊；冲击韧性 38J。

（七）电焊机等机具及检测仪器

(1) 常规焊机：ZX7 - 400H、硅整流焊机 M350 及 ZX5 - 400Y、交流电焊机 BX3 - 500 - 2。

(2) 逆变焊机（IGBT）：ZX7 - 400、ZX7 - 400ST、直流逆变焊机 WS - 400B、ZX5 - 400C。

(3) 逆变电焊机：ZX7 - 400。

(4) 特种焊机：CO_2 气体保护焊机 XC - 350、CO_2 气体保护半自动焊机 NBC - 350、MZAM 型密封焊机、YM350 - KR。

(5) 铝质母材焊机：

1) 半自动（MIG）铝母线焊机 TPS - 4000W（奥地利福尼斯焊机公司制造）、A10 - 500；MIG 焊机 CUA - 400、铝焊机 LINCOLN - 455。

2) A - 130 - 500 型封母焊机。

(6) 氩弧焊机：NSA - 160。

(7) 熔化极氩弧焊机：LAH - 500。

(8) 钨极脉冲氩弧焊机：WSME - 315AC/DC。

(9) 交流方波钨极氩弧焊机：WSE - 315、500。

(10) 钛凝焊机：WZM7 - R150。

(11) 管板密封焊机：M207/96。

(12) 等离子切割机：G200 - D，DRAG - GUN3、SSG - 1006、LGK8 - 40、CUT - 60。

(13) 无损探伤仪：

1) X 光射线机、铱 192γ 探伤仪、硒 75γ 探伤仪、普通超声波探伤仪、直读式光谱仪、普通涡流探伤仪、智能型涡流探伤仪、多用途磁粉探伤仪、马蹄磁粉探伤仪、超声波测厚仪、里氏硬度计、彩色视频显微金相仪。

2) X 射线探伤仪：XXG3005、2205/2805/3005、300EG - S3、250EG - S2。

3) γ 射线探伤仪：880 型、8800DLTA、ILr192，Se75、Ir192、Co60。

4) γ 射源（Se75）：DL - VA 1 号、DL - VA 2 号、DL - VA 型 SE 3 号、DL - VA 型

SE 4 号。

5）γ射源（Ir 192）：DLTS－B 2 号、DLTS－B 3 号。

6）超声波探伤仪：CTS－9002、CDS－38、USN52R、USN60、PXUT－3500、PXUT－3500、CTS－36。

7）涡流探伤仪：ET－351H、WT－582、（智能型）NB－30B。

8）磁粉探伤仪：LDX－Ⅲ、CDX－3、BT－810PA、（多用型）XDYY－A。

（14）光谱仪：看谱仪，34W、34W－C、WKX；便携式直读光谱仪，34W－L、WJJ－68、V－950。

（15）测温仪：MX2、智能型温控仪 ZWK－Ⅰ－60kW、DWK－C 120kW、proheat35。

（16）射线报警器：RAB－60。

（17）金相检查仪：XJB－200。

（18）测厚仪：TT300、超声波测厚仪 DW4。

（19）里氏硬度计：TH－160、HT－2000A。

（20）黑度计：TH－386。

（21）SF$_6$检漏仪：LM10。

（22）热处理机：LDT－C360TL、DWK－A－240/360。

（23）电脑热处理机：DMR－180A、DWR－30A。

（24）视频工业内窥镜：FVE－01。

（25）中频感应加热器：ProHert 35。

（26）电脑温控柜：DWL－A2－240、DWL－A2－360。

（27）焊条烘箱：YGCH－X－100、ZYH－60。

（28）焊条恒温箱：YHB－60。

（29）电动破口机：GPJ－150。

（30）半自动切管机 CG1－30、管道切割机 CG2－11。

（31）管道镜：seesnake 型。

（32）彩色视频显微镜：VM－01。

（33）手提式验钢镜 KEF2－1。

（八）焊接低温环境温度要求

（1）SA－210C、SA106 及其他 A－Ⅰ类级钢焊接：最低焊接温度为－10℃。

（2）15NiCuMoNb5（WB36 曼特斯特企业标准）、15CrMo、12Cr1MoV、P11、P22、A691Gr2、0.25CrC122 及其他 A－Ⅱ、A－Ⅲ、B－Ⅰ（12Gr1MoV 等）类级钢焊接：最低焊接温度为 0℃。

（3）T/P91、T/P92 及其他 B－Ⅱ、B－Ⅲ类级钢焊接：最低焊接温度为 5℃。

（4）super304、HE3C、TP347H 等 C 类不锈钢焊接：最低焊接温度不作限制。

（5）当环境温度低于－20℃时，停止一切建筑钢筋的各项焊接工作。

二、焊材

（一）电力行业焊材选用标准

1. 焊条型号及选用

A－Ⅰ钢的熔敷金属焊条型号（新型号/原型号）：E4303/J422、E4301/J423、E4320/

J424、E4326/J426、E4315/J427。

A-Ⅱ钢的熔敷金属焊条型号（新型号/原型号）：E5001/J503、E5016/J506、E5015/J507、E6015-D1/J607、E6015-D2/J707。

B-Ⅰ钢的熔敷金属焊条型号（新型号/原型号）：E5015-A1/R107、E5503-B1/R202、E5515-B1/R207、E5515-B2/R302、E5515-B2-V/R317。

B-Ⅱ钢的熔敷金属焊条型号（新型号/原型号）：E6000-B3/R402、E6015-B3/R407、E5515-B3-VNb/R417、E5515-B3-VWB/R347、E5515-B2-VW/R327。

B-Ⅲ钢的熔敷金属焊条型号（新型号/原型号）：E5MoV-15/R507、E9Mo-15/R707、E11MoVNi-15/R807、E11MoVNiW-15/R817。

C-Ⅰ钢的熔敷金属焊条型号（新型号/原型号）：E410-15/G207。

C-Ⅲ钢的熔敷金属焊条型号（新型号/原型）：E347/A132、A137，E347/A202、A207，E309/A302、A307，E310/A402、A407，E16-25MoN/A507，E430/G302、G307。

2. 焊丝的选用

国标 GB：H08A、H08MnA、H08Mn2SiA、H10Mn2、H08CrMoA、H13CrMoA、H08CrMoVA。

部标 YB：H12Cr13、H10Cr17、H08Cr21Ni10、H08Cr19Ni10Ti、H08Cr20Ni10Nb、H12Cr24Ni13、H12Cr26Ni21。

企标：TIG-J50、TIG-R31、TIG-R40、TIG-R30。

3. 上海电力焊材

H0Cr21Ni10（ER308）：用于焊接 304 钢，制造化工、石油等设备。

H00Cr21Ni10（ER308L）：焊接 304L 钢，用于核电压力容器内壁耐腐蚀层堆焊。

H0Cr24Ni13（ER309）：焊接不锈钢与碳钢或低合金钢。

H0Cr24Ni13（ER309L）：焊接复合钢的第一层及异种钢，用于核电压力容器。

H1Cr26Ni219（ER310）：焊接高温下工作的同类型耐热不锈钢及异种钢。

H0Cr19Ni12Mo2（ER316）：焊接 304 钢、316 钢。

H00Cr19Ni12MO2（ER316L）：用于合成纤维等设备不锈钢结构及铬不锈钢、异种钢等。

H0Cr19Ni14Mo3（ER317）：焊接 317 型不锈钢。

H0Cr20Ni10Ti（ER321）：焊接 321 型不锈钢。

H0Cr20Ni10Nb ER347）：焊接 Cr18Ni8Nb 或 Cr18Ni8Ti 钢（347 钢或 321 钢）。

H00Cr20Ni10Nb：焊接核电压力容器、热壁加氢反应器等的耐腐蚀层（第二层）。

TIG-R30（ER55-B2）：用于 520℃ 以下的锅炉管道、高压容器氩弧焊打底及全氩焊。

TIG-R31（ER55B2MnV）：用于 540℃ 以下的锅炉蒸汽管道、石油裂化设备的手工钨板焊、氩弧焊打底及全氩焊。

TIG-R40（ER62-B3）：用于工作温度在 550℃ 以下的 Cr2.5Mo 类（如 10CrMo910），耐热钢结构手工钨板焊、氩弧焊打底及全氩焊。

TIG-R71：用于工作温度为 600～650℃ 的 Cr9MoNiV 类耐热钢，如 T91 或 F9 蒸汽管道和过热器管。

PP-R102（热 102）：用于工作温度在 510℃ 以下的锅炉管道（如 15Mo 等）经氩弧焊

打底后的盖面焊。

PP-R107（热107）：用于工作温度在510℃以下的锅炉管道（如15Mo等）珠光体耐热钢的焊接，也可焊接一般的低合金高强度钢。

PP-R202（热202）：用于工作温度在510℃以下的珠光体耐热钢（如15CrMo等）经氩弧焊打底后的盖面焊。

PP-R207（热207）：用于工作温度在510℃以下的珠光体耐热钢（如12CrMo等）和高温高压管道、化工容器等相应钢种的焊接。

PP-R302（热302）：用于工作温度在520℃以下的1％Cr～0.5％Mo耐热钢蒸汽管道（如15CrMo等）经氩弧焊打底的盖面焊。

PP-R307（热307）：用于工作温度在520℃以下的珠光体耐热钢（如15CrMo等）锅炉管道高压容器石油精炼设备的焊接，也可焊接30CrMnSi。

PP-312（热312）：用于工作温度在540℃以下的珠光体耐热钢（如12Cr1MoV等）锅炉管道经氩弧焊打底后的盖面焊。

PP-R317（热317）：用于工作温度在540℃以下的珠光体耐热钢（如12Cr1MoV等）高温高压锅炉管道、石油裂化设备的焊接。

PP-R347（热347）：用于工作温度在620℃以下的珠光体耐热钢（如钢102等）高温高压锅炉管道的焊接。

PP-R402（热402）：用于工作温度在550℃以下的珠光体耐热钢（如10CrMo910等）高温高压锅炉管道经氩弧焊打底后的盖面焊。

PP-R407（热407）：用于工作温度在550℃以下的珠光体耐热钢（如10CrMo910等）高温高压锅炉管道、合成化工机械的焊接。

PP-R507（热507）：用于工作温度在400℃的Cr5Mo类珠光体耐热钢高温抗氢腐蚀管道的焊接。

PP-R517（热517）：用于工作温度在600℃以下的T91、F9钢与12Cr1MoV等钢的异钢种焊接。

PP-R707（热707）：用于焊接Cr9Mo1类耐热钢结构，如工作温度在600～650℃蒸汽管道和过热器管等。

PP-R807（热807）：用于焊接工作温度在565℃以下的1Cr11MoV耐热钢结构，如蒸汽管道、过热器管和高压汽轮机的变速级叶片等。

PP-A102（奥102）：用于焊接工作温度低于300℃、耐腐蚀的0Cr19Ni9、0Cr19Ni11Ti型不锈钢结构。

PP-A132（奥132）及PP-A137（奥137）：用于焊接重要的耐腐蚀含钛稳定的0Cr19Ni11Ti型不锈钢结构。

PP-A202（奥202）：用于焊接在有机和无机酸（非氧化性酸）介质中工作的0Cr18Ni12Mo2不锈钢或作为异种钢焊接。

PP-A302（奥302）：用于焊接相同类型的不锈钢、不锈钢衬里、异种钢（Cr19Ni9同低碳钢）及高铬钢和高锰钢等。

PP-A307（奥307）：用于焊接相同类型的不锈钢、不锈钢衬里、异种钢及高铬钢和高锰钢等。

PP－A312（奥 312）：用于焊接耐硫酸介质（硫氨）腐蚀的同类型不锈钢容器，也可用于不锈钢衬里、复合钢板、异种钢的焊接。

PP－A402（奥 402）：用于在高温条件下工作的同类型耐热不锈钢焊接，也可用于硬化性大的铬钢（如 Cr5Mo、Cr9Mo、Cr13 及 Cr28 钢等）及异种钢焊接。

PP－A407（奥 407）：用于同类型耐热不锈钢、不锈钢衬里及各种异种钢焊接，也可用于硬化性大的 Cr5Mo、Cr9Mo、Cr13 及 Cr28 钢等结构。

PP－A507（奥 507）：用于焊接呈淬火状态下的低合金钢、中合金钢、异种钢及刚性较大的结构，以及相应的热强钢等，如淬火状态下的 30CrMnSi、铬钢等异种钢焊接。

PP－A907（奥 907）：用于喷气发动机部件等耐热钢材料、Cr16Ni25Mo6 耐热钢与中碳铬钼钢、高镍合金钢与不锈钢的焊接及 AISI312 钢材焊接。

（二）焊接焊材选用参考标准

1. 钢筋焊材

焊条 E43 型用于 HPB235 与 Q235B、HPB235 与 HRB335 的焊接（用 J 422）；E50 型用于 HRB335 级钢之间的焊接（用 J 507）。

2. 钢结构及一般钢管焊材

THJ422、THJ507 符合《非合金钢及细晶粒钢焊条》（GB/T 5117）规定，用于 20、20G、Q345B、Q235 等中低压管道及锅炉密封焊接，以及其他结构焊接。

3. 压力管道焊材

（1）TIG－J50 焊丝、THJ507 焊条，符合 GB/T 5117 规定，用于 20、20G、Q345B 中低压管道；E43 可用于 Q235 等低压管道。

（2）TIG－9Cr1MoV 焊丝，用于再热器热段 SA213－T91 材质钢管，以及屏式过热器固定管焊接。

（3）TIG－R31 焊丝，用于 12Cr1MoV 压力管道、主蒸汽管道、再热热段管道焊接，相当于 ER55－B2MnV。

（4）TIG－R40 焊丝、R－407 焊条，用于 10CrMo910 主蒸汽管道、再热热段管道焊接。

（5）R301、R311（型号 ER4043），符合《铝及铝合金焊丝》（GB 10858）要求。

（6）R317（上海电力修造厂产），符合（GB/T 5118）要求。

（7）ER4043（浙江宇光铝材公司产）执行标准 ANSI/AWS A5.10－92；还有 ER1100 型号。

（8）天津大桥公司产品：

1）J421、THJ422、THJ506、THJ506Fe、THJ507 经中国 CCS 及 ABS/美、BV/法、DnV/挪、GL/德、LR/英、NK/日、KR/韩等船检机构认证。

2）THY－51B、THY－55 药芯焊丝。

3）THQ 气保焊丝。

4）THM－43、THM－43A 埋弧焊丝。

5）YHA022、THY102、THA302 不锈钢焊条。

4. 超临界机组厂家溶焊金属及焊条要求

（1）金属丝要求：

1）SA－210C＋SA－210C：用 E50。

2）12Cr1MoVG＋12Cr1MoVG：用 E55－B2－V。

3）SA－213T91＋SA－213T91：用 E60－B9。

（2）焊条烘焙要求：

1）碱性药皮焊条（低氢型）：必须在 300～350℃下进行烘焙。

2）酸性药皮焊条：在夏季进行 100～150℃烘焙。

3）烘焙后的焊条储存在 100℃左右的恒温箱中。

5. 特种钢焊材

（1）B-Ⅲ马氏体耐热钢焊丝：

1）T/P91：蒂森（Thermanit MTS3 焊丝，chromo 9V 焊条）、伯乐（CM9－1G 焊丝、FOXCr9MV 焊条）、曼彻特（9CrMoV－N 焊丝，9MV－N 焊条）、奥林康（OE CrMo91 焊丝，A. CORD 9M 焊条）、神钢（TGS－9cb 焊丝，CM－9cb 焊条）、ER90S－B9、E9018－B9；E9015－B9。

2）T/P92：蒂森（Thermanit MTS616 焊丝焊条）、曼彻特（Chromet 92 焊丝，9CrMoV 焊条）。

（2）C-Ⅲ奥氏体钢焊丝：

1）supper304H、TP304H、HR3C、TP347H 的焊接采用氩弧焊打底、氩弧焊盖面。TP304H 的焊丝为 NITTETSU－YT－304H；HR3C 的焊丝为 NITTETSUYT－HR3C；TP347H 的焊丝为 ER－347。

2）WB36：ER80S－G（奥林康）、E9018－G（蒂森）。

6. 特殊钢材的焊材

（1）HR3C：是 ASME SA213 TP310HCbN 的简称，以其较高的热稳定性和抗氧化性，在超超临界机组的 600℃及以上高温运行条件下获得较大范围的应用，但焊接材料国内匮乏，可以镍基焊接材料替代。

（2）CHN337（Ni337）：是低氢型药皮的 Ni70Cr15 型耐热合金焊条，用于有耐热、耐蚀要求的镍基合金焊接，也可用于一些难焊合金、异种钢的焊接及堆焊。

三、焊接工艺评定及查核

电站热力系统的钢材品种较多，重点应对耐热钢、不锈钢的焊接及金属监督进行严格管理，必须按程序及规程操作，首先进行焊接工艺评定。为确保质量和安全、机组效益和寿命，对重点材质的焊接和金属监督进行系统核查。

（一）焊接工艺评定概述

为验证所拟定的焊接工艺参数的正确性而进行实验过程和结果评价。重点评定参数是指影响焊接接头的力学性能的焊接条件。要关注奥氏体钢、马氏体钢、贝氏体钢、珠光体钢的金相组织形态不同材质的焊接接头评定及异种钢焊接评定。

（1）无相同资料，或范围未能涵盖者均需进行焊接工艺评定。主持焊接工艺评定应是焊接工程师，试验检验人员符合行业规定。

（2）重要参数改变，或参数超出标准规定，应重新进行焊接工艺评定；对重要参数适用条件下，焊制补充试件时，仅做冲击试验即可；变更次要参数，只修订焊接工艺指导书，不必进行重新评定。

（3）焊接工艺评定包括评定规则、试验方法及合格标准。

（二）焊接方式方法的评定

（1）各种焊接方法应单独评定，不得互相替代。

（2）首次应用钢材评定内容：钢材种别、焊接材料、熔敷金属成分、焊接位置、预热、焊后热处理、电特性、焊接技术等。

（3）焊接方法评定：焊条电弧焊、氩弧焊、气焊、埋弧焊、气保焊、药芯焊丝焊；对应上述条件分重要参数、附加重要参数和次要参数。

（4）替代原则与评定原则：

1）相同钢材焊接，同类、同级钢材评定，合金含量高的可替代合金含量低的，反之不可。

2）相同钢材焊接，同类而不同级钢材，高级别的钢材评定，适用低级别的钢材。

3）同类不同级别钢材焊接（含异种钢焊接），工艺评定适用范围：

a. AⅡ与AⅡ、AⅡ与AⅠ、AⅢ与AⅢ、AⅢ与AⅡ、AⅢ与AⅠ的焊接接头。

b. BⅠ与BⅠ、BⅠ与AⅡ、BⅠ与AⅠ的焊接接头。

c. BⅡ与BⅡ、BⅡ与BⅠ、BⅡ与AⅡ、BⅡ与AⅠ的焊接接头。

4）B类钢与其A类B类钢组成异种钢接头均应单独评定。

5）C类钢应按级别分别评定，不可代替；与其A、B类钢组成的异种钢接头应单独评定。

（三）其他方面的评定

（1）试样种类和焊缝形式：

1）试样种类：板状、管状、管板状三类。

2）焊缝形式：全焊透焊缝、非焊透焊缝。全焊透焊缝的评定，适用非焊透焊缝评定，反之不可。

3）板状对接焊缝试件评定合格的焊接工艺，适用管状对接焊缝，反之亦可。

4）板状角焊缝试件评定合格的焊接工艺，适用管与板或管与管的角焊缝，反之亦可。

（2）试件厚度与焊接厚度适用范围，要按允许范围内确定。

（3）试件管径与焊件管径适用范围：评定管子外径（D_o）不大于60mm、采用全氩弧焊焊接方法的评定，适用于焊件管子的外径无规定。其他管径的评定适用于焊件管子外径的范围为：下限$0.5D_o$，上限无规定。

（4）焊接材料评定：

1）按焊条、焊丝、焊剂应分别对应不同钢种要分别评定。同类别而不同级别者，高级别的评定可适用于低级别；在同级别焊条中，经酸性焊条评定者，可免做碱性焊条评定。

2）填充金属及焊接材料当有下列情况时，应重新评定：①增加或取消填充金属，以及改变填充金属成分；②填充金属由实芯焊丝改变为药芯焊丝，或反之。

（5）焊接用气体发生以下变化时，应重新评定：

1）改变可燃气体或保护气体种类。

2）取消背面保护气体。

（6）焊接位置评定的适用焊件的焊接位置应符合规定范围。

1）在立焊位中，当根层焊道从上向焊改为下向焊，或反之时，应重新评定。

2）直径D_o≤60m管子的气焊、钨极氩弧焊，对水平固定焊进行评定可适用于焊件的所有焊接位置。

3）管子全位置自动焊时，必须采用管状试件进行评定，不可用板状试件代替。

（7）预热和层间温度评定：评定试件预热温度超过拟定的工艺参数时，应该重新评定。

1）评定试件预热温度降低超过 50℃。

2）有冲击韧性要求的焊件，层间温度提高超过 50℃。

（8）焊后热处理应满足热处理规程要求，焊后热处理与焊接操作完成的间隔时间不符合规程规定，则需重新评定。

（9）电特性有下列情况时，应补充做冲击试验：

1）熔化极自动焊熔滴过渡形式，由喷射过渡、熔滴过渡或脉冲过渡改变为短路过渡，或反之。

2）采用直流电源时，增加或取消脉冲。

3）交流电改为直流电，或反之。

4）在焊条电弧焊、埋弧焊、熔化极气体保护焊、药芯焊丝电弧焊中，电源种类和直流电源极性改变。

（10）焊接规范参数和操作技术变化时，应按其参数类型重新评定或变更工艺书。

1）焊接规范参数发生下列变化：①气焊时，火焰性质的改变，由氧化焰改变为还原焰，或反之；②自动焊时，改变导电嘴到工件间的距离；③焊接速度变化范围比评定值大 10%；④各种焊接器具型号或尺寸的改变。

2）操作技术发生下列变化：①从无摆动法改变为摆动法，或反之；②左向焊改变为右向焊，或反之；③由立向上焊改变为立向下焊；④自动焊中，焊丝摆动宽度及频率和两端停顿时间的改变；⑤从单面焊改变为双面焊，或反之；⑥从手工焊改为自动焊，或反之；⑦多道焊改变为单道焊；⑧增加或取消焊缝背面清根；⑨焊前或层间清理的方法或程度的改变；⑩对焊缝焊后有无锤击。

（11）焊接工艺评定的结果适用于返修焊和补焊。

（四）评定项目

（1）评定项目包括：对接接头、角接接头、T形接头；宏观金相检验。

（2）试验项目及试件数量：外观、射线试验全部，拉伸、弯曲（面弯、背弯）试验各 2 件，硬度、冲击试验（焊缝区、热影响区）各 3（点）件。

（3）说明事项：

1）直径 $D_o \leqslant 32mm$ 的管材，可用一整根工艺试件代替剖管的两个拉伸试样。

2）当试件焊缝两侧的母材之间或焊缝金属和母材之间的弯曲性能有显著差别时，可改用纵向弯曲试验代替横向弯曲试验，纵向弯曲取面弯及背弯试样各两个。当无法制备纵向弯曲试样时，可进行压扁试验。

3）当母材厚度大于 20mm 时，可用 4 个侧弯试样代替 2 个面弯、2 个背弯试样。

4）除产品技术条件有要求外，AⅢ类钢和 BⅢ类钢应做冲击韧性试验。

5）要求做冲击韧性试验时，试样数量为热影响区和焊缝上各取 3 个，异种钢接头每侧热影响区分别取 3 个，焊缝取 3 个。采用组合焊接方法时，冲击试样中应包括每种方法的焊缝金属和热影响区。

6）当试件尺寸无法制备 5mm×10mm×55mm 冲击试样时，可免做冲击试验。

7）有热处理要求的应做硬度试验。要求做硬度试验时，每个部位（焊缝、焊趾附近）

至少应测 3 点，取平均值。

8）BⅢ类钢、C 类钢以及与其他钢种的异种钢焊接接头应做焊缝断面的微观金相试验。

9）用于有腐蚀倾向环境部件的 C 类钢应做应力腐蚀试验。

（五）检验方法与评定标准

（1）外观检查：角焊缝焊脚高度应符合焊接工艺文件规定的高度，焊缝及热影响区表面无裂纹、未熔合、夹渣、弧坑、气孔，焊缝咬边深度不超过 0.5mm。管子对接焊缝两侧咬边总长度不大于焊缝总长的 20%，板件不大于焊缝总长的 15%。

（2）焊缝的无损探伤检查：管状试件的射线探伤，焊缝质量不低于Ⅱ级；板状试件的射线探伤，焊缝质量不低于Ⅱ级；表面磁粉及渗透检查执行有关规定。

（3）拉伸试验：

1）试样的厚度应接近母材的厚度，厚度小于 30mm 试样可采用全厚度试验。当拉力机承受的载荷不能对试件进行全厚度试验时，可将全厚度试样用机械加工方法分割成能够在现有设备中进行试验的大小相等的最少条数的两片或多片试样。

2）当拉力机载荷能够满足试验要求时，外径小于等于 32mm 的管材可采用全截面试样进行拉伸试验。

3）拉伸评定：同种材料焊接接头每个试样的抗拉强度不应低于母材抗拉强度规定值的下限；异种钢焊接接头每个试样的抗拉强度不应低于较低一侧母材抗拉强度规定值的下限；采用两片或多片试样进行拉伸试验，其同一厚度位置的每组试样的平均值应符合上述要求；当产品技术条件规定焊缝金属抗拉强度低于母材的抗拉强度时，其接头的抗拉强度不应低于熔敷金属抗拉强度规定值的下限；如果试样断在熔合线以外的母材上，只要强度不低于母材规定最小抗拉强度的 95%，可认为试验满足要求。

4）弯曲试验评定标准：试样弯曲到规定的角度后，其每片试样的拉伸面上在焊缝和热影响区内任何方向上都不得有长度超过 3mm 的开裂缺陷。试样棱角上的裂纹除外，但由于夹渣或其他内部缺陷所造成的上述开裂缺陷应计入。

5）冲击试验评定合格标准为：三个试样的冲击功平均值不应低于相关技术文件规定的钢材的下限值，且不得小于 27J，其中，允许有一个试样的冲击功低于规定值，但不得低于规定值的 70%。

6）宏观检验的合格标准为：符合 9Ⅱ级及以上的规定；角焊缝两焊脚之差不大于 3mm；无未焊透。

7）微观金相检验的合格标准为：无裂纹、无过烧组织、无淬硬性马氏体组织及高合金钢无网状析出物和网状组织，金相组织符合有关技术要求。

8）硬度试验可在金相（宏观）试样上进行。硬度试验的合格标准可按照产品技术条件有关规定，一般焊缝和热影响区的硬度应不低于母材硬度值的 90%，且不超过母材布氏硬度加 100HB，同时符合下列规定：当合金总含量小于 3% 时，硬度≤270HB；当合金总含量为 3%～10% 时，硬度≤300HB；当合金总含量大于 10% 时，硬度＝350HB。异种钢焊接接头的硬度值另有规定。

四、炉管的焊接

（一）锅炉小口径管焊接

锅炉小口径管焊接工艺参数见表 3-16。

表 3-16　　　　　　　　　　　锅炉小口径管焊接工艺参数

序号	名称	管子规格（mm）	材料	焊接方式	焊接材料	预热温度（℃）	热处理（加热温度℃/保温时间 min）
1	炉内小口径管	$\phi22\sim\phi63$	20G	手氩焊手工焊	H08Mn2Si E5015	—	—
2	燃烧器喷口管屏	$\phi63.5\times6.6$（MWT）	SA-210C	手氩焊手工焊	H08Mn2Si E5015	—	—
3	省煤器	$\phi51\times6.5$	20G	手氩焊手工焊	H08Mn2Si E5015	—	—
4	炉外管	$\phi89\sim\phi159$	20G	手氩焊手工焊	H08Mn2Si E5015	—	—
5	炉内合金管	$\phi32\sim\phi76$	15CrMoG	MIG焊手氩焊	MGS-1CM H08CrMnSiMo	—	—
6	后屏过热器	$\phi42\times9$	12Cr1MoVG	MIG焊手工焊	MGS-2CM H08CrMnSiMoV	200	710～740/2.5
7	分隔屏、末级过热器、屏再	$\phi51\times7$	12Cr1MoVG	MIG焊手工焊	MGS-2CM H08CrMnSiMoV	200	710～740/2.5
8	后屏过热器、末级再热器	$\phi54\sim\phi63.5$	SA-213T91	TIG MIG	MGS-9CB、$\phi0.8$ TGS-90B9	200～250	750～770/2.5
9	分隔屏、末级再热器	$\phi51\sim\phi60$	SA-213TP304H	手氩焊	ER308H	—	—
10	杂项管路	$\phi22\times4$	1Cr18Ni9Ti	手氩焊	ER308H	—	—
11	末级过热器、后屏过热器	$\phi51\times8$	SA-213T23	手氩焊	ER308H	—	—

注　现场施工中凡是 T91 材料，施焊后均必须在 24h 内进行热处理，以免产生裂纹。

（二）锅炉大口径管焊接

锅炉大口径管焊接工艺参数见表 3-17。

表 3-17　　　　　　　　　　　锅炉大口径管焊接工艺参数

序号	名称	管子规格（mm）	材料	焊接方式	焊接材料	预热温度（℃）	热处理规范（加热温度℃/保温时间 min）
1	顶棚出口集箱	$\phi356\times55$	SA-106B	MIG焊手工焊	H08Mn2Si E5015	$\geqslant100$	610～650/2.5
2	顶棚入口集箱	$\phi273\times40$	SA-106C	MIG焊手氩焊	H08Mn2Si E5015	$\geqslant100$	610～650/2.5
3	延伸包墙出、入口集箱	$\phi273\times45$	SA-106C	手工焊NGSAW	E7018-A1 H08MnMoA（S3M）	$\geqslant100$	610～650/2.5
4	延伸包墙入口连接管	$\phi324\times30$	SA-106C	MIG焊手工焊	H08Mn2Si E5015	$\geqslant100$	610～650/2.5
5	水平低温过热器入口集箱	$\phi356\times55$	SA-106C				

序号	名称	管子规格（mm）	材料	焊接方式	焊接材料	预热温度（℃）	热处理规范（加热温度℃/保温时间 min）
6	分隔屏入口连接管	φ457×55	SA－106C	手工焊 NGSAW	E7018－A1 H08MnMoA（S3M）	≥100	610～630/2.5
7	一级减温器及入口连接管	φ457×50	SA－335 P12	MIG焊 手工焊	ER805S－B2	≥120	650～680/2.5
8	分隔屏入口集箱	φ406×60	SA－335 P11	手氩焊 手工焊	H08Mn2Si E5015	≥150	650～680/2.5
9	水平低温过热器出口集箱	φ406×65	SA－335 P12	手氩焊 手工焊	H08Mn2Si E5015	≥120	650～680/2.5
10	分隔屏出口连接管	φ457×50	SA－335 P12	手氩焊 手工焊	ER805S－B2	≥120	650～680/2.5
11	后屏过热器出口集箱	φ457×85	SA－335P22	MIG焊 手工焊	ER90S－B3LR407	≥150	710～740/2.5
12	后屏过热器出口连接管	φ508×75	SA－335P22	MIG焊 手工焊	ER90S－B3LR407	≥150	710～740/2.5
13	末级过热器入口连接管	φ508×70	SA－335P22	MIG焊 手工焊 SAAW	ER90S－B3LR407	≥150	710～740/2.5
14	末级过热器入口集箱	φ406×75	SA－335P22	MIG焊 手工焊 SAAW	ER90S－B3LR407	≥150	710～740/2.5
15	末级过热器出口集箱	φ457×65	SA－335P91	MIG焊 手工焊 SAAW	TGS－90B9 CM96B9	200～250	750～770 2.5
16	末级过热器出口导管支管	φ457×45	SA－335P91	MIG焊 手工焊 SAAW	TGS－90B9 CM96B9	200～250	750～770 2.5
17	末级过热器出口导管总管	φ508×50	SA－335P91	MIG焊 手工焊 SAAW	TGS－90B9 CM96B9	200～250	750～770 2.5

（三）锅炉异种钢焊接

锅炉异种钢焊接材料见表3－18。

表3－18　　　　　　　　　　锅炉异种钢焊接材料

图纸标注方法	应用范围		手工焊	气体保护焊	
	管子	附件		焊丝	保护气体
TNi	20G 15CrMoG 12Cr1MoVG	—	ENiCrFe－2	ERNiCr－3	Ar Ar＋CO₂
T50	20G 12Cr1MoVG	1Cr19Ni9 1Cr18Ni9Ti	E7018－AL	—	—

图纸标注方法	应用范围		手工焊	气体保护焊	
	管子	附件		焊丝	保护气体
TB25 - 13Mo2	12Cr1MoVG	Cr25Ni13 Cr25Ni14	奥 312 E309 - 16	—	Ar+CO$_2$
TB - 18 - 8	SA - 213TP304 SA - 213TP347	SAS167TP309	奥 102 E308 - 16	—	—
TB - 18 - 8	SA - 213T91			MGS - 9CB	Ar

五、特种钢管焊接与热处理

电站常用特种钢管材质有：

A - Ⅲ 钢：15Ni1MnMoNbCu（WB36）（GB3150）。

B - Ⅱ 钢：07Cr2MoW2NbB（T/P23）及 P22、F22、WC9。

B - Ⅲ 钢：9Cr1Mo（T/P9）、10Cr9Mo1VNbN（T/P91）、10Cr9MoW2VNbBN（T/P92）、11Cr9Mo1W1VNbBN（T/P911）10Cr11MoW2VNbCu1BN（T/P122）。

C - Ⅲ 钢：SUS304（JIS）；TP304、TP316、TP347H、F304、super304H、HR3C（ASTM）；10Cr18Ni9NbCu3BN、07Cr25Ni21NbN（GB 3150）。以上是超临界及超超临界大容量机组常用的钢管材料。

热处理的工艺参数：加热方法、加热时机、加热数率、恒温温度。对 Cr 含量为 9%～12% 的马氏体钢，应在马氏体转变后立即进行焊后热处理。

热处理符号：

加热方法：DR 电加热、GR 感应加热、HR 火焰加热、LR 炉内加热。

热处理类别：PWHT 焊后热处理、POH 后热、PRH 预热。

单项评价：Y 合格，N 不合格。

（一）金相组织、化学成分、物理及机械性能

1. T91、P91 及 TP304/TP347H 钢管

（1）按金相组织分类：ASTM A213/A335 T/P91 是高合金马氏体（国外称铁素体）热强钢管；ASME SA213 TP304/TP347H 是高合金奥氏体不锈钢管。

（2）化学成分见表 3 - 19～表 3 - 21。

表 3 - 19　　　　　　　　　　ASTM A213 T/P91 的化学成分　　　　　　　　　　%

C	Si	Mn	Cr	Ni	Mo	V	W	Nb	N	B
0.08～0.12	0.20～0.50	0.30～0.60	8.0～9.5	≤0.4	0.85～1.05	0.18～0.25	—	0.06～0.10	0.03～0.07	—

表 3 - 20　　　　　　　　　　ASME SA213 TP304 的化学成分　　　　　　　　　　%

C	Si	Mn	Ni	Cr	S	P
≤0.08	≤0.75	≤2.00	8.00～11.00	18.00～20.00	≤0.030	≤0.040

表 3-21   ASME SA213 TP347H 的化学成分   %

C	Si	Mn	Ni	Cr	Nb+Ta	S	P
0.04~0.10	≤0.75	≤2.00	9.00~13.00	17.00~20.00	≤8×C	≤0.030	≤0.040

（3）物理性能。对手工钨极氩弧焊操作工艺影响较大的物理性能指标进行比较，见表 3-22、表 3-23。

表 3-22   T91、TP304 与低碳钢 20G 的线膨胀系数比较

钢材	线膨胀系数 $\alpha_l \times 10^{-6}$ （1~20℃）						
	100℃	200℃	300℃	400℃	500℃	550℃	600℃
20G	11.16	12.12	12.78	13.83	13.93	—	14.38
T91	10.9	11.3	11.7	12.0	12.3	12.4	12.6
TP304	17.1	17.4	17.8	18.3	18.8	18.9	—

表 3-23   T91、TP304 与低碳钢 20G 的热导率比较

钢材	热导率 λ ［W/（m·K）］						
	100℃	200℃	300℃	400℃	500℃	550℃	600℃
20G	50.7	48.6	46.1	43.3	38.9	—	35.6
T91	27	28	28	29	30	30	30
TP304	12.6	13.0	13.8	14.7	16.3	—	18.4

（4）机械性能见表 3-24。

表 3-24   A213/A335 T/P91 的机械性能

屈服强度 （MPa）	抗拉强度 （MPa）	延伸率 （%）	ASME 标准 A_{kv} （J）	EN 标准 A_{kv} （J）
≥440	620~850	17	41	47

（5）焊材化学成分见表 3-25。

表 3-25   A213/A335 T/P91 焊材的化学成分

材种	C	Si	Mn	Cr	Ni	Mo	V	W	Nb	N
T/P91 钢材	0.10	0.36	0.42	8.75	0.13	0.96	0.20	—	0.070	0.058
T/P91 焊材	0.09	0.22	0.65	9.00	0.80	1.10	0.20	—	0.050	0.040

（6）焊材机械性能见表 3-26。

表 3-26   A213/A335 T/P91 焊材的机械性能

焊后热处理 （℃/h）	屈服强度 （MPa）	抗拉强度 （MPa）	延伸率 （%）	A_{kv} （J）
760/2	≥415	≥585	≥20	≥40

2. T/P92 钢管

（1）化学成分见表 3-27。

表 3-27　　　　　　　　　　A213/A335 T/P92 的化学成分　　　　　　　　　　%

C	Si	Mn	Cr	Ni	Mo	V	W	Nb	N	B
0.07~0.13	≤0.5	0.30~0.60	8.5~9.5	≤0.4	0.30~0.60	0.15~0.25	1.5~2.0	0.04~0.09	0.03~0.07	0.001~0.006

注　ASTM A213 T92 的 Nb 质量分数为 0.04%~0.10%；ASTM A335 P92 的 Nb 质量分数为 0.04%~0.09%。

（2）机械性能见表 3-28。

表 3-28　　　　　　　　　　A213/A335 T/P92 的机械性能

屈服强度 （MPa）	抗拉强度 （MPa）	延伸率 （%）	ASME 标准 A_{kv} （J）	EN 标准 A_{kv} （J）
≥440	≥620	≥20	27	41

（3）焊材化学成分见表 3-29。

表 3-29　　　　　　　　　　A213/A335 T/P92 焊材的化学成分　　　　　　　　　　%

C	Si	Mn	Cr	Ni	Mo	V	W	Nb	N
0.09	0.23	0.66	9.23	0.66	0.53	0.20	1.62	0.037	0.060

（4）焊材机械性能见表 3-30。

表 3-30　　　　　　　　　　A213/A335 T/P92 焊材的机械性能

焊后热处理 （℃/h）	屈服强度 （MPa）	抗拉强度 （MPa）	延伸率 （%）	A_{kv} （J）
760/2	≥440	≥620	≥20	≥40

（二）P91、T91 及 TP304/TP347H 钢管焊接

T91 已被普遍应用在 300MW 及以上机组的锅炉高温受热面中；P91 应用在大管径主蒸汽或再热系统；ASME SA213 TP304/TP316/TP347H 的 C-Ⅲ 钢是高 CrNi 钢，耐高温腐蚀。焊接工艺要点：

1. 焊接

（1）焊接准备。

1）坡口角度：T91、TP304/TP316/TP347H 与低碳钢 20G 相比，熔池铁水黏度高，热导率低，为防止未熔合缺陷的产生，应适当加大破口面角度。采用单面 V 形坡口，T91 坡口面角度 33°~35°为宜，TP304/TP316/TP347H 坡口面角度 35°~37°为宜。

2）钝边：为防止根部出现未焊透，T91、TP304/TP316/TP347H 焊接时，与 20G 相比钝边应薄一些，以 0.5~1.0mm 为宜。

3）对口间隙：TP304/TP316/TP347H 线膨胀系数远大于 20G，若采用与 20G 相同的对口间隙，手工钨极氩弧焊打底时，后半部分焊道将因金属高温膨胀间隙变得极小，无法保证根部焊接质量；此外，熔池铁水流动性差，也要求加大间隙，方保证焊透。综合以上两点，TP304/TP316/TP347H 对口间隙以 3.5~4.5mm 为宜，T91 对口间隙以 3~4mm 为宜。

（2）氩弧底焊。

1）T91、TP304/TP316/TP347H 打底焊工艺：

a. 焊缝背面要充氩保护防止氧化。

b. 氩弧焊丝选用 $\phi2.5$，钨极 $\phi2.5$，氩气流量 10～15L/min。

c. 氩弧焊丝要进行 350～400℃烘焙 1～2h，放在 80～120℃的便携式保温桶内，随用随取。

d. 小径管两点定位，大径管加定位块三点定位，施焊至定位快处除掉，并打磨焊疤。

e. 焊接电弧电压为 10～14V，焊接电流 80～110A，焊接速度 55～60mm/min。

f. 氩弧焊打底的焊厚控制在 2.8～3.2mm 范围内。

g. 特别注意防止未焊透、未熔合、过热、过烧等缺陷。与焊接低碳钢不同的是电弧应始终保持在熔池的前部并稍稍超出熔池区，这样既可以使熔池温度不致过高，避免产生过热、过烧缺陷，又能使电弧提前对即将焊接的焊道进行预热，避免出现未焊透、未熔合。

2）打底焊时要注意接头的处理。起焊要控制焊道成形，使起焊处焊道由薄到厚形成一定的坡度，方便相背接头焊接。接头时，电弧在斜坡上部形成熔池后，再正常向前摆动。封底焊道剩最后 10mm 左右时，将焊缝背面氩气保护导管取出，用熄灭电弧的氩弧焊枪代替导管充氩，然后在先前焊好的焊道接头处引弧，待形成正常熔池后送丝向前摆动。焊到刚焊好的、尚处在高温的焊道接头处，电弧稍作停留，并填满弧坑。接头处电弧停留时间不能过长，避免产生过热、过烧缺陷。

3）打底焊时焊枪作锯齿形摆动，注意使焊枪在焊道两边停留时间稍长，中间过渡时间稍短。

（3）填充、盖面。

1）TP304/TP316/TP347 填充焊前应注意清理焊道，否则易造成未熔合、夹杂等缺陷。

2）T91、TP304/TP316/TP347 填充焊。

a. 焊件预热 200～300℃，预热宽度以坡口边缘算起，每侧不少于壁厚 3 倍；壁厚大于 10mm 的管子，应采取电加热方法进行。

b. 焊道宽：小管两道，大管多层多道焊接，焊条摆动宽不应超过焊条直径的 4 倍，层间温度控制在 200～300℃。

c. 每层焊道接头错开 10～15mm，接头平滑，便于清渣，不留"死角"。

d. 电流不宜过大，否则容易造成根层焊缝氧化过烧（在实际工程焊接中多数根层过烧都因填充焊电流过大引起），焊接过程中，注意观察熔池形状，使熔池始终保持扁圆形，这样既可使熔池温度不致过高，又能保证焊缝良好的成形。

e. 填充、盖面时还应注意层间温度的控制：T91 焊接时层间温度应不低于预热温度又不能太高；TP304/TP316/TP347H 焊接时，层间温度应小于 150℃。

（4）焊接缺陷。由于 T91、TP304/TP316/TP347 合金元素含量高，熔池铁水黏度高、流动性差，易产生未焊透、未熔合等缺陷；热导率低、合金元素含量高使 T91、TP304/TP316/TP347H 焊接时焊缝金属易产生过热、过烧等缺陷。

2. T91、P91 钢热处理

《T91/P91 钢焊接工艺导则》规定，此种钢焊后热处理应满足以下要求：

（1）T91 管冷却到常温；P91 管冷却到 100～120℃，及时进行热处理。

（2）P91 管若焊后不能及时热处理，焊后应立即加温至 350℃，恒温 1h 后热处理。

（3）焊接接头的焊后热处理，应采用高温回火。

（4）焊后热处理的升降温速度以不大于 150℃/h 为宜，降至 300℃以下时，保温层内降到室温结束。

（5）T91/P91 钢焊后热处理加热温度为 760℃±10℃；对 T91/P91 钢与珠光体、贝氏体钢的异种焊接接头，加热温度按两侧钢材及焊丝焊条综合确定，不应超过合金成分含量低材料的下临界点。

（6）恒温时间：P91 按壁厚每 25mm 1h 计算，但最少不得小于 4h；对 T91 按壁厚每毫米 5min 计算，且不小于 0.5h。

（7）加热宽度和厚度应符合《火力发电厂焊接热处理技术规程》（DL/T 819）的规定。

（8）焊接热处理过程曲线的主要温度数据：100～150℃→200～300℃→100～120℃→760℃±10℃→300℃到常温。

3. T/P911 钢焊接及热处理

对 T/P911 钢材的焊接及热处理与 T/P91 相同。首次焊接应进行工艺评定并合格后，方可施焊。

（三）P92 钢焊接及热处理

我国对 P92 钢的焊接热处理规程尚未颁发。P92 钢焊接工艺制定后，经焊接工艺评定验证后，方可执行。现将已实践的工艺简述如下。

1. 焊接

T/P92 焊接和 T/P91 焊接工艺有许多相同部分（详见 T/P91 部分）。对不同之处计列如下：

（1）焊前预热：200～250℃。

（2）焊接层间温度：控制在小于 250℃，应用低焊接输入焊接热量的焊接工艺，大管径焊接，应采取冷却措施。

（3）低焊接热量的焊接工艺：包括小径焊条、小电流、行焊快速度等。

（4）焊接层间温度不控制，则可达 300～350℃，冲击韧性只有 10～30J；而控制在低于 250℃以下，冲击韧性可达 50～100J。

（5）焊后必须冷却到马氏体终止转变温度以下。壁厚＜80mm，焊后空冷可得到完全马氏体；壁厚≥80mm，冷却慢冲击韧性降低，要适当加速冷却（马氏体转变终止温度是 120℃），并要求冷却到 100℃，保温 0.5～1h，以得到纯马氏体组织。

（6）去氢处理：为避免氢至冷裂纹，焊后冷却到室温前，直接加热到 250～350℃，保温 2～3h。

2. 焊接及热处理

（1）实践一（德国伯乐蒂森焊接技术集团公司）。

1）焊接工艺。

a. 焊后必须冷却到 100℃以下，才能进行焊后热处理。

b. 母材和焊材的相交温度 A_{clb} 为 765～775℃。

c. 推荐高温回火温度为 760℃，恒温时间为壁厚每 8mm 计 1h，且不短于 2h，最长可达 6h。

d. 对于厚壁焊件，尤其是单面加热热处理的管道焊缝，为了获得较高的蠕变断裂强度，和冲击韧性，建议采取焊后热处理温度为 750℃，保温时间 5～6h。

e. 对于小径薄壁管全氩弧焊缝，热处理温度可在低限，或可短的保温时间。

f. 一层两道或一层三道；焊道厚度小于 2.5mm；快速摆焊比慢速直焊冲击韧性好。

g. 热处理的升温速度为 80～120℃/h，热处理后冷却速度为 100～120℃/h。

2）焊材。

a. 焊接方法 GTAW（或 SAW）：焊丝，thermanit MTS$_3$ 牌号；EN 标准 12070 WCrMo91，ASME 标准 SFA5.28 - ER90S - B9（SFA5.23 - EB9）。

b. 焊接方法 SAMW：焊条 thyssen chromo 9V（或 thyssen chromo T91）牌号，EN 标准 EN1599 ECrMo91B42H5，ASME 标准 SFA5.5 - E9015 - B9。

3）热处理：760/3（℃/h）；A_{kv} 为 111～120J。

4）机械性能：用 thermanit MTS 616 牌号焊条，熔敷金属的机械性能（试验温度 20℃）如下。

a. 小径手工电弧焊：屈服强度 675MPa；抗拉强度 800MPa；延伸率 17.6%；A_{kv} 为 50～58J；

b. 大径手工电弧焊（$\phi300×40mm$）：屈服强度 489MPa，抗拉强度 665MPa，延伸率母材断，A_{kv} 为 58～62J，硬度 236～262HV。

5）冲击韧性：主要防止常温水压试验时发生意外脆性破坏，及防止管道系统应力和热应力造成意外性脆性破坏。

6）蠕变断裂强度。

a. 试验方法：常温蠕变断裂强度试验法和高温蠕变拉伸试验法。高温蠕变拉伸试验法又分为熔敷金属高温蠕变拉伸强度试验和焊接接头的高温蠕变拉伸强度试验。

b. 试验参数：试验温度为 550、600、650℃；试验时间，对熔敷金属大于 30 000h，对焊接接头大于 20 000h。

c. 结果：

（a）熔敷金属蠕变断裂强度试验：均在母材数据分散带断裂，说明不必降低熔敷金属的设计许用应力，Ni 的含量多少，对蠕变断裂强度影响不明显。

（b）焊接接头 600℃蠕变断裂强度试验：其蠕变断裂在母材－20%分散带附近断裂，表明不必降低熔敷金属的设计许用应力。

（c）试验证明当 650℃的蠕变断裂强度试验，焊接接头的蠕变断裂强度低于母材的下分散带。

注：上海锅炉厂对 P91 钢管进行了母材和焊接接头的 600℃的蠕变断裂强度的对比试验。结果：焊接接头的蠕变断裂强度比母材降低 30%。其薄弱环节是焊接热影响区的软化区。

（2）实践二（华能玉环电厂）。

A335 P92 钢是新型马氏体耐热钢，是在 P91 基础上增加了 W，降低了 Mo 含量，这种钢除了固溶强化和沉淀强化外，主要通过微合金化、控制扎制、变形热处理及控冷获得高密度和高度细化的晶粒，韧性显著提高。P92 钢的焊接工艺要点如下：

1）根部焊接 1～2 层，进行背面充氩保护。

2）焊前预热温度：钨极氩弧焊打底 150～200℃；焊条电弧焊填充并盖面 200～250℃；层间温度 200～300℃。

3）采用多层多焊道，水平固定焊，盖面层的焊道布置，焊接一层至少三道焊缝，中间应有"退火焊道"为宜。

4）钨级氩弧焊，采用两层打底，每层厚度控制在 2.8～3.2mm 范围内，焊条电弧焊时，所有焊道的厚度不得超过焊条直径，宽度不得超过焊条直径的 4 倍，任一焊道的焊接线能量小于 20kJ/cm。

5）焊接完毕，待焊口冷却到 100～80℃恒温 1h 以上，随即升温进行焊后热处理。

6）热处理温度为 760℃±10℃（最高温度不得超过熔敷金属的 A_{c1} 温度），恒温时间不少于 4h。热处理过程中，在加热范围内任意两点间的温差不大于 20℃。

7）当焊接过程中断或焊后不能及时做热处理时，应立即进行后热处理，后热处理的温度为 300℃，保温 1h。

3.《P92 钢焊接技术规定》要点

（1）P92 钢焊接工艺评定的试验合格指标按《焊接工艺评定规程》（DL/T 868）规定执行，即 P92 钢焊接接头性能合格指标如下：

1）抗拉强度：≥620MPa。

2）断后伸长率（5d）：≥15％。

3）180°冷弯裂纹长度：≤3mm。

4）焊缝冲击功：≥41J。

5）硬度：≤300HB。

（2）P92 钢焊接焊缝的其他要求如下：

1）根部应焊透，不得有未熔合，表面及内部质量符合标准要求。

2）焊缝断面的微观金相检验：焊缝金属和热影响区不出现严重的组织偏析、淬硬的马氏体、网状组织等。

3）焊缝硬度值不低于母材硬度值的 90％。

（3）P92 钢焊接焊材的选择。

1）焊缝金属的化学成分和力学性能与母材相当。

2）焊接材料熔敷金属的下转变点 A_{c1} 应与被焊母材相当，且不低于 790℃。

3）光学显微镜下观察的焊接熔敷金属组织均匀、没有偏析。

4）焊条施焊工艺性能良好。

（4）焊接工艺参数控制。

1）P92 钢属于 BⅢ类钢，预热 150～200℃。

2）根部氩弧焊两层，根层氩弧焊缝背面进行充氩保护（即管内充氩气），层度不小于 4mm，层间温度为 150～250℃。

3）填充和盖面用焊条电弧焊；焊条直径为 3.2mm，焊接电流为 110～125A。

4）一根完整的焊条所焊的焊道长度应不小于 160mm；应一次连续焊接完成。

（5）焊接热处理。

1）回火升温前，焊件的温度应在 100℃左右，确信焊缝和热影响区的马氏体已经转变完成。

2）焊接材料熔敷金属的下转变点 A_{c1} 应与被焊母材相当，且不低于 790℃。

3）高温回火温度为 770（＋0、－10）℃，恒温时间为壁厚每 8mm 计 1h，且不短于 2h。

4）回火升温速度：焊件达到 400℃ 前应为 200℃/h，达到 400℃ 后应为 100℃/h。降温速度：150℃/h，焊件温度降到 300℃ 后可不控制，直到降至常温。

（6）P92 钢焊接热处理循环折线图见图 3-13。

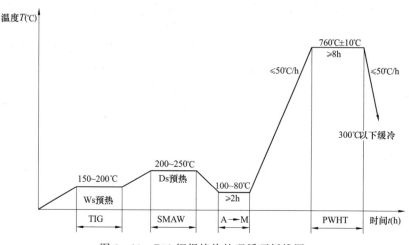

图 3-13　P92 钢焊接热处理循环折线图

（7）推荐焊条及代用焊条：

1）HR3C 焊材以其较高的热稳定性和抗氧化性，在超超临界机组的 600℃ 及以上高温应用；

2）焊接材料匮乏，以镍基焊接材料替代列入日程。在锅炉过热器的马氏体、奥氏体及其异种钢焊接接头，采用 ERNiCrCoMo-1 替代同质焊材焊接 HR3C 是可行的。

（四）P9、F12 及 P22 钢管

F12、T12、P11（B-Ⅰ）；T23、P22、F22（B-Ⅱ）；P5、P9（B-Ⅲ）、钢管是与 T/P91 和 T/P92 同属化学成分相近的马氏体耐热钢。但是，为防焊接冷裂纹而预热温度差别较大。

（1）为防止焊接冷裂纹，应避免在马氏体组织的温度区内焊接，推荐的焊接预热温度较高。

1）P9 钢管为 350℃。

2）F12 钢管为 400～450℃。

3）P22 钢管为 250～300℃。

（2）焊后不能冷却到室温，为提高焊缝的冲击韧性，对 P9、F12 钢管焊后冷却到 80～100℃，保温 1h，使得焊缝全部转变为马氏体组织后，才能进行焊后热处理，否则焊缝的冲击韧性非常低。

（3）P22 钢管为防 Y 形坡口裂纹的试验止裂温度为 250～300℃。

（五）10315AP 钢与 P91 钢焊接

10315AP 钢被广泛作为超临界汽轮机的高压内缸、中压内缸、蒸汽室、高中压主汽门的铸造材质，是 B-1 类钢和 B-2 类钢中间的耐热铸钢，化学成分为 C 0.22、Si 0.65、Mn

0.45～0.84、Cr 0.95～1.55、Mo 0.88～1.22、Ni 0.5、Cu 0.5、V 0.1～0.3、Ti 0.035。

P91 属 B-Ⅲ类钢，与 10315AP 焊接属同类异种钢焊接。制造厂在高中压主汽门进汽室入口管的端部，用 E105-B9 材质焊条堆焊 10mm 长，并制作好坡口，在安装现场与 P91 管进行焊接。

E105-B9 焊条的化学成分为 Cr 9%、Mo 1%，属 9Cr1Mo 钢，与 P91 为同族。

六、钛钢复合管焊接

钛钢材质具有很强的耐腐蚀性，广泛用于化工、海洋、电站、航空、航天领域。发电厂防腐蚀的部位采用钛钢材有理想的效果，了解钛材及钛元素的特性，在应用时以理论指导实践。

（一）电站腐蚀部位与钛钢性能简述

1. 电站腐蚀

电站锅炉、汽轮机、管道，结构及建筑用钢筋分别由高压锅炉用钢、中低压锅炉用钢、多种合金钢、优质碳素钢、低合金钢等黑色金属及少量的有色金属组成。由于金属的本质和外界因素的影响，许多部位均有程度不同的腐蚀，这些腐蚀不仅减少设备使用寿命，还可能造成停炉、停机、爆破等事故，直至威胁人身安全。电站腐蚀部位较多，采取不同措施防范，重点阐述脱硫后的烟囱腐蚀、汽轮机凝汽器热交换管腐蚀、沿海电站海水淡化加热器腐蚀、接触海水的管道及结构的抗腐蚀。

腐蚀形式：化学腐蚀、电化学腐蚀、冲击腐蚀、电偶腐蚀、空穴腐蚀、生物腐蚀、应力腐蚀、晶间腐蚀、析氢腐蚀及各种酸液腐蚀等。腐蚀机理：产生极性水分子、电极电位差、液体 pH 值小于 7、超氢电压、浓缩碱等。

随着湿法脱硫的普遍应用，烟囱防腐列入重要日程。烟气经脱硝脱硫后其温度降低许多，由 140℃左右降到 40～60℃，进入烟囱后产生大量凝结水及饱和汽雾，由亚硫酸吸氧变成硫酸，腐蚀性极强。已尝试过采用耐酸胶泥、耐酸砖、耐硫酸露点腐蚀钢等，其防腐耐酸时间有限，不及时发现和处理，会对混凝土烟囱外壁造成严重腐蚀。近期，国家规定大容量电站必须上脱硝脱硫装置，多数电站采用钛钢复合板现场卷制成钛钢复合管作为烟囱内管，抗腐蚀效果较好。因而，要掌握钛材质的性能及焊接技术。

2. 钛复合钢及性能简述

（1）工业钛钢种类及成分性能。

1）钛钢种类：

a. 工业纯钛钢：TA1、TA1-1、TA2、TA3、TA4；TA1ELI、TA2ELI、TA3ELI、TA4ELI（与 TAx 钛钢相比，TAxELI 钛钢系列对 Fe、O 含量控制更严格；电站常用的是 TA1、TA2；最纯的碘化钛杂质含量不超过 0.1%）。

b. 钛铝合金：TA5、TA6、TA7、TA7ELI[a]（其化学成分为 Ti-5Al-2.5SnELI）等。

c. 钛铅合金：TA8、TA9、TA9-1、TA10 等。

2）钛钢成分：钛合金板及钛合金贴条采用牌号 TA2，含钛 99.185%；牌号 TA1，含钛 99.505%。

3）钛钢性能：99.5%工业纯钛的性能为密度 $\rho = 4.5 \text{g/cm}^3$，熔点 1700～1800℃，导热系数 $\lambda = 15.24 \text{W/(m·K)}$，抗拉强度 $\sigma_b = 539 \text{MPa}$，伸长率 $\delta = 25\%$，断面收缩率 $\psi = 25\%$，弹性模量 $E = 1.078 \times 10^5 \text{MPa}$，硬度 HB195。

4）钛钢特征：

a. 比强度高（强度/密度）。

b. 热强度高，可在 450～500℃下长期工作。

c. 抗蚀性好：抗潮湿、海水、点蚀，酸蚀性能极强。

d. 低温性能好：低温时塑性好，TA7 在－253℃还能保持一定塑性。

e. 化学活性大：与大气中的 O、N、H、CO、CO_2、水蒸气、氨气等产生强烈的化学反应。含碳量大于 0.2％时，在钛合金中形成硬质的 TiC；温度较高时，与 N 作用形成 TiN 硬质表层；在 600℃以上时，钛吸收氧形成硬度很高的硬化层；氢含量上升会形成脆化层。产生的硬脆表层深度可达 0.1～0.15mm，硬化程度为 20％～30％。

f. 导热系数小、弹性模量小：钛的导热系数 $\lambda=15.24W/(m \cdot K)$，约为镍的 1/4、铁的 1/5、铝的 1/14，而各种钛合金的导热系数比钛的导热系数约下降 50％，钛合金的弹性模量约为钢的 1/2。

（2）爆炸焊钛钢复合钢板。爆炸焊钛钢复合钢板是碳钢基材与钛钢薄板应用爆炸焊工艺生产的复合钢产品。爆炸焊是一种固态焊接，以炸药为能源，利用爆炸时产生的冲击波使两层异种材料高速倾斜碰撞、而焊合在一起的方法。这种方法的动力学特点，其压力将大大超过金属的动态屈服极限，并伴随剧烈的热效应，产生了急剧的塑性变形。此时，碰撞面金属板内表面形成两股运动方向相反的金属喷射流。一股是在碰撞点前的自由射流向未结合的空间高速喷出，它冲刷了金属的表面膜，使金属露出了有活性的清洁面，为两种金属的结合提供条件；另一股是在碰撞点之后的凸角射流，它被凝固在两金属板之间，形成两金属的冶金结合。在界面上产生局部高温和高压，塑性变形作用使界面结合处的强度等于或大于母体金属的强度。

（3）钛钢复合板的基本要求。

1）爆炸-轧制钛钢复合板规格：钛-钢复合板基本板宽为 2.0m，每块板长 6.70m。钛-钢复合板厚度有多种（基材＋钛材）：20mm＋1.2mm、18mm＋1.2mm、16mm＋1.2mm、14mm＋1.2mm、12mm＋1.2mm、10mm＋1.2mm。复合板四边铲除钛材，铲边宽度为 16mm，误差为±1mm；钛贴条宽度误差为±1mm。复合板按 BR2 状态供应，以抛光表面交货。

2）爆炸钛钢复合板的力学性能。

不同界面的剪切强度：直线形界面，拉剪强度 147～196MPa；波形界面，拉剪强度 235～294MPa；乱波界面，拉剪强度 235～294MPa。

不同状态的拉剪强度：爆炸成型后状态，261MPa；成型后退火状态，190MPa。

不同状态的弯曲强度：爆炸成型后状态，250MPa；成型后退火状态，186MPa。

不同材质的剪切强度：TA1-Q235 及 TA2-Q235，341MPa；TA1-18MnMoNb，448MPa；TA2-18MnMoNb，390MPa；TA2-16MnCu，421MPa。

成型后退火状态：在真空状态下，650℃高温下 2h，退火工艺后冷却至常温的状态。

3）复合板综合性能。

爆炸成型后状态：TA2-Q235，复合板厚度 3mm＋10mm，拉剪强度 397MPa；冷弯 180°内弯良好、外弯断裂；HV 覆层/粘接层/基层，347/946/279MPa。

爆炸成型退火状态：TA2-20g，复合板厚度 5mm＋37mm，拉剪强度 191MPa；冷弯 180°内弯良好、外弯良好；HV 覆层/粘接层/基层，215/986/160MPa。

（4）钛钢焊接性能。钛与氧、氮有极高的亲和力，钛与氧相互作用生成一层致密的氧化膜。钛在 300℃开始吸氢、600℃吸氧、700℃开始吸氮，由此，钛的强度硬度增高而塑性降低。氮比氧的影响更大，氢在钛中产生氢脆，也是焊缝产生气孔的诱因。

污染物在电弧高温作用下分解出氧、氢、氮、碳等元素，溶于熔融液的钛中形成 TiO_2、TiH_2、TiN、TiC 的化合物，进入钛的晶格中，改变了钛的力学性能，降低了耐腐蚀性，易产生气孔。

钛是同素异形体转变的金属。在 882.5℃开始发生组织的固态转变，882.5℃以下晶体结构为 α 钛；在高于 882.5℃时 α 结构的钛转变为 β 钛。这个转变过程是熔池由液态变为固态的瞬间完成。由于钛熔点是 1668℃，热容量大和导热差等特性，因此焊接时线能量要小、强制冷却、惰性气体保护是必备条件。

气孔是焊接过程中溶入液态金属中气体形成气泡而造成。由于熔池的凝固结晶速度很快，长大的气泡来不及逸出，残留在固态金属中，酿成气孔是氢气、CO、空气中的水分等造成，相对湿度 40％为最佳焊接环境。

（二）电站烟囱钛钢复合钢管焊接工艺

大型火力发电厂的烟囱，多数是 240m 或 210m 高，烟囱分为混凝土外筒和钢内筒两部分。240m 烟囱，其外筒高 233m 采用钢筋混凝土结构，内筒采用钛钢复合板 240m 高，钢内筒直径 8.0m～8.5m；210m 烟囱，其外筒高 203m 钢筋混凝土结构，内筒采用钛钢复合板 210m 高，钢内筒直径 7.5m～8.0m。

内筒本体分为两段，上段长 208m，布置在 240～32m 标高间，筒壁为 1.2mm＋10mm 钛钢复合板，该段悬挂于 225m 层的平台大梁上，在悬挂区域 228～224m 标高间及内筒起吊点标高 216～212m 间筒壁为 1.2mm＋20mm 钛钢复合板；下部长为 31.1m，0～12m 间筒壁为 12mm 碳钢板、12～31.1m 间筒壁为 1.2mm＋12mm 钛钢复合板，下段长 31.1m 内筒自立于基础钢内筒支墩上，上下段内筒采用膨胀节连接。沿内筒体外侧间距 5m 布置环向加固筋，加固筋为 40c 槽钢、TM150×200mm 的 T 型钢等。

1. 作业准备

（1）人员、机械、工器具、力能等配备齐全。

（2）施工场地：设 40t 龙门式起重机，吊车下面有 10m×10m 钢板平台，是设备制作区；将龙门式起重机的一端作为设备堆放区；施工区域场地应平整、排水通畅、照明充足、道路畅通。

2. 作业条件

（1）熟悉图纸和图纸会审完毕。

（2）经过三级安全教育合格，有相应的岗位证书、特殊工种操作证，持证上岗。

（3）焊接施工前，参与钛钢复合板焊焊接人员必须进过焊前模拟考试合格。

（4）所有焊接设备机壳都必须安全接地，各接线点可靠、牢固。

（5）焊接材料、氧乙炔气体等须具有质量合格证书，焊接材料报审后方可使用。

（6）测量器具的规格、量程、精度等级满足要求，并在有关部门检测的有效期内。

3. 作业方法

（1）钛钢复合板焊接形式选择。为了保证内筒焊接质量，避免 Q235B 钢板焊接中将内侧钛板污染，采用搭接接头，接头搭接型式如下图。坡口表面呈银白色光泽。

（2）坡口处理。板材在厂家已定尺、坡口加工完成，现场卷制后按照设定的坡口形式定位组合焊接。

（3）焊前清理。

1）TA2 钛贴条及钛焊丝需经化学清洗，清洗液的配方及清洗要求见表 3-31。

表 3-31　　　　　　　　　**TA2 钛贴条及钛焊丝清洗液配方及清洗要求**

溶液成分	需用量 （ml/L）	酸洗温度	酸洗时间 （min）
HNO_3	170	室温	10～20
HF	45		
H_2O	785		

2）酸洗后的钛贴条及钛焊丝必须用清水冲洗、烘干、使用，暂不用的不得污染。

3）施焊前，钢板及钛板的坡口区域应清洁；如被污染，必须清洗或用机械方法清理干净；对于钢板，其清理范围离焊缝边至少 15mm，钛板清理范围离焊缝边至少 40mm。

4. 钢内筒焊接

（1）基本要求：

1）钢内筒在制作、安装时，Q235 钢板焊接先采用氩弧焊从内部进行打底焊接一道，采用 CO_2 气体保护焊从外部进行填充焊接（2～3 道），组合安装时氩弧焊打底采用手工直流焊填充焊接。

2）钛板采用钨极氩弧焊，氩弧焊焊机具备高频引弧。

3）氩弧焊枪的保护性能要好，输送氩气的气管良好。

（2）CO_2 气体保护焊及氩弧焊参数要求见表 3-32、表 3-33。

表 3-32　　　　　　　　　　　**CO₂ 气体保护焊参数**

位置	焊材（牌号）	规格	电压 （V）	电流 （A）	极性	气流 （L/min）	焊速 （mm/min）
1G	H08Mn2SiA	$\phi1.2$	16～25	120～170	反	15～25	130～190
2G	H08Mn2SiA	$\phi1.2$	16～25	120～170	反	15～20	130～190
3G	H08Mn2SiA	$\phi1.2$	16～25	110～160	反	15～20	130～190

CO_2 气体纯度：$CO_2 \geq 99.5\%$，$O_2 < 0.1\%$，$H_2O = 1 \sim 2g/m^3$。

表 3-33　　　　　　　　　　　**氩 弧 焊 工 艺 参 数**

位置	焊材（牌号）	规格	电压 （V）	电流 （A）	极性	气流 （L/min）	焊速 （mm/min）
1G	TIG-J50	$\phi2.5$	15～18	80～100	正	8～10	80～130
2G	TIG-J50	$\phi2.5$	15～18	80～100	正	8～10	80～130
3G	TIG-J50	$\phi2.5$	15～18	80～100	正	8～10	80～130

（3）钛板工艺参数。

1）钛板的焊接性分析。

a. 在常温下，钛是比较稳定的，但试验表明，随着温度的升高，钛吸收氧、氮、氢的能力也随之明显上升，处于高温状态的熔池易为气体等杂质污染，所以钛焊接时其熔池的保护非常重要。

b. 由于钛含硫、磷、碳等杂质很少，低熔点共晶很难在晶界出现，有效结晶温度区间窄，加之焊缝凝固时收缩量小，因此很少出现焊接热裂纹。但钛焊缝含氧、氮较多时，焊缝或热影响区性能变脆，在较大应力作用下，会出现裂纹。

c. 气孔是钛焊接时最常见的焊接缺陷，气孔产生的原因主要是由于焊接区，特别是对接端面被水分、油脂、不良气体等污染所致，所以焊前清理必须彻底，焊接时用惰性气体封闭保护。

2) 钛焊接工艺参数见表 3-34。

表 3-34 钛焊接工艺参数

接头形式	钛板厚（mm）	焊丝直径（mm）	焊丝牌号	电流（A）	电压（V）	氩气流量（L/min）	焊速（mm/min）
搭接	1.6 与 1.2	1.6	TA2	70～100	9～15	9～15	50～120

3) 钛板焊接工艺要点。

a. 保护气一般采用一级氩气，纯度为≥99.99％。

b. 焊丝不允许有裂纹夹层，焊前进行酸洗或机械清理；焊口两侧清理完好。

c. 焊接时为了提高焊接速度、成型美观，采用 60°喷嘴。除焊枪本身具有保护嘴之外，需要时在焊枪上拖挂专门的保护拖罩。

d. 起弧点，应避开点固焊缝位置，引燃后保证起弧点焊透；运条过程中稳定弧长，保持熔池形状，控制焊缝成型。施焊中收弧时，应将熔池填满，熄弧时应将电弧慢慢引到坡口上熄灭，不得在弧坑中心突然断弧。

e. 根据焊缝尺寸或坡口设计的需求，焊条适当作横向摆动，以获得所需的焊缝宽度，摆动不得超过 5 倍的焊芯直径。

f. 钛条焊接时，采用小电流施焊，注意焊接接头部位错开。

g. 不允许在被焊工件表面（坡口除外）引燃电弧及试验电流。

h. 焊件对口点固时应有临时支撑，清除时母材不得损伤，且应打磨光滑。

i. 焊接施工过程中应尽量保持工件不受附加应力。

j. 焊接结束后清理熔渣、飞溅物，如有缺陷立即修复。

k. 为减少安装中立焊、仰焊，在加工场将内筒加工成 4m 一段，再行安装。

l. 钢内筒焊接采用涨圈定位圆度、用半圆弧板控制焊接热影响区域内凹变形。

m. 钢内筒焊接采用逐层、逐道双人对称焊接，同步进行。

（4）焊接程序。

1) 先将卷好的弧形板拼焊成一段圆筒，先焊钢板，钢板焊缝经检验合格后，再焊钛板。

2) 定位焊前检查坡口尺寸及装配质量。定位焊也必须由持证焊工承担，并采用与正式焊相同的焊接材料及焊接工艺。定位焊后应再检查装配间隙、错口量及定位焊缝质量。

3) 校正变形忌用铁器直接与钛板面接触，以免铁离子污染。

4) 一圈钢圈有 3 条纵缝，应由多名焊工同时进行点焊，点焊中注意错口值不超标 1mm。检查点焊的质量，如有缺陷立即进行消除，对点焊比较厚的地方，用磨光机进行打薄处理。

5）卷制组合时竖直焊缝两端各留 30mm，安装对口时再行焊接。

6）焊接时先用氩弧焊从内侧打底（1 道），再用 CO_2 气体保护焊在外侧填充、盖面（2～3 道）。在每一道焊完之后，将焊缝清理干净并进行检查，如有缺陷，马上进行处理，之后才能进行下一层的焊接，见图 3-14。

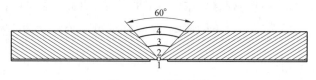

图 3-14 焊缝层数

7）为防止变形，钢板打底时，2 名或 4 名焊工对称退焊，不得中途停焊，作钢印标志。

8）对每一条焊缝进行外观检查，如有超标缺陷立即进行处理，直到合格为止。

9）在两个钢圈焊好之后，进行环焊缝对口、焊接。

10）在环焊缝对口时，注意保证纵焊缝相互错开至少 300mm；如在钢内筒上开孔，开孔的边缘距焊缝至少 300mm。

11）安装时将两节钢圈提升之后，进行与下两个钢圈的拼接，提升后再组装。

12）在壁厚不同的钢圈组对焊接之后，应将外壁打磨成圆滑过渡。

13）在整个焊接过程中尽量用小电流，每层的焊接厚度要薄，并注意层间清理。

14）焊接时不得随意引弧，焊缝成型应光滑、均匀，不得有气孔、凹坑、氧化等缺陷。

（5）焊接环境。钛-钢复合板原则上应在室内焊接，若在室外焊接，当焊接环境出现下列情况之一时，应采取有效措施，否则不应施焊：

1）焊接环境应清洁，无灰尘、无烟雾等，下雨、下雪时停止施焊；焊接环境风速不小于 1.5m/s、焊接环境相对湿度大于 80%、焊接温度低于 5℃时，不允许焊接。

2）焊接场地环境应力求钛板的焊接区与钢铁作业区隔开。在制作焊接作业时，应进行有效的隔离防护，确保钛板不受到污染。钛板部位在厂家出厂时的保护膜严禁破坏，在进行钛条焊接时，将防护膜清理干净。

3）安装过程中，烟囱外筒及钢平台已施工完成，在 232m 钢平台处烟囱内筒孔洞处进行隔离防护，确保下方安装焊接施工不受环境影响，见图 3-15。

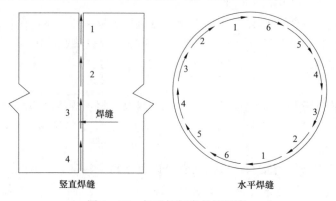

图 3-15 氩弧焊打底焊接顺序

（6）焊接缺陷返修。

1）焊缝上发现有不允许的缺陷需返修时，对缺陷进行砂轮修磨清理，再用白布蘸丙酮进行擦洗清理，清理后再行返修补焊。焊接同一部位返修次数不宜超过 2 次。

2）对经过 2 次返修仍不合格的焊缝，第 3 次返修时，需经技术总负责人批准。用砂轮将以缺陷部位为中心周围向外延伸 10mm 左右的钛层去除，去除后选用 2mm 的 TA2 钛板，用机械方法制取与除去部分同等尺寸的钛板条，对去除后的部位、钛板条用丙酮进行清洗，干后进行补缺焊接。

3）返修后应将返修部位和返修情况记入质量档案。

5．工艺质量要求

（1）质量策划烟囱钢内筒焊接验收表见表 3 – 35。

表 3 – 35 烟囱钢内筒焊接验收表

焊缝级别	焊缝				
	银白	淡黄	深黄	金紫	深蓝
一级	允许	允许	不允许	不允许	不允许
二级			允许	不允许	
三级				允许	
一级	允许	允许	不允许	不允许	不允许
二级			允许	允许	
三级					允许

（2）质量标准。

1）按规范、规程标准及图纸要求进行。

2）由于电厂烟囱施工条件所限，设计为二级焊缝的钛焊缝允许出现不超过 20% 的深蓝或紫蓝色。

3）焊缝外观检查：焊缝错边不超过 1mm；焊缝表面无裂纹、弧坑、气孔、夹渣，咬边深度≤0.5mm；焊缝余高为 0.5～2.5mm，焊缝凹面值≤0.5mm，错口值≤1mm。

4）焊缝的探伤：无损检验执行规范中环焊缝一级质量要求，用超声波探伤，探伤比例为 100%；纵向焊缝二级质量要求，用超声波探伤，比例为 20%，钛板焊缝用渗透探伤，比例 100%。

5）铁离子检查。

a．钛板焊接后，焊接区域对怀疑被铁离子污染区域进行铁离子检查。

b．铁离子检查液的配方是：铁氰化钾 3g，盐酸 20mL，蒸馏水 75mL。

c．表面用丙酮擦洗干净，受检表面滴上检查液，如检查液呈橙色，表明无污染，如检查液呈蓝色，说明有污染，则对受检面重新擦洗，直到检查液呈橙色为止。

d．成型焊缝不允许有裂纹、未熔合现象；不得有气孔、夹渣、焊瘤等缺陷。

（三）钛板钛管应用及焊接技术

复合钢板卷制、焊接、吊挂成为耐腐蚀的烟囱钢内筒，抗烟气带来的腐蚀。沿海电站建设，海水淡化处理设备，岸边海水侵蚀的承载柱，管道等也需要防腐材料。钛复合钢板与烟囱内管反向用之，钛面在外侧而抗腐。阐述复合钛钢板、管应用与焊接。

1. 爆炸焊接成型的复合钛材

近期，爆炸焊技术得到广泛应用，不仅有成型的钛钢复合平板，也有管道衬层、曲面包覆、管子对接等。

爆炸焊接复合板的基材有 Q235、20g、15MnV、16Mn、16MnR、13SiMnV、14MnMoV、18MnMoNb 等；复材有 TA1、TA2、TA5 等。它可应用在多处防腐部位；焊接技术及焊接工艺参照烟囱钛复合钢内管的焊接进行。

2. 自制钛钢复合板及应用

防腐范围不大，不能成批订货，可自制钛钢复合板。根据环境或设计要求，选好基材和复合材质板及相宜厚度，钛板纵横各 400mm 钻直径为 4mm 的孔，用含铜的钛质焊条堆焊第一层，第二层用钛焊条。复合板四周的钛板小 1.5mm，用卡具夹紧，再用含铜质的钛焊条将周边封焊。如果所需钛复合板面积较大，在拼接时，基材先焊接，钛复合层用贴条施焊。其焊接技术和焊接工艺参照烟囱内筒钛钢复合板的焊接要求。

3. 钛质钢管焊接

各种耐酸管道，按设计要求和实践证明，钛质钢管是理想材料。一般采用工业纯钛 TA2，管径大小按设计需要选择，大径可到 $\phi508 \times 14$。

(1) 电站常用的钛钢管的室温退火态的力学性能：

1) TA1：抗拉强度 $R_m \geqslant 240$MPa、非比例拉伸强度 $R_{p0.2} = 140 \sim 310$MPa、断后延长率 $A_{50mm} \geqslant 24\%$。

2) TA2：抗拉强度 $R_m \geqslant 400$MPa、非比例拉伸强度 $R_{p0.2} = 275 \sim 450$MPa、断后延长率 $A_{50mm} \geqslant 20\%$。

(2) 焊接工作除满足常规钛质焊接要求外，特别注意：焊缝区氩气保护，空气湿度控制，焊枪摆动方向，焊后冷却时间，降温到 350℃ 后氩气保护停止。否则，易出现大量气孔，弯曲试验出现裂纹，焊缝表面呈金紫色、热影响区呈深蓝色，必须调整焊接工艺。首次焊接，必须进行焊接工艺评定，焊工考核，焊样检验试验合格后，方准进行正式焊接。

(3) 焊接工艺：焊机 AS - 300P；管坡口 60°～65°，对口间隙视管径及厚度而定，一般在 2～4.5mm；采用 45°固定焊接；管子两头封堵或在焊口两侧的管内封堵；一级氩气、铈钨极、TA2 焊丝；焊丝小径管用 $\phi2.5$，大径管用 $\phi3 \sim \phi4$；电流大小根据壁薄厚、焊条直径、焊层及焊道宽度变化而选择，一般在 170～240A；喷嘴口径 18～22mm；氩气流量，主喷嘴 12～16L/min、背面 12～14L/min、拖罩 18～25L/min。

(4) 检验项目：外观成型、焊缝及热影响区色泽、RT、拉伸强度、弯曲试验等。

(四) 钛材管板焊接技术

大型火力发电厂凝汽器的热交换原件多采用钛或不锈钢。板为碳钢、钛钢、不锈钢或复合钢，管为钛管。凝汽器是在真空度较大的工况下，将汽轮机工作后的乏汽凝结成水的装置，要求热交换管与管板进行严密性焊接。

1. 相关材质的化学成分

相关材质的化学成分见表 3 - 36～表 3 - 38。

表 3-36　　　　　　　　　　　　常用钛管板化学成分　　　　　　　　　　　　%

名称	牌号	标准号	化学成分						
			Fe	O	H	N	Si	C	Ti
钛管	TA1	GB 3620	0.15	0.15	0.015	0.03	0.10	0.05	99.505
钛板	TA2	GB 3620	0.30	0.20	0.015	0.05	0.15	0.10	99.185

表 3-37　　　　　　　　　　　　常用不锈钢管板成分　　　　　　　　　　　　%

牌号	化学成分							
	C	Si	Mn	P	S	Ni	Cr	Ti
08Cr19Ni10	0.08	1.00	2.00	0.030	0.030	8.0/11.0	18.0/20.0	—
12Cr18Ni9	0.15	1.00	2.00	0.030	0.030	8.0/10.0	17.0/19.0	—
022Cr19Ni10	0.03	1.00	2.00	0.030	0.030	8.0/12.0	18.0/20.0	—
07Cr19Ni11Ti	0.04/0.10	0.75	2.00	0.015	0.015	9.0/11.0	17.0/20.0	4C-0.6

表 3-38　　　　　　　　　　　　常用钨极化学成分　　　　　　　　　　　　%

名称	牌号	化学成分						
		W	ThO	CeO	SiO_2	$Fe_2O_3+Al_2O_3$	Mo	CaO
钨钍极	WTh-7	余量	0.70/0.99	—	0.06	0.02	0.01	0.01
	WTh-10	余量	1.00/1.49	—	0.06	0.02	0.01	0.01
钨铈极	WCe-15	余量	1.50/2.00	—	0.06	0.02	0.01	0.01
	WCe-20	余量	—	2.00	0.06	0.02	0.01	0.01

2. 一般规定概要

（1）焊接技术人员、质量检查人员、焊接检验检测人员资格符合规定。

（2）施焊的焊工经过理论培训，密封焊接操作技术考核，考试考核合格。

（3）施焊设备：电弧特性稳定，电流调节灵活，机械执行机构运转自由，具有提前送汽、延时停气、脉冲、非接触引弧和电流衰减功能。

（4）材料：相关材质满足第一部分的规定，氩气纯度大于于 99.98%，自动钨极焊的钨极可选用直径 2.0～2.5mm 的钨钍极、钨镧极、钨铈极。

3. 焊接工艺评定

（1）钛或不锈钢管板焊接工艺评定应遵循一般原则和程序规定。

（2）特殊规定：焊接方法、母材、焊丝、焊接位置中有一项改变，都应重新进行焊接工艺评定。

（3）检验内容：增加金相宏观试验，试验数量不得少于 10 个。

（4）从事焊接工艺评定试样的焊接工作的焊工，试验合格者其项目的试验数据可代替该焊工技能考试结果，不再另行考核。

（5）焊接工艺评定合格后，编制相应的焊接作业指导书。

4. 焊接

（1）焊接准备：焊接环境、管板清洗要求严格按规程执行。

（2）管板自动钨极氩弧焊。

1）中心定位杆保证焊接过程不晃动。

2）接头形式推荐管头比管板长出 0.3～0.5mm。

3）钨极的位置设置：钨极伸出喷嘴 7～8mm，钨极与管板距离为 0.7～1.5mm，钨极与管外壁延长线夹角为 6°～12°。

4）焊接参数见表 3-39。

表 3-39 推荐管板自动钨极氩弧焊工艺参数表

焊接参数	单位	范围	焊接参数	单位	范围
脉冲基值电流	A	20～45	氩气提前时间 T1	S	2～4
脉冲峰值电流	A	75～120	焊接预热时间 T2	S	0.5～2
脉冲频率	Hz	4～8	衰减开始等待时间 T3	S	2～3
占空比	%	40～60	衰减时间 T4	S	4～6
喷嘴保护氩气流量	L/min	4～6	氩气滞后时间 T5	S	4～6
后保护氩气流量	L/min	8～12	机头倒转等待时间 T6	S	1～4
焊接速度	r/min	2.5～2.7	—	—	—

5）焊接工艺。

a. 从时钟 11 点位置起弧，顺转一周在 12 点位置衰减，在 3 点位置收弧，焊嘴自动返回到 11 点位置。

b. 焊接管口选择，应纵横各隔一个，Z 形跳焊法。

c. 双侧施焊时，不得同时焊接同一根管子。

d. 施焊时，严谨在该管另一侧进行割、胀、铣等工作。

e. 焊接过程中，发生焊接异常中断时，应重新清理焊口，调整参数再施焊。

（3）质量检查。

1）外观检查：100% 进行；焊缝余高不大于 1mm，焊缝宽度不大于 5mm；焊缝表面不允许有裂纹、气孔、未融合、焊偏、管翻边等缺陷；焊缝应呈银白色。

2）渗透检查：100% 进行；用 4～10 倍放大镜由无损检测人员观察，无任何缺陷显示；焊缝金相宏观检查不允许出现裂纹、未融合、夹渣、气孔、氧化组织等缺陷。

（4）焊缝返修。

1）需要返修时，用自动钨极氩弧焊机进行再融化来修正缺陷；自动有困难可用手工钨极氩弧焊加丝的方法进行补焊；同一焊口进行补焊次数不得超过 3 次。

2）担任焊缝返修的焊工应具备《焊工技术考核规程》（DL/T 679）规定的 Ⅱ 类及以上考试合格的资格。

3）手工补焊钨极氩弧焊应具有提前送汽、高频引弧、衰减和保护气体滞后功能。

4）补焊的焊丝直径以 0.8～1.2mm 为宜，并清洗干燥洁净。

5）焊口补焊长度超过 5mm 时，必须分段焊，每焊完一段后，冷却到 50℃ 以下后再焊另一段。

6）推荐管板手工钨极氩弧焊工艺参数：钨极直径 2.0～2.5mm，焊接电流 70～90A，喷嘴直径 8～12mm，氩气流量 6～8L/min，氩气提前时间 5s。

7）补焊的焊缝重新进行外观检查和渗透检查。

七、金属技术监督

金属监督是监督火力发电厂发电设备金属构件安全运行的技术和管理工作，是电力生产、建设中技术监督的重要组成部分。按照有关技术规程的规定，其内容包括：通过对受监范围内各种金属部件的检测和诊断，及时了解和掌握这些部件在制造、安装和检修中的材料质量、焊接质量等情况，杜绝不合格的金属构件投入运行；检查和掌握金属构件在服役过程中金属组织变化、性能变化及缺陷萌生发展，通过科学分析，使之在失效前及时更换或修补恢复；参加受监部件事故的调查和原因分析，总结经验，提出对策，并监督实施。

（一）监督范围

（1）工作温度大于或等于400℃的高温承压金属部件和管道。

（2）工作温度大于和等于400℃的导汽管、联络管。

（3）工作压力大于和等于3.82MPa的汽包和直流锅炉的汽水分离器、储水罐。

（4）工作压力大于和等于5.88MPa的承压汽水管道和部件。

（5）汽轮机大轴、叶轮、叶片、拉金、发电机大轴、护环、风扇叶。

（6）工作温度大于和等于400℃的螺栓。

（7）工作温度大于和等于400℃的汽缸、汽室、主汽门、调速汽门、喷嘴、隔板、隔板套。

（8）300MW及以上机组带纵焊缝的低温再热蒸汽管道。

（二）总则

1. 监督目的

通过对受监部件的检验和诊断，及时了解并掌握设备金属部件的质量状况，防止机组设计、制造、安装中出现的与金属材料相关的问题及运行中老化、性能下降等因素而引起的各类事故，从而减少机组非计划停运次数和时间，提高设备安全运行的可靠性，延长设备的使用寿命。

2. 监督任务

（1）做好对受监范围内各种金属部件在制造、安装、检修及老机组更新改造中材料质量、焊接质量、部件质量以及金属试验工作。

（2）对受监金属部件的失效进行调查和原因分析，提出处理对策。

（3）采用无损探伤技术对设备的缺陷及缺陷的发展进行检测和评判，提出相应的技术措施。

（4）检查和掌握受监部件服役过程中表面状态、几何尺寸的变化、金属组织老化、力学性能劣化，并对材料的损伤状态作出评估，提出相应的技术措施。

（5）对重要的受监金属部件和超期服役机组的安全评估，对含缺陷的部件进行安全性评估，为机组的寿命管理和预知性检修提供技术依据。

（6）参与焊工培训考核；建立、健全金属技术监督档案，并进行电子文档管理。

（三）金属材料的监督要点

（1）材料的质量验收

1）受监的钢材、钢管、备品和配件应按质量保证进行质量验收。质量保证书中一般应包括材料牌号、炉批号、化学成分、热加工工艺、力学性能及必要的金相、无损探伤结果等。

2）重要的金属部件，如汽包、汽水分离器、联箱、汽轮机大轴、叶轮、发电机大轴、护环等，应有部件质量保证书，书中技术指标应符合相关国家标准或行业标准。

3）无论复型式试样的金相组织检验，金相照片均应注明分辨率（标尺）。

（2）安装前应进行光谱检验，确认材料无误，方可安装、投入运行。

（3）对进口钢材、钢管和备品、配件等，在索赔期内，按合同规定进行质量验收。应符合相关国家的标准和合同规定的技术条件外，应有商检证明书。

（4）材料代用原则。

1）原则上应选择成分、性能略优者；代用壁厚偏薄时，强度、性能指标不能低于设计要求。

2）代用时应取得专工认可，技术主管批准。

3）采用代用材料后，应做好记录，并在图纸上注明。

（四）焊接质量的技术监督要点

（1）凡金属监督范围内的锅炉、汽轮机承压管道、部件的焊接，应有相当资质的焊工担任。对有特殊要求的部件焊接，焊工应做焊前模拟性练习，熟悉该部件材料的焊接特性。

（2）凡焊接受监范围内的各种管道和部件，焊前应进行焊接工艺评定，焊接材料的选择、焊接工艺、焊后热处理、焊接质量检验和质量评定标准等，均应按标准执行。

（3）焊接材料（焊条、焊丝、钨棒、氩气、氧气、乙炔和焊剂）的质量应符合标准，焊条、焊丝等均应有制造厂的质量合格证；焊材过期，应重新送检；所用氩气纯度不低于 99.95％。

（4）受监范围内部件外观质量检查不合格的焊缝，不允许进行其他项目的检验。

（五）主蒸汽、再热管道及导汽管道的金属监督

1. 制造、安装检验

（1）受监督的管道，在工厂化配管前应进行以下检验：

1）钢管表面上的标记（钢印或漆记）应与制造商产品标记相符。

2）100％进行外观质量检验，钢管内外表面不允许有裂纹、折叠、轧折、结巴、离层等缺陷，表面裂纹、划痕、擦伤、凹陷其深度大于 1.6mm 的缺陷应完全清出，补焊应圆滑过渡。

3）热轧（挤）钢管内外表面不允许直道大于壁厚的 5％，且最大深度大于 0.4mm 的缺陷。

4）合金钢管逐根进行光谱分析。

5）合金钢管按同规格根数的 50％进行硬度检验，每炉批至少抽查 1 根钢管三个截面（两端和中间）检验硬度，每一截面在相对 180°检查两点；若发现硬度异常，应进行金相组织检验。

6）钢管硬度高于标准规定植，通过再次回火；硬度低于规定值，重新正火＋回火处理，但不得超过 2 次。

7）对合金钢管按同规格根数的 10％进行金相组织检验，每炉批至少抽查 1 根。

8）钢管按同规格根数的 50％进行超声波探伤，探伤部位为钢管两端的 300～500mm

区段。

9）对直管按每炉批至少抽取 1 根进行以下项目试验：化学成分；拉伸、冲击、硬度；金相组织、晶粒度和金属夹杂物；弯曲试验（按 ASTM、A335 执行）；无损探伤。

10）P22 钢管的试验评价应确认制造商。美国 WYMAN‐GORDON 公司生产的钢管，其金相组织为珠光体＋铁素体；德国 VOLLOREC&MANNESMANN 公司或中国生产的钢管，其金相组织为贝氏体（珠光体）＋铁素体。制造商标准不同，拉伸强度也不同。

（2）受监督的弯头/弯管，在工厂化配管前应进行以下检验：

1）钢管表面上的标记（钢印或漆记）应与制造商产品标记相符。

2）100％进行外观质量检验，钢管内外表面不允许有裂纹、折叠、轧折、结巴、离层等缺陷，表面裂纹、划痕、擦伤、凹陷深度大于 1.6mm 的缺陷应完全清除，补焊应圆滑过渡。

3）按质量证明书校核：

a. 逐件检查中性面/外/内弧侧壁厚、椭圆度和波浪率。

b. 椭圆度应满足：p_g＞8MPa 时，椭圆度不大于 5％；p_g＜8MPa 时，椭圆度不大于 7％；p_g＞10MPa 时，椭圆度不大于 3％；p_g＜10MPa 时，椭圆度不大于 5％。

4）合金钢弯头/弯管应逐件进行光谱分析；100％进行硬度检验，至少在外弧顶点和侧弧中间位置测 3 点；按 10％进行金相组织检验（同一规格的不得少于 1 件）。

5）弯头/弯管的外弧面按 10％进行探伤抽查。

6）弯头/弯管有下列情况时为不合格：

a. 存在晶间裂纹、过烧组织、夹层或无损探伤的其他超标缺陷。

b. 形状、尺寸不满足规定。

c. 外弧最小壁厚未满足设计要求，或经计算未达标。

（3）受监督的锻制、热压和焊制三通及异径管在配装前的检查。

1）钢管表面上的标记（钢印或漆记）应与制造商产品标记相符。

2）100％进行外观质量检验，表面不允许有裂纹、折叠、轧折、结巴、离层等缺陷，三通肩部的壁厚应大于主管公称壁厚的 1.4 倍。

3）合金钢三通、异径管逐件进行光谱分析；100％进行硬度试验，三通至少在肩部和腹部各测 3 点，异径管至少在大、小头位置各测 3 点；按 10％进行金相组织（不得少于 1 件）；硬度异常的，应进行金相检验。

4）三通、异径管按 10％进行探伤抽检。

5）下列情况之一者为不合格：

a. 存在晶间裂纹、过烧组织、夹层或无损探伤的其他超标缺陷。

b. 焊接三通存在超标缺陷。

c. 形状、尺寸不满足规定。

d. 外弧的最小壁厚未满足设计要求或经计算未达标准。

（4）管件硬度高于规定值：通过再次回火；硬度低于标准：重新正火＋回火，处理不得超过 2 次。

（5）对验收合格的直管、与管件进行配装后的检验。

1）合金钢管焊缝 100％光谱检验和热处理后的硬度检验；整体热处理的合金钢管进行

10％的硬度抽查，有异常则扩大检验比例，且焊缝或管段应进行金相组织检验。

2）配管焊缝进行 100％无损探伤。

（6）受监督阀门安装前的检查。

1）阀壳表面的出厂标记（钢印或漆记）应与制造厂产品相符。

2）按质量说明书核对阀壳材料，特别要注重阀壳的无损探伤结果。

3）对合金钢制阀壳逐件进行光谱分析。

4）按 20％对阀壳进行表面探伤，特别注重圆滑过渡区和壁薄区域。

（7）设计单位应向电厂提供管道单线立体布置图及以下内容：

1）管道材料牌号、规格、理论计算壁厚、厚度偏差。

2）设计采用的材料许用应力、弹性模量、线膨胀系数。

3）管道冷拉口位置及冷拉值。

4）管道对设备的推力、力矩。

5）管道最大应力值及其位置。

（8）关于蠕变测点和监督段。

1）对新建机组蒸汽管道，不强制要求安装蠕变测点；对已安装了蠕变变形测点的蒸汽管道，则继续进行检验。

2）工作温度大于 450℃的主蒸汽、再热管道在直管段上设监督段（主要用于金相和硬度跟踪检验；监督段应选择壁薄处，其长度约 1000mm；监督段同时应包括锅炉出口第一道焊缝后的管段和汽轮机入口前第一道焊缝前的管段。

3）装设蒸汽管道安全状态在线监测装置：管道应力危险区段；管壁较薄，应力较大，或运行时间较长，以及经评估后剩余寿命较短的管道。

（9）安装前对直管、弯头/弯管、三通进行表面检查和几何尺寸抽检。

1）20％直管内、外径和壁厚测量；20％弯管/弯头的不椭圆度、壁厚测量。

2）检查热压三通肩部、管口段及焊制三通管口的壁厚。

3）对异径管进行壁厚和直接测量。

4）管道上小管径接管的形位偏差。

5）对几何尺寸不合格的管件，应加倍抽查。

（10）安装前对合金钢管、合金管件（弯头、弯管、三通、异径管）进行 100％光谱检验，管段 20％、管件 10％进行硬度和金相组织检验。

（11）对主蒸汽、高温再热器管道上的堵阀、堵板阀体、焊缝进行无损探伤。

（12）工作温度大于 450℃主蒸汽、高温再热器、高温导汽管道的安装焊缝应采取氩弧焊打底。焊缝 100％无损探伤。UT 按《管道焊接接头超声波检验技术规程》（DL/T 820）进行，RT 按《钢制承压管道对接焊接接头射线检验技术规程》（DL/T 821）进行。没超标的缺陷，要定位记录在案。

（13）安装焊缝的外观、光谱、硬度、金相组织检验和无损探伤的比例、质量要求按《火力发电厂焊接技术规程》（DL/T 869）的规定执行，对 9％～12％Cr 类钢制管道的有关检验监督按后项规定执行。

（14）管道安装完应对监督段进行硬度和金相组织检验。

（15）管道保温层应有焊缝位置标志。

（16）安装单位对上述的检验检测试验的资料、代用材料记录、异常处理记录等应提供齐全完整。

（17）监理单位应向电厂提供钢管、管件原材料检验、焊接工艺执行监督以及安装质量检验监督等相应监理资料。

（18）主蒸汽、高温再热器管道露天布置的部分，及与油管平行交叉和可能滴水部分，应加金属薄板保护层。露天吊架应有防雨水渗入保护层的措施。

2. 9％～12％Cr 系列钢制管道的检验监督

（1）此系列钢包括 P91、P92、P122、X20CrMoV121、X20CrMoWv121、CSN417134 等。

（2）管材和制造、安装检验：同制造、安装检验相应规定。

（3）直管段母材的硬度均匀，在 180～250HB，任意两点间的硬度差不应大于 30HB；若硬度小于 160HB 时，应取样进行拉伸试验。

（4）用金相显微镜在 100 倍下检查 β-铁素体含量，取 10 个现场的平均值，纵向面 β-铁素体含量不超过 5％。

（5）热推、热压和锻造管件的硬度均匀，且控制在 175～250HB，任意两点间的硬度差不应大于 50HB。纵截面的金相组织的 β-铁素体球化含量不超过 5％。

（6）对于公称直径大于 100mm 或壁厚大于 20mm 的管道，100％进行焊缝的硬度检验；其余管的焊缝按 5％抽查，硬度控制在 180～270HB。

（7）硬度检验的深度通常为 0.5～1mm。

（8）对于公称直径大于 150mm 或壁厚大于 20mm 的管道，10％焊缝的金相组织检验。

（9）焊缝和熔合区金相组织中的 β-铁素体球化最严重的含量不超过 10％。

（10）对安装期间来源不清或有疑虑的管材，首先应对管材进行鉴定性检验：①直管段和管件的壁厚、外径检查；②直管段和管件的超声波检查；③割管取样进行 10 项的试验项目检查；④依试验结果，对管道的材质状态作出评估。

（六）高温联箱的金属监督

1. 制造、安装检验

（1）工作温度高于 400℃ 的联箱应做以下主要检验：

1）筒体及管座壁厚和直径测量，特别注意环形焊缝区段的壁厚。

2）合金钢筒体、逐件对筒体筒节、封头光谱检验。

3）对合金钢制联箱筒体段数、制造焊缝的 20％ 进行硬度检验，过渡段 100％检验。

4）9％～12％Cr 钢制联箱的母材、焊缝的硬度和金相组织参照上述第（五）项相应规定执行。

5）联箱制造环焊缝按 10％ 进行超声波探伤，管座角焊缝合手孔管座角焊缝按 50％ 进行表面探伤复查。

（2）筒体表面检查凹坑深度不得超过 1.5mm，缺陷长度不大于 40mm。

（3）安装单位将联箱相应资料齐全完整提供给电厂。

（4）监理单位向电厂提供钢管、管件原材料验收、焊接工艺执行监督以及安装质量检验监督等相应的监理资料。

2. 机组运行期间的检验监督

按《火力发电厂金属技术监督规程》（DL/T 438—2009）中 8.2 的规定执行。

（七）受热面管子的金属监督

1．制造、安装检验

（1）根据 GB 5310 或相应的技术标准，对管材的化学成分、低倍检验、金相组织、力学性能、工艺性能和无损探伤；供应商的质量保证书和材料复检记录或报告；进口管材应有商检报告。

（2）受热面管子安装前，按装箱单和图纸进行清点。检查资料、图纸、文件，包括材料复检记录或报告、制作工艺、焊接热处理、焊缝的无损探伤、焊缝返修、通球检验、水压试验记录等。

（3）受热面管制造商应提供：

1）图纸、强度计算书和过热器、再热器壁温计算书。

2）设计修改资料，制造缺陷的返修处理记录。

3）首次用的管材和异种钢焊接应提供焊接工艺评定报告和热加工工艺资料。

（4）受热面管的制造焊缝，应 100％的射线探伤或超声波探伤，对超临界、超超临界压力锅炉受热面管的焊缝，在 100％无损探伤中至少包括 50％的射线探伤。

（5）受热面管子安装前的重点检查：

1）模式水冷壁的鳍片焊缝咬边深度不得大于 0.5mm，连续长度不大于 100mm。

2）随机抽查的外径和壁厚，不同材料牌号和不同规格的直管及弯管均各抽查 10 根，每根两点，壁厚负偏差在允许范围内，弯管椭圆度达标。

3）弯管外弧侧最小壁厚减薄率 b，R/D（弯曲半径/公称直径）规定：$1.8 < R/D < 3.5$，$b \leqslant 13\%$；$R/D \geqslant 3.5$，$b \leqslant 10\%$。

4）合金钢管、焊缝按 10％光谱抽查；厂家焊缝抽查 5‰。

2．受热面管子安装质量检验

（1）安装焊缝的外观质量、无损探伤、光谱分析、硬度和金相组织检验以及不合格焊缝的处理按 DL/T 869 中相关条款执行。

（2）低合金、不锈钢和异种钢焊缝的硬度分别按 DL/T 869 和《火力发电厂异种钢焊接技术规程》（DL/T 752）中相关条款执行；9％～12％Cr 钢焊缝的硬度控制在 180～270HB，硬度异常，应进行金相组织检验。

3．机组运行期间的检验监督

按 DL/T 438—2009 中 9.3 的规定执行。

（八）给水管道和低温联箱的金属监督

超超高压机组的给水管道材质：

1）多数采用 15NiCuMoNb5（WB36），书写为 15NiCuMoNb5－6－4。

2）采用德国蒂和奥林康的焊丝、焊条焊接。

3）预热 100～150℃，保温 0.5～1h。

4）进行氩弧焊打底 3mm。

5）升温到 200℃开始填充层焊接，薄层多焊道，每层厚不超过焊条直径 $d+2$mm，宽度不大于焊条宽的 5 倍。

6）层间温度在 150～250℃，由热处理人员监护，当超过 250℃时应停止工作。

7）层间接头要错开 10～15mm。

8）允许进行热处理时立即热处理，不能立即热处理时，则进行后热，其后热温度为250～300℃，保温 2h。

（九）汽轮机部件的金属监督

1．安装前质量检验

（1）部件的质量证明书、执行标准、商检合格证明。

（2）转子大轴、轮盘及叶片的技术指标。部件图纸；材料牌号；锻件制造商；胚料的冶炼、锻造及热处理工艺；化学成分；拉伸、硬度、冲击、脆性形貌转变温度 $FATT_{50}$ 或 $FATT_{20}$ 等力学性能；金相组织、晶粒度；残余应力测量结果；无损探伤结果；部件几何尺寸；转子热稳定性试验结果；叶轮、叶片等部件的技术指标。

（3）对汽轮机转子、叶轮、叶片、喷嘴、隔板、和隔板套等部件检查有无裂纹、划痕、痕印。

（4）对汽轮机转子进行圆周和轴向硬度检验，圆周不少于 4 个截面，且包括转子两个端面，高中压转子有一个截面应选在调速级轮盘侧面；每截面测四点，同圆周线上的硬度值偏差不应超过 30HB，同一线上的硬度值偏差不应超过 40HB。

（5）若制造厂未提供转子探伤报告或有疑问时，应进行无损探伤：有转子中心孔按DL/T 717、焊接转子按 DL/T 505、实心转子按 DL/T 930 执行。

（6）各级推力瓦和轴瓦的超声波探伤，检查有否脱胎或其他缺陷。

（7）镶焊有司太立合金的叶片，焊缝进行无损探伤，叶片无损探伤按 DL/T 714、DL/T 925 执行。

（8）对隔板进行外观质量检查和表面探伤。

2．机组运行期间的检验监督

按 DL/T 438—2009 中 12.2 的规定执行。

（十）发电机部件的金属监督

1．安装前的检验

（1）制造商提供的质量证明书、技术指标。

（2）转子大轴和护环的技术指标：部件图纸；材料牌号；锻件制造商；胚料的冶炼、锻造及热处理工艺；化学成分；拉伸、硬度、冲击、脆性形貌转变温度 $FATT_{50}$ 或 $FATT_{20}$ 等力学性能（对护环不要求钢材脆性转变温度 FATT）；金相组织、晶粒度；残余应力测量结果；无损探伤结果；部件几何尺寸；发电机转子电磁特性试验结果。

（3）安装前的设备检查。

2．机组运行期间的检验监督

按 DL/T 438—2009 中 13.2 的规定执行。

（十一）紧固件的金属监督

汽轮机、发电机大轴连接螺栓安装前进行外观质量、光谱、硬度检验和表面探伤。

（十二）大型铸件安装前的金属监督

（1）大型铸件包括汽缸、汽室、主汽门、调速汽门、平衡环、阀门等部件。

（2）质量证明书及技术指标：部件图纸；材料牌号；胚料制造商；化学成分；胚料的冶炼、锻造及热处理工艺；拉伸、硬度、冲击、脆性形貌转变温度 $FATT_{50}$ 或 $FATT_{20}$ 等力学性能；金相组织、晶粒度；射线或超声波无损探伤结果。

（3）安装前检查：汽缸螺栓孔应进行无损探伤；铸件应进行硬度试验。

（十三）金属技术监督管理

（1）企业自定金属监督技术标准；各集团公司每年召开一次金属监督会议；发电厂、电建公司、修造企业不定期召开金属监督会议；金属技术监督专责工程师制订计划、编写年度总结及专题报告，建立金属监督技术档案。

（2）受检部件检验应出具检验报告（名称、牌号、条件、方法、项目、内容、日期、结果、说明等），并有检验人员、批准人签字。

（3）电厂、基建、修造单位均应建立健全数据库，实行定期报表制度和规范化、科学化、数字化、微机化管理。

第八节　电　站　阀　门

一、阀门选用

（一）阀门认证机构

（1）国内产品：我国特种设备制造许可证（压力管道）；国家核安全局"核承压设计、制造资格许可证"；中国船级社"船用阀门工厂许可证书"。

（2）进出口产品：美国石油学会的 API 证书；挪威船级社（DNW）的 ISO 9001 证书；英国劳埃德的 ISO 9001 证书；德国莱茵 TUV 公司颁发的欧盟承压设备指令 PED（97/23/EC）CE 证书。

（二）主要规范和标准

（1）国内主要标准。

1）国家标准：《通用阀门压力试验》（GB/T 13927）、《通用阀门标志》（GB/T 12220）、《法兰连接金属阀门结构长度》（GB/T 12221）、《钢制阀门一般要求》（GB/T 12224）、《通用阀门碳素钢锻件技术条件》（GB/T 12228）、《通用阀门碳素钢铸件技术条件》（GB/T 12229）、《通用阀门奥式体钢锻件技术条件》（GB/T 12230）、《阀门铸钢件外观质量要求》（GB/T 12231）、《通用阀门法兰和对焊连接钢制闸阀》（GB/T 12234）、《通用阀门法兰连接截止阀与升降式止回阀》（GB/T 12235）、《通用阀门钢制旋启式止回阀》（GB/T 12236）、《对接焊阀门结构长度》（GB/T 15188.1）；《优质碳素结构钢》（GB 699）、《合金结构钢》（GB 3077）、《奥氏体不锈钢》（GB 1220）。

2）部级标准：《阀门型号编制方法》（JB/T 308）《电站阀门型号编制方法》、（JB/T 4018）、电站阀门技术条件（JB/T 3595）、《阀门电动装置技术条件》（JB/T 16002）、《截止阀、节流阀和止回阀结构长度》（JB 96）、《闸阀结构长度》（JB 97）、《法兰连接尺寸》（JB 76）、《法兰密封面形式》（JB 77）、《承插焊端部尺寸》（JB/T 1751）、《电站阀门铸钢技术条件》（JB/T 5263）。

（2）国外重要标准：《法兰连接和对焊连接阀门》（ASME/ANSI B16.34）、《法兰连接和对焊连接阀门结构长度》（ASME/ANSI B16.10）、《法兰端部尺寸》（ASME/ANSI B16.5）、《承插焊端部尺寸（SW）》（ASME/ANSI B16.11）、《对接焊端部尺寸（BW）》（ASME/ANSI B16.25）、《火力发电用阀门（JIS）》（E101）。

二、阀门性能

（1）新旧等级标准见表 3－40。

表 3-40　　　　　　　　　　　新 旧 等 级 标 准

旧标准	新标准		
公称压力 PN（kgf/cm²）	主体材料	工作温度与工作压力（℃/MPa）	工作压力与工作温度和主体材料代号表达式
160 I	1Cr5M0	540/4	$p_{54}40$ I
160 II	15Cr5M0	600/4	$p_{60}40$ II
200 V	12Cr1MoV	540/10	$p_{54}100$ V
250 V	12Cr1MoV	540/14	$p_{54}140$ V
320 V	12Cr1MoV	540/17	$p_{54}170$ V
200 I	12Cr1MoV	540/10	$p_{54}100$ V
200 II	12Cr1MoV	540/10	$p_{54}100$ V

（2）高温高压电站阀门的主要性能（以 12Cr1MoV 为例）见表 3-41。

表 3-41　　　　　　　　高温高压电站阀门的主要性能

公称压力 PN（MPa）	工作压力与工作温度和主体材料表达式	试验项目		工作压力 p（MPa）	工作温度（℃）	适用介质
		强度试验 p_s（MPa）	密封试验 p（MPa）			
20.0	$p_{54}100$ V	30.0	22.0	10.0	≤540	
25.0	$p_{54}140$ V	38.0	27.5	14.0		
32.0	$p_{54}170$ V	48.0	35.2	17.0		
25.0	$p_{54}100$ V	38.0	27.5	10.0	≤550	蒸汽
32.0	$p_{54}140$ V	48.0	35.2	14.0		
42.0	$p_{54}170$ V	63.0	46.2	17.0		
32.0	$p_{54}100$ V	48.0	35.2	10.0	≤570	
42.0	$p_{54}140$ V	63.0	46.2	14.0		
50.0	$p_{54}170$ V	75.0	55.0	17.0		

（3）钢制阀门压力-温度等级（壳体在不同温度下的最大允许工作压力）见表 3-42。

表 3-42　　　　　　　　钢制阀门压力-温度等级

材料钢号	基准温度（℃）	工作温度（℃）												
20、25 ZG20 II、ZG25 II	200	250	300	350	400	425	—	—	—	—	—	—	—	—
15CrM0 ZG20CrMo	200	320	450	490	500	510	515	525	535	545	—	—	—	—

材料钢号	基准温度(℃)	工作温度(℃)													
12Cr1MoV 15Cr1Mo1V ZG20Cr1MoV ZG15Cr1MoV	200		320	450	510	520	530	540	550	560	570	—	—	—	—
1CrMo ZG1Cr1Mo	200		325	390	430	450	470	490	500	510	520	530	540	550	—
1Cr18Ni9Ti ZG1Cr18Ni9Ti 1Cr18N12Mo2T ZG1Cr18Ni12MO2Ti	200		300	400	480	520	560	590	610	630	640	660	675	690	700
PN(MPa)	p_s(MPa)	最大允许工作压力 p_{max}(MPa)													
1.6	2.4	1.57	1.37	1.23	1.08	0.98	0.88	0.78	0.69	0.63	0.55	0.49	0.44	0.39	0.35
2.5	3.8	2.45	2.16	1.96	1.76	1.57	1.37	1.23	1.08	0.98	0.88	0.78	0.69	0.63	0.55
4.0	6.0	3.92	3.53	3.14	2.74	2.45	2.16	1.96	1.76	1.57	1.37	1.23	1.08	0.98	0.88
6.3	9.0	6.27	5.49	4.90	4.41	3.92	3.53	3.14	2.74	2.45	2.16	1.96	1.76	1.57	1.37
10.0	15	9.8	8.28	7.84	6.69	6.27	5.49	4.90	4.41	3.92	3.53	3.14	2.74	2.45	2.16
16.0	24	15.68	13.72	12.25	10.98	9.80	8.82	7.84	6.69	6.27	5.49	4.90	4.41	3.92	3.53
20.0	30	19.60	17.64	15.68	13.72	12.25	10.98	9.80	8.82	7.84	6.69	6.27	5.49	4.90	4.41
25.0	38	24.50	22.05	19.60	17.64	15.68	13.72	12.25	10.98	9.80	8.82	7.84	6.69	6.27	5.49
32.0	48	31.36	27.44	24.50	22.05	19.60	17.64	15.68	13.72	12.25	10.98	9.80	8.82	7.84	6.69
42.0	58	41.16	37.04	32.93	28.81	25.73	23.15	20.58	18.52	16.64	14.41	12.86	11.53	10.29	9.26
50.0	70	49.00	44.10	39.20	35.28	31.36	27.44	24.40	22.05	19.60	17.64	15.68	13.72	12.25	10.98
63.0	90	62.72	57.88	49.00	44.10	39.20	35.28	31.36	27.44	24.50	22.05	19.16	17.64	15.68	13.72
80.0	110	78.40	69.58	62.72	54.88	49.00	44.10	39.20	35.28	31.36	27.44	24.50	22.05	19.16	17.64
100.0	130	98.00	88.20	78.40	69.58	62.72	54.88	49.00	44.10	39.20	35.28	31.36	27.44	24.50	22.05

注　1. 数据来源于《电站阀门技术条件》(JB/T 3595) 中压力-温度等级的规定。

　　2. 当温度或压力值处在表中所示值的中间时，用内插法求取最高使用值。

　　3. 采用 ASTM 中规定的材料，其压力-温度数据关系查阅 ANSI B16.3。

三、阀门材料

不同标准中阀门主要材料的化学成分和机械性能见表 3-43。

表 3-43　　　　　　　　　　阀门主要材料的化学成分和机械性能（一）

材料种类		碳钢（ASTM）		耐热合金钢（ASTM）							奥氏体不锈钢			
		A105	A216	A182				A127			A182		A351	
			WCB	F1	F5	F11	F22	WC1	WC6	WC9	F304	F316	CF8	CF8M
化学成分（%）	C	≤0.35	≤0.3	≤0.28	≤0.15	0.10~0.20	≤0.15	≤0.25	≤0.20	≤0.18	≤0.08	≤0.08	≤0.08	≤0.08
	Si	≤0.35	≤0.60	0.15~0.35	≤0.50	0.50~1.00	≤0.50	≤0.60	≤0.60	≤0.60	≤1.00	≤1.00	≤2.00	≤1.50
	Mn	0.60~1.05	≤1.00	0.60~0.90	0.30~0.60	0.30~0.80	0.30~0.60	0.50~0.80	0.50~0.80	0.50~0.70	≤2.00	≤2.00	≤1.50	≤1.50
	P	≤0.040	≤0.040	≤0.045	≤0.030	≤0.040	≤0.040	≤0.040	≤0.040	≤0.040	≤0.040	≤0.040	≤0.040	≤0.040
	S	≤0.050	≤0.045	≤0.045	≤0.030	≤0.040	≤0.040	≤0.045	≤0.045	≤0.045	≤0.030	≤0.030	≤0.040	≤0.040
	Cr	≤0.30	≤0.40	—	4.0~6.0	1.00~1.50	2.00~2.50	≤0.35	1.00~1.50	2.00~2.75	18.0~20.0	16.0~18.0	18.0~21.0	18.0~21.0
	Ni	≤0.040	≤0.50	—	≤0.50	—	—	≤0.50	≤0.50	≤0.50	8.00~11.0	10.0~14.0	8.00~11.0	9.00~12.0
	Mo	≤0.12	≤0.25	0.44~0.65	0.44~0.65	0.44~0.65	0.87~1.13	0.45~0.65	0.45~0.65	0.90~1.20	—	2.00~3.00	—	2.00~3.00
	Cu	≤0.25	≤0.50	—	—	—	—	≤0.50	≤0.50	≤0.50	—	—	—	—
	V	≤0.030	≤0.30	—	—	—	0.15~0.30	—	—	—	—	—	—	—
	Nb	≤0.020	—											
机械性能	σ_b MPa	≥485	≥485	≥485	≥485	≥485	≥517	≥448	≥485	≥485	≥517	≥517	≥485	≥485
	σ_s MPa	≥250	≥250	≥276	≥276	≥276	≥310	≥241	≥276	≥276	≥207	≥207	≥207	≥207
	δ（%）	≥22	≥22	≥25	≥20	≥20	≥20	≥24	≥20	≥20	≥30	≥30	≥35	≥30
	Ψ（%）	≥30	≥35	≥35	≥35	≥30	≥30	≥35	≥35	≥35	≥50	≥50	—	—
	HB	≤187	—	≤192	≤217	≤207	≤207	—	—	—	—	—	—	—

注　1. A105 或 WC1 的适用温度≤425℃。

　　2. F1 或 WC1 的适用温度≤450℃；F11 或 WC6 的适用温度≤540℃；F22 或 WC9 的适用温度≤570℃。

　　3. F304、CF8、F316 或 CF8M 的适用温度≤700℃。

表 3-44 　　　　　　　　阀门主要材料的化学成分和机械性能 （二）

材料种类		碳钢 GB 699	耐热合金钢（GB 3077）				奥氏体不锈钢（GB 1220）	
		20Mn	1Cr5Mo	15CrM0	12Cr1MoV	25Cr2MoV	1Cr18Ni9Ti	1Cr18Ni12MoTi
化学成分（%）	C	0.17~0.24	≤0.15	0.12~0.18	0.08~0.15	0.22~0.29	≤0.12	≤0.12
	Si	0.17~0.37	≤0.50	0.17~0.37	0.17~0.37	0.17~0.37	≤1.0	≤1.0
	Mn	0.70~1.00	≤0.60	0.40~0.70	0.40~0.70	0.50~0.80	≤2.00	≤2.00
	P	≤0.035	≤0.035	≤0.035	≤0.035	≤0.035	≤0.035	≤0.035
	S	≤0.035	≤0.030	≤0.035	≤0.035	≤0.035	≤0.030	≤0.030
	Cr	≤0.25	4.0~6.0	0.80~1.10	0.90~1.20	2.10~2.50	17.00~19.0	16.00~19.00
	Ni	≤0.25	≤0.06	—		—	8.00~11.00	11.00~14.00
	Mo	—	0.45~0.60	0.40~0.55	0.25~0.35	0.90~1.10	—	1.80~2.50
	Cu	≤0.25						
	V	—		—	0.15~0.30	0.30~0.50	—	—
	其他			—	—			
机械性能	σ_b（MPa）	≥450	≥588	≥440	≥490	≥735	≥539	≥539
	σ_s（MPa）	≥275	≥392	≥295	≥245	≥590	≥2.06	≥216
	δ（%）	24	18	22	22	16	40	40
	Ψ（%）	50	—	60	50	50	55	55
	HB	≤197	—	≤197	≤197	≤241	≤187	≤187

表 3-45 　　　　　　　　阀门主要材料的化学成分和机械性能 （三）

材料种类		碳钢 GB 7659	耐热合金钢 GB 8492				奥氏体不锈钢 GB 12230、GB 2100	
		ZG200-400H	ZG1Cr5Mo	ZG20CrMo	ZG20CrMoV	ZG15CrMoV	ZG1Cr18Ni9Ti	ZG1Cr18Ni12MoTi
化学成分（%）	C	≤0.02	≤0.15	0.18~0.24	0.18~0.24	0.14~0.20	≤0.12	≤0.12
	Si	≤0.50	≤0.50	0.17~0.37	0.17~0.37	0.17~0.37	≤1.50	≤1.50
	Mn	≤0.80	≤0.60	0.40~0.70	0.45~0.69	0.40~0.70	0.80~2.0	≤1.50
	P	≤0.040	≤0.035	≤0.030	≤0.030	≤0.030	≤0.045	≤0.045
	S	≤0.040	≤0.030	≤0.030	≤0.030	≤0.030	≤0.030	≤0.030
	Cr	≤0.30	4.0~6.0	0.90~1.20	1.00~1.20	1.20~1.70	1.70~20.00	16.0~19.0
	Ni	≤0.30	—	—		—	8.00~11.00	11.00~13.00
	Mo	≤0.30						
	Cu	≤0.15	0.50~0.65	0.5~0.70	0.5~0.70	1.00~1.20	—	2.0~3.0
	V	≤0.05		0.20~0.30	0.20~0.40		Ti0.50~0.70	Ti0.50~0.70
	其他	—					Ti0.50~0.70	Ti0.50~0.70
机械性能	σ_b（MPa）	≥400	≥590	≥490	≥500	≥500	≥441	≥490
	σ_s（MPa）	≥200	≥390	≥300	≥320	≥350	≥196	≥216
	δ（%）	25	18	18	14	14	25	30
	Ψ（%）	40	30	35	30	30	32	30
	HB	—	—	—	—	—	—	—

第九节　电　缆　电　线

一、电缆分类及型号

（一）布电线

标准线型号：BV、NHBV、BLV、BLX、BX、BVR、BXR、BLVVB（2 芯）、BVVB（2 芯）、BVVB（3 芯）；规格为 0.75 - 185 ［单丝直径（mm）-单丝总根数］，每捆 95m。高温线：FF46 - 1（镀锡）、FF46 - 1（锡透明）。

（二）护套软线

型号：RV 单芯胶质线、RVS 胶质线、RVB 平型线；RVV 软护套线（2～24 芯）；RVVP 软护套线（1～28 芯）；规格为 0.12～6.00。

（三）橡胶软线

YC 橡套电缆，1～5 芯，规格为 0.75 - 120。

YH 焊把线，规格为 10 - 150。

JHXG114V 高压硅胶电动机引接线，规格为 0.75 - 120。

JGG6000V 高压硅胶电动机引接线，规格为 6 - 120。

JBQ501V 电动机引接线，规格为 0.75 - 95。

（四）控制电缆

型号：KVV、KVV22 等，4～37 芯，标称截面 0.75、1.0、1.5、2.5mm^2。

（1）基本型号：KVV，铜芯聚氯乙烯绝缘聚氯乙烯护套控制电缆；ZR - KVV，铜芯聚氯乙烯绝缘聚氯乙烯护套阻燃控制电缆；NH - KVV，铜芯玻璃丝云母聚乙烯组合绝缘聚氯乙烯护套耐火控制电缆。

（2）派生型号：P 屏蔽；P$_2$ 带屏蔽；22 钢带铠装；32 钢丝铠装；R 软电缆；RP 编织屏蔽软电缆。

（五）屏蔽电缆

型号：KVVP、KVVP2、KVVP2 - 22 等，3～37 芯，标称截面 0.75、1.0、1.5、2.5、4mm^2。

（六）电力电缆

（1）VV0.1/1kV：铜芯聚氯乙烯绝缘聚氯乙烯护套电缆，1～5 芯，标称截面 1.5～300mm^2。

（2）VV$_{22}$0.6/1kV：铜芯聚氯乙烯绝缘钢带铠装聚氯乙烯护套电缆，1～5 芯，标称截面 1.5～300mm^2。

VLV0.6/1kV：铝芯聚氯乙烯绝缘聚氯乙烯护套电缆，1～5 芯，标称截面 1.5～300mm^2。

VLV$_{22}$0.6/1kV：铝芯聚氯乙烯绝缘钢带铠装聚氯乙烯护套电缆（GB 12706.1.2），1～5 芯，标称截面 1.5～300mm^2，例 3×95＋1×50。

YJV：铜芯聚氯乙烯绝缘聚氯乙烯护套电缆、YJLV 铝芯聚氯乙烯绝缘聚氯乙烯护套电缆，1 芯和 3 芯，标称截面 25～300mm^2。

YJV22：铜芯聚氯乙烯绝缘钢带铠装聚氯乙烯护套电缆（GB 12706.1.2）。

YJLV22：铝芯聚氯乙烯绝缘钢带铠装聚氯乙烯护套电缆，3 芯，标称截面 25～300mm²。

JKLY－1kV：低压架空电缆，1～4 芯及钢芯，标称截面 4～300mm²；JKLY－10kV，1 芯和钢芯，标称截面 25～240mm²。

VV23、VLV23：铜、铝芯聚氯乙烯绝缘钢带铠装聚乙烯护套电缆。

VV32、VLV32：铜、铝芯聚氯乙烯绝缘粗钢丝铠装聚氯乙烯护套电缆。

VV33、VLV33：铜、铝芯聚氯乙烯绝缘细钢丝铠装聚氯乙烯护套电缆。

VV42、VLV42：铜、铝芯聚氯乙烯绝缘粗钢丝铠装聚乙烯护套电缆。

VV43、VLV43：铜、铝芯聚氯乙烯绝缘细钢丝铠装聚乙烯护套电缆。

（3）35kV 以下交联聚乙烯绝缘电力电缆。

型号：铜芯为 YJV、YJY、YJV22、YJV23、YJV32、YJV33、YJV42、YJV43；铝芯为 YJLV、YJLY、YJLV22、YJLV23、YJLV32、YJLV33、YJLV42、YJLV43。

（4）64/110kV 以下交联聚乙烯绝缘电力电缆。

型号：铜芯为 YJV、YJY、YJLW02、YJLW02－Z、YJLW03、YJJW03－Z；铝芯为 YJLV、YJLY、YJLW02、YJLW02－Z、YJLW03、YJLW03－Z。

代号意义：YJ 交联聚乙烯、L 焊接皱纹铝套、W 防水层、Z 纵向防水、02 聚氯乙烯护套、03 聚乙烯护套。

（七）交联聚乙烯绝缘低烟无卤阻燃电缆

ZR－KYJS－C：铜芯交联聚乙烯绝缘低烟无卤阻燃控制电缆。

ZR－KYJSP－C：P 编织屏蔽。

ZR－KYJSP2－C：P2 铜带屏蔽。

ZR－KYJSP3－C：P3 铝带屏蔽。

ZR－KYJS22－C：22 钢带铠装。

ZR－KYJSR－C：R 控制软电缆。

ZR－KYJSRP－C：RP 编织屏蔽控制软电缆。

（八）计算机电缆

DJYPV：聚乙烯绝缘对绞铜线编织总屏蔽聚氯乙烯护套计算机电缆。

DJYPVP：聚乙烯绝缘对绞铜线编织分屏蔽及总屏蔽聚氯乙烯护套计算机电缆。

DJYVP₂：聚乙烯绝缘对绞铜带总屏蔽聚氯乙烯护套计算机电缆。

DJYP₂VP₂：聚乙烯绝缘对绞铜带分屏蔽及总屏蔽聚氯乙烯护套计算机电缆。

派生 P₃：对绞铝塑复合带。

（九）硅橡胶电缆

YGC：1～5 芯。

YGGR：2～37 芯。

（十）信号电缆

PTYV：聚乙烯绝缘聚氯乙烯护套铁路信号电缆。

PTYY：聚乙烯绝缘聚乙烯护套铁路信号电缆。

PTY22：聚乙烯绝缘聚氯乙烯护套钢带铠装铁路信号电缆。

PTY23：聚乙烯绝缘聚乙烯护套钢带铠装铁路信号电缆。

线芯对数 4～61，标称截面 1.0mm²。

（十一）补偿导线

补偿导线见表 3-46。

表 3-46 补 偿 导 线

型号	名称	热电偶分度号	热电偶分度号释解
SC 或 RC	铜-铜镍06 补偿型导线	S 或 R	铂铑 10-铂热电偶 铂铑 13-铂热电偶
KCA KCB KX	铜-铜镍22 补偿型导线 铜-铜镍40 补偿型导线 镍铬 10-镍硅 3 延长型导线	K	镍铬-镍硅热电偶
NC NX	铁-铜镍 18 补偿型导线 镍铬 14 硅-镍硅延长型导线	N	镍铬硅-镍硅热电偶
EX	镍铬 10-铜镍 45 延长型导线	E	镍铬-铜镍热电偶
JX	铁-铜镍 45 延长型导线	J	铁-铜镍热电偶
TX	铜-铜镍 45 延长型导线	T	铜-铜镍热电偶

二、技术参数

护套电缆技术参数见表 3-47、表 3-48。

表 3-47 护套电缆技术参数（一）

导体标称截面 (mm²)	绝缘厚度 (mm)	护套厚度 (mm)	电缆近似外径 (mm)	电缆近似质量 (kg/km)	20℃时导体直流电阻 (Ω/km)	试验电压 (kV)	电缆截流量	
							在空气中 (A)	直埋土壤中 (A)
四芯交联聚乙烯绝缘聚乙烯护套电缆								
1.5	0.7	1.8	13.0	139	≤12.1	3.5	21	26
2.5	0.7	1.8	14.0	150	≤7.41	3.5	28	35
4	0.7	1.8	15.0	253	≤4.61	3.5	37	46
6	0.7	1.8	17.0	337	≤3.08	3.5	47	56
10	0.7	1.8	16.8	501	≤1.83	3.5	64	76
16	0.7	1.8	19.3	778	≤1.15	3.5	84	98
25	0.9	1.8	23.4	1192	≤0.727	3.5	115	126
35	0.9	1.8	26.1	1582	≤0.524	3.5	141	152
50	1.0	1.9	26.6	2216	≤0.387	3.5	172	181
70	1.1	2.1	30.5	3002	≤0.268	3.5	218	222
95	1.1	2.2	33.8	4047	≤0.193	3.5	269	267
120	1.2	2.3	37.5	5009	≤0.153	3.5	313	305
150	1.4	2.5	42.1	6286	≤0.124	3.5	359	344
185	1.6	2.7	46.7	7721	≤0.0991	3.5	405	383
240	1.7	3.0	52.0	9836	≤0.0754	3.5	451	422
300	1.8	3.3	57.5	12550	≤0.0601	3.5	497	461

导体标称截面（mm²）	绝缘厚度（mm）	护套厚度（mm）	电缆近似外径（mm）	电缆近似质量（kg/km）	20℃时导体直流电阻（Ω/km）	试验电压（kV）	电缆截流量	
							在空气中（A）	直埋土壤中（A）
四芯（3+1）交联聚乙烯绝缘聚乙烯护套电缆								
4	0.7	1.8	15.0	236	≤4.61	3.5	40	55
6	0.7	1.8	16.0	316	≤3.08	3.5	50	65
10	0.7	1.8	18.0	460	≤1.83	3.5	70	90
16	0.7	1.8	21.0	679	≤1.15	3.5	90	110
25	0.9	1.8	22.9	1169	≤0.727	3.5	130	150
35	0.9	1.8	25.2	1486	≤0.524	3.5	165	185
50	1.0	1.9	29.7	2094	≤0.387	3.5	200	210
70	1.1	2.0	32.5	2795	≤0.268	3.5	258	265
95	1.1	2.2	38.2	3785	≤0.193	3.5	320	315
120	1.2	2.3	41.0	4726	≤0.153	3.5	380	360
150	1.4	2.4	45.0	5690	≤0.124	3.5	440	400
185	1.6	2.6	50.0	7134	≤0.0991	3.5	505	435
240	1.7	2.8	56.9	9038	≤0.0754	3.5	603	524
300	1.8	3.2	62.0	10320	≤0.0601	3.5	700	605
四芯交联聚乙烯绝缘钢带铠装聚乙烯护套电缆								
4	0.7	1.8	18.0	454	≤4.61	3.5	37	46
6	0.7	1.8	19.0	557	≤3.08	3.5	47	56
10	0.7	1.8	20.0	872	≤1.83	3.5	64	76
16	0.7	1.8	22.5	1191	≤1.15	3.5	84	98
25	0.9	1.8	26.6	1615	≤0.727	3.5	115	126
35	0.9	1.8	29.5	2052	≤0.524	3.5	141	152
50	1.0	1.9	31.4	3006	≤0.387	3.5	172	181
70	1.1	2.2	35.5	3875	≤0.268	3.5	218	222
95	1.1	2.4	38.8	5041	≤0.193	3.5	269	267
120	1.2	2.5	42.9	6129	≤0.153	3.5	313	305
150	1.4	2.6	47.0	7464	≤0.124	3.5	359	344
185	1.6	2.8	52.1	9046	≤0.0991	3.5	405	383
240	1.7	3.0	57.8	11528	≤0.0754	3.5	451	422
四芯（3+1）交联聚乙烯绝缘钢带铠装聚乙烯护套电缆								
4	0.7	1.8	17.0	443	≤4.61	3.5	37	46
6	0.7	1.8	19.0	513	≤3.08	3.5	47	56
10	0.7	1.8	21.5	741	≤1.83	3.5	64	76
16	0.7	1.8	24.2	1135	≤1.15	3.5	84	98

导体标称截面（mm²）	绝缘厚度（mm）	护套厚度（mm）	电缆近似外径（mm）	电缆近似质量（kg/km）	20℃时导体直流电阻（Ω/km）	试验电压（kV）	电缆截流量	
							在空气中（A）	直埋土壤中（A）
25	0.9	1.8	28.0	1556	≤0.727	3.5	115	126
35	0.9	1.8	30.0	1896	≤0.524	3.5	141	152
50	1.0	1.9	33.0	2518	≤0.387	3.5	172	181
70	1.1	2.1	37.0	3393	≤0.268	3.5	218	222
95	1.1	2.3	40.0	4349	≤0.193	3.5	269	267
120	1.2	2.4	44.0	5365	≤0.153	3.5	313	305
150	1.4	2.5	48.0	6468	≤0.124	3.5	359	344
185	1.6	2.7	53.0	7571	≤0.0991	3.5	405	383
240	1.7	2.9	59.0	8674	≤0.0754	3.5	451	422
300	1.8	3.2	64.0	9777	≤0.0601	3.5	497	461

表 3-48　　　　护套电缆技术参数（二）

芯数×标称截面（芯×mm²）	非铠装电缆		钢带铠装电缆		20℃时导体直流电阻（Ω/km）	电缆截流量	
	电缆近似外径（mm）	电缆近似质量（kg/km）	电缆近似外径（mm）	电缆近似质量（kg/km）		在空气中（A）	直埋土壤中（A）
四芯聚氯乙烯绝缘聚氯乙烯护套电缆							
4×4	14.4	321	17.6	555	≤4.61	29	36
4×6	15.7	415	18.9	668	≤3.08	39	56
4×10	17.6	598	21.8	928	≤1.83	52	61
4×16	20.8	893	24.0	1218	≤1.15	70	81
4×25	23.8	1287	27.0	1661	≤0.727	94	106
4×35	26.2	1695	29.5	2108	≤0.524	119	134
4×50	30.1	2348	34.1	3061	≤0.387	149	163
4×70	34.5	3213	38.5	4016	≤0.268	184	196
4×95	39.6	4273	43.6	5196	≤0.193	226	234
4×120	42.5	5248	46.5	6240	≤0.153	260	267
4×150	47.5	6544	52.1	7708	≤0.124	301	301
4×185	53.1	8105	56.7	9271	≤0.0991	345	338
四芯（3+1）聚氯乙烯绝缘聚氯乙烯护套电缆							
3×4+1×2.5	14.0	287	17.2	514	4.61≤	29	36
3×6+1×4	15.1	375	18.3	620	≤3.08	39	56
3×10+1×6	17.0	532	21.2	851	≤1.83	52	61
3×16+1×10	19.1	722	23.3	1079	≤1.15	70	81
3×25+1×16	22.5	1178	25.7	1531	≤0.727	94	106
3×35+1×25	24.8	1495	28.0	1885	≤0.524	119	134

芯数×标称截面（芯×mm²）	非铠装电缆		钢带铠装电缆		20℃时导体直流电阻（Ω/km）	电缆截流量	
	电缆近似外径（mm）	电缆近似质量（kg/km）	电缆近似外径（mm）	电缆近似质量（kg/km）		在空气中（A）	直埋土壤中（A）
3×50+1×25	28.9	2092	32.9	2776	≤0.387	149	163
3×70+1×35	31.5	2784	36.5	3608	≤0.268	184	196
3×95+1×50	37.6	3820	41.6	4696	≤0.193	226	234
3×120+1×70	40.2	4741	44.2	5677	≤0.153	260	267
3×150+1×70	44.3	5706	48.3	6740	≤0.124	301	301
3×185+1×95	49.1	7079	53.7	8301	≤0.0991	345	338
3×240+1×120	55.0	9060	58.9	10 329	0.0754	—	—
3×300+1×150	60.8	11 074	64.9	12 505	0.0601	—	—

三、电缆标准

1. 35kV 及以下交联聚乙烯绝缘电力电缆（GB/T 12706.1.2.3）

适用额定电压 0.6/1、1.8/3、3.6/6、6/10、8.7/10、8.7/15、12/35、26/35kV 的电力输配系统。

（1）电缆导体的最高额定温度为 90℃。

（2）短路时（最长持续时间不超过 5s）电阻导体的最高温度不超过 250℃。

（3）聚氯乙烯护套的电缆，敷设时的环境温度应不低于 0℃。

2. 64/110kV 交联聚乙烯绝缘电力电缆（GB/T 11017）

适用于交流额定电压 U_0/U 为 64/110kV 的中性点直接接地输电线路系统。

（1）电缆导体的最高额定温度为 90℃。

（2）短路时（最长持续时间不超过 5s）电阻导体的最高温度不超过 250℃。

3. 聚氯乙烯绝缘护套电力电缆（GB/T 12706.1）

适用于交流额定电压 U_0/U 为 0.6/1kV 及以下输配线路。

（1）电缆导体的最高额定温度为 70℃。

（2）短路时（最长持续时间不超过 5s）电阻导体的最高温度不超过 160℃。

（3）敷设时的环境温度应不低于 0℃，最小弯曲半径应不小于电缆外径 10 倍。

4. 交联聚乙烯绝缘低烟无卤阻燃电缆

符合 GB/T 12706 的要求，电缆阻燃特性符合 GB/T 18380.3 的（等效 IEC 60332-3）要求，电缆燃烧烟浓度达到 IEC 61034 的要求，电缆燃烧气体的腐蚀性达到 IEC 60754-2 的要求。是一种新型阻燃电缆，适用于核电站、地铁、高层建筑等交流额定电压 0.6kV 及以下配电装置、仪器仪表接线用等电信设备接线中。

（1）电缆导体长期允许工作温度为 90℃。

（2）敷设时的环境温度应不低于 0℃，最小弯曲半径应符合下列规定：

1）无铠装层电缆，应小于电缆外径的 6 倍。

2）铠装或铜带屏蔽结构电缆，应小于电缆外径的 12 倍。

5. 计算机电缆（SPTL/QB）

适用于交流额定电压 300/500V 或直流 1000V 及以下电子计算机网络及自动化控制系统

的信号传输、抗干扰性能要求较高的监测装置和仪器仪表的连接。

（1）电缆导体长期允许工作温度不超过 70℃，防止高温直流辐射或接触；

（2）敷设时的环境温度应不低于 0℃，最小弯曲半径应不小于：

1）无铠装层电缆，应小于电缆外径的 6 倍。

2）铠装或铜带屏蔽结构电缆，应小于电缆外径的 12 倍；屏蔽层结构的软电缆应不小于电缆外径的 6 倍。

6. 高低压架空线（JKLY、JKLGYJ）

（1）用于交流额定电压 1kV 及以下电力线路用铜芯、铝芯或铝合金芯耐候型聚氯乙烯（PVC）、聚乙烯（PE）和交联聚乙烯（XLPE）绝缘型架空电缆，以及引户线等。

电缆导体长期允许工作温度：PVC 及 PE 绝缘应不超过 70℃；XLP 绝缘应不超过 90℃；电缆敷设温度应不低于 −20℃。电缆允许弯曲半径：外径 $D<25$mm 时应不小于 $4D$；$D\geqslant25$mm 时应不小于 $6D$。

（2）适用于 10、35kV 级输电线路，软铜线芯聚乙烯或交联聚乙烯绝缘子架空电缆，还适用于作变压器的引下线。符合 GB14049 标准。

电缆敷设温度不低 −20℃；短路时（最长持续时间不超过 5S）电缆的最高温度不超过 250℃，高密度聚乙烯绝缘为 150℃；最高长期工作温度交联聚乙烯绝缘为 90℃，高密度聚乙烯绝缘为 75℃。电缆允许弯曲半径：应不小于电缆弯曲试验时用圆柱体直径。

7. 丁腈扁电缆（SPTL/QB）

适用于交流额定电压 450/750V 或直流 1000V 及以下起重机、行车等机械设备。型号：YFFB 丁腈基氯乙烯绝缘及护套扁平形软电缆，3、4、7 芯，标称截面分别有 2.5～50、1.5～35、1.0～2.5mm²。

电缆导体长期允许工作温度应不超过 70℃，敷设环境温度应不低于 0℃；允许弯曲半径应不小于电缆小边尺寸的 1.5 倍。

8. 信号电缆（TB/T 2476.1.2）

适用交流额定电压 500V 或直流 1000V 以下传输铁路信号、音频信号或自动装置固定敷设连线。

电缆使用环境温度 −40～+60℃；电缆导体长期允许工作温度应不超过 70℃，敷设环境温度聚乙烯外护套电缆应不低于 −10℃；电缆允许弯曲半径应不小于电缆外径的 15 倍。

9. 耐高温电缆（SPTL/QB）

适用于交流额定电压 450/750V 或直流 1000V 及以下石油、电力、冶金等在高温低温酸、碱、油及腐蚀气体恶劣环境中供电器、仪表、设备作连接线。

电缆导体长期允许工作温度应不超过 200℃，敷设环境温度应不低于 −60℃；非铠装电缆允许弯曲半径应不小于电缆外径的 10 倍，铠装电缆允许弯曲半径应不小于电缆外径的 15 倍。

10. 报警热敏电缆（SPTK/QB）

（1）适用于交流额定电压 50V 及以下缆式线型定温火灾探测报警系统用的热敏电缆，多用于石化、电力、冶金等。

（2）型号：

RMGYV：聚烯烃绝缘聚氯乙烯护套热敏电缆（多用在电缆沟）。

RMGYP：聚烯烃绝缘聚丙丝编织护套热敏电缆（多用于室内）。

（3）性能：工作电压 50V 以下；环境温度/额定动作温度，Ⅰ级为 0～40℃/70℃，Ⅱ级为 0～55℃/85℃，Ⅲ级为 0～70℃/105℃。

（4）护层颜色标志：

RMGYV：Ⅰ级/黑色 PVC、Ⅱ级/红色 PVC、Ⅲ级/灰色 PVC。

RMGYP：Ⅰ级/白编织褐色条格、Ⅱ级/白色编织红色条格、Ⅲ级/白色编织兰色条格。

11. 巡回检测电缆（DPTL/QB）

适用于交流额定电压 50V 及以下石化、电力、冶金等检测和控制用计算机系统和自动化控制系统上，具备防干扰性能高、电气性能稳定、可传送微弱的模拟信号和数字信号等特点。其型号包括：

KJCP：数字巡回检测装置屏蔽控制电缆，标称截面 0.5、0.75、1.0、1.5mm²。

KJCPR：数字巡回检测装置屏蔽控制软电缆，1～32 芯，标称截面同上。

电缆长期允许工作温度应不超过 70℃，敷设环境温度应不低于－10℃；电缆允许弯曲半径应不小于电缆外径的 10 倍。

12. 补偿导线（GB/T 4989）

适用于各种热电偶与温度显示仪表之间的电气连线，补偿它们与热电偶连接处温度变化所产生的误差，提高测温精度。其要求如下：

（1）工作温度：

耐热级：最高 200℃和 260℃两种。

普通级：最高 70℃和 100℃两种。

（2）最低环境温度：

氟塑料绝缘固定敷设为－60℃，非固定敷设为－20℃；聚氯乙烯绝缘固定敷设为－40℃，非固定敷设为－15℃。

（3）允许弯曲半径：氟塑料绝缘和护套非铠装应不小于电缆外径的 10 倍；铠装不小于电缆外径的 12 倍；聚氯乙烯绝缘和护套非铠装应不小于电缆外径的 6 倍。

四、电缆型号编制

（一）电线电缆编号及释解

"电线"和"电缆"并没有严格的界限。通常将芯数少、产品直径小、结构简单的产品称为电线，没有绝缘的称为裸电线，其他的称为电缆。

电线电缆主要包括裸线、电磁线及电机电器用绝缘电线、电力电缆、通信电缆与光缆。

电线电缆产品的命名有以下原则：

（1）结构描述的顺序按电缆从内到外的原则，即导体、绝缘、内护层、外护层、铠装形式。例如额定电压 8.7/15kV 阻燃铜芯交联聚乙烯绝缘钢带铠装聚氯乙烯护套电力电缆。

（2）型号中的省略原则：电线电缆产品中铜是主要使用的导体材料，故铜芯代号 T 省写，但裸电线及裸导体制品除外；裸电线及裸导体制品类、电力电缆类、电磁线类产品不标明大类代号，电气装备用电线电缆类和通信电缆类也不列明，但要列明小类或系列代号等。

（3）BV 电线的全称是铜芯聚氯乙烯绝缘电线。

1）分类和用途是用来分布电流用的，属于布电线类，用字母 B 表示。

2）导体材料是铜，用字母 T 表示，布电线中铜芯导体省略表示。

3）绝缘材料为聚氯乙烯，用字母 V 表示。

布电线结构简单，除上面三点外，有的还有护套，护套材料为聚氯乙烯时，也用字母 V 表示；护套材料为橡胶时用字母 X 表示。

示例：BVV 表示铜芯聚氯乙烯绝缘聚氯乙烯护套圆形电线；KVV 表示铜芯聚氯乙烯绝缘聚氯乙烯护套控制电缆；YJV 表示铜芯交联聚乙烯绝缘聚氯乙烯护套电力电缆。

（4）YJV22/ZR－1kV，3×2.5（YJV22/ZR 称为型号，常写作 ZRYJV22）。

1）ZR——燃烧特性，燃烧特性有阻燃（ZR，又分 A、B、C 三级，如 ZB）、耐火（NH，又分 A、B、C 三级，如 NA）、无卤（W）、低烟（D）。

2）YJ——绝缘层材质，常见的有：Y 表示聚乙烯（PE）；YJ 表示交联聚乙烯（XLPE）；V 表示聚氯乙烯（PVC）。

3）V——外护套材质，常见的有聚氯乙烯（PVC）、聚乙烯（PE）。

4）22——前一个数字表示铠装层材质，0 表示无铠装，2 表示钢带铠装，3 表示细钢丝铠装，4 表示粗钢丝铠装；后一个数字表示外护套材质，0 表示无护套，1 表示纤维统包，2 表示聚氯乙烯外护套，3 表示聚乙烯外护套。两个 2 并在一起表示"护套在钢带外"。

5）1kV——额定电压等级，标准格式应写作 0.6/1kV，0.6kV 表示导体对"地"的电压，1kV 表示导体各相间的电压。

6）3×2.5——规格，3 表示芯数，即电缆由 3 根绝缘线芯绞合而成，多根细丝绞合，包上绝缘，方才算 1 芯；2.5 表示导体的标称截面，标称截面是一个概数系列，实际截面可能是 2.48。

（5）字头意义：W 表示无卤，电缆的绝缘、护套均采用无卤素的聚乙烯材料；D 表示低烟，处于火焰中时电缆材料产生的烟在标准要求的指标范围内；Z 表示阻燃，离开火焰后，电缆材料延燃；N 表示耐火，电缆保护层与绝缘层中加入云母带之类的材料，使电缆能在火焰中维持一定的工作时间。

（6）常见电缆型号说明。

1）铜芯。

NA－YJV、NB－YJV，交联聚乙烯绝缘聚氯乙烯护套 A（B）类耐火电力电缆，可敷设在对耐火有要求的室内、隧道及管道中。

NA－YJV22、NB－YJV22，交联聚乙烯绝缘钢带铠装聚氯乙烯护套 A（B）类耐火电力电缆，适宜对耐火有要求时埋地敷设，不适宜管道内敷设。

NA－VV、NB－VV，聚氯乙烯绝缘聚氯乙烯护套 A（B）类耐火电力电缆，可敷设在对耐火有要求的室内、隧道及管道中。

NA－VV22、NB－VV22，聚氯乙烯绝缘钢带铠装聚氯乙烯护套 A（B）类耐火电力电缆，适宜对耐火有要求时埋地敷设，不适宜管道内敷设。

WDNA－YJY、WDNB－YJY，交联聚乙烯绝缘聚烯烃护套 A（B）类无卤低烟耐火电力电缆，可敷设在对无卤低烟且耐火有要求的室内、隧道及管道中。

WDNA－YJY23、WDNB－YJY23，交联聚乙烯绝缘钢带铠装聚烯烃护套 A（B）类无卤低烟耐火电力电缆，适宜对无卤低烟且耐火有要求时埋地敷设，不适宜管道内敷设。

2）铜芯铝芯。

ZA－YJV、ZA－YJLV、ZB－YJV、ZB－YJLV、ZC－YJV、ZC－YJLV，交联聚乙烯绝缘聚氯乙烯护套 A（B、C）类阻燃电力电缆，可敷设在对阻燃有要求的室内、隧道及管道中。

ZA－YJV22、ZA－YJLV22、ZB－YJV22、ZB－YJLV22、ZC－YJV22、ZC－YJLV22，交联聚乙烯绝缘钢带铠装聚氯乙烯护套 A（B、C）类阻燃电力电缆，适宜对阻燃有要求时埋地敷设，不宜管道内敷设。

ZA－VV、ZA－VLV、ZB－VV、ZB－VLV、ZC－VV、ZC－VLV，聚氯乙烯绝缘聚氯乙烯护套 A（B、C）类阻燃电力电缆，可敷设在对阻燃有要求的室内、隧道及管道中。

ZA－VV22、ZA－VLV22、ZB－VV22、ZB－VLV22、ZC－VV22、ZC－VLV22，聚氯乙烯绝缘钢带铠装聚氯乙烯护套 A（B、C）类阻燃电力电缆，适宜对阻燃有要求时埋地敷设，不适宜管道内敷设。

WDZA－YJY、WDZA－YJLY、WDZB－YJY、WDZB－YJLY、WDZC－YJY、WDZC－YJLY，交联聚乙烯绝缘聚烯烃护套 A（B、C）类阻燃电力电缆，可敷设在对阻燃且无卤低烟有要求的室内、隧道及管道中。

WDZA－YJY23、WDZA－YJLY23、WDZB－YJY23、WDZB－YJLY23、WDZC－YJY23、WDZC－YJLY23，交联聚乙烯绝缘钢带铠装聚烯烃护套 A（B、C）类阻燃电力电缆，适宜对阻燃且无卤低烟有要求时埋地敷设，不适宜管道内敷设。

VV、VLV，铜（铝）芯聚氯乙烯绝缘聚氯乙烯护套电力电缆，可敷设在室内、隧道及管道中或户外托架敷设，不承受压力和机械外力。

VY、VLY，铜（铝）芯聚氯乙烯绝缘聚乙烯护套电力电缆。

VV22、VLV22，铜（铝）芯聚氯乙烯绝缘钢带铠装聚氯乙烯护套电力电缆，可敷设在室内、隧道、电缆沟及直埋土壤中，电缆能承受压力及其他外力。

VV23、VLV23，铜（铝）芯聚氯乙烯绝缘钢带铠装聚乙烯护套电力电缆。

（二）部分通用字符代表意义

B——布线（例如作室内电力线，把它钉布在墙上）。

V——聚氯乙烯塑料护套（一个 V 代表一层绝缘，两个 V 代表双层绝缘）。

L——铝线。

无 L——铜线。

R——软线。

S——双芯。

X——橡胶皮。

H——花线。

BV——铜芯塑料硬线。

BLV——铝芯塑料硬线。

BVR——铜芯塑料软线。

BX——铜芯橡皮线。

BXR——铜芯橡皮软线。

BXS——铜芯双芯橡皮线。

BXH——铜芯橡皮花线。

BXG——铜芯穿管橡皮线。

BLX——铝芯橡皮线。

BLXG——铝芯穿管橡皮线。

RVVP———一种软导体。

PVC——绝缘线外加屏蔽层。

PVC——护套的电缆。

第四章

发电厂化学装置安装

第一节 金属化学监督

一、金属腐蚀理论

电站锅炉、汽轮机和管道是由碳素钢、优质碳素钢、合金钢等黑色金属及少量的有色金属制成。由于金属的本质和外界因素的影响，锅炉受热面内外及其他部位，均有不同程度的腐蚀，这些腐蚀不仅减少使用寿命，同时还会造成停炉、停机、爆破等事故，直至威胁人身安全。因而，在电站建设的选材、存放、安装、工艺及运行、操作、检修中，知晓金属腐蚀理论并掌握减缓腐蚀措施是十分必要的。

（一）各类腐蚀

1. 金属腐蚀

金属由于受外部介质的化学作用或电化学作用而引起的破坏。金属腐蚀分为全面腐蚀和局部性腐蚀。

（1）全面腐蚀。全面腐蚀分均匀与不均匀腐蚀两种。

（2）局部性腐蚀。局部性腐蚀分选择性腐蚀、点腐蚀、溃疡状腐蚀、表面下腐蚀、晶间腐蚀、穿晶腐蚀、晶间腐蚀开裂。

2. 化学腐蚀

金属和外部介质直接进行化学反应。例如金属与干气体反应或在高温中氧化，以及在非电解液中的腐蚀。

3. 电化学腐蚀

金属在电解液中的腐蚀均属电化学腐蚀。电化学腐蚀是金属和外部介质发生了电化学反应，在反应过程中有隔离的阴极区和阳极区，电子通过金属由阳极区流向阴极区。电化学腐蚀包括微电池腐蚀和大电池腐蚀。电化学腐蚀分为单独的电化学腐蚀、电化学和机械作用共同产生的腐蚀。

电化学和机械作用共同产生的腐蚀分为：

（1）固定应力腐蚀（应力腐蚀破裂、受内应力或外力作用）。

（2）交变应力腐蚀（腐蚀疲劳）：由于疲劳极限大大降低，如泵轴的腐蚀。

（3）腐损腐蚀（磨蚀）：

1）冲击腐蚀：液体湍流或冲击所造成的弯头、变径，或颗粒冲击，热交换器入口端的腐蚀。

2）空穴腐蚀：高速流动液体因流动不规则，产生所谓空穴，空穴内在水汽或低压空气消失后产生水锤，破坏金属表面保护膜，并继续深入腐蚀，如泵叶轮的腐蚀。

3）振动腐损腐蚀：如铆接螺栓连接部件等腐蚀。

（4）电化学和生物作用共同产生的腐蚀。生物对金属直接破坏是很少见的，但它能为电化学腐蚀创造条件，促使金属腐蚀。

1）微生物腐蚀：促进阴阳级区电化学反应，如土壤中的硫酸盐还原菌。

2）海洋生物腐蚀：海生物黏附在金属表面（如船底），其后由于表面遮盖不均，造成氧浓差电池；或生物死亡，产生硫化氢，或直接破坏保护膜。

（二）腐蚀电池的概念

1. 电极电位

（1）极性水分子：金属正离子将水化

$Fe^+ \cdot e + nH_2O \rightarrow Fe^+ \cdot nH_2O + e$ 即：铁＋水→水化离子＋电子

其中：n 为参与电极反应的电子数。

（2）金属在溶液中形成的双电层。由于水化离子使金属表面积累过剩电子，由静电引力，过剩电子水化阳离子到金属上去。如果水化的力量不能克服金属晶体中金属正离子和电子之间的引力时，则溶液中的部分水化金属阳离子将向金属表面沉积而成为金属晶体中的正离子，使金属带正电，而靠金属液层由于积聚了阳离子而带负电。铜、汞即如此，如铜在铜盐溶液中。

2. 平衡电极电位

（1）氧电极 $O_2 + 4e + 2H_2O \rightleftharpoons 4OH^-$

（2）氢电极 $2H^+ + 2e \rightleftharpoons H_2$

（3）以第一种双电层为例而出现：

阳极过程：金属失掉电子进入溶液的过程为阳极过程（金属磨蚀过程）。

阴极过程：溶液中水化金属离子或其他阳离子到金属上获得电子的过程为阴极过程。

（4）平衡电极电位：即阳、阴过程可逆并速度相等，如 $2nCu$、Hg、Ag 等，但 Fe、Al、Mg 等例外。

3. 标准氢电极（参比电极）

金属的电动序中，氢的标准电极电位为零，比氢的标准电极电位负的金属为负电性金属，比它正的金属成为正电性金属。金属负电性越强，转入溶液成为离子状态的趋势也越大，正的反之。金属在 $25℃$ 时的标准电极电位（电动序）（常用元素）见表 $4-1$。

表 4-1 　金属在 25℃ 时的标准电极电位（电动序）（常用元素）

钾－2.92 $K \rightarrow K^+ + e$	钙－2.87 $Ca \rightarrow Ca^{2+} + 2e$	钠－2.714 $Na \rightarrow Na^+ + e$	镁－2.37 $Mg^{2+} + 2e$	钛－1.75 $Ti^{2+} + 2e$
铝－1.670 $Al \rightarrow Al^{3+} + 3e$	锰－1.05 $Mn^{2+} + 2e$	锌－0.762 $Zn^{2+} + 2e$	铬－0.71 $Cr^{3+} + 3e$	铁－0.44 $Fe^{2+} + 2e$
钴－0.277 $Co^{2+} + 2e$	镍－0.25 $Ni^{2+} + 2e$	锡－0.136 $Sn^{2+} + 2e$	铅－0.126 $Pb^{2+} + 2e$	铁－0.036 $Fe^{3+} + 3e$
氢－0.000 $H_2 \rightarrow 2H^+ + 2e$	铜＋0.345 $Cu^{2+} + 2e$	汞＋0.798 $2Hg \rightarrow Hg^{2+} + 2e$	银＋0.799 $Ag^+ + e$	汞＋0.254 $Hg \rightarrow Hg^{2+} + 2e$
铂＋1.2 $Pt^{2+} + 2e$	金＋1.42 $Au^{3+} + 3e$	金＋1.68 $Au \rightarrow Au^+ + e$	—	—

4. 电偶腐蚀

由于金属与溶液易形成氧电极（酸中成氢电极），则电位低的金属将腐蚀为电偶腐蚀。

5. 微电池腐蚀

钢铁中含有杂质 FeC 和石墨，在电解质溶液中，这些杂质的电位高，成为无数的阴极或微阴极，也叫局部阴极，而铁的电位低，为阳极，形成许多的微小电池。

（三）极化

原电池极化：由于通过电流而引起原电池两极间电位差的减小，为原电池极化。

阳极极化：阳极电位往正的方向变化，为阳极极化。

阴极极化：负极电位往负的方向变化，为阴极极化。

无论阳极或阴极极化，都减小金属腐蚀。

1. 产生阳极极化原因

（1）由于阳极过程进行缓慢所引起的：金属失掉电子迅速地由阳极跑到阴极，但金属溶解的速度却跟不上，则双电层的平衡破坏，使双电层的内壁电子密度减少，阳极电位就向正的方向移动，即为阳极极化。

（2）由于阳极表面金属离子扩散较慢所引起的：即浓度极化，由于阳极表面的金属离子浓度升高，阻碍金属的继续溶解。

（3）由于金属表面生成保护膜（钝化），阳极过程受到阻碍。

2. 产生阴极极化的原因

（1）阴极极化：由于阴极过程进行缓慢，如 O 和 H_2O 得到电子生成 OH^-，H^+ 得到电子而生成 H_2，当电子从阳极流到阴极后，这些反应不能及时进行，结果使阴极上电子密度升高，阴极电位就往负的方向移动，即产生阴极极化。

氧超电压：（氧离子化超电压）：氧生成氢氧离子的阴极过程缓慢所引起的极化为氧超电压。

氢超电压：（氢析出电压）氢离子生成氢分子的阴极过程缓慢所引起的极化为氢超电压。

（2）浓度极化：进行缓慢，引起阴极电位向负的方面移动，此极化称为浓度极化。

3. 去极化

去极化是极化反过程。即电位升高时钝化膜破坏。

（1）阳极去极化原因：钝化膜破坏；金属离子加速离开金属表面。

（2）阴极去极化原因：

1）溶液中离子还原：$2H^+ + 2e \rightarrow H_2$，$Fe^{3+} + e \rightarrow Fe^{2+}$

$$Cr_2O_7^{4-} + 14H^+ + 6e \rightarrow 2Cr^{2+} + 7H_2O$$

2）溶液中中性分子的还原：$O_2 + 2H_2O + 4e \rightarrow 4OH^-$ $Cl_2 + 2e \rightarrow 2Cl^-$

3）不溶性膜的还原：

$$Fe(OH)_3 + e \rightarrow (OH)_2 + OH^-   Fe_3O_4 + H_2O + 2e \rightarrow 3FeO + 2OH^-$$

4）使去极化剂（氧或氢离子）容易到达阴极或阴极的反应物（如 OH^- 或 H_2），容易离开阴极的过程也产生去极化作用。

（四）影响金属腐蚀的因素

（1）合金的影响。

1）单相合金：其腐蚀速度与合金的含量之间有一特殊规律，耐蚀性按合金含量增量 $n/$

8 规律增加，例如：Fe-Cr，只有 Cr 达到 12.5％原子百分数时，耐蚀性才增加。

2）两相或多相合金：由于各相均有不同电位，合金表面形成腐蚀电池。

（2）变形与应力的影响。（略）

（3）合金表面状态的影响。

1）粗糙的金属表面及沟痕等，深洼部分氧少些，则洼处为阳极。

2）保护膜致密性差。

3）粗糙的金属表面较光滑者面积大，极化性小，氢超电压小。

（4）pH 值的影响。

（5）溶液的成分及浓度的影响：Fe 在卤化物溶液中腐速规律：$I^- < Br^- < Cl^- < F^-$。

（6）压力的影响：高压及以上压力炉内有一点氧，腐蚀很剧烈。

（7）温度的影响。

（8）溶液运动速度的影响。

（9）杂散电流的影响：如地下管路、电缆。

（10）设备结构的影响。

（五）金属在酸中的腐蚀

1. 氢超电压

氢超电压是氢去极化（阴极），即阴极上析出氢的电位与氢平衡电位之差为氢超电压。氢超压越大，氢去极化腐蚀越轻。

2. 金属在盐酸中腐蚀的影响因素

（1）金属本质：铁在盐酸中的腐蚀随含碳量的增加而加剧，就是因为碳以 FeC 和石墨形式存在，它们的氢超电压都很低，故腐蚀重。

（2）介质：HCl 的浓度增大，腐蚀速度加大，所以氢离子浓度增加，氢的平衡电位往正的方向移动，在超电压不变的情况下，由于腐蚀的动力增大了，因此腐蚀加剧。

溶液的 pH 值增加，由于氢平衡电位移向负值，因此发生氢去极化腐蚀就困难。

（3）温度：温度升高，氢的超电压减小，温度升高 1°，超电压约减小 2mV，故温度越高，氢去极化腐蚀加剧。

3. 碳钢在硝酸中的腐蚀

低碳钢在 25℃时腐蚀速度与硝酸浓度的关系如图 4-1 所示。

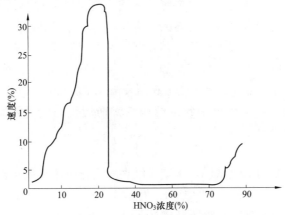

图 4-1　低碳钢在 25℃时腐蚀速度与硝酸浓度的关系

碳钢在浓硝酸中：由于介质的氧化性强，不发生氢去极化腐蚀，碳钢在稀硝酸中（或在稀硫酸中）遭受氢去极化腐蚀，不锈钢在稀硫酸中，遭到严重的氢去极化腐蚀。

4. 金属的钝化

金属的钝化是指金属的阳极过程受到阻碍而产生高耐蚀状态的一种现象。金属钝化趋势按下列顺序依次减小：钛、铝、铬、钼、镁、镍、铁、锰、锌、铅、铜。

（1）介质影响：介质中含有活性离子，如 F^-、Cl^-、Br^-、I^- 等，能穿透钝化膜，使金属遭到局部性的点腐蚀，破坏钝化膜的保护能力。

（2）温度影响：温度低，金属越容易钝化，温度高，钝化越困难，这是因为温度升高钝化电流增大了，所以铁很难钝化。

二、锅炉腐蚀概论

金属腐蚀理论是从广义上分析金属由于氧化还原而引起的损蚀，乃至破坏。诚然，锅炉腐蚀仍是化学和电化学腐蚀，表现大量的是析氢腐蚀和吸氧腐蚀。

析氢腐蚀：在酸电解液中负极 Fe 失去电子，正极获得电子放出氢气的腐蚀。实质就是氢离子生成氢分子的阴极过程。锅炉酸洗腐蚀、除碳器前腐蚀及烟道尾部腐蚀基本上是析氢腐蚀。

吸氧腐蚀：在中性或碱性电解液中，负极铁失去电子，而溶液中氧夺得电子产生的腐蚀。实质就是氧夺电子的阳极过程腐蚀。炉前、炉内及炉外的腐蚀，主要是吸氧腐蚀。

锅炉制造、安装、运行及存放都有特殊条件，接触不同介质，虽然腐蚀机理同金属腐蚀理论中所述，但腐蚀状况有特殊性。为全面了解锅炉腐蚀状态，掌握腐蚀产物成分，为锅炉酸洗对其对象有所认识，应该知晓锅炉腐蚀概况，同时对酸洗时的腐蚀问题也为借鉴。

锅炉腐蚀主要表现为金属铁的腐蚀。腐蚀不仅指金属和浸蚀性介质之间的相互作用过程和电子失得的化学反应过程，还指这一工程的结果。腐蚀使金属表面上出现铁垢、斑点、裂纹、锈坑等。降低锅炉使用寿命，导致断裂爆管。

（一）腐蚀形式

锅炉是由多种钢材组成，由于材质不同，腐蚀状况也不同。锅炉各部件及受热面各部位有差异，往往腐蚀也有差异。

1. 应力腐蚀

在静应力作用下，产生腐蚀裂纹，严重者导致不发生塑性变形的脆性断裂。承压力的金属有内应力或受拉力，或二者均有，出现腐蚀经络。由于结晶粒与结晶界的化学成分不同，或残留应力不同，而产生局部电池，使腐蚀不断加深，在介子和应力同时作用下，构件微观组织均无变化，主缝处有分支微细裂缝，随着腐蚀深入和根部应力集中，最终导致断裂。

在氯化物和氢氧化物介子中，易产生脆化。如 NaOH 溶液在其缝隙里不断浓缩，则与铁生成 $Fe(OH)_2$ 而腐蚀。浓缩碱与 Fe_2O_3 在高温高压下，受应力的钢材的结晶粒界首先浸入，产生粒界裂纹。所以，奥氏体钢较多的锅炉或锅炉奥氏体钢管系部分不宜用 NaOH、缓蚀剂若丁（NaCl 成分）及 HCl 进行化学清洗。

2. 点状腐蚀

锅炉管系内，有间断的氧化铁层，水变成电解液，金属体与氧化铁层组成了原电池。在氧化铁层中断处，逐渐失去 Fe^{2+} 与水中 OH^- 生成 $Fe(OH)_2$ 在氧化铁断头处沉积，部分氢与氧生成水，此过程的反复造成该处不断腐蚀。

当腐蚀产物氢氧化二铁进一步于溶氧反映，生成 Fe_2O_3 及 Fe_3O_4，变成半球状时，金属体与水呈半隔离状态。此时溶氧虽然补充不足，但氧量占 27.6％的 Fe_3O_4 仍能生成这种电化学腐蚀并继续进行，所以点状腐蚀不断深化。锅炉汽包内部沉淀积垢，同样可产生点状腐蚀。锅炉的介子中如有 Cl^- 或 F^-，则能穿透金属表面钝化膜，使金属遭到局部性的点状腐蚀。

3. 晶间腐蚀

晶间腐蚀是沿钢的晶粒边界进行的一种腐蚀。认为这是晶界和晶内的成分或应力差别造成的电极电位有差别。晶内成为大阴极区，晶界成为小阴极区，腐蚀沿晶界迅速发展。

奥氏体及铁素铁不锈钢易产生晶间腐蚀。奥氏体钢溶碳小（C 占 0.02％～0.04％），大于 0.04％时产生碳化物。此碳化物随温度升高溶解度降低，当高于 500℃时，碳化铬（$Cr_{23}C_6$）从奥氏体晶界析出。因而耐腐蚀急剧下降，引起晶间腐蚀。

例如 18-8 钢经过固溶处理后，在 500～800℃时，过饱和的碳原子扩散的速度不一致，C 半径小速跑在晶界，而 Cr 原子速度慢。从内部扩散出来的碳在晶界附近夺 Cr 原子，形成碳化铬（Cr 占 75％），所以在晶界附近形成贫铬区。当 Cr 量小于 12％时，该贫铬区成为电化学腐蚀的阳极，碳化物和高铬奥氏体区成为阴极，故产生晶间腐蚀。当大于 850℃后，Cr扩散速度增加，晶界无贫铬现象，虽然碳化铬沿晶界析出，也不在发生晶间腐蚀。

4. 腐蚀疲劳

腐蚀疲劳是锅炉受热面组件的一种特殊破坏形式。当这些组件受到交变应力使金属表面产生的保护膜遭到破坏时，由此开始腐蚀。当疲劳强度显著降低时，导致提早断裂。

由于锅炉压力、温度变化，运行工况调节及启停炉等操作，使某些受热面管等部件经常受交变应力，若在水、汽介子作用下，管内管外产生腐蚀坑或裂纹，久之，疲劳强度一低，威胁锅炉安全运行，造成漏气爆管等事故。

例如某厂多台锅炉低温过热器导向联箱管座内有溃疡性环状腐蚀，就是由于温度变化及胀缩引起交变应力，出现腐蚀疲劳，因此该处经常出现爆裂事故，没有明显塑性变形。

5. 其他形态的腐蚀

应力腐蚀热疲劳裂缝，裂缝为横向分布。如某厂省煤器一度受高温，多根管产生横向裂纹或许多裂纹。给水腐蚀介子，使给水管路造成大量的疲劳裂纹，为纵横交织状。

（二）炉管内表面的腐蚀

1. 常温下的腐蚀

（1）析氢腐蚀：水常接触管壁，前面已述易产生 $Fe(OH)_2$，释放氢气。如冷灰斗处水冷壁制造厂的电阻焊口内瘤较大，由于有夹渣和运行沉积集垢，导致严重电化学腐蚀。由于爆管和威胁安全运行，大部分已更换新管段。

炉水中有适量的 NaOH 等碱，则使 $Fe(OH)_2$ 安定，不致使铁再失去电子而形成 Fe^{2+} 离子，不继续腐蚀。当 pH 值低，H^+ 浓度高，呈弱酸液时，$Fe(OH)_2$ 是弱碱则中和，使析氢腐蚀又继续进行。所以炉内加药，使炉水 pH 值在 10.5～11 运行，其目的是避免和减缓析氢腐蚀。

（2）除盐水虽然经过除碳器，但炉水中仍有 CO_2，则有 $CO_2+H_2O \rightarrow H_2CO_3$，形成碳酸与 Fe 反应生成 $Fe(HCO_3)_2$，因为溶于水，所以碳酸引起的腐蚀不断进行。因而要重视水处理中除 CO_2 工艺流程。

（3）炉水中有溶解氧，对已形成的 $Fe(OH)_2$ 又继续氧化，即 $2Fe(OH)_2+H_2O+1/2 O_2=2Fe(OH)_3$，又生成 $Fe(OH)_3$，因为它难溶于水，又多孔，不易和铁基体接触。所以，水易浸入，又继续生成 $Fe(OH)_2$。水中的 $Fe(OH)_2$ 与 $Fe(OH)_3$ 为红色铁锈。酸洗后，活泼的铁有下式反应：$4Fe+3O_2 \rightarrow 2Fe_2O_3$，生成三氧化二铁。

由此可见，锅炉给水脱氧非常重要和酸洗后排酸时不要使空气侵袭清洗面也是非常必要的。

2. 高温下的腐蚀

（1）高温水也可产生析氢腐蚀，形成 $Fe(OH)_2$。但在高温下能形成磁性氧化铁（Fe_3O_4）。当管内壁无垢无杂质，CO_2、O_2 含量甚微，pH 值控制适宜，炉管内表面形成致密保护膜，尤其过热器管内壁此膜更好。这就是水处理合乎标准的锅炉，长期运行内表面不腐蚀的机理。

（2）若炉水 pH 值降低，或 Fe_3O_4 没形成以前，$Fe(OH)_2$ 与 Fe_3O_4 反应，又由于有氧、氢，使 Fe_3O_4 保护膜呈多孔状氧化铁层，水还能浸入，使腐蚀继续进行。

（3）高温下垢下塑性腐蚀：很多炉发生这样的腐蚀，中压炉尤为常见。由于炉外水处理，给水处理不当，或指标控制不严或指标确定不宜，使软化水管路、疏水箱、加热器等腐蚀产物铜、铁带入炉内。在炉内热负荷较高部位（火口中心线上下）或水循环较差处易有铜、铁类垢沉积，厚达几十毫米，其主要成分有 SiO_2、Fe_2O_3、Al_2O_3、CuO、CaO、MgO 等。垢下易有裂纹、贝壳状腐蚀坑及腐蚀穿孔等严重损伤状，很多处爆管就是由此而引起的。

为减缓或杜绝这类垢下腐蚀，不仅炉外、炉前及炉内水质要处理好，汽水品质指标经起运行实践考验外，尤其是超高压、亚临界压力及超临界锅炉还应定期或不定期进行化学清洗，作为锅炉正常运行的一项维护措施。

3. $MgCl_2$ 引起的腐蚀

水中含 $MgCl_2$，在 180℃易分解，即 $MgCl_2+2H_2O \rightarrow Mg(OH)_2+2HCl$

则有 $Fe+2HCl \rightarrow FeCl_2+H_2 \uparrow$ $Mg(OH)_2+FeCl_2 \rightarrow MgCl_2+Fe(OH)_2$

由反应式得知：炉水中只要有 $MgCl_2$ 存在，温度适宜时，则上面的化学反应不逆变进行，不断的生成 $Fe(OH)_2$，使受热面腐蚀。

$MgCl_2$ 在低温时是中性盐，高温时（温度大于 200℃）又可成为酸性腐蚀。它的含量一般不大于 15PPM（即氯化镁盐含量占总溶液的 $15/(10^6+15)$，近似百万分之 15）。

4. 碱性腐蚀

锅炉蒸发管温度很高，热负荷较大时，碱浓度很大，尤其循环死角或有缝隙处，碱液不断浓缩，pH 值非常大时，易产生析氢腐蚀，生成 $Fe(OH)_2$。严重者产生苛性脆化裂纹。

（三）炉管外部的腐蚀

1. 低温腐蚀

锅炉燃烧时生成亚硫酸气（SO_2），继续氧化后为无水硫酸（SO_3），与燃烧中的水蒸气化合成 H_2SO_4 蒸汽，流动到锅炉尾部低温区，结露后则激烈腐蚀受热面。

燃油炉，尤其是燃含硫量较高的油炉，空气预热器腐蚀很为严重。解决的办法为油、煤炉的冷风入口加装暖风器。

2. 高温腐蚀

燃料中含有 V 多的情况下，燃烧氧化为 V_2O_4，在继续氧化为 V_2O_5，当达到软溶点附着管壁，引起激烈腐蚀。V_2O_5 到溶点（670℃）时与 $NaSO_4$ 混合，使过热器及梳形板等产生腐蚀。

3. 湿蚀

锅炉各系统的管外壁经常湿润，易生成 Fe_2O_3。它在干空气中为护膜，若此膜部分破坏，也像管里有水一样产生腐蚀。

第二节　水的预处理工艺

一、天然水中的杂质

（一）悬浮物

悬浮物是指颗粒直径为 $100nm \sim 1\mu m$ 及以上的物质微粒，分为漂浮物、悬浮物、沉降物。漂浮物，植物及腐烂体，相对密度小于 1；悬浮物，动物碎片、纤维、动物腐烂产物，相对密度相当于 1；沉降物，黏土、沙砾之类的无机物，相对密度大于 1。

（二）胶体

胶体是指颗粒直径为 $1\sim100nm$ 之间的微粒。主要是铁、铝、硅的化合物的无机胶体和动植物有机体的分解产物、蛋白质、脂肪、腐殖质等有机物，它们是许多分子或离子的集合体。这些颗粒呈现带电性，带相同电荷的颗粒相互排斥不能聚集，胶体颗粒在水中比较稳定，自然沉降难以去除。

天然水中的悬浮物和胶体对光有散射反应，这是造成水混浊的原因，所以它们是首清对象。其处理方法是混凝、沉淀和过滤。

（三）溶解物质

溶解物质是指直径小于 1nm 的颗粒，以离子、分子状态存于水中，成为均匀的分散体系，或称为真溶液。这类物质不能用混凝、沉淀和过滤方法除去，必须采用蒸馏、膜分离、离子交换的方法除掉。

1. 呈离子状态的物质

主要离子有 Cl^-、SO_4^{2-}、HCO_3^-、CO_3^{2-}、Na^+、K^+、Ca^{2+}、Mg^{2+} 八种离子，占水中总溶解固体总量的 95％ 以上。还有生物生成物：氮的化合物、磷的化合物、铁硅化合物，主要有 Br^-、I^-、Cu^{2+}、Co^{2+}、Ni^+、F^-、Fe^{2+}、Ra^{2+} 等。

2. 溶解气体

有氧、二氧化碳和氮，还有硫化氢、二氧化硫和氨。氧和二氧化碳在电站金属设备和管系中都会引起腐蚀，应去掉。

3. 主要化合物

（1）碳酸化合物：在低含盐量的水中是主要成分，是造成结垢和腐蚀的主要因素。碳酸化合物形态有溶于水中的二氧化碳气体（CO_2）、分子态碳酸（H_2CO_3）、碳酸氢根（HCO_3^-）、碳酸根（CO_3^{2-}）。

（2）硅酸化合物：通式 $xSiO_2 \cdot yH_2O$，正硅酸（H_4SiO_4），偏硅酸（H_2SiO_3），硅酸氢根（$HSiO_3^-$）；pH 值小于 7，水中偏硅酸分子存在；pH 值较低时，胶态硅酸增多；pH 值大于 7 时，水中同时有 H_2SiO_3 和 $HSiO_3^-$；pH 值大于 11 时，水中以 $HSiO_3^-$ 为主；碱性较强时出现硅酸根（SiO_3^{2-}）。

二、水的预处理工艺

水中的悬浮物、胶体和有机物采用混凝、沉降、澄清和过滤处理方法除去，此过程称为水的预处理。

（一）混凝处理

（1）胶体的稳定性：悬浮物和胶体在静水中沉降速度是不同的。

（2）混凝原理：

第一阶段：胶体脱稳。指混凝剂与水混合并发生化学反应，形成带正电胶体和带负电胶体微粒产生电性中和，使胶体失稳。

第二阶段：絮凝。指胶体脱稳后微粒聚合成大颗粒絮凝物的过程。

1）混凝过程：以水中加入硫酸铝 $[Al_2(SO_4)_3 \cdot 18H_2O]$ 为例，在水中反应：

电离　$Al_2(SO_4)_3 \rightarrow 2Al^{3+} + 3SO_4^{2-}$　　水解　$Al^{3+} + 3H_2O \rightarrow Al(OH)_3 + 3H^+$

氢氧化铝胶体吸附水中胶体产生电饱中和，组成网络结构，下沉时起网捕作用，包裹悬浮物，形成絮状物。混有各种聚沉反应，故称混凝处理。

2）影响混凝效果的因素。

a. 水中 pH 值：pH 值在 8～10 时混凝处理效果最好。

b. 混凝剂加入量：如用硫酸铝，一般加入 10～50mg/L 为好。

c. 混凝剂与水的混合速度：由快到慢，混合均匀。

d. 水温：最优温度 25～30℃，5℃水解速度极慢。

e. 接触介质：水中有一定数量的活性泥渣，沉淀更快。

（3）无机高分子混合剂。

1）聚合铝（PAC）是一类化合物的总称，含有 $Al(OH)_3$ 聚合成的无机高分子等物。聚合铝属于聚合氯化铝。形成絮凝物快且密实，易沉降。

2）聚合铁有聚合氯化铁和聚合硫酸铁两种，适合浊度变化大的原水（60～225mg/L）。

（4）助凝剂。助凝剂有离子性作用和凝聚作用。助凝剂常用：调解 pH 值用石灰、纯碱；絮凝体加固剂用水玻璃（泡花碱）；氧化剂用氯气、漂白粉；高分子吸附剂用聚丙烯酰胺。

（5）混凝剂的配制和投加：配备设施及设备。

（二）沉淀与澄清

（1）沉淀：重力下沉为沉降。沉降可分离散颗粒自由沉降、絮凝颗粒自由沉降、层状沉降、压缩沉降。

（2）影响沉淀效率的因素。

1）容积利用系数 β：$\beta = t_0 / t =$ 理论停留时间/实际停留时间，β 一般在 0.35～0.60 之间。

2）水流的紊动性：用雷诺数 Re 判别。

$$Re = 惯性力/黏滞力 = u_{sh}R\rho/\mu$$

式中　u_{sh}——水平流速，cm/s；

　　　R——断面的水力半径，cm；

ρ——水的密度，g/cm^3；

μ——水的动力黏度，$Pa \cdot s$。

当 Re 为 4000～15 000 时，属于紊流状态。说明有脉动现象，影响去除率。

3）水流的稳定性。用弗劳德数 Fr 表示，$Fr =$ 惯性力/重力 $= u^2/(R \cdot g)$，Fr 值大，水流越稳定，去除率越高。

其中，u 为水平流速，cm/s；R 为断面的水力半径（$R =$ 湿润面积/湿周 $=$ HB/2H＋B，H 为池深，cm；B 为池宽，cm），cm；g 为重力加速度，9.81m/s。

4）水的沉降时间和水深。水在池时间长、水越深，碰撞絮凝的机会越多，沉淀效果和去除率的影响越大。

（3）沉淀设备

1）泥渣循环式澄清池：①机械搅拌加速澄清池，水在池中总时间为1～1.5h；②水力循环澄清池。

2）脉冲澄清池：脉冲周期为30～40s，充水时间为25～30s，放水时间为5～10s。

（三）水的滤料过滤

（1）过滤原理：形成滤膜也称薄膜过滤；水的弯曲通道，使凝絮、悬浮物与滤料表面相互黏合，被滤料吸附或截留，称渗透过滤。

（2）压力损失：初期损失 3 ～ 4kPa，压差加大后，需反冲洗。

（3）滤料：化学稳定性好、机械强度高、粒度均匀适宜。

（4）过滤器：单流式、双流式、无阀滤池。

（5）活性炭过滤：除去水中游离氯和有机物。由动物炭、木炭、沥青炭等经药剂处理或高温焙烧等活化过程制成。比表面积达 $500～1500m^2/g$，孔径由 1nm 到 100nm。

活性炭是非极性吸附剂，以物理吸附为主，一般是可逆的。活性炭除去水中游离氯彻底，起表面催化作用，游离 Cl_2 的水解和加速产生新生态 ［O］的过程，反应式：

$$Cl_2 + H_2O \rightarrow HClO + HCl$$
$$HClO + 活性炭 \rightarrow HCl + ［O］C + ［O］ \rightarrow CO_2$$

（四）除铁

我国水中含铁量一般小于 5 ～ 10mg/L，以 2 价或 3 价氧化态存在；地表水含有溶解氧，铁主要以不溶解的 Fe（OH）$_3$ 状态存在。我国饮水标准，铁浓度不得超过 0.3mg/L。

铁的溶解状态：

（1）以 Fe^{2+} 或水合离子形式 $FeOH^+$ ～ Fe（OH）$_3^-$ 存在的 2 价铁。

（2）Fe^{2+} 或 Fe^{3+} 形成的络合物。铁可以和硅酸盐、硫酸盐、腐殖酸等相络合而生成无机或有机络合铁。

采用锈砂（石英砂表面覆盖铁质氧化物）除铁，是催化氧化过程，是将溶解状态的铁氧化成为不溶解的 Fe^{3+} 化合物，再过滤去除。

曝气是向水中充氧和散除水中少量 CO_2 以提高 pH 值。曝气装置形式有跌水、喷淋、射流、板条式或焦炭曝气塔等。

（五）软化

（1）概述：硬度是水质的一个重要指标。Ca^{2+}、Mg^{2+}、Fe^{2+}、Mn^{2+}、Fe^{3+}、Al^{3+} 等易形成难溶盐类的金属氧离子。水中钙、镁离子居多，可称水的总硬度。

碳酸盐硬度 H_c：煮沸时易沉淀，也叫暂时硬度。非碳酸盐硬度 H_n：煮沸时不沉淀析出，也叫永久硬度。

（2）水的药剂软化法：投入石灰、苏打等，降低水中硬度，生成碳酸钙和碳酸镁沉淀，以便清除。

（六）除氯

水中残留的活性氯是造成强酸阳离子交换树脂氧化和聚酰胺反渗透膜性能恶化的主要原因。

（1）添加剂脱氯：对 1mg/L 的活性余氯，加 2mg/L 的亚硫酸钠即可完全去除。

（2）活性炭吸附：活性炭粒径 1～3mm，孔隙率 66%，堆积密度 0.4kg/L。

第三节　水的离子交换处理

一、基本理论

（一）离子交换树脂概述

1. 离子交换树脂结构

离子交换树脂是一类带有活性基团的网状结构高分子化合物。在它的分子结构中，分为两部分：一部分为离子交换树脂的骨架；另一部分带有可交换离子的活性基团，它化合在高分子骨架上，起到提供可交换离子的作用。

活性基团也分两部分：一是固定部分，与骨架牢固结合，不能自由移动，称为固定离子；二是活动部分，遇水可以电离，并在一定范围内自由活动，可与周围水中的其他带同类电荷的离子进行交换反应。

2. 离子交换树脂分类

（1）按活性基团的性质分类。

1）阳阴之分。阳离子交换树脂带有酸性基团，能与水中阳离子进行交换的树脂；阴离子交换树脂带有碱性活性基团，能与水中阴离子交换的树脂。

2）强弱之分。按活性基团上 H^+ 或 OH^- 电离强弱程度分。强酸性阳离子交换树脂和弱酸性阳离子交换树脂；强碱性阳离子交换树脂和弱碱性阳离子交换树脂。

3）基团性质。螯合性、两性、氧化还原性树脂。

（2）按离子交换树脂的孔径分类。

1）凝胶型树脂：由苯乙烯和二乙烯苯混合物在引发剂进行悬浮聚合的具有交联网状结构的聚合物，呈透明或半透明凝胶结构，故称凝胶型树脂。平均孔径为 1～2nm。干状无网孔，浸入水中才显现出来。易受有机物污染。

2）大孔性树脂：单体混合物中加入致孔剂，留下永久性网孔，称物理孔。孔径在 20～100nm。比表面积大，几百到数百 m^2/g。

3）按单体种类分类：苯乙烯系、丙烯酸系等。

3. 离子交换树脂的命名方法

（1）名称：全名称由分类名称、骨架（或基团）名称、基本名称组成。

基本名称：离子交换树脂；大孔型树脂（在全名称前加"大孔"两字）；分类属酸性的在基本名称前加"阳"字；分类属碱性的在基本名称前加"阴"字。

（2）型号：由三位数字组成，第一位数字代表产品分类，第二位数字代表骨架组成，第三位数字为顺序号。型号后×号，表示交联度数值。

第一位数字分类代号为活性基团：0为强酸性、1为弱酸性、2为强碱性、3为弱碱性、4为螯合性、5为两性、6为氧化还原性。

第二位数字骨架代号：0为苯乙烯系、1为丙烯酸系、2为酚醛系、3为环氧系、4为乙烯吡啶系、5为脲醛系、6为氯乙烯系。

1）全称及型号实例：强酸性苯乙烯系阳离子交换树脂，型号为001×7；强碱性苯乙烯系阴离子交换树脂，型号为001×7；大孔型弱酸性丙烯酸系阳离子交换树脂，型号D111、D113；大孔型弱碱性丙烯酸系阴离子交换树脂，型号D301、D302。

2）为书写方便：R/树脂骨架和固定离子；酸性树脂：RH；碱性树脂：ROH。

3）详细表示：强酸性阳树脂 RSO_3H；弱酸性阳树脂 RCOOH；强碱性阴树脂 $R\equiv NOH$；弱碱性阴树脂 $R\equiv NHOH$（叔胺型）；$R=NH_2OH$（仲胺型）、$R-NH_3OH$（伯胺型）。

（二）离子交换树脂的性能

1. 物理性能

①外观；②粒度；③孔径、孔度、孔容、比表面积；④密度（湿真密度 ρ_z，$\rho_z=$ 湿树脂质量/湿树脂的真体积；湿视密度 ρ_s，$\rho_s=$ 湿树脂质量/湿树脂的堆积体积）；⑤含水率；⑥溶胀和转型体积改变率；⑦物理稳定性（机械强度、耐热性、抗辐射性）。

2. 化学性能

①离子反应的可逆性；②酸、碱性和中性盐分解能力；③离子交换树脂的选择性；④交换容量；⑤化学稳定性（对酸、碱的稳定性，抗氧化性）。

二、离子交换与树脂变质和复苏

（一）离子交换树脂的交换原理

在水分子的作用下，离子交换树脂的可交换离子有向水中扩散的倾向，从而使树脂活性基团上留有与可交换离子相反的电荷，由于异性电荷的吸引力而抑制了可交换离子的进一步扩散。其结果，在浓差扩散和静电引力的作用下，形成了双电层式的结构。由于离子交换树脂的骨架结构不变，所以交换作用是在水溶液中的离子和双电层中的反离子之间进行的。

（二）离子交换平衡与选择系数

用质量作用定律近似地研究离子交换平衡。①离子交换平衡系；②选择性系数；③平衡曲线；④平衡计算；⑤分离系数与选择性顺序。

（三）树脂预处理及混床处理

在阴阳再生罐内进行，需水浸泡12h，再经酸液、碱液处理。阴阳树脂再生时间应超过120min，酸碱浓度均为4%～6%。经前置过滤器，再经高速混床：混床升压、混床再循环、混床投运；之后，出入口压差为0.35MPa，出口水质不合格，水温超标，出口水压超过4.5MPa，混床退出。

（四）变质

变质的主要原因是氧化作用。水中有游离氯、硝酸根、溶解氧，在高温时，树脂受氧化剂作用更严重，若有金属离子时，起催化作用使树脂氧化加剧。阳离子最易变质。

（五）污染

因杂质侵入性能变化的现象称为树脂的污染。

污染原因：①悬浮物污染；②铁化合物污染；③硅化合物污染；④油污染；⑤有机物污染。

（六）复苏处理

（1）阳离子交换树脂：①空气擦洗法；②酸性法；③碱洗法。

（2）阴离子交换树脂：①空气擦洗法；②碱性食盐水处理法；③酸洗；④受胶体二氧化硅污染树脂复苏用热碱液再生。

（七）汽水异常处理

当汽水质量劣化，验证有否代表性，是否准确；若不能恢复则应按劣化级别处置。按三级处理：

一级：凝结水电导率大于 $0.20\mu S/cm$、Na 含量大于 $10\mu g/L$，给水电导率大于 $0.15\mu S/cm$、溶解氧大于 $7\mu g/L$，72h 内不能恢复正常水汽指标，须停炉。

二级：给水电导率大于 $0.20\mu S/cm$、溶解氧大于 $20\mu g/L$，24h 内不能恢复正常，须停炉。海水冷却机组，当凝结水中含钠大于 $400\mu g/L$ 时，应立即停机。

三级：给水电导率大于 $0.30\mu S/cm$（氢导 25℃），4h 内不能恢复正常须停炉，此时在快速腐蚀。

三、混床与除碳

（一）混床

将阴、阳树脂按一定比例均匀混合装在同一个交换器中。混床中强碱阴树脂与强酸阳树脂的体积比为 2∶1。

（二）混床水质比较

水电导率（$\mu S/cm$）：0.1 为强酸强碱、1～10 为强酸弱碱、1 为弱酸强碱、100～1000 为弱酸弱碱。

出水 SiO_2（mg/L）：0.02～0.1 为强酸强碱、强酸弱碱；0.02～0.15 为弱酸强碱、弱酸弱碱。

（三）除碳

氢离子交换器出水中的游离 CO_2 用除碳器除去。除碳后水中的 CO_2 含量降至 5mg/L。

（1）大气式除碳器：器中有填料，水自上往下流，形成水流、水滴水膜，增大空气与水的接触面积，水中 CO_2 析出被空气带走。

（2）真空式除碳器：用真空泵或喷射器在除碳器上部抽真空，使水达到沸点，除去水中的 O_2 及其他气体。

（四）高速混床工作

高速混床的树脂输送到树脂分离器（SPT）；阳再生罐（CRT）树脂送至高速混床；阴再生罐（ART）再生，合格标准 $SiO_2 \leqslant 100\mu g/L$、$DD \leqslant 5\mu S/cm$；阳再生罐再生，阳塔再生合格标准出水 $Na \leqslant 50\mu g/L$、$DD \leqslant 8\mu S/cm$；阴阳树脂混合、备用。

四、膜法除盐水处理

膜法除盐水处理是一种膜分离技术，是在推动力作用下，利用特定膜的透过性能分离水中离子、分子或胶体，使水得以净化。

（一）电渗析除盐水处理

电渗析除盐水处理是以直流电能为动力，利用离子交换膜的选择透过性，将水中溶质分离出来的一种膜分离法。在电厂为离子交换化学除盐系统的预脱盐处理应用。

1. 工作原理

电渗析槽由阳离子交换树脂制成的阳离子交换膜（简称阳膜）、阴离子交换树脂制成的阴离子交换膜（简称阴膜），及正、负电极极板组成。阳膜只允许阳离子透过，阴膜只允许阴离子透过，即离子交换膜具有选择透过性。

2. 离子交换膜

（1）种类：

1）按结构分为异相膜、均相膜、半均相膜。

2）按活性基团分为阳膜、阴膜、特性膜（又可细分为强弱酸碱性）。

3）按材料性质分为有机离子交换膜和无机离子交换膜。

（2）性能：

1）物理性能：爆破强度、膜厚度（0.4～0.3mm）、含水率（25％～50％）、溶胀性、膜表面状态。

2）电化学性能：面电阻（膜电阻）、选择性。

3）化学性：膜的化学稳定性（耐酸碱、耐氧化、耐温和耐有机物污染等性能）和交换容量。离子交换膜的离子交换容量单位，干膜单位是 mmol/g。交换热容量越大，膜的电导性和选择性越好。

（二）反渗透脱盐

用在城市用水、锅炉补给水、工业废水处理及海水淡化等。

1. 反渗透类别

（1）反渗透原理：

1）渗透。有一种半透明膜，透水但不能通过溶质，用该膜将淡水和盐水隔开，淡水进入盐水或稀溶液向浓溶液的自然渗越的现象叫渗透。

2）渗透压。渗透过程中，盐水侧液位升高，当静压差使透越倾向抵消时，处于平衡状态，此时，液面差的静压值就为渗透压。

3）反渗透。浓水侧外加一个比渗透压高的压力，扭转自然渗透方向，则可以将盐水中的纯水挤出来，向纯水中渗透，称其为反渗透。

（2）反渗透膜种类与性能：

1）分类：有机高分子材料和无机材料。如醋酸纤维素膜（CA膜）聚酰酸膜（PA膜），及多种复合膜。

2）性能：反渗透有两层结构，表面层为脱盐层和支撑层。有明显的方向性和非对称性结构。透水率大，脱盐率高；机械强度大；耐酸碱、耐微生物侵袭；构造均匀、性能衰减慢；价格较低。

2. 反渗透膜材料

有机高分子材料和无机材料，醋酸纤维素和芳香聚酰胺或复合膜。反渗透膜结构有表面层（脱盐层）和膜内层（支撑层）两层。

（1）醋酸纤维素膜（CA膜）。表面层厚 0.1～0.2μm，孔径小于 10nm，起除盐作用的半透明膜。下面为支撑层，厚度为面层的 $200 \sim 500$ 倍，孔径为 $40 \mu m$。早期 pH 值为 $3 \sim 7$ 的溶液，长期使用 pH 值为 4.5 左右。

（2）聚酰胺膜（PA 膜）。早期 pH 值为 $4 \sim 10$ 的溶液，长期使用 pH 值为 $5 \sim 9$。

（3）复合膜。目前广泛应用醋酸纤维素型复合膜。

3. 反渗透膜性能

透水率大，脱盐率高；机械强度大；耐酸碱耐微生物侵袭；结构均匀，寿命长，衰减慢；原料充足，制取方便，价格较低。

4. 反渗透装置

板框式反渗透装置；管式反渗透装置；螺旋式（卷式）反渗透装置；空心纤维式反渗透装置；条槽式反渗透装置。

（三）膜法除盐水处理典型流程

（1）原水—预处理—电渗析系统。

（2）原水—预处理—电渗析—离子交换系统。

第四节　汽水系统化学

一、凝结水精处理

因凝汽器有泄漏、凝结水系统有腐蚀物、蒸汽带入的溶解性盐，故凝结水还需处理。由前置过滤器、除盐、后置过滤器组成。

超临界机组的凝结水处理可将精处理系统和体外再生系统分开布置。精处理前置除铁过滤器（包括反洗设备）及高速混床系统设备及分离再生装置、辅助系统、酸碱储备系统可在汽轮机零米分开布置。混床各自配置一套 100% 连续可调节旁路系统。采用分散控制系统（DCS）对精处理系统进行集中监视、管理和自动顺序控制，实现全自动过程控制、半自动控制和手动控制。不设常规仪表盘。

（一）过滤

（1）前置过滤器呈立式圆筒形，底为圆锥状结构，滤元为水平多孔板及滤料。

（2）管式微孔过滤器：由微孔滤元等组成。其滤元有：

1）绕线滤元：由骨架（多孔白钢或聚丙烯管）外绕聚丙烯线或聚酰胺线而形成。

2）塑料绕结管：由聚氯乙烯粉和糊状聚氯乙烯等原料调匀后，经高温烧结的管子。

3）过氯乙烯超细纤维滤布。

（3）电磁过滤器。

1）原理：凝结水中，铁的腐蚀物主要是 Fe_3O_4 和 Fe_2O_3，其中 Fe_2O_3 两种形态，即 $\alpha - Fe_2O_3$ 和 $\gamma - Fe_2O_3$。这些铁的氧化物中 Fe_3O_4 和 $\gamma - Fe_2O_3$ 是磁性物质，$\alpha - Fe_2O_3$ 是顺磁性物质。故可用磁分离法。永磁效率低，多用电磁过滤器。当凝结水含铁/悬浮物 $\leqslant 1000 \mu g/L$ 时，投入混床。

2）形式：钢球型电磁过滤器；高梯度电磁过滤器。

（二）除盐

（1）深层净化混床。

（2）深层净化的氨化混床。

（3）粉末树脂覆盖过滤器。

（三）凝结水净化系统分类

（1）按压力分：低压（1～1.3MPa）、中压（1.5～3.5MPa）。

（2）按设备组成分：前置过滤深层混床系统；无前置过滤深层混床系统。

（3）按设备系统分：混床；覆盖过滤器-混床；管式微孔过滤器-混床；阳床-混床；电磁过滤器-混床。

（4）体外再生系统：两塔式（阳再生塔＋阴再生塔）；三塔式（阳再生塔＋阴再生塔＋储存塔）；四塔式（阳再生塔＋阴再生塔＋储存塔＋混杂树脂储存塔）。

（5）阴阳再生标准

1）阴再生罐（CRT）再生包括：重力排水、空气擦洗、反洗和冲洗四步骤反复进行，最后进行漂洗。阴塔再生合格标准：阴床出水 $Na^+ \leqslant 100\mu g/L$，$DD \leqslant 5\mu S/cm$。

2）阳再生罐（CRT）再生包括：重力排水、空气擦洗、反洗和冲洗四步骤反复进行，最后进行漂洗。阳塔再生合格标准：阳床出水 $Na^+ \leqslant 50\mu g/L$，$DD \leqslant 8\mu S/cm$。

（四）凝结水精处理的反应式

（1）氨化混床。以除去水中 NaCl 为例，当采用 H－OH 型混合床时，离子交换反应：

$$RSO_3H + NaCl \rightarrow RSO_3Na + HCl$$

$$R=NOH + HCl \rightarrow R=NCl + H_2O$$

当采用 NH4－OH 型混床时，离子交换反应：

$$RSO_3NH_4 + NaCl \rightarrow RSO_3Na + NH_4Cl$$

$$R=NOH + NH_4Cl \rightarrow R=NCl + NH_4OH$$

由式中看出：有氢氧化铵，水保持碱性；Na^+、Cl^- 及 SiO_3^{2+} 易穿透。

（2）混床的氨化运行：混合后氨化、循环氨化法。

二、锅炉汽水质量标准

典型电厂锅炉简况见表 4－2。

表 4－2　　　　　　　　　　　　典型电厂锅炉简况

压力类型	蒸汽压力（MPa）	蒸汽温度（℃）	给水温度（℃）	蒸发量（t/h）	配套机组容量（MW）	汽水流动方式
高压	9.8	540	215	220	50	自然循环
		540		410	100	
超高压	13.7	555/555	240	400	125	自然循环、直流
		540/540		670	200	
亚临界压力	16.7	540/540	260	1000	300	自然循环
	16.7	540/540	262.4	1025	300	直流
	18.3	540.6/540.6	278.3	2008	600	控制循环

续表

压力类型	蒸汽压力 (MPa)	蒸汽温度 (℃)	给水温度 (℃)	蒸发量 (t/h)	配套机组 容量（MW）	汽水流动 方式
超临界 压力	25	545/545	277	1000	300	直流
	25.4	541/569	286	1900	600	
	25	545/545	275	2650	800	
	26.2	540/540	—	2899	950（美双轴）	
	26.25	600/600	—	2950	1000	
	26.2	540/540	—	4213	1300（美双轴）	

注 1. 蒸汽压力的数值为表压力。

2. 以分式形式表示的蒸汽温度，分子为过热汽温，分母为再热汽温。

（一）蒸汽质量标准

蒸汽质量标准见表 4-3。

表 4-3　　　　　　　　　　　　蒸汽质量标准

炉型		汽包炉			直流炉			
压力(MPa)		3.8～5.8	5.9～18.3		5.9～18.3		18.4～25	
项目	标准	标准值	标准值	期望值	标准值	期望值	标准值	期望值
钠 （μg/kg）	硫酸盐处理	≤15	≤10	—	≤10	≤5	<5	<3
	挥发性处理		≤10	≤5				
电导率（氢 离子交换后， 25℃，μS/cm）	硫酸盐处理	—	≤0.30		—	—	—	—
	挥发性处理				≤0.30	≤0.30	≤0.30	≤0.30
	中性水处理及 联合水处理	—	—		≤0.20	≤0.15	<0.20	<0.15
二氧化硅（μg/kg）		≤20	≤20		≤20		<15	<10

炉型		汽包炉				直流炉			
压力MPa		3.8～15.6		15.7～18.3		15.7～18.3		18.4～25	
项目	标准	标准值	期望值	标准值	期望值	标准值	期望值	标准值	期望值
铁（μg/kg）		≤20	—	≤20	—	≤10	—	≤10	—
铜（μg/kg）		≤5	—	≤5	≤3	≤5	≤3	≤5	≤2

（二）锅炉水水质标准

锅炉水水质标准见表 4-4。

表 4 - 4　　　　　　　　　　　锅炉水水质标准

锅炉过热蒸汽压力（MPa）	处理方式	总含盐量	二氧化硅	氯离子	磷酸根（mg/L）			pH 值（25℃）	电导率（25℃，μS/cm）
					单段蒸发	分段蒸发			
						净段	盐段		
		（μg/L）							
3.8～5.8	磷酸盐处理	—	—	—	5～15	5～12	≤75	9.0～11.0	—
5.9～12.6		≤100	≤0.45	—	2～10	2～10	≤50	9.0～10.5	<150
12.7～15.8		≤50	≤0.25	≤4	2～8	2～8	≤40	9.0～10.0	<60
15.7～18.3	磷酸盐处理	≤20	≤0.25	≤1	0.5～3	—	—	9.0～10.0	<25
	挥发性处理	≤2.0	≤0.20	≤0.5	—	—	—	9.0～9.5	<20

注　1. 均指单段蒸发炉水，总含盐量为参考指标。

　　2. 汽包内有洗汽装置时，其控制指标可适当放宽。

　　3. 电导率 μS/cm 值，是氢离子交换后，25℃时的数值。

（三）锅炉给水水质标准

锅炉给水水质标准见表 4 - 5。

表 4 - 5　　　　　　　　　　　锅炉给水水质标准

炉型	锅炉过热蒸汽压力 MPa	电导率（氢离子交换后，25℃ μS/cm）		硬度（μmol/L）	溶解氧	铁	铜		钠		二氧化硅	
		标准值	期望值		标准值	标准值	标准值	期望值	标准值	期望值	标准值	期望值
					（μg/L）							
汽包炉	3.8～5.8	—	—	≤2.0	≤15	≤50	≤10	—	—	—	应保证蒸汽二氧化硅负荷标准	
	5.9～12.6	—	—	≤2.0	≤7	≤30	≤5	—	—	—		
	12.7～15.6	≤0.30	—	≤1.0	≤7	≤20	≤5	—	—	—		
	15.7～18.3	≤0.30	≤0.20	≈0	≤7	≤20	≤5	—	—	—		
直流炉	5.9～18.3	≤0.30	≤0.20	≈0	≤7	≤10	≤5	≤3	≤10	≤5	≤20	—
	18.4～25	≤0.20	≤0.15	≈0	≤7	≤10	≤5	≤3	≤5	≤5	≤15	≤10

（四）给水的联氨、油的含量和 pH 值

给水的联氨、油的含量和 pH 值见表 4 - 6。

表 4 - 6　　　　　　　　　给水的联氨、油的含量和 pH 值

炉型	锅炉过热蒸汽压力（MPa）	pH 值（25℃）	联氨（μg/L）	油（mg/L）
汽包炉	3.8～5.8	8.8～9.2	—	<1.0
	5.9～12.6	8.8～9.3（有铜系统）或 9.0～9.5（无铜系统）	10～50 或 10～30（挥发性处理）	≤0.3
	12.7～15.6			
	15.7～18.3			
直流炉	5.9～18.3	8.8～9.3（有铜系统）或 9.0～9.5（无铜系统）	10～50 或 10～30（挥发性处理）	≤0.3
	18.4～25.0		20～50	<0.1

注　1. 压力在 3.8～5.8MPa 的机组，加热器为钢管，其给水 pH 值可控制在 8.8～9.5。

　　2. 用石灰-钠离子交换水为补给水的锅炉，为控制汽轮机凝结水的 pH 值最大不超过 9.0。

　　3. 对于大于 12.7MPa 的锅炉，其给水的总碳酸盐（以二氧化碳计算）应小于或等于 1mg/L。

（五）给水溶解氧含量 pH 值和电导率标准

给水溶解氧含量 pH 值和电导率标准见表 4 − 7。

表 4 − 7　　　　　　　给水溶解氧含量、pH 值和电导率标准

处理方式	pH 值（25℃）	电导率（经氢离子交换后，25℃，μS/cm）		溶解氧（μg/L）	油（mg/L）
		标准值	期望值		
中性处理	7.8～8.0（无铜系统）	≤0.20	≤0.15	50～250	0
联合处理	8.5～9.0（有铜系统）	≤0.20	≤0.15	30～200	0
	8.5～9.0（无铜系统）				

（六）凝结水水质标准

凝结水水质标准见表 4 − 8。

表 4 − 8　　　　　　　凝 结 水 水 质 标 准

汽包锅炉出口压力（MPa）	硬度（μmol/L）	溶解氧（μg/L）	电导率（经氢离子交换后，25℃，μS/cm）		钠（μg/L）	二氧化硅（μg/L）
			标准值	期望值		
3.8～5.8	≤2.0	≤50	—		—	应保证炉水中二氧化硅含量符合标准
5.9～12.6	≤1.0	≤50			—	
12.7～15.6	≤1.0	≤40	≤0.20	＜0.20	—	
15.7～18.3	≈0	≤30			≤5	
18.4～25	≈0	≤20	≤0.20	＜0.15	≤5	

（七）精处理后的凝结水水质标准

精处理后的凝结水水质标准见表 4 − 9。

表 4 − 9　　　　　　精处理后的凝结水水质标准

硬度（μmol/L）	电导率（25℃，μS/cm）	二氧化硅（μg/L）	钠（μg/L）	铁（μg/L）	铜（μg/L）
0	≤0.15	≤15	≤5	≤8	≤3

（八）补给水水质标准

补给水水质标准见表 4 − 10。

表 4 − 10　　　　　　　补 给 水 水 质 标 准

种类	硬度（μmol/L）	二氧化硅（μg/L）	电导率（25℃，μS/cm）		碱度 mol/L
			标准值	期望值	
一级化学除盐系统出水	≈0	≤100	≤5		—

种类	硬度 （μmol/L）	二氧化硅 （μg/L）	电导率 （25℃，μS/cm）		碱度 mol/L
			标准值	期望值	
一级化学除盐-混床系统出水	≈0	≤20	≤30	≤0.20	—
石灰、二级钠离子交换系统出水	≤5	—	—	—	0.8~1.2
氢-钠离子交换系统出水	≤5	—	—	—	0.3~0.5
二级钠离子交换系统出水	≤5	—	—	—	—

注 1. 离子交换器出水质量应能满足炉水处理的要求。

2. 对一级化学除盐系统加混床出水的一级除盐的电导率可放宽为 10μS/cm。

（九）疏水、返回水水质标准

疏水、返回水水质标准见表 4-11。

表 4-11　　　　　　　　　　疏水、返回水水质标准

名称	硬度	（μmol/L）	铁 （μg/L）	油 （mg/L）
	标准值	期望值		
疏水	≤5	≤2.5	≤50	—
返回水	≤5	≤2.5	≤100	≤1（处理后）

（十）发电机冷却水

导电率（25℃）不大于 2μS/cm；pH 值为 6.5~8。

（十一）汽轮机油

破乳化时间不大于 60min；水分不大于 0.2%；颗粒度不大于 6 级。

（十二）抗燃油

水分不大于 0.1%；颗粒度不大于 3 级。

三、超临界机组水汽质量标准

（一）术语定义

（1）氢电导率：水样经过氢型强酸阳离子交换树脂交换后测得的电导率。

（2）无铜系统：与水汽接触的部件和设备不含铜合金材料的系统称为无铜系统，否则称为有铜系统。

（3）挥发处理：锅炉给水除氧，加氨和联氨的处理。

（4）加氧处理：锅炉给水加氧的处理。

（5）标准值：依 DL/T 1076《火力发电厂化学调试导则》标准中所列需到达正常值为标准值（超出标准值会腐蚀结垢）。

（6）期望值：标准中所列给水、炉水、蒸汽、凝结水、疏水及生产回水的最佳控制值。在此值下运行，可有效控制机组汽水系统的腐蚀结垢。

（二）给水质量标准

给水溶解氧含量、联氨浓度和 pH 值标准见表 4-12，给水质量标准见表 4-13。

表 4-12 给水溶解氧含量、联氨浓度和 pH 值标准

处理方式	pH 值（25℃）		溶解氧（μg/L）	联氨（μg/L）
	有铜系统	无铜系统		
挥发处理	8.8～9.3	9.0～9.5	≤7	10～50
加氧处理	8.5～9.0	8.0～9.0	30～150	—

表 4-13 给水质量标准

项目	氢电导率（25℃，μS/cm）		二氧化硅（μg/L）	铁（μg/L）	铜（μg/L）	钠（μg/L）	TOC（μg/L）	氯离子（μg/L）
	挥发处理	加氧处理						
标准值	<0.20	<0.15	≤15	≤10	≤3	≤5	≤200	≤5
期望值	<0.15	<0.10	≤10	≤5	≤1	≤2	—	≤2

（三）凝结水质量标准

挥发处理时，凝结水处理装置前凝结水溶解氧浓度应小于 $30\mu g/L$。经过凝结水处理装置后凝结水的质量标准应符合表 4-14 的规定。

表 4-14 经过凝结水处理装置后凝结水的质量标准

项目	氢电导率（25℃，μS/cm）		二氧化硅（μg/L）	铁（μg/L）	铜（μg/L）	钠（μg/L）	氯离子（μg/L）
	挥发处理	加氧处理					
标准值	<0.15	<0.12	≤10	≤5	≤2	≤3	≤3
期望值	<0.10	<0.10	≤5	≤3	≤1	≤1	≤1

（四）蒸汽质量标准

蒸汽质量标准见表 4-15。

表 4-15 蒸汽质量标准

项目	氢电导率（25℃，μS/cm）	二氧化硅（μg/L）	铁（μg/L）	铜（μg/L）	钠（μg/L）
标准值	<0.20	≤15	≤10	≤3	≤5
期望值	<0.15	≤10	≤5	≤1	≤2

（五）补给水质量标准

补给水质量标准见表 4-16。

表 4-16 补给水质量标准

项目	氢电导率（25℃，μS/cm）	二氧化硅（μg/L）
标准值	<0.20	≤20
期望值	<0.15	≤10

（六）减温水质量标准

减温水质量标准应符合表 4-13 的规定。

（七）停备机组启动时的汽水质量标准

（1）锅炉启动时的给水质量标准见表 4 - 17。

表 4 - 17　　　　　　　　　　　　　锅炉启动时给水质量标准

项目	氢电导率 （25℃，$\mu S/cm$）	二氧化硅 （$\mu g/L$）	铁 （$\mu g/L$）	溶解氧 （$\mu g/L$）	硬度 （$\mu mol/L$）
标准值	≤ 0.65	≤30	≤50	≤3	≈0

注　在热启动时 2h、冷启动时 8h 内达到表 4 - 13 标准。

（2）汽轮机冲转前的蒸汽质量标准见表 4 - 18。

表 4 - 18　　　　　　　　　　　　　汽轮机冲转前的蒸汽质量标准

项目	氢电导率 （25℃，$\mu S/cm$）	二氧化硅 （$\mu g/L$）	铁 （$\mu g/L$）	铜 （$\mu g/L$）	钠 （$\mu g/L$）
标准值	≤ 0.50	≤30	≤50	≤15	≤20

（八）水汽质量劣化时的应急处理

（1）水汽质量劣化时的处理原则。检查取样是否有代表性；检测和化验结果是否准确；分析系统水汽质量变化原因。在允许的时间内恢复到表 4 - 19 和表 4 - 20 的标准值。

（2）水汽质量劣化时的三级处理：

一级处理：有造成腐蚀、结垢、积盐的可能性，应在 72h 内恢复至标准值。

二级处理：肯定会造成腐蚀、结垢、积盐，应在 24h 内恢复至标准值。

三级处理：正在加快腐蚀、结垢、积盐，如果水质不好转，应在 4h 内停炉。

经处理，但在规定时间内不能恢复正常，则应采取高一级的处理方法。

（3）凝结水处理装置前水质异常时处理，按表 4 - 19 的标准进行。

表 4 - 19　　　　　　　　　　凝结水处理装置前水质异常时的处理标准

项目	标准值	处 理 等 级		
		一级处理	二级处理	三级处理
氢电导率 （25℃，$\mu S/cm$）	< 0.30	0.30～0.40	0.40～0.50	> 0.50
溶解氧 （$\mu g/L$）	≤10	10～20	20～35	> 35

注　用海水冷却的电厂，当凝结水中含纳大于 400$\mu g/L$ 时，应立即停机。

（4）锅炉给水水质异常时的处理，按表 4 - 20 的标准进行。

表 4 - 20　　　　　　　　　　　　给水水质异常时的处理标准

项目		标准值	处理等级		
			一级处理	二级处理	三级处理
氢电导率 （$\mu S/cm$）	挥发处理	< 0.20	0.20～0.30	0.30～0.40	> 0.40

续表

项目		标准值	处理等级		
			一级处理	二级处理	三级处理
溶解氧 ($\mu g/L$)	挥发处理	$\leqslant 7$	>7	>20	—
pH 值 ($25℃$)	挥发处理　有铜系统	$8.8\sim9.3$	$<8.8, >9.3$	<8.0	—
	挥发处理　无铜系统	$9.0\sim9.6$	$<9.0, >9.6$	<8.0	—
	加氧处理	$8.0\sim9.0$	<8.0	—	—

注　给水 pH 值低于 7.0，立即停机。

第五节　循环冷却水处理

一、敞开式循环冷却水处理

（一）沉积物的析出和附着

重碳酸盐随水蒸发浓度增加，当过饱和状态时，或经过换热器表面温度升高时，会发生反应

$$Ca(HCO_3)_2 = CaCO_3 \downarrow + CO_2 \uparrow + H_2O \qquad Mg(HCO_3)_2 = Mg(OH)_2 \downarrow + 2CO_2$$

这些钙、镁离子的碳酸盐垢物会沉积在换热器表面，形成致密的碳酸盐水垢，导热性能差。钢的导热系数为 $46.4\sim52.2W/(m \cdot k)$；水垢的导热系数不超过 $1.16\ W/(m \cdot k)$。

（二）设备腐蚀

（1）碳钢换热器溶解氧引起电化学腐蚀。

（2）Cl^- 和 SO_3^{2-} 等离子引起腐蚀。

（3）微生物引起腐蚀

$$SO_4^{2-} + 8H^+ + 8e = S^{2-} + 4H_2O + 能量（细菌生存所需） \qquad Fe^{2+} + S^{2-} = FeS \downarrow$$

铁细菌是钢铁锈瘤产生的主要原因，它能使 Fe^{2+} 氧化为 Fe^{3+}，释放的能量供细菌生存需要。$Fe^{2+} \rightarrow Fe^{3+}$ 能量（细菌生存所需），易使换热器腐蚀穿孔。

（三）微生物的滋生和黏泥

给细菌造成了繁殖条件，大量细菌分泌出形成黏合剂一样，水中的飘浮灰尘杂质和化学沉积物黏附在一起，在换热器表面上形成黏泥。这种黏泥称为生物黏泥，也叫软垢。

（四）利用 CO_2 降低碱性水 pH 值工艺

冶金行业已实践，用 CO_2 降低碱性废水 pH 值工艺。电力在间冷塔循环水中尝试。其反应机理：

（1）$CO_2 + H_2O \rightarrow H^+ + HCO_3 \rightarrow 2H^+ + CO_3^{2-}$（$CO_2$ 的溶解和解离反应）。

（2）$Ca(OH)_2 + 2HCO_3^- \rightarrow 2OH^- + Ca(HCO_3)_2$（较低的 pH 值条件下）。

（3）$Mg(OH)_2 + 2HCO_3^- \rightarrow 2OH^- + Mg(HCO_3)_2$（较低的 pH 值条件下）。

（4）$Ca(OH)_2 + CO_3^{2-} \rightarrow 2OH^- + CaCO_3$（较高的 pH 值条件下）。

（5）$Mg(OH)_2 + CO_3^{2-} \rightarrow 2OH^- + MgCO_3$（较高的 pH 值条件下）。

（6）$H^+ + OH^- \rightarrow H_2O$（中和反应）。

二、循环冷却水中的沉积物

（一）沉积物的分类

各种物质沉积在换热器的传热表面上，这些物质统称为沉积物。主要由水垢、淤泥、腐蚀产物和生物沉积物构成。

1. 水垢

天然水中溶解有各种盐类。如重碳酸盐、硫酸盐、氯化物、硅酸盐等。

以碳酸盐 $Ca(HCO_3)_2$、$Mg(HCO_3)_2$ 最多，其最不稳定。上述一样进行分解。且氯化钙进行置换 $CaCl_2 + CO_3^{2-} = CaCO_3 \downarrow + 2Cl^-$。

有磷酸盐时其反应为 $2PO_4^{3-} + 3Ca^{2+} = Ca_3(PO_4)_2 \downarrow$

$20℃$时，氯化钙的溶解度是 $37\ 700mg/L$；在 $0℃$时，碳酸氢钙的溶解度为 $2630mg/L$；硫酸钙的溶解度是 $1800mg/L$；而碳酸钙的溶解度只有 $20mg/L$；磷酸钙的溶解度更小，为 $0.1mg/L$。温度升高时，过饱和状态，则从水中结晶析出，所以水垢是有固定晶格的无机盐类。

2. 污垢

污垢是由颗粒细小的泥砂、尘土、不溶解盐类的泥状物、胶体氢氧化物、杂物碎屑、腐蚀产物、油垢、菌藻微生物尸体及其黏性分泌物。

（二）水垢析出的判断

1. 碳酸钙垢析出的判断

1936 年郎格利尔根据反应式的平衡关系，提出了饱和 pH 值及饱和指数的概念。

2. 计算饱和 pH 值的简化方法

$$PH_s = (9.70 + A + B) - (C + D)$$

式中　A——总溶解固形物系数；

B——温度系数；

C——钙硬度系数；

D——M-碱度系数（各值可查表），"M-碱度"是甲基橙为指示剂的总碱度。

3. 结垢指数（P.S.I）

又称普氏指数。帕科拉兹认为水的总碱度比水的实际测定 pH 值能更正确适应冷却水的腐蚀与结垢倾向。另有磷酸钙垢析出判断、硅酸盐垢析出的判断。

三、沉积物的控制

（一）水垢的控制

循环水主要是防止碳酸钙垢的化学水处理。

化学热力学法：设法降低或除去参与反应的成垢离子的浓度，使碳酸盐平衡重新建立而消除结垢的可能性。包括酸化处理、石灰处理、离子交换法处理。

动力学法：借助阻垢剂防垢处理，是对碳酸钙晶体生长动力学过程干扰而阻止或减少碳酸钙垢形成的化学药剂，所以称为动力学法。

1. 加酸处理

通常加硫酸，因盐酸会带入 Cl^- 增加水的腐蚀性，加硝酸会带入硝酸根，促进硝化细菌繁殖。

（1）酸化处理使碳酸盐硬度转变为等价位离子摩尔量的、易溶于水的非碳酸盐硬度，不再结垢沉淀。反应式为 $Ca(HCO_3)_2 + H_2SO_4 = CaSO_4 + 2CO_2 + 2H_2O$

（2）加酸量。$1mmol$ 的硫酸（按 $1/2H_2SO_4$ 计），可以使水的碱度降低 $1mmol/L$，即 $1t$

水中碱度减低 1mmol/L 时，需加入 49g 硫酸。以水容积计算加入酸量。

2. 石灰软化法

加入适量石灰，让水中的碳酸氢钙与石灰反应，生成碳酸钙沉淀析出，从而除去水中的 Ca^{2+}。

3. 离子交换法

通过离子交换树脂，将 Ca^{2+}、Mg^{2+} 从水中置换出来并结合在树脂上。达到水中 Ca^{2+}、Mg^{2+} 等结构性离子的目的。

4. 投加阻垢剂

从水中析出碳酸钙等水垢的过程，是微溶性盐从溶液中结晶沉淀过程。按结晶动力学观点，结晶的过程首先是生成晶核，形成少量的微晶粒，由于布朗运动，相互碰撞小晶体变成大晶体，覆盖传热面的垢层。阻垢剂就是破坏其结晶增长。

阻垢剂有聚磷酸盐、有机多元磷酸、有机磷酸酯、聚丙烯酸盐等。

（二）污垢的控制

（1）降低补充水浊度：一般应低于 5mg/L，循环水中悬浮物不大于 20mg/L。

（2）做好循环水水质处理：减少系统产生污垢。

（3）加入分散剂：杀菌灭藻。

（4）增加旁路过滤设备。

第六节　中水深处理

主要是城市进行水处理后，输入火电厂厂内再处理，即中水深处理。市内污水处理厂二级生物处理的排放水，其排放水设计水质为《城镇污水处理厂污染物排放标准》（GB 18918—2002）一级标准中的 B 类标准。再生水进水水质报告及深度处理站设计出水品质主要指标，一般采用石灰＋过滤工艺系统。

中水深处理总产水量根据补充水量确定。大型电厂闭式循环水系统中水需 1600～2000m³/h，主要用作电厂循环冷却水补充水。

一、工艺流程

工艺流程图如图 4-2 所示。

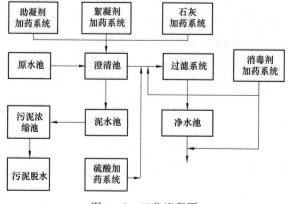

图 4-2　工艺流程图

二、工艺调试

由于过滤器是机械过滤，调试工作相对比较简单，主要工作有过滤器的试运转；反冲洗气、水系统的调试；加氯量的调整和运行。中水系统制水停运操作工艺表见表 4-21。

表 4-21　　　　　　　　　　　　中水系统制水停运操作工艺表

运行状态	制水							停运
滤水反洗状态	过滤制水	反洗降水	反洗（停运工况下，反洗可独立执行）					—
运行步骤	1	2	3	4	5	6	7	—
设备名称	过滤	反洗降水	气洗（2min）	气水洗（4min）	排气	水洗（6min）	水洗结束	—
进水阀 1RCC11 AA001	开	关	关	关	关	关	开 4	关
反洗排水阀 1RCC11 AA005	关	关	开 1	开	开	开	关 3	关
反洗进水阀 1RCC11 AA003	关	关	关	开	开	开	关 1	关
反洗进气阀 1RCC11 AA004	关	关	开 1 到位	开	关	关	关	关
出水调节阀 1RCC11 AA002	开度调节	开到位，到液位设定点转入下一步	关 1	关	关	关	关	关
排气阀 1RCC11 AA006	关	关	关	关	3 开	关	关	关
反洗风机放空阀 1RCH10 AA001	关	关	开 1 到位，风机开的同时关 2	关	关	关	关	关
1 号反洗风机 1RCH10 AN001	关	关	开 2	开	关	关	关	关
2 号反洗风机 1RCH10 AN002	关	关	开 2	开	关	关	关	关
1 号反洗泵 1RCG10 AP001	关	关	关	关	开	开	关 2	关
2 号反洗泵 1RCG10 AP002	关	关	关	关	开	开	关 2	关

注　1. 表中每列的数字表示这列中相应设备/阀门的动作顺序；循环运行，步序时间可调。

　　2. 整体试运：所有设备均置为自动状态投入自动控制系统运行，考察系统运行指标。

三、进水出水水质标准

再处理前的中水入厂基本控制项目最高允许进水指标（日均值）见表 4-22。深度处理站设计出水品质主要指标（即循环水补充水指标）见表 4-23。

表 4-22　　　　　　　　　　基本控制项目最高允许进水指标（日均值）

序号	基本控制项目	单位	数量	备注
1	化学需氧量（CODcr）	（mg/L）	60	
2	生化需氧量（BOD5）	（mg/L）	20	

序号	基本控制项目	单位	数量	备注
3	悬浮物	（mg/L）	20	
4	动植物油	（mg/L）	3	
5	石油类	（mg/L）	3	
6	阴离子表面活性剂	（mg/L）	1	
7	总氮（以年计）	（mg/L）	20	
8	氨氮（以 N 计）	（mg/L）	8（15）	
9	总磷（以 P 计）	（mg/L）	1	
10	色度（稀释倍数）	（mg/L）	30	
11	pH 值		6～9	
12	粪大肠菌群数	个/l	104	

表 4－23　　　　　深度处理站设计出水品质主要指标（即循环水补充水指标）

序号	基本控制项目	单位	数量	备注
1	外观		透明	
2	pH 值		6.5～9	
3	悬浮物（SS）	（mg/L）	≤5	
4	化学需氧量（CODcr）	（mg/L）	≤30	
5	生化需氧量（BOD5）	（mg/L）	≤5	
6	NH_3-N	（mg/L）	≤3	
7	总磷（以 P 计）	（mg/L）	≤1	
8	碱度	（mmol/L）	≤1.0	
9	Cl^-	（mg/L）	≤150	
10	SO_4^{2-}	（mg/L）	≤200	
11	SiO_2	（mg/L）	≤35	
12	石油类	（mg/L）	≤5	高标准<1.7
13	硫化物	（mg/L）	≤1	
14	游离氯	（mg/L）	0.2	指净水泵出口处

第七节　化　学　清　洗

一、锅炉化学清洗

（一）清洗意义及要求

1. 重要意义

锅炉的化学清洗是使受热面内表面清洁、防止受热面因腐蚀和结垢引起事故的必要措施，同时也是提高锅炉热效率、改善机组水汽品质的有效途径之一。

化学清洗主要体现在酸液清洗。酸洗是电站锅炉清洗方法的一种，同煮炉、吹洗一样，都是为了清除锅炉在制造、运输、存放及安装过程中形成的高温氧化皮、锈蚀产物、硅质污垢、残留渣物、油脂油污，以及清除运行锅炉集结的水垢等。

化学清洗较一般物理清洗效果好。酸洗不仅使锅炉启动时汽水品质很快符合标准，避免机组物理损伤，增强导热性能、导致汽水循环良好，杜绝由于积渣而造成的管子过热及爆管事故。酸洗还会减轻管壁碱性腐蚀、垢下腐蚀及表现广泛的电化学腐蚀，从而增加锅炉使用寿命。酸洗能融解少量硅、剥离含硅物质，有效控制含硅量，促使锅炉快速投产，相对减低汽轮机动静叶片结垢量。

由此可见，对小管径直流锅炉、高参数大容量锅炉、运行后结垢严重锅炉进行化学清洗是必要的。对用氩弧焊打底的汽轮机油管进行酸洗是可行的，都具有其特殊重要意义。

2. 基本要求

(1) 直流炉和过热蒸汽出口压力为 9.8MPa 及以上的汽包炉，在投产前必须进行化学清洗；压力在 9.8MPa 以下的汽包炉，当垢量小于 $150g/m^2$ 时，可不进行酸洗，但必须进行碱洗或碱煮。

(2) 再热器一般不进行化学清洗，出口压力为 17.4MPa 及以上机组的锅炉再热器可根据情况进行化学清洗，但必须有消除立式管内的气塞和防止腐蚀产物在管内沉积的措施，应保持管内清洗流速在 0.15m/s 以上。

(3) 过热器垢量大于 $100g/m^2$，可选用化学清洗，但必须有防止立式管产生气塞和腐蚀产物在管内沉积的措施，过热器和再热器的清洗也可采用蒸汽加氧吹洗。

(4) 应备足用于锅炉化学清洗的水量，锅炉化学清洗应采用软化水、除盐水或凝结水。锅炉化学清洗完毕后，若不能在 20d 内投入运行，就应采取防腐保护措施。化学清洗排出的各种废液应按环保标准进行处理，方准排放。

(5) 在化学清洗时，清洗液温度不应过高，几种化学清洗方法控制的温度为无机酸的清洗温度应控制在 40～95℃；柠檬酸的清洗温度 90～98℃；EDTA 钠盐、铵盐清洗温度 130～140℃。

(6) 当清洗液中 Fe^{3+} 浓度不小于 300mg/L 时，应在清洗液中添加还原剂，如 N_2H_4、$SnCl_2$、抗坏血酸钠等。

(7) 当氧化铁垢中含铜量大于 5% 时，应有防止金属表面镀铜的措施：酸液中的铜离子会在金属表面产生镀铜现象，可在酸洗后用 25～30℃ 的 1.3%～1.5% 氨水和 0.5% 过硫酸铵溶液清洗 1～1.5h。随后排掉溶液，再用 0.8%NaOH 和 0.3%Na_3PO_4 溶液进行清洗，或采用加硫脲一步除铜，或微酸性除铜钝化的工艺，并应符合规定。

(8) 奥氏体钢清洗时，选用的清洗介质和缓蚀剂，不应含有易产生晶间腐蚀的敏感离子 CL^-、F^- 和 S 元素，同时还应进行应力腐蚀和晶间腐蚀试验。

(9) 酸洗的腐蚀速率规程规定不大于 $8g/(m^2 \cdot h)$，总腐蚀量不大于 $80g/m^2$。实践多台炉酸洗腐蚀速率在 0.3～2 $g/(m^2 \cdot h)$，腐蚀总量 2～8g/m^2。可见，大机组柠檬酸洗或 EDTA 络合、螯合清洗的标准应更新提高。

(二) 化学清洗工艺类别

1. 盐酸清洗液

4%～7%HCl，0.3%～0.4%缓蚀剂。适用垢类 $CaCO_3$＞3%、Fe_3O_4＞40%、SiO_2＜5%。

2. 盐酸清洗清除硅酸盐垢

$4\%\sim7\%$ HCl，$0.3\%\sim0.4\%$ 缓蚀剂、0.5% 氟化物。适用垢类 $Fe_3O_4>40\%$、$SiO_2>5\%$。

3. 盐酸清洗硬垢

清除碳酸盐垢、硫酸盐垢和硫酸盐硬垢：$4\%\sim7\%$ HCl，清洗前必须用 Na_3PO_4、NaOH 碱煮，然后清洗液中加入 $0.3\%\sim0.4\%$ 缓蚀剂、0.2% NH_4HF_2 或 0.4% NaF 及 0.5% $(NH_2)_2CS$（无 CuO 不加）。适用垢类 $CaCO_3>3\%$、$CaSO_4>3\%$、$Fe_3O_4>40\%$、$SiO_2>20\%$、$CuO<5\%$。

4. 氨洗除铜

盐酸清洗后用 $1.3\%\sim1.5\%$ $NH_3\cdot H_2O$ 及 0.5% $(NH_4)_2S_2O_8$ 除铜。适用垢类 $Fe_3O_4>40\%$、$CuO>5\%$。

5. 盐酸清洗硫脲一步除铜

$4\%\sim7\%$ HCl，$0.3\%\sim0.4\%$ 缓蚀剂、0.2% NH_4HF_2 或 0.4% NaF 及 $6\sim8$ 倍铜离子浓度的 $(NH_2)_2CS$，若 $Fe^{3+}>300mg/L$ 时应加 $0.2\%N_2H_4$。适用垢类 $Fe_3O_4>40\%$、$CuO>5\%$。

6. 微酸性除铜钝化

$0.2\%\sim0.3\%H_3C_6H_5O_7$，HCl 酸洗水冲洗合格后，加 $0.05\%\sim0.1\%$ 缓蚀剂，再在大循环 $0.2\%\sim0.3\%H_3C_6H_5O_7$ 溶液中添加 $1.0\%\sim2\%$ $NaNO_2$、$100\sim200mg/L$ $CuSO_4$、$50\sim100mg/L$ Cl^-。适用垢类 $Fe_3O_4>40\%$、$CuO>5\%$。

7. 柠檬酸清洗

$2\%\sim4\%H_3C_6H_5O_7$，温度 $90\sim98℃$，流速为 $0.6m/s$，时间为 6h。$0.3\%\sim0.4\%$ 缓蚀剂，再在 $H_3C_6H_5O_7$ 中添加氨水调使 pH 值至 $3.5\sim4$。适用垢类 $Fe_3O_4>40\%$、$SiO_2>20\%$。

8. EDTA 铵盐清洗

应用在超临界及超超临界有高合金耐热钢和奥氏体钢的直流锅炉清洗。新建炉 EDTA 浓度要根据小型试验定。运行炉根据垢量计算 pH 值为 $8.5\sim9.5$，一般浓度为 $3\%\sim6\%$，温度为 $130\sim140℃$，缓蚀剂 $0.3\%\sim0.5\%$。适用垢类 $Ca_3CO_3>3\%$、$Fe_3O_4>40\%$、$CuO<5\%$、$SiO_2<3\%$。EDTA 铵盐清洗：EDTA 浓度一般为 $4\%\sim8\%$，开始 pH 值为 $5\sim5.5$，结束时 pH 值为 $8.5\sim9.5$，剩余 EDTA 浓度为 $0.5\%\sim1\%$，缓蚀剂为 $0.3\%\sim0.5\%$；EDTA 与铁（Fe_3O_4）计算比可为 $3.8:1$，EDTA 与 CaO、MgO 的计算比可为 $5:1$。

9. 氢氟酸开路清洗或半开半闭清洗

$1\%\sim1.5\%$ HF，流速不小于 $0.15m/s$，0.3% 缓蚀剂。适用垢类 $Fe_3O_4>40\%$、$SiO_2>20\%$。

10. 硫酸清洗

$3\%\sim9\%H_2SO_4$、温度 $50\sim60℃$，时间 8h，流速 $1.5\sim2m/s$，$0.3\%\sim0.4\%$ 缓蚀剂。$0.3\%\sim0.4\%NH_4HF_2$。适用垢类 $Fe_3O_4>40\%$。

11. 基乙酸、基乙酸＋甲酸或柠檬酸清洗

$2\%\sim4\%$ 基乙酸、$2\%\sim4\%$ 基乙酸＋$1\%\sim2\%$ 甲酸或 $1\%\sim2\%$ 柠檬酸，温度为 $90\sim105℃$，流速为 $0.3\sim0.6m/s$，时间为 $6\sim8h$，$0.2\%\sim0.4\%$ 缓蚀剂，0.5% NH_4HF_2。适用垢类 $Fe_3O_4>40\%$、$CaCO_3>3\%$、$CaSO_4>3\%$、$Ca_3(PO_4)_2>3\%$、$MgCO_3>3\%$、$Mg(OH)_2>3\%$、$SiO_2<5\%$。

12. 氨基磺酸清洗

$5\% \sim 10\% NH_2SO_3H$，温度为 $50 \sim 60℃$，$0.2\% \sim 0.4\%$ 缓蚀剂。适用垢类 $CaSO_4 >$ 3%、$CaCO_3 > 3\%$、$Ca_3(PO_4)_2 > 3\%$、$MgCO_3 > 3\%$、$Fe_3O_4 > 40\%$。

13. 硝酸清洗

$5\% \sim 8\% HNO_3$，$0.2\% \sim 0.5\%$ 缓蚀剂。适用垢类 $Fe_3O_4 > 40\%$、Ca、Mg 垢 $> 3\%$。

14. 磷酸清洗

$H_3PO_4 > 8\%$，温度大于 $95℃$，流速 $0.3 \sim 0.6m/s$，时间 $4h$，$0.2\% \sim 0.3\%$ 缓蚀剂。适用奥氏体钢和含铬钢。

15. 除垢钝化一步法混合清洗

磷酸为主的多种无机、有机化学药剂按一定比例匹配。$2.5\% \sim 5\%$ 清洗剂（体积比），$0.1\% \sim 0.2\%$ 助剂，$0.3\% \sim 0.6\%$ 缓蚀钝化剂。适用垢类 $Fe_3O_4 > 40\%$、$CuO < 20\%$、$SiO_2 < 5\%$。

16. 螯合清洗

$30\% HEDP$，温度为 $20 \sim 30℃$，时间 $2h$，$5\% \sim 7\% HEDP$。适用垢量不大于 $500g/m^2$，如碳钢、高合金钢、奥氏体钢、汽包炉炉本体；对结垢量较小的锅炉，清洗系统简单，操作方便。洗后有比较明显的腐蚀现象。

螯合清洗使用络合剂：（柠檬酸、乙二酸四乙酸（盐）即 EDTA、次氮基三乙酸等）的络合作用或螯合作用进行清洗。可不停机炉进行清洗、不停泵管道清洗，或叫在线清洗。螯合清洗的化学反应为

$$CaCO_3 + 2HCl = Ca^{2+} + 2Cl^- + H_2O + CO_2$$

$$HO—CH_2—COOH—Ca^{2+} = (HO—CH_2—COOH)$$

$$\underset{\text{Ca}}{}\text{（此环为螯合物）}$$

（三）小型实验

小型试验或模拟试验是化学清洗前准备工作中的重要环节。通过试验确定化学清洗方案，选用最佳清洗药量，取得各种必要数据，尤其缓蚀剂的有效性，几种缓蚀剂进行对比，确保腐蚀速率控制在最低值，不准超标。为良好地进行化学清洗奠定基础，并具有正式清洗全过程的指导作用。

1. 试验方案

依据锅炉结构特点、钢材种别，掌握管内壁锈蚀程度及沉积物分布状况，结合现场条件，确定选择小型试验还是模拟试验，是动态试验还是静态试验，或二者兼备。参考以往的化学清洗经验，通过试验确定酸种、酸量、抑制剂及其比例，选定清洗液温度、流速和循环回路，制定化学监督细则及各项控制指标。

2. 试验实施

（1）准备。①选择有代表性的几种规格管段，确定每平方米平均锈垢量；②选择锈蚀程度有代表性的管段，依据水浴锅尺寸截取适合长度（一般 150mm 左右），并截取带焊口试验用的管段；③车制并抛光圆片试样多枚（$\phi 35 \sim 40 \times 3$），为悬吊方便，中心钻 10mm 孔，打好字头并精确测量，精度达万分之一克；④选择有高温氧化皮管段，或部分试样在 $600 \sim$

700℃退火，使表面形成高温氧化皮；⑤备好要试用的酸液和抑制剂等化学药品并认定其纯度。

(2) 试验装置。

1) 静态试验（集氢法），备有恒温水浴锅、导汽管、集氢量筒等。

2) 动态试验：酸泵、酸箱、转子流量计及酸箱内电加热自动控制温度装置和阀门等。

3) 模拟试验：根据酸洗主要对象或研究酸洗的某些项目，或采用新的循环方法，则按比例做好模型，设置必要的试验器械。

(3) 试验项目。由于设备材质不同，化学清洗的试验项目也有差异，但基本的试验项目有：

1) 寻求最小的腐蚀速度试验，酸液浓度优选试验，选择最佳药量试验，不同温度的腐蚀状况试验，不同时间的清洗效果试验，以上试验，依次均为一个变量，三个定量进行之。

2) 抑制剂缓蚀效率试验。

3) 四个变量优选后的腐蚀速度试验。

4) 钝化效果试验。

此外，根据清洗对象和需要，还可以拟定清洗液最佳流速试验：不同酸液不同抑制剂的优选试验，不同材质不同酸液的腐蚀速度试验，缓蚀的盐酸和柠檬酸对氧化铁皮的溶解和剥落试验，以及酸混溶或水混溶抑制剂的缓蚀率试验，对 EDTA、HEDP 的有效性试验等。

二、酸洗理论

化学清洗是使用某些酸、碱及药品清除其炉内之锈垢及依附的脏物。化学清洗的主要部分是化学酸洗，所以又简称为酸洗（对于络合、螯合的盐类清洗另节阐述）。无论用哪种酸进行清洗，都是为了溶解或剥落金属氧化物和硅质物，使炉管内壁洁净，提高汽水品质，避免垢下腐蚀。

化学酸洗采用无机酸 [盐酸（HCl）、硫酸（H_2SO_4）、硝酸（HNO_3）、磷酸（H_3PO_4）]；有机酸 [柠檬酸 $C_3H_4(OH)(CO_2H)_3 + H_2O$，柠檬酸铵 $(NH4)_2HC_6H_5O_7$ 氨基磺酸（NH_2SO_3H）等]；以及酸混合物。化学清洗全过程中还有清洗剂：苛性钠（NaOH）、磷酸三钠（$Na_3PO_4 \cdot 12H_2O$）、联氨（N_2H_4）及氨水（NH_4OH、NH_3H_2O）等。这些酸、碱和盐与清洗对象氧化物或盐垢中的元素铁（Fe）铜、（Cu）、硅（SiO_2）、钙（Ca）、镁（Mg）、钠（Na）、和铝（Al）等起化学反应，把它们转为盐类溶于稀酸或水中，或借助酸与金属铁反应产生的氢气，使氢氧化物或硅质盐垢等物和金属壁剥离，达到清洗的主要目的。

为了酸洗效果好，还必须注意影响酸洗的内外因素和掌握清除物的状况和成分。

（一）酸洗对象的组成和结构

1. 高温氧化铁皮

(1) 由空气中的氧形成的氧化铁皮。当温度低于 575℃时，生成的氧化铁皮有两层，靠近铁基体的一层是四氧化三铁（Fe_3O_4），外面一层是三氧化二铁（Fe_2O_3）。当温度高于 575℃时，生成氧化铁皮有三层，靠铁基体的一层是一氧化铁（FeO 含氧 22.2%），中间层是 Fe_3O_4 含氧 27.6%，外面是 Fe_2O_3 含氧 30%。这三层中由外往里含氧量依次减少。如果考虑 Fe_3O_4 与 FeO 过渡区，则从外向里依次为 $Fe_2O_3 \rightarrow Fe_3O_4 \rightarrow FeO + Fe_3O_4$（富氏体）$\rightarrow$ $FeO \rightarrow Fe$。

其中氧化亚铁在 575℃以下是不稳定的，所以当轧制的金属冷却到室温时，靠铁基体一层是 FeO、Fe_3O_4 和金属铁（Fe）的混合物，其比例由冷却速度决定，冷却快 FeO 多，冷却慢则 Fe_3O_4 及 Fe 较多些。

氧化铁皮的厚度与化学元素、加热介质、制品温度和表面状况有关。一般为 0.01～0.02mm，最大可达几毫米。当氧化温度高于 575℃时，FeO 厚 0.01～0.1mm；Fe_3O_4 厚 0.0001～0.001mm；Fe_2O_3 厚 0.0001mm。

合金钢及铸铁等表面上的氧化铁皮，除上述结构外，还有二氧化硅（SiO_2）及铬、镍氧化物。

（2）由二氧化碳及水蒸气形成的氧化铁皮。在高温下这些气体与钢铁制品接触时，也会使铁氧化，生成的铁的氧化物种类不同，使之气体扩散速度不同，因而生成的氧化铁皮的结构也有区别。铁在不同温度下，在含不同数量的水蒸气及二氧化碳的气体中加热时，生成的铁的氧化物的种类不同，但是生成氧化铁皮的过程是相似的。

1）测出铁在二氧化碳及一氧化碳的混合气体中的氧化曲线。

2）测出铁在水蒸气及氧气的混合气体中的氧化曲线。

2. 常温腐蚀产物

（1）钢铁接触溶解氧气产生的铁锈。金属在中性、碱性电解质溶液中（含给水、炉水）是吸氧腐蚀。负极 $Fe-2e \rightarrow Fe^{2+}$，负极转移到正极（杂质）上来，电子被强氧化剂 O_2 得到生成氢氧离子，$O_2+2H_2O+4e \rightarrow 4OH^-$ 产生的 OH^- 与 Fe^{2+} 结合成 $Fe(OH)_2$ 沉淀，$Fe(OH)_2$ 进一步氧化为铁锈（$Fe_2O_3 \cdot 3H_2O$）。

（2）钢铁在潮湿环境中产生的铁锈。金属在湿环境中表面会有薄厚不等的水膜，含有少量 H_2CO_3 的电解质溶液。如 Fe 是负极，失去电子 Fe^{2+} 进入水膜中，而杂质是正极，H^+ 在其上获电子变成氢气析出；同时，H_2CO_3 与 Fe 作用，生成 $Fe(HCO_3)_2$，并且 $Fe^{2+}+2OH^- \rightarrow Fe(OH)_2 \downarrow$，$Fe(OH)_2$ 再氧化 $2Fe(OH)_2+H_2O+1/2O_2=2Fe(OH)_3$，它难溶水、多孔，水易浸入，又继续生成 $Fe(OH)_2$，则 $Fe(OH)_2$ 与 $Fe(OH)_3$ 即为红色铁锈。而 $2Fe(OH)_3$ 加热成 $Fe_2O_3 \cdot 3H_2O$。

（3）酸洗后冲洗时产生的二次腐蚀。与（1）、（2）相同，产生 $Fe(OH)_3$、$Fe(OH)_2$，它很不稳定，在冲洗时湿度很大，溶氧不断输入，则 $Fe(OH)_2+O_2+2H_2O \rightarrow Fe(OH)_3 \downarrow$；在室温情况下会分解：$3Fe(OH)_2 \rightarrow Fe_3O_4+2H_2O+H_2$，$Fe(OH)_2+2Fe(OH)_3 \rightarrow Fe_3O_4+H_2O$。

3. 运行机组的盐垢

过去，水处理设备没有离子交换树脂，则长时间运行的炉管和汽轮机动静叶片上易结盐垢。溶水性的有碳酸钠（Na_2CO_3）、硫酸钠（Na_2SO_4）、氯化钠（NaCl）、磷酸根（P_2O_5）、碳酸氢钠（$NaHCO_3$）等；不溶于水的有二氧化硅（SiO_2）、氧化镁（MgO）、碳酸钙（$CaCO_3$）、磷酸钙 $[Ca_3(PO_4)_2]$ 等。

（二）清洗中的化学反应

1. 与盐酸的化学反应

（1）氧化铁皮、铁锈与盐酸的作用：

$$FeO+2HCl \rightarrow FeCl_2（氯化亚铁）+H_2O$$

$$Fe_2O_3+6HCl \rightarrow 2FeCl_3（氯化铁）+3H_2O$$

$$Fe_3O_4+8HCl \rightarrow 2FeCl_3+FeCl_2+4H_2O$$

$$Fe_2O_3 \cdot 3H_2O+6HCl \rightarrow 2FeCl_3+6H_2O$$

$$Fe(OH)_3+3HCl \rightarrow FeCl_3+3H_2O$$

（2）铁基体与盐酸的作用：

$$Fe+2HCl \rightarrow FeCl_2+2H \uparrow \quad H+H \rightarrow H_2 \quad FeCl_3+H^+ \rightarrow FeCl_2+HCl（还原反应）$$

另外，氧化性离子（Fe^{3+}、Cu^{2+}）及氯化铁溶液夺取裸露钢材的 Fe（氧化反应）。

$$Fe+Fe^{3+} \rightarrow 3Fe^{2+} \quad Fe+Cu^{2+} \rightarrow Fe^{2+}+Cu \quad Fe+2FeCl_3 \rightarrow 3FeCl_3$$

（3）氢使铁的氧化物还原成易与酸作用的亚铁的氧化物，然后与酸作用而被除去（还原作用）。这些均是酸洗中金属基本的腐蚀过程。

（4）与柠檬酸（H_3L）和柠檬酸铵的反应：

$$Fe_2O_3+2H_3L \rightarrow 2FeL+3H_2O$$

$$Fe+H_1(NH4)_2C_6H_5O_7 \rightarrow Fe(NH_4)C_6H_5O_7+1/2H_2$$

$$2Fe+2H_3L \rightarrow 2FeL+6H \uparrow$$

2. 联氨（$H_2N \cdot NH_2$）的作用

（1）联氨能使氯化铁还原，减少氯化铁对铁基体的腐蚀：

$$4FeCl_3+N_2H_4 \rightarrow 4FeCl_2+4HCl+N_2$$

（2）酸洗后冲洗时加入联氨，可防止 Fe^{3+} 形成沉淀。酸洗后溶液有大量氯化铁，易有下述反应：

$$FeCl_3+3H_2O \rightarrow Fe(OH)_3 \downarrow +3HCl$$

（3）联氨与三氧化二铁反应能生成 Fe_3O_4：

$$6Fe_2O_3+N_2H_4 \rightarrow 4Fe_3O_4+N_2+2H_2O$$

（4）除氧：

$$N_2H_4+O_2 \rightarrow 2H_2O+N_2（不提高含盐量） \quad 或 \quad N_2H_4OH_2+O_2 \rightarrow 3H_2O+N_2$$

（5）联氨是一种不稳定化合物，在较高的温度下，它能分解成氨及氮 $3N_2H_4 \rightarrow 4NH_3+N_2$，氨气混合在蒸汽中时，系统中铜管起着腐蚀作用。

3. 化学清洗中与各种盐垢作用

（1）盐酸溶解盐垢反应：

$$CaCO_3+2HCl=CaCl_2+H_2O+CO_2 \uparrow$$

$$Mg(OH)_2+2HCl=MgCl_2+2H_2O$$

$$MgCO_3 \cdot Mg(OH)_2+4HCl=2MgCl_2+3H_2O+CO_2 \uparrow$$

$$CaSiO_3+2HCl=CaCl_2+H_2SiO_3$$

$$MgSiO_3+2HCl=MgCl_2+H_2SiO_3$$

（2）硅化物的处理：

$$SiO_2+4HF=SiF_4+2H_2O（氢氟酸 HF）溶解速度慢$$

$$NaAl(SiO_3)_2+8HF+4HCl=NaCl+FeCl_3+2SiF_4+6H_2O$$

$$NaAl(SiO_3)_2+8HF+4HCl=NaCl+AlCl_3+2SiF_4+6H_2O$$

盐酸中放置氟化铵（NH_4F）或氟化钠（NaF）即可生成氢氟酸。氢氟酸溶硅盐速度虽慢，但溶解 Fe_3O_4 及 α - Fe_2O_3 比无氟化物盐酸快 2～3 倍。

（3）铜及铜的氧化物处理锅炉锈蚀沉积物，含有一定量的铜或铜的氧化物，在氨水中生成稳定的络盐而溶解。对于沉积物中的金属铜，需加氧化剂、过硫酸铵促使铜溶解。

$$(NH_4)_2S_2O_8+H_2O \rightarrow 2NH_4HSO_4+O \uparrow$$

$$Cu+O \rightarrow CuO$$

$$CuO+H_2O+4NH_3 \rightarrow (NH_3 \cdot CuNH_3)^{2+}+2OH^-$$

对于铜离子 Cu^{2+} 则添加铜离子封锁剂，以保护铁基体，也可以防止铜在金属团体材料上析出。硫脲就是其中一种，反应如下：

$$Cu^{2+}+(NH_2)_2CS \rightarrow [S=C-NH_2-Cu-NH_2-C=S]^{2+}$$

（4）其他酸的化学反应。

磷酸：$FeO+2H_3PO_4 \rightarrow Fe(H_2PO_4)+H_2O$　　$Fe_2O_3+6H_3PO_4 \rightarrow 2Fe(H_2PO_4)_3+3H_2O$

硫酸：$Fe_3O_4+4H_2SO_4 \rightarrow Fe_2(SO_4)_3+FeSO_4+4H_2O$　　$Fe+H_2SO_4 \rightarrow FeSO_4+H_2$

（三）与酸洗有关的因素

（1）氢：酸洗过程中，酸溶液通过锈蚀物的孔隙作用于铁基体，并因氧化铁皮、锈垢的薄厚不均，易溶程度不等，则酸洗的后期有 $70\%\sim100\%$ 面积铁基体与酸溶液接触，产生较多氢原子。

1）氢量越多，说明锅炉内壁受侵蚀越重。酸洗时，在保证清洗物除掉的前提下，产生氢量越少越好。应注意缓蚀剂的选择和酸洗时间的控制。

2）氢只能在金属铁与酸作用生成，也就是说氢是在铁锈垢里面形成的，加上它的自由压力就起着松散剥离作用。酸洗液种类不同，则机械剥离程度亦不同：硫酸溶液占 70% 左右，盐酸溶液 30% 左右，柠檬酸溶液则甚微。

3）氢能加速锅炉酸洗的进程。因为氢使 Fe_2O_3 及 Fe_3O_4 还原成容易溶解于酸溶液中的氧化亚铁。

$$Fe_2O_3+H_2 \rightarrow 2FeO+H_2O　　Fe_3O_4+H_2 \rightarrow 3FeO+H_2O$$

4）氢能使氯化铁还原生成氯化亚铁，减轻对铁基体的侵蚀。

$$FeCl_3+H \rightarrow FeCl_2+HCl$$

5）氢对钢铁基体的扩散与析出：酸洗时产生的氢原子可无阻挡的进入金属基体内部；氢分子比氢原子大得多，就不再可能在铁基体内扩散。

由于氢原子扩散到钢铁内部，则产生相当大的内应力，因而韧性、延性及塑性降低了，脆性及硬度提高了。这就是所谓的氢脆。

如果金属中有夹杂或小孔隙，扩散进入的氢原子就可能结合成氢分子，氢原子又不断向该处补充，氢分子数量不断增多，氢原子结合时放出很大的能量，易使附近钢铁基体撕裂产生细小裂纹。如果在表面，由于氢分子积聚而产生的压力使裂纹张大，直到出现凸起小包，即所谓酸洗气泡。

锅炉酸洗时，对于氢脆现象和酸洗气泡并无多大影响。其原因：①锅炉酸洗后至少停放一周才启动投产，钢铁吸收的氢原子绝大部分会析出，况且酸洗后还经过热态钝化、试运转的升温升压阶段。在 $100℃$ 左右约 $10h$，氢基本析出，所以钝化和运转等于做了除氢处理，因此残留的氢量很小，对管材机械性能影响不大；②锅炉用钢均为碳素优质钢，金属夹杂及孔隙甚少，因此产生酸洗气泡很少见到。

酸洗中这种渗氢现象，对奥氏体、马氏体、铁素体不锈钢及珠光体、耐热钢危害度以及点状腐蚀和缓蚀的盐酸引起的应力腐蚀度是较大的，应做细致工作和试验。为某些过热器酸洗和直流炉用盐酸清洗提供科学依据。

（2）高价铁（Fe^{3+}）与亚铁（Fe^{2+}）：在盐酸清洗液中生成氯化亚铁，它的含量对酸洗速度无明显影响。生成的氯化铁略为提高酸洗速度。氯化亚铁容易溶于水中，对于锅炉酸洗中亚铁的含量不会超过它的溶解度。

随着酸洗时间延续（如盐酸浓度 1.5% 时，时间为 7h 左右），高价铁的含量仅趋近于零。这是因为 $FeCl_3$ 与 Fe、H^- 及 N_2H_4 起还原反应变成 $FeCl_2$，可见，伴随盐酸与 FeO_2、Fe_2O_3 及 Fe_3O_4 反应，随着酸洗时间延续亚铁（Fe^{2+}）含量不断增加，直到 Fe^{2+} 接近稳定，而酸洗液 pH 值也较稳定时，表明氧化铁皮、铁垢溶解剥落业已完成，而有高效率的缓蚀剂的盐酸溶液对铁基体作用微弱，产生的 $FeCl_2$ 量很小。此时，酸洗可以结束。

（3）酸溶液的种类、浓度、温度、流速及附加物：这些均是影响酸洗质量的外部因素。关于酸洗液的种类和缓蚀剂不作详细讨论。

酸洗液的温度对铁垢、纯铁的溶解及对缓蚀剂效能都有影响，必须认真选择。如盐酸清洗液在室温升高至 60℃，则酸洗速度能提高 9～10 倍。可是随温度提高，腐蚀速率也剧增；$\phi 60 \times 5$ 水冷壁管在相同清洗液（HCl 浓度 1.5%、0.3% 磷二甲苯硫脲）静态浸泡，温度 60℃ 和 90℃，静态清洗 9h40min，则腐蚀速率后者比前者大 12 倍。为了减少酸溶液对铁基体的腐蚀，均加入缓蚀剂。由于缓蚀剂种类不同，它的最高缓蚀效率适应的温度亦不同。我国目前常用的缓蚀剂实际选用温度：诺丁选用温度不大于 90℃、磷二甲苯硫脲选用温度高达 98～100℃、工读三号选用温度为 70℃、乌洛托平选用温度为 60～70℃。可见，酸洗液温度应通过试验，选择酸洗速度适宜，缓蚀剂性能稳定，腐蚀速率偏低的最佳值。

酸洗液的流速与酸洗泵容量大小、循环回路划分、通流面积及沿途局部阻力有关。当酸洗流速（简称洗速）增加时，溶解剥离氧化铁垢速度加快。洗速 $v=0.61\text{m/s}$ 比 $v=0.20\text{m/s}$ 的腐蚀速率加大一倍，当洗速 $v \leqslant 3\text{m/s}$ 时，缓蚀剂的抑制能力明显降低。另外相同流速不同材质，则腐蚀速率也不同，如 $v=0.61\text{m/s}$，洗速对 20G 钢、1Cr18Ni9Ti 及钴基合金则腐蚀速率分别为 7.6、1.0、0.62 g/（$\text{m}^2 \cdot \text{h}$）。

诚然，我国亦有静泡浸渍洗炉经验，今后应继续实践，使酸洗效果不断提高。循环酸洗一般选用 0.2～0.6m/s 洗速为宜。对于气流法在液相下化学清洗，应做试验，选择运载介质为湿蒸汽时流速最佳，结合蒸汽吹洗，是有前途的过热器管束清洗方案。

（4）氧化铁的组成、结构、厚薄及材质成分，表面状态，这些是影响酸洗的内在因素。

使用相同的清洗液，氧化亚铁的溶解速度比四氧化三铁和三氧化二铁要大 2～3 倍；氧化亚铁疏松多孔则易机械剥离；钢铁氧化物中有金属铁存在，可加速溶解；氧化铁皮厚（如汽包）酸洗时间要长；锈垢不均匀要注意欠酸洗或过酸洗；钢的含碳量增加母材溶解速度增大（45 号钢比 20 号钢大 3 倍左右）；管子内表面粗糙则金属铁的溶解速度较光滑面要大得多。这些因素在小型试验及酸洗全过程应给予考虑。

三、酸洗计算

正确掌握化学清洗工艺，必须在知晓酸洗理论的基础上，结合具体设备和条件进行试验，取得各种数据，指导酸洗实践，是十分重要的。在清洗液选择、腐蚀量查核、清洗效果鉴定中，均需要有些数字，反应量的概念，进行比较鉴别。其所需项目和计算方法如下：

1. 缓蚀效率

(1) 试片失重法缓蚀效率计算

$$\eta_{sh} = \frac{W_w - W_y}{W_w} \times 100\%$$

(4-1)

式中　η_{sh}——用失重法计算的缓蚀效率，%；

W_w——酸洗液中无缓蚀剂试片失重，g；

W_y——酸洗液中有缓蚀剂试片失重，g。

注：① 失重为相同时间、单位面积；

② 试片失重在试验室酸洗液静（动）态获得。

(2) 试管集氢法计算的缓蚀效率计算：

$$\eta_j = \frac{V_1 - V'_1}{V_1} \times 100\%$$

(4-2)

式中　η_j——集氢法计算的缓蚀剂效率，%；

V_1——相同管径、相同时间、单位面积的酸洗液中无缓蚀剂试管集氢量，L；

V'_1——相同管径、相同时间、单位面积的酸洗液中有缓蚀剂试管集氢量，L。

2. 腐蚀速率

$$W = \frac{G}{FH}$$

(4-3)

式中　W——腐蚀速率（即单位面积、单位时间的腐蚀量），$g/(m^2 \cdot h)$；

G——总腐蚀量，g；

F——酸洗液接触面积，m^2；

H——酸洗液清洗时间，h。

3. 标准状态下的氢量计算

$$V_o = V_j \frac{273}{273 + t} \frac{H}{760}$$

(4-4)

式中　V_o——标准状态下的氢量，L；

V_j——集氢法收集的氢量，L；

t——集氢时的室温，℃；

H——集氢时该处的气压，mmHg。

4. 腐蚀量

(1) 绝对腐蚀量 G

$$G = \frac{56V_o}{22.4}$$

(4-5)

式中　G——绝对腐蚀量（即总腐蚀量），g；

56——铁的1g原子的质量近似值，g；

22.4——气体的克分子体积，L；

V_o——标准状态下的氢量，L。

(2) 单位面积腐蚀量 g

$$g = \frac{G}{F}$$

(4-6)

（3）相对腐蚀量 g'

$$g' = \frac{G'}{S} \tag{4-7}$$

式中　g'——相对腐蚀量，g/cm^3；

　　　G'——单位长度管的绝对腐蚀量，g/cm；

　　　S——管内径的横截面积，cm^2。

5. 酸洗炉总排氢量

$$V_p = V_j \frac{22.4G}{56} \frac{273+t}{273} \frac{760}{H} \tag{4-8}$$

式中　V_p——排氢量，L。

6. 氧化铁损耗的酸量

$$Q_y = (Q-q)\left(1 \frac{V_p}{V_j} \times 100\%\right) \tag{4-9}$$

式中　Q_y——氧化铁及盐损耗的酸量，kg；

　　　Q——注入炉内总酸量，kg；

　　　q——折算注入酸浓度的排酸量，kg；

　　　V_p——锅炉排氢量，m^3〔依式（4-8）计算〕；

　　　V_j——炉内总耗酸量的计算产氢量，m^3。

$$V_j = (Q-q) \times \mu \times 22.4 / 2$$

式中　μ——酸的百分浓度；

　　　N——酸当量值（HCl 为 36.48，H^2SO_4 为 49.04）；

　　　2——依当量定律化为氢克分子数。

7. 锅炉铁基体腐蚀总质量

$$G = \frac{(W_1)FH}{1000}\phi \tag{4-10}$$

式中　G——锅炉腐蚀总质量，kg；

　　　W_1——铵炉内试片失重计算的腐蚀速率，$g/(m^2 \cdot h)$；

　　　F——锅炉总清洗表面积，m^2；

　　　H——酸洗时间，h；

　　　ϕ——酸洗液浸渍铁基体时间修正系数。

$$\phi = \frac{W_j}{W_1}S \tag{4-11}$$

式中　W_j——用集氢法计算的腐蚀速率，$g/(m^2 \cdot h)$；

　　　S——酸洗液流速修正系数，静态酸洗液 $S=2\sim3$，动态酸洗液 $S=0$，$\phi=0.4$
　　　~0.6。

8. 管壁平均减薄值

$$b = \frac{W_1 \cdot \phi \cdot H}{7.8 \times 10^3} \tag{4-12}$$

式中　b——管壁平均减薄值，mm。

9. 酸碱溶液配制

(1) 试验室中配酸。

1) 按相比密度差算酸水体积比例方法：如已知盐酸浓度 36.3%，则相对密度 $r=1.185$，要配制 1.15% 酸洗液，$r=1.005$，水相比密度 $r=1$。查附表则有：

$$1.185 \quad \diagdown \qquad \diagup \quad 0.005$$
$$\qquad\qquad 1.005$$
$$1 \qquad \diagup \qquad \diagdown \quad 0.180$$

由图可知，酸占体积 $1.005-1=0.005$；水占体积 $1.185-1.005=0.180$。则 1.15% 浓度的酸洗液中酸与水比例为 $0.005:0.180$，即 $1:36$。

2) 当量浓度比例法：如盐酸纯度为 36%，配成 0.1N（即 pH 值为 1）时，酸溶液中溶质的质量百分浓度为 0.365%，换算实用盐酸纯度则为 1.01%，即 $HCl:H_2O$ 为 $1:100$ (g) 或 $0.84:100$ (mL)。

若配制 1.5% 的酸溶液，则酸的当量浓度为 $1.5/0.365 \times 0.1N=0.41N$，

则有　　　　　　　　　　$0.84:0.1=X:0.41 \quad X=3.4mL$

或　　　　　　　　　　　$1:0.365=X:1.5 \quad X=4.1g$

(2) 炉酸洗时所需酸量

$$G=k\frac{V\mu_q r_q}{\mu_r} \tag{4-13}$$

式中　G——浓度为 μ_y 工业盐酸量，t；

　　　k——富裕系数，取 $1.1\sim1.2$；

　　　V——清洗液量，m^3；

　　　μ_q——清洗液中的百分浓度，%；

　　　r_q——清洗液的相对密度，t/m^3；

　　　μ_r——工业盐酸的百分比浓度，%。

(3) 炉清洗时氢氧化钠用量。

1) 晶体 NaOH 纯度为 100% 时

$$G=kV\mu 1000 \tag{4-14}$$

式中　G——NaOH 需用量，kg；

　　　k——富裕系数，取 $1.1\sim1.2$；

　　　V——碱清洗液量，m^3；

　　　μ——碱洗液的 NaOH 百分浓度，%。

2) 液态 NaOH 纯度为 C：

$$G=k\frac{V\mu}{C}1000 \tag{4-15}$$

(4) 磷酸三钠用量：

$$G=1000kV\mu_1$$

式中　μ_1——碱洗液中 $Na_3PO_4\cdot12H_2O$ 的百分浓度（若碱洗液中磷酸三钠的百分数不包括结晶水，则 G 需增大 2.3 倍），%。

10. 由于镀铜而损失的金属铁质量

$$G=\frac{56\times1.381\times W_{cu}}{64} \tag{4-16}$$

式中 G——以 Fe_3O_4 质量表示因镀铜而损失的金属铁量，kg；

W_{cu}——估算的镀铜量。

$$W_{cu} = q_{cu}S$$

式中 q_{cu}——单位面积的管样。

用 1%～2%NH_4OH_2＋1%过硫酸安溶液在 30～40℃把铜洗下来，然后用电解法测定溶液中的含铜量 W_{cu}：

$$Q_{cu} = \frac{W_{cu}}{f}$$

式中 f——单位面积。

化学清洗工艺过程、清洗循环过程、酸洗缓蚀剂选择、酸洗钝化液选择、化学监督与安全技术、化学清洗的其他应用等，为减少篇幅在此不陈述。

四、柠檬酸酸洗

超临界大容量锅炉化学清洗，如采用柠檬酸酸洗，则包括锅炉柠檬酸酸洗和炉前系统化学清洗。以 1210t/h 超临界锅炉为例的柠檬酸化学清洗程序及数据如下。

（一）炉前化学清洗范围

（1）凝汽器、低压加热器、除氧器及部分凝结水管道。炉前系统化学清洗水容积（m³）：凝汽器 1300、低压加热器系统 50、除氧器 200、凝结水管道 30、临时管道 30、计 1610m³。

（2）锅炉本体化学清洗范围：由末级高压加热器到省煤器间的给水管道、省煤器回路、螺旋水冷壁到中间过渡集箱、中间过渡集箱到垂直水冷壁、垂直水冷壁到启动分离器、启动分离器到扩容器。

锅炉本体柠檬酸洗水容积（m³）：启动系统 25.3、省煤器系统 30、水冷壁系统 21.4、分离器系统 1.37、临时系统 40、计 119m³。

（二）清洗工艺及路径

炉前系统采用 A5＋双氧水＋消泡剂碱洗工艺；锅炉本体采用柠檬酸酸洗工艺。

（1）清洗系统水冲洗。采用除盐水泵、凝结水泵或清洗泵向清洗系统上水并进行大流量、变流量冲洗。冲洗时分段进行，避免将杂物带入炉内；排放水澄清，冲洗结束。

（2）化学清洗路径。炉前系统碱洗和锅炉本体系统酸洗前先要对系统进行大流量水冲洗，流程如下：

1）凝汽器→凝结水泵→凝结水精处理旁路→轴封加热水侧及旁路→7～5 号低压加热器水侧及旁路（先水侧后旁路，切换冲洗）→排放。

2）7～5 号低压加热器水侧及旁路→除氧器→除氧器下降管→排放。

3）除氧器下降管→给水泵出口→3～1 号高压加热器水侧及旁路（先水侧后旁路，切换冲洗）→排放。

4）3～1 号高压加热器水侧及旁路→省煤器→水冷壁下联箱→水冷壁→汽水分离器→贮水箱→下降管→排放。

向凝汽器补水至高水位后通过热井底部的放水管整体放水，反复 2～3 次，直至凝汽器冲洗干净。

（3）冲洗要求：冲洗水流量不小于 300t/h。为保证冲洗流量，可首先将凝汽器水侧补水至超过换热管最上层 50～100mm，然后启动凝结水泵，边补水边冲洗。

（4）冲洗终结：出水基本澄清，无杂物，pH 值为 7～9。冲洗结束后，除氧器内部的存水通过除氧器放水管排走，凝汽器内的存水通过底部的排污管排到凝汽器坑内，然后通过坑内的排污泵排走。

（三）炉前系统碱洗

（1）碱洗流程。

1）凝汽器→凝结水泵→主凝结水管道→凝结水精处理旁路→轴封加热器及旁路（先旁路后主路）→7 号低压加热器及旁路→6 号低压加热器及旁路→5 号低压加热器及旁路→除氧器→除氧器事故放水→扩容器→凝汽器。

2）凝汽器→凝结水泵→凝结水精处理旁路→轴封加热器→凝结水再循环管→凝汽器。

（2）临时系统的接口（临时管管径未指定的都与所接正式管路管径相同）。其排液管接口：

1）5 号低压加热器外排管接一临时管至排液母管。

2）从除氧器至给水泵给水管电动阀后断开，靠除氧器侧接 $\phi57$ 临时管道至排液母管。

3）除氧器下降管接 $\phi219$ 临时管至排液母管，作为冲洗除氧器的排放管路。

（3）碱洗：A5 除油剂 0.03%～0.05%，双氧水 0.3%，消泡剂适量，温度 50℃±5℃，清洗时间 3～4h。

碱洗后水冲洗：碱洗结束后系统进行彻底排放，包括主给水侧放水管等位置都要排放干净。排空后，重新向凝汽器上水冲洗。冲洗终点：出水澄清无杂物，pH 值小于 9。

碱洗结束后，对凝汽器内和凝结水泵入口滤网上的沉积物进行清理。检查合格后封闭人孔。

（四）锅炉本体酸洗

酸洗流程：清洗水箱→清洗泵→临时管→省煤器→水冷壁下联箱→水冷壁→汽水分离器→贮水箱→下降管→临时管→清洗水箱。

1. 酸洗主要准备工作

（1）管内垢量测试。SA - 210C 管均量：21.615g/m²；15CrMoG 管均量：124.791g/m²。

（2）有缓蚀剂小型试验。

1）酸洗液配方：柠檬酸 3%，缓蚀剂 0.3%，EVC - Na 0.1%，水浴恒温 85℃，清洗液 400mL，时间为 5h。

2）材质与腐蚀速率：15CrMoG，0.8212g/(m² · h)；SA - 210C，0.2301 g/(m² · h)。

（3）无缓蚀剂小型试验。

1）酸洗液配方：柠檬酸 3%，缓蚀剂 0.00%，EVC - Na0.1%，水浴恒温 85℃，清洗液 400mL，时间为 5h。

2）材质与腐蚀速率：15CrMoG，71.821 08g/(m² · h)；SA - 210C，26.6005g/(m² · h)。

（4）缓蚀剂缓蚀效率：对 15CrMoG 材质为 99.1349%；对 SA - 210C 材质为 98.2467%。

（5）系统准备。

1）除氧器上水调阀至给水泵出口接口：拆除除氧器上水主路电动调阀，用 $\phi325$ 临时管与汽动给水泵出口管连接（另一端加堵板），并加装手动门控制流量。

2）排放管合理布置。

3）除盐水系统的连接：从 $\phi273$ 除盐水管上接一路 $\phi250$ 的临时管到清洗水箱，作为清洗箱补水用，再引 $\phi250$ 的临时管至酸洗泵入口管，为酸洗后水冲洗用。

4) 化学清洗指示片规格为 $35mm \times 12mm \times 3mm$（两端带有 3mm 的小孔）。化学清洗指示片在清洗前应标号，称重并测定其表面积。清洗结束后，测定腐蚀速率。

5) 监视管的安装：在炉后便于施工的位置上割下一段水冷壁管，用弯头连接引到炉墙外，在两个新接口上各加一个阀门，两个阀门中间加一段 1m 长的水冷壁监视管。

6) 在汽水分离器顶部装设不小于 $\phi80$ 的排氢管，并垂直向上引出至少 2m。

2. 酸洗工艺参数及步骤

（1）柠檬酸酸洗工艺参数：柠檬酸 $2\% \sim 4\%$；缓蚀剂 0.3%；氨水调 pH 值为 $3.5 \sim 4.0$；抗坏血酸钠适量；温度 $90℃ \pm 5℃$；清洗时间 $6 \sim 8h$。

（2）酸洗步骤。

1) 系统隔绝及水压试验：试验前对整个清洗循环回路做系统隔绝，防止清洗过程中，清洗液腐蚀有关设备。循环系统用清洗泵来提供试验压力（1.6MPa），试验范围为整个清洗系统。

2) 过热器注保护液：在清洗箱内配制好"$NH_3 + N_2H_4$"保护液，pH 值为 $9 \sim 10$，联氨浓度为 $200 \sim 300mg/L$，通过清洗箱→清洗泵→临时管→贮水箱→汽水分离器→过热器的流程向过热器充保护液，在过热器排气门检测到 pH 值大于 9 即可结束。

3) 升温试验。过热器注保护液结束后，启动临时清洗泵按循环回路建立化学清洗循环回路，并维持清洗水箱和汽水分离器的水位（临时液位计）。关闭所有烟风挡板，投入临时辅助蒸汽加热，全开临时系统加热器和高压加热器进行升温试验，回液出现温升后开始计时，2h 净升温 50℃，则认为加热系统和炉膛封闭合格，系统继续升温至清洗要求温度 $90℃ \pm 5℃$。

4) 酸洗。

a. 升温结束后，按炉本体系统清洗流程进行系统循环，当回液温度达 70℃ 时开始加药，向清洗箱中均匀加入柠檬酸缓蚀剂，浓度 0.3%，加药完毕，循环 60min 使缓蚀剂均匀。

b. 然后向系统加入柠檬酸，整个加酸过程控制在 2h 内，并根据测定的 Fe^{3+} 含量大小加入抗坏血酸钠，控制 Fe^{3+} 浓度不大于 300mg/L，同时加入氨水调整 pH 值为 $3.5 \sim 4.0$，继续升温维持温度为 $90℃ \pm 5℃$，清洗水箱出口柠檬酸浓度 3% 左右。

c. 整个酸洗期间，间隔 30min 取样分析酸浓度及含铁量，进酸 30min 后，投入监视管，并控制流速与锅炉水冷壁内相近。

由于清洗表面沉积物主要是氧化铁，为防止出现柠檬酸铁沉淀，在酸洗过程始终控制总铁不大于 7000mg/L，否则用除盐水进行顶排，将部分的高价铁溶液进行排放，再补加缓蚀剂、柠檬酸、还原剂继续进行酸洗，当酸度和全铁基本平衡时可以考虑结束酸洗，此时可将监视管取下判断酸洗终点。一般酸洗时间控制在 $6 \sim 8h$。

d. 清洗终点达到后停止清洗泵：定期安排人员对整个循环系统进行巡检。

e. 酸洗期间，汽轮机侧凝结水泵需打再循环，主给水管路上的阀门关闭，以防止系统内漏造成酸液倒流。排酸后可停凝结水泵。

5) 酸洗后水冲洗：酸洗结束后，停止清洗泵，关闭回酸管的临时门。用除盐水先对清洗箱进行冲洗；然后对炉本体系统进行顶酸冲洗，冲洗过程中继续加热，注意对死区的冲洗。冲洗结束前把各联箱疏水门逐次打开进行冲洗，冲洗流量 $300 \sim 500t/h$。

冲洗流程：清洗箱→清洗泵→省煤器→水冷壁→汽水分离器→临时管→排放母管。

冲洗终点：出水清澈，冲洗水电导率小于 $50\mu S/cm$，pH 值为 4.0～4.5，含铁量小于 50mg/L，则水冲洗合格，结束水冲洗。冲洗阶段，投辅助蒸汽进行加热，冲洗废液排放至废水处理系统废水池内。

6）漂洗。冲洗结束后，建立清洗循环回路，加入漂洗药品，缓蚀剂浓度 0.1%，柠檬酸浓度 0.1%～0.3%，加氨水调节 pH 值为 3.5～4.0，温度为 40℃，循环时间为 2h。

当漂洗液中总铁量不小于 300mg/L 时，采用除盐水置换部分清洗液至总铁量小于 300mg/L。

7）钝化。漂洗结束后，维持系统清洗循环，直接加氨水调整 pH 值为 9.5～10.0，并加入双氧水维持浓度为 0.3%～0.5%，系统温度为 50～55℃，钝化时间为 4～6h。

8）系统干燥。钝化废液以最快的速度彻底放空后，将清洗系统内所有的疏水门、排空气门打开，利用空气对流将水分排出、余热干燥，拆除所有的临时系统。

3. 内部检查及系统恢复

酸洗工作结束后，割开临时管路，利用内窥镜和长柄吸尘器将内部清理干净，对汽水分离器贮水箱、除氧器水箱及凝汽器需进行内部人工清理。

断开水冷壁下联箱临时连接管，目视检查和窥视镜检查集箱内表面的清洗质量，有条件可用光导纤维对内表面清洗状况进行观察及照相。必要时对水冷壁及省煤器进行割管检查（割管位置的选取应便于恢复），手工割管样应不小于 150mm，砂轮切割管样应不小于 400mm，不允许用火焊割取。

4. 化学清洗废液处理

（1）将化学清洗废液排放至工业废水处理系统，通过加酸或加碱的方法将废液的 pH 值调整在 6～9 之间。排放标准：pH 值 6～9，悬浮物 200mg/L，化学需氧量（重铬酸钾法）150mg/L，氟化物 10mg/L，油 20mg/L。

（2）酸碱洗废液的处理及排放：炉前系统碱洗废液均排入工业废水站，待中和处理。酸洗的主要废液是柠檬酸废液，炉前系统碱洗废液和炉本体的柠檬酸酸洗废液均排入一个池中，让富氧体 H_2O_2 和耗氧体柠檬酸混合在一起充分反应，可降低溶药的耗氧量，又有中和作用。然后加药调整 pH 值保持在 6～9 之间，并进行曝气进一步降低废液的耗氧量，最后再用水稀释达标排放。

（五）柠檬酸酸洗签证

经测试和计算，锅炉化学清洗平均腐蚀速率 0.3349g/（m² · h），［规程规定小于 8g/（m² · h）］，平均腐蚀总量 2.0095g/m²，（规程规定小于 80g/m²）；试管、试片、本体管内可见部分均清洁、无铁垢、无二次锈物。结论：柠檬酸酸洗的整体水准较高。

五、氢氟酸酸洗

大型发电机组建成后，为迅速投产和运行安全，投运前锅炉和汽水管道进行酸洗。1968 年国际上第一次用氢氟酸进行开路酸洗。我国于 1976 年首先在元宝山电厂进行 HF 酸洗实践。在 HF 酸酸洗中，影响腐蚀速率因素较多，必须通过试验进行优选，分别简述如下。

（一）氢氟酸酸洗特点及要求

（1）HF 酸开路酸洗，不循环，一次酸洗排出。

（2）合金钢管、阀门合金部件，各种钢材可酸洗。

（3）缓蚀剂选择非常重要，平均腐蚀速率低于 $1g/(m^2 \cdot h)$。

（4）缓蚀能力不受酸洗过程 Fe^{3+} 的显著影响。

（5）能抑制钢材在 HF 酸中产生氢脆。氢脆是氢气渗透到锅炉受热内壁而出现金属组织腐蚀或微裂纹的现象。

（6）不发生酸洗和后续工艺过程的物理-化学上的状态变化。

（7）在流动酸洗条件下，仍保持良好酸洗性能。

（二）静态筛选缓蚀剂试验

（1）静态腐蚀试验条件。溶液 2% 化学纯 HF 酸，温度 50℃，时间 2h，钢种 12CrMo 及 10CrMo910。

（2）缓蚀剂种类。

1）砒啶类化合物：腐蚀速率均在 $10g/(m^2 \cdot h)$；最大为 $182g/(m^2 \cdot h)$。

2）硫脲类化合物：0.2% 二邻甲苯硫脲加上 0.05% 平平加，腐蚀速率为 $0.7g/(m^2 \cdot h)$；0.2% 苯基硫脲加上 0.05% 平平加，腐蚀速率为 $0.3g/(m^2 \cdot h)$。

3）砒啶类-硫脲类联用：9 种配方腐蚀速率均在 $1g/(m^2 \cdot h)$ 以下。

4）硫脲类化合物和乌洛托平水解产物的聚合物：3 种配方腐蚀速率均在 $1g/(m^2 \cdot h)$ 以下，1 种为 $1.2g/(m^2 \cdot h)$。

5）橡胶硫化助剂及其生产过程中的副产品：选用 0.2% MBT 等 11 种进行试验，7 种在 $1g/(m^2 \cdot h)$ 以下，四种在 $1.6 \sim 2.5g/(m^2 \cdot h)$。

6）国外缓蚀剂选 6 种，5 种 $1g/(m^2 \cdot h)$ 以下，1 种为 $1.2g/(m^2 \cdot h)$。

（三）电化学行为测试

钢在 HF 酸中的腐蚀是电化学腐蚀，缓蚀剂是通过影响钢对溶解液电化学过程，抑制腐蚀目的。

用极化电阻法和动电位极化曲线法，是根据电化学的原理测定缓蚀剂能力和它的作用机理。在受活化极化控制的系统中，腐蚀电流和极化曲线在腐蚀电位近旁的斜率有下列关系：

$$\left(\frac{\Delta E}{\Delta i}\right)_{\Delta E \to 0} = \frac{\beta_a \beta_c}{2.3 i_c (\beta_a + \beta_c)}$$

式中　$\left(\dfrac{\Delta E}{\Delta i}\right)_{\Delta E \to 0}$ ——腐蚀电位附近线性区的斜率。含有电阻因次，故称极化电阻，ΔE 不

大于 10mV；

i_c——腐蚀电流；

β_a、β_c——阳极和阴极极化曲线的 Tafcl（Tafcl 是腐蚀电流和极化曲线在腐蚀电位近旁的斜率）斜率采用恒电位交流方波法。

实践证明：极化电阻法、失重法和动电位法得出的结果一致。

（四）表面活性剂的选择

在酸洗缓蚀剂中添加表面活性剂，可提高缓蚀剂的缓蚀效果。进行下列试验：

（1）表面活性剂本身的缓蚀作用：将 8 种表面活性剂分别加入 2% 的 HF 酸中，试验结果司本－80 和 0204 等几种有缓蚀作用，平平加等自身无缓蚀作用。

（2）与硫脲联用的缓蚀作用：上述的 8 种表面活性剂与 0.02% 硫脲联用时，都显著提高了硫脲的缓蚀效果。

（3）与硫脲类-砒啶类联用的缓蚀作用：选用 3 种试验结果，"OP"的效果较好。

（五）腐蚀失重随时间的变化

实践证明，选最佳的缓蚀剂和表面添加剂的 HF 酸酸洗，2h 的试验表明，每个试样总有 $1 \sim 3mg$ 失重。说明钢在 HF 酸中酸洗的腐蚀速率仍在 $0.5g/(m^2 \cdot h)$。

试验表明：腐蚀失重随时间延长而增大；腐蚀速率却随时间延长而下降。6h 的腐蚀失重是 2h 的腐蚀失重的一倍。

（六）缓蚀剂对钢材氢脆的影响

进行试验：用对氢脆敏感的弹簧钢丝，酸洗前后，分别进行弯折试验。试验证明，经酸洗（未加缓蚀剂）后钢丝明显变脆。添加缓蚀剂酸洗，有抑制钢材在酸洗过程中发生氢脆的能力。

（七）不同钢种的腐蚀速率

试验时选用 12CrMo 钢样，缓蚀剂和表面添加剂优选后，对锅炉常用的 13CrMo44 钢和 X20CrMoV121 钢进行试验。13CrMo44 与 12CrMo 腐蚀速率接近；X20CrMoV121 的腐蚀速率略高出 $20\% \sim 30\%$。

（八）三价铁的影响

在酸洗过程中，钢件上的氧化物或腐蚀产物溶解在酸溶液中，使溶液中含有 Fe^{3+}，它是有效的阴极去化剂，它的存在使腐蚀速率显著升高。有些缓蚀剂仅能抑制 H^+ 去极化过程，却不能抑制 Fe^{3+} 的去极化过程。有 Fe^{3+} 的酸洗液中多数缓蚀剂的缓蚀能力显著下降，也有缓蚀剂在有 Fe^{3+} 的酸洗液中保持良好的缓蚀能力。

经优选，2-硫醇基苯并噻唑为主制备的缓蚀剂，在 HF 酸洗中有 $0.05\% \sim 0.1\%$ Fe^{3+}，仍保持较高的缓蚀效果。

（九）氢氟酸中杂质的影响

试验时所用的是试剂氢氟酸，实际酸洗是用工业氢氟酸，而后者含有很多杂质。经多种试验有杂质的 HF 酸，加入缓蚀剂，对钢的缓蚀影响较为复杂。

基本结论：工业氢氟酸确有某些能沉积在钢的表面上，并能促进钢材腐蚀的因素存在，清除这些成分，腐蚀就显著减轻了。

实践证明，工业氢氟酸先进行了预处理（如铁宵预处理），清除或减少了其中的杂质，降低腐蚀速率是必然的。

六、化学清洗的其他应用

化学清洗由于被清洗液清除污垢很洁净，效率又高等特点，应用越来越广。我国在机械制造业、冶金系统、电力部门、化学设备及汽车除垢等都有化学清洗的成熟经验。本节所述的化学清洗的其他作用，系指电站除锅炉以外的其他应用。

（一）汽轮发电机油管路的酸洗

汽轮发电机的油管路内壁要求非常清洁，过去通常是用喷砂、布团等机械清扫法。最近几年，油系统的化学清洗已广泛应用。实践表明：油管道系碳钢系列，用盐酸清洗，亚硝酸钠（或其他钝化液）钝化，清洗效果良好，油管内部的高温氧化皮、锈垢等清洗干净，钝化膜好的油管路，在干燥空气中存放几个月将出现二次腐蚀。

（1）油管路化学清洗工艺及洗液配方，可参照锅炉酸洗。

经验证明：油系统的清洗的钝化工序，最好不用磷酸三钠和氢氧化钠进行磷化。因为磷

化膜是一层 Fe_3O_4 微密粉末，压力蒸汽可将其吹掉；而用 $105℃$、流速 $0.5m/s$ 的除盐水却冲不掉，残留的 Fe_3O_4 逐渐带入油内，造成油质污染。而采用亚硝酸钠钝化较为理想。

（2）化学清洗系统：一般有油箱、酸泵、喷射器、加热系统、洗液排除系统及临时系统等组成。

油管临时系统，根据机组不同，依不同管径组成几个循环回路。小管可放入油箱内酸洗，法兰垫应用耐酸胶垫。系统安装完，根据酸洗泵压头及循环压力，确定水压试验压力。

（3）酸洗工艺。

1）水冲洗：用生水或盐水冲洗 $1\sim2h$，水温 $40℃$ 左右，是为了预热系统。

2）碱洗：用 NaOH 0.8%、Na_3PO_4 0.2%浓度的碱洗液，溶液温度为 $80\sim90℃$，循环时间为 $4\sim6h$。

3）水冲洗：用 $40℃$ 温除盐水冲洗至 pH 值小于 8.5，直至水清澈为止。

4）酸洗：用温度 $45\sim50℃$ 的 $4\%\sim5\%$工业盐酸和 $0.2\%\sim0.3\%$诺丁作缓蚀剂，循环 $6h$ 左右。

5）水冲洗：用 $40℃$ 的除盐水或凝结水顶酸至出口水 pH 值为 5.5，水透明为止。

6）钝化：用温度 $50℃$ 的 $2\%\sim3\%$亚硝酸钠溶液用工业氨水调 pH 值为 $9\sim11$，循环$6\sim8h$。

7）水冲洗：用 $40℃$ 的除盐水冲至水透明为止。

8）吹管：洗后，系统解体，残留的渣块等物吹出，然后在干燥条件下存放。

（二）凝汽器铜管的化学清洗

国产凝汽器铜管主要品种有 H68、HSn70-1、HAl70-1.5、HAl77-2、HAl77-2A 等。这些铜管在电站凝汽器中均有使用。普遍存在脱锌等腐蚀问题和严重结垢影响热交换等问题。现在大容量高参数汽轮发电机组的凝汽器多数已采用钛钢管或不锈钢管。

（1）腐蚀：凝汽器铜管有层状脱锌腐蚀、栓状脱锌腐蚀。冷却水为淡水，若用铝黄铜管易出现应力腐蚀破裂；氨促使铜管发生的应力腐蚀。非氧化性酸、石油中的硫化物、氯化物对铜均有腐蚀。防止腐蚀的办法：控制凝汽器泄漏率，正确选材，掌握流速上限，防止杂质混入，pH 值为 $7.8\sim8.4$ 最佳。具体措施：胶球清洗、硫酸亚铁造膜、加氯处理，阴极保护（适用于海水）及保护套管等。

（2）结垢：循环水无论是一次循环，还是密闭循环，无论是江水、泡子水还是海水，凝汽器管水接触侧均有程度不同的结垢现象。淡水垢主要是碳酸盐类，厚可达几毫米，质有松、硬之别。结垢量较大的厂，每台凝汽器隔几年就要清洗一次。洗后，垢基本清除，热传导良好。但不宜清洗次数过多，以免损坏设备。为此，依据"以防为主"的方针，应该积极采取适当的循环水处理方法，酸洗后采用胶球冲洗与添加吸附剂，以防再结垢。

（3）处理：正确的方案确定应做以下工作。

1）汽轮机停机后，打开复水器进行检查，并抽管看腐蚀情况、结垢厚度。这是能否酸洗和酸种选取、循环时间确定的基础。

2）小型试验：由于每台机的凝汽器铜管品种可能不同，污垢成分有别、酸液浓度和缓蚀剂不一，清洗前均应做小型试验。

试验项目：缓蚀剂优选试验，酸液浓度试验、不同温度的酸洗试验。

试验方法：浸泡方法、集氢法，有条件的单位可做动态试验。试验方法与锅炉酸洗试验不同点为试验时洗液放入钢筋，视镀铜情况。

经试验，应确定酸种及浓度、缓蚀剂品种及浓度、腐蚀速率、缓蚀效率、清洗速度和循环时间。

（4）计算。

1）流速及水容积（以 1.2 万 kW 级凝汽器为例）。

耐酸泵出力 $Q=94t/h$，凝汽器铜管为 $\phi20\times1$，长度 4.6m，两侧共有铜管 3420 根，酸箱 $6m^3$；

两侧水室容积：$2.4^2\times0.785\times0.65\times2 = 6$（$m^3$）；

铜管水容积：$0.018^2\times0.785\times4.6\times3420 = 4$（$m^3$）；

铜管中洗液流速：$94\div(0.018^2\times0.785\times3420)\div3600 = 0.03$（m/s）；

半侧流速：0.06m/s；

半侧水容积：$6/2+4/2 = 5$（m^3）。

2）面积。

结垢面积：$0.018\times3.14\times4.6\times3420 = 889$（$m^2$）；

两侧水室面积：$(2.4\times3.14\times65)\times2+(2.4^2\times0.785\times4) = 28$（$m^2$）；

总面积：$889+28 = 917$（m^2）≈ 920（m^2）；

3）结垢量：（设垢厚 1mm）$2.7\times1\times920 = 2484$（kg）；

4）所需工业盐酸的数量：（HCl 30%）$2484\times0.73\times100/30 = 5985$（kg）。

（三）双水内冷发电机铜导管的清洗

双水内冷发电机有许多优点，国产 350MW 双水内冷发电机有较多电站采用。运行后发现定子转子冷却水含铜量较高，这说明定子、转子铜导管及定子铜屏蔽发生腐蚀所致。平均腐蚀速度为 0.02mm/年左右。很多单位采用 MBT 进行防腐。

MBT 即 2 - 氢硫基苯并噻唑，分子式 $C_6H_4SC(SH)N$，分子量 167.25，相对密度 1.46～1.48，熔点 177～178℃，溶于丙醇、乙醇、氯仿、氨水、氢氧化钠和碳酸钠。MBT 主要用作橡胶促进剂，作 HF 酸的缓蚀剂。

MBT 对铜减缓和防止腐蚀的机理：它是一种阳性阻抑剂，与铜离子形成一种坚硬、黏附很好的高度不溶性键，此键阻止铜从铜导管或冷却器铜管表面进入水溶液。

七、EDTA 清洗工艺

在诸多锅炉清洗工艺中，使用协调 EDTA 清洗锅炉是工艺先进的一种。EDTA 可在碱性液中清洗，腐蚀性很小，又可清洗与钝化一步完成，回收率可达 70%。因此，在大容量超临界锅炉化学清洗中，EDTA 与铵盐钠盐被广泛应用于清洗剂。

（一）清洗材料及清洗机理

EDTA 是乙二胺四乙酸与钠盐、胺盐的混合物，能与金属离子形成稳定的络合物或螯合物，能与锈蚀产物反应生成易溶于水的络合物，以达到清洗的目的。

EDTA 化学洗炉的机理可简单表示为：金属氧化物水解与 EDTA 反应，在一定的条件下生成可溶解的络合物。EDTA 属四元酸，其结构式如下：

$$HOOCH_2C\diagdown \qquad\qquad\qquad \diagup CH_2COOH$$
$$NCH_2-CH_2N$$
$$HOOCH_2C\diagup \qquad\qquad\qquad \diagdown CH_2COOH$$

EDTA 常用 H_4Y 表示，在水中分 4 步电离，5 种形式的平衡，它们的比例受溶液 pH 值的影响。EDTA 是络合剂的代表性物质，与钙镁铁等金属离子可形成稳定的络合物，可使设备表面垢层溶解。化学清洗时，常用 EDTA 钠盐或铵盐作为清洗液，它与金属离子是按 1：1 的比例进行络合。在用钠盐进行清洗时，清洗液中 EDTA 上以 H_2Y^{2-} 和 H_2Y^{3-} 的形式存在，其离解和络合溶垢机理如下：

（1）发生电离反应：

$$H_4Y \longrightarrow H^+ + H_3Y^- \qquad H_3Y \longrightarrow H^+ + H_2Y^{2-}$$

$$H_2Y^{2-} \longrightarrow H^+ + HY^{3-} \qquad HY^{3-} \longrightarrow H^+ + Y^{4-}$$

（2）垢溶解反应：

$$FeO + 2H^+ \longrightarrow Fe^{2+} + H_2O \qquad Fe_2O_3 + 6H^+ \longrightarrow 2Fe^{3+} + 3H_2O$$

$$CaCO_3 \longrightarrow Ca^{2+} + CO_3^{2-} \qquad MgCO_3 \longrightarrow Mg^{2+} + CO_3^{2-}$$

（3）金属离子与 EDTA 的络合反应：

$$Fe^{2+} + H_2Y^{2-} - FeY^{2-} + 2H^+ \qquad Fe^{3+} + H_2Y^{2-} - FeY^- + 2H^+$$

$$Ca^{2+} + H_2Y^{2-} - CaY^{2-} + 2H^+ \qquad Mg^{2+} + H_2Y^{2-} - MgY^{2-} + 2H^+$$

由于金属离子与 EDTA 有很强的络合作用，清洗液中金属离子几乎全以络合物的形式存在，游离金属离子浓度很低，这使垢的溶解反应强烈，从而达到垢溶解的目的。

EDTA 质量标准：白色结晶粉末；EDTA 含量（%）不小于 99；pH 值为 2.2～2.3；灰分不大于 0.3%；水分不大于 0.5%。

其反应，首先是铁垢的溶解平衡，同时，EDTA 在溶液中也存在离解平衡。若溶液中有足够的 EDTA，最终使锈蚀产物完全溶液 EDTA，形成稳定的络合物进入溶液，达到清洗的目的。

（二）清洗工艺

（1）EDTA 钠盐洗炉法。该种方法主要采用 EDTA 钠盐洗炉，初始 pH 值和浓度的选择根据所清洗的积垢的多少和垢样的组成来决定。化学清洗导则上规定，初始 pH 值为 5.0～5.5。EDTA 介质质量分数为 4%～10%。清洗过程中，随着氧化铁垢水解，铁离子与 EDTA 络合，完成除垢过程，氧化铁垢水解释放出的 OH^-，部分与 EDTA 电离出的 H^+ 进行中和反应消耗掉，部分则会使洗液的 pH 值升高。结束时，pH 值为 8.5～9.5，完成金属表面的钝化，实现除垢钝化一步完成。

（2）EDTA 铵盐洗炉法。EDTA 在水中的溶解度很低，但能溶于碱性溶液。采用 EDTA 铵盐洗炉，就是将 EDTA 用氨水溶解配制，进而使 EDTA 以其铵盐的形式存在。氨水既可调节 pH 值达到要求，又可使 EDTA 完全溶解。EDTA 铵盐化学清洗具有的特点是：清洗过程中 pH 值维持在 9.0～10.0 之间，不需要调整可使清洗与钝化一步完成。

pH 值对 EDTA 铵盐清洗液的除垢能力和金属离子的水解络合反应都有重要影响。清洗过程中的 pH 值选择在 9.0～10.0 之间。其原因是，在这一条件下，铵盐的溶垢力最强。pH 值不宜太高或太低，太高容易生成氢氧化铁沉淀，太低又不利于积垢和锈蚀产物的溶解。因此，在清洗过程中一定要密切监测 pH 值。

（3）参数选择。在确定采用 EDTA 进行锅炉化学清洗后，要通过小型试验和根据现场的具体工况选择工艺参数，以便取得最好的清洗效果。

1）加热方式选择。采用 EDTA 化学清洗，如何升温是必须考虑的。目前主要有三种加热升温方式：一是点火升温；二是通过蒸汽间接加热升温；三是点火加热到接近清洗温度后，熄火停炉，改用蒸汽在加热器中继续加热保温。此三种方面各有优缺点，根据现场条件而定。

2）温度的选择。一般地说，大多数的化学反应都随着温度的升高反应速度随之提高。但是，温度过高不但浪费热量，而且会出现 EDTA 及其络合物的热分解现象。此外，Fe_3O_4 溶解量与环境温度和清洗时间均成正比。因此，在清洗环境温度较低的条件下，可以通过延长清洗时间来提高 Fe_3O_4 的溶解量。针对基建炉的清洗，其清洗温度可以控制在 135℃±5℃。

3）pH 值的选择。EDTA 应用于化学清洗，主要基于 EDTA 与金属离子在适当 pH 值条件下的络合反应，几乎能与水中所有金属离子形成稳定结构的络合物。然而，当 pH 值过高时，平衡反应 $FeY^- - Fe(OH)_2 + Y^{4+}$ 向右进行，可使络合物分解，生成 $Fe(OH)_3$ 沉淀。EDTA 层四元酸，常用 H_4Y 表示，Y 中含有 H、O。因此，在清洗过程中要维持 EDTA 络合剂适量过剩，并控制整个清洗环境的 pH 值在合适值，以保证除垢率和钝化膜的质量；另一方面，pH 值过低时，不利于 EDTA 的电离和水垢或铁锈的水解，且会增加清洗液对金属表面的侵蚀。同时，由于 pH 值过低，在除垢结束后，又不能形成碱性钝化条件，影响最终的清洗效果。为此，必须经过小型试验来确定合理的 pH 值范围。《火力发电厂锅炉化学清洗导则》（DL/T 794—2012）中指出，EDTA 氨盐洗炉 pH 值控制在 9～10；EDTA 钠盐洗炉 pH 值控制在 5.0～5.5。结束时 pH 值为 8.5～9.5，可满足后续的钝化要求。

4）EDTA 加入量的选择。为了保证清洗与钝化的效果，必须有足够的 EDTA 量和残余 EDTA。根据活化分子理论和质量作用定律，化学反应的速度与反应物分子浓度幂的乘积呈正比，浓度越高反应速度越快。然而，浓度过高，又会引起锅炉中汽水共沸，增大蒸汽携带药液的能力，排放时附壁膜损失也较大。Fe_3O_4 在不同质量分数 EDTA 中的溶解量见表 4-24。

表 4-24 Fe_3O_4 在不同质量分数 EDTA 中的溶解量

EDTA 质量分数（%）	1.00	2.50	5.00	10.00
Fe_3O_4 溶解量（g/L）	2.15	5.74	11.99	22.08

试验条件：93℃±5℃，搅拌速度 112r/min，时间为 8h。Fe_3O_4 的溶解量随着 EDTA 质量分数的增加而增加。为此，EDTA 初始浓度必须通过选择具有代表性的管样，按 EDTA 与金属离子的络合比为 1:1 做小型试验后获得。清洗一般的基建炉，将 EDTA 质量分数控制在 4%～10%，结束时 EDTA 质量分数 0.5%～1% 可以满足清洗要求。

（4）清洗工艺实例。

实例一 配套百万千瓦机组的 3000t/h 锅炉的 EDTA 清洗。

化学清洗采用 EDTA 钠盐，清洗液加热采用锅炉点火方式进行。对凝结水系统、低压给水系统、高压给水系统和锅炉本体同时进行化学清洗。使用电动给水泵前置泵和炉水循环泵 BCP 作为循环动力，凝结水系统和给水系统循环清洗动力来自电动给水泵前置泵，在省煤器入口通过临时三通循环至凝给水泵出口。锅炉本体通过炉水循环泵和电动给水泵前置泵部分动力进行并泵循环清洗。

1）清洗范围及方式：清洗范围包括除氧器水箱及下降管、凝结水和给水管道、轴封加热器、低压加热器、高压加热器、高低压旁路减温水管道、锅炉至凝汽器疏水管、省煤器、水冷壁系统、后烟道蒸发器、启动系统及储水箱、过热器减温水管路、过热器减温水旁路及其他辅助清洗回路。

清洗方式：水冲洗—碱洗—碱洗废液排放—水冲洗—EDTA清洗及钝化—EDTA清洗废液排放—水冲洗。

2）化学清洗流程。

a. 绘制化学清洗系统，制定碱洗循环流程和酸洗循环流程。

b. 制定辅助清洗回路。

（a）减温水旁路管清洗回路：炉水循环泵入口—管路—省煤器—过热器减温水—临时管道—过热器减温水旁路—炉水循环泵。

（b）过冷水清洗回路：炉水循环泵—管路—过冷水管—炉水循环泵入口。

（c）暖泵管清洗回路：炉水循环泵—暖泵管—省煤器出口。

（d）WDC阀分离器储水箱水位调节阀暖管清洗回路，即启动时水回收系统：炉水循环泵—管路—管路—WDC阀—储水箱。

3）化学清洗过程。

a. 碱洗前水冲洗：碱洗前水冲洗的流程为凝汽器热井—凝结水泵—精除盐装置旁路—轴封加热器旁路—7、6、5、8号低压加热器旁路—除氧器—电动给水泵前置泵—高压加热器A/B旁路—省煤器入口—省煤器—水冷壁—分离器—储水箱—管线—扩容器—机组排水槽。在储水箱高水位时，开启启动管路阀门，启动BCP泵进行循环冲洗。在此期间，冲洗减温水旁路管清洗回路、过冷水清洗回路、暖泵管清洗回路、WDC阀暖管清洗回路。循环冲洗30 min后冲洗液整体排放。按上述方式上水，以凝结水泵、BCP、前置泵为动力，循环冲洗3次，至锅炉排放水质澄清透明、pH值达到7.9。锅炉放水后对除氧器和热井进行人工清扫。

b. 炉前高压系统 锅炉本体碱洗

（a）碱洗工艺参数：0 6%磷酸三钠、0.4%磷酸氢二钠、0.02%清洁剂；温度为85～130℃，碱洗时间为12h。

（b）碱洗步骤：通过加药小车把药品加入清洗箱内，循环均匀后用清洗泵通过BCP泵出口临时管路加入系统。建立碱洗循环，开始点火升温碱洗。将系统温度升至130℃循环2h以上，对临时系统和循环情况、储水箱水位变化情况进行检验。确认系统无漏点、锅炉膨胀正常，储水箱水位控制稳定后熄火。碱洗时送、引风机不停运。

c. 碱洗后水冲洗。省煤器、水冷壁碱液通过省煤器入口临时管路排放；分离器和储水箱碱液通过WDC阀排放至冷凝1水箱浸泡1h后排放；高压加热器进行顶排碱液碱洗废液排放完毕进行水冲洗，排放水澄清透明。pH值达到8.8（标准小于9）后水洗完成。

d. EDTA清洗。

（a）化学工艺参数：EDTA钠盐7%、缓蚀剂DHX-05 1%、还原剂N_2H_4 0.5%，温度为110～130℃，清洗时间为10h。

（b）EDTA清洗步骤：启动清洗泵进行箱体自循环，通入辅助蒸汽加热至50℃左右，通过加药小车加入清洗药品，待EDTA清洗液充分循环并搅拌均匀后，开始上清洗液。建立清洗循环回路，第一回路：除氧水箱—电动前置泵—3号高压加热器—1号高压加热器水侧—临时管—锅炉至凝汽器疏水管—凝结水泵出口—凝结水精除盐旁路—汽封加热器—8号低压加热器（水侧）—5号低压加热器水侧—除氧水箱。第二回路：除氧水箱—电动前置泵—3号高压加热器—1号高压加热器旁路—省煤器—垂直水冷壁—顶棚水冷壁—包墙水冷壁—启动分离器—储水箱—临时管—除氧水箱。第三回路：启动分离器—储水箱下水管—锅炉BCP泵—BCP泵出口管道—省煤器—水冷壁系统—启动分离器。

e. 冷凝水箱的清洗：锅炉清洗结束后打开WDC阀后的隔离阀，将清洗液排放至锅炉疏水扩容器和冷凝水箱，随后用锅炉本体清洗后的EDTA清洗液浸泡清洗6h。

f. EDTA清洗后的水冲洗：EDTA清洗结束后停炉水循环泵，清洗液排空，冲洗水加氨，调整pH值为9.2，冲洗至出水澄清，建立循环回路，然后再启动炉水循环泵、点火加热，水温升到150℃后，进行热炉放水余热烘干、锅炉保养。

4）清洗效果。清洗结束后，测量平均腐蚀速率为0.49g/(m² · h)，低于DL/T 794—2012中规定的8g/(m² · h)的标准。水冷壁监视管表面已完全清洗干净，钝化良好。对水冷壁割管检查，表面已清洗干净，无二次锈、无点蚀，钝化膜较完整，呈灰黑色。打开除氧器人孔门检查内部清洗情况，除上部有部分未清洗到外，下半部分已完全清洗干净，清洗后的水位线非常明显，内壁光滑，无点蚀、无二次锈，表面钝化膜完整，呈灰黑色。

实例二　2000t/h汽包锅炉的EDTA化学清洗

扬州装机容量为2×600MW进口机组，采用美国B&W公司的亚临界、一次再热、自然循环、平衡通风、单汽包、半露天式煤粉炉，最大连续蒸发量为2000t/h，压力为17.36MPa。两台锅炉均采用由加拿大CEDA清洗公司提供的EDTA铵盐清洗工艺，在清洗后期用含纯度大于99%的氧气进行充氧钝化。该工艺在国内属首次运用。

（1）清洗过程主要影响因素的监控。

1）温度：EDTA铵盐［$(NH_4) 2H_2Y$］水溶液在150℃开始分解。清洗温度维持在116～135℃之间。

2）控制升温速度：刚开始升温的速度要慢，采用间断点火，待燃烧稳定后可增加升温的速度。在温度达到135～140℃后，投入引风机使锅炉冷却到116℃，然后再投油枪，重复升温、冷却循环。钝化阶段洗液温度在60～71℃的最佳范围。

3）pH值：EDTA铵盐清洗液pH值范围宜控制在9.0～9.5，当下降到9.1及时充NH_3，在本次清洗过程中，从下降管和省煤器清洗接口均匀充入纯度大于99%的液态氨。

4）流速和压力：流量减至300～400t/h，当汽包出现液位时，流量减至在60t/h；在升温、冷却循环和钝化阶段，流量控制在80～100t/h。

5）浓度：在清洗过程中维持EDTA一定的浓度，将直接影响清洗与钝化效果。经小型试验后，严格按化学清洗导则实施。

（2）终点状态。当清洗液中铁离子的含量达到稳定、pH值在9.0～9.5和游离EDTA的浓度近零时，即进入钝化阶段。在钝化冷却阶段中，当汽包温度降到95℃以下时，通过炉内加药泵加入消泡剂以消除清洗气泡对钝化的不利影响。钝化阶段对四根下降管和省煤器清洗接口进行轮流充氧，充气量越高越好，只要汽包空气门不冒液体即可。氧化还原电位值恒定在-100～250mV，钝化才告结束。

（3）清洗效果。清洗结束后对系统进行检查，汽包金属表面洁净，无残留氧化垢物，无二次浮锈，无镀铜现象，且形成均匀致密的钢灰色钝化膜；按方案进行割管检查炉管内壁及监视管、临时管路情况相同，均有致密的钝化膜。汽包和水冷壁回路的金属指示片腐蚀速率

均不大于 $0.49g/(m^2 \cdot h)$。被清洗金属表面无粗晶粒析出的过洗现象。热力系统的设备、部件无损害。在以后的机组的冲管和启动阶段中，锅炉水汽品质都较快达到了合格水平。

八、燃油炉尾部清洗

全燃油锅炉和重油柴油点火锅炉的尾部受热面烧损事故较多，至今没有根除，应探索新的途径加以解决。

（一）清洗缘由

锅炉尾部出现再燃，将导致过热器变形、省煤器弯曲、烟道烧坏、空气预热器很多管箱报废，以致被迫停炉停机。不仅影响发电供电，而且会给设备造成很大的损失。

尾部再燃现象，在初投产、运行中、停炉后及检修时都会发生。特别是在炉温低、油压低、负荷低、雾化劣、氧量高的工况下，更易发生。油垢烟炱是再燃的物质基础，高温、氧量、明火是再燃的必要条件，燃料油的蒸汽及油垢中的烃烷组分是再燃的导火线。实践证明，燃油锅炉管式空气预热器易产生再燃，回转式空气预热器易出现酸性堵灰。为确保安全运行，提高热效率，需从各方面采取有效的预防措施。

安装时应注意油枪喷嘴及油枪出力的选型，并应精心研磨，调整雾化片，最好选用气化燃烧的小油枪，处理好炉顶及尾部密封。试运时，应力争无火烘炉，热水点炉，合理压缩升压、暖机、升速和机电试验时间，避免低负荷长期运行，配风合理，风量适宜，低氧燃烧。总之，提高雾化质量，确保燃烧良好，减轻或避免尾部受热面积油，或采用等离子点火及助燃，就可以防止尾部再燃。

但是，锅炉尾部一旦积油，当燃料油的蒸汽与空气混合达到一定比例时，再接触火焰就会闪火或点燃。即使无明火，低温时油遇氧也起反应，只是速度很慢；温度升高后，烷烃与氧反应速度加快，放出热量也多，而当放热量大于散热量时就自行氧化燃烧，生成二氧化碳和水。因此停炉后或开炉门检修时，如果散热慢或空气多，就会造成温度、氧量的适宜条件，从而引起燃烧。

实际上运行中的锅炉参数、负荷等工况经常在变化，燃油温度、压力、雾化也不恒定，而且风量、风压跟踪调节又滞后，所以油不会完全燃烧，尾部积有油垢总是难免的。尤其在试运调整阶段、冷炉点火、燃烧室热强度低时，更难避免。如何及时（而不是停炉以后）清除此处油垢，消除再燃的物质基础，就成了一个重要的课题。

当前，国内烧油炉尾部清除油垢采用蒸汽、工业水及炉水三种消预工艺系统。但这三种无论是防还是消，效果均不理想。在小型试验的基础上，现提出锅炉运行中尾部不定期用洗涤碱液清除油垢的化学清洗工艺，作为防止尾部再燃的一种对策。

（二）清洗措施

1. 洗涤碱配方

第一组方：NaOH   0.5％

            $R - SO_3Na$（阴离子型）   0.1％

            二邻甲苯硫尿（缓蚀剂）   0.05％～0.1％

第二组方：NaOH   0.3％

            Na_3PO_4 0.1％

            601   1.0％

            诺丁（缓蚀剂）   0.1％

2. 机理

石油中主要成分是烃,有烷属烃、环烷烃及芳香烃。锅炉燃用常压重油、减压渣油、热裂化及催裂化渣油等,是含碳原子较高的碳氢化合物。燃烧后,堆积尾部的附着物中有很多水溶性成分。而沉积尾部的油垢中 $80\%\sim90\%$ 是碳,其余是烃、硫、灰及少量金属元素。点炉时油未燃尽黏到尾部设备上,则空气预热器高温段沉积物中含碳 $30\%\sim40\%$,烷烃 30% 左右;低温段沉积物中含碳 75%,烷烃 15% 左右。这种有烷烃组分、残留挥发分、积结较紧的附着物,正是防止尾部再燃必须加以清除的对象。

清洗初期,水溶性物质呈现很强的酸性,首先进入工作的清洗液很快变成中性。使堆积物由酸性变成碱性需要有一段过程,此时易产生酸性腐蚀,为此,加入耐高温的缓蚀剂。

清洗液中碱溶质的作用是使洗涤剂稳定,提高去油能力,中和油中有机酸、锅炉烟道酸性水膜和尾部酸性灰层,使之松散,能随烟排出或受钢珠震荡除掉,并减缓尾部酸性腐蚀。氢氧化钠与油脂 $(RCOO)_3C_3H_5$ 产生高级脂肪酸钠盐,更有助于除油。

因为常温下烷烃不与碱作用,所以配方中采用烷基磺酸钠、12 烷基磺酸钠等洗涤剂或脂肪酸钠盐等皂类。在水溶液中能离解为极性与非极性原子团。如

烷基磺酸盐　　　　$R-SO_3Na \xrightarrow{H_2O} R-SOa^- + Na^+$

烷基硫酸盐　　　　$R-OSO_3Na \xrightarrow{H_2O} R-OSO_3^- + Na^+$

烷基苯磺酸盐　　　$R-C_6H_6-SO_3Na \xrightarrow{H_2O} R-C_6H_4-SO_3^- + Na^+$

非极性烷基 R 易溶于油,因此把原来互不相容的水和油分子联系起来,加之清洗液的冲刷,使油垢剥离或与管壁分开。若有空气产生泡沫则有较强的表面张力,油污被分成细小的油滴进入清洗液中。这种清涤碱还可除去油中有害的硫化氢及硫醇。

3. 试验

(1) 小型试验。在上述理论指导下,曾做过试验。试验结果证明:

1) 碱浓度低 (pH 值为 12)、管温低 (80℃),清洗效果不好。

2) 管温在 280℃ 以上,油垢中只剩高碳烷及碳,清洗和不清洗无显著变化。

3) 碱度为 $0.2\%\sim0.5\%$、管壁温度 180℃,清洗后,氧量较高时,700℃ 对流、辐射热却不燃。

(2) 工业实践。小型试验后,410T/H 燃油锅炉在运行中进行清洗,低温空气预热器的烟气温度在 180℃ 左右,又有完整的工艺系统,有较细致的工艺流程,清洗效果很好。

(三) 对有关问题的分析

(1) 热管遇水冷激问题:锅炉运行中空气预热器最高管壁温度,因炉型不同略有差别。例如,410T/H 燃油炉为 280℃;220T/H 燃油炉为 270℃。若采用炉水携带洗涤碱去清洗,其温度可达 200℃,温差很小,无冷激问题。即使采用疏水、工业水/冲洗水,有些温差,但喷管预热射出,对碳钢管也无影响。何况以前设计是采用工业水消防并且不定期冲洗空气预热器运行已多年,并无后患。

(2) 碱裂问题:清洗液入炉后,有碱液浓缩问题,但不会产生碱性应力腐蚀裂纹。产生碱裂有四个条件,即高温度、高浓度、有应力、有缝隙。而空气预热器的运行工况并非如此。况且清洗时,碱液浓缩与碱度消耗同时进行,之后又与新生成的 H_2SO_4 不断中和,所以碱度不会过高。碱浓度在 $0.5\%\sim5\%$,对碳钢无腐蚀,还有钝化作用。为避免 NaOH 浓

度超过 20%，长期作用产生点蚀或晶间腐蚀的可能性，清洗后，碱抽子停止工作，用纯水冲洗几分钟。

（3）酸性腐蚀问题：燃油炉尾部易产生 SO_2，在催化剂三氧化二铁及氧化作用下，产生硫酸及硫酸铁。用洗涤碱清洗后，会减轻尾部低温酸性腐蚀和酸性堵灰。

（4）烟气温度问题：清洗液喷出后，由于压力降低及受热产生部分蒸汽，使锅炉尾部及烟道湿度有些加大，但正常运行保持设计的排烟温度，尾部不会结露。但在停炉前清洗，应考虑余热烘干。除盐水车间如图 4-3 所示。

图 4-3　除盐水车间

第五章

环 保 技 术

第一节 电气除尘实践发展

随着工业的迅速发展，在电力、冶金等工业锅炉排出的烟气需要净化，以防止大气被严重污染。要求一切排烟装置，都要采取有效的消烟除尘措施，使其粉尘排放符合国家规定的标准。国家环保规定：防止污染和其他公害的设施必须与主体工程同时设计、施工、投产；建成投产或使用后，其污染物必须达到国家规定的排放标准及升级排放标准。

一、电除尘器发展概况

电除尘器的机理属于物理学范畴，也属于电物理学，还涉及其他学科。其中包括化学，气溶胶工艺学、化学工程学、电气工程学、电子学、空气动力学、机械工程学和公用工程学等。

静电除尘的第一个演示是由德国人霍非尔德（M. Hohlfeld）在 1824 年完成的。他证明用莱顿瓶的电荷供给一个盛满带烟雾的玻璃瓶，通过放在瓶中的金属线产生放电现象而使烟气被净化。

1907 年美国加利福尼亚大学化学教授科特雷尔（P. G. CottreU）将第一台电除尘器成功地用于工业生产。他的试验装置用于捕集比电阻较低的硫酸雾和采用新发明的同步机械整流器。

1910 年用于冶炼铜、铅和锌回收烟气中的金属氧化物。1912 年用于水泥工业生产处理。第一次采用细导线作为放电电极，操作电压达 45kV。

自 20 世纪 50 年代伦敦烟雾使四千余人在两周内丧生的事件发生后，大气污染的工厂日益受到社会各阶层的关注。30 年代，一些国家的有色冶金工厂为了利用烟气中大量存在的 SO_2 来制硫酸，便采用效率较高的电除尘器捕集烟气中的固体金属氧化物粒子。同时，水泥工业也开始采用电除尘器净化回转窑的烟气。1954 年电除尘器第一次在净化高炉烟气方面获得成功，1956 年电除尘器又用于净化吹氧转炉的烟气，及冶金行业，50 年代扩展到火力发电厂。

最早的是筒形管状收尘极和细圆电晕极。20 世纪 40 年代出现了板状收尘板，使电场空间利用率大为提高。1954 年开始采用螺旋形细圆线代替直细圆线作电晕极，和直的细圆线相比，螺旋形线降低了起晕电压，这对捕集某些比电阻较高的粉尘是有利的，其后出现了星形电晕线，使电场力线分布更为合理，1960 年有人发现芒刺电晕线比螺旋线和星形线的起晕电压更低，更适合于捕集高比电阻粉和净化高浓度烟气。之后，为了防止已被捕集的粉尘产生二次飞扬，带有各种防风槽的板状收尘极被设计出来，在实际使用中取得了良好效果。

电除尘器的单机处理能力，在 20 世纪初期，受电源装置和风机能力的限制，每小时只能处理数千立方米烟气。40 年代，处理能力突破 $1 \times 10^5 \, m^3/h$，1954 年，最大处理风量为 $5.5 \times 10^5 \, m^3/h$，到 60 年代，大型火力发电烟气净化的需要，电除尘单机每小时处理能力已突破 $10 \times 10^5 \, m^3$ 大关，现在 $750 \sim 1000MW$ 的火力发电机组也由电除尘器来净化。

电除尘器的结构尺寸也越来越大。20 世纪 50 年代认为板长度不能超过 8m，到 60 年代极板长度就越过 10m，70 年代后，出现了 20m 长的收尘极板。

电除尘技术的发展与高压供电及其控制装置的演变密切相关，电除尘器的高压电源装置一般有升压、整流和控制三部分。在整流方面，早期的电除尘器是采用机械同步整流方法，在 20 世纪 50 年代几乎是唯一的办法。之后，机械整流曾被电子管整流所代替，但未获得大规模应用。1956 年开始用硒整流器，但体积庞大。在 50 年代末硅整流器的出现，很快就取代了硒整流器。在控制方面，最早采用自耦变压器或感应调压器来调节投入电压。早在 20 年代初就已出现用直流磁场来改变交流线圈阻抗的理论，但是直到高导磁率的磁性材料和半导体整流组件大量生产和质量提高后，饱和电抗器才真正在自动控制方面得到应用。从 50 年代起，饱和电抗器就开始代替调压变压器，为电除尘器的自动控制奠定了基础。但电效率低，60 年代广泛采用可控硅控制，使电除尘器的电源获得了新的控制特性。使电除尘器在电场发生闪络的瞬间立即降压而不产生弧光放电或击穿，同时又能立即使电压回升，让电场重新正常工作。这样，电场的工作电压会始终接近于击穿前的临界电压，从而保证最高的除尘效率。由晶体管电路控制到集成电路控制再到计算机控制、智能控制及到目前的网络控制，使电除尘的运行、管理及自动化程度，都获得了空前的发展。

从 1911 年起，美国人斯特雷（W. W. Strong）开始研究电除尘的理论，他对诸如尘粒荷电、电场形态、除尘效率等方面不断做出了大量的分析，为电除尘的理论奠定了初步基础。到 1922 年多依奇（Deutseh）假设在没有紊流的条件下推导出除尘效率的理论公式。人们还常把效率与收尘极板面积和气体流量之间的数学表达式冠以多依奇的姓氏，成为目前除尘理论的基础。多依奇公式是在安德森（Anderson）关于电除尘指数定律的基础上导出的，所以多依奇正式也称为安德森-多依奇公式。1923 年罗曼（Robman）确立了电场荷电的原理，1932 年波德尼尔（Pam＋henier）和莫罗-哈诺特（Moreau - hanot）发表了粒子碰撞荷电和扩散荷电的方程式，怀特导出更加精确的扩散荷电方程式。

我国电站建设在 20 世纪 50 年代成套引进苏联电除尘器。继而浙江、福建等厂研发设计制造出国产电除尘设备，并有突破性发展。相继出口阿尔巴尼亚等欧亚国家。目前，我国大容量高参数的发电机组配套的除尘设备已全部国产化。新技术治理已实现烟尘排放不超过 $5mg/(N \cdot m^3)$ 的升级标准。

二、电除尘器原理与分类

（一）基本原理

电除尘器是在两个曲率半径相差较大的金属阳极和阴极上，通过高压直流电，维持一个足以使气体电离的静电场。气体电离后所生成的电子、阴离子和阳离子，吸附在通过电场的粉尘上，而使粉尘获得电荷。荷电粉尘在电场力的作用下，便向电极性相反的电极运行而沉积在电极上，可达到粉尘和气体分离的目的。

由于被处理烟气的温度、压力、化学成分、湿度、操作工艺条件、烟气含尘浓度、粉尘的粒度分布以及供配电形式等要素，电除尘可设计成不同的类型。

（二）电除尘器的分类

1. 按电极清灰方式分类

按电极清灰方式可分为：

（1）干式电除尘器：在干燥状态下捕集烟气中的粉尘，沉积在除尘板上的粉尘借助机械振打清灰的除尘器称为干式电除尘器，易使粉尘产生二次飞扬。现大多数收尘器都采用干式电除尘器。

（2）湿式电除尘器：收尘极捕集的粉尘，采用水喷淋或用适当的方法在除尘极表面形成一层水膜，使沉积在除尘器上的粉尘和水一起流到除尘器的下部而排出，为湿式电除尘器。

（3）雾状粒子电捕集器：这种除尘器捕集像硫酸雾，焦油雾那样的液滴，捕集后呈液态流下并除去，它也是属于湿式除尘器。

（4）半湿式电除尘器：吸取干式和湿式电收尘器的优点，出现了干、湿混合式电除尘器，也称半湿式电除尘器。高温烟气先经两个干式除尘器，再经湿式除尘室经烟囱排出。

2. 按气体在电除尘器内的运动方向分类

（1）按气体在电除尘器内的运动方向可分为：

1）立式电除尘器：气体在电除尘器内自下而上做垂直运动的称为立式电除尘器。

2）卧式电除尘器：气体在电除尘器内沿水平方向运动的称为卧式电除尘。

（2）特点。卧式与立式相比有以下优缺点：

1）沿气流方向可分为若干个电场，这样可根据除尘器内的工作状态，各个电场可分别施加不同的电压以便充分提高电除尘的效率。

2）根据所要求达到的除尘效率，可任意增加电场长度。

3）在处理较大的烟气量时，卧式比较容易地保证气流沿电场断面均匀分布。

4）设备安装高度较立式电除尘器低，设备的操作维修比较简单。

5）适用于负压操作，可延长排风机的使用寿命。

6）各个电场可捕集不同粒度的粉尘，这有利于有色稀有金属的捕集回收，也有利于水泥厂当原料中钾含量较高时提取钾肥。

7）占地面积比立式电除尘器大。

3. 按结构形式分类

按结构形式可分为：

（1）管式电除尘器：除尘极由一根或一组呈圆形、六角形或方形的管子组成，管子直径一般为 3～5m，长为 200～300mm。圆形或星形的电晕线安装在管子中心，含尘气体自上而下从管内通过。

（2）板式电除尘器：除尘板由若干块平板组成，为了减少粉尘的二次飞扬和增强极板的刚度，极板一般要扎制成各种不同的断面形状，电晕极安装在每排收尘极板构成的通道中间。

4. 按除尘板和电晕极的配置分类

按除尘板和电晕极的配置可分为：

（1）单区电除尘器：收尘板和电晕极都安装在同一区域内，粉尘的荷电和捕集在同一区域内。

（2）双区电除尘器：除尘系统和电晕极系统分别装在两个不同的区域内。前区内安装电晕极、粉尘在此区域内进行荷电，这区为电离区；后区内安装收尘极，粉尘在此区域内被捕集，称此区为收尘区。由于电离区和收尘区分开，故称为双区除尘器。

5. 按振打方式分类

（1）侧部振打电除尘器：振打装置设置在除尘器的阴极或阳极的侧部，称为侧部振打电除尘器。现用的较多的均为挠臂锤振打，为防止粉尘的二次飞扬，在振打轴的 360°上均匀布置各锤头，以防造成同时振打引起的二次飞扬。

（2）顶部振打电除尘器：振打装置设置在除尘器的阴极或阳极的顶部，称为顶部振打电除尘器。

（3）侧部和顶部复合振打电除尘器。

三、电除尘器常用术语

台：具有一个完整的独立外壳的电除尘器称为台。

室：在电除尘器内部由壳体所围成的一个气流的通道空间独立收集灰尘称为室。

收尘场：沿气流流动方向将各室分成若干区，每一区有完整的收尘板和电晕极，并配以相应的一组高压电源装置，称每个独立区为收尘电场。卧式电除尘器一般设有二个至五个收尘电场。为了获得更高的除尘效率，也可将每个收尘电场分成二个或三个独立区，每一个区配一组高压电源装置分别供电。

电场高度（m）：一般将收尘极板的有效高度称为电场高度。

电场通道数：电场中两排极板之间的宽度称为通道，电场中的极板总排数减一称为电场通道数。

电场宽度（m）：一般将一个室最外两侧收尘极线之间的有效距离（减去极板阻流宽度），称为电场宽度。它等于电场通道数与同极距（相邻两排极板的中心距）的乘积减去每块极板的阻流宽度。

电场截面（m^2）：一般将电场高度与电场宽度的乘积称为电场截面。

电场长度（m）：在一个电场中，沿气体流动方向一排收尘极板的宽度（即每排极板第一块极板的前端到最后一块极板末端的距离）称为单电场长度。沿气流方向各个单电场长度之和，称为电除尘器的电场长度。

停留时间（s）：烟气流过电场长度所需时间称为停留时间。它等于电场长度与电场风速之比。

电场风速（m/s），烟气在电场中的流动速度，称为电场风速。它等于进入电除尘器的烟气流量（m^3/s）与电场截面（m^2）之比。

收尘极面积（m^2）：收尘极板的有效投影面积。由于极板的两个侧面均起收尘作用，因此两面均应计入。每一排收尘极的收尘面积为单电场长度与电场高度的乘积的二倍，每一个电场的收尘面积为一排极板的收尘面积与电场通道数的乘积。一个室的收尘面积为单电场收尘面积与该室电场数的乘积。收尘面积多指室的收尘面积。

比收尘面积（$m^2/s/m^3$）：单位流量的烟气所分配到的收尘极称为比收尘极面积。它等于收尘极面积（m^2）与烟气流量的烟气量（m^3/s）之比。比收尘面积大小，对电尘器的收尘效果影响很大。

处理风量（m^3/s）：即被处理的烟气量。通常指工作状态下电除尘器入口与出口的烟气量的平均值。它等于工作状态下电除尘器入口处的烟气流量与除尘器漏风量的一半之和。

驱进速度（cm/s）：荷电悬浮尘粒在电场力作用下向收尘极板表面运动的速度称为尘粒子的驱进速度。它与电场强度、空间电荷密度、粒子性质等多种因素有关，因此不同粒子的驱进速度悬殊。工程中通常用的是有效驱进速度（ω_e）。

收尘效率（％）：被捕集的粉尘量与总粉尘量之比。它在数量上近似等于额定工况下除尘器进、出烟气含尘浓度的差与原入口烟气含尘浓度之比。收尘效率是除尘器运行的主要指标。

一次电压电流：输入到整流变压器初级侧的交流电压及初级侧的交流电流。

二次电压电流：整流变压器输出的直流电压及整流变压器输出的直流电流。

电晕放电：在相互对置着的放电极和收尘极之间，通过高压直流电建立起极不均匀的电场，当外加电压升到某一临界值（即电场达到了气体击穿的强度）时，在放电极附近很小范围内会出现蓝白色辉光，并伴有嘶嘶的响声，这种现象称为电晕放电。

电晕电流：发生电晕放电时，在电极间流过的电流称为电晕电流。

火花放电：在产生电晕放电之后，当极间的电压继续升高到某一点时，电晕极产生一个接一个、瞬时的、通过整个间隙的火花闪络，闪络是沿着各个弯曲的，或多或少或枝状的窄路到达除尘极，这种现象称为火花放电。火花放电的特征是电流迅速增大。

电弧放电：在火花放电之后，再提高外加电压，就会使气体间隙击穿，它的特点是电流密度很大，而电压降很小，出现持续的放电，爆发出强光并伴有高温。这种强光会贯穿整个间隙，由放电极到除尘极，这种现象就是电弧放电。

电晕功率：即投入到电除尘器的有效功率。它等于电场的平均电压和平均电晕电流的乘积。电晕功率越大，除尘效率越高。

伏安特性：电除尘器运行过程中，电晕电流与电压之间的关系称为伏安特性，它是很多变量的函数，其中最主要的是电晕极和除尘极的几何形状、烟气成分、温度、压力和粉尘性质等。

气流分布：即反映电除尘器内部气流均匀程度的一个指标。

阻力：电除尘器入口和出口烟道内烟气的平均全压之差，称为电除尘的阻力。一般电除尘器的阻力均为 $100\sim300\text{Pa}$。

四、电除尘器优缺点

（一）电除尘器优点

（1）除尘效率高：收尘效率均可达到 99％以上，收尘效率最高已达到 99.8％。

（2）阻力损失少：气体通过电除尘器的压降一般不大于 200Pa，因为电除尘器中，使气体与悬浮粒子分离的力是作用于悬浮粒子本身，而其他类型收尘装置的分离力作用于全部气体，因而风机耗电最小，按每小时处理 1000m^3 烟气量计算，电能消耗为 $0.2\sim0.8\text{kWh}$。

（3）能处理高温烟气：一般电除尘器用于处理 250℃以下的烟气，进行特殊设计后，可处理 350℃甚至 500℃以上烟气。

（4）能处理大的烟气量：如 $6\times10^5\text{kW}$ 发电机组烟气量为 $3\times10^6\text{m}^3/\text{h}$，若采用袋式除尘器需 3×10^4 多个袋（按袋直径 120mm，高 2.0mm，过滤风速 2.5m/min 计算）。

（5）能捕集腐蚀性很强的物质：如果用其他类型收尘装置捕集硫酸和污渍几乎是不可能的，而采用特殊结构的电除尘器就可以捕集。

（6）日常运行费用低：由于电除尘的运动零部件少，电耗低，在正常情况下维护工作量较少，可长期连续安全运行，因此运行费用低。

（7）对不同粒径的烟尘有分类捕集作用：由于烟尘的物理化学性质与除尘效率的关系极为密切，大颗粒而导电性较好的烟尘先被捕集，因此根据不同粒径的烟尘，可在不同的电场中分别捕集。

（二）电除尘器缺点

（1）不易适应操作条件的变化。

（2）应用范围受粉尘比电阻的限制：有些粉尘的比电阻过高或过低，用电除尘器捕集不经济。

（3）不能用于捕集有害气体。

（4）对制造、安装和操作水平要求较高。

（5）钢材耗最大：电除尘器耗钢量大，特别是薄钢板的消耗最大，经计算，按常规除尘器三电场（每个电场长度 4.5m 左右）的电除尘每平方米通烟截面耗钢材 3.5～4t。

（三）各种类型除尘器优缺点比较

洗涤式除尘器：耗水量大，压力损失高，效率低，大型电站早已淘汰。

布袋除尘器：收尘效率高，不适宜高烟温，不适合水分大烟尘，压力损失较大，耗电高。

电除尘器：收尘效率很高，耐高温，压力损失很小，动力消耗小；设备费用高，受粉尘比电阻影响。

第二节　影响电除尘性能因素

影响电除尘性能的因素很多，可以大致归纳为如下四大类：

（1）粉尘特性：主要包括粉尘的粒径分布、真密度和堆积密度、黏附性和比电阻等。

（2）烟气性能：主要包括烟气温度、压力、成分、湿度、含尘浓度和电场的风速等。

（3）结构因素：主要包括电极几何因素、气流分布等。

（4）操作因素：主要包括伏安特性、漏风率、气流旁路、粉尘二次飞扬和电晕线肥大等。

一、粉尘特性的影响

（一）粉尘的粒径分布

粉尘的粒径分布对电除尘器总的除尘效率有很大影响，这是因为荷电粉尘的驱进速度随粉尘粒径的不同而变化。驱进速度与粒径大小成正比，也就是粉尘粒径越大，除尘效率起高。

虽然粉尘粉径小于 $0.2\mu m$ 对驱进速度影响大，但是粒径越细，其附着性越强，因此吸附在电极上的细粉尘不容易振打下来，这样会使电除尘器的性能降低。

（二）粉尘的真密度和堆积密度

粉尘的真密度对电除尘的影响虽不像靠重力和离心力进行的机械除尘装置那样重要，但是已经分离出来的粉尘在落入灰斗时也要靠重力，所以粉尘的真密度对提高除尘器的性能也是有影响的。

所谓堆积密度是指固体微粒的集合体，测出包括粒子间气体空间在内的体积并取固体粒子的质量求得的密度，粒子间的空间体积与包括粒子群在内的全部体积之比，通常称为空隙率，用字母 p 表示。空隙率真密度 r 与堆积密度 r_a 之间的关系用式（5-1）表示：

$$r_a = (1 - p)r \tag{5-1}$$

真密度 r 对一定的物质而言是一定的，而堆积密度 r_a，则与空隙率 p 有关，随着充填程度不同而有大幅度的变化，如果 r 与 r_a 之比越大，则由于粉尘二次飞扬而对除尘性能的影响也就越大。各种粉尘 r 和 r_a 的比值列入表 5-1 中。如 r/r_a 比值在 10 左右时，则由于烟气的偏流或漏风对粉尘二次飞扬的影响会很大。所以，在电除尘运行时应予以重视。

表 5-1　　　　　　　　　　　　主要工业窑炉粉尘的真密度与堆积密度

工业窑炉粉尘	真密度 r （g/cm³）	堆积密度 r_a （g/cm³）	r/r_a	主要工业窑炉粉尘	真密度 r （g/cm³）	堆积密度 r_a （g/cm³）	r/r_a
煤粉锅炉	2.1	0.52	4	硅砂粉（0.5～72μm）	2.63	1.26	2.1
水泥干燥窑	3.0	0.60	5	电炉	4.5	0.6～1.5	4.3
重油锅炉	1.98	0.20	9.8	化铁炉	2.0	0.8	2.5
硫化矿熔炉	4.17	0.53	7.9	亚铝精炼	5	0.5	10
氧化炼钢炉	4.75	0.65	7.3	铝二次精炼	3.0	0.3	10
炭黑	1.9	0.025	76.0	烟灰（0.7～56μm）	2.2	1.07	2.1
水泥生产粉	2.76	0.29	9.6	硅酸盐水泥（0.7～91μm）	3.12	1.5	2.1

（三）粉尘的黏附性

粉尘有黏附性可使细微粉尘粒子凝聚成较大的粒子，这对粉尘的捕集是有利的。但是粉尘黏附在除尘器壁上会堆积起来，会造成除尘器发生堵塞。在电除尘器中，若粉尘的黏附性强，粉尘就会黏附在电极上，即使加强振打，也不容易将粉尘振打下来，就会出现电晕线肥大和除尘极板粉尘堆积的情况，影响电晕电流与工作电压升高，致使除尘效率降低。所以粉尘的黏附性应予以重视，可将粉尘层的黏附强度作为评定粉尘附性的指标。

根据粉尘的黏附强度将粉尘分为四类，见表 5-2。

表 5-2　　　　　　　　　　　　　　粉尘黏附性的分类

分类	粉尘性质	黏附强度 （Pa）	粉尘举例
第一类	无黏附性	0～60	干矿渣粉、石英粉（干砂）、干黏土
第二类	微黏附性	60～100	含有许多未燃烧完全性质飞灰、焦炭粉、页岩灰、干滑石粉、高炉灰、炉料粉
第三类	中等黏附性	300～600	完全燃尽的飞灰、泥煤粉、泥煤灰、湿镁粉、金属粉、黄铁矿粉、氧化锌、氧化铝、氧化锡、干水泥、炭黑
第四类	强黏附性	＞600	潮湿空气中的水泥、石膏粉、雪花石膏粉、熟料灰、含盐的钠、纤维尘（石棉、棉纤维、毛纤维）

（四）粉尘的比电阻

粉尘的比电阻 ρ 是衡量粉尘导电性能的指标，根据粉尘的比电阻对电除尘性能的影响，可分为三个范围：

（1）$\rho < 10^4 \Omega \cdot cm$，比电阻在这范围内的粉尘，称为低比电阻粉尘。

（2）$10^4 \Omega \cdot cm < \rho < 5 \times 10^{10} \Omega \cdot cm$，比电阻在这范围内的粉尘最适合于电除尘。

（3）$\rho > 5 \times 10^{10} \Omega \cdot cm$，比电阻在这范围内的粉尘，称为高比电阻粉尘。

1. 低比电阻粉尘

如果粉尘的比电阻小于 $10^4 \Omega \cdot cm$，则当它一到达除尘表面不仅立即释放电荷，而且因静电感应获得和除尘极同极性的正电荷，若正电荷形成的排斥力大得足以克服粉尘的黏附力，则已经沉积的粉尘将脱离除尘极而重返气流，重返气流的粉尘在空间又与离子相碰撞，会重新获得和电晕极同极性的负电荷再次向除尘极运动。结果在除尘板上形成跳跃的现象，最后可能被气流带出电除尘器。

2. 高比电阻粉尘

当粉尘比电阻超过临界值 $5 \times 10^{10} \Omega \cdot cm$ 后，电除尘器的性能就随着比电阻的增高而下降，比电阻超过 $10^{11} \Omega \cdot cm$，采用常规电除尘器就难以获得理想的效率，若比电阻超过 $10^{12} \Omega \cdot cm$，采用常规电除尘器进行捕集更为困难，甚至发生通常所说的反电晕。

3. 反电晕

所谓反电晕就是沉积在除尘极表面上高比电阻粉尘层产生的局部放电现象。荷电后的高比电阻粉尘到达除尘极后，电荷不易释放。随着沉积在极板上的粉尘层增厚，释放电荷更加困难。此时一方面由于粉尘层未能将电荷全部释放，其表面仍有电晕极相同的极性，便排斥后来荷电粉尘。另一方面，由于粉尘层电荷释放缓慢，于是在粉尘间形成较大的电位梯度。当粉尘层中的电场强度大于其临界值时，就在粉尘层的孔隙间产生局部击穿，产生与电晕极极性相反的正离子，所产生的离子便向电晕极运动，中和电晕区带负电的粒子，其结果是电流增大、电压降低，粉尘二次飞扬严重，导致除尘性能显着恶化。由此可见，低比电阻粉尘（$\rho > 5 \times 10^4 \Omega \cdot cm$）由于尘粉的跳跃现象，引起除尘效率的降低，高比电阻粉尘（$\rho > 5 \times 10^{10} \Omega \cdot cm$），可能产生反电晕现象，也致使除尘效率降低。

4. 影响比电阻的因素

粉尘比电阻将直接影响除尘效率，影响比电阻的因素，在某种意义上是随温度的变化而变化的，飞灰比电阻和温度有关系，温度超过 225℃ 后，比电阻随温度的升高而降低，与烟气的成分无关。温度低于 140℃，比电阻随温度的降低而降低，并与烟气湿度和其他成分有关。

将粉尘的比电阻看成是两种独立的导电机理，一种导电是通过粉尘层内部（体积导电）；一种是沿粉尘粒子的表面（表面导电），并与吸附在粉尘表面的气体和冷凝水有关。

（1）影响体积比电阻的因素。工业烟气净化所碰到的粉尘，其体积导电与温度有关。在离子导电的情况下，温度增高会将较大的热能传给粉尘的组织，使得载体离子在电场的影响下，克服相邻的能量并漂移。因此，当温度较高时使可供粒子层导电的离子载体数量增多，这就有利于增加粉尘层的导电率，即降低了比电阻。

（2）影响表面比电阻的因素。表面导电需要在粉尘表面建立一个吸附层，如果烟气中含有冷凝物质（水或硫酸），若温度足够低，便能在粉尘表面形成吸附层。当温度低于 150℃ 时，由吸收的水分或化学成分在低温下所形成的低电阻通道就形成表面导电，即降低了比电阻。

二、烟气性质的影响

烟气性质对电除尘的伏安特性影响很大，本节主要介绍烟气的温度、压力、成分、湿度、烟气的含尘浓度和电场的风速对电除尘器性能的影响。

（一）烟气的温度和压力

烟气的温度和压力影响电晕始发电压、起晕时电晕极表面的电场温度、电晕极附近的空间电荷密度和分子与离子的有效迁移率等。温度和压力对电除尘性能的某些影响可以通过烟气密度 δ 的变化来进行分析。

$$\delta_o = T_o/T \cdot p/p_o \tag{5-2}$$

式中　δ_o——烟气在 T_o 和 p_o 时的密度，kg/m^3；

T_o——标准温度 273K；

T——烟气实际温度，K；

p_o——标准大气压，$1.01325 \times 10^5 Pa$ 或 76cmHg；

p——烟气的实际压力，Pa 或 cmHg。

δ 随着温度的升高和压力降低而减小。当 δ 降低时，电晕始发电压，起晕时电晕极表面电场强度和火花放电电压等都要降低。压力和温度对伏安特性和火花放电电压有影响。

温度升高或压力降低，伏安特性曲线会向左偏移并有更徒的斜率，偏移是由于电晕始发电压降低，斜率更陡是由于离子的有效迁移率增大。由于 δ 的减小，火花放电电压也降低。

（二）烟气的成分

烟气的成分对电除尘器的伏安特性和火花放电电压有很大的影响。

（三）烟气的湿度

由于原料和燃料中含有一定的水分，燃料中的氢燃烧后也生成水蒸气，参与燃烧的空气中也含有水分。因此，一般工业生产排出的烟气中都含有一定的水分。这对电除尘的运行是有利的。一般烟气中水分多，除尘效率要高。如果烟气中水分过大，虽然对电除尘的性能不会有不利的影响，但是如果电除尘器的保温不好，烟气湿度会达到露点，就会给电除尘器的电极系统以及壳体产生腐蚀。烟气中含有 SO_2，其腐蚀程度更为严重，所以含水分高的烟气采用电除尘器，腐蚀问题应予重视。

（四）烟气的含尘浓度

当含尘气体通过电除尘器的电场空间时，粉尘粒子与其中的游离子碰撞而荷电，于是在电除尘器内便出现两种形式的电荷，即离子电荷和粒子电荷。所以，电晕电流一方面是由于气体离子的运动而形成，另一方面是由粉尘粒子运动而形成。但是粉尘粒子大小和质量都比气体离子大得多，所以气体离子的运动速度为粉尘离子的数百倍（气体离子平均速度为 60～100m/s，而粉尘离子速度小于 60cm/s），这样，由粉尘离子所形成的电晕电流仅占总电晕电流的 1%～2%。随着烟气中含尘浓度的增加，粉尘的离子的数量也增多，以致由于粉尘离子所形成的电晕电流虽然不大，但形成的空间电荷却很大，接近于气体离子所形成的空间电荷，严重抑制电晕电流的产生，使尘粒不能获得足够电荷，以致除尘效率下降。

含尘浓度太大时，由电晕区生成的离子都会吸附在烟尘上，此时离子迁移率达到极小值，尤其是 $1\mu m$ 左右粉尘越多，其影响越大，最后可能电流趋近于零，除尘效果明显恶化，这种现象称为电晕闭塞。

当烟气速度增加时，则在每一单位时间内停留在电场中的烟气量增大，因而也在不同程度上会产生电晕闭塞现象，其结果是电流逐渐下降，除尘效率也逐渐降低。为了克服这种现象，在采用芒刺电晕线有效提高允许的含尘浓度，由 $40g/m^3$ 提高到 $100g/m^3$，甚至更高。

烟气含尘浓度过大，会有电晕闭塞现象，实质上是对电除尘的伏—安特性的影响。

（五）电场的风速

从降低电除尘器的造价和占地面积少的观点出发应该尽量提高电场风速，以缩小电除尘器的体积。特别对旧企业的改造、减少电除尘器的占地面积尤其重要，但是电场风速不能过高，否则会给电除尘器运行带来不利的影响。因为粉尘在电场中荷电后沉积到除尘极上需要有一定的时间。如果电场风速过高，荷电粉尘来不及沉降就被气流带出。同时电场风速过高，也容易使已沉积在除尘极的粉尘层产生二次飞扬，特别是在电极进行清灰振打时更容易产生二次飞扬。确定电场风速的大小除了与粉尘性质有关外，还与除尘极板的结构形式、粉尘对极板的黏附力大小以及电晕极放电性能等因素有关。

三、结构因素的影响

影响电除尘器性能的结构因素很多，包括有电晕线的几何形状、直径、数量和线间距、除尘极的形式、极板断面形式（方向、强度、周期）、气流分布流置、外表严密程度、灰斗形式和出灰口锁风装置等，本节着重谈电极几何因素和气流分布对电除尘性能的影响。

（一）电极几何因素

影响板式电除尘电气性能的几何因素包括极板间距、电晕线间距、电晕线半径、电晕线表面粗糙度、每台供电装置所担负的极板面积和每台供电装置担负的电晕线数量等，这些因素对电气性能产生不同的影响。

极板间距：当作用电压、电晕线的间距和半径相同，加大极板间距会影响电晕线临近区所产生离子电流的分布，以及增大表面积上的电位差，将导致电晕外区电密度、电场强度和空间电荷密度的降低。

电晕线间距：当电压作用在电晕线半径和极板间距相同时，若增大电晕线的间距会影响增大电晕电流密度和电场强度分布的不均匀性。但是，电晕线的间距有一个会产生最大电晕电流的最佳值。若电晕线间距小于这一最佳值，会导致由于电晕线附近电场相互屏蔽作用而使电晕电流减少。

电晕线半径：增大电晕线的半径，会导致在开始产生电晕时，使电晕始发电压升高，而使电晕线表面的电场强度降低。若给定的电压超过电晕始发电压，则电晕电流会随电晕线半径加大而减少。

电晕线表面粗糙度：电晕线粗糙度对电气性能的影响是由于对电晕始发电压、电晕始发时电晕线表面的电场强度以及电晕线附近空间电荷密度有影响。

每台供电装置所负担的极板面积：每台供电装置所负担的极板面积是确定电除尘电气特性的又一重要因素，因为它影响火花放电电压。对 n 根电晕线的火花率与一根电晕线火花率是相同的，因为 n 根电晕线中的任何一根产生火花都将引起所有电晕线上的电压瞬时下降。

每台供电装置担负的电晕线数量：由所担负的极板面积来确定，为了使电收尘获得最佳的性能，一台单独供电装置所担负的极板面积应足够小，即电场分组数增多以避免对最佳工作电压有较大的降低，电场数增多一般可使电除尘器的效率提高，电场数增多。对电除尘器还有两个是有利的，一是当某一电场停止运行，对电除尘器性能没有大的影响；二是由于火花和振打清灰引起粉尘二次飞扬不严重。

（二）气流分布

电除尘器内气流分布不均对电除尘器总收尘效率影响是比较明显的，主要有以下几方面原因：

（1）在气流速度不同的区域内所捕集的粉尘是一样。即气流速度低的地方可能收尘效率高，后集粉尘量也会多，气流速度高的地方，收尘效率低，可能捕集的粉尘量就少。但因风速低而增大粉尘捕集并不能弥补由于风速过高而减少的粉尘捕集量。

（2）局部气流速度高的地方会出现冲刷现象，将已沉积在收尘极板上和灰斗内的粉尘再次大量扬起。

（3）除尘器进口的含尘浓度不均匀，导致除尘器内某些部位堆积过多的粉尘，若在管道、弯头、导向板和分布板等处存积大量粉尘，会进一步破坏气流的均匀性。

电除尘器内气流不均与导向板的形状和安装位置、气流分布板的形式和安装位置、管道设计以及除尘器与风机的连接形式等因素有关。这些因素综合起来往往会使除尘器的效率降低 $20\%\sim30\%$，因此对气流分布要特别予以重视。

四、操作因素的影响

操作因素对电除尘性能的影响是多方面的。现仅就伏安特性、漏风率、气流短路，粉尘二次飞扬和电晕线肥大等方面对电除尘性能的影响作如下叙述。

（一）伏安特性

在火花放电或反电晕之前所获得的伏安特性，能表示出电除尘器从气体中分离尘粒的效果如何。在理想的情况下，伏安特性曲线在电晕始发和最大有效电晕电流之间，其工作电压应有较大的范围，以便选择稳定的工作点，并应使工作电压和电晕电流达到高的有效值。低的工作电压或电晕电流会导致电除尘性能降低。

（二）漏风率

电除尘器一般多用于负压操作，如果壳体的连接处密封不严，就会从外部漏入冷空气，使通过电除尘的风速增大，烟气温度降低，这二者都会使烟气露点发生变化，其结果是粉尘比电阻增高，使收尘性能下降。尤其在入口管道的漏风，收尘效果更为恶化。电除尘捕集的粉尘一般都比较细，如果从灰斗或排灰装置漏入空气，将会造成收下的粉尘产生再飞扬，使收尘效率降低，还会使灰受潮、黏附灰斗造成卸灰不流畅，甚至产生堵灰。根据测定，通过灰斗漏入的风，相当于粉尘浓度达 $300\sim400\mathrm{mg/m^3}$ 的含尘气体流入电场，只要漏入 $1/100$ 的冷空气，电除尘器的粉尘逐出量将是 $300\sim400\mathrm{mg/m^3}$。若从检查门、烟道、伸缩节、烟道阀门、绝缘套管等处漏入冷空气，不仅会增加电除尘器的烟气处理量，而且会由于温度下降出现冷凝水，引起电晕线肥大、绝缘套管爬电和腐蚀等后果，因此防止漏风至关重要。

（三）气流旁路

所谓气流旁路是指电除尘器的气流不通过收尘区，而是从收尘极板的顶部、底部和极板左右最外边与壳体壁形成的通道中通过。

发生气流旁路的原因主要是由于气流通过电除尘器时产生压力降；气流分离在某些情况下则是由于抽吸作用所致。防止气流旁路的一般措施是采用常见的阻流板迫使旁路气流通过除尘区，将除尘区分成几个串联的电场，以及使进入电除尘器和从电除尘器出来的气流保持良好的状态等。如果不设置阻流板，即使所有其他因素都合乎理想，只要气流有 5% 的气体旁路，除尘效率就不能大于 95%。对于要求高效率的电除尘器来说，气流旁路是一个特别严重的问题，只要有1‰～2‰的气体旁路，就达不到所要的除尘效率。装有阻流板就能使旁路气流与部分主气流重新混合。因此，由于气流旁路对收尘效率的影响取决于设阻流板的区数和每个阻流的旁路气流量以及旁路气流重新混合的程度，气流旁路会导致气流紊乱，并在灰斗内部和顶部产生涡流，其结果是使灰斗的大量集灰和振打时粉尘重返气流中。因此，阻流板应合理设计和布置。

（四）粉尘二次飞扬

干式电除尘器中，沉积在除尘极上的粉尘如果黏附力不够，容易被通过电除尘器的气流带走，这就是所谓的二次飞扬。由于粉尘二次飞扬所产生的损失有时高达已沉积粉尘的40％～50％，产生粉尘二次飞扬的原因与下列因素有关：

（1）粉尘沉积在收尘极上时，如果粉尘的荷电是负电荷，就会由于感应作用而获得与收尘极板极性相同的正电荷，粉尘便受到离开收尘极的吸力作用，因此粉尘所受到净电力是吸力和斥力之差。如果离子流或粉尘比电阻较大，净电力可能是吸力，如果离子流或粉尘比电阻较小，净电力就可能是斥力，这种斥力就会使粉尘产生二次飞扬，当粉尘比电阻很高时，粉尘和收尘极之间的电压降使沉积粉尘层局部击穿而产生反电晕时，也会使粉尘产生二次飞扬。

（2）当气流沿收尘极板表面向前流动的过程中，由于气流存在速度梯度，沉积在收尘板表面上的粉尘层将受到使其离开极板的升力。速度梯度越大，升力越大，为减少升力，必须减小速度梯度，降低主气流速度是减少速度梯度主要措施之一。

（3）电除尘器中的气流速度分布以及气流的紊流和涡流都能影响粉尘二次飞扬。电除尘器中，如果局部气流很高，就有引起紊流和涡流的可能性，而且烟道中的气体流速一般为10～15m/s，而进入电除尘器后突然降低到1m/s左右，这种气流突变的情况也很容易产生紊流和涡流。此外，强烈的电风也能使沉集的粉尘产生二次飞扬。

（4）振打电极清灰。沉积在电极上的粉层由于本身质量和运动所产生的惯性力而脱离电极。振打强度或频率过高，脱离电极的粉尘不能成为较大的片状或块状，而是成为分散的小的片状单个粒子，很容易被气流重新带出电收尘器。

（5）除尘器有漏风或气流不经电场而是通过灰斗出现旁路现象，也易产生二次飞扬。

总之粉尘二次飞扬造成的损失主要取决于粉尘的特性、电收尘的设计、供电方式、电除尘器内的气流状态和性质、振打装置的选型和操作以及收尘极的空气动力学屏蔽性能等。

为防止和克服粉尘二次飞扬损失可采取以下措施：

（1）使电除尘器内保持良好状态和使气流均匀分布。

（2）使设计出的收尘电极具有充分空气力学屏蔽性能。

（3）采用足够数量的高压分组电场，并将几个分组电场串联。

（4）对高压分组电场进行轮流均衡振打。

（5）严格防止灰斗中的气流有环流现象和漏风。

（五）电晕线肥大

电晕线越细，产生的电晕越强烈，但因在电晕极周围的离子区有少量的粉尘粒子获得正电荷，便向负极性的电晕极运动并沉积在电晕线上，如果粉尘的黏性附性很强不容易振打下来，于是电晕线的粉尘越集越多，即电晕线变粗，大大地降低电晕放电效果，这就是所谓的电晕线肥大。

电晕线肥大的原因有以下几个方面：

（1）静电荷的作用。粉尘因静电荷作用而产生的附着力，最大为 $280N/m^2$。

（2）工艺生产设备低负荷或停止运行时，电除尘器的温度低于露点，水或硫酸凝结在尘粉之间以及尘粒与电极之间，使其表面溶解，再次正常运行时，溶解的物质凝固成结晶，产生大的附着力。

（3）粉尘之间及尘粒与电极之间有水或硫酸凝结，由于液体表面张力而黏附。粉尘粒径在 $3\sim4\mu m$ 时最大附着力为 $1N/m^2$，$3\sim4\mu m$ 以下附着力剧增，$0.5\mu m$ 时为 $10N/m^2$。

（4）由于粉尘的性质而黏附。

（5）由于分子力而黏附。

为了消除电晕线肥大现象，可适当增大电极振打力，或定期对电极进行清扫，使电极保持清洁。

第三节　电除尘器与系统试运行问题

火电厂是运用电除尘器的大用户，约占全行业电除尘器用量的 70%。火电厂的电除尘器运行除与制造厂的设计、制造质量、现场安装质量、调试质量有关外，同时受火电厂自身系统运行中诸多方面的影响，对此，应给予足够的关注。

一、灰煤性质和烟气特性的影响

电除尘器对不同的煤、灰性质和烟气特性表现的很敏感，同一容量机组的电除尘器，由于煤种不同，工况不同除尘的难易程度差别很大。

（一）煤技术参数的影响

对电除尘器影响较大的有 C_{ar}、S_{ar}、M_t、H_{ar}、A_{ar}，以及煤工业分析中的挥发分 V_{daf} 和低位发热量 $Q_{ar,net,V}$ 等。

C_{ar}：煤含碳量越高，发热量越高，燃尽也较困难，飞灰中含碳量也较高。应注意无烟煤的飞灰可燃物导致粉尘低比电阻而造成除尘效率的下降。

S_{ar}：$S_{ar}>3\%$ 为高硫煤，$S_{ar}=1\%\sim2\%$ 为中硫煤，$S_{ar}<1\%$ 为低硫煤。煤的含硫量对飞灰比电阻有较大的影响。煤中硫在燃烧时产生 SO_2，一般情况下，大约 SO_2 有 $0.5\%\sim1\%$ 氧化成 SO_3，它增强飞灰的表面电导，使飞灰比电阻下降。$S_{ar}<1\%$ 的低硫煤，因 SO_3 少，所以飞灰比电阻高，易发生反电晕。煤的含硫量和燃烧生成的 SO_2 的关系见表 5-3。

表 5-3　　　　　　　　　　　煤的含硫量和燃烧生成的 SO_2 的关系

S_{ar}（%）	0.5	1.0	1.6	2.0	3.0
SO_2（ppm）	830	1661	2657	3321	4981

M_t：水分有利于飞灰吸附而降低粉尘表面电阻（$SO_3+H_2O-H_2SO_4$）。另外，水分可以抓住电子形成重离子，使电子的迁移速度迅速下降，从而提高间隙的击穿电压。还有，水分高使荷电容易，使空间电荷的作用加大。总之，水分高，则击穿电压高，粉尘比电阻下降，除尘效率提高。

H_{ar}：H_{ar} 高，则 H_2O 高（$2H_2+O_2=2H_2O$），H_2 和 H_2O 是 1∶9 的关系。

A_{ar}：粉尘荷电后，使电场中的空间电荷增多，电晕电流受自身空间电荷的影响因此而加剧。当电除尘器处理灰尘浓度高，或粉尘粒度细时，比表面积增大。

$$S = \frac{\pi d^2}{\frac{\pi}{6} d^3} = \frac{6}{d} \quad （d \text{ 越小，则 } S \text{ 越大}）$$

电场电晕外区的空间电荷由气体的负离子和粉尘的负粒子组成，由于负粒子的迁移速度比负离子小得多，因此对其电场的影响比负离子就大得多，它使电晕极附近的场强削弱的更厉害，严重时会造成电晕封闭。对火电厂而言，一般含尘浓度大于 30g/m^3，或者粉尘比较细时（如液态排渣炉粉尘），要考虑防止电晕封闭的发生。

V_{daf}：挥发分高的煤易燃烧，反之，挥发分少的着火难，也不容易完全燃烧。挥发分含量是对煤进行分类的重要依据。一般，$V_{\text{daf}} < 8\%$ 的为无烟煤，$V_{\text{daf}} = 8\% \sim 15\%$ 为贫煤，$V_{\text{daf}} = 15\% \sim 40\%$ 为烟煤，$V_{\text{daf}} > 40\%$ 为褐煤。

$Q_{\text{ar,net,}v}$：由于各种煤的发热量差别很大，对于一定额定出力的锅炉而言，烧较低发热量的煤，就意味着要多烧煤。这样，在额定出力情况下，煤中各化学成分的实烧质量百分数和煤元素分析中的质量百分数会不同。因此，常把其含量与发热量联系起来，引出折算成分，以折算成分来判断对电除尘器的影响更为实际。

例如折算到 4182kJ/kg

$$M_{t\text{折}} = 4182\text{kJ/kg} \frac{M_t}{Q_{\text{ar, net, }V}} \quad S_{\text{ar折}} = 4182\text{kJ/kg} \frac{S_{\text{ar}}}{Q_{\text{ar, net, }V}}$$

$$A_{\text{ar折}} = 4182\text{kJ/kg} \frac{A_{\text{ar}}}{Q_{\text{ar, net, }V}} \quad H_{\text{ar折}} = 4182\text{kJ/kg} \frac{H_{\text{ar}}}{Q_{\text{ar, net, }V}}$$

（二）灰技术参数的影响

灰熔点：灰中 SiO_2，Al_2O_3 含量越高，灰的熔点就越高。相反，有熔点低的 CaO、MgO、Fe_2O_3、Na_2O、K_2O 等氧化物存在时，灰的熔点就比较低。一般情况下，灰的熔点高，粉尘的比电阻高。锅炉运行中常把 $SiO_2/Al_2O_3 = 0.8 \sim 4$ 作为灰熔点和结焦的判断参数，比值越大，灰熔点就越低，易结焦。为防止结焦，有时会采用大风量运行，这种运行方式虽可缓解炉子结焦，但却会加大电除尘器的烟气量，造成除尘效率的下降。

灰粒径：电除尘器的驱进速度与粉尘粒径成正比。固态排渣锅炉飞灰的中位径在 $20\mu\text{m}$ 左右。除液态排渣炉飞灰较细外，一般电厂飞灰的粒度不会给电除尘器造成困难。但应注意，若电除尘器前有多管除尘器时，飞灰的中位径则小到 $5\mu\text{m}$ 左右，会发生电晕封闭，造成除尘效率下降。

灰的真密度与堆积密度：煤粉锅炉飞灰的真密度为 $r = 2.1\text{g/cm}^3$，堆积密度 $r_0 = 0.52\text{g/cm}^3$，$r/r_0 = 4$。一般粒度小，堆积密度也小。当 $r/r_0 > 10$ 时，电除尘器二次飞扬会增大，应给予注意。

灰的黏附性：由于飞灰有黏附性，可使细微粉尘凝聚成较大的粒子，这有利于除尘。但黏附力强的飞灰，会造成振打清灰困难、电晕极肥大，对除尘不利。一般，粒径小、比表面积大的飞灰黏附性强。

灰的化学成分：

Na_2O：Na_2O 为 $1.5\% \sim 2\%$ 时，飞灰增加体积电导率，使比电阻下降，有利于除尘。有的低硫煤，若 Na_2O 在 2% 以上时，不但不发生反电晕，而且除尘效率仍很高。

K_2O：它和 Na_2O 作用一样，但要通过 Fe_2O_3 起作用，所以它比氧化钠的作用小。

SiO_2：高熔点、导电性差是飞灰高比电阻的主要因素。电厂锅炉飞灰中 SiO_2 的含量占 $40\%\sim60\%$，它的含量越高，飞灰比电阻越高，不利于除尘。

Al_2O_3：同 SiO_2 一样，它熔点高、导电性差，电厂锅炉飞灰中 Al_2O_3 含量在 $20\%\sim 50\%$，其含量越高，飞灰比电阻越高。

Fe_2O_3：它本身比电阻在 $10^{10}\Omega\cdot cm$ 左右，不是太高，而且它可使灰熔点降低，K_2O 通过它使飞灰体积电导率增加，这是有利的一面，所以当除尘效率为 $98\%\sim99\%$ 时，可视为有利因素。但它本身粒径很细，大都在 $5\mu m$ 以下，所以当除尘效率要求为 99.5% 以上，或排放浓度小于 $100mg/m^3$ 时，应视为不利因素。

CaO 和 MgO：它们易和 SO_3 反应生成 $CaSO_4$、$MgSO_4$，从而削弱 SO_3 的作用，并导致飞灰变细，所以是不利因素。

C_{fh}：飞灰可燃物 $C_{fh}=1\%\sim10\%$ 时，可使飞灰比电阻下降，可视为有利因素。当 $C_{fh}>10\%$ 后易造成飞灰的二次飞扬，为不利因素。一般电厂都尽量将 C_{fh} 控制在 5% 以下。但对无烟煤，C_{fh} 常会大于 10%，对此要注意防止低比电阻引起的反弹和二次飞扬。

（三）烟气性质的影响

烟气的温度、压力、湿度、流速及含尘浓度对电除尘器影响较大，虽然这些参数都已在设计时做了设定，但在运行中变化较大，应给以足够注意。

烟气的温度和压力影响如下：从公式 $\delta=0.386p/T$（δ 为烟气相对密度；p 为烟气压力；T 为烟气温度）和 $u_{击穿}=f(\delta\times s)$（s 为极距；$u_{击穿}$ 为击穿电压）分析，压力高则击穿电压高，而温度高则击穿电压下降，温度升高 $3℃$，击穿电压下降 1%。另外，一般电场飞灰在烟温 $150℃$ 时比电阻最高。还有，烟温高则烟气量增大，即电场风速增大，从式（$5-8$）可以看出 Q 增大则 V（电场风速）增大，而除尘效率按指数关系下降。大量试验表明，对于火电厂，一般电场风速 $V<1.3m/s$，否则，对除尘效率影响很大。另外应注意电除尘器各室烟气量分配要尽量均匀，一般要求烟气量偏差不大于 5%，否则将造成部分风速增大而下降的除尘效率远大于部分风速减小而提高的除尘效率，从而使总的除尘效率下降。再有，电场风速提高，意味着每单位时间内烟尘量的增大，即空间电荷的影响增大，电晕电流下降，影响除尘效率。

烟气湿度：烟气的湿度来自煤中的水分、氢燃烧生成的水蒸气及参与煤燃烧空气中的水分。火电厂烟气中的水分一般在 $5\%\sim14\%$。水分可以提高电场击穿电压，也可降低飞灰的比电阻，对电除尘器的运行有利。

烟气含尘浓度：含尘浓度高，或者粉尘粒径细（小于 $5\mu m$），都会造成电场电晕封闭。一般电厂锅炉烟气含尘浓度不太高，在 $30g/m^3$ 以下，也有达 $50g/m^3$ 的，应对高含尘浓度的粉尘给以重视。

二、锅炉运行工况的影响

（1）锅炉启动：一般都先投油后投粉，当锅炉负荷达 70% 或排烟温度达 $120℃$ 时才逐步撤掉油抢。由于启动时炉内燃烧不稳定，因此油或煤粉有时燃不尽，未燃尽的油会造成除尘器极板、极线黏油再黏灰，使清灰困难。未燃尽的碳，是低比电阻，电除尘器收不到它，其表面硬度比煤高，因此会造成引风机严重磨损。对有中储仓的制粉系统，三次风带入的煤粉常因炉内燃烧不充分而使大量未燃尽的碳通过除尘器造成风机磨损，此时可从主控室燃烧屏上观察到原来橘红色的燃烧在投三次风后出现黑色。引起不能燃尽的原因和煤种有关，也和磨煤细度 R_{90} 达不到要求有关。另外，此时烟气中 CO 较高，易发生在火花电压下 CO 爆炸。

火电厂运行规程规定，锅炉启动时不投电除尘器，当锅炉负荷达 70% 或排烟温度达 120℃时再投电除尘器。但也有个别电厂要求启动时就投电除尘器，对此，要在保证设备安全的前提下（电除尘器运行电压应控制在远低于火花电压以下），从末电场向前逐个投入运行，当锅炉负荷达 70% 或排烟温度达 120℃时，再全自动投入电除尘器。

（2）电除尘器投运时，有时会发生高压投不上，或能投上但二次电压只有 2 万 V 左右，而二次电流已到额定值。其原因在排除电场内部有异物、极距变化外，一般是由阴极系统绝缘子吸潮，表面黏有炭黑，产生泄漏电流造成。绝缘子吸潮后，在周围环境湿度大、水分压大于绝缘子内水分压时，潮气不易析出，故电压老投不上，或者一投就是低电压大电流，使除尘器不能正常运行。对此，解决的方法是除擦干净绝缘子或 F_4 板外，在加热情况下，也应使周围空气流动起来，使其周围空气中的水分散去，从而降低周围环境水分分压，才能使已吸潮的绝缘子中的水分析出。

（3）系统漏风和电除尘器漏风。锅炉尾部空气预热器的漏风对电除尘器影响很大。10 万以下机组多采用管式预热器，其漏风率一般不大于 5%，而且运行中变化不大。而 10 万以上机组多采用回转式预热器，漏风率设计值一般为 8%～12%，但运行后实际漏风率变化很大，有的漏风率高达 20%，有个别的漏风率竟高达 40%，这将大大增加电除尘器的烟气量，提高电场风速，使除尘效率大大下降。除尘器本体漏风，除加大烟气量外，漏风处会造成局部烟速提高，使除尘效率下降。如果漏风发生在灰斗上部，漏风会把灰斗中的灰带入电除尘器内，有试验表明，灰斗上部漏风 1%，则会造成 300～400mg/m³ 浓度的粉尘从电除尘器中逸出。灰斗下部漏风会造成局部降温、飞灰吸潮而导致灰斗堵灰。另外，漏风处会造成局部烟温降低，当烟气温度低于酸露点后易结露造成设备的酸腐蚀。酸露点的计算（经验公式）如下：

烟气的水蒸气露点：褐煤 50℃、烟煤 43℃、无烟煤 25℃、重油 45℃。

即使煤中水分很高，烟气中水蒸气露点也不会超过 60℃，对和烟气不直接接触部位，如灰斗下部、大梁内部等部位，只考虑水露点。

烟气的酸露点：

$$t = \frac{\beta \times \sqrt[3]{S_{arZ}}}{1.5\alpha_{fh} \times A_{arZ}} + t_1 \tag{5-3}$$

式中　　t——烟气酸露点，℃；

t_1——烟气水蒸气露点，℃；

β——与过量空气系数 α 有关的常数（当 α=1.4～1.5 时，β=129；当 α=1.2 时，β=121，一般可取 β=125）；

S_{arZ}，A_{arZ}——工作基的折算硫分和灰分；

α_{fh}——飞灰占总灰分的份额，固态排渣取 0.85，液态排渣取 0.60。

当用增湿方法对烟气进行调质时，注意烟温不能低于酸露点以上 10℃，脱硫时烟温不能低于水露点以上 10℃。

（4）出灰的影响。除尘器的灰斗是过灰的，只是在故障时才存不大于 12h 的灰量。除尘器灰斗中留少量灰作为灰封防止漏风也是可行的。因此，正常运行时一定要把灰斗排空，不能存灰。电场的灰量很大，一般是总灰量的90％以上，一定要注意卸灰器、灰管路的匹配。另外，灰在高温时，流动性很好，像水一样。但灰斗中的灰经降温后，流动性并不好。所以灰斗中的灰并不是在一个高度上呈水平状，而是沿烟气流向呈倾斜状态存于灰斗，这样，置于垂直烟气流向灰斗中心线上的料位指示器可能就失灵，造成长时间不卸灰故障。

（5）对除尘器进行水冲洗：除尘器停运后，应对除尘器内部进行高压水冲洗（一般用消防水），使极板、极线干净，以保证电除尘器的高效运行。水冲洗应在除尘器完全冷却后进行，冲洗完后，应打开人孔门，自然通风干燥，有条件的可启动风机拉干。

三、系统运行管理和粉尘的影响

电除尘器已成为电厂五大设备之一（锅炉、汽轮机、发电机、主变压器、电除尘器），但现状对电除尘器的重视和管理远不及对锅炉、汽轮机、发电机、变压器、化学、热工、金属等的重视程度。

（一）认识和管理的误区

误区一，电厂的电除尘器和水泥、冶金等行业用途不一样，水泥等行业是工艺流程的一环，本身就有经济效益，而电厂主要作为环保设施（当然，它对引风机安全运行有影响），主要是产生社会效益。加上电厂电除尘器故障一般不会造成停炉、停机，所以认识和管理力度不如电厂其他专业，现状是虽有电除尘器运行的管理制度、规定，但执行很不到位。

误区二，对电除尘器属多边学科不甚了解，尤其对系统运行状况将影响电除尘器运行不甚了解。因此，电除尘器运行不好时，只在电除尘器上找问题，而忽视了系统的影响。

误区三，在管理上将电除尘器的带电部分归电器分厂，本体部分归锅炉分厂，忽视了电除尘器是靠电来除尘，而电器运行又和本体状况、系统各环节运行状况，诸如煤、灰、烟气性质等诸多因素有关。因此，这种分工从管理上使得没人对电除尘器全面了解，并能综合分析。

目前，电厂在电除尘器运行管理上重要的是应选择既懂电、又懂机的人当专责，培养他既熟悉电除尘器本体，又了解系统运行状态对电除尘器的影响，并懂得电器设备在各种工况下如何调整到最佳运行。达到能综合分析故障原因，及时给以排除，并举一反三指导电除尘器的运行。

（二）高比电阻粉尘的对策

粉尘的比电阻对电除尘器的影响主要有两个方面：

（1）电除尘器中的电晕电流必须通过极板上的粉尘层，该粉尘层一定要能把电晕电流传到接地极才能构成电流回路。若粉尘层比电阻比较高，电晕电流就会因粉尘层的压降大而减小，从而使粉尘的荷电率、荷电量及电场强度下降，导致除尘效率下降。当粉尘比电阻很高时（大于 $10^{11}\Omega \cdot cm$），即使电流密度很低，也会发生粉尘层的击穿，形成反电晕，使除尘效率下降。

（2）粉尘层中气隙放电时（反电晕）的简化等值电路。粉尘层经烟气（电阻 Z）接到电压 U 回路。设粉尘层中有一小气泡，气泡的厚度远小于粉尘层厚度，气泡的电容为 C_c，与之串联的粉尘电容为 C_b，粉尘层其余部分的电容为 C_a，且 $C_c \gg C_b$，$C_a \gg C_b$。正常情况下，C_a 和 C_b、C_c 串联支路承受 A 与 B 之间的电压 U_a（$U_a \approx U$）。气泡电容上承受的电压 $U_c = U \times C_b/(C_b + C_a)$。虽然 U_c 比 U 小得多，但因气泡很薄，且空气的介电常数比粉尘的介电常数小，所以，气泡中的电场强度大于粉尘的电场强度，又因为空气的击穿场强比粉尘低，因此，当外加电压（$U = j \times P$）达到一定值时，气泡发生放电（反电晕）。此时，相当于 C_c 两端 m 和 B 之间并联了一个放电间隙 g，g 放电后，C_c 上的电压迅速下降（放电时间决定于 C_c 和 $R_{地}$），当放电通道两端电压不足以维持间隙中的游离，放电终止，间隙恢复绝缘。发生气泡击穿（反电晕）后，希望放电很快结束，即 $R_{地}$ 越系小，放电越快，反电晕的作用越小。

（3）粉尘比电阻很高时，粉尘附着在极板上的力也因粉尘层压降的增大而增大，增大清灰难度。

（三）定性判断粉尘比电阻的高低

对电厂飞灰而言，现场工况下的比电阻一般都在 $10^{11} \Omega \cdot cm$ 以下，比实验室比电阻低 1~3 个数量级，低幅的大小与烟气湿度、硫分、挥发分、飞灰可燃物等因素有关。用实测现场工况比电阻来指导电除尘器的设计或用类比法来判断现设计粉尘比电阻的高低是可行的设计方法，但在上述方法难以实现时，可利用一些经验公式来定性判断粉尘比电阻的高低。

（1）澳大利亚 Potter 公式：

$\rho_{Al} + \rho_{Si} + \rho_{Fe} < 82\%$，比电阻适中，除尘器工作好。

$\rho_{Al} + \rho_{Si} + \rho_{Fe} > 82\% \sim 93\%$，比电阻随该值增大而增大，除尘器工作随该值增大而越来越差。

$\rho_{Al} + \rho_{Si} + \rho_{Fe} > 93\%$，是发生反电晕的高比电阻，除尘器工作很困难。

（2）丹麦公式：

$\rho_{SiO_2} + \rho_{Al_2O_3} \geq 85\%$ 时属高比电阻，难除尘。

（3）苏联：

$$K = \frac{(\rho_{SiO_2} + \rho_{Al_2O_3})}{(W^y + H^y)S^y} \geq 50\%$$ 时属高比电阻，难除尘。

利用这些经验公式可定性的判断粉尘比电阻的高、低，以利于在参数设计时给以重视。

（四）高比电阻粉尘的技术措施

设法降低粉尘的比电阻。如常用加 SO_3、NH_3、水及其他调质剂来降低粉尘的比电阻。另外，采用高温电除尘器（电除尘器置于空气预热器前，300℃左右），采用热交换器，使烟气温度降低到 90~110℃，使电除尘器运行躲开高比电阻区域。另外，设法降低电晕电流密度，如采用双区电除尘器，把荷电和除尘分开进行，荷电区用强电场、大电流来荷电，除尘区用强电场低电流除尘，防止反电晕的发生。用脉冲电源、开关式电源在不降低场强前提下降低电晕电流，防止反电晕发生。对高比电阻粉尘清灰难问题，除选择合理的振打制度（包括振打力）外，部分电场运用声波清灰及运用交变极性电源也可解决清灰难问题。在诸多对付高比电阻粉尘的措施中，目前适合国情的技术措施是

（1）对有前置竖井式烟道的电除尘器，可在前置竖井烟道内用增湿的方法使烟温降低到高于酸露点 10℃，增加粉尘表面电导，降低粉尘比电阻，并提高运行电压是简易、经济的措施。

（2）开发双区电除尘器，如冷电极双区电除尘器、双极性电晕双区电除尘器等。

（3）对不太强的反电晕采用宽极距、辅助电极电除尘器。

（4）采用脉冲电源；合理使用声波清灰；开发交变极性电源来克服反电晕和电气清灰。

（5）对已运行且发生反电晕的电除尘器，将运行工作点调整到伏安特性曲线拐点以下。

（6）发生反电晕后，可有意加长阳极振打时间，使极板灰尘厚度增加，尘层压降增加及尘层负电荷更使电晕电流下降，来减少反电晕的影响。

选择以上这些技术措施的原因是：①技术措施简单，较经济，现场实现容易；②作为企业开发的高技术产品易形成企业的核心技术，易于保护，有利于对现有电除尘器的改造。

四、伏安特性曲线的运用

（1）冷态空载 V-I 特性曲线是衡量电除尘器制造、安装质量的依据，应在电除尘器投运前制作，首次试验的曲线要保存，以便和以后运行中停炉时再做的 V-I 特性曲线进行比较，判断电除尘器内部结构是否变形、出现异常，使运行、检修人员能及时发现故障，并予以排除。

（2）热态 V-I 特性曲线是反映电除尘器运行后特征的依据。第一次投运后的 V-I 特性曲线应保存备查，或电除尘器内部结构变化的 V-I 特性曲线进行比较，并据此分析诊断故障，指导运行、检修人员排除故障。电除尘器各电场第一次热态 V-I 特性曲线如图 5-1 所示。前级粉尘量大，电场尘粒子空间电荷多，对电晕电流的抑制作用大，随着尘粒子被除去，后级中尘粒子空间电荷少，对电晕电流抑制也小的缘故。

（3）用 V-I 特性曲线诊断故障。

1）曲线平移：热态运行 V-I 特性曲线向右平移，即起晕电压升高。这是阴极线黏灰肥大所致。应检查阴极振打系统是否故障，锅炉投油是否燃不尽，黏灰在极线上。见图 5-2。

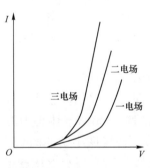

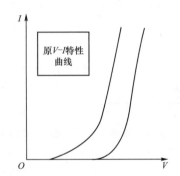

图 5-1 电除尘器各电场
第一次热态 V-I 特性曲线

图 5-2 V-I 特性曲线诊断故障（一）

2）曲线旋转：V-I 特性曲线的起晕电压不变，而曲线向右旋转。这是粉尘浓度增加（或粉尘变细）使得电晕电流减小，若电晕电流降到不足于粉尘荷电，因此而影响除尘效率，可采用窄极距、放电特性好的电晕线，也可建议电厂改变燃煤混合，减少煤的含灰量，增加煤的发热值措施来解决。见图 5-3。

3）曲线过原点：V-I 特性曲线一开始升压就有电流（低于起晕电压就有电流），并有一直线段。这是电场内灰短路（灰斗中的灰已将阴、阳极短路），或是阴极绝缘子上黏灰、吸潮，有泄漏电流所致。应设法排空灰斗中的灰，检查灰斗保温、漏风、料位、卸灰装置等处的故障点，予以排除，另外，停电，擦拭绝缘子上的黏灰和水分。见图 5-4。

4）曲线变短：V-I 特性曲线和正常曲线走向一致，但击穿电压比正常曲线低许多。这是极距变小所致，应停炉时恢复正常极距。

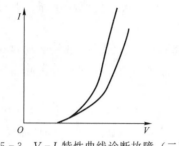

图 5-3 V-I 特性曲线诊断故障（二）

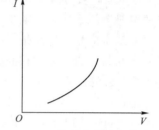

图 5-4 V-I 特性曲线诊断故障（三）

5）曲线出现拐点：V-I 特性曲线在拐点前由于粉尘比电阻增大，使粉尘层压降增大，同时，空间电荷对电力线的屏蔽作用也增大，V-I 特性曲线和原 V-I 特性曲线比，向右旋转，沿拐点下的曲线运行。当电压升至拐点处时粉尘层的压降达到粉尘层内气隙的击穿电压（一般 10～20kV/cm）时，发生反电晕。反电晕发生后，电场内既有负离子流，又有反电晕的正离子流，正离子使原电场负空间电荷的影响大大降低，使电晕区的游离又加强，因此电晕电流增大。更严重的是，由于电晕外区是低场强区，又是大批正、负离子混合的地区，该区场强小，因此正、负离子相对运动的速度也小，而该区的正、负离子浓度却高，这些恰

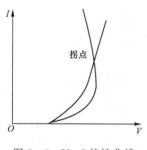

图 5-5 V-I 特性曲线
诊断故障（四）

巧是正、负离子复合的条件，正、负离子复合会放出光子从而导致放电过程由电子崩变为流注，流注形成后，电晕电流则是正、负离子的等离子流子，故电流大大增加，而流注的形成将造成放电更快的发展，使电场击穿电压大大降低。因此，出现拐点以上的 V-I 特性曲线。见图 5-5。

6）电场中的电荷由两部分组成，即气体离子和粉尘离子，由于粉尘离子的大小和质量都比气体离子大得多，因此气体离子的运动速度为粉尘离子的数百倍（气体离子的运动速度为 60～100m/s，而粉尘离子的运动速度小于 60cm/s），这样电晕电流主要由气体离子形成。虽然粉尘离子形成的电晕电流可以忽略，但是，由于粉尘离子的空间电荷影响要比气体离子空间电荷大，它对电晕区场强、游离、电晕电流的削弱比气体离子的影响大，因此，在考虑空间电荷对电场的影响时，不能不考虑粉尘离子的影响。

由于电厂飞灰现场工况比电阻一般在 $10^{11}\Omega \cdot cm$ 以下，因此，用二次平均电压、平均电流值做的 V-I 特性曲线有时反映不出反电晕的发生。近年来，用峰值二次电压值、平均二次电压值、谷值二次电压值共同来测量。由于谷值二次电压值更能灵敏反映反电晕的发生（从电压波形看，反电晕发生后，谷值二次电压值已降低到起晕电压以下，谷值 V-I 特性曲线首先出现拐点），所以应该用此法来判断是否有反电晕发生。当 V-I 特性曲线出现拐点时，应降低电压，使电除尘器的运行电压在拐点以下。输入控制与平均电极势关系如图 5-6 所示。

五、烟尘排放新标准的除尘器

国家规定烟尘排放新标准为 $5mg/m^3$，SO_2 和 NO_x 排放标准也同时提高。为实现排放新标准，需有新设备、新工艺、新流程方能达标。要达到烟尘排放新标准，就需设置低温省

煤器、低低温电除尘（ESP）和湿式静电除尘（WESP）。以及旋转极板、径流、凝并、超净电袋、FGD优化等措施，实现超净排放。

（1）低温省煤器设置有三种方案：①布置在空气预热器后，除尘器前；②布置在引风机后，脱硫装置前；③低温省煤器分段布置。

（2）设置低温省煤器优点：①可回收部分锅炉烟气排烟损失，降低机组发电标准煤耗；②在除尘器之前设置，可采用低低温除尘技术，若除尘效率保持不变，则能节省一个电场；③单台机组全年可节约用水 7.5 万 t；④寿命期内综合收益很可观。

（3）低低温静电除尘（ESP）：其原理为飞灰进入低低温区域而比电阻会急剧下降，则大幅提升除尘效率，普遍可降至 20mg/m³ 以内。

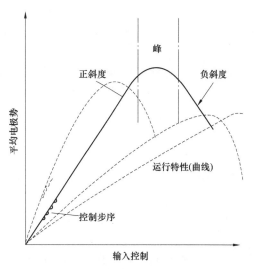

图 5-6　输入控制与平均电极势关系

再投入湿式静电除尘器（WESP）出口烟尘浓度可达 1mg/m³。

（4）ESP和WESP，在我国电厂已应用，欧美及日本也有成熟经验。湿式静电除尘入、出口烟尘浓度降低，脱除率达 75%，WESP又对 $PM_{2.5}$ 的去除效率高于 90%，烟尘排放浓度低于 5mg/m³，烟尘综合脱除效率不小于 99.94%，酸雾的去除率超过 95%，烟气浊度降低到 10%，向近零排放迈进。

（5）旋转极板技术具有较好的除尘性能，在传统的四电场静电除尘器后增设一级旋转极板，其出口烟尘可降低至 15mg/m³ 以内。

第四节　电袋复合式除尘器

一、电袋复合式除尘器概述

随着环保要求不断提高，新的排放标准已经提高到 50mg/m³ 以下甚至更低的排放要求。电袋复合式除尘器就结合了电除尘与布袋除尘的除尘特点，在满足高标准排放，适应各种工况变化的条件下，具有很高的技术先进性和很好经济性，火力发电厂新建和改建的机组有较多的选用。

（一）电袋复合式除尘器的组成

（1）本体由前级为电除尘区和后级为袋除尘区组成。

（2）采用微机数字控制技术的 GGAj02 系列高压静电除尘用整流设备。

（3）阴阳极振打、脉冲清灰、检测及保护控制等低压控制系统。

（二）电袋复合式除尘器的主要技术特点

（1）效率高、适应性强：能捕集高比电阻粉尘，除尘效率具有高效性和稳定性。电袋复合式除尘器的除尘性能不受煤种、烟灰特性影响，对高比电阻烟尘捕集能力强，可实现微量排放，排放浓度可长期稳定在 50mg/m³ 以下。现阶段烟尘排放提升，布袋和电袋除尘效率需更高，标放标准要达到 5mg/m³。

（2）阻力小：运行阻力比常规布袋除尘器低，风机能耗小。前级电除尘区的除尘效率可达到80％～90％，滤袋粉尘的负荷量小，带电粉尘沉积在布袋表面形成空隙率高、排列有序的粉尘层，系统的阻力相对纯布袋除尘器运行阻力低，风机能耗小。

（3）耗能低：滤袋粉尘量少、清灰周期长、气源能耗小，与常规布袋除尘器比较，电袋复合式除尘器的清灰周期时间是常规布袋除尘器的3～5倍，压缩空气消耗量不到常规的1/3。

（4）延长滤袋使用寿命：烟尘中的粗颗粒粉尘经过前级电场沉降和收集后，剩余细微粉尘随烟气缓慢进入后级布袋除尘区，避免了烟气中粗颗粒磨损滤袋；运行阻力低降低滤袋的负荷压力；清灰周期长减少滤袋清灰次数，这些都是延长滤袋使用寿命的有利因素。只要运行维护得当，在相同运行条件下电袋复合式除尘器滤袋的使用寿命是常规布袋除尘器的数倍以上。

（5）运行维护费用低：在相同的条件下与纯布袋除尘器比较，电袋复合式除尘器由于过滤风速高、运行阻力低、清灰周期长等优点。因此其可较大幅度减低布袋系统配制和空气消耗量，降低运行费用，延长布袋使用寿命。

（三）术语

电场风速：流经电除尘区断面的烟气流速，单位为 m/s。

过滤风速：烟气透过滤袋的过滤速度，或反映单位滤袋面积处理烟气量的关系，也称气布比，单位为 m/min。

分室：在除尘器内部由若干数量滤袋组成的单元，且含尘烟气或净气具有独立的气流通道，该单元就称为室。单台布袋除尘器由若干数量的室组成，结构上室之间采用隔板分开，每个室是除尘器的一个分室。

单、双列：烟气沿除尘器进出方向依次布置分室，烟气轴线有左右布置分室的称为双列，反之称为单列。

总过滤面积：指单台除尘器滤袋面积的总和为总过滤面积，单位为 m^2。

单室过滤面积：每个分室滤袋面积的总和，单位为 m^2；分室过滤面积的累积等于总过滤面积。

脉冲喷吹：滤袋清灰的类型方式，清灰气流具有一定压力的瞬间脉冲。

脉冲压力：脉冲阀工作前与脉冲阀连通的汽包所设定的压缩空气压力，单位为 MPa。

脉冲宽度：导通脉冲阀电磁线圈的脉冲电信号的持续时间，单位为 s 或 ms。

脉冲间隔：顺序工作的脉冲阀之间的间隔时间，单位为 s。

清灰周期：滤袋清灰起始循环到下一次所需的时间，也称脉冲周期，单位为 min。

在线清灰：滤袋清灰时烟气不停止过滤的清灰方式。

离线清灰：清灰时烟气停止过滤的清灰方式，离线清灰一般需要除尘器有分室结构和切断分室烟气的机构。

滤袋压差：烟气在过滤过程时滤袋和粉层产生的阻力，单位为 Pa。

糊袋现象：滤袋在使用过程中粉层与滤袋表面发生黏结，清灰时粉层剥落不完全导致阻力超过正常使用范围的一种故障现象。糊袋一般出现在低温运行时，在滤袋表面发生水油汽的结露使粉层的粘性增大。

（四）电袋复合式除尘器型号及意义

电袋复合式除尘器型号如图5-7所示。

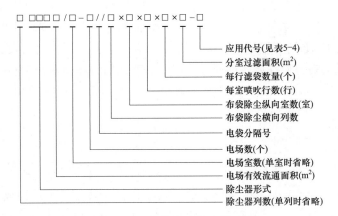

图 5-7　电袋复合式除尘器型号

表 5-4　　　　　　　　　　　　　　　应 用 代 号

应用分类	代号	应用分类	代号
锅炉、燃煤电厂	G	化工行业	H
水泥行业	S	电除尘器改造	GZ
冶金行业	Y	其他	Q

依照环保企业标准对电袋复合式除尘器型号和意义的编制说明。

如：FE134-1/2x5-G 电袋复合式除尘器：FE 型、其电场有效流通面积 $134m^2$、单室、电场数 1 个、其后级袋除尘区为左右双列（2 列）、5 室、燃煤电厂应用。

二、电袋复合式除尘器结构

（一）进口喇叭及气流均布装置

FE 型电袋复合式除尘器进口喇叭的功能及结构形式同电除尘器，具有扩散和均流的作用，它必须防止局部积灰和满足结构强度、刚度及密封性要求。结构形式根据除尘系统工艺条件的要求可采用水平进气、下进气、侧进气、斜进气等，其中以水平进气和下进气最为常用。

电袋除了在进口喇叭处设置 2 层或 3 层气流均布板外，在电区出口与袋区进口之间设置均布装置。可使电区、袋区气流均布。

（二）壳体和灰斗

1. 壳体

FE 型电袋复合式除尘器壳体基本上由柱梁框架和墙板花板组成。容纳和支撑阴、阳极系统及滤袋装置，是电袋复合式除尘器的工作室。因此，必须具有足够的强度和良好的密封性能。

2. 灰斗

灰斗是临时存储除尘器收集下来的粉尘过渡装置，及时排、输灰是保证电袋复合式除尘器稳定运行的重要结构。实践表明，由于排灰不畅，灰斗满灰甚至堆积到电除尘器壳体，造成设备无法正常运行及损坏除尘器结构的安全事故的情况，因此，这一环节必须引起足够重视。灰斗设计应满足以下条件：

（1）必须具有一定的容量，以备排、输灰装置，检修时起过渡料仓的作用。

（2）排灰通畅。斗壁应有足够的溜角，一般保证溜角不小于 60°，斗壁内交角处设过渡板，避免挂灰；为避免烟尘受潮结块或搭拱造成堵灰，灰斗壁板下部可设置加热装置；灰斗上设有捅灰孔和手动振打砧或其他振灰设施，以备堵灰时排除故障。

（3）灰斗料位计特别是高料位计工作准确可靠，发生堵灰时及时发出警报。

（4）电场下部灰斗内设阻流板，以防烟气短路。

（5）灰斗加热方式一般分为蒸汽加热和电加热两种。

（三）电除尘区

1. 阳极系统

阳极系统由 ZT24 型极板、极板悬吊梁、悬吊装置、振打机构等构成。ZT24 型极板采用 SPCC 冷轧板轧制而成，呈 W 形，安装时彼此相扣连接，上、下端均通过 W 形连接块分别与上部悬吊梁和下部振打杆进行紧密连接，这样可使振打力有效传递并达到显着的清灰效果；振打机构由传动装置、振打杆、振打锤等组成。阳极系统振打方式为侧部振打。

2. 阴极系统

阴极系统由阴极小框架、阴极吊梁、阴极悬挂系统及防摆装置构成。阴极采用桄杆式刚性小框架结构，配置芒刺线，具有起晕电压低、放电特性好的特点。阴极小框架主桄杆上端与阴极吊（砧）梁连接，吊（砧）梁上焊有振打杆，振打力通过振打吊（砧）梁传递到阴极框架和阴极线上。阴极悬挂系统由悬吊杆、支承螺母、球面垫圈、球面封头、支承法兰和承压绝缘子构成。为了使系统在高压供电时稳定运行，在悬吊杆上增设大直径套管以加大其曲率半径，缩小套管与防尘罩之间的间距，可有效防止烟尘上窜至绝缘子内壁，解决该处的积灰爬电问题。

3. 振打装置

阴极系统采用顶部电磁锤振打清灰方式，振打装置由振打杆（上、下）、绝缘轴和电磁锤振打器构成，其中绝缘轴两端采用竖向锥套连接，具有装卸方便可靠、传力效率高和使用寿命长的特点。BEL 电除尘器可采用披屋式保温箱结构，配置绝缘子电加热，方便检修维护。

4. 高压进线系统

高压进线系统分户内式和户外式两种，一般均配置有高压隔离开关、阻尼电阻、穿墙套管等，高压进线配置护套管。

（四）袋除尘前气流均流装置

在电场和布袋之间，布置能起导向和均流的分布板，使得烟气在电场、布袋的气流更加均匀，保证电-袋的整体性能。现已有高精滤袋及涂胶封堵，实现超净电袋除尘，达到不大于 $5\mathrm{mg/m^3}$ 的新标准。

（五）滤袋装置

滤袋装置包括滤袋和袋笼。滤袋是决定电袋复合式除尘器除尘效率和工作温度的关键组件，更换滤袋的费用又是电袋复合式除尘器的主要维修费用。因此滤袋的工作寿命关系到电袋复合式除尘器的运行状态和成本。由于不同的滤料纤维成分其化学性质不同，对粉尘烟气的工况、成分适应程度不同。因此选择滤料时必须根据使用场合的烟气粉尘工况、成分等因素进行选择，以保证滤料最基本的稳定使用性能。表面处理能大幅度提高滤料的过滤特性和使用寿命，同时也提高设备的综合性能。如聚四氟乙烯覆膜滤料产生的表面过滤作用，有利于滤袋粉层的清灰剥落，有效防止糊袋现象，降低滤袋运行阻力，提高滤袋的抗结露性能，减少滤袋与粉尘之间的摩擦系数，延长滤袋的使用寿命。袋笼是滤袋的"肋骨"，因此它应轻巧，便于安装和维护，光滑、挺直使滤袋不受损伤。

（六）清灰系统

清灰系统是布袋除尘器的核心技术之一，除灰效率直接影响电袋复合式除尘器运行阻力和滤袋寿命。电-袋的清灰系统采用分室结构和长袋低压脉冲技术，优先采用质量稳定可靠淹没阀，合理设计和布置清灰系统气路的元器件，可方便实现清灰方式和脉冲制度的选择和调整，以满足不同工况的运行要求，以保证清灰系统高效稳定。

（七）差压、压力、温度检测装置

电气控制性能的高低对布袋除尘器的阻力、布袋的寿命、除尘效率有着直接的影响，在大型布袋除尘系统中更为关键。采用先进的控制技术，保证控制系统的检测和输出控制精度；采用完善的保护控制系统，保证设备的安全、可靠运行；采用差压、压力、温度检测装置，提高设备自动控制程度和故障识别能力。

（八）提升阀装置

通过模拟试验研究和工程实践，设计出最佳的各室阀口大小、提升阀的提升高度以便得到合理的气流速度，减少除尘系统阻力。通过提升阀装置实现系统在线检修、离线清灰的功能。

（九）滤袋保护装置

1. 预涂灰装置

预涂灰指电袋复合式除尘器在投运前给滤袋喷涂一层干燥粉煤灰，是防止系统启动时的低温油、湿烟气黏污滤袋导致初始阻力增大或糊袋的一种保护措施。

预涂灰方法：涂灰粉料为干燥的Ⅰ级粉煤灰，技术要求和涂灰主要参数参照厂家说明。

2. 旁路烟道

旁路烟道可以在系统烟气出现异常情况时保护滤袋，即系统在燃油点火、超高超低温时对烟气直接旁路到除尘器出口而达到保护滤袋的一种保护方式。旁路烟道的控制分为自动控制和手动现场控制，具体操作按低压控制柜的使用方法。

3. 喷水降温系统

喷水降温系统是一种滤袋高温保护方式。可以防止因锅炉偶然故障引起超温，而影响滤袋使用寿命或短时损坏滤袋，在系统出现故障或大幅度超温时采取自动喷水降低烟气温度。

设置条件：需要电袋复合式除尘器进口烟道适当的长度和断面以保证雾滴与高温烟气的热交换时间。

三、电袋复合式除尘器调试

为考核电袋复合式除尘器的设计、制造和施工质量，调试其动态性能，在电袋复合式除尘器全部安装完毕投入运行前，必须进行调试工作。电袋复合式除尘器的调试工作由以下阶段组成：除尘器本体调试、电气设备组件的检查与试验、调试前的系统检查与传动试验、高压控制回路调试与空载试验、电场调试、清灰系统调试、提升阀系统调试、旁路烟道调试。

（一）除尘器本体调试

除尘器的本体调试包括除尘器整体密封性漏风率试验；现场除尘器内入口断面冷态气流

分布均匀性试验；振打、料位、输排灰试运。

（1）除尘器设备全部安装完毕后，在敷设保温前，应做严密性检查。一般可采用引风机负压试验，消除全部漏气处，做到严密不漏。

（2）新建电除尘器要气流分布均匀性试验。应按要求选装测试点，做好记录，如不符合均匀性标准时，应进行调整。评定除尘器入口断面气流分布均匀性的标准，采用美国相对均方根值法（RMS）。

（3）振打传动装置，在安装完毕后，应进行试运转。运转时间不得少于8h。要求转动灵活、无卡涩现象。转动方向符合设计要求。在冷态下，振打锤与承击砧的打击接触部位符合设计要求。

（4）灰斗输灰要求气化效果好，输送量满足设计要求，不堵灰、不结块。

（二）系统检查与试验

1. 电气设备组件的检查与试验

（1）检查高压网络主绝缘部件，如高压隔离开关、阴极悬吊绝缘瓷支柱、阴极绝缘瓷轴、石英套管等均需经耐压试验合格。

（2）高压硅整流变压器在组装调试前，检查整流变压器的瓦斯继电器是否符合厂家规定。

（3）高压隔离开关应操作灵便，准确到位。带有辅助接点的设备，接点分合灵敏。

（4）检查电缆头，应无漏油现象。

（5）高压硅整流变压器调试前先测量高、低压线圈之间及对地的绝缘电阻值，应大于2000MΩ。并检查电流、电压取样电阻及其他组件的连接应正确。整流变调试前应做1min感应耐压试验。

（6）电抗器调试前应测量线圈对地的绝缘电阻和各抽头之间的支流电阻。

（7）高压电缆调试前应做电缆油强度试验和直流泄漏试验。

（8）交、直流继电器均应按《六氟化硫气体密度继电器校验规程》（DL/T 259—2012）进行常规校验。

（9）电测指示仪表应按《电测量指示仪表检验规程》（SD 110—1983）的规定进行常规检验。

2. 调试前的系统检查与传动试验

（1）检查电气装置的一、二次系统接线应与设计原理图相符。

（2）低压操作控制设备通电检查，主要包括报警系统试验、振打回路检查、卸（输）灰回路检查、加热和温度检测回路检查等。

（3）报警系统试验：手动、自动启动试验时，其瞬间、延时音响、灯光信号均应动作正确，解除可靠。

（4）振打回路检查，其方法与要求如下：

1）手动方式。试转时记录启动电流值，测量三相交流电流值及最大不平衡电流值。校准热组件整定值，分合三次均应正常。

2）检查锤头打击在承击砧上的接触点，其上下左右的预留值符合设计要求。转动灵活，不卡锤、掉锤、无空锤现象。

3）自动时控方式。由制造厂家提出设计经验时控配合值，振打三个周期，时控应正确。

4）程控方式。按制造厂给出的设计程序，振打三个周期，程控次序和时序正确不紊乱。

（5）机务和电气检查合格后，连续振打试运行不少于 8h 应正常。

（6）卸（输）灰回路检查，其方法与要求如下：

1）手动方式。启动时测量启动电流值、三相电流值。校验热组件的电流整定值。

2）自动方式。模拟启停三次，应运转正常。至于热态灰位联动试验应在今后实际运行工况下另行调试。

3）机务和电气检查合格后，连续试转 8h 要求转动灵活，无卡涩现象。

（7）加热和温度检测回路检查，其方法与要求如下：

1）手动操作：送电 30min 后测量电流值，核定热组件整定值，信号及安装单元均应正确。

2）温度控制方式：模拟分合两次，接触器与信号应动作正确。温度控制范围应符合设计要求。送电加温后，当温度上升到上限整定值时应能自动停止加热；当温度下降到下限整定值时应能自动投入加热装置。

3）高压硅整流变压器控制回路的操作传动试验。断开硅整流变压器低压侧接线的情况下，做就地与远程分合闸试验，模拟瓦斯、过流、温限保护跳闸，传动、液位、温度报警及安全连锁，风冷连锁等试验项目，其灯光、音响、信号均应正确。

3. 高压控制回路调试与空载试验

（1）高压硅整流变压器控制回路的调试，应按调试大纲程序进行，一般分开环和闭环两个步骤。

（2）高压硅整流变压器控制回路的开环调试方法和要求如下：

1）开环试验可在模拟台或控制柜上进行，在控制柜上对控制装置插件各环节静态参数进行测量及调整时，应断开主回路与硅整流变压器一次侧的接线，接入 2 个 220V、100W 的白炽灯泡做假负载。

2）送电后，测量电源变压器、控制变压器的二次电压值，应与设计值相符。

3）插入稳压插件，测量稳压直流输出电压值，做稳压性能试验，记录交流波动范围值，合格后可按说明书要求逐步插入其他环节插件。

4）测量记录各测点静态电压值，用示波器观测各测点实际波形与标准波形比较，其电压值在规定范围之内，波形应相似无畸变。

5）测量手动、自动升压给定值范围。

6）测量电压上升率，电压下降率的调节范围值。

7）预整定闪络、欠压回路门槛电压值。

8）测量封锁输出脉冲宽度电压上升加速度，欠压延时跳闸时间值。

9）测量触发输出脉冲幅值、宽度（或脉冲个数）检查与同步信号的相位应一致。

10）手动、自动升压检查，可控硅应能全开通。

（3）高压硅整流变压器控制回路的闭环调试方法和要求：接入硅整流变压器和空载电除尘器。

4. 冷态、无烟电场负载调试

空载调试合格后，可进行冷态、无烟电场（又称冷空电场）负载试验。冷空电场调试顺序是：先投入加热、振打、梳、卸灰、温度检测等低压控制设备，待各设备调试运行正常后，再投入高压硅整流设备进行升压调试，一般从末级电场开始往前进行。

（三）热态额定负载工况下参数整定及特性试验

电除尘器经过上述冷空电场升压试验后，电气设备则已具备投入通烟气运行的条件。此时机务部分尚应具备以下条件：

（1）除尘器进、出口烟道全部装完，锅炉具备运行条件，引风机试运完毕。

（2）卸、输灰系统全部安装完毕。

除尘器通烟气：严密封闭人孔门，开启低压供电设备加热系统，使各绝缘子温度达到烟气露点以上，保证各绝缘子不受潮或结露，以免引起爬电。

四、电袋复合式除尘器维护

电袋复合式除尘器的电控设备的操作必须严格按供电规程进行，操作人员必须熟悉电除尘原理、布袋除尘器原理、结构性能及操作规章。

（一）定期维护及保养

（1）定期检查振打装置运行正常，锤头敲击在振打砧中心区域有效位置。

（2）凡遇电袋复合式除尘器临时停用时，各加热装置应继续保持工作。

（3）临时停机期间，各振打装置应连续振打 10h 以上后停止。

（4）每班打开布袋清灰系统气包底部的球阀一次，以卸放气包内的冷凝水。

（5）定期检查布袋清灰系统中各个脉冲阀的动作情况，出现不动作的要及时处理。

（6）定期清洗提升阀气路三联件的过滤器，并定期给油雾器加入干净机油。

（7）定期检查提升阀动作情况。

（二）下列设备应由电气人员进行定期维护

（1）定期对高压硅整流变进行测试检查，测量其绝缘电阻，高压端正向对地应接近于零，反向应大于 $1000M\Omega$，一次侧应大于 $300M\Omega$。

（2）每年进行一次变压器油的耐压试验，击穿电压平均值应大于 $35kV/2.5mm$。

（3）每年应测量接地电阻一次，其值应小于 2Ω。

（4）每年应做一次故障跳闸回路动作试验。

（三）安全注意事项

电袋复合式除尘器使用高压电源，在运行维护过程中，必须严格执行《电业安全工作规程》（DL 408）中有关规定，应特别注意人身和设备的安全。

（1）运行中禁止开启高压隔离开关柜，柜门均应关闭严密。

（2）电袋复合式除尘器运行时，严禁打开各种门孔封盖，如需打开保温人孔门，应得到运行值班员的批准，应做好切实有效的安全措施。

（3）进入电除尘内部工作，必须严格执行工作票制度，并停用电场及所属设备，隔离电源，隔绝烟气通过，且除尘器温度降到 40℃ 以下，工作部位有可靠接地，并制定可靠的安全措施。如含有毒或爆炸气体情况时，不要马上进入电场，以防不测。

（4）进入电袋复合式除尘器前必须将高压隔离刀闸投到"接地"位置，用接地棒对高压硅整流变输出端电场放电部分进行放电，并可靠接地，以防残余静电对人体的伤害。

（5）即使电场全部停电后，事先没有可靠的接地，禁止接触所有的阴极线部分。

（6）进入电袋复合式除尘器内部前必须将灰斗内储灰排干净，并充分通风检查内部无有害气体。

（7）电除尘区各部位接地装置不得随意拆除。

（8）电除尘区内部的平台由于长期处于烟气之中，可能会发生腐蚀，进入时须注意平台的腐蚀情况，以免由于平台损坏而造成人身伤亡事故。

（9）在离开电袋复合式除尘区前，应确认没有任何东西遗留在电袋复合式除尘器内。

（10）运行场所应照明充足，过道畅通，各门孔应关闭严密。

第五节 脱 硫 技 术

目前脱硫方法可划分为燃烧前脱硫、燃烧中脱硫和燃烧后脱硫三类。其中燃烧后脱硫，又称烟气脱硫（flue gas desulfurization，FGD），在 FGD 技术中，按脱硫剂的种类划分，可分为以下五种方法：以 $CaCO_3$（石灰石）为基础的钙法，以 MgO 为基础的镁法，以 Na_2SO_3 为基础的钠法，以 NH_3 为基础的氨法，以有机碱为基础的有机碱法。世界上普遍使用的商业化技术是钙法，所占比例在 90％以上；有氨气氨液的企业，则多用氨法脱硫，既有效利用资源，又生产出硫酸铵肥料。按吸收剂及脱硫产物在脱硫过程中的干湿状态又可将脱硫技术分为湿法、干法和半干（半湿）法。当前，已进入超净排放阶段，FGD 除担当脱硫重任，还兼有除尘功能；又出现零能耗脱硫和节能环保一体化技术。

一、脱硫方法分类

（一）燃烧前脱硫

燃烧前脱硫就是在煤燃烧前把煤中的硫分脱除掉，燃烧前脱硫技术主要有物理洗选煤法、化学洗选煤法、煤的气化和液化、水煤浆技术等。洗选煤是采用物理、化学或生物方式对锅炉使用的原煤进行清洗，将煤中的硫部分除掉，使煤得以净化并生产出不同质量、规格的产品。

微生物脱硫技术从本质也是一种化学洗选法，它是把煤粉悬浮在含细菌的气泡液中，细菌产生的酶能促进硫氧化成硫酸盐，从而达到脱硫的目的。微生物脱硫技术目前常用的脱硫细菌有属硫杆菌的氧化亚铁硫杆菌、氧化硫杆菌、古细菌、热硫化叶菌等。

煤的气化是指用水蒸气、氧气或空气作氧化剂，在高温下与煤发生化学反应，生成 H_2、CO、CH_4 等可燃混合气体（称作煤气）的过程。

煤的液化是将煤转化为清洁的液体燃料（汽油、柴油、航空煤油等）或化工原料的一种先进的洁净煤技术。水煤浆（coal water mixture，CWM）是将灰分小于 10％、硫分小于 0.5％、挥发分高的原料煤，研磨成 $250 \sim 300 \mu m$ 的细煤粉，按 65％～70％的煤、30％～35％的水及约 1％的添加剂的比例配制而成，水煤浆可以像燃料油一样运输、储存和燃烧，燃烧时水煤浆从喷嘴高速喷出，雾化成 $50 \sim 70 \mu m$ 的雾滴，在预热到 $600 \sim 700 ℃$ 的炉膛内迅速蒸发，并伴有微爆，煤中挥发分析出而着火，其着火温度比干煤粉还低。

燃烧前脱硫技术中物理洗选煤技术已成熟，应用最广泛、最经济，但只能脱无机硫；生物、化学法脱硫不仅能脱无机硫，也能脱除有机硫，但生产成本昂贵，距工业应用尚有较大距离；煤的气化和液化还有待于进一步研究完善；微生物脱硫技术正在开发；水煤浆是一种新型低污染代油燃料，它既保持了煤炭原有的物理特性，又具有石油一样的流动性和稳定性，被称为液态煤炭产品，目前已具备商业化条件。

（二）燃烧中脱硫

炉内脱硫是在燃烧过程中，向炉内加入固硫剂如 $CaCO_3$ 等，使煤中硫分转化成硫酸盐，随炉渣排出。其基本原理是：

$$CaCO_3 \rightarrow CaO + CO_2 \uparrow \quad CaO + SO_2 \rightarrow CaSO_3 \quad CaSO_3 + 1/2 \times O_2 \rightarrow CaSO_4$$

1. LIMB 炉内喷钙技术

早在 20 世纪 60 年代末 70 年代初，炉内喷固硫剂脱硫技术的研究工作已开展，但由于脱硫效率低于 $10\% \sim 30\%$，既不能与湿法 FGD 相比，满足不了 90% 的脱除率要求。但在 1981 年美国国家环保局 EPA 研究了炉内喷钙多段燃烧降低氮氧化物的脱硫技术，简称 LIMB，并取得了一些经验。Ca/S 在 2 以上时，用石灰石或消石灰作吸收剂，脱硫率分别可达 40% 和 60%。对燃用中、低含硫量的煤的脱硫来说，只要能满足环保要求，不一定非要求用投资费用很高的烟气脱硫技术。炉内喷钙脱硫工艺简单，投资费用低，特别适用于老厂的改造。

2. LIFAC 烟气脱硫工艺

LIFAC 烟气脱硫工艺即在燃煤锅炉内适当温度区喷射石灰石粉，并在锅炉空气预热器后增设活化反应器，用以脱除烟气中的 SO_2。芬兰 Tampella 和 IVO 公司开发的这种脱硫工艺，于 1986 年首先投入商业运行。LIFAC 烟气脱硫工艺的脱硫效率一般为 $60\% \sim 85\%$。这种方法已满足不了当前的环保排放标准。

加拿大最先进的燃煤电厂 Shand 电站采用 LIFAC 烟气脱硫工艺，8 个月的运行结果表明，其脱硫工艺性能良好，脱硫率和设备可用率都达到了一些成熟的 SO_2 控制技术相当的水平。我国下关电厂引进 LIFAC 脱硫工艺，其工艺投资少、占地面积小、没有废水排放，有利于老电厂改造。

（三）燃烧后脱硫

燃煤的烟气脱硫技术是当前应用最广、效率最高的脱硫技术。今后 FGD 将是控制 SO_2 排放的主要方法，是国内外火电厂烟气脱硫技术的主要发展趋势，其优点是脱硫效率高、装机容量大、技术先进、投资省、占地少、运行费用低、自动化程度高、可靠性好等。

1. 干式烟气脱硫工艺

该工艺用于电厂烟气脱硫始于 20 世纪 80 年代初，与常规的湿式洗涤工艺相比有以下优点：投资费用较低；脱硫产物呈干态，并和飞灰相混；无需装设除雾器及再热器；设备不易腐蚀，不易发生结垢及堵塞。其缺点是：吸收剂的利用率低于湿式烟气脱硫工艺；用于高硫煤时经济性差；飞灰与脱硫产物相混可能影响综合利用；对干燥过程控制要求很高。

（1）喷雾干式烟气脱硫工艺：喷雾干式烟气脱硫（简称干法 FGD），最先由美国 JOY 公司和丹麦 Niro Atomier 公司共同开发的脱硫工艺，20 世纪 70 年代中期得到发展，并在电力工业迅速推广应用。该工艺用雾化的石灰浆液在喷雾干燥塔中与烟气接触，石灰浆液与 SO_2 反应后生成一种干燥的固体反应物，最后连同飞灰一起被除尘器收集。我国曾在四川省白马电厂进行了旋转喷雾干法烟气脱硫的中间试验，取得了一些经验，为在 $200 \sim 300MW$ 机组上采用旋转喷雾干法烟气脱硫优化参数的设计提供了依据。

（2）粉煤灰干式烟气脱硫技术：日本从 1985 年起，研究利用粉煤灰作为脱硫剂的干式烟气脱硫技术，到 1988 年底完成工业实用化试验，1991 年初投运了首台粉煤灰干式脱硫设备，处理烟气量 $644\,000m^3/h$。其特点：脱硫率高达 60% 以上，性能稳定，接近一般湿式法脱硫性能水平；脱硫剂成本低；用水量少，无需排水处理和排烟再加热，设备总费用比湿式法脱硫低 1/4；煤灰脱硫剂可以复用；没有浆料，维护容易，设备系统简单可靠。

2. 湿法 FGD 工艺

世界各国的湿法烟气脱硫工艺流程、形式和机理大同小异，主要是使用石灰石（$CaCO_3$）、石灰（CaO）或碳酸钠（Na_2CO_3）等浆液作洗涤剂，在反应塔中对烟气进行洗涤，从而除去烟气中的 SO_2。这种工艺已有 50 年的历史，经过不断地改进和完善后，技术比较成熟，而且具有脱硫效率高（90%～98%）、机组容量大、煤种适应性强、运行费用较低和副产品易回收等优点。据美国环保局（EPA）的统计资料，全美火电厂采用湿式脱硫装置中，湿式石灰法占 39.6%，石灰石法占 47.4%，两法共占 87%；双碱法占 4.1%，碳酸钠法占 3.1%。世界各国（中国、德国、日本等）在大型火电厂中，90% 以上采用湿式石灰/石灰石-石膏法烟气脱硫工艺流程。

石灰或石灰石法主要的化学反应机理为：石灰法：$SO_2 + CaO + 1/2H_2O \rightarrow CaSO_3 \cdot 1/2H_2O$

石灰石法：$SO_2 + CaCO_3 + 1/2H_2O \rightarrow CaSO_3 \cdot 1/2H_2O + CO_2$

其主要优点是能广泛地进行商品化开发，其吸收剂的资源丰富、成本低廉，废渣既可抛弃，也可作为商品石膏回收。目前，石灰/石灰石法是世界上应用最多的一种 FGD 工艺，对高硫煤，脱硫率可在 90% 以上，对低硫煤，脱硫率可在 95% 以上。

传统的石灰/石灰石法有潜在的缺陷，主要表现为设备的积垢、堵塞、腐蚀与磨损。为了解决这些问题，各设备制造厂商采用了各种不同的方法，开发出第二代、第三代石灰/石灰石脱硫工艺系统。

湿法 FGD 工艺较为成熟的还有：氢氧化镁法、氢氧化钠法、美国 Davy Mckee 公司 Wellman‐Lord FGD 工艺、氨法脱硫等。

在湿法 FGD 工艺中，烟气的再热问题直接影响整个 FGD 工艺的投资。因为经过湿法 FGD 工艺脱硫后的烟气一般温度较低（45℃），大都在露点以下，若不经过再加热而直接排入烟囱，则容易形成酸雾，腐蚀烟囱，也不利于烟气的扩散。所以湿法 FGD 装置一般都配有烟气再热系统。目前，应用较多的是技术上成熟的再生（回转）式烟气热交换器（GGH）。GGH 价格较贵，占整个 FGD 工艺投资的比例较高。近年来，日本三菱公司开发出一种可省去无泄漏型的 GGH，较好地解决了烟气泄漏问题，但价格仍然较高。德国 SHU 公司开发出一种可省去 GGH 和烟囱的新工艺，它将整个 FGD 装置安装在电厂的冷却塔内，利用电厂循环水余热来加热烟气，运行情况良好。

我国已有电厂建"三合一塔"新技术，集脱硫 FGD 塔、循环水冷却塔和锅炉排烟于一塔，是十分有前途的方法；并且两机合用一塔，在构筑物精化、工艺先进、减少占地等技术上走在世界前列。

（四）等离子体烟气脱硫技术

等离子体烟气脱硫技术研究始于 20 世纪 70 年代，世界上已较大规模开展研究。

1. 电子束辐照法（EB）

电子束辐照含有水蒸气的烟气时，会使烟气中的分子如 O_2、H_2O 等处于激发态、离子或裂解，产生强氧化性的自由基 O、OH、HO_2 和 O_3 等。这些自由基对烟气中的 SO_2 和 NO 进行氧化，分别变成 SO_3 和 NO_2 或相应的酸。在有氨存在的情况下，生成较稳定的硫铵和硫硝铵固体，它们被除尘器捕集下来而达到脱硫脱硝的目的。

2. 脉冲电晕法（PPCP）

应用脉冲电晕法脱硫脱硝的基本原理和电子束辐照脱硫脱硝的基本原理一致，世界上许多国家进行了大量的实验研究，并且进行了较大规模的中间试验，但仍然有许多问题有待研究解决。

（五）海水脱硫

海水通常呈碱性，自然碱度为 1.2～2.5mmol/L，这使得海水具有天然的酸碱缓冲能力及吸收 SO_2 的能力。国外一些脱硫公司利用海水的这种特性，开发并成功地应用海水洗涤烟气中的 SO_2，达到烟气净化的目的。海水脱硫工艺主要由烟气系统、供排海水系统、海水恢复系统等组成。

二、脱硫设备与工艺

（一）标准与数据

1. 执行标准

《火电厂大气污染排放标准》（GB 13223—2011）；《火力发电厂烟气脱硫设计规程》（DL/T 5196—2004）；《环境空气质量标准》（GB 3095—2012）；《声环境质量标准》（GB 3096—2008）；电厂废水排放执行《污水综合排放标准》（GB 8978—1996）Ⅱ级；《工业企业设计卫生标准》（GBZ1—2010）；《工业企业厂界环境噪声排放标准》（GB 12348—2008）Ⅲ类标准。现正实施《煤电节能减排升级改造行动》新标准。

2. 综合数据（实例）

（1）设计规则：保证脱硫效率 $\eta = 95\%$；脱硫按 S_{ar} 为 0.45% 设计；配置 FGD - DCS，硬件与主 DCS 一致；装置设计服务寿命为 30 年；机组正常发电时间的 95% 保证脱硫装置投入运行；喷淋塔技术（AEE 技术）；产石膏量 1.83×10^4 t/年；石灰石耗量 1.856t/h，石膏产量（$H_2O \leqslant 10\%$）3.052t/h，耗水量 44.1t/h，电耗 2600kWh/h。

（2）煤质：灰 34.82%、C21.06%、硫（S_{ar}）0.31%、低位发热量 $Q_{net,ar}$ 17.997MJ/kg、可磨指数 HGI 55.9、灰中 SO_3 0.82%、灰尘比电阻在 120℃时为 $50.^0 \times 10^{10}$ Ω·cm。

（3）FGD 入口：浓度，炉 BMCR 工况燃料 112t/h；入口烟温 132℃；FGD 负荷范围 30%～100%；入口总烟量 789 903m³/h（干），入口总烟量 859 899m³/h（湿态）；6% 氧、干 726 711m³/h，6% 氧、湿 824 357m³/h，6% 氧、干 SO_2 1320mg/m³；入口烟气飞灰浓度（实际氧、标态）200mg/m³。

（4）BMCR 工况烟气：[污染物成分（标态、干基、6% O_2）单位 mg/m³] SO_2 1320、SO_3 50、Cl（HCl）80、F（HF）80、烟尘 200（引风机出口）。

（5）石灰石组分：Fe_2O_3 0.12 Wt% MgO 0.82 SiO_2 1.48 CaO 51 SO_3 0.06 Al_2O_3 0.67 K_2O 0.23 Na_2O 0.04。

烧失率 46.25、粒径 250 目；石灰石粉制浆，石膏脱水含湿量小于 10%。

3. 设计要点

（1）380/220PC（动力中心），MCC（电动机控制中心）一台低压干式脱硫变 1000kVA。

（2）事故保安电源：由厂用保安段引接及直流系统。

（3）通信分界点在承包商配线箱处。

（4）DCS 与 FGD - DCS 信号交接采用硬接线方式。

(5) 本工程不单独设脱硫控制室，与除灰除渣控制室合用。

(6) 火灾报警系统与主厂房报警系统设通信接口。

(7) 烟气连续监测 CEMS 与环保监测站保留接口。

(8) 脱硫岛工业电视与主厂房电视间设通信接口，并通信。

(9) 烟囱冷凝水回收，为脱硫岛内补充水。

(10) 压缩空气、消防总平、暖通设计完善。

(11) 工作变转高工变时，脱硫负荷应自动切掉。

4. 废水浆液排放

(1) 全年 SO_2 脱硫量 0.547×10^4t，6006h，烟囱出口的 SO_2 排放浓度由 1320mg/m^3 减小为 66mg/m^3。

(2) 废水排放：Cl^- 含量小于 20000ppm，废水量 2.8t/h（1 台炉）。

(3) 氯化物大于 200mg/kg，则需排放废液。

(二) 工艺部分

1. 参数

FGD 入口烟气参数（设计煤、标态、实际 O_2）见表 5-5。

表 5-5　FGD 入口烟气参数

成分	单位	干基	湿基
CO_2	VOl%	12.22	11.23
O_2	VOl%	7.2	6.62
N_2	VOl%	80.63	74.06
SO_2	VOl%	0.047	0.043
H_2O	VOl%	—	8.14

2. 设备

增压风机（轴流静叶可调）风量 Q859 899m^3/h（100% BMCR 工况）压升 2100Pa；Q945 899m^3/h（TB 工况），压升 2520Pa；风壳材质 Q235m^3/h、转子叶片 16MnR、轴 35CrMo，功率 1400kW、电压 6000V、转数 423r/min。烟道挡板采用进口执行器。挡板：35 号钢外包 DIN 1.4529、C276；烟气中有 SO_2、SO_3、HF、HCl；浆液中的碳酸钙与 SO_2 反应，生成亚硫酸钙，氧化风机喷射空气，将亚硫酸钙氧化为硫酸钙，并生成石膏晶体。

3. 反应原理

(1) $CaCO_3 + SO_2 + 1/2H_2O \rightarrow CaSO_3 \cdot 1/2H_2O + CO_2$

烟中氧和亚硫酸氢根的中间过渡反应，部分亚硫酸钙转化成石膏（二水硫酸钙 $CaSO_4 \cdot 2H_2O$）。

(2) $CaCO_3 \cdot H_2O + SO_2 + H_2O \rightarrow Ca(HSO_3)_2 + H_2O$。

(3) $Ca(HSO_3)_2 + 1/2\ O_2 + 2H_2O \rightarrow CaSO_4 \cdot 2H_2O + SO_2 + H_2O$。

(4) 剩余的亚硫酸钙在增氧的条件下氧化反应生成硫酸钙。

$CaSO_3 \cdot H_2O + 1/2\ O_2 + 2H_2O \rightarrow CaSO_4 \cdot 2H_2O + CO_2$

(5) 还有化学反应：三氧化硫、氯化氢、氢氟酸与碳酸钙反应，生成石膏、氯化钙和氟化钙。

$$CaCO_3+SO_3+2H_2O \rightarrow CaCO_4 \cdot 2H_2O+CO_2 \quad CaCO_3{}^{+}+2HCl \rightarrow CaCl_2 \cdot H_2O+CO_2$$

$$CaCO_3+2HF \rightarrow CaF_2+H_2O+CO_2。$$

4. 相关数据

pH值、液/气比、钙/硫比、氧化空气量、浆液浓度、烟气流速、亚硫酸钙的氧化时间、石膏的结晶时间、塔内浆液pH值为5.6～5.8。循环泵：（3台）Q5550m³/h 压头 H_2O 8/22.3/23.8m N500/ 500/560kW。氧化风机：3台（2运1备）Q1900m³/h（湿），压升98kPa，出口 $t=112℃$，N90kW。塔内氧化喷枪：采用1.4529材料；石灰石粉仓：ϕ7.6×10.7mH，直段高4.5m，锥体高6.2m，体积298m³。布袋过滤器，含尘量50mg/m³，布袋滤料进口。石膏排出泵、流化风机、石灰石浆液泵、真空皮带脱水机、真空泵、滤布冲洗泵、滤液泵、吸收塔排水泵、事故浆液泵、工艺水泵、事故浆液搅拌器。石灰石浆液箱（ϕ4400×5800H 80m³）。工艺流程图如图5-8所示。

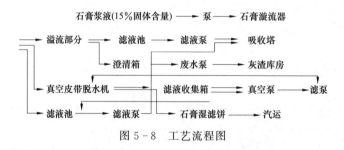

图 5-8 工艺流程图

真空皮带脱水机（一炉一台）：4.6t/h（湿滤饼），过滤面积为5.4m²，功率为4kW。工艺水箱：过滤面积为60m³。工艺泵：Q200m³/h、压头65MH_2O、功率为75kW。事故浆液箱：ϕ11×13.5（H），体积为1201m³。由于取消GGH，吸收塔烟道及烟囱应防腐。

（三）防腐工程

吸收塔：入口、出口处2mm（276衬里）；底部（$h=2m$）双层衬里、三层喷林处，双层；其他部位：单层衬里。立烟道：（增压风机后）：耐高温玻璃树脂鳞片。净烟道：出口挡板前，低温玻璃树脂鳞片；出口挡板后：耐高温玻璃树脂鳞片。

（四）设备

（1）吸收塔类型：格删填料塔、鼓泡塔、液柱喷淋塔、空塔等。

（2）吸收塔范例的有关数据：自重30 5574kg、总重1 728 916t、体积1277m³、介质密度1114kg/m³、风压350Pa、水压9.1m、入口温度133℃、出口温度51℃、射检20%、T形焊缝检验100%。

（3）箱类：

1）事故浆液箱：69 915kg、射检（RT）10%、T形接头优检，设计压力20 000Pa、温度51℃、密度1220kg/m³、体积1282m³、腐蚀余度2mm。

2）工艺水箱：8209kg、压力2000Pa、体积62.8m³。

3）石灰石浆液箱：10 091kg、温度70℃、密度1220kg/m³、体积88m³、射检（RT）10%。

4）FGD塔总重402.7t。

（4）烟道支架：41 359.5kg、吸收塔进出口烟道支架41 292.7kg、烟道372t、总计455t。

（5）电动机功率：2638.7/综合＋1400/增压风机＝4038.7kW。

（五）调试项目

（1）烟气系统调试、吸收塔系统调试、吸收塔循环泵调试，氧化空气系统、事故浆液箱系统、排水系统调试，工艺水及压缩空气系统调试，石灰石浆液制备系统、事故喷淋系统和冷却水及回收水系统、石膏脱水系统、废水处理系统、系统综合水循环、阀门等调试和验收。

（2）电气信号和电气设备传动试验的调试；厂用母线电压1kV以下试运；厂用母线电压3～10kV以下试运；低压厂用变压器试运；直流屏试运；配合保安电源系统调试及试运；辅机电动机试运；UPS电源系统调试及试运。

（3）热控：DCS、DAS、SOE、MCS、SCS、FGD逻辑及连锁、CEMS等校验和调试。

（4）化学：石灰石品质分析，工艺水分析，烟气等介质的分析；石膏品质分析；仪表校验投用。

（六）整套启动调试项目

石灰石浆液制备；热态通烟气调试；系统水平衡调试；系统物料平衡调试；系统变负荷调试；石膏浆液脱水系统调试；系统优化调试；脱硫全系统进入168h试运。

三、湿法烟气脱硫

煤中硫有三种：有机硫O、硫酸盐硫S、硫铁矿硫P。

（一）煤中硫的赋存形态

（1）各种形态硫的总和叫作全硫S_t、硫酸盐硫S_s、硫铁矿硫S_p、单质硫S_{el}、有机硫S_o。$S_t = S_s + S_p + S_{el} + S_o$。煤中硫的赋存形态如图5-9所示。

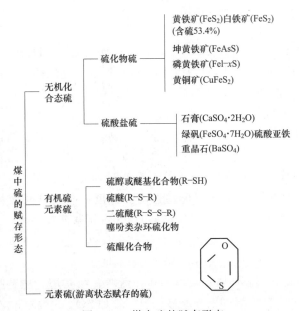

图5-9 煤中硫的赋存形态

（2）地区煤硫分布：0.1%～10%不等，华东煤硫高、次之西北，东北低。

（3）煤种硫分布：气煤最高10.24%、褐煤5.2%、焦煤6.38%、无烟煤8.54%；硫平均值：气煤0.78%、褐煤1.11%、焦煤1.41%、无烟煤1.58%。

（4）煤中硫的测定：

1）全硫测定：①艾氏卡质量法；②库伦滴定法；③高温燃烧中和法。

2）煤中硫铁矿硫测定：硝酸溶解法、氢氧化胺沉淀法、盐酸溶解法、氯化亚锡还原法、过量 $SnCl_2$ 用饱和氯化汞沉淀法、重铬酸钾标准溶液滴定法六种方法。

3）煤中硫酸盐硫测定法。

4）有机硫测定：$S_o \cdot ad = S_t \cdot ad^- \ (S_s \cdot ad + S_{p \cdot ad})$。

（5）煤燃烧的污染物。

1）主要是 SO_2、氧化物、烟尘，还有重金属污染如汞、砷等；卤素；氟、氯。

2）湿式文丘里除尘可除 15% SO_2；湿式除尘可除 5% SO_2；电除尘器无除 SO_2 功能。

3）完全燃烧下：SO_2 约有 0.5%～2% 氧化后成 SO_3，SO_2 有较大的腐蚀性（酸雾）。

4）漏点：硫酸蒸汽开始凝结的温度为漏点（FGD 吸收塔对硫酸雾几乎没有除去效果）。

5）NO_x：煤含 1% 氮，均为有机氮，产生 NO、NO_2；分"燃料"NO_x、"热力"NO_x；前者是热分解，后者是高温形成。

6）GB 13223（火电厂大气污染排放标准）新、改、扩 $V_{daf} > 20\%$ 的燃煤炉 $NO_x < 450mg/m^3$。

7）氟、氯、汞等易挥发元素，存在烟中；铅、镉、铬等在飞灰中。氟在煤中有 0.01%～0.05%，600MW 锅炉，年烧 150 万 t，按含量（F、Cl）0.015%，则 F、Cl 各为 225t。

FGD 可清除 F、Cl，Cl^- 有腐蚀性，F^- 废水中应除的污染物。

（二）工艺设计和运行变量

吸收塔烟气流速；液气比；pH 值；浆液循环时间；反应罐中停留时间；吸收剂利用率；氧化分率；氧化空气利用率和硫化比（O_2/SO_2）。

（三）FGD 系统流程布置

降温（GGH）加温侧；蒸汽加热器（SGH）；只有脱硫塔（$DeSO_x$）无加热装置（最经济）；污水零排放，废水蒸发装置；脱硝塔（$DeNO_x$）→空气预热器→降温侧→电除→引风→脱硫塔→加热侧→脱硫风机。

电除尘器降温可提高除尘器效率，达 $5mg/m^3$。

（四）湿法 FGD 技术发展（SO_2 排放不大于 $20\ mg/m^3$；兼有除烟尘石膏滴功能，脱除率达 53%）

①低温烟尘粒径增大（$2\mu m \rightarrow 40\mu m$，脱硫效率 89.9%→99.9%）；②控制浆液雾化液滴适中，RSF 小于 1；③塔内烟气流速不能超过临界速度；④石膏浆液粒径大，脱除效率高（$0.83\mu m \rightarrow 150\mu m$，脱除效率 0.76%→99.87%）；⑤石膏浆液粒径小，逃逸量增大，除尘率降低；⑥改善除雾器性能，提高拦截率，降低脱硫出口烟尘量；⑦提高 SO_2 吸收途径：增烟速、加剧湍流、延长吸收区时间、减小液滴的气膜厚度。

目前，我国 FGD 改进双循环塔、喷淋多孔托盘塔、液柱塔、填料吸收塔、喷淋彭泡塔等，脱硫效率不小于 99.4%。湿烟卤冷凝液回收，增加 SO_x 的脱除；同时 FGD 又进行烟尘脱除，其效率达 53%。

四、湿法 FGD 原理

（一）化学反应过程

FGD 是气体化学吸收过程，是碱性吸收剂从烟气中脱除 SO_2。化学原理：脱硫过程在气、液、固三相中进行，即气-液反应、液-固反应。

（1）气相 SO_2 被液相吸收。

$$SO_2（g）+H_2O \longleftrightarrow H_2SO_3$$

$$H_2SO_3 \longleftrightarrow H^+ + HSO_3^- \quad HSO_3^- \longleftrightarrow H^+ + SO_3^{2-}$$

（2）吸收剂溶解及中和反应。

$$CaCO_3（S）\rightarrow CaCO_3；CaCO_3 + H^+ + HSO_3^- \rightarrow Ca^{2+} + SO_3^{2-} + H_2O + CO_2（g）$$

$$Ca(OH)_2 \rightarrow Ca^{2+} + 2OH^-；Ca^{2+} + 2OH^- + H^+ + HSO_3^- \rightarrow Ca^{2+} + SO_3^{2-} + 2H_2O$$

$$SO_3^{2-} + H^+ \rightarrow HSO_3^-$$

（3）氧化反应。

$$SO_3^{2-} + 1/2O_2 \rightarrow SO_4^{2-} \quad HSO_3^- + 1/2O_2 \rightarrow SO_4^{2-} + H^+$$

（4）结晶析出。

$$Ca^{+2} + SO_3^{2-} + 1/2H_2O \rightarrow CaSO_3 \cdot 1/2H_2O（S）$$

$$Ca^{2+} + (1+x)SO_3^{2-} + xSO_4^{2-} + 1/2H_2O \rightarrow (CaSO_3)(1-x) \cdot (CaSO_4)(x) \cdot 1/2H_2O(S)$$

式中 x——被吸收的 SO_2 氧化成 SO_4^{2-} 的摩尔分率。

$$Ca^{2+} + SO_4^{2-} + 2H_2O \rightarrow CaSO_4 \cdot 2H_2O（S）$$

（5）总反应式。

$$CaCO_3 + 1/2H_2O + SO_2 \rightarrow CaCO_3 \cdot 1/2H_2O + CO_2（g）$$

$$CaCO_3 + 2H_2O + SO_2 + 1/2O_2 \rightarrow CaSO_4 \cdot 2H_2O + CO_2（g）$$

$$CaCO_3 \cdot H_2O + SO_2 \rightarrow Ca（HSO_3）_2 + H_2O$$

$$Ca（OH）_2 + SO_2 \rightarrow CaSO_3 \cdot 1/2H_2O + 1/2H_2O$$

$$Ca（OH）_2 + SO_2 + 1/2O_2 + H_2O \rightarrow CaSO_4 \cdot 2H_2O$$

$$Ca（HSO_3）_2 + 1/2O_2 + 2H_2O \rightarrow CaSO_4 \cdot 2H_2O + SO_2 + H_2O$$

$$CaCO_3 + SO_3 + 2H_2O \rightarrow CaSO_4 \cdot 2H_2O + CO_2$$

$$CaCO_3 + 2HCl \rightarrow CaCl_2 + H_2O + CO_2 \quad CaCO_3 + 2HF \rightarrow CaF_2 + H_2O + CO_2$$

$$2HCl + Ca（OH）_2 \rightarrow CaCl_2 + 2H_2O \quad 2HF + Ca（OH）_2 \rightarrow CaF_2 + 2H_2O$$

$$2HCl + MgO \rightarrow MgCl_2 + H_2O$$

（6）反应过程详解。

1）气相 SO_2 被液相吸收。①SO_2 是极易溶于水的酸性气体，生成亚硫酸（H_2SO_3）；②迅速离解成亚硫酸氢根离子（HSO_3^-）和氢离子；③HSO_3^- 的二级电离产生较高浓度的 SO_3^{2-}（可逆反应）。碱性吸收剂中和 H^+，SO_2 反应才会进行，若吸收剂和添加剂不足，则 pH 值下降，酸度提高，当 SO_2 溶解达到饱和度，SO_2 的吸收终止。

2）吸收剂溶解及中和反应：$CaCO_3$ 是一种极难溶的化合物。Ca^{2+} 形成与 H^+ 浓度影响中和，氧化反应及其他化合物也会影响中和速度。

消石灰 $Ca（OH）_2$ 是一种强碱，其溶解度和电离度远大于 $CaCO_3$；有 $Ca（OH）_2$ 中和反应会迅速完成。中和反应实质是 Ca^{2+} 与 SO_3^{2-} 或与 SO_4^{2-} 化合从溶液中除去。亚硫酸平衡曲线图如图 5-10 所示。

当 pH 值小于 2，被吸收的 SO_2 大多以 H_2SO_3 于液相中；pH 值为 4～5，H_2SO_4 离解成 HSO_3^-；pH 值大于 6.5 液相中主要是 SO_3^{2-} 离子。石灰石强制氧化 FD 工艺，pH 值控制在 6.2，石灰石工艺 pH 值在 5～6 之间。

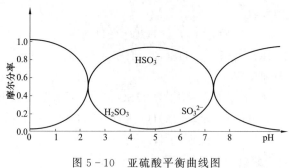

图 5-10 亚硫酸平衡曲线图

3）氧化反应。亚硫酸的氧化，即使 SO_3^{2-} 和 HS_3^- 是较强的还原剂，催化剂 Mn^{2+}，液相中溶解氧，变成 SO_4^{2-}。还烟气中的过量空气中氧，喷入缸中氧化空气，下灰及吸收剂中的杂质提供了催化作用的金属离子。

4）结晶析出。当 Ca^{2+}、SO_3^{2-} 及 SO_4^{2-} 达到一定浓度时，三种离子组成的难溶性化合物从溶液中沉淀析出。亚硫酸平衡曲线图如图 5-10 所示。

氧化程度不同：①半水亚硫酸钙；②硫酸钙；③硫酸钙的半水固溶体；④二水硫酸钙，或是固溶液与石膏混合物。

当被吸收的 SO_2 氧化成 SO_4^{2-} 的摩尔分率 $x < 0.15$（即 15%）时，形成半水亚硫酸钙与亚硫酸钙和硫酸钙相结合的半水共溶体的共沉淀，不形成硫酸钙硬垢。

当被吸收的 SO_2 氧化成 SO_4^{2-} 的摩尔分率 x（即 SO_4^{2-}/液相中负离子总量）$x > 15\%$，硫酸钙的溶解已饱和，氧化生成的额外的硫酸钙以二水硫酸钙（石膏）的形式沉淀析出。

对于强制氧化工艺，几乎 100% 的氧化所吸收的 SO_2，避免或减少半水亚硫酸钙和半水硫酸钙，通过控制液相二水硫酸钙的过饱和度，即可防止发生二水硫酸钙结垢，又产出高质量可商售的石膏。

（7）吸收塔各部化学反应。

1）吸收区：$SO_2 + H_2O \rightarrow H_2SO_3 \rightarrow h^+ + HSO_3^-$ $H^+ + HSO_3^- + 1/2O_2 \rightarrow 2H^+ + SO_4^{2-}$
$$2H^+ + SO_4^{2-} + CaCO_3 + H_2O \rightarrow CaSO_4 \cdot 2H_2O + CO_2$$

即 SO_2 快速（几秒内）形成 HSO_3^-，被烟气中的氧化成 H_2SO_4 几秒双膜接触，$CaCO_3$ 只能与 H_2SO_4 和 H_2CO_3 中和，上部易形成 $Ca_2SO_3 \cdot 1/2H_2O$，下降后转化成 $Ca(HSO_3)_2$，所以，吸收区下部的浆液中含有大量的 $Ca(HSO_3)_2$。

2）氧化区：液面与喷空气下距离（300m/m）的总高度。
$$H^+ + HSO_3^- + 1/2O_2（溶解氧）\rightarrow 2H^- + SO_4^{2-}$$
$$CaCO_3 + 2H^+ \rightarrow Ca^{2+} + H_2O + CO_2 \quad Ca^{2+} + SO_4^{2-} + 2H_2O \rightarrow CaSO_4 \cdot 2H_2O$$

3）氧化区下视为中和区。进入中和区中的浆液仍有未中和完的 H^+，补充新的石灰石吸收浆液，中和剩余 H^+，下一个循环中重新吸收 SO_2。此区主要化学反应：
$$CaCO_3 + 2H^+ \rightarrow Ca^{2+} + H_2O + CO_2 \quad Ca^{2+} + SO_4^{2-} + 2H_2O \rightarrow CaSO_4 \cdot 2H_2O$$

溶解氧要氧化 $CaSO_3 \cdot 1/2H_2O$ 是很困难的，除非有大量的 H^+ 使其重新溶解成 HSO_3^-。可见 SO 的吸收和溶解几乎全在吸收区；三区内程度不同的发生氧化、中和、析出。

（二）气体吸收过程机理

（1）物质扩散：分子扩散和对流扩散。

1）分子扩散：①静止流体的转移；②层流与传质方向垂直时，也属分子扩散，是热动力引起，推动力是浓度差。

2）对流扩散：物质通过湍流流体的转移，夹带作用。超重力：①通常传输、能量转换、改变形态；②超重力机理：成膜、丝、滴；薄、细、微；湍流；扩大双膜面积；超重力场环境吸收 SO_2；吸收溶解中和的液相更新率高；气体传质向流体转移扩散速率大；在超重力场内，气液两相的湍流扩散率大。

（2）亨利定律。在一定温度下，对于气体总压（p）约小于 $5\times10^5\,Pa$ 的稀溶液，被吸收气体在气相中的平衡分压，Pi 与该气体在液相中的摩尔分率 x_i 成正比，x_i 等于溶解在液相中气体的摩尔数/（溶质摩尔数＋溶解在液相中气体摩尔数）即 $Pi=H\cdot x_i$，H 为亨利系数（Pa、kPa 或 MPa）。式中表明：H 值越大，说明该气体越难溶解。

（3）双膜理论。①气-液界面两侧各有一层很薄的层流薄膜，即气膜和液膜。即使气、液相主体处于湍流状况下，两层膜内仍是层流状；②在界面处，SO_2 在气、液两相中的浓度已达平衡，即认为相界面处没有任何传质阻力；③膜外两相处湍流，SO_2 在两相主体中浓度是均匀的，不存在扩散阻力，不存在浓度差，但在两膜内有浓度差，SO_2 从气相转移到液相；SO_2 气体靠湍流扩散从气体主体到达气膜边界；靠分子扩散通过气膜到达两相界面；在界面上 SO_2 从气相溶入液相，在靠分子扩散，通过液膜到达液膜边界；靠湍流扩散从液膜边界表面进入液相主体。

吸收塔性能
$$NTU=\ln(Y_{in}/Y_{out})=\frac{K\times A}{G} \tag{5-4}$$

式中　　NTU——传质单元数（无量纲）；

$\quad\quad Y_{in}$——入口 SO_2 摩尔分率；

$\quad\quad Y_{out}$——出口 SO_2 摩尔分率；

$\quad\quad K$——气相平均传质系数，$kg/(s\cdot m^2)$；

$\quad\quad A$——传质界面总面积，m^2；

$\quad\quad G$——烟气总质量流量，kg/s。

脱硫效率 η_{SO_2}：（提高 SO_2 吸收速度）。

$$NTU=I_n(Y_{in}/Y_{out})-I_n(Y_{out}/Y_{in})=-I_n(1-\eta_{SO_2}) \tag{5-5}$$

综上所述：G 相同，增大 K、A，提高脱硫效率，总传质系数 K 可用传质分系数 K_g 和 K_1 来表示。

$$K_g=D_g/\delta_g;\quad K_1=D_1/\delta_1$$

$$1/K=1/K_g+\frac{H}{K_1\phi} \tag{5-6}$$

式中　　D_g、D_1——气膜和液膜的扩散系数；

$\quad\quad \delta_g$、δ_1——气膜厚度和液膜厚度；

$\quad\quad \phi$——液膜增强系数。

δ 受液相中成分和碱度影响，碱度大，则 ϕ 大，从而提高 SO_2 吸收速度，加剧气、液之间扰动来降低液膜厚度，提高浆液的碱度。SO_2 易溶于水，则 H 很小，ϕ 大，$H/K_1\phi$ 可忽略不计，则 $1/K \approx 1/K_g$，即总传质速率主要取决于气膜的扩散速率，此况为气膜控制过程。

（三）FGD 工艺过程主要参数

脱硫烟气量（G）、液气比（L/G）、烟气 SO_2 浓度、浆液 pH 值、钙硫比（Ca/S）、循环浆液固体浓度、固体物停留时间。

1. 烟气流量（G）

（1）当传质界面总面积 A 恒量时，G 升高，脱硫效率 η_{SO_2} 下降。

由式（5-5）知 G 升高，NTU 下降，即 η_{SO_2} 下降，反之 η_{SO_2} 提高。

如图 5-11：当烟流量超过设计点 S，强制氧化空气增加，当空气达额定时，O_2 恒定，则 η_{SO_2} 沿虚线急剧下降，所以 FGD 为定型设备，当 G 增加时，增氧过程对 η_{SO_2} 要加以控制。

（2）G 增加，烟速增大，减小液膜厚度，增液滴密度和扩散时间，从而提高传质系数，增大 SO_2 吸收量。逆流喷淋塔烟气流速 $v_s = 3 \sim 5\text{m/s}$，流速太快，液滴穿过除雾器，对下游设备有腐蚀，所以烟速是受除雾器性能所制约。吸收塔气速 3.9m/s，石灰石基顺流填料塔，传质靠表面积 $v_s = 5 \sim 7\text{m/s}$，液柱塔 $v_s = 10\text{m/s}$。

2. 液气比（L/G）

液气比（L/G）是指吸收塔洗涤单位体积烟气需要含碱性吸收剂的循环浆液体积。

（1）烟气标准态度：1 个大气压（atm）、273.15k（℃）。

国际上取 1000m^3 标态下烟气体积为基数，以洗涤该 1000m^3 烟气所需浆液量的体积（以升为单位）来表示液气比，即 $\text{L}/1000\text{m}^3$。

（2）烟气干湿状态：FGD，有取出口标态下饱和湿烟气流量；有取入口标态下湿或干烟气流量。

（3）L/G 反应吸收过程推动力和吸收速度的大小。

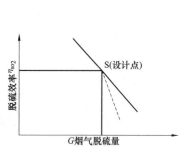

图 5-11　烟气流量与脱硫效率关系示意图

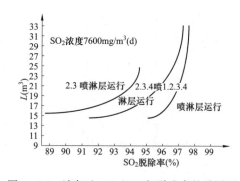

图 5-12　液气比（L/G）与脱硫率的关系图

SO_2 $1320\text{mg}/(\text{N} \cdot \text{m}^3)$，液气比 $9.13\text{L}/(\text{N} \cdot \text{m}^3)$。

第二作用：L/G 对液膜增强系数 ϕ 的影响，ϕ 增大 K 增大。

第三作用：防止结垢，当 $CaCO_4 \cdot 2H_2O$ 的过饱和度高于 1.3 时，将产生石膏硬垢，当浆液含固量的质量百分浓度不低于 $5\text{Wt}\%$，循环浆液吸收 SO_2 量小于 10mol/L 时，有助防硬垢形成。

L/G 大，亚硫酸根和亚硫酸氢根与浆液溶解氧高而自然氧化率高。

3. 烟气 SO₂ 浓度

其他条件不变，SO₂ 浓度增大，则 η_{SO_2} 下降，SO₂ 浓度增大，氧化不足，会出现过量的 HSO_3^-，影响 SO₂ 吸收，η_{SO_2} 急剧下降。

图 5 - 12 为逆流喷淋塔（石灰石基）烟气流量 1 760 000（N·m³）/h（W），4 个喷淋层运行，设计烟气 SO₂ 浓度 7600mg/m³（d）；η 为 95%。浆液 pH 值与脱硫效率图如图 5 - 14 所示。

烟气 SO₂ 浓度与脱硫率的关系图如图 5 - 13 所示。

4. 浆液 pH 值

pH 值增大，ϕ 增大，K 增大；石灰石系统 pH 值为 6～6.1，此时为高限，当 pH 值大于 5.7 时，溶解速率急剧下降。图 5 - 14 是 pH 值为 5.6～5.8 的效率图。

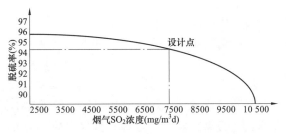

图 5 - 13　烟气 SO₂ 浓度与脱硫率的关系图　　　图 5 - 14　pH 值为 5.6～5.8 的效率图

5. 钙硫比（Ca/S）

钙硫比（Ca/S）又称吸收剂耗量，或称化学计量比。

定义：1mol/SO₂ 脱除需加入 CaCO₃ 或 CaO 的摩尔数。

理论 Ca/S=1，实际 Ca/S=1.010～1.11。长春二热 Ca/S=1.03～1.05。先进的吸收塔可达 1.01～1.05，Ca/S 比是吸收剂利用率（η_{Ca}）的倒数，即 Ca/S=1/η_{Ca}。如 Ca/S=1.05 见下式及效率值：

$$1.05 = \frac{1}{\eta_{Ca}} \qquad \eta_{Ca} = \frac{1}{1.05} = 95.23\%$$

石灰石基 pH 值为 5～6，Ca/S=1.05～1.1；石灰石基 pH 值为 6.5～7，则 HSO_3^- 转化成 SO_3^{2-}，那么浆液的碱度就能吸收烟中的 CO_2，生成不溶水的 $CaCO_3$ 沉淀析出，η_{SO_2} 不增。一般 Ca/S 比在 1.01～1.02 较好。

6. 循环浆液固体浓度

以浆液密度或浆液中质量百分含固量（wt%），表示浆液中晶种固体物的数量，防结垢大于 5wt%，石灰石基通常是 10～15wt%，也有高达 20～30wt%，有利于提高 η_{SO_2} 和石膏纯度，但加大各部件磨损。

7. 固体物停留时间

浆液固体物在反应罐中停留时间，用固体物停留时间 τ_t（h）表示，一般 τ_t=12～24h，通常 15h。

$$\eta_{Ca} = \frac{K_{Ca}\tau_t}{1 + K_{Ca}\tau_t} \tag{5-7}$$

式中　K_{Ca}——石灰石反应速率常数，与石灰石的化学成分、粒度和浆液 pH 值有关。

浆液在吸收塔内循环一次在反应罐中的平均停留时间，即浆液循环停留时间 τ_c。

$$\tau_c = \frac{\text{反应罐浆液体积（m}^3\text{）}}{\text{循环浆液总流量（m}^3/\text{h）}} \times 60$$

（四）FGD对有害空气污染物（HAPS）的去除作用

HAPS是指对人体产生直接危害的空气污染物。包括石棉、氯气、汞、锑、砷等重金属化合物共22种。无机污染物和乙醛、甲苯等39种（类）。

汞有零价汞$Hg^°$、一价汞Hg^+、二价汞Hg^{2+}三种状态。

烟气中有$Hg^°$、Hg^{2+}及Hg_p（颗粒汞）、氧化态汞（Hg^{2+}），占总汞量的40%~50%。

FGD有脱除汞的功能，（10%~90%），烟中大部分是$HgCl_2$，易溶于水；Hg^{2+}的脱除效率受气膜传质控制，美国电力研究协会（EPRI）证实，FGD脱汞率达98%Hg^{2+}，但对不溶于水的$Hg^°$不被脱除。

但$Hg^°$在催化还原（SCR）发生$Hg^° \rightarrow hg^{2+}$反应。

FGD对烟气中的颗粒物有一定除去效率，电除或布袋除尘后，还有直径为$0.1~2\mu m$的小颗粒物，FGD最高可除去98%。

（五）FGD系统的吸收塔工艺

吸收塔系统是烟气脱硫系统的核心，包括吸收塔本体、喷嘴和喷淋层、除雾器、循环浆液泵、吸收塔搅拌器、石膏排出泵和氧化风机等设备。在吸收塔内，烟气中的SO_2被吸收浆液洗涤并与浆液中的$CaCO_3$发生反应，反应生成的亚硫酸钙在吸收塔底部的循环浆池内被氧化风机鼓入的氧化空气强制氧化，最终生成石膏。

吸收塔采用逆流空塔喷淋。吸收塔的有关技术参数（以350MW机组锅炉脱硫系统为例）：烟气SO_2浓度（设计煤种）：$4452mg/m^3$（干态，6%O_2）Ca/S为1.03mol、吸收塔直径为13.2m（内径）、吸收塔高度为37.8m；氧化空气使亚硫酸钙在浆液池中氧化成石膏。

（六）化学添加剂

添加剂是投入吸收液内的提高脱硫效率的化学物质。SO_2吸收总阻力主要源于液膜扩散（与扩散系数K和液膜增强系数ϕ和碱度有关）。

（1）镁盐：$MgSO_3$的溶解度约为$CaSO_3$的630倍。加入镁石灰，效率提高达98%，缺点：结晶副产品有杂质。

（2）二元酸（DBA）和己二酸。

二元基酸$HOOC-(CH_2)-COOH$，己二酸（$n=4$，在羟基酸中，n是羟基数）有机酸，DBA是丁二酸（$n=2$）。

根据酸碱的质子理论：

$$HOOC-(CH_2)_n-COOH \rightleftharpoons -OOC^--(CH_2)_n-COO^- + 2H^+$$

（3）甲酸和甲酸钠：甲酸又称蚁酸，甲酸根离子（$HOOC^-$）；$HOOC^- + H^2 \rightleftharpoons HCOOH$。甲酸典型平衡曲线图如图5-15所示。

（4）损耗：添加剂厚度$1g/L$，每脱除1000kg SO_2，损失添加剂0.5~2kg，如用DBA或甲酸盐脱除1t SO_2，损失添加剂4~6kg。

（5）添加剂有机酸成本低，石膏质量好，节电，省石灰：在$L/G=12L/m^3$，甲酸钠耗6.3kg/h；$L/G=9L/m^3$，甲酸钠耗14.7kg/h。

（6）添加剂缺点：排放液需处理，烟气中带走流失的添加剂，500MW机组，大约排5kg/h。

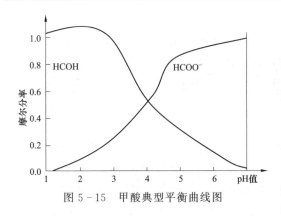

图 5－15　甲酸典型平衡曲线图

（七）物料平衡

（1）吸收 1mol SO_2，理论上消耗 1mol $CaCO_3$，产生 1mol CO_2 烟气。

（2）烟气吸收少量 CO_2（一般每吸收 1mol SO_2，吸收的 CO_2 小于 0.1mol）。

（3）95％脱硫效率的 FGD，几乎全部吸收 HCl 和 HF。

（4）烟中有少量气态硫酸，其量是 SO_2 浓度的 0.5％～1％，吸收塔只能去掉 50％的这种酸雾，要考虑烟道及烟囱腐蚀。

处理：向烟道、烟囱喷吸收剂，或加吸收塔一体化的 EP 除去。

（5）水的流失：洗涤 1MW 电产生蒸发水量 $0.1m^3/h$，无 GGH 则蒸发水量为 $0.13\sim0.2m^3/h$；废水每小时排放几吨至几十吨，取决于煤中 Cl、F 含量。

（6）固体副产品摩尔质量 131g/mol，即除 1kg SO_2，产生亚硫酸钙/硫酸钙固体石膏 2.05kg，对强制氧化工艺：172g/mol，每脱 1kg SO_2，固体物产出 2.69kg。

（7）石膏滤饼中氯离子最高浓度限值 200mg/kg（干基）。

（8）废水排放标准：含氯根 Cl^-，高标 1g/L，低标 20g/L、10g/L，宜适用不锈钢，美国封闭循环，无排放液居多。

（9）溶解固体物主要有 Mg^{2+}、Na^+、Cl^-、$CaCl_2$。煤含 S 为 2％，含 Cl0.10％则 Cl/S ＝0.05，若含 S4％，Cl 含 0.04％则 Cl/S ＝0.01；高 Cl^- 200mg/L，低 Cl^- 10mg/L，补加水。

（10）抑氧工艺，湿排；增氧工艺，销售石膏，废水处理。

（八）FGD 出口烟道的鳞片衬里要求

（1）金属表面要严格除锈处理，达到国际标准为 $S_a2.5$ 以上。

（2）衬里计七层：①底层 KR－60，红色；②开源鳞片 KF－A61，白色，0.9mm 厚；③开源鳞片 KF－A61，蓝色，0.9mm 厚；④耐磨鳞片 KF－B63，白色，0.3mm 厚；⑤玻璃布 KR－600，$300g/m^2$，自然色，0.9mm 厚；⑥耐磨鳞片 KF－A63，白色，1.0mm 厚；⑦面涂 KC－60，浅绿。

（3）树脂种类：乙烯基酯树脂。

五、脱硫热控监测功能

（一）FGD 控制系统功能

FGD 控制系统主要具备三个功能：数据采集及处理、模拟量控制及顺序控制。

1. 数据采集及处理系统（DAS）

数据采集及处理系统（DAS）的基本功能包括：数据采集、数据处理、屏幕显示、参数越线报警、事件顺序记录、事故追忆记录、操作员记录、性能效率计算和经济分析、打印制表、屏幕拷贝、历史数据存储和检索等。

（1）该系统监测的主要参数有：FGD 装置工况及工艺系统的运行参数；主要辅机的运行状态；主要阀门的启闭状态及调节阀门的开度；电源及其他必要条件的供给状态；主要的电气参数等。

（2）脱硫系统报警信息可在 LCD 上显示并可打印。

（3）LCD 报警项目主要包括以下内容：工艺系统热工参数偏离正常；热工保护项目动作及主辅机设备故障；辅助系统故障；热工控制设备故障；热工控制电源故障；主要电气设备故障等。

2. 模拟量控制系统（MCS）

FGD－DCS 控制系统对 FGD 系统的调节控制。

（1）增压风机入口压力控制。为保证锅炉安全稳定运行，通过调节增压风机导向叶片的开度进行压力控制，保证增压风机入口压力的稳定。为了获得更好的动态特性，引入锅炉负荷和引风机状态信号作为辅助信号。在 FGD 烟气系统投入过程中，需协调控制烟气旁路挡板门及增压风机导向叶片的开度，保证增压风机入口压力稳定；在旁路挡板门关闭到一定程度后，压力控制闭环投入，关闭旁路挡板门。

（2）石灰石浆液浓度控制。石灰石浆液浓度控制系统必须保证连续向吸收塔供应浓度合适且足够的浆液，设定恒定石灰石供应量，并按比例调节供水量，通过石灰石浆液密度测量的反馈信号修正进水量进行细调。

（3）吸收塔 pH 值及塔出口 SO_2 浓度控制。测量吸收塔前未净化和塔后净化后的烟气中 SO_2 浓度、烟气温度、压力和烟气量，通过这些测量可计算进入吸收塔中 SO_2 负荷和 SO_2 脱出效率。根据 SO_2 负荷，换算得出实际需要的吸收剂量作为供浆量的设定值，并于石灰石浆液流量和密度之积，所表征的实际吸收剂加入量进行比较，其偏差作为 PID 调节器的输入。调节器的输出信号控制加入到吸收塔中的石灰石浆液量调节阀的开度来实现石灰石量的调节。而吸收塔排出浆液的 pH 值作为 SO_2 吸收过程的校正值参与调节。

（4）吸收塔液位控制。吸收塔石灰石浆液供应量、石膏浆排出量及烟气进入量等因素的变化造成吸收塔的液位波动。根据测量的液位值，调节加入的滤液水及除雾气冲洗时间间隔，实现液位稳定。

（5）石膏浆液排出量及石膏脱水控制。根据排出石膏浆的密度值，通过控制阀门调节浆液排至石膏浆池或返回吸收塔，从而控制石膏排出量。

测量膏饼的厚度，控制带式过滤器的速度，从而实现石膏脱水的自动控制。过滤器速度的控制采用变频器控制。

（6）除上述主要闭环控制回路外，还将设置石灰石浆液池液位控制、工业水池液位控制等。

3. 主要顺序控制（SCS）功能组

主要控制功能组如下：①烟气系统控制功能组；②SO_2 吸收系统功能组；③石灰石浆液制备及供应系统功能组；④石膏脱水系统功能组；⑤排放系统功能组；⑥压缩空气系统功能组；⑦工艺水系统功能组。

4. 热工保护及安全性保证

（1）来自 FGD 装置的热控保护动作条件包括：FGD 进口温度异常，进口压力异常，出口压力异常，增压风机故障，浆液循环泵投入数量不足等。

（2）来自机组的联锁条件包括：锅炉状态（MFT、火焰、吹扫等），油燃烧器投入状况，煤燃烧器投入状况，电除尘器投入状况等。

（3）主要实现以下保护和联锁功能：当发生锅炉主燃料跳闸（MFT）、增压风机故障、浆液循环泵投入数量不足，原烟气挡板未开、原烟气温度过高及烟气压力越限等任意异常现象时，FGD 装置停运并自动打开烟气旁路挡板，通过关闭原烟气挡板来断开进入 FGD 装置的烟气通道。

（4）为保证安全性，将原烟气挡板、净烟气挡板及旁路挡板的电源由主厂房 380V 工作段或公用段提供，在 FGD 装置完全失电时，烟气挡板仍然可以正常操作。

（5）集中控制室内设置有手动按钮，在紧急状态时强制动作旁路挡板门，保证锅炉安全运行。

（6）其他连锁功能，如重要辅机设备本体的连锁保护、备用设备启停联锁、箱罐液位联锁、管道设备冲洗连锁等，使控制系统能对工况变化自动、及时做出反应，保证系统稳定运行。

（7）为保证测量可靠，重要的保护用过程信号，状态等采用三取二测量方式。

（二）烟气连续监测系统（CEMS）

1. 系统配置

每台炉烟气脱硫装置的进口和出口烟道各设置一套 CEMS 系统，分别监测 FGD 装置进出口的原烟气和净烟气成分。其中净烟气 CEMS 系统在取得当地环保部门同意后还兼有环保监测功能。

根据国家环保对烟气排放的要求，烟气 CEMS 系统应对从烟囱排放出的烟气进行 SO_2、CO、NO_x 和烟尘等参数进行监视。每套系统都配有完整的探头、分析仪器以及相关的软件等。同时，整个系统还配有上位监控计算机、操作台和打印机。测量出的参数通过数据处理后应能换算成 mg/m^3 单位，系统能自动进行零跨校正。软件为中文编写，其打印格式满足中国国家环保局的要求。烟气排放参数的相关数据可通过通信接口传送到电厂环保监察站和当地环保部门。

脱硫控制要求所需要的烟气分析信号采用硬接线送入脱硫控制系统。

2. 监测项目

烟气连续监测系统能测量下列烟气参数：

原烟气：SO_2、O_2、烟尘浓度、温度、压力、烟气流量、湿度。

净烟气：SO_2、O_2、CO、NO_x、烟尘浓度、温度、压力、烟气流量、湿度。

3. 烟气连续监测系统的要求

系统设计能满足在至少 90d 运行不需要非日常维修的要求。（非日常维修是指在 CEMS 系统运行和维护手册中常规部分没有要求的任何维修活动）。

CEMS 系统应具有 95％ 以上可利用率。CEMS 数据可利用率的计算是基于 CEMS 系统运行并收集数据的时间，扣掉 CEMS 系统任何部件不能投运的时间。

CEMS 系统中分析仪器具有自我诊断功能。这些诊断功能至少应包括检测源和探头的失效、超出量程情况和没有足够的采样流量的能力。

CEMS 系统具有主要仪器部件故障报警功能。

CEMS 系统的分析仪器在正常运行时没有明显的干扰，即在单个烟气或多种烟气成分混合时没有至少两位数浓度值的变化。

在仪器盖内和分析仪器室内提供和安装各种必要的管道和挡板，已将气体分配到分析仪器。在各种潜在运行工况下所有设备需要合适地被冷却或加热，以防止受热而导致设备漂移或运行问题。

CEMS 系统部件和采样头安装后与烟气接触时，提供一个清晰空气系统以防止烟气污染仪器部件。清洗空气风扇及有关的空气清新设备，如有必要，应安装空气预热器。当清洗空气系统失效时，CEMS 系统上应显示报警，并启动隔离快关门以保护监测部件。

CEMS 的数据采集和处理系统能全部打印出测量的污物成分。其数据处理方法应符合国家环保局的要求。

凡是与烟气或校正气接触的探头和其他零部件都由以下材料构成：Teflon、玻璃、不锈钢、Hasteloy C - 276 或其他耐腐蚀合金。

所有安装在烟囱或烟道内采样系统部件由 Hasteloy C - 276 或具有同等耐腐蚀性不锈钢构成。

六、脱硫装置试运行

（一）常规机组脱硫

1. FGD 烟气系统试运

锅炉所有油枪切除；一台石灰浆泵运行；两台浆液循环泵投入；一台氧化风机运行；锅炉及 FGD 无跳闸信号；电除尘出口粉尘浓度低于 200mg/m³；FGD 系统共有 149 个整定值整定完毕；脱硫提升标准：FGD 出口 SO_2 浓度不大于 20mg/m³、脱硫效率不小于 99.4%。

2. FGD 保护连锁及系统整定值

（1）连锁：FGD 保护动作时，旁路挡板门打开，烟气走旁路。下列之一发生时，FGD 连锁动作：①原烟气进口温度大于 160℃；②原烟气挡板前烟气压力高，大于正常值 +400Pa，延时 6s；③原烟气挡板前烟气压力低，小于正常值 -1000Pa，延时 6s；④两台浆液循环泵跳闸延时 30min，或三台浆液循环泵跳闸；⑤增压风机跳闸；⑥一台锅炉 MFT 动作。

（2）整定：含报警、跳闸、投自动、停机、连锁、保护等动作。

五大系统调试整定项数：①工艺水及压缩空气系统：31 项；②吸收塔系统：76 项；③FGD 烟气系统：30 项；④石膏脱水系统：14 项；⑤废水排放系统：5 项。

3. FGD 试验项目

（1）FGD 烟气系统程控启动及停运时对锅炉负压的影响。

（2）进行冷态下增压风机压力闭环调节试验。

（3）增压风机跳闸对锅炉负压的影响。

4. 试验实施

（1）FGD 烟气系统程控启动，锅炉不做任何调整，打印炉膛负压变化曲线及风机参数变化曲线。

（2）进行冷态下增压风机压力闭环调节试验：增压风机导叶投入自动，改变锅炉送引风机的运行工况，观察增压风机导叶的自动调节情况。

（3）FGD 烟气系统顺控停运，锅炉不调整，观察并打印负压变化曲线及风机参数的变化曲线。

（4）锅炉炉膛负压调在 0Pa 左右，锅炉风机自动投入，FGD 烟气系统程控启动和停运，分别观察并打印负压变化曲线及风机参数的变化曲线。

（5）锅炉炉膛负压调在 0Pa 左右，锅炉风机自动投入和不投入，FGD 烟气系统保护停运时（增压风机跳闸），分别观察并打印负压变化曲线及风机参数的变化曲线。

（二）600MW 机组脱硫装置主要性能指标

（1）FGD 进口烟气量（m^3/h，标态，湿基，实际 O_2）2151396；

（2）FGD 进口烟气量（m^3/h，标态，干基，实际 O_2）1980803；

（3）FGD 进口烟气量（m^3/h，标态，干基，6％O_2）1875838；

（4）FGD 进口 SO_2 浓度（mg/m^3，标态，干基，6％O_2）2285；

（5）FGD 进口含尘浓度（mg/m^3，干基，6％O_2）小于 197；

（6）FGD 出口 SO_2 浓度（mg/m^3，干基，6％O_2）不大于 126（升级指标不大于 20mg/m^3）；

（7）FGD 出口含尘浓度（mg/m^3，干基，6％O_2）小于 32（升级指标不大于 5mg/m^3）；

（8）FGD 进口烟气温度（℃）110.8；

（9）FGD 出口烟气温度（℃）不小于 75；

（10）系统脱硫效率（保证值）（％）不小于 95；

（11）负荷变化范围（％）30～100；

（12）吸收塔浆液池内浆液浓度（％）25；

（13）吸收塔浆池 Cl 浓度（ppm）20000；

（14）液气比（$1/m^3$）（干基）13.93；

（15）钙硫比 Ca/S（mol/mol）不大于 1.03；

（16）吸收塔除雾器出口烟气携带水滴含量（mg/m^3）小于 75；

（17）FGD 石膏品质：

1）$CaSO_4 \cdot 2H_2O$（以无游离水分的石膏为基准）（％）大于 92.9；$CaCO_3$（以无游离水分的石膏为基准）（％）小于 3；

2）$CaSO_3 \cdot 1/2H_2O$（以无游离水分的石膏为基准）（％）小于 1；Cl（以无游离水分的石膏为基准）（ppm）100；

3）自由水分（％）小于 10。

（18）工艺水耗（t/h）150；

（19）石灰石消耗（平均）（t/h）15.04；

（20）电耗（kW）12 320；

（21）压缩空气：仪用压缩空气（m^3/min）；杂用压缩空气（m^3/min）25；

（22）副产石膏量（含 10％游离水）（t/h）25.2；

（23）系统可用率（％）不小于 98。

七、氨法脱硫

火电厂氨法烟气脱硫工程设计、施工、验收、运行及维护要遵循相应规程。氨法脱硫机组应做环境污染评价；设计、施工、环境保护验收并满足运行管理技术要求。

（一）氨法脱硫技术要求

1. 主要污染物及污染负荷

进入脱硫系统的烟气中的 SO_2；锅炉 BMCR 燃用最大含硫量燃料时的烟气参数。

2. 氨法脱硫一般要求

（1）吸收剂来源、副产品市场、安全环境条件、技术经济比较合理；

（2）脱硫系统应设置有效的安全、消防、卫生设施，控制有害物质产生与扩散；

（3）脱硫效率不应低于95%；

（4）氨逃逸浓度应低于$10mg/m^3$，氨回收率应不小于96.5%；

（5）烟气排放应符合CEMS连续监测的国家标准。

3. 工艺设计

（1）吸收工艺。原烟气进入吸收塔，含氨的吸收液吸收烟气中的SO_2，脱硫后的净烟气经除雾按要求排放，吸收液吸收烟气中的SO_2后，在吸收塔的氧化池中。

1）吸收剂质量要求：液氨，氨含量99.6%；氨水，农用品、碳铵、尿素。

2）吸收系统：应设置事故槽（池），其容量不小于吸收塔最低运行液位的总容量。

3）浆液槽（池）应有防腐措施并设有防沉积或防堵装置。

4）吸收塔喷淋层不应少于两层。

5）应采用低压力降吸收塔，其压降应低于1500Pa。

6）应设除雾器，出口烟气中的雾滴应不大于$75mg/m^3$。

（2）副产物处理工艺（副产硫酸铵）：

1）分塔内结晶和塔外结晶两种。结晶形成的浆液经固液分离、干燥、包装为成品。

2）农用硫酸铵的氧化率不小于98.5%。

3）副产物处理系统产能，应达到脱硫系统满负荷运行时的150%。

4）固液分离系统后的硫酸铵水分含量（质量比）宜小于或等于5%。

5）应防止二次污染物排放及工艺废水排放。

（3）设备材料：

1）塔体及塔内支撑件宜采用碳钢或合金钢内衬采用玻璃鳞片或涂料、衬胶。塔内其他构件宜采用玻璃钢、聚苯烯（PP）、合金钢及碳钢衬防腐涂料。

2）吸收液用泵宜选用合金钢或钢衬胶材料，浆液管道宜选用玻璃钢、钢衬塑或钢衬胶材质。固液分离设备宜选用合金钢、玻璃钢等材料。

（4）检测控制：

1）脱硫系统控制应纳入单元控制系统。

2）脱硫系统宜采用DCS，或可编程逻辑控制器（PLC），包括DAS、MCS、SCS及连锁、监控。

3）氨罐应布置压力、温度和液位检测设备，氨区应有氨泄漏检测仪。

4）氨灌区属Ⅱ类防爆区域，所有现场检测仪表防爆等级应不低于ExdⅡBT4。

5）根据抽样的NH_4^+、SO_4^{2-}、Cl^-的量，计算出烟气中氨的浓度；可使用电传感器进行快速检测。

（5）消防：

1）氨罐区消防栓应设置在防火堤或防火墙外，距罐壁15m内的消防栓，不计该区消防栓数。

2）当储量达$1500m^3$时，应设环形车道，满足消防车通行。

3）储存液氨的罐区，应设水喷雾消防系统。

4. 施工与竣工

（1）脱硫系统工程总承包、设计、施工单位应具有相应的资质。

（2）储气罐、氨液罐、液氨管道等压力容器及其配套项目，在施工前应向特种设备主管部门办理相关手续，施工过程中接受监督。

（3）竣工验收：储气罐、氨液罐液氨管道等压力容器及其配套项目应经特种设备主管部门验收。

（4）竣工环境保护验收：宜在脱硫设备整体试运行2个月后，6个月内的适当时间进行。

（5）脱硫系统性能试验：功能试验、技术性能试验、设备试验和材料试验。

（6）技术性能试验：①脱硫效率；②氨逃逸浓度；③脱硫系统压力降；④吸收剂、水、电消耗量；⑤脱硫副产物产量和质量；⑥氨回收率；⑦合同约定的其他试验项目。

（二）氨法烟气脱硫装置实例

某煤制天然气项目，其煤化工艺副产品氨进行脱硫，是很好的工艺链衔接，省去了氨的处理费用，而且氨法脱硫产物为硫酸铵，是一种农用化肥，也节省了脱硫剂原料成本，创造更大的经济效益，实现脱硫目的达到环保要求。

脱硫工艺采用氨-硫铵湿法脱硫工艺，每两台锅炉设置一套烟气脱硫装置。脱硫效率不低于96.8%。氧化率不低于98%、氨回收率不低于98%、氨逃逸不大于8mg/m³，系统可用率不低于98%。

不设置烟气-烟气换热器（GGH）；不设增压风机，与引风机合并；设单塔烟气处理能力50%的烟气旁路；脱硫后的饱和湿烟气直接通过烟囱排放。

吸收剂采用10%～15%氨（同时考虑15%液氨方式），由化工区采用管道输送至动力区。硫铵后处理系统包括旋流器组、离心机、干燥机（振动流化床）、自动包装机、自动缝包机等。

1. 氨法脱硫原理

（1）氨脱硫反应式第一步：$SO_2 + H_2O + xNH_3 = (NH_4)_x H_2 - x SO_3$

得到亚硫酸铵中间产品，是氨的碱性物质；采用空气对亚硫酸铵直接强制氧化，则反应式如下。

（2）氨脱硫反应式第二步 $(NH_4)_x H_2 - x SO_3 + 1/2 O_2 + (2-x) NH_3 = (NH_4)_2 SO_4$

形成稳定的硫酸铵，得到硫铵化肥。

2. 氨法脱硫设计

（1）烟气脱硫工艺选择。常见的石灰石-石膏脱硫工艺的脱硫效率一般在90%～95%。而氨法脱硫的脱硫效率可达到95%～98%。同时，还兼有一定的脱硝效果。

氨法脱硫工艺日渐成熟，已有广西田东135MW机组（与本工程烟气量相当）投入运行，运行稳定效果良好。综合经济效益、脱硫效率、工艺成熟等因素，本工程采用烟气氨-硫铵湿式脱硫工艺（以下简称氨法脱硫）。

（2）脱硫岛进口设备的范围。设备进口原则：在满足系统性能要求的前提下，可在国内采购的设备在国内采购，可国内加工的设备应在国内加工，可国内合作生产的采用国内合作生产设备；为保证脱硫系统性能，需要进口的设备采用进口设备。

进口设备一般应该包括：吸收塔除雾器、吸收塔内喷嘴、浆液循环泵轴承、塔烟气进口合金衬里、乙烯基酯树脂、玻璃鳞片、所有与浆液接触的重要阀门和调节门；采样一次组件及仪表；DCS或PLC（硬件）；烟气连续监测装置。

（3）设计基础条件。

1）脱硫系统入口烟气参数。

一台锅炉 BMCR 工况下的烟气参数见表 5-6：

表 5-6   一台锅炉 BMCR 工况下的烟气参数

项目	单位	设计煤种	校核煤种 1	校核煤 2	备注
烟气成分（标准状态，湿基，实际氧）					
N_2	Vol%	60.70	62.31	62.31	
O_2	Vol%	4.93	5.09	5.26	
CO_2	Vol%	10.44	10.51	10.49	
SO_2	Vol%	0.11	0.13	0.12	
H_2O	Vol%	11.56	12.06	11.91	
烟气成分（标准状态，干基，实际氧）					
N_2	Vol%	79.69	79.85	79.69	
O_2	Vol%	6.47	6.52	6.73	
CO_2	Vol%	13.70	13.47	13.42	
SO_2	Vol%	0.15	0.16	0.15	
烟气参数					
过量空气系数	—	1.440	1.4442	1.4666	
脱硫装置入口烟气量	m^3/h	667 249	652 867	694 977	标态、湿基，实际氧
	m^3/h	590 083	642 614	612 180	标态，干基，实际氧
	m^3/h	573 689	639 421	584 387	标态，干基，6%O_2
脱硫装置入口烟气温度	℃	154.568	148.354	148.413	设计值
		—	—	180	最高连续运行温度（20min）
		—	—	190	旁路烟气温度
脱硫装置入口烟气压力	Pa	—	—	1500	BMCR 工况
SO_2	mg/m^3	4362	3177	5700	标态，干基，6%O_2
SO_3	mg/m^3	90	90	90	标态，干基，6%O_2
Cl（HCl）	mg/m^3	50	50	50	暂定
F（HF）	mg/m^3	25	25	25	暂定
NO_x	mg/m^3	400	400	400	标态，干基，6%O_2
烟尘浓度	mg/m^3	≤50	≤50	≤50	

说明：综合考虑实际现场的煤质条件，本工程动力区脱硫含硫量按照 1.4%，烟气入口

SO_2 浓度不小于 $5700mg/m^3$（标态，干基，$6\%O_2$）进行设计。

2）一期硫回收装置进行氨法脱硫部分的烟气（化工克劳斯尾气）组成及条件见表 $5-7$。

表 $5-7$　　　　　一期硫回收装置进行氨法脱硫部分的烟气组成及条件

烟气组成（mol%）	设计工况	运行工况
Ar	0.677	0.762
O_2	1.999	1.999
N_2	53.842	60.373
CO_2	26.221	17.822
SO_2	0.395	0.420
H_2O	16.866	18.624
合计	100	100
流量（kmol/h）	2674.63	2268.62
温度（℃）	165	165
压力［MPa（g）］	0.02	0.02

说明：本工程化工区脱硫岛硫回收装置尾气 SO_2 浓度不小于 $12\,600mg/m^3$（标态，干基，$6\%O_2$）进行设计。

每座吸收塔的烟气处理能力按两台炉 BMCR 工况烟气量加一期克劳斯尾气量之和，并取 1.2 的裕量系数进行设计，每塔的设计烟气处理能力为 269 万 m^3/h，入口硫浓度按 $5982mg/m^3$（标态，干基，$6\%O_2$）考虑。

3）工艺水分析资料。脱硫岛工艺水供应接自厂区生产给水，分为工业水和工业废水，工业废水作为生产水源，工业水作为脱硫岛备用水。

供给脱硫系统的气/汽源、水源参数见表 $5-8$。

表 $5-8$　　　　　供给脱硫系统的气/汽源、水源参数

序号	内容	单位	结果
1	K^+	mg/L	4.08
2	Na^+	mg/L	42.4
3	Ca^{2+}	mg/L	50.3
4	Mg^{2+}	mg/L	19.0
5	Fe^{2+}	mg/L	未检出（<0.03）
6	Fe^{3+}	mg/L	0.09
7	Al^{3+}	mg/L	0.054
8	NH_4^+	mg/L	0.05
9	Ba^{2+}	mg/L	0.068
10	Mn^{2+}	mg/L	未检出（<0.002）
11	Sr^{2+}	mg/L	0.38
12	Cl^-	mg/L	52.0
13	SO_4^{2-}	mg/L	61.1

续表

序号	内容	单位	结果
14	HCO_3^-	mg/L	183
15	CO_3^{2-}	mg/L	2.99
16	NO_3^-（根据 N 计算）	mg/L	0.48
17	NO_2^-	mg/L	未检出（<0.01）
18	OH^-	mg/L	未检出（<0.1）
19	PO_4^{3-}	mg/L	未检出（<0.01）
20	S_2^-	mg/L	未检出（<0.005）
21	NH_3-N	mg/L	0.04
22	Cl_2	mg/L	未检出（<0.005）
23	溶解氧	mg/L	10.4
24	浊度	NTU	1.33
25	气味	—	no
26	色度	度	<5
27	H_2S	mg/L	未检出（<0.005）

4）工业废水水质（处理后工业废水的水质标准见表 5-9）。

表 5-9　　　　　　　　　　处理后工业废水的水质标准

项目	废水名称	排水水质			
		pH	Cl^- （mg/L）	SS （g/L）	含盐量 （mg/L）
经常性废水	水处理系统再生排水	6～9	150	20	3000～5000

注　SS 是悬浮物，是国家对污染物排放指标之一。

5）杂用空气见表 5-10。

表 5-10　　　　　　　　　杂 用 空 气

项目	压力 [MPa（g）]	温度 （℃）
机械设计值	1.0	60
最大操作值	0.8	<40
正常操作值	0.5	<40
质量要求	无油、无尘、干燥	—

6）仪表空气如表 5-11 所示。

表 5 - 11　　　　　　　　　　　　　　　　仪 表 空 气

控制项目	压力 [MPa (g)]	温度 (℃)
机械设计值	1.2	60
最大操作值	1.0	< 40
正常操作值	0.7	< 40
最小操作值	0.45	< 40
质量要求		
油	<10mg/m³	
尘	<1mg/m³，粒度不大于 3μm	
露点	操作压力下，−40℃	

3. 氨法脱硫原料

(1) 吸收剂来源：本工程脱硫工艺采用氨-硫铵法，氨-硫铵法脱硫工艺对脱硫剂用氨一般无特殊要求。考虑到运输和储备的安全性和稳定性考虑，一般采用 20％浓度以下的氨水（可以降低液氨的危险性，又减小工艺水用量）。本期工程脱硫剂设计采用化工区副产废氨，调剂为 15％浓度的氨水，由管道输送至动力区脱硫岛。

(2) 吸收剂消耗量：本期工程 4×470t/h 锅炉及一期硫回收装置尾气的脱硫用氨消耗量为 50.44t/h（15％氨水）。

(3) 脱硫装置副产物硫铵产量：动力区四台锅炉加化工区一期尾气满负荷烟气脱硫时，硫铵产量达 28.2t/h。设四条独立的硫铵后处理生产线，每条生产线能力 10t/h。硫铵成品用皮带输送至硫铵仓库，向市场销售。

4. 脱硫工艺及设备选型

(1) 脱硫工艺系统。

1）氨法烟气脱硫系统包括：烟气系统；吸收循环系统；氧化空气系统；吸收剂供给系统；工艺水系统；硫酸铵后处理系统；事故排空系统。

2）烟气系统。烟气系统的作用是为烟气流经脱硫装置系统提供通道和动力。组成吸收塔烟气系统的主要设备如下：烟道、进口挡板门、出口挡板门、旁路挡板门、蒸汽加热器、密封风机、烟道膨胀节等。

锅炉引风机来的烟气及克劳斯尾气混合后经烟道进入 φ14 多功能烟气吸收塔浓缩段，浓缩段循环液使烟气降温，蒸发浓缩已充分氧化的硫酸铵溶液，将烟气温度降至大约 65℃。降温后的烟气再进入吸收段，烟气温度被进一步降至 55℃左右并与吸收液反应，脱硫后烟气在塔内再经工艺水水洗，然后经折流板除雾器除去液态雾滴，回锅炉湿烟囱排放。

克劳斯尾气在化工区汇总后经一根总管送至动力区分四路分别进入四个吸收塔（按三运一备考虑），至每个塔入口的分支管道上均设置挡板门，每塔处理烟气量按一期克劳斯尾气量设计。

所有脱硫烟道均采用普通钢制烟道，外设加强筋并保温。吸收塔入口前的原烟气段烟道由于烟气温度较高且远离吸收塔，无需防腐处理。在烟气入口靠近吸收塔为干湿交界面，此部分烟道内衬合金以避免腐蚀。出口净烟道需进行防腐处理，相应部位的膨胀节也考虑保温及防腐。

3）吸收循环系统。吸收循环系统的作用是从烟气中除去二氧化硫和其他酸性气体；将吸收塔内形成的亚硫酸（氢）铵氧化成硫酸铵；利用原烟气热量进行硫酸铵溶液浓缩，使浆液固含量达到 $10\%\sim15\%$ 的硫酸铵浆液；分离出烟气中夹带的水滴。

组成每套吸收塔烟气吸收系统的主要设备有：多功能烟气吸收塔、吸收循环槽、一级循环泵、二级循环泵、硫铵排出泵。

根据氨法烟气脱硫的机理及特点，将脱硫分为两级循环吸收液系统：一级为吸收段与循环槽间的吸收液循环系统，二级为吸收塔浓缩段的吸收液循环系统。一级吸收液浓度为 15%，保证氧化率高于 99%，每个吸收塔内设置三层吸收喷淋层，分别对应三台一级循环泵。一级循环吸收系统产生的多余吸收液向二级吸收循环系统提供，二级吸收液通过原烟气的蒸发保持硫铵浆液含固量在 $10\%\sim15\%$，稳定地向后处理系统提供合格硫铵浆液，二级吸收液循环系统设置一层喷淋层，每个吸收塔分别对应二台二级循环泵（一用一备）。两级循环系统的设置实现系统低浓度吸收氧化，高浓度降温浓缩，保证了氧化率及脱硫效率。

多功能复合烟气吸收塔是一个组合式反应器，由两部分组成：塔体上部是吸收和除雾段（含顶部的水洗装置、除雾层）、底部是浓缩段及浓缩循环池。

烟气由吸收塔的中下部进入，在喷淋降温后进入吸收段，与逆向流动的、含有吸收剂的喷淋液接触。在吸收塔吸收段设置三层交错布置的洗涤液喷淋层，以保证对烟气的全覆盖，每层的覆盖率均大于 200%，吸收液借助三层喷淋层通过雾化喷嘴形成一定粒径的雾滴使气体中 SO_2 溶解和反应，吸收 SO_2 后的液体回流至循环槽。

为确保净烟气中氨逃逸低并提高氨回收利用率，在三层吸收液喷淋层的上方设置水洗涤装置，连续对喷淋吸收层进行喷淋，洗涤脱硫烟气中硫酸铵液滴和气态游离氨。

在工艺水喷淋层的上方，设有折流板除雾器，以分离烟气向上流动夹带的吸收液液滴。除雾器除雾效率可以达到 99% 以上，确保烟气出口雾滴含量不大于 $75mg/m^3$。除雾器设置冲洗管道及喷嘴，可通过 DCS 自动或人工定期冲洗，去除除雾器表面上的烟尘和液滴等，以保证除雾器烟气通道畅通，减少脱硫系统阻力。

同时，除雾器冲洗水和工艺补充水也能补充烟气蒸发带走的水分，其加入总量与液位联锁，以保持系统水平衡。

烟气与吸收液在吸收塔内逆流接触发生吸收反应，吸收后产生的亚硫铵溶液回流至循环槽，用氧化空气进行强制氧化，吸收液补氨调整 pH 后继续参加吸收反应，多余部分溢流至吸收塔浓缩循环池。

4）氧化空气系统。氧化空气系统的作用是将满足压力和温度要求的氧化空气送往吸收塔的氧化段，将亚硫酸（氢）铵氧化为硫酸铵。

氧化空气系统的主要设备有：氧化风机、储气罐、压力表、阀门及相关管线。

室温空气经过滤后升压 0.147MPa 后送入循环槽参与氧化反应。

氧化空气的量根据氧化反应需要计算，并考虑足够的过剩系数以确保氧化反应的完成。氧化段设置一定的液位以确保一定的停留时间。

进入循环槽底部的氧化空气经汽液混合器被分散成无数微细的气泡并充分混合在浆液中，增大气液接触界面，保证氧化反应完成以提高亚硫铵的氧化率，亚硫铵氧化率设计在 99% 以上。

5）吸收剂供给系统。吸收剂供应系统的作用是将 10%～15% 的氨水送到多功能烟气吸收塔，满足脱硫的使用量。

本脱硫系统所用吸收剂为化工区副产的 10%～15% 的氨水。氨水储存在氨水槽内，经氨水泵送至吸收塔及循环槽不同部位调节溶液的 pH 值。

氨的加入点对吸收剂氨的利用率有很大影响，在不同位置加入能起到不同的功效，氨的加入点应避免了游离氨与烟气直接接触，避免了气溶胶的产生，减少了氨的逃逸。

6）工艺水系统。工艺水系统的作用是接收工艺补充水，按工艺需求量进行补水，以维持系统内的水平衡。工艺水供应系统的主要设备：工艺水槽、工艺水泵（兼作除雾器冲洗水泵）。工艺水的用途：吸收塔补水、除雾器冲洗、管道冲洗。工艺水的消耗途径：随烟气蒸发、副产物带走水分。

外来的工艺水经计量后进入工艺水槽储存，工艺水槽中的工艺水经工艺水泵送至各用水点。工艺水作为除雾器的冲洗水和烟气洗涤水定量送入吸收塔内，水量调节阀和循环槽液位联锁。

为保证系统能可靠运行，工艺水泵设置为一运一备，以保证系统供水稳定，除雾器冲洗也设置为可通过 DCS 自动定期冲洗或根据除雾器压差在 DCS 上自动或手操顺序冲洗。

为防止装置的结垢堵塞，在装置上的重点部位皆设置了冲洗装置。需经常冲洗及操作不方便的部位均设置为可通过 DCS 运程冲洗。

7）硫酸铵后处理系统。硫酸铵后处理系统的作用是将脱硫系统生成的硫酸铵溶液旋流、分离、干燥、包装，得到商品硫酸铵。

硫酸铵后处理系统的主要设备：料液槽、料液泵、旋流器、离心机、干燥机系统、包装机。

四套 FGD 装置硫酸铵泵排出来浆液进入旋流器，经过旋流器的分离，含固量 40%～50% 的底流进入离心机，分离产出含水量不大于 5% 的硫酸铵湿物料，再经螺旋输送机送至干燥机系统干燥后，进入料仓和全自动包装机包装入库，即可得到商品硫酸铵。旋流器上部的溢流及离心机的母液均自流回料液槽经料液泵送回吸收塔循环使用。

同时界区外来蒸汽经蒸汽换热器后获得热风用于干燥硫酸铵。干燥鼓风机将空气鼓入蒸汽换热器换热后进入振动流化床干燥机，来自离心机的物料硫酸铵落入振动流化床干燥机，在振动床内热风对物料进行干燥；在干燥机的后段，冷却鼓风机将冷空气鼓入对振动床内的物料进行冷却。最后产品自振动流化床出口流出，同时干燥尾气经过除尘后排放。

硫铵后处理系统按动力区四台锅炉和化工区一期硫回收尾气满负荷产量设计，整个装置满负荷运行时实际产量约 28.2t/h，整套后处理系统按 40t/h 设计，设置四套相对独立的旋流、离心、干燥生产线，每套生产线能力为 10t/h。整个装置满负荷运行时，整条生产线始终保持至少一套完全处于备用状态。

8）事故排空系统。事故排空系统主要设备有事故槽、脱硫区地坑和地坑泵、硫铵区地坑及地坑泵等。

脱硫区地坑用于收集、储存 FGD 脱硫系统在检修、冲洗过程中产生或泄漏的液体。FGD 装置正常运行时的浆液管和浆液泵在停运时需冲洗，冲洗水通过地沟收集到地坑中，地坑的收集液通过地坑泵送至吸收塔循环使用。当吸收塔出现故障需要检修时，通过一级泵或硫铵排出泵将吸收塔或循环槽的溶液送至事故槽储存。在吸收塔重新启动前，事故槽的溶液经事故返回泵送回吸收塔，事故槽的容量能收集吸收塔故障状态下所有的液体。

脱硫装置所有冲洗和清扫过程中产生的废水均经地沟收集回收至地坑，经地坑泵送回循环槽重复使用，不外排。

（2）设备选型。

检修起吊配置见表 5-12。

表 5-12   检修起吊配置

用户名称	配置	单位	数量
氧化风机起吊设施	起吊质量 10t，起吊高度 7m	台	1
循环泵起吊设施	起吊质量 10t，起吊高度 7m	台	2
离心机起吊设施	起吊质量 1t，起吊高度 18m	台	1

（3）保温油漆及防腐。

1）保温油漆。吸收塔塔体采取保温隔热措施，其外护层表面温度低于 50℃。烟道采取保温隔热措施，使其外护层表面温度低于 50℃。保温主材使用岩棉（国标），外表采用 0.7mm 彩钢板。除要求保温管道外加保温材料外，管道及设备外表面均用普通油漆进行防腐处理，局部管道（或设备）处由于易于与腐蚀性介质接触的位置用树脂进行防腐处理。

管道保温及油漆按国家及电力部相关设计规范执行。钢结构的防锈涂漆遵循《钢结构设计规范》（GB 50017—2003）进行设计。钢结构涂漆前要求喷砂进行除锈处理。

2）脱硫装置、烟道及浆液管道的防腐。

a. 管道的防腐。对于氨水液、硫酸铵浆液、滤液、工艺水管道进吸收塔的一次阀门与吸收塔之间的管道及管件，由于管内有（或接触）固体颗粒及腐蚀性介质，因此对管道内壁有防腐耐磨的要求。这部分介质管道使用普通碳钢管道内衬丁基橡胶或 FRP 管道。对小口径管道，衬胶加工较困难，允许采用具有耐磨防腐的不锈钢（或 FRP \ PP）管道替代。

对工艺水、普通压缩空气等无防腐要求的管道，用普通的碳钢钢管。部分品质要求较高的仪表用压缩空气管道，用不锈钢钢管（或铜管）。

b. 钢结构防腐。吸收塔壳体由碳钢制作，内表面采用玻璃鳞片树脂的防腐设计。

所有不可能接触到低温饱和烟气冷凝液或从吸收塔带来的雾气和液滴的烟道，用碳钢或相同材料制作，所有可能接触到低温饱和烟气冷凝液或从吸收塔带来的雾气和液滴的烟道，采用可靠的内衬（鳞片树脂或 1.4529）进行防腐保护。浆液罐采用玻璃鳞片树脂内衬防腐。浆液池采用玻璃钢树脂内衬防腐。

5. 脱硫装置总体布置

脱硫装置布置在引风机后面的脱硫场地内。两个吸收塔分别布置在 1、2 号锅炉之间，和 3、4 号锅炉之间。1 号吸收塔泵房布置在 1 号吸收塔外侧，2 号吸收塔泵房布置在 2 号吸收塔外侧。烟囱后方依次（从 1 号吸收塔向 2 号吸收塔侧）硫铵厂房、氨水槽、事故浆液槽、氧化风机室及配电间。

6. 劳动安全及职业卫生

（1）生产过程中的主要危险、危害因素。烟气脱硫生产过程中主要的危险、危害因素有：机械设备事故、电力设备的触电伤害、生产过程中的噪声、粉尘伤害、高空坠落等。

（2）主要劳动安全措施

1）防火、防爆。各建（构）筑物的平面布置及防火间距、建（构）筑物的安全出口数量、距离均满足规定。所有建（构）筑物的耐火等级均不低于二级，各建（构）筑物火灾等级，按其生产过程中的火灾危险性，满足规定。

室内消防水量为 15L/s，室外消防水量为 15L/s。电控楼配电装置室门为向外开的防火门，并考虑防尘。低压配电室、电缆夹层、控制室、工程师站、电子设备间等设置火灾报警系统。采用阻燃电缆防火。局部电缆沟、段、分支处设置防火隔墙，电缆竖井采用耐火隔板，涂防火涂料等措施，盘、柜小孔洞封用防火材料封堵。蓄电池选用密封免维护铅酸蓄电池，不漏液、不污染环境，无火灾爆炸危险。厂用配电装置采用成套设备，高压开关柜有"五防"措施。

2）防尘、防毒、防化学伤害。严格控制室内工作点空气中的含尘量，空气中的含尘量不得超过国家现行有关标准。硫铵浆液管道采用衬胶钢管或不锈钢管。

3）防电伤、防机械伤害及其他伤害。为保证电气检修人员和接近电气设备人员的安全，各种电压等级的电气设备的对地距离、操作走廊尺寸应严格按规程规定执行。

在 FGD 岛内设置闭合的接地网，并与电厂主接地网有可靠的电气连接，且连接点不少于两个。所有电气设备均设置可靠接地措施，主要电气设备将在其两侧至少设置两个接地点。建筑物的内部接地极或接地引出线，须与室外接地网有可靠的电气连接。

为防止故障及缩小故障影响的范围，各组件的控制保护回路均设保险、信号、监视、故障跳闸等保护措施。

厂用配电装置室顶板必须做到防火、防渗并有排水坡度。照明系统的设计具有正常照明及事故照明两个分开的供电网络。此外，主要出入口、通道、楼梯间设应急灯。

吸收塔、室外管道、室外箱罐采用保温材料防冻。低压配电室、消防气瓶间、蓄电池室、空压机房等分别设置自然进风、机械排风的通风换气装置。

墙面采用易清洁的材料，并考虑防滑。有设备的车间要考虑水冲洗及污水池，排水坡度合理。

4）防暑、防寒、防潮。电控楼设置轴流风机通风设施。消防气瓶间采用机械排风自然进风的方式进行通风换气；低压配电室、消防气瓶间、蓄电池室、空气压缩机房、卫生间等采用自然进风机械排风的方式进行通风换气。

FGD 控制室、电子设备间、UPS 室设置恒温恒湿柜式空调，工程师站、交接班室设置空调机。

5）防噪声、防振动。对脱硫岛及主要转动设备的噪声水平进行控制，对个别噪声大的设备，如氧化风机等，装设隔音罩或消音器。控制室采用隔音的矿棉板顶棚，使噪声控制在 65 分贝以下。

7. 脱硫装置试运行方式

（1）FGD 装置启动。

1）当锅炉点火或投油运行时，FGD 装置需同步运行。

2）启动条件：锅炉处于正常状态；所有系统都调试或维修完毕；所有转动机械都润滑完毕；所有动力电源都接好；仪表气源接通，且压力正常；所有人孔和检查孔都关闭；所有箱罐都注满到正常运行状态（包括工艺水箱、氨水槽、循环槽、吸收塔浆池等）；消防系统完好并可投运；相应预防事故条件都具备。

3）启动次序。FGD 装置的启动是各个分系统分步启动直到整个装置运行。启动次序包含在 FGD 装置自动控制系统中。以下为 FGD 装置启动次序：①工艺水箱和工艺水泵；②吸收塔区域排水坑和排水泵；③氨水槽和氨水泵（吸收塔未进烟气时，泵送至再循环）；④吸收剂供应系统；⑤分析测量系统（pH 计，密度计等）；⑥吸收塔浆液循环泵；⑦氨水进入吸收塔；⑧氧化风机启动；⑨投更多吸收塔循环泵；⑩除雾器冲洗水；⑪硫铵后处理系统；⑫硫铵浆液排出泵。

（2）FGD 装置正常停运。当吸收塔所对应的两台锅炉及硫回收尾气停止时，FGD 装置停运：

1）停运条件：FGD 装置在运行；消防系统完好并备用；相应的预防意外情况保护措施完备。

2）停运次序：

a. FGD 装置的停运是各个分系统分步停运直到整个 FGD 装置停运。以下为 FGD 装置停运的次序：（正常情况下，以下辅助系统和浆液系统不一定要停运）吸收塔区域排水坑和排水泵；工艺水箱和工艺水泵；氨水槽和氨水泵；吸收剂储备系统；吸收剂输送系统。

b. 停运次序包括在 FGD 装置自动控制系统中，停运次序（没有烟气进入整个 FGD 装置）：①吸收塔浆液循环泵；②硫铵浆液排出泵（浆液箱内的搅拌器不停运，以免固体物沉积，只有当箱内浆液排空至规定的低液位后才能停运；浆液泵、浆液管道停运后，均应按设定程序进行自动冲洗，防止浆液沉积）；③硫铵后处理系统；④氧化风机；⑤分析测量系统；⑥除雾器冲洗水。

3）FGD 装置停运：

a. FGD 装置紧急停运，主机控制系统应发出 MFT 信号，锅炉停运。

b. FGD 装置紧急工况：吸收塔循环浆液泵全部停止运行，吸收塔入口烟气温度高于最高允许温度。

第六节 除 氮 技 术

脱硝装置是采用选择性催化还原法（SCR），在设计煤种及校核煤种、锅炉最大工况（BMCR）、处理 100% 烟气量条件下脱硝效率不小于 80%，国家新标准要求脱硝效率更高。脱硝装置布置在省煤器和空气预热器之间，一般不设置旁路烟道；配布袋除尘，效率达 99.8%。SCR 与 DCS 或 FCS 要有接口，用 KKS 编码系统，并能与主控制系统协调配合。我国脱硝新工艺已达到 NO_x 排放不大于 $30\mu g/m^3$。

选择性催化还原法（SCR）脱硝工艺，脱硝剂为纯氨。利用催化剂，促使烟气中氮氧化物与氨气供应系统喷入的氨气混合后生成还原反应，将氮氧化物转变为氮气和水。

脱硝系统主保护试验以及氨区保护试验，对喷氨隔栅进行优化调整，脱硝系统实现全烟气脱硝，一同进行 168h 试运行及系统各运行参数应满足设计要求。

一、设备及系统

（一）SCR 反应器

配置两台 SCR 反应器，每台 SCR 反应器设计三层催化剂层（2＋1 层），其中上层为预留层。烟气竖直向下流经反应器，反应器入口设置气流均布装置，反应器入口及出口处均设置导流板，对于反应器内部易于磨损的部位设计必要的防磨措施。反应器内部各种加强板及支架均设计成不易积灰的形式，同时考虑热膨胀的补偿措施。反应器设置有足够大小和数量的人孔门，反应器配置了可拆卸的催化剂测试组件。SCR 反应器能承受运行温度低于 430℃ 长期运行的考验，而不产生任何损坏。

1. 反应原理

在催化剂作用下，以 NH_3 作为还原剂，将 NO_x 还原成 N_2 和 H_2O。主要反应方程式为

$$4NO+4NH_3+O_2 \rightarrow 4N_2+6N_2O$$
$$6NO_2+8NH_3 \rightarrow 7N_2+12N_2O$$
$$2NO_2+4NH_3+O_2 \rightarrow 3N_2+6N_2O$$

2. 催化剂

从前催化剂采用欧美式日本技术，现已国产化。我国已淘汰老式以氧化铝等整体陶瓷做载体具有一定的活性，现在已被 TiO_2、Al_2O_3、ZrO_2、SiO_2、AC（活性炭）等作为载体而替代。板式催化剂将 TiO_2、V_2O_5 等混合物黏附在不锈钢网上，经过压制煅烧，再将催化剂板组装成催化剂模块。蜂窝式催化剂是将 TiO_2、V_2O_5、WO_3 等混合物通过一种陶瓷挤出设备制成催化剂组件，再组成标准模块。

根据锅炉飞灰的特性合理选择孔径大小并设计有防磨、防堵灰措施，以确保催化剂正常稳定运行。催化剂设计尽可能的降低压力损失。催化剂模块设计有防止烟气短路的密封系统，密封装置的寿命不低于催化剂的机械寿命。催化剂各层模块规格统一，具有互换性。催化剂设计时应考虑燃料中含有的任何微量元素可能导致的催化剂中毒。新的催化剂模块总量应保证关于脱硝效率和氨的逃逸率等的要求。催化剂采用模块化设计以减少更换催化剂的时间。催化剂模块采用钢结构框架，便于运输、安装、起吊。

（二）氨喷射系统

氨喷射系统由氨喷射格栅（AIG）及流量孔板、喷氨分流阀门等组成。

每台 SCR 反应器入口前配置一套完整的氨喷射系统，保证氨气和烟气混合均匀，喷射系统设置流量调节阀。喷射系统具有良好的热膨胀性、抗热变形性、抗振性和耐磨性。

（三）氨储存制备供应系统

液氨储存、制备、供给系统包括液氨卸料压缩机、液氨储罐、液氨蒸发槽、氨气缓冲槽、稀释风机、混合器、氨气稀释槽、废水池、废水泵等。此套系统提供氨气供脱硝反应使用。液氨的供应由液氨槽车运送，利用液氨卸料压缩机将液氨由槽车输入液氨储罐内，液氨储罐中的液氨通过压力和重力，输送到液氨蒸发槽内蒸发为氨气，经氨气缓冲槽，用混合器入口控制门来控制一定的压力及其流量，然后与稀释空气在混合器中混合均匀，再送到脱硝系统。氨气系统紧急排放的氨气则排入氨气稀释槽中，经水吸收后排入废水池，再经由废水泵送至锅炉废水系统进行集中处理。

液氨的储罐和氨站的设计应满足国家的有关规定。液氨具有一定的腐蚀性，在材料、设备存在一定的应力情况下，可能造成应力腐蚀开裂；液氨容器除按压力容器规范和标准设计制造外，还要考虑设备、焊口的腐蚀。

氨的供应量能满足锅炉不同负荷的要求，调节方便灵活可靠；液氨储罐与其他设备、厂房等要有一定的安全防火防爆距离，并在适当位置设置室外防火栓，设防雷、防静电接地装

置；氨存储、供应系统相关管道、阀门、法兰、仪表、泵等设备选择时，其必须满足抗腐蚀要求，采用防爆、防腐型户外电气装置。氨液易泄漏处及氨罐区域应装有氨气泄漏检测报警系统；系统的卸料压缩机、液氨储罐、氨气蒸发槽、氨气缓冲槽及氨输送管道等都应有氮气吹扫系统，防止泄漏氨气和空气混合发生爆炸。氨存储和供应系统应配有良好的控制系统。在场地布置上应考虑氮气瓶储存位置，容量应满足一次启动用量要求。

氨储存制备供应系统主要设备包括液氨卸料压缩机、液氨储罐、液氨蒸发槽、氨气缓冲槽、氨气稀释槽、稀释风机、氨气/空气混合器、氨气泄漏检测器、氨气排放系统、氨气吹扫系统、废水泵、废水池等必须巡检维护，防爆、防漏、防中毒、防污染。

（1）液氨卸料压缩机。配置两台卸料压缩机（一运一备），能满足各种条件下的要求。卸料压缩机抽取液氨储罐中的氨气，经压缩后将槽车的液氨推挤入液氨储罐中。选择压缩机排气量时，应考虑液氨储罐内液氨的饱和蒸汽压、液氨卸车流量、液氨管道阻力及卸氨时气候温度等。

（2）液氨储罐。液氨储罐容量，按照锅炉 BMCR 工况，在设计条件下，每天运行 24h，连续运行 7d 的消耗量考虑。液氨储罐上安装有紧急关断阀和安全阀，为液氨储罐液氨泄漏保护所用。液氨储罐还装有温度计、压力表、液位计、高液位报警仪和相应的变送器将信号送到脱硝控制系统，当液氨储罐内温度或压力高时报警。液氨储罐有防太阳辐射措施，四周安装有消防水喷淋管线及喷嘴，当液氨储罐槽体温度过高时自动淋水装置启动，对槽体自动喷淋减温；当有微量氨气泄漏时也可启动自动淋水装置，对氨气进行吸收，控制氨气污染。

（3）液氨蒸发槽。液氨蒸发槽采用水作为加热液氨的热媒，所需要的热量由蒸汽提供，蒸汽加热热媒，控制一定的温度，热媒通过循环再加热液氨。当液氨蒸发槽中液氨液位过高时，则切断液氨进料。当液氨蒸发槽中水温过低时，切断液氨，使氨气至缓冲槽维持适当温度及压力，蒸发槽装有安全阀，防止设备压力异常过高。在液氨蒸发槽入口装有调节阀，以控制蒸发的液氨量，液氨蒸发槽按照在 BMCR 工况下 $2\times100\%$ 容量设计。

（4）氨气缓冲槽。从蒸发槽蒸发的氨气流进入氨气缓冲槽，再通过氨气输送管线送到锅炉侧的脱硝系统。氨气缓冲槽能为 SCR 系统供应稳定的氨气，避免受蒸发槽操作不稳定所影响。缓冲槽上设置有安全阀。

（5）氨气稀释槽。氨气稀释槽的液位由满溢流管线维持，稀释槽设计连结由槽侧进水。液氨系统各排放处所排出的氨气由管线汇集后从稀释槽底部进入，通过分散管将氨气分散进入稀释槽水中，利用大量水来吸收排放的氨气。氨气稀释槽内设计加热盘管，以防止温度过低结冰。

（6）稀释风机。喷入反应器烟道的氨气为空气稀释后含 5% 左右氨气的混合气体。风机满足脱除烟气中 NO_x 最大值的要求，并留有一定的裕量。稀释风机按一运一备设置。

（7）氨气/空气混合器。每台 SCR 反应器配置一台氨气/空气混合器，确保氨与空气混合均匀。

（8）氨气泄漏检测器。液氨储存及供应系统周边设置五个氨气检测器，以检测氨气的泄漏，并显示大气中氨的浓度。当检测器测得大气中氨浓度过高时，在机组控制室会发出警报，操作人员采取必要的措施，以防止氨气泄漏的异常情况发生。电厂液氨储存及供应系统采取必要措施与周围系统做适当隔离。

（9）氨气排放系统。在氨制备区设置排放系统，使液氨储存和供应系统的氨排放管路为一个封闭系统，将经由氨气稀释槽吸收成氨废水后排放至废水池，经由废水泵送至脱硫废水处理系统。

（10）氮气吹扫系统。液氨储存及供应系统应保持系统的严密性，防止氨气的泄漏和氨气与空气的混合造成爆炸。在氨系统的卸料压缩机、储氨罐、氨气蒸发槽、氨气缓冲槽等设置氮气吹扫管线。在检修或液氨卸料之前通过氮气吹扫管线对以上设备分别要进行严格的系统严密性检查和氮气吹扫，防止氨气泄漏和系统中残余的空气混合造成危险。

（11）设置废水泵、废水池等系统。

（四）吹灰系统

根据工程灰的特性，设置声波吹灰系统，每层催化剂设置四台吹灰器，备用层设置吹灰器接口，锅炉运行前启动声波吹灰系统，锅炉停运后允许停止吹灰系统。吹灰使用介质为压缩空气。

（五）脱硝工艺用吸收剂

脱硝工程氨的消耗量见表 5-13（35 万机组单台设计值）。

表 5-13　　　　　　　　　　　　脱硝工程氨的消耗量

氨	小时耗量	日耗量	年耗量
	275kg/h	6.60 t/d	1292t/年

注　脱硝工程日耗量按 24h 计，年耗量按 5500h 计。

二、调整与试验

（一）调试目的

脱硝系统安装完毕，且完成各个单体、分系统调试后，需进行整套启动试运行，以对设计、施工和设备质量进行动态检验。检验脱硝系统的设计是否合理，是否能够达到设计的脱硝效率。调试使整个脱硝系统安全稳定地通过 168h 满负荷试运行，发现并解决系统可能存在的问题。使之投产后能安全稳定运行，尽快发挥投资效益，为环境保护做贡献。

（二）调试应具备的条件

（1）系统设备包括催化剂均已安装完毕，并经监理验收合格，文件包齐全。

（2）现场设备系统命名、挂牌、编号工作结束。

（3）脱硝系统的保温、油漆工作已经完成，各工序验收合格。

（4）试转现场周围无关脚手架拆除，垃圾杂物清理干净，沟洞盖板齐全。

（5）试转现场通道畅通，照明充足。

（6）氨卸载和存储系统静态调试已经结束，满足热态试运的要求。

（7）喷氨系统静态调试已经结束，满足热态试运的要求。

（8）液氨储罐已经储存足够的液氨，满足脱硝系统整套启动的需要。

（9）脱硝系统内的所有安全阀均已校验合格，满足试运要求。

（10）在分系统调试期间发现的缺陷均已处理完毕，并验收合格。

（11）反应器的声波吹灰器安装完毕，静态调试已经完毕，满足热态试运的需要。

（12）液氨存储和氨气制备区域的喷淋水系统已经调试完毕，具备随时投入的条件。

（13）液氨存储和氨气制备区域的氨气泄漏检测装置工作正常，氨泄警值设定完毕。

（14）氨系统已用氮气置换完毕，具备随时投入使用的条件。

（15）反应器出口的氮氧化物分析仪、氧量分析仪静态调试合格，满足热态条件。

（16）脱硝系统的其他所有仪表均调校完毕，能满足系统热态运行的需要。

（17）脱硝系统的所有联锁保护在各个分系统调试时已试验合格。

（18）氨存储和制备区域已安排好专人值班，以防止无关人员进入该区域内。

（19）公用系统投入运行（包括压缩空气系统、消防水系统、生活水系统、通信系统等）。

（20）有关脱硝系统的各项制度、规程、图纸、资料、措施、报表与记录齐全。

（三）调试内容

1. 调试准备

（1）整套启动前的阀门传动及联锁保护试验。

（2）在整套启动前，要按照控制组态逻辑进行各设备传动，确保各阀门开关正常，并对设备的联锁保护进行传动，确保各报警、联锁、保护动作正常准确。

（3）烟气脱硝系统整套启动前的检查完善。

（4）脱硝系统所有设备已准确命名并已正确悬挂设备标识牌。

（5）检查以下脱硝辅助系统能正常投运：

1）脱硝压缩空气系统为脱硝系统供应合格压缩空气，能保证吹灰系统正常运行。

2）卸料压缩机的试运：把卸料压缩机的进口管路和出口管路对空，卸料压缩机具备启动条件后，就地启动卸料压缩机进行 8h 试运，记录压缩机的振动、温度等参数。在两台压缩机试运结束后，对压缩机的远方信号进行联调试正确。

2. 调整试验

（1）水压试验。水压试验对液氨管道、气氨管道、压缩空气、工艺水、蒸汽管道均进行了水压试验，试验包括管道、阀门以及相关的箱罐设备。

1）液氨管路水压试验最高压力为 2.7MPa，气氨管路试验压力为 1.6MPa。

2）各废气阀后回收管线试压 0.5MPa。

3）水压试验已得到国家有关部门的认可。

4）利用水压试验的机会往液氨罐充水时，已对液氨罐的液位计进行实际校验，液位指示正确，报警指示正确无误。

（2）系统管路的吹扫。

1）试压结束后，排尽试压余水。

2）用仪用气源加入液氨储槽内，压力加至 0.6MPa，吹扫时应连续补压。

3）吹扫必须用大气量连续吹除，反复吹除，直至吹除口无黑点为止。

4）吹扫工作要按程序分段进行吹除，程序如下：压缩机进口管线、阀门；压缩机出口管线、阀门；储管进液氨管线；储罐出口至蒸发槽进口管线（此处拆开后吹除，吹除后再复原）；蒸发槽；蒸发槽至气氨输送阀（前此处拆开后吹除，吹除后再复原）；氨气输送管线至氨/空气混合器止管线（拆开混合器氨气进口法兰吹除，吹出后接好）；吹除工作结束后，必须拆下有关阀门进行清洗。清洗完成后，再原样装回；各排放阀至氨气稀释槽管线吹除；吹除工作结束后，对废水池进行清理，并加水冲洗干净，抽干地下槽水。最后对氨储罐进行吹扫，吹扫结束后，放尽氨储槽压力和积水。

（3）系统的严密性试验：密性试验先用仪用气源加压，后用卸料压缩机加压 2.16MPa。

1）气密性试验加压分四个阶段，分别为 0.1、0.5、1.0、2.16MPa。

2）检查方法用浓肥皂水涂刷各密封点和焊缝，无气泡冒出。

3）加至 2.16MPa 后，保压 24h，前 2h 压力下降 0.025MPa，后 22h 下降 0.02MPa，为合格。

3. 调试过程

（1）卸氨前的置换：气体无水氨和空气混合的浓度在 16％～25％（V/V），易发生爆炸。因此在卸氨前要对卸氨管路和存储罐进行置换。置换方法可采用抽真空法：打开系统管路阀门，启动压缩机，将罐内压力抽至－0.08MPa，然后对管道和存储罐充氮气。

（2）液氨存储和蒸发系统区域的喷淋水系统进行试验。试验主要内容：

1）防爆柜四个喷淋按钮动作正常，液氨储罐 A、B 压力高，喷淋动作正常。

2）测量氨气泄漏装置（5 点），就地 PLC 模拟氨泄漏值大于 50ppm，正常动作相应消防喷水。

3）液氨储罐进行抽真空试验，罐内压力－0.06MPa，试验正常。

（3）SCR 反应系统的检查。

1）反应器及其前后烟道内部杂物清净，在确认内部无人后，关闭检查门和人孔。

2）反应器的声波吹灰器试运已经合格，转动部分润滑良好，动力电源已送上。

3）反应器进出口已经调试完成，可以正常工作。

4）反应器系统的相关监测仪表已校验合格，投运正常，CRT 参数显示准确。

（4）液氨卸载和存储系统的检查。

1）系统内的所有阀门已经送电、送气，开关位置准确，反馈正确。

2）液氨存储系统已经存储足够的液氨，液氨存储罐的液位不能超过规定高度。

3）卸料压缩机各部位润滑良好，安全防护设施齐全，可正常启动卸氨。

4）四个氨气泄漏检测装置工作正常，高限报警值已设定好。

5）氨气稀释槽已经注好水，水位满足要求。

6）废水池的废水泵试运合格，可以正常投用。

7）液氨卸料和存储系统仪表已校验合格，显示准确，CRT 相关参数显示准确。

（5）喷氨系统的检查。

1）系统内的所有阀门已经送电、送气，开关位置正确，反馈正确。

2）液氨蒸发器内部杂物已经清理干净，并把人孔门关闭。

3）氨气缓冲槽内部杂物清理干净，并把人孔门关闭。

4）喷氨系统的氨气流量计已经校验合格，电源已送，工作正常。

5）喷氨系统相关仪表校验合格，已经投用，显示准确，CRT 相关参数显示准确。

6）喷氨格栅的手动节流阀在冷态时已经预调整好，开关位置正确。

7）稀释风机试运合格，润滑良好，绝缘合格，可以随锅炉一起启动。

（6）脱硝系统相关的热控设备已经送电，工作正常。

（7）电厂废水处理系统可以接纳由脱硝废水池来的废水。

三、脱硝系统启动

（一）系统的启动

在锅炉点火前，要在风烟系统启动后，要送上吹灰器的动力电源及压缩空气，并将吹灰器投入使用。在点火前还应把两台反应器的压差记录下来，作为以后判断催化剂是否积灰的对比参数。

在反应器入口温度达到330℃，就可以对喷氨系统进行检查，准备氨气的制备，以便脱硝系统入口温度满足喷氨条件后就可以往系统喷氨。

（二）喷氨格栅调试

喷氨格栅必须保证在烟道入口和反应器横截面上有相同的NH_3/NO_x（摩尔）比率分布一般在0.7～0.9（设计值为0.816）。在脱硝装置运行初期，当装置通烟满负荷运行时，根据每个喷嘴上游的烟气流速和NO_x浓度调整对应的喷氨量。

（三）脱销系统首次启动

（1）烟风系统送、引风机：反应器入口温度达到最低允许运行值温度320℃。

（2）SCR系统的首次投运（氨气喷入）。

1）脱硝反应器入口烟气温度满足喷氨条件下（＞330℃）持续10min以上，则可以向系统喷氨。

2）打开氨气供应控制平台的以下手动门。

3）打开氨气缓冲槽出口的手动阀5QCE40AA300，把氨气供应至喷氨流量调节阀前。

4）再次检查确认以下条件是否全满足：脱硝反应器入口的烟气温度在317～420℃之间，且持续10min以上，反应器出口的氮氧化物分析仪、氧量分析仪已经工作正常，CRT上显示数据准确；稀释风机正常运行，风机出口风压正常。

5）上述条件满足后，打开SCR系统喷氨气动阀。

6）手动缓慢调节每个反应器的喷氨流量调节阀，先进行试喷氨试验，当调节阀打开后，要确认氨气流量计能够准确的测量出氨气流量。否则，要暂停喷氨，把氨气流量计处理好后再继续喷氨。首次喷氨时，脱硝效率暂时控制在30%～50%。

（3）首次喷氨过程记录：

蒸发槽液氨调节阀开度：10%；蒸汽调节阀开度：10%。

A侧反应器入口NO_x浓度：560mg/m³；B侧反应器入口NO_x浓度：581mg/m³。

A侧反应器出口NO_x浓度：392mg/m³；B侧反应器出口NO_x浓度：403mg/m³。

A侧喷氨调节门开度：21.3%；B侧喷氨调节门开度：21.5%。

A侧反应器喷氨流量：41.3m³/h；B侧反应器喷氨流量：44.1m³/h。

A侧反应器脱销效率：30%；B侧反应器脱销效率：31%。

根据SCR出口氮氧化物的浓度及氨气浓度，缓慢地逐渐开大喷氨流量调节阀，控制NO_x的脱除率在30%～50%。如果在喷氨过程中，反应器出口NO_x含量无变化或者明显不准时，就需要暂停喷氨，解决问题后，才能继续喷氨。

（4）喷氨过程记录：

蒸发槽液氨调节阀开度：10%；蒸汽调节阀开度：10%。

A侧反应器入口NO_x浓度：506mg/m³；B侧反应器入口NO_x浓度：521mg/m³。

A侧反应器出口NO_x浓度：302mg/m³；B侧反应器出口NO_x浓度：310mg/m³。

A侧喷氨调节门开度：30.3%；B侧喷氨调节门开度：31.5。

A侧反应器喷氨流量：61.3m³/h；B侧反应器喷氨流量：64.1m³/h。

A侧反应器脱销效率：40%；B侧反应器脱销效率：40%。

脱硝效率稳定在 $30\%\sim50\%$，全面检查各个系统，特别是反应器系统。检查氮氧化物分析仪及氧量计分析仪，确保烟气分析仪都工作正常，如果测量不准，用标准气体对仪器进行标定。检查氨气制备系统，确保氨气制备正常，参数控制稳定，能够稳定的制备出足够的氨气。

在全面检查各个脱硝的系统均工作正常后，可以继续手动缓慢开大喷氨流量调节阀，使脱硝效率达到 50% 以上。

（5）不同参数的喷氨记录：

蒸发槽液氨调节阀开度：10%。蒸汽调节阀开度：10%。

A 侧反应器入口 NO_x 浓度：$550mg/m^3$。B 侧反应器入口 NO_x 浓度：$550mg/m^3$。

A 侧反应器出口 NO_x 浓度：$275mg/m^3$。B 侧反应器出口 NO_x 浓度：$281mg/m^3$。

A 侧喷氨调节门开度：37%。B 侧喷氨调节门开度：37%。

A 侧反应器喷氨流量：$81m^3/h$。B 侧反应器喷氨流量：$83m^3/h$。

A 侧反应器脱销效率：50%。B 侧反应器脱销效率：51%。

在脱硝效率达到 50% 后，停止继续增大喷氨流量，稳定运行 2h 后，手动缓慢关小喷氨流量调节阀，把脱硝效率降低至 50%，然后联系热工检查氨气流量调节阀的控制逻辑，如果条件具备，把调节阀投入自动控制。然后增加或者减少反应器出口 NO_x 的浓度的控制目标，观察调节阀的自动控制是否正常，热工优化氨气流量调节阀的自动控制参数，使氨气流量调节阀自动控制灵活好用，满足脱硝控制要求。

（6）脱硝系统首次整组启动过程小结。

1）各系统及阀门动作准确正常，喷氨流畅，系统无泄漏。

2）各供氨调节阀工作正常，反馈准确。

3）系统脱硝要求，1 号锅炉在供氨总量达到 $160\sim170m^3/h$ 时，能满足脱硝效率 50% 以上的要求。

（四）脱硝系统首次整套启动运行后的调整

（1）脱硝系统运行温度。由于三氧化硫和氨气反应会生成硫酸氢铵（ammonium bisulfate-ABS），硫酸氢铵的沉积容易引起催化剂的失活，同时硫酸氢铵也容易黏结在空气预热器的换热片上，造成空气预热器堵塞。因此脱硝系统运行时入口处的烟气温度应高于硫酸氢铵的漏点温度 $10℃$ 以上。硫酸氢铵的漏点温度由氨气和三氧化硫的浓度决定，同时也受入口处的 NO_x 的浓度及期望的脱硝效率的影响。对于本工程烟气脱硝系统，设计脱硝系统连续运行的最低温度是 $320℃$。

入口烟气温度过高，容易引起催化剂的烧结现象，烟气温度大于 $450℃$ 时，将会导致催化剂的损毁。机组脱硝系统，设计连续运行的最高温度是 $430℃$。在脱硝系统运行中，更加应注意的是烟气温度低的问题，尤其是锅炉低负荷情况下 SCR 入口温度偏低。

在脱硝系统运行中，要密切注意入口烟气温度的变化，且不可在烟气温度不满足时还要继续喷氨。当然，在热控控制逻辑里，已把烟气温度这一条件作为调节阀打开的必要条件。如果入口烟气温度不符合喷氨要求，喷氨气动阀将会联锁保护关闭。

（2）喷入氨气流量的控制。喷入氨气流量是根据设置的期望的 NO_x 去除率、锅炉负荷、总的空气流量、总燃料量的函数值来控制的。其基本的控制思路是根据入口控制氮氧化物含量（该含量又是根据总的空气流量与总的燃料量来求出一个锅炉负荷，从而对应于某一负荷下的入口 NO_x 含量）及期望的脱硝效率计算出一个氨气流量，然后再通过出口氮氧化物实际含量来修正喷氨流量，同时氨逃逸率也是一个控制因素。如果氨逃逸率超过预先设定值，但此时 SCR 出口的 NO_x 浓度没有达到设定的要求，此时，不要继续增大氨气的喷入量，而应该先减少氨气喷入量，把氨逃逸率降低至允许的数值后，再查找氨逃逸率高的原因，把氨逃逸率高解决后，才能继续增大氨气喷入量，以保持 SCR 出口 NO_x 在期望的范围内。

（3）在系统喷氨后，要注意反应器出口的氨气浓度不能超过 3ppm，否则，要检查喷氨是否均匀，如有可能，要测试反应器入口的烟气流场和氮氧化物分布流程，以及个别调整喷氨格栅的喷氨流量。如果短时间不能解决氨气浓度超过 3ppm 的问题，那么，需要降低脱硝效率，减少氨气的喷入量。

（4）进一步联系厂家检查确认反应器出口的氮氧化物分析仪、氨气分析仪、氧量分析仪工作正常，测量准确。如有问题，需及时处理。

（5）检查每个反应器的每层喷氨格栅的氨气流量是否均匀，对流量不均匀的，通过调整手动节流阀，使同层喷氨格栅的氨气流量均匀。

（6）注意检查液氨蒸发槽的水温控制在 55℃，加热蒸汽的调节阀门自动控制正常，水温控制稳定。

（7）在 SCR 的喷氨投入后，要注意监视反应器进出口压差的变化情况，如果反应器的压差增加较大，与喷氨前比较增加较多，此时要注意增加催化剂的吹灰。

（8）在 SCR 的喷氨投入后，注意监视空气预热器进出口压差的变化情况，要及时投运空气预热器的吹灰。

（9）把消防水的联锁投入，注意监视液氨储罐的温度和压力，如果温度或者压力超过高限，消防水阀门应自动打开，否则手动打开喷淋水阀，以便降低液氨存储罐的温度和压力。

（五）脱硝系统带负荷试运

（1）脱硝系统最大负荷运行试验。机组负荷稳定在 600MW，脱硝效率设定在 80%，观察脱硝系统的运行情况，包括氨气供应情况，氨逃逸率、喷氨的均匀性。

（2）脱硝系统最低负荷运行试验。机组降负荷至脱硝允许投入时的最低入口温度 317℃ 所对应的负荷（估计负荷为 350～400MW），脱硝效率设定在 80%，观察脱硝系统的运行：氨气供应情况，氨逃逸率、喷氨的均匀性。

（3）脱硝系统变负荷运行试验。脱硝效率设定在 80%，机组负荷按照一定的速率由满负荷降低至脱硝运行的最低负荷，观察脱硝系统的运行情况，包括氨气的供应情况，氨逃逸率、实际脱硝率、氨量的变化等。

（4）脱销系统变化脱销率运行试验。在额定负荷 600MW 下，变化脱销率由 50% 升至 90%。再由 90% 降低至 50%，分别观察脱硝系统的运行情况，包括氨气的供应情况、氨逃逸率等参数的变化。

（5）脱销系统投运和停止对锅炉的运行影响试验。在机组额定负荷情况下，观察脱硝系统投运（喷氨至脱硝效率 80%）或者停止（脱销系统因为故障保护动作、突然停止喷氨）对锅炉运行参数的影响，以及 SCR 反应器投停时，旁路挡板、SCR 反应器出入口挡板开关等对锅炉运行参数的影响，观察炉膛负压、引风机出力等参数变化情况。

（6）脱销系统满负荷运行。在完成所有试验后，脱硝系统已具备进入 168h 满负荷试运的条件，实现全烟气脱硝；同步完成 168h 试运行。168h 满负荷试运初期，脱硝效率先设定在 50%。经过对 FGD 脱硝系统考核，系统运行各参数满足设计要求，开始脱硝系统的 168h 满负荷试运。

四、停运与维护

（一）SCR 系统的停运

（1）SCR 系统的短期停运（锅炉不停，可能因为烟气温度不满足条件而停止喷氨）：

1）关闭液氨储罐液氨出口管道气动阀。

2）关闭蒸发槽蒸汽入口气动门。

3）关闭蒸发槽液氨入口管道气动阀。

4）关闭蒸发槽入口调节阀门。

5）关闭 SCR 喷氨气动阀。

6）关闭 SCR 喷氨调节阀。

7）其他系统设备或者阀门等保持原来的运行状态。

根据情况决定是否切换为旁路运行。

（2）SCR 系统的长期停运（锅炉停运）：

在锅炉降低至最低允许喷氨温度前，负荷暂时稳定，等喷氨流量调节阀关闭后继续降负荷。

1）关闭液氨储罐液氨出口管道气动阀及其手动门。

2）关闭蒸发槽液氨入口管道控制阀。

3）继续加热蒸发器数分钟，待蒸发槽出口氨气压力几乎降为零后，逐渐关闭蒸发槽入口的蒸汽控气动阀及调节阀，然后关闭相应手动阀。

4）缓冲压力基本为零后，关闭蒸发槽出口手动阀。

5）关闭 SCR 喷氨气动阀，氨气流量调节阀。

6）在锅炉停运后，锅炉已经完全冷却至环境温度后，停吹灰器。

7）至此，脱硝系统完全停止运行（如果液氨存储罐还存有液氨，则要按正常情况继续监视和巡视液氨存储罐的运行情况）。

8）氨区如有检修工作，必须放尽相关设备管线阀门内压力，如需要动火作业时，还必须按有关要求办理动火工作票，并加好相关隔离堵板，用氮气置换，分析合格后，才允许动火。

（二）SCR 系统的正常运行维护

（1）每天要定期检查整个系统，是否存在泄漏，特别是涉及氨气的所有设备和管道，如有泄漏，要及时联系进行处理。

（2）注意重点监视反应器进出口压降、空气预热器进出口压降、反应器出口各烟气分析仪、液氨存储罐的压力和温度、蒸发器水温等重点参数，发现异常，要及时分析原因，以及时排除隐患，把系统恢复至正常的运行状态。

（3）每天检查稀释风机的运行情况，包括噪声、振动、轴承温度、润滑情况等；每周要检查稀释风机入口滤网的污染情况、连接部件的紧固情况；每月要注意检查风机的叶片是否黏有异物，联轴器是否连接牢固。

（4）每天要检查声波吹灰器的运行情况，包括噪声水平、振动、运行时的压缩空气压力。

（5）定期检查烟道膨胀节是否扭曲变形、是否存在泄漏、是否已经变薄、连接件是否松动等。

（6）每周要定期检查 SCR 反应器的人孔门、检查孔等是否有渗漏痕迹、连接部位是否有松动、连接法兰垫是否有损坏。

（7）每周要定期检查喷氨格栅是否有腐蚀、磨损、泄漏或者堵塞现象。

（8）每周要定期检查系统各阀门是否有裂纹、是否有渗漏痕迹、工作状态是否正常、阀门行程是否充足；每月要定期检查系统内的阀门是否有腐蚀、设备标签是否丢失。

（9）每天要定期检查系统内所有管道是否存在振动过大现象；每周要定期检查系统内的管道是否有泄漏痕迹、膨胀情况是否良好；每月要定期检查系统内的管道是否出现连接不良而弯曲的现象、是否有堵塞、支吊架是否工作正常。

（10）对系统内的仪表每天要检查是否存在振动大现象，是否存在泄漏痕迹、CRT 上数值显示是否准确；每周要定期检查是否有堵塞、连接部位是否松动、电缆连接是否正常、传感器工作是否正常、控制柜是否干净；每月定期检查是否有标签丢失、是否有零部件丢失、是否已经到了检验日期。

五、安全注意事项

（一）液氨物理特性

（1）氨化学式 NH_3，分子量 17.03，密度 0.7714g/mL，溶点 $-77.7℃$，沸点 $-33.35℃$，自燃点 651.11℃，氨气密度 0.617g/mL，25.7℃时的氨气压 1013.08kPa，液态氨变气氨膨胀 850 倍，氨气泄漏不扩散，滞留地面。

（2）形成二类可燃爆炸性混合物：爆炸极限体积分数浓度 16%～25%，最易爆炸浓度 17%。

（3）液氨稀释控制在 5%，浓度达 7%报警。

（4）氨泄漏 25ppm 报警；50ppm 水自动喷淋。

（二）工作人员接触到氨气受伤害防治

（1）工作人员接触到泄漏氨采取预防措施。

1）在调试过程中采取一切措施防止氨气的泄漏。

2）工作人员处理氨气泄漏问题时需穿戴好个人保护用品，不参加泄漏问题处理的无关人员必须远离氨气泄漏的地方，而且必须站在上风方向。

（2）工作人员接触到氨气而受到伤害时需采取的措施。

1）如果工作人员因为吸入氨气过量而中毒，应使中毒人员迅速离开现场，转移到空气清新处，保持呼吸道畅通，并等待医务人员或送往就近医院进行抢救。

2）如果工作人员皮肤接触氨气，应立即用大量的清水冲洗皮肤或用 3%的硼酸溶液冲洗。

3）如果是工作人员眼睛受到氨气的伤害，则必须立即翻开上下眼睑，用流动的清水或生理盐水冲洗至少 20min，并送医院急救。

（三）氨气泄漏

（1）避免系统管道阀门等出现故障采取的预防措施。

1）系统安装的所有设备材料必须满足存储液氨的需要，严禁使用红铜、黄铜、锌、镀锌的钢、包含合金的铜及铸铁零件。

2）系统要进行严密性试验，确保系统不存在泄漏的地方。

3）液氨存储系统要有专人 24h 值班，除运行人员定期检查外，值班人员也要利用便携式氨气监测仪对系统周围进行检测，确保系统无泄漏。

（2）出现氨气泄漏事故时采取的处理措施。

1）立即关闭有关泄漏点的阀门。

2）发生氨气泄漏时及时通知相关部门和领导，撤离受影响区域的所有无关人员。

3）在保证人员安全的情况下，及时清理所有可能燃烧的物品及阻碍通风的障碍物，保持泄漏区域内通风畅通。

4）立即组织人员隔离所有泄漏设备及系统。

5）启动现场的水喷淋来稀释泄漏的氨气，为防止吸收氨气后的水二次污染，应启动废水泵。

6）参加泄漏处理的人员都必须穿戴好个人保护用品后，进入泄漏区域开展事故的处理工作。

（四）催化剂进出口差压高或者空气预热器进出口差压高

（1）差压测量仪表不准，或者氨逃逸高造成硫酸氢胺生成量多，从而造成积灰严重。预防措施：

1）确保差压检测仪表已校验合格，工作正常，引压管不存在泄漏或者堵塞现象。

2）确保 SCR 出口的烟气分析仪工作正常，测量准确。

3）调整喷氨格栅的节流阀，使同层每一个喷氨格栅的氨气流量均匀。

4）确保氨气流量调节阀工作正常，自动控制调节效果良好。

5）确保氨气流量检测器已校验合格，工作正常。

6）定期对催化剂和空气预热器进行吹灰。

7）确保吹灰压缩空气参数满足吹灰要求。

（2）出现催化剂进出口差压高或者空气预热器进出口差压高采取的措施。

1）如是差压测量系统有问题，就要对测量系统进行处理，确保测量准确无误。

2）如差压的确高，对 SCR 系统，可以暂停喷氨，加大催化剂的吹灰频率；对于空气预热器，如果加大吹灰频率还解决不了问题，可停运单侧空气预热器然后进行高压水冲洗。

（五）脱硝效率低

（1）喷入氨气量偏少、氮氧化物分析仪偏低、喷入氨气不均匀，预防措施：

1）确保氨气流量调节阀的自动控制调节效果良好。

2）联系厂家调试好氮氧化物分析仪，尽可能用标准气体对其进行标定一次。

3）调整喷氨格栅的节流阀，确保每个喷氨格栅的流量均匀。

（2）出现脱硝效率低的处理措施：

1）在出现脱硝效率低时，首先不要急于加大喷入的氨气量，而是首先排查效率低的原因，在原因查清楚后，再决定是否需要加大喷氨量，否则稍有不慎，容易造成氨气逃逸率的升高。

2）如是氮氧化物分析仪测量不准确，对测量仪重新调试，并用标准气体进行标定。

3）检查氨气流量调节阀的自动控制功能，确保调节效果良好。

4）如喷入氨气不均匀，就要调整喷氨格栅的节流阀，确保喷氨均匀。

（六）氨气逃逸率高

（1）喷入氨气量过大、喷入氨气不均匀或氨气分析仪测量不准或负荷变化速率过快。预防措施：

1）在喷入氨气前，对氨气分析仪调试，确保氨气分析仪工作正常。

2）要确保氮氧化物分析仪、氧量分析仪工作正常。

3）要确保氨气流量调节阀自动控制调节满足实际脱硝要求，不会过量喷入氨气。

4）调整喷氨格栅的流量节流阀，确保每层喷氨格栅的每个支路流量均匀。

5）机组升降负荷严格按照升降负荷曲线进行。

（2）出现氨气逃逸率高的处理措施：

1）如是氨气分析仪测量不准应立即处理，尽可能用标准气体进行一次标定。

2）如氨气分析仪测量准确，氨逃逸率的确高，此时应先减少喷入的氨气量，然后检查同层每个喷氨格栅的流量是否均匀，如不均匀，要调整节流阀，使喷入的氨气均匀进入烟气中。

（七）液氨储罐安全门动作

（1）安全门压力整定值过低或者储罐压力过高预防措施：

1）安全门在安装之前，把安全门拿到有资质的单位进行校验，并出具校验合格证明书。

2）液氨存储罐最高液位不允许超过罐容积的85％所对应的高度。

3）控制罐内的压力在1.5MPa以内，温度在40℃以下。如果存储罐内压力高于1.8MPa或者温度高于45℃时，喷水装置要求能够自动打开进行喷水冷却降压。

（2）出现安全门动作情况时采取的处理措施：

1）启动废氨处理系统，确保从安全阀排出的氨气能够在稀释罐被水及时稀释，并被废水泵打至废水处理系统。

2）打开水喷淋装置，对存储罐进行喷水冷却降温降压。

3）如果安全阀已经到达回座压力但还是不回座，则手动强制将安全阀回座。

六、性能保证和技术要求

（一）性能保证

脱硝系统装置性能保证值应由制造厂负责。具体保证值如下。

（1）脱销工艺指标：

1）NO_x脱除率不小于80％；厂家保证效率值应为90％，氨的逃逸率不大于3ppm；SO_2/SO_3转化率不大于1％，NH_3/NO_x摩尔比不大于0.816；依合同约定NO_x排放浓度应达到国家规定的升级标准（≤30mg/m³）。

2）脱销装置烟气入口温度控制：320℃，最高420℃。

3）严密性试验：按压力分四段进行，0.1、0.5、1.0、2.16MPa，前三次停2h，允降0.03MPa，第四阶段2.16MPa需停22h，允降0.02MPa，方为合格。

4）氮气置换：抽真空至−0.08MPa，管道氮气充压0.5MPa，排至0.1MPa，反复4～5次。

5）SO_3与NH_3易生成硫酸氢铵，为防止出现此态（氨中毒），烟气温度高于它的露点10℃。

6）吹化剂进、出口压力不大于800Pa。

（2）脱销装置。

1）脱硝装置在附加层催化剂投运前的条件：①锅炉 50%～100% BMCR 负荷；②脱硝系统入口烟气中 NO_x 含量 180～450mg/m³；③利用小时数 5260～7500h；利用率在 70% 左右。

2）制造商应提供。

a. NH_3/NO_x 摩尔比值不超过保证值，NO_x 含量变化投标时提供脱除率修正曲线。

b. SO_2/SO_3 转化率随烟温、催化剂入口的 SO_2 浓度及锅炉负荷等因素变化的函数曲线。

3）脱硝效率定义：

$$脱硝效率 = \frac{C_1 - C_2}{C_1} \times 100\% \tag{5-8}$$

式中　C_1——脱硝系统运行时脱硝装置入口处烟气中 NO_x 含量，mg/m³；

　　　C_2——脱硝系统运行时脱硝装置出口处烟气中 NO_x 含量，mg/m³。

4）氨逃逸率是指在脱硝装置出口的浓度。

（3）压力损失。

1）从脱硝系统入口到出口之间的系统压力损失不大于 800Pa（催化剂层投运增加损失未计）。

2）从脱硝系统入口到出口之间的系统压力损失不大于 1000Pa（催化剂层投运后增加的损失）。

3）化学寿命期内，对 SCR 反应器内的每一层催化剂，压力损失增幅不超过 20%。

（4）脱销装置可用率。脱销整套装置可用率，在最终验收前不低于 98%。

$$可用率 = \frac{A - B - C - D}{A} \times 100\% \tag{5-9}$$

式中　A——脱销装置统计期间可运行小时数；

　　　B——相关的发电单元处于运行状态，SCR 装置本应正常运行而不能运行小时数；

　　　C——SCR 装置没有达到 NO_x 脱除率不低于 60% 要求时的运行小时数；

　　　D——SCR 装置没有达到氨的逃逸率低于 3ppm 要求时的运行小时数。

（5）催化剂寿命。在 NO_x 脱除率不低于 60%，氨的逃逸率低于 3ppm 时：从首次注氨开始到更换或加装新的催化剂之前，催化剂保证化学寿命不低于 24 000h，最大 3 年。

保证催化剂的机械寿命 5 万 h，不少于 10 年。

（6）系统连续运行温度。在满足 NO_x 脱除率、氨的逃逸率及 SO_2/SO_3 转化率的性能保证条件下，厂家应保证 SCR 系统具有正常运行能力。最低连续运行烟温 320℃；最高连续运行烟温 420℃。

（7）氨等耗量。

1）在 BMCR 至 50%THA 负荷，且原烟气中 NO_x 含量为 450 mg/m³ 时，厂家应保证系统氨耗量。并应提供氨耗量随 NO_x 浓度变化的修正曲线。

2）其他耗量：纯氨蒸发用蒸汽量、催化剂吹扫用蒸汽量、吹扫的单位时间内的蒸汽耗量、每次吹扫期间的蒸汽耗用总量、每天吹扫频率。如 350MW 机组的锅炉液氨耗量 1073t/年。

（8）对锅炉运行的影响。脱硝系统若发生因加装脱硝而导致空气预热器堵灰，不能正常运行，用方有对厂方进行追溯的权利。

（二）主要技术条件

（1）一般要求。

1）脱硝装置在闭合状态，密封装置的泄漏为0，不允许烟气泄漏到大气中。

2）脱硝装置应能快速启动，应能适应锅炉的启动、停机及负荷变动。

3）检修同机组一致，小修每年1次，大修每5年一次。

4）不会造成超过设计标准的老化、疲劳和腐蚀。

5）厂家应提供脱硝系统完整可靠的通风、空调系统的设计要求。

6）表面温度：当环境温度小于27℃时不超过50℃；当环境温度大于27℃时不超过25℃＋环境温度。

7）噪声应小于85分贝（离设备1m处测量）。

8）脱硝设备年利用小时按6097h考虑，年运行小时数不小于7300h。

9）脱硝装置服务寿命为30年。

（2）设备要求。

1）SCR反应器：应能承受运行温度420℃，不少于5h的考验，而不产生任何损坏。

2）催化剂：①催化剂金属元素有严格要求；②催化剂的形式可采用蜂窝式或平板型，应整体成型，孔径应大于6mm，壁厚应大于0.7mm，且有防堵灰措施；③催化剂模块必须有防烟气短路的密封系统设计，密封装置寿命不低于催化剂的寿命，催化剂各层模块应有互换性；④催化剂设计应考虑燃料中含有的任何微量元素可能导致的催化剂中毒。

七、除氮工艺及环保一体化

（一）利用氧化原理

首创燃煤锅炉无添加剂脱硫除尘脱氮氧化物技术为脱硫脱硝除尘一体化。

这一技术针对煤中灰分矿物质组成及其锅炉燃烧后产物的化学特征，用灰分中的三氧化二铁，将二氧化硫催化成硫酸，再利用亚铁离子作络合吸收剂，将一氧化氮吸收于酸性水中，用二氧化硫生成的亚硫酸盐净化一氧化氮废气，最后用硫酸溶解尘中的金属氧化物生成硫酸盐。

该技术虽然经过技术评委会评定，认为是较好的零排放的创新技术，但没有进行工业实践。目前，只是技术探讨，深入研究，待试验成熟，将走进工业实践大门。

（二）脱硝系统安全工艺

（1）水压试验及系统吹扫。水压试验最高压力为2.7MPa；各安全阀后废气回收管线试压0.5MPa；利用水压试验的机会往液氨罐充水时，对液氨罐及液氨蒸发器的液位计进行实际校验，确保液位指示正确，报警指示正确无误；用仪用气源加入液氨储槽内，压力加至0.6MPa，对系统管路的吹扫。

（2）系统的严密性试验：压缩机加压2.16MPa，气密性试验加压分四个阶段进行。

（3）氨气置换：由于气体无水氨和空气混合的浓度在16%～25%，容易发生爆炸。因此在卸氨前要对卸氨管路和存储罐用氮气进行吹扫置换。液氨储罐的充 N_2 置换：置换方法可采用抽真空法或加水加 N_2 法进行置换。打开卸料管氮气吹扫阀、氮气至卸料压缩机手动门、氮气卸料压缩机旁路阀、卸料压缩机氨气入口阀，给管道充压至0.5MPa，然后打开液氨储罐A氨气出口气动阀、取样门，压力降至0.1MPa时，关闭取样门，反复操作4～5次。

液氨蒸发及喷射系统管路的充 N$_2$ 置换：氨系统在首次通入氨气或者检修后再次通入氨气时，需要通入 N$_2$ 置换蒸发器、缓冲罐及管道中的空气。

液氨储罐至液氨蒸发器管道的充 N$_2$ 置换、氨气缓冲罐入口管道的充 N$_2$ 置换、氨气缓冲罐出口管道的充 N$_2$ 置换、氨/空气混合器入口管道的充 N$_2$ 置换大体相同工艺如下：

打开液氨储罐至液氨蒸发器管线氮气吹扫阀，打开液氨储罐液氨出口阀至液氨蒸发器入口气动阀之间管道上的所有阀门（排放门除外），给管道充压至 0.5MPa，打开液氨储罐出口液氨排空阀，压力降至 0.1MPa 时，关闭液氨储罐出口液氨排空阀，反复操作 4～5 次。

氨/空气混合器入口管道的充 N$_2$ 置换：打开氨/空气混合器 A 入口管道氮气吹扫阀，打开氨气至氨/空气混合器入口手动阀至气动截止阀管道上的所有阀门（排放门除外），给管道充压至 0.5MPa，打开氨气至氨/空气混合器管线排空阀，压力降至 0.1MPa 时，关闭氨气至氨/空气混合器管线排空阀，反复操作 4～5 次。

（4）安全阀及安全装置校验、卸氨操作、存储罐之间液氨的倒换、液氨蒸发器的启动、氨气供给的正常中断顺序、系统喷淋、报警和联锁保护、接触到氨气后防护、氨气检漏规定、氨气泄漏处置等都有安全工艺规定。

脱硝装置氨气制备区如图 5-16 所示。

图 5-16　脱硝装置氨气制备区

第六章

火 电 施 工 相 关 计 算

第一节 建 筑 工 程 实 例

一、爆破工艺及药量计算

建筑工程爆破与劈山爆破不同，其特点是根据岩性、砂砾岩土、周围环境、爆破技术等因素，减少爆破对留岩体稳定性的影响，因此，采用松动与加强松动爆破技术尤为重要。

（一）爆破一般要求

（1）根据给定位置和需求松动的界区定位，采用梅花形垂直布孔。

（2）孔深垂直度误差不超过 $\pm 1°$，方向误差不超过 3%。

（3）按要求严格控制深度，低标高控制在要求爆破深度预留 200mm，进行人工清底；超挖部分要用碎石混凝土或硬黏土填实，地耐力满足设计要求，并达到设计标高。

（4）孔内无残渣、积水，装药后用黄黏土堵塞，严禁用石块；保护好孔内引出的爆破引线。

（5）根据钻孔地质情况，药量可适量调整。

（6）爆破钻孔孔径为 115mm；采用 TYL386 型履带式钻孔机，配备 SULLAIR825XH 型、中风压柴油移动式螺杆空压机。

（二）2 号岩石乳化炸药

适应于无沼气、矿尘爆炸危险的爆破工程。产品性能优良、抗水性强、爆炸性能稳定。

（1）技术要求：填装密度 $1.00 \sim 1.30 \text{g/cm}^3$。

（2）性能：爆速大于等于 3200m/s、猛度大于等于 12mm、殉爆距离大于等于 3cm、做功能力大于等于 260mL；抗水性能：在压力为 0.1MPa 的水中浸泡 2h 能完全爆破。

（3）有效期：自产品制造完成之日起 180 天。

（三）爆破单孔炸药单孔药量计算

（1）孔深 $H = 2.5\text{m}$、孔距 $a = 3\text{m}$、排距 $b = 3\text{m}$。

（2）炸药单耗：考虑岩石坚固程度，对比类似工程的实际，主炮孔炸药单耗 $q = 0.3 \text{kg/m}^3$，边孔炸药单耗取 $q = 0.2 \text{kg/m}^3$。

（3）炸药单孔药量计算：$m = qabH = 0.3 \times 3 \times 3 \times 2.5 = 6.75 \text{kg}$。

（四）装药结构及炮孔连接

（1）装药结构：主爆孔采用连续装药，边孔采用间隔装药。

（2）炮孔连接采用非电毫秒复式网络连接。

二、模板支撑及脚手架计算

（一）模板体系的稳定性验算

1. 柱箍验算

（1）计算混凝土对模板的最大侧压力（F），式（6-1）和式（6-2）中取较小值为混凝土的最大侧压力：

$$F = r_c H \tag{6-1}$$

$$F = 0.22 r_c t_0 \beta_1 \beta_2 v^{1/2} \tag{6-2}$$

$$t_0 = 200/(t+15)$$

式中　F——混凝土对模板的最大侧压力（kN/m^2）；

　　　r_c——混凝土的重力密度（kN/m^3）；

　　　H——混凝土浇筑的总高度（m）。

　　　t_0——混凝土的初凝时间（h）；

　　　β_1——外加剂修正系数，泵送混凝土取 1.2；

　　　β_2——混凝土坍落度修正系数，泵送混凝土取 1.15；

　　　v——混凝土的浇筑速度（m/h）；

　　　t——混凝土的浇筑温度（℃）；

（2）计算：根据工程的结构特点，混凝土浇筑高度 $H=6m$，$r_c=24kN/m^2$，$v=2.8m/h$。式（6-3）和式（6-4）选一计算：

$$F = r_c H = 24 \times 6 = 144 kN/m^2 \tag{6-3}$$

考虑安全因素，校核强度时，选定混凝土浇筑温度为 11℃，则 $t_0 = 200/(11+15) = 7.6h$

$$F = 0.22 r_c t_0 \beta_1 \beta_2 v^{1/2} = 93 kN/m^2 = 0.093 N/mm^2 \tag{6-4}$$

2. 强度验算

选用 14 槽钢，并和 $\phi20$ 钢筋焊接成钢结构桁架，如图 6-1 所示。

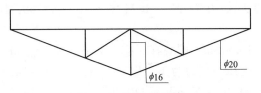

图 6-1　钢结构桁架

已知条件：钢桁架横截面积 $A = 1875mm^2$；抗弯断面系数 $W = 161 \times 10^3 mm^3$；惯性矩 $I = 563.7 \times 10^4 mm^4$；弹性系数 $E = 206 \times 10^3 N/mm^2$；桁架抗拉强度 $[\sigma] = 215 N/mm^2$；柱截面尺寸：$700 \times 1800 mm$，选用 50×100 白松木方做肋，间距 250mm，柱箍间距取 $L_1 = 600mm$，$L_2 = 1200 + 200 = 1400mm$，$L_3 = 700 + 200 = 900mm$；许用挠度 $[y] = 3mm$。

$$q = FL_1 = 0.093 \times 600 = 55.8 N/mm$$

$$M_{max} = qL_2^2/8 = 55.8 \times 1400^2/8 = 1.37 \times 10^7 N \cdot mm$$

$$Б_1 = M_{max}/W = 1.37 \times 10^7/(161 \times 10^3) = 85 N/mm^2 \qquad （单位面积弯应力）$$

$$\tau = qL_3/2 = 55.8 \times 900/2 = 2.51 \times 10^4 N \qquad （剪力）$$

$$Б_2 = \tau/A = 2.51 \times 10^4/1875 = 13.38 N/mm^2 \qquad （单位面积剪力）$$

$Б_总 = Б_1 + Б_2 = 85 + 13.38 = 98.38 N/mm^2 < [\sigma] = 215 N/mm^2$　满足强度要求。

3. 挠度验算

$$y = 5qL_2^4/384EI = 5 \times 55.8 \times 1400^4/(384 \times 206 \times 10^3 \times 563.7 \times 10^4)$$
$$= 2.38 mm < [y] = 3 mm$$

(二) 选择对拉螺栓规格

最大拉力为 $N = qL_3/2 = 55.8 \times 900/2 = 2.51 \times 10^4 N = 25.1 kN$

选用 $\phi16$ 对拉螺栓：$A = 201 mm^2$，净面积 $A_s = 144.1 mm^2$；则 $\phi16$ 螺栓可承受的最大拉力为 $Б_栓 = [\sigma] \cdot A_s = 215 \times 144.1 = 31 kN > N = 25.1 kN$。故，可选用 $\phi16$ 对拉螺栓。

(三) 梁下支撑验算

模板自重：$0.5 \times 0.6 = 0.3 kN/m$；　　　新浇混凝土自重：$25 \times 1.6 \times 0.6 = 24 kN/m$；

钢筋自重：$1.5 \times 0.6 \times 1.6 = 1.44 kN/m$；　施工荷载：$4 \times 0.6 \times 1 = 2.4 kN/m$；

荷载的标准：$28.14 kN/m$；　　　　　　　设计值：$28.14 \times 1.4 = 39.4 kN/m$。

采用 $\phi48 \times 3.5$ 钢管进行加固，支撑立杆间距 500mm。

$$W = 5.08 \times 10^3 mm^3;　　I = 12.18 \times 10^4 mm^4;　　E = 206 \times 10^3 N/mm^3;$$

$F = 39.4 \times 0.5/3 = 6.57 kN;　　M_{max} = FL_1/4 = 6.57 \times 0.5/4 = 0.82 kN \cdot m = 8.2 \times 10^5 N \cdot mm$

(1) 强度要求：$Б_1 = M_{max}/W = 8.2 \times 10^5/(5.08 \times 10^3) = 161 N/mm^2 < [\sigma] = 215 N/mm^2$。满足要求。

(2) 挠度验算：$y = FL_1^3/48EI = 6.57 \times 500^3/(48 \times 206 \times 12.18 \times 10^7) = 0.68 mm < 3 mm$。满足要求。

(四) 满堂脚手架整体稳定性计算

模板及钢管加固件自重 $750 N/m^2$；钢管支架自重 $300 N/m^2$；新浇混凝土自重 $3000 N/m^2$；钢梁自重 $1500 N/m^2$；施工荷载：$2500 N/m^2$。合计：$8050 N/m^2$。

满堂脚手架标准为区格 $1.2m \times 1.2m$，步距高为 1.5m；每区格的面积为 $A_s = 1.2 \times 1.2 = 1.44 m^2$。

每根脚手架承受的荷载力为 $N = 1.44 \times 8050 = 11\,592 N$；选用 $\phi48 \times 3.5$ 钢管 $A = 424 mm^2$。

钢管回转半径为 $d = 15.9 mm$，则立杆压应力为 $Б = N/A = 11\,592/424 = 27.34 N/mm^2$。

按稳定性计算支柱的受压力应力为 $Б = L/d = 1500/15.9 = 94.3 N/mm^2$。

查表　$q = 0.594$，则 $Б = N/qA = 11\,592/(0.594 \times 424) = 46 N/mm^2 < [\sigma] = 215 N/mm^2$。

满足脚手架稳定性要求，并要合理设置剪刀撑。

三、烟囱施工模架计算

(一) 筒壁施工模板结构受力计算

(1) 在烟囱筒壁施工中，普遍采用三角架翻模施工工艺。由于三角架受力比较复杂，其荷载随施工工序的变化而经常变化，同时它又于竖向、环向支撑和其下各层三角架组成了一个复杂的空间结构。为了对其模板系统及支撑系统进行校核，简化计算过程，设定如下。

1) 在进行顶撑计算时，认为它是一个轴心受压杆件，承受着水平杆外端顶部的支座压力。

2) 在施工过程中主要施工荷载在外侧，所以只进行外三角架验算和内模板斜撑的受力计算。

3）环向每相邻三角架间距设计 0.85m，每层模板高度设计 1.5m。

（2）模板验算。设计模板厚度 2.5mm，板块均为 32.4cm×23cm。基本风压取值 W_o=50kg/m²，高度系数取值 K_z=2，采用 ϕ50 振捣器，允许应力 $[\sigma]$=2000kg/cm² （215N/mm²），允许挠度 $[y]$=0.15cm，钢板泊桑比 μ=0.3，b=1cm。

1）荷载分析。模板承受的最大侧压力 P_a=750kg/m²，混凝土入模水平冲击力 P_b=200kg/m²，风荷载 P_c=100kg/m²，则模板承受均布荷载 q=750+200+100=1050kg/m²。

2）模板强度及刚度验算。角部为最不利区格，按均布荷载作用下，两边简支，两边固定的双向板计算如下。

L_x=23cm，L_y=32.4cm。查《建筑结构静力计算手册》得：当 L_x/L_y=0.71 时，弯矩系数 M_o=0.0987，挠度系数为 y_o=0.003 65；当板厚 h=2.5mm 时，截面抗弯矩 W=$bh^2/6$=1×0.25²/6=0.0104cm³；截面刚度 B_c=$Eh^3/[12（1-\mu^2）]$=3008kg/cm²；M_{max}=$M_o q L_x^2$=0.0987×0.105×23²=5.48kg/cm；$\sum_{max}$=M_{max}/W=527.14kg/cm²<$[\sigma]$=2000kg/cm²；F_{max}=$f_0×q×L_x^4/B_c$=0.003 65×0.105×23⁴/3008=0.036cm<$[y]$=0.15cm。验算表明，模板的强度、刚度均满足要求。

（二）杆件验算

1. 稳定强度

荷载分析，经过以上设定，在模板及支撑系数计算中荷载分析如下：

（1）每榀三角架及其附件质量 m_1=40kg。

（2）操作平台铺板每延长米 m_2=20kg。

（3）安全网质量 m_3=10kg。

（4）施工荷载（均布）q_1=500kg。

（5）风荷载 q_2=50kg（《工业与民用建筑结构荷载规范》规定）。

其允许应力按《钢结构设计规范》取：$[\sigma]$=1700kg/cm²，$[\tau]$=1000kg/cm²。

按轴心受压验算稳定性：σ=$R_A/A\phi$=499.5/（2.74×0.452）=403kg/cm²<$[\sigma]$=1700kg/cm²，故稳定强度满足要求（R_A 数据的来源详见本节顶撑杆件计算）。

2. 模板斜撑

模板斜撑主要用于承担模板在混凝土浇筑时的侧压力及安装模板时的支撑，所以进行斜撑受力计算和强度验算时，选取环梁部位时工作状态为最不利情况。如图 6-2 所示，取模板与水平间夹角为 71°，L_{OB}=100cm，L_{AB}=120cm，模板长度 L_{CE}=130cm。模板承受的混凝土侧压力（均布荷载）q_1=10.5kg/cm。

在三角形 ABO 中：

L_{AO}^2=120²+100²-2×120×100×cos71°

　　　=16 586

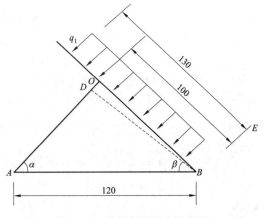

图 6-2　模板斜撑受力示意图

则 $\qquad L_{AO}=128\text{cm}$

$$\sin\beta=100\times\sin71°/128=0.738$$

则 $\qquad L_{DB}=L_{AB}\times\sin\beta=120\times0.738=88\text{cm}$

设 $\qquad \sum M_B=0$

则 $\qquad P_{AO}\times L_{DB}-L_{CE}/2\times q\times L_{CE}=0$

则 $\qquad P_{AO}=130/2\times10.5\times130/88=1008\text{kg}$

斜撑选用顶撑杆选用 $\phi32\times2.5$ 钢管,钢管横截面积 $A=2.32\text{cm}^2$。其力学特性为 $r_{XO}=1.05\text{cm}$,$\lambda=L_{CE}/r_{XO}=130/1.05=123.8$,查《钢结构设计规范》得稳定系数 $\phi=0.438$,按轴心受压进行稳定性验算:$P_{AO}=1008\text{kg}$,$\sigma=P_{AO}/(A\times\phi)=1008/(2.32\times0.438)=992\text{kg/cm}^2<[\sigma]=1700\text{kg/cm}^2$。稳定强度满足要求。

通过以上验算结论,该模板及支撑系统满足强度、刚度、稳定性要求,可以在翻模施工中应用。

3. 三角架杆件及稳定验算

(1) 三角架杆件规格材质,见表 6-1。

表 6-1　　　　　　　　　　　　　三角架杆件规格材质

编号	杆件名称	规格	材料	计算长度 (cm)	截面积 (cm²)
1	水平杆	∠50×6	A3	130	7.29
2	斜撑杆	∠50×6	A3	167	5.59
3	顶撑杆	$\phi32\times2.5$	A3	130	2.74
4	内模板斜撑	$\phi32\times2.5$	A3	129	2.32

(2) 三角架斜撑。如图 6-3 所示,假定三角架 B、C 点铰接,外端点 A 处无顶撑时,其稳定性验算如下。

A 点承受载荷有:

竖向力 $P_O=(q_1\times L_{CE})/2+m_1+m_2+m_3=(500\times1.3)/2+40+20+10=395$

风力 $N_O=(q_2\times L_{CE})/2=(50\times1.3)/2=32.5\text{kg}$

假定 $P_O-N_{AC}\times\sin\alpha=0$,$N_O+N_{AB}-N_{AC}\times\cos\alpha=0$

得 $N_{AC}=P_O/\sin\alpha=395/\sin38.95°=628\text{kg}$

$N_{AB}=N_{AC}\times\cos\alpha-N_O=628\times\cos38.95°-32.5=456\text{kg}$

按中心受压杆件验算,斜撑选用 $\angle50\times6$ 角钢,受压支撑两节点距离 $L=167\text{cm}$,查 $\phi=0.536$,$N_{AC}=628\text{kg}$,$A=5.59\text{cm}^2$,$I_x=13.05\text{cm}^4$,$r_x=1.52\text{cm}$,则 $\lambda=L/r_x=167/1.52=110$,$\sigma=N_{AC}/A\phi=628/(5.59\times0.536)=209\text{kg/cm}^2<[\sigma]=1700\text{kg/cm}^2$。

4. 水平杆

(1) 水平杆 AB 端为铰接,其跨中最大弯矩:

$M=qL_{CE}^2/8=(650\times1.3^2)/8=137.31\text{kg}\cdot\text{m}=13\,731\text{kg}\cdot\text{cm}$,轴向力 $N_{AB}=586\text{kg}$。

按压弯杆件核算材料应力:

$\sigma=M/W+N_{AB}/F=13\,731/15.24+586/7.29=981\text{kg/cm}^2<[\sigma]=1700\text{kg/cm}^2$

（2）顶撑杆：

如图 6-4 所示，水平杆为一简支梁情况下，认为点 A 的支座力全部由顶撑承担，以此进行顶撑的稳定性验算。

$$R_A = (q_1 \times L_{CE})/2 + m_1 + m_2 + m_3 = (500 \times 1.3)/2 + 40 + 20 + 10 = 395$$

顶撑杆选用 $\phi 32 \times 2.5$ 钢管，其力学特性为 $r_{xo} = 1.05\text{cm}$，$\lambda = L_{CE}/r_{xo} = 130/1.05 = 124$。

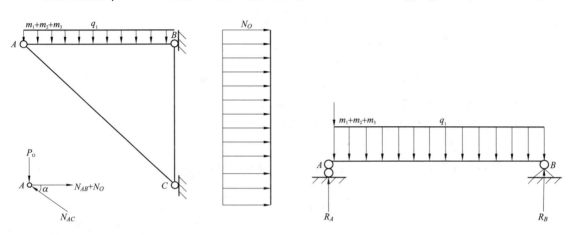

图 6-3 三角架杆件受力示意图　　　　图 6-4 顶撑受力示意图

查《钢结构设计规范》得杆件稳定系数 $\phi = 0.452$ 按轴心受压验算稳定性：

$$\sigma = R_A/F_\phi = 395/(2.74 \times 0.452) = 319\text{kg/cm}^2 < [\sigma] = 1700\text{kg/cm}^2。$$

故稳定强度满足要求。

四、深基坑防护设施计算

（一）复合土钉墙设计计算

1. 基坑水平荷载标准值计算

现场情况：新翻车机室 A 区、B 区基坑开挖 14m，C 区开挖 18m 深等七个支护区，距运行的老翻车机室侧墙 7m，距离最近的是 C 区，只有 3.3m。要求安全施工，不准出现塌方，不影响生产。

（1）对于碎石土、砂土，支护结构水平荷载值 e_{aik}（如图 6-5 所示）可按水土分算法用下列规定计算。

1）当计算点位于地下水位以上时：

$$e_{aik} = \sigma_{aik} K_{ai} - 2C_i \sqrt{K_{ai}}$$

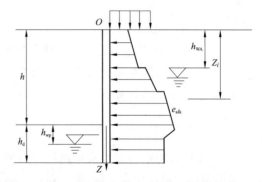

图 6-5 水平荷载标准值计算图

2）当计算点位于地下水位以下时：

$$e_{aik} = \sigma_{aik} K_{ai} - 2C_i \sqrt{K_{ai}} + (Z_i - h_{wa})(1 - K_{ai}) \gamma_w$$

式中　σ_{aik}——作用于深度 Z_i 处的竖向应力标准值；

K_{ai}——第 i 层土的主动土压力系数；

C_i——第 i 层土的黏聚力标准值；

339

Z_i——计算点深度；

h_{wa}——基坑外侧水位深度；

γ_w——水的重度。

（2）当采用水土合算时，对于黏土、粉土、淤泥质土，支护结构水平荷载标准值 e_{aik} 可按下式计算。

$$e_{aik} = \sigma_{aik} K_{ai} - 2C_i \sqrt{K_{ai}}$$

（3）基坑外侧竖向应力标准值 σ_{aik} 可按下式计算。

$$\sigma_{aik} = \sigma_{rk} + \sigma_{ok} + \sigma_{1k}$$

式中　σ_{rk}——土体自重产生的竖向应力；

σ_{ok}——地面均布荷载在土中产生的竖向应力；

σ_{1k}——地面局部荷载在土中产生的竖向应力。

1）计算点深度 Z_i 自重竖向应力 σ_{rk}。

a. 计算点位于基坑开挖面以上时，用三角形分布模型计算，即

$$\sigma_{rk} = \gamma_{mi} Z_i$$

$$\gamma_{mi} = \frac{\sum \gamma_i h_i}{Z_i}$$

式中　γ_{mi}——深度 Z_i 以上土的加权平均天然重度。

γ_i——第 i 层土的平均天然重度；

h_i——第 i 层土的厚度。

b. 计算点位于基坑开挖面以下时，用矩形分布模型计算，即

$$\sum rk = \gamma_{mh} h$$

$$\gamma_{mh} = \frac{\sum \gamma_i h_i}{h}$$

式中　h——基坑开挖深度；

γ_{mh}——开挖面以上土的加权平均天然重度。

2）当距支护结构 b_1 外侧地面作用有均布荷载 q_0 时，在基坑外侧任意深度产生的竖向应力标准值 σ_{ok} 可按下式计算（厂内道路通行载重车辆时产生的应力）。

$$\sigma_{ok} = \begin{cases} 0 & z_i < b_1 \\ q_0 & z_i \geqslant b_1 \end{cases}$$

3）距支护结构距离 a 有支护结构平行的条形基础分布时，其附加压力在基坑外侧任意深度范围内产生的竖向应力标准 σ_{1k} 可按下列规定计算（距离基坑开挖边线 12m 处的输煤槽运行中产生的应力）。

a. 当 $Z_i < a + d_h$ 时，可不考虑基础底面附加应力对支护结构的影响，$\sigma_{1k} = 0$。

b. 当 $a + d_h \leqslant Z_i \leqslant 3a + b + d_h$ 时

$$\sigma_{1k} = \frac{(p - \gamma d_h) b}{b + 2a}$$

式中　p——基础底面处附近压力标准值；

γ——基础埋置层天然重度；

d_h——基础埋置深度；

b——基础底面宽度；

a——基础边距支护结构的距离。

c. 当 $Z_i > 3a + b + d_h$ 时，$\sigma_{1k} = 0$。

4）第 i 层土的主动土压力系数 K_{ai}，应按下式计算：

$$K_{ai} = \tan^2 \left(45° - \frac{\phi_i}{2} \right)$$

式中　ϕ_i——第 i 层土的内摩擦角标准值。

2. 整体稳定型验算

土钉墙应根据施工期间不同开挖深度及基坑底面以下最危险滑动面采用圆弧滑动简单条分法，按下式进行整体稳定性验算：

$$\sum_{i=1}^{n} C_i l_i s + \sum_{i=1}^{n} (w_i + q_o b_i) \cos\theta_i \tan\phi_i s + \sum_{i=1}^{n} \sum_{j=1}^{m} T_{nj} \left(\cos(a_j + \theta_i) + \frac{1}{2} \sin(a_j + \theta_i) \tan\phi_i \right)$$
$$- 1.3 \gamma_o \left[\sum_{i=1}^{n} (q_o b_i + w_i) \sin\theta_i s \right] \geqslant 0$$

式中　n——滑动体分条数；

C_i——第 i 分条滑裂面处土体不固结快剪黏聚力标准值；

l_i——第 i 分条滑裂面弧长；

s——计算滑动体单元厚度；

w_i——第 i 条土重，滑裂面位于黏性土或粉土中时，按上覆土层的饱和土重计算；滑裂面位于砂土或碎石类土中时，按上覆土层的浮重度计算；

q_o——土钉设施顶面上的均布荷载；

b_i——第 i 分条宽度；

θ_i——第 i 分条滑裂面中点切线与水平面夹角；

ϕ_i——第 i 分条滑裂面处土体不固结快剪内摩擦角标准值；

m——滑动体内土钉数；

T_{nj}——第 j 根土钉在圆弧滑裂面外锚固体与土体的极限抗拔力；

a_j——土钉与水平面之间的夹角；

γ_o——基坑侧壁重要性系数。

3. 土钉抗拔承载力计算

（1）单根土钉抗拔承载力计算应符合下式：

$$1.25 \gamma_o T_{jk} \leqslant \frac{1}{1.3} \pi d_{nj} q_{sjk} l_j$$

式中　T_{jk}——第 j 根土钉受拉荷载标准值（kN）；

d_{nj}——第 j 根土钉直径（m）；

q_{sjk}——第 j 根土钉与土体的黏结强度标准值；

l_j——第 j 根土钉破裂面外土钉长度（m）。

第 j 根土钉与土体的黏结强度标准值 q_{sjk} 应有现场试验确定：

$$q_{sjk} = c_{mj} + k_o \gamma_{mj} h_{mj} \tan\phi_{mj}$$

式中　c_{mj}——第 j 根土钉破裂面外土体黏聚力，取厚度加权平均值（kPa）；

k_0——孔壁土压力系数，可取 1；

h_{mj}——第 j 根土钉破裂面外长度中点处土层埋深（m）；

ϕ_{mj}——第 j 根土钉破裂面外土体内摩擦角，取厚度加权平均值（°）。

（2）第 j 根土钉由土体自重及附加荷载引起的受拉荷载标准值按下式计算：

$$T_{jk} = \zeta e_{ajk} s_{xj} s_{yj} / \cos \alpha_j$$

式中　ζ——荷载折减系数；

e_{ajk}——第 j 根土钉位置处主动侧压力标准值（kN）；

s_{xj}、s_{yj}——第 j 根土钉相邻其他土钉的水平、垂直间距（m）；

α_j——第 j 根土钉与水平面的夹角。

荷载折减系数 ζ 可按下式计算：

$$\zeta = \frac{\left(\tan \dfrac{\beta - \phi_{mj}}{2}\right)\left[\dfrac{1}{\tan \eta} - \tan(90° - \beta)\right]}{\tan^2(45° - \phi_{mj})/2}$$

式中　β——土钉墙面与水平面的夹角（°）；

η——破裂面与水平面夹角，取 $\dfrac{\beta + \phi_{mj}}{2}$（°）。

（3）第 j 根土钉极限抗拔力可按下式计算：

$$T_{nj} = \pi d_{nj} q_{sjk} l_j$$

（4）第 j 根土钉的配筋面积可按下式计算：

$$1.25 \gamma_0 T_{jk} = f_{yj} A_{sj}$$

式中　T_{jk}——土钉受拉荷载标准值（N）；

f_{yj}——第 j 根土钉筋体受拉强度设计值（N/mm²），按《混凝土结构设计规范》取用；

A_{sj}——第 j 根土钉配筋面积（mm²），锚管土钉要考虑注浆孔对管壁面积的削弱作用。

4. 超前支护钢管桩

对变形控制要求较高时，可在开挖前沿基坑边缘设置竖向微型桩：

（1）超前微型桩可用无缝钢管，直径为 48～150mm，间距不宜大于 1m。

（2）微型桩进入基坑底部以下宜为 1～3m。

（3）直径大于 100mm 的微型桩宜在距孔底 1/3 孔深范围内的管壁上设置注浆孔，注浆孔径 10～15mm，间距 400～500mm。

（4）超前微型桩宜用无缝钢管进入基坑底部以下 2m，应与钢筋网的强筋焊接，使二者连成整体。

（二）加固钢板桩设计计算

在现场施工中，已运行搅拌站侧，设计确定要开挖 5.11m 深的循环水管直埋坑，需增设钢板桩。已知搅拌站混凝土墩 6m×3.5m×2m；垂直压力 $N = 2200$kN，混凝土墩下标高至开挖后被动态土上标高的尺寸 $H = 3$m。

搅拌站支墩重：$G = 6 × 3.5 × 2 × 22 = 924$kN

压力：$P = N + G = 2200 + 924 = 3124\text{kN}$，$q = 3124/(6 \times 3.5) = 149\text{kN/m}^2$

$$h = q/\gamma = 149/19 = 7.84\text{m}，\quad e_1 = \gamma h K_a = 149 \times \tan^2(45° - 30°/2) = 50\text{kPa}$$

$$e_2 = \gamma(h + H) K_a = (149 + 19 \times 3)\tan^2(45° - 30°/2) = 69\text{kPa}$$

总主动土压力为 $E_a = (e_1 + e_2) \times 3/2 = (50 + 69) \times 3/2 = 178.5\text{kN}$

$M = 178.5 \times 1.0 = 178.5\text{kN} \cdot \text{m}$，混凝土：C30 Ⅱ级钢

$$a_s = \frac{178.5 \times 10^6}{310^2 \times 305 \times 16.5} = 0.321$$

$A_g = 0.41 \times 310 \times 350 \times 16.5/300 = 2446.7\text{mm}^2 \quad 5\phi25，\quad A_g = 2447\text{mm}^2$

采用在 -2.00m 处设支杆，根据此地土质为黏土，内摩擦角选为 $30°$，土的比重选为 22kN/m^3。挖深为 5m 桩至土的边缘为 0.15m，则

$$e_{ah} = \gamma \cdot h \cdot K_a = 22 \times 5 \times \tan^2(45° - 30°/2) = 50\text{kN/m}^2$$

$$e_{ap} = q K_a = 149 \times 0.33 = 69\text{kN/m}^2；\quad p_b = e_{ah} + e_{ap} = 119\text{kN/m}^2$$

$$Y_q = \tan^2(45° - 30°/2) \times 1.5 = 2.6\text{m}$$

$$Y = \frac{119}{22 \times (1.6 \times 3 - 0.33)} = 1.21\text{m}$$

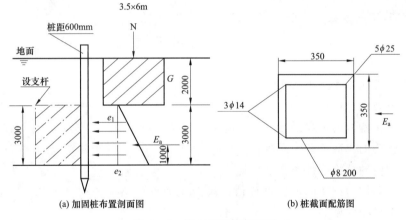

(a) 加固桩布置剖面图   (b) 桩截面配筋图

图 6-6 档土桩配筋断面图

按简支梁计算等值梁的两支点反力：$\sum M_c = 0$

$$P_o = \{1/2 \times 5 \times 50 \times (2/3 \times 5 - 0.5) + (5 - 2.6) \times 69 \times [(5 - 2.6)/2 + 2.6 - 0.5]$$
$$+ 119 \times 1.21 \times (5 - 0.5 + 1.21/3)\} \div (5 - 0.5 + 1.21)$$
$$= (354.2 + 546.5 + 706) \div 5.71 = 281.4\text{kN}$$

桩最小锚入深度：$X = \sqrt{\dfrac{6 \times 281.4}{22\,(1.6 \times 3 - 0.33)}} = \sqrt{17} = 4.1$

桩总长：$L = 5 + 1.2 \times (4.1 + 1.21) = 11.4\text{m}$，取桩长为 12m。根据纵向布置需要共用 27 根桩。

五、预埋件校核与植筋计算

(一) 预埋件校核计算

由锚板和对称配置的直锚筋组成的受力预埋件，有时漏设，有时更改，还有临时设置所需，均须设计或校核，其步骤为：

（1）根据管道及其介质或其他承力物件的布置和状态，计算出静动荷载值。

（2）进行受力分析。

（3）计算锚筋总截面（见《混凝土结构设计规范》）。

1）当有剪力、法向拉力和弯矩共同作用时，按公式计算：

$$A_s \geqslant \frac{V}{\alpha_r \alpha_v f_y} + \frac{N}{0.8\alpha_b f_y} + \frac{M}{1.3\alpha_v \alpha_b f_y z} \tag{6-5}$$

$$A_s \geqslant \frac{N}{0.8\alpha_b f_y} + \frac{M}{0.4\alpha_v \alpha_b f_y z} \tag{6-6}$$

2）当有剪力、法向压力和弯矩共同作用时，按公式计算：

$$A_s \geqslant \frac{V - 0.3N}{\alpha_r \alpha_v f_y} + \frac{M - 0.4Nz}{1.3\alpha_v \alpha_b f_y z} \tag{6-7}$$

$$A_s \geqslant \frac{M - 0.4Nz}{0.4\alpha_v \alpha_b f_y z} \tag{6-8}$$

当 $M \leqslant 0.4Nz$ 时，$M - 0.4Nz = 0$

在上式公式中的系数，应按下列公式计算：

$$\alpha_v = (4 - 0.08d)\sqrt{f_c/f_y}$$

当 $\alpha_v > 0.7$ 时，取 $\alpha_v = 0.7$，$\alpha_b = 0.6 + 0.25t/d$。

当采取措施防止锚板弯曲变形时，可取 $\alpha_b = 1$。

式中　V——剪力设计值；

　　　α_r——锚筋增数的影响系数：当等间距配置时，取 1.0；三层取 0.9；四层取 0.85；

　　　α_v——锚筋的受剪承载力系数；

　　　f_y——钢筋的抗拉、抗压强度设计值；

　　　N——法向拉力或法向压力设计值；法向压力设计值应符合 $N \leqslant 0.5f_c A$，其中，A 为锚板的面积；

　　　α_b——锚板弯曲变形的折减系数；

　　　M——弯矩设计值；

　　　z——外层锚筋中心线之间的距离；

　　　d——锚筋直径（mm）；

　　　f_c——混凝土轴心抗压强度标准值、设计值；

　　　t——锚板厚度，锚板宽 $R = 400$mm。

3）设计锚板厚度及锚筋布置。

（4）以锚筋总面积设计锚筋直径，并经校核。

下面给出预埋件设计校核实例。

柱距 6m，柱上没留预埋件，拟用植筋 $d = 16$mm、层数 $n = 2$，锚筋间距 $z = 165$mm，锚板厚度 $t = 12$mm，支架焊到锚板上。其管为 $\phi 820 \times 9$ 螺旋管，介质为水；柱距 6m，端管悬臂为 5m，管中心距锚板距离 500mm，支架下受力点距离为 416mm；混凝土强度等级 C30，$f_c = 14.33$N/mm²；锚筋的抗拉强度设计值 $f_y = 300$N/mm²；$\alpha_r = 1$、$\alpha_v = 0.7$、$\alpha_b =$

1，进行设计校核如下。

根据已知条件的设计值为：

（1）静载荷（自重＋介质重）：$P=200+505=705\text{kg/m}=6914\text{N/m}$。

（2）静动载荷：$705\times1.2=846\text{kg/m}=8297\text{N/m}$。

（3）支架最大核载：$8.297\times(6+2)=66.38\text{kN}$。

（4）经结构力学计算：上部承力点 A 轴力 1.1kN；剪力 37.7kN；弯矩 18.8kN·m；下部承力点 B 轴力 -18.8kN；剪力 21.5kN；弯矩 7kN·m。

（5）锚筋总截面积 A_s 验算。

1）$A_s\geqslant37\,700/(1\times0.7\times300)+1100/(0.8\times1\times300)+18\,800\,000/(1.3\times1\times1\times300\times165)$

$\geqslant180+5+292=477\text{mm}^2$。

2）$A_s\geqslant1100/(0.8\times1\times300)+18\,800\,000/(0.4\times0.7\times1\times300\times165)$

$\geqslant4+1356=1360\text{mm}^2$。

3）$A_s\geqslant(21\,500-0.3\times18\,800)/(1\times0.7\times300)+(7\,000\,000-0.4\times18\,800\times165)/(1.3\times1\times1\times300\times165)\geqslant76+90=166\text{mm}^2$。

4）$A_s\geqslant(7\,000\,000-0.4\times18\,800\times165)/(0.4\times1\times1\times300\times165)$

$\geqslant5\,759\,600/19\,800=291\text{mm}^2$。

计算结论：按有剪力、法向拉力和弯矩共同作用时，需锚筋总面积大是 2）计算值，需锚筋总面积最大为 1360mm²。

初设比较：四根锚筋两层布置，则锚筋总面积 $A_s=4\times0.785\times16^2=804\text{mm}^2<1360\text{mm}^2$。

校核结论：七根可满足强度要求，但受力不均衡。锚筋总面积 $A_s=7\times0.785\times16^2=1407\text{mm}^2>1360\text{mm}^2$。

实际应用：正面用六根锚筋黏结后与锚板焊接，在两侧又加辅助锚板，一侧加两锚筋，增加抗剪、抗拔及抗弯矩能力。

（二）植筋计算

（1）设计依据：《混凝土结构加固设计规范》。

（2）实例：电站旧厂房安装进口的新机组，原厂房柱需增加抗震能力而增设的植筋技术措施。

1）已知条件：混凝土等级 C30；抗震等级为三级、7 度区、Ⅱ类场地；结构胶类型为 A 级；混凝土保护层厚度为 30mm；箍筋设置 d8@100；植筋直径小于等于 20mm。

2）植筋长度计算：

$$L_s=0.2\alpha_{spt}DF_y/F_{bd}$$

$$L_d\geqslant\psi_n\psi_{ae}L_s$$

$$\psi_n=\psi_{br}\psi_w\psi_t$$

其中，$\alpha_{spt}=1.0$；$F_y=300$；$F_{bd}=3.4$；$\psi_{br}=1.0$；$\psi_w=1.1$；$\psi_t=1.0$

$$\psi_n=\psi_{br}\psi_w\psi_t=1.0\times1.1\times1.0=1.1；\quad\psi_{ae}=1.1$$

$$L_s=0.2\alpha_{spt}DF_y/F_{bd}=0.2\times1.0\times D\times300/3.4=17.647D\approx18D$$

$$L_d\geqslant\psi_n\psi_{ae}L_s=1.1\times1.1\times17.647D=21.35D\approx22D$$

式中　L_S——植筋计算所需基本长度（mm）；

$\quad\alpha_{spt}$——防混凝土开裂的计算系数；

$\quad D$——植筋公称直径；

$\quad F_y$——植筋用钢筋的抗拉强度设计值（N/mm²）；

$\quad F_{bd}$——胶黏剂的黏结强度抗剪设计值；

$\quad L_d$——各种因素修正后需加深锚固的植筋长度（mm）；

$\quad\psi_n$——综合因素对植筋受拉承载力影响，需加大锚固深度的修正系数；

$\quad\psi_{br}$——结构件受力状态的修正系数；

$\quad\psi_w$——混凝土孔壁潮湿影响系数；

$\quad\psi_t$——使用环境温度影响系数。

六、立杆稳定性计算

（1）公式：$\sigma=\dfrac{N}{\phi A}\leqslant[f]$

（2）钢管立杆抗压强度设计值 $[f]=205\text{N/mm}^2$。

（3）立杆的轴心压力设计值：$N=7.889\text{kN}$；计算立杆的截面回转半径：$d=1.58\text{cm}$，立杆净截面面积 $A=4.89\text{cm}^2$。

（4）计算长度附加系数：$K=1.155$；计算长度系数参照《建筑施工扣件式钢管脚手架安全技术规范》表 5.3.3 得：$U=1.500$。

（5）立杆计算长度 l_0 按下式计算

$$l_0=k\mu h$$

式中　k——计算长度系数，取 1.155；

$\quad\mu$——考虑单、双脚手架稳定因素的单杆计算长度系数，取 1.50；

$\quad h$——步距，取 1.8m。

因此，$l_0=k\mu h=1.155\times1.5\times1.8=3.119\text{m}=311.9\text{cm}$

$$\lambda=l_0/d=311.9/1.58=197$$

查表得稳定系数 $\phi=0.185$

$$\sigma=\frac{N}{\phi\cdot A}=\frac{7889}{0.185\times489}=87.2\text{N/mm}^2\leqslant0.85\,[f]=0.85\times205=174\text{N/mm}^2$$

立杆稳定性满足要求。

七、大体积混凝土浇筑温升计算

混凝土最大绝热对温升值计算：$t_h=(m_c+K\cdot F)Q/(c\cdot\rho)$

式中　t_h——混凝土最大绝热温升（℃）；

$\quad m_c$——混凝土中水泥含量（kg/m³），取 319kg/m³；

$\quad K$——掺合料折减系数，粉煤灰 0.25～0.30，取 0.28；

$\quad F$——混凝土中活性掺合料用量（kg/m³），取 56 kg/m³；

$\quad Q$——水泥 28 天水化热（kJ/kg），查《建筑施工手册》第四版表 10-81 得 $Q=375\text{kJ/kg}$；

$\quad c$——混凝土比热，取 0.97 [kJ/(kg·K)]；

$\quad\rho$——混凝土的密度，取 2400kg/m³。

将上述数据代入公式中得出：$t_h = 53.9℃$。

混凝土中心绝对温升温度计算：

$$t_{1(t)} = t_j + t_h \cdot \zeta_{(t)}$$

式中 $t_{1(t)}$——t 龄期混凝土中心计算温度（℃）；

t_j——混凝土浇筑温度（℃），取 20℃；

$\zeta_{(t)}$——t 龄期降温系数。查《建筑施工手册》第四版表 10-83：

$t=3d$ $t_{1(t)} = t_j + t_h \cdot \zeta_{(t)} = 20 + 53.9 \times 0.74 = 59.9℃$；

$t=6d$ $t_{1(t)} = t_j + t_h \cdot \zeta_{(t)} = 20 + 53.9 \times 0.73 = 59.3℃$；

$t=9d$ $t_{1(t)} = t_j + t_h \cdot \zeta_{(t)} = 20 + 53.9 \times 0.72 = 58.8℃$；

$t=12d$ $t_{1(t)} = t_j + t_h \cdot \zeta_{(t)} = 20 + 53.9 \times 0.65 = 55.0℃$；

$t=15d$ $t_{1(t)} = t_j + t_h \cdot \zeta_{(t)} = 20 + 53.9 \times 0.55 = 49.6℃$；

$t=18d$ $t_{1(t)} = t_j + t_h \cdot \zeta_{(t)} = 20 + 53.9 \times 0.46 = 44.8℃$；

$t=21d$ $t_{1(t)} = t_j + t_h \cdot \zeta_{(t)} = 20 + 53.9 \times 0.37 = 39.9℃$；

$t=24d$ $t_{1(t)} = t_j + t_h \cdot \zeta_{(t)} = 20 + 53.9 \times 0.30 = 36.2℃$；

$t=27d$ $t_{1(t)} = t_j + t_h \cdot \zeta_{(t)} = 20 + 53.9 \times 0.25 = 33.5℃$；

$t=30d$ $t_{1(t)} = t_j + t_h \cdot \zeta_{(t)} = 20 + 53.9 \times 0.24 = 32.9℃$。

以上为混凝土中心温度，混凝土浇筑完毕第 30 天时温度仍有 32.9℃，故本工程采用循环水降温措施，使内部温度尽早降下来。外部采取保温措施，确保温差不大于 25℃。

第二节 安装工程计算实例

一、起吊与绑绳计算

（一）吊装绑绳计算

（1）如图 6-7 所示：

$$P_1 = \frac{Qm}{L} \quad P_2 = \frac{Qn}{L}$$

式中 P_1——左侧绑绳承受荷载（kN）；

Q——汽包重量，kN；

m——左侧绑绳力点与汽包中心距离（m）；

L——两绑绳的间距（m）；

P_2——右侧绑绳承受荷载（kN）；

n——左侧绑绳力点与汽包中心距离（m）。

（2）如图 6-8 所示：$L_1 = L \cdot \cos\alpha$；$P_1 = P_2 = Q/2$；绑绳 $\phi39.6 \times 37$；破断力为 85t；汽包重 210t，索具 15t，合计 $Q=225t$，绑绳 8 圈 16 股，$\beta=60°$；核算汽包水平状态 $n=m$ 时，支线绑绳 S 的安全系数 K：$K = \dfrac{85}{8.1} = 10.5$，满足要求。

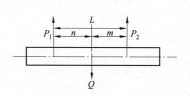

图 6-7 锅炉汽包起吊绑绳受力图

$$S = \frac{Q/(2 \times 2)}{m' \cdot \cos(\beta/2)} \quad m'：支线根数取 8 圈$$

$$= \frac{225/4}{8 \times 0.866} = 8.1 \mathrm{t}$$

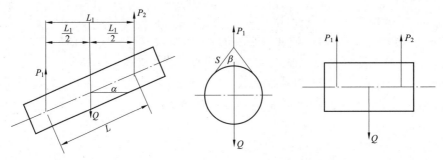

图 6-8 汽包水平倾斜状态绑绳受力示意图

（3）如图 6-9 所示：已知 Q、α、L、a、H，求 P_1，P_2。

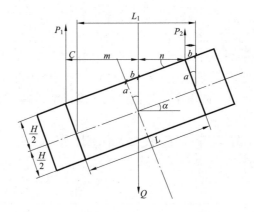

图 6-9 汽包倾斜状态起吊受力分析图

L_1—倾斜吊装汽包两绑绳间距（m）；L—汽包水平状态两绑绳间距（m）；

P_1—汽包倾斜状态左绑绳承担荷载（kN）；P_2—汽包倾斜状态右绑

绳承担荷载（kN）；Q—汽包起吊时（含索具）点重量（kN）

方法 1：$b = a \cdot \tan\alpha$；$n = (L/2 - b) \cdot \cos\alpha$；$m = (L \cdot \cos\alpha) - n$
则 $P_1 = Q \cdot m/L \cdot \cos\alpha$；$P_2 = Q \cdot n/(L \cdot \cos\alpha)$（即 $Q - P_1 = P_2$）

方法 2：利用公式，求 $P_1 - P_2$ 的值。

$$P_1 - P_2 = 2\frac{Q}{L_1} \cdot a \cdot \tan\alpha \cdot \cos\alpha = \frac{Q}{L_1} \cdot H \cdot \sin\alpha \quad (L_1 = m + n = L \cdot \cos\alpha)$$

$$P_1 - P_2 = \frac{Q}{L} \cdot H \cdot \tan\alpha$$

公式推导：$P_1 = Qm/L_1 = \dfrac{Qm}{L\cos\alpha}$，$P_2 = Qn/L_1 = \dfrac{Qn}{L\cos\alpha}$，则

$$P_1 - P_2 = \frac{Q}{L\cos\alpha}(m - n)$$

由于 $m = \dfrac{L_1}{2} + C$，$n = \dfrac{L_1}{2} - C$

所以 $m-n=2C$

又由于 $C=a\cdot\tan\alpha\cdot\cos\alpha$

故 $P_1-P_2=\dfrac{Q}{L\cos\alpha}2\cdot a\cdot\tan\alpha\cdot\cos\alpha=\dfrac{Q}{L}\cdot H\cdot\tan\alpha$　（Q、L、H、α 均为已知条件）

（二）拔杆的受力分析

如图 6-10 所示：

$$P=\frac{(Q+q)K}{\cos\alpha}$$

$$S=\frac{P}{n\eta}$$

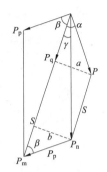

图 6-10　拔杆受力分析图

式中　P——不计拉力，滑车绑绳的作用力；

Q——重物重量；

q——钩索重量；

K——安全系数；

S——钢丝绳内拉力；

n——钢丝绳股数；

η——系数。

由于 S 与 P_{m} 相同时，$a=b=P\cdot\sin\alpha$

所以 $\sin\gamma=\dfrac{b}{P_{\mathrm{n}}}=\dfrac{P\cdot\sin\alpha}{P_{\mathrm{n}}}$

$$P_{\mathrm{n}}=\frac{P\cdot\sin\alpha}{\sin\gamma}$$

求 γ 角：

$$\tan\gamma=\frac{P\cdot\sin\alpha}{P\cdot\cos\alpha+S}$$

$$P_{\mathrm{p}}=\frac{P_{\mathrm{n}}\sin\gamma}{\sin\beta}$$

$$P_{\mathrm{m}}=(Q+q)R+s+P_{\mathrm{p}}\cos\beta\quad\text{或}\quad P_{\mathrm{m}}=P_{\mathrm{n}}\cos\gamma+P_{\mathrm{p}}\mathrm{sos}\beta$$

$$P_{\mathrm{q}}=K(Q+q)$$

$$P_{\mathrm{q}}=P\cos\alpha$$

$$P_{\mathrm{m}}=S+P_{\mathrm{q}}+P_{\mathrm{p}}\cos\beta$$

式中　P_{m}——拔杆总轴向力；

P_{n}——S 与 P 的合力。

由于重量不在中心上，所形成的弯矩：

$$M=P_{\mathrm{n}}C\cos\gamma$$

式中　C——滑轮组到拔杆中心线的力臂。

拔杆的应力：

$$\sigma=\frac{P_{\mathrm{m}}}{A\cdot\phi}+\frac{M}{W}$$

式中　A——拔杆横断面积；

ϕ——发生纵向弯曲时，允许应力的减少系数与细长比有关，$\lambda=L/\rho$；ϕ 一般为 1～

0.19，λ 为 0~200；

W——拔杆的最小断面的最小抗矩（cm^3）。

（三）曳引力计算

（1）曳引方向为水平时：

$$S = Q \cdot \tan\alpha$$

式中　S——曳引力；

　　　Q——荷重；

　　　α——荷重 Q 铅直作用力与水平曳引力合力与滑轮组牵引力夹角，即 P_q 与 P 夹角。

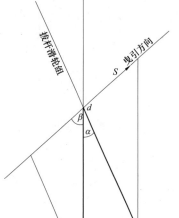

图 6-11　曳引力方向调整力的分析图

（2）当曳引方向斜倾时（如图 6-11 所示）：

$$S = \frac{Q\sin\alpha}{\sin(\alpha+\beta)}$$

证明：设 $\angle adb = \alpha$　$\angle dac = \beta$　$\angle abc = 90°$　$\angle acb = \gamma$

已知 α，β，Q　因为 $\angle dac = \beta$（内错角）

则 $ab = Q \cdot \sin\alpha$　又因为 $\gamma = \angle acb = \angle adc + \angle dac = \alpha + \beta$

$$\sin\gamma = \frac{ab}{S}　即 S = \frac{Q\sin\alpha}{\sin(\alpha+\beta)}$$

（3）当曳引方向向下，一般是不用的，因为增加滑轮组负荷。

其值：$$S = \frac{Q \cdot \sin\beta}{\sin(\alpha+\beta)}$$

（4）当一根绳两组滑轮提升载荷时，滑轮组承受力：

$$P_1 = \frac{Q\sin\beta}{\sin(\alpha+\beta)}，\qquad P_2 = \frac{Q\sin\alpha}{\sin(\alpha+\beta)}$$

二、汽包吊装计算

（一）定滑轮组与自制承重梁之间绑扎绳校核

汽包吊重 96t，定滑轮组与自制承重梁之间绑扎绳为 $6\times37+1-170-\phi32.5$，$L=13.5m$（一对）缠 5 圈，10 股使用，两头用 16t 卡扣对接。安全系数计算：一侧载荷为汽包一半，48t＋钢丝绳 3t＋滑轮组 1t＝52t；安全系数 $n=54\,650/(52\,000/10)=10.5$；绑扎绳安全系数为 10.5，符合要求。

（二）滑动轮组与汽包之间绑扎绳校核

滑动轮组与汽包之间绑扎绳为 $6\times37+1-170-\phi43$，$L=20m$（一对），缠 3 圈，6 股使用，两头用 16t 卡扣对接，安全系数计算：一侧为汽包一半 48t，安全系数 $n=97\,150/(48\,000/6)=12.1$，绑扎绳安全系数为 12.1，符合要求。

（三）140t 定滑轮组悬吊梁校核

如图 6-12 所示，140t 定滑轮组悬吊梁长 2.9m，有效承重长度为 2.3m，截面宽 0.5m、高 0.7m 的箱式梁，根据公式 $W=(AH^3-ah^3)/6H$，其中，$A=50cm$，$H=$

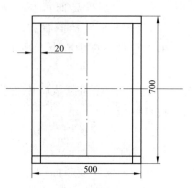

图 6-12　定滑轮组悬吊梁

70cm，$a=46$cm，$h=66$cm；该梁截面系数 $W=9.3\times10^3$cm^3。

已知该梁所承受的最大垂直载荷为 53t（加梁自重 1t），按 1.1 倍动载荷考虑，则该梁承的载荷 $T_o=58.3$t，那么该梁跨中的弯曲应力 $\sigma=M/W=(58\ 300/2\times230/2)/9500=353$kg/cm^2，查《材料力学》普通碳钢许用弯曲应力 $[\sigma]=1400\sim1600$kg/cm^2，$\sigma<[\sigma]$，安全。

（四）卷扬机底座梁计算

两主承重梁长 3.63m，有效承重长度为 2.66m，截面宽 0.3m、高 0.5m 的箱式梁。共两根梁承受的总荷载。

汽包一半重为 48t+12t（卷扬机带钢丝绳 10t+自制承重梁 1t+滑轮组 1t）=60t，每根梁承担 30t 荷载。根据 $W=(bh^3-b_1h_1^3)/6h$，得出 $W=4.07\times10^3$cm^3。

主承重梁所受到的荷载可以按照集中荷载跨中受力的形式校核偏于安全，则 $M=30\ 000/2\times133=2\times10^6$kg·cm，那么该梁的弯曲应力 $\sigma=M/W=491$kg/cm^2；$[\sigma]=1400\sim1600$kg/cm^2；$\sigma<[\sigma]$，安全。

（五）滑道支撑梁校核

滑道支撑梁为主厂房配制的设备梁，工字形结构，长 10.5m，共 4 根。BE、BF 排钢架柱中心距为 8500mm，汽包到达就位标高+49 700mm 后，需向炉前平移 3030mm，因此，牵引承重梁至滑道支撑梁中间时，滑道支撑梁弯矩最大。

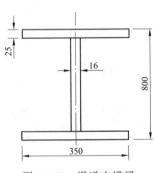

图 6-13　滑道支撑梁

根据 $W=(AH^3-ah^3)/6H$，如图 6-13 所示，$A=35$cm，$H=80$cm，$a=33.4$cm，$h=75$cm，得出该梁截面系数 $W=7.98\times10^3$cm^3。

一侧载荷为汽包一半 48t+12t（卷扬机带钢丝绳 10t+自制承重梁及拍子 1t+滑轮组 1t）=60t。

因此，单根滑道支撑梁所受载荷为 30t，考虑到起吊时为动载，动载系数取 1.1，则集中载荷为 $30\times1.1=33$t，该梁的有效承重长度为 7750mm。

$M=PL/4=33\times10^3\times775/4=6\ 393\ 750$kg·cm；$\sigma=M/W_z=6\ 393\ 750/7980=801$kg/cm^2。

查《材料力学》普通碳钢许用弯曲应力 $[\sigma]=1400\sim1600$kg/cm^2，$\sigma<[\sigma]$，所以滑道支撑梁抗弯强度足够。

（六）两台 15t 卷扬机出端头拉力校核

（1）两套 140t 滑轮组起吊汽包，每套滑轮组起吊负荷为 52t，采用六六走十二顺穿的绕法，滑轮组出端头直接从动滑车引出，则引出绳的拉力计算公式为

$$S=Q\,E^{n-1}E-1/(E^n-1)$$

式中　Q——滑轮组所受载荷，这里 $Q=52$t；

E——滑轮轴与轴套之间的摩擦系数，采用青铜套时，$E=1.04$；

n——有效分支数，本次作业 $n=12$。

代入数值：$S=52\times1.04^{11}(1.04-1)/(1.04^{12}-1)=5.34$t

卷扬机钢丝绳为 $\phi32.5$，$L=1000$m（一对），则安全系数 $K=54\ 650\div5340=10>6$ 满足要求。

（2）汽包起吊所需钢丝绳长度（一侧）：$L=55\times12+3.14\times0.45\times6+3.14\times0.31\times6=675m<1000m$，因此，卷扬机钢丝绳长度满足使用要求。

三、定子吊装计算

定子是发电工程的核心部件，也是工程施工中最重的大件。其定子重（运输重量/吊装重量）为30MW：44.72/42t、50MW：68/66t、200MW：178/174.4t、300MW：201/194t、600MW：335/325t、1000MW：462/443t。

定子吊装重量超过桥吊额定负载时应完整校核：箱型结构几何尺寸、载荷技术、强度计算、稳定校核、刚度计算、焊缝强度计算、千金钢丝绳计算、牵引钢丝绳牵引力计算、吊钩强度计算、轮压计算、扁担设计、吊车轨道梁校核、牛腿强度校核、两台吊桥抬吊负荷分配计算等。

上述计算校核中，视吊装方案不同，而校核技术重点不一，按需舍取。一般重点放在桥吊主梁强度和端梁强度校核。根据需要在桥吊订购时，将主梁端梁强度加大，也是一种可行的方案；采用绳索液压提升不用吊车，则吊车无需校核，需另有其他技术计算。

多种发电机定子吊装，其方案类别及校核主要内容简述如下。

第一种方案：两台桥式吊车抬吊，大车、小车均可移动，但不准同时操作两个动作的方案

桥式吊车主梁，厂家允许可移动的最大集中荷载为$75\times1.1=82.5t$。

（一）两台75t桥吊抬吊发电机定子计算

两台吊车抬吊定子在多个机组实践，方案是成熟的。根据吊车铭牌出力或主梁已加固，超出额定数值，按发电机定子实际起吊重量，经过方案研讨和相关计算，确定抬吊的详细措施；校核相关吊车梁、牛腿的强度和刚度；部件核算，功率校核，两车同步等方面，进行周密计算筹划。

两台吊车抬吊方案确定的前提，是两台吊车总起吊能力大于定子起吊重量，并考虑动载系数，且能纵横移动，上下升降运动自如和制动锁定牢靠。

1. 桥式吊车主梁断面尺寸图

桥式吊车主梁断面尺寸图，如图6-14所示。

2. 有关数据及计算

发电机定子净重：174 396.4kg（即起吊就位重量）。

桥吊总重：86 266kg（其中，小车重30 316kg，桥架重55 950kg）共2台。

定子吊装用钢丝绳：$\phi60.5mm$，$L=22m$一对。$\phi60.5mm$钢丝绳重量12.3kg/m，加上钢丝绳插接段，一对总长60m，因此，钢丝绳总重为$12.3\times60=738kg$。

自制吊装扁担：$\phi426\times12mm$，$L=10m$的无缝钢管，灌满混凝土（强度等级为C30）。

钢管重量计算：$\rho\pi L(R^2-r^2)=7.85\times3.14\times10\times(0.213^2-0.204^2)=0.925t$。

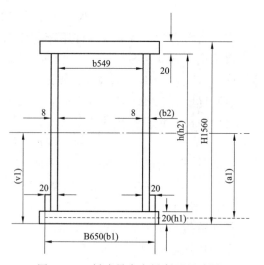

图6-14 桥式吊车主梁断面尺寸图

混凝土重量计算：$\rho\pi r^2 L_1 = 2.4 \times 3.14 \times 0.204^2 \times 2.266 = 0.711$t（两端灌混凝土 $L_1 = 1133 \times 2$）。

则吊装扁担重量为 $0.925 + 0.711 = 1.636$t；140t 滑轮组一对，共 2t。

两台桥吊总起升重量计算：$174.3964 + 0.738 + 1.636 + 2 = 178.77$t。

加上卡扣及平行滑轮，总重约 179.5t。

为满足桥吊起升重量在 1.1 倍动负荷范围内，需拆除整套副起升装置，并用一对 140t 滑轮组替换两台桥吊主钩，两台桥吊的副起升装置 $5.327t \times 2 = 10.654$t，主钩及滑轮组 2.25t，则两车实际载重量为 $179 - 10.654 - 4.5 = 163.846$t，因此，单台桥吊载重为 $163.846 \div 2 = 81.923t < 82.5t$，在桥吊 1.1 倍带动负荷范围内，满足桥式吊车厂家要求。

3. 地下室支撑校核计算

定子重 174.3964t，在滑道上设置 4 个 60t 级重物移运器，则每个移运器承担定子重量的 1/4，即 $174.3964/4 = 43.6$t，存在动载因素，按单根管承担 50t 计算。支撑钢管为 $\phi 219 \times 7$mm，长度 $L = 2.5$m，其惯性半径 $\rho = 7.5$cm，则长细比 $\lambda = L/\rho = 250/7.5 = 33$，查表得 $\phi = 0.958$，219×7mm 钢管的截面积 $A = 46.82$cm^2，则其压应力：$\sigma = F/(A\phi) = 50\ 000/(46.82 \times 0.958) = 1115$kg/cm^2。

$\sigma < [\sigma] = 1600$kg/cm^2，故采用 $\phi 219 \times 7$mm 钢管作为支撑安全。

4. 桥吊主梁抗弯强度校核

两台 75/20t 桥式起重机厂家资料，主梁截面尺寸高 2000mm、宽 800mm 箱形梁结构。具体截面形状如图 6-13 中括号部分所示。

上、下盖板到形心惯性矩为 I_1，单侧腹板惯性矩为 I_2，箱形梁的惯性矩为 I，则

$I = 2I_1 + 2I_2$；$I_1 = b_1 h_1^3/12 + a_1^2 A_1$；$I_2 = b_2 h_2^3/12$；

$b_1 = 80$cm，$h_1 = 1.6$cm，$a_1 = 99.2$cm，$A_1 = b_1 h_1 = 128$cm^2，$b_2 = 0.8$cm，$h_2 = 196.8$cm。

将上述值代入后，可求得 $I_1 = 1\ 259\ 629$cm^4，$I_2 = 508\ 141$cm^4，$I = 3\ 535\ 540$cm^4。上、下盖板到形心的最大距离为 $y = 100$cm，则得出该梁的弯曲截面系数 $W = I/y = 35\ 355.4$cm^3。

定子吊装时，小车在跨中时主梁承担的弯矩最大，每台桥吊总重为 86 266kg，单台桥吊副起升装置 5.327t，定子起吊重量的一半为 $178.77/2 = 89.4$t，则单侧轨道梁对 1 侧桥吊主梁的支反力为 $(86\ 266 - 5327 + 89\ 400)/4 = 42\ 585$kg。每个桥吊主梁的重量为 27 975kg，桥吊跨距为 28.5m，则

$$M_{max} = (42\ 585 \times 2850/2) - (27\ 975/2) \times (2850/4) = 50\ 717\ 531\text{kg} \cdot \text{cm}$$

所以 $\sigma_{max} = M_{max}/W = 50\ 717\ 531/35\ 355.4 = 1434$kg/cm^2

$\sigma_{max} < [\sigma] = 1600$kg/cm^2（主梁钢板的材质为 Q235b），故安全。

5. 吊装扁担及吊装钢丝绳强度校核

140t 滑车组与扁担及定子的连接，对其进行受力分析：静子重 174.3964t，则 $F_1 = 174.3964/2 = 87.2$t，求得静子绑绳内力 $F = 104$t，扁担轴向力 $F_2 = 56.22$t，承力点与受力点的距离 $L_2 = 13.3$cm。

（1）抗弯校核：$M = F_1 \times L_2 = 87.2 \times 10^3 \times 13.3 = 1\ 159\ 760$kg $\cdot$ cm

$$W = \pi(D^4 d^4)/(32 D) = \pi(42.6^4 - 40.8^4)/(32 \times 42.6) = 1203\text{cm}^3$$

则 $\sigma = M/W = 1\,159\,760/1203 = 964\mathrm{kg/cm^2} < [\sigma] = 1600\mathrm{kg/cm^2}$

（2）抗压稳定性校核：扁担两端受力为 $F_2 = 56.22\mathrm{t}$，相当于自由杆件。$\phi426 \times 9\mathrm{mm}$ 的无缝钢管横截面积 $S = 117.9\mathrm{cm^2}$，惯性半径 $\rho = 14.74\mathrm{cm}$，则长细比值 $\lambda = l/\rho = (830 + 13.3 \times 2)/14.74 = 58.1$。

查钢材折减系数表得 $\phi = 0.842$，则扁担压应力为

$\sigma = F_2/(S\phi) = 56\,220/(117.9 \times 0.842) = 566.3\mathrm{kg/cm^2} < [\sigma] = 1400\mathrm{kg/cm^2}$。扁担强度足够。

（3）钢丝绳强度校核：静子吊装钢丝绳 $\phi60.5$，$L = 22\mathrm{m}$（一对），8 股，静子重 174.3964t，求得 $F = 104\mathrm{t}$，$\phi60.55$ 钢丝绳破断拉力 190 000kg，则安全系数 $K = 190\,000/(104\,000 \div 4) = 7.31 > 7$，安全可用。

140t 滑轮组与扁担连接钢丝绳 $\phi39$，$L = 11\mathrm{m}$（一对），单侧缠绕扁担 5 圈，10 股绳受力，静子＋扁担＋吊装钢丝绳＝177.0444t，$\phi39$ 钢丝绳破断拉力 78 700kg，则安全系数 $K = 78\,700/(177\,044.4 \div 20) = 8.89 > 7$，安全可用。

6. 吊钩改造及滑轮重新穿绕情况

定子吊装前在每台小车上，主起升定滑轮组承重梁正上方横一 25 号槽钢（$L = 2600\mathrm{mm}$），槽钢与桥吊小车之间为不连续点焊，并在槽钢内放一根 $\phi219 \times 10\mathrm{mm}$ 的无缝钢管（$L = 1000\mathrm{mm}$），下方挂一 20t 平衡滑轮。拆除桥吊主钩，用一对 140t 滑轮组代替主钩，重新穿绕主起升钢丝绳，对桥吊主起升进行改造，140t 滑轮组使用中间 6 个滑轮，穿绕 12 股绳。

7. 主起升钢丝绳及卷扬功率校核

桥吊原主起升系统，主钩 5 个滑轮，穿满共 10 股绳。按桥吊 1.1 倍动负荷计算，则 $Q = 75 \times 1.1 = 82.5\mathrm{t}$，主卷扬跑头绳拉力为 $S = QE^{n-1}(E-1)/(E^n-1) = 82.5 \times 1.04^{10-1}(1.04-1)/(1.04^{10}-1) = 9.78\mathrm{t}$

改造后吊装共 12 股绳。因两台桥吊总起重量为 179.5t，则单台起升 89.75t，则 $Q = 163.846/2 = 82\mathrm{t}$，所以主卷扬跑头拉力为 $S = QE^{n-1}(E-1)/(E^n-1) = 82 \times 1.04^{12-1}(1.04-1)/(1.04^{12}-1) = 8.43\mathrm{t}$

拉力 8.43t < 9.78t，所以，主起升钢丝绳及主卷扬功率均能满足吊装要求，若有导向滑轮需修正。

8. 32t 辅助平衡滑轮支承梁抗弯校核

$\phi219 \times 10\mathrm{mm}$ 无缝钢管与 25 号槽钢焊接在一起，用于 20t 辅助滑轮绑扎点，钢管长 1000mm，两承重梁间有效长度为 160mm，绑扎点位于管中心。已知，卷扬机跑头拉力 $S = 8.43\mathrm{t}$，则平衡滑轮受力必小于 $8.43 \times 2 = 16.86\mathrm{t}$，钢管受力按 16.86t 计算。则 $M = PL/4 = 16\,860 \times 16/4 = 67\,440\mathrm{kg \cdot cm}$

$W = \pi(D^4 - d^4)/(32D) = \pi(21.9^4 - 19.9^4)/(32 \times 21.9) = 328.2\mathrm{cm^3}$

$\sigma = M/W = 67\,440/328.2 = 205.5\mathrm{kg/cm^2} < [\sigma] = 1600\mathrm{kg/cm^2}$，安全。

（二）75t 桥吊轨道梁相关计算

1. 两台 75t 桥吊在卸发电机定子位置时轨道支墩受力核算

查图纸，单台 75t 桥吊自重 84.6t，除去小车重量 27t，其余部分重 57.6t，作用力点在桥吊大梁中心。定子总重 184t，加上索具 6t，共 190t，单台桥吊承重 95t。单台桥吊小车处

于卸定子位置时，小车停放位置共承重为95t＋27t＝122t，如图6－15所示。

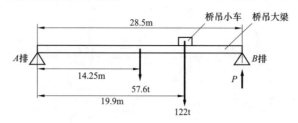

图6－15　桥式吊车受力及相关尺寸图

$P \times 28.5 = 57.6 \times 14.25 + 122 \times 19.9$

得 $P = 114t$

桥吊单侧共4个轮，最大单轮压力 $P_d = 114/4 = 28.5t$，如图6－16所示。

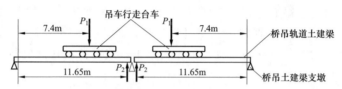

图6－16　桥式吊车起吊定子时位置图

$P_2 \times 11.65 = P_1 \times 7.4$

$P_2 = (P_d \times 4) \times 7.4/11.65 = 72.4t$

桥吊轨道土建梁12m重5.7t，B排牛腿支墩设计荷载为144.1t×1.2＝172.92t。

所以支墩处受力 $P = P_2 \times 2 + 5.7 = 72.4 \times 2 + 5.7 = 150.5t$；$P/144.1 = 1.04 < 1.2$，故安全。

2. 两台75t桥吊在安装发电机定子位置时轨道梁牛腿受力核算

查图纸，单台75t桥吊自重84.6t，除去小车重量27t，其余部分重57.6t，作用力点在桥吊大梁中心。定子总重184t，加上索具6t，共190t，单台桥吊承重95t。单台桥吊小车处于卸定子位置时，小车停放位置共承重为95t＋27t＝122t。

$P \times 28.5 = 57.6 \times 14.25 + 122 \times 16.2$

得 $P = 98.1t$

桥吊单侧共4个轮，最大单轮压力

$P_d = 98.14/4 = 24.5P_2 \times 11.65 = P_1 \times 7.4$

$P_2 = (P_d \times 4) \times 7.4/11.65 = (24.5 \times 4) \times 7.4/11.65 = 62.3t$

桥吊轨道土建梁12m重5.7t，所以支墩处受力 $P = P_2 \times 2 + 5.7 = 62.3 \times 2 + 5.7 = 130.3t$。

据以上计算得出结论，两台75t桥吊吊运发电机定子时支墩处受力小于轨道土建梁支墩最大受力为150.5t的设计值，故安全。

3. 桥吊轨道梁受力核算

在定子吊装大车行走的整个过程中，经过汽轮机间12m跨距时，最多同时有6个桥吊车轮作用在同一轨道梁上，此时为轨道梁受力最大位置，如图6－17所示。

已知，桥吊最大单轮压力为27 222kg，因此，12m跨距轨道最大承重负荷为27 222×

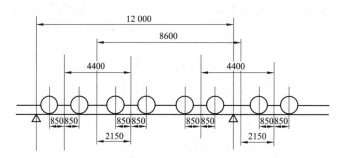

图 6-17　吊装发电机静子桥式吊车轨道梁受力最大位置图

$6=163\ 332$kg，经设计院校核，吊车轨道梁满足吊装要求。

第二种方案：　一台桥吊吊装定子的校核

调相机或发电机定子吊装为例：定子从 A 排外拉入厂房内，则发电机定子为平面垂直达到发电机纵向中心，立体垂直起吊，超过汽轮机岛后，走大车在岛上 100mm 高的位置，定子转向后，继续走大车，到达定子就位的位置落下，或者桥吊在汽机岛上打支撑，只走小车方案。两种方式取其一种。

（一）相关数据

（1）桥式吊车大钩额定吊重 50t，计算安全移动吊重为 $50\times1.1=55$t，定子吊装重量 66t，转向大钩 2.1t，绑绳 0.9t，考虑动载系数为 1.1，起吊绑绳选 $\phi52$mm，$6\times37S+FC$（西鲁式纤维芯）钢丝绳，安全系数 $K=6\sim8$，选 7，滑轮综合摩擦系数 $E=1.04$，小车自重 12.76t，小车设计最大轮压 17.5t，桥架主梁材质 Q235，许用应力 1600kg/cm²。

（2）桥吊主梁断面几何尺寸：如图 6-13 非括号部分所示。

（二）相关计算

1. 利用定子吊盘的钢丝绳计算

钢丝绳应承受的力 $F=(66+2.1+0.9)\times1.1/4=18.975$t，钢丝绳破断力 $S=52d^2=151.9$t。

钢丝绳安全承载力 $P=S/K=151.9/7=21.7$t>18.7275t，安全可行。

2. 小车钢丝绳强度计算

小车升降采用 5-5 滑轮组，现增加 2-2 滑轮组，走绳由 10 根变为 14 根受力，减轻牵引力。

（1）原吊车主钩钢丝绳牵引力：$S_1=QE^{n-1}(E-1)/(E^n-1)$；$S_1=55\times1.04^{10-1}\times(1.04-1)/(1.04^{10}-1)=6.52$t。

（2）更换主钩增加滑轮组后走绳牵引力：$S_2=68.1\times1.04^{14-1}\times(1.04-1)/(1.04^{14}-1)=6.2$t，$S_1>S_2$，安全。

3. 钢丝绳长度校核

吊车原设计提升高度 25m，10 股绳承担，则有效长度为 250m，改造后 14 股，提升高度 10m，有效绳长 140m，满足需要。

4. 小车轮压

小车承载 $G=66+2.1+12.76=80.86$t；小车轮压 $P=G/4=80.86/4=20.215$t。

小车轮压 20.215t 大于设计轮压，故将后增滑轮组固定在临时可靠横担上，则轮压为

$P=20.215/14\times10=20.215/1.4=14.44t<17.5$t，轮压不超标。

5. 桥架主梁校核（见图 6 - 13 尺寸）

$y=152/2+2=78$cm，$L=23.50$m

（1）第一种算法：惯性矩 $I=(1/12\times65\times2^3+65\times2\times77^2+1/12\times0.8\times152^3)\times2=2.01\times10^6$cm^4；主梁截面积模量 $W=I/y=2.01\times10^6/78=25\ 767.5$cm^3；主梁最大集中载荷 $P=(66+2.1+12.76)/2=40.43$t；主梁最大弯矩 $M=(1.1\times P\times L)/4=(1.1\times40.43\times2530\times10^3)/4=28.13\times10^6$kg/cm；主梁最大弯曲应力 $\delta=M/W=28.13\times10^6/25\ 767.5=1092kg/cm^2<1600$kg/cm^2。

（2）第二种算法（见图 6 - 13 括号内符号相应尺寸）：设上下盖板到形心惯性矩为 I_1，单侧腹板惯性矩为 I_2，箱形梁的惯性矩为 I，则 $I_1=b_1h_1^3/12+a_1^2A_1=65\times2/12+77^2\times130=770\ 781$cm^4；$I_2=b_2h_2^3/12=0.8\times152^3/12=234\ 121$cm^4；主梁惯性矩 $I=2I_1+2I_2=2\times770\ 781+2\times234\ 121=2\ 009\ 804$cm^4；主梁截面积模量 $W=I/y=2\ 009\ 804/78=25\ 766.7$cm^3；主梁最大集中载荷 $P=(66+2.1+12.76)/2=40.43$t；主梁最大弯矩 $M=(1.1\times P\times L)/4=28.13\times10^6$ kg·cm；主梁最大弯曲应力 $\delta=M/W=1092$kg/cm$^2<1600$kg/cm^2。

采取上述措施，并满足校核要求，但是，集中荷载 69t，明显超过厂家允许动载 $50\times1.1=55$t，且没按设计规定进行全部校核，应征求厂家意见！

如果厂家不同意，则改为主梁在汽轮机岛上打支撑，减小主梁承力跨距，大大减小主梁弯矩。定子在横中心处提升，增加临时小车承担临时增加的滑轮组载荷，并与原小车连为一体，大车固定牢靠，支撑与主梁接触良好，用卷扬机和滑轮组牵引小车移动到定子纵向中心后落下。变只走大车方案为只走小车方案，实践多次，最终实现既安全且各方面均能接受的可行方案。

第三种方案： 一台桥吊、 一台履带吊吊装校核

此方案在 30MW 机组定子至 600MW 机组定子吊装均有实践经验。现简述 30MW 机组定子吊装计算：定子吊装重量 42t（拆除两侧端盖后），QD32/5t 桥式吊装一台，150t 履带吊一台。H32×3D 滑轮组一套。

程序：履带吊卸定子，移到发电机横中心处；扁担计算后，负荷分配计算好位置，绑绳核算安全系数 7 倍以上；桥吊固定牢靠；桥吊在额定负荷下，移动小车；履带吊计算好吊幅吊重，只允许一个动作，配合桥吊小车向定子纵向中心徐徐移动，到纵向中心后两车徐徐降落就位。

第四种方案： 两台桥吊抬吊计算与校核

针对大机组 1000MW、600MW 级的定子吊装，桥式吊车订货时，考虑了定子重量，桥吊主梁强度应满足吊装定子要求，订购两台。两台桥吊抬吊定子，提升到汽轮机岛 100mm 后，只走大车吊装方案。

以 1000MW 机组定子吊装为例，如图 6 - 18 所示。

发电机定子重量 443t，长度 11.2m。汽轮机房已配备两台 235t/32t 桥式起重机，起吊高度 29m。

发电机定子吊装由两台 235t/32t 桥式起重机直接抬吊就位安装。平板车载发电机定子从汽轮机房倒入，到达汽轮发电机纵中心位置，如果是 A 排进，需考虑转向。

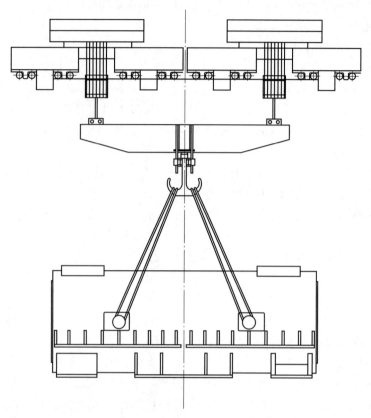

图 6-18　两台桥吊抬吊发电机定子就位示意图

在汽轮机房卸车时，当提升 100mm 高，要停 10min，观测各部位是否有异常；测量两台吊车主梁反拱减少值，即挠度值是否超过 $L/750$。

利用两台行车抬吊就位，起吊时制作了一根专用抬吊梁，两车抬吊，总起吊重量 470t，两台吊车按要求进行电气连锁，从而保证动作协调一致。

技术审核内容：抬吊梁必须经过技术审核计算，根据两台吊车抬吊力点，确定绑绳位置，承力点的力的分析和计算；抬吊梁的结构设计；强度刚度计算；吊钩选型及计算；卡扣强度校核、抬吊时主厂房的轨道梁的弯矩校核及牛腿剪力校核。

第五种方案：　液压顶升

如果桥式起重机主梁强度刚度不满足定子吊装要求，例如，定子重 445t，桥式吊车为 240t 一台，则用自制箱型梁和水平移动机构及 4 台液压提升装置，进行提升就位。

(1) 确定自制箱型梁结构及截面尺寸。跨距同桥吊跨距相同，均为 40.5m，自制箱型梁一套及行走机构 79t，计两根总重 158t，液压系统、绳索、抬吊设置重 64t，桥吊大车轮压厂家给定为 440kN，如图 6-19 所示。

(2) 利用已安装试验结束的 240t 桥吊，制定自制箱型梁吊装就位方案。

(3) 定子进入厂房到达发电机纵向中心时，提升 100mm 后，静停 10min，测量自制梁挠度变化值，应在 40 200/750＝53.6mm 范围内。

(4) 最大挠度校核。

$$f_{\max} = \frac{pal^2}{24EI}\left(3-4\times\frac{1}{16}\right) = 51\text{mm}，�挠度$$

$f_{\max} < L/750 = 53.6\text{mm}$ 可行。

（5）汽轮机房吊车轨道轮压计算。自制梁及提升系统均由移动装置轮作用在桥吊轨道上，经力的分析和计算，A 排轮压大，为 425kN，小于厂家允许值 440kN。

（6）箱型梁弯曲应力校核。

1）惯性矩：$I_x = 2.33\times10^{11}\text{mm}^4$；$y_1 = y_2 = 1486\text{mm}$；$I_v = 0.324\times10^{11}\text{mm}^4$；$x = 540\text{mm}$。

2）截面模量：$W_x = 1.568\times10^8\text{mm}^3$；$W_y = 0.6\text{mm}\times10^8\text{mm}^3$。

3）最大弯矩：$M_1 = 1579.8\text{t}\cdot\text{m}$。

4）最大合应力：$\sigma = 158\text{MPa} < 160\text{MPa}$，安全。

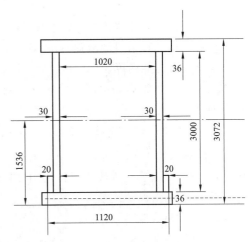

图 6-19　吊装 443t 发电机定子
箱型梁结构截面图

四、冲管反力计算

冲管反力是蒸汽吹洗管路时的反作用力，其计算如下。

（一）吹洗临时管路管径确定

吹洗临时管路管径应大于等于正式吹洗管路直径。主蒸汽系统和再热系统联合吹洗时，应与再热管道直接接近（根据消声器结构特点，如内筒四周排汽反作用力抵消，有封头出现冲击力）。

（二）吹洗管路反作用力理论计算

蒸汽直排大气的吹管的排汽管，端面与管中心线垂直时（不计因倾斜的水平分力），反作用力：

$$P_{Ql} = G\cdot\varepsilon_2 + (p_2 - p_a)A_2\times10^{-4}$$

式中　P_{Ql}——排汽管出口端汽反作用力（N）；

　　　G——吹管流量（kg/s）；

　　　ε_2——排气管出口端流速（m/s）；

　　　p_2——排气管出口端压力（Pa）；

　　　p_a——排气管出口端背压（Pa）；

　　　A_2——排气管出口端管截面积（cm^2）。

当吹管达到临界流动时

$$p_2 = 0.003\ 19[(m\cdot A)/K]\sqrt{p_0\cdot v_0}$$

则

$$\varepsilon_2 = 313A\sqrt{p_0\cdot v_0}$$

$$A = \sqrt{2g[k/(k+1)]\times10^4}$$

式中　m——质量流速 [kg/(m^2·s)]；

　　　A——系数，对过热器为 $A = 333$；

　　　K——绝热指数，对过热器为 $K = 1.3$；

p_0——初态滞止压力（Pa）；

v_0——初态滞止比体积（m³/kg）；

ε_2——排气管出口端流速（m/s）；

g——重力加速度。

详见《火电机组启动蒸汽吹管导则》附录C；经第三方校核需加多组弹簧支架，实施上难以全面落实。

（三）吹洗管出口反作用力推导简易计算

（1）计算公式：$F_0 \cong 0.8\sqrt{T} \cdot G \cdot n$

式中　F_0——冲洗管路排汽口反作用力（kg）；

　　　T——排汽口蒸汽温度（K）；

　　　G——冲管流量（t/h）；

　　　n——安全系数（3～4）（《火电机组启动蒸汽吹管导则》中安全系数为4倍）。

上述公式是由流量、静压、比体积等要素，经动能公式推导得出；双管排汽的每个排汽出口的反力为$F_0/2$。

（2）简易计算是理论计算核心部分的再现，经多台机组吹管实践是安全简便可行的计算方法。由于消声器的结构不同，要加以修正。对临时管道材质、走向合理顺畅、阀门压力温度、疏水排出、堵板设计计算、临时管道热补偿能力、死点确定、临时支架合理、留够膨胀间隙等均需认真对待。

（四）简易计算实例

实例一：蒸汽吹管流量$G=400$t/h，吹管蒸汽温度$t=400$℃。

$T=273+400=673$K，$n=3.5$，则

$F_0 \cong 0.8\sqrt{T} \cdot G \cdot n = 0.8 \times \sqrt{673} \times 400 \times 3.5 = 29\,120kg=29.12$t

实例二：单机百万电厂的锅炉$G=3103$t/h，吹管时蒸汽流量设定$G=800$t/h

吹管蒸汽温度$t=450$℃，$T=273+450=723$K，n取4.0，则

$F \cong 0.8\sqrt{T} \cdot G \cdot n = 0.8 \times \sqrt{723} \times 800 \times 4.0 = 68\,864kg=68.9$t

五、堵板管道强度计算

（一）堵板类型及符号：本计算书的计算依据是GB/T 16507.4《水管锅炉第4部分：受压元件强度计算》

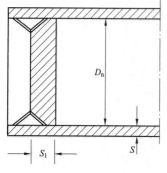

图6-20　管内焊接圆形封头

1. 平端盖

用于集箱口封堵的平板盖，有圆形、椭圆形、方形之分，有对焊、集箱内堵焊方式，有带孔及无孔之分，本方案采用无孔圆形内堵焊及外堵焊两种形式，如图6-20和图6-21所示。

结构要求：无孔。$K=0.60$；$\eta=0.85$（受热）；用于水压试验：$K=0.40$，$\eta=1.00$（不受热）。要求额定压力不大于1.27MPa和管外径不大于219mm的管端盖。

结构要求：$S_1 > 1.3S$，$L > S_1$，无孔，$K=0.4$，$\eta=1.05$。

2. 高压法兰中间的平堵头

结构要求：无孔，$K_1 = 1.00$，D_1：堵板外径（要适应高压法兰结构），如图 6-22 所示。

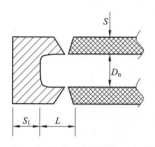 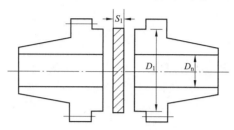

图 6-21　与管道焊接圆形对接凹封头　　图 6-22　高压法兰加装堵板示意图

（二）堵板厚度计算

1. 圆形平堵板

（1）圆形平堵板的最小要求壁厚 S_{Lmin}：

$$S_{Lmin} = KD_n\sqrt{\dfrac{p}{[\delta]}}$$

应满足：$S_1 \geqslant S_{Lmin}$

式中　S_{Lmin}——平堵板的最小需用厚度（mm）；

　　　　K——与平端盖结构有关系的系数；

　　　　D_n——与平堵板相连接处的管道内径（mm）；

　　　　p——计算压力（表压）（MPa）；

　　　$[\delta]$——许用应力（MPa）。

（2）圆形平堵板的最高允许计算压力：

$$[p] = (S_1/KD_n)^2$$

式中　$[p]$——校核平堵板计算最高许用计算压力（表压）（MPa）。

　　　　S_1——平堵板取用厚度（mm）。

（3）水压试验最高允许计算压力：

$$p_{sw} = 0.9(S_1/KD_n)^2$$

式中　p_{sw}——水压试验最高允用压力（表压）（MPa）。

（4）平堵板在直径部分的壁厚 S 不应小于按理论计算壁厚 S_1：

$$S_1 = pD_w/2\psi_{min}[\delta] + p$$

式中　ψ_{min}——最小减弱系数。

管道最小使用壁厚 $S_{min} = S_1 + C$；$\psi_{min} = 1$ 进行计算。

2. 热网水管道堵板使用厚度计算

依据 GB/T 16507.4《水管锅炉　第 4 部分：受压元件强度计算》及 DL/T 5190.2《电力建设施工技术规范　第 2 部分：锅炉机组》附录 K 查得 $t_{b1} = 20℃$ 时，A_3 钢的基本许用应力 $[\delta]_J = 137MPa$；$p = 1.8MPa$；平端盖的修正系数 $\psi_{min} = 1.05$；平端盖的许用应力 $[\delta]_J = 1.05 \times 137 = 143.85MPa$；$D_w = 1220mm$。

（1）校核管道的理论计算壁厚。$S_L = pD_w/2\psi_{min}[\delta] + p = 1.8 \times 1220/\ (2 \times 1.05 \times$

$143.85+1.8$） $=7.226\text{mm}$；附加壁厚 $C=C_1+C_2=0.5+AS_L=0.5+0\times S_L=0.5$；

管道最小需要壁厚 $S_{min}=S_L+C=7.226+0.5=7.726\text{mm}$，取管道壁厚 $S=10\text{mm}$；

确定平堵板的外径 $D_n=D_w-2S=1220-2\times 10=1200\text{mm}$。

（2）确定平堵板的最小许用壁厚：

$$S_{Lmin}=KD_n\sqrt{\frac{p}{[\delta]}} \quad 查得：K=0.40$$

热网水出口堵板厚度：

$$S_{Lmin}=KD_n\sqrt{\frac{p}{[\delta]}}=0.40\times 1200\times\sqrt{1.8/137}=55.0\text{mm}$$

热网水入口堵板厚度：

$$S_{Lmin}=KD_n\sqrt{\frac{p}{[\delta]}}=0.40\times 1200\times\sqrt{0.3/137}=22.5\text{mm}$$

注：大直径的堵板，不仅要考虑计算强度，还要考虑轴向力引起的堵板变形，一般采取增加十字形或井字形型钢加固，这也是堵板太厚时，增加强度和刚度的好措施。

3. 平堵头的厚度计算

形状系数 K_L 按以下规定选取：圆形平堵头，取 $K_L=1.00$；计算尺寸按以下规定选取：圆形平堵板，取 $L=D_n$；平堵头的计算压力 p 取相连接的管道组件计算压力；平堵头的计算壁温 t_{b1} 取相连的计算壁温；$[\delta]=137\text{MPa}$。

（1）凝结水系统逆止阀平堵头：计算压力 2.25MPa、计算壁温 20℃。

$$S_{Lmin}=0.55K_LL\sqrt{\frac{p}{[\delta]}}=0.55\times 1\times 309\times\sqrt{2.25/137}=21.7\text{mm}$$

取用平堵头厚度 $S_1\geqslant S_{Lmin}=22\text{mm}$。

（2）除氧器安全门处平堵头：计算压力 0.72MPa、计算壁温 20℃。

$$S_{Lmin}=0.55K_LL\sqrt{\frac{p}{[\delta]}}=0.55\times 1\times 200\times\sqrt{0.72/137}=7.97\text{mm}$$

取用平堵头厚度 $S_1\geqslant S_{Lmin}=8\text{mm}$。

（3）1号高压加热器安全门处平堵头：计算压力 3.2MPa、计算壁温 20℃。

$$S_{Lmin}=0.55K_LL\sqrt{\frac{p}{[\delta]}}=0.55\times 1\times 150\times\sqrt{3.2/137}=12.6\text{mm}$$

取用平堵头厚度 $S_1\geqslant S_{Lmin}=13\text{mm}$。

（4）2号高压加热器安全门处平堵头：计算压力 4.8MPa、计算壁温 20℃。

$$S_{Lmin}=0.55K_LL\sqrt{\frac{p}{[\delta]}}=0.55\times 1\times 150\times\sqrt{4.8/137}=15.4\text{mm}$$

取用平堵头厚度 $S_1\geqslant S_{Lmin}=16\text{mm}$。

（5）热网加热器（汽侧）安全门处平堵头：计算压力 0.37MPa、计算壁温 20℃。

$$S_{\text{Lmin}} = 0.55 K_L L \sqrt{\frac{p}{[\delta]}} = 0.55 \times 1 \times 200 \times \sqrt{0.37/137} = 5.7\text{mm}$$

取用平堵头厚度 $S_1 \geqslant S_{\text{Lmin}} = 6\text{mm}$。

（三）直管或直管道的理论计算厚度

依据：DL/T 5190.2《电力建设施工技术规范　第 2 部分：锅炉机组》附录 K

1. 水压用临时升压管道厚度

无缝钢管 $\phi60$，材质：20 号，则

$$S_m = \frac{p D_w}{2[\sigma]^t \phi + p} = \frac{30 \times 60}{2 \times 125 \times 1 + 30} = 6.4\text{mm}$$

式中　S_m——直管的最小壁厚（mm）；

p——试验压力，为 30MPa；

D_w——管子的外径，为 60mm；

$[\sigma]^t$——试验温度下材料的许用应力（MPa），取 125MPa；

ϕ——焊缝减弱系数，对于无缝钢管取 1.0。

故选用 $\phi60 \times 7$ 无缝钢管是安全的。

2. D2440×12/10 钢管堵板

堵板形式：焊接堵头；管道尺寸：外径 $D_w = 2440\text{mm}$，内径 $D_n = 2418\text{mm}$，壁厚 $\delta = 12\text{mm}$；其他参数：试验压力 $p = 0.4\text{MPa}$；堵板材质：Q235A；$\eta = 0.5$；计算堵板厚度 S_1。

$$S_1 = K D_n \sqrt{\frac{p}{100\eta[\sigma]}} = 1 \times 2418 \times \sqrt{\frac{0.01 \times 0.4}{235 \times 0.5}} = 15.3\text{mm}$$

取 $S_1 = 20\text{mm}$（鉴于刚度，考虑安全，必须加强）。

3. D2040×10 钢管堵板

堵板形式：焊接堵头；管道尺寸：外径 $D_w = 2040\text{mm}$　内径 $D_n = 2020\text{mm}$，壁厚 $\delta = 10\text{mm}$；其他参数：试验压力 $p = 0.4\text{MPa}$；堵板材质：Q235A；$\eta = 0.5$；堵板壁厚 S_1：

$$S_1 = K D_n \sqrt{\frac{p}{100\eta[\sigma]}} = 1 \times 2020 \times \sqrt{\frac{0.01 \times 0.4}{235 \times 0.5}} = 11.79\text{mm}$$

取 $S_1 = 16\text{mm}$（鉴于刚度，考虑安全，必须加强）。

第七章

预控防范及问题处理

第一节 建 筑 部 分

一、建筑地基

（一）基本规定

1. 建筑物安全等级

按破坏后果（危及人的生命、经济损失、社会影响及修复可行性）的严重性，分为三个安全等级。

（1）一级：破坏后果很严重。重要的工业与民用建筑、20 层以上高层建筑、体型复杂的 14 层建筑、地基变形有特殊要求的建筑、单桩承载大于 4000kN 的建筑物。

（2）二级：破坏后果严重。一般的工业与民用建筑。

（3）三级：破坏后果不严重。次要建筑物。

2. 地基设计

（1）一级建筑和重要的二级建筑，按地基变形计算，并不应大于变形允许值。

（2）需做地基变形计算的有地基承载力标准值小于 130kPa，且体型复杂的建筑；地基易产生不均匀沉降；与软弱地基相邻较近易发生倾斜；较厚填土或厚薄不均的填土，其自重固结未完成。

（二）土岩分类

1. 碎石土分类

（1）漂石：圆形及亚圆形为主，粒径大于 200mm 的颗粒质量超过总质量的 50%。

（2）块石：棱角形为主，粒径大于 200mm 的颗粒质量超过总质量的 50%。

（3）卵石：圆形及亚圆形为主，粒径大于 20mm 的颗粒质量超过总质量的 50%。

（4）碎石：棱角形为主，粒径大于 20mm 的颗粒质量超过总质量的 50%。

（5）圆砾：圆形及亚圆形为主，粒径大于 2mm 的颗粒质量超过总质量的 50%。

（6）角砾：棱角形为主，粒径大于 2mm 的颗粒质量超过总质量的 50%。

2. 砂土分类

（1）砾砂：粒径大于 2mm 的颗粒质量占总质量的 25%～50%。

（2）粗砂：粒径大于 0.5mm 的颗粒质量占总质量的 50%。

（3）中砂：粒径大于 0.25mm 的颗粒质量占总质量的 50%。

（4）细砂：粒径大于 0.075mm 的颗粒质量占总质量的 85%。

（5）粉砂：粒径大于 0.075mm 的颗粒质量占总质量的 50%。

3. 砂土的密实度

标准贯入试验，锤击数 N：

（1）$N \leqslant 10$，密实度：松散。

（2）$10 < N \leqslant 15$，密实度：稍密。

（3）$15 < N \leqslant 30$，密实度：中密。

（4）$N > 30$，密实度：密实。

（三）黏性土

塑性指数 $I_p > 10$ 的土为黏性土。塑性指数由 76g 圆锥体沉入土样的深度为 10mm 测定的液限计算而得。

（1）黏性土分类：$I_p > 17$ 为黏土；$10 < I_p \leqslant 17$ 为粉质黏土。

（2）黏性土状态：液性指数 I_L 分五类：①$I_L \leqslant 0$，坚硬；②$0 < I_L \leqslant 0.25$，硬塑；③$0.25 < I_L \leqslant 0.75$，可塑；④$0.75 < I_L \leqslant 1$，软塑；⑤$I_L > 1$，流塑。

（3）天然沉积的淤泥：天然含水量大于液限，天然孔隙比小于 1.5 但大于等于 1.0 的土为淤泥质土。

（4）碳酸盐岩系的岩石经红土化作用后形成高黏土，其液限一般大于 50，液限大于 45 的土应为次生红黏土。

（5）粉土介于砂土和黏土之间。

（6）人工填土：①素填土：由碎石土、砂土、粉土、黏性土等组分组成的填土；②杂填土：由建筑垃圾、工业废料、生活垃圾等杂物组成的填土；③冲填土：由水力冲填泥沙形成的填土。

（四）湿陷性黄土

在 $50 \sim 150$kPa 压力段变形敏感，含氧化铁、白色钙质粉末。

1. 湿陷性黄土的物理力学指标

含水量（%）、天然密度（g/cm³）、液限（%）、塑性指数、孔隙比、压缩系数（MPa⁻¹）、湿陷系数、自重湿陷系数。

2. 我国湿陷性黄土分布

陇西地区、陇东陕北、关中地区、山西地区、河南地区、冀鲁地区、北部边缘地区。

3. 湿陷性黄土处理

垫层法、强夯法、重夯法、挤密法（沉管、爆破、冲击）、桩基础、预浸水法、单液硅注入法（是将硅酸钠 $Na_2O_nSiO_2$ 注入）、碱液加固法。

（五）压实填土地基

（1）未经检验查明的，以及不符合质量要求的压实填土，不得作为建筑地基。

（2）压实填土地基的密实度，以压实系数 λ_c 表示。压实系数 λ_c 定义：土的控制干密度与最大干密度的比值。

（3）压实填土地基质量控制

1）砌体承力结构和框架结构：主要受力层范围，$\lambda_c > 0.96$；主要受力层范围以下，$\lambda_c = 0.93 \sim 0.96$；控制含水量 $W_{op} \pm 2\%$。

2）排架结构：主要受力层范围，$\lambda_c = 0.94 \sim 0.97$；主要受力层范围以下，$\lambda_c = 0.91 \sim 0.93$；控制含水量 $W_{op} \pm 2\%$。

（4）承载力标准值 f_h（kPa）：在 $\lambda_e = 0.94 \sim 0.97$ 范围内。

1）碎石、卵石：$200 \sim 300$。

2）砂夹石（石占 $30\% \sim 50\%$）：$200 \sim 250$。

3）土夹石（石占 $30\% \sim 50\%$）：$150 \sim 200$。

4）粉质黏土、粉土：$8 < I_L < 14$：$130 \sim 180$。

二、水泥标准

《通用硅酸盐水泥》（GB 175—2007）。

（一）定义与分类

（1）定义：通用硅酸盐水泥，是以硅酸盐水泥熟料和适量的石膏及规定的混合材料制成的水硬性胶凝材料。

（2）分类：通用硅酸盐水泥，按混合材料的品种和掺量分为硅酸盐水泥、普通硅酸盐水泥、矿渣硅酸盐水泥、火山灰质硅酸盐水泥、粉煤灰硅酸盐水泥和复合硅酸盐水泥。

（二）代号与组分

（1）硅酸盐水泥：P·I，熟料＋石膏 100%；P·Ⅱ：①熟料＋石膏大于等于 95%，粒化高炉矿渣小于等于 5%；②熟料＋石膏大于等于 95%，石灰石小于等于 5%。

（2）普通硅酸盐水泥：P·O，熟料＋石膏大于等于 80 且小于 95%，火山灰质混合材料大于 5% 且小于等于 20%。

（3）矿渣硅酸盐水泥：①P·S·A，熟料＋石膏大于等于 50% 且小于 80%，粒化高炉矿渣大于 20% 且小于等于 50%；②P·S·B，熟料＋石膏大于等于 30% 且小于 50%，粒化高炉矿渣大于 50% 且小于等于 70%。

（4）火山灰质硅酸盐水泥：P·P，熟料＋石膏大于等于 60% 且小于 80%，火山灰质混合材料大于 20% 且小于等于 40%。

（5）粉煤灰硅酸盐水泥：P·F，熟料＋石膏大于等于 60% 且小于 80%，粉煤灰大于 20 且小于等于 40%。

（6）复合硅酸盐水泥：P·C，熟料＋石膏大于等于 50% 且小于 80%，活性混合材料＋非活性混合材料复合而成（要小于水泥质量的 8%）大于 20% 且小于等于 50%。

（三）材料

1. 硅酸盐水泥熟料

主要含 CaO、SiO_2、Al_2O_3、Fe_2O_3 的原料，按适当比例磨成细粉，烧至部分熔融所得硅酸钙为主要矿物成分的水硬性胶凝物质。其中硅酸钙矿物不小于 66%，氧化钙和氧化硅质量比，不小于 2.0。

2. 石膏

天然石膏：应符合 GB/T 5483 中规定的 G 类或 M 类二级及以上的石膏或混合石膏。工业副产石膏：以硫酸钙为主要成分的工业副产物，采用前应经过试验证明对水泥性能无害。

3. 活性混合材料

符合 GB/T 203、GB/T 18046、GB/T 1596、GB/T 2847 要求的粒化高炉矿渣、粒化高炉矿渣粉、粉煤灰、火山灰质混合材料。

4. 非活性混合材料

活性指标分别低于 GB/T 203、GB/T 18046、GB/T 1596、GB/T 2847 要求的粒化高炉

矿渣、粒化高炉矿渣粉、粉煤灰、火山灰质混合材料；石灰石和砂岩，其中石灰石中的三氧化二铝含量应不大于 2.5%。

5. 窑灰

符合 JC/T 742 的规定。

6. 助磨剂

水泥粉磨时允许加入助磨剂，其加入量应不大于水泥质量的 0.5%，助磨剂应符合 JC/T 667 的规定。

（四）强度等级

（1）硅酸盐水泥强度等级：42.5、42.5R、52.5、52.5R、62.5、62.5R 六个等级（单位 MPa）。

（2）普通硅酸盐水泥强度等级：42.5、42.5R、52.5、52.5R 四个等级（单位 MPa）。

（3）矿渣硅酸盐水泥、火山灰质硅酸盐水泥、粉煤灰硅酸盐水泥、复合硅酸盐水泥的强度等级分为 32.5、32.5R、42.5、42.5R、52.5、52.5R 六个等级（单位 MPa）。

通用硅酸盐水泥强度一览表，见表 7-1。

表 7-1　　　　　　　　　　通用硅酸盐水泥强度一览表　　　　　　　　　　MPa

品种	P·Ⅰ　P·Ⅱ			P·O			P·S　P·P　P·F　P·C		
强度等级	3 天抗压强度	28 天压强	28 天抗折强度	3 天抗压强度	28 天压强	28 天抗折强度	3 天抗压强度	28 天压强	28 天抗折强度
32.5	—	—	—	—	—	—	≥10.0	≥32.5	≥5.5
32.5R	—	—	—	—	—	—	≥15.0	≥32.5	≥5.5
42.5	≥17.0	≥42.5	≥6.5	≥17.0	≥42.5	≥6.5	≥15.0	≥42.5	≥6.5
42.5R	≥22.0	≥42.5	≥6.5	≥22.0	≥42.5	≥6.5	≥19.0	≥42.5	≥6.0
52.5	≥23.0	≥52.5	≥7.0	≥23.0	≥52.5	≥7.0	≥21.0	≥52.5	≥7.0
52.5R	≥27.0	≥52.5	≥7.0	≥27.0	≥52.5	≥7.0	≥23.0	≥52.5	≥7.0
62.5	≥28.0	≥62.5	≥8.0	—	—	—	—	—	—
62.5R	≥32.0	≥62.5	≥8.0	—	—	—	—	—	—

注　3 天抗折强度：P·Ⅰ、P·Ⅱ：3.5～5.0；P·O：3.5～5.0；P·S、P·P、P·F、P·C：2.5～4.5。

三、混凝土强度标准

（一）建筑结构安全等级

一级：破坏后果很严重，重要的工业与民用建筑物。

二级：破坏后果严重，一般的工业与民用建筑物。

三级：破坏后果不严重，次要的建筑物。

（二）钢筋混凝土结构［见《混凝土结构设计规范》（GB 50010—2010）］

1. 混凝土强度标准值

混凝土强度标准值，见表 7-2。

2. 混凝土强度设计值

混凝土强度设计值，见表 7-3。

表 7 - 2		混凝土强度标准值											N/mm²
强度种类	符号	混凝土强度等级											
		C7.5	C10	C15	C20	C25	C30	C35	C40	C45	C50	C55	C60
轴心抗压	f_{ck}	5	6.7	10	13.5	17	20	23.5	27	29.5	32	34	36
弯曲抗压	f_{cmk}	5.5	7.5	11	15	18.5	22	26	29.5	32.5	35	37.5	39.5
抗拉	f_{tk}	0.75	0.9	1.2	1.5	1.75	2	2.25	2.45	2.6	2.75	2.85	2.95

表 7 - 3		混凝土强度设计值											N/mm²
强度种类	符号	混凝土强度等级											
		C7.5	C10	C15	C20	C25	C30	C35	C40	C45	C50	C55	C60
轴心抗压	f_c	3.7	5	7.5	10	12.5	15	17.5	19.5	21.5	23.5	25	26.5
弯曲抗压	f_{cm}	4.1	5.5	8.5	11	13.5	16.5	19	21.5	23.5	26	27.5	29
抗拉	f_t	0.55	0.65	0.9	1.1	1.3	1.5	1.65	1.8	1.9	2	2.1	2.2

注 1. 计算浇筑钢筋混凝土轴心受压及偏心受压构件时，如截面的长边或直径小于300mm，则表中混凝土的强度设计值应乘以系数0.8。

2. 600℃·d是同养等效龄期。即按日平均温度逐日累计达到600℃·d时对应的龄期。0℃及以下不计入，等效养护龄期不应小于14天，也不宜大于60天，同养期龄试块强度达标。

四、大体积混凝土浇筑

烟囱基础（$h \geqslant 2.5$m）、冷却水塔池底（$h \geqslant 1.6$m）、中水澄清池底板（$h \geqslant 1.8$m）、1000MW机组的锅炉主柱基础、汽轮发电机基础筏底等均属大体积混凝土。施工中水化热大、收缩量大，使其易出现裂纹，严重的开裂。为减小温差应力，防止产生裂纹，在施工全过程要全方位控制。

（一）材料控制

优质硅酸盐水泥；粗骨料碎石5～20mm、含泥小于等于1%、片状小于10%；细骨料的细度模数2.7，砂率30%～45%；用 UEA - M 复合膨胀剂；Ⅰ级粉煤灰及木钙减水剂，减少水化热，增加后期强度。

（二）混凝土配比

试验室按设计要求进行配比优化试验。规范要求水泥用量小于等于550kg；水化热控制在$T_{1d} \leqslant 230$kJ/kg，$T_{3d} \leqslant 280$kJ/kg；混凝土中总含碱量5kg/m³；氯离子含量小于等于水泥重量的0.06%。

（三）混凝土指标控制

混凝土水化热最高控制在50℃；混凝土入模温度应控制在18℃以下；混凝土坍落度为（160～180）±20mm；混凝土满足初凝时间3～4h。

（四）混凝土工艺控制

分区分层退坡、顺序推进、一次到顶的浇筑方法，防止出现冷缝。振捣间距高度小于等于40cm、入下层10cm，每次10～15s，不超过30s，以混凝土泛浆和不冒气泡为准。为避免出现塑性裂纹，浇筑完成后，分三次抹压成型，最后一次搓平表面。现场取样，100m³取一组（同养试块），集中搅拌站留有同样试块组数（标养试块），以便检测对比。养护时间不低于 28 天。

（五）混凝土测温控制

一般浇筑完三天后内部温度最高，故采用第三天的温差。在大混凝土的上、中、下埋入钢管，用便携式测温仪；测温时间间隔：1～5 天每 2～4h 一次，6～10 天每 4～8h 一次，10～15天每 12～24h 一次；严格控制内、外混凝土温差不超过 25℃，以提高早期弹性模量，增强抗裂性。

为有效控制内部温度，根据体积大小铺设公称直径 100mm 不等的钢管，呈 S 形，两端装阀门，根据温度情况通水控制温差。工作结束后，冷却钢管两端用钢板封死。

避免降温与干缩共同作用而导致应力叠加，应力叠加是后期出现裂纹的主要原因。所以，拆模养护防腐后，随即回填土。地下水位上升 2/3，底板保持湿润状态，预防在降温期内混凝土产生过大脱水干缩和湿度变化。

（六）混凝土结构抗震加固

（1）采用包钢法加工，已有成熟经验。

（2）采用湿式包钢加固，在型钢与混凝土之间，用乳胶水泥聚合物砂浆粘贴。

五、建筑工程裂纹预防

（一）《预制混凝土构件质量检验评定标准》（DBJ 01—1—1992）

（1）裂缝：影响结构性能和使用的裂缝，不应有；不影响结构性能和使用的少量裂缝，不宜有。

（2）结构性能：结构的裂缝宽度的检验：

$$W^{\circ}_{s,max} \leqslant [W_{mas}]$$

式中　$W^{\circ}_{s,max}$——正常使用短期荷载检验值下，受拉主筋处的最大裂缝宽度实测值（mm）；

$[W_{mas}]$——构件检验的最大裂缝宽度允许值（mm）：设计 0.2、0.3、0.4；检验 0.15、0.2、0.3。

（二）《混凝土及预制混凝土构件质量控制规程》预制混凝土构件的质量控制

（1）漏筋：副筋外露小于等于 500m/m。

（2）蜂窝：主筋小于 300m/m；其他面积 1%（累计），每处不超过 0.01m²。

（3）麻面：累计小于 5%。

（4）硬伤、掉角：累计小于 50m/m×200m/m，支撑部位小于 30×30m/m。

（5）裂缝：①柱裂：不应有；②角裂：一个且不延伸到板面；③纵向面裂：小于 L/3，缝宽不大于 0.15m/m；④横向面裂：允许 1 条，且不延伸到侧面。

（三）混凝土裂缝分类

（1）混凝土裂缝按要素分类：

1）混凝土收缩变形：有收缩变形（泵送大于普通）产生内应力，超出极限拉伸，变形，产生裂缝。

2）混凝土干缩变形：混凝土中有结合水及自由水，自由水游离在水泥石中，时延散发，为失水收缩（包括早期干裂和干缩裂缝）；在外部约束下，产生附加拉应力，导致开裂。

3）其他变形：①温度变形（水化热、气温环境）；②收缩变形（塑性、干燥、碳化收缩）；③非匀沉降变形。

（2）混凝土裂缝按产生时间分类：硬化前裂缝、硬化过程裂缝、完全硬化后裂缝。

（3）混凝土裂缝分为两大类：

1）结构性裂缝（即受力裂缝）：①荷载裂缝（外荷载）；②荷载次应力裂缝，由结构次应力引起。两种荷载裂纹均为第一类外载，是"一次过程"。

2）非结构性裂缝：是变形荷载，温度、湿度、收缩、膨胀等因素引发的裂缝。是"时间过程"或"传递过程"，是由于环境变化而产生的变形，是形成约束力而产生的。包括塑性开裂、水化热开裂、干燥收缩开裂。

（四）建筑工程质量通病防治要求

（1）裂缝长度：①纵向总长不超过裂缝面构件尺寸的 1/2；②横向不延伸到侧面；③一个角裂延伸长度不大于 100mm。

（2）硬伤掉角：总面积不大于 50mm×200mm。《建设工程质量检验评定标准》《钢筋混凝土预制构件检验评定标准》规定，不同受力状态允许裂宽值为缝宽：抗载，不允许超过 0.2、0.3m/m；受拉杆件缝宽小于等于 0.15mm；必要时，进行加荷试验。

（五）国内、外试验分析控制裂纹范围

（1）环境：①无侵蚀介质，无抗渗要求，允许 0.3mm；②轻微侵蚀，无抗渗要求，允许 0.2mm；③严重侵蚀，有抗渗要求，允许 0.1mm。

（2）结构物受力：尾架、托架、烟囱、筒仓，受液压无保护，允许 0.2mm；其他允许 0.3mm。

（3）美国混凝土学会 224 委员会的限值：①干燥环境，有保护层，0.4m/m；②潮湿空气、土壤中 0.3m/m；③冻结环境（加防冻剂）0.18m/m；④海水环境 0.15m/m；⑤储水构筑物 0.1m/m。

（4）日本：室外，有害裂缝宽 0.3mm，室内有害裂缝尾 0.6mm。

治理方法为注浆、扩展消除裂缝、抱箍加强等；填充物有大裂缝：灌浆；中裂缝：环氧树脂；小裂缝：甲凝 0.03～0.1m/m，或者防渗内凝。

（六）其他

（1）构件承载力检验、构件抗裂试验、构件的裂缝宽度试验：见《预制混凝土构件质量检验评定标准》（DBJ 01—1—1992）。

（2）有游离 CaO 及 MgO 造成体积膨胀；有乳白色半透明的凝胶、碱-骨料反应，易出现无规则网状裂纹；钢筋锈蚀膨胀；Ca（OH）$_2$、$CaCO_3$ 结晶；R 型早强水泥。

（3）地基、承台不均匀沉降。矿渣水泥比硅酸水泥水化热低，但收缩量约大 25%。

（4）混凝土徐变机理：弹性徐变理论，继效徐变理论；预应力损失、混凝土应力降低。

（5）裂缝种类：①成因分为外载、变形；②状态分为运动、不稳定、闭合、愈合；③形状分为规则、不规则、龟裂状。

（6）漏振、过振：骨料塑性沉落，遇钢筋、预埋件、模板的抑制时产生裂缝。

（7）有害裂缝、无害裂缝，其界限由使用功能决定；少量有害裂缝处理后，满足设计，耐久性可不降低质量评定标准。

（8）掺和 JD-JS 防裂剂。

六、特种建筑材料

（一）建筑防水材料

1. 建筑防水规范

（1）屋面防水［《屋面工程技术规范》（GB 50345—2012）］

1）建筑分四级：屋面工程防渗漏，确保年限 25 年/1 级、15 年/2 级、10 年/3 级、5 年/4 级。按重要性划分为特重要：三道设防；重要：二道设防；一般：一道设防。

2）防水工程的质量必须经工程质量监督站核定。

（2）地沟、澄清池防水。级别：1 级为最高级：三道防水，应是防水混凝土。

2. 防水质量保证期、保修期及防水耐用年限

（1）防水质量保证期：即确保不渗漏的年限承诺，依法律形式固定的制度。保证期内施工单位的责任：①交纳承包方防水工程的保险金，渗漏发生，房主向保司索赔；②防水设计和选材均由施工单位承担；③施工单位设专人定期到自己施工的建筑检查维护。

（2）保修期：国家规定五年。

（3）防水耐用年限：屋面防水层能满足正常使用要求的年限。

3. 设防道数的含义

规范要求Ⅰ级建筑三道设防、Ⅱ级建筑二道设防、Ⅲ级建筑一道设防。一道设防指一道防水层，能起到独立防水功能；二、三道防水层用不同防水材料组合，叫复合防水层（如涂料＋卷材＋刚性）；同种材料作二、三道设防叫叠层使用。

4. 类型

（1）柔性屋面防水：由底向上八道工序，依次为：①钢筋混凝土板；②刷冷底油；③20mm 厚 1∶3 水泥砂浆找平层，内掺有机硅，2×2m 分格，油膏灌缝；④2mm 油膏隔气层；⑤阻燃聚苯乙烯板保温层；⑥刷冷底油；⑦20mm 厚 1∶3 水泥砂浆找平层；⑧SBS、APP 等改性沥青防水层。

（2）刚性屋面防水：与柔性屋面防水的 8 道工序相同，第 9 层是 C20 防火混凝土刚性防水层，即 C20 细石防水混凝土，内配 $\phi4@150$ 冷拔钢丝。

5. 常用防水材料

（1）氧化改性沥青：沥青吹入少量氧，产生氧化作用和聚合物作用，改变性能但效果不显著。

（2）聚合物改性：其材料如下。

1）SBS 橡胶（苯乙烯—丁二烯—苯二烯）。

2）APP 树脂（聚丙烯）。

3）PVC 树脂（聚氯乙烯）。

4）再生胶，废橡胶粉等掺入沥青，进行物理混合，形成接枝共聚物，成溶液结构、共混结构、网状结构。

5）SBS 改性沥青卷材、APP 改性沥青卷材的物理性能查阅《弹性体改性沥青防水卷材》（GB 18242）。

6）涂料固体含量大于等于 43％（50％），耐热度（80℃，5h）；无流淌、起泡、滑动；不透水性：大于等于 0.1Pa，大于等于 0.5h 不渗透，在（20±2）℃时，延伸大于等于 4.5mm。

7）卷材。卷材类别及物理性能，见表 7-4。

表 7-4　　　　　　　　　　　　卷材类别及物理性能

防水等级	Ⅰ	Ⅱ	Ⅲ	Ⅳ
拉力（N）	400	400	—	200
延伸率	30%	5%	—	3%

柔性（-5℃～25℃），成圆无裂纹，不透水性：压力大于等于 0.2MPa，$t=30$min。

合成高分子的性能为低温柔性：-25℃不断裂；不透水性：0.3MPa，300min，不透水；最大拉力：500N/50min；最大延伸率：30%；耐热性：90℃，不流淌。

（3）允许基层最大裂缝（mm）。

1）SBS、APP 改性沥青毡：6.9。

2）氯化聚乙烯 603 卷材：0.1。

3）三元乙丙橡胶卷材：4.4。

4）氯化聚乙烯橡胶共混：4.1。

5）氯化聚乙烯卷材：2.0。

6）聚氨酯涂膜：2.6。

7）丁基胶卷材：1.2。

8）聚氯乙烯卷材：3.7。

卷材搭接宽度：按材料的不同，接法可以分为满粘、空铺、点粘、条粘，长边、短边，搭接均有区别，但一般是焊接法：50mm；粘接法 80～100mm；高聚物 80～100mm；沥青卷材 100～150mm。

（4）防水卷材规格。

1）沥青防水卷材：

a. 350 号：915～1000mm 宽，20m±0.3mm/每卷；卷重：粉毡大于等于 28.5kg，片毡大于等于 31.5kg。

b. 500 号：915～1000mm 宽，20m±0.3mm/每卷；卷重：粉毡大于等于 39.5kg，片毡大于等于 42.5kg。

2）高聚物卷材：厚 1、1.2、1.5、2mm；宽大于等于 1000mm；每卷长（15～20）m/2mm、10m/3mm、7.5m/4mm、5m/5mm（斜线后的数值是厚度）。

3）合成高分子卷材：厚 1、1.2、1.5、2mm；宽大于等于 1000mm；20m/卷（1～1.5mm 厚）；10m/卷（2mm 厚）。

（5）涂料厚度：

1）Ⅰ级：三道以上，合成高分子防水卷材 2mm，高聚物防水卷材 3mm，沥青油毡。

2）Ⅱ级：二道以上，合成高分子防水卷材 2mm，高聚物防水卷材 3mm。

3）Ⅲ级：单道设防，合成高分子 1mm（复合），高聚物 1.5mm。

4）Ⅳ级：单道设防，两毡三油沥青防水卷材，高聚物改性沥青防水涂料。

（二）二次灌浆材料

1. 高强无收缩灌浆料

牌号 CGM-2（普通型），中美合资。使用说明：

（1）高强无收缩灌浆料应储存在防潮阴凉的地方。

（2）所用与灌浆料接触的表面要无各类油脂、水泥浮浆和其他外来杂质。施工前，用水将基础表面冲洗干净，24h用水充分湿润表面，灌浆前要除残余水分。

（3）用水量在满足流动度条件下，尽量减少用水量。

（4）灌浆料机械搅拌时间不能超过2min，一次搅拌量应在30min内用完，不能二次搅拌。从搅拌开始至灌浆结束，操作必须连续进行。

（5）在二次灌浆中，应从一边倒入灌浆料，以防止空气引入。对于大型设备，设备底面要留灌浆孔，以利于排气。灌浆应连续进行，直到灌浆料流动到另一侧。

（6）有关养护、检验及其他恶劣气候下的施工方法，要制定施工方案。

CGM灌浆料的验收应符合表7-5和表7-6的规定（CGM灌浆料的验收以试验检验为标准）。

表7-5　　　　　　　　　　　CGM灌浆料的常用物理性能

型号	抗压强度（MPa）			竖向膨胀率（％）	流动度（mm）	坍落度（mm）
	1d	3d	28d			
CGM-1（普通型）	≥30～50	≥45～60	≥65～85	≥0.02	≥300	—
CGM-1（加固型）	≥30～50	≥40～55	≥65～85	≥0.02	—	≥270
CGM-2（普通型）	≥22～27	≥38～45	≥55～65	≥0.02	≥270	—
CGM-2（加固型）	≥22～27	≥38～45	≥55～65	≥0.02	—	≥270
CGM-4（超流态）	≥18～25	≥32～38	≥45～55	≥0.02	≥350	—

表7-6　　　　　　　　　　　CGM-1灌浆料对钢筋的锚固强度

钢筋直径 D（mm）	设计拉力（kN）	标准拉力（kN）	极限拉力（kN）	埋设深度大于等于150mm，24h层的抗拉力（kN）
10	24	26	40	≥40
12	35	38	58	≥58
14	48	52	78	≥78
16	62	67	102	≥102
18	79	85	130	≥130
20	97	105	160	≥160
22	118	127	194	≥194
25	152	164	250	≥250
28	178	206	302	≥302
32	233	269	394	≥394
36	295	341	499	≥499
40	364	421	615	≥615

2．H系列无收缩灌浆料（由上海宝山环宇新材料厂生产）

H系列灌浆料是水泥的胶结材，配以复合外加剂和特殊骨料，现场加水搅拌后即可使用。具有无收缩、大流动、高强特性特点的专用灌浆料不含氯离子和金属膨胀剂，见表7-7。

表 7 - 7　　　　　　　　　　H 系列无收缩灌浆料为汽轮发电机组灌浆料

牌号 性能		特别推荐牌号			其他牌号			
		H－40	H－A10	H－J15	H－50	H－60	H－80	H－JN60
适用范围		灌浆厚度小于100mm的设备基础、钢结构支撑件基础、轨道基础灌浆；基础垫板座浆	灌浆层大于100mm的基础和较深较大地脚螺栓孔灌浆；基础垫板座浆	钢筋混凝土梁、柱加固，混凝土小块修补等；钢筋混凝土墙放水加固等	用于灌浆层小于100mm设备基础，钢结构支撑件基础，轨道基础灌浆；用于设备抢修（强度要求较高）时的灌浆；用于基础垫板灌浆			用于灌浆层较薄的设备，灌浆层的厚度约为10～30mm
抗压强度	1d	≥22	≥22	≥10	≥22	≥25	≥30	≥25
	3d	≥40	≥40	≥30	≥42	≥48	≥50	≥50
	28d	≥55	≥55	≥45	≥60	≥65	≥80	≥70
黏结力	圆钢	≥6.0MPa			≥6.0MPa			
	螺纹钢	≥13.0MPa			≥13.0MPa			
1d膨胀率		0.02～0.4			0.02～0.4			
流动度（mm）		≥240	180～240	≥240	≥240	≥270		
储存		在干燥、密封袋装的条件下，可保存6个月						

（三）地面材料

1. 水泥基耐磨材料

有一定级配的骨料、特种水泥、染料及外加剂和助料均匀剂。混凝土厚度在 4mm 以上，标号大于等于 C20，平整度达到 0mm/2m。

（1）Ⅰ型 TC1010：属非金属骨料地面硬化剂。性能指标：抗压强度大于等于 80MPa、抗折强度大于等于 11.50MPa、表面硬度压痕直径小于等于 3.3mm、耐磨度比大于等于 300％（滚珠轴承法）。

（2）Ⅱ型 TC1020：金属骨料地面硬化剂。用在承重载、易摩擦、设备重、耐油防滑地面。性能指标：抗压强度大于等于 90MPa、抗折强度大于等于 13.50MPa、表面硬度压痕直径小于等于 3.1mm、耐磨度比大于等于 350％（滚珠轴承法）。

（3）防静电、不发火、密度大、耐腐蚀型地面。性能指标：耐磨度 $0.014g/cm^2$（齿轮法）、压强 95.8MPa、冲击强度 16MPa、硬度（莫氏）8、防静电试体表面电阻 $10^5 \sim 10^7 \Omega$、防爆不发火性，符合《建筑地面工程施工质量验收规范》GB 50209—2010；抗锈蚀性：5％ NaCl 溶液浸泡，2 年 3 个月无锈斑，无潮湿胀裂。

2. 高分子树脂地面材料

高分子树脂地面材料是双组分聚合物材料，由优质树脂为基材，配以固化剂、染料、填料及助剂，充分搅拌涂在混凝土基层表面。具有防腐、耐磨、承压、抗冲击、导静电、无接缝等优良性能。地面含水率小于等于 8％，或选用特殊底漆。施工环境温度应大于 10℃，湿度应小于 85％，表面硬化需 24h，保养 7 天方可使用。

（1）环氧涂装地面。结构组成：涂层厚度 0.5～1.0mm；表面选光亮型和亚光型；分三层：渗底层、中涂层、面涂层。性能指标：附着力（1mm 划格）小于等于 0 级、耐磨性（750g/300r）小于等于 0.04g、耐冲击性（1000g）大于等于 50cm，耐压性大于等于

50MPa、硬度大于等于 2B。

（2）环氧自流平地面：涂层厚度 2～3mm；性能指标同环氧涂装地面。

（3）环氧砂浆地面：涂层厚度 3～5mm；分四层：渗底层、砂浆层、过渡层、面涂层。性能指标同环氧涂装地面。

（4）环氧导静电地面：涂层厚度 2～3mm；分三层：渗底层加铜铂线、中涂层、面涂层。

（四）土工织物材料

用在土坝、防水护坡及挡土墙等，其参数如下。

（1）单位面积重量（g/m²）：150、200、250、320 等。

（2）厚度（2kPa）：0.5、0.7、0.9、1.2mm。

（3）抗拉强度（N/5cm）：径向 1500、2000、2500、3000，纬向 1250、1700、2100、2500。

（4）伸长率（%）：径向均为 22，纬向均 19。

（5）顶破强度（CBR）：5.0、6.0、6.8、7.2kN。

（6）等效孔径（O_{95}）：均在 0.05、0.4mm，幅宽：0.8～4.4m，布卷长度：100、200、500、1000m。

七、钢筋混凝土现浇空心板工艺

钢筋混凝土现浇空心板是最近几年才出现的新型楼板结构。对于成孔空心管的安装就位有些新问题，应该采取必要的技术措施，才能满足设计要求。

（一）熟悉施工图

现浇空心板与常规大开间楼板结构的施工相比，虽然没有次梁，楼板平整，减少了一定的支模、绑筋、浇捣混凝土的工作量与施工复杂程度，但由于成孔空心管的存在，使得结构受力部位的截面尺寸都很小，因此，空心管的就位至关重要。为了保证施工质量，实现设计要求，首先必须做好精心组织施工的思想准备，还需专门进行现浇空心板技术交底。

（二）科学合理安排施工工序

按照支模、绑筋、布管与就位、混凝土浇、捣、养护、拆模，各工序顺序施工。由于一个房间一块板，施工操作面开阔，可组织流水作业，但不能随意穿插与颠倒工序。其中，布管与就位是一道非常关键的工序，是常规现浇梁板结构施工中没有遇到的新工作，必须确定相应技术措施，落实技术责任。其余工序在常规做法的基础上都有特殊的施工过程，强调专人负责。

（三）确定特殊施工过程

（1）在支模中，必须在模板上弹线，以确定空心管、管间肋、管端肋的平面位置。

（2）在绑筋工序中，应下料的板中钢筋有板底纵、横筋；板顶纵、横筋；管间肋中竖向筋；管端肋中纵筋、箍筋共七种。特别注意将管间肋中的上、下各一根通长筋与竖向单支箍筋焊接成梯形筋，提前在钢筋场地加工完毕。钢筋绑扎顺序为垂直管长方向板底筋；管间肋中除梯形筋以外的板底筋；梯形筋；管端肋中箍筋；管端肋中纵筋；板顶筋。

（3）在混凝土浇、捣工序中，要控制混凝土粗骨料最大粒径不超过 20mm；在浇筑混凝土之前，要对空心管表面洒水；对混凝土流动性的控制，以实现顺着管间混凝土能自然流淌到板底为宜；先采用直径小于 40mm 振动棒插入肋中振捣，然后附以平板式振动器平振效果好。

（4）养护、拆模技术要求与现浇实心板相同，要注意在混凝土没有达到设计强度之前，不要用硬物撞击板面；在板上再支模时，牛腿下要垫长木方。

（5）水、电管线的布置一定安排在板底筋绑完之后就进行。一般情况下，水平布置的电线管可在板肋中或空心管下通过，转角处、较大分线盒或必须横穿空心管又可能抬高空心管时，要采用特制的异形空心管，但用量很少。直径较大的竖向水管穿过空心管时，按预留孔洞处理。

（四）空心管布置与就位技术

（1）空心管布置与就位是现浇空心板施工中特有的工序。空心管就位必须落实技术工种操作，安排钢筋工种兼顾完成此工序比较合适，空心管的安装应该在绑扎板顶筋之前进行。

（2）在空心管堆放场地按出厂检验报告检查外观，对空心管强度的检测，一般将空心管放平后站上一个人以踩不坏为强度合格，不合格产品严禁安装。

图 7 - 1　空心管布置图

（3）先摆放管下垫块，然后根据空心管布置图（如图 7 - 1）分别安装标长管与非标长管，管端均要封堵。

（4）空心管按水平方向的就位，采用施工图确定的焊接∩形筋卡在每管端的方法。如果焊在板底筋上，应在空心管安装前进行；如果焊在板顶筋上，可在空心管安装后进行；两种方法均可行，且控制位置有效，但焊接工作量大，对板中纵横向钢筋也要择点焊接，以形成牢固的钢筋骨架，对钢筋安装误差要求也严格。施工实践证明，采用楔形木方夹管缝的方法也可行。所谓楔形只是为了方便拔出，稍有斜度即可，否则振捣时可能上窜。木方要插到板底，与管壁接触部位的截面尺寸要符合管间最小距离要求，在板面以上要留有方便拔出的长度。采用这种方法必须将待浇筑混凝土的整个房间板的全部空心管一次性全部夹好木方，在浇筑的混凝土没有凝固前陆续拔出，再将孔洞用混凝土补平。木方可周转使用，节约材料。

（5）空心管按垂直方向的就位，主要解决上浮。在实际施工中发现，空心管上浮现象只有在泵送混凝土流动性较大且浇筑速度又比较快，没有采取任何抗浮措施，伴随在一处长时间振动的情况下才出现，严重时带动钢筋骨架上浮，必须足够重视。首先在每个房间板底均衡选择四个双向筋交点，用 8 号铁线穿过模板与模板楞固定在一起，再将管端用 18 号铁线与板底筋固定，或在管上每端部设置抗浮压筋与梯形筋焊牢，做到管下有垫块，管上有压筋，这样处理后，上浮现象就可彻底解决。

八、湿法脱硫烟囱

（一）关注事项

1. 金属内筒混凝土烟囱

（1）三套筒居多，两套筒也有，是含钛合金的金属钢管，造价很高。

（2）单/双套筒金属板（内由 1.2mm 厚的钛金属复合板拼成），与混凝土筒壁中间有夹层。

（3）采用耐酸露点抗腐蚀钢板制作成钢内套筒，该钢板是特制的耐腐蚀钢板。

（4）"烟塔合一"或"三合一塔"的烟道及竖向塔内烟管，采用钢管或玻璃钢材质。

2. 砖内套混凝土烟囱及在混凝土筒壁贴耐酸材料（其砖内套要选用耐酸材料）

（1）轻质耐酸砖：隔热釉化砖，釉面大于等于 1mm、容重小于等于 1500kg/m³、抗压强度大于等于 12MPa、导热系数小于等于 0.45W/（m·K）、自然吸水率小于等于 5.0%、耐酸性大于等于 0.9、耐热性大于等于 0.9、耐水性大于等于 0.8。

（2）耐酸胶泥：抗压强度大于等于 20MPa、初凝时间大于等于 45min、终凝时间小于等于 15h、体积吸水率小于等于 5.0%、耐酸性大于等于 0.9、耐热性大于等于 0.9、耐水性大于等于 0.75、抗渗性大于等于 0.6。

（3）耐酸砂浆：内套筒外侧封闭层用，按《工业建筑防腐蚀设计规范》（GB 50046—2008）附录执行。

（4）超细玻璃棉毡：容重小于等于 48kg/m³、导热系数小于等于 0.035W/（m·K）。

（5）耐酸混凝土：用于滴水板处，按《工业建筑防腐蚀设计规范》（GB 50046—2008）附录执行。

（6）防腐涂料：用于耐酸材料和混凝土结构表面间的防腐隔层，涂厚 2mm。

（7）聚四氟乙烯防护条：厚 0.4mm，要选 F4 表面"萘纳"处理的产品。

（8）耐酸石棉绳：充填缝隙，选用角闪石石棉材料。

（9）避雷针选用不锈钢材料：0Gr23Ni28Mo3Cu3Ti 或 0Cr18Ni12Mo2Ti。

（二）实例分析

我国北方一电厂，是 210/6.0m 有耐酸砖内套筒的钢筋混凝土烟囱，运行一个冬季，出现异常。

（1）现象：烟囱 0m 大量集冰，有 1m 多厚，成分主要是灰水。集灰平台和其上的各层平台，有掉落的玻璃丝绵和冰块，有些平台格栅板和平台扶手被掉落的冰块砸坏。烟囱上的玻璃丝棉基本湿透，部分耐酸砖裸露。在 70m 高度处，有一处裸露的砖面，有向外隆起的现象。耐酸胶泥和耐酸砂浆强度大大减弱。5 号锅炉吸收塔出口钢烟道的进烟囱口北下侧封闭不严，6 号锅炉吸收塔钢烟道的进烟囱口四周均有缝隙。烟囱下四层夹层窗户不严，烟囱外壁均有冰融水外流痕迹，说明混凝土烟囱内部百米下，在冬季均有挂霜结冰现象，从电厂化验的烟气结露水检测 pH 值为 3.9。

（2）分析：

1）吸收塔出口烟道插入烟囱口处封闭不严，湿冷空气进入烟囱夹层；内外筒壁固定密封材料应满足热冷伸缩的细部结构应完善。

2）通过 FGD 后的烟气含有大量水蒸气带入烟囱，温度降低时大量结露，当耐酸砖砌筑的内筒有缝隙，则水渗流到内筒外保温层，久之，造成湿、粉、脱落、结冰。

3）烟囱套筒上的窗户不严，冬季应有措施，防止湿冷空气进入；200m 平台入冬前应封堵，减轻空气对流强度。设计应有电动开闭，人进入检查时将其打开。

4）排水管直径应加大，排水管全程应有蒸汽伴热管，烟囱排水层应有采暖设施。

5）锅炉运行或停运期间，应巡检维护，凝结水应及时排除。

6）已脱落和鉴定后认为业已失效的防腐层、隔热层应重新施工；烟道入口处全面检查，要做到密封严实，伸缩自如。

（3）教训：我国东北、西北及内蒙古等寒冷低温地区，建电厂的烟囱应选用钛钢复合钢管为内套筒，或选用耐酸露点腐蚀钢卷制钢内筒；若选用耐酸砖为内衬，一定认真选材，质量第一。

九、烟囱防腐

（一）烟囱设计

1. 烟囱腐蚀分类 ［《烟囱设计规范》（GB 50051—2013）］

（1）当燃煤含硫为 0.75％～1.5％时，烟气属弱腐蚀性，可采用普通单筒式烟囱，须采取有效防腐措施。

（2）当燃煤含硫大于 1.5％，小于等于 2.5％时，烟气属中等腐蚀性，采用套筒式或多管式烟囱。

（3）当燃煤含硫大于 2.5％时，烟气属强腐蚀性，宜采用套筒式或多管式烟囱。要把承重的钢筋混凝土外筒和排烟内筒分开。

2. 烟囱腐蚀分析与等级

烟气动力学特征：无湿法脱硫的烟气进入烟囱时的温度是 130～160℃；无加热装置的湿法脱硫的烟气进入烟囱时的温度是 50～80℃，温度低含水率较高，结露严重形成酸液，腐蚀性很强，其积液高达 20～30t/h。

（1）烟气冷凝物中氯化物或氟化物的腐蚀：在 20℃和 1 个标准大气压下，氟化氢（300mg/m³）、氯元素（1300mg/m³）和氯化氢（1300mg/m³）的重量浓度超过 0.025％、0.1％、0.1％时，腐蚀等级（化学荷载）为高级。烟气脱硫系统下游视为高级腐蚀。

（2）确定含有硫磺氧化物的烟气腐蚀：以 SO_3 的含量值为依据；凝结过程 SO_3 离子与水蒸气结合成硫酸，对烟囱进行腐蚀。

（3）亚硫酸的露点温度取决于烟气中 SO_3 浓度，一般约为 65℃，稍高于水的露点。在同样的温度下还会有像盐酸、硝酸等其他酸液的腐蚀。

（4）尽管在烟气脱硫效应（FGD）过程中已除去了大部分的氧化硫，但在净化装置下游，随着氧化硫含量的减少，烟气的湿度通常很大，且温度较低，当温度低于 80℃时，浓缩成酸液。同时，烟气中常含有净化后得到的氯化物。

（5）烟气中的氯离子一遇水蒸气便形成氯酸，它的化合温度约为 60℃，低于氯酸露点温度时，就会产生严重的腐蚀，即使是化合中很少量的氯化物也会造成严重腐蚀。

对上述脱硫烟囱的烟气腐蚀性分析中得知：处于硫酸系统下游的烟道和烟囱有强腐蚀性；烟气腐蚀的类型包括硫酸、氯酸、盐酸、硝酸、氟化氢和氯化氢等，腐蚀速度一般 0.30～0.20mm/年，因此，脱硫烟囱应按强腐蚀性烟气来考虑烟囱结构的安全性设计。

（二）烟囱选型选材

1. 选型

烟囱选型一般为套筒式或多筒式。

国内、外理论和实践证实，两台炉公用一座钢管烟囱经济性差；大机组多采用一炉配一管的双管烟囱。300MW 机组宜两台机组合用一座烟囱，一根内套筒；600MW 及以上机组宜一台机组接入一座烟囱一根排烟内管。

2. 选材

（1）普通碳素钢：在 80℃以下时，受酸腐蚀速度甚快。选用耐硫酸露点防腐蚀钢板抗腐蚀性较好，普通钢板加 MC 烟囱防腐涂料也耐用。

（2）钛合金复合钢板：钛与氧亲和力很强，钛表面生成致密、附着强、惰性大的氧化膜，保护钛基体不被腐蚀。用爆破法生产的钛合金复合钢板抗腐蚀性好，一般钢板厚12mm，复合钛板厚3mm。其焊接要关注氩气纯度、焊接时升降温度、电偶腐蚀、焊缝腐蚀和氢脆。

（3）耐硫酸露点腐蚀钢板：

1）国内研发一代产品：NS1-1、NS1-2。

2）日本新日铁研制：S-TEN1或S-TEN2，比普通钢板耐硫酸腐蚀性高10倍；日本住友开发耐硫酸腐蚀钢CRIA；日本进口SM41A。

3）国内新一代产品：济南钢厂产JNS耐硫酸露点腐蚀钢板，既耐硫酸露点腐蚀，又耐大气腐蚀的钢种。化学成分C/0.15、Si/0.55、Mn/0.9、P/0.035、S/0.035、Cr/1.20、Cu/0.5、Ti/0.15、Sb/0.15；机械性能优良：σ_s/320～430MPa、σ_b/440～550MPa、δ_5/24%～30%、冷弯180°/3a良好、耐腐蚀性是A3的5倍。有较好的焊接性能：手工焊条SH·J427CrCu；埋弧自动焊丝SH·J08CrCu，焊剂SH·HJ350。

（4）造价较高的钛钢管，在含硫酸5%以下，浸泡常温状态液体内，其年腐蚀速率几乎为零；室温在1%硫酸中的腐蚀速率0.0025mm/a，37.7℃时为0.1016mm/a；室温在5%硫酸中的腐蚀速率0.0086mm/a，37.7℃时为0.762016mm/a。

（5）GDAPC（AHPCD）杂化聚合结构层技术：应用在电厂湿法脱硫烟囱内层防腐和输送盐水等有腐蚀性液体管道防腐。GDAPC杂化材料具有笼型环状硅氧-砜有机-无机杂化分子结构。

1）特点：

a. 耐强腐蚀：具有高交联密度的环状立体网状结构，不含有薄弱基团，可长期耐40～180℃、1%～50%浓度的混合酸液或酸气的腐蚀；对湿法脱硫烟囱积存结露水pH＝1.2～3.0均能抗腐蚀。

b. 低吸水（酸）率和高抗渗性：有效抵制高温硫酸的腐蚀破坏；吸水率小于0.3%，水蒸气渗透系数小于$5×10^{-14}$g·cm/(m²·24h·mmHg)[渗透系数单位等同g·cm/（cm²·s·Pa）]。

c. 高强度和抗冲刷：耐磨性小于35mg（1000r/min)(是35mg砝码质量，1000r/min的耐磨试验）。

d. 耐高温和抗温变：黏结强度在10MPa以上；180℃的弹性模量5.7GPa；经过-30～180℃冷热交变后仍保持高强度和抗冲刷特性。

e. 阻燃性：硅、硼本体阻燃加复合阻燃剂，短时离火自熄。

f. 耐久性：黏结强度大于12MPa使用寿命大于20年。

g. 整体性：一次喷涂无缝，连接部、伸缩节等特殊部位加强处理。

h. 量化可控施工：机械化施工，一次厚度达2mm，仪器检验。

i. 腐蚀报警：对易腐蚀部位进行在线检测，即时对腐蚀问题监测报警。

2）腐蚀严重部位：烟囱与烟道连接处、挡风墙、烟囱连接阴角处等。

3）工业实践的绥中、德州电厂都较满意。这两个电厂均在发泡玻璃防腐层上和清除后又喷涂GDAPC。

4）生产厂家：大连顾德防腐工程有限公司。

（6）玻璃纤维增强塑料，俗称玻璃钢内筒（FRP）：

1）德国采用全玻璃钢烟道，烟塔合一的 FRP 烟道，从脱硫后直到水塔全为玻璃钢，其直径达 7～10m 超大型 FRP。

2）美国许多电厂的烟囱，先用玻璃钢为内衬，后采用玻璃钢作内套筒，高 245m、直径 4.73m，烟气含硫量 1.4％；580MW 机组的烟囱也采用玻璃钢烟囱，安全运行 20 多年。

3）日本关西电力南港电厂的烟囱内筒是玻璃钢制造，内径 5.3m、管段 11m，共 51 根玻璃钢管段。

4）英国电厂 2002 年 500MW 机组加装湿法 FGD 装置，同时在混凝土烟囱内安装了两根 184m 的 FRP。

5）国产 YJ 系列的呋喃树脂：长期液体使用可达 140℃，干态环境可耐温 180℃，可耐 30％～40％的苯，40％～50％的硫酸，15％～18％的氢氧化钠；玻璃纤维树脂固化后，抗压强度达 80MPa，但导热系数只是钢的 0.5％。我国航天飞行器的头锥就是用碳纤维玻璃钢制造的。

（三）烟囱防腐

1. 钢排烟筒防腐措施

（1）钢套筒内贴发泡玻璃砖。发泡玻璃砖即宾德玻璃砖，是以泡沫硼硅玻璃结合人造橡胶技术形成的防腐衬里。在基底粘结胶料厚 3mm，再贴 5cm 厚发泡玻璃砖，可承受 150～210℃温度，并具有耐酸、耐碱、不渗透，容重低、强度高、导热系数小，不吸水、不透气、不燃烧、不变形等特点。发泡玻璃砖既防腐又隔热，可取消筒外保温层。从防腐性、耐久性、可靠性等综合性考虑较好，造价适中。但是，德州电厂烟囱的耐酸砖及水玻璃耐酸砂浆的内套筒的里侧采用发泡玻璃砖工艺，运行一年后仍出现渗漏现象，后选用 GDAPC 杂化聚合材料防腐。

（2）喷涂高性能耐热耐酸涂料。进口美国 Stachfas 烟囱防腐涂料，耐热 170℃，耐硫酸 70％，价格高。

我国冶金系统研制的 MC 烟囱防腐涂料，耐热 180℃，耐硫酸 40％，价格低。北京建筑大学研制的耐热酸涂料，耐热 600℃，耐硫酸 80％，已有多年使用史。

我国航天集团三院研制 GFT-1 高性能防腐蚀涂料，与金属有 I 级黏合力，常温下固化，耐温 180℃不脱落。防腐层结构可加玻璃布作为增强材料，形成鳞片树脂涂料——玻璃钢的独特内衬，但涂料长期浸泡，也会起皮或脱落。从防腐性、耐久性、可靠性等方面综合性考虑，其性能较差，但造价较低。

（3）内衬钛合金复合钢板。钛是具有强烈钝化倾向的金属，介质在 315℃以下，钛的氧化膜完好，有较好的耐蚀性。从防腐性、耐久性、可靠性等方面综合性考虑，其性能最好，造价也较高。

（4）国产耐硫酸露点腐蚀钢 JNS 制成烟囱钢内筒后，在筒内喷涂 5mm 厚的钾混凝土砂浆，防腐蚀寿命更长。

（5）混凝土烟囱内侧用 MC 烟囱涂料防腐，混凝土内套筒钢管烟囱的混凝土烟囱内侧下部用 MC 涂料防腐。

2. 耐酸砖内套筒烟囱

（1）耐酸砖选用。

1）耐酸瓷砖。标准尺寸 230mm×113mm×65mm；《耐酸砖》（GB/T 8488—2008）规定：吸水率 4％，弯曲强度大于等于 19.6MPa，耐酸度大于等于 99.7％，耐急冷急热性 150℃。

2）耐酸砖。《建筑防腐蚀工程施工规范》（GB 50212—2014）的技术要求：分四类，一至三类耐酸度大于等于 99.3%、四类大于等于 99.7%；吸水率（%）：一类 0.2～0.3，二类 0.3～2.0，三类 2.0～4.0，四类 4.0～5.0；耐急冷急热温差（℃）：一、二类 100，三、四类 130（试验一次后，无裂纹、剥落、破损）。

3）耐酸耐温砖。分两类，一类：耐酸度大于等于 99.7%，吸水率小于等于 5.0%，耐急冷急热温差 200℃；二类：耐酸度大于等于 99.7%，吸水率 5.0%～9.0%，耐急冷急热温差 230℃。

4）耐酸陶土砖。耐酸度 97%，吸水率达 15%。此类耐酸砖，电站烟囱选用较多，其耐酸度够用，但吸收率高，增加荷载很大。如烟囱 210m 高、内套出口直径 6m，耐酸砖近 90 万块，180 万条砖缝，干状态重 1500t，吸水后增重最大可达 225t。

（2）耐酸胶泥选用（水玻璃耐酸材料）。

1）钠水玻璃混凝土胶泥，养护期（d/℃）12/（10～15）、9/（16～20）、6/（21～30）、3/（31～35）。

2）钾水玻璃混凝土胶泥：①普通型：养护期（d/℃）11/（16～20）、8/（21～30）、4/（31～35）；②密实型：养护期（d/℃）23/（16～20）、15/（21～30）、8/（31～35）。

（3）耐酸砖外涂发泡玻璃。

（4）耐酸砖内筒注重事项。

1）烟囱内套筒砖托架、结构、基础因吸水率高会增加较大的附加载荷。

2）春夏秋三季积灰较重，若温度低排污泥水不畅，在冬季会结成灰水冰层。

3）水玻璃耐酸胶泥，固化慢、收缩率高，易出现胶泥与砖离层。

3. 防腐烟囱内套造价

防腐烟囱内套造价按从高到低排列：钢-钛复合结构、钢-泡沫玻璃、钢-不锈钢结构、整体玻璃钢套筒、耐酸胶泥-耐酸砖。造价比近似为 21：17.5：15：13：6。

4. 烟囱防渗漏

锅炉机组后期上脱硫系统，是钢筋混凝土烟囱，无钢内筒或耐酸砖内筒，多数烟囱因酸腐蚀已出现渗漏。以某电厂投产后增设脱硫装置的 240m 烟囱为例。

（1）现象：①75m、160m 处渗漏；②积灰平台渗漏；③烟道与烟囱接口渗漏；④隔烟墙处渗漏。

（2）检查：①在烟囱 90m 和 165m 处，对烟囱外壁钻 4 个孔，均有酸液渗透，停机进入烟囱后，在积灰平台上对烟囱壁钻孔检查发现有积水，则对牛腿位置进行检测是否有腐蚀，这涉及结构安全；②检查内部泡沫玻璃砖粘贴状况：对 75m、160m 有泡沫玻璃砖脱落。

（3）处理：①对烟囱内壁的浆液进行全部清除；②对牛腿位置或烟囱内壁混凝土损坏部位，用耐酸胶泥修补；③对 15 层牛腿位置防腐密封全部进行处理，重新粘贴泡沫玻璃砖，要考虑凝结水流方向。

5. 设计预防烟囱腐蚀

（1）采用钛复合钢板卷制钢烟囱内筒。

（2）采用烟塔合一设计。

（3）采用烟囱、冷却塔、脱硫塔三合一设计。

十、冷却水塔与间接水冷塔

(一)冷却水塔简介

(1)电站冷却水塔直径、高度及淋水面积等随机组容量变化而变化。例如,淋水面积:(3000～3500)m²/200MW,(5000～5500)m²/300MW,(7000～9000)m²/600MW,(12 000～14 000)m²/1000MW。

(2)目前国内最高、淋水面积最大的冷却水塔是蒲圻电厂二期工程。已突破规范小于等于165m高的限制。中南设计院与浙江大学力学系合作,进行了整体稳定和局部稳定分析、计算和优化。塔体的最佳几何参数为淋水面积14000m²,塔总高180m,进风口高12.7m,塔筒喉部高150m,进风口顶部至喉部137.3m,塔筒喉部直径81.21m,塔底部直径145.186m,池壁顶标高为0.00m(绝对标高为50.50m)。塔筒最小壁厚0.26～0.28m,最大厚壁1.2～1.3m。

(3)施工期稳定分析:不同龄期混凝土强度值按2d达到30%,3d达到50%,7d达85%,其他用线性插入法获得近似值。塔筒混凝土强度设计值按C40、支柱C45、池壁环基支墩C30计算。

(二)冷却水塔类型

(1)按结构分类:①钢筋混凝土结构类型冷却水塔;②钢结构类型冷却水塔;③木结构冷却水塔;④全玻璃钢冷却水塔;⑤混合型冷却水塔。

(2)按冷却介质及通风型式分类:①自然通风冷却水塔;②自然通风干式冷却水塔;③顶部机械抽风-湿式冷却水塔;④底部侧吹风-逆流湿式冷却水塔;⑤干燥消声系统环保型冷却水塔;⑥直冷塔和间接水冷塔。

(3)按喷淋形式分类:①重力淋洒水型;②上喷淋型;③下喷淋型。

(4)按功能类型分类:①单一循环水冷却;②烟塔合一:循环水冷却+烟气净化+替代烟囱。

(5)按冷却能力分类:①国内:冷却水塔喉部通流总面;②国外:塔每小时通水能力。

(6)按塔风筒结构分类:①光滑双曲线型;②加肋双曲线型。

(三)冷却水塔参数

(1)国内塔高达165m(邹县电厂)、177m(宁海电厂);德国172m(诺拉电厂)、180m加肋双曲线型(内蒙古盛乐电厂)、最高达200m(德国Niederaussem)。

(2)德国200m水塔是烟塔合一,加肋双曲线冷却水塔。淋水面积14 520m²,喉部直径85.26m,塔筒最大/最小厚度:1.16m/0.22m,进风口高度12.18m。

我国宁海冷却水塔高177m,水塔是光滑双曲线冷却水塔。淋水面积13 000m²,喉部直径77.95m,塔筒最大/最小厚度:1.40m/0.28m,进风口高度12.00m。

(3)我国塔高达到或超过180m,淋水面积14 000m²,超出我国现有设计规范上限。经国内、外专家论证和计算,我国首建内蒙古盛乐电厂三合一(烟囱、间冷塔、FGD),且两机合一的间接水冷塔:高180m,顶直径102.94m,喉部直径158.4m,X柱顶标高27.5m,直径146.892m,底梁直径170.4m。

(四)间接水冷塔(以350MW机组的间冷塔为例)

间接水冷塔(简称"间冷塔")是空气冷却三角散热器中的除盐水,该水为汽轮机凝汽器的冷却水,密闭循环,节省大量水源,补给水很少,是缺水地区建设火电厂的首选。间冷塔又分为主机间冷塔和辅机间冷塔。

1. 混凝土主机间冷塔

底部设计较高的全周通风道，风筒下部有下长上短不等的 X 柱支撑，混凝土风筒，其结构、高度、曲线与水冷塔相近。其顶部标高 155m、喉部标高 116.25m、喉部中径 $\phi78m$、X 柱中心直径 115m，塔出口直径 $\phi81.532m$。

2. 主机空冷塔工艺设备

(1) 冷三角扇区：分 8 大扇区，每扇区由 17 组三角散热器组成，计 136 组。三角散热器顶部标高 26.295m。

(2) 散热器：12m 高，由柱、三角框架、铝合金制作的散热管及散热翼、可调百叶窗、冷却三角锚杆等组成。

(3) 环管：由于工艺需要，X 柱内设置三根环管，X 柱外设三根环管（下两根上一根）。

1) 内三环管：为扇区供水压力水母管，根据流量分配需要，下环管管径不等：$\phi2220mm$、$\phi1820mm$、$\phi1420mm$、$\phi1020mm$；循环水管为 $\phi2640\times14mm$。

2) 外三环管：外下环管标高为 1.13m；进水环管，即进入散热器的给水母管、回水母管；上排气母管标高 26.959m，装自动排气阀，每个扇区装一根排气溢回管，标高达 57m，水溢回到外上回水汇管内。

(4) 地下水箱 6 个，有上水排水双功能；有排水管、排污管、补水管等；高位膨胀水箱 2 个。

3. 辅机间冷塔（形成辅机闭式水系统及开式湿冷循环系统并存）

(1) 建筑物按机力通风塔的建筑结构设计。

(2) 空冷塔工艺设备：散热器、供风系统、循环水管系统、补给水及排空系统、地下水箱、喷雾降温系统，排气系统、冲洗水系统等。

(3) 供风系统中的风机组：十台机力通风机，为双速轴流风机，$N=132/55kW$，减速比 14.471，玻璃钢风筒自身高度 4.5m，风机及风筒装在辅机间冷塔的顶部。

十一、汽轮发电机基础优化

大型机组（900～1000MW）的汽轮发电机基础应进行优化。抗震设防烈度一般在 7 度，特殊地域要求 8 度（加速度 $0.20g$）设防，柱截面加大，设置中间平台。首次设计要进行模型试验，其柱的振动线位移要满足国家标准和 STIM 标准。

(一)《动力机器基础设计规范》(GB 50040) 的规定

框架式基础的动力计算，应按振动线位移控制。计算振动线位移时，应采用空间多自由度体系的计算方法。一般情况下，只需计算扰力作用点的竖向振动线位移，因为横向、纵向的振动线位移值比竖向的小。基础的允许扰力振动线位移为 0.02mm。

对 3000r/min 的机组，小于 75% 工作转数范围内的计算振动线位移，应小于 1.5 倍允许振动线位移，即 0.03mm。

轴承振动线位移与基础振动线位移的平均比值约为 1.4。控制基础的振动速度在 5mm/s 以下，对 3000r/min 机组的基础振动线位移应为 0.016mm。实测几十台机组的基础振动线位移，最大值为 0.012mm。

(二) 汽轮机基础结构型式

1. 柔性基础

1000MW 超超临界机组采用柔性汽轮机基础的数模研究和物模试验成果，柔性基础满足扰力点处的振动线位移在运行状态下小于允许振动线位移。

启动和运行时立柱的振动偏大，但增加中间平台和加大柱截面后，其数模分析和模型试验证明可以减少柱的振动，其顶板振动线位移均能满足国家标准和STIM标准。

2. 弹性基础

弹性基础在国外应用的较为普遍，特别是在欧洲。我国较晚投产的大型燃煤电厂及核电厂基本采用的是弹性基础，均运行良好，但投资成本较柔性基础高。

弹性基础的柱振动几乎为零，顶板振动线位移均能满足国家标准和STIM标准。

我国合肥二电厂350MW机组，河南鸭口电厂350MW机组，田湾核电站1000MW机组及湖北大别山600MW燃煤机组的汽轮发电机基础，以及内蒙古康巴什等电厂的给水泵和汽轮机均是弹性基础。

十二、沉降观测

建筑变形测量应能确切地反映建筑地基、基础、上部结构及其场地在静荷载或动荷载及环境等因素影响下的变形程度或变形趋势。电厂建设有较多庞大建筑物、较重构筑物、很高建筑物，如主厂房、冷水塔、间冷塔、锅炉基础、汽轮发电机组基础、烟囱及烟塔合一建筑等。根据不同地质条件和地耐力，设计不尽相同的基础，但是，均设有沉降观测，有布局合理的沉降点。按设计要求和规程规定，进行多次沉降观测，直至变形稳定为止。

（一）沉降观测单位

（1）按规范要求和企业规定，明确观测责任单位是谁施工谁负责，即总承包单位要全权负责，分包单位负责所承包建筑物的沉降观测。检验地基、基础施工建设质量，经时间考验、设备安装考验、承载考验和动态考核。

（2）总承建单位：如没有沉降观测资质、仪器或无有资格的测量人员，应委托有资质的单位，承担重要建筑的沉降观测工作。

（3）建设单位：为确保重大和重要建筑物或构筑物，从施工到建成，从自重到承载，从静态到动态，从建设到生产的全过程，客观、公正、准确掌握沉降状态，可委托有检测资质的第三方进行观测，取得数据，提交分析报告。建设单位根据施工单位测量和第三方提供的数据进行比较，使变形测量更臻完善准确，如有问题及时发现和处理，实现观测目的。

（二）沉降观测仪器及代码

1. 主要仪器设备

蔡氏Trimble DINI-12精密数字水准仪，条码式水准尺；采用Settlement建筑沉降分析系统进行观测数据处理。

2. 观测代码

（1）DJ——经纬仪型号代码，主要有DJ05、DJ1、DJ2等型号。

（2）DS——水准仪型号代码，主要有DS05、DS1、DS3等型号。

（3）DSZ——自动安平水准仪型号代码，主要有DSZ05、DSZ1、DSZ3等型号。

（4）GPS——全球定位系统。

（5）PDOP——GPS的空间位置精度因子。

（三）变形级别精度适用范围

（1）测量级别：特级、一级、二级、三级。

（2）精度指标：沉降观测高差中的误差（mm）/位移观测坐标中的误差（mm）：

特级：±0.05/±0.3；一级：±0.15/±1.0；二级：±0.50/±3.0；三级：±1.5/±10.0。

（3）适用范围：

1）特级：特高精度要求的特种精密工程变形测量。

2）一级：地基基础设计为甲级建筑变形测量；重要的古建筑和特大型市政桥梁等变形测量。

3）二级：地基基础设计为甲、乙级建筑变形测量；场地滑坡测量；重要管线变形测量；地下工程施工及运营中的变形测量；大型市政桥梁变形测量等。

4）三级：地基基础设计为乙、丙级建筑变形测量；地表、道路及一般管线变形测量；中、小型市政桥梁变形测量等。

（四）观测主要内容

（1）内容：测点名、测量日期、时间段；高程、沉降量、累计量；累计最大值、累计最小值、最大沉降、平均沉降、沉降差、最大斜率；沉降速度，若干天内的日均沉降值。

（2）绘制沉降曲线图，编制沉降汇总表。

（3）提出沉降观测阶段分析报告。

（4）观测频次：设计有要求的，按设计规定进行，如烟囱、水塔按每升一定高度进行一次测量；无具体规定的，按建成后、承载后、热态后、动载后、移交后、考核期后进行测量。

对电站节点工期不很熟悉或到现场不便的第三方检测单位，或者工期变化较频繁的电厂，沉降未稳定之前，应每月检测一次，进入稳定阶段后，可酌情增加检测间隔时间，直到稳定为止。

（五）变形稳定标准

（1）以中误差作为衡量精度的标准，并以二倍中误差作为极限误差。三次观测中每次沉降量不大于两倍测量中误差，则认为已进入稳定阶段。

（2）建筑物安装等级二、三级和多层建筑以 0.020～0.40mm/d，高层及一级建筑以0.01mm/d 为稳定标准。

（3）电厂的主厂房、烟囱、水塔、汽轮机岛、锅炉基础等建筑构筑物，以 0.010～0.040mm/d 可认为已进入稳定阶段。

（4）观测结论：①在观测阶段内初、中期正常沉降的结论：对建筑物观测期间沉降差异不大，沉降速度适中，符合建（构）筑物沉降规律，需继续观测；②在观测阶段内后期正常沉降的结论：在正常情况下，测量各点将趋于稳定。

十三、冬期施工

（一）冬期施工注意事项

环境平均温度达不到＋5℃时，尤其环境温度 0℃ 以下时，确定混凝土搅制时必须添加防冻剂和早强剂，控制入模温度，但表面不能有积水，形成冰层，否则要生成冻害。

（二）建安施工一般要求［《建筑工程冬期施工规程》（JGJ/T 104—2011）］

《建筑工程冬期施工规程》规定：在当地气温室外日平均连续 5 天气温低于 5℃时，混凝土工程进入冬季施工期；当日最低气温低于 0℃时，安装工程及设备防冻也应有相关措施。

为了保证施工质量，进入冬期施工时，应严格按照《建筑工程冬期施工规程》（JGJ/T 104—2011）规定组织施工。冬期施工应按工程特点编制冬季施工方案，严格执行建筑工程强制性条文的相关标准，在方案或施工应有具体要求。

电缆敷设，根据《电气装置安装工程电缆线路施工及验收规范》（GB 50168—2006）要求：塑料绝缘电力电缆及聚氯乙烯绝缘，聚氯乙烯护套控制电缆敷设最低环境温度为−10℃，如果低于−10℃，应采取加热措施。

正式采暖、临时采暖、暖风器、热风幕均应投入；厂房门窗应上全，漏风部位应封堵严密；锅炉内存水、管道内存水、转动机械冷却水室存水、冷却器内积水等，均要有防冻措施；运输道路和施工现场防滑措施；生产、生活防火措施；防煤烟中毒及停电、停水、紧急停炉的安全预案制定等。

（三）建筑施工措施

1. 土方回填

（1）采用人工回填时，必须进行夯填，每层铺土厚度不得超过 200mm，夯实厚度为 100～150mm。

（2）采用机械回填其铺土厚度不大于 300～500mm，碾压密实度以试验报告为准。

（3）所有土方回填质量均以土工试验报告为依据。

2. 地基与基础工程

浅基础的基础梁下部应按设计要求回填炉渣或预留防冻胀间隙，避免土质冻胀破坏基础梁。

3. 桩基础施工

地基土在冬期处于冻结状态下进行桩静荷载试验时，应将试桩周围的冻土融化或挖出。

4. 混凝土工程

（1）混凝土外加剂掺量应满足规范要求，不得随意增减。

（2）优先选择硅酸盐水泥、普通硅酸盐水泥。

5. 钢筋焊接工程

闪光对焊、电弧焊、电渣压力焊不宜在−20℃温度下施焊。

6. 砌筑工程

（1）当日最低气温低于 0℃时，也应按有关条款的规定执行。

（2）普通砖、多孔砖和空心砖在气温高于 0℃条件下砌筑时，应浇水湿润。在气温小于等于 0℃条件下砌筑时，可不浇水，但必须增大砂浆稠度。抗震设防烈度为 9°的建筑物，普通砖、多孔砖和空心砖无法浇水湿润时，如无特殊措施，不得砌筑。

（3）当采用掺盐砂浆法施工时，宜将砂浆强度等级按常温施工的强度提高一级。

（4）配筋砌体不得采用掺盐法施工。

第二节 安 装 部 分

一、锅炉部分

（一）锅炉钢架立柱扭曲弯曲的校正

钢架立柱或梁的扭曲弯曲一般是因为放置时间长、存放不规范及焊接应力释放造成或焊制钢柱的工艺不当、附加较大的外力而产生。其校正方法包括：①冷校法：效果不佳，不推荐采用；②自然反变形法：可用，但时间长；③热校法：效果好，校正快。

校正时的注意事项如下。

（1）带状法校柱弯曲为主，在变形的上拱火把火焰沿纵向移动，视变形程度和柱梁的宽度，决定加热区的宽度和长度。

（2）三角法校柱梁扭曲为主，根据柱梁结构形式，加热不同的三角区，宜排列多个三角形加热区，三角形底边应在变形凹侧，角顶宜在变形的中性线上。

（3）若视扭曲弯曲情况，二法可兼用之。

热校温度：对 16Mn 钢，控制在 $530 \sim 650℃$，内应力小，钢材组织结构不变。时间不宜过长，自然冷却（不用风冷，严禁水冷）。

校正前、中、后均需测量，控制加热长度、温度、时间、三角区个数、三角区的间距等要素，圆滑平稳扶正，防止出现折点，避免校正过度出现反弯曲，并力求进行较少的校正次数就能达标。

（二）高强螺栓检验及摩擦面滑动试验

（1）高强螺栓检验：高强螺栓应逐件进行光谱分析（但不包括 16Mn），符合设计材质；紧固轴力标准值 $190 \sim 230kN$，紧固轴力实际值（检测 8 点的范围）$200 \sim 226kN$；允许紧固轴力偏差小于等于 19.0，实际为 9.08；螺栓楔负荷标准值 $315 \sim 376kN$，实际测量为 $338 \sim 345kN$；螺母保证载荷 315kN；螺母硬度（HRB98 - HRC32）$24 \sim 31$；垫圈硬度 HRC35 ~ 45。

（2）摩擦面滑动系数：①按钢结构工程施工质量验收规范，厂家应提供双栓片或三栓片，为抗滑系数试验的试件；②试验是 2000t 重的设备为一批，一批三组；③摩擦面抗滑系数 μ（或 f），构件 3 号钢 $\mu = 0.53 \sim 0.45$，构件为低合金钢摩擦面滑动系数 $f \geqslant 0.45 \sim 0.55$；④检验三组结果：0.49、0.51、0.53；轴力合计（kN）：636、627、634；⑤滑动载荷（kN）：680、610、620、650、660；⑥摩擦面滑动系数（f）：0.53、0.49、0.49、0.51、0.53。

（三）避免受热面管系在试运期爆管

（1）爆管和爆燃是锅炉运行的大事故。一根管漏泄后，高速汽流将较近的多根管的管壁削薄或吹削漏汽；若是悬吊管系一根管断裂，汽流反作用力会在管梳板等固定点控制处旋转，钢管产生不规则的扭转，又导致邻管开裂、破损、漏泄，殃及邻管安全。

（2）爆管原因：①机械物堵塞管壁过热：制造厂生产时残留金属薄片（通称眼镜片）、误留管系内通管用的冲击钢弹、现场通球时的钢球没全部收回；②汽流不畅管壁过烧：有 U 形弯的管系，露天保存时间长内壁锈蚀严重，U 形弯处堵塞影响汽流量；③焊缝缺陷导致漏泄、裂纹；④只用稳压法吹管，而不加入扩容法或降压法的联合法吹管，盘蛇管易出现短流，脏物堵塞吹不除去；⑤管系间外部磨损、膨胀间隙不够、管与吹灰装置机械磨损或汽力损伤；⑥自然循环锅炉倍率低，局部汽化过热，或过热器、再热器的蒸汽流速不均，火焰中心上移、偏移，尾部再燃等；⑦锅炉水冷内壁垢下腐蚀，管壁外壁酸性腐蚀，壁厚减薄到强度临界值就要渗漏和爆破；如 SG - 935 - 170 - 570/570 - 1 直流炉过热器腐蚀结垢严重，垢量一般有 $400g/（m^2 \cdot a）$，最高清除 $3000g/m^2$，高温过热器运行共爆管 16 次；⑧锅炉长期备用，应用烘干法、充氮法、气相缓蚀剂法、氨-联氨法、热风干燥法及俄罗斯研究的成膜胺法（用十八烷胺为成膜胺）。均有较好的防腐效果，否则，锅炉受热面管易腐蚀，减少使用寿命，严重后叠加因素很易爆管。

（四）四大管道应严格执行规程

1. 施工单位应按《电力建设施工及验收技术规范》（DJ 57—1979）有关条款及设计规定执行

6.1.1 条："应按设计规定对管道系统进行严密性试验"。电力设计院设计的主蒸汽、主给水、再热管道图纸均标注水压试验值，某炉试验值分别是 20.595MPa、33.04MPa、4.56MPa。

6.1.15 条："主蒸汽、再热蒸汽、高压给水的管道系统经100％无损探伤合格后，可替代水压试验。"100％无损探伤原规程是指"管道系统"，而不是只指焊口。即包含管道 ET 或水压试验；工厂化加工的产品及焊口，各种管件、阀门，安装焊口等；新规程明确指工厂化焊口和安装焊口及所有一次门内的疏水、排空气、测点等焊口经100％无损检验合格可替代水压试验。

2. 按《电力建设施工及验收技术规范》（DJ 57—1979）和设计图纸要求进行程序监管履行施工和监理职责

（1）按主蒸汽管道图中的冷拉规定，完成冷拉作业，某些电厂设计 2 - 1 - 2 设计的主蒸汽系统无冷拉口，即两路变一路再分两路的简约布置。

（2）设计规程和安装规程有些差别，电力设计院设计的四大管道技术规定进行水压试验，如果电力设计院出具可以不进行水压试验的变更或函件，满足规范要求可不坚持必须水压试验。

（五）主蒸汽管道冷拉口注重事项

"管道冷拉必须符合设计规定"。电力设计院设计的主蒸汽管道图纸中，对冷拉部位、冷拉值有明确规定。由于支吊架设计，在冷拉口处没有固定支架，施工单位变成自由对口为冷拉是错误的。必须一侧临时固定，按冷拉的 X、Y、Z 三维值冷拉对口，管系中存有三维方向的应力，作为额定工况下管路热膨胀总量的 50％ 的补偿，并减小因热膨胀使吊架偏离中心角度不应大于 4°。

（六）锅炉酸洗有关事项

（1）必须按方案确定的酸种及其浓度，缓蚀剂牌号，进行动态或静态小型实验，其腐蚀速率不能大于 8g/（$m^2 \cdot h$）；正式酸洗时，酸种及其浓度和缓蚀剂牌号均应与小型实验相匹配。现代清洗所用的缓蚀剂效率较高，腐蚀速率在 0.3％～2％ 是可以实现的。

（2）我国 20 世纪 70 年代的直流炉过热器的化学清洗是个禁区，运行积垢较多。管内壁由氧化层覆盖，厚度 0.5～0.7mm，又分两层，外层疏松，酸洗可去除，内层光滑致密，用能谱和电子探针分析，表明靠基体的腐蚀层中 Cr、Mo、V 含量较高，用 X 射线衍射分析，内壁锈层含 Fe、O、Cr、Mo、V 等，主要物相 Fe_3O_4、$\alpha - Fe_2O_3$，在致密层中含有少量的 $FeO \cdot Cr_2O_3$。

（3）自然循环炉通常用盐酸酸洗，直流炉用柠檬酸洗、氢氟酸酸洗，大型锅炉（如 3000t/h 级锅炉）宜采用 EDTA 的络合酸洗或螯合清洗（详见第四章第七节）。

（七）热力设备停备成膜防腐保护

热力设备的停备的防腐十分重要，用十八烷胺成膜是成熟的技术，或加入丙酮肟湿式防腐。

（1）十八烷胺是白色蜡状或颗粒状物质，其分子式为 $C_{18}N_{37}NH_2$，体积质量 $0.78\sim0.83g/cm^3$，熔点 $35\sim45℃$，凝点 $42\sim50℃$，沸点 $280\sim320℃$，闪点 $130\sim150℃$。纯十八烷胺无毒，但有些是混合物或衍生物，其毒性需检验。

（2）十八烷胺在 $450\sim530℃$ 时开始热分解至分解完，分解成 NH_3、H_2、CO、CH_4 等气体。除锅炉受热面外，汽轮机隔板、叶片、给水泵等均形成较好的保护膜。

（3）成膜胺的加入量为 $1\sim5mg/L$，蒸汽加热的温度小于 $450℃$，成相温度较广：气相 $150\sim250℃$，液相 $100℃$；质量浓度较高或较低时，均能成膜，其厚度均在 $2\sim4\mu m$；试块失重很小，小于 $0.002g$，介质铁离子质量浓度 $20\sim43\mu g/L$。

（4）锅炉水压后，规程规定为 $20d$。如果至点炉时间超过 $20d$，炉内存水应加入氨液，且浓度要达到 N_2H_4HO 为 $700ppm$，NH_4HO 为 $10ppm$。

（5）规程规定，酸洗后 $20d$ 应进行点炉，否则应有防腐措施。一个月不能投入，则须防腐保护：液相保护，氨液保护、氨-联氨溶液保护、氨-乙醛肟溶液保护；余热烘干气相保护，锅炉充氮保护，纯度 99.9%，压力维持在 $0.02\sim0.05MPa$。近年实践证明，水压后加入丙酮肟，防腐有较佳效果。

（八）电袋复合除尘器要点

1. 结构特点

一般第一电场为阴阳极板的电气除尘，其余为布袋除尘；布袋除尘袋长 $6\sim8m$，有袋笼支撑，较薄的特制滤布缝制，烟气外进内出，底部封闭，净烟气在上部导出；当阻力达到一定值时，下达指令，压缩空气门自动打开，脉冲式的压缩空气将附着在布带外的积灰吹振掉。

2. 性能数据

电气除尘器的阻力是 $240\sim300Pa$；布袋除尘的阻力是 $1900Pa$，增大阻力 6 倍左右；烟气系统的综合阻力增大，引风机电动机容量是电除尘的 2.2 倍（如 $670t/h$ 锅炉电气除尘/电布除尘的引风机电动机容量是 $2500kW/1120kW$）。

3. 滤布更换

较薄的特别是缝制滤布，使用年限在 $2\sim4$ 年间，并要涂防火漆。因此，对常年运行的电站来说，更换频次较多，更换滤布叠加费用和多耗厂用电成本，合计总费用较高。

（九）送风机轴向振动

（1）现象：电机空转，轴向振动 $30\sim40\mu m$；带机械低转速时，轴向振动 $300\mu m$；带机械高转速时，轴向振动 $200\mu m$；出入口门开度变化，开到 60%，振幅最高到 $600\mu m$，开度 80%，振幅又减小，某种工况振幅在合格范围；径向振动始终在 $20\sim40\mu m$。

（2）分析：轴向振动为主的振动，说明必有一个或复合的轴向扰动力。

1）动不平衡，有力偶存在，表现：径向和轴向振动同时出现，规律性较强。

2）电动机磁中心偏移，拉动轴系转子，出现轴向振动。

3）空气动力，因空气预热器或风道结构，加某种介质流量或矢量的工况下，导致气流漩涡，气体出现湍流，诱发出轴向力。

（3）处理：①测轴系振动，测定动静平衡，均在合格范围；②磁中心前后均调整，电动机空转，振动微有增大；③变换各种工况，两台风机同转，振动减小且平稳。

（4）结论：由空气动力引起。若不再出现，说明引振状态已消失；若频繁出现，调整工况轴向振动不减，则要改善风流走势，或研究改进风道或预热器支撑板结构。

（十）主蒸汽流量喷嘴管段

主汽门及主蒸汽流量喷嘴不能参加管路吹扫，主蒸汽流量喷嘴及管段是焊制一体的，一般设计在运转层平台上的垂直部位。锅炉吹扫前，用合金钢的临时管，最好选用套装焊接（套装焊接是角焊缝，必须满足最高吹管压力时的焊口强度要求），避免切割临时焊口时，污染已吹干净的主蒸汽管道。若临时管是对口焊接，更要采取必要措施，不形成二次污染。蒸汽吹扫完成后，主蒸汽流量喷嘴管段复原焊接时，必须氩弧打底，其他依材质按焊接工艺评定和焊接工艺正常进行。大容量机组主蒸汽流量测量不在主蒸汽管道上设置，而在缸内设置测点计算出主蒸汽量。

（十一）循环链码校验装置应用

大容量高参数机组电厂的输煤系统庞大，日需煤量几万吨，入厂煤量和入炉煤量的准确性都很重要，关系到电厂的经济核算、精确计算煤耗、每度电的实际成本。目前，输煤系统电子秤普遍应用。但是，长时间使用会产生很大误差。所以，需要定期进行校验。

（1）过去对电子秤校验办法：①成列运煤火车在轨道衡计量记录，经电子皮带秤的输煤机单独输送到煤仓，将记录重量与轨道衡记录重量进行比较，对电子称准确性进行修正；②将煤装入一定容积的仓内，用容积法换算成煤的重量，经皮带秤称重后进行比较校正。两种方法误差均较大。

（2）现在采用循环链码校验装置校验电子皮带秤（如 TC－510/12 型），快捷、省人、效率高、精度高。方法是将标准链码（35kg/m）放到无煤的皮带输煤机皮带上，并调整链码机转速与皮带机同步，电子秤显示重量，测其速度，设定时间，计算出设定时间内的链码累计总量，与电子秤累计显示总重进行比较，修正电子秤的误差。

（3）计算方法：误差率＝［（皮带秤显示重量－标准循环链码重量）/标准循环链码重量］×100%；标准循环链码的标准重量＝标准循环链码的单位重量×皮带速度×设置时间。

进行三次标定以上，计算均值，确保电子皮带秤的误差在 5‰ 以内。

（十二）等离子点火与微油点火

两种点火都是锅炉点火的新形式，它们较以前的机械雾化、蒸汽雾化渣油、重油、柴油点火，均省油和便捷。两种新式点火方式又各有特点，分述如下。

（1）等离子点火：是现代科技进步的表现，是无油点火和稳燃的锅炉辅助装置。

优点：①无需设计燃油系统和燃油泵站；②减少建筑、罐体、泵、管系统的投资，简化运行维护费用；③节约昂贵的石油产品。

缺点：①一次性投资较大；②消耗部分电能；③易损件需定期更换。

（2）微油点火：

1）特点：是微油量气化燃烧点火系统，工作原理是利用压缩空气的高速气流，将燃油直接击成超细雾状燃烧，初期燃烧热量扩容，后期微油滴蒸发气化，形成气体燃料燃烧，大大提高燃烧效率及火焰温度（中心达 1500～2000℃），传播速度超过声速，火焰呈透明状（根部蓝色、中前白色），形成高温火核直接点燃煤粉；低负荷或煤粉燃烧不佳时，此枪投油立即稳燃。

2）参数：哈尔滨国能微油点火设备公司生产，油压 0.6～2.0MPa、单只油枪出力小于等于 35～40kg/h，压缩空气压力 0.3～0.4MPa，压缩空气流量 1.0m³/min、一次风风速

22～28m/s、可点燃煤粉量 3～7.5t/h。

二者比较，大机组新建厂应采用等离子点火装置；有油泵站及油系统的老厂扩建、改建，可采用微油点火装置。

（十三）锅炉安全阀整定实例（以亚临界压力 300MW 配套的锅炉安全阀整定为例）

1. 汽包锅炉

（1）安全阀设置：引进日本冈野技术专利制造的全量型安全阀，汽包上装 Dn75、Pn32 型三台，过热器出口管道装 Dn65、Dw54、20V 型两台，再热蒸汽入口冷段装 Dn152、Pn10 型三台，再热器出口热段装 Dn150、Pn54、4.5V 型两台。

（2）安全阀整定参数（MPa）：

1）锅筒：动作压力 20.61、21.02、22.23，回座压力均为 19.78。

2）过热器：动作压力 19.09、19.13、18.9，回座 18.32、19.36、19.52。

3）高温再热器出口：动作压力 4.03、4.24，回座压力 3.87、4.07。

4）低温再热器入口：动作压力 4.34、4.38、4.47，回座压力 4.17、4.22、4.29。

（3）安全阀整定条件：

1）阀瓣与阀座接触面光洁度要高，接触面积要达到标准。

2）排气管材质、支吊架完善、固定牢靠。

3）就地水位一致，基地水位与盘控水位一致。

4）标准压力表 6MPa、25MPa 各一块。

5）汽轮机能随时投入盘车，凝汽器抽真空，高、低压旁路投入使用。

（4）安全阀整定方法：

1）锅炉压力升至额定压力的 80%（一次汽 17MPa、二次汽 3.4MPa）时，用手动机构开启安全阀吹扫，每只阀不少于 30s，并查阀、管的安装质量。

2）当锅炉压力降至额定压力 65%（一次汽 13MPa、二次汽 2.5MPa）时，卸掉安全阀上的罩和手动机构，用液压器检验每只阀出厂前预定的起跳压力是否正确。

3）将锅炉压力升至额定压力的 85%，用压块（锅炉厂准备）将安全阀轻压住，按电建规程规定试跳成功即结束；升压速度应控制在 0.196～0.245MPa/min。

4）安全阀整定顺序：先一次汽后二次汽；按压力由高至低逐一进行。

5）脉冲安全门：调脉冲门按设定压力起座/回落，蒸汽通过脉冲管路达主安全门起座/回落。

2. 直流锅炉（以超临界 1210t/h 锅炉的安全门整定为例）

（1）安全阀设置：锅炉本体配有 8 只美国 Crosby 生产的弹簧式安全阀，分离器出口管道上装 2 只，过热器出口管道装 2 只，再热器进口管道装 2 只，再热器出口管道上装 2 只。另外为减少安全阀起跳次数，在过热器出口还装有 2 只动力泄放阀（PCV），该阀兼作隔绝阀以供检修时用。按要求，过热器安全阀和 PCV 阀（共 6 只）总排量必须大于锅炉最大连续蒸发量 1210t/h，再热蒸汽进、出口安全阀（共 4 只）总排量必须大于 1011t/h。

（2）安全阀整定起座压力（MPa）：分离器出口 31.2；过热器出口 30.92；过热器电磁释放阀 PCV 阀（即 ERV 阀）26.7；再热器入口 1 号阀 5.68，2 号阀 5.79；再热器出口 1 号阀、2 号阀均为 5.39。

（3）安全阀及释放阀整定要求：①PCV 阀在冷态进行试验和整定；安全阀在热态有负

荷下进行；②先将安全阀水压阀瓣拆除，锅炉负荷达 80% 时进行安全阀整定，利用厂家配备的液压助跳装置进行；③调整起座原则是先高后低，蒸汽压力升速控制在 0.08MPa；④回座压力比起座压力低 4%～7%，最大 10% 为合格；⑤安全门起座压力与安全阀设定压力之差在 1% 范围内为合格。

（十四）锅炉空气动力场试验

1. 试验目的

锅炉燃烧工况的稳定性和经济性对锅炉燃烧有着重要作用，燃烧工况的优劣在很大程度上取决于燃烧器及炉膛的空气动力工况。冷态空气动力场试验基于炉内冷态模化技术理论，需要技术人员了解，并掌握炉内及燃烧器流动规律，验证设计及运行方案，通过模化或冷炉试验制定有效措施。

2. 自模化区

试验时要保证冷态试验工况下边界条件相似。对控制炉膛流体的雷诺数 $Re_{cr} = 1.8 \times 10^5$，此时黏性力的作用可以忽略不计，惯性力是决定因素，气流质点的运动轨迹主要受惯性力支配，流动状态将显示出不再随雷诺数 Re 的增加而变化的特性，即试验进入了所谓的自模化区。

3. 冷态工况

通过冷态空气动力场试验，判定如下冷态工况：①燃烧系统的配风均匀程度；②燃烧器的流体动力特性，一、二次风的混合情况，四角喷燃器切圆的大小；③燃烧器的阻力特性；④影响炉膛充满度的各种因素；⑤探讨炉内结渣的空气动力原因；⑥得出降低炉膛出口烟速和烟温的各种措施；⑦找出合理的运行方式，如低负荷运行、燃烧中缺角运行的影响、停用个别燃烧器的方式。

4. 热态基础

冷态模化是冷炉试验没有燃烧升温下的炉内流动情况，这与炉内实际热态情况是有差别的，冷态模化只对燃烧器出口附近着火段前较为符合。冷态模化试验技术不可能完全准确地描绘燃料在炉内燃烧的复杂物理化学过程，只能对炉内流动过程提供一些定性的结果，为热态燃烧奠定调整基础，确定燃烧切圆直径、中心、风速、充满度、不冲刷水冷壁等必要的数据。

（十五）锅炉吹管实践与控制（1210t/h 超临界锅炉）

（1）吹管方式：采用一次汽和二次汽串吹一阶段完成，省时、省油、临时管路减少等优点。

（2）吹管方法：有稳压法、降压法、扩容法、稳压降压联合法（稳压扩容联合法）。这些方法各有优点和不足，以机组情况选用，多数采用联合法，这样可以将这些方法优点合成，摒弃缺点。

（3）吹管临时管路要求：

1）临时吹扫门能远方操作，安装在高压主汽门出口，有旁路进行暖管，旁路门应装高压合金门；高压主汽门阀芯和中压主汽门阀芯拆除，装厂家所供堵板。

2）临时吹扫门应为合金门，承压 10MPa 以上，工作温度在 500℃，临门内侧的管路应是合金管道，承压和工作温度同临门，焊口均要氩弧打底 100% 无损探伤。

3）临门后至冷段再热管道，可为合金管或 20G 无缝碳钢管道，焊口最好氩弧打底，无损检验抽查比例 10% 合格，焊口需外四点板式加强，承压 4MPa，温度 400℃（再热冷段管是 B 类钢,温度控制在 450℃)。

4)中压主汽门后压力 2~3MPa,温度 300~350℃。

(4)吹管临时管道固定重要性:

1)高、中压主汽门、导汽管设计均为垂直进出口,汽流上下反力基本平衡,同时布置三处上下固定弹簧式拉紧装置。吹管临时管道是水平出口,必然有水平推力,为不出现主门位移或导汽管道增大内应力,所以在主蒸汽管道及再热热段管道与门连接处,加设四面夹档式限位框架,框架与底部焊牢,主门可上下热胀冷缩滑动,但前后左右限位不动为死点,按布置留有滑动膨胀间隙。

2)临时管道排气口应加装消声器,消声器直径最好是排气管直径的 4 倍,消声器出口朝天,里有内胆四周排气,反作用力相互抵消,或加导向板,防范污染;外有槽钢加强圈。

其优点是:①扩容消声;②排汽管道的反作用力与部分蒸汽推动力相抵消;③导向板使气流不污染主厂房或开关场电气设备;④消声器开口在上,反作用力向下地面承力。

3)吹扫管或消声器排汽水平吹出,则汽流反作用力很大,必须安装固定支架,地上要浇灌混凝土墩,承载水平推力约 56t,或两处基础墩生根,固定支架相连形成框架结构。若有内胆四周出汽的消声设备,反作用力小、冲击力也小,则应有固定限位支架,消声器可设置滑动。

4)其他部位的支架均为滑动支架,考虑水平及垂直方向热胀间隙,并留有加装临时保温的空隙。若有第三方设计校核,提出安全评价,设有多个弹簧支吊架,否则上部留有相同间隙即可。

(5)断开的冷段管或用三通连接的另一开口端,加装堵板。堵板要经过强度计算,许用应力要选用 400℃ 的值进行计算。堵板厚度不够也可采用加强方式处理,但必须安全可靠。

(6)靶板一般设有一次汽出口和二次汽出口两处,观察过热器和再热器的清洁度。判断合格要以再热器出口靶板为准。

(7)蒸汽吹扫合格标准,靶板宽为直径的 8%,长为内接贯穿可容度,斑痕印记不能大于 0.8mm,0.2~0.8mm 不多于 8 点,并连续两次均不超标为合格。

(8)主要参数控制:临门关闭时蒸汽压力 5.5~6.5MPa,温度 370~410℃;临门开启后蒸汽压力 4.5~5.5MPa,温度 360~400℃;为保护再热器等设备,炉膛出口温度应小于538℃;再热冷段管道和部分再热冷段管是 A-Ⅰ类钢(A672B70 CL32 材质),吹管蒸汽经过再热冷段管的温度不应超过 400℃。

(9)吹管系数控制:理论要求吹管系数要大于 1。

实践中的控制:知晓过热器、再热器系统额度负荷下的压降值(制造厂应提供),吹管时同位置的压降值比值在 1.2~1.5 倍,控制在 1.4 倍,则吹管系数肯定大于 1。

(十六)锅炉主要技术参数控制

以超临界 350MW 机组 1210t/h 锅炉参数为例,见表 7-8。

表 7-8 超临界 350MW 机组 1210t/h 锅炉主要技术参数

名 称	单位	负荷工况				
		BMCR	BRL	THA	75% THA	高压加热器全切
过热蒸汽流量	t/h	1210	1174	1077.1	776.4	937.9

续表

名　　称	单位	负荷工况				
		BMCR	BRL	THA	75% THA	高压加热器全切
过热蒸汽出口压力	MPa	25.40	25.33	25.14	22.60	24.90
过热蒸汽出口温度	℃	571	571	571	571	571
省煤器进口压力	MPa	29.30	29.02	28.27	24.43	27.30
给水温度	℃	289	287	281	261	180
分离器出口压力	MPa	27.15	26.98	26.98	24.75	26.02
再热蒸汽流量	t/h	1011	978	906.1	665.1	919.1
再热蒸汽进口压力	MPa	4.93	4.76	4.43	3.25	4.63
再热蒸汽出口压力	MPa	4.74	4.58	4.26	3.12	4.46
再热蒸汽进口温度	℃	332	328	320	304	329
再热蒸汽出口温度	℃	569	569	569	569	569
过热器一级减温水量	t/h	30.9	30.1	27.6	20.8	26.0
过热器二级减温水量	t/h	17.4	16.9	15.5	10.3	11.5
再热器喷水量	t/h	0	0	0	0	0
干烟气热损失	%	4.84	4.80	4.72	4.43	3.74
燃料含水分热损失	%	0.15	0.15	0.14	0.13	0.12
氢的燃烧损失	%	0.26	0.26	0.25	0.21	0.16
空气含水分损失	%	0.07	0.07	0.07	0.06	0.05
未完全燃烧热损失	%	0.60	0.60	0.60	0.80	0.60
辐射热损失	%	0.19	0.20	0.21	0.27	0.20
其他热损失	%	0.30	0.30	0.30	0.30	0.30
制造厂裕度	%	0.31	0.31	0.31	0.31	0.31
高位热效率	%	88.41	88.44	88.52	88.61	89.58
低位热效率	%	93.28	93.30	93.39	93.49	94.51
燃料消耗量	t/h	188.14	183.7	171.5	130.2	176.4
燃烧器投运层数	—	4	4	4	3	4
净热输入（含热风）	GJ/h	3743	3649	3398	2570	3438
炉膛截面热负荷	MW/m²	4.661	—	—	—	—
炉膛容积热负荷	kW/m³	96.17	—	—	—	—
一次风进口温度	℃	28	28	28	28	28
二次风进口温度	℃	23	23	23	23	23
一次风出口温度	℃	331	328	323	303	266
二次风出口温度	℃	346	342	336	313	278
省煤器出口烟温	℃	377	373	364	336	304
排烟温度（修正后）	℃	126	123	121	110	102
一次风率	%	21.03	21.30	22.09	20.76	22.26
二次风率	%	72.97	72.58	71.46	71.49	71.40
漏风率	%	6.00	6.12	6.45	7.75	6.34

（十七）安装工程冬期施工

1. 冬期施工安装焊接管控

按《火力发电厂焊接技术规程》（DL/T 869—2012）5.1 环境要求及 5.1.1 条规定，在冬期施工中安装工程的焊接环境控管如下。

（1）允许进行焊接操作的最低环境温度因钢材不同分别为：

1）A-Ⅰ类钢为−10℃，含碳量小于等于 0.35％的碳素钢及普通低合金钢，为 A 类Ⅰ级钢。

2）A-Ⅱ、A-Ⅲ、B-Ⅰ类钢为 0℃。碳素钢及普通低合金钢中，下屈服强度小于 400MPa 的为 A 类Ⅱ级钢；下屈服强度大于 400MPa 的为 A 类Ⅲ级钢；热强钢及合金结构钢中，珠光体钢为 B 类Ⅰ级钢。

3）B-Ⅱ、B-Ⅲ类钢为 5℃。热强钢及合金结构钢中，贝氏体钢为 B 类Ⅱ级钢；马氏体钢为 B 类Ⅲ级钢。

4）C 类不作统一规定（由焊接工艺评定确定）。马氏体不锈钢，为 C 类Ⅰ级钢；铁素体不锈钢，为 C 类Ⅱ级钢；奥氏体不锈钢，为 C 类Ⅲ级钢。

（2）应采取措施减小焊接场所的风力，现场风速应符合《现场设备、工业管道焊接工程施工规范》（GB 50236—2011）中 2.0、4.2 的规定。

（3）焊接现场应该具有防潮、防雨、防雪设施。

2. 施工吊装机械冬季严寒期管控

在严寒地区冬期对起重机械管控时，应按厂家说明书中规定的使用地区环境温度和工作环境温度进行管理；没有注明或查找不到的，吊车制作钢材是镇静钢（而不是沸腾钢），则地区环境温度−40～+40℃，吊车工作环境温度−20～+40℃进行监管。

气温低于下限值时，金属冷脆性加大，易产生裂纹、缺口或钢轨断裂；气温太冷时，钢丝绳挠性减弱，易出槽，电缆胶质硬度大，易损坏。

在特定条件下，吊车满负荷作业应在白天进行；若一定要在低于−20℃的工作环境温度下，长时间进行吊车满负荷作业，应请厂家明确是否可以使用，或咨询制造厂、有关技术部门，核算疲劳结构和承载结构在动载荷下许用的拉、弯应力值，在吊车承力最大区域内，粘贴应力片测试应力，再决定是否可用。

3. 化学水工程施工管控

化学水设备中凡有衬胶的罐、管路、阀门、法兰、管件等设备和部件，进入冬期后，应在暖库中保管；若进行安装，应确保化学水车间在 5℃及以上；化水车间尚没封闭的，则必须采取临时保暖措施，确保衬胶质量不受冻害。

二、汽轮机部分

（一）汽轮机安装常规控制项目

（1）一台锅炉配置电动给水泵 1 台是变频式，另 1 台是液压耦合式，其满负荷时紧急连锁切合。

（2）机械超速保护装置应在试验台试验，校核厂家与新规程定值差［厂家规定危急保安器动作值 112％；电力系统规定超速试验是（110±1）％；OPC 是 103％］。

（3）主蒸汽流量喷嘴是定尺供货，蒸汽吹管后正式安装时，不准切割喷嘴管段。因为，规程规定，喷嘴入口处前后 2 倍管径长度内不准有焊口。喷嘴前后直管段长度也有不准反装的要求。

（4）主油泵油压值 0.08～0.12MPa（大机组是 0.22MPa），新出厂的交、直流油泵工作压力高，达 0.18MPa，原设计电机转数 1500r/min，现为 3000r/min。出现与主油泵油压不匹配情况，应求得统一。

（5）给水泵变频调节范围大，设定方便。能使电机从几转到设计最大转数，需要转数范围可设定，输入范围即可完成。

（6）在送出工程滞后或开关厂没过渡时，不能进行倒送电，还要提前转机，早暴露问题，提前完成汽轮机交流油泵与主泵切换、锅炉安全门热态校核等程序。应注意：①发电机不充氢；②发电机氢侧压力值应合理确定，密封油侧最佳跟踪压力平衡，避免密封油进入发电机。

（7）发电机内进入密封油的原因：①发电机密封油、氢压差大；②发电机密封瓦间隙大；③油氢平衡阀工作失灵。

（8）盘车装置安装前，应知晓阿基米德凸起滑道轴及其阿基米德线凹槽套筒的材质，并检查其硬度值，应有一个等级差，或做调制处理。确保挂闸时金属不粘着，挂闸与解除应顺畅。

（9）电动给水泵找整。电动给水泵冷态叠片式联轴器对轮找整，电动机磁中心对齐为基准，按厂家规定值找好三个对轮轴向距离，制造厂家给定的径向值常有变化。

1）原先上下径向值（修改后值）：当给水泵与电动机找好同一中心后，即同一水平标高。要求耦合器较电机低 0.466mm（0.42mm），耦合器另一端较给水泵低 0.554mm（0.25mm）；前置泵较电动机低 0.13mm（修改值未变）。

2）原先左右径向值（修改后值）：站在给水泵方向看，耦合器较电动机向左偏 0.289mm（0.21mm），给水泵较耦合器向左偏 0.259mm（0.16mm）；前置泵与电动泵径向同心。

（二）钢索式液压提升装置（GYT-60 型为例）

钢索式液压提升装置是以液压油为动力，推动液压千斤顶活塞做往复运动，使上下卡紧机构交替抓住或松开承载钢索，实施提升重物的一种液压机械。

（1）主要参数：①额定提升力：单组 60t，四组总提升 240t；②液压千斤顶工作行程：200mm；③工作油压：220kg/cm²；④单根钢丝绳额定提升力：10t；⑤电气回路：交流 220V；⑥额定提升速度：8m/h；⑦全体设备 4t，单件 1t。

（2）工作过程：将空心液压千斤顶分别固定或悬吊在牢固的支撑点上，千斤顶活塞杆顶端固定上卡座、上卡爪及上提爪板；缸体下端连接下卡座、下卡爪及下提爪板。随着活塞的伸缩，上、下卡爪自动交替索紧或松开钢绳，从而使载荷在上、下卡爪之间转换，将重物提升到所需的高度。

（3）卡爪、卡座及开闭爪机构：是可持续提升的关键部件。上、下卡座的结构相同，沿圆周等距离布置 6 个锥形孔，其锥角大于摩擦角，工作时，锥孔面的正压力使卡爪夹紧钢索，使钢索承载，当卸载时，卡爪与卡座锥面脱离。开爪机构由提爪小油缸和复位弹簧组成。卡爪的寿命为 600 次，每次提升高度按 180mm 计算，每个卡爪可将 10t 载荷连续提升 108m。

（三）特殊条件下的密封堵漏

在许多行业里，尤其是连续运行的核电站、火电厂的管道焊口、阀门、法兰、接头、管道等处发生工质泄漏时，需要在机炉不停情况下进行维修堵漏，以确保机组继续运转发电。

（1）基本原理。在泄漏处周围，利用专用装置围住，并注入特殊的阻止泄漏的密封材料，在外部形成一个新的密封圈，阻止工质的外泄。

（2）密封堵漏可用于各种工质，如蒸汽、水、油、碳氢化合物、有毒有害气体、腐蚀性、渗透性的工质。管道内的工质温度可在$-70\sim600℃$，工作压力从真空状态到34.3MPa（350kgf/cm²）。

（3）设备。注射枪：内径20mm，注射孔3mm；压力泵：$3.45\sim4.14$MPa；适配器：形成注入密封料的空间；钻孔、测量、卡子、护料盒、密封料、安全防护用品等。

（4）密封剂料。有多种，一般作为蒸汽、给水、空气的密封材料，对酸碱和芳香族液体，采用特殊的人工橡胶为结合剂，既有流动性又有良好的密封性。密封材料分为热固型剂料和冷固型剂料，电站常用前者。在15℃下保管。

（5）技术操作人员应进行特殊培训。第一部分的密封剂料在300℃左右需几分钟成型，要慢注，高温下要经过20min方固化；固化后再进行第二部分注塑。对大口径管道，可将卡子分成4部分为一圆周，用4组螺栓将卡子连成一个整体，卡子内圆与要密封件之间的间隙应有几毫米。

（6）英国弗曼奈特最早使用，密封剂料齐全，工艺先进。现在欧洲、美国、加拿大、日本、澳大利亚、中国均有采用。

（四）汽轮机监测仪表及特性

350MW、660MW及1000MW火电超临界和超超临界机组的汽轮机，由德国西门子公司，日本东芝公司，美国西屋公司，中国上海、哈尔滨、东方动力公司制造生产。汽轮机配套的监测仪表（TSI）由美国本特利、瑞士Vibro-meter公司及国内控制公司制造。

（1）德国西门子公司生产的HMN系列汽轮机：660MW/16.089MPa/538℃/538℃，是四轴四缸纯凝汽式汽轮机，转子是单轴承系统。每两个汽缸间只有一个轴承，这种布置使基础变形对轴承应力、轴颈上的弯曲应力和稳定运行的影响最小。2个低压缸转子采用二轴三支点。

（2）轴系监测系统：轴的相对振动（X/Y）；轴偏心；轴承座振动（X/Y）；轴向位移；高压缸膨胀；高压转子膨胀；低压缸膨胀；低压转子膨胀；键相等。

（3）传感器性能：①东方汽轮机厂300MW机组采用本特利3300系列传感器，西门子660MW机组采用Vibro-meter系列传感器；②本特利采用电涡流探头和延伸电缆长度5m和10m两种规格，与Vibro-meter系列电涡流传感器比较，其精度和灵敏度后者均高于前者；③西门子Vibro-meter的压电加速度传感器有更高的频率响应范围和可靠性；④西门子Vibro-meter带检测杆的电涡流传感器AE119测量机壳膨胀，也比线性差动变压器LVDT更为精确和可靠。

（4）系统参数及处理模件：①本特利3300TSI系统：采用交流供电190～250V AC，50～60Hz、运行温度0～65℃、输出电压的稳定性$+0\%$，-2.5%；②Vibro-meter TSI系列：采用直流共电14～70V DC，运行温度$-25\sim+70℃$、输出电压的稳定性$\pm0.6\%$；③两种模件处理方式不尽相同，显示不同，各有特点。

(5) 轴的相对振动和偏心：①汽轮机振动问题多来源于轴和转子，且轴的水平与垂直振动无必然关系，故均采用 2 个相互垂直（X/Y）的电涡流加键相信号进行轴的相对振动监测，正常值应小于 $50\mu m$（规定不超过 $76\mu m$）；②轴偏心：是低转速（小于 600r/min）下，转子在轴承中的径向平均位置，通过偏心测量可发现由于受热或重力引起的轴弯曲的幅度，偏心测量信号取自 8 个轴的相对振动（X）传感器的输出，它的正常值一般为轴振正常值的 2 倍；③本特利 3300 TSI 系统，每一处理模块均有测量信号液晶棒图显示，而西门子 Vibro-meter TSI 系统，认为没必要均设测量信号液晶棒图。

(6) 轴向位移：①反映推力轴承和推力环的相对距离，保证转子与气缸的动静间隙，确保汽轮机内部不碰磨；②本特利用 2 个 3300 系列 14mm 电涡流传感器实现轴向位移报警（或）和停机保护（与）。③西门子 350MW、660MW 机组均采用 3 个 TQ453 电涡流传感器，实现轴向位移的报警（或）停机保护（"三取二"）。从可靠性和防误动角度比较："三取二"逻辑比"二取二"逻辑应用效果好；④为保证准确，西门子公司采用 3 个独立的轴向位移处理模块 UVV694，每个模块单独供电，单独处理 1 路测量信号，每路处理结果有两路输出，一路送往本系统，另一路送往 DCS，双保险。

(7) 胀差和汽缸膨胀：①胀差即转子和机壳之间的相对膨胀差；汽缸在机组启、停膨胀不均匀时，易出现变斜或翘起，二者均要监视；②本特利 3300 系列 25/50mm 电涡流传感器固定在气缸上，直接测量机壳和转子胀差，采用固定在基础上的线性差动变送器 LVDT 实现气缸膨胀测量；③西门子汽轮机高压外、内缸均是圆筒型，具有完全旋转对称的形状，高压外缸和内缸的密封采用拉紧的 U 形密封环和 L 形密封环，借助蒸汽压力作用在密封面，L 形密封环允许内缸轴向热膨胀，内缸固定在外缸内侧的水平面和垂直面上，内缸可从死点处开始自如膨胀；④西门子的低压转子膨胀范围为 $-5\sim+55mm$，采用单斜坡原理扩大测量水平范围，用两探头轴、径向位移均可测到。

(8) 轴承座振动测量：正确设计和施工的汽轮机"低谐振"钢结构类型基础在额定转数时，具有与混凝土相同的动刚度。用速度传感器已不灵敏，必须在每个轴承座上均安装 2 个加速度传感器 CY021 和 CY022（同方向），实现轴承座绝对振动的报警（或）和停机保护（与）。

（五）汽轮机强制冷却空气温度控制

(1) 高参数、大容量汽轮机组滑参数停机是正常方式，蒸汽参数已较额定温压下降很多，若想再缩短停机待修时间，常采用空气强制冷却的方法，但为了减少汽轮机的寿命损耗，控制胀差在允许范围，冷却温度必须严格控制。汽轮机容量、结构、材质不同，控制温度必须试验、测试和计算。

(2) 根据热弹性理论，转子热应力与转子金属内部温度梯度成正比。经计算模型与网格划分、热物性参数确定、强制冷却起始温度场、温度场与应力场计算。可以将洁净的空气阶跃加热，其温度低于转子温度，注入缸内冷却，温差小、冷却效果差时，再置换新的与转子温差小的空气，在换挡时的温差最大（50℃），其应力峰值均未超过 200MPa 的许用应力。

(3) 当滑压停机转子温度在 400℃时，推荐采用强制冷却的空气按 4 挡控制温度：350—250—150—20℃；按 3 挡控制温度：350—200—20℃，4 挡工艺和 3 挡工艺均可行。

（六）汽轮机振动类型分析及处理

汽轮机振动类型较多，可分为强迫振动和自激振动；稳定振动和非稳定振动。

（1）质量失衡的振动：一种稳定的振动。由于材质偏析、制造尺寸偏差；静态不平衡，静态平衡但动态有力偶出现；低速找平衡没到位，全速动平衡有偏差；叶片结垢不均；运行中甩掉叶片；平衡块移位等多种质量不平衡而引起的振动。

（2）油膜震荡引发振动：油膜振动是轴瓦油膜失稳引起的非线性自激振动。前期表现出轴瓦半速涡动。通过油楔尺寸、瓦口间隙、顶部间隙、油温调节等改善振动状态。

（3）临界转数共振：汽轮发电机组的临界转数，主要与转子结构材质有关，同时，与基础固有频率随汽轮机转数变化而变化数值、轴承支撑刚度、汽流激振扰动等因素有关。临界转数分为设计临界转数、实测临界转数、轴系临界转数和轴段临界转数。无特别标注者应是设计临界转数。汽轮发电机型号不同、机组容量不同、机组号别不同、额定转数不同，则临界转数会有变化。每台汽轮发电机都有不同的临界转数。如：

1）125MW 双抽供热俄罗斯机组：轴系临界旋转频率（r/min）：低压转子 1549、高压转子 2003、发电机转子（一阶）1440、发电机转子（二阶）3353。

2）200MW C145 - N200 - 12.75/535/535 型机组临界转数（r/min）：高压转子 1829、中压转子 1626、低压转子 1649。

3）300MW 级 N33 - 16.7/537/537 型配套机组临界转数（r/min）：高压转子 1834、中压转子 1626、低压转子 1649、发电机转子 958（一阶）、发电机转子 2492（二阶）。

4）600MW 级 CLN600 - 24.2/566/566 型配套机组临界转速（r/min）如下。

a. 设计值：（HIP）高中压转子 1639、（LPI）低压 A 转子 1532、（LPI）低压 B 转子 1561、（GEN）发电机转子 813（一阶）、（GEN）发电机转子 2201（二阶）。

b. 实测值：（HIP）高中压转子 1650、（LPI）低压 A 转子 1230、（LPI）低压 B 转子 1290、（GEN）发电机转子 790～820（一阶）、（GEN）发电机转子 2090（二阶）。

5）1000MW 轴系（邹县电厂）东方电站设备公司与日立技术转让制造的机组的临界转数如下。

a. 高压转子：1960（一阶）、大于 4500（二阶）；中压转子：2030（一阶）、大于 4500（二阶）。

b. 低压 A 转子：1670（一阶）、大于 3650（二阶）、大于 4500（三阶）。

c. 低压 B 转子：1710（一阶）、大于 3800（二阶）、大于 4500（三阶）。

d. 发电机转子：840（一阶）、2360（二阶）、大于 4500（三阶）。

（4）亚谐共振：是非线性系统特有的现象，非线性自由振动包括很多高次谐波项，若外激振频率等于固有频率的整数倍，则除激起同频率的主谐波响应外，系统固有频率的振动也被激发，这就是亚谐共振。亚谐共振一般是在较小阻尼下才会发生，当外激振频率是固有频率的 2 倍时，则发生 $X/2$ 亚谐共振（$1X$：旋转频率振动分量；$2X$：二倍旋转频率振动分量；$3X$：三倍旋转频率振动分量；$X/2$：旋转频率振动分量的 1/2）。

（5）汽轮发电机组裂纹转子振动：

1）据十多年统计，北美就发生 28 起因转子上的裂纹引起的转轴断裂事故；我国也发生过多起汽轮发电机组轴系断裂事故。转轴断裂事故是电厂核心部位灾难性的严重事故。

2）为防范此类事故发生，热工研究院等单位，通过集总各模型单元的总体质量矩阵、刚度矩阵和阻尼矩阵，形成转子系统的总体质量矩阵、刚度矩阵和阻尼矩阵，并对刚性支撑和弹性支撑，得到振动响应的相位信息。经研究、分析、试验、计算，提出了转子裂纹的监测和诊断方法。

3）分别计算不同深度裂纹及不同裂纹轴向位置，转子系统稳态振动响应结论：①裂纹位置固定时，振动响应随裂纹深度增加而幅值增加，相位变化；②裂纹深度一定时，裂纹越靠近转子中心，对振动响应（幅值和相位）的影响越大。

（6）超临界机组轴系非稳定振动：轴系非稳定振动是相对于稳定振动的一类振动型式的统称，其表现为振幅、相位不稳定，出现时间和发生部位不定。蒸汽压力在23～26MPa的超临界机组的高压转子上，尤为以汽流激振的形式发生。现以320MW超临界机组为例。

1）非稳定振动特点：①240～280MW时出现明显的低频振动；②振动频率含有半频和26～27.5Hz的成分，后者与高压转子第一阶临界转速一致；③低频振动呈现的涡动和负荷有关系。

2）振动类型及部位分析：①不是轴承失稳，如果是轴承失稳，应有类似低频涡动，但此振动与负荷无关，仅与转速有关；②不是大振幅引发的非线性振动，因为此次振动变化不与负荷有关；③有动静碰磨可能性，但同型号机组多台均因碰磨而出现非稳定振动可排除。

否定振动的上述三项原因，则推断其振动性质属于汽流激振，且发生在高参数高压转子上。低参数机组和高参数机组的中、低压转子很少出现。

3）形成汽流激振的原因：①汽封结构设计不当；②汽封间隙过小；③运行中转子相对静子的位置偏移。在上述原因形成切向力促使转子涡动的条件下，如果此时滑动轴承提供的正阻尼不足以抑制涡动，就会出现大幅度的低频涡动。

4）产生汽流激振的部位：可发生在转子的径向间隙，也可发生在轴向间隙处。径向间隙可产生激光器振动的部位：围带汽封、隔板汽封、轴端汽封，有时与汽门开度有关。

5）起振易在240～280MW之间，说明气流激振与流量有关（即与负荷、汽门开度相关），蒸汽压力过高及过低都不具备激振条件，不同负荷下，调节门的开度对轴颈在轴承中静态位置有影响。

6）在轴系上不存在其他涡动源的情况下，δ 为0.12～0.15时，汽轮机稳定性良好，运行中不会发生失稳现象。δ 是高压转子3000r/min时的第一阶阻尼固有频率的对数衰减率，出现汽流激振的机组的 δ 值小于国际推荐标准下限0.25，处于亚稳定状态。

7）超临界压力机组轴系动力特性设计和机组运行就是控制和降低转子动力失稳和自激振动。其表现为：①振动与转子转速不同步、次同步或超同步；②自激振动的频率以转子本身的固有频率为主；③多数为径向振动；④振幅突然剧增；⑤振幅与转速或负荷关系密切；⑥失稳的振动能量来源于系统本身的能量。

8）汽流激振机理：汽轮机与负荷相关的间隙激振产生，转子由于弯曲或汽缸变形等原因，出现一侧间隙大、对面间隙小，间隙小的一侧热效率增加，对面热效率则减小的现象，这样就导致一个切向力作用在轴颈中心上，使之延转动方向作正向涡动。由于顶间隙大小不同致使叶片横断面承受静载荷不等，失稳作用力与转向相反，使转子作反向涡动。

9）气流激振特征：①涡动频率近似为（涡动频率/转动频率）×转数，一般涡动频率小于二分之一转数；②涡动-振荡自激振动的进动方向通常是向前的，轨迹是圆形或近似圆形；③振荡时，自激振动频率随转速逐渐接近偏心率时是转子横向振动固有频率。

10）汽流激振治理：①利用反涡旋技术干扰流体的周向运行，逆转向注入流体或增大轴颈在轴承中的偏心率；②改变轴承的几何形状，提高转子的稳定性；③增加油膜的径向刚度，使转子在较大的偏心率下运行；④改变润滑油温；⑤增加转子刚度。

（七）汽轮发电机测功法甩负荷试验

汽轮发电机测功法甩负荷试验是一种间接考核汽轮机调节系统性能的方法，是在机组并网状态下突然关闭汽轮机进汽阀门，测取发电机有功功率变化过程，经换算得到与常规法甩负荷等价的转速飞升过程。此时，发电机仍与电网并联，所以机组不会超速。试验后可迅速带负荷，是一种安全、简便、经济的试验方法。目前，此方法已列入我国电站甩负荷试验导则。

（1）正常发电工况：汽轮机的蒸汽转矩与发电机的电磁转矩相平衡，稳定在 3000r/min。测功法的原理就是直接用电功率代替汽功率来换算飞升转速，误差在 12.7r/min 左右，尚需修正。

（2）阀门漏汽引起的超速：主汽门、调速门、逆止门的漏泄，均会引起减甩负荷或停机。若甩负荷时又有阀门泄漏而引出几起超速事故：引起转速分别达 4352r/min、3699r/min、3409r/min。其特点是甩负荷后转速快速飞升（5～6s 达 3350r/min），调节汽门关闭后转速上升速度明显变慢（10s 至百余秒达顶峰 3700r/min），之后，爬升或下降速度取决于阀门漏泄量。为此，用测功法甩负荷试验检测出可能因阀门漏汽而引起超速。

（3）测功法甩负荷试验适用于采用 DEH 调节系统，以 OPC 方法甩负荷的机组。测功法试验过程转速基本不变，而非电液型调节系统只能依靠转速反馈来调节阀门开度，显然不适用。

（4）测功法试验算法要求确知转子的转动惯量，对于首台新型机组，它的转动惯量需要通过常规甩负荷试验测定。此类机组不能用测功法取代常规甩负荷试验。

（5）IEC 在《汽轮机转速控制系统验收试验》（GB/T 22198—2008）中规定：用测功法考核在汽轮机调节系统故障情况下，危急保安器动作后的最高飞升转速。

（6）测功法的局限性：只考核调节系统性能的一个方面，即响应速度，而无法考核调节系统在甩负荷后能否控制机组稳定运行。

（7）汽轮机快关特性试验与测功法甩负荷试验的工况非常接近，互有借鉴，可考虑将二者结合使用以提高经济性和试验工作效率。

（八）汽轮机甩负荷试验

1. 甩负荷试验目的

（1）检验 DEH 动态特性，测取动态过渡过程曲线。

（2）检验调速系统能否有效控制机组运行，不使危急保安器动作，且甩负荷后调速系统能使转速迅速稳定，维持空负荷运行。

（3）考核机组及各辅机的设计、制造、安装、调试质量，及其对甩负荷工况的适应能力。

2. 甩负荷试验步骤

（1）甩 50% 电负荷，旁路不投（热备用状态），厂用电由高压备用变压器负载。

（2）甩 100% 电负荷，旁路不投（热备用状态），厂用电负载同上 ［（1）项不成功不能进行（2）项］。

3. 甩负荷试验条件

（1）汽轮机本体、调速、辅机、自控、仪表、画面正常，空负荷、满负荷考验无缺陷。

（2）抗燃油油质达到美国宇航标准 NAS1638 的 5～6 级，润滑油油质达 8～9 级，油泵连锁启动正常。

（3）DEH 的调节系统的静止试验、静态关系、设定逻辑及参数均符合要求（$\delta \leqslant 5\%$，$\varepsilon \leqslant 0.3\%$），DEH 甩负荷预测功能静止试验正常可靠。

（4）主汽门和调速汽门严密性试验及关闭时间合格，活动正常。

（5）OPC 试验合格，ETS、FSSS 功能正常；就地及远方打闸试验、电超速、机械超速试验合格，抗燃油系统储能器投入可靠。要有多信道、并行采集功能装置，在 3～5s 内扑捉 30 多项数据记录。

（6）各项主要保护试验（串轴、低油压、低真空、加热器水位、发电机断水、除氧器高低水位、分离器水位、发电机过电压、振动等）合格；热控和电气相关保护、连锁回路检测合格。

（7）汽轮机大连锁试验合格（联抽汽逆止门及疏水门），门关闭迅速，记录时间。

（8）给水泵最小流量阀开关试验合格、备用给水泵完好，PCV 阀、事故放水和疏水门开关试验灵敏好用，辅助汽源、除氧器源、轴封供汽汽源可靠、倒换试验好用。

（9）锅炉各安全门试验动作压力正确、可靠，锅炉大连锁合格。

（10）发电机灭磁开关与主开关跳合正常，自动励磁系统工作正常。

（11）汽轮机旁路系统能正常工作，热备用状态。

（12）直流、保安、工备、UPS 可靠，柴油发电机备用，联动、自动切换（一般在 15s）好用。

（13）试验前系统频率保持在 50～50.2Hz 以内，系统留有备用容量。

4. 试验主要操作

（1）甩负荷试验操作步骤列表审查。

（2）甩负荷前主要试验项目：汽门严密性试验、超速试验、电液调节仿真逻辑确认试验（关闭时间验证，预测功能）、打闸试验、PVC 阀泄压试验、抽汽逆止门联动及关闭试验、电液调节静态特性试验、各项保护连锁检查、验证试验。

（3）确认以下参数进入高速记录仪器：转速、功率、调节汽门行程、定子电流、主蒸汽压力、再热压力、轴向位移、油开关跳闸信号。

（4）明确，并确认 DCS 系统快速记录项目及画面调整。

（5）明确手动记录项目及人员分工。

（6）原则不投旁路（热备），PVC 阀主动泄压，手拉安全门方式为备用泄压，降低燃烧惯性。

（7）关注 OPC 二次飞升，再热器压力下降是控制 OPC 动作次数的关键；再热器压力下降小，锅炉再燃烧起步慢，高压旁路压差低，导致汽轮机跳闸。

（8）试验：按厂家/规程规定的额定转速的增值甩负荷试验：OPC：103%；EST 及 DEH：109%～110%。

（九）EH 液压控制系统

1. 抗燃油

（1）国产液压油为磷酸酯型抗燃油，正常工作温度 30～60℃，密封圈均为氟橡胶。

（2）抗燃油物理化学性能。黏度（ASTM D 445 - 72）（saybolt）：220s（47mm²）/37.8℃，43s（5mm²）/98.9℃；酸指数 0.03mgKHO/g；最大色度（ASTM）1.5；比重 60°F1.142；颗粒分布（SAEA - 6D）试运二级；最大含水量 W_t%：0.03；水解稳定性（48h）合格；最大含氯量（X 射线荧光分析）20ppm；最小电阻值 12×10⁹ GOHM/cm（12×10⁹ Ω/cm）；最低闪点 246℃、燃点 352℃、自燃点 566℃；热膨胀系数（100°F）38℃：0.000 38；空气夹带量（ASYMD 3427）1.0/min。

（3）抗燃油指标。抗燃油指标，见表 7 - 9。

表 7 - 9　　　　　　　　　　　　　　　抗燃油指标

特　性	新油指标	运行指标
酸度（mg KHO/g）	0.05	0.1
黏度指数 SUS（40℃）	220	200～230
最大含水量 %	0.03	0.1
颗粒分布 NAS	8	6
电阻率（GOHM/cm）（10⁹ Ω/cm）	12	5
最大含氯量 ppm	20	100
外观	浅黄色	浅棕色

（4）油样合格标准。

1）油样化验清洁度的标准有两个：NAS（美国国家航空航天标准）优于 5 级；SAE（美国汽车工程师协会标准）优于 2 级。

2）油样中颗粒数须小于如下数值（100mL 中 μm 颗粒/数量）：（5～10）μm/9700、（10～25）μm/2680、（25～50）μm/380、（50～100）μm/56、大于 100μm/5。

3）美国国家航空航天标准 NAS 1638，5 级标准：在 100mL 中颗粒径（μm）/颗粒数：（5～15）μm/8000、（15～25）μm/1425、（25～50）μm/235、（50～100）μm/45、大于 100μm/8。

2. EH 液压系统调试要点

（1）EH 系统油冲洗。冲洗时供油压力不得超过 3.5MPa，应控制在 2.0～3.0MPa 之间；启动加热装置，油温保持在 50～55℃；尽可能两台泵同时运转，24h 连续冲洗；分部进行，一次冲洗 4～5 只油动机，分别对各执行机构、电磁阀组件和储能器组件进行冲洗。

（2）油冲洗注意事项。

1）将油动机的伺服阀和电磁阀拆下，换上相应的冲洗板；拆下主汽门油动机上进油节流孔。

2）高压储能器的冲氮压力为（9.1±0.2）MPa，低压储能器的冲氮压力为（0.21±0.05）MPa。

3）每组油动机冲洗至少 5d，共需 20d 左右。

（3）系统试验及调整。

1）耐压试验：将安全阀的溢流压力调至 20MPa 以上（也可关死），启动 A 泵并在泵上的调压螺钉将系统压力调至 14.5MPa，检查有无泄漏，10min 后，将压力调至 20MPa，保持 3min 检查。

2）安全阀调整：系统压力调至（17±0.5）MPa，将安全阀缩紧。压力降到17MPa以下，再高调到安全阀动作压力，若系统压力稳定在（17±0.5）MPa，则调整结束；将压力恢复到工作压力14.5MPa。

3）液位报警测定：560mm高位报警，430mm低位报警，300mm液位低限报警。

4）连锁试验：①油泵互备连锁，当压力降到11.2MPa以下时，备用泵启动；②低油压停机保护：当油压降到9.5MPa时，所有阀关闭，汽轮机停机；③液位连锁：当油箱油位低于200mm时，应停主油泵。

5）执行机构试验：①阀门动作试验；②LVDT（芯杆定位）：执行机构全关时，将LVDT的外壳固定在适当位置，使LVDT芯杆零位环线对准外壳端面，并旋紧芯杆上的缩紧螺母；③快速泄荷阀性能试验：使用伺服阀测试工具给伺服阀信号，使阀门处于全关位置，手动松开快速卸荷阀的调压螺钉，阀门快速关闭；旋紧调压螺钉，阀门应能开启，每只阀门试验五次。

6）安全系统试验：①AST（手动打闸）电磁阀试验：（为多重保护：四只AST电磁阀组成串并联布置，只有两组中各有一只动作，AST油压才会卸掉）AST打闸时，所有AST电磁阀断电，AST压力回零，所以阀门快速关闭；②OPC电磁阀试验：两只OPC电磁阀是常闭的，当转数达103％额定转速时，OPC动作信号输出，两个电磁阀被通电励磁，则两只OPC电磁阀打开，使OPC母管油压卸放，所以阀门关闭；③隔膜阀试验：抗燃油压14.5MPa，汽轮机油压为2.0MPa，当汽轮机油压力跌到1.5MPa时，隔膜阀开始打开，当AST油压为零时，汽轮机油压升到约0.6MPa时，隔膜阀开始复位。

7）快关时间测定：高精度测试滤波器装好，手动打闸后记录下各阀门的关闭时间。阀门关闭时间为0.1s左右，净关闭时间0.15s。

（十）汽轮发电机非正常运行工况及要求

汽轮发电机及燃气轮发电机和天然气联合循环发电机，这类所有透平型发电机在吸收无功率、短时异步运行、失步运行、系统扰动后检查、过电压限制、偶然过电流、长期不对称负荷运行、不对称故障工况、频率异常运行、误同期、单相重合闸，以及发电机启动、停机次数等特殊运行工况方面的诊断、分析和要求，已有导则和评定标准，调试和运行人员应掌握和运用。

（十一）空气冷凝器严密性试验

空气冷凝器的应用越来越广泛，在缺水地区的发电厂或其他行业的自备电厂的汽轮机冷凝设备是优选之一，有些地区也会选用间冷塔。其装置在30～600MW均有实例。但应注重汽轮机大口径乏汽管道安装与膨胀及冷凝全系统的严密性试验。

1. 工程概述

600MW超临界空冷机组，汽轮机做完功的乏汽经排汽装置导流后，通过φ8040大直径的管道进入布置于汽轮机房A列外的空气冷凝器。空气冷凝器采用7×7列布置，共49个冷却单元，每个冷却单元下方布置1台轴流风机共计49台，风机迫使空气流过翅片管束进行冷却，85％通过顺流冷凝管束冷凝，凝结水和部分未被冷凝的蒸汽通过冷凝管束下联箱进行收集，其余约15％蒸汽通过冷凝管束下联箱底部连接进入逆流冷凝管束进行冷凝，不可冷凝的气体向上流动，在逆流冷凝管束顶部汇集后，由抽真空系统抽走不可冷凝的气体，而凝结水则向下流入冷凝管束下联箱，汇集到主凝结水箱，然后由凝结水泵打入凝结水系统。

空冷凝汽器主要参与系统及设备：主排汽管道及其疏水管道、排汽支管道、蒸汽分配管、补偿器、爆破阀；顺流凝汽器和逆流凝汽器（包括管束下联箱）；凝结水回水管道；抽真空系统管道。

2. 严密性试验准备工作

(1) 经校验的数码压力表（压力测量敏感度为±100Pa或0.015 Psi）一块（1Psi＝6894.7kPa），数据应可读或设备有记录功能，装于主排汽管道。

(2) 精密压力表 [（0.1～1）×10⁵Pa]，一块，装于空冷凝汽器上部凝结水管道。

(3) 灌满有色水的U形管应与一排汽管连接，该排汽管应位于测试用数码表附近，该U形管检查数码表；压力测量的灵敏度为±100Pa；温度测量设备，测环境温度。温度测量设备的精确度为±0.5℃或0.9℉及捡漏设备。

3. 试验顺序

接临时管道及临时封堵→开空气压缩机通过临时管道对系统进行升压→系统升压至0.3×10⁵Pa→系统焊口、法兰、人孔全面检查→释放压力处理漏点→重复升压程序调整压力至0.3×10⁵Pa→试验24h→计算泄漏率合格→释放系统压力空气。

准备工作：主排汽管道人孔门封闭；爆破片已经安装，并将膜片更换为堵板；关闭蒸汽分配管上的人孔；所有仪表阀是关闭的；抽真空管道在与厂房内管道接口位置加堵板；凝结水管道在与厂房内管道接口位置加堵板；在两个排汽母管爆破门临时堵板上加两只截止阀，一只用于排汽，一只用于接临时压缩空气；在排汽母管位置加U形管压力测压装置，加装一数字压力表，在空冷平台上部凝结水管道上加一精密压力表。

4. 试验步骤及试验程序

空冷凝汽器系统安装完后，检查系统严密性，保证机组运行时的真空度。直接在试验压力0.3×10⁵Pa下进行。开启压缩空气充气阀门向主排汽管道内充气；升压过程中的任何时刻，压力都不能超过最高值即0.3×10⁵Pa。系统达到规定压力后，喷肥皂水进行检漏；每隔1h应记录周围空气的温度；冷凝器应被置于沉淀状态至少2h，然后进行测试；测试应在环境温度稳定、空冷蒸汽冷凝器不受太阳直射时进行，测试时间为4h。测试时间以为期2h的沉淀期结束时刻起开始计算；每隔1h应读取，并记录每一指定测试点的温度；主排汽管空气温度、凝结水管路空气温度、抽真空管线空气温度；每30min记录一次数码压力表测量值，根据测量值计算泄漏，最大泄漏率将被作为参考泄漏率。

5. 试验质量及标准

计算所得的泄漏率不应超过真空保持单元能力的25%，即斯必克抽真空器保持真空或真空泵保持真空不能冷凝的流量率。空冷蒸汽凝汽器应根据测试所求得的泄漏率（kg/h）决定。

(1) 平均空气温度：

$$t_{AV}=\frac{t_{MD}+t_{CM}+t_{ATL}}{3}$$

式中 t_{MD}——主排汽管平均温度（℃）；

t_{CM}——凝结水集管平均温度（℃）；

t_{ATL}——抽真空管线平均温度（℃）。

（2）空气冷凝器中的空气气团：

$$M = \frac{MpV}{Rt}$$

式中　M——0.029kg/mol，气团摩尔；

　　　p——空冷冷凝器中经测量的压力；

　　　V——ACC容积（m^3）；

　　　R——8.31 J/（K·mol），全球气体常数；

　　　t——计算所得被测空气的平均温度（℃）。

（3）泄漏率：

$$\frac{\Delta m}{\Delta t} = \frac{m_s - m_e}{\Delta t}$$

式中　Δt——测试时间（min）；

　　　m_s——计算所得的测试开始时空气冷凝器中的气体质量；

　　　m_e——计算所得的测试结束时空气冷凝器中的气体质量。

（十二）汽轮机热力参数和抽汽参数的控制

以 CJS350－24.2/0.42/566/566 型汽轮机为例，汽轮机热力特性数据，见表 7－10。

表 7－10　　　　　　　　　　　　汽轮机热力特性数据

项目	单位	THA 工况	TRL 工况	TMCR 工况	VWO 工况	阻塞背压工况	额定采暖抽汽工况	最大采暖抽汽工况
机组出力	kW	350 000	350 000	374 104	379 897	375 091	318 265	299 271
机组热耗值	kJ/kWh	8154.8	8625.9	8185.4	8254.6	8163.6	6660.3	6081.2
主蒸汽压力（表压）	MPa	24.2	24.2	24.2	24.2	24.2	24.2	24.2
再热蒸汽压力（表压）	MPa	4.169	4.469	4.511	4.623	4.513	4.453	4.453
高压缸排汽压力（表压）	MPa	4.632	4.965	5.012	5.137	5.014	4.948	4.947
主蒸汽温度	℃	566	566	566	566	566	566	566
再热蒸汽温度	℃	566	566	566	566	566	566	566
高压缸排汽温度	℃	322.4	329.5	330.7	333.6	330.7	329.3	329.3
主蒸汽流量	kg/h	1 077 124	1 174 329	1 174 329	1 209 559	1 174 329	1 174 366	1 174 366
再热蒸汽流量	kg/h	906 101	978 082	983 843	1 011 029	983 906	979 863	979 856
背压	kPa	10	28	10	10	8	10	10
低压缸排汽焓	kJ/kg	2419.5	2530.7	2413.6	2409.6	2408.1	2468.3	2560.7
低压缸排汽流量	kg/h	593 611	621 094	625 761	621 470	622 721	279 997	171 674
补给水率	%	0	3	0	0	0	0	0
最终给水温度	℃	282.3	287.5	287.9	289.8	288.0	287.4	287.5

汽轮机额定工况下各级抽汽参数，见表 7－11。

表 7 - 11　　　　　　　　　　　　汽轮机额定工况下各级抽汽参数

抽汽级数	流量 （kg/h）	表压 （MPa）	温度 （℃）
第一级（至 1 号高压加热器）	65 907	6.685	368.8
第二级（至 2 号高压加热器）	87 780	4.632	322.4
第三级（至 3 号高压加热器）	56 695	2.296	473.7
第四级（至除氧器）	29 306	0.856	334.6
第四级（至给水泵汽轮机）	65 612	0.856	334.6
第四级（至驱动引风机）	34 000	0.856	334.6
第五级（至 5 号低压加热器）	39 741	0.521	272.9
第六级（至 6 号低压加热器）	43 398	0.235	193.8
第七级（至 7 号低压加热器）	54 400	0.079	94.0

三、电气部分

（一）不间断供电电源（UPS）

随着计算机在电站的广泛应用，UPS 大量使用，其优点是避免受频率、电压干扰，防备电源中断，确保有可靠电源。UPS 广义的含义是不间断供电电源，实际是确保不间断交流电源。

1. 原理分类

（1）动态储能式（电动发电机组型）：通过直流电动机拖动交流发电机。

（2）静态逆变型：现在基本上应用此型。是稳压、稳频、不间断供电的交流电源设备。采用电子式逆变器将蓄电池的直流逆变成交流电源，供给计算机等重要负荷。

2. 逆变器分类

（1）离线式 UPS。离线式 UPS，又称后备式。正常时逆变器不工作，处于冷备用状态，需要时进行切换，转换时间为 8～10ms。输出为方波，供电质量不高，成本低，微型 UPS 采用。

（2）在线式 UPS。在线式 UPS 工作特点是无论输入电源是什么状态，逆变器都处在工作状态，输出波形为连续正弦波。在线式 UPS 又可分为双变换式、在线互动式（含三端口式、双向逆变串、并联补偿式）。

1）双变换式 UPS：在线式双变换 UPS 由整流器、逆变器、静态切换开关、旁路及电池组等组成。缺点是不滤波易造成电网谐波污染。

正常时：①交流电→整流器→直流电→逆变电源→蓄电池浮充电；②直流电→逆变器→交流电→静态开关→负载供电。

异常时：①过压、欠压、消失或整流器故障：蓄电池组→逆变器→交流电→负载供电；②若逆变器故障或过载：蓄电池组→静态开关切换→旁路供电。切换间断不大于 5ms。

2）三端口式 UPS（也称单变换式）：其核心是有双向逆变器，有工频变压器和扼流圈，虽然体积重量较大，但正常交流电故障时，负载供电无须切换。

3）双向逆变串、并联补偿式（也称电压补偿型双变换式）：有两个逆变器，均为双向逆变器。当正常供电系统供电时，由串联逆变器控制补偿变压次级的补偿电压的幅值和相位，使其与市电电压叠加，保持输出电压恒定；当故障时，并联逆变器转为逆变运行，由蓄电池通过并联逆变器向负载供电。整机效率高、过载能力强及带非线性负载能力强，电网的谐波污染小。

3. UPS 的连接方式

UPS 的连接方式有热备份、并联和电源阵列三种方式。

(1) 热备份方式。适用有旁路的 UPS，又分为：

1) 主从热备份方式：将备用 UPS 的输出接入主 UPS 的旁路，正常运行时主 UPS 带负载，备用 UPS 空载；当主 UPS 故障时，切换至旁路由备用 UPS 带负载。

缺点：由于备用 UPS 长期处于空载状态，两台 UPS 老化程度不一致。

2) 互动热备份方式：是从主从热备份方式改进而成，两台 UPS 的旁路分别从另一台 UPS 的输出取电源，并分别带 50% 负载，两台无主从。有主从热备份方式的优点，克服其缺点，但两台 UPS 负载分配较难。

(2) 并联方式。是将两台以上 UPS 的输出端并联（输入端可并联也可不并联）。

UPS1→整流器（交流变直流）→逆变器（直流变交流）→静态开工⎫
⎬→负载
UPS2→整流器（交流变直流）→逆变器（直流变交流）→静态开工⎭

这种方式实属并联扩容，最多有 9 台 UPS 并联运行，并进行智能控制，编程后合理安排负载，负荷上升时关闭的 UPS 会自动投入运行。

(3) 电源阵列方式。电源阵列是采用可热更换的 UPS 模块按 $N+1$ 方式。即 1 台 UPS 由多台 UPS 模块组成，任一模块故障时，可采用热更换方式，更换模块时 UPS 不停电。适用于中、小电厂。

(二) 谐振产生及控制

系统过电压可分为谐振过电压、操作过电压、雷电过电压、系统过电压等。现阐述谐振过电压。

1. 谐振基础理论

有电阻、电感、电容的交流电路中，电路两端的电压、电流、相位有些不同。如果调整电感和电容的参数或电源频率，可以使相位相同，电路呈纯电阻性，电路达到这种状态为谐振。此时，电路总阻抗达到极限值。谐振可分为串联谐振和并联谐振。

(1) 串联谐振：是电感电压与电容电压等值异号，即电感电容吸收等值异号的无功功率，使电路吸收的无功功率为零，电场能量和磁场能量此增彼减，互相补偿，这部分能量在电场和磁场中间振荡、电磁场能量总和不变，激励供给电路能量转为电阻发热。

(2) 并联谐振：是电感电流与电容电流等值异号，即电感电容吸收等值异号的无功功率，使电路吸收的无功功率为零。则能量转换，出现振荡、电阻发热等现象与串联谐振相同。

2. 电力系统谐振与振荡区别

(1) 电力系统的谐振：是电力系统中电容和电抗之间的无功功率的交换；振荡是机组功角的摆动。系统的谐振是由于电流增大或减小，越接近谐振中心，电流表、电压表、功率表变化越快。谐振和短路的区别是不会出现零序量。

(2) 电力系统的振荡：在正常情况下，电力系统中的各个发电机均保持同步，但在特殊情况下，如短路、故障切除、新电源投入或切除等，则并列的发电机的电势差、相角差将随时间变化，系统中各点电压和各回路的电流随时间变化，这种现象称为振荡。振荡又分为同步振荡和异步振荡。

3. 电力系统谐振种类及成因

(1) 铁磁谐振：是由铁芯的电感组件（发电机、变压器、互感器、电抗器、消弧线圈等）与系统的电容组件（输电线路、电容补偿器等）形成共谐条件，激发持续的铁磁谐振，使系统产生谐振过电压。铁磁谐振分为电压大扰动的铁磁谐振和变电站空母线谐振。

成因：①有线路接地、断线、短路器非同期合闸等引起的系统冲击；②切、合母线或系统扰动激发的谐振；③系统在某种特殊运行方式下，参数匹配，达到谐振条件。

(2) 电力系统铁磁谐振及成因。

在复杂的电力网络中，存在很多电感及电容组件，尤其在不接地系统中，更易出现谐振。

1) 电力系统铁磁谐振及成因：在稳定的系统中，出现电源电压升高或电感线圈涌流，使铁芯饱和，其电抗值减少，易满足串联谐振条件，发生磁谐振现象。成因：①电压互感器突然投入；②线路发生单相接地；③系统运行方式突然改变或大容量电气设备投切；④电网频率的波动；⑤负荷不平衡的变化。

2) 中性点不接地铁磁谐振：电厂系统中有 YO 接线的电磁式的电压互感器，网络对地参数除了电力导线和设备对地电容 C_0 外，还有励磁电感 L，由于系统中性点不接地，因此，电压互感器的高压绕组成为三相对地的唯一金属通道。正常情况下，三相基本平衡，中性点的位移电压很小，但在某些断路器合闸或线路接地故障消除后，三相对地电阻不平衡，它与线路对地电容形成谐振回路，激发铁磁谐振过电压。

3) 中性点直接接地铁磁谐振：电压互感器绕组分别与各相电源电势相连，电网中各点电位被固定，不会出现中性点位移过电压。若中性点经消弧线圈接地后，其电感值远小于电压互感器的励磁电感，相当电压互感器的电感被短接，电压互感器变化不会引起过电压。但是，由于操作不当或某些倒闸过程，电路受到不均衡电流的冲击扰动，使电感两端出现短时间的电压升高、大电流振荡过程或铁芯电感的涌流现象，与断路器的均压电容形成铁磁谐振。

4. 铁磁谐振对系统的影响

(1) 中性点不接地，其运行方式是单相接地。接地电弧不能自动熄灭，必然产生电弧过电压，一般为 3～5 倍相电压或更高，致使电网绝缘薄弱地方被击穿，且易造成相间短路。

(2) 发生谐振的原因是电压互感器一次励磁电流急剧增大，使高压熔丝熔断；若电流未达到熔化值，电流又超出额定电流许多，长时间运行，必然造成电压互感器烧毁。

(3) 谐振发生后，电路由原来的感性状态变为容性状态，电流基波相位发生 180°反转，导致逆序分量胜过正序分量，从而使小容量电机反转。

(4) 产生高零序电压分量，出现虚幻接地和不正确的接地信号。

5. 常用消谐方法及注意事项

(1) 中性点不接地的消谐措施。

1) 选择电压互感器伏安特性好的产品。起始饱和电压 $1.5U_e$，电压互感器不易进入饱和区，不易构成参数匹配的谐振。这种方法虽然出现谐振概率小，但一旦发生过电压，则过电流更大，危害的险情更大。

2）在母线上装设中性点接地的三相星形电容器组。增加对地电容，使谐振区的阻抗比 X_{C0}/X_L 的比值小于 0.01 时（谐振区的阻抗比的比值一般在 0.01～3），可防止谐振。经试验表明，阻抗比 0.01～0.08 为 1/2 分频谐振区；阻抗比 0.08～0.8 为基波谐振区；阻抗比 0.6～3 为高频谐振区。当改变电网零序电容时，阻抗比发生变化，谐振状态可能发生转变，如果零序电容过大或过小，则脱离谐振区域，就不会产生谐振。

3）电流互感器高压侧中性点经电阻接地。此时在接地时，形成三相对地电容的充放电过程的通道，不会走电压互感器高压绕组，不会产生漏流，也就不会出现谐振。当接地消失时，电压互感器的高压侧易出现叠加涌流；由于加装电阻接地，抑制涌流，等于改善伏安特性。

4）电压互感器一次侧中性点经零序电压互感器接地，称为抗谐振电压互感器，其原理是提高电压互感器零序励磁特性，提高电压互感器烧毁能力。电压互感器中性点仍承受较高电压，谐振依然存在。

5）电压互感器二次侧开三角绕组接阻尼电阻。一次侧中性点串接单相电压互感器，或在电压互感器二次开口三角处接入阻尼电阻，用于消除电源供给谐振的能量，抑制铁磁谐振过电压，其电阻值越小，相当于电网中性点接地，谐振不易发生。此措施对非谐振区内的电流流过电压互感器的大电流不起限制作用。

6）中性点经消弧线圈接地。瞬间单相接地故障可经消弧线圈的动作消除，保证系统不断电；永久性接地故障时，消弧线圈动作可维持系统运行一定时间。不当的操作或某种倒闸过程，也曾经出现过电压互感器谐振。

（2）中性点直接接地系统谐振消除方法。

1）尽量保证断路器三相同期，防止非全相运行。

2）改用电容式电压互感器（CVT）。

3）带空载线路能很好消谐。

4）与高压绕组串接或并接一个阻尼绕组，可消除基频谐振。

5）电容吸能消除谐振，对幅值较高的基频谐振有效，但对幅值较低的基频谐振奏效难。

6）在开口三角形回路中接入消谐装置，能自动消除基频和分频谐振。

7）采用光纤电压互感器，可有效的消除谐振，价格较高。新产品待进一步实践验证有效性。

（3）新技术防谐振。

1）一次消谐装置：是保护电压互感器谐振的新产品，用在 6～35kV 的中性点不接地系统中，串联于电压互感器与中性点之间。可限制电压互感器过电压，限制单相接地或电弧接地时流过电压互感器的过电流，消除铁磁谐振。采用大容量非线性电阻片，如 ZB-RXQ.LXQ 系列。

2）微机消谐装置（二次）：采用高性能单片微机作为核心组件，对 TV 三角电压（即零序电压）进行循环检测，正常工作时电压小于 30V，内装大功率消谐组件（固态继电器），处于阻断状态，对系统运行不发生影响。当 TV 开口电压大于 39V 时，系统出现故障；消谐装置进行数据采集及信号处理，启动消谐电路，使固态继电器导通，让铁磁谐振在阻尼作用下消失。CPU 系统会记录、存储、报警，显示谐振信息（时间、频率、电压值）。CPU 处理完后，恢复到原来工作状态。如 ZB－WXZ 系列。该装置可消除 17Hz（1/3 分频）、25Hz（1/2 分频）、50Hz（工频）、150Hz（3 倍工频）。

6. 运行操作防谐振

（1）控制阻抗比值，避开谐振区。

1）控制阻抗比小于等于 0.01，阻抗比大于等于 3。

2）如果运行中的相电压与额定电压出现 0.58，易产生谐振，必须避开此工况。

3）当电压互感器的 X_L 一定时，增加 C_0，则 X_{C0} 减少，阻抗比也减小，是防止铁磁谐振的有效方法。倒闸操作增加 C_0 方法，加外接电容，介入空载线路或空载变压器，拉开母联分断路器。

（2）控制电源电压，降低铁磁谐振工作点，使 $U_p/U_e \neq 0.58$。

（3）倒闸的正确操作：按操作规程、方案、操作票的顺序和要求进行操作。

7. 谐振实例

（1）事故一：某 110kV 变电站，有 110kV 单母分段、35kV 单母分段、10kV 单母分段运行；10kV Ⅰ段接 511 变电站，两条负荷线、电容器；Ⅱ段接电容器。

某月某日 23 时 12 分：监控语音报警，"10kV 母线Ⅰ段接地""10kV 母线Ⅱ段接地"信号；监控屏显示Ⅱ段电压值：$U_a = 6.21kV$、$U_b = 7.03kV$、$U_c = 7.80kV$、$3U_0 = 64.11V$；23 时 14 分：511 开关过负荷告警，线路、电容器告警，TV 断线信号；23 时 15 分：Ⅱ段电压值继续升高，$U_a = 8.94kV$、$U_b = 9.91kV$、$U_c = 12.00kV$、$3U_0 = 119.97V$；23 时 18 分：遥控断开 514 开关，电压恢复正常。

原因及处理：Ⅱ支线某厂变压器引线熔断后搭在变压器外壳上，三相系统平衡性破坏，出现零序电流、中性点偏移和对地电位 U_0，即开口三角有零序电压，零序电压叠加在二次侧三相电压上，三相电压不平衡。这是因为发生高次谐波谐振（铁磁谐振），发出一系列信号，值班员正确判断出接地引起的故障，并快速切除，寻找意外接地处，排出故障。

（2）事故二：某电厂 6kV 厂用电受电后，陆续进行分系统调试，在送风机电机倒闸送电时，同一母线上的另一断路器短路，产生弧光将电建电气检查维护电工灼伤。

经分析，厂用电母线的各类负荷设计部门经计算安排稳妥。但是，在分部试运阶段，根据安装情况，投入变压器、电机空转或带机械试转。试转哪种机械是个变数，不知哪一工况或参数，使 L－C 出现产生铁磁谐振，电压互感器、断路器、TV 中性点接地、负载等状态不明朗，此阶段仪表自控投入又不完整，未能及时发现过电压大电流而引发事故。

（三）电气热控定值确定及定值整定

1. 电气热控定值确定原则

根据国家规程规范规定，发电厂定值确定由三部分组成：

（1）设备仪表制造厂技术文件、说明书、图纸及标注、标书部分、合同条款等给出的定值。

（2）设备机械容器仪表等保护定值，根据技术文件，考虑安全、经济、效率、寿命等要素，结合本单位的工业实践，由生产单位或由生产单位委托有资质的单位编制提供。

（3）热控电气系统的连锁、逻辑关系，以图纸设计为基础，结合工业实践的新技术或经专家论证有结论的先进技术和优秀指标，由控制装置厂家或省部级的电力调试单位提供。

2. 厂用电系统保护定值项目

（1）厂用公用电抗器保护：差动保护、电流速断保护、单相接地保护、备用分支过电流保护。

（2）高压工作（备用）变压器保护：差动保护、电流速断保护、瓦斯保护、过电流保护、高压侧接地保护、零序电流保护、备用分支过电流保护。

（3）低压工作（备用）变压器保护：差动保护、电流速断保护、瓦斯保护、零序过电流保护、备用分支过电流保护。

（4）高压（3、6、10kV）异步电机保护：纵差保护、电流速断保护、过电流保护、负序过电流保护、单相接地保护、过负荷保护、低电压保护、双速电机的特殊保护。

（5）380V 厂用电动机保护：相间短路保护、接地保护、过负荷保护、两相运行保护、低电压保护。

（四）发电机内冷水系统

空冷或氢冷发电机是采用空气或氢气对线圈和铁芯从表面冷却，因为冷却效果较差，为了使线圈和铁芯的温度控制在允许的范围内，线圈的导线和铁芯的截面积较大。因此，空冷或氢冷发电机的体积较大。为了改进发电机冷却效果，现在大容量高参数机组多数采用水氢氢冷却系统，即定子线圈内通水冷却，而铁芯和转子用氢气冷却。

发电机内冷水系统应优先安装调试，入口水质和出口的内冷水质化验合格，环境气温确保＋5℃以上，通水前进行发电机绝缘测试，做好记录；进行发电机定子通水试验后，测试发电机绝缘，进行比较，若无特殊变化，进行发电机启耐压等试验；如果存放时间较长，整套启动前，在通水状态下再测试一次发电机绝缘，如有较大变化，应查明原因处理后，机组再行启动。

（五）双水内冷发电机及水质改进

1. 简述双水内冷发电机

我国于 1958 年在上海创新诞生双水内冷发电机，也是世界首创新型发电机。目前，我国已生产单机 50MW、100MW、125MW、300MW 及 350MW 的双水内冷发电机组。

定子和转子均是用水冷却的发电机，称为双水内冷发电机。双水内冷发电机的铁芯由空气冷却，在转子两端风扇的作用下，由两侧风道进入风扇的负压区，形成风路的循环。

双水是指定子和转子皆通水。内是指采用绕组内部冷却的方式，冷却的介质为水，是因为水是目前发现的比热容最大的液体。使用水对绕组直接冷却，其制造成本低廉，环保无污染。对转子的水内冷，最大的难点在于冷却系统进、出口的密封，即发电机冷却系统过于复杂。

双水内冷发电机是用水直接从线圈导线的内部进行冷却，冷却效果好，即使线圈导线和铁芯的截面积较小，在发电机的铜损和铁损较大的情况下，也能将线圈和铁芯的温度控制在允许的范围内。

制造双水内冷发电机的材料比同容量的空冷或氢冷发电机可减少约 30％。因双水内冷发电机的重量减轻和体积缩小，造价降低，便于起吊、运输和安装，而且还节约了发电机基础和厂房的造价。但是双水内冷发电机的效率却因铜损和铁损较大，导致发电机的效率较低。大型空冷发电机效率为 $97\%\sim98\%$；氢冷发电机的效率为 $98\%\sim99\%$；水内冷的发电机效率为 $96\%\sim98\%$。

发电机效率降低 $0.50\%\sim1.00\%$，发电煤耗将增加 $0.50\%\sim1.0\%$。对大型发电机组而言，采用水内冷一年增加的燃料成本也非常可观。所以，有些大型发电机不采用双水内冷，而采用冷却效果较好、发电机效率较高的水氢氢冷却方式。

2. 双水内冷发电机水质改进

早期：由于系统结构等原因，以 300MW 机组为例，水质常年状态：pH 值在 6.8 以下，含铜量高达 $200\sim300\mu g/L$ 以上，早期曾使用 BTA、MBT 等方法，解决腐蚀问题，存在潜在危险；有的系统采用碱性混床的方式，但碱性太小。

近期：对转子甩水盒及水箱进行改进，减轻空气渗入量，再用碱性混床除盐水，再加药使 pH 值达标，在 125MW 机组应用尚可，但在 300MW 机组仍有困境。

目前：冷却水系统改进，用凝结水作为内冷水的补充水，使 pH 值上升；在水箱内增加防铜柱，使内冷水质全面达到《火力发电机组及蒸汽动力设备水汽质量》（GB/T 12145—2016）要求。

3. 内冷水达标的技术理论

（1）使内冷水达标的技术在理论上存在争议，经实践得到统一。观点一：降低电导率和溶氧，会减小导体腐蚀，电导率降低 $1\sim2\mu S/cm$，用氮气或氢气屏蔽空气渗入处，隔绝空气源；观点二：认为铜质导体腐蚀，主要是 pH 值低，当 pH 达到 7 以上，铜腐蚀问题可以得到解决，内冷水含铜量也会达标。制造厂规定，定子水电导率小于等于 $1.5\mu S/cm$，转子水电导率小于等于 $5\mu S/cm$，可安全运行。

（2）理论分析：电导率主要是发电机泄漏电流而引起的指标，泄漏电流与水的电导率和四氟绝缘引水管长度有关，但达到一定值后就不是主要矛盾。把主要精力用在提高 pH 值，使空芯铜导体腐蚀问题得以解决，水质也可达标。

（3）转子冷却水出水集箱，由于转子在不停的转动，动静处会有空气渗入。125MW 转子内冷水机组漏入气量达 $9m^3/h$，300MW 转子内冷水机组漏气量达 $17m^3/h$。如此大量的气体混入内冷水，不易提高 pH 值。

为此，引入高 pH 值的凝结水作为内冷水的补充水，未对渗漏处采取特别的屏蔽措施，也不用往内冷水中加药，设置辅助的除铜设施，就可控制 pH 值达到 $7.3\sim7.5$，使内冷水电导率控制在 $1.5\sim2\mu S/cm$，Cu 含量小于 $40\mu g/L$，水质均达到国家标准要求。

（六）倒送电

《火电工程启动调试工作规定》，整套启动前进行升压站母线受电试验。

1. 倒送电目的

检查主变压器、高压厂用变压器、（高压备用变压器）、励磁变本体是否正常；系统（含二次、保护）是否正常。试验包括主变压器、高压工作变压器五次全电压冲击试验、发电机出口和高压工作变压器低压侧 TV 电压回路检查、同期回路检查试验、励磁涌流试验。

2. 不倒送电可能出现的后果

某种特定条件，按某地方行业标准，在发电机与网结不开时或为完成限期任务，未倒送电就要强行并网发电，可能出现的后果：

（1）因没检测保护的正确性，主保护拒动后，第二梯队的保护动作，会影响同一母线上的机组或系统而产生故障。进行倒送电时，母线只有试运机组，母联断开，不会出现上述事故。

（2）倒送电时，厂用6kV或10kV母线的工备电源进行快切试验。如果不倒送电，没做此试验，当试运机组发电后，高压工作变压器工作带6kV或10kV工作段，而备用段也是高压备用变压器供电。不知备用变压器相序、相角等品质能否完全相同，此刻遇到故障需快切，则可能引发新的事故。

地方行业有新规定不进行倒送电，上述问题也应有效处置。

（七）汽轮机冲转前，电气系统必须完善项目，并有预案

（1）备用电源必须投入，并工备切换试验合格、可靠。

（2）UPS电源运行稳定，三路电源（380V A/B段、保安段、蓄电池）自动切换可靠。

（3）交流润滑油泵控制回路，有直流接触器自保持点必须接通。

（4）主油泵油压低，必须联动交流润滑油泵启动，保持系统正常工作油压。

（5）交流油泵和直流油泵在DCS内连锁必须投入，基地与远控转换开关在投入位置。不能出现要远投，却打在"就地"位置，连锁没投入等问题。

（6）若主油泵切换交流油泵没自启，直流油泵也没联动转启，操作人员必须立即就地强行启动，减小损失或损坏程度。

（7）DCS失电，微机失灵，操作系统应有预案，有硬线系统及开关，使机组安全停机停炉。

内蒙古某电厂1号机组，启动后发现反料器膨胀节严重泄漏下令停机，当负荷减至4.5MW时，进行厂用电由本机向网电切换（高工变电源向高备变电源转换），五台操作员站全部重新启动（UPS电源没投入），交流油泵及直流油泵均没联启，造成油压低到0.02MPa，发现润滑油压低，才强启交流润滑油泵，盘车投不上，进行手动盘车，2h后电动盘车方投入，造成4个瓦烧损、推力盘轻度磨损，轴颈磨痕最大达0.5mm深，长10mm，转子汽封处磨损严重过热引发轴变蓝色。

（八）阴极保护的应用

（1）各种金属结构，在不同环境与条件下会遭到不同程度的化学腐蚀或电化学腐蚀，由于金属中含有杂质而形成阳极区和阴极区，在有电解质的潮气或水接触时，就相互连接成许多微小的短路电池，即微电池，金属逐渐腐蚀就是这些微电池作用的结果，这就是电化学腐蚀。

（2）阴极保护是针对埋在地下或浸在水中里的各种金属构件进行反腐蚀的有效方法，阴极保护就是人为地将被保护的金属变为阴极，达到免遭腐蚀的效果。20世纪初，英国首先用外加电流法保护地下金属构筑物；我国在20世纪60年代以锌、铝合金牺牲阳极和舰船外加电流防控金属腐蚀，现在阴极保护在电厂已广泛应用。

（3）电化学腐蚀与土壤特性、气候、杂散电流等有关。

1）接地体的年均最高腐蚀速度与土壤电阻率及接地体材质有关，如相同材质，当电阻率低于$100\Omega \cdot m$，腐蚀速度1mm/年；当电阻率为$1000\Omega \cdot m$，腐蚀速度0.2mm/年［土壤电阻率（$\Omega \cdot m$）/腐蚀速度（mm/年）］。圆钢：小于$25\Omega \cdot m/(0.67\sim 2.4)mm$、50/（0.4～1.0）、（200～300）/（0.18～0.38）、1000/0.08；扁钢：50/（0.11～0.2）；涂沥青的扁

钢：小于25/0.2；热镀锌扁钢：50Ω·m/0.065mm。

2）不同土壤种类里的水平接地体平均腐蚀值（mm）：

轻盐砂质黏土：1.95/10年、2.80/20年、3.37/30年、3.88/40年；

带有黏土的腐殖土：1.52/10年、2.17/20年、2.60/30年、2.96/40年；

盐渍化的砂质黏土：1.12/10年、1.57/20年、1.88/30年、2.10/40年；

砂质黏土：0.45/10年、0.66/20年、0.80/30年、0.92/40年；

重砂质黏土：0.25/10年、0.34/20年、0.40/30年、0.44/40年。

3）实践证明，接地体在同样条件下，平放比竖放腐蚀更严重。

（4）电厂金属易产生腐蚀的设备和设施：

1）凝汽器、冷水器、冷油器：因热交换管与管板的材质不同，出现不等的电位差，且有流体为电解质，这就是腐蚀的根源。实践证明，凝汽器采用阴极保护，铜管寿命增加4.8倍，尤其在海水为冷却介质时，腐蚀更为严重，当采用外加电流阴极保护后，铜管寿命提高5倍。

2）钢制的循环水管道、地下除灰管道、中水接引市区入厂管道及厂内其他直埋金属管道，埋设在不同成分的土壤中或地表水量及标高不等时，腐蚀程度不同。

3）全厂接地网。一般采用热镀锌扁钢为接地网，比冷镀锌耐腐蚀，截面由图纸计算确定；对有易燃易爆气体的厂或重要车间的接地网、接地极及地面引线，均采用铜包钢，这种方法的造价较高，但对煤制气厂、天然气厂、天然气站、瓦斯煤气车间的接地系统，选用铜包钢材质，会减小电火花引爆的危险，并且，设有阴极保护设施，使用寿命更长。

（5）阴极保护方式：

1）用锌、铝、镁合金为牺牲的阳极，用绝缘导线连接在拟保护的金属体（设为阴极）。

2）用于外加电流法中的阳极，多采用高硅铸铁、石墨、铝银合金、镀铂钛等。

3）在腐蚀介质与保护的金属设备间用屏蔽层隔开，将牺牲的阳极用螺栓与拟保护金属连接，变为导电体，设备金属变为阴极，减免腐蚀而得到保护。

（九）发电机负序反时限过流保护

我国200MW及以上容量的机组配备整流型保护，负序电流滤过器为LH-KH型，反时限延时由2对RC充电回路实现。

导致发电机负序反时限过流保护误动作的设备缺陷：

（1）在大短路电流下，继电器动作时间短，不能与输电线路保护配合。主变压器高压侧出口处发生两相短路时，负序电流标幺值一般为2左右。

（2）继电器动作电流小，放电回路时间常数高达100s，充电速度大于放电速度，易误动。西屋公司发电机负序能力：负序反时限动作值（I_z标幺值）/承受时间（s）：1.0/10、0.4/60、0.29/120、0.08/连续。

四、热控部分

（一）350MW机组的热控自动、保护装置（见表7-12）

（二）热控专业的系统主要代号

火电厂热控系统越来越多、越先进、越复杂，要阐述清楚需占较大篇幅。请阅读热控专业书籍，现对热控成熟的重要控制系统列表，作为热控专业的知识索引（见附录O）。

表 7 - 12　　　　　　　　　　　300MW 机组的热控自动、保护装置

序号	类别	名称	数量	备注	序号	类别	名称	数量	备注
1	自动控制装置	炉跟机	1		2	锅炉主保护	两台引风机跳闸	1	
2		机跟炉	1		3		汽包水位高	1	
3		机炉协调	1		4		汽包水位低	1	
4		A 侧一级过热蒸汽温度	1		5		炉膛压力高	1	
5		B 侧一级过热蒸汽温度	1		6		炉膛压力低	1	
6		A 侧二级过热蒸汽温度	1		7		全炉膛灭火	1	
7		B 侧二级过热蒸汽温度	1		8		燃料伤失	1	
8		A 侧再热蒸汽温度	1		9		冷却风伤失	1	
9		B 侧再热蒸汽温度	1		10		手动 MFT	1	
10		给水	2		11		风量小于 30％	1	
11		炉膛负压	2		12		汽轮机跳闸	1	
12		送风	3	氧量	13		发电机跳闸	1	
13		轴封压力	1				合计	13	
14		凝汽器水位	1		1	汽轮机主保护	润滑油压力低	1	
15		1 号低压加热器水位	1		2		抗燃油压力低	1	
16		2 号低压加热器水位	1		3		真空低	1	
17		3 号低压加热器水位	1		4		轴向位移大	1	
18		4 号低压加热器水位	1		5		110％电超速	1	
19		除氧器水位	1		6		轴瓦振动大	1	
20		1 号高压加热器水位	1		7		汽轮机胀差大	1	
21		除盐水箱水位	1		8		DEH 超速	1	
22		闭式水箱水位	1		9		DEH 失电	1	
23		轴封加热器水位	1		10		MFT 动作	1	
24		数字电调转速调压	3	功率	11		发电机主保护动作	1	
		合计	31		12		手动停机	1	
1		两台送风机跳闸	1				合计	12	

（三）热控反事故预控措施

1. 防止锅炉炉膛爆炸事故

为防止炉膛爆炸事故发生，包括的措施有煤质监督、混配煤、燃烧调整、低负荷运行等。应装设锅炉灭火保护装置，防止火焰探头烧毁、污染失灵、炉膛负压管堵塞等问题发生；热工仪表、保护等重要设备电源应可靠，防止因瞬间失电造成锅炉灭火；重点解决炉膛严重漏风、一次风管不畅、送风不正常脉动、堵煤、磨煤机断煤和热控设备失灵等缺陷；加强点火油系统的维护管理，消除泄漏，防止燃油漏入炉膛发生爆燃；对燃油速断阀要定期试验，确保动作正确、关闭严密；严格按照有关规程及厂家资料设计 FSSS 逻辑，并要配备有效可靠的后备灭火方式。

2. 防止强电串入 DCS 系统的措施

不要将模件插入机柜，需要插入的模件应检查其接线，没有形成回路的信号应从机柜处断开；检查现场、外系统进入机柜的接线时，不仅要检查其正确性，特别要对有源信号进行检查，以防止强电或外系统电源窜入机柜；未完善的电缆要从机柜处断开，防止接地短接；由电气送来的模拟量和数字量信号有可能带有很强的感应电，极易损坏模件，因此，此信号线应采用屏蔽电缆，在确保接线正确的情况下，要将屏蔽线单端接地，也可在 DI 端子上并联 $250k\Omega$ 的电阻，既可有效地消除感应电压，又能使接点正确接通；对有些与 DCS 系统不共地的模拟量信号，应加装隔离器进行隔离。

3. DCS 故障的紧急处理

制定在各种情况下 DCS 失灵后的紧急停机停炉措施。当全部操作员站出现故障时（所有上位机"黑屏"或"死机"），应立即停机停炉；当部分操作员站出现故障时，应由可用操作员站继续承担机组监控任务（此时应停止重大操作）；加强对 DCS 系统的监视检查，特别是发现 DPU、网络、电源等故障时应迅速做好相应对策；在调试过程中应加强对 DCS 系统软件及组态的管理，没有授权的人员严禁操作；具有在线自动/手动火焰检测器和全部逻辑的试验功能；系统重要保护的取样装置、传感器必须冗余设计；认真做好 DCS 系统中机、炉、电各个连锁及联动试验，主要保护都应进行静态传动试验，以检查跳闸逻辑、报警及停机动作值，进行动态试验；MFT、ETS 等重要保护在机组试运行期间逐步投入，168h 试运期间严禁退出，其他保护装置被迫退出运行的必须在 24h 内恢复，特别是发现 DPU、网络、电源等事故时应有对策；定期进行保护定值的核实检查和保护的动作试验，在役的锅炉炉膛安全监视保护装置的动态试验，即 MFT 炉膛安全监视保护系统的闭环试验间隔不得超过 3 年；汽轮机紧急跳闸系统（ETS）和汽轮机监视仪表（TSI）应加强定期巡视检查，所配电源必须可靠，电压波动值不得大于 ±5%；TSI 的 CPU 及重要跳机保护信号和信道必须冗余配置，输出继电器必须可靠；汽轮机超速、轴向位移、振动、低油压保护、低真空等保护（装置）每次机组检修后启动前应进行静态试验，以检查跳闸逻辑、报警及停机动作值。

4. 防止热工保护误动的措施

对重要保护开关应认真按照保护定值进行校验；并在开关上贴上校验值；仔细检查接线回路，保证其正确；凡涉及机炉跳闸的重要保护测点，必须采用三取二逻辑判断方式；对汽轮机润滑油压低、凝汽器真空低、抗燃油压低要定期做在线试验；对重要辅机连锁的开关及测量组件通过动态连锁试验检验，并做好相关记录，不得采用直接短接方式；检查 DCS、PLC 内置电池工作年限，及时更换。

5. 防止汽轮机超速事故

在额定蒸汽参数下，调节系统应能维持汽轮机在额定转速下稳定运行，甩负荷后能将机组转速控制在危急保安器动作转速以下，各种超速保护均应正常投入运行；机组重要运行监视表计，尤其是转速表，显示不正确或失效，严禁机组启动；机组启动前必须按规程要求进行汽轮机调节系统的静态试验或仿真试验，确认调节系统工作正常；在调节部套存在有卡涩、调节系统工作不正常的情况下，严禁启动；汽轮机转速探头安装要符合技术要求，要牢固可靠；转速信号线一定要使用屏蔽性能好的导线，并且屏蔽线单端接地，防止干扰；危急保安器试验、汽门严密性试验、门杆活动试验、汽门关闭时间测试、抽汽逆止门关闭时间测试合格；危急保安器动作转速为额定转速的 (110 ± 1)%；数字式电液控制系统（DEH）应设有完善的机组启动逻辑和严格的限制启动条件，熟知 DEH 的控制逻辑、功能及运行操作；电液伺服阀（包括各类型电液转换器）的性能必须符合要求，运行中保证系统稳定；严格执行运行、检修操作规程，严防电液伺服阀等部套卡涩、汽门漏汽和保护拒动。

6. 防止锅炉缺水和蒸汽带水措施

根据直流炉的工艺特点，锅炉启动一开始就必须建立起足够的启动流量和启动压力，以保证所有受热面的冷却和水冷壁内水动力的稳定性，同时，为回收锅炉在启、停和低负荷阶段的工质、热量，应在锅炉进入直流运行前，由给水系统和启动系统维持最低直流负荷流量；在进入直流状态后，给水对负荷、蒸汽温度、蒸汽压力均产生直接影响，给水系统的任务是保证分离器出口焓的稳定，以实现对主蒸汽温度的粗调，满足负荷的需要；在锅炉点火前，储水箱和汽水分离器水位计能正常投入使用；给水自动调节装置、储水箱水位自动装置均应在锅炉启动初期调试好，并在试运中投入使用；汽轮机启动后，要防止汽温急剧波动，严防蒸汽带水；当锅炉负荷小于 5%MCR 时，禁止投用过热器、再热器减温水；直流状态下，保证中间点温度大于饱和温度 $10\sim15℃$；密切注意给水流量与蒸汽流量的变化，若发现两者差值过大，应查明原因；当运行工况剧变时，如风机或磨煤机故障跳闸，应将给水由自动切换为手动，根据煤水比和中间点温度迅速降低给水流量，以防止蒸汽带水；锅炉启动后应投入给水流量低保护，该保护在任何情况下均不允许退出。

7. 防止人为因素造成事故的措施

（1）加强工程师站的管理：试运期间，除调试人员、DCS 厂家及部分甲方维护人员外，其他人员不得随意进入工程师站。工程师站及操作员站的系统计算机不得随意连接外部设备，不得随意使用 USB 接口，不得随意安装任何软件，不得随意点击与 DCS 系统无关的其他程序。工程师站级别的登录密码要严格保管，除调试及厂家人员外，其他人员不得在操作员站用工程师级别登录。除许可人员外，其他无关人员不得进入工程师站登录工程师级别状态。

（2）加强软件管理：规范 DCS 系统软件和应用软件的管理，软件的修改、更新、升级必须履行审批授权及责任人制度；软件应有备份；未经测试确认的各种软件严禁下载到已运行的 DCS 系统中使用，必须建立有针对性的 DCS 系统防病毒措施；应用软件的修改必须有修改方案，并经相关技术人员确认无误后，按审批授权及责任人制度执行；原则上，重大修改应在机组停运期间进行，并应对修改结果及相关系统进行模拟试验，确认修改达到设计要求后才能投入正常运行；DCS 系统数据必须有备份，以防止逻辑改动有误或系统配置有误而对机组运行产生影响；严禁在 DCS 控制系统上运行与该系统无关的软件，所使用的软盘、光盘等应严格审查管理，确保不带病毒；任何人未经调试人员允许，不得在操作员站、工程师站上对数据点进行强制操作；对已强制的数据点要做好记录。

8. 热控主要系统调试反事故措施

（1）机组整套启动前 DCS 系统工作可靠性检查：对工程师站、历史站、操作员站进行可恢复性故障试验，切除各设备电源，然后重新受电，检查以上设备是否能自动恢复正常工作而无需运行人员的任何干预；对各 DPU 进行切换试验，试验前应选取一些开关量和模拟量测点进行监视，试验后应检查设备状态及测点数值是否发生变化；用上述方法检查网络的切换情况，抗干扰检查；供电系统切换功能试验，人为进行供电电源切换，检查切换是否正常；系统响应时间测试，检查系统信号响应时间是否达到设计要求；测试 SOE 记录是否正确；检查远程 I/O 的线路及通信情况。

（2）接线连接及就地一次组件工作可靠性检查：检查线路连接的正确性、绝缘性能及屏蔽，高温区电缆应采用耐高温电缆，油区尽量采用耐腐蚀电缆；应符合设计图纸和有关技术要求；检查热电偶、热电阻、变送器等各物理量测量组件的安装情况，以防止出现漏点。

（3）FSSS 系统调试反事故措施：炉膛吹扫，检查并试验其功能的正确性，保证炉膛安全；火焰检测，对火检探头进行系统的调试，保证火焰检测的正确性和可靠性，使炉膛灭火保护准确投入；火检探头冷却，减小火焰对探头的影响，延长探头的使用寿命，有效提高火检探头的测量精度；保护信号，应采用三取二逻辑实现，保证动作的可靠性；主保护的投入与退出，必须经总工批准，值长或班长或司炉不得擅自将锅炉主保护解除；热工仪表、保护、给粉控制电源应可靠，防止因瞬间失电造成锅炉灭火。

（4）ETS 系统调试反事故措施：检查内部逻辑控制的正确性及合理性；对相互冗余的控制器进行切换试验观察是否会出现死机或其他故障；机组启动前确保双机均正常工作；采用实际信号传动汽轮机转速、润滑油压、控制油压、控制器故障、就地手动停机、主控室手动停机保护内容；每项保护的传动均应检查保护继电器出口的动作执行情况；试验后查看 SOE 记录是否正确，并做好相应记录；汽轮机启动前检查，并解除所有的软件和硬件的强制信号，投入各项保护；对 ETS 系统的在线试验功能进行试验，保证机组运行期间 ETS 在线试验的可靠进行；配合汽轮机做超速试验、甩负荷试验、保护通道试验等，确保试验正常进行；主保护的投入与退出，汽轮机主保护的投入与退出必须经总工批准，值长或班长不得擅自将汽轮机主保护解除。

（5）DEH 系统调试反事故措施：对汽轮机主汽门、调节汽门进行系统调试、试验，保证阀门动作的准确性和可靠性；对转速信号进行认真检查，充分保证转速信号的精度，便于 DEH 对转速的控制；按照逻辑图和逻辑说明对软件组态进行检查和校对，对不正确的组态进行修改，保证软件功能的正确性；配合厂家、汽轮机专业进行系统仿真、超速、阀门活动等各项在线试验，保证 DEH 各项功能的完善；检查 DEH 与其他系统通信功能，包括硬接线和软件通信检查，保证通信的可靠性。

（6）TSI 系统调试反事故措施：检查各振动、轴相位移、转速、键相等探头的校验记录和安装情况，防止汽轮机扣盖后安装不到位再重新开盖等现象的发生；调整各传感器的间隙电压或安装间隙，传感器的间隙电压或安装间隙应符合产品说明书和图纸的要求，避免机组启动后出现测量不准的现象，误导运行人员的监视；检查各测点的量程、工程单位和上下限设置、保护定值设置的正确性，防止误动、拒动现象的发生，有效保护汽轮机设备。

五、焊接及金属监督部分

（一）无损检验方式

UT：超声波探伤检验；RT：射线探伤检验；PT：着色探伤检验；MT：磁粉探伤检验；ET：涡流探伤检验；VT：外观检测；AET：声发射检测检查；LT：泄漏检测。

（二）350MW 机组焊接金属监督控制实况

（1）总焊口数 35 868 道：其中锅炉本体焊口 29 498 道、锅炉附属管道焊口 2188 道、机组四大管道安装焊口 192 道、汽轮机中、低压管道焊口 3990 道。

（2）焊口射线检验（RT）27 809 道（含不合格 171 道）：其中锅炉本体 26 818 道、锅炉附属管道 372 道、机组四大管道现场安装焊口 6 道、汽轮机中、低压管道 613 道。

（3）焊口超声检验（UT）16 214 道（含不合格 26 道）：其中锅炉本体 14 787 道、锅炉附属管道 356 道、机组四大管道现场安装焊口 192 道、汽轮机中、低压管道 879 道。

（4）焊口着色检验（PT）660 道：其中锅炉本体 30 道、锅炉附属管道 29 道、机组四大管道现场安装焊口 72 道、汽轮机中、低压管道 529 道。

（5）焊口检验总数道 44 683 道（含不合格 214 道）/检验一次合格率 99.52%：其中锅炉本体 41 635 道/99.53%、锅炉附属管道 757 道/99.34%、机组四大管道现场安装焊口 270 道/100%、汽轮机中、低压管道 2021 道/99.36%。

（6）焊口综合检验比例为 44 683/35 868＝124.5%。

（7）合金件光谱分析数/焊缝光谱分析数：244 217/4287：其中锅炉本体 242 447/3028、锅炉附属管道 341/344、机组四大管道现场安装焊口 363/166、汽轮机中、低压管道 1066/749。经光谱分析发现与设计材质不符锅炉部分 92 件、汽轮机部分 13 件，计 105 件全部更换。

（8）焊缝硬度检测/材质金相分析 1559 道/11：其中锅炉本体 1402 道/3、锅炉附属管道 25 道/0、机组四大管道现场安装焊口 72 道/7、汽轮机中、低压管道 60 道/1。

（9）焊口热处理 5382 道：其中锅炉本体 4546 道、锅炉附属管道 149 道、机组四大管道现场安装焊口 184 道、汽轮机中、低压管道 503 道。

（三）350MW 机组四大管道工厂化加工控制实况

1. 主给水管道质量证明文件

（1）在加工单位的管件质量证明文件里"原材料化学成分复检报告"中，有 $\phi660\times75mm$ 和 $\phi610\times60mm$ 规格 WB36 管材，查阅"高压给水管道配管图"，没有发现上述规格管材。

（2）在加工单位的管材及焊材质量证明文件里，15NiCuMoNb5-6-4 牌号的"原材料化学成分复检报告"化学成分检验结果中，未见有重要的 Nb 的组分，以及 Al、N 的化学成分和百分比值。

2. 再热冷段蒸汽管道质量证明文件

（1）在《管材及焊材质量证明文件》里，有较多的 ASTM A515-70 牌号的管材，却未见该牌号的"几何尺寸复检报告"及"原材料化学成分复检报告"。

（2）在再热冷段和高压旁路阀后蒸汽管道配管图中，未标注哪些管道是用 ASTM A515-70 管材配制而成。图中标注一处是 A691，其余全是 A672B70 CL32 管材。两种管（焊管或卷制管）都是 A-1 类钢材，但牌号、成分有些区别，厂家竣工图应给予标明。

（3）在《管件质量证明文件》里"原材料化学成分复检报告"中，出现 $\delta=22mm$ 的 A387Gr22CL2 板材，有 Cr、Mo 较多元素，在再热冷段和高压旁路阀后蒸汽管道配管图中未见有此钢种管道。用在何处？图号或代号是什么？焊材如何选用？加工厂家必须给予明确。

3. 再热热段蒸汽管道质量证明文件

（1）在管件质量证明文件里"金相检验报告"中，有 ID749×25/ID540×19 及 ID749×25/ID457×18 规格 15NiCuMoNb5-6-4 材质弯管，在再热热段系统低压旁路管道使用，竣工图中应注明。

（2）按《T91/P91 钢焊接工艺导则》的规定，冲击韧性试验冲击功最低不得小于 41J。在管件质量证明文件里只有 Q64845 炉号 ID495×20mm，A335 P91 无缝钢管有冲击功值且合格，其余管材的"钢材力学性能试验报告"均未见有冲击功值。

（3）在管件质量证明文件里"原材料化学成分复检报告"中，有 ID749×25/ID540×19/ID749×25 的锻制三通，是 ASTM A182 F91 材质，而在竣工图中却是 A335 P91，与实际材质不符。尽管化学元素基本相同，但元素、强度、应用对象仍有区别。

（4）在管件质量证明文件里"产品质量证明书"产品图号中，A335 P91 T 型锻制热压等径三通没有进行磁粉探伤，也未见有其他无损检测结果。

4. 主蒸汽管道质量证明文件

（1）在《管材及焊材质量证明文件》里"入境货物检验检疫证明"中，有日本制造的 15NiCuMoNb5-6-4 材质，335.6×28mm 规格的管材（属 A-Ⅲ类钢），在主蒸汽及高压旁路管道立体配管图中未查到该管应用部位，也未查到该管的复检报告。

（2）在《管材及焊材质量证明文件》里"原材料化学成分复检报告"中，有 A691Cr.1.25Cr，CL22 牌号的 ASTM A691 材料 $\phi508×17$ 管材（属 B-1 类钢），是高压旁路配管图，也应在主蒸汽及高压旁路管道立体配管图中标明。

（3）根据《T91/P91 钢焊接工艺导则》的规定，"对 P91 钢大径厚壁管的焊接接头冷却到 100～120℃时，应及时进行焊后热处理。否则，焊后应立即加温 350℃，恒温 1h 的后热处理"。在《工厂化加工质量证明文件》里的"热处理报告"中，主蒸汽管道入炉温度为室温，未注明 A335 P91 主蒸汽管道焊接后的焊缝后热处理工艺，应说明如何满足《T91/P91 钢焊接工艺导则》的热处理工艺要求。

5. 四大管道检验完善要求

根据《电力建设施工技术规范 第 5 部分：管道及系统》（DL 5190.5）6.2.11 条："主蒸汽、再热蒸汽、高压给水管道系统焊口检验符合《火力发电厂焊接技术规程》（DL/T 869）的规定，如焊口 100% 检验合格，可不做水压试验。"因此，要求工厂化加工单位公司将四大管道上的疏水、排气、旁路、测点等管接座焊口检验质量证明文件必须快速上报给建设单位，不要影响点炉吹管工作。

六、筑炉保温部分

（一）测试范围

测试范围：某电厂 3 号机组热力设备散热表面和厂房。热力设备的测试项目有散热表面的温度、热流密度；厂房的测试项目有厂房内的环境温度；通过热力设备的散热热流密度来计算热力设备各部分的散热量。

（二）试验标准及仪器

1. 散热损失

该指标是检验热力设备保温的重要指标。在《设备及管道绝热技术通则》（GB/T 4272）中给出了不同介质温度下所允许的最大散热损失值，见表 7-13。

表 7-13 常年运行工况下最大散热损失值

设备管道及附件外表面温度（℃）	50	100	150	200	250	300	350	400	450	500	550	600
允许的最大散热损失（W/m²）	58	93	116	140	163	186	209	227	244	262	279	296

注 1. 设备管道及附件外表面温度可看作管道及附件内介质温度（忽略金属管壁热阻）。

2. 导热系数 1W/(m·K) = 0.859 845 2kcal/(m·h·K)；1W 是 1s 内产生 1J 的能量。

2. 外表面温度

一般情况下，在环境温度、表面状况及位置条件等相同时，外表面温度越高，散热损失也就越大，它是保温层外表面是否符合安全生产的重要标准。当环境温度为25℃时，一般要求其不大于50℃。测量外表面温度时使用的仪器见表7-14。

表 7-14　　　　　　　　　　　　使 用 仪 器

序 号	名 称	单位	数量	型 号	编 号
1	热流计	台	1	HFM-215	12AA07207
2	表面温度计	台	1	PT-3L	95032280

（三）试验结果及评价

1. 测试与结果

试验采用热流计测量的热流密度作为试验评价的主要数据，采用玻璃管温度计测量被测设备环境温度，红外温度仪作为辅助测量手段，其测量值不作为报告采用数据（由于保温层外防护板清洁度不同对红外温度仪的测量值影响较大，报告中采用的表面温度数据为热流计测量的保温层表面温度）。共测试近400点，其均值见表7-15。

表 7-15　　　　　　　　　　　　试 验 结 果

序号	设备或管道名称	测 试 值			热流效果
		散热损失（W/m²）	表面温度（℃）	环境温度（℃）	
1	前墙	120.0	37.1	31.8	合格
2	左侧墙	112.0	34.8	31.0	合格
3	右侧墙	80.0	39.2	32.0	合格
4	后墙	140.0	37.4	28.9	合格
5	汽包（汽水分离器）	100.0	51.5	36.0	合格
6	水平烟道	181.0	42.0	37.5	合格
7	垂直烟道	167.0	37.0	30.2	合格
8	集中下降管	191.7	37.8	22.3	合格
9	分散下降管	137.2	32.0	31.0	合格
10	再热蒸汽热段	224.5	33.4	22.5	合格
11	再热蒸汽冷段	195.0	45.0	33.0	合格
12	集汽联箱	262.0	60.0	46.0	合格
13	顶棚倒汽管	239.6	59.0	51.0	合格
14	汽轮机主汽门	247.0	53.0	32.0	合格
15	汽轮机再热汽冷段	137.0	34.0	28.0	合格
16	除氧器	110.0	35.0	25.0	合格
17	顶棚	231.0	58.0	34.5	不合格
18	预热器	130.0	32.9	18.7	不合格
19	主蒸汽管道	288.0	46.7	34.3	不合格

续表

序号	设备或管道名称	测　试　值			热流效果
		散热损失（W/m²）	表面温度（℃）	环境温度（℃）	
20	燃烧器	250.6	37.5	23.5	不合格
21	人孔门	940.0	94.0	38.0	不合格
22	汽-汽交换器	265.1	42.0	31.1	不合格
23	二次风箱	223.5	37.8	21.4	不合格
24	热风道	238.0	39.0	28.0	不合格
25	主给水	216.2	30.5	15.0	不合格
26	汽轮机4段蒸冷	380.0	52.0	28.0	不合格
27	汽轮机再热汽热段	420.0	66.0	28.0	不合格
28	汽轮机高压缸	254.0	73.0	29.0	不合格
29	汽轮机高压加热器	323.3	41.3	23.1	不合格
30	汽轮机1段抽汽	700.0	55.0	28.0	不合格
31	汽轮机主蒸汽管道	442.7	42.3	20.7	不合格

2. 保温效果评价

（1）散热损失。在测试的31项数据中，有15项超标。其中热风道、二次风箱、人孔门、1段抽汽、高压缸、4段蒸冷、3号机组再热蒸汽热段、3号机组主蒸汽管道等部位超温很大，见表7-16。

表7-16　　　　　　　　　测　试　数　据

序号	设备或管道名称	测试值			修正值		表面温度与50℃比较（℃）	散热损失超过国家标准值的（%）	热流效果
		散热损失（W/m²）	表面温度（℃）	环境温度（℃）	表面温度（℃）	散热损失（W/m²）			
1	前墙	120.0	37.1	31.8	30.3	122.6	−19.7	−41.4	合格
2	左侧墙	112.0	34.8	31.0	28.8	114.1	−21.2	−45.4	合格
3	右侧墙	80.0	39.2	32.0	32.2	81.8	−17.8	−60.9	合格
4	后墙	140.0	37.4	28.9	33.5	141.7	−16.5	−32.2	合格
5	汽包	100.0	51.5	36.0	40.5	103.6	−9.5	−50.4	合格
6	顶棚	231.0	58.0	34.5	48.5	238.2	−1.5	5.0	不合格
7	水平烟道	181.0	42.0	37.5	29.5	186.7	−20.5	−22.2	合格
8	垂直烟道	167.0	37.0	30.2	31.8	170.0	−18.2	−18.7	合格
9	预热器	130.0	32.9	18.7	39.2	123.6	−10.8	1.3	不合格
10	集中下降管	191.7	37.8	22.3	40.5	190.0	−9.5	−7.4	合格
11	分散下降管	137.2	32.0	31.0	26.0	139.9	−24.0	−31.4	合格
12	主蒸汽管道	288.0	46.7	34.3	37.5	293.4	−12.6	5.5	不合格
13	再热热段	224.5	33.4	22.5	35.9	223.4	−14.2	−19.6	合格

序号	设备或管道名称	测试值			修正值		表面温度与50℃比较（℃）	散热损失超过国家标准值的（%）	热流效果
		散热损失（W/m²）	表面温度（℃）	环境温度（℃）	表面温度（℃）	散热损失（W/m²）			
14	再热冷段	195.0	45.0	33.0	37.0	200.7	−13.0	−6.2	合格
15	燃烧器	250.6	37.5	23.5	39.0	249.5	−11.1	17.7	不合格
16	人孔门	940.0	94.0	38.0	81.0	957.3	31.0	219.1	不合格
17	汽-汽交换器	265.1	42.0	31.1	36.0	268.6	−14.1	2.5	不合格
18	二次风箱	223.5	37.8	21.4	41.4	220.7	−8.6	147.0	不合格
19	热风道	238.0	39.0	28.0	36.0	240.6	−14.0	29.4	不合格
20	主给水	216.2	30.5	15.0	40.5	207.5	−9.5	15.3	不合格
21	集汽联箱	262.0	60.0	46.0	39.0	273.5	−11.0	−1.6	合格
22	顶棚倒汽管	239.6	59.0	51.0	33.0	252.5	−17.0	−9.5	合格
23	主汽门	247.0	53.0	32.0	46.0	250.6	−4.0	−8.5	合格
24	4段蒸冷	380.0	52.0	28.0	49.0	383.2	−1.0	75.0	不合格
25	再热汽热段	420.0	66.0	28.0	63.0	422.7	13.0	54.3	不合格
26	高压缸	254.0	73.0	29.0	69.0	535.0	−6.5	19.0	不合格
27	高压加热器	323.3	41.3	23.1	43.2	322.0	−6.9	15.0	不合格
28	1段抽汽	700.0	55.0	28.0	52.0	706.9	2.0	239.8	不合格
29	再热蒸汽冷段	137.0	34.0	28.0	31.0	138.4	−19.0	27.9	合格
30	除氧器	110.0	35.0	25.0	35.0	110.0	−15.0	−32.5	合格
31	主蒸汽管道	442.7	42.3	20.7	46.7	438.8	−3.3	56.7	不合格

还有部分整体保温情况合格的设备中的局部区域散热严重，如集中下降管整体散热损失为190.0W/m²，在32m层的右侧的集中下降管散热达到220W/m²，超出国家标准值5.7个百分点。

整体散热超标的设备都存在局部散热严重的情况，如主给水管道整体散热207.5W/m²，超出国家标准值15.3个百分点，但在10m平台的主给水管道散热严重，散热270.5W/m²，超出国家标准值40.8个百分点。

（2）表面温度。经过修正后整体表面温度超温的设备有锅炉的人孔门、汽轮机的再热汽热段、高压缸、1段抽汽，其余设备修正后的整体表面温度不超温。表面温度数据为热流计测量的保温层表面温度。

3. 超温分析

（1）裂缝和保温层脱离造成湿式保温散热损失较大。湿式保温存在裂缝和保温层脱离情况，如汽交、汽轮机的主汽门上存在很多裂缝和保温层脱落的部位，起不到保温层的作用。从测量数据分析裂缝、保温层脱落的部位的散热损失较保温层完整部分散热损失多1倍以上。同时，很多湿式保温完好的部位的散热损失值也很大，超出正常值，选材、厚度、工艺是否有问题，均应引起注意。

（2）3号机组的大部分设备保温层上安装了铁皮保护层，其内部保温材料的安装情况无法看到，但从其散热情况分析，由于采用硬质材料，在铁皮下保温材料有松动或安装不正确的可能。通常硬质材料，在高温时有一定的收缩率，板之间接缝较多，在锅炉启停过程中的热胀冷缩作用下，若其强度不够，很容易被挤碎或产生裂缝。造成保温层接缝处存在较大散热损失，其热流损失是正常部位的几倍。

（3）测试数据显示保温层完整的表面散热损失也较大，这说明此处保温材料质量差或施工质量不合格。

（4）锅炉的保温层应按经济厚度和不同部位合理选材，避免保温材料安装不久其保温层散热损失就很大的情况出现。集汽联箱裸露处及看火孔、主蒸汽管道、降水管、炉膛负压测点、电动门等均有些不同程度的裸露部分。

（5）保温层裂缝、存在很多保温层裂缝和部分脱离情况，如汽-汽交换器、低温省煤器、汽轮机的主汽门上。保温层裂缝和脱落后，保温效果急剧下降。从测量数据分析裂缝、保温层脱落的部位的散热损失较保温层完整部分散热损失多1倍以上。

（6）测试数据显示保温层完整的表面散热损失也较大，说明施工质量不合格。硬质材料安装接缝较多，国内施工中对硬质材料的接缝安装存在随意性，使机组的保温效果不理想，也会造成铁皮发生变形及保温材料松动。保温层接缝处的散热损失很大，其热流损失是正常部位的几倍。

（7）锅炉的保温层应按经济厚度和不同部位合理选材，避免保温材料安装不久，其保温层散热损失就很大。

（四）保温超标综合评述

（1）由于施工单位施工质量问题，部分保温在施工质量上没有达到《电力建设施工及验收规范及质量检验评定标准（锅炉机组篇和汽轮机机组篇）》的工艺要求。

（2）锅炉厂的设计原因造成的，看火孔、测点安装孔设计的保温不合理，炉顶保温层设计厚度为250mm，在安装过程中，虽然增加到300mm，但还是局部超温。此处是筑炉保温密封的重点部位，从设计、制造、施工、运行、检修、管理等各个方面进行质量把关。

（3）汽轮机厂保温设计也不完全合理。

（4）设计院设计的烟道和热风道保温也不合理，加强筋过高，高出保温层厚度。

（5）炉顶通风器没有完全打开，导致锅炉的热量无法散发出去，使热量积聚在厂房内，导致环境温度升高。

（6）施工单位施工不认真，管理人员管理不善，检查、监督人员不到位，加之抢工期，也是造成局部保温不合格的另一个重要原因。

（7）由于施工单位施工不仔细，加之检修时，对成品保护的不好，导致局部镀锌铁皮破损和损坏，造成散热加大和镀锌铁皮局部工艺不美观。

机组需要整改项目见表7-17。

表 7-17　　　　　　　　机 组 需 要 整 改 项 目

序号	设备或管道名称	测试值		修正值			热流效果
		散热损失 (W/m²)	表面温度 (℃)	环境温度 (℃)	表面温度 (℃)	散热失 (W/m²)	
1	顶棚	231.0	58.0	34.5	48.5	238.2	不合格

序号	设备或管道名称	测试值		修正值			热流效果
		散热损失 （W/m²）	表面温度 （℃）	环境温度 （℃）	表面温度 （℃）	散热失 （W/m²）	
2	预热器	130.0	32.9	18.7	39.2	123.6	不合格
3	主蒸汽管道	288.0	46.7	34.3	37.5	293.4	不合格
4	燃烧器	250.6	37.5	23.5	39.0	249.5	不合格
5	人孔门	940.0	94.0	38.0	81.0	957.3	不合格
6	汽-汽交换器	265.1	42.0	31.1	36.0	268.6	不合格
7	二次风箱	223.5	37.8	21.4	41.4	220.7	不合格
8	热风道	238.0	39.0	28.0	36.0	240.6	不合格
9	主给水	216.2	30.5	15.0	40.5	207.5	不合格
10	4 段蒸冷	380.0	52.0	28.0	49.0	383.2	不合格
11	再热蒸汽热段	420.0	66.0	28.0	63.0	422.7	不合格
12	高压缸	254.0	73.0	29.0	69.0	535.0	不合格
13	高压加热器	323.3	41.3	23.1	43.2	322.0	不合格
14	1 段抽汽	700.0	55.0	28.0	52.0	706.9	不合格
15	3 号机组主蒸汽管道	442.7	42.3	20.7	46.7	438.8	不合格

（五）耐火保温材料技术要求

1. 轻质保温浇注料

检验项目：体积密度 0.45g/cm²；重烧线变化 815℃×2h 的百分值；最高使用温度 1090℃；导热系数 ［W/(m·K)］0.12/110℃、0.185/500℃；热震稳定性 1100℃进行水冷。

2. 微膨胀耐火可塑料

(1) 检验项目：体积密度 2.18g/cm²；湿气孔率 （%）；耐压强度 （MPa） 60.9/110℃×24h，1400℃×3h 值；抗折强度 （MPa） 16/110℃×24h、1400℃×3h 值；烧后线变化 1400℃×3h，0.06%；可塑指数 （%）；最高使用温度 （耐火度） 1670℃；导热系数 ［W/(m·K) ］350℃值；热震稳定性 900℃×3h；水冷 20 次。

(2) 化学组分：黏土质骨料 Al_2O_3 30%～45%；高铝质骨料 SiO_2 26%，Al_2O_3 10%；碱性骨料：镁砂、白云石；特殊骨料：碳、碳化物、尖晶石、锆英石、氮化物；隔热骨料：珍珠岩、蛭石、陶粒、漂珠、轻质硅砂、多孔熟料、氧化铝空心球等。

（六）表面材料

(1) 种类：镀锌铁皮、铝合金板、彩板、塑料板、异型注塑壳。

(2) 比重：（kg/m²） 比重/厚度。

1) 镀锌铁皮：3.925/0.5mm，255m²/t；5.49/0.7mm，182m²/t；6.26/0.8mm，160m²/t。

2) 铝合金板：2.74/0.5mm，730m²/t；0.7mm 厚，552m²/t；0.8mm 厚，456m²/t。

(3) 比较：同样厚度的铝合金板每吨单价较镀锌铁板贵，但同样两种板每吨的平方米数却差很多。所以，对两种不同材料、不同等厚度的平方米造价进行比较，相差较小。应选铝合金板（美观、质轻），造价也与镀锌铁板相近，即同等面积的价格优选。

1）镀锌铁皮：0.5mm 厚，3.925kg/m²，255m²/t；0.8mm 厚，6.26kg/m²，160m²/t。

2）铝合金板：0.5mm 厚，2.74kg/m²，730m²/t；0.7mm 厚，552m²/t；0.8mm 厚，456m²/t。

（4）现在，采用彩板作为表面材料的较多，既有镀锌铁板的刚度优势，又有铝合金板的美观优势，造价适中。镀锌铁板基本被淘汰，因为其既不美观，又易褪色和污染。

七、铁路专用线坡度控制

（一）铁路坡度控制

按铁路级别控制：Ⅰ级：6‰；Ⅱ级：12‰；Ⅲ级：15‰。

（二）加力牵引坡度

（1）定义：用两台或两台以上机车牵引在限制坡度上的列车重量所能通过的最大上坡叫作加力牵引坡度。

（2）规定：一般不超过 20‰；内燃机牵引最大不超过 25‰；电力机牵引最大不超过 30‰；蒸汽机牵引最大不超过 20‰。

（3）动能坡度：利用列车的牵引力和积累的动能，以不低于机车的计算速度所能闯过的、大于限制坡度的坡度。

（三）不流动的坡度

即在停车地段上，遇大风或震动碰撞不流动的坡度。

（1）对装有滚动轴承的车辆，坡度在 1.5‰～2.5‰。

（2）对在有难度的地段上，不陡于 6‰，并应保证列车的正常启动。

第三节 机 组 启 动

一、综合控制部分

机组整套启动必备条件如下。

（1）启动委员会已组建，试运指挥部成立，并开展有效工作，分部试运组、整套试运组、验收检查组、试生产组、综合组的任务分工均已明确，并正常开展工作。

（2）《机组调试大纲》及《机组整套启动试运方案》经过研讨审查，承担调试任务的省级电力科学院调试机构或有相应资质单位，将其完善后业已批准出版。

（3）所有设备均有出厂合格证，各设备厂家的技术文件齐全，锅炉厂的强度计算数据，由省级的特种设备检验研究所鉴定，压力容器等特种设备已向市级安全监察和特检机构告知、核准、备案。

（4）特检设备——锅炉现场监督检验，委托有资质单位承办，对制造厂设备及安装焊口进行抽检，省级锅炉压力容器检验中心已出具《锅炉安装水压前监检概况》，出具"锅炉安装质量监督检验工作报告"，结论具备试运条件。

（5）质监中心站对机组启动前的重点监检项目、质监分站对一般监检项目均检查完毕。监检合格，整改项目闭环管理完毕。

（6）现场安全、消防、报警、环保、抗震、防洪、资料及水土保持等满足国家和行业的试运要求。

(7) 开关场过渡、倒送电完成，发电送出系统完善，入网协议已签订。

二、整套启动前控制项目

新建机组整套启动试运前，隐蔽工程验收、强制性标准执行、沉降观测记录、监理平行检验资料、达标投产中间过程检查、拟定创优工程方案的技术指标均已审查完毕且合格。在此基础上，应具备如下重要安全措施和预案。

(1) 锅炉、压力容器等设备的安全门均应按厂家或设计规定静态整定完毕。

(2) DCS、DAS、CCS、SCS、MCS、FCS、FSSS、MFT、ETS、TSI、DEH、ACS、AGC、ADS、RDA 等系统调试完成；发电机-变压器组保护、励磁静态调试、传递完毕。

(3) 应完成电缆沟分段隔离、电缆分段封堵、穿越封堵、进盘封堵结束。

(4) 主蒸汽等管道按设计和规程规定，"管道冷拉"完成，冷拉部位、冷拉值、冷拉工艺符合标准，冷拉记录齐全；建设和监理等单位签认。

(5) 按规程规定：①主给水管道应进行超压试验或100%探伤；②主蒸汽、再热管道必须提供管材、管件、焊口、阀门等100%探伤或水压试验合格资料。

(6) 汽轮机润滑油、抗燃油、绝缘油、磨煤机和风机润滑油检验合格报告。

(7) 主厂房消防系统、煤粉仓煤仓灭火装置，空气预热器消防；主变压器、汽轮机油设备系统及燃油系统等特种消防设施，检查验收、达到可投用条件，并应签证。

(8) 发电机定子绝缘合格，封闭母线绝缘合格，发电机冷却水系统绝缘合格。

(9) 发电机氢系统严密性试验合格，氢系统要有特定的灭火器材或双水内冷进、出口密封合格。

(10) 汽轮机事故排油系统、主变压器事故排油系统，排放应畅通及消防设施完好、可投运。

(11) 所有机务、电气、热控等系统，阀门、设备、执行机构等准确标识，单调合格。

(12) 保安电源投入，直流必有两套可靠电源，三路不停电电源齐备且切换良好；备用电源自动投入装置已运行，切换时间不大于5ms；设有柴油发动机试运应结束，送出切换系统完善时间达标。

(13) 交流润滑油泵除联动直流油泵工作正常外，还要有交流自启动功能。

(14) 全厂建筑照明、设备照明、事故照明完善，并能正常投入使用。

(15) 主变压器、高工变、高压备用变压器的多种保护整定完成，轻、重瓦斯保护投入。

(16) 主变压器中性点设两根接地与主接地网不同点应连接牢靠，防谐振装置已投入。

(17) 发电机出线箱与封母连接处所设隔氢装置完好，该处漏氢监测各点及内冷水箱、励侧机侧回油、主油箱各点均应准确传递，漏氢监测装置投入、显示准确。

(18) 计算机失电、失灵时，紧急停炉、停机硬线直接操作系统传递完成、已投入。

(19) 发电机-变压器组出现非全相运行，断路器失灵保护投运又可断开同一母线电源。

(20) 机组低转速时，应有切断发电机励磁系统措施。

(21) 升压站、主变压器微机保护已双重化，双母差保护投入。

(22) 环保、在线监测安装调试完成；脱硝、脱硫、除尘系统安装调试同步完成；脱硝氨系统、氨法脱硫的氨系统的防爆防中毒设施措施完备，向地方主管部门告知备案完毕。

三、安全技术要求

(1) 在"调试方案"基础上，依达标投产为依据，制定"满负荷试运的查核标准"，并网带满负荷试运时下发，有关单位密切配合。

（2）按强制性标准和25项"反措"要求：保安、备用电源可靠；直流电源有充足电量保证安全停机；DCS失电、操作员站失灵，实现停机停炉操作，并有预案；在线监测、消防要完善。

（3）所有参建单位共同努力，按"安规""启规"要求，实现不超压、不超温、不爆管、不爆燃、不满水、不减水；不漏氢、不跑油、不着火、不烧瓦、不超速、不弯轴；不短路、不触电、不误动、不拒动、不泄漏、不谐振。为此，各单位应防范措施、事故预控、制定预案、协调作战、各尽其职、各负其责。

（4）建筑工程的金属墙板、天棚的防漏雨的细部构造设计要强化，施工要精细，确保5年不漏雨；四大部位（化学车间、引风机室、脱氧平台、加药间）注重防水；地面平台栏杆完善。

（5）工厂化四大管道资料需厂家完善，以便按时归档、日后备查。

（6）电缆敷设应符合设计规程要求，盘内布线要整齐，进盘封堵应完善美观。

（7）规范要求主变压器、高工变及高压备用变压器顶盖沿气流方向应有1%～1.5%的升高坡度；厂家只有油管气体通道，厂家应有气体保护功能可以正常工作的承诺，并承担相应责任。

（8）远动、化学、加氯、电梯、脱硫及智能建筑等工程应同步进行建设、检查、调试、验收。

（9）设计图纸编号、建安工程编号与生产运行编号应统一，要体现到DCS画面、设备系统、移交资料及竣工图纸中。

（10）按国家规定，新建的锅炉，应到质量技术监督局注册登记，手续完备后，方可投入使用。

（11）机组有并网协议，通过整套启动试运、大负荷动态、热态、满负荷试运考验合格，并消除缺陷、系统全部完善，尾工项目限期完成。

四、主要指标

因机组容量不同，设备型号不同，燃用煤种不同，以及负荷变化和机组启停等动态因素，机组技术指标，除尘、脱硫、脱硝数据及指标会有较大变化。下列指标以BMCR为基础，供参考。

1. 机组主要指标

机组主要指标见表7-18。

表 7-18　　　　　　　　　机 组 主 要 指 标

序号	主要考核项目	达标考核指标
1	连续平均负荷率	≥90%
2	连续带满负荷时间	≥96h
3	电气保护、自动投入率	100%
4	热控保护投入率	100%
5	热控自动投入率（按设计套数考核）	95%～98%（试运期-考核期）
6	机组过程控制投入率	100%

序号	主要考核项目	达标考核指标
7	汽水品质合格率	100%
8	机组真空严密性	<0.3kPa/min（直接空冷小于0.2kPa/min）
9	汽轮机真空度	≥93kPa
10	发电机漏氢量	<10m³/24h
11	强迫停机次数	≤3次
12	点炉至移交天数	≤90d/75（首台/非首台）
13	主机轴振	76μm（≤125μm合格，临界转速小于等于250μm）
14	主机瓦振	≤30μm
15	锅炉给水排烟温度和机组出力热耗	按设计温度和设计指标考核
16	给水蒸气品质 SiO_2	≤20μg/L（阳电导率小于等于0.3μS/cm）
17	汽轮机上、下汽缸温差	内缸小于等于35，外缸小于等于50℃
18	热力系统绝热表面温度	环境温度+25℃；环境温度小于等于25℃，表温小于等于50℃
19	点炉吹管助燃耗油量（t/MW）	1500/300，2000/600，3000/1000；少油枪1/2
20	除尘器电场及脱硫、脱硝装置投入率	100%
21	机组最低稳燃负荷率	达到设计要求；一般为30% BMCR
22	烟尘排放浓度	30mg/m³（升级标准5mg/m³）
23	机组调整质量合格率试验项目实施率	100%

2. 脱硫主要指标（见表7-19）

表7-19　　　　　　脱　硫　主　要　指　标

序号		考核指标	实测指标（参考）
1	钙硫比（$CaCO_3/SO_2$）	1.03~1.05mol/mol	1.04mol/mol
2	液气比（烟气含硫1320mg/m³）	9.13L/m³	9.0L/m³
3	浆液pH值	5.6~5.8	5.5
4	石灰石浆液浓度（d=1250kg/m³）	30%	31%
5	循环浆液固体物浓度（d≤1110kg/m³）	10%~15%	14%
6	浆液固体物在FGD停留时间	12~24h	23h
7	浆液在反应罐循环一次平均停留时间	3.5~7min	6min
8	吸收塔浆池中的Ci浓度	≤20 000ppm	1800ppm
9	允许负荷变换范围	30%~100%BMCR	30%~100%BMCR
10	FGD入口烟尘浓度	≤200mg/m³	197mg/m³
11	FGD入口烟气温度	165~90℃	130℃
12	FGD入口烟气 SO_2 浓度（干基6%O_2）	≤1320mg/m³	1300mg/m³
13	FGD出口烟气 SO_2 浓度（干基6%O_2）	66mg/m³（国家升级标准小于等于20）mg/m³	26.3mg/m³
14	FGD出口烟尘浓度（6%O_2、标态干基）	≤60mg/m³	54.6mg/m³

续表

序号		考核指标	实测指标（参考）
15	脱硫设备粉尘环境污染控制浓度	小于等于室内 8mg/m³、室外 30mg/m³	室内 10mg/m³、室外 35mg/m³
16	FGD 除雾器出口液滴含量	≤75mg/m³	73mg/m³
17	系统脱硫效率	≥95%（期望值 99.3%）	98%
18	石膏 $CaSO_4 \cdot 2H_2O$	≥90%	92%干态

3. 电力工程脱硝指标控制表

350MW 机组超临界锅炉脱硝工程，见表 7-20。

表 7-20　　　　　　　　　　　350MW 机组超临界锅炉脱硝工程

序号	控制指标名称	单位	控制指标	实际指标	备注
			性能指标		
1	NO_x 去除率	%	大于等于 80		
2	脱硝系统入口 NO_x 浓度	mg/m³	350		BMCR 干基以 NO_2 计
3	反应器出口 NO_x 浓度	mg/m³	70	新标小于等于 30	BMCR 干基以 NO_2 计
4	脱硝系统入口烟气量（湿基）	m³/h	—		根据锅炉容量确定
5	脱硝后反应器出口烟气量	m³/h	—		根据脱硝效率确定
6	液氨品质氨含量	%	99.6		
7	氨逃逸率	μL/L	≤3		
8	SO_2/SO_3 转化率	%	≤1		
9	催化剂层投运阻力	Pa	200		
10	催化剂层投运脱硝系统总阻力	Pa	1000		
11	脱硝装置可用率	%	98		注氨到性能验收
12	催化剂的化学寿命	h	24 000		
13	催化系统机械寿命	h	50 000		
14	脱硝系统瞬态承压能力	kPa	11		
15	烟气最低连续运行温度	℃	310		
16	烟气最高连续运行温度	℃	420		
17	脱硝装置入口和出口温差	℃	3		
18	一台炉 SCR 液氨时耗量	kg/h	143		原烟 350mg/m³
19	一台炉 SCR 液氨日耗量	kg/d	3432		原烟 350mg/m³
20	一台炉 SCR 液氨年耗量	t/年	1072.5		原烟 350mg/m³
21	一台炉 SCR 纯氨蒸发所用蒸汽	t/h	0.105		
22	声波吹灰吹扫频率	s/5min	10		
23	氨与氮氧化合物的摩尔比	—	0.816		NH_3/NO_x
24	脱硝装置年利用小时数	h	5259		投运 7500h 统计
25	脱硝装置年利用率	%	70		
26	一台炉年脱除 NO_x	t/年	1217.2		

续表

序号	控制指标名称	单位	控制指标	实际指标	备注
	安全指标				
1	氨液蒸发器的控制水温	℃	60		
2	液态氨变气态氨膨胀值	倍	850		
3	氨气爆炸极限浓度	%	16～25		二类可燃爆炸混合物
4	氨气最易引燃爆炸浓度	%	17		
5	严密性检验（允降0.03MPa）	三阶段	各2h		0.1、0.5、1.0MPa
6	终检严密性（允降0.02MPa）	第四阶段	22h		2.16MPa
7	氨气置换抽真空至−0.08	MPa	降至0.1		反复5次
8	氨储罐内压力高于上限值	MPa	1.65		$t>40℃$自动喷水降温
9	催化剂进出口压力	Pa	800		
10	SO_3与NH_3生成硫酸氢胺露点	℃	烟温高10		否则催化剂中毒

五、强化机组效率

建造效率高的电站，需要从筹划、实施、运作的全过程思虑、措施、检验等高标准完善。现代发电厂热效率在36%～38%，热效率每提高1%都很困难，但提高1%的效益却是十分可观。机组优化和效率提高要从多方面切入：机组参数、使用寿命、循环形式、设备选型、系统效率、自控程度、煤耗热损等。在勘测、设计、设备、施工、调试、生产、运行、维护等全方位进行优化和督管。

（一）设计优化

（1）汽轮机组保证工况下净热耗率低、锅炉效率高，降低煤耗。

（2）风机、水泵、制粉、除尘、卸煤等大型设备效率高、优化调节、降低电耗。

（3）减小主厂房、辅助车间的面积、体积，合理安排空调暖通，降低造价。

（4）选用低损耗的变压器。

（5）提高、完善计量、监测仪表，强化管理和核算。

（6）热力系统保温用新型绝热性能好的材料，满足国家标准热损要求。

（7）选用先进适用的分散控制系统、电气软件自控系统，合理实现总线制。

（8）采用耗水低、合理循环、综合利用、废水回收、使用中水等工艺，节约水资源。

（9）在保证质量的前提下，优选性价比合理的材料，合理选用当地原材料，缩短运输距离以降低造价。

（10）一次风风速优化，风量、管径与燃烧器尺寸匹配合理，燃烧中心合理，适度调节。

（11）锅炉顶棚、主蒸汽、再热、1～4段抽汽、热风道的保温应坚定优化，并按常规套用的材料，其厚度要增加60～120mm。

（12）从长久经济核算，选用等离子点火和稳燃是必要的，选用油应为小油枪气化点火稳燃。干除灰要合理利用；湿法脱硫、氨法脱硫的副产品要有销路；采用全布袋除尘应慎重，因耗电高、更换布袋频繁，运行费用大，环保要求高的项目可采用电袋联合除尘。

（13）增加0号高压加热器；选用二次再热系统；加装光镜加热器提高给水温度；炉顶装设太阳能；汽轮机高位布置等。

（二）设备选型及监造

（1）锅炉效率、汽轮机热效率、发电机电能转换效率、风机水泵效率、电除脱硫效率，厂家保证值很高，但需客户满足若干条件为前提，订货时要澄清；签约时，厂家的效率达不到应有惩罚条款。

（2）设备的使用寿命、经济寿命、效率最佳区域的保证、变压器热损等，在合同中应明确。

（3）脱硫烟囱内套筒选用、防腐寿命与造价进行深入计算，烟道等选材、路径优化，减少钢材耗量，进行经济寿命比较；烟塔合一是降低造价的方向，选用新型玻璃钢制品。

（4）汽包炉的定期排污扩容器结构应优化，热水及汽化热量应设计回收系统。

（5）水塔喷淋、填料，一次风、制粉系统管耐磨材料，脱硫、水塔防腐材料重点优选。

（6）制造厂对锅炉省煤器管焊接质量管理应强化；锅炉顶棚膨胀、火室密封的细部设计应改进完善；汽轮机通流间隙在设计范围内取下限，个别处应缩小；厂家应实施电气除尘器的高压变压器额定 7.2 万 V 和 6.6 万 V 的保证值。

（三）施工调试运行

为使工程热效率提高，施工全过程需不懈努力：层层树立经管理念，人人增强效率意识，建立闭环体系，安装高水准，调试高指标，为高水平投产奠定基础，实现效益最大化而努力。

参建单位，要有"安全为天，质量为本，效益至尚"的工程建设管理方针，完成建设单位提出的主要技术经济指标，达到全国同类型机组先进水平，实现"满负荷试运的查核标准"。有关单位要主动进击，有标必达，协调作战，密切配合；准确记载，综合分析；完善设施，认真调试，为实现机组的优良指标而共同努力工作。

机组开始进入 168h 试运条件：断油（断弧）全烧煤粉、投高压加热器、投除尘器；保护投入率 100%，自动投入率大于等于 95%；汽水品质合格（SiO_2 含量小于等于 $60\mu g/kg$，铁、溶解氧、pH 值接近标准值）；吹灰系统可投入，备用电源可正常切换；蒸汽参数接近额定值，纯凝汽工况电负荷大于等于 BRL 的 80%。

（四）机组技术性能

等效可用系数、强迫停运率、供电煤耗、厂用电率、补水率、热控监视仪表准确率、热控保护正确动作率、热控自动装置调节品质、电气保护正确动作率、电气自动装置正确动作率、电气除尘器投入率、电气除尘器除尘效率、空气预热器漏风率、锅炉热效率、常年运行工况设备管道热损失、磨煤机单耗、生产抽汽能力、采暖抽汽能力、污染排放物浓度、噪声、粉尘、机组水耗、试生产期脱硫效率均值、脱硫工艺水耗、石膏硫铵品质、脱硝效率、氨逃逸率等均要严格控制。

上述技术指标、性能指标，经济指标，在试生产期进行全方位测试。根据相关合同条款，由电科院、设计院、脱硫总承包单位牵头，在生产单位配合下（若未达标主因是安装问题，则施工、监理派员参与）测试数据整理后，向项目法人单位提出报告。作为机组达标投产考核数据，和达标考核支撑性材料。并不断完善，提高机组经济性。

（五）运行效率控制

机组运行状态对热效率、煤耗都有较大的影响。如负荷、高压加热器投入、厂用电率、主蒸汽压力温度、再热温度、真空、给水温度、排烟温度、飞灰可燃物、循环水温度、补水率等。各专业各值各班都要关注，对各种参数的火电厂均有指导作用。某超高压电厂测试结果见表7-21。

表 7-21
参数变化影响供电煤耗一览表

序号	参数	参数变化		变化值	影响供电煤耗（g/kWh）
1	机组负荷	偏离	%	30	12.74
2	机组负荷	偏离	%	20	8.32
3	机组负荷	偏离	%	10	3.94
4	高压加热器解列	—	—	—	9.18
5	厂用电率	降低	%	1	3.71
6	主蒸汽压力	升高	MPa	1	1.57
7	主蒸汽温度	升高	℃	1	0.12
8	再热温度	升高	℃	1	0.11
9	系统端差	降低	℃	1	1.23
10	凝汽器真空	升高	kPa	1	3.48
11	给水温度	升高	℃	1	0.11
12	排烟温度	升高	℃	1	0.15
13	飞灰可燃物	降低	%	1	1.25
14	循环水温度	降低	℃	1	1.03
15	补水率	降低	%	1	0.45

注 系统端差，指高压加热器、低压加热器、凝汽器各自出口温度比较的差别，为系统端差。

第四节 机组运行故障及原因分析

一、机组掉负荷显像及处理

（一）发电机-变压器组主开关跳闸

（1）现象：CRT报警、光字牌亮；机组大连锁动作；发电机主开关跳闸；发电机有功、无功、定转子电压、电流表指示到零；灭磁开关跳闸。

（2）处理：检查机组大连锁应正确动作，否则应立即打闸，并检查厂用电运行是否正常；如果故障来自外部，应注意甩负荷机组转速是否正常。及时联系调度，准备重新启动；汽轮机已跳闸时，查各段抽汽电动阀、逆止阀关闭，否则立即手动关闭，检查各疏水应自动开启，否则应手动开启；将轴封切换为辅汽供；停运的给水泵汽轮机注意盘车的投入；完成机组停运的其他操作；非机组自身问题应申请并网带负荷；锅炉压力恢复后，机组负荷升到30％以上即可投入"机跟随"方式，条件允许后投入"协调"方式。

（二）汽轮机运行中突然跳闸

（1）现象：汽轮机跳闸，发电机保护出口动作，光字牌亮，喇叭响；DEH画面，跳闸指示灯亮；汽轮机转速下降；发电机跳闸，发电机有功、无功、定子电流等表计指示到零；锅炉MFT动作。

（2）处理：确认主汽阀、高压调节汽门、中压主汽阀、中压调节汽门关闭，确认高排逆止阀、各段抽汽电动阀、逆止阀关闭，转速下降；查发电机联跳，厂用电正常；检查低压缸喷水自动投入，否则手动投入；通风阀开启；查汽轮机跳闸后连锁动作正确，否则手动完成；查高压密封油泵交流润滑油泵、顶轴油泵连锁启动情况，否则视油压变化情况立即手动启动；查汽轮机所有疏水阀打开，并确认疏水手动阀在开位。查本体疏水扩容器减温水投入正常，否则手动投入；手动调节给水控制阀保持分离器储水箱水位正常。启动炉水循环泵，进行水循环，尽可能减少锅炉的排放量。锅炉吹扫结束后，减小引、送风机负荷至最低；关闭四抽及冷段至辅汽供汽电动阀；将轴封及除氧器用汽切换为辅汽；查真空、轴封正常，调整凝结器、除氧器水位正常；汽轮机转速下降后，根据情况需破坏真空时，应快关高、低压旁路阀，打开真空破坏阀；注意汽轮机惰走、胀差、振动及上、下缸温差等；将励磁电流降到最小。若汽轮机确认为保护误动，应立即申请调度，准备重新启动机组，并网运行。

（三）50％RB 动作

（1）现象：

1）在超大型机组运行中，LCD 上光字牌发任一"机组负荷能力"报警；相应的主要辅机跳闸报警；机组负荷指令受 RB 逻辑连锁控制，并进行自动降负荷，条件满足时，发"机组 RB 动作"信号，自动由"机炉协调"控制切换为"机跟随"方式。

2）下列设备跳闸（实际负荷大于 RB 动作负荷时）机组控制系统发出 RB 动作信号；机组 RB 的控制逻辑：

a. 当机组负荷小于 300MW 时，发出故障报警，RB 不动作。

b. 如果机组负荷在 300～480MW 之间，任一台汽动给水泵运行中跳闸，RB 逻辑动作为：发出电动给水泵启动信号；电动给水泵自启动成功，不发 RB 信号，机组仍为协调控制；可依据机组工况进行给水量调整。保持汽、电动给水泵并列运行；锅炉主站指令强制负荷指令小于等于 480MW。

c. 如机组负荷在 480～600MW 之间，任一台汽动给水泵运行中跳闸，RB 逻辑动作为自动联启电动给水泵；电动给水泵自启动成功，不发 RB 信号，机组仍为协调控制；锅炉主站指令强制至 480MW，300s 后释放后由 RB 指令维持在 480MW 运行；如果电动给水泵未启动，机组控制方式切为机跟随。自上向下自动停运磨煤机，保持三台磨煤机运行。锅炉主站指令强制将负荷指令减至 300MW，300s 后自动释放。

d. 机组负荷在高于 300MW 负荷，任一空气预热器、引风机、送风机、一次风机运行中跳闸，RB 逻辑动作为：锅炉主控指令强制至 300MW，释放后由 RB 指令维持在 300MW 运行；机组发出 RB 动作信号，自动由"机炉协调"控制切换为"机跟随"方式；自动按顺序停运磨煤机组。

（2）处理：

1）任一汽动给水泵跳闸后，应立即检查电动给水泵自启动是否正常；

2）检查实际负荷已至 RB 动作设定值，否则立即手动将机、炉降低机组负荷至 RB 要求值；

3）注视给水量、蒸汽压力、蒸汽温度，检查机组真空、振动、胀差、轴向位移和推力轴承工况的变化；

4）调整锅炉燃烧，可投部分油枪稳定燃烧；

5）调整机组运行工况，使其稳定在新的负荷点上；

6）查明 RB 动作原因，若跳闸设备误动，立即恢复。

（四）厂用电全部中断

（1）现象：交流照明熄灭，事故照明灯亮；光字牌报警；锅炉 MFT 动作，汽轮机跳闸，发电机解列；母线电压降到零，无保安电源的交流电机均跳闸。

（2）原因：厂用电工作电源事故跳闸，备用电源未自投或自投未成功。

（五）厂用电部分中断

（1）现象：故障段母线电压指示为零；故障段开关电流到零；故障段上低电压保护投入的设备跳闸故障段上的运行设备跳闸后，其备用设备联启。

（2）原因：厂用电工作电源事故跳闸，备用电源未自投或自投未成功。

二、锅炉异常现象及原因

（一）受热面管损坏

现象：锅炉泄漏，检测装置报警；炉本体有明显的泄漏响声，爆管严重时，不严密处向外喷炉烟或蒸汽；锅炉给水流量明显大于蒸汽流量；炉膛及烟道负压减小或变正，摆动幅度较大。

（二）空气预热器尾部烟道着火

现象：空气预热器进、出口烟温升高，排烟温度升高，烟压异常，氧量变小；空气预热器火灾探测装置报警，从检查孔处可看到明火；空气预热器电流摆动大，轴承、外壳温度升高，严重时发生卡涩；热一次、二次风温升高；炉膛压力波动，引风机静叶自动开大，引风机电流上升；再热器侧发生再燃烧时，再热蒸汽温度不正常地升高，烟气挡板自动关小，过热器侧发生再燃烧时，屏式过热器入口蒸汽温度升高，一级喷水量增大。

（三）主蒸汽温度异常

（1）现象：主蒸汽温度高 576℃或低 566℃报警；若遇受热面泄漏或爆破，则爆破点前各段工质温度下降，爆破点后各段温度升高。

（2）原因：DCS 协调系统故障或手动调节不及时造成煤/水比失调；燃料结构或燃烧工况变化；炉膛火焰中心改变；减温水阀门故障或控制失灵，使减温水流量不正常地减小或增大；给水温度或风量不正常；过热器处发生可燃物再燃烧；机组辅机故障造成较大负荷变化；炉膛严重结焦；受热面泄漏、爆破等。

（四）再热蒸汽温度异常

（1）现象：再热热段蒸汽温度高报警（574℃）；再热系统各点温度上升；若遇受热面泄漏或爆破，则爆破点前各点温度下降，爆破点后各点温度上升。

（2）原因：再热器减温水阀门或省煤器出口烟气挡板故障或自动调节失灵，造成再热器减温水量减少或低温再热器烟气流量过大；锅炉风量偏离对应工况较大；炉膛严重结焦；煤质突变；再热器受热面泄漏爆破或再热器处发生可燃物再燃烧；冷段再热器安全门动作；主蒸汽温度异常；旁路误开；主蒸汽系统爆管。

（五）锅炉给水流量低

（1）现象：主蒸汽流量及机组负荷下降；锅炉受热面工质温度上升。

（2）原因：给水泵故障或跳闸；给水系统泄漏；给水系统阀门故障；给水自动控制失灵。

（六）锅炉汽水分离器出口温度高

（1）现象：锅炉汽水分离器出口温度高报警。

(2) 原因：各种原因造成煤/水比失调；机组升、降负荷速度过快。

(3) 处理：发现煤/水比失调后，应立即修订自动设定值或切至手动调整，降低燃料量或增加给水量；运行中升、降负荷应按规定的负荷率进行，尽量避免升、降负荷速度过快，造成分离器温度高时应暂停升、降负荷，待汽温稳定后再进行调整。

三、汽轮机异常运行及事故处理

(一) 汽轮机水冲击

(1) 现象：CRT 报警，显示汽轮机上下缸温差大于 42℃；高、中压主汽阀，高、中压调节汽门或任一抽汽电动阀、抽汽逆止阀门杆冒白汽；抽汽管道发生水冲击或产生振动，管道上下壁温差大于 42℃；轴向位移、推力轴承金属温度及推力轴承回油温度急剧升高，汽缸及转子金属温度突然下降，差胀减少，并向负方向发展；机组声音异常，并伴有金属摩擦声或撞击声，振动增大。

(2) 原因：汽水分离器满水；主、再热蒸汽减温水调整不当；机组负荷急剧变化，主、再热蒸汽温度急剧降低；本体疏水不良；蒸汽管道疏水不畅；除氧器或高、低压加热器满水；轴封蒸汽温度调整不良，轴封带水。

(二) 汽轮发电机组振动异常

原因：机组负荷、参数骤变；汽缸膨胀受阻，导致转子中心不正；润滑油压、油温变化或油中进水、油质乳化、油中含杂质使轴瓦乌金磨损；汽轮发电机组动、静部分摩擦；汽轮机发生水冲；汽轮机叶片断裂；支持轴承及推力轴承工作失常，轴承地脚螺栓松动或轴瓦松动；发电机静子、转子电流不平衡或发电机磁力中心变化及转子线圈短路；油箱负压大（约为 470mmH₂O），回油速度加快，瓦回油口油膜不稳定，产生激振力诱发油膜涡动，导致振动突增。

(三) 汽轮机轴向位移增大

原因：负荷或蒸汽流量突变；叶片严重结垢；叶片断裂；主、再热蒸汽温度和压力急剧下降；轴封磨损严重，漏汽量增加；发电机转子串动；系统频率变化幅度大；凝汽器真空下降；汽轮机发生水冲击；推力轴承磨损或断油。

(四) 凝汽器真空上升

(1) 现象："真空低"声光报警，备用真空泵联启；CRT 真空表显示凝汽器真空上升；CRT 及就地表计显示汽轮机低压缸排汽温度升高；负荷瞬时下降。

(2) 原因：循环水系统故障，如循环水泵跳闸、凝汽器循环水进、出口阀误关及循环水母管破裂等；汽轮机（包括给水泵汽轮机）轴封供汽不正常；真空泵故障，凝汽器热水井水位过高；真空系统泄漏；凝汽器补水箱缺水；凝汽器钛管污脏或循环水二次滤网堵塞。

(五) 频率不正常

(1) 现象：频率表指示上升或下降；汽轮机转速升高或降低；机组负荷变化；机组声音变化。

(2) 原因：电网系统故障。

(3) 处理：频率变化运行限制值：频率在 48.5～51.5Hz 期间，允许长时间运行；频率在 47.5～48.5Hz 期间，允许运行 3min 停机；频率在 47～47.5Hz 期间，允许运行 1min 停机；频率低于 47Hz 或高于 51.5Hz 时，立即停机。

（六）润滑油系统异常（油箱油位、润滑油压同时下降）

（1）原因：主机油冷却器泄漏；密封油冷却器管破裂；油系统管道、阀门、法兰、接头破裂，大量漏油；油系统事故放油阀、取样阀被误开；密封油调节不当，大量润滑油漏至发电机内，以致润滑油箱油位大幅下降。

（2）处理：运行中，当润滑油箱油位降至－200mm，需调油位至＋100mm；当润滑油箱油位降至－300mm，调升无效时，应紧急停机；当润滑油压降至 0.084Pa 时报警，交流润滑油泵自启，当润滑油压降至 0.065MPa 时，润滑油泵应自启，汽轮机低油压保护自动跳机，否则手动停机；当润滑油压降至 0.034MPa 时，应手动盘车。

（3）润滑油压低信号应直接送入事故润滑油泵电气启动线路（硬连线）；润滑油压低连锁启动直流润滑油泵的同时，必须跳闸停机。

（七）抗燃油系统故障

（1）现象：CRT 抗燃油油压显示下降，立盘"抗燃油压低"报警；"抗燃油箱油位低"声光报警；油箱油位指示下降；CRT 抗燃油油温显示升高。

（2）原因：运行抗燃油油泵故障；抗燃油系统泄漏；抗燃油系统泄载阀或过压阀故障；抗燃油泵出口滤网差压大；冷油器内漏；抗燃油油箱油位过低。

（八）油系统着火

原因：油系统泄漏至高温部件；电缆着火或其他火情引起。

（九）DEH 异常

（1）现象：CRT 与 DEH 盘"DEH 异常"报警；如在汽轮机启动过程中 DEH 异常时，则 DEH 不能稳定地调节转速或定速后不能稳定控制汽轮机保持 3000r/min，汽轮机转速会出现较大变动；如在汽轮机并列带负荷运行时，DEH 异常将引起负荷摆动，主蒸汽参数主蒸汽流量变化。

（2）处理：DEH 自动调节异常，应切为手动；监视负荷，主蒸汽参数，转速变化，故障消除后重新投入自动方式。

（十）ATT 试验防汽机跳闸

ATT 试验是机组运行中，防主汽门、调门、补汽门卡涩的试验，是防止汽轮机飞车、进水的预防措施。大机组主汽门调门有 16 个电磁阀，试验时某个电磁阀断电或短路泄油阀开启，抗燃油母管油压下降，出现抗燃油压低信号而汽轮机跳闸。应对伺服阀线圈电流及延时进行检查判断，关闭油动机进行稳压试验。

（十一）调节级压力取源管在外缸内泄漏应急处理

某电厂 300MW 机组调节级压力信号突然由 7MPa 降至 2.8MPa，与当时高排的压力相同。检查外部相关系统均无异常，判定是取源管在高压外缸内处泄漏。为了不停机的应急处理：按弗留格尔公式，高排压力与主蒸汽流量在加热器全投时应成线性关系。因此，经计算在 30% 负荷以上，用高排压力替代调节级压力进行机组控制。安全措施：凡可能因自动易导致风险的系统均改为手动；高排压力取源数量不足，改取源管并联满足 8 只变送器需要；热控重要系统的信号源均设计两个，但调节级压力信号源只有一个（为汽缸少开孔），在设计及施工时将疏水管作为备用压力取源管为宜。

（十二）中调门电磁阀故障导致汽门关闭

某电厂上汽－西门子 1000MW 超超临界机组 799MW 负荷运行时，B 侧中调门突然全关，其他门均保持原先的正常状态。成因：经查发现 B 侧中调门跳闸阀 A 失电，导致 B 侧中调阀全关。原因：是 24V CD 模块电源波动，电磁阀线圈、电缆回路等电阻变化，导致电磁阀线圈电压下降，当克服不了弹簧张力，阀芯复位而异常动作。处置：判断无其他问题后，手动操作复位。措施：检查 24V DC（或 48V DC）电源模块和电磁阀功能是否正常；否则调整或更换，避免出现类似事件。

（十三）汽轮机惰走时间超长或盘车转数成倍增大

应查所有可能漏气部位，含轴封磨损大进气。

（十四）汽轮发电机轴径磨损修复

采用激光熔覆，微熔层 0.05～0.1mm，强度是原轴的 90%，机体热影响区 0.1～0.2mm，温升小于 80℃，熔覆层组织细腻，激光作用时间短，属纳秒级，轴不变形。

四、发电机异常及事故处理

（一）发电机运行参数异常

（1）发电机可以降低功率因数运行，此时转子励磁电流不允许大于额定值，而且视在功率应减小，当功率因数增大时，发电机的视在功率不能大于其额定值。

（2）在系统故障状态下，允许发电机短时过负荷运行，但此时氢气参数、定子绕组内冷水参数，定子电压均为额定值。

（3）定子绕组能承受表 7-22 短时过电流运行，不产生有害变形及接头开焊等情况。这种运行工况每年不得超过两次，时间间隔不小于 30min。

表 7-22　　　　　　　　　短 时 过 电 流

时间（s）	10	30	60	120
定子电流/额定定子电流（%）	217	150	127	116

转子绕组能承受表 7-23 短时过电压运行，每年不得超过两次，时间间隔不小于 30min。

表 7-23　　　　　　　　　短 时 过 电 压

时间（s）	10	36	60	120
励磁电压/额定励磁电压（%）	208	146	125	112

（二）发电机异常运行

（1）当定子绕组冷却水中断时，备用泵必须立即投入运行，如果备用泵在 5s 内不能投入运行，发电机解列灭磁。

（2）在额定功率因数和额定氢气压力时，发电机最大连续输出有功功率为 654MW（600MW 机组）。

（3）当发电机运行负载不平衡时，如果持续负序电流不超过额定电流的 8%，且每相电流不大于额定电流，则允许发电机长期运行。

（4）在额定功率因数下，电压偏离额定值±5% 范围内，同时频率偏离额定值-3%～+2% 时，发电机能连续输出额定功率。

（5）当发电机冷氢温度为额定值时，其负荷应不高于额定值的 1.1 倍；当冷氢温度低于额定值时，不允许提高发电机功率；当发电机冷氢温度高于额定值时，每升高 1℃时，定子电流相应减小 2%，但冷氢温度超过 48℃时，不允许发电机运行。

（三）发电机漏氢（空气中含氢浓度 4%～73%均会引起氢爆）

（1）现象：发电机氢压下降速度增快，补氢次数明显增加，补氢量增大。

（2）处理：在中性点引线盒内和封闭母线壳内的氢气含量大于等于 1%时，应送入二氧化碳气体，发电机减负荷停机，在不等其停止转动前就开始排氢。在密封油箱的含氢量大于等于 1%时，应送入二氧化碳气体，并调整密封油压，若无效，发电机应减负荷停机；联系补氢，恢复正常氢压；若氢压继续下降，补氢仍不能保持正常氢压时，则应降发电机负荷，使各部温度保持正常，请示停机。

（四）发电机非同期并列

（1）现象：发电机各表计剧烈摆动；发电机声音异常。

（2）处理：立即解列发电机全面检查，并进行必要的电气试验；查明非同期并列的原因，消除并确认无问题后，方可重新并列；重新并列前必须使发电机零起升压，无问题后方可并列。

（五）发电机变为同步电动机运行

（1）现象：发电机有功指示为负值；无功表指示通常升高；系统频率可能降低，定子电压、定子电流减小，转子电压、电流表指示正常；"逆功率动作"信号发出。

（2）处理：若逆功率保护动作跳闸，则待查明原因，排除故障后，重新并网；若逆功率保护未动作跳闸，则应在信号发出的 3min 内不能恢复时将发电机解列。

（六）发电机-变压器组保护动作跳闸

（1）现象：事故喇叭响，发电机-变压器组 220kV/500kV 断路器跳闸、灭磁开关跳闸；发电机各表计全部到零；"保护动作"信号发出。

（2）处理：若 220kV/500kV 断路器跳闸，则应检查厂用电自投情况，保证厂用电正常运行；检查保护动作情况判明跳闸原因。若是外部故障引起 220kV/500kV 断路器跳闸时，在隔离故障点后无需检查，可将发电机重新并列；若是内部故障引起跳闸，则进行全面检查；检查发电机有无绝缘烧焦的气味或其他明显的故障现象；外部检查无问题，应测量发电机定、转子绝缘电阻是否合格及检查各点温度是否正常；检查及测量无问题，且发电机零起升压试验良好后，请示发电机并列。

（七）发电机非全相运行

（1）现象：当发电机-变压器组出口断路器非全相运行时，发电机发出"负序"信号，有功负荷下降；若二相跳闸，发电机与系统失步，表计摆动，机组产生振动和噪声；若一相跳闸，则跳闸相电流表指示为零，其他两相电流表可能增大。

（2）处理：

1）在停机时，发电机发生非全相运行时，应立即再合上发电机-变压器组出口断路器。

2）在开机或运行时，发电机发生非全相运行时，当发电机非全相保护未动作时，应手动断开一次侧发电机-变压器组出口断路器。若断不开，应降低有功、无功负荷（有功为零，无功近于零），手动断开发电机出口断路器，若远方断不开，应就地手动打跳；若就地手动断不开时，应由上一级断路器断开使发电机退出运行。

3）在发电机非全相运行时，禁止断开灭磁开关，以免发电机从系统中吸收无功负荷，使负序电流增加，若灭磁开关跳闸，在确认发电机非全相运行时，且励磁调节器整定于相应的空载额定电压时，可重新合上灭磁开关。

4）如非全相保护动作跳闸，应迅速进行全面检查，判明故障性质。

5）若保护未动作或其他原因，非全相运行超过发电机负序电流允许水平，再次启动前，必须全面进行检查，无问题、经批准后方可并列。

（八）发电机失磁

（1）现象：转子电流表指示到零或在零点摆动，转子电压表指示到零或在零点摆动；无功表指示为负值；有功、定子电压表指示降低，定子电流表指示大幅度升高，并可能摆动；转子的转速超过额定值；失磁保护动作信号发出，失磁保护动作。

（2）处理：若失磁保护动作跳闸，对励磁回路进行检查；若失磁保护拒动，应解列发电机。

（九）振荡或失去同步

（1）现象：功率表指示摆动；定子电流表指示剧烈摆动；发电机和母线各电压表指示剧烈摆动；励磁系统表计指示在正常值附近摆动；发电机发出异常声音，其节奏与表计摆动相同。

（2）处理：检查发电机励磁系统，若是发电机失磁引起的振荡，应立即将发电机解列；若是系统故障引起的发电机振荡，应尽可能增加励磁电流，同时降低发电机有功负荷；若采取措施后仍不能恢复同期，应请示调度解列发电机。

（十）电压回路断线

（1）现象："发电机保护故障"信号发出，发电机保护装置发 TV 故障或零序电压报警；电压表、功率表指示异常，电量计费装置失压报警；TV 高压熔断器熔断，可能有接地信号出现。

（2）处理：记录时间，以用作丢失电量计算的依据；若高压熔断器熔断，应对 TV 进行检查，检查没问题后更换熔断器；若二次开关跳闸，合上二次开关。

（十一）定子冷水压力低

（1）现象：定子绕组进水压力低报警；定子绕组进、出口差压高报警。

（2）处理：启动备用定冷水泵；检查阀门开启是否正确；检查过滤器、水冷器是否堵塞，并及时处理检查定子绕组线圈温度。

（十二）内冷水电导率高

（1）现象：内冷水电导率高报警。

（2）处理：

1）若离子交换器出水电导率高，应先通过人工化验方法核实离子交换器出口水电导率应在规定值以下，否则应更换树脂；如电导率仪故障，应及时处理。

2）若离子交换器出水电导率正常，而定子绕组进水电导率高，应检查流经离子交换器的水量是否过小，检查补水电导率是否合格。

3）定子绕组进水电导率高达 $9.5\mu S/cm$ 时，迅速将发电机与电网解列，解除发电机励磁。

（十三）发电机定子线棒或导水管漏水

（1）现象：定子线棒内冷水压升高；氢气漏量增大，补氢量增大，氢压降低；内冷水箱压力高。

（2）处理：从发电机排污门放出液体化验，判断是否内冷水泄漏；检查内冷水箱压力升高是否由发电机定子线棒或导水管漏水引起；确认发电机定子线棒或导水管漏水属实，应立即解列停机。

（十四）发电机定子不起压

（1）现象：发电机定子电压指示很低或为零；转子电压表有指示，而电流表无指示；转子电流表有指示，而电压表无指示或指示很低；转子电流表无指示、电压表无指示。

（2）处理：检查变送器电源是否正常；检查电压互感器是否正常，一次插头是否接触良好；检查电压互感器二次开关是否合好；检查转子回路是否开路，电流表计回路是否正常；检查转子回路是否短路，电压表计回路是否正常；检查励磁调节器是否正常；根据当时有无报警、光字及表计测量等现象做综合判断。

（十五）发电机氢系统爆炸着火

（1）现象：氢气泄漏点发出轻微爆炸声，并有明火；发电机内部有异常声音；发电机内部各部温度异常；发电机内部氢压波动较大。

（2）处理：停止向发电机补氢，用二氧化碳灭火；若发电机内部爆炸，应立即解列发电机，并排氢向发电机内充入二氧化碳灭火，并保持转子转速在 $300\sim500r/min$；维持发电机密封油及冷却系统。

第八章

启 动 与 调 试

第一节 机组整套启动调试

机组调整试运是全面检验设备、设计、施工、调试、运行、生产等方面的重要环节，是保证机组能安全、可靠、经济、文明的投入运营的关键程序，形成生产能力，发挥投资效益。

调试分为两大阶段：①分部试运阶段：包括单机单体调试（由施工单位负责）和分系统调试（由调试单位负责）；②整套启动试运阶段：空负荷调试、带负荷调试和满负荷调试三个阶段。

调试大纲包括机组调整试验和性能试验两大部分。调试大纲是调试的纲领性文件，要执行国家、行业标准，贯彻技术管理法规，实施合同条款，满足业主需求。

调试规程规定，锅炉点火是炉机电热化煤联合试运，为机组整套试运开始，为汽轮机冲转发电机并网创造必要条件。从汽轮机冲转到168h试运结束前，应翻瓦检查一次。满负荷试运结束前，进行MFT动作试验。

由于机组容量参数不同，结构性能有别，设备控制系统不一，因而调试大纲应有针对性，但在管理程序、安全措施、组织机构、工艺方法、调试项目等方面也有许多共性。本部分以大容量高参数（300～1000MW）机组通用调整试验为基础编辑，包括技术含量实用参考价值部分，这部分根据工程实际可增可减，但项目各专业调整试验方案需建设、监理、设计、施工、生产、主设备厂家等单位审查签认后方能生效。下述调试与运行仅供有关方借鉴参考。

一、调整试验范围

根据《火力发电建设工程启动试运及验收规程》（DL/T 5437）、《火力发电建设工程机组调试技术规范》（DL/T 5294）、《火力发电建设工程机组调试质量验收及评价规程》（DL/T 5295）、《火电工程达标投产验收规程》（DL 5277），确定主要调试项目的调试范围。各专业详细调整试验除在下面章节阐述外，还有如下的机组特定调整试验项目。

（一）特殊试验项目

（1）锅炉：①给水、减温水调节汽门漏流量与特性试验；②少油点火装置（或等离子点火装置）调整试验；③单侧附机运行调整；④低低温省煤器（FGC）、低低温静电除尘器（ESP）、高效脱硫除尘（FGD）、湿式静电除尘器（WESP）、湿烟囱冷凝回收系统调试及联合试运。

（2）电气：①发电机定子绕组端部振形模态试验；②励磁系统参数测试；③全厂接地网

导通性能试验；④变压器局部放电试验；⑤变压器耐压试验；⑥变压器变形频谱试验；⑦交流法接地电阻、接触电势、跨步电压测试；⑧CVT/TA角差、变比差试验；⑨计量二次回路阻抗（负载）测试，关口表、电能表TA现场误差试验、TV压降试验；⑩机组AVC系统调试；⑪发电机定子绕组端部固有频率测试及模态分析；⑫发电机定子绕组端部手包绝缘施加直流电压测量；⑬发电机定子绕组及引出线水流量测试（超声波法）；⑭发电机转子通风孔检查试验；⑮220/500kV电缆耐压试验。

（3）热控：①脱硝控制系统调试；②少油点火（等离子点火）控制装置及系统调试；③机组自启停（APS）调试；④消防监控系统传动调试；⑤主厂房空调控制智能系统调试。

（4）化学：超滤设备调试。

（5）燃料：翻车机自动翻车调试（实现操作台无人值班）。

（二）机组性能试验项目

机组性能试验项目包括锅炉热效率试验；锅炉最大出力试验；锅炉额定出力试验；锅炉断油最低稳燃出力试验；制粉系统出力试验（含煤粉细度调整、热态一次风调平、煤粉浓度测试）；磨煤机单耗试验；主机和汽动给水泵组轴系振动测试；机组各种典型工况的热耗试验、厂用电测试及煤耗测试试验；机组热耗试验；汽轮机最大出力试验；汽轮机额定出力试验；机组供电煤耗试验；机组RB功能试验；机组厂用电率测试试验；污染物排放监测试验；噪声测试；机组粉尘测试；机组散热测试；除尘器效率试验；发电机性能试验；发电机最大出力试验；主变压器性能试验（含噪声、温升）；机组水耗试验；全厂水平衡试验；脱硫系统性能试验；脱销系统性能试验（含氨区、SCR反应区等）；空气预热器漏风试验；发电机额定负荷下的温升试验；脱硫效率试验；脱销效率试验。

（三）涉网调试项目

涉网调试项目包括发电机进相试验；PSS功能稳定试验；机组次同步谐振参数检测调试配合；发电机励磁系统相频、幅频特性试验；机组一次调频功能试验；机组AGC功能试验；AVC电压自动控制装置调试；500/220kV线路送出、接入系统设备调试；系统安全稳定装置调试；汽轮机调速系统参数测试；关口计量表TV、TA现场误差测试。

（四）必须调试项目

（1）锅炉：①空气预热器漏风试验；②冷态空气动力场试验；③一、二次风量与相关一、二次门线形、挡板开度关系试验；④脱硝系统调试。

（2）汽轮机：①高、低压加热器事故疏水调节汽门快开时间测定；②配合主汽轮机、给水泵汽轮机油循环进行有关设备运行工作；③发电机二氧化碳控制装置调试；④给水泵汽轮机超速保护试验和校准调试；⑤高压加热器、低压加热器、凝汽器端差差值的调整和性能试验；⑥汽轮发电机组现场动平衡；⑦汽轮机节能运行优化试验；⑧TSI系统标定。

（3）电气：①关口电能计量系统试验（含系统其他设备联调）：校验关口计量表、500/220kV的CVT二次回路压降测试、500/220kV的CVT误差测试、500/220kV的TA误差测试、计量装置验收；②启备用变压器有载开关切换动作特性试验；③500/220kV系统调试（含一次、二次、通信系统）；④启备用变压器电源接入系统调试（含一次、二次、通信系统）。

（4）热控：①SOE性能测试；②机组自动调节品质考核试验；③全厂IT、SIS、MIS、BA、OA、CA、SA等管理系统及建筑智能系统的调试或配合。

（五）调试进度考核项目

调试进度考核项目包括 DCS 系统受电；机组厂用电受电；化学水系统制出合格除盐水；锅炉及蒸汽管道化学清洗；锅炉及蒸汽管道吹扫结束；机组分系统调试及验收；机组整套启动条件确认；机组空载整体启动；机组带负荷试运；机组 168h 满负荷试运完成；机组调试报告交齐；机组性能试验完成，试验报告交齐。

二、分部试运阶段

分部试运阶段是从高压厂用母线受电开始至整套启动试运开始为止。分部试运分单机单体试运和分系统试运两部分，单机单体试运可以检查该设备状态和性能是否满足设计要求，其包括单台附机、机械动态考核，单台、单件设备通电通流考核，机构、阀门方向行程调整等；分系统试运是检验设备和系统是否满足设计要求的局部联合试运行，为机组整套启动奠定良好基础。

（一）分部试运应具备的主要条件

（1）试运指挥部及其下属机构已成立，组织落实，人员到位，职责分工明确。

（2）各项试运管理制度和规定及调试大纲已经审批发布执行。

（3）相应的建筑和安装工程已完工，强制性标准已执行，并按电力规程的标准已验收签字。

（4）具备设计要求的正式电源；整套启动时一类负荷应有两套交流电源，一工一备。

（5）单机试运和分系统试运计划、试运调试措施已经审批，并正式下发。

（6）分部试运涉及的单体调试已结束，并经验收合格，满足试运要求。

（7）试运区场地、道路、栏杆、护板、消防、照明、通信齐全，职业健康安全防护到位，警戒区域、警告标志明显。

（8）系统设备阀门已命名挂牌，管道底色或色环及介质流向等标识符合标准，满足运行要求。

（9）试转的机械和设备的保护装置校验合格，并可投入使用，需解除或变更的应以书面形式确认。

（10）需要的测试仪器仪表已配备完善，并符合计量管理要求。

（11）编制好工程调试质量验评项目划分表、分系统调试记录、分系统调试质量检验和评价表、专业单项评价表，各方签认分部试运条件确认表，报试运指挥部批准。

（二）分部试运责任及程序

（1）分部试运由施工单位组织，在调试和生产等单位配合下完成。

（2）分部试运中的单机单体试运，由施工单位负责完成。

（3）分部试运中的分系统试运，由调试单位负责完成。

（4）单机单体调整试运完成，经验收合格、办理签证后，方能进入分系统试运。

（5）单机单体试运条件检查确认表由施工单位准备，分系统试运条件检查确认表由调试单位准备，单体校验报告和分部试运记录，由实施单位负责整理和提供。

（6）分部试运项目试运合格后，一般应由施工、调试、监理、建设、生产等单位及时办理质量验收签证。

（7）供货合同中规定由供货厂商负责调试项目或其他承办商承担的调试项目，必须由建设单位组织监理、施工、生产、设计等单位进行检查验收。验收不合格的项目，不能进入分系统试运和整套启动试运。

（8）与电网调度管辖有关设备和区域，如启动/备用变压器、升压站内部设备和主变压器等，在受电完成后，必须立即由生产单位管理。

（9）对独立或封闭的一些区域，当建筑施工和设备系统调试全部完成，并办理验收签证，在施工、调试、监理、建设、生产等单位办理完代保管手续后，可由生产单位代管。代管期间的施工缺陷由施工单位消除，其他缺陷由建设单位组织相关责任单位完成。

（10）在分部试运阶段应完成化学清洗（机炉电热联合试运的首次点炉应完成蒸汽吹管）。

（三）分部试运的特定目标

除满足有关规程规范、技术文件和管理法规要求外，对大容量、超超临界或超临界机组，还有如下要求：

（1）汽轮发电机机组首次整套启动，宜实现机组自动启停控制系统 APS 投入。

（2）所有分系统试运操作都在 CRT 上进行，MCS、CCS、SCS 等分系统调试结束后，均应具备 APS 功能组启停的条件。

（3）热控 DCS 的调试工作在分系统调试时，应满足要求，能进行功能验证，DCS 调试工作与分系统调试同步进行。

（4）设计为现场总线制 FCS 系统调试，单机片、软件控制的电气系统 DPS 调试，也要与分系统调试同步进行。

（5）为单机单体试运与分系统试运紧密联系，施工单位完成单体调试的各项工作，将 I/O 一次调整校对清单、一次组件调整校对记录清单和一次系统调校记录清单汇总文件包递交调试单位。

（6）大型电动机的保护应效验合格，并能投入试运。

（四）分部试运的技术管理

分部试运是整个调试工作的基础，分系统调试是在单机单体试运调试完成，且合格的基础上进行的。为此，实施"技术文件包"是必要和可行的，标志安装及单体调试已真实结束，并得到逐项确认后，将"技术文件包"递交给调试单位；分系统技术文件包由调试单位组合，内容可增可减，并移交建设单位。"技术文件包"应包括如下内容：①电气施工试验记录；②机务施工试验记录；③电动机电缆的绝缘测试数据；④安装完的电气原理图和逻辑图；⑤已标出试验范围的流程图；⑥已安装好的仪表效验技术资料；⑦机械及电机找正数据资料；⑧润滑油、控制油的品质报告；⑨阀门绝缘和有挂牌牌号的系统图；⑩安装试运调试方案及有关资料；⑪仪表及 CRT 显示数据效验资料；⑫功能组试验确认资料。

（五）机组调试基本程序

（1）调试单位编制的调试大纲，由监理单位负责组织建设、生产、设计、监理、施工、主要设备供货商等单位的现场主要负责人进行审查，并形成审查会议纪要。调试单位按照会议纪要完成修改，经调试单位负责人审核，报试运指挥部批准后执行。

（2）施工单位编制的单机试运方案或措施，报监理单位审查，施工单位项目部总工批准后执行。

（3）调试单位编制的分系统和整套启动调试措施，重要的调试、试验项目措施（如升压变压器受电，常用电源系统受电，机组化学清洗，蒸汽吹管，锅炉、汽轮机、电气专业整套调试措施，机组甩负荷试验措施等）报监理单位组织审查，并形成纪要。由调试单位总工程师审核，报试运指挥部总指挥批准后执行；一般的调试、试验措施报监理审查，调试单位总工程师批准后执行。

三、空负荷试运

空负荷试运是锅炉点火吹管完成后，锅炉具备汽轮机冲转供汽条件。其主要目标是汽轮机实现定速、发电机实施并网及完成相关的试验。质检中心站对机组启动前的监督检查完毕后，提出要求整改的项目和内容，技术人员整改完毕，并有书面报告材料，实现闭环后方可进行冲转并网。

（一）机组启动前重点完成项目

（1）对各系统进行全面检查，确认具备启动条件。

（2）设计图纸编号、建安编号与生产运行编号应统一起来，并体现到设备系统和 DCS 画面上。

（3）机、炉、电、热等专业各种保护试验及大连锁试验。

（4）启动有关辅助设备，根据运行工况投入有关保护。

（5）按启动方案及运行规程，进行机组点炉操作及升温升压工作。

（6）暖机结束后，汽轮机按冷态启动进行冲转，主蒸汽压力 1.5～2.0MPa、主蒸汽温度 250～280℃，凝汽器真空大于 70kPa，蒸汽品质满足空负荷标准。重要检查项目：①核查机组临界转数，监视和测量机组各轴振、瓦振、瓦温；②观测汽缸膨胀值，控制胀差在允许范围内；③转速 2800～3000r/min 时进行油泵切换；④测量发电机转子交流阻抗。

（二）汽轮机系统冲洗检查试验

锅炉首次点火及吹管构成机（指有关五大系统）、炉、电、热、化、煤系统联合试运，是机组整体启动的开始，空负荷试验是指锅炉吹管完成，管路恢复保温结束后汽轮机的各种相关的试验工作，包括：①系统冷态清洗；②锅炉点火，投入汽轮机旁路系统试运；③系统热态冲洗；④汽水品质合格，按启动曲线进行汽轮机启动，对汽轮发电机组轴系振动、瓦温、膨胀、润滑油系统、调试控制系统、轴封系统进行检查和调整；测取汽轮发电机组实际临界转数，测取发电机转子在不同转速下的绝缘电阻、交流阻抗、功率损耗等数据。

（三）完成汽轮机冲转空负荷试验

（1）机组定速后汽轮机检查与主要试验：①暖机：先暖机合乎标准，机组冲转，机组定数后，带初负荷运行暖机，实现厂商要求的参数和暖机时间或负荷达到额定负荷的 10%～30%；②手打危急保安器试验；③完成 OPC 试验和电超速保护通道试验（需将保护定值降到 OPC 动作值以下，试验结束后再将保护定值恢复至设计定值），并投入保护；④危急保安器喷油试验；⑤主油泵和调速油泵切换试验。

（2）机组定速后并网前电气主要试验：①发电机出口短路试验；②发电机-变压器组短路试验；③发电机带高压厂用变压器短路试验；④发电机零起升压及空载试验；⑤发电机空载状态下的励磁调节动态试验；⑥发电机-变压器组同期回路检查及假同期试验。

（四）完成机组并网试验

（1）投入有关保护，机组空转一切正常。

（2）用准同期并网。

（3）带初负荷暖机结束，发电机与网解列，立即进行汽轮机阀门严密性试验和机械超速试验。

(4) 若需要停机，必须记录汽轮机维持真空工况下的惰走试验。

(5) 空负荷下锅炉蒸汽严密性试验和膨胀系统检查。

四、带负荷试运

带负荷试运是汽轮发电机空负荷正常运转后，逐渐增加负荷至首次带上满负荷的试运阶段。带负荷试运也是外网所能提供的机组最大负荷，有条件进行抽汽工况下带负荷试运行。锅炉安全门效验：根据机组及试运实际情况，当压力达到试验值，在点炉、空负荷、带负荷阶段均可进行，或完成部分安全门整定。但是，锅炉负荷达到 80% 以前必须全部完成。

(一) 机组及系统检查

(1) 全面检查测量表计系统；自动调节系统投入；氢、油、氨系统，检漏装置的保护、报警、连锁，均须认真检查，并做好记录。

(2) 按强制性标准和 25 项 "反措" 要求细致核查保安、备用、UPS 电源的可靠性，直流电源有充足电量保证安全运行和停机，DCS 失电、操作员站失灵，硬线实现停机停炉操作可靠。

(3) 机组普查，振动、温度、压力值等参数查核记录，机组运行分析属正常状态。

(二) 汽轮机调整试验

(1) 主汽门、调速汽门严密性试验。

(2) 超速试验（有的机组先做电控超速，机械超速要求带几万负荷后进行）。

(3) 锅炉蒸汽严密性试验、安全门整定（若在第一阶段已完成且合格可转序）。

(4) 投入高压加热器，汽轮机带负荷至凝汽运行额度值。

(5) 汽轮机真空严密试验。

(三) 电气调整试验

(1) 厂用电切至本机组配套的高压厂用变压器运行。

(2) 工备电源切换试验。

(3) 励磁手动、自动切换试验。

(4) 各差动保护的差流、差压检查。

(四) 锅炉调整试验

(1) 燃烧调整。

(2) 附机、设备运行调整。

(3) 除尘、除灰、除渣系统调整。

(五) 化学自控调试

(1) 汽水品质调至合格。

(2) 对自动调节品质进行检查调试。

(六) 机组正式带负荷

(1) 机组自启停试验：APS 启动，机组分阶段带负荷直到带满负荷。

(2) 此期间完成规定的调试项目及电网要求的涉网调试项目及特殊试验项目，尽快提交报告、组织验收、办理相关手续。

(3) 实现发电机与电网解列后，本机组维持自带厂用电运行 FCB。

(4) 采用新型调速系统设计的机组，制定周密甩负荷实施方案，需经电网调度部门审核同意，按设计要求和规程规定，完成两级（50％、100％额定负荷）甩负荷试验。

（5）在条件允许的情况下，穿插进行部分机组性能试验项目，如锅炉最低负荷稳燃试验、自动快减负荷的 RB 试验等。

五、满负荷试运

（一）考核及标准

（1）试运指挥部及各组人员到位，职责分工明确，参建单位试运值班到值，联系畅通。

（2）整套启动满负荷试运计划、方案、措施报审签批，各层交底完毕，调试的重大方案和措施，总指挥批准，并报工程主管单位，涉网项目报调度部门审批。

（3）厂区外与市政、公交、铁路、航运、供水、送出等有关的工程已经验收交接，达到满负荷试运连续运行的外部条件。

（4）机、炉、电、热、化、煤六大专业的单机和系统试运及带负荷阶段，未出现严重问题或缺陷。

（5）机组润滑油、控制油、变压器油的油质及 SF_6 气体的化验结果合格；氨气系统置换达标。

（6）发电机封闭母线微正压装置投运情况良好。

（7）根据季节和外部条件，进行纯凝、工业抽汽、采暖抽汽等工况，事先协调好，按审批方案中的工况依次进行。

（8）有完整的机组达标投产的调整试验及技术指标查核记录。

（9）有成效的环保排放指标管理、装置完善、控制手段齐全，有准确的测量值。

（二）进行满负荷试运条件

（1）投高压加热器、除尘器，锅炉断油（或断弧）稳定燃烧（少油点火装置已退出）。

（2）低压加热器、除氧器、高压加热器已正常投入，除尘、除灰、除渣及吹灰系统已投运。

（3）汽轮机纯凝汽工况满负荷（发电机达到铭牌额定功率值）连续运行。

（4）厂用电 UPS 切换无误，热控协调控制系统必须投入，且调节品质基本达到设计要求。

（5）热控保护投入率 100％、热控自动装置投入率大于等于 95％、热控测点/仪表投入率 100％且指示正确率大于等于 97％、电气保护投入率 100％、电气自动装置投入率 100％、电气测量/仪表投入率 100％且指示正确率大于等于 97％；

（6）汽水品质合格，凝结水精处理系统，脱硫、脱硝系统投运正常。

（7）满负荷试运进入条件相关方检查确认签字、总指挥批准，报请调度部门同意，方可宣布进入满负荷试运 168h 正式开始，并进行正计时。

（三）满负荷试运结束条件

（1）机组保持连续运行，连续完成 168h 满负荷试运行（风电机组试运需 240h 正常后移交）。

（2）主要考核项目达到标准：连续平均负荷率应大于等于 90％，不受网负荷限制，累计满负荷率宜大于等于 50％，不间断的连续满负荷时间宜大于等于 30％，烟尘、SO_2、NO_x、Hg 排放浓度达到国家规定升级标准。

（3）热控仪表、电气自控仪表投入率稳定在带满负荷试运阶段无退出，指示正确率

（4）断油后若再投油超过 1h，又无外部客观制约，则满负荷试运起始时间应重新计算。

（5）强迫停机次数不超过行业规定（1～3 次）。

（6）汽水品质合格，指标无波动，环保标准达标，脱硫、脱硝、除尘运行正常。

（7）50％及 100％机组甩负荷试验完成，特殊情况，启动试运委员会批准，方可延期。

（8）各系统已全部试运，满足机组连续稳定运行要求，整套启动试运调试质量验收签证已完成。

（9）满负荷试运结束的条件已经相关方检查确认签证，总指挥批准。

由总指挥宣布满负荷试运结束，并报告启动委员会和电网调度部门。至此，机组的试运结束，移交生产单位管理，进入考核期。

六、机组考核期

（一）机组的交接验收

（1）机组满负荷试运结束时，应及时进行各项试运指标的统计汇总和填表，及时办理机组整套启动试运阶段的调试质量验收签证。

（2）按火电工程质量监检大纲要求，机组满负荷试运结束后，由项目质监分站请省级质量监督中心站，到现场进行"机组整套启动试运后质量监督检查"。参建各单位汇报机组整套启动情况，未完项目及遗留问题，中心站对机组整套启动试运有专项报告。

（3）机组满负荷试运结束后，应及时召开启委会会议，听取，并审议整套启动试运和交接验收工作情况的汇报及未完成项目和遗留缺陷的工作安排，做出启委会决议，办理移交生产的签字手续。

（4）机组移交生产后一个月内，应由总指挥负责，向参加交接签字的各单位报送一份机组移交生产交接书。

（5）在机组考核前期，按国家和行业规定，限期内完成竣工图编制审核验收归档；限期内各参建单位的工程档案整理完毕、编目装订、审查验收、合标归档。

（6）按国务院条例和行业规定，施工单位在机组移交的同时，提交给建设单位工程质量保修书，明确保修期、保修范围、保修责任等，监理作为见证方签认。

（二）特殊情况处置

（1）由于电网或机组设备的原因或非施工、调试造成的其他原因使机组不能带满负荷时，由总指挥上报启委会决定，机组应带到允许的最大负荷。

（2）机组满负荷试运期间，电网调度部门应尽可能按照满负荷试运要求安排负荷，如有特殊原因不能安排连续满负荷运行，机组也可按调度负荷要求连续运行，直至试运结束。此时，满负荷指标要重新核定，注明情况给予考核，并应予以验收。

（3）整套启动试运的调试项目和顺序，可根据工程和机组的实际情况而定，重要项目由总指挥确定。个别调试或试验项目经总指挥批准后也可在考核期（试生产期）内完成。

（4）环保设施应随机组试运同时投入，若由于特殊情况，未能同时完成，由建设单位负责，组织相关责任单位尽快完成施工和试运，最迟不应超过国家环保规定的期限。

（三）机组考核

（1）电力行业规定：机组考核期自总指挥宣布满负荷试运结束之日开始计时，至完成达标考核复检为止，时间最长为 6 个月，考核期（即试生产期）不得延期。是否安排考核期，必须由工程主管单位决定。

（2）在考核期内，机组的安全运行和正常维修管理由生产单位全面负责，工程参建单位应按照启委会的决议，按时完成遗留的尾工、调试未完项目和消缺完善工作。涉网试验和性能试验合同单位，应在考核期初期全面完成各项试验工作。

（3）在考核期内，应做好机组的全部性能试验。

（4）在考核期内，应对机组各项技术性能及技术经济指标进行考核，主要内容为等效可用系数、强迫停运率、机组汽水品质、汽轮发电机组轴振、汽轮机真空严密性、高压加热器投入率、发电机漏氢量、机组供电煤耗、厂用电率、补水率、热控监视仪表投入准确率、热控保护正确动作率、热控自动装置调节品质、电气保护正确动作率、电气自动装置正确动作率、除尘器投入率、除尘器除尘效率、空气预热器漏风率、锅炉热效率、常年运行工况设备管道热损失、磨煤机单耗、生产抽汽能力、采暖抽汽能力、污染排放物浓度、噪声、粉尘、机组水耗、试生产期脱硫、脱硝效率均值、脱硫工艺水耗、脱硝材耗、石膏或硫酸铵品质等。

（5）上述技术指标、性能指标，经济指标，在考核期进行全方位测试。由合同责任单位（电力科学研究院、设计院、脱硫、脱硝总承包单位或另委单位等）牵头，若未达标，主因是安装问题，则在施工单位参与、生产单位配合下，测试数据整理后提出报告，并不断完善，提高机组经济性。

（6）考核期内，机组的非施工、调试问题，应由建设单位组织责任单位、有关单位或被委托单位进行处理，责任单位应承担经济责任。

（7）考核期内，由于非施工、调试原因，个别设备或自动、保护装置仍不能投入运行，应由建设单位组织有关单位研究解决，重要项目应提出专题报告，报上级主管单位研究解决。

（8）考核期内，涉网的消缺项目或需机组启停和负荷变化的项目，在电网允许的条件下，请调度部门给予密切配合。

（9）各项性能试验和技术经济指标测试完成后，建设单位在一个月内组织完成机组达标自检；第二个月内，提交总结和申请，电力建设质量监督中心站对机组进行最后一次监检，提出质量评价报告；考核期中期，工程主管单位应组织完成机组达标预检，并向复检单位提交预检报告和复检申请；考核期结束前，复检应结束，并提出复检报告和进行达标机组批复。

（10）工程主管单位也可根据机组实际情况，将"预检"和"复检"合并成一次进行。

（11）凡通过达标复检的机组，将由复检单位命名为"达标投产机组"，通报给参建主体单位，并向主体参建单位分别颁发证书和奖牌。

七、工程竣工验收

（1）凡新建、扩建、改建的火电建设工程，已按批准的设计文件所规定的内容全部建成，在本期工程的最后一台机组考核期结束，竣工决算审定后，必须及时组织竣工验收。

（2）对创优工程或工程主管单位的要求，按电力行业标准规定，应在执行验评分离的工程建设期结束，对专业的"单相工程""机组"和"整体工程"分别进行评价。

（3）工程竣工验收，是为了全面检查各工程执行国家有关建设方针、政策的情况，并进行综合评价，这是火电建设工程的最后步骤。通过竣工验收，也可以进一步总结经验，不断提高工程建设水平。

（4）工程的竣工验收，应由工程主管单位先进行初验，再由工程主管单位与工程项目所在地政府协商，组成工程竣工验收委员会，由验收委员会主持正式验收。被验收工程的建设、监理、设计、施工、调试和生产等工程建设单位的人员不能作为验收委员会的成员。

（5）工程竣工验收范围，包括本期工程的所有设计项目、全部机组及其公用系统和公共设施等。包括建筑、安装和工艺设备；机组设备性能和经济指标；财务、计划、统计、安全报告；工业卫生、环境保护、消防设施、抗震水准、水土保持、绿化指标、工程档案等重点验收内容。

（6）建设单位应在施工单位和设计单位的配合下，在办理工程竣工验收手续前，认真清理所有财产和物资，编报竣工决算，分析概算预算执行情况，考核投资效果。

（7）建设、监理、设计、施工、调试和生产单位，均应在工程竣工验收前分别提出工程总结。包括本期工程建设全过程所采用的新技术、新工艺、新材料、新设备及现代化管理等方面的效果和经验教训；安全、质量、工期和效益情况；性能和技术经济指标、考核试验、竣工决算等完成状况。

（8）验收委员会应对工程提出验收评价意见，并主持办理工程竣工验收签字手续，工程竣工验收书有统一表式，内容完整后应归档保管。

第二节　锅　炉　调　试

锅炉专业调试一般包括热控信号及连锁保护校验；分系统投运；点火及等离子燃油系统调试；疏水排污系统调试；安全阀校验及蒸汽严密性试验；空负荷运行调试；低负荷调试；制粉系统热态调试；燃烧调整；断油（或等离子断弧）试验；吹灰系统热态调试；除尘效率试验；变负荷试验；MFT、OFT 动作试验；空气预热器漏风试验；单侧风机运行及 RB 试验；启动锅炉调试；脱硝系统调试；脱硫系统调试；少油点火装置系统热态调试；锅炉 168h 连续试运行；甩负荷（50%、100%）试验。

一、锅炉冷态通风试验

（一）试验目的

锅炉安装完毕、化学清洗结束、锅炉点火前应进行一次冷态通风试验，以检查引风机、送风机、排粉机、一次风机、密封风机、中速磨煤机（或钢球磨煤机、风扇磨煤机）等设备的运行情况，消除设备缺陷；检查各风机挡板、燃烧器风门挡板、制粉系统风门挡板的动作情况及开关方向、操作开度指示是否和实际指示一致；检查风机的运行情况、连锁及事故按钮的动作情况；检查炉膛、燃烧器、尾部烟道、送引风管道及制粉管道的通风及振动情况，确定是否具备点火条件。

在冷态通风试验中，锅炉燃烧系统和制粉系统模拟热态运行条件进行一系列检查和测量工作，以保证烟风系统在热态运行条件下风门、挡板操作的正确性、灵活性及风量分配的均匀性。

（二）检查及试验项目

（1）辅机拉合闸、连锁和事故按钮试验（包括引风、送风、排粉风机；一次、密封风机；磨煤机、给煤机、给粉机等）。

（2）若有双速风机，则进行高、低速连锁试验；若是变频电动机，应调整变频参数及相应的风机性能；若是静叶、动叶风机，应进行风机自身的连动试验，其状态符合厂家设定的性能及风的品质。

（3）检查、校准风机风门、挡板及烟风系统风门、挡板和调节导向装置。

（4）标定流量测量装置。

（5）各一、二次风管风速调整及风门特性试验。

（6）热风、冷风、混合风、高温炉烟、低温炉烟等系统，在冷态模拟下进行风门调节试验。

（7）一次风管与燃烧器严密性检查、二次风门及燃烧器检查。

（8）磨煤机一次风管调平、磨煤机一次风量标定、二次风量标定。

二、冷炉空气动力场试验

（一）试验目的

煤粉炉炉膛运行的可靠性和经济性在很大程度上取决于燃烧器及炉膛内的空气动力工况，即空气（包括携带的燃料）和燃料产物的运动情况。良好的炉膛空气动力主要表现在三个方面：

（1）燃烧中心区有足够的热烟气回流至一次风粉混合物射流根部，使燃料喷入炉膛后能迅速受热着火，且保持稳定的着火前沿。

（2）燃料和空气的分布适宜，燃料着火后能得到充分的空气供应，并达到均匀的扩散混合，以利迅速燃尽。

（3）炉膛内应有良好的火焰充满度，并形成适中的燃烧中心。这就要求炉膛内气流无偏斜，不冲刷水冷壁和炉墙，避免停滞区和无益的回流区；各燃烧器射流也不应发生剧烈的干扰和冲撞。

冷炉空气动力场试验就是为了判断炉膛空气动力场是否良好，在冷炉状态下进行炉内通风状态及一、二次风进火室后动态跟踪观测工作。

（二）试验内容

（1）炉内网面布置。

（2）燃烧器角度、水平校核、摆动调试。

（3）各风机投运与总风压调整。

（4）炉内动力场测量。

（5）测量贴壁风速，一、二次风及其他风的出口风速。

（6）观测切圆的大小和位置。

（7）测量炉膛出口沿宽度方向的气流分布。

（8）各种工况下的动力场试验。

（三）试验方法和步骤

1. 燃烧器角度的水平校核

（1）检查测定燃烧器的喷口的形状和尺寸、标高位置，以及安装角度是否符合图纸规定。

（2）四角燃烧器轴心线是否符合假象切圆的设计要求，偏离设计角度不大于±0.5°。

（3）六只或八只四周多层布置或多只前、后墙对应几层布置的燃烧器，同样校核角度、切圆或混流状态，油枪布置及连动等，均应符合设计要求（如北仑电厂 2996.3t/h 锅炉，前后墙布置燃烧器分三层，每层 8×2，计 48 只燃烧器；蒲圻 3103t/h 锅炉，每台炉一层八只共 6 层，计 48 只燃烧器，沿炉膛垂直方向布置，上下每两只燃烧器配一只油枪，共 24 只）。

（4）同一排燃烧器各喷口是否在同一垂直面上；辅助风、过燃风、燃尽风的摆动调整。

（5）同一层燃烧器的喷口是否在同一水平面上；水平摆动分离燃尽风、高位燃尽风调整。

2. 计算风速

在冷炉状态下启动引风机、送风机和排粉机等风机，反复调整、测量使燃烧器喷口达到试验要求的计算风速。

（1）冷炉动力场试验：①在燃烧室及燃烧器各风口断面上，气流运动状态进入自模化区；②保持冷炉试验时一、二次风动量比和实际燃烧的热态工况下一、二次风动量比相等；③冷炉试验时，通过燃烧器各次风口进入炉膛的额定总风量应不使引风机、送风机、一次风机等风机过负荷。

（2）依据上述原则，确定各工况下冷炉试验的一、二次风速和总风量。

（3）测量一、二次风的出口风速：①燃烧器一个喷口断面上流速的均匀性；②各类喷燃器在燃烧器之间流速的均匀性。

（4）测量送风机入口总风量，各燃烧器一次风量和二次风量。

（5）用手持风速仪测量炉膛贴壁风速和炉膛出口沿宽度方向气流速度分布情况。

（6）用手持飘带观察炉内各区域的射流情况。

（7）用飘带法观测炉内气流：①气流在炉内的充满度；②气流是否有冲刷管壁、贴壁和偏斜；③气流切圆的大小和位置；④各股气流的相互干扰情况。

三、制粉系统调试

（一）给粉均匀性调整（中储式制粉系统）

（1）启动给粉机，逐台检验给粉机转速。

（2）实行定期降粉制度。

（3）尽量投入全部给粉机，保持粉仓内粉位水平一致。

（4）保持合格的煤粉水分和细度。

（5）维持正常的粉仓粉位。

（6）保持粉仓周围较高的室温，堵漏风，适当开大吸湿管，避免粉仓壁黏结。

（7）给粉机电源工备连动试验。

中速磨煤机直吹式、风扇磨煤机直吹式、双进双出钢球磨煤机直吹式制粉系统，分离器、风管烟管、风门、煤粉细度、连锁等进行检查调试。

（二）磨煤机润滑油泵连锁及油温油压保护试验

（1）磨煤机电源送切试验，给煤机工作电源试验，解除辅机总连锁试验、制粉系统连锁试验。

（2）润滑油温低于 30℃，禁止启动油泵，需要人工投入电加热器，当油温升至 45℃时，自动断开电加热器。

（3）油站设两台低压油泵和两台高压油泵，低压油泵一台工作一台备用，可以相互切换，高压油泵至少在低压油泵启动 30s 后启动，高压油泵在磨煤机启动 3min 后自动停止。

（4）油泵选择开关置连动位置，启动一台润滑油泵，保持正常油压值（0.4MPa）。

（5）调整润滑油再循环门，使油压降低至 0.10MPa，润滑油压低一值光示牌亮，发出报警信号，事故喇叭响、指示灯闪光。备用油泵启动，润滑油压上升，警报信号消失。

（6）当润滑油压低于 0.05MPa 时，油压低一值低二值光示牌亮，发出报警信号，磨煤机跳闸，事故喇叭响，指示灯闪光。

（三）磨煤机钢球装载量试验

（1）MTZ380/830 型磨煤机的最大钢球装载量为 105t，推荐初装球量为 80t，预留 25t，待热态运行后视磨煤机出力和制粉经济性进行调整；双进双出 MGS-4760 型，最大钢球装载量为 110t，装球量范围为 60～100t，调整测试出制粉品质和经济性。

（2）启动未装球的磨煤机，当磨煤机转速电流稳定后，记录磨煤机未装钢球时的空载电流。

（3）分 5 次向磨煤机内加钢球，每次加球 15t，每次加球后启动磨煤机检查磨煤机的运行情况，并记录稳定运行时的空载电流，注意磨煤机每次空转时间应尽量短些。

（4）根据测定结果绘制磨煤机钢球装载量和电流关系 $I\text{-}G$ 特性曲线。

（四）调整煤粉细度，确定粗粉分离器挡板开度

（1）粗粉分离器轴向挡板开度下层预置为 90°，上层预置为 45°。

（2）在制粉系统投运后，取煤粉样分析煤粉细度，根据细度要求，再重新调整挡板开度。

（五）制粉系统的启动（以钢球磨煤机为例）

（1）按电厂《锅炉运行规程》将要启动的磨煤机对应各风门置于适当位置。

（2）控制磨煤机入口负压值 −100～−200Pa、出口温度在 50～60℃进行制粉系统暖管，首次暖管时间不少于 20min，暖管操作《锅炉运行规程》执行。

（3）启动磨煤机润滑油泵，调整润滑油压在规定范围内，润滑油温度和回油量符合要求。

（4）暖管结束后，启动磨煤机和给煤机，逐渐加大给煤量，并相应调整磨煤机及排粉机入口各风门，维持磨煤机入口负压和出口温度初试值，同时进行现场检查。

（5）增大给煤量达到磨煤机设计出力的 60％左右时，稳定运行 30～45min，煤粉取样；根据煤粉样分析结果调整粗粉分离器挡板开度使煤粉细度 $R90$ 在 20％～25％范围内。

（6）当煤粉仓粉位满足要求时，启动给粉机投粉燃烧。

（7）制粉系统的停运按电厂《锅炉运行规程》的规定执行。

四、吹管与严密性试验

（一）锅炉蒸汽吹扫

1. 吹扫意义

锅炉过热器、再热器及其蒸汽管路系统的吹扫是新建机组投运前的重要工序，其目的是为了清除在制造、运输、保管、安装过程中留在过、再热器及其蒸汽管路中的各种杂质（如砂粒、铁屑、焊渣、氧化铁锈等），防止机组在运行中出现过、再热器爆管和汽轮机通流部分损伤，提高机组的安全性和经济性，并改善运行期间的蒸汽品质。根据《电力建设施工技术规范　第 2 部分：锅炉机组》（DL 5190.2）的规定，在向汽轮机供汽之前，必须对蒸汽

管路进行吹洗。

2. 吹管的主要范围

(1) 锅炉过热器、再热器及其系统。

(2) 主蒸汽管、再热蒸汽冷段管和热段管。

(3) 高压旁路系统等（若不参加吹扫，人工清洁必须合格）。

(4) 汽轮机轴封蒸汽管道。

3. 吹管的质量标准

(1) 按《电力建设施工技术规范　第2部分：锅炉机组》（DL 5190.2）规定：过热器、再热器及其管路各段的吹管系数应大于1；在被吹洗管末端的临时排汽管内（或排汽口处）装设靶板，靶板用铝板制成，其宽度为排汽管内径的8%、长度横贯管子内径；在保证吹管系数的前提下，连续两次更换靶板检查，靶板上冲击斑痕粒度不大于0.8mm，且肉眼可见斑痕0.2～0.8mm不多于8点即认为吹扫合格。

(2) 吹管系数的计算方法。吹管系数的计算公式为

$$K = \frac{G^2 \cdot v}{G_0{}^2 \cdot v_0}$$

式中　　K——吹管系数，$K \geqslant 1 \sim 1.5$；

　　　　G——吹管时蒸汽的流量；

　　　　v——吹管时蒸汽的比体积；

　　　　G_0——额定负荷时蒸汽的流量；

　　　　v_0——额定负荷时蒸汽的比体积。

(3) 吹洗临时管路要求：

1) 所用临时管的截面积应大于或等于被吹管的截面积，临时管应尽量短，以减少阻力。

2) 临时管路材质，根据该段管入口吹扫蒸汽的温度压力参数而确定，并有强度的安全裕度；焊口、支架等均要按标准施工；出口临时控制阀门，应采用高压合金可远方操作阀门。

3) 吹洗时出口的反作用力很大，需经计算得出反力值，固定支架安全强度大于反力值；出口应加装消声器，减小噪声，并力求减弱排汽反作用力。

4) 蒸汽吹扫汽体喷出方向要躲开障碍物，排气45°或出口朝天为好，减少对厂房墙体的污染。

5) 吹洗时控制门应全开，用蓄热降压法吹洗时，控制门的开启时间应小于1min。

6) 被吹洗系统各处的吹管系数均应大于1。在降压法吹管时，操作与控制保证吹管系数均应大于1的方法是BMCR过热器出入口压差与吹管时的过热器压差之比大于等于1.4。

(4) 吹管过程中，应用各段压差与额定负荷时各段压差之比，校核吹管系数，并对吹管压力进行必要的调整。

4. 吹管方式与吹管方法

(1) 吹管方式：

1) 吹管方式采用二阶段吹洗：第一阶段吹洗过热器和主蒸汽管路，第二阶段全系统吹洗。

2) 采用一阶段吹扫：过热器、主蒸汽管路、再热热段及再热冷段串联一次吹扫完成。

(2) 吹管方法：吹管是油煤混烧的燃烧方式；采用降压法与稳压法联合、降压为主的方法。

(3) 操作：

1）试吹洗两次，参数参考如下。第一次：2.0～3MPa；第二次：4.0～5MPa。每次试吹前后，应认真检查系统严密、膨胀、牢固情况，确认无误后可进行下一步操作。

2）正式吹洗时的参数如下（汽包炉）：①汽包压力：6.0MPa、主蒸汽温度：400～450℃，直流锅炉视再热冷段材质若是 A-Ⅰ钢，则主蒸汽温度应控制 380～400℃；再热冷段管材质是 B 类钢，则吹管蒸汽温度可控制在 450℃。②在锅炉升温升压过程中，热态传动 PCV 阀应可靠，临时主冲门故障失灵，可开启 PCV 阀泄压减燃料，必要时才停炉；③关门终止压力（汽包）3.4MPa（以汽包饱和温度下降值不大于 42℃为原则）。以上反复进行，检查靶板。

3）第一阶段吹洗经过靶板验收后，进行第二阶段吹洗，控制在 450℃以下，至靶板合格。

4）超临界直流炉：炉膛出口烟温不大于 538℃，再热蒸汽冷段入口压力不超压，汽轮机盘车可投。

5. 注意事项

（1）依据锅炉参数及各部管径，根据吹管系数计算结果，决定吹管压力和温度控制范围。

（2）根据吹管压力和温度，决定临时控制阀门和临时管路材质。温度超过 450℃，采用合金阀门，临门至主汽门的临时管应是合金管材（B-1 类钢），其他管材采用 20G 钢及以上高强耐热钢。

（3）为提高吹洗效果进行冷却管道，吹洗中应至少有两次时间在 12h 以上的停炉。

（4）在第一阶段吹洗期间，适时进行一次汽减温水管路的冲洗，其参数在直流炉或汽包炉压力 3.0MPa 下进行。在第二阶段吹洗期间，适时进行二次汽减温水管路的冲洗，随正常吹管同时进行。

（5）视靶板情况接近合格时，吹洗高压旁路，其参数在压力 3.0MPa 下进行。

（6）靶板接近合格时，吹洗过热蒸汽安全阀脉冲管路，其压力在 3.0MPa 下进行；再热蒸汽安全阀脉冲管路的吹洗随正常吹管同时进行。

（7）在吹洗过程中，必须监视过热器及再热器的差压，保证在控制门全开状态下，其差压大于额定工况下的差压值的 1.4 倍。

（8）要控制燃烧热负荷，因为再热器在每次升压过程中相对处于干烧状态，所以要密切注意再热器壁温不超标，同时控制炉膛出口烟温不大于 530℃或按制造厂家规定，投减温水，或者停止投粉。

（9）吹洗周期（即每次吹洗时间间隔），不可太小，应控制在每小时不超过 4 次为宜。

（10）吹洗阶段为试运初期，空气预热器吹灰投入，防止空气预热器燃烧、炉膛爆燃等事故发生。

（11）对再热器冷段管和临时吹扫门后是碳钢临时管路系统，炉膛出口温度不大于 450℃，过热器出口温度不超过 420℃，再热蒸汽冷段入口压力不超压、不超温，异常时可通过 PCV 法泄压。

（12）水位的控制。降压吹洗过程中，开排汽门后，汽包压力急剧下降（初期大约 0.025MPa/s），由于汽水共腾，可产生虚假水位，因此在开门前水位要略高于正常水位（＋50mm 左右），开门后要及时补水，即防止严重的减、满水；直流炉注意汽水分离器水位控制。

（13）对水质的要求。给水 pH：8.8～9.3，炉水 PO_4^{3-}：2～10mg/L，Fc：不大于 $3000\mu g/L$；当炉水 Fe 量过高，或呈发红混浊时，应及时进行换水（必要时停炉放水）。对锅炉热冲洗结束时的指标要求：Fe：小于 $100\mu g/L$、SiO_2：小于 $50\mu g/L$。

（14）防止蒸汽进入汽轮机。要求真空系统运行，盘车投入或可随时投入。

（二）严密性试验

蒸汽严密性试验是安全门调整前的一个必要步骤。通过试验，检查锅炉全部汽水系统的严密性及承压部件的膨胀和支吊情况，以保证锅炉运行安全可靠和安全门调整工作顺利进行。

1. 试验条件

（1）蒸汽吹洗临时管路拆除，固定管路及正式支吊架恢复和安装。

（2）汽轮机盘车可投用。

（3）一、二级旁路系统可用。

（4）主汽门关闭严密。

2. 试验检查项目

（1）检查锅炉的焊口、人孔、手孔和法兰等处的严密性。

（2）检查锅炉附件和全部汽水阀门的严密性。

（3）检查汽包、联箱、各受热面部件和锅炉范围内汽水管道的膨胀情况。

（4）检查锅炉承压部件的支座、吊杆、吊架和弹簧的受力，位移及伸缩情况有无妨碍膨胀之处。

（5）检查汽水系统各阀门关闭的严密性，检查有无内部漏流。

3. 试验检查方法

（1）锅炉蒸汽严密性试验的压力为锅炉工作压力，当汽包压力升至设计工作压力时，直流炉按主蒸汽出口压力为准。按照"试验检查项目"所列内容，进行全面严密性检查。

（2）分别在以下阶段检查和记录各部膨胀指示值：上水前、上水后、压力 0.4MPa、压力 1.5MPa、压力 8MPa、压力 15MPa、在汽包工作压力下、直流炉达到主蒸汽压力止。

（3）在升压过程中如果发现有膨胀异常情况时，待查明原因，并消除异常情况后，可继续升压。

（4）打开有关的本体炉门，倾听炉内有无泄漏声。

（5）检查结果整理后，办理签证。

4. 注意事项

（1）升压过程中，监视汽包上下壁温差不大于50℃；检查螺旋管圈及垂直水冷壁温差。

（2）升压过程中，通过旁路系统冷却再热器，保证再热器管壁金属温度不超过规定值。

（3）试验期间，应不断监视油枪雾化和燃烧情况，保证燃烧完全，防止尾部烟道二次燃烧。

五、安全门整定

根据锅炉安全门设计及配置整定。独立的脉冲阀-主蒸汽安全门；一体式脉冲式蒸汽安全门。如670t/h锅炉配置安全阀：在锅炉过热器出口装有 4 只 DN100、$A49Y-P_{w54}14V$ 型脉冲式安全阀，分别在再热器进出口各装有 3 只 DN200、$A49Y-P_{w54}3.2V$ 型脉冲式安全阀。1210t/h锅炉配置起座压力值的安全门：分离器出口额定 P1.1 倍 2 只；过热器出口

1.08 倍控制安全门 1 只、1.1 倍工作安全门 1 只；再热器出入口 1.1 倍安全阀各两只；泄压阀即电磁释放阀 PCV 两只。

（一）安全门整定值确定

（1）根据《电力工业锅炉压力容器监察规程》（DL 612）中相关规定，结合不同锅炉压力等级，计算出安全阀起、回座压力，绘制成表，便于操作遵循和检查验收。

（2）安全阀的起座压力允许精度为一次汽为整定压力 ±1％，二次汽为整定压力 ±0.069MPa。安全阀的回座压差，一般比起座压力低 3％～7％，最大不得超过起座压力的 10％。

（二）脉冲管路预吹洗

（1）在锅炉蒸汽吹管结束后，对脉冲管路进行吹扫。

（2）构成临时吹扫系统。关闭脉冲阀入口截止门，将脉冲阀来汽管与排汽管短接好，脉冲管与主安全阀连接的接口先不焊，将排汽口引至安全地点。

（3）锅炉蒸汽吹洗过程中脉冲阀入口截止门关闭。锅炉压力升至 2.5～3.0MPa 时，分别打开脉冲阀入口截止门，吹扫脉冲管路，持续 3min，每个管路冲洗 3 次。

（4）吹扫结束，关闭脉冲阀入口截止门。

（5）在安全阀整定前恢复脉冲管路及脉冲阀。焊接脉冲管路用氩弧焊，并经无损检验合格。

（三）主蒸汽安全阀的调整

主蒸汽安全阀在机组整套启动前锅炉点火进行。安全阀调整的总体顺序是先整定机械部分，再整定自控部分。对大容量超超临界锅炉，为防止锅炉出口结焦，辐射过热器入口烟温一般应较软化温度低 50～100℃，约为 1100℃。

1. 机械部分整定

（1）机械部分整定时，解列自动控制系统。

（2）机械整定安全阀的顺序按整定压力值由高到低顺序进行。

（3）当锅炉压力升至额定压力 85 ％（一次汽为 11.67MPa）时，手抬脉冲安全阀杠杆使安全阀动作，进行一次试跳，以检查主安全阀的动作情况，并核对各安全阀的编号位置。

（4）当压力到达安全阀动作压力时，保持压力稳定，小心的沿脉冲阀杠杆移动配重，使脉冲阀刚好开启，同时迅速手按杠杆将其强制回座，固定重锤。重复上述步骤，对每个脉冲阀顺次整定。

（5）安全阀全部整定完毕后，再进行机械部分实跳试验，由压力高到压力低的顺序进行。记录起座压力、回座压力、起回座时间。若起座压力超过设定偏差，则重新整定。

2. 自控部分整定

（1）自动控制部分的起、回座压力试验采用短路方式，关闭脉冲阀入口截止门。

（2）安全阀的短路试验完成后，投入自控回路，进行机械和自控联合实跳试验，按压力低到压力高顺序进行。压力低的实跳完成后关闭其脉冲阀入口截止门，并解列自控回路，进行下一个安全阀实跳试验。记录起座压力、回座压力、起回座时间。若起座压力超过设定偏差，则重新整定。

（3）安全阀机械和自控整定全部结束，全开脉冲阀入口门拆下手轮，投入自动控制回路。

（4）特殊问题：①安全阀起座后，若出现脉冲阀卡涩不回座现象，要人为地关闭此脉冲阀入口截止门，中止此阀的调整；②安全阀起座后，若出现不回座现象，人为地关闭其脉冲阀入口截止门，用适当的外力使主安全阀回座。若仍不能回座，则按事故状态处理，全部安全阀整定工作中止。

（四）再热器安全阀的调整程序及方法

再热器安全阀可在机组整套启动过程中进行，由汽轮机控制二级旁路入口截止门，来提高热段出口压力，进行再热器安全阀的整定，整定的基本原则和方法同主蒸汽安全阀。具体控制操作方法如下。

（1）大致在30%额定负荷下，用一、二级旁路开度控制再热器管道压力，当再热蒸汽压力升至额定压力的85%（二次汽为1.97MPa）时，试跳安全阀。

（2）试跳合格后，对再热器入口管道安全阀进行整定。

（3）再热器入口管道安全阀整定完毕后，开启二级旁路调节门进行降压，然后重新升压对再热器出口管道安全阀整定。

（4）再热器安全阀整定完毕后将机组恢复正常运行。

六、燃烧调整与断油稳燃

（一）燃烧调整

燃烧调整试验就是改变燃料与空气的混合比例和供给方式，达到最佳燃烧工况，保证锅炉达到额定参数，实现稳定着火、经济燃烧和顺利除渣等目标。

1. 准备

（1）本体及制粉系统漏风试验合格。

（2）四角直流燃烧器的安装角度符合图纸规定，轴心线符合假想切圆的设计要求，同一排燃烧器各喷口应在同一垂直面上，同层燃烧器的四角喷嘴或前后墙对喷应在同一水平面上。

（3）各一次风喷口速度、流量均匀。

（4）一、二风流量测量装置标定系数已确定。

（5）燃烧煤种为设计煤种或至少接近设计煤种。

（6）MFT及OFT保护试验合格。

（7）通过制粉系统通风量和粗粉分离器挡板的调整，煤粉细度$R90$调至20%～25%的范围内。

（8）与燃烧有关的转机能正常工作，烟风系统风门及挡板开关正常，压力及温度测点指示正确。

（9）火焰检测探头冷却风系统试运结束，启动冷却风机，风压调整，检查各点风量满足冷却要求。

（10）配合热工进行连锁保护试验。

2. 试验

（1）点火及升温、升压过程，控制好燃烧状况。

（2）炉膛出口断面上用烟气分析仪按网格法多点测量，标定炉膛出口氧量表，提供实际运行依据。根据实测氧量结果，通过调整总风量或二次风量，调整炉膛出口氧量控制在4%～5%范围内。

（3）一、二次风风量分配调整。

（4）对送风量在热态进行实测，并用当时所带负荷进行检查。

（5）满负荷试运时，对火焰燃烧部位用红外线测温仪实测火焰温度，及时提供炉内燃烧温度场。

(6) 应用网格法，通过尾部排烟温度测点对排烟温度进行实测，标定排烟温度表。

(7) 各角、层一、二次风及给粉等运行状况进行复核。

(8) 断油试验：锅炉在70%～80%额定负荷，且燃烧正常时，可以逐步减少油枪，直至全部断油。

(二) 断油断弧稳燃

根据电网运行的实际情况，机组多时不能在大负荷下运行。当锅炉在低负荷运行时，锅炉燃烧所需要的燃料量相应减少，使炉膛的燃烧温度、热负荷等参数降低，炉内火焰充满度变差，这些都对稳定燃烧不利。因此，应制定低负荷断油（或断弧）稳燃技术措施。

1. 注意事项

(1) 所用燃料热值、挥发分等主要指标应达到或接近设计值，燃料发热量、挥发分、灰分、水分相对波动幅度与设计煤种相比不大于±5%。

(2) 合理组织燃烧，70%额定负荷时过热器后氧量若厂家无规定，可暂定为4%～5%。

(3) 一次风速（率）应控制在不堵管，不烧燃烧器前提下的低限值。

(4) 低负荷运行稳定工况允许波动范围：锅炉负荷±5%；过热蒸汽压力±0.1MPa；过热、再热蒸汽温度－5℃；过量空气系数±0.05（对应烟气氧量波动为±0.7%）。

2. 低负荷稳燃试验方法

(1) 试验过程中锅炉负荷以过热器蒸发量为准。

(2) 各种试验条件具备，设定额定负荷为70%，保持所有燃烧器的给粉量尽量均匀。每10t/h负荷为一个台阶，大容量锅炉每阶段的降荷值可加大，每级负荷下的保持时间为10～20min，减负荷过程中锅炉压力变化小于0.1MPa/min，过热蒸汽温度小于1℃/min，变动率按机组规程执行。

(3) 调整燃烧保持负荷稳定，观察记录各参数变化情况，负荷控制在方案及有关规程规定之内，时间持续4h；燃烧不稳或负荷下降过快时应试投一、二支油枪，确认其恢复正常后停止。

(4) 再降负荷时采用"机跟炉"的运行方式，以每10t/h左右为一阶梯，逐步降负荷，速率同前，并在各负荷点稳定10～30min，直至负荷降到最低限，保持锅炉燃烧稳定。

(5) 此负荷下稳定运行4h，确认其为本试验条件下锅炉的最低负荷。

(6) 最低负荷试验结束，负荷85%观察、记录各主要参数变化情况，控制速度及方式同降负荷。

(三) 燃烧逻辑保护

锅炉整套系统试运，逻辑保护主要与锅炉主保护有关。

1. 锅炉OFT油燃料跳闸连锁保护

(1) 锅炉MFT。

(2) 供油母管压力低（压力开关3取2）"与"任意油角阀开，延时10s。

(3) 进油总阀已关"与"任意油角阀开。

(4) 手动OFT。

2. 锅炉MFT燃料跳闸连锁保护

(1) 手动停炉。

（2）两台送风机均停。

（3）两台引风机均停。

（4）两台空气预热器全停。

（5）两台一次风机全停且任一给煤机无油运行。

（6）锅炉总风量低（小于等于 25％）。

（7）火焰检测冷却风压力低低（3 取 2）。

（8）火焰检测冷却风机停止。

（9）炉膛压力高高（3 取 2）。

（10）炉膛压力低低（3 取 2）。

（11）点火记忆置位，锅炉给水流量低，延时 30s。

（12）锅炉点火记忆置位时，给水泵均跳闸。

（13）锅炉螺旋管水冷壁壁温高。

（14）锅炉分离器出口温度高。

（15）锅炉点火记忆置位储水箱水位高，延时 15s。

（16）全炉膛火焰丧失。

（17）丧失所有燃料。

（18）首次连续点火三次失败。

（19）汽轮机跳闸延时 10s 后，旁路保持在关闭状态。

（20）汽轮机跳闸，且机组负荷大于 30％。

（21）主蒸汽压力高保护，延时 3s。

（22）过热器出口温度高。

（23）再热器出口温度高。

（24）脱硫系统跳闸，延时 3s。

（25）MFT 继电器柜控制电源失电，延时 1s。

（26）再热器保护动作，延时 10s。

跳闸条件：锅炉总燃料量大于 30％；汽轮机高压主汽门关闭，且汽轮机高压旁路阀关闭；汽轮机中压主汽门关闭，且汽轮机低压旁路阀关闭。

由于炉膛压力保护值而使 MFT 或 OFT 动作，调整保护值，应取得厂家认可。例如，某厂炉膛保护值厂家规定：出口 1520Pa、−1780Pa，引起跳闸。改为低Ⅱ值−2500Pa、低Ⅲ值−3500Pa，高Ⅱ值 2000Pa、高Ⅲ值 3500Pa。

七、防灭火爆燃与防尾部再燃

锅炉在试运中有多种原因（诸如燃油、燃煤、引风、送风中断等）均可造成锅炉灭火，例如，判断、操作失误等会发生炉膛爆燃的恶性事故；燃烧不完全致使尾部受热面发生二次燃烧，使运行中断，甚至发生设备损坏、人身伤亡事故。为杜绝上述现象发生，必须制定有效措施，以保证机组顺利试运移交生产。

（一）防灭火爆燃

（1）设备及系统保证：确保动力电源可靠、厂用照明可靠、仪表工作电源可靠，锅炉安全监视保护装置调试好用，氧量表在整体试运期间能投入使用，锅炉总连锁、制粉系统连锁试验好用，给煤机断煤信号好用，燃油泵交直流电机能连动，有断油、低油压保护或投停等离子保护启用，确保燃料、燃油不中断。

各阀门、烟风挡板经过开关试验，炉膛负压表取样管安装位置正确，炉膛火焰监视装置好用并闭环投入，锅炉点火装置应调整好用，行程准确、进退自如，该部分装置动作应正确。

（2）运行注意事项：投油枪时应注意调整送风，逐渐加大到能满足燃烧所需的空气量为止，注意防止送风过大吹灭火，引风也不宜开得过大，防止吸灭火。

单投油枪若不着火，应立即关闭进油门，同时用蒸汽吹扫油枪，并适当通风，待炉内油气抽净后重新点火，以防爆燃。

投粉时应注意燃烧情况，在燃油燃烧良好或电弧正常连续、达到一定热负荷时方可投粉，并保持燃烧稳定和适当的炉膛负压，严禁突然加大煤粉量，引起灭火爆燃，注意加风、粉和减粉、风的正常操作顺序。

（3）随时和燃料车间加强联系，注意煤质变化情况，也应从投磨数量、给煤量、给粉量和热负荷变化关系上分析煤质变化情况，如遇水分、灰分大时，应特别注意燃烧的稳定，如遇炉膛负压波动大，蒸汽温度、蒸汽压力不稳，应投油或投等离子助燃；投油时应准确判断炉膛是否灭火，如已灭火，决不可利用炉内余热投油，不能用爆燃法点炉，应按停炉处理，吹扫后重新启动；若保护装置投入状态，不可强行拉掉，进行手动投油操作，应按保护程序处理。

（4）发电机跳闸、汽轮机甩负荷等异常现象都会给锅炉正常运行带来严重影响，因而应加强和汽轮机的联系，甩负荷时，应严密监视水位变化，防止发生减满水情况、造成被迫熄火停炉。

（二）防尾部再热

锅炉受热面过热器、省煤器、空气预热器等设备管束比较密集，表面积大，容易积油、积粉、积灰，当空气预热器中可燃物发生燃烧时，产生的热量不能被迅速带走而使空气预热器烧毁。为了减轻或消除尾部再燃烧条件；发生再燃烧要立即扑灭，保证设备的安全，采取的主要措施如下。

（1）断绝尾部积油、积粉。积油主要是由于燃烧不完全造成的，原因主要是油枪雾化不好，配风不合理，应反复进行调整，使油枪与稳燃器的相对位置合适。一次风与油雾预混好，不能缺少根部风，油雾受热分解生成炭黑后，即使加大送风量仍会使锅炉冒黑烟。

要提高雾化质量，所使用的雾化片在有条件时应进行雾化试验，小油枪气化质量达标，真正达到气化燃烧，在无仪器测试时应目测雾化质量，其雾化角及油滴粒度应符合要求。同时，要保证供油压力、燃油温度不低于设计值，以保证完全燃烧，炉内烟气透明，没有浓烟。

尾部积粉主要是由燃烧不好造成的，运行时应调整煤粉细度和各层风、粉配合情况。

（2）停炉后监视尾部烟道温度。锅炉尾部再燃烧多发生在全烧油的情况下，特别是在点火初期吹管、汽轮机冲转做试验等低负荷阶段，此时炉膛热负荷小、烟气温度低，很难做到完全燃烧，因而停炉后，尾部的积油在一定温度下，由于氧气的不断漏入而氧化升温，从而发生再燃烧，所以在停炉后要注意观察尾部烟道温度的变化趋势，每隔20min记录一次，并到现场巡视检查，若发现排烟温度不正常升高，应打开尾部消防水进行喷淋或灭火。同时防脱硝氨气系统生成Ⅱ级爆燃混合气体，氨气所占比例不能大于10%。

（3）锅炉的空气预热器水冲洗系统必须完善，空气预热器烟气侧应安装消防水灭火孔座，消防水系统连接。

（4）密闭隔绝尾部烟道：停炉通风后应严密关闭引、送风机挡板和各人孔、检查孔及灰渣门，使炉膛及尾部烟道处于密闭状态，即使发生再燃烧也将处于缺氧状态，以利于灭火。

八、锅炉四种状态启动曲线

锅炉的冷态、温态、热态、极热态的启动，配套汽轮机的四态启动，确保机组在各种状态下进行启动和正常运行。

（一）锅炉冷态启动曲线

锅炉冷态启动曲线，如图 8-1 所示。

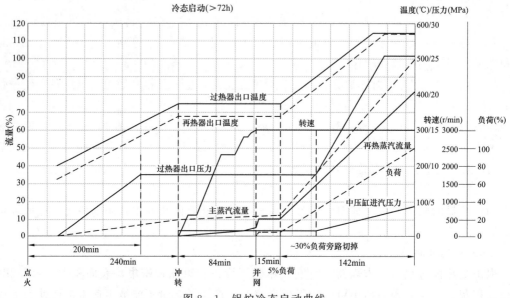

图 8-1　锅炉冷态启动曲线

（二）锅炉温态启动曲线

锅炉温态启动曲线，如图 8-2 所示。

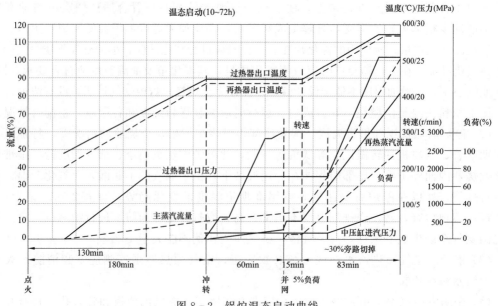

图 8-2　锅炉温态启动曲线

（三）锅炉热态启动曲线

锅炉热态启动曲线，如图 8-3 所示。

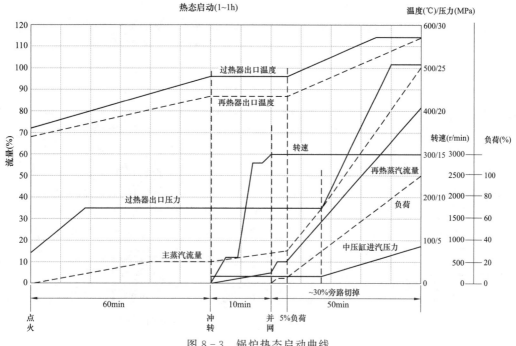

图 8-3　锅炉热态启动曲线

（四）锅炉极热态启动曲线

锅炉极热态启动曲线，如图 8-4 所示。

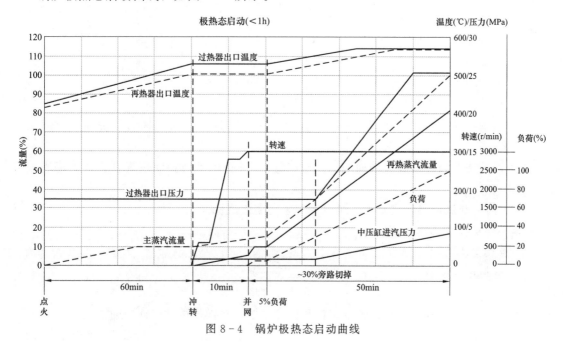

图 8-4　锅炉极热态启动曲线

第三节 汽轮发电机组调试

汽轮发电机组调试要完成开闭水系统冲洗调试、循环水系统、凝结水系统、真空泵及真空系统、除氧器系统、辅助蒸汽管道吹扫、机组蒸汽管道吹扫、水管路冲洗、抽汽供热系统等检查调整试运外，大机组还要进行的调整试验为启动前分系统投运准备；主机冲转前检查；主机冲转发电机并网及空负荷技术冷态指标制定调整；发电机充氢及冷却系统运行；主机额定转数试验，主汽门调门严密性试验，汽门关闭时间测试；汽轮机冲转、空负荷调整试运；OPC试验及机械超速试验（电超在前、机械在后）；汽轮机带负荷调整试验；真空严密性试验；驱动给水泵汽轮机及给水泵组试转调试；主机及辅助设备带负荷调整；附属机械带负荷整定试运；汽轮机热力系统带负荷试运；主机阀门运行检查；机组停运调整试验；调节系统空负荷试验；调节系统带负荷特性试验；机组启动方式试验调整（冷态、温态、热态、极热态启动）；轴承及转子振动测量；汽轮发电机振动故障处理；50%、100%甩负荷试验；配合带负荷热控自动投入试验；高、低压加热器随机启动；变负荷试验；高压加热器切除试验；汽动给水泵最大出力试验；高背压试验；变油温试验；变排汽缸温度试验；机组168h连续运行试验等。

下列各节的项目、程序、内容、试验、保护、数值等，由于机组容量不同而有异，机组参数不同而变化，以厂家技术文件、说明书及设计图纸为准，或由建设单位生产提供。

一、给水泵组调试

（一）油循环系统冲洗

（1）工作油冷却器接入润滑油系统，先短路油循环。

（2）各轴瓦上瓦拆下，下瓦倾斜，确保油路畅通，做好端部密封。

（3）各轴承进油节流孔板暂不安装。

（4）油冷却器水侧冲洗完毕。

（5）耦合器油箱检查后，上合格润滑油至正常油位。

（6）用滤油机进行油箱内部闭路循环冲洗，至油质合格。

（7）辅助油泵在操作员站具备手动启停条件。

（8）启动辅助油泵，检查润滑油压，逐渐关小润滑油溢油阀，提高冲洗油压，但应小于0.25MPa。

（9）油冲洗期间：油温交变冲洗（30～65℃），进行轴承清扫和恢复，装入轴承进油节流孔板。

（10）启动辅助油泵，进行油系统再冲洗，定期检查滤网。

（二）电动机单机试转

1. 检查及调整

（1）电机绝缘检查合格，手盘电机转子应轻松灵活。

（2）电机空冷器、润滑冷油器冷却水管冲洗完毕，冷却水系统投入。

（3）确认油系统冲洗合格，轴承清扫和恢复完毕，在操作员站启动辅助油泵。

（4）当油温达35～45℃时，规定调整润滑油压，检查电机轴承温度及定子线圈温度指示正确。

（5）将给水泵电机电源开关置于试验位置，做下列连锁保护试验：①就地事故按钮停泵试验，润滑油压低试验；②电机轴承温度及定子线圈温度高跳闸试验；③各种温度及润滑油滤网差压高报警信号好用。

（6）上述连锁保护试验合格后，投入电机动力电源。

（7）投入电机保护及油泵连锁。

2. 电机试转

（1）在操作员站点动电机，检查电机转动方向是否正确。

（2）在操作员站启动电机，查启动电流、振动和噪声、有无摩擦、信号和仪表指示状态。

（3）上述项目检查无异常，按要求定时记录电机各项运行参数。

（4）当润滑油温达 40℃ 时，投入冷油器水侧，排尽空气。

（5）给水泵电机试转应在 4h（最少 2h），各项运行参数稳定，达到设计要求。

（6）停止电机，记录电机惰走时间。

（三）电机带耦合器试转

（1）将勺管置于低限位置。

（2）启动辅助油泵，确认油箱油位正常，润滑油温、工作油温合格，油压正常。

（3）启动耦合器试转，耦合器在最低转速下运行，检查记录转速、轴承振动、轴承温度、工作油及润滑油温度，监视过滤网前后压差。

（4）当润滑油压达 0.30MPa 时，辅助油泵应自动停止。

（5）缓慢操作勺管升速，勺管位置每隔 10% 停留 10min，分别记录勺管行程、转速、轴承振动、电流、轴承温度、工作油及润滑油温度等，直到达到额定转速（5410r/min），然后返程操作一次，直到勺管低限位置。

（6）稳定运行后逐步降低转速至 1500r/min 左右。

（7）耦合器运行 4h 以上停止，确认辅助油泵自动启动，否则应手动启动，并查明原因。

（8）记录转子惰走时间。

（四）给水泵组启动（按配置耦合器、变频装置、汽轮机驱动泵等形式不同，启动要有区别）

1. 启动试运条件

（1）耦合器与主给水泵对轮、电机与前置泵对轮连接完毕，中心正确，保护罩已装好。

（2）泵组入口管水冲洗完毕，系统已恢复，汽轮机拖动泵时，MEH、METS、MTSI 等调试完成。

（3）给水泵组上各种表计经校验合格，变送器及指示仪表表管排污结束，并处于投入状态，泵组顺控、连锁保护已全部试验完毕，并已投入。

（4）投运循环水、开冷水、闭冷水、凝结水系统、仪用压缩空气系统。

（5）除氧水箱上水至正常水位，DCS 画面上可监视除氧器水位。

（6）开启前置泵入口水门，向泵内注水，排尽空气后关闭泵体空气门，确认电动给水泵出口电动门关闭，电动给水泵组首次再循环试运不送出口电动门电源，机械密封水滤网前管接头解开，在电动给水泵注水完成后冲洗密封水管路，冲洗后恢复；汽动给水泵试运轴承金属温度小于等于 90℃，推力轴承金属温度小于等于 85℃。

（7）根据除氧水箱水温及泵体温差确定是否需要暖泵。

（8）泵组冷却水及密封水管道冲洗干净；手动截止阀开启，确认空气排尽，检查过滤器，投入机械密封的密封水及冷却水。对前置泵与汽动给水泵分开布置的系统，要增加准备项目。

2．电动给水泵试运行

（1）启动辅助润滑油泵，提升油温，检查油压。

（2）开启再循环门前、后截止阀，投入再循环门自动，检查再循环气动门在开启位置。

（3）液压偶合器将勺管位置设置为 $0\%\sim5\%$，配制变频装置调试完成，汽轮机拖动启机条件具备。

（4）记录所有监视仪表初始值。

（5）确认就地事故按钮好用，投入给水泵"动力电源"，投入给水泵连锁保护。

（6）在操作员站选中电动给水泵手动，启动电动给水泵，若条件允许，用顺控功能组启动。

（7）检查启动/稳定电流、振动/噪声、油/水系统，有无摩擦，前置泵入口滤网差压。

（8）检查润滑油压达到正常值，辅助油泵应自动停止。

（9）用勺管控制转速，使给水泵出口压力达到额定，按耦合器试运方式各工况停留 $15\sim20\mathrm{min}$，给水泵再循环方式运行，泵出口压力不得超过额定压力，测试和记录各项运行参数。

（10）确认泵在各转速下运行正常，可开出口门带负荷，用勺管改变转速，校验最小流量阀开启、关闭时所对应流量值及主给水调节门及其旁路门运行情况，进行给水系统及锅炉减温水管道冲洗。

（11）给水泵带负荷试转 8h 以上，电动给水泵再循环首次试运按制造厂要求进行，停泵时注意辅助油泵应自动启动，记录泵转子惰走时间。

（五）热工信号连锁保护整定值及有关试验

（1）检查热工信号报警定值。

（2）检查泵组跳闸条件。

1）工作冷油器进油温高于 130℃。

2）工作冷油器出口油温高于 85℃。

3）润滑冷油器入口油温高于 75℃。

4）润滑冷油器出口油温高于 60℃。

5）耦合器轴承温度高于 95℃。

6）润滑油压低于 0.08MPa。

7）给水泵入口压力低于 1.25MPa（延时 30s）。

8）再循环阀 10s 未开。

9）除氧器水位低于Ⅱ值。

10）电动机保护动作。

（六）润滑油压连锁试验

1．润滑油压连锁试验

（1）将电动给水泵电源置于试验位置，将油压连锁投入，开启辅助油泵。

（2）当润滑油压达 0.3MPa 时，辅助油泵应自动停止。

（3）当润滑油压降至 0.1MPa 时，辅助油泵应自动启动。

（4）当润滑油压降至 0.08MPa 时，水泵电机跳闸。

2. 最小流量阀连锁试验

（1）在流量小于 170m³/h 时自动打开，流量大于 340m³/h 时自动关闭（泵容量不同有别）。

（2）耦合器勺管试验：在勺管执行机构上设置双限位挡块，勺管是否运行正常及自由地移动。

二、高压加热器启停调试

高压加热器水侧设计给水大旁路，采用入口电动三通阀、出口电动两通阀控制。高压加热器正常疏水按压力高低逐级自流，1 号高压加热器正常疏水导入除氧器；高压加热器事故疏水直接导入疏水扩容器，再进入凝汽器。机组容量不同，高压加热器参数不一，大机组高压加热器分 0、1、2、3、4 号不等。

（一）高压加热器投入前的试验（超高压机组）

1. 高压加热器安全阀安装前的水压整定试验

（1）汽侧安全阀水压试验动作值：1 号高压加热器：2.717MPa；2 号高压加热器：4.201MPa；2 段蒸冷器：2.804MPa；4 段蒸冷器：0.878MPa。

（2）水侧安全阀水压试验动作值：14.5MPa。

2. 主要阀门开关试验

（1）高压加热器给水出、入口电动门及给水旁路门开关试验。

（2）高压加热器进汽电动阀开关试验、逆止阀关闭试验。

3. 高压加热器水位保护试验（注：正常零水位为水位计 1/2 处）

高压加热器水位保护试验情况，见表 8-1。

表 8-1　　　　　　　　　　　　高压加热器水位保护试验

名　称	定值（mm）			动　作　情　况
	1 号高压加热器	2 号高压加热器	2 段蒸冷器	
水位低Ⅰ值	−50	−50	—	信号报警
水位低Ⅱ值	−150	−150	—	信号报警
水位高Ⅰ值	+50	+50	+150	信号报警
水位高Ⅱ值	+200	+200	+300	信号报警，打开危急事故疏水门
水位高Ⅲ值	+300	+300	+500	关闭 2 台高压加热器抽汽逆止门和进汽电动门；关闭高压加热器给水出入口门，给水走旁路关；4 段冷蒸汽进出口电动门，开其旁路电动门

4. 卧式高压加热器水位保护试验（超临界机组）

卧式高压加热器水位保护试验（超临界机组）情况，见表 8-2。

表 8-2　　　　　　　　　卧式高压加热器水位保护试验（超临界机组）

设备名称	低Ⅰ值	正常值	高Ⅰ值	高Ⅱ值	高Ⅲ值	备　注
1 号高压加热器	131	169	207	257	307	以加热器几何零位为零位
2 号高压加热器	160	198	236	286	336	
3 号高压加热器	180	218	256	306	356	

由表 8-2 可知：①高压加热器加水位高Ⅰ值，报警；②高压加热器水位高Ⅱ值，连锁开启高压加热器事故疏水阀；③高压加热器水位高Ⅲ值，连锁关闭各抽汽逆止门、抽汽电动门，关闭高压加热器进水旁路三通，关闭高压加热器出口电动门，开启 1、2、3 号高压加热器进汽电动门前、后疏水门；④高压加热器水位低Ⅰ值，报警。

（二）高压加热器投入

1. 高压加热器投入前的准备

（1）检查抽汽管道上的逆止阀、电动进汽阀的动作情况。

（2）检查，并试验疏水调节装置、高压加热器保护装置等动作关系应正确。

（3）高压加热器的各种测量仪表，如压力表、温度表、水位计及照明等均应处于良好状态。

（4）高压加热器进汽阀、放汽阀、放水阀等开关正常。

（5）安全阀水压试验合格，除表计一次门外，高压加热器所有汽水阀门都在关闭状态。

2. 高压加热器投入

（1）高压加热器注水和通水：给水泵运转后，对高压加热器水侧注水，开启高压加热器注水阀和水侧放气阀，向高压加热器管束注水，并随时监视温升速度，使其控制在 56℃/h（约 0.9℃/min）以内，高压加热器管系注满水后，关闭水侧放气阀，水压上升到一定值时，检查加热器管系是否漏泄，开启高压加热器给水出入口电动门，关闭给水旁路电动门，高压加热器通水。关闭注水门，投入高压加热器保护。

（2）高压加热器通汽（随机投入）：高压加热器投运时，全开加热器进汽门，使蒸汽逐渐进入壳体（控制温升速率不超过允许值），疏水排放至凝汽器，当加热器之间的压差能够克服加热器的阻力损失和标高差时，应切换为正常的逐级疏水。开启高压加热器空气门，关闭进汽管道疏水门。

（3）高压加热器通汽：缓慢开启高压加热器进汽门，控制温升速率不超允许值，正常后，随机运行。

（4）增设 0 号高压加热器，过热的再热蒸汽为给水温度提升，减少工业抽汽喷水的热损失。

（三）高压加热器的事故停用

高压加热器在运行中发生下列任一情况时应紧急停用：

（1）汽、水管道及阀门等爆裂，危急人身和设备安全。

（2）高压加热器水位升高，处理无效，水位计满水时。

（3）水位计失灵，无法监视水位时。

（4）水位计爆裂而无法切断时。

（5）人孔严重漏泄而无法继续运行时。

（四）高压加热器正常运行的维护（汽水品质合格值，根据超临界、超超临界参数不同而有变化）

（1）整个回路设计要求系统在 pH 为 9.3～9.6 下运行。

（2）给水溶解氧的浓度不超过 7ppb，以降低氧对碳钢管的腐蚀。

（3）进入省煤器和加热器排出疏水的铁离子浓度应低于 5ppb。

（4）加热器在正常运行中，水位应控制在正常水位±40mm 范围内，发现异常应检查水位及事故疏水调节门状态，查明原因进行处理。

三、润滑油系统及盘车装置调试

汽轮机润滑油系统由主油泵、交流润滑油泵、直流事故油泵、高压备用密封油泵、顶轴油泵、盘车装置、冷油器、排烟系统、主油箱、射油器、油净化装置等组成,润滑油供回油管采用套装管路。

汽轮机主轴驱动的主油泵是蜗壳式离心泵,正常运行时,主油泵出口油管向1、2号射油器、机械超速脱扣和手动脱扣母管供油。1号射油器出口向主油泵入口及低压密封备用油管供油。2号射油器出口向润滑油系统供油。在机组启、停时由交流润滑油泵经冷油器向润滑油系统供油。主油泵没有正常工作时,由交流润滑油泵向主油泵入口供油。高压备用密封油泵向机械超速脱扣和手动脱扣母管、高压密封备用油管道供油。

系统设有两台冷油器,一台正常运行,一台备用,可通过三通阀进行相互切换。系统设有低油压试验装置,在润滑油系统油压低时连动交、直流润滑油泵。

顶轴油系统配有两台顶轴油泵、母管制系统、供给低压缸及发电机转子顶轴油。两台滤油器可以同时工作。盘车装置设计安装在低压缸与发电机之间的轴承箱处,就地配有PLC控制柜。

(一)启机前试运的准备工作

(1)润滑油系统管路冲洗完毕,检查合格。

(2)油循环结束,油质合格(透明、无杂质、无水分、闪点大于180℃、酸值小于0.2mgKOH/g)。

(3)油位指示器好用,油位正常(±150mm)。

(4)启动油泵、交流润滑油泵、直流事故油泵等试运能够正常投入。

(二)顶轴装置的试运

(1)顶轴装置在汽轮发电机组启动和停机前投运,将汽轮发电机转子顶起,以减小轴颈与轴承间的摩擦力。顶轴装置主要由两台顶轴油泵、轴承进油调整装置(相关截止阀、节流阀)、安全阀、油过滤器等设备组成。

(2)顶轴装置的试运主要步骤:

1)启动润滑油泵,油系统正常供油,油温正常(0.096~0.125MPa,43~49℃)。

2)确认系统检查完毕,顶轴油泵入口门、出口门、再循环门处于开启状态。

3)打开滤油器进口阀门,引入润滑油。

4)检查顶轴装置进油压力建立后,启动顶轴油泵。

5)操作顶轴油泵操纵杆使集管中油压为20.6MPa。

6)操作油压调整装置相关截止阀或节流阀,逐个使轴承顶起高度合格(0.04~0.06mm)。

7)调整安全阀压力为20.6MPa。

(3)顶轴装置的试运主要注意事项:

1)顶轴油泵启动前润滑油系统油压建立正常。

2)顶轴油泵启动过程中应逐渐加带负荷。

3)运行期间经常检查油温、顶轴油泵泵壳温度、漏油情况、振动情况、压力波动情况等,如有异常及时处理。

4)顶轴装置极限油压不超过27.5MPa,每次延续时间不超过1min,每小时累计不超过 6min。

（三）盘车装置试运

（1）盘车装置在停机时低速盘动转子，可以避免转子热弯曲，并在汽轮机冲转时自动脱开，盘车转速为 3.5r/min。盘车装置主要由壳体、蜗轮蜗杆、链条、链轮、减速齿轮、电动机、润滑油母管、护罩、汽动啮合装置等组成。

（2）盘车装置试运的主要步骤：

1）启动润滑油泵，油系统正常供油，油温正常。

2）启动顶轴装置，检查顶轴装置状态，投入顶轴油泵连锁开关。

3）投入低油压保护，并检查相应连锁、控制开关状态。

4）检查盘车挂闸手柄位置与啮合、脱扣指示灯的状态对应与否。

5）检查润滑油压、各瓦回油及油温情况。

6）启动盘车，检查汽轮机动静部分有无摩擦声、听音情况，如有异常立即停盘车。

7）检查润滑油压、各瓦回油、油温，检查相关轴承、瓦温情况，如有异常立即停盘车。

8）检查盘车运行指示灯在盘车启动和停止时的指示是否正确。

9）记录盘车电流、大轴偏心、顶轴母管压力。

10）配合热工做连锁保护试验。

11）试运无异常后停盘车。

12）确认大轴静止，断开顶轴油泵连锁开关，停止顶轴油泵。

（四）油净化装置试运

（1）油净化装置的作用是排除油系统中的水分、固体粒子和其他杂质。该装置主要由红外加热器、凝聚室、乳化剂脱除室、真空分离室、过滤器、真空泵、排油泵等组成。

（2）油净化装置试运主要步骤：

1）检查各油、水、气管路应无泄漏后加满冷却水。

2）启动真空泵，打开真空阀和切换阀 1，关闭其他阀，真空表读数为 0.06MPa 时停真空泵。

3）关闭真空阀，通过排水阀向引水室内注入水至最低水位处。

4）检查真空泵油量是否适当，油标指示正常位置以运行中油液略低于中心线为宜。

5）启动真空泵，真空度达最大值时微开充气阀，使真空稳定在 0.075～0.095MPa。

6）开启进油阀，当真空室油位达中线时启动排油泵。

7）开启真空泵油净化器进出油阀，使真空泵油位保持正常，再开启水泵。

8）启动加热器，并将温度预设钮设置到 50～70℃。

9）油液乳化严重需脱色、除酸时，应打开切换阀 2，适当关小切换阀 1。

（3）油净化装置的停止：

1）关闭加热器，待加热管适当降温后停止真空泵运行。

2）依次关闭真空阀、真空泵进出油阀、整机进油阀。

3）油液排尽后停止排油泵和水泵运行。

4）开启充气阀，使真空表读数为零。

（4）油净化装置试运的注意事项：

1）油液含水较多时，适当旋松真空泵前端的气镇阀，向泵的排气腔注入空气，使水蒸气随空气一起排除，以免水蒸气大量混入真空泵油中，缩短真空泵的使用寿命。

2）油净化装置停止运行时，必须开启充气阀，破坏真空，以免在负压作用下，将被净化油箱的大量油液慢慢吸入真空罐，下次净化时开启真空泵就会喷出大量油液。

（五）润滑油系统静态调整试验

（1）启动润滑油泵。

（2）润滑油母管压力在 0.0784～0.1176MPa。

（3）投转启动油泵，用再循环调整油泵出口压力 1.96MPa，隔膜阀油压在 1.6MPa 左右。

（4）配合热工做油系统相关连锁保护试验：

1）交直流润滑油泵连动试验。

2）润滑油压低Ⅰ值试验，润滑油压低于 0.07MPa 时，报警，并连动交流润滑油泵。

3）润滑油压低Ⅱ值试验，润滑油压低于 0.06MPa 时，报警连动直流润滑油泵，并跳机。

4）润滑油压低Ⅲ值试验，润滑油压低于 0.03MPa 时，报警，并跳盘车。

5）顶轴油泵跳闸连锁试验：运行的顶轴油泵跳后，备用泵应该联启，允许启动盘车，顶轴油压小于 17.5MPa，联备用泵，备用泵联启后，油压仍低，延时 20s 跳盘车，备用泵联启后，顶轴油压大于 17.5MPa，自启动盘车。

（六）润滑油系统在启机过程中的投运步骤

（1）主油箱补油至高油位。

（2）将主油箱电加热投入。

（3）启动一台主油箱排油烟机，调整运行排烟机入口挡板，使主油箱负压在 490Pa，并注意备用排烟机不倒转。

（4）确认主油箱油温大于 21℃。

（5）启动交流润滑油泵，润滑油母管油压在 0.0784～0.1176MPa。

（6）运行冷油器放空气，见油后关闭放空气门。

（7）当油温达 45℃时，投冷油器。

机组冲动转启动油泵，用再循环调整油泵出口压力 1.96MPa，隔膜阀油压 1.6MPa 左右。

机组冲动及升速过程注意盘车装置及顶轴装置的工作情况，盘车是否正常自动脱开。

汽轮机转速达 3000r/min，汽轮机切换油泵时应注意：①确认主油泵入口油压正常，润滑油压正常；②停止启动油泵，隔膜阀油压正常；③交流润滑油泵在连锁投入的方式下停止；④密切监视润滑油压应在正常油压范围内，同时确认交流润滑油泵不应倒转。

（七）注意事项

（1）监视，并调整油压、油温，发现异常情况及时汇报处理。

（2）监视主油箱油位变化情况，一旦有变化，立即查明原因。

（3）检查冷油器冷却水压力应低于油压。

（4）检查润滑油母管压力在 0.0784～0.1176MPa。

（5）检查主油泵入口压力在 0.098MPa 以上，主油泵出口压力在 1.96MPa。

（6）检查隔膜阀油压在 1.6MPa。

（7）检查冷油器油温在 43～49℃。

（八）冷油器的投切

1. 运行中备用冷油器的投入

（1）确认运行冷油器和备用冷油器。

（2）确认两台冷油器注油门在开启位置，开备用冷油器油侧放空气，空气放净后关闭空气门。

（3）稍开备用冷油器冷却水入口门，开启冷却水侧放空气门，空气门见水后关闭空气门。

（4）冷油器三通阀限制手柄旋出后，转动 180°，即由原运行侧切至备用侧，注意油压油温。

（5）及时调整润滑油温在 43～49℃，润滑油压在 0.0784～0.1176MPa。

（6）备用冷油器运行 20min 运行稳定后，视为切换结束。

2. 运行冷油器的停止

（1）备用冷油器投入运行后，系统油温、油压正常。

（2）关闭停止冷油器入口水门。

（3）冷油器若检修，关闭冷油器注油门，确认停止冷油器油侧已隔断，关闭冷油器出口水门。

四、密封油系统调试

发电机密封系统为集装式，与发电机的双流环式密封瓦装置相对应。汽轮发电机密封瓦内有两个环形供油槽，从供油槽出来的油仍分成两路沿着轴向通过密封瓦内环和轴之间的径向间隙流出，其油压高于发电机内的氢气压力，从而防止氢气从发电机中漏出。氢侧和空侧密封油的供油压力平衡时，油流将不在两个供油槽之间的空隙中串动。密封油系统的氢侧供油将沿着轴朝着发电机一侧流动，而密封油的空侧供油将沿着轴朝外轴承流动。

发电机密封油控制系统由下列部件构成：空侧交/直流油泵、氢侧交/直流油泵、空侧过滤器、氢侧过滤器、密封油箱、油位信号器、油水冷却器、压差阀、平衡阀、氢油分离箱、截止阀、逆止阀、蝶阀、压力表、温度计、差压变送器及连接管路等。

（一）设备规范特性参数

（1）空侧密封油泵：型号 3GR85×2W21；轴功率 10kW；出口压力 1.0MPa；流量 25m³/h。

（2）氢侧密封油泵：型号 3GR42×4A；轴功率 4.9kW；出口压力 1.0MPa；流量 10.5m³/h。

（二）调试项目及程序

1. 系统充油

汽轮机润滑油系统冲洗结束，将密封油系统的热工仪表投入，启动汽轮机交流润滑油泵向空侧密封油箱及空侧密封油泵入口注油，将管路、油箱及过滤器高点排气阀门打开，彻底排气。

2. 空侧交流、直流密封油泵，氢侧交流、直流密封油泵单机试转

在发电机密封油系统冲洗期间，在发电机密封瓦处用临时管路将发电机密封油空侧、氢侧的供、回油短接，不进密封瓦。分别单机启动上述油泵，记录油泵出口压力、电机电流及

轴承振动，对发电机密封油系统各油管路进行循环冲洗。密封油箱充油时，通过就地油位计观察补油阀控制情况。

3. 空侧交、直流密封油泵连动试验

启动空侧交流密封油泵，投入密封油氢油压差开关的指示压差表，打开油泵旁路手动阀，当压差降至设定值 0.035MPa 时，压差开关闭合，备用交流油泵启动，若备用交流油泵启动失败，则直流密封备用油泵自动启动，光示牌报警有信号，试验结束后恢复阀门。

4. 氢侧交、直流密封油泵连动试验

启动氢侧交流密封油泵，投入氢侧交流密封油泵出入口压差开关，打开泵旁路手动阀，当压差降至设定值 0.035MPa 时，压差开关闭合，备用交流油泵启动，若备用交流油泵启动失败，则氢侧直流密封备用油泵自动启动，光示牌报警有信号，试验结束后恢复阀门。

5. 密封油系统氢油压差调节汽门、平衡阀及各溢流阀、减压阀的整定

在发电机启动前，应调节系统氢油压差调节汽门、备用压差调节汽门、压力平衡阀及各溢流阀、减压阀的调节弹簧或调节螺杆，按调节定值设定各阀。

（1）打开空侧油泵旁路手动门，发电机内充压缩空气 0.02～0.05MPa，启动空侧交流油泵，同时向氢侧密封油箱补油。

（2）氢侧密封油箱油位正常后，打开氢侧油泵旁路手动阀，启动氢侧密封油泵。

（3）主压差阀上下波纹管排气，信号管注油，压力平衡阀信号管注油排气。

（4）氢侧密封油箱在低氢压下不能自动排油，调整打开排油备用阀至空侧油泵入口排油。

（5）调整空侧及氢侧泵的手动旁路阀，观察油泵出口压力变化，确认压差阀及平衡阀是否跟踪调节良好，若不良好，则需调整。

（6）空侧油压 0.3～0.8MPa 范围变化，氢侧出口油压调整至 0.6MPa。

（7）逐渐提高发电机内压缩空气压力至 0.3MPa，观察记录压差阀、平衡阀调节状况，氢侧密封油箱自动排油情况；发电机内压力下降时，再观察一次。

（8）发电机内压缩空气压力降至 0.05MPa 左右，试验油泵连锁保护。

（9）启动主油箱上高压密封备用油泵，调整空侧备用油源减压阀、安全阀；安全阀整定压力 0.9MPa，减压阀整定压力 0.88MPa。

（10）启动高压密封备用油泵，通过调整备用压差阀旁路向空侧供油，同时停止空侧交流油泵，之后调整备用压差阀，使氢油压差为 0.056MPa。

（三）注意事项

（1）在密封油系统未调试完成前，发电机内不得充氢。

（2）注意出口压力、电流、振动情况，并注意监视油气压差和各回油箱、消泡箱、发电机内液位是否正常。

（3）密封油装置初次运行，注意排放压差调节汽门波纹管内气体，保证压差调节汽门稳定运行。

（4）各阀门调整完毕后，注意需锁紧调整螺钉的螺母。

（5）密封油冷却器出口油温应保持在 38～49℃。

（6）发电机充氢时，排烟风机应连续运行。

（7）密封油滤油器应每 8h 旋转一次刮片，清理污垢，并根据情况及时清理滤网。

（8）若空侧交流密封油泵和高压备用油源故障，短期内无法恢复供油，而仅靠低压备用油源供油时，需将发电机内氢压降至 0.014MPa 或更低运行。

（9）防止发电机内进油。

（四）重要参数

（1）氢压 0.31MPa，油氢压差 0.084MPa。

（2）空侧油源：

1）主工作油源，密封油泵出口 $p=0.25\sim0.8$MPa。

2）备用油源：①机主油源由 1.4～1.75MPa 减压至 0.9MPa；②主油箱上的高压密封备用油泵 $p\geqslant0.9$MPa，投入条件是油氢压差小于 0.056MPa，或主轴 $n\leqslant2000$r/min 或有故障；③直流电动油泵，当油氢压差小于等于 0.035MPa 时自启，恢复压差到 0.084MPa，不超过 1h；④润滑油泵，密封油入口不低于 200kPa，此时氢压降到 0.014MPa。

（3）氢侧油源：①正常由交流电动油泵供给，形成闭式循环油路系统；②当密封油氢侧 $p=0.35$MPa 时，自动启动备用油泵，使氢侧密封油压恢复正常。

五、发电机氢系统及内冷水调试

汽轮发电机采用水氢氢冷却方式，即定子绕组为水冷却，转子绕组为氢气冷却，铁芯为氢气冷却。发电机所需的氢气和气体置换所用的二氧化碳均由氢气控制系统集中操作控制，并自动维持氢压稳定。发电机所需的氢气压力、氢气纯度、氢气湿度均由氢气控制系统来保证或监视；氢气控制系统由氢气减压器、氢气过滤器、氢气干燥器、空气干燥器、氢气分析器、密封阀、氢气控制柜等部件组成；氢气控制系统正常运行时，系统流程为氢站→氢气调节器→发电机内部→氢气冷却器→氢气干燥器→发电机内部。

发电机所需冷却水水质、水量、水压、水温等均由本系统来保证；定子冷却水系统是采用闭式循环方式，定子水箱的补水来自除盐水母管，通过补水电磁阀、水处理离子交换器、过滤器进入水箱；水箱内的化学除盐水经过定子冷却水泵升压后送入管式冷却器、过滤器，而后进入发电机定子线圈的汇流管，将发电机定子线圈的热量带出来再回到水箱，完成一个闭式循环。为改善进入发电机定子线圈的水质，将进入发电机总水量的 5%～10% 的水不断经过离子交换器进行处理，然后返回水箱，使系统保持良好的水质，确保发电机组安全运行。对双水内冷发电机，增加转子线圈及两端铜屏蔽的水冷系统，入口和出口水室的水都要保持合格的水质。

（一）氢系统主要设备

（1）氢气干燥器：利用发电机风扇前后的压力差，使发电机内一部分氢气通过氢气干燥器，以除去氢气中的潮气，保持发电机内氢气湿度小于 $4g/m^3$。

（2）氢气过滤器：滤除氢气中的杂质，由于过滤组件是多孔粉末冶金材料，强度较低，在正常使用情况下，过滤组件两端压差值一般不超过 0.05MPa，否则会对过滤组件产生破坏作用。

（3）氢气减压器：在氢气控制站中装有氢气减压器，保持发电机内氢气压力恒定，氢气减压器装在供氢管路上，相当于减压阀，使用时将氢气减压器出口压力调整在 0.3MPa。当发电机内氢气压力超过 0.31MPa 时，手动打开减压器后的排空阀门排氢。

（4）防爆浮球液位控制器：用于监视发电机内泄漏液体及报警。

（5）防爆电接点压力表：当发电机内氢气压力下降到 0.28MPa 时报警；当发电机内氢

气压力升高到 0.31MPa 时报警。

（二）氢系统调试项目及程序

1. 氢系统管道的吹扫

（1）气源：采用无机械杂质、湿度低的仪表压缩空气进行气体管道吹扫，保证气源压力和流量。

（2）吹扫预留口：在气体管道施工时，发电机、氢气干燥器、气体控制站和邻机的氢气母管等均要留吹扫预留口。

（3）吹扫清洁度的检验方法：采用干净的白纱布，用竹竿挑白纱布至吹出口，检验白纱布是否清洁，白纱布清洁，则吹扫结束。

（4）管道吹扫程序：供氢母管的吹扫；打开有关阀门吹扫，投入仪表压缩空气开始吹扫。吹扫 10min，检验吹扫出口是否清洁，吹扫结束后关闭气源，封堵吹扫预留口。

（5）供 CO_2 母管吹扫：在吹扫预留口接上仪表压缩空气，打开有关阀门吹扫，投入仪表压缩空气开始吹扫。吹扫 10min，检验吹扫出口是否清洁。如果清洁度没有达到要求，继续吹扫直至合格，吹扫结束。吹扫结束后关闭气源，封堵吹扫预留口。

（6）气体控制站吹扫：在气体控制站的其中一处吹扫预留口处接上仪表压缩空气，打开有关阀门吹扫，检验吹扫出口的清洁度，反复吹扫几次直至达到要求为止，吹扫结束。其他支路重复上述步骤，每个支路吹扫完，气体控制站吹扫结束，封堵所有吹扫预留口。

（7）气体系统本体管道吹扫。

1）气体控制站至发电机氢气汇流管管道吹扫。在气体控制站处的预留口接压缩空气，打开相应阀门开始吹扫。吹扫 10min，检验吹扫出口的清洁度，反复吹扫几次直至达到要求为止，吹扫结束，封堵吹扫预留口。

2）气体控制站至发电机 CO_2 汇流管管道吹扫。在气体控制站处的预留口接压缩空气，打开相应阀门开始吹扫。吹扫 10min，检验吹扫出口的清洁度，反复吹扫几次直至达到要求为止，吹扫结束，封堵吹扫预留口。

3）氢气干燥器与发电机高、低压区的连接管道吹扫。在氢气干燥器处的预留口分别接上压缩空气，打开相应阀门开始吹扫。吹扫 10min，检验吹扫出口的清洁度，反复吹扫几次直至达到要求为止，吹扫结束，封堵吹扫预留口。

2. 发电机充氢

充入气体要求：CO_2 的纯度不低于 98%，含氧量不超过 2%，氢气母管的压力应高于发电机额定氢压，纯度应达到 98% 以上。

发电机氢气系统试运步骤如下。

（1）试运前系统检查（绘制系统图及阀门编号）。

1）开启：各压力表门、防爆浮球液位控制器表门、氢气干燥器出入口门、氢气减压器前后截止阀、氢气分析器表门，以及应开的氢门。

2）关闭：防爆浮球液位控制器排污门、氢气干燥器排水门、过滤器前后截止阀、压缩空气入口门，以及应关的所有氢门。

3）投入：压力表、防爆浮球液位控制器、防爆电接点压力表。

（2）发电机打风压进行严密性检查。缓慢开启压缩空气入口门，投入密封油系统，向发电机内充空气，并投入内冷水泵运行，当发电机内气体压力达到要求时，关闭压缩空气入口门，对发电机氢气系统进行严密性检查。检查完毕，缓慢开启排氢门，排掉发电机内的空气，停止密封油系统运行。

（3）发电机氢气系统气体置换发电机充氢。

缓慢开启 N_2 入口门，投入密封油系统，向发电机内充入 N_2 置换内部空气，当发电机内 N_2 含量超过 97%（容积比）后，才可充入氢气置换中间气体，最后置换到氢气状态，逐渐提高氢气压力至正常值。

（4）发电机氢气系统气体置换，发电机排氢，系统停止运行：与前过程类似，向发电机内充入 N_2 排除氢气，当 N_2 含量超过 97% 后，可逐渐降低气体压力，停止密封油系统运行。

发电机氢气系统热控信号表，见表 8-3。

表 8-3　　　　　　　　　　发电机氢气系统热控信号表

序号	信号名称	整定值	保护	操作	备注
1	机壳内氢压低	≤0.28MPa	防爆电接点压力表动作	打开手动补氢	
2	机壳内氢压高	＞0.31MPa	防爆电接点压力表动作	手动排氢	关闭补氢阀门（检查故障原因）
3	机壳内氢气纯度低	≤96%	氢气分析器发信号	排污补氢	
4	机壳内出现油水	—	防爆浮球液位控制器动作	排除液体查明原因	

（三）内冷水设备

内冷水泵：型号 CZ50-250D；转速 2900r/min；流量 55m³/h；出口压力 0.5MPa；电机 Y180M-22900r/min；轴功率 22kW。

（四）调试程序

（1）系统投入：①向系统内充水；②打开内冷水补水门及内冷水箱、冷却器、过滤器的排气门，向系统内充水，排除系统中的残留空气；③打开内冷水箱放水门，使水箱中水位保持在正常水位，向水箱中充入 0.014MPa 的氮气；④启动一台内冷水泵，调整供水压力至 0.2MPa，对内冷水系统的管道、阀门及水系各装置全面冲洗，直至水质合格；⑤内冷水电导率合格。

（2）内冷水系统连锁保护试验：①内冷水水箱水位 350mm 报警连开补水电磁阀、550mm 报警连关补水电磁阀；②当定子绕组进水温度达到 50℃时报警，当定子绕组出水温度达到 75℃时报警；③定子绕组两端水压降比正常值高至 0.035MPa 报警；④内冷水箱压力高至 0.042MPa 时报警；⑤滤网压差高于 0.05MPa 时报警；⑥内冷水泵事故跳闸，备用泵自启动，当泵出口母管压力低至 0.14MPa 时，备用泵自启动；⑦发电机断水保护：内冷水母管压力 0.12MPa 和内冷水流量 16t/h 同时出现时，延时 30s 跳发电机。

六、EH 系统调试

机组的 EH 系统包括供油系统、执行机构和危急遮断系统。供油系统的功能是提供高压抗燃油，并由它来驱动伺服执行机构，以调节通过汽轮机的蒸汽流量。该系统由抗燃油箱、两台抗燃油泵、两台循环油泵（一台冷却、一台过滤）、控制块、滤油器、三个磁性过滤器、溢流阀、蓄能器、两台冷油器等组成。

（一）设备

（1）抗燃油泵：出口压力 14.5MPa±0.2MPa；工作压力 14.0±0.5MPa；数量 2 台。

（2）高压蓄能器：工作压力 9.4～9.8MPa；数量 6 台。

（3）低压蓄能器：工作压力 0.35～0.4MPa；数量 4 台。

（4）抗燃油箱：有效容积 1800L；正常油位 500～730mm。

（二）调试步骤

1. EH 系统试运调整准备工作

（1）用绸布沾丙酮擦净油箱。

（2）将输油泵出口滤网接好，出入口软管插入油桶中，启动输油泵冲洗输油管约 20min，之后清洗滤网。

（3）用输油泵向油箱注油至高油位。

2. 高压油泵试运转

（1）电机单独试转：①解开对轮手动盘转电机，确认电机轻轻转动，内部没有异音；②启动电机，确认旋转方向正确，运转正常，记录电机电流，轴承振动。

（2）高压油泵试运转：①按安装要求，连接对轮；②手动盘转油泵，确认泵轻轻转动后，开启泵入口门，启动泵，泵运转正常后，记录泵出口压力，电机电流，轴承振动。

3. 油冲洗

（1）油冲洗前的准备工作。

1）抗燃油泵出口滤网换上冲洗用的临时滤网。

2）关闭精滤器入口截止阀。

3）高压主汽门、高压调节汽门、中压调节汽门的高压抗燃油入口滤网换成临时冲洗滤网。

4）卸下高压主汽门、高压调节汽门、中压调节汽门油动机的电液转换器，换临时冲洗块。

5）拆除中压主汽门 EH 供油管上的节流孔，电磁阀换成冲洗块。

6）将危急遮断控制块上的 6 只 AST、OPC 电磁阀拆除，用冲洗板代替电磁阀。

（2）冲洗要求。

1）油冲洗时油温度控制在 43～54℃之间，抗燃油最高允许温度 55～60℃，为保持此温度，要投冷油器，抗燃油温低于 21℃时，系统不应运行。

2）每隔 2h 用绸布擦洗一次油箱中的磁棒。

3）油泵出口滤网压差大于 0.68MPa，清扫滤网。

（3）冲洗结束时油质检验标准。

1）主回油管中取样，每次约 0.47L，0.1L 油中含杂质不大于表 8-4 中的数值，即按美国国家宇航标准 NAS 1638 五级。

2）冲洗结束前，油的中和指数连续 3h 不大于 0.25mgKOH/g。

3）所有磁棒应清洁无杂质。

4）机组启动前，应有抗燃油清洁度的化验合格证。

表 8－4　　　　　　　　　　　　0.1L 油样中允许的颗粒

杂质粒度尺寸（μm）	每 0.1L 油样中允许的颗粒
5～15	8000
15～25	1425
25～50	253
50～100	56
＞100	5

（4）冲洗步骤。

1）关闭卸载阀，打开截止阀，减压阀全开。

2）汽轮机挂闸。

3）开启高压油泵入口门，启动该油泵。

4）调整减压阀维持 16.2MPa 的压力。

5）调整卸载阀使其 14.5MPa 时开启，12.4MPa 时关闭。

6）调整高、中压主汽门、高压调节汽门的溢油阀维持油压 3.4MPa，分组冲洗，每组油动机个数在现场定，但冲洗油压不得低于 3.4MPa，连续冲洗 2h 后切换另一组冲洗。

7）EH 系统冲洗 8h 后，打开精滤网入口截止阀，先冲洗纤维滤油器 4h，冲洗合格后，再冲洗硅藻土滤油器。

（5）油冲洗安全注意事项。

1）设专人巡回监视冲洗系统，现场禁止烟火。

2）定时记录如下参数：油泵电流、冲洗油温、油压。

3）定时取样化验。

4. EH 系统运行维护及调整

（1）EH 系统耐压试验：启动 A 泵，调整溢流阀调压手柄，使泵出口压力逐渐上升至 21MPa，工作 5min 停泵。注意检查系统所有各部接口焊口等地方，不应有泄漏，如有泄漏应立即处理；再启动 B 泵进行上述检查。

（2）调整溢流阀压力：将系统压力调整至 17.0MPa±0.2MPa。

（3）调整系统压力：恢复系统正常工作状态，启动 A 泵，调整泵上的调压螺钉，使系统压力为 14.0MPa±0.5MPa。运行 5min，停泵；启动 B 泵，调整泵上的调压螺钉，使系统压力为 14.0MPa±0.5MPa。

（4）阀门行程测量：执行机构调整，见表 8－5。

表 8－5　　　　　　　　　　　　　　执行机构调整　　　　　　　　　　　　　　mm

高压自动主汽门设计行程	80	中压自动主汽门设计行程	160
高压调速汽门设计行程	40	中压调速汽门设计行程	80
低压调节汽门设计行程	150		

（5）油温高、低连锁试验：油箱温度小于 20℃时，电加热器自动投入；温度高于 50℃时，电加热器自动停止。油温达到上限温度 55℃时，油循环泵自动启动，冷却水电磁阀打开；油温达到下限温度 37℃时，油循环泵自动停止，冷却水电磁阀关闭。抗燃油温 65℃时

报警，抗燃油温 75℃时停机，抗燃油温 20℃时禁止启动油泵。

（6）抗燃油压连锁试验：抗燃油压升高至 16.2MPa 时，报警；抗燃油压降低至 11.2MPa 时，报警，并启动备用油泵；油压降低至 9.8MPa 时，停机。隔膜阀、空气阀引导阀动作试验。

（7）抗燃油位连锁试验：抗燃油箱油位升高至 510mm，高报警；抗燃油箱油位降低至 430mm，低报警；抗燃油箱油位降低至 270mm，停主油泵；抗燃油箱油位降至 430mm，允许启动油泵。

（8）OPC 电磁阀组试验：DEH 控制 OPC 电磁阀组带电导通，所有调节汽门油动机快速关闭。

（9）AST 电磁阀组试验：DEH 控制 AST 电磁阀组断电导通，使所有油动机快速关闭，见表 8-6。

表 8-6　　　　　　　　　　运　行　维　护　值

参　数　名　称		准　许　极　限　范　围
EH 系统	EH 系统油压	14.0MPa±0.5MPa
	泵出口油压	14.0MPa±0.5MPa
	油箱油位	270～510mm
	泵入口真空度	＞0.08MPa
	过滤器压降	＜0.35MPa
保安油系统	系统油压	0.3MPa±0.01MPa
	油箱油温	37～55℃
	挂闸油压	0.45MPa
高压蓄能器充气压力		8.4～9.2MPa
低压蓄能器充气压力		0.16～0.2MPa

（10）危急遮断系统试验；注油试验；超速试验（103%的 OPC 试验、110%的电超速试验 AST 动作、110%的机械超速试验）；主汽门、调节汽门严密性试验；ETS 系统试验；高、中压主汽门关闭试验。

七、调节保安系统调试

数字电液控制系统是把电子线路和液压控制的优点相结合，用于控制汽轮机的蒸气流量的系统。保安系统用于汽轮机甩负荷、超速、低润滑油压、低真空等危急情况自动保护机组设备的安全。

调节保安系统主要包括 DEH 控制装置及外围设备、EH 控制系统和 EH 供油系统、危急跳闸系统（ETS）和汽轮机安全监视仪表（TSI）等。

（一）调节保安系统静态调试

1. 调节保安系统静态调试条件

（1）调节保安系统管路、设备安装完毕，热工电气相关施工调整完毕，仪表、标牌完整。

（2）EH 系统油质合格，经调试能够投入运行。

（3）润滑油系统经调试能够运行。

（4）顶轴装置及盘车装置经调试能够投运。

（5）控制室内监控盘 DEH 等相关功能好用。

（6）具有现场与控制室的通信设备（电话或对讲机）。

（7）调节保安系统静态试验应在锅炉点火之前进行。

（8）启动油泵启动，机头挂闸，DEH 系统运行。

2. 高、中压自动关闭器及高、中压油动机相关调整试验

（1）控制室内操作主汽门开关，检查各高、中压主汽门全开到全关过程中是否有卡涩、跳动现象，并核对 DEH 输入为 50％、100％时各门的实际开度值。

（2）热工进行高、中压主汽门行程开关调整，当高、中压主汽门开关后控制室内指示正确。

（3）控制室内操作各调节汽门，检查，并记录各高、中压油动机全开到全关过程中是否有卡涩、跳动现象，并核对 DEH 输入为 50％、100％时各门的实际开度值。

（4）需要时配合热工进行 LVDT 线性调整等工作。

（5）就地或远控打闸试验，打闸后主汽门、调节汽门及各段抽汽逆止门、电动门应连动好用。

（6）检查，并试验各油动机截止阀、单向阀等阀门好用。

（7）操作主汽门活动试验按钮，调整活动电磁阀后节流孔，使高、中压自动关闭器下降 10mm。

3. 手动打闸试验

开启自动主汽门及高压调速汽门、中压调速汽门、低压油动机，就地打闸检查主汽门、调速汽门、低压油动机，以及各段抽汽逆止门应迅速关闭。

（1）阀门关闭时间测定试验：①试验时抗燃油温在 43～54℃之间；②控制室打闸功能好用，自动关闭器和油动机动作灵活；③控制室内打闸信号线（打闸到汽门始动的延迟记录）接入装置。

（2）试验结果要求：机组主汽门总关闭时间小于 0.4s，调节汽门总关闭时间为 0.5s。

4. 危急遮断装置（ETS）相关试验

（1）振动保护试验：①机组抗燃油系统、润滑油系统运行；②解除 MFT、真空低跳机保护；③联系热工准备做振动大跳机保护；④汽轮机挂闸；⑤联系热工分别短接各轴承振动；⑥轴承绝对振动或轴颈相对振动达 0.127mm 或瓦盖振动达 0.04mm 时，TSI 发振动大报警，光字牌发声光信号，光字牌来振动大报警信号；⑦当轴承绝对振动与轴颈相对振动达 0.254mm 时，TSI 发振动大跳机信号，这时汽轮机跳闸；⑧试验后系统恢复。

（2）抗燃油压低跳机试验：①试验前解除与试验无关的跳机保护；②就地缓慢开启相应试验块 1 号通道泄油门，注意试验块 1 号通道油压变化；③当 1 号通道抗燃油压降至 9.8MPa，汽轮机跳闸；④同样方法缓慢开启试验块 2 号通道泄油门，当油压降至 9.8MPa，汽轮机跳闸；⑤试验完毕，关闭试验块 1、2 号通道手动泄油门，机组保护恢复。

（3）润滑油压低跳机试验：①试验前解除 MFT、真空低、发电机主保护动作跳机保护；②就地缓慢开启润滑油试验块 1 号通道泄油门，注意试验块 1 号通道油压变化；③当 1 号通道润滑油压降至 0.06MPa，汽轮机跳闸；④同样方法缓慢开启试验块 2 号通道泄油门，当油压降至 0.06MPa，汽轮机跳闸；⑤试验完，关闭试验块 1、2 号通道手动泄油门，机组保

护恢复。

（4）润滑油压低联泵跳盘车试验：①试验前润滑油系统、顶轴盘车运行；②通知电气启动直流润滑油泵，停止交流润滑油泵，交流油泵连锁投入；③关小油压继电器来油门，缓慢开启油压继电器泄油门，当就地试验指示表油压降至 0.07MPa 时，交流润滑油泵连动，相应红灯闪光，复位启动按钮，就地检查泵出口压力、声音、振动等是否正常；④停止直流润滑油泵，连锁投入，继续开启润滑油压继电器泄油门，当就地试验指示表油压降至 0.06MPa 时，直流润滑油泵连动，相应红灯闪光，复位启动按钮；⑤断开直流润滑油泵连锁开关，停止直流润滑油泵，继续开启润滑油压继电器泄油门，当就地试验指示表油压降至 0.03MPa 时，盘车自动跳闸；⑥试验完毕，将系统恢复到试验前状态。

（5）发电机断水保护试验：①试验前联系电气合上发电机出口开关，投入断水保护；②试验前联系热工投入断水保护电源；③试验前内冷水系统处于良好备用状态；④汽轮机挂闸，DEH 运行；⑤投入一台内冷水泵，保持内冷水压力流量正常；⑥停止内冷水泵，当内冷水压力降至 0.12MPa，流量低于 16t/h 时，发电机主保护动作。

（6）轴向位移大，胀差大、真空低等外接保护试验与振动大的试验条件、方法基本相同。

（二）调节保安系统启机后试验

1. 主汽门、调速汽门严密性试验

（1）自动主汽门严密性试验：

1）试验条件：①汽轮机空负荷运行；②主汽门前蒸汽参数不低于额定参数的 50%；③保持真空；④启动油泵，润滑油泵运行。

2）试验方法：①在 DEH 手操盘上将超速保护试验钥匙置于试验位置；②在电调操作画面中进入超速试验画面：选择"主汽门严密性试验"键确认后，该灯亮，检查各主汽门关闭；③在主蒸汽额定压力情况下，汽轮机转速降至 1000r/min 为严密性合格；④若参数低于额定值，确定严密性合格的转速应按下式计算：合格转速 $= (p_1/p_2) \times 1000$ r/min（p_1：试验时主蒸汽压力；p_2：额定主蒸汽压力）；⑤试验合格后，手动打闸，再重新挂闸，按热态冲动原则，恢复机组转速 3000r/min。

（2）调速汽门严密性试验：

1）试验条件同主汽门严密性试验条件相同。

2）试验方法：①在 DEH 手操盘上将超速保护试验钥匙置于试验位置；②在电调操作画面中进入超速试验，选择"调节汽门严密性试验"键确认后，该灯亮，检查所有调节汽门全关；③高压调节汽门全关后，转速降至为严密性合格转速后恢复；如参数低于额定值，合格转速的计算同自动主汽门。

（3）汽门严密性试验注意事项：

1）试验时尽量保持主蒸汽压力，真空稳定。

2）试验过程中，机组通过临界转速时应注意振动情况。

3）每下降 50r/min，要记录一次时间、转速、蒸汽参数和真空值，直到转速合格为止。

4）转速下降过程中，注意润滑油压的变化。

5）如果汽门严密性不合格，禁止启动汽轮机。

2. 103％超速 OPC 保护试验

（1）OPC 功能：①降荷功能，甩负荷或发电机跳闸时，自测并迅速关闭主蒸汽调节门和再热蒸汽调节门，余汽消失自动开调节汽门；②超速关门功能，当超速大于 103％额定转速时，自动关闭两级调节汽门；③快速阀门控制功能，当汽轮机功率超过发电机功率 60％～80％，只关闭再热器调节汽门，超荷自动抑制作用。

（2）首次冷态启动定速后，进行打闸试验，注油试验，电气空载试验完成后进行。

（3）试验条件：①机组并网带 10％～20％负荷运行 2～4h 以上后进行；②DEH 运行方式为"操作员自动"；③主机交流润滑油泵运行，低油压连锁投入。

（4）试验方法：①快速减负荷到零；②联系电气解列发电机；③将超速保护试验开关置"试验"位置；④按下"103％"键灯亮；⑤设定目标值 3100r/min，升速率 50r/min；⑥按"进行"键灯亮；⑦当转速升到 3090r/min，OPC 应动作，DEHCRT 显示，高压调节汽门、中压调节汽门迅速关闭，记下 OPC 动作转速；⑧按下"103％"键灯灭后，实际转速降至 3000r/min，GV、IV 阀位回原来位置。

3. 110％超速 DEH 保护试验

（1）试验条件同"103％"超速试验。

（2）试验方法：①快速减负荷到 5％负荷；②联系电气解列发电机；③将超速保护开关置"试验"位置；④将 ETS 超速钥匙打至"抑制"位置；⑤将机械超速试验手柄搬至适当的位置；⑥按下"110％"键灯亮；⑦设定目标值 3330r/min，升速率 50r/min；⑧按"进行"键、将超速保护试验"危急遮断"键按下灯亮、其余试验方法与 DEH 电超速相同；⑨当转速升到 3300r/min 时，DEH 电超速保护动作，TV、GV、IV、RV 迅速关闭；⑩转速上升过程中，机械超速提前于电超速动作时，待转速降至 3000r/min，挂闸，升速率 300r/min 恢复 3000r/min 运行。

4. ETS 的 110％电超速试验

（1）试验条件同"103％"超速试验。

（2）试验方法：①ETS 电超速钥匙打至"投入"位置；②其他操作，基本同上。

5. 机械超速试验

（1）试验条件同"103％"超速试验。

（2）试验方法：

1）将超速保护试验开关置"试验"位置。

2）按下"危急遮断"键灯亮。

3）将 ETS 电超速钥匙打至"抑制"位置。

4）设定目标值 3340r/min，升速率 50r/min 按"进行"键。

5）当机组转速升至 3330r/min 时，机械保护飞锤动作，记录动作转速，TV、GV、RV、IV 迅速关闭无卡涩现象，DEH、CRT 显示各阀位指示到零，汽轮机脱扣灯亮。

6）当机组转速降至 3000r/min 时机头就地挂闸，DEH 盘面挂闸，机组恢复 3000r/min。

7）试验进行二次，二次动作转速不超过 18r/min。

8）试验结束后将 ETS 电超速钥匙打至"投入"位置，DEH 超速保护试验开关打至"投入"位置，重新并网加负荷。

（3）超速试验注意事项：超速试验时，注意机组轴向位移、排汽温度、轴承温度、润滑油温和油压的变化。

6. 喷油试验

（1）试验条件：①机组转速 3000r/min，频率波动不大；②发电机未与系统并列。

（2）试验方法：

1）No1 喷油试验：将操作错油门拧到 No1 位置，待 No1 喷油试验错油门的小错油门抬起后，手按该小错油门使 No1 飞锤动作，指示灯发出信号，试验完毕松开小错油门待飞锤复位灯熄灭，再操作错油门拧回中间位置。

2）No2 喷油试验：在保安操作箱将操作错油门拧至 No2 位置，待 No2 喷油错油门的小错油门抬起后，手按该小错油门使 No2 飞锤动作，发出灯光信号，松开后飞锤复位，灯光熄灭，再操作错油门拧回中间位置。

（三）调节保安系统动态特性试验

甩负荷试验即为调节保安系统动态特性试验，详细内容见"汽轮发电机甩负荷试验"。

八、汽轮发电机甩负荷试验

汽轮发电机甩负荷试验的目的、要求、方法、检测、措施及报告，适用于各种容量机组，包括机械液压型和电液型的调节系统。

（一）目的和要求

目的：考核汽轮机调整保安系统的动态特性。要求：在甩负荷最高飞升转数时，不应使危急保安器动作；机组温度在上限范围内，调节系统转速回落，并有效控制机组在 3000r/min 空负荷运行。

（二）试验方法

（1）突然断开发电机主开关，机组与电网解列，甩去全部负荷，测取汽轮机调节系统动态特性。

（2）凝汽或背压式汽轮机甩负荷试验，一般按甩 50%、100% 额定负荷两级进行。当甩 50% 额定负荷时，转数超调量大于等于 5% 时，应中断试验，不再进行甩 100% 负荷试验。

（3）可调整抽汽式汽轮机，先按凝汽工况进行甩负荷，合格后再投入调节抽汽，按最大抽汽流量甩 100% 负荷。

（4）试验应在额定参数、回热系统全部投入等正常运行系统、运行方式、运行操作下进行，不能在做甩负荷试验的同时，进行锅炉熄火停炉、停机等试验。

（5）在机组甩负荷后，调节系统动态过程尚未终止前，不可操作同步器，具有同步器自动返回功能的电液调节系统除外。

（6）甩负荷试验结束，测试、检查工作完毕后，应尽快并网，依汽缸温度带适当负荷。

（三）试验记录与监测

（1）甩负荷规程中自动记录的项目：功率、转数、油动机行程和有关油压量。

（2）甩负荷规程中手抄的项目：功率、转数、油动机行程、主油泵进口和出口油压、脉冲油压、蒸汽参数、排汽压力和同步器行程。

（3）手抄项目应记录甩负荷前的初始值，甩负荷过程中的极值（最大或最小）和甩负荷过程结束的稳定值。

（4）甩负荷过程中若有异常、指示摆动或呆滞现象，应做好记录，还应监视胀差、串轴、振动、排汽温度等。

（四）安全措施与检查

（1）机组甩负荷后，锅炉不应超压、汽轮机不应超速、发电机不应过压，维持机组空负荷运行，并能尽快并网。

（2）机组甩负荷后，当转数飞升未达到危急保安器动作转数时，待甩负荷结束，测试完成，转数回至 3000r/min 正常后，也应进行下列检查：

1）汽轮机旁路系统开启情况。

2）汽封压力、除氧器压力、除氧器水位和凝汽器水位。

3）串轴、胀差、排汽温度，抽汽逆止门关闭情况，检查机组振动情况。

4）是否开启汽轮机本体及抽汽管道疏水。

5）高压加热器保护动作是否正常，必要时解列高压加热器汽侧。

（3）机组甩负荷后，当转数飞升使危急保安器动作时，应及时做以下操作、检查：

1）摇同步器至空负荷位置。

2）检查主汽门、调节汽门和抽汽逆止门是否关闭。

3）待转数降至挂闸转数时挂闸。

4）若机组转数继续下降，应及时启动高压油泵。

5）设法恢复机组转数至 3000r/min，完成有关项目的检查。

（4）调节系统严重摆动，无法维持空负荷运行时，应打闸停机。

（5）机组甩负荷后，转速飞升至 3300r/min 而危急保安器拒动时，应立即打闸停机，若转数仍继续上升，则采取全部切断汽轮机进汽汽源的措施，破坏真空，紧急停机。

（6）机组甩负荷后，锅炉停止供粉，维持部分油枪运行，当恢复到正常空负荷运行时，维护燃烧，调整锅炉参数到额定值。

（7）若锅炉泄压手段失灵，锅炉超压时，应紧急停炉。

（8）若在甩负荷试验过程中发生事故，根据事故现象判断原因和事故状态，按下列顺序择优执行：停止试验；按规程处理事故；维护机组安全运行；立即停机；组织人员撤离现场。

（五）试验结果整理

（1）手抄记录项目：按甩负荷前、甩负荷过程和甩负荷后的数据列表。

（2）自动记录曲线和测取有关数据整理列表。

（3）自动记录曲线和测取有关数据：初始转数 n_0、最高转数 n_{max}、稳定转数 n_δ、汽门关闭后的飞升转数 Δn_v、转数波动值 Δn、转数滞后时间 t_n、达到最高转数时间 tn_{max}、转速变化全过程时间 t、油动机延迟时间 t_1、油动机关闭时间 t_2、油动机变量的延迟时间 t_{p1} 和过渡过程时间 t_{p2}。

（4）根据测取的数据计算有关参数：

1）动态超调量：

$$\psi = \frac{n_{max} - n_0}{n_0} \times 100\%$$

2）转速不等率：

$$\delta = \frac{n_\delta - n_0}{n_0} \times 100\%$$

3) 动静差比：

$$B = \frac{n_{\max} - n_0}{n_\delta - n_0}$$

4) 转子加速度：

$$a = \Delta n_t \mathrm{——} \Delta t \ [\mathrm{r/(min \cdot s)}]$$

5) 转子时间常数：

$$t_\mathrm{a} = \frac{n_0}{a}$$

6) 转子转动惯量：

$$J = 102 \frac{t_\mathrm{a} P_0}{\omega_0 \eta} (\mathrm{kg \cdot m \cdot s^2})$$

7) 容积时间常数：

$$t_\mathrm{V} = \frac{\Delta n_v}{a}$$

稳定时间 $\Delta n < (\delta n_0 / 20)$ 时所经历的时间为转速稳定时间（s）。

式中　　η——发电机效率（%）；

　　　　Δn_t——对应于 Δt 时刻内的转速变化（r/min）。

（5）根据自动记录曲线无法计算系统有关参数的系统，例如，OPC 等保护必须参与甩负荷试验的系统，要整理出最高转速，以及转速、油动机和保护动作的全过程时间及变化幅值。

（六）编写试验报告

（1）试验目的及范围。

（2）调节、保安系统类型、动作原理和设备概况。

（3）测点及仪器一览表，注明精度。

（4）试验方法。

（5）试验条件。

（6）试验结果（用表格、曲线、图示等来表示）。

九、保护连锁检查试验

（一）汽轮机主跳闸条件

（1）手动停机（操作员打闸、硬回路）。

（2）汽轮机 TSI 超速三取二。

（3）轴相位移大：同侧与，后或。

（4）MFT 跳闸三取二。

（5）轴承振动大（十四取一）。

（6）AST 油压低（脉冲 10s、反跳逻辑）。

（7）高压缸排汽压比低。

（8）高压缸排汽温度高。

（9）低压缸排汽温度高（延时 5min）。

（10）发电机保护动作。

（11）MFT 动作。

（12）DEH 跳闸。

（13）胀差大（－1.88mm/＋18.3mm）。

（14）DEH 失电跳机二取一。

（15）抗燃油压低：先或，后与（9.31MPa）。

（16）润滑油压低：先或，后与（0.06MPa）。

（17）真空低：先或，后与（背压大于65kPa）。

（18）汽轮发电机轴承金属温度高。

（19）推力瓦金属温度高（依四个测点位置确定保护方式）。

（二）机组试运行中参数控制

以超临界压力 350MW 机组为例，机组试运行中参数控制，见表8－7。

表 8－7 机组试运行中参数控制

序号	控 制 项 目	单 位	正 常 值	控制极限值	备 注
1	转速	r/min	3000	3330	
2	负荷	MW	350	383.948	VWO1 工况
3	主蒸汽压力	MPa	24.2	—	汽轮机主汽门入口
4	主、再热蒸汽温度	℃	566	—	汽轮机主汽门入口
5	左右蒸汽温度差	℃	≤14		
6	高压缸排汽排蒸汽压力	MPa	3.8		
7	高压缸排汽温度	℃	≤400	427℃跳闸	
8	排汽压力	kPa（a）	10	65kPa跳闸	48kPa报警
9	低压缸排汽温度	℃	—	121℃手动停机	79℃报警
10	轴向位移	mm	—	＋1、－1跳闸	
11	低压缸胀差	mm	－1.12～17.6	＋18.36或－1.88	手动停机
12	主机轴振	μm	76	254跳闸	125μm合格
13	主机轴瓦振动	mm	＜0.03		
14	抗燃油压力	MPa	14.0	小于等于9.3跳闸	
15	抗燃油温度	℃	38～55		
16	润滑油压	MPa	0.083～0.124	小于等于0.06跳闸	
17	润滑油温	℃	38～45		
18	顶轴油压	MPa	11～14		
19	轴承回油温度	℃	＜65	82℃手动停机	
20	支撑轴承温度	℃	＜82	113℃手动停机	
21	推力瓦温度	℃	＜90	107℃手动停机	
22	主油箱油位	mm	－152.4～＋152.4	－563mm跳闸	
23	抗燃油箱油位	mm	438～914		
24	不超速跳闸最高负荷	MW	379.897	—	
25	机械超速跳闸转速	r/min	—	3300	控制109%～110%

序号	控制项目	单位	正常值	控制极限值	备 注
26	电气超速跳闸转速	r/min	—	3300	试验3060r/min
27	最高背压/持续时间	kPa/min	48/15	—	
28	全真空惰走时间	min	45	—	
29	无真空惰走时间	min	20	—	
30	盘车转速	r/min	2.51	—	
31	盘车停止汽缸温度	℃	<150	—	
32	盘车停止转子温度	℃	<150	—	

（三）高压加热器及蒸冷部分

高压加热器及蒸冷部分试验情况，见表8-8。

表8-8　　　　　　　　　高压加热器及蒸冷部分试验

名　称	定　值（mm）			动作情况
	1号高压加热器	2号高压加热器	2段蒸冷器	
水位低Ⅰ值	−50	−50	—	信号报警
水位低Ⅱ值	−150	−150	—	信号报警
水位高Ⅰ值	+50	+50	+150	信号报警
水位高Ⅱ值	+200	+200	+300	信号报警，打开危急事故疏水门
水位高Ⅲ值	+300	+300	+500	关闭2台高压加热器抽汽逆止门和进汽电动门。关闭高压加热器给水出入口门，给水走旁路。关4段冷蒸汽进出口电动门，开其旁路电动门

（四）电动给水泵部分

泵组报警条件，见表8-9。

表8-9　　　　　　　　　　泵组报警条件

序号	信号名称	单位	Ⅰ值报警	Ⅱ值报警
1	前置泵轴承温度高	℃	95	—
2	给水泵径向轴承温度	℃	75	90
3	给水泵推力轴承温度	℃	80	95
4	耦合器推力、径向轴承温度	℃	90	—
5	电机轴承温度高	℃	80	90
6	前置泵电机轴承温度高	℃	95	—
7	电机绕组温度高	℃	120	130
8	电机风温高	℃	55	—
9	润滑冷油器入口油温	℃	65	—
10	润滑冷油器出口油温	℃	55	—
11	工作冷油器入口油温	℃	110	—

序号	信 号 名 称	单 位	Ⅰ值报警	Ⅱ值报警
12	工作冷油器出口油温	℃	75	—
13	润滑油过滤器差压高	MPa	≥0.06	—
14	给水泵进口滤网差压高	MPa	≥0.06	—
15	给水泵进口压力低	MPa	≤1.4	—
16	给水泵反转	—	—	—

泵组连锁、保护试验，见表 8-10。

表 8-10　　　　　　　　　　　　泵组连锁、保护试验

序号	试验项目	试 验 要 求
1	给水泵润滑油压保护连锁试验	润滑油压小于等于 0.08MPa 时，给水泵跳闸； 润滑油压为 0.1MPa 时报警，辅助油泵自启动； 润滑油压大于等于 0.3MPa 时，停辅助油泵
2	再循环阀连动试验	流量小于 170m³/h 时，再循环阀自动开启； 流量大于 340m³/h 时，再循环阀自动关闭
3	泵组跳闸保护试验	工作油冷油器入口油温大于等于 130℃时，跳泵； 工作油冷油器出口油温大于等于 85℃时，跳泵； 润滑油冷油器入口油温大于等于 75℃时，跳泵； 润滑油冷油器出口油温大于等于 60℃时，跳泵； 耦合器轴承温度大于等于 95℃时，跳泵，润滑油压力小于等于 0.08MPa 时，跳泵； 给水泵入口压力小于等于 1.25MPa 时，延时 30s，泵组跳闸； 再循环阀 10s 未开，泵组跳闸
4	前置泵跳闸保护	除氧器水位低Ⅱ值（700mm），电机保护动作

（五）发电机部分

发电机部分试验要求，见表 8-11。

表 8-11　　　　　　　　　　　　发电机部分试验要求

序号	试验项目	试 验 要 求
1	内冷水系统	内冷水水箱水位高Ⅰ值：400mm，高Ⅱ值：450mm，联关补水电磁阀；低Ⅰ值：250mm、低Ⅱ值：200mm，联开补水电磁阀； 当定子绕组进水温度达到 50℃时，报警；当定子绕组出水温度达到 75℃时，报警； 定子绕组两端水压比正常值高至 0.035MPa 时，报警； 离子交换器出水电导率达到 1.5μS/cm 时，报警；定子绕组进水电导率达到 2μS/cm 时，报警； 发电机氢水压差低至 0.035MPa 时，报警； 内冷水箱压力高至 0.042MPa 时，报警； 内冷水泵事故跳闸，备用泵自启动；当泵出口母管压力低至 0.15MPa 时，备用泵自启动； 发电机断水保护：内冷水压力降至 0.12MPa，流量小于 16t/h，跳机； 内冷水流量低于 25t/h 时，报警

续表

序号	试验项目	试 验 要 求
2	密封油系统	密封油箱油位±20mm，报警； 空、氢侧出油温度高至53℃时，报警； 试投由启动油泵（主油泵）带的备用油源；氢油压差低至0.035MPa，直流油泵投入；运行的空侧交流油泵跳后，联备用空侧交流油泵；运行的空侧交流油泵跳后，联备用空侧交流油泵失败后，联空侧直流油泵；联空侧交流油泵出口压力为0.15MPa时，发"空侧交流油泵停"报警，联备用空侧交流油泵；空侧直流油泵出口压力为0.155MPa时，发"空侧直流油泵停"报警； 氢侧交流油泵停，泵出口压力低至0.015MPa时，直流油泵投入； 发电机氢压为0.28、0.31MPa时，报警； 排油烟机连锁试验； 密封油箱自动补、排油试验； 安全门0.85MPa动作，0.75MPa回坐

（六）汽轮机部分

汽轮机部分试验要求，见表8-12。

表 8-12　　　　　　　　　　汽轮机部分试验要求

序号	试验项目	试 验 要 求
1	手动停机试验	就地打闸，主汽门、调速汽门、抽汽电动门及逆止门、高压缸排汽逆止门迅速关闭。 远方按停机按钮，主汽门、调速汽门、抽汽电动门及逆止门、高压缸排汽逆止门迅速关闭
2	抗燃油保护	抗燃油压高15.5MPa、低11.2MPa报警； 抗燃油压低至11.2MPa，联备用泵； 抗燃油压低至9.8MPa，停机； 抗燃油箱油位报警：高510mm报警、低430mm报警； 抗燃油箱油位低至270mm，跳抗燃油泵 油温高低连锁试验： 油箱温度小于20℃时，电加热器自动投入；温度高于50℃时，电加器自动停止； 油温达到上限温度55℃时，油循环泵自动启动，冷却水电磁阀打开； 油温达到下限温度37℃时，油循环泵自动停止，冷却水电磁阀关闭； 抗燃油温65℃时报警；抗燃油温75℃时停机；抗燃油温20℃时禁止启动油泵 抗燃油位连锁试验： 抗燃油箱油位升高至510mm，高报警；抗燃油箱油位降低至430mm，低报警；抗燃油箱油位降低至270mm，停主油泵；抗燃油箱油位降低至430mm，允许启动油泵
3	润滑油保护	润滑油压降至0.07MPa，启动交流润滑油泵；润滑油压降至0.06MPa，启动直流事故油泵，并停机；润滑油压降至0.03MPa，跳盘车； 主油箱油位±180mm，报警； 润滑油箱油温度低Ⅰ值：27℃；冷油器出口油温度高Ⅰ值：45℃； 顶轴油泵跳闸连锁试验
4	振动保护	轴承振动0.127mm报警；轴承振动0.254mm停机； 瓦盖振动0.04mm报警
5	低真空保护	真空降至86kPa，报警； 真空降至64kPa，停机
6	轴向位移	轴向位移达到0.80mm报警，1.00mm停机； 轴向位移达到-1.00mm报警，-1.2mm停机
7	炉MFT保护	MFT跳闸，汽轮机跳闸

序号	试验项目	试 验 要 求
8	发电机主保护	发电机主保护动作，跳主机
9	超速保护	OPC 电磁阀动作（3090r/min），高、中压调速汽门及各抽汽电动门、逆止门关闭； DEH 和 ETS 110%（3300r/min）超速保护动作，高、中压主汽门、调速汽门及各抽汽电动门、逆止门关闭； 机械超速（3300～3330r/min）保护动作，高、中压主汽门、调速汽门及各抽汽电动门、逆止门关闭； 飞锤充油试验动作，脱扣手柄打到"跳闸"位置
10	DEH 失电保护试验	DEH 失电，停机
11	胀差	高压胀差：+6mm、−2.8mm 跳机；中压胀差：+6mm、−3mm 跳机；低压胀差：+7.5mm、−4.5mm 跳机
12	其他	支持轴承温度 95℃ 报警； 推力轴承及发电机轴承温度 95℃ 报警； 排汽温度 80℃ 联开汽缸喷水、50℃ 联关汽缸喷水、120℃ 跳机； 回油温度 65℃ 报警、75℃ 跳机

十、汽轮机旁路系统调试

（一）设备状况

1. 汽轮机旁路系统装置

（1）型式：高、低压两级串联旁路系统，低压旁路系统采用双阀系统配置。

（2）容量：30% 锅炉最大连续蒸发量。

2. 高压蒸汽转换阀

（1）设计压力/温度：进口 14.83MPa/545℃，出口 3.26MPa/345℃。

（2）工作压力/温度：进口 12.75MPa/535℃，出口 2.7MPa/315.1℃。

（3）进口流量 200t/h（最大 400t/h）。

（4）全程启闭时间 3.96～31.6s。

3. 高压喷水调节汽门

（1）设计压力/温度：23.4MPa/200℃。

（2）工作压力/温度：进口 18.5MPa/163℃，出口 8.924MPa/163℃。

（3）额定流量 33.5t/h。

（4）全程启闭时间 3.75～30s。

4. 高压喷水隔离阀

（1）设计压力/温度：23.4MPa/200℃。

（2）工作压力/温度：18.5MPa/163℃。

（3）额定流量 33.5t/h。

（4）全程启闭时间 4～12s。

5. 低压蒸汽转换阀

（1）设计压力/温度：进口 2.9MPa/545℃，出口 1.0MPa/200℃。

（2）工作压力/温度：进口 2.567MPa/535℃，出口 0.59MPa/160℃。

（3）进口流量 233.5t/h。

（4）全程启闭时间 3.75～30s。

6．低压喷水调节汽门

（1）设计压力/温度：2.34MPa/80℃。

（2）工作压力/温度：进口1.8MPa/34.2℃，出口1.078MPa/34.2℃。

（3）进出口流量70t/h。

（4）全程启闭时间3.75～30s。

7．低压喷水隔离阀

（1）设计压力/温度：2.34MPa/80℃。

（2）工作压力/温度：进口1.8MPa/34.2℃，出口1.078MPa/34.2℃。

（3）进出口流量70t/h。

（4）全程启闭时间4～12.5s。

8．三级喷水阀

（1）设计压力/温度：3.48MPa/80℃。

（2）工作压力/温度：1.75MPa/34℃。

（3）进出口流量25t/h。

（4）全程启闭时间3.7s。

（二）调试项目

1．系统投入

（1）确认旁路系统检查完毕，系统运行方式正确。

（2）确认旁路投入条件满足。

（3）开启三级减温器电动门，根据锅炉需要，将Ⅱ级旁路减温水阀开启10％后投入Ⅱ级旁路减压阀，再投入Ⅰ级旁路减压阀。

（4）根据当时蒸汽温度、蒸汽压力情况，开大或关小Ⅰ级旁路减压阀，使蒸汽温度、蒸汽压力按升温、升压曲线上升。

2．旁路停止

（1）机组达到冲转参数挂闸前，切除旁路系统。

（2）缓慢关闭Ⅰ级旁路减压阀和Ⅰ级旁路减温水阀。

（3）Ⅰ级旁路停止后，缓慢关闭Ⅱ级旁路减压阀直至全关。

十一、超高压汽轮机组调试

（一）机组启动前和运行中应做的试验

（1）安全门在安装之前先进行水压试验，然后安装，承压容器和管道按规定进行水压试验。

（2）所有的转动设备经8h分部试运正常后，做连动试验。

（3）做汽轮机调节系统静态试验。

（4）主机保护试验：①103％超速保护；②110％超速保护；③轴向位移保护；④润滑油压低保护；⑤低真空保护；⑥机组振动保护；⑦第21、22级隔板压差保护；⑧抽汽室压力高保护；⑨EH系统压力低保护。

（5）附属设备连锁及热工保护信号报警试验。

（6）汽门关闭时间测试。

（7）汽门严密性试验。

（8）超速试验。

（9）撞击子注油试验。

（10）真空系统严密性试验。

（二）机组启动及带负荷的控制指标

1. 蒸汽及金属的温升速率和各部温差

（1）主蒸汽温升为 1℃/min，再热蒸汽温升为 2℃/min。

（2）主蒸汽和再热蒸汽管管壁温升为 5～6℃/min。

（3）主汽门、调节汽门门壁温升为 4～5℃/min。

（4）汽缸壁温升为 3～4℃/min。

（5）高压内缸上、下内壁温差不大于 35℃，高压外缸及中压缸上、下内壁温差不大于 50℃。

（6）汽缸与法兰内壁温差不大于 15℃。

（7）高、中压缸法兰内外壁温差不大于 100℃。

（8）高、中压缸法兰左右温差不大于 10℃。

（9）高、中压缸法兰与螺栓温差不大于 35℃。

（10）主、再热蒸汽两侧温差不大于 15℃。

（11）高压内缸外壁与高压外缸内壁温差在 30～40℃。

2. 凝汽器真空及排汽缸温度

（1）凝汽器真空：冲转时不小于 70kPa；正常运行时 85kPa 报警，并减负荷；67kPa 停机。

（2）排汽缸温度：空负荷时不超过 120℃；负荷时不超过 60℃。

3. 油压、油温和油位

（1）油压：

1）调节油压：正常 1.96MPa，不低于 1.86MPa。

2）Ⅰ射油器出口油压：0.098MPa。

3）Ⅱ射油器出口油压：0.245MPa。

4）润滑油压：①正常 0.098MPa，最低不低于 0.078MPa；②油压降至 0.07MPa 时，启动交流润滑油泵，并报警；③油压降至 0.06MPa 时，启动直流润滑油泵，并停机；④油压降至 0.03MPa 时，跳盘车。

（2）油温：

1）润滑油温：冲转时应大于 35℃，升速前不低于 38℃，正常运行时 38～45℃。

2）回油温度：正常时为 50～55℃，最高不超过 65℃，轴承回油温度急剧升高超过 75℃ 时，应立即打闸停机。

3）支持轴承及推力轴承合金温度：95℃ 报警，105℃ 停机。

4）主油箱油位：正常 0～319mm，低于 0mm 时，需及时补油。

4. 大轴晃动度（偏心率）

大轴晃动度（偏心率）应不大于原始值 ±0.02mm。

5. 振动

（1）汽轮机转速在 1300r/min 以下，各轴承盖振不超过 0.03mm。

（2）汽轮机冲转到定速，过临界转速（汽轮机高压转子临界转速为 1834r/min、中压转子为 1626r/min，低压转子临界转速为 1649r/min，发电机一阶临界转速为 827r/min，二阶临界转速为 2492r/min）时，1、2 瓦盖振不超过 0.05mm，其他各瓦盖振不超过 0.1mm，轴颈振动值不超过 0.26mm。

（3）汽轮机定速后，各轴承盖振不超过 0.04mm。

（4）机组各瓦轴颈振动值在 0.08mm 内为良好，在 0.165mm 内可以运行，在稳定运行工况下，轴颈振动值突增，超过允许值的 25% 时，应立即采取措施观察处理，超过 0.26mm 立即打闸停机。

6. 轴向位移

轴向位移：−1.0mm，+0.8mm 报警；−1.2mm，+1.0mm 停机。

7. 胀差

胀差：高压胀差：−2.8～+6mm；中压胀差：−3.0～+6mm；低压胀差−4.5～+7.5mm。

（三）机组启动

1. 机组滑参数冷态启动

（1）启动前的准备：

1）值班人员接到启动命令后，应按电厂运行规程和调试方案要求，对设备系统阀门进行详细检查，使其处于启动状态。若有影响启动的问题，应及时汇报，尽快处理解决。

2）电气测电机绝缘，送有关设备电源；热工投入仪表、信号、保护电源，化学送除盐水。

3）启动工业水泵，向转动设备送冷却水。

4）做辅机连动试验及电动门操作试验。

5）启动机组油系统步骤为：

a. 启动排油烟风机，调整风门使轴承箱内形成 98～196Pa 负压。

b. 启动润滑油泵，向油系统充油，驱净冷油器、油管路内的空气。

c. 启动调速油泵，逐渐开启出口门，待油压正常后，停交流润滑油泵，并检查各轴承回油正常，油系统无漏油。

d. 启动顶轴油泵，投入盘车，并注意倾听主机内部及各轴承、轴封内部声音，测量转子偏心率，并记录盘车电流。

e. 确认抗燃油泵 A 或 B 满足启动条件，启动抗燃油泵 A 或 B，投入连锁开关。

6）进行主机保护试验，试验合格后将主机保护投入（除低真空保护）。

7）启动凝汽系统，抽真空：启动循环水泵，向凝汽器送冷却水；向凝汽器补水后，启动凝结水泵；启动真空泵，确认泵入口碟阀自动开启，系统抽真空；轴封系统充分暖管后，向轴封供汽。

8）锅炉点火后工作：根据锅炉需要投入给水泵运行；凝汽器真空在 40kPa 以上时，根据锅炉需要投入三级减温水及Ⅰ、Ⅱ级旁路；根据蒸汽升温升压率，及时调整Ⅰ、Ⅱ级旁路开度；Ⅰ级旁路后蒸汽温度达到 150℃，开启 1、2 号电动主闸门旁路门，暖自动主汽门前管道。暖 10min 后，全开 1、2 号电动主闸门，关闭 1、2 号电动主闸门旁路门；汽轮机达冲动参数，逐渐关小Ⅰ、Ⅱ级旁路，加强凝汽器、除氧器水位监视；记录冲转前参数：主蒸汽压力、主蒸汽温度、再热蒸汽温度、偏心度、热膨胀、胀差、汽缸金属温度、轴向位移、盘车电流，顶轴母管油压、氢压、氢油压差、内冷水压力、内冷水流量、真空、排汽温度、润滑油箱油位、润滑油压、润滑油温、抗燃油箱油位、抗燃油压、抗燃油温、密封油箱油位。

（2）冷态启动冲转参数：①主蒸汽压力：1.5～2.0MPa；②主蒸汽温度：260～280℃，过热度50℃；③凝汽器真空：70kPa以上；④再热蒸汽温度：140℃以上，过热度50℃；⑤抗燃油压：13.5～14.5MPa；⑥抗燃油温：43.3～54.4℃；⑦润滑油压：0.096～0.12MPa；⑧润滑油温：38～49℃；⑨主油箱油位：+150～-150mm；⑩抗燃油箱油位：430～510mm；⑪连续盘车：大于4h；⑫发电机氢压：0.3MPa；⑬油压比氢压大：0.05MPa；⑭大轴晃度：不大于原始值±0.02mm；⑮高、中压缸上、下缸温差：小于50℃。

（3）DEH冲转：

1）用DEH冲动转子，转子冲动后，注意盘车装置脱开。升速及暖机时间控制见表8-13。

表8-13　　　　　　　　　　升速及暖机时间控制

序号	操作步骤	升速时间（min）	暖机时间（min）
1	500r/min全面检查听声	5	5
2	均匀升速到1300r/min	10	30
3	均匀升速到3000r/min	5	—

2）机组转速达到500r/min时，听声，并对机组进行全面检查。

3）机组转速达到1300r/min时，投入加热装置，停止顶轴油泵运行，对机组全面检查。

4）机组定速后，停止启动油泵运行，调整发动机风温、油温等参数，投入排汽缸喷水。

（4）升速、暖机过程中操作注意事项：

1）机组通过临界转速应迅速而平稳。

2）汽轮机定速后，逐渐关闭启动油泵出口门，并随时注意安全油压和润滑油压变化。

3）汽轮机升速过程中，应注意调整凝汽器水位，凝结水质合格后，将凝结水倒入除氧器。

4）机组升速或加负荷过程中，加强监视各轴承振动、瓦温的变化。在1300r/min转速以下，各轴承盖振动不超过0.03mm；在1300r/min转速以上，各轴承盖振动不超过0.04mm；在额定转速下，各轴承盖振动不超过0.05mm；过临界转速时，各轴承盖振动不超过0.10mm，如超过时应立即打闸停机，查明和消除振动大的原因后方可再次启动。

5）注意听声：细心倾听各轴封、轴承、前箱、汽缸等处有无异声。

6）在暖机及每次升速时，要注意检查安全油压、润滑油压、抗燃油压和各支持轴承、推力轴承的瓦温与回油温度，以及油流情况。

7）检查车室、导管、调速汽门是否畅通。

（5）并列与带负荷：

1）机组定速后，对机组进行全面检查，一切正常后，联系电气并列。

2）机组并网后，电调控制机组自动带初始负荷5MW，在此负荷下暖机45min。

3）高、低压加热器随机启动。

4）机组5MW负荷暖机结束，在DEH负荷控制画面内，"负荷变化速率"内输入

5MW/min，在"负荷目标值"内输入60MW，然后按"进行"按钮。逐渐开大至全开高、中压调节汽门，按冷态滑参数启动曲线升温升压。

5）负荷升至60MW，联系锅炉稳定汽温、汽压暖机4h。

6）暖机结束后，减负荷至0，解列发电机准备做超速试验。

7）在手动打闸、汽门严密性试验合格的情况下，分别进行103%、机械超速试验、DEH及ETS超速试验。

8）试验合格后进行撞击子喷油压出试验。

9）试验合格后重新并网，并尽快将负荷加至缸温对应的负荷下暖机。

10）逐渐开大至全开高、中压调节汽门，按冷态滑参数启动曲线升温升压加负荷。

11）根据负荷，逐渐开启至全开轴封一段漏汽及二段漏汽。

12）四段抽汽压力0.05MPa以上时，投入四段抽汽运行，除氧器开始随机组滑压运行。

13）主蒸汽温度达350℃时，关闭主、再热蒸汽管道疏水至疏水扩容器门。

14）高压内缸下内壁温达350℃时，关闭本体疏水至疏水扩容器门。

15）除氧器压力0.20MPa以上，轴封供汽倒除氧器，停止轴封备用汽源，保持热备用。

16）负荷达70MW，将高压加热器疏水导至除氧器。启动一台2号低压加热器疏水泵，另一台连动备用。

17）机组负荷达到100MW，暖机60min，将门杆漏汽导入除氧器。

18）高压外缸下内壁金属温度达350℃，汽缸、法兰、螺栓各部温差及胀差在允许范围内，可停止汽缸、法兰、螺栓加热装置。

19）100MW负荷暖机结束，各金属温差及胀差在正常范围内，按冷态滑启曲线升温、升压。

20）机组负荷达120MW，投入1号低压加热器疏水泵。

21）机组负荷达150MW，主、再热蒸汽温度在520℃以上，全面检查机组各缸温差、胀差及汽缸膨胀正常后，锅炉定温定压。

22）机组各部参数正常，可进行阀切换，并投入功率控制。

23）逐渐将负荷加至200MW。

2. 机组热态启动

（1）热态启动划分：汽轮机调节级处汽缸内壁金属温度在150℃以上时启动称为热态启动。

（2）热态启动条件：①主蒸汽至少有50℃的过热度，且新蒸汽温度高于汽轮机最热部分金属温度50～100℃以上；②大轴晃动度不超过0.03mm；③汽轮机汽缸调节级区域上、下缸温差不大于35℃；④启动前连续盘车不少于4h；⑤润滑油温应控制在40～45℃。

（3）热态启动操作注意事项：

1）机组热态启动的准备与冷态启动相同。

2）机组热态启动时，必须先向轴封供汽后再抽真空。

3）锅炉点火后，注意高、中压自动主汽门、调节汽门、高压缸排汽逆止门是否严密。防止低温蒸汽或疏水漏入汽缸，使汽缸、转子局部受到冷却。机组启动前应充分暖管和疏水，尽量缩短轴封供汽至冲转时间。

4）根据汽缸温度的变化情况确定暖机时间。若汽缸温度下降，应缩短暖机时间，开大调速汽门升速。

5）汽轮机冲转后，用 2～3min 进行全面检查，注意听声，再用 5～10min 升至额定转速，进行检查后方可并列。

6）升速过程中，应密切监视机组振动，一旦发生异常振动，应立即打闸停机，查明原因消除故障后，方可再次启动。

7）并列后应尽快加负荷至冷态滑启时汽缸温度对应的负荷值，然后升负荷速度应根据冷态启动后相应程序进行。

（四）机组的停止

1. 停机前准备工作

（1）试转交、直流润滑油泵、启动油泵、顶轴油泵正常，检查盘车装置及电源良好。

（2）法兰、螺栓加热装置，轴封备用汽源暖管。

2. 停机过程中控制参数

（1）主蒸汽降温速度在 1～1.5℃/min，再热蒸汽降温速度不大于 2℃，有 50℃ 以上过热度。

（2）汽缸壁温降不大于 3℃/min。

（3）自动主汽门、调节汽门壁温降速度不大于 5℃/min。

（4）其他按滑启时的控制指标。

3. 停机操作步骤

（1）"单阀"向"顺序阀"进行阀切换。

（2）在负荷控制画面投入"功率控制"，然后要求锅炉按滑停曲线降温、降压。随着蒸汽参数的降低，逐渐全开调节汽门。调节汽门全开后，在 DEH 操作画面切除"功率控制"。此时，DEH 由"功率控制"进入"调门控制"状态。

（3）当主蒸汽压力降至 9.0MPa、温度 500℃，机组负荷减到 150MW 时，稳定运行 15min 后，继续按滑停曲线降温、降压。

（4）负荷降至 120MW 时，停止 1 号低压加热器疏水泵。

（5）负荷滑至 100MW，依凝结水流量停止一台凝结水泵。根据凝汽器真空，停止一台循环水泵。

（6）主蒸汽温度与汽缸、法兰温度接近时，投入法兰、螺栓、夹层加热装置。

（7）根据负荷、胀差、轴封加热器进汽压力，调整轴封一漏、轴封二漏。

（8）负荷滑至 70MW，停止 2 号低压加热器疏水泵，关闭门杆漏汽至除氧器门。

（9）主蒸汽温度低于 350℃ 时，开启电动主闸门前后及高、中压导管、汽缸、抽汽管道疏水导扩容器门。

（10）当除氧器压力降至 0.2MPa 时，轴封供汽导备用汽源带。

（11）根据排汽室温度，投入低压缸喷水，使排汽室温度不超过 60℃。

（12）当主蒸汽温度滑到 260～270℃，主蒸汽压力滑至 2.0MPa 时，将负荷减到零。

（13）打闸前操作：①停止法兰、螺栓及夹层加热装置；②关闭低压缸喷水；③关闭主、再热蒸汽管道疏水至疏水扩容器门，稍开排大气门。

（14）启动交流润滑油泵，手按紧急停机按钮停机。通知电气值班员，发电机解列。

（15）监视转子惰走情况，记录转子惰走时间。

（16）关闭电动主闸门，关闭射水抽汽器空气门，开启真空破坏门，停止射水泵。

（17）汽轮机转速降至 1300r/min 时，启动一台顶轴油泵。

（18）汽轮机转速到零时，投入盘车。

（19）凝汽器真空到零时，停止轴封供汽，停止抽风机。

（20）停止发电机、励磁机冷却水，保持冷油器出口油温在 40～45℃。

（21）根据锅炉要求停止给水泵。

（22）低压缸排汽室温度降到 50℃ 以下，停止凝结水泵、循环水泵。

（23）高压内缸下内壁温度降到 150℃ 以下，停止盘车，主轴静止后停止顶轴油泵。

（24）盘车停止后，润滑油泵连续运行 4h 后停止油循环。油循环停止后，各瓦乌金温度不能超过 80℃，否则应恢复油循环。

4．滑停过程中注意事项

（1）滑停过程中，蒸汽过热度不得低于 50℃，注意防止汽轮机产生水击。

（2）主蒸汽温度低于高压内缸金属温度 35℃ 时，应停止降温降压，进行暖机。

（3）保持高、中、低压胀差在允许范围内，打闸前低压胀差应控制在 5mm 以内。

（4）注意调整轴封供汽压力、密封油压、凝汽器水位。

（5）轴封导备用汽源，必须充分暖管后切换。

（6）在盘车过程中，如果机内有明显摩擦声，应将连续盘车改为定期手动盘车，即每 30min 转动 180°，直到摩擦声消失后再投入连续盘车。

（五）故障停机

1．下列情况禁止启动汽轮机

（1）危急保安器动作不正常，自动主汽门、调速汽门和抽汽逆止门卡涩或不能关严时。

（2）汽轮发电机组转动部分有明显的摩擦声时。

（3）汽轮机主要保护不能正常投入。如超速保护、轴向位移保护、润滑油压低保护、低真空保护、机组振动保护、EH 系统油压低保护等。

（4）汽轮机甩负荷，调速系统不能维持空负荷运行。

（5）启动油泵，交、直流润滑油泵，顶轴油泵，盘车装置不能正常投入运行。

（6）在盘车过程中，汽轮机动静部分之间有明显的金属摩擦声。

（7）大轴晃动值偏离原始值 ±0.02mm。

（8）高压内缸上、下内壁温差大于 35℃，高压外缸、中压缸上、下内壁温差大于 50℃。

（9）高、中、低压胀差达到极限值。

（10）汽轮机油油质不合格；油系统充油后，主油箱油位低于 −150mm 以下。抗燃油油质不合格；抗燃油箱油位低于 270mm。

2．运行中如有下列情况，必须迅速切断汽轮机进汽，破坏真空停机

（1）汽轮机转速升高到 3330r/min 以上，而超速保护未动作。

（2）汽轮机突然发生强烈振动，而机组振动保护未动作。

（3）清楚地听出汽轮机内部有金属撞击声或摩擦声。

（4）汽轮机发生水冲击。

（5）轴封及挡油环处发生火花，并冒烟。

（6）机组任一轴承乌金温度急剧上升超过 100℃，回油温度急剧升高超过 75℃ 或轴承内冒烟。

（7）油系统着火，威胁设备、人身安全，且不能很快扑灭。

（8）主油箱油位突然降低至 -150mm 以下。

（9）轴向位移突然增大超过极限值或推力瓦块乌金温升至 95℃。

（10）润滑油压降至 0.06MPa 而保护未动作。

（11）发电机、励磁机着火或发电机内部氢气爆炸。

3. 汽轮机故障停机，不立即破坏真空的情况

（1）调节系统故障，无法维持运行。

（2）汽轮机无蒸汽运行超过 3min。

（3）汽轮机高、中、低压缸胀差达极限值，采取紧急措施无效时。

（4）主、再热蒸汽温度在 10min 内的变化幅度在 ±50℃ 以上。

（5）主蒸汽温度升高至 545℃ 连续运行 30min 或超过 545℃。

（6）在额定压力下，主蒸汽温度持续下降至 430℃ 以下。

（7）主蒸汽压力升至 13.62MPa，连续运行 30min 或超过 13.62MPa 时。

（8）凝汽器真空下降至 64kPa，不能立即恢复。

（六）运行维护和限制值

汽轮机启动调试中主要控制数据，见表 8-14。

表 8-14 汽轮机启动调试中主要控制数据

序号	项 目	正常值	报警值	脱扣值
1	胀差	-2.8～+6mm	—	—
		-3.0～+6mm	—	—
		-4.5～+7.5mm	—	—
2	轴向位移	+0.8～-1.0mm	+0.8mm；-1.0mm	+1.0mm；-1.2mm
3	转子偏心（mm）	小于原始值 ±0.02	—	—
4	轴振动（mm）	0.08	0.125	0.250
5	径向轴承金属温度（℃）	＜95	95	105
6	推力瓦和密封瓦金属温度（℃）	＜90	90	95
7	各轴承回油温度（℃）	＜65	65	75
8	润滑油温度（℃）	38～49	—	—
9	润滑油压（MPa）	0.08～0.12	0.07	0.06
10	润滑油箱油位（mm）	0	-150 或 150	—
11	抗燃油温（℃）	37～57	＞57	—
12	抗燃油压（MPa）	13.5～14.5	＜11.2 或＞16.2	9.8
13	抗燃油箱油位（mm）	510 以上	430、510	＜270
14	高压密封油出口压力（MPa）	0.82～0.896	—	—
15	润滑油压（MPa）	0.09～0.124	—	—
16	主油泵出口压力（MPa）	1.67～1.76	—	—

序号	项目	正常值	报警值	脱扣值
17	调节级与高压缸排汽压力之比	＞1.8	1.8	1.7
18	高压缸排汽温度（℃）	＜404	404	427
19	低压缸排汽温度（℃）	＜60	60	121
20	凝汽器真空（kPa）	＞88.9	＜86	64
21	汽缸上、下缸温差（℃）	＜50	—	—
22	轴封供汽母管压力	0.05～0.003	高于0.05、低于0.003	—
23	低压轴封供汽温度（℃）	149	轴封转子温差不大于±110	—
24	轴加热器压力（MPa）	0.0505	—	—
25	高压主汽门内、外壁温差（℃）	＜83	—	—
26	发电机定子冷却水压（MPa）	0.15～0.2	—	—
27	发电机定子进水温度（℃）	40～50	＞53，＜42	—
28	发电机定子出口水温（℃）	＜85	85	90
29	发电机空氢侧密封油压差（Pa）	±490.3	—	—
30	油氢压差（MPa）	0.085	—	—
31	水氢压差（MPa）	＞0.035	0.035	—
32	高压密封备用油泵出口压力（MPa）	0.82～0.896	—	—
33	发电机定子出水温度（℃）	＜85	85	90

十二、超临界汽轮机组调试

汽轮机冲转并网带负荷，是机、炉、电、热、化、煤全面的联合试运转后，主机组整套启动的开始。简述超临界压力直流炉机组启动。

（一）机组设备型号及调试概述

（1）对超临界的直流锅炉酸洗、点炉、吹管、严密性试验后，锅炉在带80%BMCR前，安全门须全部整定完毕。过热器安全阀是液压助动调整，PCV阀是直接带压起座。

1）过热器安全阀起座压力：控制安全阀1.08倍工作压力、工作安全阀1.1倍工作压力；再热器和启动分离器的安全阀起座压力均为1.1倍工作压力。

2）同一参数的安全阀起座压力误差应小于1%，回座压力应在4%～8%工作压力，最大不超过10%。

3）锅炉安全阀总排汽量应大于额度蒸发量，过热器安全阀总排汽量是107.06%倍BMCR，再热器为再热器流量的102.72%。

SG－1210/25.4－M4402锅炉，锅炉本体8只美国生产的弹簧式安全阀，分离器出口管上计两只整定压力31.2MPa，过热器出口管两只30.92MPa，再热器进口管两只5.68/5.79MPa，再热器出口管两只安全阀均为5.39MPa，为减少安全阀动作次数，过热器出口管装两只PCV动力泄压阀，并带有隔绝阀以检修之用，其整定压力为26.70MPa。

（2）电气在并网前试验结束，机组并网后：进行发电机带负荷试验、厂用电切换试验、发电机进相试验、发电机甩负荷试验、发电机 PSS 试验、AVC 试验及 AGC、APS 远控、自启停试验。

UPS 有动态储能式和静态逆变式，又可分为离线式和在线式。离线式又称后备式，冷备用状态，转换时间为 8~10ms。一般配置为 AB 段、保安段、直流变交流转换等，确保重要电源不间断。

（3）热控部分：在 DCS、DAS、CCS、SCS、MCS、FCS、MFT、OFT、FSSS、RB、ETS、TSI、DEH、AGC、APS、ADS 等调试结束后，在启机前还要进行大连锁试验。

大连锁试验包括：①锅炉跳闸，连锁汽轮机跳闸，连锁电气跳闸：触发 MFT→锅炉跳闸→汽轮机跳闸→电气跳闸→发电机出口断路器断开；②汽轮机打闸，连锁锅炉跳闸，连锁电气跳闸：触发 ETS 动作→汽轮机跳闸→锅炉和电气跳闸；③电气跳闸，连锁汽轮机跳闸，连锁锅炉跳闸：电气跳闸→汽轮机跳闸→锅炉跳闸；④发电断水保护：停定子冷却水泵（就地定冷水差压开关动作）→热工电气保护动作→电气跳闸→汽轮机跳闸→锅炉跳闸。

（4）CJK350 - 24.2/0.42/566/566 型汽轮机为超临界、单轴、中间再热、两缸两排汽抽汽、凝汽式汽轮机，其高、中压部分采用合缸结构，低压缸采用二层缸结构；前、中、后轴承座为落地结构。高、中压外缸 4 个下猫爪支撑在前、中轴承座上，高、中压外缸内部装有高压内缸、高压持环、中压内缸、中压持环、高压缸排汽侧平衡活塞汽封等零部件，两端装有端汽封。低压外缸依赖下缸近中分面处四周连续座架支承于基础台板上，低压外缸内装有低压内缸、内缸隔热罩、进汽导流环，两端装有端汽封。

高、中压转子为双流结构，高压与中压为反流布置，转子支承于两个径向轴承上。汽轮机的通流部分由高、中、低压 3 部分组成，高压由 1 级单列调节级和 14 级压力级组成；中压共 11 级，各级隔板分别装于中压 1、2 号静叶持环上；低压为双流 2×6 级，蒸汽从低压缸中部进入，然后分别流向两端排汽口进入下部凝汽器，故低压转子几乎没有轴向力。

发电机 QFSN - 300~350 - 2 型。发电机-变压器组整套启动试验：发电机-变压器组短路试验，发电机-变压器组空载试验，励磁系统空载闭环试验，励磁系统动态试验（无功补偿功能试验、带负荷阶跃响应试验、对电网的电抗 Xe 试验、励磁调解器负载切换试验、相频特性试验、性能检测试验、PSS 投切试验、低励限制试验、过励试验、甩负荷试验等）。

（二）汽轮机启动

1. 冷态启动

当高压（HP）内缸下半第一级金属温度或中压（IP）第一级持环下半金属温度小于 204.4℃时，采用冷态启动方式。否则，机组采用热态启动方式。

（1）启动前控制指标。

1）DEH 通电 2h 以上功能检查正常；启动前润滑油冷却水关闭，油温低于 21℃时投用电加热器，保持油温在 35℃以上；确保差压阀工作正常，维持 84kPa 油氢压差；投用主机盘车后，检查盘车电流正常、转子偏心率小于 0.02mm；发电机充氢至 310kPa；投用辅助汽源，进行除氧器加热，提高水温至 120℃左右；调整减温器后低压轴封温度在 150℃左右（121.1~176.7℃），轴封母管压力 0.024~0.031MPa。

2）锅炉点火后，高压旁路开度置 10%（根据再热器耐温程度确定高压旁路开度），低压旁路关闭。锅炉升压后，当再热蒸汽压力（低压旁路前）达到 0.3MPa 时，低压旁路逐步开启，并控制再热蒸汽压力在 0.3MPa。低压旁路喷水隔离阀打开，喷水调节汽门控制低压旁路后蒸汽温度在 150℃ 以下。当主蒸汽压力高于 0.5MPa 后，高压旁路逐步开大。当高压旁路开度大于 60% 后，随着锅炉升负荷，主蒸汽压力升高，高压旁路压力设定值随动，保持高压旁路开度基本不变。低压旁路开度大于 50% 后，可逐步提高压力设定值，保持再热蒸汽压力不超过 0.7MPa。按启动曲线提升再热蒸汽压力，当再热蒸汽压力达到 0.7MPa 时，低压旁路转为定压控制。维持再热蒸汽压力为 0.7MPa，直至机组冲转、并网及带 30% 负荷，低压旁路全关后退出。

（2）冲转。

1）冲转条件检查。高、中压缸上、下缸温差低于 41.7℃；主蒸汽和再热蒸汽有 56℃ 以上的过热度；冷再热蒸汽压力不超过 0.8MPa（a）转子的偏心率不大于 0.02mm；油温 38～45℃；连续盘车 4h 以上；低压缸喷水调节汽门之前有水；汽轮机所有疏水阀开启冲转方式为带旁路方式（即高、中压缸联合启动）；所有相关保护投入。

2）冲转参数。主蒸汽：压力 5MPa、温度 360℃；再热蒸汽：压力 0.7MPa、温度 360℃。

3）冲转。在 DEH 窗口选择"SINGLEVALVE"（单阀）方式和"BYPASS ON"（高、中压联合启动）方式。选择操作员自动"OperatorAuto"方式，汽轮机挂闸。用阀位限制器将 GV 升至全开，此时各阀门状态见表 8-15。

表 8-15　　　　　　　　　　　冲转时各阀门的状态

主汽门（TV）再热调节汽门（IV）	关
高压调节汽门（GV）再热主汽门（RSV）	开
进汽回路通风阀（VVV）	开（600～3050r/min 关）
高压缸排汽通风阀（HEV）	开（发电机并网后，延迟 1min 关）
高压缸排汽逆止阀（NRV）	关（OPC 油压建立，靠高压缸排汽汽流顶开）
高、中压疏水阀	开（负荷大于 15%、25% 分别关高、中压疏水阀）
低压缸排汽喷水阀	关（2600r/min 至 15% 负荷间，开）负荷大于 15% 关
高压旁路阀（HBP）	控制主蒸汽压力在设定值
低压旁路阀（LBP）	控制再热蒸汽压力在设定值

冲转选择目标转速 600r/min，速率为 100r/min 升速。此时 IV 打开，控制转速至 600r/min。手动打闸，进行摩擦听声检查。

摩擦检查正常后，重新挂闸，用 IV 升速至 600r/min。机组保持转速 600r/min 至少 4min，DEH 记忆中压缸的稳定流量 F_1。进行仪表检查，此时转子轴振应小于 0.076mm。

汽轮机转速升至 600r/min 后，延时 4min，控制方式由 IV 切换为 TV-IV 联合控制。TV 开始打开，与 IV 一起控制转速。TV 和 IV 的指令是一样的，但是到 IV 的流量指令有一个偏差，以保证中压缸的流量比高压缸流量多 F_1。

选择目标转速为 IV/TV 至 TV 切换转速 2900r/min，以 100r/min 的升速率升速至目标转速。机组在 2900r/min 保持 3min，DEH 记忆此时的 IV 开度，然后 IV 开度被冻结，仅对再热蒸汽压力进行补偿（当再热蒸汽压力变化时，IV 进行修正以保持中压缸流量恒定），控制从 IV/TV 转换至 TV 控制。

检查机组各阀门及旁路系统的状态，选择 TV 至 GV 阀切换转速 2950r/min 为目标转速。由 TV 控制转速至目标转速，蒸汽温度应高于规定的阀切换温度。当高压进汽室（调节汽门汽室）内表面金属温度达到，并超过主蒸汽压力对应的饱和温度后，运行人员在阀切换窗口选择 TV 至 GV 阀切换。GV 开始关闭，至转速下降 30r/min 后 TV 全开，转速交由 GV 控制，并保持在阀切换转速。

必须确认蒸汽室内壁温度大于等于主蒸汽温度，方可进行阀门切换。若蒸汽室外表壁测得温度（T_1）低于蒸汽室探孔金属温度（T_2），则蒸汽室内壁金属温度（T_h）可按下式计算：$T_h = T_1 + 1.36 (T_2 - T_1)$。

选同步转速 3000r/min，GV 控制转速至同步转速。机组并网前，低压旁路应控制冷段再热蒸汽压力不超过 0.828MPa（a），以防止并网后的高压缸排汽温度过高而引起机组遮断。

发电机一并网，IV 和 GV 将迅速打开至计算的 5% 的初负荷阀位。油开关合闸 1min 后，高压缸排汽通风阀关，靠汽流顶开高压缸排汽逆止阀。此时应严格密切注视高压缸排汽温度的变化，如果高压缸排汽温度大于 427℃，则停机。

（3）暖机。汽轮机首次冷态冲转时，应在 1000r/min 时进行暖机，暖机期间，监视汽轮机胀差、缸胀、瓦温、振动等主要参数。暖机时间为 30min，当胀差增加不明显时，可以结束暖机，继续升速。

（4）升速。升速至 3000r/min。当汽轮机转速大于 2000r/min 时，顶轴油泵自停；根据油温、氢温调整各冷却水量；机组升速期间，注意设计临界转数：发电机一阶：846r/min、低压转子：1403r/min、高、中压转子：1532r/min、发电机二阶：2387r/min。控制机组的升速。

低压缸喷水投自动，转速大于 2600r/min 时，喷水投用，负荷大于 15% 后停止。低压缸喷水手动时，可在各种转速下打开喷水，降低排汽缸温度（高于 79.4℃ 报警，高于 121.1℃ 停机）。

如果在汽轮机加速期间需停留暖机，则按下"保持"（HOLD），汽轮机就停止加速，维持按下保持时的转速暖机。若需继续升速，则按"进行"（GO）。暖机的转速不能处在转子共振转速范围之内。

（5）定速。定速在 3000r/min。调整主机冷油器冷却水量，保证油温 40～45℃，轴承回油温度小于 71℃。

2. 空载试验

（1）手动遮断试验：启动交流润滑油泵和高压密封油备用泵。在集控室或就地手动遮断汽轮机，检查遮断后汽门应全关，转速应下降，各抽汽逆止阀动作正常。试验正常后重新挂闸，将机组转速恢复至 3000r/min。

（2）危急保安器注油试验：确认交流润滑油泵及高压密封油备用泵运行，汽轮机转速 3000r/min，置手动超速遮断试验杠杆于试验位置，并拉紧杠杆，逐步打开注油试验进油阀，给飞锤油室缓缓注油，记录飞锤动作时油压值，动作后关闭试验阀，并手动复置超速遮断，机械超速遮断压力正常后松开试验杠杆。

（3）ETS 通道在线试验：在 ETS 试验面板上按"进入试验"键，进入试验方式，在试验方式下选择试验项目的功能键（例如，抗燃油压、润滑油压、真空低等），按"信道 1 或信道 2"键对应于要试验的通道，按"试验确认"键开始试验。验证被试验通道的传感器正处于非正常状态（灯由绿变红），证实所试验通道处于遮断状态，确认在一个通道动作的情况下，汽轮机不被遮断，该试验完成后按"试验复位"键复置遮断通道，确认试验的通道不再处于遮断状态（灯由红变绿），如果试验完成，按"取消试验"。

（4）OPC 试验：让 OPC 电磁阀动作，检查高压调节汽门、中压调节汽门应关闭，空气引导阀动作，抽汽逆止阀关闭及其他连动正常。主汽门开度正常，汽轮机不遮断。

（5）电超速在线试验：将电超速定值改为 3060r/min。在 ETS 试验面板上按"进入试验"键，进入试验方式。在试验方式中选择"电超速"键，按"试验确认"键开始进行试验。当机组转速升至电超速保护转速时，汽轮机遮断，快速关闭高、中压主汽门及调节汽门，同时关闭抽汽逆止阀。试验结束后按"取消试验"键退出试验方式。

（6）主汽门、调节汽门严密性试验：机组维持 3000r/min 运行正常，开启交流润滑油泵及高压密封油备用泵，同时提高主蒸汽压力至 12.1MPa 以上，在 DEH 内强制关闭高、中压主汽门，进行主汽门严密性试验。当试验开始后注意高、中压主汽门全关，高、中压调节汽门开，转速应迅速下降，待转速不下降或已达到合格转速时，记录数值，打闸后立即恢复 3000r/min。调节汽门严密性试验时，保持 OPC 动作，关闭高、中压调节汽门，进行调节汽门严密性试验。试验开始后检查高、中压主汽门应保持全开，高、中压调节汽门全关，转速应迅速下降，待转速不下降或已达到合格转速时，记录数值，打闸后立即恢复 3000r/min。

（7）电气做试验：转机前的发电机定子三相电流、三相电源、发电机励磁电流电压测试；发电机、主变压器、厂用变压器的差动保护投入；转子交流阻抗、功耗及绝缘电阻值测试；主变压器高压侧 K1 点及高压厂用变压器分支 K2、K3 点短路试验等已结束。定速后进行发电机–变压器组空载试验、励磁系统闭环试验、发电机带 1 母零起升压及假同期试验、发电机并网试验等。

3. 并网带负荷试验

（1）机械超速试验。并网后机组带 5% 初负荷。暖机 30min，检查机组运行情况，按升负荷曲线，升至 10% 额定负荷，暖机 4h 以上。机组带负荷暖机结束后，解列维持 3000r/min，进行机械超速试验，并打闸一次，确认主汽门及调节汽门关闭正常，机组转速能迅速下降。超速试验前还应确认汽轮机的就地转速表应和 DEH 及 TSI 测量转速显示一致。在超速试验过程中，若机组任一轴承振动突然增大到 0.0254mm 以上，应立即停机。试验期间，应有专人在机头手动打闸手柄旁，做好立刻手动遮断汽轮机的准备，当汽轮机转速超过 3330r/min 而汽轮机未跳闸时，应立即手动打闸，并确认转速开始下降。机械超速遮断动作转速应符合 109%~111% 额定转速。机械超速试验共进行两次，飞锤两次试验动作转速差应小于 18 r/min。

（2）带负荷、升负荷调试。机组重新并网后，按升负荷曲线，GV 和 IV 一起提升负荷。机组带负荷期间应严密监视振动情况，升负荷期间（包括冲转、暖机期间）应连续记录汽轮机的缸胀，确认膨胀良好时，才能继续加负荷。当负荷达 15% 时，高压疏水阀应关闭；15% 负荷时，低压缸排汽喷水阀关闭；25% 负荷时，低压疏水阀关闭；高压缸排汽压力大于 1.0MPa 时，辅汽汽源改用冷再热汽源；四抽压力大于 0.3MPa 时，进行除氧器汽源切换，同时辅汽汽源转为四抽供汽，冷再汽源投入热备用；负荷大于等于200MW时，补氢至0.31MPa；机组带20%负荷，汽轮机轴承振动监测，投用低压加热器，高压加热器冲洗、投用。

（3）带25%额定负荷。带低负荷期间应进行低压管道冲洗，合格后将凝结水回收，投入凝结水精处理装置，投入低压加热器和高压加热器。正常情况下，高、低压加热器应随机组滑启滑停，若因故不能滑启滑停，应按照由低到高顺序依次投入，按由高到低顺序依次停止；负荷大于15%，关闭高压段疏水；负荷大于25%，关闭中压段疏水。

（4）带50%额定负荷。当机组负荷大于25%时，除氧器供汽切换至四抽带；当机组负荷为25%～30%时，投入冷再至辅汽供汽，厂用蒸汽切换至本机冷再带；当机组负荷为30%时，厂用电切至本机厂用变压器带；逐步投入自动调节系统；监视发电机线棒及出水温度；机组进行变润滑油温试验，将机组润滑油温上下变化5℃，共变化10℃，观察并记录机组振动情况。此试验目的在于考察机组在油温变化情况下的自稳性。机组负荷到50%额定负荷时，启动第二台汽动给水泵，进行两台汽动给水泵并泵工作。

（5）带75%额定负荷。投入主蒸汽压力和温度自动；协调控制系统试投；在热工专业完成一次调频试验的同时，完成汽轮机调速器传递函数动态测试试验，汽门活动试验，高压主汽门活动试验、高压调节汽门活动试验、中压主汽门和调节汽门联合活动试验。

（6）带100%额定负荷。真空严密性试验。负荷要求大于80%额定负荷，关闭真空泵入口阀门，停真空泵，60s后开始每分钟记录一次机组真空值，共记录8min，取其中后5min的真空下降值，平均每分钟真空下降值应符合相关标准，配合热工进行负荷变动试验、发电机漏氢率试验。在额定氢压、额定转速下，发电机连续24h漏氢率小于5%；机组50%甩负荷试验；机组100%甩负荷试验。

机组所有空负荷及带负荷试验结束后，向电网申请进入机组168h试运。

4. 热态启动

当高压内缸下半第一级金属温度和中压缸第一级持环下半金属温度大于204.4℃时，采用热态启动方式。

热态启动，主蒸汽和再热蒸汽至少应有56℃的过热度，并且分别比高压缸蒸汽室金属温度、中压进口持环金属温度高56℃以上。第一级蒸汽温度与高压转子金属温度之差应控制在±38℃之内，再热蒸汽温度与中压缸第一级持环金属温度差也应控制在同样的水平范围。

热态启动必须先送轴封，后拉真空；根据启动曲线升温升压，旁路控制方式参照冷态启动；按启动曲线的规定升速率，升速；冲转升速至额定转速的时间不得少于10min。

真空尽量保持高限值；上下缸温差应小于41.7℃；升速期间需要在某一点停留时，应避开共振区；机组并网后，应尽快增加负荷到汽缸金属温度所对应的负荷水平。

5. 汽轮机启动的重要预控项目

（1）当操作员站、工程师站失电或黑屏时，硬手操必须能立即紧急停机、停炉，传动完好无缺陷。

（2）汽轮机的交流及直流油泵出口实际压力值，应满足与主泵切换所需润滑油量，泵间切换正常。

（3）蓄电池实际电量应满足需要：220V应储备1400Ah，110V应储备500Ah。

（4）UPS入口三路电源切换试验应完成，切换时间不宜超标。

（5）备用交流电源：备6kV或1万kV厂用电源；柴油发电机热备用，与保安电源并切完好。

（6）明确汽轮机各瓦回油的最高控制温度（70～75℃）。

（7）明确汽轮机上、下缸温差：运行时最大值；温态、热态、极热态启机时最高温差，内缸温差值。

（8）明确启机盘车时，汽轮机轴的最大偏心率控制值，方准许汽轮机冲转。

（9）掌握汽轮发电机组临界转速设计值及启机过程中出现的实际临界转速的实测值。如：

1）350MW机组的设计临界转速：高、中压转子：1532r/min；低压转子：1403r/min；发电机转子一阶：846r/min、二阶：2387r/min，并应记录下各临界转速实际值。

2）350MW汽轮机避开低压转子叶片共振转速：1910～2020r/min、2160～2240r/min、2380～2750r/min。

（三）汽轮机停机

1. 停机的三种方式

（1）滑参数停机：因检修工作需要，随蒸汽参数降低冷却汽缸，加快汽缸的冷却，转子可以使金属温度较快的降到较低的水平。

（2）额定参数停机：用于快速消除设备缺陷后机组的快速启动，使汽缸金属温度保持在较高的温度。

（3）事故紧急停机：机组在发生事故危急人身及设备安全状态下的快速停机，避免事故进一步扩大。停机的方式可根据不同情况，机炉协调配合好，严格控制各参数的变化率。

2. 滑参数停机和额定参数停机前的准备工作

各辅机及系统停止按各辅机调试措施（或运行规程）进行；汽轮机降负荷停机过程中，应与锅炉、发电机的停止密切配合；进行交直流润滑油泵、交直流密封油泵、顶轴油泵的启动试验，确认均可靠，可随时正常投入运行（可投入自动连锁）；辅助汽源已备妥，做好备用汽封、除氧器加热汽源的暖管工作；活动高、中压主汽门调节汽门无卡涩现象；停机后若需排氢应备足二氧化碳气体。

3. 滑参数停机

（1）调节汽门在单阀方式或保持额定负荷时的开度，由锅炉控制燃烧量按照滑压曲线进行降压、降温、降负荷，此时必须监视高压内缸调节级后金属温度和中压缸第一级进汽金属温度变化梯度，350MW至175MW期间可通过协调设定降负荷率及目标负荷。

（2）降压、降负荷按照"滑压停机曲线"来选择参数。主、再热蒸汽参数按滑停曲线进行降温降压，以1～1.5℃/min速率降低温度。

（3）滑参数停机降温、降压、降负荷限制要求：滑停过程中，注意蒸汽温度、汽缸壁温下降速度，蒸汽温度在10min内急剧下降50℃，应打闸停机。主、再热蒸汽压力下降速度不超过0.147MPa/min；主、再蒸热汽过热度大于56℃；汽缸金属温度下降速度1℃/min左右（首级0.7～1.5℃/min）；电负荷下降率不超过10MW/min。

（4）主蒸汽温度下降30℃左右时应稳定5～10min后再降温，以利于控制主、再热蒸汽温度及膨胀和胀差的变化；调节级后蒸汽温度降到低于高压调节级金属温度30℃时应暂停降温。

（5）降负荷过程中应注意高、中压缸胀差变化，当胀差达到报警值时，应停止降负荷，若胀差继续增加，采取措施无效而影响机组安全时，应快速降负荷到零。

（6）在 CCS 上设定降负荷，在 CRT 上确认机组负荷降低和汽压逐渐降低，监视机组各参数正常。

（7）负荷降到 40％时，应注意监视汽动给水泵运行情况，停一台汽动给水泵；负荷降到 40％时，切除 CCS 控制，改由 DEH 控制机组负荷，汽轮机随锅炉继续降负荷，降负荷到 30％时，辅助蒸汽母管切为邻机辅汽或启动炉；负荷降到 20％时，确认低压各疏水门开启；负荷降到 15％时，确认低压缸喷水阀打开，轴封汽源、除氧器汽源切为辅助蒸汽带；负荷降到 10％时，高压疏水自动打开；在 DEH 盘上设定目标负荷 15MW，按降负荷率，进行降负荷；负荷降到 5％时，联系锅炉、电气解列停机。

（8）降负荷过程中注意调节发电机氢温、风温、定子冷却水温、励磁冷却水量。

（9）汽轮机停机后，交流润滑油泵、备用密封油泵应自动联启，否则应立即手动启动，确认润滑油压正常。高压缸排汽通风阀连锁打开，根据锅炉需要决定是否投入旁路系统。

（10）转速下降到 2500r/min 时，顶轴油泵应自动启动。

（11）汽轮机打闸后应同时开始记录转子惰走时间，每分钟记录一次转速、真空，绘制惰走曲线。

（12）机组下降到 300r/min 时，开真空破坏门，转速、真空到零，立即投入盘车运行，停轴抽风机，停止轴封送汽，记录转子的偏心值及盘车电流值，在紧急情况下需要减少惰走时间，可在打闸后立即打开真空破坏门。

（13）投入连续盘车后，当高压第一级金属温度下降到 150℃以下时，可以停止连续盘车，直到第一级金属温度降到 100℃，停润滑油泵，停排烟风机；根据锅炉要求停止汽动给水泵。

（14）滑参数停机、降负荷过程中应注意以下几点：①在滑参数降负荷过程中，应密切监视振动情况；②滑停过程中，主蒸汽、再热蒸汽温差不大于 28℃，降温过程中再热蒸汽温度应尽量跟上主蒸汽温度；③注意主蒸汽温度的变化，必须保证 56℃的过热度；④监视高、中压转子有效温度、中压叶片持环温度变化情况，以及主汽门室、高、中、低压缸温及汽轮机各点金属温度下降率应正常；⑤在盘车时如果有摩擦声或其他不正常情况时，应停止连续盘车，而改为定期盘车，若有热弯曲，应用定期盘车的方式消除热弯曲后再连续盘车 4h 以上。

4. 额定参数停机

额定参数停机基本操作和注意事项与滑参数停机相同，额定参数停机的特点及注意事项包括：①降负荷率可以以较快的速率进行；②根据锅炉要求及运行要求随时投入旁路系统；③注意高、中、低压缸胀差变化，当胀差出现报警时应停止降负荷，待稳定后再进行，若负胀差继续增加且采取措施无效，影响机组安全时应快速降负荷到零；④注意除氧器加热汽源的切换；⑤注意对疏水的控制；⑥注意凝汽器水位的调整；⑦负荷降到 5％额定负荷时，检查机组无异常后打闸停机，确认高、中压自动主汽门、调节汽门、各段抽汽逆止阀关闭严密。

5. 紧急事故停机

异常停机的方式有两种：紧急停机和故障停机。紧急停机指机组发生重大事故，为避免事故扩大化，必须立即打闸停机，在破坏真空的情况下尽快停机。故障停机指机组出现了故障，不能维持正常运行，应采用快速减负荷的方式，使汽轮机停下来以进行处理，故障停机可不破坏真空。

（1）紧急停机：发生以下严重故障，必须紧急停机。

1）汽轮发电机组发生强烈振动，瓦振振幅大于 0.10mm 或轴振振幅大于 0.25mm。

2）汽轮机发生断叶片或内部有明显摩擦撞击声，轴封或挡油环严重摩擦。

3）汽轮机发生水击或主、再热蒸汽温度 10min 内急剧下降 50℃ 以上。

4）汽轮发电机组任意轴承发生断油烧瓦或回油温度升至 75℃。

5）汽轮发电机组任意支持轴承金属温度升至 113℃ 或推力轴承金属温度升至 107℃。

6）汽轮机油系统发生火灾。

7）汽轮发电机组润滑油压降至 0.06MPa，启动交、直流辅助油泵无效。

8）发电机氢系统发生氢爆炸。

9）凝汽器真空急剧下降，真空无法维持。

10）汽轮机严重进冷水、冷汽。

11）汽轮机超速到危急保安器动作转速而机组保护未动作。

12）汽轮发电机组厂房失火，严重危及机组设备安全。

13）发电机密封油系统中断。

14）主油箱油位低到保护动作值而保护未动作。

15）冷却水中断且不能立即恢复。

16）汽轮机轴向位移突然超限保护未动作。

（2）故障停机：发生以下故障，应采取故障停机方式。

1）蒸汽管道发生严重漏汽，不能维持机组运行。

2）凝结水泵故障且备用泵无法启动，致使凝汽器水位过高。

3）机组甩负荷后空转或带厂用电运行超过 15min。

4）机组 DEH 系统和调节保安系统故障无法维持正常运行。

5）高、中、低压缸胀差增大，调整无效超过保护值。

6）汽轮机油系统发生泄漏，影响油压、油位。

7）蒸汽温度不能维持规定值，出现大幅降低。

8）汽轮机热应力达到限值，且继续增长。

9）汽轮机调节汽门控制故障。

10）凝汽器真空下降至停机值。

11）发电机氢系统故障。

12）发电机检漏装置报警，并出现大量漏液。

13）汽轮发电机组辅助系统故障，影响到主机安全运行。

十三、机组振动监测及发电机负荷变动试验

（一）机组振动监测

1. 测量项目和振动试验

振动测量有固定式、便携式（如 TN-8000），这两种方式均能测出振动状态及其数值，记录记忆和截图。测量项目包括：①启动振动测量；②升负荷振动测量；③满负荷振动测量；④惰走过程振动测量；⑤变排汽温度试验：3000r/min 时，改变排汽温度，记录前后振动值；⑥变油温试验：100MW 时，改变油温，记录前后振动值。汽轮发电机 3000r/min 各

瓦轴振正常值应小于等于 $76\mu m$。

在上述各试验中测量出机组各振动测点的 Bode（伯德）图，以及稳定过程中各测点的振动值。

伯德图是幅频响应与相频的曲线图，是振动曲线的高级形式，分析振动源及规律的依据。

2. 振动的控制值

根据有关文件及机组振动监测的现场经验，机组振动值控制如下。

（1）停机值：

1）轴振：升速过程振动小于 $260\mu m$；额定转速下振动小于 $254\mu m$（含临界转数时）。

2）瓦振：中速暖机前振动达到 $30\mu m$；升速过程振动小于 $100\mu m$；额定转速下振动小于 $50\mu m$；振动超过控制值应立即打闸，按紧急停机处理。

（2）报警值：

1）轴振：额定转速下振动大于 $125\mu m$；

2）瓦振：额定转速下振动大于 $30\mu m$。

（二）发电机负荷变动试验

检查机组协调控制系统（CCS）适应负荷变化的能力。负荷变动试验的负荷变动幅度为 30MW，变化速率为 6MW/min。

1. 试验前应具备的条件

（1）机组已完成带负荷调试，已具备满负荷运行的条件。

（2）CCS 能够正常投入，调节品质达到验标要求。

（3）调度允许机组在 230～350MW 之间变负荷运行（不同容量机组应有变化）。

2. 试验步骤

（1）逐步投入以下各主要系统的自动调节回路：主蒸汽压力调节系统、锅炉给水自动调节系统、主蒸汽温度调节系统、再热蒸汽温度调节系统、炉膛压力调节系统。

（2）在上述各自动调节回路工作稳定后，投入协调控制系统，进行动态参数整定。

（3）在机炉协调控制系统稳定工作后，开始负荷变动试验。

1）将负荷变化率设定为 6MW/min。

2）将机组目标负荷指令减少 30MW，观察机组实际负荷响应情况，记录有关参数。

3）将机组目标负荷指令增加 30MW，观察机组实际负荷响应情况，记录有关参数。

（4）按上述试验方法进行机组在 230～350MW 之间变负荷运行试验。

3. 试验安全注意事项

（1）变负荷时注意汽轮机轴向位移、胀差及振动的变化，达到报警值时，查明原因后再继续试验。

（2）试验时注意汽轮机汽缸金属温度及上、下缸温差的变化，必要时稍开汽缸本体疏水阀。

（3）试验时当机组主要辅机控制摆动过大，无法维持稳定运行时，待查明原因后再继续试验。

4. 机组负荷变动试验考核指标

被控参数在动态、静态的允许偏差，见表 8-16。

表 8 - 16　　　　　　　　　　被控参数在动态、静态的允许偏差表

被 控 参 数	试验过程中动态偏差	试验过程中静态偏差
主蒸汽压力（MPa）	±0.6	±0.3
主蒸汽温度（℃）	±10	±5
再热蒸汽温度（℃）	±10	±5
炉膛压力（Pa）	±200	±100
烟气含氧量	±2%	±1%
除氧器水位（mm）	±250	±100
凝汽器水位（mm）	±200	±100
高压加热器水位（mm）	±70	±35
低压加热器水位（mm）	±70	±35
机组实际负荷（MCR）	±3%	±1.5%

十四、发电机定子内冷水连锁保护

（一）1号定子冷却水泵

（1）启动允许：定子冷却水箱液位不低于 600mm。

（2）停止允许（OR）：①发电机解列；②2号定子冷却水泵运行且出入口差压不低，延时 2s。

（3）连锁启动（OR）：

1）连锁投入，2号定子冷却水泵跳闸，延时 2s。

2）连锁投入，2号定子冷却水泵运行且出入口差压小于 0.14MPa 时，延时 2s。

3）连锁投入，2号定子冷却水泵运行且母管流量低于额定流量 80% 时，延时 3s。

4）连锁投入，2号定子冷却水泵运行且发电机定子线圈进水压力小于 0.14MPa 时，延时 3s。

（二）2号定子冷却水泵

（1）启动允许：定子冷却水箱液位不低于 600mm。

（2）停止允许（OR）：①发电机解列；②1号定子冷却水泵运行且出入口差压不低，延时 2s。

（3）连锁启动（OR）：

1）连锁投入，1号定子冷却水泵跳闸，延时 2s。

2）连锁投入，1号定子冷却水泵运行且出入口差压小于 0.14MPa 时，延时 2s。

3）连锁投入，1号定子冷却水泵运行且母管流量低于额定流量 80% 时，延时 3s。

4）连锁投入，1号定子冷却水泵运行且发电机定子线圈进水压力小于 0.14MPa 时，延时 3s。

十五、汽轮机四种状态启动曲线

汽轮机根据缸体温度不同，启动分为四种状态：冷态、温态、热态、极热态。不同状态启动的参数、时间、背压、旁路等要素控制不同。汽轮机四种状态启动的基本要求如图 8−5～图 8−8 所示。

（一）高中压缸联合启动——冷态带旁路启动曲线

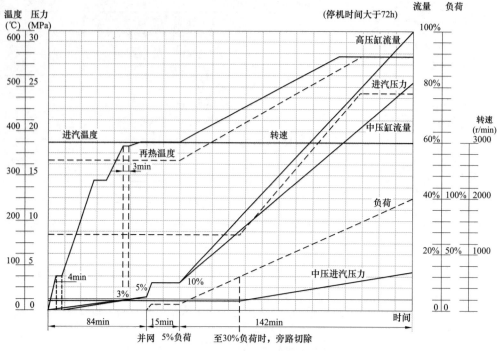

图 8-5　冷态带旁路启动曲线图

（二）高中压缸联合启动——温态带旁路启动曲线

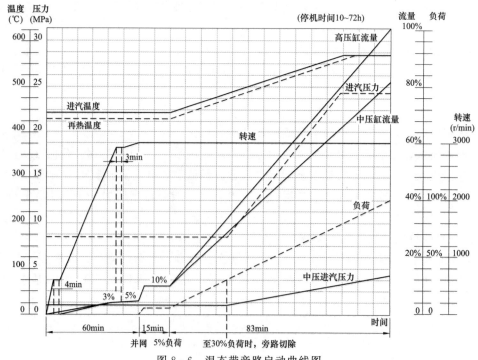

图 8-6　温态带旁路启动曲线图

（三）高中压缸联合启动——热态带旁路启动曲线

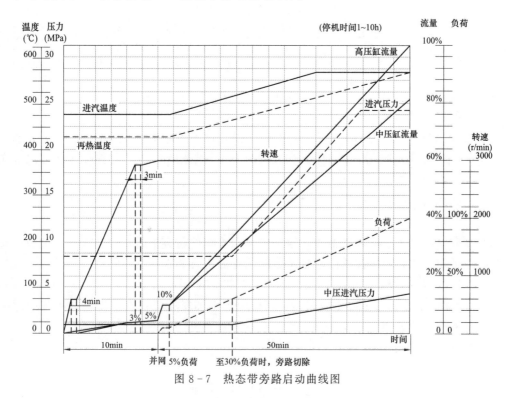

图 8 - 7　热态带旁路启动曲线图

（四）高中压缸联合启动——极热态带旁路启动曲线

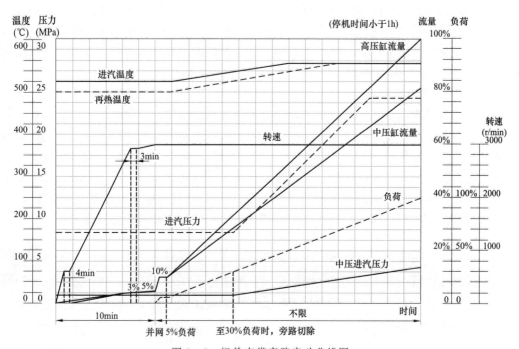

图 8 - 8　极热态带旁路启动曲线图

513

十六、汽轮机反事故措施

机组启动过程中，要严格按照电厂运行规程和设备制造厂说明书中规定进行。所有上岗人员除掌握正常启停机的操作外，还要做好机组启动期间的所有事故预想，并按反事故措施中的规定执行。

（一）严格的运行管理

建立完善的运行、试运指挥系统，强化运行、维护人员的责任感，提高操作的正确性，分工的明确性、指挥的统一性。

机组启停过程中，出现问题应认真检查和消除，原因不明不应盲目的冲转、升速或多次启动；调试、运行和维护设备人员应熟悉设备的位置、结构、原理、性能、操作方法和在紧急状态下处理事故的方法。

防止汽轮机超速的要求包括：

1. 对油系统的要求

调节保安系统投入前必须有油质化验报告，在系统油质合格后，才允许投入调节保安系统；为防止油中进水，应确保汽缸与轴承之间的保温符合要求，汽封间隙调整适当，汽封压力调节器能正常投入，轴承箱负压 98～196Pa 合格，排烟风机运行正常，油箱负压 196～245Pa，汽封供汽温度调节范围不应过大；运行中加强油质化验检查工作，油系统中滤网应加强清扫，确保油质合格。

2. 对保安系统要求

高、中压主汽门关闭时间测定符合厂家要求，动作无卡涩现象；电超速保护试验正常，各汽轮机保护动作可靠，并已投入，连锁及报警信号正确；主机的就地和远控停机按钮试验正常，高、中压主汽门、调节汽门、抽汽逆止阀和高压缸排汽止回阀连动正常；危急保安器撞击子喷油试验正常，喷油试验动作值符合厂家要求；超速试验撞击子试验三次，动作转速符合要求，前两次动作转速之差应小于 18r/min；进行超速试验应有完整的试验措施，升速应平稳，不能在高转速下停留。手打停机和紧急停机按钮需有专人看守，若汽轮机转速大于 3360r/min，应立即打闸停机。

3. 对调节系统的要求

高、中压调节汽门在开启过程中不允许有卡涩、窜动现象，关闭时间测定符合要求；调节系统速度不等率应在 4%～5%，迟缓率小于 0.2%；超速试验前必须进行主汽门、调节汽门严密性试验，试验结果应符合要求；高、中压主汽门和调节汽门活动试验必须按要求在规定时间内进行；长期满负荷运行中，应有意识地做负荷变动试验，使高压油动机上下动作几次，防止卡涩；各汽轮机保安系统必须投入，并可靠；所有转速表及转速发送装置校验合格，超速试验时至少有三只独立的转速探头和转速信号发送，显示装置做监视。

4. 其他要求

防止外来蒸汽导入抽汽管道进入汽轮机造成超速，启动前应仔细检查；在事故停机时也应立即确认高压缸排汽及各抽汽逆止阀已联关；汽水品质应符合化学监督要求，防止门杆结垢卡涩；抗燃油高、低压蓄能器运行中必须投入；超速试验蒸汽参数应按厂家规定执行，禁止在较高参数下进行超速试验。

（二）防止汽轮发电机轴瓦损坏

（1）汽轮发电机组所有油管路安装正确；支持轴承、推力轴承、发电机密封瓦安装正确；顶轴油系统冲洗合格。

（2）油循环清洗方式合理有效，油质合格后清扫全部滤网，油循环的临时系统和所加装的临时孔板，堵板及滤网应全部拆除。

（3）油系统中压力表、油温表及其信号变送器装置校验合格，位置正确、指示正确、容易读记。

（4）低油压连锁、保护、油位报警，各轴承金属温度、回油温度及轴向位移按规定试验正常后投入运行，注意经常调整冷油器出口油温在规定范围内。

（5）直流油泵连锁试验合格，检查直流电源容量和熔断器正常，直流油泵单独运行，检查轴承回油，应满足停机和盘车的要求；顶轴油泵试运正常，顶轴油压按厂家要求调整完毕，并做好记录。

（6）主机冷油器的投入和切除过程中，应在监护下操作，注意监视润滑油压力、流量和温度。

（7）机组定速当主油泵工作正常后，停高压油泵、润滑油泵，并检查润滑油压和轴承回油，防止少油或断油。

（8）油系统中，油箱内滤网前、后油位差应随时监视，定期清扫滤网。

（9）轴承金属温度与转速和该瓦承受负荷有关，在升速过程中要加强监视，特别是承载负荷较大的轴承，经常记录各轴承油膜压力，观察其变化值。

（10）正常停机，先做交流润滑油泵、直流润滑油泵和顶轴油泵启动试验，正常后方可打闸停机，转速降至 1300r/min 时，启动顶轴油泵。

（11）在启动机组盘车前必须先启动顶轴油泵，检查各轴承顶轴油压应符合原始调整值，确保转子已被顶起、轴瓦建立良好的油膜。盘车启动后注意盘车电流变化，防止盘车状态下磨损轴瓦。

（12）油系统中主要监视仪表在运行中不得随意退出停用。

（13）油系统管道及冷油器都应防止聚集气体，冷油器油室应设放空气门，主油泵壳体应设排空气孔，油系统管道布置应有一定倾度，以防止聚集空气。

（三）防止汽轮机大轴弯曲

（1）汽轮机本体安装，主蒸汽、再热器、抽汽、疏水系统安装正确，保温合乎要求。特别要注意下缸的保温，下缸保温材料应紧贴缸壁。

（2）高压缸排汽逆止阀，各段抽汽逆止阀及其控制装置试验灵活无卡涩，连锁动作可靠。各处壁温测点应校验合格，指示正确，避免将壁温线包在保温层中紧贴缸壁，以免导线燃坏使表计失灵。

（3）首次启动盘车记录转子原始晃动值及最高点的圆周相位，记录实测的汽轮发电机组轴系各阶临界转速。

（4）汽轮机正常运行情况下，在不同转速及负荷下应经常测量各轴承振动值，并掌握轴振动的规律。

（5）记录正常盘车电流及电流晃动范围，测取正常停机不破坏真空惰走曲线及停机后各缸壁温度下降曲线。

（6）掌握汽缸通流部分轴向间隙和径向间隙数值。启动时必须确认大轴晃动、轴承振动、轴振动、胀差、轴向位移、汽缸壁温及防水检测等重要监视仪表完好投入，否则禁止启动。

（7）高、中压转子弯曲指示比原始值大 0.03mm，不允许启动，转子弯曲恢复正常后，再连续盘车 4～6h 才可冲转。

（8）汽轮机冲转前高、中缸内外壁温差不超过 50℃，其中高压内缸外壁上、下温差小于 35℃，冲转、升速运行中严格控制和调整金属温差不超限。

（9）冲转前主蒸汽、再热蒸汽温度具有 50℃ 以上过热度，并且比对应的汽缸温度高80～100℃，同时蒸汽管道壁温和主汽门阀壳壁温要高于对应蒸汽压力饱和温度的 50℃ 以上。

（10）主、再热蒸汽、抽汽、汽缸本体疏水畅通，严防汽轮机进水、进冷气，冲转前严防外部蒸汽漏入汽缸，若有蒸汽漏入汽缸，不允许启动。

（11）启动过程中有专人监测振动，在 1300r/min 以前轴承振动超过 0.03mm 立即停机，过临界转速轴承振动超过 0.10mm 或轴振动超过 0.254mm 立即停机，严禁硬闯临界转速或降速暖机，停机后立即投入连续盘车，检查大轴弯曲。

（12）热态启动先送汽封，后抽真空，汽封供汽温度具有 50℃ 以上过热度，供汽温度要与转子金属温度匹配，送汽前要充分疏水，防止有水进入汽封段，机组热态启动前盘车短时间中断也是不允许的，应按规定保证盘车时间。

（13）机组启动和低负荷时，不能投入再热器减温水和高压旁路减温水。

（14）运行中应严密监视主、再热蒸汽温度变化，若蒸汽温度突降或 10min 内急剧下降 50℃，必须立即停机。

（15）机组停机后，防止凝汽器满水淹没汽缸，造成转子弯曲，汽缸变形。

（16）停机盘车时，若盘车电流异常，应及时查明原因，并拿出可行的处理意见，也可 30min 盘 180° 间歇盘车，待转子热弯曲消失后再投入连续盘车。

（17）疏水扩容器压力控制在 0.02MPa 以下，防止扩容器压力高，疏水不畅，除氧器水位连锁，保护动作应调整可靠，防止除氧器满水倒入汽缸。

（四）防止机组轴承出现过大振动

（1）机组冲转升速时，振动监视应有专人负责测试，记录振动的相位、频率、波形及油膜压力和轴心轨迹图，以便综合分析诊断。

（2）轴瓦振动数值以垂直振幅为准，限值规定为 1300r/min 以下小于 0.03mm，1300r/min 以上小于 0.04mm，临界转速小于 0.10mm，额定转速小于 0.03mm。

（3）机组振动大而停机时，应立即启动盘车，测量大轴弯曲，判断转子是否发生弯曲。

（4）停机后发现转子弯曲过大，汽缸变形使动静间隙缩小，盘车有明显摩擦，应停止连续盘车，改间歇盘车。

（5）汽轮机停机时，应启动顶轴油泵连续盘车运行，直到高压内缸上壁温度在 150℃ 以下为止。

（6）要正确判断临界转速，防止误判断造成事故。机组实际临界转速与设计临界转速有一定的误差，机组首次启动应测量转子实际临界转速值。

（7）若机组达到额定转速后，振动不断增大，应查明原因，并及时处理。振动不能减小时应停机处理。

（8）为防止发生轴承油膜振荡，机组做超速试验时应及时调整润滑油温在 40～42℃。

（9）若机组某轴承有较大振动时，要综合轴承盖振动和轴振动分析，采取处理措施。

（10）加强对抽汽管段疏水排放，注意各抽汽管段温度监控，防止水进入缸内，造成水击振动。

（五）防止火灾

新机调试期间常见的火灾有三种：①油系统漏油至未保温或保温不良的部件或管道，引起着火事故，这类火灾引起的原因大多数是油系统或其他高温设备系统设计不合理或制造不良、安装不正确；②木头、电线、电缆等靠近运行中部件而着火，这类火灾引起的原因大多是检查不周或疏忽大意；③漏氢又有摩擦时着火或氢爆，引起的原因是火灾管道漏氢或压差阀失控。因此，一方面必须从根本上杜绝引起火灾的漏洞，另一方面须准备有效的检查和灭火手段。为此，应注意以下几点：

（1）由于油动机底部、中压联合汽门处及前轴承下油管接头较多，且接近高温部件，在有条件的情况下或根据需要在该处增加防火设施，并定出可靠的防火措施。

（2）高压油管法兰有靠近高温部件的漏油后可能喷射到高温部件上，在相应部位都要加封闭隔罩，并在罩子底部加疏油管。

（3）从油箱下部经过的高温管路，与油箱对应的那部分保温层外表面要加铁皮彩钢罩。

（4）汽轮机间去主控室的电缆及穿电缆的孔洞，应设法与汽轮机车间隔离，以防止火灾蔓延扩大时危及主控室。

（5）对高温管道及部件的保温要做好监督与检查，要求保温良好，保温层内不能夹杂木头、破布、电缆、电线等易燃物。

（6）若保温层中渗入可燃油类时，必须清除含油的保温层，重新保温。

（7）靠近高温设备的脚手架、木头、电线、电缆、瓦斯管及氧气瓶，均应拆除，并搬离。

（8）装于轴承箱内的电气部件，要采取措施，防止电线外露造成轴承箱内短路失火。

（9）防止油管振动、摩擦而导致漏油起火，故轴系各油管之间不能相互接触，应有一定距离。

（10）运行中应认真巡视检查，及时清除漏油及火源。

（11）超速试验时，油压将升高到正常油压以上，注意检查管道漏油情况，并设专人检查高压油管道。

（12）运行中应防止轴承箱内动静部分摩擦着火。

无论什么原因引起火灾，当危及人身或设备安全时，必须立即停机。由于油管大量漏油停机时不允许启动低压油泵，若火势蔓延不能扑灭，应立即打开事故放油门。

必须有环形通道，完备的消防器材。消防水必须充分，水源有备用，同时要制定有效的防火措施和灭火措施。整套启动试运期间，应在厂房内布设临时消防车。

（六）防止汽轮机通流部分严重磨损

（1）启动运行中，注意监视轴向位移和推力轴承温度变化趋势，并与类似启动相比较，变化较大时，应查明原因。

（2）启动过程中，高、低压旁路投入时，注意必须重点监视高压缸排汽温度，若此温度高于规定值，必须打闸停机。

（3）汽缸或发电机内有明显的金属摩擦声或异常噪声，应立即打闸停机。

（4）自动、手动盘车均失败时，严禁强行盘车。

（5）机组发生剧烈振动，轴振超过 $250\mu m$ 时而保护未动时，立即打闸停机。

（6）禁止负荷大幅度摆动。

（七）防止氢气泄漏爆炸

（1）发电机气系统打压试验应严格执行制造厂规定，并要定期检漏。

（2）充氢前，发电机密封油系统必须运行稳定，平衡阀、压差阀工作正常。

（3）密封油备用油泵连动试验合格，直流电源可靠。

（4）保证氢气纯度高于 98%，最低不低于 95%，设计的多处捡漏点应为良好投运状态。

（5）防爆电接点压力表及氢气减压阀动作准确，充氢、排氢系统工作正常。

（6）发电机充氢后，严禁在发电机附近有明火作业或吸烟。

（7）启动过程中，重点检查发电机轴端应无摩擦打火现象，一经发现立即停机处理。

（八）防止计算机死机后造成事故

（1）当部分操作员站黑屏或死机、其他操作员站正常时，可通过其他操作员站进行监视和调整，并及时联系热工人员进行处理。

（2）当全部操作员站黑屏或死机，应避免对设备和系统进行操作，安排值班员就地监视加热器、凝汽器水位、油温，以及各转动设备运行情况；安排值班员监视主蒸汽压力、轴封供汽压力、各监视段压力、油压、机组转速，以及各瓦回油温度；安排值班员就地监视除氧器水位和压力，在控制室内密切监视主蒸汽压力和温度、真空及机组转速，同时联系热工人员处理。

（3）当全部操作员站黑屏或死机，DCS 系统不能控制运行参数时，应手动硬操故障停机。

（4）故障停机操作：

1）在盘前启动交流润滑油泵，注意润滑油压变化。

2）联系锅炉值班员降低蒸汽参数，同时用 DEH 手操盘减负荷至零，减负荷至零后打闸停机，检查自动主汽门、调速汽门及各段抽汽逆止阀应关闭严密，并注意主蒸汽压力不得升高。

3）在闸门盘关闭电动主汽门。

（九）防止误操作

要充分做好机组启动试运的准备工作，学好操作规程和各项工作规定，建立、健全有关的规章制度，认真熟悉现场设备，有条件时可进行一些实地操作的事故演习。

第四节　电气调整试验

电气调整试验一般包括各分系统投运、厂用工作电源与备用电源定相、备用电源自投试验、发电机微机监控系统调试、机炉电的大连锁试验、发电机转子交流测试、发电机-变压器组短路试验、励磁调节系统投运试验、发电机空载试验、发电机同期系统定相并网试验、发电机-变压器组保护带负荷测量、励磁装置带负荷性能试验、厂用电切换试验、发电机-变压器组测量系统带负荷检验、发电机-变压器组带负荷试验及试运行、励磁系统带负荷试验及试运行、配合机组甩负荷试验、配合机组带负荷的其他试验、发电厂厂用系统试运、500/220kV 升压站试运、总线制电气系统的调试、电气保护投入率统计、电气自动投入率统计等。电气控制系统的接地系统小于 1Ω，绝缘电阻大于 $200M\Omega$。

一、厂用电源切换装置

厂用电源切换装置适用发电厂数字式厂用电源快速切换装置。

（一）装置主要功能

（1）应有双向切换功能，当工备电源同属一个系统时宜选择并联切换方式。

（2）在电气事故或母线电压低和工作电源断路器偷跳时，能自动切向备用电源，且只允许采用串联的切换方式。

（3）在非电气事故（如机炉问题），需要切换厂用电时，允许采取同时切换方式。

（4）串联切换应同时开放快速切换、同位切换及残压切换 3 种切换模式。

（5）在并联切换过程中，应防止两电源长期并列形成环流，并列时间不宜超过 1s。

（6）当备用电源切换到故障母线上时，应具有启动后加速保护快速切除故障功能。

（7）应具有直流电源消失、TV 断线、备用电源低电压报警。

（8）装置组件损坏，装置不应误动，能满足 4 次装置动作后文件贮存容量。

（9）自动复位功能，复位仍不正常，报警，不准误动。

（二）切换种类

（1）并联切换：先合备用电源断路器，再跳工作电源断路器或先合工作电源，再跳备用电源的切换方式，切换过程不断电。

（2）串联切换：先跳工作电源断路器，再合备用电源断路器的切换方式，切换过程瞬间断电。

（3）同时切换：同时发出跳闸指令和合闸指令的切换方式。由于断路器合闸的时间大于跳闸时间，故属于一种断电较短的串联切换方式。

（4）快速切换：在母线残压与备用电源电压第一次反相之前，合上备用电源断路器，是一种延时最短、合闸冲击电流最小的切换方式。

（5）同相位切换：在母线残压与备用电源电压第一次反相之后，两者再次同相位时合上备用电源断路器，是一种延时较长的切换方式。

（6）残压切换：母线残压较低时才合上备用电源断路器。

（7）双向切换：工向备、备向工的电源两个方向的切换。

（三）技术条件

（1）过载能力：①交流电流回路：额度电流 2 倍/连续工作、10 倍/允许工作 10s、40 倍/允许工作 1s；②交流电压回路：1.2 倍额度电压下装置可连续运行。

（2）准确度：不超过电压±1%、电流±1%、相位±1°、频率±0.03Hz。

（3）并联切换同时满足三个条件：频率差小于 0.2Hz、相位差小于 15°、电压幅值差小于 5V。

（4）快速切换满足其中任一个条件：①频率差小于 2.0～3.0Hz，且相位差小于 20°～40°；②电压矢量差的幅值小于 40～60V；③电压矢量差与频率差之积小于 80～180V·Hz。

（5）从工作断路器跳闸至合备用断路器的继电器触点闭合的时间不大于 15ms。

（6）绝缘电阻：用 500V 的绝缘电阻表测量，不应大于 100MΩ。

（7）冲击电压：回路对地、无联系的回路之间，应能承受 $1.2\mu s/50\mu s$ 的标准雷电波的短时冲击电压试验。当额定绝缘电压大于 60V 时，开路试验电压为 5kV，当额定绝缘电压不大于 60V 时，开路试验电压为 1kV。试验后，装置应无绝缘损坏。

（8）柴油发电机送出与 A、B 段和保安段分别切换试验：发出启动柴油发电机指令，小于等于 5s 有电，一般 10～15s 合闸正常送电完成。

二、辅机故障快速减负荷试验

RB 试验是辅机跳闸锅炉出力低于给定功率时，自动控制系统将机组负荷快速降低到实际所能达到的相应出力能力，检验机组自控性能和功能的适应能力的试验。

（一）试验内容

（1）RB 逻辑静态检查完成，传达准确，各种控制方式正确。

（2）机组自动投入，不进行手动干预，当出现 RB 时，观测负荷降低至允许负荷。

（3）在 RB 动作过程中，各参数的保护定值不超标，机组主要保护不动作。

（4）RB 动作结束后，机组运行稳定，各参数在允许范围内，运行很快恢复常态。

（二）试验方法

1. RB 逻辑设计（当引、送、排风机 RB）

（1）当机组负荷大于 55％时，引风机跳闸一台运行，发生 50％RB，机组负荷减至 55％。

（2）当机组负荷大于 55％时，送风机跳闸一台运行，发生 50％RB，机组负荷减至 55％。

（3）当机组负荷大于 55％时，排风机跳闸一台运行，发生 50％RB，机组负荷减至 55％，或一次风机。

2. 静态试验

检验 RB 逻辑是否符合设计要求，协调控制系统和各自动控制系统在 RB 发生时动作是否正确。

（1）将主要高压转机（6/10kV）送至试验位置，运行的设备均送好电源。

（2）模拟实际运行工况，投入各风机、给水泵、给粉机，压力、减温自动控制回路，不具备运行的设备，对相应的信号进行强制模拟；投入协调控制系统，控制方式切至"协调"；模拟实际负荷信号大于 55％；引、压、排风机各两台运行，各层给粉机运行或中速磨煤机、风扇磨煤机台数调整。

（3）检查 RB 与 FSSS 系统的联系，确认其逻辑功能的正确性。

（4）依次分别手动拉开一侧的排粉机、送风机、引风机，三次各发生 50％RB，跳闸两层给粉机（或磨煤机），投入下层助燃油枪/等离子，检查 CCS 负荷指令减至 55％，CCS 切至"机基本"方式。

3. 动态试验

动态试验在静态试验完成且成功后进行。试验前机组运行稳定，无影响试验缺陷，备用系统应完整好用。

（1）试验前具备基本条件：尽量维持额度负荷，至少在 75％满负荷以上；工况稳定、参数正常；给粉机（或磨煤机）自动调节投入；CCS 投入且处于"协调"方式；下层油枪投入"快投允许"方式。

（2）依次分别手动拉开一侧排粉机（一次风机）、一侧送风机、一侧引风机，三次各发生 50％RB，连锁跳闸相应的给粉机（或磨煤机），CCS 切至"机跟踪"方式，机组负荷指令减至 55％，稳定后记录各运行曲线，每次完成试验后恢复机组正常工况。

三、主变压器倒送电试验

（一）试验应具备的条件

（1）主变压器、高压厂用变压器及有关的开关、TV、TA 等一次设备的单体试验、绝缘试验均已完成，试验记录应齐全完备，并经验收合格。

（2）主变压器的局放试验结果合格，主变压器及高压厂用变压器的风冷系统已试验完毕，温度表指示正确；主变压器及高压厂用变压器事故排油坑已处于可用状态，变压器充电前 24h 取油样，做油色谱分析合格。

（3）五防装置齐备，闭锁关系正确，好用。

（4）油开关、隔离开关能够实现远方操作。

（5）所有有关的二次回路、继电保护及测量仪表均已调试完毕，满足技术规范的要求，DCS 监控系统所需接点及信号均已进行校对和通电试验。

（6）所有有关的一、二次设备、电缆及端子排的标志、标号应清楚齐全。

（7）对有关的电气设备应进行全面清扫，开关、刀闸的操作机构及配电装置应关门上锁，所有通道应进行清理，消防设施齐全好用。

（8）所有继电保护已按正式定值整定，控制回路、保护回路、信号回路均已通过传动试验正确。

（9）所有 TA 均经过二次及一次通流试验，检查 TA 极性、变比及二次负荷符合设计要求，并检查所有备用 TA 二次均已短路接地完好。

（10）所有 TV 回路均已经过三相加压试验，确认保护回路相位、相序正确。

（11）500/220kV 母线上应接地开关加死锁固定在断开位置。

（12）发电机引出线在套管和封闭母线连接处断开，保持足够的绝缘距离，采用绝缘隔板隔开。

（二）试验前的准备工作

（1）检查主变压器分接头位置、高压厂用变压器分接头位置正确。

（2）检查发电机机引出线在套管和封闭母线连接断开处的绝缘距离，绝缘隔板应满足绝缘要求。

（3）检测主变压器、高压厂用变压器、励磁变压器各侧线圈、主要设备及回路的绝缘电阻，均应合格。

（4）检查发电机 TV（1、2、3YH）的一、二次保险器完好，并投入。

（5）在发电机 TV（2、3YH）的开口三角处，各接一只 220V、200W 白炽灯泡。

（6）投入主变压器、高压厂用变压器、励磁变压器及高压厂用分支的有关保护（主变压器和高压厂用变压器的瓦斯、差动保护）。

（7）检查励磁变压器低压侧两组整流柜交流刀闸在断开位置。

（8）在单控室接入记录主变压器励磁涌流的 WFLC-2B 型便携式电量记录分析仪。

（9）检查机组 6kV 或 10kV 厂用开关在检修位置。

（10）检查 6kV 或 10kV 厂用 A、B 段备用电源进线开关在检修位置。

（三）主变压器及高压厂用变压器全电压充电试验

（1）派专人到主变压器、高压厂用变压器、励磁变压器及发电机断开点等处进行监视。

（2）在网控 NCS 画面合刀闸，在单控合主变压器开关，对主变压器、高压厂用变压器进行第一次充电，手动启动 WFLC－2B 型便携式电量记录分析仪录制主变压器励磁涌流波形，并监视 DCS 显示器中参数的指示情况。

（3）主变压器及高压厂用变压器本体进行检查，同时检测发电机 TV（1、2、3YH）的二次电压及相序，并在各 TV 之间进行二次核相。

（4）按中调调度指挥切主变压器开关，主变压器停电。

（5）按调度要求，合开关，对主变压器进行第二次至第四次充电试验，手动启动 WFLC-2B 型便携式电量记录分析仪录制主变压器励磁涌流波形。每次合、分闸间隔 5min，在第四次充电完成后启动主变压器及高压厂用变压器风冷系统。

（6）将高压厂用变压器低压 A 分支避雷器，TV 及开关送入工作位置，并合上开关。

（7）将高压厂用变压器低压 B 分支避雷器，TV 及开关送入工作位置，并合上开关。

（8）合开关，主变压器和高压厂用变压器进行第五次冲击合闸试验，充电至 6kV 或 10kV 厂用 A、B 母线。手动启动 WFLC－2B 型便携式电量记录分析仪录制励磁涌流波形。置同期开关于"投入"位置，启动自动准同期装置，检查开关同期回路接线是否正确。此时准同期装置模拟指针应打立正，两侧频率显示数值应一致，否则应检查同期回路，查明原因予以改正，直到结果正确，然后退出同期回路。

（9）按调度指挥，断开开关，主变压器停电。

（四）主变压器冲击试验

按《电气装置安装工程　电气设备交接试验标准》（GB 50150）第 7 条第 7.0.1 款的第 14 项，应进行"电力变压器额定电压下的冲击合闸试验"。有些省网公司决定《电力设备交接和预防性试验规程》规定：当与系统不便解开时，可不进行冲击合闸试验。

四、励磁系统试验

按某电厂励磁系统试验的实例，阐述试验程序及要求。

（一）设备

（1）励磁变压器：型式 SCIO－2500/20，额定容量 2500kVA，额定电压 $15.75 \pm 2 \times 2.5\% / 0.83kV$，短路阻抗 6%，接线组别 Y.d11。

（2）励磁调节器：型号 SAVR-5000，发电机静态调压精度优于 0.5%，电压调整范围 70%～110%，手动调整范围 20%～130%。

（3）分流器：2000A/75mV。

（4）灭磁开关：型号 UR2600，额定电压 4000V，额定电流 2600A。

（5）过电压保护：非线性电阻 3 串，残压 1200V。

（二）静态试验

（1）设备清扫，机械结构、继电器、回路检查均完善、正确。

（2）电源电压测量及调整，变送器校验，开关量检查，小电流试验。

（3）功能模拟试验。

（4）励磁系统功率柜风机连锁试验。

（三）参数整定

（1）发电机定子电压、转子电流给定值。

（2）触发角范围。

（3）过欠励限制范围。

（4）V/F 限制范围：机端电压频率低于 47.5Hz 时，V/F 限制应开始动作，低于 45Hz 时应逆向灭磁，调差系数 kπ 值确定。

（四）空载试验

（1）调节器自动升压：使机端电压逐渐升高至 50％U_{FN}，平滑变化，无较大波动。

（2）电压闭环阶跃响应试验：发电机升至 50％U_{FN}，做±10％阶跃响应试验，不断修改 PID 参数（K_P、K_I、K_D），超调量、调节时间、振荡次数。

（3）电压调节范围试验：分别在 A、B 套为主的状态下，通过增、减磁，在 10％～110％U_{PN}内平滑调节。

（4）电流闭环阶跃响应试验。

（5）起励试验：调节器停机后，由中控室发起命令，调节器自动升压至额定机端电压，应无超调现象，试验录波。

（6）V/F 限制试验：发电机升压至 100％U_{FN}，逐渐降低发电机转数，调解器随频率下降，而使电压给定值降低，机端电压随之下降。当转速下降至 2700r/min 时，调节器应发出逆变角，机组逆变灭磁。

（7）A、B 套切换试验：做电压闭环和电流闭环调节器 A、B 套切换试验。

（8）TV 断线试验。

（9）逆变灭磁试验：发电机电压升至 100％ U_{FN}，按调节器手动逆变把手，使调节器逆变灭磁，机端应平稳下降至零，记录波形图。

（10）励磁系统参数测试。

（五）并网试验

（1）校验 PQ 量值：通过调试，使得过励限制、低励限制和调差环节投入。

（2）过、欠励试验：有功负荷达 40％，增加无功至 40Mvar，减磁功能应闭锁，发电机欠励限制瞬时应正确动作。无功被压回−2Mvar，报过励限信号；同理，减磁闭锁，报欠励限制信号。

（3）切换试验：通过调节器工控机的设置窗下发命令，做电压闭环和电流闭环调节器 A、B 套切换试验，机组无功应基本不变。

（4）甩无功试验：励磁系统参数测试及 PSS 试验。

设有给水泵汽轮机变频发电机，供主要辅机电负荷且能变频调节，可增大发电机供电量。变频供应中心要全面安排，进行单机、连动及联合调整试运。

五、防雷与接地

（一）防雷

（1）主厂房、烟囱、冷却水塔、泵房、细粉分离器及卸煤装置的防雷措施：烟塔要有独立避雷针，主厂房在雷电活动特殊强烈地区也设避雷针，接地网均有，其接地电阻不大于 10Ω。

（2）易燃可燃建筑：制氢站、储氢罐、油泵房、油站台、架空油管道均应装设独立避雷针保护，并有防止感应雷的措施。

（3）避雷针与呼吸阀的间距不应小于 3m，避雷针顶端必须高出呼吸阀 3m。

（4）露天储罐周围应设闭合环形接地体，接地电阻不应超过 30Ω。

（5）主变压器中性点必须设两根接地线与主接地网不同点连接。

（6）按技术要求，应设雷过电压保护，保护范围通过计算。

（二）接地

1. 一般规定

（1）为保证人身和设备安全，厂房、电力设备宜接地或接零。电厂设计有接地网，一般厂房车间设备均接入接地网。交流电力设备应充分利用自然接地体接地，但应校验自然接地体的热稳定。

（2）直流电力回路专用的中性线、接地体及接地线，三线制直流回路的中性线，宜直接接地。

（3）中性点直接接地的电力网，应装设能迅速自动切除接地短路故障的保护装置。

（4）在中性点直接接地的低压电力系统中，电力设备的外壳宜采用低压接地保护，即接零。

（5）由同一台发电机、同一台变压器或同一段母线供电的低压线路，不宜采用接零、接地两种保护。不接零的电力设备或线段，应装设自动解除接地故障的继电保护装置。

（6）发电厂、变电站的接地装置的型式和布置，应降低接触电势和跨步电压，应小于计算值。

2. 保护接地的范围

电力设备的下列金属部分，应接地或接零。

（1）电机、变压器、电气设备、移动电器具等的底座和外壳。

（2）电力设备传动装置、互感器的二次绕组、配电屏与控制的框架。

（3）户外配电装置的金属架构和钢筋混凝土架构及靠近带电部分的金属围栏和金属门。

（4）交、直流电力电缆接线盒、终端盒的外壳和电缆的外皮，穿线的钢管等。

（5）装有避雷线的电力线路杆塔，配电线路杆塔上的开关设备、电容器等。

3. 低压电力设备接地

（1）低压电力设备接地电阻，不宜超过 4Ω，有并联的电力设备接地电阻允许不超过 10Ω。

（2）有接零保护的电力系统中，变压器的接地电阻在允许范围，而用电设备只接零，不做接地。

（3）直流电力网的零线重复接地，应采用人工接地体，不得与地下金属管道等连接。

（4）配电线路零线每一重复接地装置的接地电阻不应超过 10Ω。

4. 燃油和可燃气体设施接地

（1）易燃油、可燃油、天然气、氢气等罐及卸油设施，应设防静电和防感应雷接地。防静电接地每处的接地电阻不宜超过 30Ω，防雷感应接地电阻不应超过 10Ω。

（2）储罐的四周应设闭合环形接地，接地电阻不应超过 30Ω；罐体接地点不应少于两处；接地距离不应大于 $30m$。

（3）独立避雷针、避雷线的接地电阻不宜超过 10Ω。

5. 接地网线材质与截面

接地网经计算确定设计截面，一般采用热镀锌扁钢和铜、铝接地线；对有易燃易爆的液体或气体的区域、厂房、车间、罐体、设备等接地网线，宜采用铜或铜包钢的各种定型产品。

（1）低压电力设备铜或铝接地线的最小截面：

1）明设的裸导体：铜 $4mm^2$；铝 $6mm^2$。

2）绝缘导线：铜 $1.5mm^2$；铝 $2.5mm^2$。

3）电缆接地芯：铜 $1.0mm^2$；铝 $1.5mm^2$。

（2）大接地短路电流系统中接地线的截面，应按接地短路电流进行热稳定效验，钢质不应超过 $400℃$，铜质不应超过 $450℃$，铝质不应超过 $300℃$。

（3）中性点不接地的低压电力设备，接地线截面不大于下列数值：钢 $100mm^2$、铝 $35mm^2$、铜 $25mm^2$。

（4）中性点直接接地的低压电力设备，为保证自动切除线路故障段，其接地线和零线应保证在导电部分与被接地部分或零线之间发生短路时，任一点短路电流不应小于最近处熔断器熔体额定电流的 4 倍，或不小于自动开关瞬时或短延时动作电流的 1.5 倍。

（5）中性点直接接地的低压电力设备，钢、铝、铜接地线的等效截面见表 8－17。

表 8－17　　　　　　　　　　钢、铝、铜接地线的等级截面　　　　　　　　　　mm^2

钢	铝	铜	钢	铝	铜
$15×2$	—	$1.3～2.0$	$40×4$	25	12.5
$15×3$	6	3	$60×5$	35	$17.5～25.0$
$20×4$	8	5	$80×8$	50	35
$30×4$ 或 $40×3$	16	8	$100×8$	70	$47.5～50.0$

（6）中性点直接接地的低压电力设备，接地线截面一般不大于：钢 $800mm^2$、铝 $70mm^2$、铜 $50mm^2$。

六、AVC 系统调整试验

AVC 系统是电网自动电压控制系统。为确保 AVC 系统顺利投入运行，制定静态试验和动态试验措施，对 AVC 系统进行全面检查和试验。

（一）AVC 系统静态试验

（1）试验条件：试验机组停机；试验机组 AVC 上电；AVC 装置和调度主站、RTU（调度系统的远动终端）、DCS、AVR 之间已接线，与调度主站、RTU 已能正常通信；AVC 装置中控单元与机组 AVC 执行终端之间已接线，并能正常通信；完成 AVC 装置程序初步的组态工作，确保静态调试项目能够完成；试验前退出 AVC 装置执行终端增/减磁出口压板。

（2）试验内容目的：检测中控单元在与执行终端通信中断时，是否放弃对该执行终端的控制。

如下各种试验条件及要求：AVC 系统处于运行状态，模拟远动系统处于运行状态，通过投切把手将机组 AVC 投入；设置 AVC 系统为远方控制；观察 AVC 系统动作情况；试验结束做好记录。

1）中控单元与执行终端通信中断试验：①手动解开机组执行终端与上位机的通信线；②观察 AVC 动作情况。

2）中控单元与远动通信中断试验：①解开 AVC 系统与模拟远动系统间的通信线；②观察 AVC 系统动作情况。

3）母线电压越高闭锁制值试验：①模拟主站下增电压指令；②在系统参数设置中手动设置母线电压高闭锁制值低于当前电压值。

4）母线电压越低闭锁制值试验：①模拟主站下减电压指令；②在系统参数设置中手动设置母电线压低闭锁制值高于当前电压值。

5）有功越高闭锁制值试验：①模拟主站下增电压指令；②在机组参数设置中手动设置机组有功高闭锁制值低于当前有功值。

6）有功越低闭锁制值试验：①模拟主站下减电压指令；②在机组参数设置中手动设置机组有功低闭锁制值高于当前有功值。

7）无功越高闭锁制值试验：①模拟主站下增电压指令；②在机组参数设置中手动设置机组无功高闭锁制值低于当前无功值。

8）无功越低闭锁制值试验：①模拟主站下减电压指令；②在机组参数设置中手动设置机组无功低闭锁制值高于当前无功值。

9）机端电压越高闭锁制值试验：①模拟主站下增电压指令；②在机组参数设置中手动设置机组机端电压高闭锁制值低于当前机端电压值。

10）机端电压越低闭锁制值试验：①模拟主站下减电压指令；②在机组参数设置中手动设置机组机端电压低闭锁制值高于当前机端电压值。

11）机端电流越高闭锁制值试验：①模拟主站下增电压指令；②在机组参数设置中手动设置机组机端电流高闭锁制值低于当前机端电流值。

12）机端电流越低闭锁制值试验：①模拟主站下减电压指令；②在机组参数设置中手动设置机组机端电流低闭锁制值高于当前机端电流值。

13）远方电压指令控制模式下，电压死区测试：

a. 试验目的：检测 AVC 系统在电压进入调节死区时，是否控制。

b. 试验条件：AVC 系统处于运行状态，模拟远动系统处于运行状态。

c. 试验步骤：①解除机组执行终端前面板的增减磁压板；②通过投切把手将机组 AVC 投入；③设置 AVC 系统为远方电压控制模式，电压调节死区为 0.3kV；④模拟主站下发母线电压增量值为当前电压 0.15kV；⑤观察 AVC 系统动作情况，并记录。

14）机组 AVC 异常信号：

a. 试验目的：检测当机组 AVC 异常信号出现时，AVC 系统是否正确控制。

b. 试验条件：AVC 系统处于运行状态，模拟远动系统处于运行状态。

c. 试验步骤：①设置 AVC 为远方控制，切换模式为自动；②通过投切把手将机组 AVC 投入；③模拟主站下发调节电压增量指令；④解开机组接入的 AVC 自动信号接线；⑤观察 AVC 系统动作情况。

（二）AVC 系统动态试验

试验条件：试验机组已完成 AVC 静态调试；完成 AVC 装置参数整定；完成 AVC 装置程序组态；试验机组并网运行；确认调度主站端量测数据与电厂端基本一致。

试验内容：实时数据采集试验，验证中控单元与 RTU 通信。

试验步骤：确认机组 AVC 执行终端电源关闭；同一时刻记录 AVC 装置中控单元显示的实时数据量与 RTU 采集的实时量，进行比较，并记录。

（1）接收主站指令试验：确认机组 AVC 执行终端增磁、减磁出口压板。试验步骤：调度主站下发 5 次不同的指令信息，同一时刻比较主站下发指令值和中控单元显示值，并进行记录，计算误差。

（2）AVC 装置相关安全性能试验：

1）安全性能试验准备工作：确认 AVC 装置处于远方控制；确认退出 AVC 装置执行终端增/减磁出口压板；试验机组对应执行终端电源上电。

2）母线电压越高限闭锁试验步骤：在 AVC 装置中，设置母线电压越高限闭锁值低于当前运行电压；在 DCS 侧投入试验机组相对应的执行终端；主站下发电压调控指令，电压指令超过实际运行电压，观察 AVC 装置的动作情况，并进行记录；在 DCS 侧退出试验机组相对应的执行终端；在 AVC 装置中，恢复母线电压越高限闭锁值。同样进行如下试验：

3）母线电压越低限闭锁试验：设置母线电压越低限闭锁值高于当前运行电压。

4）机组有功越高限闭锁试验：设置试验机组有功的越高限闭锁值低于当前运行有功。

5）机组有功越低限闭锁试验：设置试验机组有功的越低限闭锁值高于当前运行有功。

6）机组无功越高限闭锁试验：设置试验机组无功的越高限闭锁值低于当前运行无功。

7）机组无功越低限闭锁试验：设置试验机组无功的越低限闭锁值高于当前运行无功。

8）机组机端电压越高限闭锁试验：机组机端电压的越高限闭锁值低于当前运行机端电压。

9）机组机端电压越低限闭锁试验：机组机端电压的越低限闭锁值高于当前运行机端电压。

10）机组定子电流越高限闭锁：机组定子电流的越高限闭锁值低于当前运行机组定子电流。

11）机组定子电流越低限闭锁：机组定子电流的越低限闭锁值高于当前运行机组定子电流。

（三）远方控制调节性能

（1）确认 AVC 装置中的参数设置。

（2）确认投入 AVC 装置执行终端增/减磁出口压板。

（3）将子站 AVC 系统转为远方控制模式。

（4）子站系统根据主站下发母线电压目标值进行实际调控。

（5）观察发电机无功及母线电压调节效果，并进行记录，计算差值。

七、机组发电机-变压器组保护

机组发电机-变压器组主要保护如下，保护均为双套配置。

（一）发电机保护

发电机保护包括：①发电机差动保护；②发电机-变压器组差动保护；③发电机复压过流保护；④发电机不对称过负荷保护；⑤发电机对称过负荷保护；⑥发电机 100% 定子接地保护；⑦发电机失磁保护；⑧发电机失步保护；⑨发电机过激磁保护；⑩发电机逆功率保护；⑪发电机程序逆功率保护；⑫发电机过电压保护；⑬发电机匝间保护；⑭误上电保护；⑮启停机保护；⑯发电机频率保护；⑰发电机转子两点接地保护。

（二）主变压器保护

主变压器保护包括：①主变压器差动保护；②主变压器高压侧复压过流保护；③主变压器高压侧零序过流保护；④主变压器高压侧间隙零序过流保护；⑤主变压器过负荷保护。

（三）高压厂用变压器保护

高压厂用变压器保护包括：①高压厂用变压器差动保护；②高压厂用变压器速断保护；③高压厂用变压器高压侧复压过流保护；④高压厂用变压器低压侧分支复压过流保护；⑤高压厂用变压器低压侧分支零序过流保护；⑥高压厂用变压器过负荷保护。

（四）励磁系统保护

励磁系统保护包括：①励磁变压器速断保护；②励磁变压器过流保护；③励磁变压器过负荷保护；④母线差动保护联跳；⑤安全自动装置切机联跳；⑥外部转子接地联跳；⑦热工保护联跳。

（五）非电量保护或信号

非电量保护或信号包括：①断冷却水联跳；②主变压器冷却器全停联跳；③220kV断路器联跳；④主变压器断路器非全相保护；⑤主变压器重瓦斯保护；⑥主变压器速动油压保护；⑦主变压器绕组温度超高保护；⑧主变压器压力释放；⑨主变压器油温超高；⑩主变压器本体轻瓦斯；⑪主变压器油位异常；⑫主变压器绕组温度高；⑬主变压器油面温度高；⑭高压厂用变压器冷却器故障；⑮励磁调节器严重故障；⑯发电机-变压器组紧急停机；⑰高压厂用变压器本体重瓦斯；⑱高压厂用变压器油温超高；⑲高压厂用变压器绕组温度高；⑳高压厂用变压器压力释放；㉑励磁变压器温度超高；㉒高压厂用变压器本体轻瓦斯；㉓高压厂用变压器油位异常；㉔高压厂用变压器油温度高；㉕高压厂用变压器绕组温度高；㉖励磁变压器温度高。

八、机组整套启动电气试验

发电机组整套启动电气试验的目的是检查发电机组及其相关电气设备、二次回路的安装及调试情况，并使该发电机组投入运行。试验内容包括发电机组升速过程中的试验、发电机出口短路试验、发电机-主变压器短路试验、发电机-高压厂用变压器短路试验、发电机-变压器组空载试验、发电机空载下的励磁调节器试验、开关假同期试验、机组并网试验、机组带负荷后的厂用电切换试验和其他试验等。

（一）机组启动前的准备工作

（1）将发电机、主变压器等主设备的出厂试验报告及各种特性曲线准备齐全，以备试验时查对。

（2）检查主变压器分接头所放位置、高压厂用变压器分接头所在挡位置（15.75kV或其他发电机出口电压）。

（3）复测发电机定子、转子及主变压器、高压厂用变压器等主要设备及回路的绝缘电阻，均应合格。

（4）检查主变压器500/220kV侧开关及刀闸、接地开关均在开位。

（5）检查发电机中性点TV投入，灭磁开关MK在开位，拉出6kV或10kV厂用VIA、VIB段母线工作电源小车开关。

（6）装设4组三相短路线：第1组，装于发电机出口套管与封闭母线连接处；第2组，装于主变压器高压侧开关与刀闸之间，容量为1kA；第3组，专用短路车推入某号小车开关间隔，容量为2.5kA；第4组，专用短路车推入某号小车开关间隔，容量为2.5kA。

（7）检查发电机TV（1、2、3YH）、高压厂用变压器低压侧TV（A、B分支）的一、二次保险器及主变压器高压侧TV的二次保险器完好，并投入。

（8）检查励磁系统已按机组启动前的要求准备完毕（详见励磁系统调试方案），励磁调节器在手动信道、远控、他励方式均能正常调节。在单控室及发电机平台处接好试验用仪器仪表，准备好记录表格。

（9）检查发电机-变压器组保护屏 A、B、C 的所有保护压板均在开位。

（10）将发电机过电压保护动作时间临时改为 0s，瞬时起动跳 MK，投入发电机冷却系统。

（11）发电机启动前厂用 6kV 或 10kV 系统由某号高压备用变压器通过某号开关联带。

（12）检查拟带电设备：发电机-变压器组保护屏、同期屏、快切屏、故障录波屏、变送器屏、计量屏、功角测量屏（PMU）、自动电压控制屏（AVC）等。

（二）机组升速过程中的试验

（1）分别在机组盘车及超速前后 3000r/min 时，测量发电机转子绕组的交流阻抗。

（2）试验完毕后拆除转子交流阻抗试验接线。

（三）发电机出口短路试验（K1 点短路试验）

（1）投入主变压器、高压厂用变压器、发电机组励磁变压器的风冷系统。

（2）检查励磁调节器在手动信道定角度方式、远控、他励方式，并使励磁调节器做好发电机短路试验准备，同时派专人到发电机本体处进行监视。检查灭磁开关（MK）。

（3）投入 MK 操作电源，合 MK，观察 DCS 显示器和测量仪器中发电机定、转子电流等正常性。

（4）增磁操作，缓慢提升发电机定子电流，观察测量仪器与 DCS 显示器指示的正确性和一致性。

（5）发电机定子电流升 2400A（二次 1A），检测发电机 TA（1～8TA）的二次电流及相位应正常。

（6）提升发电机定子电流至 8625A（二次 3.59A），升流过程中注意监视发电机入口、出口风温、定子线圈温度应控制在允许值内。复测 TA（1～8TA）的二次电流，检测发电机差动保护的差流，同时检查发电机本体是否有异常，转子碳刷是否有火花出现，然后减磁，将发电机定子电流降至零。

（7）缓慢提升发电机定子电流，发电机定子电流最高升至额定电流（如 8625A），测录发电机短路特性（用 WFLC-2B 型便携式电量记录分析仪录波），然后将发电机定子电流降至零。

（8）将发电机-变压器组保护屏 A 的 11D 端子排的 A、N4081（发电机差动）短路，并隔离，将保护屏 A 的 11D 端子排的 A、B4011（负序过负荷）对调。

（9）缓慢提升发电机定子电流，检查发电机差动、主变压器差动、发电机负序过负荷等电流保护的整定值，完毕后将发电机定子电流降至零。

（10）切 MK，断开 MK 操作电源，做好安全措施，然后拆除发电机出口短路线，恢复 A、N4081 及 A、B4011 的接线，将发电机平台处的监视人员撤回。

（四）发电机-主变压器短路试验（主变压器高压侧短路试验 K2 点试验）

（1）投入 4016 开关操作电源，合 4016 开关，断开 4016 开关操作电源，并派专人到主变压器本体处进行监视。

（2）投入 MK 操作电源，合 MK，注意观察 DCS 显示器及测量仪器中有关参数的指示情况。

（3）提升发电机定子电流至 2400A（二次 1A），检测主变压器高压侧 TA（10～16TA）的二次电流及相位应正常。

（4）提升发电机定子电流至 8625A（二次 3.59A），复测 TA（10～16TA）的二次电流，检测主变压器差动保护的差流，同时检查主变压器本体是否有异常，然后减磁，将发电机定子电流降至零。

（5）缓慢提升发电机定子电流，查主变压器通风启动保护整定值，完毕后将发电机定子电流降至零。

（6）切 MK，投入某开关操作电源，切某开关，做好安全措施，然后拆除主变压器高压侧短路线。

（五）发电机-高压厂用变压器短路试验（高压厂用变压器 A、B 分支短路试验 K3、K4 点短路试验）

（1）将两组专用短路车推入某间隔，并派专人到高压厂用变压器本体处进行监视。

（2）合 MK，注意观察 DCS 显示器及测量仪器中有关参数的指示情况。

（3）提升发电机定子电流至 500A（二次 0.21A），检测高压厂用变压器高压侧 31～35TA 和厂用分支的二次电流及相位，检测主变压器、高压厂用变压器差动保护差流，然后将发电机定子电流降至零。

（4）将发电机-变压器组保护屏 A 端子排的 A、N4321 短路，并隔离，缓慢提升发电机定子电流，检查高压厂用变压器差动保护的整定值，完毕后将发电机定子电流降至零，切 MK，恢复 A、N4321 接线。

（5）将短路车拉出，做好安全措施。

（六）发电机-变压器组空载试验

（1）检查励磁调节器仍在手动信道定角度方式、远控、他励方式，并使励磁调节器做好机组升压的准备。

（2）投入机组所有电流保护及主变压器、高压厂用变压器瓦斯、压力释放等保护压板，投入发电机过电压保护，同时派专人到发电机、主变压器、高压厂用变压器处进行监视。

（3）合 MK，注意观察 DCS 显示器及测量仪器中有关参数的指示情况。

（4）进行增磁操作，缓慢提升发电机定子电压，注意观察测量仪器与 DCS 显示器指示的正确性和一致性。

（5）提升 6 号发电机定子电压至 7.875kV（二次 50V），检测发电机 TV（1～3TV）的二次电压及相序，同时检查发电机、主变压器、高压厂用变压器本体有无异常，以及发电机转子碳刷是否有火花出现。

（6）提升发电机定子电压至 15.75kV（二次 100V），再次进行前项所述的各项检查、测量，并用发电机 TV（1TV）分别对发电机 TV（2、3TV）进行二次核相，完毕后减磁，将发电机定子电压降至零。

（7）平稳提升发电机定子电压，测录发电机-变压器组空载特性上升曲线（用 WFLC-2B 型便携式电量记录分析仪录波），电压最高升至 17.32kV（二次 110V），然后将发电机电压平稳下调，测录下降曲线（用 WFLC-2B 型便携式电量记录分析仪录波），最后将电压下调至零。

（8）提升发电机定子电压至额定值，切 MK 开关，测量发电机的空载灭磁时间常数（用

WFLC-2B 型便携式电量记录分析仪录波），然后断开 MK 操作电源，测量发电机残压二次值，正常后测量残压一次值及相序，完毕后做好安全措施，拆除所有试验接线。

（七）发电机空载下的励磁调节器试验

将励磁变压器 6kV 或 10kV 侧临时开关断开，拆除励磁变压器一次侧试验用电缆，励磁变压器一次侧恢复正常接线，应有发电机机励磁系统调试方案。

（八）开关假同期试验

（1）复检 4016 开关及其南、北刀闸在开位，在 220kV 开关场端子箱短接 4016 北刀闸同期辅助接点。

（2）投入 MK 操作电源，合 MK，提升发电机定子电压至额定值。

（3）投入 4016 开关同期回路，对 4016 开关进行自动假同期试验，完毕后切 4016 开关，解除 4016 开关同期回路，拆除 4016 北刀闸同期接点短接线，500/220kV 系统恢复调度要求的运行方式。

（九）机组并网试验

（1）按规程及调度要求投入发电机组有关保护，由调度决定 500/220kV 系统运行方式，并实施。

（2）合 MK，将发电机电压升至额定电压。

（3）按调度指令，同期合 4016 开关将发电机组并入系统，并网时要监视各运行参数的指示情况。

（十）机组带负荷后的厂用电切换试验

机组带负荷后的厂用电切换试验包括厂用电源二次定向试验、并网带负荷下厂用电切换试验准备（测量 6/10kV 母线电压与工作分支电压的压差、相角差），分别做 A、B 段备用和工作电源切换试验。按实例如下：

（1）进行机组并网后的励磁调节器试验，按励磁系统调试方案实施。

（2）进行高压厂用工备电源连动试验：

1）分别在 626A、626B 开关两侧触头处用一次核相杆进行 6kV 或 10kV 厂用 VIA、VIB 段母线工备电源核相试验，然后将 626A、626B 开关推入工作位置。

2）合 626A 开关进行 VIA 段母线工备电源环并试验，记录环并电流值，然后切 VIA 段母线备用电源 606A 开关。

3）合 626B 开关进行 VIB 段母线工备电源环并试验，记录环并电流值，然后切 VIB 段母线备用电源 606B 开关。

4）投入 VIA 段母线工备电源快切装置为手动并联切换方式，依次进行 VIA 段母线备用-工作电源和工作-备用电源手动切换试验。

5）投入 VIB 段母线工备电源快切装置为手动并联切换方式，依次进行 VIB 段母线备用-工作电源和工作-备用电源手动切换试验。

6）置 VIA、VIB 段母线工备电源快切装置为手动同时切换方式，分别进行 VIA、VIB 段母线备用-工作电源手动切换试验。

7）置 VIA、VIB 段母线工备电源快切装置为自动串联切换方式，用保护启动同时进行 VIA、VIB 段母线工作-备用电源自动切换试验。

8）置 VIA、VIB 段母线工备电源快切装置为自动并联切换方式，用保护启动同时进行

VIA、VIB 段母线备用-工作电源自动切换试验。

9）置 VIA、VIB 段母线工备电源快切装置为远方自动串联切换方式，分别进行 VIA、VIB 段母线工作-备用电源自动切换试验。

（3）发电机带一定负荷（40～50MW）后，将 626A、626B 开关推入工作位置，将 6kV 厂用 VIA、VIB 段母线倒至工作电源运行。

（4）检测电压及发电机、主变压器、高压厂用变压器差动保护的差流，记录机组各种典型运行参数。

（十一）其他试验

（1）发电机进相试验：待发电机带 25％、50％、75％、100％的有功负荷时，做发电机进相试验。

（2）发电机甩负荷试验：与汽轮机配合做 50％、100％甩有功负荷试验，检查自动励磁调节功能。

（3）发电机 PSS 试验：待发电机带 80％的有功负荷时，做 PSS 电力系统稳定试验。

（4）APS 并网试验：由调试单位按业主的意愿决定，进行 APS 机组自启停试验。若无特殊要求，一般首次并网成功，再次启动汽轮机或再次并网时，各种条件具备后，采用 APS "并网断点"，进行 APS 自动并网。若首次启机不用 APS，一些安装调试较好的机组，168h 一次完成，只好在考核期中寻找时机进行试验。因而，有些业主高标准要求，首次启机前 SCS、CCS 完成，要求用 APS 首启。

第五节 热控调整试验

1. 热控专业的调整试验项目

热控专业的调整试验项目包括机组自动调节系统调试；机组数据采集系统调试；锅炉炉膛安全监控系统调试；机组辅机顺序控制系统调试；机组事故追忆系统调试，包括 SOE 系统及各种数据记录系统调试；汽轮机数字电液控制系统调试；给水泵汽轮机微机电调控制系统调试；汽轮机旁路控制系统调试；含油站系统调试；机组协调控制系统调试；机组 AGC控制系统调试；热工信号逻辑报警系统调试；分散控制系统调试；可编程调节、控制器调试；其他调节、控制装置调试；机组各种控制网络及控制系统间通信接口调试；炉膛火焰电视系统调试；汽轮机监视仪表系统调试；给水泵汽轮机监视仪表系统调试；机组主要辅机监视仪表系统调试；锅炉保护连锁调试；汽轮机保护连锁调试；给水泵汽轮机保护连锁调试；机、炉、电大连锁调试；凝汽器胶球清洗程控系统调试；二次滤网系统调试；凝结水补给水程控系统调试；凝结水处理系统程控系统调试；取样及加药系统程控系统调试；除灰除渣系统程控系统调试；汽轮机盘车控制系统调试；给水泵汽轮机盘车控制系统调试；汽轮机抗燃油控制系统调试；发电机氢油水控制系统调试；制氢站程控系统调试；风机油站控制程控系统调试；空气预热器油站控制系统调试；磨煤机油站控制系统调试；磨煤机控制系统调试；磨煤机程控系统调试；锅炉炉管泄漏检测系统调试；空气预热器红外线火监系统调试；空压机控制系统调试；锅炉吹灰程控系统调试；锅炉炉前泄漏检测系统调试；化水分析仪表调试；给水分析仪表调试；凝结水分析仪表调试；蒸汽品质分析仪表调试；烟气分析仪表调试；空气预热器间隙控制系统调试；凝汽器冷却循环水控制系统调试；发电厂微机监控系统

ECS 调试；脱硫系统调试；脱硝系统调试等。

2. 热控专业的调整试验说明

机组的 DCS 系统分别由工程师站、历史记录站、操作员站和冗余的现场控制站、远程 I/O 站等 DCS 机柜组成。公用系统部分由操作员站和冗余的现场控制站机柜组成。

工程师站是系统的管理站和程序终端。它主要完成系统数据库、图形、控制算法、设备组态、变量组定义组态、数据下载、存档数据查询等功能。

历史记录站主要完成系统数据库、事故库的组态，历史数据、事故追忆、SOE 定义组态、报表组态、存档数据查询数据的通信等功能。

操作员站是现场操作人员使用的设备，是系统和操作员之间的接口，是机组的监视、操作和管理的接口。主要完成模拟流程图显示、趋势显示、参数列表显示、工艺报警显示、日志和事件查询、控制调节及参数整定等操作功能。

现场控制站是冗余配置站，和与它相连的现场总线组件（智能 I/O 单元）一起，可按组态好的控制方案对过程进行控制。它可实现连续控制、梯形逻辑控制和顺序控制等功能，完成数据采集、检测、报警和传送信息的功能；I/O 模件调校符合设计要求，I/O 通道正确，I/O 投入率 98%。

调试准备：分散控制系统受电，分散控制系统软件恢复。

一、计算机监视系统调试

计算机监视系统可以对锅炉、汽轮机、电气、公用等系统的信号进行采集，信号显示量程可以任意设置，同时可以进行显示之前的滤波、修正或计算。

系统采样周期为 1s，模拟量测量精度优于 0.2%。

计算机监视系统通过 I/O 卡件完成对外围设备的 mA、mV、V、热电阻、脉冲量、开关量等信号的采集，送到系统内部仪表进行显示，并且对生产过程的流程进行动态的实时显示，对重要的设备运行状态进行在线监视。

（一）计算机监视系统静态检查

（1）系统供电电源电压误差应小于等于 ±10%。

（2）系统应有良好的接地、绝缘电阻、电源熔丝，且均应满足系统正常运行要求。

（3）检查 DCS 系统 I/O 通道应符合设计要求。

（4）检查外围送给计算机的信号，查看 mA、mV、V 等是否正常，不应有开路。

（5）DCS 系统相关切换试验：UPS 电源与公用电源之间的切换、站内双 DPU 之间的切换。

（二）计算机监视系统动态调试

（1）在 DCS 机柜内作业已完成，DCS 系统运行正常，就地设备及变送器等安装完成，并正常运行情况下，可进行传动试验。

（2）DCS 的操作员站上的各个系统流程图画面上检查传动情况是否正确。

（3）系统应分别检查及调试下列项目：

1）检查流程图画面是否正确规范，是否符合实际工艺流程，并按实际给予修正。动态实时功能应正确无误（包括开关量、模拟量、报警、软手动等功能检测）。

2）各系统的 I/O 通道端子排接线及其极性是否正确无误。

3）模拟量 I/O 基本误差应小于等于 0.2%。

4）开关量状态应指示正确，接点接触良好。

5）模拟输入量标度转换应符合工艺要求。

6）测温组件的冷端补偿应符合工艺要求。

7）显示点序、显示单位、量程等正确无误。

8）报警显示及确认正确无误。

（4）补偿修正计算：锅炉汽包水位（或分离器水位）、给水流量、主蒸汽流量等值应给予压力、温度补偿修正计算，其补偿修正计算应按实际运行工况进行。

（5）GPS及时钟设定：DCS系统正常运行后，将GPS设备安装调试正常。对其时钟进行设定：时钟设定在DCS系统的服务器上进行，其设定应符合北京标准时间，并确认各个工作站时钟一致。

（6）系统通信检查：检查DCS系统各工程师站、操作员站、过程控制站、I/O卡件等之间的通信状态。DCS同DEH、ETS、系统通信通道检查，若有异常应及时联系厂家处理。

（7）趋势显示：所有需要进行历史趋势显示的数据必须先在工程师站上组态简化历史库，再在各个操作员站上组态趋势显示组。

启动历史数据库，使其处于正常运行状态后，检查各点的实时趋势显示和历史趋势显示是否正常，并根据运行情况调整"实时趋势"和"历史趋势"显示时间间隔及量程，适应现场运行的需要。

（8）SOE功能：由于SOE的设计变更较多，调试时应对SOE组态详细核对，必要时应给予重新组态。启动SOE功能，检查其动作情况及其说明是否正确无误，检查SOE打印功能是否正常。

（9）SOT事故追忆功能：启动事故追忆功能，将触发点信号给入DCS中，检查事故追忆功能是否正常，检查事故追忆点是否齐全正确，检查事故追忆说明是否正确，检查事故追忆打印功能是否正常。

（10）操作人员行为记录：启动操作人员行为记录器，检查其对各个操作员站及工程师站上的操作行为记录情况，其记录应能反映各个站上的实际操作情况及其操作时间，以利于运行事故的分析。

二、MCS系统调试方案

MCS系统的调试包括系统静态检查、系统静态试验和系统动态投入三个步骤。

（一）锅炉燃烧控制系统调试

锅炉燃烧控制系统的基本原则：首先要求能迅速地适应外部负荷的扰动，且在动态过程和静态工况下能保证燃烧的经济性和被控制参数（机前压力、温度）在允许的指标之内。系统静态、动态试验的主要内容如下：

（1）系统的静态检查：

1）内部组态检查：包括反馈控制功能和顺序控制功能检查。对于反馈控制功能要求按设计图纸组态，组态后的系统能完成相应的功能；对于顺序控制功能，应能正确完成各种切换功能（例如，手/自动切换、报警功能、连锁功能），其开关信号必须连接正确、动作可靠。

2）外围设备检查：所有变频调速控制器、给粉机（或中速磨煤机、风扇磨煤机）必须工作正常，动作灵活，反馈信号准确。

3）I/O接口及信号检查：对于所有模拟信号（包括输入和输出信号），其精度必须合乎要求，并且与外围设备的接线正确；对于开关量信号必须动作迅速正确，接入正常。

（2）系统静态试验：

1）变送器的二次校验。

2）使锅炉调节器处于操作器手动状态进行操作时，所有给粉机（或中速磨煤机、风扇磨煤机）应能平滑调速或粉量适应变化，并且转速信号应与操作值对应一致。

3）对变频调速控制器进行试验，要求手/自动切换灵活，切换时无扰动。

4）对于各中速磨煤机给粉或给粉机，分别地、逐一地进行投自动，每投一个自动应进行一次扰动情况的检查，投入第一台时要求无扰，投入其他各台时要求能从各自的手动值平滑地滑向调节器的输出值，且对总的给粉机转数是无扰的。

5）系统开环传递试验：将机前压力 p_T、汽包压力 p_b、汽轮机速度级压力 p_1 分别对其赋值，进而检验调节回路的方向性。

6）报警监控试验：改变各调节器入口偏差及报警器的报警值，使偏差超过偏差报警值，观察报警是否动作，是否能将各调节器和后备手操器切至手动，并报警。

（3）系统的动态投入：

1）在主蒸汽压力升至 2MPa 时，可以投入变送器。为使调节器有良好的可控性和足够的调节范围，要求系统负荷升至 70% 以上时才可以投自动。投自动之前根据经验设置调节器参数，首先对热量信号进行整定，方法是从工程师站中调出 p_1、p_T、p_s、p_b、p_1+dp_b/dt 等信号的曲线，做调节汽门阶跃扰动试验，在各个参数合理的时候，扰动后热量信号 (p_1+dp_b/dt) 应保持不变。

2）控制回路整定应以能快速消除各种扰动，保持主蒸汽压力稳定为原则。

3）为了提高安全性，本系统投自动时燃烧必须稳定，而且调节偏差不能过大，报警系统必须好用，初投时应将限幅调得尽量小。

4）根据实际情况的需要，决定是否做扰动试验，进一步整定调节器参数。

（二）送风自动控制系统调试

送风自动控制系统为氧量修正串级调节系统，主调节器用以保证炉膛含氧量为最佳值，其给定值是蒸汽流量的函数，随着蒸汽流量的增加而减少，通过修正副调节器给定值实现对氧量的调节，副调节器用来调节总风量（风煤比）。

1. 静态调试

外围设备检查：执行器、电机必须工作正常，动作灵活；反馈信号必须准确；I/O接口及信号检查；对于所有模拟信号（包括输入和输出信号），其精度必须符合要求，并且与外围设备的接线正确；对于开关量信号必须动作迅速正确，接入正常。

2. 系统开环试验

（1）变送器量程二次校验值：氧量变送器 0%～20%；风量变送器 0～16 000Pa（风量 0～500km³/h）；送风温度变送器 −50～+50℃。

（2）对操作器及执行机构进行检查：操作器切换功能应完好正确；在手动状态时，执行机构动作正常，执行器不应有卡涩和死行程。

（3）方向性检查：将相关的内部仪表置于校验位置，通过改变内部仪表的校验值来检验回路的方向性。

3. 动态闭环试验

为安全运行，要求在机组带 70% 负荷后方可投自动。由于锅炉在升降负荷时，各种参数是不断变化的，因此必须在稳定运行时才可以投自动，为防止失控，应将限幅调得尽量小。

初投的时候，可将 $T_i = \infty$，$p = 200\%$（尽量大），投上之后（如果稳定），便可以整定参数，直到合理为止。

动态试验过程中，若有异常，应立即停止试验。

（三）引风自动控制系统调试

引风自动控制系统为单级调节系统。左、右侧炉膛负压信号是控制系统的被调量，控制量为引风量。由于炉膛负压被控对象的动态特性基本为比例环节，负压容易波动，因此从送风控制子系统引进一前馈信号，经前馈补偿装置 $f(t)$ 送入引风系统，当送风子系统动作时使引风子系统也相应地跟着动作，从而使引风量随送风量成比例地变化，以保持炉膛负压基本不变。然后再由引风调节器根据炉膛负压信号进行校正，以保持负压为给定值。

1. 静态试验

外围设备检查：手操、伺服放大器、执行器及电机工作正常，动作灵活；反馈信号必须准确。I/O 接口及信号检查：对于所有模拟信号（包括输入和输出信号），其精度必须符合要求，并且与外围设备的接线正确；对于开关量信号必须动作迅速准确，接入正常。

2. 系统开环试验

变送器量程二次校验值：炉膛负压 $-1000 \sim +1000$Pa。

对操作器及执行机构进行检查：操作器切换功能应完好正确；在手动状态时，执行机构动作正常，执行器不应有卡涩和死行程。

方向性检查：将相关的内部仪表置于校验位置，通过改变内部仪表的校验值来检验回路方向性。

3. 动态闭环试验

为安全运行，要求在机组带 70% 负荷后投自动。由于锅炉在升降负荷时，各种参数是不断变化的，在稳定运行后才可以投自动，为防止失控，应将限幅调得尽量小。

初投的时候，可将送风前馈取消，待控制系统运行稳定之后再加入前馈信号，加入的时候应从弱到强地加，以免对系统产生不利影响。最初可令 $T_i = \infty$，$p = 200\%$（尽量大），投上之后（如果稳定），便可以整定参数，直到合理为止。动态试验过程中，若有异常，应立即停止试验。

（四）给水控制系统调试

锅炉给水控制系统、低负荷给水控制及 1、2 号给水控制系统，均要进行静态、开环、闭环试验。

锅炉给水低负荷控制系统为单回路控制系统，高负荷控制为典型的串级三冲量给水控制系统，补偿后的水位信号是调节系统的被调量，用阻尼器滤除水位信号的干扰量，水位信号与其给定值的偏差在主调节器内进行 PID 运算，其运算结果与蒸汽流量信号相加作为副调节器的给定值，其中蒸汽流量信号是调节系统的前馈信号，给水流量信号是副调节器的测量值，该测量值与其给定值的偏差在副调节器内进行 PID 运算后去控制液力偶合器的给水勺管位置/变频调节改变调频量，从而改变给水量，来保证汽包水位（分离器水位）的恒定。

1. 静态试验

首先进行内部组态检查。之后进行外围设备检查，外围设备检查包括所有手操器、执行器、电机必须工作正常，动作灵活；反馈信号必须准确；I/O接口及信号检查：对于所有模拟信号（包括输入和输出信号），其精度必须合乎要求，并且与外围设备的接线正确；对于开关量信号必须动作迅速正确，接入正常。

2. 系统开环试验

系统开环试验包括变送器量程校验；对操作器及执行机构进行检查：操作器切换功能应完好正确；在手动状态时，执行机构动作正常，执行器不应有卡涩和死行程。对给水流量，主蒸汽流量，汽包水位（分离器水位）补偿进行补偿计算；方向性检查，将相关的内部仪表置于校验位置，通过改变内部仪表的校验值来检验回路的方向性。H、D、W分别为经过补偿后的汽包水位、主蒸汽流量、给水流量信号，三冲量主、副调节器的方向性都为"反"。

3. 系统动态闭环试验

对于单冲量系统按一般的系统进行调试。首先使$T_i = \infty$，$p = 100\%$，做扰动试验，根据曲线形状调整参数直至合理。

三冲量系统内回路调试，内回路必须满足快速随动性，在不影响稳定性的情况下适当加强p的作用，减弱T_i，整定后能快速消除D、W扰动。外回路调试的目的是使水位能在允许的范围内变化，消除水位偏差，最后参数应能使调节系统保持水位平稳，而且D、W变化时，水位变化不大。为防止干锅和满溢应严密注视水位变化和报警信号，一有异常可停止试验。

（五）各级减温自动控制系统调试

主蒸汽温度自动控制系统包括Ⅰ级减温、Ⅱ级减温、再热器减温系统，Ⅰ、Ⅱ级减温及再热器减温系统控制方式基本一样，在此只对一个系统进行讨论，其他不赘述。

1. 系统的静态检查

（1）内部组态检查。

（2）外围设备检查：所有执行器必须工作正常，动作灵活，反馈信号必须准确。

（3）I/O接口及信号检查：对于所有模拟信号（包括输入和输出信号），其精度必须合乎要求，并且与外围设备的接线正确；对于开关量信号必须动作迅速正确，接入正常。

2. 系统静态试验

（1）热电偶的量程范围合理有效。

（2）开环传递试验：确定调节器正反作用，主调节器为"反"作用，副调节器为"正"作用。

（3）报警监控检查：改变偏差报警器的报警值，使偏差超过偏差报警值，观察报警是否动作，是否能将各调节器切至手动，并报警。

3. 系统的动态投入

在70%以上负荷时才可以投入本系统，根据经验设置各PI调节器参数。

（1）内回路必须满足快速随动性，整定后能快速消除T1扰动。

（2）主回路在系统中所起的作用是细调减温器出口温度，使系统能够保证足够的精度。

（六）轴封压力控制系统调试

轴封压力控制系统调试，是测量值为轴封蒸汽压力，通过其压力调节汽门维持轴封压力为定值。

1. 静态试验

（1）内部组态检查。

（2）外围设备检查：执行器、电机必须工作正常，动作灵活，反馈信号必须准确。

（3）I/O 接口及信号检查：对于所有模拟信号（包括输入和输出信号），其精度必须合乎要求，并且与外围设备的接线正确；对于开关量信号必须动作迅速正确，接入正常。

2. 开环传递试验

轴封压力校验值建议为 $0 \sim +100 \text{kPa}$，此系统为单冲量系统进行方向性检查，方向性：$p \uparrow \rightarrow \text{PI} \downarrow \rightarrow$ 调整门 $\downarrow$，即压力 p 升高信号，传递给调节器脉冲信号减小，传递给执行机构使调门开度减小。

3. 动态调试

此系统为常规单冲量系统，所以它的整定按普通的单冲量系统进行整定，先令 $T_i = \infty$，$p = 200\%$（尽量大），投入自动，调节 T_i、p 以便获得合理的参数。

（七）除氧压力及水位控制系统调试

除氧压力及水位控制系统为单回路调节，测量值为除氧压力及水位，通过调节除氧器压力调节汽门及除氧器水位调节汽门维持除氧压力及水位为定值。

1. 静态试验

（1）内部组态检查。

（2）外围设备检查：执行器、电机必须工作正常，动作灵活，反馈信号必须准确。

（3）I/O 接口及信号检查：对于所有模拟信号，其精度必须合乎要求，并且与外围设备的接线正确；对于开关量信号必须动作迅速正确，接入正常。

2. 开环传递试验

除氧器压力变送器值为 $0 \sim 1.0 \text{MPa}$，水位变送器设为 $0 \sim 32\ 359.8 \text{Pa}$。此系统为单冲量系统，进行方向性检查：$H \uparrow \rightarrow \text{PI} \downarrow \rightarrow$ 调整门 $\downarrow$，$p \uparrow \rightarrow \text{PI} \downarrow \rightarrow$ 调整门 $\downarrow$。

3. 动态调试

此系统为常规单冲量系统，所以它的整定按普通的单冲量系统进行整定，先令 $T_i = \infty$，$p = 200\%$（尽量大），投入自动，调节 T_i、p 以便获得合理的参数。

（八）凝汽器水位控制系统调试方案

凝汽器水位控制系统为单回路调节，测量值为凝汽器水位，通过调节凝结水调节汽门使凝汽器水位维持为定值。

1. 静态试验

外围设备检查：液位变送器、执行器、电机必须工作正常，动作灵活；反馈信号必须准确；I/O 接口及信号检查；对于所有模拟信号，其精度必须合乎要求，并且与外围设备的接线正确；对于开关量信号必须动作迅速正确，接入正常。

2. 开环传递试验

凝汽器水位校验值建议为 $0 \sim +1600 \text{mm}$，此系统为单冲量系统，按单冲量系统进行调试；方向性检查：$H \uparrow \rightarrow \text{PI} \uparrow \rightarrow$ 调整门 $\downarrow$。

3. 动态调试

此系统为常规单冲量系统，所以它的整定按普通的单冲量系统进行整定，先令 $T_i = \infty$，$p = 200\%$（尽量大），投入自动，调节 T_i、p 以便获得合理的参数。

（九）ECS 调试方案

机组优化设计后，电气监控上升软件控制纳入 DCS，电气系统的常规操作基本在 DCS 操作员站的 CRT 画面上。

1. 电气系统纳入 DCS 范围

（1）发电机-变压器组的监视与控制。

（2）励磁系统的监视与控制（通过励磁装置）。

（3）高压厂用变压器的监视与控制。

（4）高压厂用电系统的监视与控制。

（5）低压厂用电系统的监视与控制。

（6）高压启动/备用变压器的监视与控制。

2. 静态调试

静态调试包括画面组态检查与修改；控制组态检查与修改；I/O 通道检查；开关操作静态传动试验；调出开关操作面板，按照逻辑图模拟操作条件，进行开关的合闸、跳闸操作，检查 DCS 的 I/O 卡输出通道状态，检查输出继电器动作是否正确。

3. 开关操作动态传动试验

开关就地操作试验，静态传动完成后，进行动态传动，检查开关在试验位置，操作直流送电，检查 CRT 画面开关状态正确，检查合闸条件满足，调出开关操作盒，进行合闸操作，检查开关动作正确，状态反馈正确，同样步骤进行跳闸操作试验。

4. 试验与配合

（1）进行断路器传动试验时，断路器不能推到工作位置，只能在试验位置进行试验。

（2）涉及电气主设备的试验时，必须有施工单位电气专业人员到场配合。

（十）FSSS 调试方案

（1）FSSS 装置调试。

（2）火焰检测柜装置调试：①电源回路检查，继电器柜传动试验；②同厂家技术人员进行系统上电恢复；③静态模拟试验，信号频率调整。

（3）火焰监视器单体调试：检查火焰监视器安装情况是否合理，接线检查；火焰模拟试验调整；信号反馈试验。

（4）油主阀调试：油跳闸阀及油循环阀的阀体安装检查，线路检查，就地控制试验，检查远方控制试验，反馈信号试验。

（5）油枪调试：①分别对油系统的油枪安装检查，线路检查，上电检查，就地控制试验；②分别检查油系统的油枪推进、退出情况，试验反馈信号调整。

（6）点火器调试：油系统的点火器安装检查，线路检查；打火控制试验；就地打火控制试验。

（7）炉膛吹扫系统：①给予试验条件满足：给煤机均停、磨煤机均停、给粉机均停、油跳闸阀已关、水位合适、风量允许、无锅炉跳闸指令；②启动吹扫命令，吹扫计时检验；③锅炉为待启动状态。

（8）跳闸条件满足试验：

1) 分别给予各跳闸条件满足试验：两台送风机均停停炉、两台引风机均停停炉；对汽包炉：汽包水位高停炉、汽包水位低停炉、风量小于30％停炉、失燃料停炉、失火焰停炉、炉膛压力高停炉、炉膛压力低停炉、给水泵均停停炉、手动停炉。

a. 手动停炉给予跳闸条件满足试验停炉，检查出口继电器动作应良好。

b. 两台送风机跳闸给予跳闸条件满足试验停炉，检查延时时间及出口继电器动作应良好。

c. 两台引风机跳闸给予跳闸条件满足试验停炉，检查延时时间及出口继电器动作应良好。

d. 汽包水位高跳闸给予跳闸条件满足试验停炉，检查延时时间、定值及出口继电器动作。

e. 炉膛压力高跳闸满足试验停炉，检查定值、三取二逻辑及出口继电器动作是否良好。

f. 风量小于30％跳闸给予跳闸条件满足试验停炉，检查定值及出口继电器动作是否良好。

g. 失火焰跳闸满足试验停炉，检查延时时间、逻辑关系及出口继电器动作是否良好。

h. 失燃料跳闸满足试验停炉，检查延时时间、逻辑关系及出口继电器动作是否良好。

i. 给水泵均停满足试验停炉，检查延时时间、逻辑关系及出口继电器动作是否良好。

2) 分别给予各跳闸条件投入及解除满足试验。

3) 动态投入：配合锅炉整套调试进行保护逻辑检验，分别给予各跳闸条件满足进行MFT动态试验，各项试验都进行完毕且合格后进行动态投入。

（十一）SCS调试方案

1. 静态调试

软操静态试验，分别对各被控设备进行手动操作，检查DCS输出继电器动作正确，反馈正确。

（1）电动给水泵静态试验：按逻辑图给予启动条件，进行启动试验，检查启动输出；按逻辑图给予停止条件，进行停止试验，检查停止输出。

（2）送风机静态试验：按逻辑图给予启动条件，进行启动试验，检查启动输出；按逻辑图给予停止条件，进行停止试验，检查停止输出。

（3）引风机静态试验：按逻辑图给予启动条件，进行启动试验，检查启动输出；按逻辑图给予停止条件，进行停止试验，检查停止输出。

（4）机组辅机连锁保护静态试验：按逻辑图分别模拟连锁保护条件，检查输出及关联门，继电器动作正确。

（5）疏水保护连锁静态试验：按逻辑图分别模拟连锁保护条件，检查输出及关联门，继电器动作正确。

（6）加热器保护连锁静态试验：按逻辑图分别模拟连锁保护条件，检查输出及关联门，继电器动作正确。

（7）抽汽逆止阀保护连锁静态试验：按逻辑图分别模拟连锁保护条件，检查输出继电器动作。

2. 动态调试

（1）配合安装单位进行DCS远方操作试验，填写调试记录。

（2）整定电动门开、关时间。

（3）电动给水泵动态试验：手动方式：启停控制检查反馈是否正确，检查油压保护逻辑；连锁方式：启停控制检查反馈是否正确，检查油压保护逻辑。

（4）送风机功能组试验：手动方式：启停控制检查反馈是否正确，检查油压保护逻辑；连锁方式：启停控制检查反馈是否正确，检查油压保护逻辑。

（5）引风机动态试验：手动方式：启停控制检查反馈是否正确，检查油压保护逻辑；连锁方式：启停控制检查反馈是否正确，检查油压保护逻辑。

（6）SCS连锁保护动态试验：对各连锁保护项目模拟条件，检查连锁保护动作是否正确，反馈是否正确。

（7）MFT动作及OFT油跳闸连锁情况。

三、汽轮机监视及保护系统调试

TSI主机监视仪表对汽轮机主要参数进行监视，汽轮机保护跳闸逻辑运算由ETS完成。当机组发生串轴大、振动大、润滑油压低、真空度低、汽轮机超速、抽汽压降大等危及机组安全的异常现象时，各信号装置立即发出越限报警及跳闸信号。ETS接到跳闸指令，迅速关闭主汽门及各段抽汽逆止阀。

（一）汽轮机监视系统调试

监视项目：轴向位移（上、下）、转速、转子转动角、转子挠度、轴瓦振动、相对膨胀（高、低缸，即胀差）、热膨胀、油动机行程（高、低、采暖）。

仪表量程TSI：轴瓦振动：$0\sim0.200$mm；相对膨胀：$-4\sim+8$mm（低压缸：$-4\sim+12$mm）；轴向位移：$-2\sim+2$mm；热膨胀：$0\sim35$mm；转子转动角：$0°\sim360°$；转子挠度：$0\sim0.5$mm；汽轮机转速：$0\sim3500$r/min。

在安装完成基础上，对各测点及探头等一次组件的安装位置、间隙和接线情况进行检查，检查仪表及安装调校记录，核对设计图纸，根据实际对象和检测控制工艺要求，必要时提出更改方案。

（二）ETS

（1）配合对ETS程控柜进行软、硬件恢复工作，核对I/O通道测点接入和接点输出接线情况。检查逻辑组态正确性，核对设计图纸，根据实际控制工艺和运行要求，提出修改方案。

（2）安装检查：对各测点及温度、压力、液位控制转换开关等一次组件的安装位置和接线情况及绝缘情况进行检查，核对校验记录及定值，根据实际和检测控制工艺要求，必要时提出更改方案。

（3）传动试验：安装无误后，带着ETS程控柜进行传动试验，进一步检查接线情况和接点动作，以及连锁保护和报警动作情况。通过接点模拟传动试验，发现问题及时解决。做接点传动试验时，解开主汽门关闭直流接触器、各段抽汽逆止阀关闭直流接触器出口。

（4）轴向位移大停机保护：短接轴向位移大一值接点（$+0.8$mm，-0.8mm），发"轴向位移大一值"报警信号。保护开关在"投入"位置，短接"轴向位移大二值"接点（$+1.01$mm，-1.02mm），发"轴向位移大停机"报警信号，同时发关闭主汽门信号。左右两侧分别做此调试。

（5）润滑油压低停机保护：保护开关在"投入"位置，短接相应压力开关接点，油压低一值（0.082MPa），发报警信号，并启动交流油泵；油压低二值（0.076MPa），发报警信号，并启动直流油泵；油压低三值（0.0245MPa），发关闭主汽门、停盘车信号。

（6）低真空停机保护：真空开关低Ⅰ值（80.0kPa），低Ⅱ值（65.0kPa）采用常开接点，保护开关K1打到"投入"位置，短接相关条件，应发报警信号，同时发关闭主汽门信号。

（7）超速停机保护：保护开关在"投入"位置，短接一值（3090r/min）接点，发报警信号；保护开关在"投入"位置，短接二值（3300r/min）接点，发报警信号，同时发关闭主汽门信号。

（8）发电机主保护动作停机保护：保护开关在"投入"位置，电气专业人员短接发电机主保护动作输出接点，保护继电器动作，发报警信号，同时发关闭主汽门信号。

（9）抽汽压降增大停机保护：保护开关在"投入"位置，三选二短接抽汽压降压力开关高值（0.421MPa）保护动作输出接点，发报警信号，并发关闭主汽门信号。

（10）轴瓦振动大停机保护：保护开关在"投入"位置，短接任意相邻两个轴瓦水平轴向振动监测通道振动大（0.254mm）输出接点，经过一定延时后应发报警信号，同时发关闭主汽门信号。

保护开关在"投入"位置，短接任意相邻两个轴瓦水平横向或垂直振动监测通道振动大（0.254mm）输出接点，经过一定延时后应发报警信号，同时发关闭主汽门信号。振动报警值为0.125mm。

（三）1～4段抽汽逆止阀保护

手动操作开启、关闭1～4段抽汽逆止阀保护试验应好用。保护连锁开关在"投入"位置，当任意模拟发电机跳闸、主汽门关闭、高压加热器水位高三值之一信号时，一段抽汽逆止阀保护继电器应动作，发报警信号。

（四）5～8段抽汽逆止阀保护

手动操作开启、关闭5～8段抽汽逆止阀保护试验应好用。在"投入"位置，当任意模拟发电机跳闸、主汽门关闭之一信号时，5～8段抽汽逆止阀保护继电器应动作，发报警信号。

（五）手动停机：手动操作停机保护试验，应带着主汽门一起做

（六）保护系统定值核对（保护定值）

轴向位移大报警值：＋0.8mm，－0.8mm；轴向位移大动作值：＋1.01mm，－1.02mm；润滑油压低Ⅰ值：0.082MPa；润滑油压低Ⅱ值：0.076MPa；润滑油压低Ⅲ值：0.0245MPa；真空低报警值：80.0kPa；真空低动作值：65.0kPa；转速超速报警值：3090r/min（OPC）；转速超速动作值：3300r/min（DCS、ETS）；抽汽级压降：0.421MPa；高压加热器水位低Ⅰ值：－300mm；高压加热器水位高Ⅱ值：200mm；高压加热器水位高Ⅱ值：350mm；高压加热器水位高Ⅲ值：600mm。

（七）模拟试验

能够做模拟试验的有轴向位移大和润滑油压低两项（轴向位移具备试验条件且可靠，否则做短接点），其余各项只能做接点试验。

（八）轴向位移大模拟试验

轴向位移大模拟试验在探头安装好，仪表调校合格后直接做。拧动位移螺栓，监视，并记录仪表指示。当探头位移至＋0.8mm或－0.8mm时，应报警；当探头位移至＋1.01mm

或−1.02mm 时，应输出停机信号。试验完成后，应将探头恢复零位，并锁紧固定好。

（九）润滑油压低模拟试验

润滑油压低模拟试验可通过泻放润滑油压测量管溢流阀进行。在润滑油压测量管上安装一块标准压力表作为监视仪表，在润滑油压正常时，关闭取样阀门，缓慢打开润滑油压测量管溢流阀。当润滑油压降至 0.082MPa 时，应报警，并输出接点给交流油泵启动回路；当润滑油压降至 0.076MPa 时，应报警，并输出接点给直流油泵启动回路；当润滑油压降至 0.0245MPa 时，应给出停机信号；同时应输出接点给盘车控制回路停（闭锁启）盘车。观察，并记录标准压力表示值，应符合定值要求。

（十）汽轮机专业保护投入试验

根据汽轮机专业要求，逐项投入各项保护开关，带着主设备进行试验，进一步考验各保护系统。

（十一）保护投入

试验合格后，根据运行情况，逐项投入各项保护，记录试运过程中保护动作情况，配合试运。

四、辅机连锁和保护系统调试

辅机连锁和保护系统的安全和可靠，是保证机组正常运行的必要条件。因此，从设计到安装和调整试运，必须密切配合，严把质量关，而投运前的调整试验尤为关键。

热工辅机连锁和保护项目主要有汽包水位保护（分离器水位保护）；蒸气压力安全门保护；燃油速断保护；高压加热器水位保护；热网加热器水位升高保护；给水泵润滑油压低连锁保护。

热工辅机连锁和保护项目调整试验的具体内容如下：

1. 汽包/分离器的水位保护

（1）保护功能：锅炉正常运行时，汽包必须维持正常水位。当水位过高或过低，达到保护动作值时，水位保护系统接点动作，MFT 动作，停炉灭火。直流炉启动时，汽水分离器水位严格控制。

（2）试验前检查调整：检查保护用水位取样筒及变送器良好，确定保护用电气回路连接正确，水位转换动作灵敏、可靠。锅炉上水后应在运行人员配合下核对保护水位信号。

（3）模拟试验：用模拟水位变化的方法进行试验。

1）当水位高至＋65mm 时，发声光报警信号。

2）当水位高至＋100mm 时，发声光报警信号，水位保护动作，并自动打开事故放水门；当水位恢复至＋65mm 以下时，自动关闭事故放水门；从锅炉安全门开始动作至安全门回座一段时间（约 5～6s）禁止打开事故放水门。短接锅炉安全门动作接点，应自动关闭事故放水门。

3）当水位高至＋150mm 时，发声光报警信号，同时向 FSSS 发送水位越限跳闸信号。

4）当水位降至−65mm 时，发声光报警信号。

5）当水位降至−150mm 时，发声光报警信号，同时向 FSSS 发送水位越限跳闸信号。

（4）保护投入：整套试运时，将保护试验做完，待吹管过后即可随时投入运行，运行考核，并记录动作情况。直流炉启动前，检查调试 HWL−1 及 HWL−2 阀，即疏水控制阀及高水位排放阀调试。

2. 安全门保护

(1) 保护功能：锅炉正常运行时，应维持蒸气压力在一定范围内。当蒸汽压力过高时，安全门保护装置动作，打开安全门，泄放压力，或释放 PCV 阀，以保护设备安全；当蒸汽压力恢复到正常范围内时，关闭安全门。

(2) 试验前检查：电接点压力表指示正确，安装就位；就地电磁铁铁芯活动自如，线圈绝缘合格；继电器、接触器的触点活动灵活，接触可靠，无腐蚀和损坏；电气回路连接正确，标志齐全。核对 RC 板上各电阻、电容参数，应符合设计型号与规范。

(3) 手动回路试验：手动时操作开关打至"开"位置，开启电磁铁动作，盘上红色指示灯亮，安全门打开；操作开关打至"关"位置时，回座电磁铁动作，盘上绿色指示灯亮，安全门关闭。

(4) 自动回路试验：将开关切换至"自动"位置，静态时，拨动就地电接点压力表设定指针。当高接点接通时，开启电磁铁动作，安全门打开，盘上红色指示灯亮；当低接点接通时，回座电磁铁动作，安全门动作，盘上绿色指示灯亮。动态试验前，整定好保护定值：启座压力及回座压力。

(5) 动态试验：保护定值设好后，在安全门整定时，提高蒸汽压力，各安全门均应动作正确。

(6) 保护投入：保护试验合格后，锅炉点火升压时即可根据运行需要随时投入保护状态，进行试运考核、消缺，记录保护动作情况。

3. 燃油总阀跳闸保护

(1) 保护功能：为保护锅炉运行安全，防止爆燃，当锅炉停炉保护动作或送、引风机全停时，应迅速自动切断向锅炉内的燃料供应。同时，为安全起见，还在燃油系统加装了手动控制回路。当锅炉停炉保护动作时，跳闸信号经电气大连锁开关跳排粉机和给粉机（中速磨煤机），关燃油速断阀。

(2) 试验前检查：电气回路连接正确，绝缘合格；接触器、继电器开关触点动作灵活，接触可靠；燃油速断阀安装正确，无卡涩现象。

(3) 燃油速断阀手动回路试验：手动操作开，就地燃油速断阀开启，红色指示灯亮；手动操作关，就地燃油速断阀关闭，绿色指示灯亮，手操应好用。

(4) 燃油速断阀自动回路试验：送、引风机全停，连锁开关打至连锁位，燃油速断阀应速关，静态动作试验好用。油管路充油后，手、自动带压试验均应动作正确。

(5) 保护投入：试验合格后，配合锅炉专业进行试验。随时投入，观察，并记录动作情况。

4. 高压加热器水位保护

(1) 保护功能：高压加热器正常运行时，须维持一定水位。当水位偏低或偏高时，应发出报警；高压加热器水位高Ⅱ值时，应自动开启事故放水门，高Ⅲ值时，自动关闭 1、2 段抽汽逆止门和电动门，打开旁路电动门，关闭高压加热器进、出口电动门。如果 1、2 号高压加热器达到高Ⅲ值，发停机信号至汽轮机跳闸回路。第一级高压加热器进汽（2 段抽汽）压力低至规定值时，自动打开该高压加热器通往低压加热器的疏水电动门，关闭至除氧器电动门。

(2) 试验前检查：水位取样筒和电极安装位置正确，绝缘合格，电磁阀动作可靠，信号无误。

（3）模拟试验：模拟水位变化进行试验（以下各值根据机组容量不同、容积不同应核准）。

当水位降至－300mm 时报警；当水位升至＋200mm 时报警；当水位升至＋350mm 时报警，同时开启事故放水门；当水位升至＋600mm 时报警，同时应关闭 1、2 段抽汽逆止门及电动门，打开旁路电动门，关闭进、出口电动门。

（4）保护投入：模拟试验合格后，配合其他专业试验。当运行高压加热器投入时即可投入高压加热器水位保护功能。运行考核，消除缺陷，观察，并记录保护动作情况。

5. 热网加热器水位升高保护

（1）保护功能：热网加热器正常运行时，须维持一定水位。当集水井水位升高至570mm、壳体水位升高至 170mm 时，经过 2min 延时后，应发出报警。2 号热网加热器水位升高越限时，应关闭至 2 号热网加热器进汽管门，打开旁路门，打开后关闭至 2 号热网加热器进、出热网水门。1 号热网加热器水位升高越限时，应关闭至 2 号热网加热器进汽管门；关闭旁路门；打开总的旁路门，打开后关闭至 1、2 号热网加热器进、出热网水门（保护定值以厂家为准）。

（2）试验前检查：水位取样筒和电极安装位置正确，接线无误，绝缘合格，信号无误。

（3）模拟试验：用短接点的方法模拟水位变化进行试验。

（4）保护投入：模拟试验合格后，配合其他专业试验。当热网加热器投入运行时即可投入热网加热器水位保护功能。运行考核，消除缺陷，观察，并记录保护动作情况。

（5）给水泵润滑油压低连锁保护条件：当启动润滑油泵压力达到 80～120kPa 时，经过一段时间延迟，使所有的轴承都被润滑一段时间后，才能接通主电机开关。

由于事故使润滑油压低落到 50kPa 时，自动启动外供润滑油泵，如果事故继续下去，油压低落到 30kPa 时，则主电机停止工作。

调试时需检查确认接线和定值无误，配合电气专业进行各项传动试验（保护定值以厂家为准）。

6. 辅助保护连锁投入

各项试验合格后，配合其他专业试验完成且可靠。进行动态各项辅助保护连锁投入，运行考核，观察，并记录保护动作情况。

五、数字电液控制系统调试

以上海新华控制工程有限公司 DEH－V 型数字电液控制系统为实例。

DEH 由计算机控制部分和 EH 液压执行机构部分组成，是汽轮发电机启动、停机及转数控制、功率控制的唯一专用控制系统。汽轮机的数字电液控制系统采用 DEH－V 型 DEH 系统，该系统是在其原 DEH－Ⅲ系统基础上经升级改进的产品。DEH－V 保持了原 DEH－Ⅲ的可靠性及控制原理，将原控制计算机和操作员站到 486 和 Pentium 计算机，操作员站与 DEH－V 的人机界面采用 Windows 技术，用户可通过增配的工程师站方便地对 DEH－V 进行组态和维护。操作员站与工程师站配置完全相同，通过冗余数据高速公路相连，可完全互为备用。

1. 主要功能

DEH－V 系统的主要功能包括汽轮机转数控制；自动同期控制；负荷控制；调频；协

调控制（CCS）；快速减负荷（Runback）；主蒸汽压力控制（TPC）；多阀（顺序）控制；阀门试验；OPC控制；汽轮机自动控制（ATC）；中压缸启动（旁路投入）运行方式；与DCS通信数据共享；手动控制等。

DEH-V系统由一个工程师站、一个操作员站、四个控制机柜组成。系统采样周期为40ms，模拟量测量精度优于0.2%，可实现对系统的过程参数显示、状态显示、状态报警、PID控制、趋势显示、追忆打印等功能。

DEH-V系统主要通过测量输入板和控制板等完成对外围设备的mA、mV、V、热电阻、脉冲量、开关量等信号的采集，发送到系统内部进行处理、运算及显示；完成对生产过程包括系统图、运行曲线、工艺流程、棒状图、报警等进行动态的实时显示，并完成对阀门等设备的自动控制。

系统调试已达到所需具备的条件。

2. 系统检查

（1）系统供电电源电压误差应小于等于±10%。

（2）系统应有良好的接地、绝缘电阻、电源熔丝，且能满足系统正常运行要求。

（3）检查DEH系统输入信号，查看mA、mV、V等是否正常，是否有开路、越限等现象，以及高电压串入等情况。

3. 静态调试

（1）模拟量I/O通道检查。

1）对DEH系统各个机柜上的模拟量输入板（AI板）、测速卡（MCP）、超速保护板（OPC）、OPC测速板、阀门控制板（VCC）、站控制板（BC板）、开关量输入/输出板、模拟量输出板等各mA、mV、热电阻等输入/输出信号通道进行测试，每通道测试三点。如mA信号可测4、12、20mA等测点。通道测试时用信号源在DEH机柜端子上直接加入。

2）对于4～20mA信号，其测量精度应优于0.1%；对于温度测量信号，其测量精度应优于0.2%；测试结果应认真记录，并填入I/O通道检查表存档备查。

3）测试时各端子板型号为AI TB模拟量输入；AI TC TB热电偶模入；AI RTD TB热电阻模入；AO TB模拟量输出；PI TB脉冲量模入。

（2）开关量I/O通道检查。

对DEH系统各个机柜上的每个开关量板上的开关量输入/输出信号通道进行测试，在DEH机柜端子上直接用短接线进行短接，在各操作员站上观察各开关量状态是否正确。

测试结果应认真记录，并填入I/O通道检查表存档备查，DEH系统开关量I/O通道检查。

测试时各端子板型号为DI TB；开关量输入；DO TB；开关量输出等。

（3）DAS测点检查。

在DEH机柜内施工作业已完成，DEH系统运行正常，可进行DAS测点检查。在DEH的操作员站上的各个系统流程图画面上检查DAS测点检查是否正确，各系统的I/O通道端子排接线及其极性是否正确；所有测点显示点序、状态、量程设置、显示单位、数据二次处理、越限报警等应正确无误，并符合工艺要求；测温组件的冷端补偿应符合工艺要求；报警显示应正确无误，并有报警描述。DEH系统正常运行后，应对其时钟进行设定，其设定应符合北京标准时间。

DAS 测点的静态测试可在 DEH 系统的测点一览中进行。

(4) 控制回路检查。

1) 三选二系统检查：DEH 的基本控制测量参数主要变送器采用冗余设计：A、转速、功率、主蒸汽压力、调节级压力等控制测量参数均三路同时进入计算机，在机内三选二后进入控制回路；B、挂闸、并网等重要开关量等均为三路同时进入不同的卡件，再进入计算机内进行三选二；C、OPC 控制回路为三选二系统。检查三选二系统的正确性，它应能满足控制系统的正常需要，并能保证系统安全可靠运行。

2) 自动调节系统：DEH 的自动调节系统主要包括转速调节、负荷调节等调节系统。控制回路包括高压主汽门控制回路（TV）、中压主汽门控制回路（RSV）、高压调节汽门控制回路（GV）、中压调节汽门控制回路（IV）。低压调节汽门控制回路（LV）由 6 个 PI 调节器构成多回路串级调节系统，系统的静态检查。

3) 内部组态检查：包括反馈控制功能和顺序控制功能检查。对于反馈控制功能要求按设计图纸组态，组态后的系统能完成相应的功能；对于顺序控制功能，应能正确完成各种切换功能（例如，手/自动切换、报警功能、连锁功能），其开关信号必须连接正确、动作可靠。

4) 外围设备检查：高压主汽门（TV）、中压主汽门（RSV）、高压调节汽门（GV）、中压调节汽门（IV）、低压调节汽门（LV）、伺服阀油动机等被控对象工作正常、动作灵活，LVDT 位置变送器反馈信号输出正常、指示准确无误。

5) I/O 接口及信号检查：对于所有模拟信号（包括输入和输出信号），其精度必须符合要求，并且与外围设备的接线正确；对于开关量信号必须动作迅速正确，接入正常。

6) 变送器的二次校验。

7) 调节器切换及操作（作用如下）：PI1：IV 速度调节器；PI2：TV 速度调节器；PI3：GV 速度调节器；PI4：GV 负荷调节器；PI5：GV 调节级压力调节器；$1/\delta$：频率偏差调节器。

首先使各调节器处于操作器手动状态进行操作，在手动状态时，TV、GV、IV 等执行机构动作正常，应能够平滑开关，并且位移信号应与操作值对应一致，执行器不应有卡涩和死行程。对各调节器控制器进行手动/自动试验，要求手动/自动切换灵活，切换时无扰动。检查手动/自动切换时，手动、自动系统的相互跟踪情况。

8) 系统开环传递试验（各调节器正反作用的确定）：IV 速度调节器 PI1："反作用"；TV 速度调节器 PI2："反作用"；GV 速度调节器 PI3："反作用"；负荷调节器 PI4："反作用"；调节级压力调节器 PI5："反作用"；频率偏差调节器 $1/\delta$："反作用"。

如图 8-9 所示，机组中环功率调节回路（MW）、汽轮机外环转速一次调频回路（WS）、汽轮机内环调节级压力回路（IMP）对其赋值，近而检验调节回路的方向性。

a. IMP↑ → 调节级压力调节器 PI5 输出↓ →DEH 负荷指令↓ →关小高压调速汽门 GV。

b. MW↑→功率调节器 PI4 输出↓ →调节级压力调节器 PI5 输出↓ →DEH 的负荷基准↓→关小高压调速汽门 GV。

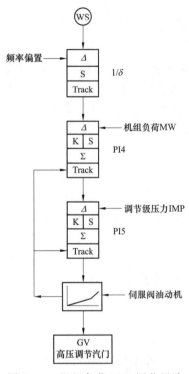

图 8-9 机组负荷 MW 调节回路

c. MW↑→功率调节器 PI4 输出↑→调节级压力调节器 PI5 输出↑→DEH 的负荷基准↑→开大高压调速汽门 GV。

d. Δf↑→频率偏差调节器 $1/\delta$↓→功率调节器 PI4 的给定值↓→功率调节器 PI4 输出↓→调节级压力调节器 PI5 输出↓→DEH 的负荷基准↓→关小高压调速汽门 GV。

9）报警监控试验：改变各调节器入口偏差及报警器的报警值，使偏差超过偏差报警值，观察报警是否动作，能否将各调节器和后备手操器切至手动，并报警。

六、机组 RB 系统热控调试

（一）调试应具备的条件

1. 静态试验条件

（1）RB 涉及相关的系统分部试运已完成。

（2）系统设备相关资料提供给调试人员。

（3）DCS 系统工作正常，系统组态已安装完毕。

（4）RB 涉及主要控制系统静态调试完成。

（5）相关部门提供相关自动曲线。

2. 动态试验条件

（1）模拟量控制系统，如机组协调控制系统、燃烧控制系统、给水控制系统、温度控制系统和其他辅助控制系统已正常投用，并已完成定值扰动和负荷变动试验，且调节品质达到要求。

（2）机组控制方式应为协调方式且 RB 功能投入，其他几种运行方式（如机跟随、炉跟随）也已投运过，并已进行过负荷变动试验。运行方式的切换已经经过考验，能实现手/自动无扰切换采用滑压运行的机组还需检查滑压运行控制功能。

（3）机组保护系统正常投入，试验前机组负荷不低于 90％额定负荷。

（4）机组能达到额定负荷，锅炉各处金属充分吸热、膨胀，各项参数趋于稳定。机组主要运行参数（负荷、蒸汽温度、蒸汽压力、燃煤量、给水量、真空等）正常。各辅机无影响带负荷能力的重大缺陷，能正常启停，重要辅机各执行机构操作灵活无卡涩、无故障。

（5）锅炉单侧辅机最大出力试验完成，确定具备带 50％以上额定负荷的能力，RB 试验目标负荷已确定，将 RB 试验所需趋势组在历史站设置完毕。

（二）调试步骤和程序

1. RB 静态调试的步骤及方法

（1）在机组停机的情况下，检查 RB 逻辑的正确性，根据机组设计的功能，依次模拟 RB 试验的条件。

1）强制或设定信号使控制系统处于炉跟机协调控制方式。

2）强制负荷信号、总燃料量、主蒸汽压力等信号满足试验条件。

3）将主要辅机设备（包括送风机、引风机、一次风机、磨煤机、给水泵等）马达开关均送至远方试验位置。

4）强制或设定信号将主要辅机自动控制系统投入自动，包括送风控制、负压控制、一次风压控制、给水控制、燃料控制、氧量控制、主、再热蒸汽温度控制等。

（2）试验内容及过程：试验内容共五种，当其中任一种 RB 发生后，其动作均相同。现以引风机 RB 为例，协调模式下，负荷大于相应 RB 触发负荷，RB 功能投入，强制一台引风机跳闸。RB 发生后检查下述动作是否正确：

1）协调控制方式切至机跟随控制方式。

2）自动切为滑压运行方式。

3）负荷指令切至目标负荷 50%P_e（机组发电容量），速率 100P_e%/min；磨煤机 RB 时，根据跳磨煤机的台数目标负荷和速率分别为一台磨煤机跳闸：目标负荷 90%，减负荷率 100%/min；两台磨煤机跳闸：目标负荷 75%，负荷率 100%/min；三台磨煤机跳闸：目标负荷 50%，减负荷率 100%/min；四台磨煤机跳闸：目标负荷 38%，减负荷率 100%/min。

4）FSSS 自上而下顺序跳闸磨煤机，保留运行中的四台磨煤机，磨煤机跳闸时间间隔为 10s，（磨煤机 RB 时，不涉及此项）。

5）机组负荷降至 54%P_e 时，RB 复位。

6）主要辅机自动控制系统在 RB 触发后的超驰正确。

给水泵、送风机、一次风机 RB 静态试验过程同上。

2．RB 动态试验过程

（1）烟风系统一侧失去（包括一台送风机、引风机跳闸）：①跳闸一台送风机；②跳闸上层磨煤机（保留四台），磨煤机跳闸时间间隔为 10s；③负荷指令降至目标值 50%P_e，降负荷速率为 100P_e%/min；④机组协调模式切为机跟随模式；⑤RB 复位后，密切注意各主要参数，必要时给予干预。

（2）失去一台一次风机：①跳闸一台一次风机；②跳闸上层磨煤机（保留四台），磨煤机跳闸时间间隔为 10s；③负荷指令降至目标值 50%P_e，降负荷速率为 100P_e%/min；④机组协调模式切为机跟随模式；⑤RB 复位后，密切注意各主要参数，必要时给予干预。

（3）失去一台给水泵：①跳闸一台给水泵；②跳闸上层磨煤机（保留四台），磨煤机跳闸时间间隔为 10s；③负荷指令降至目标值 50%P_e，降负荷速率为 100P_e%/min；④机组协调模式切为机跟随模式；⑤RB 复位后，密切注意各主要参数，必要时给予干预。

（4）RB 试验成功后投入 RB 功能，保证机组运行安全。

（5）168h 试运；移交运行；移交各种调试记录和总结。

七、APS 系统热控调试

APS（机组自启停控制系统）是机组自动启动和停运的控制中心，它按照规定的程序发出指令，并且由各个子系统（CCS、MCS、SCS、DEH 等）协调完成机组的自动启动和停运的整个过程。

（一）APS 系统结构

APS 系统结构包括机组控制级、功能组控制级、功能子组控制级和单个设备控制级。

机组控制级是整个机组启停控制的管理中心，向底层功能组、功能子组发出启动和退出指令。单个设备控制级接受功能组或功能子组控制级的指令，与生产过程直接联系。

APS 采用断点控制方式，即将 APS 启动或停机大顺控分为若干个顺控来完成，控制断点显示操作提示，允许运行人员在操作员站上中断或停止程序。

APS 系统设置范围，从凝补水系统启动开始，终点到 70% TMCR 负荷止。此时，CCS 已投入。APS 停止控制是从机组当前负荷，逐步减负荷至汽轮机盘车结束，风烟系统停止。

（二）APS 断点设置

（1）启动过程设置 6 个断点：机组 APS 启动准备断点、冷态冲洗及真空断点、锅炉点火升温断点、汽轮机冲转断点、机组并网断点、升负荷断点。

其中，启动准备断点包括 APS 凝补水系统启动功能组、循环水、空压机、空冷岛、给水泵汽轮机油站、送风机油站、一次风机油站、磨煤机油站、汽轮机润滑油系统等功能组启动。

（2）停止过程设置 3 个断点：降负荷断点、机组解列断点、机组停运断点。

1）降负荷断点：①设定目标负荷为 45% TMCR 开始降负荷，启动汽动给水泵停止功能组，切换引风机汽轮机汽源为辅汽功能组；②负荷降到 40%TMCR，机组稳定 20min，启动微油（或等离子）启动功能组，启动 C 磨煤机停止功能组；③负荷降到 35%TMCR，推出 CCS 功能，机组处于 TF 方式；④负荷降到 30%TMCR，等待锅炉由干态转湿态，然后启动锅炉给水转换功能组，提示厂用电切换，切换 AB 层油枪功能组，停运 B 磨煤机；⑤负荷小于 50MW 时，启动机组解列断点，使汽轮机自动跳闸、发电机解列。

2）机组停运断点：停运燃烧器，锅炉风烟系统停运，并只保留一台循环水泵运行。

（三）APS 调试步骤

（1）查看 APS 逻辑图及逻辑说明，符合画面及现场流程。

（2）系统静态调试完成，系统动态调试完成。

（3）APS 主要断点试验：

1）准备启动阶段：程控允许条件为断点涉及的系统检查卡检查 25 项，程序条件 18 项，程控步骤 12 步，程控完成条件 12 项。

2）冷态冲洗及抽真空阶段：断点涉及的系统检查卡检查 12 项，程序条件 2 项，程控步骤 14 步，程控完成条件 11 项。

3）锅炉点火升温断点阶段：

a. 程控允许条件（与）：断点涉及的系统检查卡检查 8 项，程序条件 6 项。

b. 程控步骤 18 步。

c. 程控完成条件 9 项：风烟系统启动完成、吹扫完成及 MFT 复位、A 磨煤机点火或油枪点火完成、炉燃料达 10%BMCR 工况旁路建立 10%流量、省煤器入口流量 25%BMCR、蒸汽品质合格、主、再热蒸汽温度符合冲转要求、汽轮机未挂闸、确认主机润滑油温度大于 35℃。

4）汽轮机冲转阶段：

a. 程控允许条件（与）。断点涉及的系统检查卡检查：机组汽水品质化验合格；程控条件：11 大项，63 小项；程控条件（或）：点火升温断点完成及条件满足。

b. 程控步骤。第 1 步执行指令为调用 DEH 控制系统，启动 DEH 汽轮机冲转程序；第 2 步执行指令为投运低压加热器子组、高压加热器子组。

c. 程序完成条件。汽轮机已挂闸；升速至 3000r/min 延时 60s；低压加热器抽汽及高压加热器抽汽投入。

5）机组并网阶段：

a. 程控允许条件（与）。断点涉及的系统检查卡检查：电气系统检查卡检查完毕，发电机本体及辅助设备绝缘检查正常；程控条件：4 大项，18 小项；程控条件（或）：汽轮机冲转断点完成，上一阶段的完成条件满足。

b. 程控步骤（6 步）。启动第二台一次风机、微油点火及磨煤机启动、调用第二台汽动给水泵冲转程序、启动发电机自动并网功能子组、DEH 切至遥控方式、机组负荷由 5％升至 10％旁路关闭，机组由压力控制转为 TF 方式。

c. 程控完成条件。发电机-变压器组出口断路器到合闸位置且机组灭磁开关已合闸；主机低负荷暖机完成；发电机有功功率大于 5％且有功功率信号无坏质量。

6）升负荷阶段：

a. 程控允许条件（与）。断点涉及的系统检查卡检查：各台磨煤机检查卡检查完毕；程控条件：3 大项，11 小项；程控条件（或）：机组并网断点完成，上一阶段的完成条件满足。

b. 程控步骤 19 步。

c. 程控完成条件。投入 CCS 控制；机组负荷大于 70％BMCR；所有油枪停运；三台磨煤机启动完成；两台汽动给水泵投自动。

7）机组 APS 降负荷阶段：

a. 程控允许条件（与）。润滑油泵、顶轴油泵、密封油泵启动试验完成；公用系统均切换至临机供给；全面吹灰完成；燃油系统检查及点火完成；盘车电机试转。程控条件：19 项。

b. 程控步骤 15 步。

c. 程控完成条件。发电机出口开关断开；汽轮机跳闸；高压调节汽门前、中压调节汽门前疏水门开启；交流润滑油泵启动、高压密封油泵启动；高、低压加热器汽侧电动门及逆止门关闭；顶轴油泵启动油压正常。

8）机组停运阶段

a. 程控允许条件（与）。程控条件：11 项；程控条件（或）：机组解列断点完成，上一阶段的完成条件满足。

b. 程控步骤 15 步，MFT 后延时 10min，启动风烟系统程序子组。

c. 程控完成条件。风烟系统停运完成：1 号送风机停止，1 号引风机停止，2 号送风机停止，2 号引风机停止；只有一台循环水泵运行。

上述所有程控步骤，如果某步骤启动失败后，程控终止，并发出报警。

（四）机组 APS 自启停控制系统综述

第一层为操作管理逻辑。其作用是选择和判断 APS 是否投入，是选择启动模式还是停止模式，选择哪个断点及判断该断点允许进行条件是否成立。如果条件成立则产生一信号使断点进行。可以直接选择最后一个断点（如升负荷断点），其产生的指令会判断前面的五个断点是否已完成，若没有完成，则先启动最前面的未完成断点，具有判断选择断点功能，从而实现机组的整机启动。

第二层为步进程序。是 APS 的构成核心内容，每个断点都具有逻辑结构大致相同的步进程序，步进程序结构分为允许条件判断（与门），步进复位条件产生（或门）及步进计时。当该断点启动命令发出且该断点无结束信号时，则步进程序开始进行，每一步需确认条件是否成立，当该步开始进行的同时使上一步复位。如果发生步进时间超时，则发出该断点不正常的报警。

第三层为各步进行产生的指令。指令送到各个顺序控制功能组实现各个功能组的启动/停止，各个组启动/停止完毕后，均返回一完毕信号到 APS。

在明确 APS 系统的分层结构后，相应的将系统合理划分为几个断点，在断点下对 APS系统各个断点实现的控制功能继续进行细分，最终在设备控制级的基础上，逐步向上实现各个分层的控制功能，最终实现机组自动启停的控制功能。

在 APS 系统调试之初，首先应明确机组自启停控制的范围，以及相关的设备及系统，实现各个子系统及相关设备的自动投运及停运，之后再按照逐级向上协调各个分系统及相关设备，实现 APS 系统的功能。

八、AGC 系统调试

AGC 是发电量自动控制代号。它是 CCS 控制的一部分，接受中调来的负荷指令，自动完成机炉的控制。AGC 试验的主要目的是检查机组在中调负荷指令变化的情况下，机组响应负荷变化的能力。

（一）机组 AGC 系统结构

机组 AGC 系统结构简图，如图 8-10 所示。

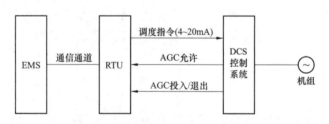

图 8-10　AGC 系统结构简图

EMS—电网能量管理系统；RTU—调度系统的运动终端

（二）调试范围及目的

（1）主要对协调控制系统进行负荷变动试验。检查机组的主蒸汽压力、主蒸汽温度、再热蒸汽温度、给水控制及炉膛压力等调节子系统适应负荷变化的能力。进行负荷增减，检查CCS 系统遥控 DEH 的能力，以及锅炉主控对负荷需求的响应，稳定投入机炉协调控制系统，为 AGC 功能奠定基础。

（2）AGC 指令由中调远方给定，4～20mA 对应 70% 至 100% TMCR 负荷。当机组 AGC指令品质坏、AGC 指令与机组负荷偏差大、出现反向指令时，退出 AGC 控制。

（3）调试过程中：①验证 DCS 与中调信号的传输正确性；②验证在 AGC 方式下，协调控制系统及各自动控制系统响应负荷扰动的能力。

（三）调试前应具备的条件

（1）所有辅机设备运行正常。

（2）机组能够达到额定负荷。

（3）机组投入所有锅炉主保护。

（4）所有锅炉闭环调节系统均已完成，所有 AGC 条件下的静态传动检查试验已经完成。

（5）锅炉各单项闭环调节系统在锅炉运行至带满负荷过程中均完成动态试验，自动调节系统全部投入，调节品质优良。

（四）试验过程

1. 试验准备

（1）接线检查：对 AGC 系统的信号电缆进行核对，接线准确、牢靠。

（2）逻辑组态检查：认真检查核对 DCS 系统内部 AGC 控制逻辑及相关信号，逻辑组态，运行人员监视画面的连接正确，各信号跟踪、切换试验正常。

（3）RTU 与 EMS 信号传动：远动主设备 RTU 与网调 EMS 的联络信号由电厂电气远动与网调相关人员核对，并模拟传动完毕，设备运行情况良好。

（4）RTU 与 DCS 信号传动：远动主设备 RTU 与热控 DCS 的联络信号由电气与热工调试人员核对，并模拟传动完毕，设备运行情况良好。

2. 静态试验

（1）锅炉、汽轮机主控器投入自动，机组在 CCS 协调控制方式。

（2）检查 AGC 允许信号，为 TRUE，此时 AGC 指令跟踪实际负荷值。投入 AGC，此时 AGC 指令可以改变，机组指令自动按照设计好的负荷变化速率进行改变。

（3）AGC 投入后，压力控制方式应切到滑压方式运行。

（4）AGC 的切除条件为：

1）机组不在 CCS 协调方式。

2）AGC 指令和实际负荷相差较大。

3）有反向指令信号出现。

4）AGC 指令变为坏质量。

3. 动态试验

（1）机组 AGC 方式投入。

（2）负荷变化率设定为 1.5%MCR/min。

（3）联系中调对机组指令进行远方设定，设定值根据机组实际情况进行确定，负荷变化范围应为 50%～100%MCR，升降负荷最少各一次，变动负荷过程中需要启停磨煤机。

（4）观察功率变化，实际功率应快速跟随中调指令。

4. 注意事项

（1）变负荷试验过程中，机组运行工况不稳，引起被调对象调节超差，信号的强制错误。

（2）组态在线修改不及时备份，以及修改不做记录，造成设备误动，试验结束忘记恢复。

（3）试验过程中，出现炉膛负压、汽压、给水流量、风量等信号发生故障或出现周期性波动，要采取有效措施。

（五）调试品质指标

调试品质指标，见表 8-18。

表 8-18   调 试 品 质 指 标

序号	运 行 参 数	单 位	负荷变动动态品质指标	AGC 负荷跟随动态品质指标	稳态品质指标
1	负荷指令变化速率	$P_e\%/\text{min}$	3	3	—
2	实际负荷变化速率（允许值）	$P_e\%/\text{min}$	≤2	—	—
3	负荷响应迟延时间（允许值）	s	90	90	—
4	负荷偏差（允许值）	$P_e\%$	±3	±3	±1.5
5	主蒸汽压力（允许值）	MPa	±0.5	±0.5	±0.3
6	主蒸汽温度（允许值）	℃	±8	±8	±3
7	再热蒸汽温度（允许值）	℃	±10	±10	±4
8	炉膛压力（允许值）	Pa	±150	±150	±100

（六）AGC 调节范围

早期建设的机组自动化水平不高，多数机组没按 AGC 系统设计。近期建设的高参数大容量机组，如 30 万 kW 级、600 万 kW 级、100 万 kW 级的各类机组，自动化水平均较高，有很完善的 DCS、CCS、SCS、DEH 等系统。因此，现代火电机组、核电机组、水电机组均设有 AGC 系统。

1. 目前国内电网 AGC 机组调节品质

（1）负荷变化速率为每分钟 1.5%MCR（额定负荷）左右，负荷响应延迟小于 2min。

（2）负荷调节范围：锅炉不投燃油（或不投等离子系统）的最低负荷至机组满负荷：一般在 40%～100%MCR。

（3）AGC 的调节范围，在 CCS 的协调控制系统投入的自动范围；国内 AGC 投入范围一般在 50%～100%MCR。

2. 调节速率考虑因素

（1）汽包炉：主要考虑汽包应力变化，一般汽包温度变化不能超过 2℃/min，由于汽包内的工质为汽水饱和状态，汽包的温度随压力同步变化，当汽包压力 17.8MPa 时，汽压允许变化为 0.425MPa/min，当汽包压力 12.2MPa 时，汽压允许变化为 0.32MPa/min。这是汽轮机调节汽门不能变化太大的原因。

（2）直流炉：负荷变化主要考虑分离器及各种集箱的应力变化。

（3）调节速率还与热平衡，燃烧率有关，负荷变化速率大，则燃烧要超调，热力没全部释放。

（4）当机组负荷接近上限时，燃烧率向上的超调较小，机组负荷向上向下调幅应小些。

（5）从调节系统原理分析：调节特性纯延迟时间要小，惯性延迟时间要小，二者比值要小。

九、机组大连锁调试

机、炉、电大连锁是 DCS 的一部分，其调试范围包括锅炉、汽轮机、电气系统之间保护信号的传递，保护逻辑动作的正确性，所有分系统报警、首出功能等。

（一）调试准备工作

1. 检查内容

机、炉、电、大连锁涉及的逻辑、保护定值及画面检查；机、炉、电、大连锁涉及的接线检查；机、炉、电、大连锁涉及的电源系统的检查。

2. 具备条件

（1）辅机及有关的控制设备、测量仪表均已正确安装。

（2）相关的测量仪表、表管、电缆、就地执行机构的安装工作完成。

（3）信号及控制回路电缆接线经过检查，确认接线正确，无短路、断线、接地，屏蔽符合 DCS 系统厂家要求。

（4）辅机电气控制开关及阀门单体调试、仪表校验和开关整定工作已完成且合格无误。

（5）电源和气源具备调试条件。

（6）DCS 系统工作正常，系统组态已安装完毕；照明良好、空调系统正常投运，温度、卫生及湿度满足厂家要求。

（7）ETS、FSSS、DEH 系统调试完成，电气保护系统调试完成，定冷水系统调试完成。

（8）机组具备整套启动条件。

（二）调试步骤程序

1. 查验

（1）查看逻辑图或逻辑说明，对不合理的逻辑提出修改意见。

（2）在工程师站上进行画面检查，系统画面符合现场工艺流程，符合现场运行习惯。

（3）大连锁系统静态组态检查，保证组态正确。

（4）控制柜硬件、外部电缆接线，以及电源系统检查。

2. 系统静态调试

（1）测点检查：

1）根据生产单位提出的参数，对报警值、保护动作值、二次计算值、修正值等静态参数设置进行检查，设置检查完毕，做好记录。

2）根据工艺流程图，检查测点位置及安装情况。

3）在施工单位人员配合下，在就地组件处针对连锁保护信号和重要测点进行模拟检查。

（2）系统功能检查：

1）检查逻辑功能、报警及事故追忆功能、操作员记录功能等。

2）对各种情况及操作进行详细记录，发现问题，并提出修改建议。

（3）静态试验：

1）试验前的状态：锅炉状态，锅炉吹扫完成，MFT 复位。

2）汽轮机状态：汽轮机 ETS 复位，汽轮机挂闸，将汽轮机主汽门打开。

3）电气状态：发电机出口断路器合闸。

（4）连锁试验：

1）锅炉跳闸，连锁汽轮机跳闸，连锁电气跳闸：触发 MFT→锅炉跳闸→汽轮机跳闸→电气跳闸→发电机出口断路器断开。

2）汽轮机打闸，连锁锅炉跳闸，连锁电气跳闸：触发 ETS 动作→汽轮机跳闸→锅炉和电气跳闸。

3）电气跳闸，连锁汽轮机跳闸，连锁锅炉跳闸：电气跳闸→汽轮机跳闸→锅炉跳闸。

4）发电机断水保护：停定子冷却水泵（就地定冷水差压开关动作）→热工电气保护动作→电气跳闸→汽轮机跳闸→锅炉跳闸。

3. 系统动态调试

(1) 向运行人员对各系统的控制逻辑进行技术交底。

(2) 现场设备投运后，投入各项保护及连锁，投入各功能组。

(3) 与试运行设备直接有关的热工设备（检测仪表、工艺信号、保护与连锁系统等）应随试运设备投入。在机组试运行时，热工设备均应按设计项目全部投入运行，热控专业人员应维护好热工控制设备，保障热工控制设备的正常运行。

(4) 参与168h试运至移交生产运行，移交各种调试记录和总结。

(三) 连锁保护逻辑

(1) 炉跳机：MFT动作信号三取二后，送出三路硬线信号到ETS，ETS三取二后触发"汽轮机跳闸"。

(2) 机跳炉：ETS送出的三路"汽轮机跳闸"硬线信号至MFT控制器三取二；MCS三取中的功率判断后（功率大于30%额定值），送开关量信号硬线到MFT控制器。两信号"与"后，触发MFT动作信号。

(3) 电跳机：电气保护柜送出两路硬线信号到ETS柜，ETS二取一后，触发ETS动作信号。

(4) 机跳电：ETS送出三路"汽轮机跳闸"硬线信号到电气保护柜，作为保护信号；就地所有主汽门全关信号直接送到电气保护柜，作为保护信号。

(5) 发电机断水保护信号：就地三路"定子冷却水流量低"信号送到DCS，三取二延时30s，送出一路硬线信号到电气保护柜。

十、化学及公用系统调试

(一) 化学专业调试项目

化学专业调试项目包括凝结水处理系统调试；汽水加药系统调试；整套启动化学监督；机组给水加氧系统CWT调试（整套启动调试和168h试运验收后试生产中加氧系统调试）；配合化学热工信号连锁保护校验；配合化学程控校验投运；化学补给水系统调试；机组停运保护（冲管及整套启动保护）；机组启动系统及化学排放废液处理；机组整套启动全挥发加药处理系统调试；循环水加药系统调试；脱硝系统调试；脱硝系统调试。

(二) 公用系统调试项目

公用系统调试项目包括分系统、整套启动调试，内容包括但不限于：全厂卸煤、储煤、输煤系统、锅炉上煤系统至各机组的煤斗前运煤调试；全厂消防系统（包括特殊消防各系统IG541、CO_2 等）调试；通风空调系统调试；空冷系统调试；建筑智能系统调试（BA、OA、CA、SA）、全厂常规通信系统调试；工业水及相关系统调试；全厂燃油系统调试；工业水系统调试；排污系统调试；冲洗水及雨水系统调试；供水系统调试；气力输灰或水力输灰及灰场系统调试；净水处理系统调试；中水系统调试；MIS、SIS系统调试等。

十一、其他系统调试

(一) 手动控制系统

DEH的手动控制系统通过阀门控制卡，用阀门增、减按钮直接控制各阀门的开度。手动操作按钮共有6个：主汽门增；主汽门减；高压调节汽门增；高压调节汽门减；中压调节汽门增；中压调节汽门减。

操作这些按钮时，高压主汽门、高压调节汽门、中压调节汽门等执行机构应动作正常，能够平滑开关，并且位移信号应与操作值对应一致，执行器不应有卡涩和死行程。

检查手动增、减阀门的逻辑限制条件是否正确，防误操作是否正确好用。

（二）OPC超速保护系统

（1）DEH中配备2套OPC保护系统，一套是完全由硬件组成的OPC卡来完成，另一套是由一块BC卡、一块DI卡、一块LC卡组成。2套系统的输出并联同时起作用。检查每套超速保护系统接线是否正确无误。检查每套超速保护系统逻辑关系是否正确无误。试验每套超速保护系统动作情况是否正确，三选二系统是否动作正确。

（2）试验内容如下：

1）汽轮机转速 n 大于103％额定转速时关GV和IV，n 小于103％额定转速时恢复。

2）汽轮机中压排汽压力大于30％（即负荷大于30％）和油开关跳闸同时出现，全关GV和IV，n 小于103％额定转速后复位；挂闸和停机按钮的挂闸和打闸操作应正确无误。

（三）阀门管理

（1）汽轮机有多个调节汽门，每一汽门都有一个独立的伺服控制回路，汽门管理程序使汽门的开启按设定的顺序进行。

（2）根据汽轮机运行要求设计有2种控制方式，单阀控制和多阀控制，应分别进行检查和试验。

1）单阀控制：检查所有高压调节汽门的开启方式应相同、各汽门开度应一样，就好像一个汽门控制一样。

2）多阀控制：检查各个汽门是否按预先给定的顺序依次开启，各调节汽门累加流量应呈线性变化。

（3）单/多阀切换：按动单阀控制按钮或多阀控制按钮，系统应能在 2～3min 内平稳地完成单阀控制和多阀控制的相互转换，单阀控制和多阀控制之间的切换应无扰动。

（四）系统仿真

根据系统辨识得到的结果，建立机组的数学模型，根据控制系统的控制方案组成控制系统，将机组的数学模型与控制系统连接起来进行实时仿真。DEH的仿真器是在数学仿真的基础上，将对象模型做成一个便携装置，将仿真器与控制器相连，形成闭环系统，可以对系统进行闭环的静态和动态调试。

系统仿真是对检查系统各控制功能，整定控制系统各参数，对DEH系统的转速和负荷自动调节、过程控制、运行参数控制及保护等功能进行仿真试验。

（五）高、中、低压油动机调整试验

（1）配合机务进行高、中压油动机调整试验。

条件：抗燃油泵启动，机头挂闸、DEH打到"手动"，操作主汽门开关，检查各高、中、低压主汽门全开到全关过程有无卡涩、跳动现象，并核对DEH输出为0％、50％、100％时各门的实际开度值。

（2）进行高、中、低压主汽门行程开关调整，当高、中压主汽门开关后DEH显示应指示正确。

（3）进行高、中、低压主汽门线性位置传感器LVDT调整，在DEH系统上显示应符合实际位置。

（六）动态调试

在 DEH 机柜内施工作业已完成，DEH 系统运行正常，就地设备及变送器等安装完成，并正常运行情况下，可进行动态传动试验。

（七）PDAS 传动

在施工单位试验人员配合下进行 DAS 测点的传动。在 DEH 的操作员站（或工程师站）上的各个系统流程图画面和报警画面（或测点一览）上检查模拟量和开关量的传动情况是否正确。

各系统应分别检查及调试下列项目：检查流程图画面是否正确规范，是否符合实际工艺流程，并按实际给予修正；动态实时功能应正确无误（包括开关量、模拟量、报警、软手动等功能检测）；各系统的 I/O 通道端子排接线及其极性是否正确无误；所有测点显示点序、单位、状态等应正确无误；开关量测点的接点接触良好状态量应反应迅速。状态指示应正确，并符合工艺要求；模拟量的量程设置、显示单位、数据二次处理、越限报警等应正确无误，并符合工艺要求，基本误差应小于等于 0.2%；测温组件的冷端补偿应符合工艺要求；报警显示应正确无误；报警可正确的进行确认，并有报警测点名称、报警时间、报警状态等报警描述。

DAS 主要功能：数据采集、运行监视和操作指导、报警记录、事件顺序记录、事故追忆记录、运行人员操作记录、历史趋势和事件记录和存储、机组热效率计算和报表、操作曲线、图形打印等。

（八）自动控制系统的投入

1. 转速控制

在不同的转速范围下，阀门状态不同，每个阶段只有一个回路处于控制状态。各阶段阀门状态见表 8-19。

表 8-19　　　　　　　　　　不同的转速范围下各阶段阀门状态表

阀门	冲转前	0～2900r/min	阀门切换（2900r/min）	2900～3000r/min
TV	全关	控制	控制→全开	全开
GV	全关	全开	全开→控制	控制
IV	全关	全开	全开	全开

升速过程中阀门的控制状态及全开状态的逻辑条件如图 8-11 所示。

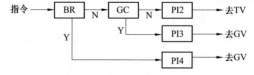

图 8-11　阀门的控制状态及全开状态的逻辑条件图

2. 主汽门/高压调节汽门控制切换

（1）DEH 投入自动控制，DEH 的"自动""单阀""双机""ATC 监视"状态均有效，油开关的状态 BR 由机组运行状态决定。

（2）按下主汽门控制按钮 TC，汽轮机开始冲转，当升速到 2900r/min 时，即可进行主汽门/高压调节汽门控制的阀切换，按下高压调节汽门控制按钮 GC，切换到调节汽门控制。

（3）在进入高压调节汽门控制后，可把汽轮机转速升至同步转速 3000r/min，并网后负荷控制。

3. 负荷控制

（1）负荷调节是一个三回路的串级调节系统，通过对高压调节汽门的控制来调节机组负荷。三回路是：①内环调节级压力回路（IMP），调节器为 PI5，给定值 REF2；②中环功率调节回路（MW），调节器为 PI4，给定值 REF1；③外环转速一次调频回路（WS），调节器为 $1/\delta$，给定值 REFDMD。

给定值变换过程：负荷参数 REFDMD 经一次调频修正后变为功率给定 REF1，其值经 PI4 修正后变为调节级压力给定 REF2，最后经过阀门管理变换后变为阀位指令输出给执行机构。

（2）调节级压力回路投入：机组并网运行后 DEH 处于全自动时，可投入调节级压力回路。按下"调压回路"按键，键灯亮表示该回路已投入；再按下此键时，键灯灭表示该回路被切除。如果阀门位置限制器已起作用或 CCS 开关要求切除该调节级压力回路，该回路会自动切除。

（3）功率回路投入：机组并网运行后 DEH 处于全自动时，可投入功率回路。按下"功率回路"按键，键灯亮表示该回路已投入；再按下此键时，键灯灭表示该回路被切除。如果阀门位置限制器已起作用或 CCS 开关要求切除该功率回路，该回路会自动切除。

功率回路和调节级压力回路都要投切时，应按以下次序进行：投入时先投调节级压力回路，再投功率回路；切除时先切功率回路，再切调节级压力回路。

（4）转速回路投入：机组并网运行时，可投入转速回路。该回路投入后，如遇油开关跳闸或两路以上转速通道故障，该回路会自动切除。

（5）自动控制的运行方式：三个回路的投入和切除的运行方式，见表 8-20。

表 8-20　　　　　　　　　　　　　自动控制的运行方式表

方式	WS	MW	IMP	说　明
阀位控制	OFF	OFF	OFF	阀门位置给定控制
定功率运行	OFF	ON	OFF	
功-频运行	ON	ON	ON	参与电网一次调频
纯转速运行	ON	OFF	OFF	

（6）一次调频指令负荷控制：一次调频指令为转差对应功率关系，频率调节死区范围为 ±0.033Hz，即一次调频调节死区范围为 3000r/min$\pm$2r/min。频率调节范围确定为 50Hz$\pm$0.2 Hz，即 49.8～50.2Hz（对应于汽轮机转速控制范围为 3000r/min$\pm$12r/min），12r/min 对应$\pm$20MW。例如 300MW 机组，当负荷达到上限 330MW 或下限 160MW 时，对一次调频信号进行方向闭锁，当机组发生 RUNUP/RUNDOWN、RUNBACK 时退出一次调频控制。

（7）机组指令的实际能力识别限幅功能：根据机组运行参数的偏差、辅机运行状况，识别机组的实时能力，使机组在其辅机或子控制回路局部故障或受限制情况下，机组实际负荷指令与机组稳态、动态调节能力相符合。保持机组/电网，锅炉/汽轮机和机组各子控制回路间需要/可能的协调，以及输入/输出的能量平衡。

当 CCS 没投自动时，可采用阀位控制（即开环控制）。

（九）试验

配合机务进行阀门试验、超速保护试验等试验。

（1）阀门试验：阀门试验应在制造厂家允许进行的阀门试验范围内进行，进行全行程阀门试验时，必须运行在单阀方式。

阀门试验条件：DEH 处于操作员自动，单阀运行方式；功率反馈投入，调节级压力反馈切除。

（2）超速保护试验：超速保护试验由超速保护钥匙和 103、110 危急遮断三个按钮组成。

在机组达到同步转速后，将钥匙开关置向试验位置，DEH 可进行 103％、110％危急遮断等各种超速保护试验。

当钥匙开关置向投入位置时，则 DEH 投入各种正常的超速保护功能。当转速超过 103％时，发出 OPC 信号，关高、中压调节汽门。转速超过 110％时，发出 AST 信号，到 ETS 停机。

（十）DCS 通信

检查与 DCS 通信模拟量是否正确；检查与 DCS 通信开关量是否正确。

（十一）趋势显示

启动历史数据库，使其处于正常运行状态后，检查各点的实时趋势显示和历史趋势显示是否正常，并根据运行情况调整实时趋势和历史趋势显示的时间间隔及量程，以适应现场运行的需要。

（十二）报表打印

启动历史数据库，使其处于正常运行状态后，检查 DEH 系统报表数据库生成情况及打印功能是否正常，检查班报表、日报表等报表及其平均、求和等数字处理结果是否正确。

（十三）SOE 功能

由于 SOE 的设计变更较多，调试时应对 SOE 组态详细核对，必要时应给予重新组态。启动 SOE 功能，检查其动作情况及其说明是否正确无误，检查 SOE 打印功能是否正常。

（十四）事故追忆功能

启动事故追忆功能，将触发点信号给入 DEH 中，检查事故追忆功能是否正常、事故追忆点是否齐全正确，检查事故追忆说明是否正确，检查事故追忆打印功能是否正常。

（十五）操作人员行为记录

启动操作人员行为记录器，检查其对各个操作员站及工程师站上的操作行为记录情况，其记录应能反映各个站上的实际操作情况及其操作时间，利于运行事故的分析。

（十六）注意事项及安全措施

进行输出量通道检查时，应确认就地设备未投入运行。在 DEH 机柜内施工作业未完成情况下，DEH 系统不能上电运行。DEH 系统应良好接地，严防强电窜入系统内。DEH 系统的工程师站和操作员站应设置进入工程师环境的操作密码，以防止非专业工程师进入组态环境更改组态。

（十七）调试条件

交直流电力回路送电前，用 500V 绝缘电阻表检查绝缘，其绝缘电阻应不小于 1MΩ，潮湿地区应不小于 0.5MΩ，电磁线圈绝缘电阻应不小于 2MΩ。

第九章

大型火电厂机组工程建设范例

第一节　1000MW 超超临界汽轮机组电厂

一、超超临界百万千瓦汽轮机

机组为一次中间再热、四缸、四排汽（双流低压缸）、单轴、带有 1219.2mm 末级叶片的凝汽式汽轮机，机组型号 TC4F－48″。汽轮机应用的设计和结构特征，在相近蒸汽参数和相近功率的机组上得到验证。1000MW 超超临界汽轮机纵剖面图如图 9－1 所示。

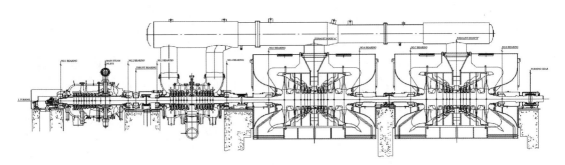

图 9－1　1000MW 超超临界汽轮机纵剖面图

主蒸汽通过 4 个主汽阀和 4 个调节阀，由 4 根导汽管连接汽轮机高压上下半缸，进入高压缸的蒸汽通过双流调节级，流向调端通过冲动式压力级，做功后由高压排汽口排入再热器。再热后的蒸汽通过再热主汽调节联合阀流回到汽轮机双分流的中压缸。通过冲动式中压压力级做功后由中低压连通管流入两个双流的低压缸。蒸汽在通过冲动式低压级后，向下排到冷凝器。

为方便维修，高、中、低压缸采用水平中分面的设计。通过对水平中分面的准确加工或手工研磨，保证上下半缸金属面的完全紧密接触，实现汽密性。

对于受高温影响的部件，通过合理设计降低温差和温度梯度来减少热应力。

二、我国百万千瓦超超临界汽轮机

（一）汽轮机的设计要点

实践验证设计和结构特征使机组有高的可靠性和运行高效率。连续不间断运行 673d，打破了汽轮发电机组持续运行 607d 的前世界纪录。成为世界上最可靠的汽轮发电机，可用率达 99.63％。

（1）设计特点：模块设计；水平中分面结构；高效率冲动式叶型；经过验证的叶片固定

方式；汽缸和隔板精确的同心度；实心整锻转子；配有独立双轴承支撑；选用合适的材料适应高蒸汽参数。

（2）防磨损：由于机组的蒸汽参数高，压力为 25MPa，再热温度由 600℃ 提高到 610℃，且采用直流锅炉，锅炉管道内壁锈蚀剥离物进入蒸汽中成为固体颗粒，使得高中压阀门、高压调节级、中压第一级固粒腐蚀要比亚临界机组严重，设计中必须考虑如何减少固粒腐蚀。本机组的高压喷嘴采用渗硼处理，中压喷嘴采用涂陶瓷材料处理，增加表面的硬度。喷涂厚度 0.25mm±0.05mm，硬度 1000（HV）。大量运行经验表明效果良好安全可靠。

（3）防低频振动：由于蒸汽密度大，级间压差大，蒸汽激振力也大，当动静部分不对中，汽封间隙周期性变化时，所产生的蒸汽激振力可能会引起转子低频振动。因此在考虑轴系稳定性时，必须要考虑蒸汽激振力的影响。机组设计上主要通过以下几方面来解决：

1）每根转子在工厂内部进行低速和高速动平衡，将不平衡量降到最小。

2）设计使转子的临界转速和额定转速不产生相互的影响。

3）转子设计精确对中，保证在运转时不会产生额外的力和力矩。

4）合理设计动静之间的间隙，保证在启动和停机时转子和汽封不会产生摩擦。

5）在隔板汽封和高压缸的端汽封上面安装防汽流涡动的汽封，防止在汽封圈环形位置的汽流压力分布不均会导致转子的不稳定振动，如图 9-2 所示。

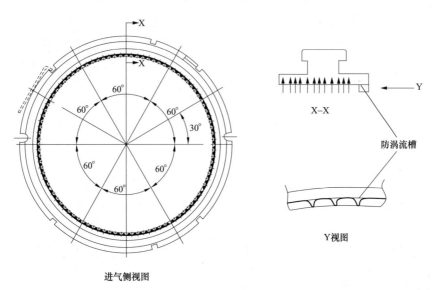

进气侧视图

图 9-2　防止汽流涡动汽封

（二）百万机组经济性能

（1）我国百万机组已安装投运多台，如 DG3000/27.46-Ⅱ1 型锅炉。

（2）经对三个百万级机组的电厂（玉环、北仑和宁海）经济性能测试，得出结论：超超临界机组与超临界机组比较，由于参数提高，整机性能设计值提高 2.5%～3%，实际测试达到 5%～6%；对超临界 600MW 机组煤耗比较，可降低机组供电煤耗 15g/kWh。

（3）汽轮机背压：设计为 6.2kPa，较 350MW 超临界汽轮机背压 10kPa，又低 3.8kPa。

经测试背压每上升 1kPa，则运行性能下降 0.6%～0.7%。可见百万超超临界机组热效率就背压项提高很多。

（4）发电热耗率：一般试验值在 7300～7400kJ/kWh。

（5）对三个电厂单机百万超超临界机组经济性比较：

1）厂用电率：4.41%、3.75%、5.08%。

2）发电煤耗率：268.2g/kWh、268.9g/kWh、269.3g/kWh。

3）供电煤耗率：280.3g/kWh、277.6g/kWh、282.4g/kWh。

（三）结构特点

1. 高压汽缸（HP 汽缸）

高压缸为单流式，包括 1 个双向流冲动式调节级和 9 个冲动式压力级。高压汽缸采用双层缸结构，内缸和外缸之间的夹层只接触高压排汽，可以使缸壁设计较薄，高压排汽占据内外缸空间，从而使汽缸结构简化，高压缸纵剖面图如图 9-3 所示。

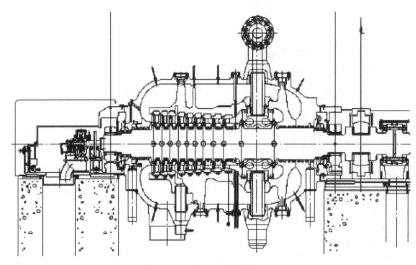

图 9-3　高压缸纵剖面图

汽缸设计采用合理的结构和支撑方式，保证热态时热变形对称和自由膨胀，降低扭曲变形。高压内、外缸是由合金钢铸件制成。精确加工或手工研磨水平中分面达到严密接触，防止漏汽。

内缸支撑在外缸内，允许零件根据温度变化自由膨胀和收缩。内缸下部由支撑垫块支撑，通过调整支撑垫块上的调整垫片来确保内缸垂直对中的准确性。该垫片表面进行硬化，以减少内缸膨胀和收缩时的相对运动产生的磨损。

高压汽缸的外缸由延伸到轴承箱上的汽缸猫爪支撑。

压力级采用具有比较高的效率和良好的空气动力效率的全三维设计冲动式叶片。

高压转子由双轴承支撑，采用具有良好的耐高温和抗疲劳强度的 12Cr 合金钢制成，进行加工而形成轴、叶轮、支持轴颈、推力盘和联轴器法兰。装配主油泵叶轮和机械超速跳闸装置的接长轴通过螺栓紧固到高压转子的前端。

高压调节级后的腔体内，电端的设计压力要比调端的压力略高。可以强制汽流在腔室内流动，防止高温蒸汽在转子和喷嘴室之间的腔室内停滞，同时冷却高温进汽部分，如

图 9 - 4 所示。

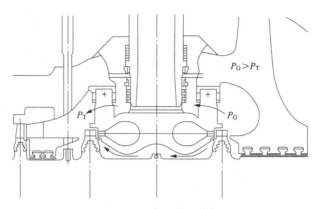

图 9 - 4　高压转子冷却

　　每根转子在加工前，都要进行超声探伤和其他各种试验以确保锻件满足物理和化学特性的要求。动叶组装好后，进行动平衡试验仔细对转子进行平衡，并用高速动平衡机以额定速度对其进行最终平衡。

　　2. 中压汽缸（IP 汽缸）

　　中压汽缸为双流式、双层缸结构，结构和原理与高压缸相同。每个流向包括全三维设计的 7 个冲动式压力级。中压缸纵剖面图如图 9 - 5 所示。

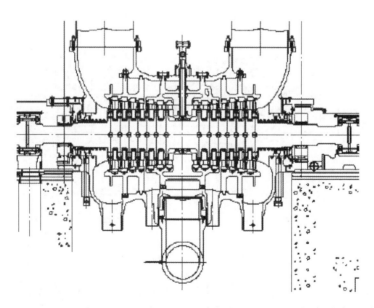

图 9 - 5　中压缸纵剖面图

　　中压缸转子由具有良好的耐高温和抗疲劳强度的 12Cr 合金钢制成，为双分流对称结构，进行加工而形成轴、叶轮、支持轴径和联轴节法兰。中压转子由高压缸调节级后漏汽进行冷却，如图 9 - 6 所示。

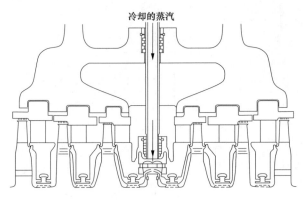

图 9 - 6 中压转子冷却图

3. 低压缸（LP 汽缸）

两个双流低压缸结构相似。每个低压缸叶片正、反向对称布置。每个流向包括 6 个冲动式压力级，低压末级为 1219.2mm 钢叶片。

采用新型低压缸，安装在轴流汽缸中，可以使蒸汽从汽缸出汽端旋转一恰当角度，来减少低压缸中的热损和压降。低压缸具有水平中分面以进行检测和维修。在外缸内有一个内缸，由 4 个支撑垫块支撑固定，防止内缸沿轴向和横向移动。低压隔板安装在内缸中。低压缸纵剖面图如图 9 - 7 所示。

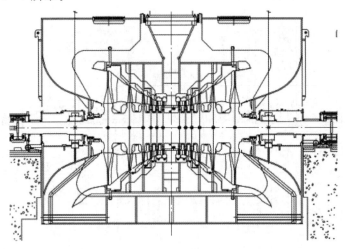

图 9 - 7 低压缸纵剖面图

低压末级隔板由内环、外环、静叶片组成，内环、外环、静叶片均采用空心精密铸造的设计。静叶片的吸力面及压力面均设有疏水缝隙，外环的内表面、内环的外表面与冷凝器相连接，因此也处于真空状态。末级产生的水滴由疏水缝隙收集，通过空心静叶片、空心内环、空心外环及在中分面处的连接管，由下半的疏水管流入冷凝器。低压末级防水蚀措施如图 9 - 8 所示。

低压转子由具有良好的抗低温脆性转变性能的 Ni - Cr - Mo - V 钢实心锻件加工而成。低压汽缸上备有安全大气阀和人孔。靠近发电机的低压缸在发电机端备有盘车装置。

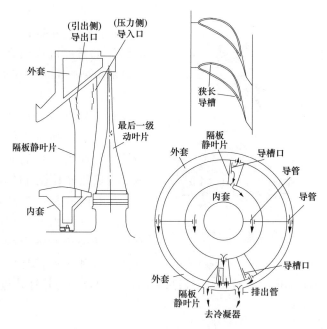

图 9-8　低压末级防水蚀措施图

4. 滑销系统

汽轮机绝对死点，分别在 1 号低压缸和 2 号低压缸及 3 号轴承箱的中心处，以键固定以防止轴向移动，机组在运行工况下膨胀和收缩时，1 号和 2 号轴承箱可沿轴向自由滑动。

轴承箱和低压缸也要加以固定防止横向移动。为了使汽缸和滑销及台板之间能更好的接触与滑动，在两者之间装有油浸渍黄铜或铸铁，并保证足够的接触面积。滑销系统如图 9-9 所示。

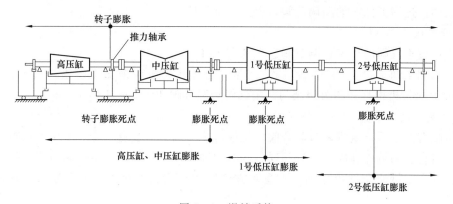

图 9-9　滑销系统

5. 喷嘴室

喷嘴室如图 9-10 所示。喷嘴室特殊的结构大大地减少了汽缸高压区的挠曲和热应力。喷嘴室是薄壁压力容器，装有调节级喷嘴，喷嘴组与喷嘴室组焊为一体，刚性好，热膨胀性能好。喷嘴室与汽轮机汽缸并非一体，但相对汽缸能自由膨胀。负荷改变时，喷嘴室吸收调节级喷嘴区的热冲击，这样只有很少的冲击能够传到汽缸。

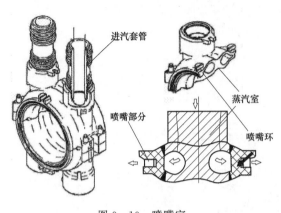

图 9-10 喷嘴室

全周进汽启动和加负荷能很好地在分配汽缸高温高压区的热量。特殊的喷嘴室结构与全周进汽相结合，减少了汽缸出现裂纹的可能性并减少维修工作量。

6. 汽轮机叶片

东芝公司在汽轮机叶片设计方面具有的丰富经验，通过现代化手段计算叶轮的挠性，弯曲度和拉筋的影响，以及许多其他用来确定叶片设计的复杂因素。

所有的叶片都是高效、无故障和高度可靠的，叶片由不锈钢锻件加工制成，具有良好的强度和疲劳特性，并有较高的抗汽蚀性式和抗腐蚀性。这些叶片的叶型选自一组曾大量使用的标准叶片中的叶型。通过紧固加工配合件与轮缘外包配合。外包配合用来保护轮缘不受蒸汽侵蚀。

（四）阀门

1. 主汽阀（MSV）

主汽阀与调节阀为一体式结构，由合金钢铸件同时制成。

主汽阀在限定的汽轮机转速时完全打开，在正常运行时保持完全开启状态。由事故跳闸系统控制执行机构关闭。主汽阀主要的功能是为汽轮机提供第二道保护系统（备用保护），防止在调节阀或正常控制装置失效的情况下大量主蒸汽进入汽轮机。同时，在正常停机或手动事故跳闸时主汽阀也会关闭。主汽阀内部装有精过滤网，实现多层过滤。最外层是粗网，里层是精网，钻孔板及滤网体，可有效的避免固粒腐蚀。为了消除汽流不稳定和冲击波引起的阀杆振动，选用了低振动型调节阀，提高了可靠性。

2. 调节阀（CV）

蒸汽通过主汽阀后，流过调节阀进入到高压缸。

调节阀用来调节进入到汽轮机的蒸汽量。通过汽轮机的液压系统由电液转换器（D-EHC）操纵执行机构打开和关闭阀门。主汽阀和调节阀如图 9-11 所示。

3. 再热主汽调节联合阀（CRV）

机组配有两套再热主汽调节联合阀，每根再热蒸汽管上装有一套。中压主汽阀、调节阀共壳体，由合金钢铸件制成。主汽阀碟与调节阀碟共享一个阀座，主汽阀与调节阀可以各自独立地、互不干扰地全行程移动，不受对方位置的影响。再热主汽调节联合阀如图 9-12 所示。

中压阀门的第一个作用是紧急情况的保护，在紧急跳闸系统的作用下，它们同时关闭，防止积累在再热器的蒸汽进入汽轮机。

第二个作用是汽轮机进汽量的控制。阀门结构紧凑，减少了管道损失。中压联合阀上装有与高压主汽阀相同结构的精过滤网，可防止再热器及管道中的固体粒子进入中压阀门及中压缸。

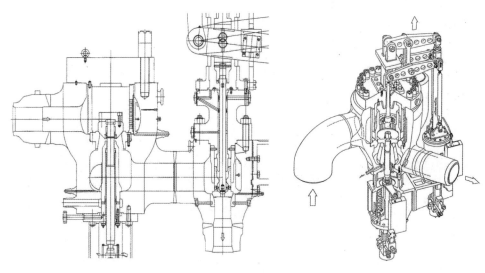

图 9-11　主汽阀和调节阀　　　　　　图 9-12　再热主汽调节联合阀

（五）轴承

所有轴承都通过压力油润滑。为了确保每个支持轴承在任何时候都可以精确的对中，轴承设计有自位特性。根据轴承的载荷，选择采用可倾瓦轴承或椭圆轴承（见图 9-14）。每个可倾瓦轴承带有 6 个独立垫块，所有垫块通过支点定位到轴承环上，可以根据转子的情况自动对中。椭圆轴承在轴承体和轴承环之间采用球面接触，轴承的球形座由手工刮削而成，并安装在每个轴承上以获得适当的运动自由度。

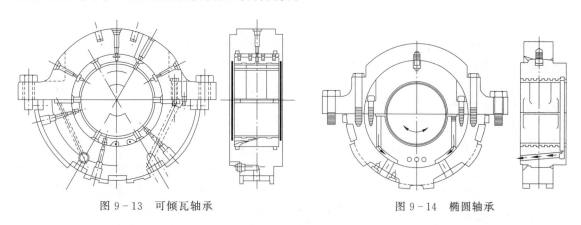

图 9-13　可倾瓦轴承　　　　　　　　图 9-14　椭圆轴承

供油装置可以保持润滑油处于适当的运行温度下，通过供油管路中的节流孔板，控制每个轴承的供油量，维持轴承的运行温度。

为了便于调整，轴承的底座采用能够很容易拆除或替换的垫片来保证在装配时精确找中，并用止动销固定轴承壳体防止轴向窜动。轴承上镶有经过严格控制、高质量的巴氏合金块，通过燕尾槽固到轴承上。有助于保证长期运行中的低维修率。

转子轴向位置由斜面式推力轴承决定。推力轴承结构装配简单，占据空间小，具有较高的承载能力，推力盘包围在推力轴承内，推力轴承表面镶巴氏合金，由径向油槽分割成许多瓦块。推力瓦块由内径向外径做成楔面。油进入推力轴承后，由于转子驱动，在推力盘和推力轴承之间形成连续的油膜。推力轴承刚度很好，具有较长的使用寿命。推力轴承如图 9-15 所示。

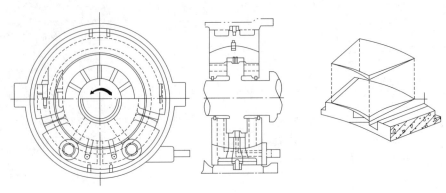

图 9-15 推力轴承

（六）盘车装置

盘车装置安装在后轴承箱内，由发电机带动齿轮驱动，盘车装置的齿轮与转子联轴器上的齿轮互相啮合。当汽轮机通汽，转速超过设定值时，盘车装置自动退出，在盘车装置前部有低速限位开关。并设有带信号的显示器来显示盘车装置是否运行。设有一压力开关，防止盘车装置在轴承润滑油系统未投入时运行。

第二节 沿海地区新建 1000MW 机组电厂

一、设备性能与参数

该电厂四台 1000MW 超超临界燃煤机组已经建设完毕。2004 年 6 月 28 日，我国第一台超超临界 1000MW 机组破土动工；2006 年 11 月 28 日，我国首台百万超超临界燃煤机组投产。第二台机组是 2006 年 12 月 30 日投产。规划装机容量 4×1000MW 超超临界燃煤机组现已全部建成投产。

（一）电厂主设备

电厂主设备按照"引进技术、联合生产"的原则制造。

（1）锅炉由哈尔滨锅炉厂有限责任公司制造生产，汽轮机、发电机由上海汽轮机厂制造。参数及特点：26.25MPa、600℃/600℃、单轴、π 形直流锅炉。锅炉最大连续蒸发量（BMCR）2950t/h；出口蒸汽压力 27.56MPa，出口蒸汽温度 605/603℃；炉膛容积28000m³；高温过热器、末级再热器材质为 super304H 和 HR3C，主汽管道材质为 P92［比P91 高一级，比 P911（因 C 高）及 P122（因 Cr 高）性能好］，72mm 厚；主给水材质为15NiCuMoNb5。

（2）汽轮机：一次中间再热、单轴、四缸四排汽、双背压、凝汽式、八级回热抽汽；由上海汽轮机有限公司制造。

（3）发电机：水-氢-氢、定子绕组额定电压 27kV；上海汽轮发电机有限公司供货。

（二）主要技术参数

（1）我国煤耗最低电厂：国内机组热效率、环保综合性能最高，发电煤耗最低的燃煤发电厂。

（2）重要参数：主蒸汽压力为 26.25MPa，主蒸汽、再热蒸汽温度 600℃，机组热效率高达 45%，煤耗 285.6g/kWh，采用"双膜法"海水淡化工艺，制水量 1440m³/h，脱硫效率为 95%，SO_2 排放量 0.134g/kWh，除尘效率 99.7%，烟尘排放量 0.114g/kWh，氮氧化合物排放量 1.09g/kWh。

（3）参数对比：2005 年全国火电厂 SO_2 6.49g/kWh；烟尘 1.76g/kWh，氮氧化合物 3.18g/kWh。

（4）我国容量最大参数最高电厂：建设投产期是国内单机容量最大、参数最高、亚洲规模前列的燃煤火力发电厂。

二、设备技术性能

（一）锅炉设备

锅炉为超超临界变压运行垂直管圈直流锅炉，一次中间再热、平衡通风、固态排渣、π形布置、单炉膛、反向双切圆燃烧，炉膛容积 28000m³，最大连续蒸发量（BMCR）2953t/h，出口蒸汽参数 27.56MPa/605℃/603℃。

锅炉采用单炉膛形式，布置有低 NO_x PM 型主燃烧器，采用 MACT 燃烧技术设计而成，燃烧器采用反向双切圆燃烧方式进行布置。内螺纹管垂直上升膜式水冷壁、循环泵启动系统、一次中间再热、调温方式除煤水比外，还采用烟气分配挡板、燃烧器摆动、喷水等方式。锅炉采用平衡通风、露天布置、固态排渣、全钢构架、全悬吊结构。锅炉主要参数见表 9-1。

表 9-1 锅 炉 主 要 参 数

项目	单位	BMCR	BRL（夏季工况）	BRL
过热蒸汽流量	t/h	2953	2864	2733
过热蒸汽出口压力	MPa（g）	27.56	27.38	27.27
过热蒸汽出口温度	℃	605	605	605
再热蒸汽流量	t/h	2446	2366	2274
再热器进口蒸汽压力	MPa（g）	6.14	5.94	5.70
再热器出口蒸汽压力	MPa（g）	5.94	5.75	5.51
再热器进口蒸汽温度	℃	377	370	362
再热器出口蒸汽温度	℃	603	603	603
省煤器进口给水温度	℃	298	296	293

每台锅炉配六台 RP1163 型中速磨煤机，BMCR 和 BRL 时投运五台。

锅炉不投油最低稳燃负荷为 35% BMCR，锅炉点火和助燃采用轻柴油，油燃烧器的总输入热量按 30% BMCR，油枪采用机械雾化式。

（二）汽轮机

汽轮机采用超超临界，一次中间再热、单轴、四缸四排汽、双背压、凝汽式、八级回热抽汽，额定功率 1000MW，参数 26.25MPa/600℃/600℃。

（三）发电机

（1）主要参数：

1）发电机铭牌功率 1000MW，冷却方式为水-氢-氢，额定电压 27kV，功率因素 0.9，功率因数 0.93。

2）F 级绝缘：定子绕组、转子绕组、定子铁芯（按 B 级绝缘温升考核）。

3）冷却方式水-氢-氢，定子绕组水内冷，定子铁芯、转子绕组氢表冷。

4）励磁系统：静态励磁；发电机效率大于 99%。

（2）发电机的技术特点：①额定电压较高，防晕体系将采用一次成型防晕或者涂刷型防晕，关键绝缘材料均采用进口；②改善冷却性能，增加功率密度；③氢压范围 0～520kPa；④高效的转子线圈设计，以减少线圈温升；⑤铁芯端部设有并联磁通，以降低定子铁芯端部温升；⑥优化长度 l 与直径 d 之比，以降低轴振；⑦采用高强度的主轴材料和护环材料；⑧采用紧凑型外壳，使机座的自然频率低于磁力激振频率区；⑨定子、转子绕组绝缘为 F 级；⑩定子铁芯硅钢片绝缘为 F 级；⑪定子铁芯与机座间设置组合式弹性定位筋隔振结构；⑫定子铁芯采用定位筋、铁芯端部压圈的紧固结构，铁心端部设置磁屏蔽；⑬定子线棒采用换位结构，上下层线棒采用不等截面；⑭定子绕组槽内固定采用高强度槽楔，侧面波纹板和垫条等；⑮定子绕组端部固定采用刚性-柔性结构适用于调峰运行工况；⑯定子绕组端部固定部件，紧固件全部为非金属材料；⑰转子绕组采用含银铜线制造，采用滑移结构，适于调峰运行工况；⑱转子采用可靠的滑移结构，提高发电机的不对称运行能力；⑲转子绕组采用气隙取气斜流通风冷却，绕组端部为两路通风温度分布均匀；⑳转子绕组的电气连接部件采用柔性连接结构，降低结构件循环应力和热应力；㉑转子结构件的机械设计按起停机 10 000次要求，提高发电机的可靠性和寿命；㉒发电机采用高效率螺旋桨式风扇；㉓发电机采用焊接结构端盖，椭圆式轴承，及单流双环式油密封，轴瓦、密封瓦对地具有良好的绝缘，可在下半端盖就位时抽插转子；㉔发电机的冷却器装配设在机座的本体中，冷却器采用穿片式结构；㉕发电机的临界转速远离与工作转速；㉖发电机采用静止励磁系统；㉗发电机设有完善的测温、测振、测轴承油密封绝缘、测风压、测水压、检漏、工况监测、放电监测等监测系统；㉘发电机采用集装式氢、油、水系统。

（3）超超临界机组的容量

1）影响发电机组容量选择的因素有：电网（单机容量小于电网容量的 10%）；汽轮机背压；汽轮机末级排汽面积（叶片高度）；汽轮发电机组（单轴）转子长度发电机的大容量化，即单轴串联布置或双轴并列布置。

2）在一定范围内，单机容量增大，单位容量的造价降低，也可提高效率，但根据国外多年分析研究得出，提高单机容量固然可以提高效率，但当容量增加到一定的限度（1000MW）后，再增加单机容量对提高热效率不明显。国外已投运的超超临界机组单机容量大部分在 600～1000MW 之间。就锅炉而言，单机容量继续增大，受热面的布置更为复杂，后部烟道必须是双通道，还必须增加主蒸汽管壁厚或增加主蒸汽管道的数目。

3）单机容量的进一步增大还将受到汽轮机的限制。近 30 年来，汽轮机单机容量增长缓慢，世界上现有的单轴汽轮机大部分为 900MW 以下，最大功率单轴汽轮机仍然是苏联制造的 1200MW 汽轮机，双轴最大功率汽轮机是美国西屋公司制造的（60Hz）1390MW。目前世界上 900MW 以上的机组，无论 50Hz 还是 60Hz，都是以双轴布置占多数。但是随着近年来参数的不断提高，更长末叶片的开发以及叶片和转子材料的改进，单轴布置越来越成为新的发展趋势。

4）由于超超临界机组与超临界机组在设计和制造方面实际上没有原则性的界限，温度600℃以下的这两种机组所用的材料种类有许多是相同的。因此，从国内制造业基础及技术可行性考虑，我国起步阶段开发的超超临界机组的容量应在700～1000MW之间。而从效率、单位千瓦投资、占地、建设周期、我国经济和电力工业发展的需要考虑，选择1000MW大型化超超临界机组方案是合理的。

（四）主要辅助设备

主要辅机的选择既考虑了安全可靠、借以支撑主机的安全运行，也考虑了提高国内辅机制造水平、降低工程造价的因素。磨煤机采用的是引进型HP1163型中速磨煤机；一次风机和送风机采用动叶可调轴流式风机，引风机采用静叶可调轴流式风机，每台锅炉均各配置两台，并联运行，水平对称布置，垂直进风，水平出风；给水泵配置选用2×50%容量汽动给水泵和1×25%BMCR容量电动给水泵；机组的旁路容量按40%BMCR设置；循环水系统采用单元制，循环水泵选用2×50%容量固定叶泵。

（五）布置特点

电厂由海边向陆域扩建，按1～4号机组的顺序投产，其设计特点主要有：四台机组合用一个集控室，与生产办公楼合并布置在主厂房固定端，化学、出灰等系统的控制也集中到集控室，只有输煤和脱硫系统的监控布置在辅控室，以实现四台机组"一主控一辅控"的方式。

机组用淡水全部采用海水淡化，选用了全膜法，即超滤加反渗透工艺，设计出力1440m³/h，为目前国内容量最大的海水淡化工程，进出煤场的输煤栈桥全部采用露天布置，GIS也为露天形式。

三、施工进度和方法

（一）施工总体布置

根据电厂总平面布置特点，厂内主体工程的施工划分为八个标段，1号标为两个烟囱，2号标为1、2号主厂房建筑及厂区内循环水管沟，3号标为3、4号主厂房建筑，4号标为循环水取排水建筑，5号标为BOP建筑，6号标为1、3号机组安装，7号标为2、4号机组安装，8号标为BOP安装。

施工总平面布置方面除甲方仓库和施工生活区在厂外租地8×10⁴m²外，其余施工场地均在规划厂区内解决。根据功能采用相对集中的施工布置，将各主体施工单位的办公区布置在规划绿化带区，占地1×10⁴m²；将各土建施工单位混凝土搅拌站布置在规划三期循环水泵房区，占地2.5×10⁴m²；将主体安装单位的设备组合场布置在规划三期厂内循环水管沟区，占地5.7×10⁴m²；利用煤场和二期输煤栈桥前期解决钢筋加工和设备组合场地约6×10⁴m²；BOP建筑与安装、循环水取排水建筑、煤码头等标段施工场地就近设置，不另统一安排。

主要施工机械布置方面，锅炉在两侧分别布置一台80t附臂式圆筒吊和750t或600t履带吊配合进行锅炉设备吊装，主厂房在A排与B排之间靠B排布置一台32t平臂吊配合250t履带吊进行主厂房钢结构吊装，另450t和250t履带吊机动布置。

厂区内主要施工道路，采取永临结合的方式，由建设单位统一修建。

四台机组施工高峰期，施工用电预计12 000kVA，由35kV线路供电，10kV线路备用。厂区建设一座35～10kV施工变电所，施工区设10kV环路，由各施工单位配置箱式变压器，统一分配使用。

工程建设高峰期施工用水按 400t/h，由 DN300 市政系统供水，厂区设置环形管网，供各施工单位引接使用。

（二）施工工期安排

根据目前国内电力基本建设的施工能力和管理水平，结合本工程的特点确定了四台机组建设的总工期为 36＋3＋6＋3 个月，具体工期计划见表 9 - 2。

表 9 - 2　　　　　　　　　　　　四台机组建设工期计划

序号	项目	1 号机组	2 号机组	3 号机组	4 号机组
1	第一方混凝土（正式开工）	04.06.28			
2	主厂房出零米	04.11.19		05.05.20	
3	主厂房钢结构开始吊装	04.12.01		05.06.20	
4	主厂房封闭	05.10.15		06.05.20	
5	锅炉钢结构开始吊装	04.12.01	05.03.01	05.10.04	06.01.04
6	锅炉受热面开始吊装	05.04.30	05.07.30	06.05.05	06.08.05
7	DCS 受电	06.04.19	06.06.19	07.01.18	07.04.20
8	循环水泵房交付安装	05.11.06			
9	化学出合格的除盐水	06.04.10			
10	汽轮机扣缸完毕	06.07.15	06.10.15	07.04.15	07.07.15
11	厂用电受电	06.07.30	06.10.30	07.04.30	07.07.30
12	锅炉水压试验完成	06.09.01	06.12.01	07.06.01	07.09.01
13	锅炉酸洗结束	06.12.20	07.03.20	07.09.20	07.12.20
14	锅炉冲管结束	07.01.20	07.04.20	07.10.20	08.01.20
15	整套启动	07.03.01	07.06.01	07.12.01	08.03.01
16	完成 168h 试运行	07.06.30	07.09.30	08.03.30	08.06.30

（三）大件设备厂内卸车及运输方案

单台机组的主要大件设备见表 9 - 3。

表 9 - 3　　　　　　　　　　　　单台机组的主要大件设备

序号	设备名称	运输质量（t）	尺寸（长×宽×高）	数量	备注
1	主变压器	220	10.6m×5.5m×6.2m	3	单相
2	发电机定子	461	13.4m×4.9m×4.3m	1	安装质量 431t
3	锅炉大板梁	165	42.56m×1.5m×3.9m	8	叠梁
4	除氧器水箱	80	29.16m×4.46m×4.5m	1	
5	高压缸	115	8m×3.7m×3.5m	1	
6	中压缸	198.5	9.14m×4.36m×5.9m	1	整体发运
7	低压转子	120	7.6m×3.4m×3.6m	2	
8	高压加热器	100	12m×3.2m×3.5m	3	

本工程地处海边，不通铁路，公路沿途桥梁、隧道众多，大件设备只能通过海运到达电

厂专用 3000t 级综合码头，卸船后用平板车通过引桥直接运到厂区。结合大件设备质量、外形尺寸等因素，现场采用两台运输质量等级为 600t 和 200t 级的多轴平板拖车作为运输工具，200t 以上设备租用浮吊卸船，200t 以下大件设备采用 450t 履带吊车卸船，现场由 450、600t 或 750t 履带吊车卸车。

（四）锅炉大板梁吊装方案

锅炉钢架前后尺寸为 53.7m，左右宽度 69.6m。K_2～K_5 大板梁均为叠梁，由上下两部分组成，每部分重 165t，尺寸 42.56m×1.5m×3.9m，安装就位叠梁底面高度为 80m。

叠梁散件运至现场后卸至锅炉左侧，按照吊装顺序，依次放置在专用底排上，利用卷扬机滑轮组拖入炉膛。750t 或 600t 履带吊位于锅炉左侧，与锅炉右侧的 80t 圆筒吊抬吊就位。

由于大板梁质量大，长度长，为解决起吊过程中因自重而变形影响安装的问题，通过计算，在设计和制作时预留了起拱量。

（五）发电机定子吊装方案

发电机定子的外形尺寸 13.4m×4.9m×4.3m，运输质量 461t，起吊质量 431t。

汽机房内两台行车起吊质量均为 130t，为满足定子吊装要求，主梁加强为能起吊 235t。行车小车的起吊能力仍只有 130t，需另采用 4 组液压提升装置与两台行车联合方式并配置专门设计制作的大、小扁担以及 500t 吊钩进行吊装。每组液压提升装置起吊质量为 200t。

（六）P92 材料焊接工艺

A335 P92 钢是近几年出现的新型马氏体耐热钢，是在 P91 的基础上增加了 W，降低了 Mo 含量生产的。这种钢除了固溶强化和沉淀强化外，主要通过了微合金化、控制扎制、形变热处理及控冷获得了高密度位错和高度细化的晶粒，从而使这类钢种在进一步强化的同时其韧性也获得了显着提高。P92 钢焊接工艺如下：在经焊接工艺评定验证后执行根部焊接时（1～2 层），进行背面充氩保护焊前预热温度；钨极氩弧焊打底 150～200℃焊条电弧焊填充并盖面 200～250℃层间温度，200～300℃采用多层多道焊，水平固定焊盖面层的焊道布置，焊接一层至少三道焊缝，中间应有"退火焊道"为宜，钨极氩弧焊采用两层打底，每层的厚度控制在 2.8～3.2mm 范围内，电弧焊时，所有焊道的厚度不得超过焊条直径，宽度不得超过焊条直径的 4 倍，任一焊道的焊接线能量均不得超过 20kJ/cm。

焊接完毕，待焊口冷却到 100～80℃恒温 1h 以上，随即升温进行焊后热处理。热处理温度为 760℃±10℃（最高温度不得超过熔敷金属的 AC_1 温度），恒温时间不少于 4h。热处理过程中，在加热范围内任意两点间的温差不大于 20℃，当焊接过程中断或焊后不能及时做热处理时，立即进行后热处理，后热处理的温度为 300℃保温 1h。

四、堆载预压排水固结解决软基施工难题

电厂工程地质条件复杂，厂区中风化凝灰岩从出露到埋深超过 100m，而且起伏较大，大部分区域上部覆盖 20～30m 极软的深厚淤泥和淤泥质土层，工程性质极差，具有软土厚度大（近 30m）、含水量高（近 70%）、孔隙比大（＞1.8）、高压缩性、抗剪强度小、承载力低等特性。对于主要建（构）筑物，为满足荷载和变形的要求，均采用了嵌岩灌注桩或摩擦型 pHC 桩进行地基处理。但是，对于如此差的深厚淤泥质软土，如何解决地面和小型浅基础的工后沉降，以及如何进行循环水管沟等深基坑的施工，就成为一个难题。

（1）电厂工程原始场地标高 1.5m 左右，为满足防涝要求而需回填到 4.1m，以及塑料排水板的发展和广泛应用，为采用堆载预压、塑料排水板排水固结法进行场地软基预处理提供了条件。场地预处理的方法是：先进行场地平整，然后铺下层土工布，铺 0.5m 厚碎石或砂垫层，打插塑料排水板，一般深 15m，间距 1.5m，最后再铺上层土工布，上部进行碎石混合土整平回填。施工过程中，设置集水井向外抽水，并进行沉降、位移等跟踪监测，确保处理效果。

（2）通过场地预处理，淤泥质软土固结速度明显加快，含水量下降，承载力和抗剪强度提高，为循环水管沟、雨水管线等管沟工程，以及主厂房、烟囱等深基坑施工创造了良好的条件。如循环水管沟，埋深 7.5～9.0m，分两级开挖，中间设 6m 宽马道，第一级为回填塘碴层，1∶1 放坡，不支护，第二级为淤泥土层，坡度 1∶0.75，土钉墙支护，相对重力式水泥搅拌桩支护或钢板桩支护，速度快、投资省。另如主厂房区域，埋深 4.5～5.0m，也分两级开挖，中间设 1～2m 宽马道，第一级为回填塘碴层，1∶2 放坡，不支护，第二级为淤泥土层，坡度 1∶3.5，3cm 细石混凝土保护。而地质条件与玉环电厂工程相近的某海边 600MW 机组工程，主厂房基坑开挖放坡达到 1∶8，外加大量木桩和钢筋网混凝土护坡。场地预处理虽然前期花费部分投资，但可有效节省后续施工的措施费投入，在沿海地区建设电厂这样的地质条件下，是非常成功和值得的。

五、高度重视设备管理，科学组织、合理安排，为工程顺利进展提供保障

（1）华能玉环电厂的设备由建设单位统一采购和管理。除锅炉、汽轮机、发电机本体由供货厂家配套外，其余四台机组的所有设备均由建设单位配套采购。设备采购一般都要经过技术规范书编制与审查、投标单位调研与确定、发标与招标澄清、评标与定标、签订技术协议与合同、召开设计联络会、交货等程序，而且不同设备厂家的单个设备，必须通过设计协调、接口协调、交货协调，使之相互配套，因此设备采购、管理的工作量非常大。辅助设备招标集中进行了八批还未完成，签订设备合同近 200 份。

（2）为做好设备采购与管理工作，我们充分发挥华能专家库的作用，组织强大技术力量研究解决设备配套问题。从设备的技术设计、原材料采购、加工制造进行全面跟踪，重点设备派驻得力人员，催交催运，力促按计划交货。为缩短设备到货后的临时存放时间、解决施工场地严重不足的问题，我们狠抓了土建交付安装时间。通过设计单位采用集中设计并加班加点、派驻骨干人员常驻设计院配合等方式，解决土建施工图交付问题；通过土建施工单位加大人力、机械投入，快速达到土建交付安装条件，使到现场的设备基本上都能马上就位，减少存放。同时，全盘考虑各单位在时间、空间上的施工交叉，如机组排水槽地下部分、炉后风机的钢筋混凝土检修支架、变压器防火墙等都抢在相关设备安装前完成，为后续设备安装创造了良好的条件。

（3）华能玉环电厂是国内首台 1000MW 超超临界火电机组，而且四台机组连续建设，国际罕见。加之复杂的地质条件等因素，值得总结的方面很多。随着它的成功建设，将会为今后同类工程的建设提供有益的参考与借鉴。

第三节　扩建单台 1000MW 机组电厂

一、工程概况

（一）建筑工程

本期工程改建 2×1000MW 机组，即六期工程建设。先建一台机组。

5号机组主厂房由汽机房、除氧间、煤仓间组成。汽机房跨度为32m；长度为121.4m；柱距为10m；高度为36.068m。除氧间跨度为9.5m；高度为41.45m；煤仓间跨度为13.5m；高度为49.6m；除氧间长度为121.4m。为现浇混凝土框架结构，柱间钢结构支撑，平台、楼板为现浇混凝土结构。

汽轮发电机基础在汽机房A－B跨，3～8号轴线间，总长度为47.9m，宽为15.16m，分别为8.0、16.45m平台。基础、基座为钢筋混凝土框架结构。

集控楼与主厂房C轴连接，在主厂房8～11号轴线间。长度为58.5m，宽为30.0m。主体为现浇钢筋混凝土结构，屋面为钢结构。

5号锅炉基础：长度为56m，宽为53.06m。基础土质需换填，深度为2.0m。采用碎石70%、石粉30%混合料，分层碾压。基础钢筋混凝土深度为5.0m的大体积筏板基础。

（二）安装工程

（1）锅炉：采用上海电气集团股份有限公司产品。超超临界变压直流锅炉、单炉膛、一次中间再热、平衡通风、全露天布置、固态排渣、全钢构架、全悬吊结构塔式锅炉。锅炉出口蒸汽参数28MPa（a）/605/603℃，对应汽轮机的入口参数27.0MPa（a）/600/600℃。过热蒸汽最大连续蒸发量BMCR 3012t/h。

注：锅炉BMCR对应于汽轮机的VWO工况；BRL对应于TRL工况；锅炉ECR对应于汽轮机的THA工况。

（2）汽轮机：采用上海电气集团股份有限公司产品。超超临界、一次中间再热、四缸四排汽、单轴、双背压、八级回热抽汽、凝汽式汽轮机。

额定进汽参数：27.0/600/600；额定功率：1000MW（TRL工况）；额定转速：3000r/min；THA工况热耗：7327kJ/（kWh）；回热系统：三台高压加热器、四台低压加热器、一台除氧器。

（3）发电机：采用上海电气集团股份有限公司产品。三相同步汽轮发电机；额定功率1000MW；额定功率因数0.9（滞后）；额定电压27kV；额定频率50Hz；额定转速3000r/min；定子线圈接线方式YY；冷却方式定子绕组水冷、转子绕组及铁芯氢冷（水氢氢）；自并励静态励磁。

发电机定子运输质量462t，净重443t，长×宽×高为10 094mm×5116mm×4350mm。安装在汽机房内16.5m运转层，中心线距A排为15m，机头朝向固定端。

发电机定子吊装方案：用大型平板车运输定子到布置于A排框架外、垂直于发电机基座的4×200t液压提升装置的吊装框架内，定子方向垂直于发电机基座，提升定子下平面至运转层高度上方约500mm，利用布置于运转层B排的牵引机构拉动悬挂有定子的行走架，沿预铺设的滑道行走至发电机基础上后，将定子降至布置于发电机基座上的450t级转盘上，用牵引装置牵引定子转向与就位中心线重合，再利用液压提升装置顶起定子，抽出转盘后，将定子落在发电机台板上。此方案需预留A排框架6～7号轴、标高为0～28m的联系横梁和墙面，满足吊装框架的上部行走架通过的要求。

（三）电气系统

（1）本期两台发电机组均以发电机-升压变压器组单元接线形式各经过一台1140MVA强油风冷无载调压三相双绕组变压器分别接入500kV系统，发电机与主变之间设置断路器。采用发电机-变压器-线路组接线方式。主母线采用HGIS方案（即金属封闭气压的高压电气和高压配电装置）。

（2）启备变/备用电源的引接：启动电源由 500kV 系统经主变压器、高压厂用变压器倒送，不设启动/备用变压器。本机组建设时，停机电源由老厂公用段 6kV 段经电缆引接。

（3）高压厂用系统：

1）每台机组设置 6kV 工作段 A、B、C、D 四段，不设公用段。

2）本台机组设置两台容量 63/31.5～31.5MVA（绕组温计 65K 时）的高压厂用变压器，厂用高压变压器采用油自然循环风冷分裂变压器，电压变比 27±2×2.5％/6.3－6.3kV（高压侧额定电压 27kV，低压侧额定电压 6.3/6.3kV）。

3）两台厂用高压变压器的高压侧电源由本机组发电机引出线上 T 接。每台机组设四段 6kV 工作母线 A、B、C、D 段，其中 A、B 段由第一台厂高变两个低压分裂绕组经共箱母线引接，C、D 段由第二台厂高变两个低压分裂绕组经共箱母线引接。互为备用及成对出现的高压厂用电动机及低压厂用变压器分别接至两台厂用变低压绕组上，全厂的公用负荷如输煤等分别接在 A、B、C、D 段，脱硫系统、脱销系统、输煤系统高压电动机及低压变压器直接由主厂房厂用高压配电装置供电。

（4）主厂房低压厂用电系统。主厂房低压工作厂用电系统包括汽轮机段、锅炉段、公用段、保安段、照明段、电除尘段，其母线电压为 380/220V；成对设置锅炉变（2500kVA）、汽轮机变（1600kVA）、每对变压器互为备用；设一台公用变（2500kVA）、一台照明变（800kVA），两台机公用变互为备用；设置 3 台电除变（2500kVA），其中一台为专用备用变压器。主厂房各个变压器中性点直接接地。检修 MCC 由公用段供电。

（5）机组采用双机集控的方式，采用由厂级监控信息（SIS）、分散控制系统（DCS）、辅助车间控制系统组成的自动化网络，实现控制功能分散，信息集中管理的设计原则。

（6）机组采用炉、机、电、辅助系统集中控制方式。在集控室通过 DCS 实现锅炉、汽轮机、发电机及其辅助系统设备、脱硫、脱硝系统、发电机-变压器组及厂用电、循环水泵房等的控制和保护。在集控室通过辅助系统监控网络，实现对本工程相关的所有辅助系统（车间）的控制的监控。

（7）脱硫系统的监视与控制采用单独的分散控制系统（FGD－DCS），在集控室 FGD－DCS 操作站上完成脱硫系统的主要监控功能，在脱硫车间电子间内设就地操作员站，作为过渡。

（8）事故保安电源由一台空冷型快速起动柴油发电机组（1600kW）作为机组的应急保安电源，同时配置两套交流不停电电源（UPS）系统。

（9）每台机组设一组 220V 密封免维护酸蓄电池组（1200AH 52 只）、两组 110V 密闭免维护铅酸蓄电池（2000AH 103 只）组，作为动力和控制直流电源。

（10）电气主要保护和自动装置等均采用微机型保护。

（11）主变压器为三相双绕组变压器，额定容量 1140kVA，额定电压 525kV，无载调压式变压器；两台高压厂用变压器采用三相双绕组分裂变压器；500kV 配电装置采用 HGIS 方案；6kV 厂用开关柜选用真空断路器及真空接触器和熔断器组合（F＋C）；低压厂用变压器选用干式变压器。

二、工期安排

（1）EPC 合同工期：26 个月，792d。

（2）一级网络计划：2009 年 3 月 28 日开工（主厂房浇筑第一罐混凝土），2011 年 5 月 28 日 5 号机组 168h 试运行结束，计 26 个月。

（3）实际完成工期：24 个月，731d。一级网络计划：2009 年 3 月 28 日开工（主厂房浇筑第一罐混凝土）；2011 年 3 月 28 日 5 号机组通过 168h 试运行，实际用 24 个月完成。

（4）里程碑计划表见表 9-4。

表 9-4　　　　　　　　　　　　里 程 碑 计 划 表

序号	里程碑名称	合同工期计划	实际完成工期
1	主厂房第一罐混凝土浇筑	2009.03.28	2009.03.28
2	5 号锅炉钢架开始吊装	2009.08.01	2009.08.01
3	主厂房封闭	2010.04.10	2010.04.10
4	发电机定子就位	2010.06.10	2010.06.10
5	厂用电倒送	2010.09.01	2010.09.01
6	锅炉水压试验	2010.11.01	2010.09.20
7	锅炉酸洗完	2011.02.10	2010.12.20
8	点火吹管开始	2011.03.01	2011.01.10
9	机组整套启动	2011.04.01	2011.02.01
10	168h 试运行结束	2011.05.28	2011.03.28

（5）总体工程施工综合进度表见表 9-5。

表 9-5　　　　　　　　　　　总体工程施工综合进度表

序号	项目名称	开始时间	完成时间
一	热力系统		
1	主厂房施工至封闭暖通结束	2009.03.28	2010.02.28
2	集控楼施工至封闭装修完成	2009.04.20	2010.04.10
3	5 号机组汽轮发电机安装至油循环结束	2009.06.01	2011.01.10
4	5 号机组辅机设备安装至单机单体试运	2010.04.11	2011.01.10
5	5 号机组凝汽器安装至调试完成	2010.04.10	2010.10.31
6	5 号锅炉安装至移交	2009.03.28	2011.03.28
7	5 号锅炉磨煤机基础施工至设备安装调试	2009.10.01	2010.12.20
8	锅炉风机基础施工至安装试运完成	2009.05.20	2010.10.05
9	电除尘基础施工至空升试验完成	2009.07.20	2010.12.10
10	烟囱基础施工至内筒壁防腐结束	2009.03.28	2010.05.01
二	燃料供应系统		
1	卸煤系统降水至安装调试完成	2009.05.20	2010.11.20
2	输送系统土建施工至安装调试完成	2009.08.20	2010.11.20
3	输煤综合楼等库间土建施工设备安装完成	2009.11.10	2010.11.20

序号	项目名称	开始时间	完成时间
二	燃料供应系统		
4	斗轮机基础施工至安装及调试	2009.12.10	2010.11.20
5	储煤场土建施工至安装调试	2010.08.10	2011.01.10
6	干煤棚基础施工及上部结构施工	2010.05.10	2010.12.10
7	燃油系统安装及调试	2010.08.10	2010.12.10
三	除灰系统		
1	5号炉灰渣系统土建施工至管道设备安装完成	2009.12.01	2010.01.10
2	储灰场道路管理站及灰场施工	2009.10.10	2010.01.10
四	水处理系统建筑施工至制出水合格	2009.08.01	2010.09.20
五	供水系统		
1	5号循环水管道开挖至管道安装试运回填	2009.06.01	2009.10.01
2	5号循环水泵房基础施工至设备管道安装完成	2009.06.01	2010.09.01
3	5号冷却塔地基处理至筒壁到顶	2009.05.01	2010.07.01
六	电气系统		
1	5号A排外电气系统基础施工至调试结束	2009.08.10	2010.08.31
2	主厂房内高、低压配电装置安装至受电	2010.04.10	2010.09.01
3	集控楼内电气设备安装调试完成	2010.03.01	2010.08.31
4	5号机组电缆工程	2010.01.10	2011.01.10
七	热控系统设备安装调试完成	2010.04.11	2011.02.01
八	附属生产工程		
1	储氢系统土建施工至管道安装调试完成	2010.04.20	2010.11.20
2	供水供气工程土建施工安装调试完成	2009.07.10	2010.08.10
3	工业废水处理系统土建施工至安装调试完成	2009.09.10	2010.09.20
4	生活污水处理系统土建施工达使用条件	2009.11.01	2010.10.20
5	全场地下设施施工至雨排水系统完成	2009.08.01	2010.04.01
6	5号烟气脱硫土建施工至设备安装调试完成	2009.11.10	2011.01.10
7	5号烟气脱硝施工至试运	2010.05.01	2011.03.28
8	厂内外道路、厂区围墙、绿化等	2008.12.01	2011.01.20
9	长江边大件码头施工至具备使用条件	2008.07.15	2008.12.15

第四节　内陆扩建1000MW机组电厂

一、建筑工程

(一) 测量与地质

1. 测量技术

(1) 仪器：双频 TRIMBLE R6 型 GPS 接收机、leica200 型 GPS 接收机；TOPCON332

全站仪、OPCON225 全站仪、TOPCON211D 全站仪；中海达 ND－18 测深仪。

（2）控制点：

1）高程系统：为 1956 年黄海高程系，起算点为该电厂一期施工控制网点 F5，高程为 46.500m。高程控制点与平面控制点共点位。

2）平面控制本工程平面和高程控制测量起算数据为该电厂一期施工控制网点 F5，校核点为一期施工控制网点 F7、F13、F17 和二期工程可研阶段测量控制点 I16。

3）控制点 1203、1204 为水泥地面刻十字标志，其余控制点全部用混凝土埋设钢质标芯。

（3）闭合误差：煤场 GPS 网共 6 个闭合环，TGO 闭合环平面和高程限差分别为 0.03m 和 0.05m。煤场 GPS 网最大、最小环闭合差见表 9－6。

表 9－6　　　　　　　　　　　　　煤场 GPS 网最大、最小环闭合差

项目	长度 （m）	平面 （m）	高程 （m）	相对边长闭合差 （PPM）
最佳	—	0.001	0.000	1.240
最差	—	0.009	0.027	30.773
平均闭合环	1613.842	0.005	−0.001	10.709

在 TGO 平差计算中，固定 F5 的平坐标和高程，计算获得的其余各网点的高斯平坐标和点位误差见表 9－7。

表 9－7　　　　　　　　　　煤场 GPS 网各点位高斯平面坐标点及点位误差表

点名称	纵坐标 （m）	纵轴误差 （m）	横坐标 （m）	横轴误差 （m）	高程 （m）	高程误差 （m）	备注
1213	3 282 621.016	0.003	487 054.820	0.003	65.947	0.056	
1214	3 282 743.337	0.003	486 953.909	0.003	65.774	0.056	
F7	3 283 183.980	0.003	487 794.990	0.003	47.498	0.056	
1212	3 282 493.799	0.004	487 245.088	0.003	67.855	0.056	
F5	3 283 181.000	0.000	487 437.000	0.000	46.500	0.000	固定点
1215	3 282 902.790	0.003	487 237.236	0.003	61.860	0.56	

（4）灰场地形图绘制。是采用航摄资料内业成图与现场验测相结合而成，是以坐标系统 113°50′为中央子午线的 1954 年北京坐标系，进行平面直角坐标系转换至本工程坐标系，与外业地形图相结合进行合成。

2．主厂区地层特征

（1）工程地质。

1）第四系人工堆积层 Q_s：素填土为褐黄、青灰等杂色；中密-密实；碎石径 2～5cm，占 80%～90%，少有 10～40cm，黏性土含 10%～20%；通过重型动力触探试验，动探击数 $N_{63.5}=1$～35。此层有高压缩性和不均匀性，不能做重要建（构）物的天然地基持力层和下卧层。对沟道、管道选用此层作为天然地基持力层和下卧层，须进行夯实。

2）第四系全新统冲洪积层 Q_4^{al+pl}：粉质黏土为灰色，灰黄色，灰褐色，上部见植物根须

及腐殖物，夹少许砂粒，结构不均，湿软塑状态。

a. 层后 0.0～2.75m，层顶高 45.05～51.06m，标准贯入试验击 $N_{63.5}=0.5～3$ 击，平均值为 2 击，承载力特征值 $f_{ak}=50kPa$。

b. 层后 0.0～3.6m，层顶高 42.76～48.19m，标准贯入试验击 $N_{63.5}=5～8$ 击，平均值为 6 击，承载力特征值 $f_{ak}=120kPa$。

3）第四系中更新统洪坡积层 Q_2^{sl+pl}：粉质黏土为黄色，棕褐色，含多量灰白色高岭土及褐色铁质氧化物，含少量磨园的砂岩、页岩角粒，湿塑状态。层厚 0.0～3.6m，层顶高 45.34～46.03m，标准贯入试验击 $N_{63.5}=7～13$ 击，平均值为 8 击，承载力特征值 $f_{ak}=150kPa$。此层分布不广，属中等压缩性土，可做次要建（构）筑物天然地基持力层。

4）第四系残积层 Q_{el}：

a. 粉质黏土：黄色，浅黄色，混多量页岩风化石碎屑，含褐色铁锰质氧化物，湿塑状态，层厚 0.0～7.1m，层顶标高 39.33～59.96m，标准贯入试验击 $N_{63.5}=7～14$ 击，平均值为 8 击，承载力特征值 $f_{ak}=160kPa$。此层分布广泛，属中等压缩性土，可做次要建（构）筑物天然地基持力层。

b. 粉质黏土：黄色、棕黄、灰黄、深褐色，含有高岭土条带状物，铁锰质氧化物及其结核，混有岩石碎块，硬塑状态。湿塑状态，层厚 0.0～7.2m，层顶标高 39.16～63.63m，标准贯入试验击 $N_{63.5}=14～19$ 击，平均值为 16 击，承载力特征值 $f_{ak}=250kPa$。此层分布广泛，具有高强度、低压缩性的特征，工程建筑性能较好，可做一般建（构）筑物天然地基持力层，但不宜作为重要建（构）筑物天然地基持力层。

c. 含黏性土碎石：灰绿色，黏性土含量约 20%，呈硬塑状态，碎石成为页岩，粒径为 2～5cm，稍密-中密，层厚 0.0～1.7m，层顶标高 37.60～47.10m，标准贯入试验击 $N_{63.5}=14～19$ 击，平均值为 16 击，承载力特征值 $f_{ak}=280kPa$。地层特点、性能及利用同 Q_{el}。

d. 黏土：灰绿色，含有高岭土条带，结构不均，呈可塑状态。层厚 0.0～2.7m，层顶标高 35.90m，标准贯入试验击 $N_{63.5}=6～10$ 击，平均值为 7 击，承载力特征值 $f_{ak}=170kPa$。此层分布不广，具有高强度、低压缩性的特征，工程建筑性能较好，可做一般建（构）筑物天然地基持力层，但不宜作为重要建（构）筑物天然地基持力层。

5）志留系下统高家边群 S_{lgj}

a. 页岩：灰黄、褐黄色，全风化。呈土状，少量岩石碎块表面被褐色铁质氧化物浸染。层厚 1m，标高 43.97m，现场原位测试，标贯 $N=20～50$ 击，承载力特征值 $f_{ak}=270kPa$。地层特点、性能及利用同 Q_{el}。

b. 页岩：黄绿色，强风化。层状结构，节理裂缝发育，结构面上常有褐色铁质氧化物，层间结合力差，表面风化成薄片状、长条针状，深部成碎块状。层厚 8m，标高 33.16～69.28m，现场原位测试，标贯 $N=20～70$ 击，承载力特征值 $f_{ak}=400kPa$。

c. 页岩：青灰、灰黑色，中等风化。层状结构，结理裂缝较发育，层面具有丝绢光泽，组织结构较致密，质坚性脆，表面风化成薄片状、长条针状，有土状构造挤压破碎带。岩层产状走向 170°～280°，倾向南西，倾角 13°～46°，受构造挤压作用产生小型褶曲。层厚 28.8m，标高 29.40～66.78m，现场原位测试，标贯 $N>70$ 击，承载力特征值 $f_{ak}=500kPa$。

（2）厂区地震基本烈度：地震动峰值加速度为 $0.05g$，地震动反应谱特征周期为 $0.35s$，相对应的抗震设防烈度为 6 度。抗震措施按 7 度考虑。

（3）厂区水文地质条件。

地下水：上层滞水、第四系孔隙水、基岩裂隙水。

上层滞水：在低谷黏性土以上，没有固定水位，自排低洼处到地表和大气蒸发。

孔隙水：分布松软地层的孔隙之中。含碎石粉质黏土层的水，自排低洼处到地表和大气蒸发。

基岩裂隙水：存在于基岩裂缝之间，没有稳定、统一的水位，与松散层的孔隙潜水有连通性，两种水有互补性，总体而言此区裂隙水较贫。

（4）场地土类型和建筑物的场地类别：场地土类型属中硬（软）场地土；建筑物的场地类别为 Ⅰ（Ⅱ）类。

（5）主场区土方：

挖方：场区 701 770.6m³、边坡 14 589.8m³、总计 716 360.4m³；

填方：场区 397 460.9m³、边坡 9520.1m³、总计 406 981.0m³；

余土：31 万 m³，用于厂外运煤道路回填，其中 2 万 m³ 清表土及剩余部分运至业主指定的弃土场。

当一期煤场填方保留区拆除进度不能满足场平进度要求时，弃土增加 5 万 m³。地基岩土主要物理力学参数推荐值见表 9-8。

表 9-8　　　　　　　　　　地基岩土主要物理力学参数推荐值

参数序号	层序	岩土名称	状态	湿密度 ρ (kN/m³)	孔隙比 e	压缩系数 a_{1-2} (MPa⁻¹)	压缩模量 E_{s12} (MPa)	凝聚力 C (kPa)	内摩擦角 F (°)	标贯击数 N (击)	承载力值 f_{ak} (kPa)	极限阻力 Q_{pk} (kPa)	极侧阻力 Q_{sik} (kPa)
1	（1）	素填土	稍密	19.8	—	—	—	—	22.0	—	100	—	—
2	（2~1）	粉质黏土	软塑	18.0	0.910	0.48	3	10	4.0	0.5~3	50	—	—
3	（2~2）	粉质黏土	可塑	18.9	0.858	0.38	5.4	25	11.0	5~8	120	—	40
4	（3~1）	粉质黏土	可塑	19.6	0.757	0.16	7.1	21	10.0	7~13	150	—	65
5	（6~1）	粉质黏土	可塑	19.3	0.809	0.29	6.8	37	10.7	7~14	160	—	65
6	（6~2）	粉质黏土	硬塑	19.5	0.739	0.14	13.5	50	20.0	14~19	250	—	78
7	（7）	黏性土碎石	稍密中密	20.0	0.750	0.16	11	30	30.3	7~19	280	—	100
8	（10~2）	页岩	强风化	22.0	—	—	—	—	—	50~70	400	—	110
9	（10~3）	页岩	中等风化	22.0	—	—	—	—	—	＞70	500	7000	250

（二）桩基及地基处理过程检测

1. 人工挖孔桩

桩径 φ900、φ1100、φ1300；设计桩长 8~15m；平均空桩 3m；桩体 5~12m；桩底扩桩深 2~2.2m；扩桩直径是桩径的 1.7~2 倍；设计总数 1193 根；桩持力层为中风化页岩。

2. 人工挖孔灌注桩检测

（1）低应变：①检测桩身缺陷及其位置，判定桩身完整性类别；②图纸规定桩总数的 30% 进行检测，规程规定抽检总数的 50%，且不少于 20 根。有不合格桩要增加检测数量。

（2）高应变：①判定单桩竖向抗压承载力是否满足设计要求，检测桩身缺陷及其位置，判定庄身完整性类别，分析桩侧和桩端阻力；②抽检桩总数的 5%，且不少于 5 根；③承载力要求为 $\phi1300$（扩底直径 2200mm），$f_{nk}=20\,000$kN，$\phi1300$（不扩底），$f_{nk}=15\,000$kN；$\phi1100$（扩底直径 2200mm）$f_{nk}=15\,500$kN；$\phi900$（扩底直径 1800mm），$f_{nk}=10\,800$kN，$\phi900$（不扩底），$f_{nk}=5000$kN。

（3）超声波透射法：①检测灌注桩桩身缺陷及其位置，判定桩身完整性类别；②抽检数为总数的 10%。

（4）水平推力：①不少于三根；②水平承载力特征值：$\phi1300$（扩底与不扩底均为），$f_{nk}=800$kN；$\phi1100$、$\phi900$，f_{nk} 均为 240kN。

（5）其他规定：①结构柱下的三根桩，必检一根；②同一承台中桩端标高差不大于 2m；③用钻芯法确定混凝土抗压强度，其钻深要求到底部上方 0.5m，钻后用高一级强度混凝土灌实。

3. 基桩检测结果评价及检测报告的基桩检测结果

（1）桩身完整性检测结果评价：

桩身完整性类别如下：①Ⅰ类桩，桩身完整；②Ⅱ类桩，桩身有轻微缺陷，不会影响桩身结构承载力的正常发挥；③Ⅲ类桩，桩身有明显缺陷，对桩身结构承载力有影响；④Ⅳ类桩，桩身存在严重缺陷。

（2）Ⅲ、Ⅳ类桩处理：①对低应变不能判定不完整类别或判断为Ⅲ类桩，采用静载法、钻芯法、高应变法、开挖等方法进行验证检测；②当低、高应变检查发现Ⅲ、Ⅳ类桩之和大于抽检桩数的 20% 时，宜采用原检测方法继续扩大抽检；③验证检测和扩大抽检后，判定确属Ⅲ、Ⅳ类桩，应与设计、建设、施工单位研究补强或增桩处理。

4. 强夯及检测

（1）强夯概述：

1）单击夯击能级为 4000kN·m。

2）采用多遍夯击，次序为主夯、次夯、插夯、满夯。能级依次减少，每遍夯完将地面推平碾压。

3）夯击遍数为三遍，单击夯击能：主夯及次夯 4000kN·m、插夯 2000kN·m、满夯 1200kN·m（大夯机夯饼重 23t、小夯机夯饼重 16t，提升高度 18.5m）；每两遍夯击之间，应有一定时间间隔；对于渗透性较差的黏性土和饱和度较大的软土地基应不少于 3 周；对于渗透性较好且饱和度较小的地基，可以连续夯击。

4）强夯点按正方形布置，夯点间距第一遍夯击点间距 5m，第二遍夯击点位于第一遍夯击点间。

5）夯点的夯击次数为 7 击，并满足如下条件：①最后两击平均夯沉量均小于 100mm；②夯坑周围地面不应发生过大的隆起；③不因夯坑过深而发生提锤困难。

6）夯后地基承载力不小于 200kPa，压缩模量不小于 10MPa，强夯有效影响深度不小于 7m。

（2）强夯地基检测规定。

1）平板载荷试验：检测地基强度及变形。

a. 每 3000m² 布置一点，强夯处理前、后均进行检测，采用 1m² 的压板，最大加载

540kN，共计 21 个点。

b. 按总载荷 540kN 的 1/10 分级加载，记录沉降值，半小时后再测量一次沉降值；当 1h 沉降量小于 0.1mm 时，认为已趋稳定，可加下一级荷载。

c. 当土侧向挤出、沉降骤增、沉降陡降、24h 沉降不稳定、沉降量与承压板宽度之比不小于 6%、达到预定的最大荷载时，终止加载。

2) 超重型动力触探：用于间接检测地基土的密实程度及均匀性。

a. 每 600m² 布置一点，强夯处理前、后均进行检测；共 107 个点；检测深度应大于强夯的影响深度，约 10m。

b. 采用 63.5kg 重标准自动落锤和自动脱钩，锤每次落距为 76cm，记录每贯入 10cm 的锤击数，与室内有关试验和载荷试验进行对比和相关分析，建立相应的公式，推求土的过程性指标，即土的密实程度。

c. 坑深及大型密度试验：检测地基土密实度。每 1000m² 布置一点，强夯处理前、后均进行检测，计 64 深坑，深度 4~6m，每个探坑每间隔 1m 取一件土样进行大型密度试验，试验样数 320 个。

注：对于块石较多，动探试验及大型密度试验困难的区域，采用瑞利波法代替进行密实度检测。

（3）检测报告：应有强夯处理前、后平板载荷试验 P-S 曲线图（压强与变形值的曲线图）和 σ-s 曲线图（应力与变形的曲线图）；评价承载力特征值、极限值及变形模量；绘制强夯处理前、后动力触探曲线图；提供回填土强夯处理前后密实度指标，评价回填土处理后的密实程度。

5. 桩基与基础处理检测结果

（1）主厂房、锅炉、汽轮机、集控室采用人工挖孔灌注桩，桩径为 $\phi900$、$\phi1100$、$\phi1300$ 扩底，以中等风化岩层为桩端持力层。磨煤机采用弹簧隔震基础。部分天然基础的软土置换或强夯处理。

（2）桩基与地基处理检测结果。

1) 低应变检测：检测桩身完整性，判定桩身缺陷位置及完整性类别。在桩顶装检波器，用反射法，属弹性波的应用范围。当有瞬时冲击力后，产生弹性波沿桩身向下传播，到底部桩间界面或桩径变化、桩身介质不均匀、断裂等，则产生弹性波反射，检波器接收有所不同。根据传播时间，结合弹性波的动力学特点，分析桩体完整性或桩身的缺陷位置。

例如 3 号锅炉区基础低应变共检测桩基 43 根，其中 Ⅰ 类桩 41 根，占检测桩数的 95%；Ⅱ 类桩 2 根（69 号、76 号桩）占 5%。69 号桩：桩径 1300mm，强度等级 C35，波速 362.3m/s，桩深 9.5m，缺陷在 5.99m 处。69 号桩位置：3 号锅炉 K8-B8 柱东属第二根。76 号桩：桩径 1300mm，强度等级 C35，波速 380.0m/s，桩深 7.2m，缺陷在 2.58m 处。76 号桩位置：3 号锅炉 K5-B8 柱西南角那根。

2) 高应变检测：检测桩基的竖向抗压承载力和桩身完整性，是以波动方程行波理论为基础的动力量测和分析方法，通过测量桩顶力波和速度波，分析得到桩的承载力。由于高应变检测其激励能量和检测有效深度大，故在判定桩身水平整合型缝隙等缺陷时，是否影响竖向抗压承载力。

高应变检测实例：3 号锅炉有 73 个柱基础，共有 85 根人工挖孔桩（另有 25 根钢架柱的基础座在基岩上），确定大应变检测 4 根，分布桩号为 12 号/PO-3、25 号/PO-1、

54 号/PO - 3、63 号/PO - 2。

12 号桩：模拟静载荷试验最大载荷 17165kN，摩阻分布 D_t＝1958kN，内力分布 D_f＝3433kN，最大沉降 6.39mm。

25 号桩：模拟静载荷试验最大载荷 28792kN，摩阻分布 D_t＝1373kN，内力分布 D_f＝4158kN，最大沉降 16.46mm。

54 号桩：模拟静载荷试验最大载荷 15526kN，摩阻分布 D_t＝1664kN，内力分布 D_f＝3185kN，最大沉降 9.85mm。

63 号桩：模拟静载荷试验最大载荷 15494kN，摩阻分布 D_t＝1789kN，内力分布 D_f＝3899kN，最大沉降 22.74mm。

每根桩的高应变，每桩击三锤，通过实验绘出三组图表判定为合格。

（3）桩基水平承载力试验是判定单桩水平承载力特征值是否满足设计要求。试验是由千斤顶施加水平推力，压力传感器控制推力，桩的水平位移由位移传感器和静载荷测试分析仪进行数据采集、记录。如桩身断裂、位移超过 40mm，则停止加压。

例如 3 号锅炉 3 号桩：桩径 1300mm，桩长 11m，荷载由 0→1000→0kN，时间从开始到 1000kN 用 1020min，分 9 次加载；又经 420min，5 次荷载降到零。测得数据：最大沉降量 9.5mm，最大回弹量 8.07mm，回弹率 84.9％。

3 号锅炉 40 号桩：桩径 1300mm，桩长 10m，荷载由 0→1000→0kN，时间从开始到 1000kN 用 1140min，分 9 次加载；又经 210min，5 次荷载降到零。测得数据：最大沉降量 11.32mm，最大回弹量 9.22mm，回弹率 81.4％。

（4）强夯处理检测（以 3 号冷却水塔为例）：

1）含水率试验：评价强夯处理的地基回填土是否处于最佳含水率状态。

试验结果：取土深度 0～8m，分八次取土试验，计算均值。2m 深有浅层滞水，含水率较大，通过排水可满足强夯要求；7～8m 滞留水体，含水率较大。

2）坑探及含水率试验检测结果：挖坑 2m，检测渗水位置。

3）超重型动力触探试验：评价回填土强夯处理的影响深度。四个点位进行超重型动力触探试验。强夯有不合格区，经强夯置换处理可满足设计要求。

二、基础施工

（一）工程地质条件

（1）第四系人工堆积层：素填土。

（2）第四系全新统冲洪积层 Q_s：粉质黏土的承载力 f_{ak}＝50kPa；粉质黏土的承载力 f_{ak}＝120kPa。

（3）第四系中更新统洪坡积层 Q_2^{s1+p1}：粉质黏土的承载力 f_{ak}＝150kPa。

（4）第四系残积层 Q_{el}：粉质黏土的承载力 f_{ak}＝160kPa；粉质黏土的承载力 f_{ak}＝250kPa；含黏性土碎石：承载力 f_{ak}＝280kPa。

（5）志留系下统高家边群 S_{1gj}：页岩（强风化）的承载力 f_{ak}＝400kPa；页岩（中风化）的承载力 f_{ak}＝500kPa。

（二）锅炉基础

（1）设计±0.00m 标高相当于绝对标高 48.5m；地基基础设计等级为甲级；设计使用年限 50 年；基础混凝土结构环境类别为二类。

（2）混凝土：垫层 C10；基础、基础梁及短柱 C40。二次灌浆料：采用 H 系列高强无收缩灌浆料。保护层：底板、基础梁底部第一层钢筋保护层厚度 50mm，桩基础底板第一层钢筋保护层 130mm，基础其他部分及短柱钢筋保护层厚度 40mm，基础梁、联系梁钢筋保护层 35mm 且不小于钢筋直径。

（3）当基础混凝土大于 50m³ 时，基础混凝土中应掺加 MPC 聚合物纤维膨胀剂，掺量为占胶凝材料质量的 4%～6%，称量误差不大于 0.5%，养护期不少于 14d。

（4）所有地下结构外表面采用环氧沥青或聚氨酯沥青涂层，厚度不小于 300μm。

（5）采用天然基岩和换填毛石混凝土为持力层的基础，在基础底部和基础垫层之间做一毡二油的滑动层。

（6）沉降观测：

1）基础短柱－1.8m 加装观测点。

2）当锅炉钢架安装完毕，测点立即改正每根钢柱上。

3）沉降观测时间：①基础施工完成后；②基础复土上部结构施工前；③上部结构每层施工后测一次；④锅炉全部承载后测量一次后，一周年内还需测三次（一般是：水压后、点炉后、移交前）；⑤第二年测量不少于二次；⑥之后，每年一次，直到沉降稳定为止。

4）施工阶段由施工单位测量；机组移交后由电厂负责测量。

（7）桩基经检测（小应变、大应变、超声探测、水平推力检测）均合格后，方可安装锅炉钢架。

（8）承台及基础底板要一次浇筑完成，不得留施工缝。强度达 100% 时，方可安装锅炉钢架。

（9）锅炉基础区回填：回填土采用碎石土（粒径小于 100mm 的碎石 30%＋黏土 70%）进行分层（300mm）夯实，压实系数不小于 0.96，承载力不小于 150kPa，且回填高差小于 500mm。

（10）锅炉地平全部做成刚性地面。需配 ϕ4.5@250（双向）钢筋。

（11）锅炉炉架柱脚地脚螺栓及固定架埋铁按厂家图施工。

（12）基础梁的钢筋锚入基础或承台至少 35d。

（13）天然地基持力层：中等风化页岩层 f_{ak}≥700kPa；强风化页岩 f_{ak}≥400kPa。

（14）超挖部分用 C15 素混凝土或毛石混凝土回填。换填层底部基岩要求为完整稳定的基岩，不能有斜面。换填层毛石混凝土地面要求嵌入基岩至少 100m。

（三）总交运输

（1）场地设计标高：①场平标高：主厂房及施工场地 A 区 48.00m，施工场地 B 区 58.00m，储煤场 51.00m（煤场纵向中心标高控制在 51.5m，向东西双方向排水），厂内铁路站场 45.5m，冷却塔区 50.00m；②建筑物零米标高换算绝对标高分别为主厂房区 48.5m、输煤区 52m、水塔区 51.5m。

（2）交通运输：铁路、水路、陆路接引连接点均在厂区附近，交通较为便利。

1）铁路：二期在车站新增二股到发线，预留扩建一股到发线的条件。一期铁路专用线设计标准为Ⅱ极，二期提高到Ⅰ级，接入电厂全长 1.31km。

2）水路：长江自西依境东下，东远期规划在赤壁矶上游建设码头，中小货轮装卸任务。

3）陆路：

a. 进厂道路：进厂主干道利用一期道路，全长 850m，为 20m 宽沥青路。

b. 运灰道路：利用一期道路的部分路段，在其过南干渠段引接至二期灰场。

c. 厂内道路：路宽、转弯半径、纵坡、车速、视距、排水、路灯等按设计图施工。水泥混凝土面层，车辆计算荷载；汽车－20 级，验算荷载为挂车－100 级。

（3）绿化：厂区绿化面积为 75175m²，绿地率为 15.50%。

（四）主厂房结构及布置

（1）汽机房：跨度 34.00m，分 0、8.6、17m 三层；屋面高 38.500～39.690m；桥吊轨顶标高 30.70m；屋架下弦标高 34.7m。

（2）除氧间：跨度 10m，总长度 205.4m，加热器层标高 8.6、17、25m，脱氧屋面标高 33m。

（3）煤仓间：跨度 14m，给煤机层标高 17m，煤仓间屋面标高 38.500m，煤仓间总长度 164m。

（4）每台锅炉各设一台 1.6t 客货两用电梯。

（5）锅炉房：前柱与煤仓间柱距 10m，锅炉前后柱距 70.70m，锅炉宽度 71.90m，运转层 17m。

（6）锅炉尾部：锅炉末柱至除尘器第一排柱距 25m，除尘器总长 29.53m，除尘器末柱至烟囱 47m，锅炉末柱至烟囱距离 101.53m。

（7）A 排柱至烟囱距离 240.23m。

（五）锅炉布置

锅炉柱中心线的几何尺寸及技术要求如图 9‑16 所示，其中 X、Y 为厂区坐标系中的锅炉重要柱中心的坐标。

锅炉柱基础中心线的几何尺寸及技术要求：

（1）基础混凝土的容许承压应力不得小于 13.5N/mm²；待强度达 75% 以上钢架方准安装。

（2）地脚螺栓在任何方向的中心间距 ±3mm；相邻底板的中心误差 ±1mm；总差不超过 5mm。

（3）相邻各组中心线间距误差每米为 1mm，但最大不超过 ±5mm。

（4）柱地脚板的纵、横、对角线的最大距离不超过 ±10mm。

（5）固定架及地脚螺栓灌浆前，柱脚板应安装或试装，8 个柱脚板已焊在柱上的地脚螺栓几何尺寸及对角尺寸必须严格校核。

（6）柱底板与基础相接部分，留有 50mm 间隙，待一层钢架安装找正后，用无收缩无膨胀的灌浆料进行三次灌浆。

三、烟囱水塔

（一）烟囱

采用钢筋混凝土外筒、一炉配一管的双管等经内筒集束烟囱。钢排烟管内贴发泡玻璃砖。

1. 烟囱外筒设计要求

（1）工程结构安全等级为一级，设计使用年限 50 年。

（2）风压为 0.45kN/m²（按 100 年一遇），地震设防烈度为 6 度，场地土类别为 Ⅱ 级，

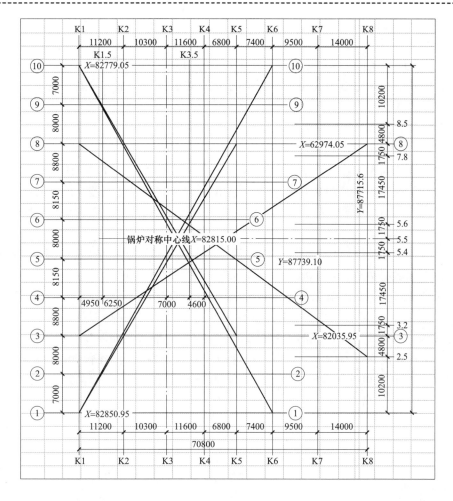

图 9 - 16　锅炉柱中心线的几何尺寸及技术要求

设计地震分组第一组。

（3）设计活荷载（kN/m²）：顶层平台和支撑平台 7.0、悬挂承重平台 10.0、各层止晃平台 3.0。

（4）设有铝合金窗户 6 个：标高 36、62、106、141、176、211m。

（5）烟道口标高 35.5～56.5m，即烟道口高 21m，宽 7m。

2.　烟囱施工检测要求

（1）外筒筒壁混凝土强度等级：90m 以下 C45，90m 以上 C40；水灰比不宜大于 0.5，宜采用水化热较低的矿渣硅酸盐水泥或普通硅酸盐水泥，水泥用量不超过 450kg/m³ 砼；基础及杯口混凝土为 C30，垫层为 C10；基础底板钢筋保护层为 100mm，零米的筒壁保护层为 30mm，其他为 50mm。

（2）钢筋混凝土烟囱高 233m（钢内筒顶标高 240m）；基础外直径 36.3m（垫层顶标高 -5m）；杯口内径 26.5m，杯口外径 30m；烟囱根部内径 26.7m，烟囱根部外径 28.2m（即烟囱根部壁厚 0.75m）；混凝土烟囱上口内径 20.2m、上口外径 21.0m；钢套管直径 8.5m，两烟管中心距 9.7m。

（3）钢筋混凝土烟囱：钢筋为 HPB235、HRB335，钢筋抗力强度实测值与屈服强度的实测值的比值不应小于 1.25；钢筋抗力强度实测值与屈服强度的标准值的比值不应小于 1.3；钢筋在最大拉力下的总伸长率实测值不应小于 9％。

（4）烟囱基础必须完整的（10-3）类的中风化页岩层上，地基承载力特征值 f_{ak} 不小于 700kPa，超深部分用 C15 毛石混凝土。

（5）钢筋长宜选用 9m，钢筋宜用螺纹连接，其接头不低于 Ⅱ 极钢要求，搭接焊缝长 10d，且焊缝相错开。

（6）基础应用低水化热的矿渣硅酸盐水泥，水灰比不大于 0.5，应掺和 MPC 聚合物纤维膨胀剂，量为胶凝材料质量的 4％～6％，防止温差裂纹（内外温差一般控制在 25℃），养护 14d；（钢筋直径的 10 倍）基础一次浇筑完成，只允许在基层底板与环壁（即杯口处）有施工缝。

（7）筒身牛腿（及挑耳）与筒壁一次浇灌，筒身要连续施工，特殊情况只允许留水平施工缝，并按要求做好处理措施，防止开裂。每次浇灌高度不应超过 1.5m。

（8）沉降观测：①外筒施工从零米以上每 20m 观测一次，直到顶部；②内筒施工每安装 40m 观测一次，直到全部安装完毕；③投入运行后，一年内每月观测一次，运行一年后每四个月观测一次，直至两次观测不超过 2mm 为止，一般观测期限为十年。

（9）烟囱外筒避雷针有 5 处（5 根）接地引下线埋设在外筒内侧，用 5 根－60×8 镀锌接地扁钢（Q235）与电气接地网可靠连接；底部与环形底板钢筋网焊接；接地扁钢搭接需 120mm；外露需热度锌扁钢，防腐性好；接地装置施工完毕后施测接地电阻值不得大于 10Ω。

（10）回填土夯实，压实系数不小于 0.94。

（二）冷却水塔

1．塔体的几何参数

（1）初设数据：淋水面积 14 000m²，塔总高 180m，进风口高 12.7m，塔筒喉部高 150m，进风口顶部至喉部 137.3m，塔筒喉部直径 81.21m，塔底部直径 145.186m，池壁顶标高为 0.00m（绝对标高为 50.50m），（水池底面积 16 545m²）。塔筒最小壁厚 0.26～0.28m，最大厚壁 1.2～1.3m。

（2）施工图数据：环基外径 146.802m，环基内径 130.802m，水池内壁 145.602m，环基中心线径距 138.802m，人或×字柱中心线径距 137.146m，塔筒顶直径 81.418m。环板基础高 2m，塔筒顶标高 175m，人或×字柱处通风高度 12.4m，人字柱外径 φ1100，人字柱下墩为 φ1400，上环基厚 1400mm。

2．施工期稳定分析

不同龄期混凝土强度值按 2d 达到 30％、3d 达到 50％、7d 达 85％，其他用线性插值法近似值。塔筒混凝土强度设计值按 C40、支柱 C45、池壁环基支墩 C30 计算。

3．相关数据

（1）钢筋强度设计值：HPB235 为 210N/mm²，HRB335 为 300N/mm²。

（2）塔顶刚性环检修荷载 8kN/m²。

（3）采用低水化热普通硅酸盐水泥，铝酸三钙含量小于 8％，不使用高强水泥和早强水泥。

（4）混凝土抗渗标号：人字柱、塔筒、淋水装置为 W8，集水池、环板基层为 W6。

（5）骨料粒径应不大于塔筒壁厚的 1/5，壁薄处宜 30～35mm，其余 40mm。

（6）可掺塑化剂、加气剂、减水剂，不得加氯盐；基础加量不大于 0.5%，塔筒、人字柱加量不大于 0.45%。

（7）环基基础属大体积混凝土浇筑，要控制好内外温差，水泥用量在 300～350kg/m³。

（8）每个水塔设 8 个沉降点，环基设 4 点，两个竖井设 4 点。

（9）增设排泥车道，宽 4m。

（10）环板基础摄影施工缝 16 道（每 3 对人字柱 1 个），钢筋不得切断。

4. 最大级别冷却水塔（淋水面积×塔高）

该电厂二期工程 14 000m²×175m、邹县四期工程 12 000m²×165m、宁海二期工程 13 000m²×177m、德国 Niederaussem（加肋双曲线）烟塔合一 14 520m²×200m。详见表 9-9。

表 9-9　　　　　　　　　　　冷却水塔形式及参数表

电厂名称	蒲圻二期	邹县四期	宁海二期	德国 Niederaussem
塔筒形式	光滑双曲线	光滑双曲线	光滑双曲线	加肋双曲线
塔高（m）	175	165	177	200
淋水面积（m²）	14 000	12 000	13 000	14 520
进风口高度（m）	12.7	11.6	12.0	12.18
塔筒最大/最小厚度	1.2～1.3m/0.26～0.28m	1.2m/0.22m	1.4m/0.28m	1.16m/0.22m
喉部直径（m）	81.21	75.21	77.95	85.26
支柱对数（对）	52	48	48	48
柱底直径（m）	145.2	133.2	142.9	152.54
基本风压（kN/m²）	0.4	0.4	0.65	—
地震防裂度（度）	6	6	6	—
地基形式	部分属回填区，桩基	碾压碎石垫层换填，均匀地基	软土地基	—
备注	拟建	2004 年投运	在建	烟塔合一

主要建（构）筑物混凝土工程设计强度一览表见表 9-10。

表 9-10　　　　　主要建（构）筑物混凝土工程设计强度一览表

序号	工程项目	项目部位	混凝土设计强度	备注
一		人工挖孔灌注桩		
1	桩体	P0-1、P0-2、P0-3、P0-4	C35	
2	桩体	P0-5	C30	φ900 不扩底桩体
3	桩护壁	多处	≥C30	适用各种桩型
二		汽机房脱氧煤仓间		
1	A 轴	基础	C35	
		基础短柱	C50	

序号	工程项目	项目部位	混凝土设计强度	备注
2	BCD 轴	基础	C35	
		基础短柱	C60	
3	框架结构	全部	C40	
4	汽轮机岛	全部	C45	
5	汽轮机平台	基础	C35	
		基础短柱	C45	
		基础梁	C30	
三		集中控制室		
1		基础及基础梁	C30	
2		短柱	C40	
四	锅炉基础	基础、基础梁、短柱	C40	
五		混凝土烟囱		
1		基础底板及杯口	C30	
2		筒壁 90m 以下	C45	
3		筒壁 90m 以下	C40	
六	冷却水塔	集水池、环板基础	C30	初步设计 C30
1		塔筒、人字柱	C35	初步设计人字柱 C45
2		淋水装置	C30	初步设计塔筒 C40
3		垫层	C15	

注 1. 垫层多数为 C10；烟囱垫层为 C15。

2. 因施工图纸未全到达，仅作监理检查工作索引；以施工图纸注明强度标号为准。

四、热机系统

（一）锅炉主设备

1. 锅炉型号

SG-3103/27.46-M53X；总重（含钢架、管道）30 100t；BMCR：3103t/h；BRL：2956t/h。超超临界参数、变压运行、螺旋管圈直流炉、单炉膛、一次再热、平衡通风、露天布置、固态排渣、全钢构架、全悬吊结构、双切园燃烧，π 形锅炉。上海锅炉厂股份有限公司制造。

采用三分仓容克式空气预热器，为防低温腐蚀和烟气中硫酸氢氨的堵塞腐蚀，预热器冷段受热面组件采用双表面衬搪瓷涂料。

2. 锅炉主要参数

锅炉主要参数表见表 9-11。

表 9 - 11　　　　　　　　　　　　　　锅炉主要参数表

项　　目	单位	BMCR	BRL
过热器出口蒸汽流量	t/h	3103	2956
过热器出口蒸汽压力	MPa（a）	27.56	27.44
过热器出口蒸汽温度	℃	605	605
再热气出口蒸汽流量	t/h	2590	2458
再热气出口蒸汽温度	℃	603	603
再热气出口蒸汽压力	MPa（g）	5.86	5.64
再热气进口蒸汽温度	℃	375	376
再热气进口蒸汽压力	MPa（g）	6.06	5.83
给水温度	℃	298	298
热风温度（一次风/二次风）	℃	333/346	329/342
空气预热器进风温度（一次风/二次风）	℃	27/23	27/23
排烟温度（空气预热器出口）	℃	129	127
修正后	℃	124	122
锅炉计算效率	%	93.50	93.50

注　锅炉 BMCR 对应于汽轮机的 VWO 工况；锅炉 BRL 对应于汽轮机的 TRL 工况。

3. 主要材质

主汽、热段材料采用 A335P92，冷段材料采用 A691Cr2 - 1/4 CL22 电熔焊钢管，高压给水管道材料采用 15NiCuMoNb5 - 6 - 4。过热器出口、再热器出口管段用 P92。

（二）锅炉除氮装置

1. 除氮装置

（1）机组锅炉与烟气脱硝装置为单元式配置，安装一套处理 100％烟气量的烟气脱硝装置。

（2）脱硝装置 NO_x 脱除率不小于 80％；选择催化还原干法脱硝技术（SCR）工艺，采用 NH_3 作为还原剂，将 NO_x 还原成氮气。

（3）经电气除尘器后的烟气的烟尘浓度控制在 $50mg/m^3$，经脱硫后进一步降低烟尘量排放。

（4）脱氮方式及排放浓度：

1）锅炉内设有低氮燃烧装置，减少 NO_x 的产生，使 NO_x 的产生浓度小于 $450mg/m^3$。

2）锅炉尾部加装脱硝装置，脱硝效率按 80％计，则 NO_x 的排放浓度小于 $90mg/m^3$。

2. 设备、系统及流程

（1）设备：上海电气石川岛电站环保工程有限公司的产品。

（2）系统：脱硝装置选择催化还原脱硝工艺系统有 NH_3 制备或储存系、NH_3-空气混合器、NH_3 喷射器、气体均布装置、催化反应器、吹灰器、稀释风机、控制系统。

（3）流程：储罐中的液体 NH_3 经蒸发器，被加热后，经过 NH_3-空气混合器，被空气稀释并携带与烟气均匀混合，然后一起通过一个由催化剂充填的催化反应器。在催化剂作用下，NO_x 和 NH_3 发生还原反应，生成 N_2 和 H_2O。经最后一层催化剂后，烟气中的 NO_x 浓度被控制在排放限值以下。

3. 主要工艺参数

脱硝装置入口 NO_x 浓度 450mg/m³（设计煤种）；

脱硝效率 80%（新标准需达 91.4%）；

液氨 NH_3 逃逸率小于 3ppm；

SO_2/SO_3 转换率小于 1%；

SCR 的系统阻力不大于 1000Pa（含预留催化剂后）；

NH_3/NO_x 摩尔比 0.81；

烟气在反应器内的流速约为 5m/s；

催化剂层数 2+1 层（其中预留一层）；

催化剂化学寿命小于 24 000h。

（三）烟气脱硫装置

1. 概述

（1）不设 GGH；采用湿法烟气脱硫装置（简称 FGD），吸收塔属喷淋空塔。

（2）设置独立的 UPS；独立的工业闭路电视系统，与全厂工业电视系统进行通信。

（3）脱硫废水处理后水质满足《火电厂石灰石-石膏湿法脱硫废水水质控制指标》（DL/T 997—2006），处理后的废水用于干灰调湿用水，处理废水产生的污泥外运灰场单独存放。

（4）FGD-DCS 实时网络与厂级实时信息监控系统（SIS）进行数据通信。

（5）FGD 控制系统 I/O 总点数约为 5500 点（含 15% 的备用点）。

（6）运行小时数与机组年运行小时数一致；寿命不低于 30 年。

2. FGD 控制系统功能

FGD 控制系统主要具备三个功能：数据采集及处理（DAS）、模拟量控制（MCS）及顺序控制（SCS）。

（1）数据采集及处理系统（DAS）。数据采集及处理系统（DAS）的基本功能包括：数据采集、数据处理、屏幕显示、参数越线报警、事件顺序记录、事故追忆记录、操作员记录、性能效率计算和经济分析、打印制表、屏幕拷贝、历史数据存储和检索等。

1）该系统监测的主要参数有：FGD 装置工况及工艺系统的运行参数；主要辅机的运行状态；主要阀门的启闭状态及调节阀门的开度；电源及其他必要条件的供给状态；主要的电气参数等。

2）脱硫系统报警信息可在 LCD 上显示并可打印。

3）LCD 报警项目主要包括以下内容：工艺系统热工参数偏离正常；热工保护项目动作及主辅机设备故障；辅助系统故障；热工控制设备故障；热工控制电源故障；主要电气设备故障等。

（2）模拟量控制系统（MCS）：FGD-DCS 控制系统实现以下对 FGD 系统的调节控制。

1）增压风机入口压力控制。为保证锅炉安全稳定运行，通过调节增压风机导向叶片的开度进行压力控制，保证增压风机入口压力的稳定。为了获得更好的动态特性，引入锅炉负荷和引风机状态信号作为辅助信号。在 FGD 烟气系统投入过程中，需协调控制烟气旁路挡板门及增压风机导向叶片的开度，保证增压风机入口压力稳定；在旁路挡板门关闭到一定程度后，压力控制闭环投入，关闭旁路挡板门。

2）石灰石浆液浓度控制。石灰石浆液制备控制系统必须保证连续向吸收塔供应浓度合适的足够浆液，设定恒定石灰石供应量，并按比例调节供水量，通过石灰石浆液密度测量的反馈信号修正进水量进行细调。

3）吸收塔 pH 值及塔出口 SO_2 浓度控制。测量吸收塔前未净化和塔后净化后的烟气中 SO_2 浓度、烟气温度、压力和烟气量，通过这些测量可计算进入吸收塔中 SO_2 负荷和 SO_2 脱出效率。根据 SO_2 负荷，换算得出实际需要的吸收剂量作为供浆量的设定值，并于石灰石浆液流量和密度之积，所表征的实际吸收剂加入量进行比较，其偏差作为 PID 调节器的输入。调节器的输出信号控制加入到吸收塔中的石灰石浆液量调节阀的开度来实现石灰石量的调节。而吸收塔排出浆液的 pH 值作为 SO_2 吸收过程的校正值参与调节。

4）吸收塔液位控制。吸收塔石灰石浆液供应量、石膏浆排出量及烟气进入量等因素的变化造成吸收塔的液位波动。根据测量的液位值，调节加入的滤液水及除雾气冲洗时间间隔，实现液位稳定。

5）石膏浆液排出量及石膏脱水控制。根据排出石膏浆的密度值，通过控制阀门调节浆液排至石膏浆池或返回吸收塔，从而控制石膏排出量。测量膏饼的厚度，控制带式过滤器的速度，从而实现石膏脱水的自动控制。过滤器速度的控制采用变频器控制。

6）除上述主要闭环控制回路外，还将设置石灰石浆液池液位控制、工业水池液位控制等。

（3）顺序控制（SCS）功能组。烟气系统控制功能组；SO_2 吸收系统功能组；石灰石浆液制备及供应系统功能组；石膏脱水系统功能组；排放系统功能组；压缩空气系统功能组；工艺水系统功能组。

（4）热工保护及安全性保证：

1）FGD 装置的保护动作条件：FGD 进口温度异常，进口压力异常，出口压力异常，增压风机故障，浆液循环泵投入数量不足等。

2）来自机组的联锁条件包括：锅炉状态（MFT、火焰、吹扫等），油燃烧器投入状况，煤燃烧器投入状况，电除尘器投入状况等。

3）保护和联锁功能：当发生锅炉主燃料跳闸（MFT）、增压风机故障、浆液循环泵投入数量不足，原烟气挡板未开、原烟气温度过高及烟气压力越限等任意异常现象时，FGD 装置停运并自动打开烟气旁路挡板，通过关闭原烟气挡板来断开进入 FGD 装置的烟气通道。

4）安全性保证：将原烟气挡板、净烟气挡板及旁路挡板的电源由主厂房 380V 工作段或公用段提供，在 FGD 装置完全失电时，烟气挡板仍然可以正常操作。

5）集中控制室内设置手动按钮，在紧急状态时强制动作旁路挡板门，保证锅炉安全运行。

6）其他连锁功能，如重要辅机设备本体的连锁保护，备用设备启停联锁，箱罐液位连锁，管道设备冲洗连锁等，使控制系统能对工况变化自动做出反应，保证系统稳定运行。

7）测量可靠保证：重要的保护用过程信号，状态等采用三取二测量方式。

3. 烟气连续监测系统（CEMS）

（1）系统配置：本工程每台锅炉烟气脱硫装置的进口和出口烟道各设置一套 CEMS 系统，分别监测 FGD 装置进出口的原烟气和净烟气成分。其中净烟气 CEMS 系统在取得当地环保部门同意后还兼有环保监测功能。

根据国家环保对烟气排放的要求，烟气连续监测系统（CEMS）应对从烟囱排放出的烟气进行 SO_2、CO、NO_x 和烟尘等参数进行监视。每套系统都配有完整的探头、分析仪器以及相关的软件等。同时，整个系统还配有上位监控计算机、操作台和打印机。测量出的参数通过数据处理后应能换算成 mg/m^3 单位，系统能自动进行零跨校正。软件为中文编写，其打印格式满足中国国家环保局的要求。烟气排放参数的相关数据可通过通信接口传送到电厂环保监察站和当地环保部门。脱硫控制要求所需要的烟气分析信号采用硬接线送入脱硫控制系统。

（2）监测项目：烟气连续监测系统能测量下列烟气参数：

原烟气：SO_2、O_2、烟尘浓度、温度、压力、烟气流量、湿度。

净烟气：SO_2、O_2、CO、NO_x、烟尘浓度、温度、压力、烟气流量、湿度。

（3）烟气连续监测系统的要求。系统设计能满足在至少 90d 运行不需要非日常维修的要求（非日常维修是指在 CEMS 系统运行和维护手册中常规部分没有要求的任何维修活动）。

CEMS 系统应具有 95％以上可利用率。CEMS 数据可利用率的计算是基于 CEMS 系统运行并收集数据的时间，扣掉 CEMS 系统任何部件不能投运的时间。

CEMS 系统中分析仪器具有自我诊断功能。这些诊断功能至少应包括检测源和探头的失效、超出量程情况和没有足够的采样流量的能力。

CEMS 系统具有主要仪器部件故障报警功能。

CEMS 系统的分析仪器在正常运行时没有明显的干扰，即在单个烟气或多种烟气成分混合时没有至少两位数浓度值的变化。在仪器盖内和分析仪器室内提供和安装各种必要的管道和挡板，已将气体分配到分析仪器。在各种潜在运行工况下所有设备需要合适地被冷却或加热，以防止受热而导致设备漂移或运行问题。

CEMS 系统部件和采样头安装后与烟气接触时，提供一个清晰空气系统以防止烟气污染仪器部件。清洗空气风扇及有关的空气清新设备，如有必要，应安装空气预热器。当清洗空气系统失效时，系统上应显示报警，并启动隔离快关门以保护监测部件。

CEMS 的数据采集和处理系统能全部打印出测量的污物成分。其数据处理方法符合国家环保局的要求。

凡是与烟气或校正气接触的探头和其他零部件都由以下材料构成：Teflon、玻璃、不锈钢、Hasteloy C - 276 或其他耐腐蚀合金。所有安装在烟囱或烟道内采样系统部件由Hasteloy C - 276 或具有同等耐腐蚀性不锈钢构成。

（四）特种材料及焊接

1. 常见钢材的下临界点 A_{c1}

在异种钢焊接热处理温度选择上，应按两侧钢材及使用焊条（焊丝）综合考虑，一般不超过合金钢成分低的一侧钢材的下临界点 A_{c1}。不同钢材的下临界点 A_{c1} 点（单位℃）如下：

碳钢（P - No.1）725；碳钼钢（P - No.3）730；1Cr - 0.5Mo（P - No.4，Gr. No1）745；1.25Cr - 0.5Mo（P - No.4，Gr. No2）775；2.25Cr - 1Mo，3Cr - 1Mo（P - No.5A）805；5Cr - 0.5Mo（P - No.5B，Gr. No.1）820；5Cr - 0.5Mo（P - No.5B，Gr. No.2）810；9Cr - 0.5Mo - 2W 860。

2. T/P92 实焊工艺

（1）充氩保护。

（2）焊丝现场保持温度80～110℃，对口前对坡口进行做100%的MT或PT检查；编号（焊、热处理、金属检查、质量验收、资料移交等）做到一一对号，全过程均能追溯查找。

（3）选用奥太焊机：ZX7-400STG。

（4）氩弧焊打底预热温度150～200℃，层间温度200～250℃，手工电弧焊前预热200～250℃（保持30min），层间温度200～300℃。

（5）焊完后，冷到80～100℃，保温1～3h，升温热处理750～770℃。

（6）多层焊道，水平固定位置盖面的焊缝每层至少四道，中间应有"退火焊道"。

（7）每层焊道厚度不应超过焊条直径，摆宽不超过焊条直径的四倍，对2.5焊条，厚2mm、宽10mm为宜；3.2焊条，焊口硬度HB210-250，厚2.5～2.8mm、宽12mm为宜；摆线能量小于20kJ/cm。

（8）环境温度不低于5℃。

3. T/P92焊后热处理

（1）焊完、冷却到80～100℃，恒温1～3h。

（2）升温速度：不小于55mm为80℃/h，小于55mm为90℃/h。

（3）恒温：760℃±10℃，6h以上，任何部位不得超过770℃。

（4）加热器宽度：一般焊缝最宽尺寸加管道名义厚度，如$\phi493×72$的最小宽度为775mm，$\phi354×53$的最小宽度为593mm。

（5）保温宽度：一般两倍的加热器宽度，如$\phi493×72$的最小宽度为1510mm，$\phi354×53$的最小宽度为1180mm。

（五）主要设备质量

主要设备质量一览表见表9-12。

表9-12　　　　　　　　　　　主要设备质量一览表

序号	设备名称	台	单件重（t）	外形尺寸（m）	备注
一	发电机及电气设备				
1	发电机定子	1	462	11.65×5.12×4.8	吊重443/431t
2	发动机转子	2	94	14.8×1.83×1.86	
3	三相一体主变压器	1	433	—	
4	主变单项变压器	3	176	9.8×3.9×4.16	初设选型
二	锅炉及辅设附机设备				
1	锅炉叠梁	4	150/180	—	叠梁分两层供货
2	主梁	40	100	30.0×2.0×0.90	
3	双进双出球磨煤机	6	81	内径4.65 效长6.14m	检修22t 电动机22t
三	汽轮机及辅设附机设备				
1	汽轮机高压缸	1	总重125	14.8×1.83×1.86	转子与缸组合体
（1）	高压前上外缸	1	45	—	
（2）	高压后上外缸	1	26	—	
（3）	高压内上缸	1	37	—	
2	汽轮机中压缸	1	195/205	10.0×4.2×4.68	转子与缸组合体

序号	设备名称	台	单件重（t）	外形尺寸（m）	备注
三	汽轮机及辅设附机设备				
（1）	中压转子	1	39.2	—	
（2）	中压内上缸	1	32.5	—	
（3）	中压外上缸	1	32	—	
（4）	中压内下缸	1	39	—	
（5）	中压外下缸	1	36	—	
3	汽轮机低压缸	2	—		上下缸并分件供货
（1）	汽轮机低压转子	2	A96、B96	8.5×4.4×4.4	（另：111t/106t）
（2）	低压内下缸	2	42t	—	
（3）	低压内上缸	2	35	—	
（4）	低压外上缸	2	43.2	—	
（5）	低压外下缸	2	81.8	—	
4	附机设备				
	给水泵汽轮机	2	12.1/下缸	总重60t	10t/上缸 转子4.2t

（六）煤灰特性

煤质分析见表 9－13，灰熔点见表 9－14，灰成分分析见表 9－15，飞灰比电阻见表 9－16。

表 9－13　　　　　　　　　　煤　质　分　析

序号	项目	符号	单位	设计煤种	校核煤种1	校核煤种2
1	收到基碳	C_{ar}	%	55.62	50.95	49.63
2	收到基氢	H_{ar}	%	3.74	3.10	2.97
3	收到基氧	O_{ar}	%	6.08	4.22	4.5
4	收到基氮	N_{ar}	%	1.06	1.03	0.45
5	收到基硫	$S_{t,ar}$	%	0.50	0.70	0.45
6	收到基水分	M_{ar}	%	8.00	10.00	8.00
7	收到基灰	A_{ar}	%	25.00	30.00	34.00
8	百分份额累加	—	—	100.00	100.00	100.00
9	收到基低位发热量	$Q_{net,ar}$	kJ/kg	22 190	20 100	19 511
10	空气干燥基水分	M_{ad}	%	1.64	2.58	1.2
11	干燥无灰基挥发分	V_{daf}	%	20.35	28	18
12	哈氏可磨性指数	HGI	—	60	64	64
13	BTN 可磨系数		—	1.214	1.274	1.274
14	冲刷磨损系数	K_e	—	2.6～3.2	2.6～3.2	2.6～3.2

表 9－14　　　　　　　　　　灰　　熔　　点

序号	项目	符号	单位	设计煤种	校核煤种1	校核煤种2
1	灰变形温度	DT	℃	1350	1330	1350
2	灰软化温度	ST	℃	＞1400	＞1350	＞1450
3	灰熔化温度	FT	℃	＞1500	＞1450	＞1500

表 9-15 灰 成 分 分 析

序号	项目	符号	单位	设计煤种	校核煤种1	校核煤种2
1	二氧化硅	SiO_2	%	49.03	49.33	49.33
2	三氧化二铝	Al_2O_3	%	37.54	27.65	27.65
3	三氧化二铁	Fe_2O_3	%	2.83	5.54	5.54
4	氧化镁	MgO	%	0.6	1	1
5	氧化钙	CaO	%	4.99	3.24	3.24
6	二氧化钛	TiO_2	%	1.02	—	—
7	氧化钾	K_2O	%	2.14	0.94	0.94
8	氧化钠	Na_2O	%	2.14	0.36	0.36
9	三氧化硫	SO_3	%	1.22	0.36	0.36
10	二氧化锰	MnO_2	%	0.66	—	—

表 9-16 飞 灰 比 电 阻

序号	项目	单位	设计煤种	校核煤种1	校核煤种2
1	100℃	$\Omega\cdot cm$	7.16×10^{11}	7.16×10^{11}	7.16×10^{11}
2	130℃	$\Omega\cdot cm$	1.87×10^{11}	1.87×10^{11}	1.87×10^{11}
3	150℃	$\Omega\cdot cm$	1.73×10^{12}	1.73×10^{12}	1.73×10^{12}
4	190℃	$\Omega\cdot cm$	5.63×10^{12}	5.63×10^{12}	5.63×10^{12}

五、锅炉辅设附机

（一）锅炉点火稳燃

老式油枪多采用 1.5～2.0t/h，现小油枪采用 10～20kg/h，可实现主燃烧器 3～5t/h 煤粉的直接点燃。压缩空气压力 0.25～0.3MPa；油枪高压风压力 5000Pa；一次风速 20～30m/s；气化油枪燃烧火焰中心温度 1500～2000℃；二次风风量燃烧器壁温 450℃。

每台锅炉共 48 只燃烧器，上下每两只燃烧器配一只油枪，共 24 只。

（二）制粉系统

制粉系统配置：因锅炉为四角切圆燃烧，配 12 层供 48 只燃烧器；每角相邻层燃烧器共享一个分配器，磨煤机仅需出 24 根送粉管道；六台磨煤机，每台磨煤机出 4 根送粉管道，分别送到锅炉 4 个角喷燃器。

1. 煤种煤质情况

（1）该电厂二期工程的设计煤种、校核煤种 1 均属烟煤，校核煤种 2 属贫煤，发热量均不高（低位发热量在 19 511～22 190kJ/kg）。

（2）设计煤种的哈氏可磨性指数较低（HGI 60），属于难磨等级煤种；校核煤种 1 和校核煤种 2 的哈氏可磨性指数较低（HGI 64），属于中等可磨等级煤种。

（3）设计煤种、校核煤种水分较低（M_{ar}8%～10%），灰分较高（A_{ar}25%～34%）。

（4）设计煤种和校核煤种均属于磨损性较强的煤种。

2. 设备选型

双进双出钢球磨煤机，正压冷一次风直吹式制粉系统。

（三）电除尘器

1. 型号及设计要求

2TGD763-5 型，电气除尘器设计要求：

（1）每台锅炉两台、三室、五电场；除尘效率为 99.8%。

（2）设计煤种和校核煤种的进口烟气量（含 10% 裕度）、进口烟气温度、进口烟气含尘浓度、进口烟气含尘浓度（含氧量为 6% 的干烟气）、本体阻力如下：

设计煤种：478 093m³/h，134℃，20.12g/m³，≤100mg/m³，≤300Pa；

校核煤种 1：2 466 336m³/h，132℃，31.18g/m³，≤100mg/m³，≤300Pa；

校核煤种 2：22 484 074m³/h，133℃，26.60g/m³，≤100mg/m³，≤300Pa。

2. 主要参数

入口烟气量为 4 956 185m³；入口含尘量为 29.262g/m³；

总除尘面积为 2×80 073m²；入口烟气温度：134℃；

设计压力为 -9980Pa～+9980Pa；烟气实际流通面积：2×762.6m²；

电场内烟囱流速为 0.90m/s；电场数：5 个；

阳极板形式为 480C 型；高压电源型号：GGA/102-2.0A/72kV。

3. 设备监造要点

气流分部试验：气流均匀性，属 H 点。极板、极线：加工尺寸，属 W 点。

检验记录：监造检查检验单，属 R 点。材料：监造检查材料单，属 R 点。

4. 性能验收试验

保证效率不小于 99.9%；出口含尘浓度不大于 50mg/m³；

本体阻力小于 245Pa；本体漏风率小于 2.5%；

每台炉除尘器功率小于 2586kW；气流均布系数小于 0.2。

5. 设备材质及重量（每台炉）

壳体：Q235、两套、3880T。钢架：Q235、2 套、550T。阴极线：一、二电场芒刺线/304L，66 420m，三、四、五电场螺旋线/316L，47232m；总计 60t。阳极板：SPCC，10 584 块，厚度 δ×长度 L＝1.5mm×15.5m，1210t。除尘器总重：5700t。

注：316L 材质是 0Cr17Ni14Mo2

6. 其他

（1）计算烟气酸露点温度 88.2℃（排烟温度为 124℃）。

（2）为防止空气预热器低温段低温腐蚀及堵灰，采用冷二次风热风再循环。不设暖风器。

（四）双进双出钢球磨煤机

MGS-4760 型，每台炉配六台磨煤机，由上海重型机械厂有限公司制造。

1. 技术规范：（MGS-4760 型）

（1）磨煤机转速 15.3r/min；滚筒内径 4.65m；滚筒有效长度 6.14m；最大装球量 110t，装球量范围 63～100t；最大装球装载系数 0.2；安装总质量 345t；安装最重件质量 81t；检修最重件质量 22t；最大运输尺寸 10.5m×5.2m×5.2m。

（2）分离器形式：雷蒙式双锥型；分配器出口煤粉浓度均匀性 1.1；分离器设计流量 163000m³/h；磨煤机进口最大流量 205 400m³/h；密封风量 4950 kg/h；分离器出口隔离门

关闭时间 2～3s；最高允许入口空气温度 350℃。隔离门：欧宾罗斯 ORINOX、威兰 MALEN、德国法特 FAT、日本 CKD。

（3）主轴承材质：瓦体 HT250，衬瓦合金层为巴氏合金。

（4）润滑油 N220 中负荷工业齿轮油；高压油泵 R6010A 柱塞泵，压力 31.5MPa；低压齿轮油泵 SG－0732 型，压力 0.5MPa，流量 100L/min；齿轮喷射油系统润滑油标号：Berulit GA800（德国 BECHEM 石墨基开式专用润滑油，可保证齿轮使用寿命，用压缩空气向大齿轮送油，空气压力为 0.5～0.7MPa（g），油泵为气动泵。

（5）制粉细度：R_{90} 不大于 18%。

（6）磨煤机罐设计能承受 0.35MPa 的压力。

2. 驱动等装置

（1）电动机：YTM800－6 型，2200kW，额定功率因数 0.829，轴功率 1822kW，转数 982r/min，电压 10 000V AC/50Hz，启动电流 6.5 倍，绝缘等级 F 级，防护等级 IP54，电动机质量 22t。

（2）减速机：2C630NE－1080 型，减速比 7.4。

（3）密封风机：9－26－14D 型，每台锅炉配两台，一用一备，流量不小于 52 700m³/h，压头不小于 4000Pa，电动机 Y315M2－6 型，110kW，380V/50Hz，转速 960r/min。

（4）慢传装置：慢传转速 7.7r/min，减速器速比 125，电动机型号 YEJ225M－6（B35）。

（5）顶起装置：一套；盘车装置即慢传装置，盘车时筒体转速为 0.13r/min。

3. 磨煤机保证指标

（1）年利用小时不小于 6500h，年可用小时数不小于 8000h。

（2）第一次大修前工作总时间不小于 6 年。

（3）整机使用寿命不低于 30 年。

4. 材质

（1）筒体 16Mn、端盖 ZG20MnMo。

（2）主轴承：轴瓦承载工作面 120°，巴氏合金 Zchsnsb11－6。（正常运行温度不大于 50℃、最高不超过 55℃、主轴承温度 57℃ 报警，60℃ 停磨煤机，最高允许温度不大于 57℃。）

（3）滚动轴承采用进口 SKF 系列。

（4）衬板材料：高铬铸铁；衬板寿命 10 年；筒体寿命 30 年。

（5）钢球耗量不大于 120g/t（最佳 80g/t）；钢球规格：D30/40/50mm，对应球径入罐比例 33∶33∶34 的%，补球只加 φ50 钢球；材质为中铬铸球，钢球硬度 HRC 48～52，化学成分为 C 2.5～3.2，Si 0.6～1.0，Cr 3.0～5.0，Mn 0.3～1.0，P、S 不大于 0.10。

（6）螺旋推进器：支撑棒 35CrMo（每台磨煤机 16 个每侧 8 个）。

（7）大齿轮 ZG35CrMo；小齿轮 34CrNi3Mo，大小齿轮的寿命为 10 年。

（8）减速机：采用 SEW 品牌，用 SKF 或 FAG 系列滚动轴承。油冷却器的油管采用 316L（0Cr17Ni14Mo2）材质。

5. 出力

理论单台磨煤机最大出力 94.4t。

（五）送风机

1. 送风机概述

（1）送风机：动叶可调轴流风机，型号：ASN－3200/1600。沈阳鼓风机通风设备有限责任公司。

（2）送风机参数表见表 9－17。

表 9－17　　　　　　　　　　送风机参数表（设计煤种）

序号	项目名称	TB 工况	BMCR 工况	THA 工况
		设计煤种		
1	风机入口流量（m³/s）	376.54	330.848	292.611
2	风机入口负压（Pa）	—	333	303
3	风机出口侧压力（Pa）	—	3779	3431
4	风机全压升（Pa）	4729	4112	3765.4
5	风机进风温度（℃）	20	20	20
6	空气密度（g/m³）	1.198	1.198	1.198
7	空气含尘量（mg/m³）	30	30	30
8	风机轴功率（kW）	2082.64	1578.24	1270.48
9	风机全压效率（%）	＞85	＞85	＞85
10	风机转速（r/min）	990	990	990
11	风机所需功率（kW）	2352.34	1578.24	1270.48
12	电动机功率（kW）	2400		

注　1. TB（test block）工况，是风机能力的（风量、风压）考核工况。

2. BMCR 是锅炉最大连续出力工况，是风机性能考核工况。

3. 总阻力允许有±10%的变化，吸入侧阻力包括消声器阻力。

2. 相关数据

（1）计算气体流量 1 260 214×2m³/h，风机流量 1 356 217m³/h，系统计算总阻力 4211Pa，压头 5345Pa，电动机功率 2500kW，转速 990r/min。整机寿命不低于 30 年。

（2）材质：①风机叶片为锻铝合金，LD5（系飞机螺旋桨材料）；②冷却水管 316L 材质是 0Cr17Ni14Mo2。

（3）送风机调节性能：调节动叶控制流量，正常工况下最小开度到最大开度不超过25～

45s；非正常工况不超过 15s。

（4）轴承的振动速度均方根值 V_{rms} 小于 3.6mm/s；此机 V_{rms} 小于 2.8mm/s。

（5）距风机外壳 1m 处噪声不大于 85dB（A）。

（6）厂家提供风机第一次调试用油。

（7）如果运行中发生涡流诱导振动，厂家负责处理，采取消振措施，避免风量、风压及功率大幅度波动。

（8）风机主轴承：滚动轴承，正常工作温度不大于 70℃，最高温度不超过 90℃，超过报警；滑动轴承，正常工作温度不大于 50℃，最高温度不超过 60℃，超过报警。

（9）风机有失速、喘振报警装置及轴承振动测量装置。

（10）高压电动机启动电流倍数不大于 6 倍额定电流。

（11）风机第一临界转速为 1450r/min。

（12）转子动平衡最终评价等级 G2.5；总承后其最终评价等级不得低于 G4。

（13）电动机推荐使用润滑剂：L－TSA46。

（14）油系统油质牌号 N46。

3．风机试验

（1）制造厂试验台试验项目并提出试验报告：动平衡试验；机械运转试验；主轴承箱组功能检查试验；振动试验；叶轮焊缝及转子无损探伤检查；调节驱动装置全行程试验；转子无损探伤试验；叶柄轴承密封性试验；材料性能试验；结构强度试验。

（2）现场试验：风机运转试验；轴承箱油箱等设备的渗漏试验；冷油器滤油器设备管道水压试验；风机空气动力性能试验；风机机组的噪声测试。

4．质量保证条款

（1）主轴承、动叶片、叶柄、曲柄与叶片轴的连接件（螺栓及花键等）、叶柄轴承、动叶液压调整系统使用寿命值均为 100 000h（约 11 年）。

（2）风机从第一次启动至 8000h 运行内，因制造质量问题而发生损坏，或不能进行正常工作时，厂家免费修理或更换零部件。

5．监造检验性能验收

（1）主轴：①化学成分分析报告；②机械性能试验报告；③无损探伤试验报告。三项监造验收均为 R 点。

（2）叶轮：①原材料质量认证；②原材料入厂复检报告；③尺寸检查报告；④焊缝无损检测报告；⑤动平衡。其中①至④项为 R 点；⑤为 H 点。

（3）叶片：①原材料质量认证；②原材料入厂复检报告；③尺寸检查报告；④热处理记录；⑤静频率。以上五项均为 R 点。

（4）中间轴和联轴器：①原材料质量认证；②原材料入厂复检报告；③尺寸检查报告。均为 R 点。

（5）油站：①无渗漏现象；②运转试验。均为 R 点。

（6）主轴承组：运转及温升试验，为 H 点。

（7）整机：整机试验，为 H 点。

（六）一次风机（动叶可调轴流风机）

1．一次风机概述

（1）一次风机参数表见表9-18。

表9-18   一次风机参数表（设计煤种）

序号	项目 名称	TB工况	BMCR工况	THA工况
		设计煤种		
1	风机入口流量 （m³/s）	154.617	106.803	88.060
2	风机入口负压 （Pa）	—	234	222
3	风机出口侧压力 （Pa）	—	10 827	10 267
4	风机全压升 （Pa）	14379	11061	10489
5	风机进风温度 （℃）	27	27	27
6	空气密度 （g/m³）	1.17	1.17	1.17
7	空气含尘量 （mg/m³）	30	30	30
8	风机轴功率 （kW）	2492	1315	1036
9	风机全压效率 （%）	＞85	＞85	＞85
10	风机转速 （r/min）	1490	1490	1490
11	风机所需功率 （kW）	2492.3	1315.2	1036.3
12	电动机功率 （kW）		2600	

注 1．TB工况是风机能力的（风量、风压）考核工况。

 2．BMCR是锅炉最大连续出力工况，是风机性能考核工况。

 3．总阻力允许有±10%的变化，吸入侧阻力包括消声器阻力。

 4．在低温季节采用热风再循环提高风机入口风温，并考虑含尘量对风机叶片磨损的影响。

（2）有关数据。计算气体流量382 387×2m³/h，风机流量556 597m³/h，系统计算总阻力11 061Pa，压头14 379Pa；电动机功率2600kW，转速1490r/min，电压10 000V，外壳防护等级IP54，冷却方式为空-空冷。

2．相关资料

（1）材质：①风机叶片为锻铝合金，LD5（系飞机螺旋桨材料）；②冷却水管316L材质是0Cr17Ni14Mo2。

（2）质量保证条款：

1）主轴承、动叶片、叶柄、曲柄与叶片轴的连接件（螺栓及花键等）、叶柄轴承、动叶液压调整系统使用寿命值均为 100 000h（约 11 年）。

2）风机从第一次启动至 8000h 运行内，因制造质量问题而发生损坏，或不能进行正常工作时，厂家免费修理或更换零部件。

（3）电动机推荐使用润滑剂：L－TSA46。

（4）油系统油质牌号 N46。

3. 监造

与送风机的"监造检验性能验收"相同。

（七）引风机（动叶可调轴流风机）

计算气体流量 2 290 542×2m³/h，风机流量 2 965 740m³/h，系统计算总阻力 7912Pa，压头 9995Pa，电动机功率 9500kW，转速 990/590r/min；计算排烟温度 120.7℃，锅炉排烟温度为 124℃。

1. 形式与布置

形式：双级动叶可调轴流式。布置：30°进风，水平出风，执行机构在吸风口侧。

2. 技术参数

技术参数表见表 9-19。

表 9-19　　　　　　　　技 术 参 数 表

序号	项目名称	单位	TB 工况	BMCR 工况	THA 工况
1	风机入口流量	m³/s	824	689	609
2	风机入口阻力	Pa	—	5005	4473
3	风机出口阻力	Pa	—	3110	2980
4	烟道总阻力	Pa	9995	8115	7453
5	入口烟气温度	℃	120.66	120.66	113.84
6	烟气含湿量	g/kg	49.74	49.74	49.74
7	入口烟气密度	kg/m³	0.916	0.916	0.932
8	入口粉尘含量	mg/m³	≤200	≤200	≤200
9	风机全压效率	%	86.0	87.3	87.0
10	风机所需功率	kW	9302	6260	5111
11	电动机功率	（kW）		9800	

注　1. TB 工况是风机能力的考核工况；

　　2. BMCR 工况是锅炉最大连续出力工况，为风机性能考核工况。

　　3. 风量、总阻力允许±5%的变化，含脱硫参数的调整，不引起设备性能的变化。

3. 传动装置

膜片式联轴器，formⅡ系列。

4. 电动机

型号为 YKS-8 型；额定功率为 9800kW；额定电压为 10kV；额定转速为 745r/min；外壳防护等级为 IP54；冷却方式为水冷却。

5. 主要性能

（1）风机整机寿命不低于 30 年。

（2）在 BRL 工况：风机处于最高效率区；

TB 工况：失速线的偏离值为风机在该叶片角度下失速流量的 15％以上；

BMCR 工况：失速线的偏离值为风机在该叶片角度下失速流量的 10％以上。

（3）两台风机并联运行时，两台风机的失速线均不影响两台风机的并联运行，不产生喘振。

（4）每台风机的第一临界转速至少高于设计转速的 30％。

（5）最小开度到最大开度动作时间不超过 45～60s。

（6）引风机叶轮磨损，采取防磨措施；叶片寿命：含尘量不大于 300mg/m³ 不低于 30 000h；含尘量不大于 200mg/m³ 不低于 50 000h；叶片易磨损区刷涂陶瓷涂层，其表面硬度可达 HBC55～65。

（7）轴承振动速度均方根值 V_{rms} 小于 4.0mm/s。

（8）风机进出口部位应采用挠性连接。

（9）运行发生涡流诱导振动，厂家应负责采取合理的消振措施，避免参数波动。

（10）风机的滚动轴承工作温度不大于 75℃，最高不超过 85℃，并有报警设施；电动机轴承耐受温度 85℃能长期运行。

（11）风机应有失速和喘振报警装置及轴承振动测量装置。喘振保护是通过失速报警和振动保护装置联合作用来实现的。

（12）风机叶片叶轮的焊接，采用磁粉（MT）射线（RT）超声波（UT）无损探伤检验合格。

（13）转子动平衡最终评价等级为 G4.0。

（14）平均连续无故障运行时间 30 000h；大修周期五年。

6. 厂家明确

整体发运的风机，安装时对风机转子、液压供油装置、润滑调节装置、主轴承箱不再进行解体。

7. 风机试验

（1）制造厂试验台上试验项目：动平衡试验、机械运转试验［绘制 p-Q（风压与流量）、N-Q（功率与流量）、η-Q（效率与流量）的特性曲线］、空气动力性能模型试验、主轴承箱功能检查试验、振动试验、叶轮焊缝及转子无损探伤检查、调节驱动转置全行程手动试验、转子无损探伤试验、叶柄轴承密封性试验、主要转动材料性能试验。

（2）厂家派人的现场试验：风机运转试验、轴承箱油箱渗油试验、冷油器滤油器等设备管道的水压试验、风机空气动力性能试验、风机机组的噪声测量、风机效率试验。

8. 供货注意附件

风机压差取样管、风机失速探针、失速报警转置、风机及电动机的基础底板、地螺栓、备品备件。

9. 使用寿命的质量保证

主轴承 5 万 h、动叶片 3 万 h、叶柄 8 万 h、曲柄与叶片的连接件 8 万 h、叶柄轴承 8 万 h、动叶液压调整系统（不含易损件）5 万 h。

10. 监造

H 点没有；W 点四项：动平衡试验、油系统清结度检查、调节器调节部套手动试验、出厂转子运转试验；R 点十七项。

六、汽轮机设备

（一）汽轮机形式参数

1. 汽轮机型号

TC4F；（汽轮机本体总重 1570t）超超临界、一次中间再热、四缸四排汽、单轴、双背压、凝汽式。

2. 主要参数

名牌功率（TRL）1000MW、（汽轮机调门全开工况）（VWO）功率 1094.665MW。

3. 额定工况参数（THA 工况）

高压主汽阀前主蒸汽额定压力 26.25MPa、高压主汽阀前主蒸汽额定温度 600℃、中压主汽门前再热蒸汽压力 5.0MPa、中压主汽门前再热蒸汽额定温度 600℃、设计背压范围 4.685～5.984kPa（a）、平均设计背压 5.3kPa、最终给水温度 290℃、回热加热级数 8 级、最大允许系统周波摆动 47.5～51.5Hz、行车吊钩至汽轮机中心线的最小距离（带横担）11m（低压转子处）、行车吊钩至汽轮机中心线的最小距离（不带横担）8.5m（低压外缸上半）。汽轮机汽耗：VWO 3103.3t/h（主汽），2590.1t/h（再热蒸汽）。

（二）给水泵汽轮机

1. 给水泵汽轮机型号及性能

G22-1.0 型；单缸、单流、冲动式、纯凝汽、再热冷段汽外切换；运行方式为变参数、变功率、变转速；汽轮机阀门全开功率（VWO）为 21.1787MW，转速为 5400r/min；机组热效率试验工况功率（THA）为 16.59MW，转速为 5100r/min；内效率为 81.38%；最大连续功率（T-MCR）为 23.863MW；额定进汽压力为 1.086MPa（a），温度 380.5℃；额定排汽压力为 6.18kPa（高背压侧），温度 36.7℃；6.18kPa（高背压侧），温度 36.7℃；额定转速为 5100r/min；调速范围为 2800～6000r/min；危机遮断器动作转速为 6120r/min（控一），6380r/min（控二）；安装方式为整体快装机组。

2. 蒸汽参数

（1）高压进汽：（再热冷段）压力 5.448MPa，温度 352.7℃，流量 89.1t/h。

（2）低压进汽：（四段抽汽）压力 1.086MPa，温度 380.5℃，流量 78.45t/h。

（3）切换点：30% TMCR 负荷，低、高压汽切换时低压参数压力为 0.401MPa，温度 400.9℃。

（4）调试、启动时汽源：辅助蒸汽压力 0.8～1.1MPa，温度 250～400℃，流量 15/30t/h。

3. 排汽口

（1）压力（主机额定工况时）6.18kPa（高、低压背压侧）。

（2）最高排汽压力小于 33.6kPa，最高排汽温度小于 150℃（高背压侧、低背压侧同）。

（3）距汽轮机转子中心线尺寸为 1410mm。

（4）排汽口一个，尺寸为 2828mm×1640mm。

（5）排汽口向下，其接口为焊接。

4. 给水泵汽轮机结构

（1）汽缸法兰结合面至上汽缸顶面 1239mm；汽缸法兰结合面至下汽缸底 1410mm；汽

轮机转子中心距运转层 1366mm。

（2）质量：转子 4.2t、上半缸 10t（含隔板、汽封）、下半缸 12.1t（含隔板、汽封）、总重 60t。

（3）运输最重件 42t；检修最重件 10t。

5. 技术参数

（1）额定工况功率：内效率最高，给水泵运行正在效率保证点上。机组对应为 THA 工况。

（2）最大工况功率：将给水泵最大工况下对应的功率增加 5%，对应的给水泵汽轮机的最大连续功率称为最大工况功率。

（3）给水泵汽轮机的低压汽源和高压汽源的各种工况下的单台出力：VWO、TRL、TMCR、THA 分别是 75%、50%、40%、30%。

6. 技术性能

（1）给水泵汽轮机临界转速：第一临界转速 2350r/min，第二临界转速 7673r/min。

（2）应有汽轮机给水泵组轴系的临界转速。

（3）给水泵汽轮机本体惰走时间约为 1200s，汽动给水泵组惰走时间约 900s。

（4）应给定汽动给水泵组最低转速。

（5）汽动给水泵组超速保护装置动作转速 6380r/min。

（6）轴承振动（双向振幅）：正常值不大于 0.04mm，报警值 0.075mm，跳闸值 0.125mm，过临界转速值不大于 0.075mm，保证值小于 0.03mm。

7. 材质及数据

（1）汽轮机转子材料：30Cr2Ni4MoV。

（2）叶片材料：调节级动叶片 2Cr12NiMo1W1V；第 2～6 级动叶片 1Cr12Ni2Mo1W1V。

（3）转子数据：重 4.162t；转子转动惯性矩 417（kg·m²）。

（4）盘车转速：120r/min。

（5）润滑油牌号：ISO VG46，供油量 500 l/min，油压 0.12～0.20MPa。

8. 控制系统

（1）给水泵汽轮机电液控制系统（MEH）：有自诊断功能。

（2）给水泵汽轮机监视仪表系统（MTSI）：转速、零转速、振动、偏心、轴向位移、电子装置。

（3）给水泵汽轮机紧急停机系统（METS）：超速保护、轴向位移大保护、润滑油压低保护、真空低保护等。

（三）前置泵和给水泵

给水主泵（HSB、HDB 型）安装在 17m 运转层；前置泵（KS 型）安装在零米。

1. 性能保证

（1）最大工况点：全流量 1729.2 t/h，扬程 3790m，轴功率 20223kW，泵组效率 85.1%，汽动给水泵前置泵效率 84.4%，汽动给水泵主泵效率 85.1%。

（2）额定工况点：全流量 1454.4 t/h，扬程 3650m，轴功率 16341kW，泵组效率 84.7%，汽动给水泵前置泵效率 80.0%，汽动给水泵主泵效率 84.9%。

（3）额定工况点：前置泵入口 NPSHr（汽蚀余量正吸入压头）不大于 4.9m；最大工况

点：也是不大于 4.9m。

（4）泵轴承座双振幅 0.045mm，泵的轴振 0.04mm。

（5）每台泵组能连续运行而不受损坏的最小流量为额定流量的 30%。

（6）最小流量阀（CCI、ABB、CV 三取一）：气动执行机构，严密性等级为 ANSI B16.104 Ⅵ级；在最小流量阀后，设置出口隔离阀和节流阀。

2. 设备材质

（1）主泵出口止回阀阀体材质 15NiCuMoNb5-6-4。

（2）前置泵泵体、泵盖、叶轮采用 ASTM A487 CA6NM 耐磨蚀耐热不锈钢（即 13CrNi4），耐磨环 SUS420J2。

（3）主给水泵外筒 ASTM A105，泵轴 ASTM A276 M410H，叶轮 ASTM A478 CA6NM，导叶 ASTM A478 CA6NM，平衡盘、节流衬套 SUS420J2，推力盘 SCM435，大端盖 ASTM A105M。

3. 泵组数据

（1）电动给水泵前置泵。进水温度 183.7℃，进水压力 1.41MPa，流量 450t/h，扬程 134.4m，转速 1490r/min，泵的效率 37.6%，进口法兰处需要吸入正压头（0% NPSHr）7.8m，轴功率 438kW，出口压力 2.69MPa，设计水温 200℃，泵体设计压力/试验压力 2.78/4.16MPa，关闭压头 137.1m，制动功率 670kW，振动报警值 0.06mm，质量 7500kg（含电动机底盘，不含电动机）。

（2）汽动给水泵。进水温度 183.7℃，进水压力 2.53MPa，流量 450t/h，扬程 3928m，转速 5679.6r/min，泵的效率 47.4%，进口法兰处需要吸入正压头（0% NPSHr）65.9m，轴功率 11236kW，出口压力 36.51MPa，设计水温 200℃，泵体设计压力/试验压力 42.57/63.85MPa，关闭压头 4403m，制动功率 19553kW，振动报警值 0.05mm，质量 15000kg。

（3）汽动给水泵前置泵：轴长 2.3m，首级双吸，一级叶轮，转子直径 0.7m，机械密封［水量 4.5t/h，水压 0.4～1.0MPa（g）］，临界转速大于 2240r/min。

（4）汽动主泵：轴长 3.5m，首级双吸，5 级叶轮，转子直径 0.42m，迷宫型水力密封（水量 8t/h，水压 2.5～3.0MPa），临界转速大于 8726r/min。

4. 配套阀门

（1）最小流量控制阀：CCI 美国、CV 美国、ABB 日本。

（2）最小流量控制阀前隔离阀（电动）：冈野日本、VELAN 加拿大、KSB 德国。

（3）最小流量控制阀前隔离阀（手动）：冈野日本、VELAN 加拿大、KSB 德国。

（4）主泵出口止回阀：冈野日本、VELAN 加拿大、KSB 德国。

（5）抽头止回阀、隔离阀：冈野日本、VELAN 加拿大、KSB 德国。

五项阀中的三种，选其一种，每台泵均配一只。蒲圻二期每项四只。

5. 泵组运行工况

最大工况点、TRL TMCR 工况、THA 工况、（75%、50%、40%、30%）THA 双泵工况及（50%、40%、30%）THA 单泵工况应有各种数据。

（四）给水系统配置

采用 2×50% 汽动给水泵，不设单独凝汽器，排入大机凝汽系统。取消电动给水泵节省投资 710 万元，但带来的问题如下：

（1）锅炉酸洗（EDTA开路法）、点炉、吹管等重要节点工期，要求给水、循环水、开式闭式水、凝汽器系统均需完善，方能进行这些工序，必须优先考虑施工。取消电动给水泵的汽轮机安装要比有电动给水泵系统或无电动给水泵却有汽动给水泵单独凝汽器开工需早1个半月。

（2）要求电气、热控安装调试也要提前，尤其是汽动给水泵要提前试验调整试运。

（3）电厂大修锅炉水压必用汽动给水泵，汽动给水泵若大修则必须先期完成。成为串联工期。

（4）二期汽动给水泵汽源用一期的辅助蒸汽，其参数为0.65～0.8MPa，250℃；二期汽动给水泵汽源一般需0.9～0.95MPa，342℃，需对一期辅助蒸汽进行改造。即由原四段抽汽改为由再热冷锻抽汽减压供应。

（五）循环水泵

采用一机三泵（33%容量）单元制国产配置方案；形式：单支座、固定转速、固定叶片、可抽芯、立式斜流泵。

1. 性能参数

型号：88LKXA-29.5，额定转速370r/min，电动机YKSL3600-16；形式：湿井式、固定叶片、转子可抽式、立式斜流泵。

参数：①一台机组三台泵并联运行，每台泵运行工况保证点，即流量9.6m³/s，扬程29.5m，效率不小于88.1%；②一台机组二台泵并联运行，每台泵运行工况保证点，即流量10.9m³/s，扬程25m，效率不小于85.9%；③参数值不准产生负值偏差，扬程正偏差不超过3%。

启动：①倒转启动应先开出口蝶阀15%，倒转额定转速的15%～20%，启泵；②同时启动应开出口蝶阀与启泵同时进行；③堵转启动应先开泵后开阀，但不超过45s。

2. 结构说明

（1）LKX型水泵大修5年，小修1年，水池可不放水，叶轮、轴、导叶为可抽式。

（2）水泵可全电压不顶轴启动，水泵任何工况下不产生汽蚀。

（3）叶轮转鼓处的晃动值小于0.08mm/m。

（4）水泵第一临界转数大于或等于额定转速的140%。

（5）轴向推力全部由电动机承受，最大轴向推力60t。

（6）泵组长不超过6m，组件重45t。

（7）故障状态出现反转可达额定转速的1.25倍。

3. 部件材质

壳体：Q235A焊接件，叶轮、叶轮室ZG07Cr19Ni9，主轴35CrMo，导叶HT250，轴套1Cr17Ni2，吸入口喇叭口HT250。

（六）凝结水泵

（1）初设时选用3×50%容量设置的凝结水泵；优化后改为两台凝结水泵。

（2）每台机组配两台100%容量凝结水泵，一运一备；两台电动机配一套一拖二变变频装置，每台泵都能满足各种工况下的变频调速运行。

（3）型号：NLT500-600×4S，立式离心、抽芯式结构、泵壳全真空型。

（4）上海KSB泵有限公司的NLT型系列凝结水泵为筒袋型多级离心泵，是基于英国

WEIR 泵公司的引进技术，结合国内电站技术要求进行改进设计，提高汽蚀性能的标准系列产品。

（5）产品特点：①首级叶轮采用双吸式叶轮；②首级叶轮采用美国 ASTM 标准材料 CA - 6NM，提高抗汽蚀性；③泵壳基座以下部分采用抽芯式结构，拆卸方便；④泵的轴向推力由每级叶轮上的平衡孔平衡，余力由轴承部件承受；⑤有良好的水力设计，提高泵效率和宽的高效率运行范围；⑥每级叶轮和中间接管处均设有高分子材料 AC - 3 的径向水导轴承，高寿命达 40000h，抗咬合，允许短时间干转。

（6）参数：100％容量凝结水泵参数表见表 9 - 20。

表 9 - 20　　　　　　　　　　　　　　100％容量凝结水泵参数表

序号	名称	单位	名牌工况 110％VWO	经济工况 THA	备注
1	水泵入口水温	℃	33.9	33.9	
2	介质比容（饱和水）	m³/kg	0.001 005 6	0.001 005 6	
3	水泵入口压力	kPa（a）	5.3	5.3	
4	水泵出口流量	t/h	2283	1840	
5	水泵出口压力	kPa（a）	3.27	3.01	
6	扬程	mH₂O	335	308	
7	水泵转数	r/min	1480	1341	
8	效率	%	83.4	84	
9	入口法兰中心线（NPSHr）	m	0	0	汽蚀余量
10	首级叶轮中心线（NPSHr）	m	6.4	5.6	汽蚀余量
11	关闭扬程	kPa（a）	≤4.4	≤4.4	

（7）电动机技术参数：

1）额定功率 2800kW、额定电压 10kV、额定转速 1480r/min。

2）防护及结构：IP54、防潮、全封闭、配加热器、采用空-水冷型。

（8）凝结水水质：

水中含氧量：小于 20μg/L（AVT 工况），30～200μg/L（加氧工况）。

Fe 离子不大于 10μg/L；Cu 离子不大于 5μg/L；SiO₂ 不大于 10μg/L；联胺 20～50μg/L；钠离子不大于 5μg/L；pH 值 9.0～9.6；硬度约为 0μg/L；导电度 25℃不大于 0.20μs/cm。

（9）凝结水泵性能：

1）连续运行无人值守。

2）良好抗汽蚀性，提供有效汽蚀余量计算数据及结果。

3）在凝汽器最低运行压力 4.2kPa，凝汽器热水井正常水位与凝结水泵入口高差 2.36m，吸入液面到泵进口的流动损失（0.95mH₂O 条件下）：凝结水泵入口法兰中心到泵首级叶轮中心的距离为 7.1m，保证在任何工况下泵不发生汽蚀。

4）泵经济运行工况点（THA）处在泵的特性曲线的最高效率区。流量与扬程的性能曲线（Q - H 曲线）变化平缓，从 THA 点到关闭点的扬程不超过设计点扬程的 20％，且关闭点扬程不得高于 4.4MPa。

5）在事故状态下，泵与电动机能承受反转。

6）泵的静平衡精度不低于 G6.3 级，动不平衡精度不低于 G2.5 级。

7）泵的轴向推力由泵自身的推力轴承承受，泵与电动机是挠性连接，不能传递轴向力。

8）泵壳能承受 4.5MPa 的内部压应力。

9）泵的最小流量不超过额定流量的 25%，此态可长期安全运行。

（七）桥式吊车

1. 桥吊性能

（1）行车跨距 33m，行车轨顶标高 30.7m，汽机房屋架下弦 34.7m 电源滑线在 B 排柱内侧。

（2）主要重物：发电机定子 431t，汽轮机中压缸 195t；检修时，高压缸 125t，中压缸 195t，汽轮机低压转子 111t。

（3）技术条件：工作级别 A3 级；电源 280V；主钩起质量 235t，副钩起质量 32t，行车中心距 A、B 排柱边均为 0.4m；发电机中心距 A 排柱中心 16m，距 B 排柱中心 18m。

（4）设备性能要求：

1）两台 235t 同型号吊车抬吊发电机定子，发电机定子重 443t（不包括冷却器端罩，包括吊攀），桥吊及大车跨中（指汽轮发电机组中心）4m 区域承载 235t，厂家负责吊装定子时提供技术参数。起重机行走机构和起升机构采用进口变频调速系统。

2）两台吊车抬吊定子时，两台行车主钩之间距离不大于 9.8m，不发生"啃轨"现象。

3）采用 PLC 控制。

（5）运行速度：

1）吊速：主钩 235t 时，正常起吊速度 1.6m/min，慢速起吊 0.16m/min；副钩正常 8.0m/min，慢速 0.8m/min；小车正常 20m/min，慢速 2m/min；行车正常 30m/min，慢速 3m/min。

2）调节：a 类连续调节时，连续最小频率调节速度和最大频率调节速度比为 1∶15；b 类连续调节时，连续最小频率调节速度和最大频率调节速度比为 1∶25。

2. 吊车结构

（1）吊钩采用优质碳钢锻造，并经热处理，并经无损探伤，金相分析；主钩为双钩，副钩为单钩。有过负荷限制装置，110% 时动作。

（2）绳长可满足凝结水泵（−3m）需要，且有两圈的安全圈。

（3）起升机构上升极限设两道保护装置，缓冲器是聚氨酯材质。

（4）起重机在制动闸失灵时，吊件在控制速度下降落，起升机构采用液压推杆制动器，每个制动器的制动安全系数不低于 1.75 倍。

（5）桥架结构采用 Q345−B 材料。

（6）有单独和串联运行的选择开关。

（7）提供紧急控制站。

（8）大车导电形式采用 H 形节能滑线。

3. 性能保证（桥吊超载试验不同于桥吊静动负荷试验）

（1）在极限内任何位置提升、放下和保持；起重静载 1.5 倍，动载 1.25 倍额定负荷的超载试验，无变形损坏；额定负载试验时，与空载带小车相比较，桥架的变形不超过跨度的 1/1000，即 33mm。

（2）整机在调试验收后五年内不出现设备性故障。轴承使用寿命大于 40 000h。

（3）保证期内减速机不漏油；起重机寿命大于 30 年。

（4）厂家负责设备安装调试；由于制造质量需厂家处理，费用也由厂家自担。

（八）除氧器

（1）型号：GS-3103/GS-350。

（2）参数：有效容积 350m³；除氧器压力最高 1.235MPa，最低 0.147MPa；除氧器最高工作温度 378.5℃；加热蒸汽压力 1.3MPa；加热蒸汽温度 378.5℃；除氧器进口水温 157.7℃；除氧器出口水温 188.7℃；除氧器凝结水入口标高 40.5m 左右。

（3）运行方式：定-滑-定；连续排汽量 306kg/h；滑压运行范围 0.147～1.235MPa（a）。承担基本负荷为主，兼有调峰能力。35%BMCR、投自动、不投油全燃煤能长期安全稳定运行。除氧器要适应机组的运行方式满足定-滑-定运行。

（4）材料：筒身材料为 Q345R；挡水板、罩、隔板材料均为 0Cr18Ni9 不锈钢。

（九）高压加热器

（1）高压加热器通则：

1）高压加热器分立式和卧式，大机组普遍选用卧式高压加热器。换热管的形状有 U 形管、螺旋管（称盘香管），多数采用 U 形管。

2）材质：管板 20MnMo/SA508Gr.3；管壳 SA516Gr7/15GrMoR/SA387；水室 SA516Gr70/SA533TP/DIWA353；换热管 SA556GrC2/16Mo3。

不锈钢管防冲蚀、防腐、耐高温，但传热差、价格高。则换热面积大、质量增加。SA516 在 343℃许用应力为 130MPa；SA387 最高温度界限 649℃。

（2）布置：1 号加热器装在 17m 层，2 号加热器装在 8.6m 层，3 号加热器装在 25m 层。

（3）管与管板的连接方式采用成熟的焊接胀管工艺。

（4）加热器管束进行 100% 的无损检验。

（5）材料：

1）高压给水管道采用 15NiCuMoNb5-6-4（EN10216-2）材料（φ457×50）。

2）壳体 15CrMoR/Q345R。

3）封头 13MnNiMo5/Q345R。

4）管束 SA-556C2（φ16×2.3），是美国 HEI 推荐冷拔无缝钢管。其化学成分 C 0.25%，P 0.030%，S 0.020%，逐根进行 100% 涡流试验。

5）水室 13MnNiMo5-4（DIWA353）。

6）管板 20MnMoNb，20MnMoNbⅣ（JB4726）。

（6）厂家对安全阀泄压阀进行整定，出具完整的试验报告；在高压加热器投运前，负责安全阀的整定压力复校，并提供有资质的校验报告。

（7）汽侧装设泄压阀：用于管子破坏时保护壳体不受损，该阀最小排放容量为 10% 的给水流量。水侧加泄压阀：水侧进、出口阀全关，抽汽尚有，免因热胀而超压。

（8）厂供地磁翻板水位计及附件、阀门，每只地磁翻板水位计配供两只远传报警开关。

（9）对于压力大于 6.4MPa 和温度大于 250℃ 的疏水管和仪表管的一次门，要求设置两只隔离阀，仪表阀门（一、二次门，排污阀）采用进口产品，限定在意大利 DOUGLAS CHERO，英国 Safelok，美国 BONNEY FORGE，美国 Parker。

（10）电动执行机构、气动执行机构及附件、电动门控制装置、电磁阀等，采用智能一体化产品。选用英国 ROTORK、德国 SIPOS5（分体型）和 EMG、美国 EIM CONTROLS；电磁阀采用交流 220VAC 产品，FESTO、ASCO、HERION、NUMATICS 为佳。

（11）设计使用寿命 30 年。

（12）保存、运输阶段，器内冲氮，压力达 0.15MPa；当压力小于 0.05MPa 时，要及时补充氮气，压力维持在 0.1～0.15MPa。

（13）投运时，给水温升应控制在不大于 3℃/min，温降不大于 2℃/min。

（14）汽轮机调节阀门全开（VWO）工况的参数，见表 9-21。

表 9-21　　　　　　　　　汽轮机调节阀门全开（VWO）工况参数

序号	加热器编号	单位	1号高压加热器	2号高压加热器	3号高压加热器	备注
给水系统						
1	流量（每组总量）	t/h	1551.65	1551.65	1551.65	
2	进口压力	MPa（a）	34.51	34.85	34.9	
3	进口温度	℃	276.9	355.8	195.6	
4	进口热焓	kJ/kg	1214.3	980.5	848.6	
5	出口温度	℃	299.6	276.9	255.8	
6	出口热焓	kJ/kg	1324.7	1214.3	980.5	
7	最大允许压降	MPa	<0.08	<0.08	<0.08	
8	最大允许流速	m/s	≤3.0	≤3.0	≤3.0	16℃
9	设计压力	MPa（g）	39	39	39	
10	设计温度	℃	330	310	255	
11	试验压力	MPa（g）	—	—	—	没给值
抽汽系统						
12	流量	t/h	88.3	161.22	66.33	
13	进口压力	MPa（a）	8.33	6.119	2.587	
14	进口温度	℃	420.2	375	481.5	
15	进口热焓	kJ/kg	3188.8	3110.1	3420.3	
16	最大允许压降	MPa	<0.035	<0.035	<0.035	
17	设计压力	MPa（g）	9.5	7	2.9	
18	设计温度	℃	445/310	400/290	510/235	
19	试验压力	MPa（g）	—	—	—	没给值
几何尺寸						
20	壳体外径与厚度	mm	φ2000×100	φ1920×60	φ1910×55	
21	最大总长	mm	9.545	10.61	9.225	

（十）凝汽器

凝汽器冷却管：TP316L；冷却面积约 60 000m²。凝汽器运行参数见表 9-22。

表 9-22　　　　　　　　　　　　　凝汽器运行参数

序号	项目	单位	TRL 工况	THA 工况	VWO 工况
高背压侧					
A	背压（绝对）	kPa	13.069	5.987	5.987
B	温度	℃	51.17	36.14	36.14
低背压侧					
A	背压（绝对）	kPa	10.639	4.682	4.682
B	温度	℃	47.05	31.73	31.73

注　凝汽器低背压侧热水井运行水位：正常 1.6m、最低 0.96m。

（十一）汽轮机旁路

（1）高压旁路：容量为 100%BMCR；入口流量 3103t/h；进口压力 27.56MPa（a），进口温度 605℃，出口压力 6.308MPa（a），出口温度 376.5℃。

（2）低压旁路容量为 65%BMCR 的两级串联液动旁路系统。入口流量 1685t/h；进口压力 5.96MPa（a），进口温度 603℃，出口压力 0.25 MPa（a），出口温度 130℃。

（3）具有启动、保护再热器、跟踪主蒸汽压力、跳机时快开等功能。

（十二）定子吊装方式

（1）行车起质量 235/25t，跨度 33m，主梁制造时已加固，本工程采用两台行车抬吊方案。

（2）参考方案：①华电邹县电厂采用，液压顶升滑移就位；吊车 130/25t。②国华宁海电厂采用，四钩抬吊法；吊车主梁跨中 4m 区域吊 260t，增加两台 130t 临时用的小车；③外高桥、曹泾电厂采用，两吊车直接抬吊；吊车主梁跨中 4m 区域吊 235t。

（十三）循环水钢管施工

1. 焊接钢管技术要求

钢材的强度设计值见表 9-23，刚性布置环设计要求见表 9-24。

表 9-23　　　　　　　　　　　　钢材的强度设计值　　　　　　　　　　（N/mm²）

钢材		抗拉抗压抗弯	抗剪	端面承压	冲击功
牌号	厚度（mm）	f	f_v	f_{ce}	A_{kv}
Q235B 钢	≤16	215	125	325	≥27J
	≥16~40	205	120		

表 9-24　　　　　　　　　　刚性布置环设计要求（Q235B 钢）

管径	管外径	适用管道	管顶复土深度（m）	壁厚（mm）	刚性环型号及间距
DN2200	D2220	直管段	1.7<H≤4.0	10	[14b@2000mm
DN2200	D2220	直管段	≤1.70	10	[14b@2500mm
DN2600	D2620	直管段	2.0<H≤3.8	12	[16b@2000mm

续表

管径	管外径	适用管道	管顶复土深度（m）	壁厚（mm）	刚性环型号及间距
DN2600	D2620	直管段	≤2.0	12	[14b@2500mm
DN2800	D2832	直管段	≤4.0	18	[16b@2000mm
DN2800	D2832	直管段	地面以上	18	—
DN2800	D2832	厂区变压器段	≤4.00	18	[16b@1500mm
DN3800	D2832	厂区公路段	≤3.30	24	[18a@2000mm
DN3800	D2832	直管段	≤3.50	20	[18a@2000mm
DN3800	D2832	厂区公路过大件处	≤3.50	38	[18a@2000mm
DN3800	D2832	厂区变压器段	≤3.50	24	[18a@2000mm

注 1. 转弯段及三通段钢管壁厚在表中值增加 2mm。

2. 刚性环与钢管横向焊缝的距离 L_s：DN3800 $L_s \geqslant 500mm$、DN2800 $L_s \geqslant 400mm$、DN2600 $L_s \geqslant 370mm$、DN2200 $L_s \geqslant 320mm$；且刚性环外边缘不小于 100mm。

（1）焊接焊条（焊丝）。

1）手工电弧焊：牌号 E4316 型（型号 J426）。

a. 化学成分。规范值％：C 0.076、Mn 0.90、Si 0.27、Ni 0.011、Cr 0.013、Mo 0.012、V 0.011、P 0.020、S 0.016。

b. 力学性能。抗拉强度 $\sigma_b = 505MPa$，屈服强度 $\sigma_{0.2} \geqslant 435MPa$，延长率不小于 29％，试验温度 $-30℃$，夏比 V 形缺口 $0℃$ 冲击试验 $A_V = 80J$，熔焊金属扩散氢含量 $4.6m^3/100g$。

2）CO_2 气体保护焊丝，型号：ER50-6。

a. 规范值％。C 0.082、Mn 1.51、Si 0.81、Cr 0.013、Mo 0.012、Cu 0.17、P 0.013、S 0.012。

b. 熔敷金属机械性能。抗拉强度 $\sigma_b = 547MPa$，屈服强度 $\sigma_{0.2} \geqslant 455MPa$，延长率不小于 36％，夏比 V 形缺口冲击吸收功（$-29℃$）$A_V = 58J$，熔焊金属扩散氢含量 $4.6m^3/100g$。

c. 焊丝抗拉强度为 1059MPa

3）埋弧焊丝：

a. 熔金机械性能。抗拉强度 σ_b 为 $412 \sim 550MPa$，屈服强度 $\sigma_{0.2} \geqslant 330MPa$，延长率不小于 22％，试验温度 $-20℃$，冲击吸收功 $j \geqslant 27$，焊后热处理 AW（as Welder，焊态中热处理，不再进行焊后热处理）；

b. 焊丝化学成分。规范值 C 不大于 0.10、Mn 0.30～0.55、Cu 不大于 0.20、Ni 不大于 0.30、Cr 不大于 0.20、Si、P、S 均不大于 0.03。

c. 规格型号为 $\phi4$，种类 H08A。

d. 焊剂。HJ431 大于 8 目不大于 2％；大于 40 目不大于 5％；含水量不大于 0.1％；机械夹杂物不大于 0.3％。

4）焊接强度设计值见表 9-25。

表 9-25　　　　　　　　　　焊 接 强 度 设 计 值

焊接方法	构件钢材		对接焊缝		角焊缝	
	牌号	厚度（mm）	抗压 f（N/mm²）	抗拉一、二级	抗剪 f（N/mm²）	抗拉压剪 f（N/mm²）
自动焊、半自动、手工焊	Q235B	$\leqslant16$	215	215	125	160
		$14\sim40$	205	205	120	

（2）主要要求

1）弯制钢管直径允许误差±0.001DN；相邻两节管口直径之差不得大于 4mm。

2）管子椭圆度不大于 0.01DN；在管节的安装端部，不大于 0.005DN。

3）对口不吻合偏差不应超过壁厚的 1/4，对口间隙：管壁厚大于 9mm 的其间隙为 2.5～3mm；对口中心线的偏差值：管径不小于 1000mm 的其偏差值不大于 2mm。

4）管壁坡口应是 V 形或 X 形，采用 V 形坡口，则外侧全部实焊完成，在里侧进行封低焊。

5）管段对接时，纵向焊缝必须错位 500mm。

6）所有开口接管，不应布置在焊口处；避免变形在管内可加支撑。

7）冬季避免在 0℃以下进行焊接。

8）应设基准轴线和高程的基准点，并做好记录。

2. 管道埋设要求

（1）地槽应平整，误差不应大于±50mm；超挖部分应用碎石和砂补填夯实。

（2）管道应敷设在粒径不大于 25mm 的细小碎石（40%）和中粗砂（60%）的垫层上，不允许直接敷设在岩石、混凝土等不均匀下沉的支座上。

（3）管两侧回填土（砂）应对称进行，分层夯实，每层厚度不大于 0.30m，压实系数不小于 0.96。

（4）管道敷设期间，必须注重排水，避免管道上浮，引起焊口及管道的附加应力或引发断裂。

3. 防腐处理

（1）埋设地下的钢管，内外表面必须进行防腐处理，防止土壤和杂散电腐蚀。

（2）防腐前对管道内外表面进行喷射或抛射除锈，所用磨料清结干燥；应达到 $S_a2\frac{1}{2}$ 级，粗糙度应达到 $Ra40\sim70\mu m$。喷射除锈标准：S_a1 轻度；S_a2 彻底；$S_a2\frac{1}{2}$ 非常彻底。

（3）空气相对湿度大于 85%，钢板表面温度低于大气露点 3℃或高于 60℃及环境温度低于 5℃时，均不得进行涂装。

（4）采用环氧煤沥青涂料，保护年限为 20 年；内壁一底三面，干膜厚度 300μm；外壁一底两面一布两面，干膜厚度 400μm。

（5）防腐检测。

1）单节每 1.5m 为一测区，圆周上每 1.5m 测一点；漆膜厚度不小于 0.9 设计值，80% 测厚需达标；厚度不足或有针孔应打磨补涂。

2）附着力检测：划 60°的切口，用胶带黏贴划口部分，拽胶带漆层无剥落；或在同一条件下的样板上进行。

4. 水压试验

循环水钢管工作压力为 0.3MPa，试验压力为工作压力的 1.25 倍，且不应小于 0.4MPa。

5. 工程验收

(1) 检查：分施工过程检查、系统焊接安装结束后检查。

(2) 焊接压力管道检查项目：①基础底面、垫层检查；②钢材、焊条检查；③钢管、弯头、三通、大小头、堵头、刚性环等构件的制作、配装、尺寸；④焊接检查包括焊前、焊中、焊后三个阶段检查，外观检查100%自检、25%专检。

(3) 施工单位提交竣工资料：①试验记录、检查签证；②钢材、焊条的质量证明文件，代用材料记录；③竣工图及隐蔽记录。

(十四) 主汽管道

1. 主蒸汽管道压力温度的确定

按国内外电厂设计压力取值，同时考虑汽轮机旁路配套超压溢流功能，主蒸汽设计压力按锅炉出口额定工作压力加5%，即 27.46×1.05＝28.84MPa（g）；主蒸汽温度按锅炉过热器出口额定温度加运行允许温度正偏差5℃，即610℃。

2. 主蒸汽布置特点

(1) 管道上不装设流量测量喷嘴，主蒸汽流量通过测量汽轮机第5级进口压力来判断。

(2) 在除氧间内两根主蒸汽管道设有压力平衡连通管。

(3) 主蒸汽管道上设水压试验堵板。

(十五) 汽轮机调整试验

1. 汽轮机设备特征

形式：N1000-26.25/600/600型，带有补汽阀、定-滑-定压运行方式、超超临界、一次中间再热、四缸四排汽、单轴双背压、凝汽式；型号：TC4F。

2. 汽轮机主要参数

汽轮机主要参数表见表 9-26。

表 9-26　　　　　　　　　　汽 轮 机 主 要 参 数 表

序号	项目	单位	数据
1	铭牌功率	MW	1000
2	最大连续功率（TMCR）	MW	1058.761
3	TFA 工况时热耗率	kJ/kWh	7347
4	TFA 工况	MW	1000
5	额定主蒸汽压力	MPa（a）	26.25
6	额定主蒸汽温度	℃	600
7	高压缸排汽口压力（THA）	MPa（a）	5.555
8	高压缸排气口温度（THA）	℃	352.7
9	再热蒸汽进口压力（THA）	MPa（a）	5
10	额定再热蒸汽进口温度	℃	600
11	主蒸汽/再热蒸汽进汽量（VWO）	t/h	3103.3/2590.1

续表

序号	项目	单位	数据
12	额定平均排汽压力	MPa（a）	0.0053
13	配汽方式	—	全周进汽＋补气阀
14	设计冷却水温度	℃	23.3
15	额定给水温度	℃	295.7
16	额定转速	r/min	3000
17	热耗率	kJ/kWh	7347
18	给水回热级数（高压加热器＋除氧＋低压加热器）	—	8（3+1+4）
19	低压末级叶片长度	mm	1146

3. 机组启动

机组采用高中缸联合启动。一般情况下，机组启动状态分类：

（1）冷态启动：常温下，正常按程序启动；停机后再启动，超过 72h，汽缸金属温度低于该测点满负荷值的 40％。

（2）温态启动：停机后再启动，停机在 10～72h，汽缸金属温度在该测点满负荷值的 40％至 80％之间。

（3）热态启动：停机后再启动，停机不到 10h，汽缸金属温度高于该测点满负荷值的 80％。

（4）级热态启动：机组脱扣后 1h 以内，汽缸金属温度接近该测点满负荷值。

（5）抗燃油的清洁度不低于 MOOG2 级。

七、电气热控设备

（一）发电机参数

主要参数：额定功率 1000MW、额定容量 1111MVA、最大连续输出容量不小于 1222MVA、额定电压 27kV、无刷励磁、水氢氢冷却、额定功率因数 0.9（滞后）、额定氢压 0.5MPa（g）、漏氢量（折算为额定氢压下的保证值）不大于 12（N·m³）/24h。

发电机定子运输重 443t（不包括冷却器端罩，包括吊攀），发电机定子吊装重 431t；发电机供货总重 1800t；上海汽轮发电机有限公司制造。

（二）发电机设备

额定氢压、额定功率因数、冷却水温 33℃能与汽轮机最大连续出力（TMCR）相匹配。励磁方式为无刷励磁；冷却方式为水-氢-氢；额定定子电压为 27kV；额定定子电流为 23 778A；额定功率因数为 0.9（滞后）；频率为 50Hz；额定转速为 3000r/min；定子绕组绝缘等级为 F（按 B 级绝缘温升考核）；转子绕组绝缘等级为 F（按 B 级绝缘温升考核）；定子铁芯绝缘等级为 F（按 B 级绝缘温升考核）；短路比 0.48（设计值）；直轴瞬变电抗（饱和值）X_d 为 23.8％（设计值）；直轴超瞬变电抗（饱和值）X_d 为 18.2％（设计值）；效率为 98.98％（无刷励磁）；定子绕组接线方式 YY；定子线圈冷却方式水内冷；转子线圈冷却方式氢内冷；铁芯氢冷；连续运行时，承受负序电流能力稳态负序电流 I_2/额定电流 $I_n \geqslant$ 6％；故障运行时，承受负序电流能力稳态 $(I_2/I_n)^2 t \leqslant 6s$；额定氢压 0.5MPa（g）；漏氢量（折算为额定氢压下的保证值）≤12（N·m³）/24h；噪声不应超过 85dB（A）。对负序电流

标幺值 I_2^2 在 0.45～0.6 时，需立即停机。负序电流参考值：200、350、600、1000MW，发电机的定时限负序电流额定值分别为 0.460、0.385、0.368、0.324A。

（三）主力变压器

1. 三相一体变压器

（1）主变压器：户外三相、双绕组、无励磁调压油浸式铜芯变压器。主变容量为 1170MVA，额定容量为 3×360MVA。500kV 主变高压侧出线导线采用 2×LGJQT－1400 双分裂导线。

（2）启动/备用变压器：低压双分裂铜绕组有载调压油浸式变压器。设一台启动备用变压器，容量为 86/47－47MVA，分裂式变压器（有载调压），其电源从一期启动备用变高压侧线路接引，接引方式架空线接引。

（3）高压厂用变：低压双分裂铜绕组无励磁调压油浸式变压器。

2. 单相主变压器

（1）形式：DFP－380000/500 特变电工沈阳变压器集团有限公司制造；380MVA/500kV 单项强迫油循环风冷（ODAF），无载调压低损耗升压变压器。

（2）主要技术参数。

1）额定容量：380MVA（在绕组平均温升不大于 65K 时连续额定容量；平均最大环境温度为 40.7℃）；台数：3+3。

2）单项：（525kV/$\sqrt{3}$）±2×2.5％/低压 27kV；单相主变压器总重 247t。

3）接地方式：主变高压侧中性点为直接接地。

4）调压方式为无载调压；调压位置（中性点、端线）为高压中性点；调压范围 ±2×2.5％。

5）变压器连接组标号：YN，d11。

6）绕组绝缘水平（相对地）：

a. 短时工频（有效值，kV）：高压 680，高压中性点 140，低压 85。

b. 雷电冲击全波（峰值，kV）：高压 1550，高压中性点 400，低压 200。

c. 雷电冲击截波（峰值，kV）：高压 1675，低压 220。

d. 操作冲击（峰值，kV）：高压 1175。

7）套管耐受电压：

a. 短时工频（有效值，kV）：高压 740，高压中性点 200，低压 85。

b. 雷电冲击全波（峰值，kV）：高压 1675，高压中性点 550，低压 200。

c. 操作冲击（峰值，kV）：高压 1175。

8）套管最小爬电距离：高压 550×25＝13 750mm，高压中性点 126×25＝3150mm，低压 35×25＝875mm。

3. 性能要求

（1）连续额定容量时的温升：顶层油小于 50K（用温度传感器测量，环境温度 40℃时）；绕组平均温升小于 60K（电阻法）；油箱、铁芯和金属结构件小于 65K（铁芯本体温升不应使相邻绝缘材料损伤）；绕组热点温升小于 70K（电阻法）。

（2）损耗和效率（在额定电压和频率下，温度为 75℃时）：

1）损耗：负载损耗小于 750kW；空载损耗小于 125kW；总损耗小于 875kW。

2）效率：额定的电压、频率、容量及功率因数为 1 时，75℃ 时，变压器效率不小于 99.77%。

3）效率 ＝（1－ 损耗/容量）×100%。

（3）耐受电压试验：

1）试验电压值：绕组按主要技术参数 6）进行；瓷瓶按主要技术参数 7）进行。

2）高压电实验参考顺序：局部放电→雷电冲击→操作冲击→感应耐压→长期空载→油流静电。

3）套管：供货套管（不包括备品）必须装在变压器本体上随变压器进行试验，并提供 tanδ 的实测结果。套管采用导杆式结构。

（4）局部放电视在放电测量：$1.5\mu m/\sqrt{3}$ 时的局放水平：高压绕组不大于 100pC；低压绕组不大于 100pC；套管不大于 10pC。

（5）无线电子干扰试验：在 1.1 倍最高运行相电压下进行试验，无线电干扰水平应不大于 $500\mu V$；晴天的夜间无可见电晕。

（6）在额定频率下的过激磁能力。

1）对于额定电压的短时工频电压升高倍数的持续时间应符合表 9－27 要求：

表 9－27　　　　　　　　　　工频电压升高倍数的持续时间

工频电压升高倍数	相-相	1.05	1.1	1.25	1.5	1.58
	相-地	1.05	1.1	1.25	1.9	2.00
持续时间		连续	20min	20s	1s	0.1s

2）额定电流 K（$0 \leqslant K \leqslant 1$）倍时应保证能在下列公式确定的值下正常运行：分接额定电压 $\upsilon\% = 110 - 5K^2$（K 是负荷电流与额定电流的倍数）。

3）变压器应能在 105% 的额定电压和额定电流下连续工作。

4）变压器在空载时，在 110% 的额定电压下应能连续工作。

5）厂家应提供 100%、105%、110% 情况下激磁电流的各次谐波分量，并按 50%～115% 额定电压下空载电流测试结果提供励磁特性曲线。

（7）发电机变压器的甩负荷：当发电机甩负载时，变压器应能承受 1.4 倍额定电压、历时 5s 而不出现异常现象。

（8）变压器与封母连接：满足《封闭母线》（JB/T 9639—1999）有关规定。采用镀锡铜编织线挠性连接，接头载流能力和温升（50K），接触面电流密度不大于 $0.15A/mm^2$。连接用的升高座外形、开孔及接线端子等资料由变压器厂提供给封母厂。

（9）变压器承受短路能力。

1）变压器电源系统表观容量的短路电流：高压侧 50kA（有效值）、125kA（峰值）；低压侧 150kA（有效值）、400kA（峰值）。

2）当变压器由无限大容量的母线供电，变压器输出端发生出口短路时，能保持动、热稳定而不坏，热稳定持续时间为 3s。

3）厂家提供短路时绕组动、热稳定的计算结果的持续时间不小于 3s。

（10）变压器的负载能力：符合《电力变压器 第 7 部分：油浸式电力变压器负载导则》（GB/T 1094.7—2008）。其热特性参数：

油指数 1.0、绕组指数 2.0、热点系数 1.3、油时间常数 90min，绕组时间常数 5min。厂家过载能力保证值见表 9－28。

表 9－28　　　　　　　　　　　　　　厂家过载能力保证值

过电流（%）	120	130	145	160	175	200
允许运行时间（min）	180	60	30	10	5	5s

注　厂家应提供变压器允许短时间过载的能力曲线。

（11）变压器的寿命：预期寿命不少于 30 年。

（12）变压器油。

1）符合《电工流体　变压器和开关用的未使用过的矿物绝缘油》（GB 2536—2011）规定的 25 号超高压变压器油（环烷基矿物油），除了抑制剂外，不得加任何添加剂。并且运行中变压器油质量应满足《运行中变压器油质量》（GB/T 7595—2008）要求。

2）厂家提供过滤合格的新油，其击穿电压不小于 60kV，tanδ（90℃）≤0.5%。油含水，不含有 PCB 成分，并再加 10% 的备用油。

3）用克拉玛依原油，克炼变压器油或其他合格油。

4）变压器在油箱内绝对压力不大于 133Pa，方准进行真空注油。

5）运输在线监测，微水、气体色谱连续分析与检测。

（13）结构要求。

1）厂家负责三个单相变压器中性点的连接。组成三相变压器后，其零序阻抗不超过高压侧同样电压等级的一个"三相变压器"标准所规定的数值。

2）铁芯采用进口的晶粒取向冷轧硅钢片，并说明厚度、磁导率和单位损耗。

3）绕组采用半硬铜导线；变压器绕组匝间工作强度不大于 2kV/mm。

4）运输冲撞加速度不大于 3g 时，应无松动、变形和损坏。

5）油箱：①测量装置有三只远方测温电阻；②采用全封闭焊接结构，允许割焊次数 3 次。

6）套管：高压套管选择 ABB 或 HSP（德国）。

（14）无励磁分接开关：调压开关采用德国进口 MR 产品。

（15）仪表和控制要求：①压力突变继电器；②套管在线监测（IDD）的接口；③变压器消防采用水喷雾或充氮灭火装置。

4. 监造资料

资料：42 类；文件见证：9 点；现场见证：15 点。

5. 试验

厂家试验内容：①例行试验 19 大项；②形式试验 5 大项；③特殊试验 6 大项。

现场试验 23 项：

（1）测量绕组连同套管的直流电阻试验：各项电阻差小于平均值的 2%，线间小于 1%，同温下与工厂试验值偏差不超过±2%。

（2）分接头的电压比：主分接头电压比的偏差不超过±0.5%，其他分接头电压比的偏差应在阻抗电压值（%）的 1/10 内，但不超过±1%。

（3）检查三相变压器联结组标号或单相变压器的引出线极性应与设计要求、名牌及标记相符。

（4）绕组连同套管的绝缘电阻测量、吸收比或极化值数测量：绝缘电阻不低于出厂值的 70%（试验条件接近），吸收比不能小于 1.3 或极化指数不小于 1.5。例如：吸收比（$R60s/R15s$）是用兆欧表测量 15s 的绝缘电阻与 60s 的绝缘电阻之比。

（5）测量铁芯对地绝缘电阻：用不低于 2500V 的兆欧表测量，持续时间为 1min，应无闪络、击穿现象。

（6）测量绕组连同套管的直流泄漏电流：按绕组额定电压等级施加直流试验电压，读取 1min 时的泄漏电流，泄漏电流不宜超过《电气装置安装工程　电气设备交接试验标准》（GB 50150—2006）的规定。

（7）测量绕组连同套管的 tanδ：实测 tanδ 值不大于出厂试验值的 130%（试验条件相近）。

（8）声级测量：在额定电压、额定频率及所有冷却器开启情况下测量。

（9）绝缘油试验：符合 GB，现场进行击穿电压、tanδ、含水量等的测量及油中气体色谱分析。

（10）在不小于额定电压的 50%，测量空载损耗和空载电流，测值与厂值接近。

（11）密封试验：变压器装完后，在储油柜油面上加 0.03MPa 气压，至少持续 12h，应无渗漏。

（12）套管型电流互感器试验：测量直流电阻、绝缘电阻、电流比，校验励磁特性和极性。

（13）绕组连同套管的局部放电测试：局部放电水平与出厂值基本一致。

（14）冷却器运行试验：持续工作 24h，无渗漏油和吸入空气。

（15）油泵试验：无异声和振动。

（16）控制、辅助设备电路接线检查及工频耐压试验或绝缘电阻测试：进行 1000V、1min 工频耐压试验，或用 2500V 兆欧表测量绝缘电阻。

（17）谐波分量测量：在额定电压下测量空载电流谐波分量。

（18）工频耐受电压试验：低压绕组和中性点连同套管进行工频耐压试验，其电压为额定工频耐压的 85%。

（19）相位检查：变压器的相位必须与电网相位一致。

（20）辅助装置检查：对温度计、气体继电器、压力释放装置、油位指示器检查。

（21）线圈变形检查：外观。

（22）冲击合闸试验：在额定电压下进行 5 次冲击合闸试验，每次间隔时间不少于 5min，应无异常。

实验结果递交：对形式试验、出厂试验和特殊试验，双方代表均须在见证表上履行签字手续，厂家三份，监造一份；对现场试验，双方均须在见证表上履行签字手续。电厂三份，厂家一份。

（四）厂用电

（1）厂用电电压等级采用 10kV。

（2）每台机组设一台容量为 86/47 - 47MVA 高压厂用分裂式变压器和两段 10kV 工作母线段；两台机组设置两段 10kV 输煤集中段，分别接引高厂变的一个母线段。

（3）中压开关柜的断路电流按 50kV 设计。

（五）中性点接地电阻器

配电系统电缆电线更新，中性点经电阻器接地方式逐渐被采用。

（1）型号：ZZD-10.5/100。

（2）技术要求：①额定电压（允许最高工作电压）12kV；设备运行电压 $10.5\sqrt{3}$ kV；②额定电阻 60.6Ω；③额定发热电流大于 100A；④额定时间为 10s；⑤最小公称爬电比距（按最高工作电压计算）25mm/kV。

（3）性能要求：①工频耐受电压不小于 42kV；②电阻器温升不超过 760℃（通电时间 10h）或 385℃（通电时间 2h 时）。

（4）电阻器材质：采用镍铬合金不锈钢，镍含量不少于 35％。

（六）快速甩负荷（FCB）功能特点

设有 100％的高压旁路和 65％的低压旁路管道，并配有 100％再热器安全阀，机组可实现 FCB 功能，但运行方式、工况和保护系统等与一般工程有所不同：

（1）工质平衡：旁路运行时，大部分蒸汽通过低压旁路在凝汽器内冷却后形成工质循环链，此外还有给水泵汽轮机、除氧器、2 号高压加热器使用冷段蒸汽并回收。在锅炉满负荷时甩负荷（FCB）工况下，将有大量蒸汽通过再热安全门排放大气，需要向系统补水方能维持工质循环链。

（2）2 号高压加热器投入运行有关问题：为提高给水温度及工质回收，主汽轮机甩负荷后，2 号高压加热器仍需投入，系统设计考虑此时 2 号高压加热器疏水通过事故疏水管到除氧器。用汽量按 VWO 工况下 2 号高压加热器用气量考虑。

（3）除氧器紧急汽源的设置：在锅炉满负荷时甩负荷（FCB）工况下，除氧器升温不受限制，考虑蒸汽通流能力问题，除氧器出口给水温度按 110℃ 考虑，由此计算出除氧器紧急汽源量为 411t/h，为简化系统不在从冷段单独引一路到除氧器，而是考虑此工况下冷段蒸汽经减压后先到辅助蒸汽联箱，然后由辅助蒸汽联箱到除氧器。

（4）汽动给水泵汽源切换：正常运行时，汽动给水泵的汽源取自汽轮机四级抽汽，主汽轮机甩负荷后，抽汽压力迅速跌落，必须迅速将其切换至冷段或辅助蒸汽联箱。本机组由于高压旁路的快速开启，作为备用汽源的冷段蒸汽依然存在，因此可满足 FCB 时给水泵汽轮机运行的需要，在汽源切换期间要满足两个要求：一是锅炉煤水比的平衡在允许范围内，即蒸汽温度不超温；二是保持锅炉水动力的稳定，即锅炉水冷壁出口温度控制在允许范围内。

（5）凝结水系统：为实现机组 FCB 功能，凝结水泵总出力要考虑低压旁路入口蒸汽量、低压旁路减温水量、给水泵汽轮机排汽量、2 号高压加热器疏水量、补水量，三台凝结水泵同时运行可满足要求。

（6）给水系统：在锅炉满负荷时甩负荷（FCB）工况下，给水泵总出力还要考虑旁路喷水量。

（七）不停电电源 UPS 的选用

（1）单元机组：单元机组控制系统由 UPS 供电的对象有 DCS、TSI、MTSI、ETS、FSSS、MFT 等。供电容量大（119kVA），可靠性要求高，选用双变换式或双向逆变串并联补偿式。

三进单出：交流主电源、旁路交流电源、蓄电池转换交流电源；三路保一路输出供电负载。

三进三出：自带电池或外接电池。自带电池的直流电压一般为 415～700V，外接直流电源电压一般为 220V。

（2）辅助车间程控系统：输煤、除灰、化学、除尘、脱硫等，供电对象 PLC 主机和操作员站。

（八）电厂 500kV 系统短路电流

按不小于 50kA 设计，系统正序阻抗为 0.0043Ω，零序阻抗为 0.0081Ω。当 500kV 母线发生三相短路时，短路电流周期分量有效值为 32.42kA；发电机出口短路电流周期分量有效值为 137.658kA；6kV 工作段母线；短路电流周期分量有效值为 38.451kA；上述短路电流周期分量有效值均为 0s 初始值。

（九）励磁系统

采用上海电机厂成套提供的旋转无刷励磁系统。主要由主励磁机、永磁式副励磁机、旋转整流盘、AVR 及可控硅整流装置、灭磁开工屏等组成。

（十）直流系统

直流系统由蓄电池、充电器、直流主屏及直流分屏等组成。

（1）每台机组设置三组蓄电池：

1）一组厂用电 220V 供动力负荷：汽轮机直流事故油泵、发电机直流备用油泵、1 号及 2 号给水泵汽轮机直流事故油泵、事故照明、长明灯、厂用电恢复断路器合闸储能、6kV 电动机低压电跳闸储能、UPS、电气试验。

2）二组厂用电 110V 供控制负荷：控制经常负荷、厂用电恢复断路器合闸、6kV 电动机低压电跳闸、380V 电动机低压电跳闸、380V 电动机低压电跳闸储能、热工经常负荷、热工事故负荷、GCB 跳闸。

3）三组是送出系统开关矩阵及调度系统，单独设置蓄电池。

（2）蓄电池选择：

1）形式：阀控式密封铅酸蓄电池。

2）容量：蓄电池浮充电压为 2.23V/单体，均衡充电电压为 2.33V/单体。交流厂用电事故停电时间取 1h，发电机密封油泵事故放电时间按 3h、汽轮机及给水泵汽轮机直流事故油泵的事故放电时间按 1.5h 计算。

3）充电器容量 220V 时，每台机组 1.5 台，输出电流 300A，输出电压 180～310V。充电器容器 110V 时，每台机组 3 台，输出电流 400A，输出电压 90～160V。

（3）500kV 网络直流系统：为保证对 500kV 网络的继电器室的测控单元、继电保护设备、500kV 断路器操作机构、自动装置等负荷的供电，在网络继电室设置一套网络直流系统。由两组 110V、300Ah 阀控式密封铅酸蓄电池，三台 120A/115V 高频电源充电器以及馈线屏组成。

（4）辅助车间直流系统。辅助车间 PC：循环水 PC、化水 PC、输煤 PC、脱硫 PC 等距主厂房较远，为一类负荷（循环水、化水、脱硫 PC），配置直流电源成套装置；二类负荷，如输煤等配电装置，框架断路器采用交流控制，电源直接取自 PC 交流母线。

（十一）继电保护及自动装置

1. 控制信号测量

（1）单元机组的控制方式：采用炉、机、电集中控制的方式，两台机组共享一个单元控制室，单元机组电气系统的控制、信号和测量采用计算机监控系统进行监控，不再设置常规监控屏。

（2）单元机组电气设备计算机监控的范围：发电机-变压器组、高压厂用工作电源及停机电源、主厂房内低压厂用电源（包括 PC 至 MCC 馈线）、保安电源、辅助车间低压厂用电源（包括 PC 至 MCC 馈线）（仅监测）、直流系统（仅监测）、交流不停电电源（仅监测）等。

（3）后备硬手操设备的设置。电气控制、信号和测量采用计算机监控后，为确保当计算机监控系统发生全局性或重大事故时机组的紧急安全停机，电气系统至少设置如下独立的后备硬手操设备：发电机断路器跳闸，发电机灭磁开关跳闸、柴油机启动。

所有由计算机进行控制的设备，均在就地装设远方/就地切换开关和硬接线的操作设备，以满足设备就地检修和调试的要求。

电气控制、测量系统的辅助继电器屏、变送器屏、电度表屏、同期屏和快切屏等均布置在集控楼电子设备间内。

（4）500kV 网络控制方式。500kV 网络电气设备控制、信号和测量采用计算机监控系统进行监控，取消常规的二次监控设备，采用分散控制和继电保护靠近设备集中布置（在配电装置附近的网络继电器室）的方式。网络计算机监控系统操作员工作站布置在集控楼 17m 层单元控制室内，其工程师站布置在与单控室毗邻的电气工程师站内。

（5）网控计算机监控系统主要设计原则。

1）设备选型遵循"安全可靠，经济实用，符合国情"的原则，计算控制系统选用先进、可靠、具有开放性好和扩充性强，并在国内有成熟应用业绩的产品。功能规范及技术性能满足站内监控和电网调度的要求，抗干扰能力强。

2）采用分层、分布式计算机控制系统结构，在系统功能上分层，在设备布置上测控单元及保护装置均下放到配电装置内的保护小室内。500kV 两串共设置一个保护小室，完成断路器的监控、同期合闸、防误操作闭锁等功能。

3）鉴于继电保护装置的特殊性和重要性，以及满足安全可靠、灵敏、快速和选择性的要求，主保护装置均分别设置（包括 CT、PT、直流电源及跳闸出口等均保持独立），其功能不依赖于计算机监控系统，而信号则通过通信串口与计算机监控系统通信。

4）监控交流采样全部采用国产，取消常规变送器，提高实时性及可靠性，减少中间环节。

2. 组件继电保护

（1）发电机-变压器组保护配置。

1）电气量保护（双重化）：发电机差动保护；主变压器差动保护；主变压器分侧差动（对第一套保护中配置）；主变压器零序差动（对第二套保护中配置）；发电机砸间保护；发电机定子接地保护；对称过负荷保护；不对称过负荷保护；发电机失磁保护；发电机过电压保护；发电机失步保护；发电机频率异常保护；发电机逆功率保护；程序跳闸逆功率保护；主变压器零序过流；主变压器过激磁；主变压器复合电压过流；主变压器低压侧接地；电压

平衡保护；CT 断线保护；突加电压保护；起停机保护；GCB 失灵；A（B）高厂变差动保护；A（B）高厂变负荷电压过流保护；A（B）高厂变 A 分支零序保护；A（B）高厂变 B 分支零序保护；A（B）高厂变 A 分支复合电压过流保护；A（B）高厂变 B 分支复合电压过流保护。

2）非电量及公共保护：发电机断水保护；热工保护；主变压器瓦斯；主变压器压力释放；主变压器冷却器故障；主变压器绕组温度；主变压器油温；主变压器油位；高厂变压力释放；高厂变瓦斯；高厂变温度；高厂变油位；高厂变散热器故障等。

（2）发电机-变压器组差动保护 CT。

1）用两级变换方式，即发电机套管安装 28000/25A 一次 CT，然后再在其二次回路配置 25/1 二次 CT 供保护及测量使用。

2）采用二次变换和直接测量相配合的配置方案：测量 CT28000/25A 再带 25/1A 小 CT 的二级 CT 方式；保护 30000/5A TPY 级 CT 一级测量方式。

3）本机组发电机-变压器组差动保护电流互感器均按 TPY 型配置。

（3）发电机定子接地保护增设保护用 CT：一般接地保护采用直接从中性点接地变二次侧抽取零序电压信号，保护采采用双重化配置后，由于中性点设备只设置一套；零序电压回路一般不允许装设熔断器或空气开关，该二次电压回路短路直接影响一次回路（发电机）安全运行。本机组在发电机中性点接地变压器二次接地电阻回路加装二只电流互感器供双重化接地保护使用。

（4）其他组件保护配置。10kV 厂用电动机和低压厂用变压器采用带测控功能的微机综合保护装置；PC 采用智能仪表实现测控功能，保护采用断路器本身的脱扣器实现；MCC 采用电动机控制器代替热继电器实现保护和测控能力。

厂用 10kV 馈线和电动机 CT 保护和测量采用不同变化，保护 CT 应按最大短路电流故障时不深度饱和选择，测量按电动机额定电流选择。

10kV 系统采用中阻接地系统。厂用 10kV 馈线和电动机采用带变化比，发生接地时不饱和的零序 CT。

3. 自动装置

（1）同期装置：为发电机安全并网，每单元机组设置一套微机型自动准同期装置和手动准同期装置，同期系统采用单项同期方式，自动准同期装置的正常工作和故障报警信号接入 DCS，并与 EFCS 具有通信接口。

（2）厂用电快速切换装置：机组故障时保证机组安全停机，配置微机型厂用电快切装置。厂用电快切装置独立于 DCS 工作，其正常工作和故障报警信号接入 DCS，并与 EFCS 有通信接口。

（3）故障录波装置：分析事故，判断事故原因，每单元机组设置一套微机型发电机-变压器组故障录波装置，对发电机-变压器组和高压厂用电源系统故障或异常运行时的电压、电流等有关模拟量数据进行录波，并对有关保护及安全自动装置动作情况进行记录，且分析和评价保护及自动装置动作行为的依据。

（4）自动装置与计算机监控系统的接口：自动励磁调节器、自动准同期装置、厂用电快速切换装置、故障录波装置、直流系统以及 UPS 等除与计算机监控系统有通信接口外，对于重要的信号，同时采用硬接线方式同计算机监控系统接口。

4. 全厂 GPS 时钟同步系统

全厂配置一套 GPS 时钟系统，主时钟双重化配置，时钟精确度应满足保护装置、监控系统的对时要求，系统为电厂内所有计算机监控系统、智能装置提供时钟对时信号，实现全厂统一对时。

（十二）过电压保护与接地

1. 过电压保护

500kV 屋外配电装置、汽机房 A 排外变压器等电气设备以及氢罐区、脱硝氨区、输煤等高耸建筑物均应有过电压保护。

（1）侵入波过电压保护：为防止雷电侵入波对电气设备造成危害，在 500kV 线路侧装设一组氧化锌避雷器。在变压器、每台发电机出口断路器处均装有氧化锌避雷器。

（2）直击雷保护。采取独立避雷针、构架避雷针，对户外变压器及架空进线、500kV 配电装置等区域进行直击雷保护。对烟囱、输煤、氢罐区、脱硝氨区等建（构）筑物设置避雷针或避雷带。

2. 接地装置

（1）敷设水平接地体为主的复合人工接地装置，组成全厂闭合环状网络，以保证电位、接触电势和跨步电势，不超过规程要求的数值。按短路热稳定计算要求，水平接地采用 -60×8 的镀锌扁钢，垂直接地体采用 $63 \times 63 \times 6$ 的镀锌角钢。

（2）垂直接地体采用 $63 \times 63 \times 6$ 的镀锌角钢，长 2.5m，主接地网一般在零米下 0.8m，则接地体地下最深 3.2m。

（3）接地主要规定。

1）建筑物屋面避雷带要与土建结构钢筋在屋面四角相连。

2）电缆沟每段要有 2 处以上与主接地网焊接。

3）户外接地扁钢和角钢等均需热镀锌，镀膜厚度应不小于 $86\mu m$，焊接处需涂沥青防腐。

4）500kV 出线和变压器区域围栏和构架就近可靠接地。

5）主接地网事先留出引出线至地面。

6）烟囱及避雷针独立接地装置，需与基础钢筋接地点连接，电阻不超过 10Ω 不准与周围的接地网相连，为防止反击，与 35kV 设备接地点相距大于 15m。

7）电气设备和不带电的金属接地线，不准串联后接入接地网。

8）户内接地扁钢涂防腐漆，再涂黑漆；接地线进入厂房或明敷室内应有标志（黄色，接零接地干线绿、黄条文）。

9）主变压器中性点接地线、避雷针、避雷器接地引下线，采用两根 $60mm \times 8mm$ 热镀锌扁钢，主厂房 A 排避雷针应连成一体后再分别用 60×8 热镀锌扁钢引下。

10）脱硫区接地由厂家设计，需 6 点以上入主接地网，脱硝和氨区 4 点以上接入主接地网。

11）反事故措施要求：静态保护屏用 40×4 的接地排，接地铜排首尾用铜芯 ZRC - TJV22 - 1 - $1 \times 120mm^2$ 电缆接至主地网。

（十三）热控设备

办公自动化系统：按 MIS 系统原则，有 SIS 接口的办公自动化的 OA 系统。满足建设目标、模块划分、功能要点、相互关联要求。适应集团总部、区域公司、项目公司的三级体系结构的转换。其 OA 系统功能如下：

（1）办公自动化系统（OA）：公文、签到、邮件、车辆、接待、会议、通知、印信管理，规章制度，档案、日程管理，公共信息平台，即时消息，个人桌面，办公用品管理，个人工作台，员工通讯录管理，系统管理。

（2）人事管理系统（OA 一体化软件，基于 JAF 平台）：部门管理、员工信息管理、人员异动管理、考勤管理、绩效管理。

（3）企业网站（0A 一体化平台软件，基于 JAF 平台）：关于我们、经营发展、二期工程、新闻中心、热点新闻、企业文化、蓝天工程、员工 VPN 登录、企业论坛 BBS、联系我们、相关系统导航链接入口、单点登录入口。手机短信平台。

（4）技术支持、培训、文档。

第十章

建设工程监理纲要

工程监理单位是依法成立并取得国务院建设主管部门颁发的工程监理企业资质证书，从事建设监理活动的服务机构。

监理是工程监理单位受建设单位委托，依据法律法规、工程建设标准、勘察设计文件及合同，在施工阶段对建设工程质量、进度、造价进行控制，对合同、信息进行管理，对工程建设相关方的关系进行协调，并履行建设工程安全生产管理法定职责的服务活动。

建设工程监理应熟知监理通则，掌握监理依据，发挥监理智能，履行管控职责，知晓工程技术，抓好监理实践，为大容量高参数火电机组建设做出监理应有的贡献。

第一节 建设工程监理概述

一、工程监理基本规定

为了提高建设工程监理与相关服务水平，规范建设工程监理与相关服务行为，编写监理纲要，要求从事监理工作人员，努力学习法律法规，认真贯彻监理规范，严格执行监理合同，出色践行监理实务，高水平完成大容量高参数电站建设的监理任务。

（一）工程建设概论

（1）建设工程体制。我国实施"五制"，即项目法人制、工程招投标制、工程监理制、合同管理制、资本金制。

（2）工程建设三大行为主体。建设单位、监理单位、承建单位。（单位关系：建设单位与监理单位是委托与被委托关系，监理单位与承建单位是监理与被监理关系，建设单位与承建单位是发包与承包关系。）

（3）建设工程的质量管理体制。企业自律、社会监理、政府监督。

（4）工程和技术。

1）工程。为满足社会某种需要而创造新的物质产品的过程。

2）技术。原始概念就是熟练、技巧，广义概念是人类为实现社会需要而创造和发展起来的手段、方法和技能的总和。

（5）自然科学的门类结构。

1）第一阶段：科学。

2）第二阶段：技术。

3）第三阶段：生产。

（6）技术分类：专业技术、实验技术、生产技术。

（二）监理工作准则

（1）实施建设工程监理前，要受建设单位委托，并已签订监理合同，合同应包括监理工作的范围、内容、服务期限和酬金，双方的义务、违约责任。

（2）实施建设工程监理主要依据。法律法规及建设工程相关标准、建设工程勘察设计文件、建设工程监理合同及其他合同文件。

（3）建设工程监理实行总监理工程师负责制；公平、独立、诚信、科学地开展建设工程监理与相关服务活动；遵循事前控制和主动控制的原则，实施工程监理，并及时准确记录监理工作实施情况。

（4）建设工程监理相关服务。泛指受建设单位委托，按监理合同约定，在建设工程勘察、设计、监造、施工、调试及保修等阶段提供的服务活动。对现行的《施工监理合同》内容而言，一般业主委托监理单位进行电厂建设项目的施工监理和调试监理。若委托设计阶段和监造阶段的监理活动，则另签订《设计监理合同》和《监造监理合同》。

（5）建设工程监理活动与相关服务行为，在履行工程建设监理合同中形成或获取的，以一定形式记录、保存的文件资料，按国家和行业归档规程和建设单位管理规定，整理、编目、归档。

（三）监理工作要求

（1）工程开工前，由建设单位主持召开第一次工地会议，监理部负责人及成员参加，会议纪要由项目监理部负责整理，与会各方代表会签。

（2）项目监理机构应健全协调管理制度，协调好参建单位之间的工作关系。

（3）项目监理机构应审查施工单位报审的施工组织设计、专项施工方案，符合要求的，由总监理工程师签认后报建设单位。

1）施工组织设计审查主要内容。

a. 编审程序应符合相关规定；

b. 施工进度、施工方案及工程质量保证措施应符合施工合同要求；

c. 资源（资金、劳动力、材料、设备）供应计划应满足工程施工需要；

d. 安全技术措施应符合工程建设强制性标准要求；

e. 施工总平面布置应科学合理；

f. 要有达标投产计划。

2）专项施工方案的基本内容。

a. 编审程序应符合相关规定；

b. 安全技术措施应符合工程建设强制性标准要求；

c. 重大方案要有计算、核算部分；

d. 特别危险的作业按规定需有专家论证。

3）对施工组织设计和专项施工方案要进行跟踪动态管理，在实施中若有较大变动需按程序重新审查。对强制性条文执行、水土保持、绿色施工、智能建筑、节能环保、质量通病等应重点检查控制。

（4）项目监理机构必须认真履行安全生产管理的法定监理职责。

（5）总监理工程师签发开工令的必备条件。

1）设计交底和图纸会审已完成；

2）施工组织设计已由总监理工程师签认；

3）施工单位现场质量、安全生产管理体系已建立，管理及施工人员已到位，施工机械具备使用条件；

4）主要工程材料已落实；

5）进场道路及水、电、通信等已满足开工要求。

（6）项目监理机构在实施监理过程中，发现工程存在安全事故隐患的，应签发监理通知，要求施工单位进行整改；情况严重的，应签发工程暂停令，并及时报告建设单位。施工单位拒不整改的，项目监理机构应及时向有关主管部门报送监理报告。

二、工程建设阶段及监理性质

（一）工程建设主要阶段

1. 项目建议书阶段

项目建议书是向国家提出建设某一项目的建议性文件，是对拟建项目的初步设想。项目建议书的主要作用是推荐一个拟建项目，论述其建设的必要性、建设条件的可行性和获利的可能性。

2. 可行性研究阶段

可行性研究是指在项目决策之前，通过调查、研究、分析与项目有关的工程、技术、经济等方面的条件和情况，对可能的多种方案进行比较论证，同时对项目建成后的经济效益进行预测和评价的一种投资决策分析研究方法和科学分析活动。凡经可行性研究未通过的项目，不得进行下一步工作。区别不同情况实行核准制或备案制。

（1）核准制。政府对企业提交的项目申请报告，主要从维护经济安全、合理开发利用资源、保护生态环境、优化重大布局、保障公共利益、防止出现垄断等方面进行核准，包括上报网上核准。

（2）备案制。对于核准以外的投资项目，实行备案制。除国家另有规定外，由企业按照属地原则向地方政府投资主管部门备案。

3. 设计阶段

设计是对拟建工程在技术上和经济上进行全面安排，是工程建设计划的具体化，是组织施工的依据。设计质量直接关系到建设工程的质量，是建设工程的决定性环节。设计阶段类别如下：

（1）初步设计。初步设计是根据批准的可行性研究报告和设计基础资料，对工程进行系统研究、经济概略计算，做出总体安排，拿出具体实施方案。目的是在指定的时间、空间等限制条件下，在总投资控制的额度内和保证质量的要求下，做出技术上可行、安全环保合规、经济上合理的设计和规定，并编制工程总概算。

（2）技术设计（在某些行业设有）。为了进一步解决初步设计中的重大问题，如流程、结构、设备、性能、选型等，根据初步设计和调查研究进行技术设计。使建设工程更具体、更完善，技术更可靠、指标更合理。

（3）施工图设计。在初步设计或技术设计基础上进行施工图设计，使设计达到施工安装的要求。施工图设计应结合现场实际，完整、准确地表达出建筑物、构筑物的外形、内部空间的分割、结构体系、建筑系统、工艺系统及设备完善和周围环境的协调。

4. 建设准备阶段

设备制造是基础，工程设计是龙头，施工是核心，调试是关键，运行是保证。工程建设前需要全面进行准备。

（1）组建项目法人。

（2）征地、拆迁和平整场地。

（3）做到水通、电通、路通。

（4）组织设备、材料订货。

（5）组织招标评标。

（6）委托工程的设计、监理、调试单位。

（7）优选施工队伍。

（8）签订各类合同。

（9）办理施工许可证等。

建设单位申请开工，经批准后，方进入施工安装阶段。

5. 施工安装阶段

建设工程具备了开工条件并取得了施工许可证后才能开工。按照规定，工程新开工时间是指建设工程设计文件中规定的任何一项永久工程第一次正式破土开槽的开始日期；不需开槽的工程，以正式打桩作为正式开工日期。如铁路、公路、水库等以开始进行土石方工程为正式开工日期；火力发电工程以主厂房垫层浇第一罐混凝土为正式开工日期。工程地质勘察、平整场地、旧建筑物拆除、临时建筑或设施等施工准备不算正式开工。

6. 生产准备阶段

生产准备阶段是由建设阶段转入正式生产经营的重要衔接阶段。在本阶段，建设单位应当做好相关工作的计划、组织、指挥、协调和控制工作。

生产准备阶段的主要工作如下：

（1）组建生产机构，制定有关制度。

（2）招聘并培训生产管理及操作人员。

（3）组织有关人员参加设备安装、调试、工程验收。

（4）工具、器具选购。

（5）备品、备件委托加工。

（6）编制生产运行的规定、报表、指标、保护定值等工作。

7. 竣工验收阶段

建设工程按设计文件规定的内容和标准全部实施完成，并按规定将工程内外全部清理完毕后，智能、节能、绿化、水土保持等验收合格，消防、安全生产、职业健康、环保、档案等专项验收完毕，达到竣工验收条件，建设单位方可组织竣工验收。

勘察、设计、施工、监理等有关单位应参与竣工验收工作，但不能成为验收组织成员。竣工验收是考核建设成果、检验设计和施工质量的最终步骤，是由投资成果转入正式生产，转化为经济效益或社会效益的标志。

竣工验收后，建设单位应及时向建设行政主管部门或其他有关部门备案并移交建设项目档案。建设工程自办理竣工验收手续后，因勘察、设计、设备、施工、材料、调试等原因造成的质量缺陷，应及时修复，费用由责任方承担。

（二）建设工程监理性质

1. 服务性

建设工程监理的主要方法是规划、监管、控制、协调，主要任务是控制建设工程质量、投资和进度。在工程建设中，监理人员利用自己的知识、技能、经验和信息以及必要的试验、检测手段，为建设单位提供管理服务。

工程监理企业不能完全取代建设单位的管理活动。它不具有工程建设重大问题的决策权。建设工程监理的服务对象是业主。监理服务按照委托监理合同进行，是受法律约束和保护的。即监理不是决策者，是授权后的管理者，是为业主管理的服务机构。

2. 科学性

科学性由建设工程监理要达到的目的所决定。

（1）当前，工程规模日趋庞大，功能越来越多，五新不断涌现，智能化不断诞生，自动化越来越先进，环保日益复杂，市场竞争激烈，风险日渐增加，只有采用科学理论、先进技术、有效方法和务实理念，才能驾驭工程建设。

（2）科学性主要表现。

1）工程监理应由组织管理能力强、工程建设经验丰富的人员担任。

2）应有足够数量并具有应变能力强、技术过硬、专业齐全的监理工程师组成的骨干队伍。

3）要有健全的管理制度及现代化的管理手段及工程全面布局管控能力。

4）有足够技术、管理、经济方面的资料和数据，在未供施工图纸情况下能做好全面规划。

5）要有科学的工作态度和严谨的工作作风，实事求是创造性地开展工作。

6）监理工程师应有理论有实践、善监管会检测、懂技术能计算、重数据依规程、勤检查愿协调等独立管控能力。

3. 独立性

《建筑法》明确指出，监理要客观、公正地执行监理任务；《建设工程监理规范》要求工程监理按照"公正、独立、诚信、科学"原则开展监理工作。

（1）工程监理应严格按照有关法律、法规、规范、文件、标准、合同等相关规定实施监理；按照监理规划、细则、程序、流程、方法、手段，并根据自己的判断，独立地开展工作。

（2）坚持"公正、独立、诚信、科学"原则，考核监理成员"依法约束"能力，要体现在法律法规掌握深度和监理机构执行力度上。

4. 公正性

公正性是社会公认的职业道德准则，是监理行业生存和发展的基本职业守则。

（1）监理过程应当排除各种干扰，客观、公正地对待委托单位和承建单位。

（2）当建设、承建双方发生矛盾时，监理应以事实为基础，以合同为依据，以法规为准绳，在维护建设单位的合法权益时，不损害承建单位的合法利益。

三、三控两管一协调一职责

（一）监理的定义与定位

1. 建设工程监理定义

工程监理单位受建设单位委托，根据法律法规、工程建设标准、勘察设计文件及合同，在施工阶段对建设工程质量、进度、造价进行控制，对合同、信息进行管理，对工程建设相关方关系进行协调，并履行建设工程安全生产管理法定职责的服务活动。

2. 建设工程监理定位

监理不是权力机构，是授权后的管理服务组织；监理不是执法，是以法约束；监理工作到位而不能越位，与建设单位不争决定权、尊让批准权；监理对施工单位要严格控管，排除干扰，有理有据，落地有声，管控力度大；监理在任何情况下，不能退缩到不作为的违法。

3. 监理接受授权

召开第一次工地会议，委托方明确授权监理范围；监理阐述工作要点。

4. 承建单位接受监理监查

承建单位根据法律、法规的规定，与建设单位签订的建设工程施工合同的条款，明确规定应接受工程监理对其建设行为进行的监查管理，接受及配合监理管控，是履行施工合同重要组成部分的义务，是执行法律法规规范相应条款的行为。

（二）监理的三项控制

在工程建设中，监理单位必须执行国家建设工程监理规范所明确的质量控制、造价控制和进度控制。

1. 工程质量控制

（1）施工方案审查，分包单位资格审查。

（2）对新材料、新工艺、新技术、新设备适用性和必要性进行审查，必要时要求施工单位组织专题论证，审查合格后总监签认。

（3）复核施工控制测量成果和保护措施，施工单位试验室资格审查。

（4）审查用于工程的材料、设备、构配件的质量证明文件，对工程材料进行见证取样、平行检验；掌握并了解施工记录，清晰施工控制资料，复查安全、性能资料。

（5）对施工单位的计量设备进行检查，对检定报告进行核查。

（6）监理人员应对施工过程进行巡检，并对关键部位、关键工序的施工过程进行旁站，填写旁站记录；对施工组织设计和专项方案的质量安全是否符合强制性标准进行查核。

（7）监理工程师对施工单位报验的检验批、隐蔽工程、分项工程进行验收，提出验收意见；总监理工程师组织进行分部验收，签署验收意见。

（8）监理项目机构组织单位工程预验收，总监签发单位工程竣工验收报审表。

（9）工程竣工预验收后，监理项目机构编写工程质量评估报告，经总监理工程师和监理单位负责人审核签字后报建设单位。对创优工程，监理参与工程预评价，总监要在预评价表上签认。

注：按电力建设监理规范规定，结合火电建设为庞大的系统工程，各专业的单位工程较多，又构成了单项工程、单机组工程、整体工程的竣工验收及评价，并根据项目监理机构负责人的岗位设置现状，在大型火电工程建设中，监理对施工单位报验的分部工程，由对口的土建副总监或安装副总监签认；单位工程预验收由总监理工程师签认。

（10）有下列情况之一时，总监应及时签发停工令：

1）施工单位未经批准擅自施工的。

2）施工单位未按审查通过的设计文件施工的。

3）施工单位未按批准的施工组织设计施工或违反工程建设强制性标准的。

4）施工存在重大质量安全事故隐患或发生质量安全事故的。

（11）按电力建设质量监督检查大纲规定，项目监理机构应接受并配合由工程质量监督机构组织的工程质量监督检查工作。

2．工程造价控制

（1）项目监理机构应按下列程序进行工程计量和付款签证：

1）专业监理工程师负责审查施工单位提交的工程款支付申请，对工程量/工作量、工程款支付申请提出审查意见。

2）总监理工程师签发工程款支付证书，并报建设单位。

（2）项目监理机构应对实际完成量与计划完成量进行比较分析，发现有较大偏差的，提出调整建议，并向建设单位报告。

（3）项目监理机构应按下列程序进行竣工结算审核。

1）专业监理工程师审查施工单位提交的竣工结算申请，提出审查意见。

2）总监理工程师对专业监理工程师审查意见进行审核，并与建设单位、施工单位协商，达成一致意见的，签发竣工结算文件和最终工程款支付证书，报建设单位；不能达成一致意见的，应按施工合同约定处理。

3．工程进度控制

（1）项目监理机构应依里程碑和一级网络计划审查施工单位报审的施工总进度计划和阶段性施工进度计划（称二级和三级网络计划），提出审查意见，由总监理工程师审查后报建设单位。

（2）施工进度计划审查主要内容：

1）施工进度计划应符合施工合同中工期的约定。

2）施工进度计划中主要工程项目无遗漏，应满足分批动用和配套动用的需要，阶段性施工进度计划应满足总进度控制目标的要求。

3）施工顺序的安排应符合施工工艺要求。

4）施工人员、工程材料、施工机械等资源供应计划应满足施工进度计划需要。

5）施工进度计划应满足建设单位提供的施工条件（资金、施工图纸、施工场地、资金等）。

（3）专业监理工程师在检查进度计划实施情况时应做好记录，如发现实际进度与计划进度不符，差距较大，应签发监理通知，要求施工单位采取调整措施，确保进度计划实施。

（4）由于施工单位原因导致实际进度严重滞后于计划进度时，总监理工程师应签发监理通知，要求施工单位采取补救措施，调整进度计划，并向建设单位报告工期延误风险。

（三）监理的两管一协调一职责

两管是指合同管理和信息管理，一协调是指组织协调工程建设相关方的关系，一职责是指安全生产管理的法定监理职责。

1．合同管理

（1）合同管理目标及合同管理责任主体。

1）合同管理目标。建立完善的合同管理体系，力求合同文本的可操作性，要求合同执行的严肃性，通过合同管理实现工程建设总目标。

2）合同管理责任主体。各分包商应履行承包商与业主签订的施工合同，承包商及其分包商应遵守及配合监理与业主签订的监理合同。承包商应按规定选取分包商并应报审，制定相应的分包合同管理条款，并对分承包合同进行管理。项目监理机构负责督促检查承包商与业主签订的合同执行情况。

（2）合同类别。

1）工程勘测设计类合同。是指业主与勘测设计承包商签订的勘测设计合同，内容包括提交有关基础资料和文件、概预算编制、施工图纸、质量要求、出版竣工图、费用支付以及其他协作条件，明确勘测设计承包职责范围等条款。

2）建筑、安装、调试工程承包类合同。是指业主与施工、调试承包商签订的工程承包合同，内容包括工程范围、建设工期、中间交接、开工竣工、工程质量、工程造价、安全管理、调试项目、调试程序、调试指标、资料交付、材料采购、设备供应、拨款结算、竣工验收、质量保修、相互协作、职责范围、文件资料及档案归档等条款。

3）设备、物资采购类合同。是指业主与物资供应商签订的物资采购合同，内容包括设备材料名称、规格型号、数量指标、计量单位、交货期限、质量技术标准、价款及支付方式、交货地点、验收方法、交验指标、包装标准、售后服务及职责范围等条款。

4）设备监造类合同。明确设备监造范围、监造责任、监造标的量，编写监造大纲、监造质量标准、监造简报、监造报告、监造总结等条款。

5）货物运输类合同。是指业主与运输承包商签订的物资运输承包合同，内容包括运输方式、运输数量、交付地点、运输期限、包装标准、货物安全、运输保险、技术管理、违约责任等条款。涉及联运的，还应明确规定双方或多方的责任和交接办法。

6）仓储保管类合同。是指业主与仓储保管商签订的物资仓储保管承包合同，内容包括品名、规格、数量、保管方法、质量要求、验收项目、检验方式、入库出库手续、损耗标准、损坏处理事项、违约责任等条款。

7）分包合同。是指承包商为了完成某种特殊工程而与其他承包商签订的承包合同。但是，主体工程不能分包，不准肢解分包，不可分包后再分包。

8）零星委托合同。是指超出原签订合同范围以外内容，而又与原承包商签订的新合同。

9）其他咨询合同。是指业主根据需要与咨询服务单位签订的合同或协议，应有明确咨询内容、服务职责、范围界定、资料提供等条款。（如工程首级测量、沉降观测、特殊性能检测等）

（3）合同管理措施。

1）项目监理机构设专人负责合同管理工作，建立合同管理台账，记录合同执行情况。

2）监督合同双方履行合同所规定的责任和义务，对纠纷进行调节，维护双方合法权益。

3）监理合同是监理开展工作的主要依据之一，全体监理人员必须掌握合同内容。总监理工程师不定期召开有关合同执行情况的会议，发现问题及时通报有关方，必要时召开协调会议。

2. 信息管理

（1）信息管理目标。建立工程项目在质量、投资、进度、合同、环境、安全等方面的信息网络，及时提供可靠、准确、完整的工程信息和监理信息，实现信息资源共享，为项目法人和参建各方正确解决工程建设中出现的各种情况提供有效帮助；在工程建设中做到"凡事有章可循，凡事有据可查，凡事留下痕迹，凡事得出结论"，为工程保存完整准确的历史记录。

（2）信息管理内容。

1）建立报表、台账、报告、会议制度，沟通联系方式，健全资料传递模式，形成全现场信息网络；监理自身建设和被监理单位之间的联系制度的建立、审查、执行、抽检的各类信息网络。

2）监理部各部门及专业监理工程师负责信息收集整理，各部门建立信息库，重要信息提供给信息管理工程师，并负责归档或上报。监理部汇总各类周报、月报，发送给有关单位。

3）监理部建立清单控制总站，组织信息交流传递，汇集监理重要资料，分类保管递送报告。总监理工程师要定期检查各部门的监理日志和监理会议，抽查值班、巡视、取样、见证、旁站、平检、强制性条文执行检查等记录。掌握情况、沟通信息、处理内外事物。总监理工程师定期组织信息分析会，分析工程动态、质量控制、工期趋势、安全状况等，针对问题采取措施。

4）监理部与委托方及施工、设计、调试、制造等单位和设备厂商代理、代表或派驻人员，建立联络、会议、资料等方面的联系制度。建立文书沟通、传递方式，形成工程、计划经济管理信息网络。

5）项目监理机构按内部与外部、监理与被监理、监理与委托方之间的各种报表、会议纪要、周报月报、管理流程等建立制度，建成现场监理信息管理网络。

6）总监理工程师组织监理部编写监理月报、年度计划、质量分析会议纪要，按时上报或发放，要有标识和记录；及时、定期上报文件材料、质量文件、安全通报、竣工文件等，监理各部门编制整理报监理部汇总审定后存档，重要材料送建设单位并上报公司。

7）信息实行计算机管理。对以单位工程为基础的编码进行信息数据管理，信息进入计算机数据库，建立工程信息库，建立信息资源。充分应用 MIS、CIS、mpp、BA、CA、OA、SA、EXP 等智能办公软件系统，进行快速审批、信息传递、动态管理。监理有关纪要、月报、专项报告等信息，均要进入计算机管理系统。为工程管理服务，为监理工作服务。

8）督促总承包商建立一套以计算机为基础的文件资料管理控制系统，确保在工程各阶段都能查明其各类资料、技术文件、编号标识、进展状况、修改情况、批准状态和存放位置。

（3）信息管理措施。

1）监理部设专人负责信息的收集、整理、查询、利用、归档。及时收集工程质量、造价、进度、环保、安全、设计、设备、材料等方面的信息，发现问题及时通报有关方进行整改。

2）组织信息交流传递，分类分期报送管理，总监理工程师要定期检查监理日志和会议记录；掌握工程建设的会议纪要、往来文件、报验材料、控制资料、调试状态、竣工验收、代保管等信息。

3）监理部与工程管理各方建立报表、报告、会议、资料等信息共享网络。

3. 一协调

一协调是指监理的组织协调工作。

（1）协调目标。以质量、造价、进度、合同、信息、环境、安全、技术、总平为内容，建立高效协调的工程管理机制，及时协调处理工程参建单位之间存在的问题或矛盾。分清责任，理顺关系，抓住主要矛盾，使工程参建单位有机配合工作，实现机组优质、高效、安全、经济的目标，按期达标投产。

（2）协调内容。

1）组织现场协调会，定期召开调度例会，根据工程进展需要组织召开专项会议，以及个别进行沟通，敦促单位之间理解，使工程施工有序、快捷开展。

2）注重预控，必要时事前组织见面会，将有关联的双方或多方组织到一起，面对面地交流，监理提出主导意见，由双方对问题的处理方式进行表态，并按共同协商的结果去执行，监理检查。

3）出现争执监理敢于判定，对问题涉及面较广或各方意见难以统一并影响工程进展的，由监理单位根据实际情况，按照合同条款，善于管理、敢于指挥，指定先后实施顺序，促进工程开展。

4．一职责

一职责是指建设工程安全生产管理法定的监理职责。

（1）安全生产法定监理职责。按照国务院颁发的《安全生产管理条例》的规定和《建设工程监理规范》的有关条款，在电站建设施工调试的安全生产管理中，应履行其安全生产管理法定的监理职责。

（2）安全生产法定监理职责范畴。

1）检查施工单位安全生产管理体系建立，施工机械具备使用条件及装拆方案审查。

2）施工单位的施工组织设计和施工方案的安全技术措施符合工程建设强制性标准。

3）项目监理机构应检查施工单位现场安全生产规章制度建立和落实情况；检查施工单位安全生产许可证及施工单位项目经理资格证、专职安全生产管理人员上岗证和特种作业人员操作证以及施工机械和设施安全许可验收手续；定期巡视检查危险性较大的分部分项工程施工作业情况。

4）项目监理机构在实施监理过程中，发现工程存在安全事故隐患的，应签发监理通知，要求施工单位整改；情况严重的，应签发施工暂停令，并及时报告建设单位。施工单位拒不整改或者不停止施工的，项目监理机构应及时向有关主管部门报送监理报告。

（3）安全生产法定监理职责执行。

1）监理强化履行安全管理动态职责。项目监理机构的安全生产管理的法定监理职责在履行时，不仅对施工单位安全生产进行静态的检查管理，更要注重对安全技术措施的强制性标准执行检查、安全生产规章制度的落实、危险性较大的施工作业情况、安全事故隐患处置方面进行动态管理和控制。

2）监理深入研究安全理念促进安全工作预防。

a．言行合一理论。监理导引建设主体单位安全意识自觉到位、安全管理深化到位、安全工作支持到位、安全隐患预防到位。

b．齐抓共防理论。监理施加影响，使承包单位明晰安全层次管理、正确安全跨度管理，建立安全生产保证体系、技术安全保证体系、专职安全保证体系、共管安全保证体系并高效运作，全员全方位全时空共同努力杜绝安全质量事故及环境事件发生。

c. 安全预控理论。监理启发参建单位认识安全原理，分析事故规律，掌握安全辩证法，剖析事故因果关系，知晓多重原因论，抑制危险源扩延，预测分支事故链生成，防范能量非正常转移逸散，避免误入能量禁区等，是建设者共同防范的永恒课题。

第二节　监理工程师注册及国际咨询工程师联合会（FIDIC）条款

建设工程合格的监理工程师应有理论和实践经验，并应取得监理工程师资格证书且取得国家注册职业证书和执业印章，或取得行业颁发任职证书，并不断进行知识更新，提高监理服务水准。掌握 FIDIC 条款，是为了监理工作与国际接轨，有利于承担国外工程项目的监理任务。

一、监理工程师职业资格考试

监理工程师执业资格考试由建设部和人事部共同负责组织协调和监督管理。注册监理工程师是经全国统一考试合格，取得中华人民共和国监理工程师资格证书，按照规定注册，取得中华人民共和国注册监理工程师注册执业证书和执业印章，从事工程监理及相关业务活动的专业技术人员。

（一）职业资格考试概况

（1）1992 年 6 月，建设部发布了《监理工程师资格考试和注册试行办法》（现有最新的注册监理工程师管理规定）。从 1997 年起，全国正式举行监理工程师执业资格考试，考试工作由建设部、人事部共同负责，日常工作委托建设部建筑监理协会承担，具体考务工作由人事部人事考试中心负责。考试每年举行一次，一般安排在 5 月中旬，在省会城市设立考点。

（2）考试单位。

1）建设部和人事部共同负责全国监理工程师执业资格制度的政策制定、组织协调、资格考试和监理管理工作。

2）建设部负责组织拟定考试科目，编写考试大纲、培训教材和命题工作，统一规划和组织考前培训。

3）人事部负责审定考试科目、考试大纲和试题，组织实施各项考试工作；会同建设部对考试进行检查、监督、指导和确定考试合格标准。

（3）执业资格考试报名条件。凡中华人民共和国公民，遵纪守法并具备以下条件之一者，均可申请参加执业资格考试：

1）工程技术或工程经济专业大专及以上学历，按照国家有关规定，取得工程技术或工程经济专业中级职称，并任职满 3 年。

2）按照国家有关规定，取得工程技术或工程经济专业高级职称。

3）1970 年以前工程技术或工程经济专业中专毕业，按照国家有关规定，取得工程技术或工程经济专业中级职称，并任职满 3 年。

（4）免试部分科目报名条件。对于从事工程建设监理工作且同时具备下列四项条件的报考人员，可免试《建设工程合同管理》和《建设工程质量、投资、进度控制》两个科目，只参加《建设工程监理基本理论与相关法规》和《建设工程监理案例分析》两个科目的考试。其报名条件如下（下列四项均具备者）：

1）1970 年以前工程技术或工程经济专业中专及以上毕业。

2）按照国家有关规定，取得工程技术或工程经济专业高级职务。

3）从事工程设计或工程施工管理工作满 15 年。

4）从事监理工作满 1 年。

（二）报名考试有关事项

（1）考试报名工作一般在上一年 12 月至考试当年 1 月进行，符合条件的报考人员，可在规定时间内登录指定网站在线填写提交报考信息，并按有关规定办理资格审查及缴费手续，考生凭准考证在指定时间和地点参加考试。

（2）报名材料。申请参加监理工程师执业资格考试，须提供下列证明文件原件：

1）资格审核表及相片。

2）本人身份证明。

3）学历证书。

（3）考试教材。全国监理工程师执业资格考试用书由"中国建设监理协会"编写，由知识产权出版社出版发行。

《监理工程师考试大纲》是以全国监理工程师培训考试教材：《建设工程质量控制》《建设工程投资控制》《建设工程进度控制》《建设工程合同管理》《建设工程信息管理》《建设工程监理概论》以及建设工程监理有关法律法规为基础，结合建设工程监理实际工作按科目编写的，大纲的内容对监理工作师应具备的知识和能力划分为"了解""熟悉"和"掌握"三个层次。

（4）考试内容。考试设《建设工程监理基本理论与相关法规》《建设工程合同管理》《建设工程质量、投资、进度控制》《建设工程监理案例分析》共 4 个科目。其中，《建设工程监理案例分析》为主观题，采用网络阅卷，在专用的答题卡上作答。

（5）题型题量。

1）建设工程合同管理：单选题 50、多选题 30，考试 2h，满分 110 分。

2）建设工程质量、投资、进度控制：单选题 80、多选题 40，考试 3h，满分 160 分。

3）建设工程监理基本理论与相关法规：单选题 50、多选题 30，考试 3h，满分 110 分。

4）建设工程监理案例分析：案例题 6，考试 4h，满分 120 分。

（6）作答要求。考生应考时，携带钢笔或黑色签字笔、2B 铅笔、橡皮、无声无编辑储存功能计算器。草稿纸由考试中心配发，用后收回。

注意事项：答题前要仔细阅读答题注意事项；严格按照指导语要求，根据题号标明的位置，在有效区域内作答；为保证扫描质量，须使用钢笔或黑色签字笔作答。

（7）成绩管理。考试成绩在考试结束 2～3 个月后陆续公布，在各省的人事考试中心网站查询。

（8）管理模式。参加全部 4 个科目考试的人员，必须在连续两个考试年度内通过全部科目考试；符合免试部分科目考试的人员，必须在一个考试年度内通过规定的两个科目的考试。方可取得监理工程师执业资格证书。

（9）合格标准。监理工程师考试各科目合格标准为其总分的 60%。

（三）任职条件及工作守则

1. 证书印制

考试合格者，由各省、自治区、直辖市人事部门颁发人力资源和社会保障部统一印制，并与建设部两部印章颁发的"中华人民共和国监理工程师执业资格证书"，在全国范围内有效。

2. 任职条件

（1）大学专科及以上学历，建筑、土木、工民建类相关专业。

（2）2年以上工程监理工作经验，有监理工程师证或取得监理工程师执业资格者优先。

（3）熟悉建设项目相关法律法规、有关政策及规定，具有较高的专业技术水平、较强的综合协调能力以及丰富的工程管理经验。

（4）有较高的判断决策能力，能及时决断、灵活应变，能处理各种矛盾、纠纷，具备良好的协调能力和控制能力。

（5）有很好的语言表达、交际沟通能力。

3. 工作守则

（1）维护国家的荣誉和利益，按照"守法、诚信、公正、科学"的准则执业。

（2）执行有关工程建设的法律、法规、规范、标准和制度，履行监理合同规定的义务和职责。

（3）努力学习专业技术和建设监理知识，不断提高业务能力和监理水平。

（4）不以个人名誉承揽监理业务。

（5）不同时在两个或两个以上监理单位注册和从事监理活动，不在政府部门和施工、材料设备的生产供应等单位兼职。

（6）不为所监理项目指定承建商、建筑构配件、设备、材料和施工方法。

（7）不收受被监理单位的任何礼金。

（8）不泄露所监理工程各方认为需要保密的事项。

（9）坚持独立自主的开展工作。

二、国家监理工程师注册

（一）监理工程师注册

通过国家监理工程师执业资格考试，取得监理工程师执业资格，还不能从事监理工作，必须经过注册。

监理工程师注册制度是政府对监理从业人员实行市场准入控制的有效手段。监理人员经注册，即表明获得了政府对其以监理工程师名义从业的行政许可，因而具有相应工作岗位的责任和权力。仅取得"监理工程师执业资格证书"，没有取得"监理工程师注册证书"的人员，则不具备这些权力，也不承担相应的责任。

监理工程师的注册，以内容的不同分为三种形式，即初始注册、延续注册和变更注册。

1. 初始注册

（1）取得监理工程师执业资格证书的申请人，应自证书签发之日起3年内提出初始注册申请。逾期未申请者，须符合近三年继续教育要求后，方可申请初始注册。

（2）初始注册需要提交下列材料。

1）申请人的初始注册申请表（一式二份）及个人申报数据电子文档。

2）申请人的《监理工程师执业资格证书》复印件。

3）申请人与聘用单位签订的有效聘用劳动合同复印件。

4）申请人的身份证件复印件。

5）注册专业证明材料复印件（毕业证书、职称证书）。如申请的注册专业与所学专业不一致时，须提供相应的技术、管理工作经历和业绩证明。

6）逾期初始注册的，应提交达到继续教育要求证明的复印件。

2. 延续注册

注册监理工程师每一注册有效期为 3 年，注册有效期满需继续执业的，应当在注册有效期满 30 日前，按规定程序申请延续注册。延续注册有效期 3 年。延续注册需要提交下列材料：

（1）申请人延续注册申请表。

（2）申请人与聘用单位签订的聘用劳动合同复印件。

（3）申请人注册有效期内达到继续教育要求的证明材料。

3. 变更注册

（1）注册监理工程师在注册有效期内变更执业单位、注册专业等注册内容，应申请变更注册。

（2）变更执业单位的申请人应在与原聘用单位解除劳动关系后，方可办理变更注册手续。

（3）在注册有效期满 30 日前申请办理变更注册手续的，变更注册后仍按原注册有效期。在注册有效期满 30 日内办理变更注册手续的，变更注册时延续注册有效期，同时需提供注册期内达到继续教育要求的证明。

（4）变更注册需要提交相关材料。

4. 注册证书和执业印章遗失补办

具备下列情况需补办注册证书或执业印章的，办理时须提交注册监理工程师注册证书、执业印章遗失补办申请表及个人申报数据电子文档。

（1）因注册证书、执业印章有误、破损、遗失等需更改、补办的。

（2）因聘用单位名称更改且未到注册有效期的注册人员需重新换发注册证书和执业印章的。

（3）注册证书、执业印章遗失补办的，须提供公共媒体上声明作废的证明材料。

（二）注册监理工程师继续教育

（1）随着现代科学技术日新月异的发展，注册后的监理工程师不能停留在原有知识水平上，而要随着时代进步不断更新知识、扩大知识面，学习新的理论、政策、法规，了解新技术、新工艺、新材料、新设备，这样才能不断提高执业能力和工作水平，以适应建设事业发展及监理实务的需要。因此，注册监理工程师在每一注册有效期 2 年内应当达到国务院建设主管部门规定的继续教育要求。继续教育作为注册监理工程师逾期初始注册、延续注册和重新申请注册的条件之一。继续教育分为必修课和选修课，在每一注册有效期内各为 48 学时。

（2）继续教育可采取多种不同的方式，如脱产学习、集中授课、参加研讨班、撰写专业论文等。继续教育的内容应紧密结合业务内容，逐年更新。并要学习最近 3 年内我国新颁布的相关法律、法规、规章、规范及国内外新的监理理论与实践。

三、FIDIC 条款

（一）FIDIC 条款定义

FIDIC 是国际咨询工程师联合会的法文缩写。

习惯上有时也指 FIDIC 条款或 FIDIC 方法。FIDIC 是国际上最有权威的被世界银行认可的咨询工程师组织，目前有50多个成员国，分属四个地区性组织。FIDIC总部设在瑞士洛桑，FIDIC合同项目管理模式被国际建筑行业广泛应用。

（二）FIDIC条款历程

（1）1957年，国际咨询工程师联合会首次出版了标准的土木工程施工合同条件，在此之前还没有专门编制的适用于国际工程的合同条款。

（2）第一版以当时正在英国使用的土木工程师学会的《土木建筑工程一般合同条件》为蓝本，由于该标准合同的封面为红色，很快以"红皮书"闻名世界。

（3）第二版于1963年发行，只是在第一版的基础上增加和修订合同的第三部分，并没有改变第一版中所包含的条件。

（4）第三版于1977年出版。对第二版作了全面修改。得到欧洲建筑业国际联合会、亚洲及西太平洋承包商协会国际联合会、美洲国家建筑业联合会、美国普通承包商联合会、国际疏浚公司协会的共同认可。经世界银行推荐将FIDIC条件第三版纳入了世界银行与美洲开发银行共同编制的《工程采购招标文件样本》。可见，FIDIC条件第三版已获得了国际上的广泛认可和推荐。

（5）第四版于1987年出版，1988年做了订正。此次修订FIDIC比以往修订时更多地与世界银行进行了协商。同时，还与在监督第三版的使用方面颇有经验的阿拉伯联合基金会的代表们广泛接触。第四版在第三版的基础上，经协商作了较多的修改。在第四版修订中，还同意承包商代表在起草过程中的咨询地位，最后定稿仍由FIDIC全权负责。

（6）FIDIC合同条件新版本：

1）"施工（C）合同条件"（新红皮书）1999年版，多边银行协调版（2006年）。

2）"生产设备和设计－施工（DB）合同条件"（新黄皮书）1999年版。

3）"设计采购施工/交钥匙（EPC）合同条件"（银皮书）1999年版。

4）"简要合同格式"（绿皮书）1999年版。

5）"设计施工运营（DBO）合同条件"（2006年版）。

（三）FIDIC条款内容

1. 一般条款

（1）招标程序。包括合同条件、规范、图纸、工程量表、投标书、投标者须知、评标、授予合同、合同协议、程序流程图、合同各方、监理工程师等。

（2）合同文件中的名词定义及解释。

（3）工程师及工程师代表和他们各自的职责与权力。

（4）合同文件的组成、优先顺序和有关图纸的规定。

（5）招投标及履约期间的通知形式与发往地址。

（6）有关证书的要求。

（7）合同使用语言。

（8）合同协议书。

2. 法律条款

（1）合同适用法律。

（2）劳务人员及职员的聘用、工资标准、食宿条件和社会保险等方面的法规。

（3）合同的争议、仲裁和工程师的裁决。

（4）解除履约。

（5）保密要求。

（6）防止行贿。

（7）设备进口及再出口。

（8）强制保险。

（9）专利权及特许权。

（10）合同的转让与工程分包。

（11）税收。

（12）提前竣工与延误工期。

（13）施工用材料的采购地。

3. 商务条款

商务条款是指与承包工程的一切财务、财产所有权密切相关的条款，主要包括：

（1）承包商的设备、临时工程和材料的归属，重新归属及撤离。

（2）设备材料的保管及损坏或损失责任。

（3）设备的租用条件。

（4）暂定金额。

（5）支付条款。

1）工程月报表。

2）每月的支付。

3）保留金的支付。

4）证书的修改。

5）竣工报表。

6）尾欠的结清。

7）支付时间。

8）付款地点。

（6）预付款的支付与扣回。

（7）保函，包括投标保函、预付款保函、履约保函等。

（8）合同终止时的工程及材料估价。

（9）解除履约时的付款。

（10）合同终止时的付款。

（11）提前竣工奖金的计算。

（12）误期罚款的计算。

（13）费用的增减条款。

（14）价格调整条款。

（15）支付的货币种类及比例。

（16）汇率及保值条款。

4. 技术条款

技术条款是针对承包工程的施工质量要求、材料检验及施工监督、检验测量及验收等环节而设立的条款，包括：

(1) 对承包商的设施要求。

(2) 施工应遵循的规范。

(3) 现场作业和施工方法。

(4) 现场视察。

(5) 资料的查阅。

(6) 投标书的完备性。

(7) 施工制约。

(8) 工程进度。

(9) 放线要求。

(10) 钻孔与勘探开挖。

(11) 安全、保卫与环境保护。

(12) 工地的照管。

(13) 材料或工程设备的运输。

(14) 保持现场的整洁。

(15) 材料、设备的质量要求及检验。

(16) 检查及检验的日期与检验费用的负担。

(17) 工程覆盖前的检查。

(18) 工程覆盖后的检查。

(19) 进度控制。

(20) 缺陷维修。

(21) 工程量的计量和测量方法。

(22) 紧急补救工作。

5. 权利和义务条款

权利和义务条款包括承包商、业主和监理工程师三者的权利和义务。

(1) 承包商的权利和义务。

1) 承包商的权利:

a. 有权得到提前竣工奖金;

b. 收款权;

c. 索赔权;

d. 因工程变更超过合同规定的限值而享有补偿权;

e. 暂停施工或延缓工程进度速度;

f. 停工或终止受雇;

g. 不承担业主的风险;

h. 反对或拒不接受指定的分包商;

i. 特定情况下的合同转让与工程分包;

j. 特定情况下有权要求延长工期;

k. 特定情况下有权要求补偿损失;

l. 有权要求进行合同价格调整;

m. 有权要求工程师书面确认口头指示;

n. 有权反对业主随意更换监理工程师。

2）承包商的义务：

a. 遵守合同文件规定，保质保量、按时完成工程任务，并负责保修期内的各种维修；

b. 提交各种要求的担保；

c. 遵守各项投标规定；

d. 提交工程进度计划；

e. 提交现金流量估算；

f. 负责工地的安全和材料的看管；

g. 对由承包商负责完成的设计图纸中的任何错误和遗漏负责；

h. 遵守有关法规；

i. 为其他承包商提供机会和方便；

j. 保持现场整洁；

k. 保证施工人员的安全和健康；

l. 执行工程师的指令；

m. 向业主偿付应付款项（包括归还预付款）；

n. 承担第三国的风险；

o. 为业主保守机密；

p. 按时缴纳税金；

q. 按时投保各种强制险；

r. 按时参加各种检查和验收。

（2）业主的权利和义务

1）业主的权利：

a. 业主有权不接受最低标。

b. 有权指定分包商；

c. 在一定条件下可直接付款给指定的分包商；

d. 有权决定工程暂停或复工；

e. 在承包商违约时，业主有权接管工程或没收各种保函或保证金；

f. 有权决定在一定的幅度内增减工程量；

g. 不承担承包商因发生在工程所在国以外的任何地方的不可抗力事件所遭受的损失（因炮弹、导弹等所造成的损失例外）；

h. 有权拒绝承包商分包或转让工程（应有充足理由）。

2）业主的义务：

a. 向承包商提供完整、准确、可靠的信息资料和图纸，并对这些资料的准确性负完全的责任；

b. 承担由业主风险所产生的损失或损坏；

c. 确保承包商免于承担属于承包商义务以外情况的一切索赔、诉讼，损害赔偿费、诉讼费、指控费及其他费用；

d. 在多家独立的承包商受雇于同一工程或属于分阶段移交的工程情况下，业主负责办理保险；

e. 按时支付承包商应得的款项，包括预付款；

f. 为承包商办理各种许可，如现场占用许可、道路通行许可、材料设备进口许可、劳务进口许可等；

g. 承担疏浚工程竣工移交后的任何调查费用；

h. 支付超过一定限度的工程变更所导致的费用增加部分；

i. 承担在工程所在国发生的特殊风险以及任何其他地区因炮弹、导弹对承包商造成的损失的赔偿和补偿；

j. 承担因后续法规所导致的工程费用增加额。

（3）监理工程师的权力和义务。监理工程师虽然不是工程承包合同的当事人，但他受聘于业主，为业主代管理工程建设，行使业主或 FIDIC 条款赋予他的权力，也相应承担义务。

1）监理工程师的权力。监理工程师可以行使合同规定的或合同中必然隐含的权力。

a. 有权拒绝承包商的代表；

b. 有权要求承包商撤走不称职人员；

c. 有权决定工程量的增减及相关费用；

d. 有权决定增加工程成本或延长工期；

e. 有权确定费率；

f. 有权下达开工令、停工令、复工令（因业主违约而导致承包商停工情况除外）；

g. 有权对工程的各个阶段进行检查，包括已掩埋覆盖的隐蔽工程；

h. 如果发现施工不合格情况，监理工程师有权要求承包商如期修复缺陷或拒绝验收工程；

i. 承包商的设备、材料必须经监理工程师检查，监理工程师有权拒绝接受不符合规定标准的材料和设备；

j. 在紧急情况下，监理工程师有权要求承包商采取紧急措施；

k. 审核批准承包商的工程报表的权力属于监理工程师，付款证书由监理工程师开出；

l. 当业主与承包商发生争端时，监理工程师有权裁决，虽然其决定不是最终的。

2）监理工程师的义务。监理工程师作为业主聘用的工程技术负责人，除了必须履行其与业主签订的服务协议书中规定的义务外，还必须履行其作为承包商的工程监理人而尽的职责，FIDIC 条款针对监理工程师在建筑与安装施工合同中的职责规定了以下义务：

a. 必须根据服务协议书委托的权力进行工作；

b. 行为必须公正，处事公平合理，不能偏听偏信；

c. 虚心听取业主和承包商两方面的意见，基于事实做出决定；

d. 发出的指示应该是书面的，特殊情况下可以发出口头指示，但随后以书面形式予以确认；

e. 认真履行职责，根据承包商的要求及时对已完工程进行检查或验收，对承包商的工程报表及时进行审核；

f. 及时审核承包商在履约期间所做的各种记录，特别是承包商提交的作为索赔依据的各种材料；

g. 实事求是地确定工程费用的增减与工期的延长或压缩；

h. 如因技术问题需同分包商打交道，征得总承包商同意，并将处理结果告知总承包商。

6. 违约惩罚与索赔条款

违约惩罚与索赔是 FIDIC 条款中一项重要内容，也是国际承包工程得以圆满实施的有效手段。采用工程承发包制度，明确当事人责任，做到赏罚分明。FIDIC 条款中的违约条款包括业主对承包商的惩罚措施和承包商对业主拥有的索赔权。

（1）惩罚措施。因承包商违约或履约不力，业主可采取以下惩罚措施：

1）没收有关保函或保证金。

2）误期罚款。

3）由业主接管工程并终止对承包商的雇用。

（2）索赔条款：索赔条款是根据承包商享有的因业主履约不力或违约，或因意外因素（不可抗力情况及合约条款）蒙受损失（时间和款项）而向业主要求赔偿或补偿权利的契约性条款。包括：

1）索赔的前提条件或索赔动因。

2）索赔程序、索赔通知、同期记录、索赔的依据、索赔的时效和索赔款项的支付等。

7. 附件和补充条款

FIDIC 条款还规定了作为招标文件的内容和格式，以及在各种合同中可能出现的补充条款。

（1）附件条款：包括投标书及其附件、合同协议书。

（2）补充条款：包括防止贿赂、保密要求、支出限制、联合承包情况下的各承包人的各自责任及连带责任、关税和税收的特别规定五个方面内容。

（四）FIDIC 道德准则综述

（1）监理工程师的职业道德准则由协会制定并监督实施。FIDIC 于 1991 年在慕尼黑召开的全体成员大会上，讨论批准了 FIDIC 通用道德准则。该准则分别从对社会和职业的责任、能力、正直性、公正性，对他人的公正五个问题，计 14 个方面规定了监理工程师的道德行为准则。目前，国际咨询工程师协会的会员国家都在认真地执行这一准则。

（2）为使工程师的工作充分有效，不仅要求工程师必须不断增长他们的知识和技能，而且要求社会尊重他们的道德公正性、信赖他们的评审，给予公正的报酬。

（3）FIDIC 的全体会员协会同意并且相信，要想使社会对其专业顾问具有必要的信赖，其成员行为的基本准则包括：

1）对社会和职业的责任：

a. 接受对社会的职业责任；

b. 寻求与确认的发展原则相适应的解决办法；

c. 在任何时候，维护职业的尊严、名誉和荣誉。

2）能力：

a. 保持知识和技能与技术、法规、管理的发展相一致，对于委托人要求的服务采用相应的技能，并尽心尽力；

b. 仅在有能力从事服务时方可承担。

3）正直性：在任何时候均为委托人的合法权益行使其职责，并正直和忠诚地进行职业服务。

4）公正性：

a. 在提供职业咨询、评审或决策时不偏不倚；

b. 通知委托人在行使其委托权时可能引起的任何潜在的利益冲突；

c. 不接受可能导致判断不公的报酬。

5）对他人的公正：

a. 加强"按照能力进行选择"的观念；

b. 不得故意或无意地损害他人名誉的事务；

c. 不得直接或间接取代某一特定工作中已经任命的其他咨询工程师的位置。

d. 咨询工程师接到委托人终止前不得取代该咨询工程师的工作。

e. 在被要求对其他咨询工程师的工作进行审查的情况下，要以适当的职业行为和礼节进行。

第三节　监理管控执行法条基础

一、监理工作依据

实施建设工程监理的主要依据包括法律法规及建设工程相关标准、建设工程勘察设计文件图纸、建设工程监理合同及其他合同文件等。

（一）建设工程主要法律法规

（1）《中华人民共和国合同法》。

（2）《中华人民共和国公司法》。

（3）《中华人民共和国劳动合同法》。

（4）《中华人民共和国安全生产法》。

（5）《中华人民共和国建筑法》。

（6）《中华人民共和国电力法》。

（7）《中华人民共和国消防法》。

（8）《中华人民共和国环境保护法》。

（9）《中华人民共和国大气污染防治法》。

（10）《中华人民共和国水污染防治法》。

（11）《中华人民共和国特种设备安全法》。

（12）《中华人民共和国档案法法》。

（13）《中华人民共和国突发事件应对法》等。

（二）国务院的相关条例

（1）《建设工程质量管理条例》。

（2）《建设工程安全生产管理条例》。

（3）《特种设备安全监察条例》。

（4）《安全生产许可证条例》。

（5）《电力安全事故应急处置和调查处理条例》。

（6）《化学危险物品安全管理条例》。

（7）《中华人民共和国水土保持法实施条例》。

（8）《中华人民共和国城市绿化条例》。

（9）《中华人民共和国防汛条例》。

（10）《建设项目环境保护管理条例》。

（11）《对外承包管理条例》等。

（三）执行有效的规范规程及标准

当前应用的电力行业部分有效版本有：

（1）《火电工程质量监督检查典型大纲》（2007 版，与能源局的《质量监督检查大纲》配套使用）。

（2）DL/T 5210《电力建设施工质量验收及评价规程》（所有部分）。

（3）DL/T 5434—2009《电力建设工程监理规范》。

（4）DL/T 5437—2009《发电厂建设工程启动及验收规程》。

（5）《危险性较大的分部分项工程安全管理办法》（建质〔2009〕87 号）。

（6）HJ 562—2010《火电厂烟气脱销工程技术规范》（选择性催化还原法）。

（7）HJ/T 2001—2010《火电厂烟气脱硫工程技术规范》（氨法）。

（8）《工程建设标准强制性条文》（电力工程部分，2011 版；房屋建筑部分，2013 版）。

（9）GB 13223—2011《火电厂大气污染排放标准》。

（10）GB 50164—2011《混凝土质量控制标准》。

（11）DL 5190—2012《电力建设施工技术规范》（所有部分）。

（12）DL/T 1150—2012《火电厂烟气脱硫装置验收技术规范》。

（13）DL 5277—2012《火电工程达标投产验收规程》。

（14）DL/T 1161—2012《超（超）临界机组金属材料及结构部件检验技术导则》。

（15）DL/T 1144—2012《火电工程项目质量管理规程》。

（16）DL/T 241—2012《火电建设项目文件收集及档案整理规范》。

（17）GB/T 50319—2013《建设工程监理规范》。

（18）DL/T 1269—2013《火力发电建设工程机组蒸汽吹管导则》。

（19）《电力建设土建工程施工 试验及验收标准表式》（施工、试验、验收三册，火电建标〔2013〕1 号）。

（20）DL/T 5294—2013《火力发电建设工程机组调试技术规程》。

（21）DL/T 5295—2013《火力发电建设工程机组调试质量验收及评定标准》。

（22）《火力发电工程质量监督检查大纲》（国能综安全〔2014〕45 号）。

（23）DL/T 5706—2014《火力发电工程施工组织设计导则》。

（24）DL/T 5445—2014《火力发电厂工程测量技术规程》。

（25）GB 50974—2014《消防给水及消火栓系统技术规范》。

（26）DL/T 1071—2014《电力大件运输规程》。

（27）GB 50972—2014《循环流化床锅炉施工及质量验收规范》。

（28）DL/T 959—2014《电厂锅炉安全阀技术规程》。

（29）DL/T 5445—2014《火力厂除尘工程技术规范》。

（30）GB 13271—2014《锅炉大气污染物排放标准》。

（31）GB 50973—2014《联合循环机组燃气轮机施工及质量验收规程》。

（32）DL/T 5707—2014《电力工程电缆防火封堵施工工艺导则》。

（33）GB 50171—2012《电气装置安装规程盘、柜及二次回路接线施工及验收规范》等。

（34）DL/T 1348—2014《自动准同期装置通用技术条件》。

（35）DL 5009.1—2014《电力建设安全工作规程 第1部分：火力发电》。

二、强制性标准贯彻执行内容

强制性标准贯彻执行内容包含安全规程等强制性标准和各类各专业的强制性条文。在标准执行上分为强制执行、必须执行、参考执行；相对应的是强制性标准、执行标准、推荐标准。

强制性条文有电力技术规范强制性条文、电力验评规程强制性条文、电力达标投产验收规程明确的强制性条文以及强制性标准房屋建筑工程和电力工程部分的强制性条文，均要对照配套执行。

（一）强制性标准执行内容

（1）《特种设备安全法》及《特种设备安全监察条例》规定的有关条款。

（2）《安全条例》和《质量条例》中施工单位和监理机构相关条款。

（3）社会关注项目的法制规定、相应标准及有关条款。例如消防、防爆、电梯、压力容器、射源管理、吊装机械、承压管道、安全生产、职业健康、在线监测、环境保护、水土保持等。

（4）《危险性较大的分部分项工程安全管理办法》中有关的规程、标准。

（5）DL 5009.1—2014《电力建设安全工作规程 第1部分：火力发电厂》有关条款。

（二）DL 5190—2012《电力建设施工技术规范》中强制性条文执行内容

共有9个部分，每个专业均以黑体字标识为强制性条文，必须执行。

（三）DL/T 5210《电力建设施工质量验收及评价规程》（所有部分）中的强制性条文执行内容

DL/T 5210共分8个部分：土建工程、锅炉机组、汽轮发电机组、热工仪表及控制装置、管道及系统、水处理及制氢设备和系统、焊接、加工配制。

DL/T 5210.1—2005《电力建设施工质量验收及评价规程 第1部分：土建工程》在"质量标准和检验方法"中"项目检查"及"质量标准"中用黑体字书写的内容，为强制性标准，必须执行。

"验收及评价规程"安装各专业中，凡有"强制性条文执行情况检查表"的均要执行。需要说明的是："强制性条文规定"栏中，引入是1992版电力施工技术规范的强制性条文，现已被新版替代，对照执行时应按现行有效版本的强制性条文执行。

（四）《工程建设标准强制性条文》执行内容

"房屋建筑工程"和"电力工程部分"汇集了强制性条文，要互应执行。

《工程建设标准强制性条文》（电力工程部分，2011版）是对2006版的修订，是补充完善，增加风电、新能源的强制性条文部分。其中火力发电工程以勘测设计的强制性条文为主，还未编入"施工及验收"强制性条文部分，待发行，当前可参考2006版执行。

（五）其他行业的工程建设

自备电厂及其系统，还要执行其相应行业规定的有关标准强制性条文。

三、质量监检监理工作

电力建设工程质量监督检查是电力建设工程质量监督总站及质量监督中心站受委托代表

政府进行建设工程质量监督。《火电工程质量监督检查典型大纲》与能源局颁发的《火力发电工程质量监督检查大纲》配套使用，共同明确责任，规范内容程序，强化检测，确保电力工程建设质量。

（一）工程项目质量监督总站监督检查

1. 土建

土建工程质量监督检查根据土建工程进展增加监检次数。

2. 锅炉

（1）锅炉钢架承载前质量监督检查。

（2）锅炉受热面吊装前质量监督检查。

（3）锅炉制粉系统分部试运行前质量监督检查。

（4）锅炉回转式空气预热器分部试运行前质量监督检查。

（5）锅炉送风机、一次风机、引风机分部试运前质量监督检查。

（6）锅炉电除尘空负荷升压前质量监督检查。

（7）主要热力设备及管道保温绝热质量监督检查。

3. 汽轮机

（1）汽轮机油系统安装及油清洁度等质量监督检查。

（2）给水泵组（电动、汽动）分部试运前质量监督检查。

（3）汽轮机凝汽器的管道系统安装质量监督检查。

（4）高、低压加热器及除氧器安全阀整定质量监督检查。

（5）全厂中、低压管道安装质量监督检查。

4. 电气

（1）发电机转子吊装前质量监督检查。

（2）大型油浸变压器器身检查、安装试验质量监督检查。

（3）高压配电装置质量监督检查。

（4）电缆敷设质量监督检查。

（5）接地装置质量监督检查。

5. 热控

热控装置安装质量监督检查。

注：电厂质量监督总站的监检项目，监理按建设单位意见参与监督检查，也可将项目合并进行监督检查。

（二）质监中心站监检项目（电建质监〔2007〕26号）

（1）火电工程首次质量监督检查典型大纲。

（2）火电土建工程质量监督检查。

（3）火电工程锅炉水压试验前质量监督检查（含循环流化床锅炉）。

（4）火电工程汽轮机扣盖前质量监督检查。

（5）火电工程厂用电系统受电前质量监督检查。

（6）火电工程机组整套启动试运前质量监督检查。（含循环流化床锅炉）

（7）火电工程机组整套启动试运后质量监督检查。

（8）火电工程验收移交生产后质量监督检查。

（9）火电工程石灰石-石膏湿法烟气脱硫装置整套启动试运前质量监督检查。

（10）火电工程燃气-蒸汽联合循环机组整套启动试运前质量监督检查。

（11）火电工程燃气-蒸汽联合循环机组整套启动试运后质量监督检查。

（三）《火力发电工程质量监督检查大纲》（国家能源局 国能综安全〔2014〕45号）

第1部分：首次监督检查。

第2部分：地基处理监督检查。

第3部分：主厂房主体结构施工前监督检查。

第4部分：主厂房交付安装前监督检查。

第5部分：锅炉水压试验前监督检查。

第6部分：汽轮机扣盖前监督检查。

第7部分：厂用电系统受电前监督检查。

第8部分：建筑工程交付使用前监督检查。

第9部分：机组整套启动试运前监督检查。

第10部分：机组商业运行前监督检查。

该《大纲》前言第三部分使用说明："《大纲》是电力工程质量监督机构制定的监督检查计划和开展现场监督检查工作的依据，与电力工程质量监督检查程序的相关规定配套使用。"

（四）监督检查监理质量行为

（1）监理资质与工程监理项目相符；工程监理合同已签订；质量管理体系健全，运行有效。

（2）监理部组织机构设置满足工程监理工作需要，总监理工程师经本企业法定代表人授权，监理人员具备相应资格，仪器、设备配置满足工程监理工作需要。

（3）监理规划、监理细则、监理工作程序和监理工作制度审批完备、实施有效。

（4）监理交底、施工图会审等各项管理制度齐全、完善；监理交底记录、施工图会检卡、纪要等签字手续完备；技术措施、工程技术洽商等技术文件审批并完善。

（5）施工质量验评项目划分表已审定，且清晰合理，与施工现场实际相符合，并已确定关键项目的质量控制点；对施工单位合格供货商名录已经审查。

（6）建立了对到货设备、成品、半成品和原材料进行开箱检验的管理办法和相关抽检制度。

（7）对施工分包队伍、试验室、工程测量和材料供应等单位资质及计量设备进行了审查。

（8）单位工程开工报告、施工组织设计、施工方案、技术措施的审批手续完备，危险性较大的专项方案已报审，建筑方格网、主要建（构）筑物控制桩、重要测量成果复测准确。

（9）监理日志、监理月报、质量问题通知单、会议纪要等齐全、规范。

（10）质量验收制度健全，实施有效；现场巡视、平行检验、旁站监理、停工待检及见证取样制度齐全，实施留有痕迹；强制性条文的执行检查、隐蔽工程等检查签证及时有效；监理签署意见规范准确。

（11）开工、停工、复工令符合规定，验评记录、施工记录签字齐全、有效，对施工质量及时进行分析，对现场发现使用不合格材料、配件、设备及时制止，对发生质量事故要配合责任单位调查处理。

（12）分别对锅炉水压前、汽轮机扣盖前的项目进行验收、签证完毕；总监理工程师对厂用电系统受电技术措施已审核，<u>应查检项目也已合格</u>，《监理报告》已报送试运指挥部审批。

（13）监理资料齐全、整理规范；质量问题台账完整、准确、清晰，管理闭环。

（14）启动试验后监检。施工单位对消缺工作进行全过程的监理，并检查验收完毕；整套启动试运的监理记录、重要消缺项目的旁站记录、会议纪要和质量问题台账等技术文件和资料完整、齐全；督促、检查施工单位和调试单位合同执行。

（15）对施工单位在施工中采用的"五新"（新技术、新工艺、新材料和新设备）已经组织论证、审核；重视绿色施工，智能建筑检查合格。

（16）对预监检及正式监检提出的整改问题已处理完毕，并检查验收闭环。

（17）对各阶段质监中心站监检，监理要有明确的评估意见。

（五）技术文件及资料检查

（1）土建工程质量验收。检验批、分项、分部、单位工程质量验收记录有多项已验收。

（2）土建单位工程记录。

1）单位（子单位）工程质量控制资料核查记录 36 项。

2）单位（子单位）工程安全和功能检验核查及主要功能抽查记录 51 项。

3）单位（子单位）工程感观质量检查记录若干项。

4）单位（子单位）工程质量控制资料核查记录（适用于其他消防）20 项。

5）单位（子单位）工程安全和功能检验核查及主要功能抽查记录（适用于其他消防）15 项。

（3）土建分部工程记录。

1）地基与基础分部（子分部）工程质量控制资料核查记录 21 项。

2）主体结构分部（子分部）工程质量控制资料核查记录 41 项。

3）建筑装修装饰分部（子分部）工程质量控制资料核查记录 19 项。

4）建筑屋面分部（子分部）工程质量控制资料核查记录 13 项。

5）建筑给排水及采暖分部（子分部）工程质量控制资料核查记录 17 项。

6）建筑电气分部（子分部）工程质量控制资料核查记录 15 项。

7）通风与空调分部（子分部）工程质量控制资料核查记录 11 项。

8）电梯分部（子分部）工程质量控制资料核查记录 12 项。

9）建筑智能化分部（子分部）工程质量控制资料核查记录 15 项。

注：上述各项均有"安全与功能检测、抽查记录"及"感观质量检查记录"。

（4）土建工程施工现场质量管理检查记录。

（5）锅炉水压前监督检查。锅炉钢架 8 项、锅炉受热面 13 项、焊接及金属监督 11 项。

（6）汽轮机扣盖前监督检查。提供技术文件资料 13 项、安装记录 25 项；校核厂家与安装测量项目 9 项。

（7）电气系统厂用电受电前监督检查。技术文件资料 11 项。

（8）脱硫工程启动前监督检查。技术文件和资料的监督检查 30 项。

（9）整套启动前技术文件、资料监督检查 30 项。

（10）整套启动后技术文件、资料监督检查 16 项。

四、管理认证监理必备

质量管理体系（QMS）、环境管理体系（EMS）、职业健康安全管理体系（OHSMS）需同时管理控制，将上述三个标准整合进行体系内审外审，简称三标一体化认证，是我国的三标实施检测检查的具体规定，是与国际 ISO 标准认证接轨的组成部分。监理单位是认证组织，应做好自身的管理体系建设；项目监理机构对施工单位的认证管理和运作有所认知，保证工程建设项目质量、环境、安全、职业健康目标的实现，是体系持续改进的重要组成部分。

国际上理论界公认，全面质量管理进化三个标志性阶段包括全面质量管理（TQC，20 世纪 80 年代）、9000 标准贯标、认证（ISO，国际认证、认可中的合格评定标准）、卓越绩效模式（见 GB/T 19580—2012《卓越绩效评价准则》）。企业应向卓越绩效模式转化、过度。

（一）质量管理体系

质量管理体系是指运作的组织要针对所有相关方的需求，实施并保持持续改进其业绩的管理体系，可使组织获得成功；也是奠定监理质量控制的基础，建立监理质量管理原则，做好监理实践。

GB/T 50430—2007《工程建设施工企业质量管理规范》是以现行国际质量管理标准为基础，针对我国工程建设行业特点，提出施工企业质量管理要求，促进施工企业质量管理科学化、规范化和法制化，以适应经济全球化发展需要。是我国工程建设施工企业质量管理体系的深化。

1. 质量管理体系基础（以前称为要素）

（1）理论：帮助组织增进顾客满意。

（2）体系与产品要求：

1）体系要求：通用，适用所有行业、经济领域、各类产品。

2）产品要求：顾客规定，含技术规范、产品标准、合同协议、法规要求等。

（3）方法：需求和期望、质量方针和质量目标、过程和职责、必需资源、有效性和效率、测量方法、防不合格措施、持续改进。

（4）过程方法：PDCA 循环，即策划-实施-检查-处置。

（5）质量方针和质量目标：

1）方针：建立和评审质量目标提供的框架，是组织关注焦点。

2）目标：可测量的产品质量、运行有效性、业绩，是关注方满意和信任的尺度。

（6）领导：最高管理者的领导作用和行为，运用原则、作用发挥。

（7）文件：

1）文件价值：沟通意图、统一行动，满足顾客要求和质量改进，有培训、追溯、证据、评价作用，文件的形成是一项增值的活动。

2）文件类型：质量手册（提供符合性信息文件）。

a. 质量计划：表述应用特定产品、项目或合同文件。

b. 规范：阐明要求的文件。

c. 指南：推荐方法或建议的文件。

d. 程序文件、作业指导书和图样：过程完成的信息文件。

　　e. 记录：完成活动或得到的结果提供客观证据的文件。

　　（8）评价：

　　1）过程识别、职责分配、程序实施、结果有效。

　　2）审核：适宜性、有效性、充分性。

　　3）评审。

　　4）自我评定。

　　（9）持续改进：现状、识别、目标、办法、测量、验证。

　　（10）统计技术的作用：了解变异、提供效率、获得数据、有效决策。

　　（11）清晰质量管理体系与其他管理体系的关注点。

　　（12）体系与卓越模式的关系：体系与模式、强项与弱项、通用与专用、内部与外部，转型进化。

　　2. 监理督管施工质量

　　监理受业主委托对施工企业进行管控，要求施工企业必须执行 GB/T 50430—2007，使施工企业加强质量管理工作，规范质量管理行为，促进质量管理提高。在认证审核中是认可资格的必要条件。

　　以 GB/T 50430—2007 为纲，编制和发布质量手册；在原有程序文件的基础上，必须根据 GB/T 50430—2007 要求，增加大量的质量管理制度；"不合格品控制程序"中，根据 GB/T 50430—2007 要求，要增加质量事故的分类、处理和责任追究等内容。

　　增加了收集工程建设相关方的满意情况信息要求，工程项目质量策划的内容不能用传统的项目施工组织设计套用和完全代替。

　　（二）环境管理体系

　　组织根据法律法规及重要环境信息，制定实施环境方针与目标，控制影响环境的因素。

　　1. 环境保护实施

　　（1）清洁生产与污染预防。

　　1）国际和我国采用清洁生产：是指既可满足人们的需要又可合理使用自然资源和能源并保护环境的实用生产方法和措施。

　　2）清洁生产内容：清洁的能源、清洁的生产过程、清洁的产品。

　　3）产品的生态设计：即绿色设计、环境设计。是指污染预防、保护环境从设计开始。

　　（2）环境方针与目标指标。

　　1）环境方针。

　　2）环境目标。

　　3）环境指标。

　　（3）环境管理制度。

　　1）"三同时"制度，即建设项目配套的环境保护设施，应执行同时设计、施工、投产的制度。

　　2）总排放规定等制度；认真执行排放提升标准。

　　2. 环保类别划分

　　（1）排放污染物分两类：第一类对人体健康产生长远不良影响，如电厂建设要从严控制射线伤害；第二类长远影响小的污染，如 pH 值、悬浮物、BOD_5、COD 等 56 项。

（2）地表水环境质量标准水域功能分五类。

（3）大气环境质量标准分类及适用功能：一类是自然保护区、林区、风景名胜区及其他需要特殊保护地域；二类是居民区、商业交通居民混合区、文化区、一般工业区和农村地区。

（4）大气污染物综合排放标准：一级对应一类地区，二级对应二类地区，三级适用于特定工业区。

（5）城市区域环境噪声标准分五类。

（6）环境管理体系系列代号：EMS 为环境管理体系、EA 为环境审核、EL 为环境标志、EPE 为环境行为评价、LCA 为环境周期评估。

3. 环境因素识别

（1）环境污染。

（2）大气污染物：烟尘、SO_2、NO_x、Hg 等有害物及 $PM_{2.5}$。

（3）水污染物。

1）化学需氧量 COD：在规定条件下，使水样中能不被氧化的物质氧化所需要的氧化剂的量。

2）生化需氧量 BOD：在富氧条件下，微生物分解水体中有机物的生物化学过程中所溶解氧的量。

3）BOD_5：采用 20℃培养 5 天的生物化学过程需要氧量的指标，占最终生化需要量的 65%～80%，记为 BOD_5。

（4）噪声。噪声污染的控制按功能分城市区域噪声标准和工业企业噪声标准，又分昼间、夜间标准。

1）如打桩及打桩机：昼 85、夜禁止施工。

2）结构施工搅拌机、振捣棒、电锯：昼 70、夜 55。

3）装修吊车、升降机：昼 65、夜 55。

注单位为 dB

4. 环境控制要点

（1）环境保护是我国的一项基本国策。火力发电厂既是动力、热力源泉，为人类播光撒热；又是社会环境的污染源。监理应对施工污染源控制、固体废弃物弃放规范、酸洗废液中和排放、有毒化学品管理、射源存放与作业期间安全管控、试运阶段废液处理合规、CEMS 在线控制指标达标进行监督。

（2）关注总平面布置、设施标准化、绿色施工、水土保持、灰场管理、灰坝安全、环境绿化、环境因素辨识及试运环境控制。

（3）电厂升级控制指标。

1）除尘器出口烟尘排放量小于或等于 20mg/m³（标准状态）；烟囱出口烟尘排放量小于或等于 5mg/m³（标准状态）。

2）脱硫 FGD 出口烟气 SO_2 浓度（标准状态、干基、6%O_2）小于或等于 20 mg/m³。

3）脱硝反应器出口 NO_x 浓度（标准状态、干基、6%O_2）小于或等于 30 mg/m³。

4）脱硝反应区氨逃逸率小于或等于 3μl/L；汞（Hg）排放量小于或等于 0.03mg/m³（标准状态）。

（三）职业健康安全管理体系

实施职业健康安全管理体系要求，使组织能够控制职业健康安全风险并改进其绩效。

1. 职业健康安全管理体系要素

（1）管理体系模式。

（2）职业健康安全方针。

（3）策划：危险源辨识风险评价控制的策划，法规和其他要求、目标、职业健康安全方案。

（4）实施和运行：结构和职责，培训、意识和能力，文件和资料控制，运行控制，应急准备和响应。

（5）检查和纠正措施：绩效测量和监视、事故事件不符合项、纠正和预防措施、记录及其管理。

（6）审核：管理评审等。

2. 事故预防的法规要求

职业健康安全教育及职业资质：持特种作业资格证书上岗、安全生产知识和管理能力考核任职、从业人员安全生产教育培训合格上岗，企业必须建立安全生产教育制度。

（四）管理体系文件与程序文件

1. 管理体系文件

管理体系文件是公司级管理纲领性文件和行为准则；是公司质量、环境、职业健康安全管理守则，是公司的第一层次文件。

管理体系文件核心内容包括：

（1）管理方针。

（2）管理目标。

1）质量目标。

2）环境目标。

3）职业健康安全目标。

（3）管理体系文件。管理手册、程序文件、管理职责、资源提供、产品实现、测量、分析和改进。

2. 程序文件

程序文件是公司的第二层次文件，是确保公司管理体系文件实施的可操作性的工作文件。

3. 常用名词

（1）第三体系文件。

（2）不合格品。

（3）纠正措施、预防措施。

4. 严重不合格项

（1）管理体系文件违背认证规定。

（2）出现严重不合格品。

（3）有较大质量安全事故。出现严重不合格项，认证不能通过。

五、电力建设达标投产

规范达标投产验收工作、提高工程建设和整体工程移交水平是达标投产的目的。方法是对工程建设程序的合规性、有效性及机组投产后整体工程质量，用量化指标比照和综合检验相结合方式进行符合性验收。因此，要做到事前策划，过程控制；要做好政府监督、业主监管、监理监查，承包监控的多层次管理。

（一）达标投产基本规定

（1）建设单位制定达标投产规划。

（2）参建单位编制达标投产实施细则。

（3）达标投产应单台机组进行初步验收或复检，多台复检申请应逐台进行复检，公用部分纳入首台机组，初验时不具备条件的项目复验时进行。

（4）达标投产初验应在整套启动前进行，复检在机组移交后 12 个月进行。

（5）检验内容分"主控"和"一般"。

（6）工程建设过程中，建设单位应组织各参建单位进行全过程质量控制。

（7）验收注重完整性、系统性和技术内容的真实性及正确性。

（8）污染物排放要达到升级标准。

（二）达标投产检查验收内容

（1）职业健康安全与环境管理。

（2）土建工程质量。

（3）锅炉机组工程质量。

（4）汽轮发电机组工程质量。

（5）电气、热工仪表及控制装置质量。

（6）调整试验、性能试验和主要技术指标。

（7）国内排放浓度先进指标：烟尘为 $2.3 mg/m^3$（标准状态）、SO_2 为 $5.28 mg/m^3$（标准状态）、NO_x 为 $19.7 mg/m^3$（标准状态）。

（8）工程综合管理与档案。

（三）检查验收资料形成

达标投产检查验收七项内容，分别填写七份；"检查验收表"，分别填写并签字。

（1）主控检验个数、基本符合个数、基本符合率。

（2）一般检验个数、基本符合个数、基本符合率。

（3）监理单位专业技术负责人签字、建设单位专业技术负责人签字、填写年月日。

（4）现场复（初）验的成员签字、组长签字、填写年月日。

第四节　监理行为与文件资料

一、监理工作程序

（一）工程项目监理前期工作

（1）编制《监理大纲》。

（2）购买《招标书》。

（3）编制《投标书》。

（4）确立公司级的《施工监理的管理制度》。

（5）针对工程规模、容量拟定机构和成员。

（6）中标后与建设单位签订《施工监理合同》。

（7）组建项目监理机构。

（8）《监理合同》签订后，派总监率成员进驻工程项目施工现场。

（二）项目建设过程监理重点工作

（1）参与施工单位招标工作。

（2）参加现场第一次工地例会。

（3）编制《监理规划》并报批。

（4）编制土建重要工程项目及安装各专业的《监理细则》。

（5）与建设单位签订《安全协议》。

（6）向建设单位索要该工程的《设计供图清册》。

（7）召开图纸审查会议并填写《图纸会检卡》《会检纪要》。

（8）根据业主里程碑工期编制工程项目一级网络计划。

（9）受业主委托编制工程项目施工组织总设计。

（10）确立建安工程验收项目划分表及施工单位验收项目划分表的统计表。

（11）编排工程项目验收检查的 W、H、S 点计划表。

（12）组织浇筑第一罐混凝土标志工程正式开工。

（13）协助建设单位进行全面工程管理。

（14）主动、全面、深入进行施工管理。

（15）建立监理部的管理台账。

（16）依专业特点规定监理工程师的统计台账。

（17）独立进行监理施工过程的质量管控。

（18）抽查施工单位的施工记录，关注绿色施工、智能建筑检查。

（19）监查施工单位的控制资料完整性、准确性。

（20）督办施工的单位、分部、分项、检验批的审定、签批。

（21）参加建安各阶段的质量监检会议并编制《监理监检报告》。

（22）建安工程质量评估报告。

（23）机组静态、动态评估报告。

（24）备齐工程项目《达标投产》监理的支撑性材料。

（25）业主明确的创优工程的创优实施计划、过程创优检查。

（26）《施工监理合同》超期要续签补充合同。

（27）纸板、电子版、照片等监理资料档案移交签收并挂入电厂归档软件上，完整归档资料电子版及影像刻录。

（28）接待审计部门的询问及问题的解释。

（29）参与市技术监督局的监督检查。

（30）参与消防等五部门的消防设施检查等五项专项验收。

（31）创优工程项目监理进行质量全面预评价。

（32）监理部工作总结。

（33）签署工程《竣工移交书》并交公司一份，备查。

（三）机组移交后的监理工作

（1）参加火电工程整套启动验收后的质量监督检查。

（2）工程竣工图纸检查、签字。

（3）应邀参加火电工程竣工移交生产后质量监督检查会议。

（4）应邀参加工程建设达标投产验收会议。

（5）应邀参加工程建设后评估会议。

（6）应邀参加社会专项检查验收会议。

（7）必要时监理进行质量回访。

（8）监理费全面结算结清，《监理合同》终止。

（四）绘制监理工作程序框图

（1）工程建设监理服务总程序。

（2）工程建设质量控制监理服务程序。

（3）工程建设进度控制监理服务程序。

（4）工程建设造价控制监理服务程序。

（5）工程建设合同管理监理服务程序。

（6）工程建设信息管理监理服务程序。

（7）工程建设安全生产管理法定监理职责服务程序。

二、监理文件资料编制

（一）监理规划编制

监理规划是项目监理机构的工作目标，确定具体的监理工作制度、内容、程序、方法和措施，并具有指导性和针对性的监理部的工作总纲。

监理规划在签订《监理合同》及收到工程设计文件后进行编制，在召开第一次工地例会前应报送建设单位。

1. 监理规划编审程序

（1）总监理工程师组织专业监理工程师编写。

（2）总监理工程师签字后由工程监理单位技术负责人批准后，报送建设单位审批。

2. 监理规划主要内容

（1）工程概况。

（2）监理工作范围、内容、目标。

（3）监理工作依据。

（4）监理组织形式、人员配备、进场计划及监理人员岗位职责。

（5）工程质量控制。

（6）工程造价控制。

（7）工程进度控制。

（8）合同与信息管理。

（9）组织协调。

（10）安全生产管理职责。

（11）监理工程制度。

（12）监理工作设施。

（13）编制达标投产策划。

（14）创优工程要编制创优计划。

在监理工作实施过程中，如实际情况或条件发生较大变化而需要调整监理规划时，修改后仍按原程序审定、签批，报建设单位。

（二）监理实施细则编制

监理实施细则是针对某一专业或某一方面的监理工作的纲领性文件。监理实施细则在相对应的工程项目施工开始前由专业监理工程师编写，并报总监理工程师审批。大型电力工程的监理实施细则，可由副总监审定，总监批准。

1. 编制监理细则关注事项

（1）工程中采用新材料、新工艺、新技术、新设备。

（2）专业性较强、危险性较大分部分项工程，智能工程、节能工程、绿色工程、水土保持等内容，应编制监理实施细则或融入专业监理细则中，如《绿色施工监理细则》《达标投产监理细则》《强条执行检查监理细则》等。

2. 监理实施细则编制依据

（1）监理规划。

（2）相关标准、工程设计文件。

（3）施工组织设计、专项施工方案。

3. 监理实施细则主要内容

（1）专业工程特点。

（2）监理工程流程。

（3）监理工作要点。

（4）监理工作方法及措施。

监理实施细则实行动态管理，工程相关事项有较大变化，须及时修改，总监批准后实施。

（三）工程项目验收划分表制定及汇总

根据工程设计项目，结合工程标段，征求建设单位意见，按 DL/T 5210《电力建设施工质量验收及评价规程》（所有部分）要求，各专业均要准确且有针对性地制定工程项目验收划分表，项目监理机构进行汇总，分层次按专业进行管理和验收。

各专业对口检查施工单位编制的工程验收项目划分表，有遗漏或有缺欠，令其修改完善；监理机构根据建设单位的标段划分，检查主标单位和分包单位的验收项目划分表是否具备可操作性、合理性，预审合格后正式上报监理部确认。

所有施工单位的验收项目划分表上报审查合格的实施表，项目监理机构进行汇总成册。监理部总监明确项目验收的责任人，责任人对监理部负责的项目进行验收，并进行动态管理，建立验收管理台账。

（四）工程验收项目 W、H、S 点确定

工程验收项目见证（W）点、停工待检（H）点、旁站（S）点是项目验收类别层次的体现；工程验收项目划分表是验收项目参与验收单位的表述。两者相辅相成、结合运用。

工程验收项目 W、H、S 点的确定，由于工程类别不等、工程规模不同、管理模式不

一、习惯做法有别等因素存在。因此，没有标准系统和固定模板套用。

要求项目监理机构，根据工程实际，结合监理实践，按项目重要程度，合理确定工程验收项目的 W、H、S 点划分，征求建设单位意见，听取施工单位建议，监理主导划分决定，下发执行。

工程验收项目 W、H、S 点确定后，监理工程师要认真执行，紧密配合施工单位分层次进行验收，组织相关单位完成既定的验收程序，检查验收资料力求完整。并制作管理台账，进行动态管理。

（五）施工组织总设计编制

施工组织设计是指规范施工组织、提高技术管理水平、控制综合进度、规范临建、合理用地、优化机械资源、制定方案措施、实现安全文明施工、确保工程建设质量。施工组织总设计要以《施工组织设计大纲》《火力发电工程施工组织设计导则》和初步设计资料文件进行编制。

施工组织总设计按规定应由施工总承包单位负责组织编写，监理项目机构审定，建设单位批准；没有总承包单位的工程，由建设单位（或监理单位）负责组织各施工单位编写，由监理汇总，建设单位批准。各标段施工组织设计及专业施工组织设计应遵循施工组织总设计的原则并拓宽和细化，由各施工单位负责编写报批。

有些工程项目业主，为了强化工程管理，提高工程准备水准，预控施工管理的战略安排，在工程正式开工前，对工程项目的施工组织总设计进行策划。因此，建设单位工程部和项目监理部联合编写施工组织总设计。业主要求所有施工单位，要超前策划、精心组织、积极进取，为提高基本建设队伍素质，强化施工组织的先进性、机械器具配备合理性，提升机组投产水平，坚定实现达标投产，力争工程创优，认真编制先进可行的各标段各专业施工组织设计。

施工组织总设计内容如下：

（1）编制依据。

（2）工程概况。

（3）工程组织机构设置。

（4）总平面规划界定。

（5）五通一平（路、电、水、气、通信及场地平整）管理。

（6）工程进度计划。

（7）主要施工方案。

（8）工程管控要点。

（9）工程全面管理规定等。

（六）应用表式编制及编码确定

监理表式及施工报验表式：以 DL/T 5434—2009《电力建设工程监理规范》及 DL/T 5210《电力建设工程质量验收及评价规程》为主部，尚不能满足工程各类表式需要的，工程项目监理机构需增加表式编制及编码确定；土建工程应采用"电力建设标准化委员会"编制下发的"记录、试验、验收"的统一表式。经协调统一后下发。监理应关注如下方面：

（1）质监中心站要求以《电力建设监理规范》的表式为基础。

（2）应满足工程建设管控需要，确保施工质量的各类资料及各专业所需表式均齐备。

（3）应满足建设单位审查、审批的一些特殊要求。

（4）表式编码要有科学性、准确性、实用性，编码既要简练又要体现编码的唯一性。

（5）应有独立编制成册的《机组分部试运及整套试运的执行表式》。

（6）应满足《火电建设项目文件收集及档案整理规范》的相关条款要求。

（七）施工一级网络计划编制

项目监理机构根据业主的里程碑计划编制一级网络计划；根据批准的一级网络计划，施工单位编制二级网络计划和三级网络计划。

网络计划类型如下：

（1）MPP、P3、P6。

（2）Word 甘特计划。

（3）Excel 甘特计划。

（4）梦龙软件网络图。

（5）关键路线法。

1）CPM：单代号法、双代号法。

2）PERT 计划评审技术。

3）发展组合网络计划法 NT。

（八）危险源辨识评价与应急预案

《危险源辨识环境因素评价标准》是贯彻《中华人民共和国安全生产法》、国务院《建设项目环境保护管理条例》《建设工程安全生产管理条例》及《重大危险源安全监督管理规定》的要求，是工程建设项目安全环境管理的深化细化，并具有针对性和可操作性。

1. 电厂施工试运危险源

在电厂工程建设中关注的方面包括易发、频发、险性、恶性项目，施工作业中人的行为、物的状态异常项目，可抵消因子极差的项目，危险性较大的或需专家论证的项目。

（1）火灾、触电、爆炸、垮塌、射源、淹溺、灼烫、化学伤害、中毒窒息、物体打击、高空摔跌、起重伤害、机械绞伤、设备损坏等事故。

（2）对社会产生重大影响的设备、设施、场所、危险品等要进行分析、辨识、评价。

（3）环境因素类型：大气污染物、水污染物、固体废弃物、放射性污染、噪声、原材料与自然资源的使用、其他环境问题和地区性问题等。

2. 强化危险源辨识和评价

参建单位应全员重视安全及环境保护，采取多种措施，使危险工程项目预控在控，达到安全施工调试生产的目的。监理要审查重大方案的安全措施费用计算、设施、措施及动态管理，恪守安全生产管理法定的监理职责；建设单位必须重视安全生产管理，安全措施费用及时足额拨付，检查安全制度建立；施工单位要主动全面强化安全控制、管理、防范，标准化设施制作安装到位，安全管理人员配齐、有证，安全措施周密，安全费用投入及时，对操作性伤害并可能导致其他事故的预防到位。

3. 重大危险源评价方法

（1）矩阵法。首先将危险因素可能造成事故的伤害程度分为轻度伤害、伤害和严重伤害三种；将施工发生的可能性即概率分为高度不可能、不可能和可能三种；再将伤害程度与事故发生的概率进行组合。

风险等级确定为五级：1 级为轻微风险，2 级为一般风险，3 级为显着风险，4 级为高度风险，5 级为极其重大风险。1 级、2 级为可接受危险，可不必追加安全措施；3 级需要有效措施；4 级需立即采取有效措施；5 级不能继续作业。矩阵法的风险等级评价见表 10-1。

表 10-1　　　　　　　　　　　　矩阵法的风险等级评价表

伤害程度	轻度伤害	伤害	严重伤害
高度不可能	轻微风险（1）	一般风险（2）	显着风险（3）
不可能	一般风险（2）	显着风险（3）	高度风险（4）
可能	显着风险（3）	高度风险（4）	极其重大风险（5）

（2）LEC 法。LEC 法是用与系统有关的三种因素综合评价来确定系统人员伤亡风险的方法。

1）L：发生事故的可能性大小及其量值。完全可以预料为 10，相当可能为 6，可能但不经常为 3，可能性小完全是意外为 1，极不可能为 0.2，实际不可能为 0.1。

2）E：暴露于危险环境的频繁程度及其量值。连续暴露为 10，每天工作时间内暴露为 6，每周一次或偶然暴露为 3，每月暴露 1 次为 2，每年暴露几次为 1，非常罕见的暴露为 0.5。

3）C：施工发生导致的后果及其量值。数人以上死亡或造成较大的财产损失为 100，1 人死亡或造成较大的财产损失为 40，重伤致残程度较重或造成一定的财产损失为 15，重伤致残程度较轻或较少的财产损失为 7，轻伤或很小的财产损失为 3。

4）D：风险值（LEC 的乘积）及风险等级。

a. 大于 320 为极其重大风险，不能继续作业，为五级；

b. 160～320 为高度风险，需立即采取有效措施，为四级；

c. 70～160 为显着风险，需要有效措施，为三级；

d. 20～70 为一般风险，需要注意，为二级；

e. 小于 20 为轻微风险，可以接受，为一级。

（3）修正的格雷厄姆-金尼法。作业条件危险评价方法（格雷厄姆-金尼法）属定量安全评估方法。对每一个重大危险源开展对应的危险性评估，从物质危险性、工艺危险性、重大事故发生的可能性、事故的影响范围、伤亡人数、经济损失等方面综合评价重大危险源的危险性，以便提出相应的预防控制措施。

危险性由物质的危险性和工艺的危险性所决定。物的良好状态和人的正确行为可大大抵消单元内的现实危险性。因此，本法对"格金评价方法"进行了修正，介入了"管理抵消因子"。

危险性评价算式为

$$D = L \times E \times C \times B_2$$

式中　　D——危险性大小；

　　　　L——发生事故或危险事件的可能性大小；

　　　　E——人体暴露于危险环境频率或设备、装置的影响因素；

　　　　C——危险严重程度（一旦发生事故会造成人员及财产损失后果）；

　　　　B_2——管理抵消因子。

根据每个重大危险源特有的危险性、事故暴露的频率及事故的后果，设置分值：

1）L 值最高分值为 10 分，最低分值为 2 分；不得低于或等于 1 分和零分。

2）E 值最高分值为 10 分，最低分值为 2 分；不得低于或等于 1 分和零分。

3）C 值最高分值为 10 分，最低分值为 2 分；不得低于或等于 1 分和零分。

4）B_2 值最高分值为 10 分，最低分值为 5 分；不得低于 5 分及以下。

危险性评价：$D \geqslant 7000$ 为一级/重大危险源，$5000 \leqslant D < 7000$ 为二级/较大危险源，$3000 \leqslant D < 5000$ 为三级/一般危险源，$D < 3000$ 为四级/轻微危险源。

4．环境因素的评价方法

（1）环境因素的评价方法可采用经验法或多因子法。

1）因子 a 为环境因素的发生频率。

2）因子 b 为排放与相关法规标准值比较。

3）因子 c 为环境影响涉及范围。

4）因子 d 为环境影响可恢复性或持续性。

5）因子 e 为公众和媒体的关注程度。

（2）综合评价得分为

$$X = a \times x_i$$

x_i——b、c、d、e 中的最大值。

通过 X 值确定环境因素的重要性，其中 a、b、c、d、e 各值的确定方法见表 10-2。

表 10-2 a、b、c、d、e 值的确定方法

环境因子	发生频率 a	与标准值比较 b（%）	环境影响范围 c	可恢复性/持续性 d	公众或媒体关注程度 e
5	每日一次及以上	$\geqslant 90$	全球性	不可恢复	社会极度关注
4	每周一次及以上	80～90	全国性	半年以上	地区性极度关注
3	每月一次及以上	50～80	重大地区性	一周到半年	地区性关注
2	每年一次及以上	30～50	较轻地区性	一天到一周	地区性一般关注
1	一年以上一次	<30	基本无	一天以内	一般不关注

（3）环境因素重要性 X 值。极其重大环境因素 $X = 25$、高度环境因素 $X = 20-25$、显著环境因素 $X = 15-20$、一般环境因素 $X = 10-15$、轻微环境因素 $X \leqslant 10$。

（九）强制性条文执行检查

施工单位对强制性条文的执行状况及内容、依据、资料等，监理必须检查确认，否则监理就是不作为违法。强制性标准和标准的强制性条款，无论技术规范、验评规程还是达标投产的强制性条文，以及工程建设标准强制性条文，施工单位都应执行，监理工程师均要检查、签字、确认，并要留下痕迹。

（十）平行检验的实施

平行检验是项目监理机构在施工单位对工程质量自检的基础上，按照有关规定或建设工程监理合同约定独立进行的检测活动。

监理工程师或监理员，按项目监理机构部署，各专业按自己确定的计划，主动、认真进行平行检验，并形成资料备查，归档。

（十一）重要项目旁站记录

旁站是监理人员在施工现场对实体关键部位或关键工序的施工质量进行的监督检查活动。各专业的监理工程师或监理员，按确立的旁站项目或旁站点进行认真监督检查，留下记录。记录应包括内容、时间、部位、人员、状况具体描述，施工单位的作业人员及旁站监理人员应签字并备案、归档存查。

（十二）监理月报、调试简报编制

监理月报是项目监理机构每月向建设单位提交的建设工程监理工作及建设工程实施情况分析总结报告。主要内容应包括本月工程实际情况、本月监理工作情况、本月施工中存在问题及处理情况、下月监理工作重点。

监理月报可用文字表述，也可用报表形式，要求图文并茂，反映工程真实情况，是工程建设留存的史料。内容包括工程进度、质量验收、安全状态；事记记载、主要事件；领导视察、重要会议；监检动态、社会监察；进度趋势分析、质量跟踪分析、物资供应状态分析、资金供需分析等。

按"归档规范"的规定，施工单位应有工程简报；调试阶段，调试单位根据调试进展及调试内容按期出版调试简报。项目监理机构根据需要，作为监理对调试要求及实施记载平台，也可编制监理调试简报，留下管理痕迹和调试进展状况。

（十三）监理日志填写与检查

监理日志是项目监理机构每日对建设工程监理工作及建设工程实施情况的记录。监理日志分监理机构的日志（或"监理大事记"代替）和监理人员日志及重要调整试运阶段的"调试监理记录"。

（1）主要内容：

1）天气和施工环境情况。

2）施工进展情况。

3）监理工作情况（含旁站、巡视、取样、平检、强检等）。

4）存在的问题及协调解决情况。

5）其他有关情况。

（2）日志填写五要素。包括时间、气候、温度、工作内容、问题及处理。各专业各阶段具体记载要有重点，问题及各方态度和处理结果一定实现闭环管理。

（3）监理工作人员填写日志具体内容。

1）当天施工作业内容、部位、数量和进度，劳动力、机械使用情况，工程质量，安全情况。

2）存在的问题及处理具体结果。

3）上级指示或业主要求执行情况。

4）承包商提问及答复。

5）会议主要内容及决定、参加会议人员及后续执行情况。

（4）总监每月检查监理工程师日志，副总检查监理员日志，并指出改进完善意见和签字/日期。

（十四）监理培训记录，进场安全考试

项目监理机构为了工程建设需要，结合工程特点，落实合同条款，提示隐含要求，提高监理成员管理水平，进行岗前培训，并做好培训记录。

项目监理机构为了增强监理成员安全意识，履行安全生产管理法定监理职责，强化自身安全防护，施加影响，促成安全文明施工良好环境，监理成员实施进场考试制度，共同努力实现安全目标。

（十五）监理审查、审定、审批意见用语

（1）监理工程师对施工单位报审、报验的表式或资料，在审查后填写意见或批语时，选用有针对性用语，明确表述依据设计规程标准，是合格验收，还是不合格返修、依据规范不予验收等。

（2）规范用语：项目监理机构要自行规定或编制规范用语成册，监理工程师遵循或参考应用。

（3）主要事项：

1）监理用语不能只写"合格"或"不合格"，又不要写得太繁琐。

2）必须有明确结论：合格、同意、验收或反之的肯定语句；或者要求返回修改、局部改证、换页、重新报送的审查意见。

3）监理工程师必须见证施工记录，知晓控制资料，了解现场实际，查验实物实体，掌握规程标准才可下笔：规范批语、验收意见、书写结论。

（十六）工程质量评估报告

DL/T 5434—2009《电力建设工程监理规范》要求监理编写"单位工程验收文件及工程总体质量评估报告"，DL/T 5434—2009规定监理编写"工程质量评估报告"，《质量监检大纲》要求监理编写"机组建设静态质量和动态质量评估报告"。

1．评估报告基本内容

（1）土建工程。

1）完成实物量：土石方开挖量、混凝土浇筑量、砌筑量、金属墙板面积，检验检测混凝土强度试块组数，钢筋连接取样地面组合焊接、机械连接及成品取样机械连接、焊接组数，钢筋隐蔽工程项数。

2）基础、主厂结构、辅助工程等验收项目，厂房封闭、防水、排水、采暖、地面、装饰工程质量状况等。

（2）安装工程。

1）锅炉钢架吊装、定子就位、下车室就位、锅炉水压、附机和六道安装、厂用电受电、汽轮机扣盖、汽轮机润滑油系统油循环、分部试运、锅炉酸洗、点火吹管、汽轮机冲转、并网带负荷、满负荷试运至168h试运结束的工程状况及各专业验收情况。

2）完成焊口数、检验焊口数、合金件光谱分析、焊缝光谱分析状况、硬度检验数、金相检查检测片数、热处理数量、焊接返修口数、焊接一次合格率等。

（3）机组试运内容。

1）机组单机单体调试文件包。

2）模拟量、开关量、脉冲量的I/O量汇集。

3）分部、分系统、整套试运状况。

4）参数指标完成情况。

5）主要试验项目试验结果。

6）性能试验及特殊试验完成情况。

7）试运中暴露缺陷及处理情况。

8）调整试验试运遗留事项等。

（4）报告社会关注项目进展完成情况、设备系统施工调试缺陷及处理、竣工图审查、资料移交、工程建设遗留项目等事项。

（5）脱硫脱硝工程同步建设投入情况，EPC 管理项目的设计、施工、调试任务完成情况，CEMS 的安装、调试及试运期间的管理指标情况。

2．机组静态、动态质量评估及整体评估结论

（1）工程建安静态评定：质量合格、符合设计要求、达到规程规范及技术标准要求、创建了部分精品和亮点、为同类型机组的一流水平。

（2）整套启动试运动态评定：机组在热态、动态试运考核中，参数达标，指标先进，机组振动及瓦温均在规定范围内，满负荷连续运行优良，一次调峰优秀，创建出同类型高水平机组。

（3）工程建设整体工程评定：工程质量管理到位、工程建设创建亮点、完成工程建设任务、机组指标先进、功能达到设计标准、实现高质量等级投产机组的高水准工程、创优工程基础工作扎实。

（十七）建设工程项目的工程总结

由于工程规模、结构、设计、参数、功能不尽相同，所以，工程总结会有较多不同之处。一般应阐述如下内容：

（1）工程概况。

（2）项目监理机构。

（3）建设工程监理合同履行情况。

（4）监理工作成效。

（5）监理工作中发现的问题及处理情况。

（6）说明和建议。

（十八）工程建设项目监理预评价

DL/T 5210《电力建设施工质量验收及评价规程》（所有部分）内容体现了"验评"分离。业主拟定创优工程规划，参加各方皆应按创优计划实施。监理应进行预评价，建设单位邀请第三方进行评价。包括"单项工程""单台机组""整体工程"打分评价，土建工程还有"工程结构施工""子单项工程""机组单项工程"的质量评价及"工程质量评价报告"等。创优工程的评价要点如下：

1．质量评价基本规定

（1）实施创建优质工程项目，要有质量总目标，开工前建设单位组织各参建单位制定创优规划，明确各方责任，施工单位应制定创优措施和实施细则。

（2）分别进行机组的单项工程评价。

（3）安装工程进行单项工程评价；每台机组的土建作为机组单项工程进行评价，再参加单台机组评价，公用系统纳入首台机组。

（4）创建优质工程项目，建设单位组织参建单位制定质量目标，编制质量计划，实行目标管理，明确各方责任，加强过程控制，强化各阶段质量验收。

（5）评价项目：对质量保证条件、性能测试、质量记录、尺寸偏差及限值施测、感观质量、强制性条文执行共计六项评价内容进行判定，并按权重给出规定的三个档分值。

（6）整体工程质量评价由建设单位委托有电力建设工程质量评价能力的第三方评价机构评价。

（7）施工质量评价应对工程实体质量和工程档案进行全面检查后进行评价。

（8）规定有加分项目和否决项目。

2. 土建工程评价特点

（1）土建的机组单项工程中划分为三个子单项工程：

1）主厂房工程：汽机房、除氧间、煤仓间、锅炉房、集控楼。

2）构筑物工程：烟囱、冷却塔、空冷塔、FGD 塔、三合一间接冷却塔、煤罐、灰罐、封闭圆煤场、干煤棚、支架、设备基础、水池、沟道、厂区道路等。

3）其他建筑工程。

（2）工程结构施工质量评价：子单位工程的地基及桩基工程、结构工程及地下防水层，施工单位自评，监理验收评价。

（3）子单项工程（地基与桩基工程、结构工程、屋面工程、装修装饰工程、建筑安装工程）的全部单位工程合格，自检、验收后，监理进行预评价，建设单位请第三方评价机构进行子单项工程评价，并形成评价报告。

（4）机组单项规程质量评价：在子单位工程评价基础上，监理进行预评价，建设单位再请第三方评价机构进行单项工程评价，并形成评价报告。

（5）工程结构施工质量评价：工程结构是指主厂房和主要构筑物，获该地区结构质量最高奖项或组织相关专业 3～5 名省级或行业专家进行地基和桩基、主体结构不少于两次的中间质量检查，并有完备的检查记录和评价结论。

（6）工程结构、子单项工程、机组单项工程评价 85 分及以上为工程质量优良；低于 85 分的整体工程不能评为优良工程；总得分达到 92 分及以上时，为高质量等级的优良工程。

三、监理过程自行管理

项目监理机构受业主委托，对建设工程进行检查控制活动和相关服务的同时，对监理机构自己的制度建立、监查内容、质量意识、控制能力、服务理念、资料完整等自身建设进行认真管理。

（一）监理核查资料并留存的主责管理

（1）坐标、高程基准点及第三方测量成果闭合平差数据，建设单位签认的资料。

（2）重要建筑物、构筑物的坐标、高程的测量资料及复核资料。

（3）重要建筑物、构筑物的地基土质，承载力特征值、地耐力、压实系数、干湿系数的设计值和实测值。

（4）设计的沉降点及装置资料，施工单位与第三方沉降观测值的报告并进行对比、查核。

（5）混凝土结构、基础设计标号及部位，混凝土配合比试验报告，混凝土施工跟踪台账。

（6）抗渗混凝土、抗冻混凝土、膨胀混凝土等配合比试验报告查证的合格资料。

（7）混凝土试块组数及标养、同养的试验报告查验合格资料及统计台账。

（8）钢筋合格证、见证取样、复检报告、使用部位、钢筋种别、使用时间等检查跟踪台账。

（9）钢结构的高强螺栓强度试验结果、摩擦面的抗滑系数试验值及合格资料和统计台账。

（10）焊接工艺评定、焊工合格证、焊前练习检验合格通知单、焊机焊条的管控资料；光谱硬度报告。

（11）土建试验室、金属实验室、电气试验室、热控试验室资质齐备，试验人员资格合格。

（12）搅拌站装置达标，计量设备齐全准确；试验室各类仪器仪表合格，并在检验期内。

（13）分包单位资质审查合格，工厂化加工资质复查资料，工厂化加工产品质量合格资料查核。

（14）材料、设备、半成品合格证，复检、检测资料齐全、合格，试验报告完整；安全门整定合格证件。

（15）汽轮机润滑油、抗燃油、变压器绝缘油、机械油、液压油及油脂合格证和化验单齐备。

（16）锅炉水压、吹管时的水质、机组启动的水质及蒸汽品质合格，SF_6、氢、氨查验合格。

（17）主变压器、高压工作变压器、启动备用变压器等大型变压器运输冲撞记录、氨压记录、交接试验记录齐全。

（18）锅炉膨胀、主管道热胀、汽轮发电机的轴振和瓦振、膨胀及胀差、轴偏心率等各工况值。

（19）锅炉水压、风压试验签证，特种设备查核资料，机组分部整套试运条件确认表齐备。

（20）酸洗、吹管、机组试运参数及指标，除灰、脱硫、脱销及 CEMS 在线监测的参数、指标合格资料。

（二）监理过程行为控制主动管理

（1）召开"第一次工地例会"全面准备，参与研讨时间、主题、程序等内容并出纪要。

（2）建立工程项目的技术质量安全等方面的执行规范规程及查验标准清单，并实施动态管理。

（3）通过建设单位向设计单位索取"工程设计项目技术文件及图纸供应卷册目录"。

（4）敦促施工单位编报"危险性较大的分部分项工程专项方案及组织论证的项目计划"。

（5）知晓压力容器及制造厂家焊口和安装单位焊口抽检的第三方，并实时索要证明材料。

（6）检查有资质的"国家检验局核准的单位，出具对锅炉制造厂的锅炉强度计算数据鉴定书"等资料是否齐全、完整。尤其是制造厂生产的新型号、新参数、新容量的首台锅炉。

（7）施工单位或建设单位明确锅炉酸洗主体实施单位，审查资质及药品质量和方案等事宜。

（8）建设单位明确机组性能试验的测量、测试的专用测点位置及结构，适时检查并完善。

（9）生产单位确定设备的电气和热控保护定值，联锁定值和逻辑关系由控制系统单位提供，调试单位审定，生产单位参与研讨、监理掌握最终结果。

（10）审查并留存锅炉安全阀及压力容器和管道安全阀整定报告及整定值统计资料。

（11）敦促重要设备施工及调试完结应及时办理代保管（如电气受电系统、油区、氢区、氨区等）；已形成独立生产能力并已出产品的辅助车间及设备系统应催促办理代保管（如启动锅炉房及启动锅炉、压缩空气室及设备、化学水车间及设备、中水系统及污水处理厂等）。

（三）监理过程质量控制主办管理

（1）以《监理大纲》为基础，编制《监理规划》和各类各专业的《监理细则》。

（2）监理见证取样计划、编号、实施、统计。

（3）监理对重点部位及关键项目进行旁站。

（4）监理对重要项目或较多检验批项目要进行自主、自测、自验、自检式抽查的平检工作。

（5）监理对危险源辨识及评价自行编制管控的计划及管理。（要求施工单位必须编制上报审核）

（6）监理安排工程项目验收划分表；各施工单位项目验收划分表上报审查合格后，监理汇总。

（7）监理明确并编制见证 W 点、停工待检 H 点、旁站 S 点的项目表。

（8）监理部、监理工程师、监理员、信息员、资料员应建立监理相关的管理台账。

1）建安监理工程师应建立检验批、分项、分部、单位工程验收台账及设备缺陷台账；土建监理工程师应建立钢筋、水泥跟踪台账，混凝土配比报告，标养同养试块试验单跟踪统计台账。

2）调试监理工程师应建立。

a. 调试 I/O 检测管理台账。

b. 调试项目台账。

c. 施工单位的单机单体调校上报汇总台账。

d. 调试单位的分系统及整套试运方案审查、审批台账。

e. 调试阶段设备、施工缺陷处理台账。

f. 建立《试运日志》，写入机组号、试运阶段名称、日期、事件、试验状态、主要数据、参数、重要指标、记录人等内容。

（9）施工单位强制性条文执行检查的计划、实施、核查、统计。

（10）适宜并及时发送监理联系单、监理通知单、监理的专项报告（报建设单位）、监理报告（报项目所在地政府主管部门并抄报建设单位和监理公司）。

（11）监理日志、监理纪要、图纸会审记录或纪要、各类会议纪要、试运状态监理记录。

（12）预控管理：各专业质量通病的预防预控、特殊工程控制、隐蔽工程验收、精品项目创建、样板项目实施等工作的事前事中的管控。

（13）现场各专业的影像资料形成、收集、整理、编目、归档。

（14）对设计单位提供的工程竣工图，对 EPC 项目的竣工图进行审查签字。

（15）监检报告、质量报告、评估报告、评价报告、监理总结。

（四）监理关注的社会监督项目

（1）常规消防设施及系统设计检查、施工告知，消防项目验收签认，准用证获取。

（2）特殊消防设施及系统设计检查、施工告知，消防项目验收签认，准用证获取。

（3）烟感报警、光缆报警、区域显示图集校核、报警与特殊消防联动传递正确性检查。

（4）客货两用施工电梯、烟囱及水塔施工电梯和生产使用的永久电梯安检报告，准用证获取。

（5）电厂锅炉、启动锅炉、压力容器、起重设施、受监管道告知，获特种设备"安全准用证"。

（6）远动、脱硫、脱硝、除尘、CEMS在线监测，与机组同步设计、施工、验收、移交。

（7）全厂建筑、重要设备接地网施工及接地网完整性检查，进行复查测试，并有记录会签。

（8）各类安全阀送到项目所在地检验部门进行检验并获取报告。（电厂锅炉安全阀另委）

（9）环境保护（除尘、脱硫、脱硝、CEMS等）排放指标查核，效率检查。

（10）主要建筑物、构筑物、油区、氢区、氨区的防雷接地和设备接地及接地电阻复查测试。

（11）应邀参与政府主管部门的消防工程、安全生产、职业健康、环境保护、特种设备、水土保持、工程档案等专项验收。

（五）机组启动试验监理工作

机组试验试运是对设计、设备、施工、安装质量的最后检验和动态考核。因此，机组试验启动试运阶段监理机构除查验施工调试单位应完成项目外，自身做好各种准备、自检、自查工作；做好质量、资料、实体等的查核工作，做好迎接监督检查工作。

1. 监理奠定启动试运的基础工作

（1）编制《机组启动试运监理细则》，经过建设单位并邀调试、施工单位讨论后定稿。

（2）制定《机组启动试运执行表式》，建设单位无异议后，明确样本或下发有关单位执行。

（3）敦促施工单位建立健全单机单体调试文件包，并建立转送调试单位的管理程序。

（4）明确分部试运组织责任主体、单机单体调试责任主体、分系统调试责任主体；在试运指挥部领导下，明确整套启动试运指挥、操作、维护、处置、监管、监查、会议、纪要、简报等事宜的主办单位。

2. 监理单位的质量行为自检

（1）《监理合同》签订和执行，业主委托内容明晰资料。

（2）质量计划、质量策划、绿色施工、智能电网、达标投产等质量体系完善。

（3）应有总监授权书，监理机构健全，人员资格齐备，职责分工明确。

（4）《监理规划》审批、《监理细则》编制、《监理程序》流程完善。

（5）施工组织总设计、专业施工组织设计、开工报告、施工方案、设计变更等编制审批到位。

（6）图纸会检、调试方案审查、调试工作交底、设备安装质量签证、具备启动条件确认。

（7）设备、成品、半成品、原材料、开箱、材料跟踪的物管制度、台账等已建立。

（8）分包单位资质审查、人员资格审定、违规行为制止措施均已完成。

（9）监测机构资质审查、人员资格审定合格，各类管理台账均已建立。

（10）见证取样制度完善并执行到位、责任明确、记录完整、编号已达标。

（11）项目划分表、质量验收、强制性条文执行、隐蔽工程查验、各类签证等资料文件已形成。

（12）设备、设计、施工、物供等质量问题台账齐全，不合格品已处置，处理工作已闭环。

（13）新技术、新工艺、新装备、新流程、新材料应用的论证已完成。

（14）每次监检及启动前预监检的问题已整改完毕，相关方已验收，形成的材料已签认。

3. 技术文件和资料的监控检查

（1）地基处理记录。

（2）地方消防主管部门检查合格，并核发水消防、泡沫消防、气体消防的准用书面文件。

（3）相关合同签署、设计交底材料形成、图纸会审资料或纪要已完善。

（4）质量手册、程序、方案、措施完整，技术管理、各类管理制度的审批执行资料齐全。

（5）施工组织总设计、专业施工组织设计上报、审定、批准手续完备。

（6）特种作业人员资格审查及汇总名单齐全、完整。

（7）施工方案、作业指导书进行交底，交底内容、时间、双方签字的资料完善。

（8）各次监督检查提出问题及处理结果闭环资料齐全。

（9）各类试验报告齐备，质量管理台账、质量问题处理台账完整。

（10）隐蔽工程项目签证齐全，隐蔽工程影像及资料已留存。

（11）施工单位或第三方的基础沉降记录、资料、报告齐备。

（12）分部试运技术措施、记录、验收、确认、签证等资料及清单备齐、完整。

（13）机组启动计划、方案、措施、曲线图等齐全并经审批。

（14）监理规划、细则、程序、表式等完整、齐全。

（15）监理部领导任命文件、监理人员证书、调试人员名单及分工齐备。

（16）建立施工未完项目、结尾项目、缺欠项目、保留项目、单体分系统调试未完项目清单。

4. 现场及建筑安装实体检查

（1）受社会监督项目实体检查。（内容上面已陈述）

（2）土建环境完善检查。

1）门窗、屋面。

2）起重设备、照明、盖板、脚手架拆除。

3）地面、通道。

4）操作平台。

5）照明切换。

6）上下水系统、暖通。

7）沟道、电缆架完工与整洁。

8）隔离、警示。

9）通信。

10）沉降有无异常。

（3）安装各专业的设备、系统、附件完善，分部试运完成，防火、防爆、排汽、氢漏检测、氨区、燃油速断阀、事故排油系统完善检查完毕，筑炉结束，保温、油漆、色标基本完成。

5. 监理重点查核项目

（1）计算机失电、失灵、黑屏时，紧急停炉停机、盘车、润滑油油泵等直接操作系统完善、可用。

（2）氢气系统及氨系统严密性试验合格，氢漏检测合格，漏氢检测点及氨泄漏检测装置完善。

（3）机组整套启动前应完成防火涂料、电缆阻隔、缆线端堵、进盘封堵、电缆扣盖等工作。

（4）厂区及主厂房常规水消防，输煤雨淋水幕消防，大型变压器、油箱等雨淋、喷雾消防，特殊消防（IG541、CO_2）等系统达到投用条件，传动可靠、签证完毕。报请市消防部门审核准用。

（5）保安电源投入；柴油发电机自动切换良好；直流电源有充足电量（要大于或等于 220V/1400Ah、110V/500Ah）；不停电电源三路供电系统完善，工备切换良好；快切装置已试验合格，且不大于 15ms；同位切换、残压切换应符合规程规定。

（6）以达标投产为依据，监理对机组、脱硫、脱硝制定"满负荷试运的查核标准"，相关方应精细调整、认真操作、精心维护，实现设计指标并达到业主期望的指标。

（7）监理要求参建单位，按"安规""启规""反措"的规定，实现不超压、不超温、不爆管、不爆燃；不漏氢、不跑油、不烧瓦、不弯轴；不短路、不误动、不拒动、不谐振。各单位应有防范措施、事故预控，制定预案，协调作战，各尽其职，各负其责。

（8）设计图纸编号与生产运行编号应统一起来，要体现到设备系统上、DCS画面上、移交资料里及竣工图纸中。

（9）对监理资料进行全面整理，独立归档；并对施工单位归档资料进行预审查。

四、监理文件资料形成及归档

监理文件资料是项目监理机构在履行建设工程监理合同过程中形成或获取的，以一定形式记录、保存的文件资料；按国家及行业规定范围，工程结束后将文件资料有序地整理归档。

（一）一般规定

DL/T 241—2012《火电建设项目文件收集及档案整理规范》，是文件收集及整理归档的最新遵循文件，并结合建设单位的档案管理实施细则进行细化、归档。

监理的归档工作一般分两条线，一条是交给监理公司留存的，一条是移交给建设单位保存的。监理公司留存的档案，在《建设工程监理规范》和《电力工程建设监理规范》中都有明确规定。

需要注意的是，移交给建设单位的工程竣工档案除"规范"中已有的规定外，归档范围对监理单位还会有所增加。

（二）归档的范围

DL/T 241—2012 对监理单位的归档文件给出了明确的范围，归档分类号 861 为施工监理。可以分为以下四个部分：

（1）监理单位的策划文件（管理文件）档案分类号 8611：主要包括监理大纲、监理规划、监理实施细则、监理制度、监理工作流程等。

（2）监理单位的记录文件档案分类号 8612：主要包括监理日志、监理旁站记录、见证记录、平行检验记录、强制性条文执行情况检查记录、监理通知单及回复单、监理工作联系单等。

（3）监理单位的会议及报表档案分类号 8613：主要包括监理会议纪要、工程纪要、月报、简报等（第一次工地例会纪要单独体现）。

（4）工程质量的评估及记录工作总结档案分类号 8812：主要包括工程质量评估报告、机组静态动态评估报告、达标投产检查验收资料及报告、监理工作总结、创优工程的质量评价等。

（三）归档的注意事项

1. 竣工文件归档特点

（1）电厂归档要求范围广。归档范围第 1 部分增加内容：

1）监理单位资质报审，内容包括报审表、监理单位相关资质、监理单位简介、总监理师授权书、监理人员聘用通知书、监理人员资格证书。

2）监理组织机构、安全组织机构、达标投产组织机构、档案管理组织机构，同时要求进行动态管理。

3）施工验收项目划分。

4）监理典型表式。

5）监理实施细则：除各专业编制细则外，还要有达标投产监理实施细则、绿色环保施工实施细则、档案管理实施细则、工程建设标准强制性条文监理实施细则。

归档范围第 4 部分增加内容包括监理工作总结及工程质量评估报告，除按常规写整体工程质量评估报告外，还要求写出每个单位工程的评估报告、土建专业评估报告、安装专业质量评估报告；安全管理文件要求全部归档，包括整改单及回复单。

（2）电厂归档要求。

1）在典型表式的应用上，不能改变。即实际资料与典型表式要保持一致。

2）监理人员对施工单位的归档文件，要按单位工程进行检查，填写签字页，审查的内容要符合电厂档案管理实施细则要求。

3）归档文件形成后电厂档案人员要逐卷进行检查，检查内容包括：

a. 版面的检查：页边距、编号、字体、字号等。

b. 管理性文件检查：监理单位的制度、细则、规划等，施工单位的方案、作业指导书等，除了内容应齐全、符合规定外，还要有"编制、审核、批准"人签字；所有文件要编制页码，页码的形式要求是第×页共×页；管理性文件都要编写目录。

4）归档文件编制完成，案卷题名、案卷脊背名称，编制单位只能进行初步拟定，要由档案室人员进行最后确定，案卷封面和脊背由档案室统一打印后进行装订；脊背的粘贴要使用指定胶水。

2. 电厂归档文件难点

(1) 有的电厂归档文件纸版要求正本两套。一般要求是一正两副或一正一副，首先做好一份，然后复印。但是，有些电厂要求两套正本，如果建设单位不变其规定，则在管理过程中做好两份正本留存。

1) 管理性文件，两份直接打印就可以了，但要注意"编制、审核、批准"签字页的留存。

2) 各种会议纪要，要注意"签到页"必须两份留存。

3) 监理工程师通知单、整改通知单，应注意通知单施工单位的签收和回复单两份留存。

4) 监理的各项记录，如旁站监理记录、平行检验记录、强制性条文执行检查记录等，凡是涉及需要施工单位和建设单位签字的都要做好两份留存。

(2) 电子版的制作及软件的挂接。如果建设单位归档采用紫光软件管理，电子版档案制作要求与纸版一模一样。

1) 纸版案卷做好并经检查确认无误后，在紫光软件中进行卷内目录录制。

2) 目录录入完成后，按顺序进行文件扫描，做出独立的 PDF 文件，并进行紫光挂接。

3) 在做 PDF 文件时，文件的编号、标识要与纸版一致。

4) 紫光目录的录入以一份独立文件为挂接单位，也就是说，一个文件一条卷内目录。

(3) 监理日志归档文件的制作。监理工程师写的监理日志一份存档即可。归档要求两份时，应将每个监理工程师的监理日志写好页码逐本拆开，逐页进行扫描，扫描完成后再打出一份，共两份进行归档。

(4) 照片档案的制作。

1) 照片档案对监理的要求是从开工到竣工，重要节点、关键部位、隐蔽工程、重要事件等都要有照片。照片要反映出工程建设的实际情况。尤其是隐蔽工程照片，在影像中要出现监理人员在现场进行检查验收情况的镜头。

2) 照片档案应编写照片总说明、卷内目录、照片卡片，卡片要贴在相应的照片下面。

a. 应有开工建设前的照片、施工重要节点及隐蔽工程照片、各阶段有代表性的照片、样板工程、精品项目和缺陷处理部件的照片；

b. 照片上电子版时间与书写时间应一致。

(5) 竣工图的审查签字：设计院和 EPC 项目单位提供的竣工图，按电厂竣工图归档的套数，监理工程师需要全部审查、签字，并提出审查意见及需要完善部分。

3. 监理归档文件的重点

在监理文件归档中，电厂档案室重点检查监理工程师的各种记录是否齐全，主要包括监理日志、旁站监理记录、平行检验记录、强制性条文执行检查记录、见证取样记录、危险源辨识等。市技术监督局查验的沉降记录、锅炉酸洗记录、安全阀整定记录、压力容器检测记录等。

监理记录是监理归档文件的重要组成部分，记录要真实地反映出工程质量的全貌。《质量管理条例》中已经明确规定，质量管理终身负责制，记录是质量管理的第一手资料，一定要认真完成。

(1) 监理日志。

1) 要求书写清晰、工整，记录主次分明，定期有领导人检查，记载的问题要有处理的闭环结果。

2）时间、天气要求填写齐全。

3）监理日志正页和反页的页码要连续。

4）监理人员要将姓名、专业、联系方式填写完整。

5）《监理日志》要有审查痕迹、指导性批语。

（2）监理记录。

1）旁站监理记录、平行检验记录、强制性条文检查记录，不能缺项。

2）记录重点突出，关键内容要涵盖。

3）旁站记录要写具体：旁站地点、旁站部位、检查内容、记录时间、事件状况均应清晰。

4）旁站监理记录、平行检验记录、强制性条文检查记录的编号应统一规范。

（四）施工单位竣工文件审查

工程竣工归档前，监理工程师要对施工单位的竣工档案进行预审，检查是否符合竣工档案 DL/T 241—2012 的规定内容和建设单位归档细则的要求。

1. 单位工程归档范围

（1）单位工程综合管理文件。

（2）施工记录及相关试验报告。

（3）质量验收文件：质量管理文件、质量证明文件、质量控制文件、质量保证文件、质量验收文件。

2. 总的排列顺序

（1）封面。

（2）卷内目录。

（3）审查签字页。

（4）工程概况。

（5）开工报审及其主要附表、资质证书（如开工报审、开工质量考核、焊接与检验人员、特殊人员报审等）。

（6）主要施工计量器具、检测仪表（凡单独组卷，在单位工程组卷时只列汇总表，下同）。

（7）图纸会审。

（8）技术措施与交底。

（9）安全措施与交底。

（10）设计变更。

（11）设备与原材料质量证明、检验记录及报审表。

（12）设备缺陷。

（13）工程联系单。

（14）中间交接记录。

（15）单位工程竣工验收。

（16）单项工程质量评价记录（可单独组卷）。

（17）单位工程小结。

(18) 施工记录及签证 (如验评中的与之相应的支撑性记录, 放入验评, 记录与验评相对应)。

(19) 强制性条文执行/实施记录, 可排列在相应的施工记录之后。

(20) 验评及与之相应的支撑性记录。

3. 其他文件顺序

(1) 管理文件的排列顺序: 单位工程管理文件可单独成册, 应按上述审查签字页, 即开工审批、施工方案/措施/作业指导书及技术交底、设计更改、设备与原材料质量证明、计量器具登记表、竣工验收报告依次排列。

(2) 施工记录排列顺序: 施工记录可单独成册, 应按施工工序或程序先后排列; 强制性条文执行记录可排列在相应的施工记录之后。

(3) 施工质量验收文件排列顺序: 施工质量验收文件可单独成一册或多册, 应按系统、单位工程、分部工程、分项工程、检验批质量验收的顺序排列; 质量验收记录中报验单、验收表应在前, 与之相应的支撑性记录附后。

(4) 机组调试、试验文件应分专业按管理文件、调试记录、调试报告、调试验收文件排列。

第五节 监理管控工作

建设工程监理重点是与业主签订合同的施工单位和调试单位, 管理对象是施工、调试单位全过程的质量行为、文件资料、现场实体等。

一、对承包单位管控

(一) 施工单位管理资料报审

(1) 开工条件审查。

(2) 分包资质审查。

(3) 试验室资质审查。

(4) 原材料检验机构资质审查。

(5) 第三方检验机构资质确认。

(6) 承压部件、压力容器、起重机械、锅炉、电梯、受监管道等特种设备检测及施工方案审查, 对起重机械的安装和装拆方案进行审查、审批。

(7) 焊接工艺评定及焊前练习焊样合格通知书审查。

(8) 主标单位的施工组织设计及专业、专项施工组织设计审查。

(二) 施工单位的施工自检记录抽查

1. 提供模板或不提供模板的记录 (各类工程质量验收记录之外的自检记录)

例如土建工程记录, 包括施工记录、核查记录、抽查记录、检验记录、试验记录、洽商记录、交底记录、观测记录、监测记录、测试记录、张拉记录、吊装记录、调试记录、运行记录、感观质量记录等。

(1) 施工测量记录: 包括工程定位放线质量标准和检验记录、多节柱定位实测记录、沉降观测记录、沉降观测示意图等。

(2) 复合地基施工记录: 包括重锤夯实试夯记录、重锤夯实施工记录、强夯施工记录、强夯施工汇总记录、土和灰土挤密桩桩孔施工记录、土和灰土挤密桩桩孔分填施工记录、振冲地基施工记录、单管双管三管旋喷施工记录等。

（3）桩基施工记录：包括灌注桩成孔记录，灌注桩混凝土浇筑记录，灌注桩施工记录汇总表，混凝土/钢桩打桩、桩头、施工、记录，打桩施工记录汇总表及各类支护工程、桩基（静力压桩、预应力桩、预制桩、成品钢桩、灌注桩等）质量标准和检验记录。

（4）钢筋施工记录：包括冷拉记录、用千斤顶施加预应力记录、柱梁接头钢筋焊接记录。

（5）混凝土生产记录：包括混凝土搅拌记录、混凝土搅拌机计量器校验记录、混凝土生产质量控制记录、混凝土生产强度统计评定记录、商品混凝土质量合格证、冬期施工混凝土搅拌测温记录等。

（6）混凝土浇筑及养护测温记录：包括混凝土工程浇筑施工记录，构件接头、设备基础灌浆施工记录，混凝土工程养护记录，大体积混凝土结构测温记录，大体积混凝土结构测温示意图，混凝土预制件（管）蒸汽养护测温记录，冬期施工混凝土工程养护测温记录。

（7）钢结构施工记录：包括钢结构焊接施工记录、钢结构高强度螺栓连接施工记录。

（8）烟囱水塔工程施工记录：包括烟囱筒壁施工实测记录、烟囱内筒施工实测记录、冷却水塔爬模施工筒壁实测记录、冷却水塔翻模施工筒壁实测记录、冷却水塔筒壁施工缝处理记录、冷却水塔筒壁堵孔记录、冷却水塔筒壁防腐施工记录。

（9）大直径预应力混凝土管施工记录：包括大直径预应力混凝土管纵向钢筋电热张拉记录、大直径预应力混凝土管缠丝记录、大直径预应力混凝土管保护层施工记录、大直径预应力混凝土成品管水压试验记录、大直径预应力混凝土成品管外观质量记录、大直径预应力混凝土输水管安装记录、大直径预应力混凝土输水管接头水压试验记录。

（10）建筑设备安装施工测量记录：包括排水管道通球试验记录、给排水系统通水（闭水）试验记录、给水采暖供热系统清洗吹洗记录、给水采暖供热系统水压试压记录、通风空调调试记录、绝缘电阻测试记录、接地电阻测试记录、水池满水试验记录、排水管道灌水渗漏试验记录、通风装置试运转记录、空调装置一般性检查记录。

（11）其他有关施工记录：包括结构吊装施工记录、构件吊装记录、防水工程渗漏试验记录、试压（强度、严密性）试验记录、施工通用记录。

2. 安装工程记录

各专业都有各类记录。例如，锅炉安装过程记录：

（1）锅炉钢架高强螺栓复检抽样记录。

（2）锅炉钢架高强螺栓紧固记录。

（3）锅炉钢架高强螺栓紧固后复查记录。

（4）锅炉钢架大板梁检查施工记录。

（5）除尘器记录。

（6）除尘系统。

（7）脱硫系统。

（8）脱销系统。

（9）炉墙。

（10）保温。

（三）施工项目签证管控

例如：

（1）锅炉钢架柱脚二次灌浆签证。

（2）管箱式空气预热器安装签证。

（3）回转式空气预热器安装签证。

（4）汽包或汽水分离器签证。

（5）水冷壁、过热器、再热器、省煤器、给水管道签证。

（6）锅炉水压签证。

（7）其他管道签证。

（8）除渣除灰、压缩空气、烟风管道签证。

（9）各类除尘器。

（10）锅炉整体风压。

（11）燃油签证。

（12）球磨机。

（13）中速磨煤机。

（14）风机。

（15）其他机械。

（16）输煤系统。

（17）脱硫系统。

（18）脱销系统。

（19）炉墙。

（20）保温。

二、建安质量通用控制管理

（一）施工管理系列资料审查

（1）施工单位编制的验收项目划分表。

（2）施工单位强制性条文执行计划。

（3）施工验收 W、H、S 点实施计划表。

（4）施工单位隐蔽工程检查验收项目表。

（二）质量保证资料审查

工程质量保证资料包括质量证明资料、质量控制资料、安全及功能资料、质量验收资料、隐蔽工程资料。

1. 工程质量证明资料

（1）原材料、半成品、成品出厂质量证明。

（2）试验报告：钢筋力学性能及工艺性能试验报告、水泥试验报告、普通烧结砖检验报告、防水卷材试验报告、防水涂料试验报告、砂子碎石试验报告、钢筋焊接接头试验报告、砂浆试件抗压强度试验报告、砂浆配合比通知单、混凝土抗压强度试验报告、混凝土配合比通知单、混凝土配合比试配报告、混凝土抗渗试验报告、混凝土试块同养标养试验报告、回填土试验报告。

（3）油脂、润滑油、透平油、抗燃油、绝缘油、液压油、空气压缩机油及六氟化硫、氢、氨、酸碱、树脂、酸洗原材料等审查。

(4) 钢材、管材、合金材质、特种材质、各类阀门、合金部件等报审或复检的审核。

2. 工程质量控制资料

(1) 土建工程质量控制资料。

1) 广义质量控制包括：

a. 出厂证件及试验资料；

b. 主要技术资料及施工记录；

c. 隐蔽工程验收记录；

d. 工程质量验收记录。

2) 狭义质量控制资料：除其出厂证明资料、隐蔽工程资料和质量验收资料之外，证明施工质量活动和结果的一切文件、资料和记录为质量控制资料。

例如：坐标高程基准网复查、主要建（构）筑物定位及测量、地基稳固、取样抽检、锚筋焊接、半成品管理、预埋件检查、机械连接检测、直埋螺栓固定、模板管理、模板作业施工检查、混凝土搅拌系统检测检查、大体积混凝土浇筑管理、烟囱水塔施工技术控制、建筑结构实施测量、混凝土试块同养标养强度记录与统计、装修材料检测等控制。

(2) 安装工程控制资料：各专业均应控制资料，例如汽轮机专业：

1) 单位工程施工管理检查记录。

2) 单位工程质量控制文件核查表。

3) 单位工程设计变更及材料代用通知单登记表。

4) 单位工程设备、材料出厂试验报告及质量证明材料登记表。

5) 设备缺陷通知单。

6) 设备缺陷处理报告单。

7) 单位工程所用计量器具登记表等。

3. 安全和功能检验核查

(1) 土建工程：

1) 建筑与结构。

2) 给排水与采暖。

3) 建筑电气。

4) 通风与空调。

5) 电梯。

6) 智能建筑。

例如：地基强度、压实系数、地基承载力测试、单桩抗压承载、混凝土实体强度、焊缝质量检查、高强度螺栓副试验、防腐防火防水检测、沉降观测、屋面保温层厚度及淋水试验、给排水系统试验、暖通系统有关检查试验、建筑照明测试、电梯安全测试检查、智能建筑检测、消防系统检验、建筑节能、水土保持等。

(2) 安装工程：

1) 社会监督项目。

2) 各专业设备、系统的功能、指标及安全设置。

4. 工程质量验收

对检验批、分项、分部（子分部）、单位（子单位）工程质量验收资料及记录进行检查验收，各方签认。

5. 隐蔽工程验收

（1）土建工程。通用隐蔽工程验收记录、地基验槽隐蔽工程验收记录、钢筋隐蔽工程验收记录、地下混凝土结构隐蔽工程验收记录、地下防水防腐工程隐蔽工程验收记录、楼板屋面板安装隐蔽工程验收记录、管道隐蔽工程验收记录、屋面隐蔽工程验收记录等。

（2）安装工程。安装结束无法直接检查和测量的项目及运行后不检修就不能直接检查测量的项目，均属隐蔽工程项目。例如汽包门、除氧器门、凝汽器水室门、风门、炉门等封闭、耐火混凝土施工。

（三）强制性条文执行检查

强制性条文有技术规范强制性条文、验评规程强制性条文、达标投产验收强制性条文、强制性标准房屋和电力部分强制性条文，各专业有不同的强制性条文规定，施工单位均应执行，监理要认真检查。

三、土建工程监理必查项目

（一）单位（子单位）工程质量控制资料查核

1. 出厂证件及试验资料

（1）原材料、设备出厂合格证及进场检（试）验报告。

（2）构件、配件、高强度螺栓连接副、淋水填料等制成品出厂证件。

（3）钢筋材料、焊接（机械连接）接头试验报告。

（4）混凝土原材料及混凝土试件的试验报告。

（5）钢结构摩擦面的抗滑系数及高强度螺栓连接副的试验报告。

（6）砌筑砂浆试件的试验报告。

（7）防水与防腐砂浆、胶泥、涂料的试验报告。

（8）土方回填的试验报告。

（9）地基处理的试验资料。

（10）桩基的试验资料。

（11）构件的试验资料。

（12）混凝土结构实体检验记录等。

2. 主要技术资料及施工记录查核

（1）图纸会检、设计变更、洽谈记录。

（2）施工方案、作业指导书、技术交底记录。

（3）测量放线记录及沉降观测记录。

（4）地基处理及桩基施工记录。

（5）预应力钢筋的冷拉及张拉记录。

（6）混凝土工程施工记录。

（7）结构吊装记录。

（8）管道、阀门等设备强度试验、严密性试验记录。

（9）水池满水试验记录。

（10）系统清洗、灌水、通水、通球的试验记录。

（11）绝缘、接地电阻测试记录。

（12）通风、空调试验记录及制冷系统试验记录。

（13）电梯负荷试验、安全装置检查记录。

（14）建筑智能系统功能测定及设备调试记录。

（15）新材料、新工艺的施工记录。

（16）坝体坝基的稳定性检测记录。

3．隐蔽工程验收记录查核

（1）地基验槽验收记录。

（2）钢筋工程验收记录。

（3）地下混凝土工程验收记录。

（4）防水、防腐工程验收记录。

（5）其他（安装）工程验收记录。

4．工程质量验收记录查核

（1）分项工程质量验收记录。

（2）分部工程质量验收记录。

（3）混凝土强度统计、评定记录。

（二）消防工程质量控制资料查核

1．出厂证件及试验资料

（1）原材料、设备出厂合格证及进场检验试验报告。

（2）气体消防的灭火剂储存器、单向阀等系统组件出厂合格证、市场准入证文件及复检报告（有疑问时）。

（3）泡沫消防用的泡沫液（粉）出厂合格证及市场准入证文件及复检报告。

（4）泡沫生产装置、泡沫比例混合器等系统组件出厂合格证、市场准入证文件及复检报告。

2．主要技术资料及施工记录

（1）经批准的施工图、设计说明书及设计变更通知单、竣工图等文件。

（2）施工方案、作业指导书、技术交底记录。

（3）管道、阀门等设备强度试验、严密性试验记录。

（4）系统清洗、灌水、通水、通球的试验记录。

（5）管道试压和冲洗记录。

（6）系统工程质量验收记录。

（7）系统及主要组件的使用、维护说明书。

（8）系统施工过程检查记录。

（9）主要管道施工及穿墙、穿楼板套管安装记录。

（10）补偿器预拉伸记录。

（11）消防栓系统测试记录。

（12）新材料、新工艺的施工记录。

3. 隐蔽工程验收记录

(1) 暗装和保温的管道、支吊架隐蔽验收。

(2) 地下埋管隐蔽验收。

4. 工程质量验收记录

(1) 分项工程质量验收记录。

(2) 分部工程质量验收记录。

(三) 单位 (子单位) 工程安全和功能检验资料核查及主要功能抽查

下列查核及抽查注有☆的标识项目，是创优工程必须具备的项目并有相关数据。

1. 建筑与结构

(1) 地基强度、压实系数、注浆体强度检测报告☆。

(2) 地基承载力报告☆。

(3) 复合地基桩体强度、地基承载力检测报告☆。

(4) 单桩竖向抗压承载力及桩身完整性检测报告☆。

(5) 混凝土实体强度、结构实体钢筋保护层厚度检测报告☆。

(6) 混凝土质量生产水平控制统计记录 (商品混凝土可以无此项资料) ☆。

(7) 焊缝内部质量检测记录☆。

(8) 高强度螺栓连接副紧固质量检测报告☆。

(9) 防腐、防火涂装检测报告☆。

(10) 地下室防水检测效果检查记录。

(11) 有防水要求的地面储水试验记录。

(12) 建 (构) 筑物垂直度、标高、全高测量记录。

(13) 建 (构) 筑物沉降观测记录。

(14) 屋面淋水试验记录。

(15) 屋面保温的保温层厚度测试记录☆。

(16) 外窗传热性能及建筑节能、保温检测记录。

(17) 幕墙工程与主体结构连接的预埋件及金属框架的连接检测报告☆。

(18) 幕墙与外窗气密性、水密性、耐风性检测报告。

(19) 外墙块材镶贴的黏结强度检测报告☆。

(20) 室内环境检查报告 (空气、人造材料防辐射)。

2. 给排水及采暖

(1) 生活给水系统管道交用前水质检测报告☆。

(2) 承压管道、设备系统水压试验。

(3) 非承压管道、设备灌水试验及排水干管管道通球、通水试验记录。

(4) 采暖系统调试、试运行、安全阀、报警装置联动系统测试记录☆。

(5) 卫生器具满水试验记录。

(6) 照明全负荷试验记录。

(7) 大型灯具牢固性及悬吊装置过载试验记录。

(8) 接地装置、避雷装置接地电阻测试记录。

(9) 线路、插座、开关接地检查记录。

（10）漏电保护模拟动作电流、时间测试记录☆。

（11）照明照度测试记录（设计有要求的）☆。

（12）导线、设备、组件、器具绝缘电阻测试记录☆。

（13）电气装置空载负荷运行试验记录☆。

3．通风与空调

（1）通风、空调系统试运行记录。

（2）风量、温度测试记录。

（3）洁净室洁净度测试记录。

（4）抽气（风）道检查记录☆。

（5）制冷机组试运行调试记录。

（6）空冷水管道系统水压试验记录☆。

（7）通风管道严密性试验记录☆。

（8）通风、除尘、空调、制冷、净化、排烟系统无生产负荷联合试运行与调试记录☆。

4．电梯

（1）电梯运行记录。

（2）电梯安全装置检测报告。

（3）电梯、电气装置接地、绝缘电阻测试记录☆。

（4）层门、轿门试验记录☆。

（5）曳引式电梯空载、额定载荷运行测试记录☆。

（6）液压式电梯空载、额定载荷运行测试记录☆。

5．智能建筑

（1）应用软件系统检测记录☆。

（2）系统集成检测记录☆。

（3）系统电源及接地电阻检测报告。

（4）报警装置联动系统测试记录☆。

（四）消防工程安全和功能检验资料核查及主要功能抽查

1．水消防

（1）消防管道压力及通水试验记录。

（2）消防栓系统射水试验记录。

（3）安全阀、报警装置联动系统调试记录。

2．气体消防

（1）系统模拟启动试验记录。

（2）系统模拟喷气试验记录。

（3）灭火剂备用量的系统模拟切换操作试验记录。

（4）主设备电源切换试验记录。

（5）管道压力试验记录。

3．泡沫消防

（1）低、中倍数泡沫消防系统喷泡沫试验记录。

（2）高倍数泡沫消防系统喷泡沫试验记录。

（3）管道压力试验记录。

4．消防智能

（1）系统功能测定及设备调试记录☆。

（2）系统的接口及通信功能☆。

（3）系统电源、接地电阻测试报告。

（4）报警装置联动系统测试记录☆。

第六节　电力工程监理技术管理

监理技术管理是监理行为和服务的根基，电厂建设是庞大的系统工程，专业技术精湛，工程门类甚多，监理机构必须是技术经管齐备的团队，是优秀监理潜在的标准，是胜任监理工作的必然条件。

一、电力基础知识简述

电力的能源属性：是做功的电能及转换光能的动力与光的源泉。

电力的产业属性：是发电、输电、变电、配电系统及其设备特性的统称。

电力的产品属性：是产供销瞬间完成，以电为基础服务于社会及人类的综合品。

1．电力的开拓

1786 年，意大利人伽伐尼发现电流。

1822 年，英国人法拉第发现电磁感应现象。

1832 年，法国人皮克西制造出第一台试验性发电机。

1870 年，德国西门子将发电机达到实用化。

1882 年 6 月，美国纽约珠街建立起美国、也是世界第一个商业发电厂。

1882 年 7 月 26 日，上海乍浦路 1 台 12kW 发电机发电，是我国第一家发电公司。

1890 年 11 月 9 日，旅顺成立了船坞电灯厂，开辟了东北有电史新篇章。

1907 年，吉林市成立宝华电灯厂，即官办电灯处，吉林大地开始谱写电力史诗。

2．我国电力发展

1949 年，全国发电装机为 184.86 万 kW，火电占 91％、水电占 9％。装机容量、发电量占世界排名 21 位和 25 位。

1969 年，我国研制首台双水内冷 125MW 发电机组在上海吴泾发电，1972 年以后开始安装进口和国产 200MW 机组。

（1）200MW 机组：1972 年 12 月，我国制造第一台超高压带中间再热的 200MW 机组，安装在朝阳电厂。

（2）300MW 级机组：1974 年 11 月，我国望亭电厂 10 号机组投产。

（3）600MW 级机组：1985 年 12 月 28 日，我国元宝山电厂建成投产引进机组。

（4）1000MW 级机组：2006 年 10 月 13 日，我国玉环电厂 1 号超超临界机组并网发电。

3．电力发展质的突破

（1）电力合理布局及快捷输送已具规模：西电东送、晋电外送、皖电南送；建设水电基地、煤炭基地、火电基地向高电负荷地区送电，形成合理格局。

（2）节能减排有效途径：建立节能服务体系，对落后产能污染排放严加管控，严格控制排放指标，分段提高排放标准，淘汰效率低污染机组，同步建设投产脱硫脱硝装置，加强核电建设安全审核，强化辐射安全新规定。

（3）合理利用清洁能源：大力发展水电风电，建设低碳城市，建立循环经济，推广"天然气分布式能源系统"，在大城市中建设燃气-蒸汽联合发电机组，实现热电冷联产，强化新能源发展，加快可再生能源利用。

（4）大力发展智能电网：建设以特高压（交流 1000kV、直流 ±800kV）电网为骨架，将现代信息、快捷通信和控制技术等深度集成应用于电网各个领域，涵盖发电、输电、变电、配电、用电、储能和调度各个环节。

（5）优化整合煤电发展：发展清洁高效、大容量、高参数燃煤机组，热电联产发电厂，坑口燃煤电厂及煤矸石等综合利用电厂。转变经济发展方式和改变经济结构，有效节约能源及发展清洁能源双向调整，实现"能源强度"和"碳强度"双降目标。

（6）调整优化能源结构：我国加快非化石能源和清洁能源的技术发展，大力倡导绿色经济、低碳经济、循环经济、高效机组、智能电网，稳健步入产业化、多元化、国际化的轨道。

二、我国新能源发展概况

优先发展水电，优化建设火电，安全发展核电，积极建设风电，大力开发新能源发电，强力推进太阳能发电，促进可再生能源发电，提高电力供给能力和能源配置能力，保证电力安全稳定供应和行业的科学发展，我国已迈入优化能源建设的新时代。

（一）风电建设

我国风电建设已取得长足进展，发展潜力很大，是重要的可再生能源的组成部分，为环境保护和减排增效做出卓越贡献。

1. 风电世界排名

我国已进入风电高质强者阶段，步入良性发展轨道，风电装机容量超过美国，2010 年成为世界风电装机容量最大国家。

2. 风电减排功效

1 台 1000kW 风力发电机组与同容量火力发电机组相比，每年减排 1400t 二氧化碳、10t 二氧化硫、6t 氮氧化合物。增加 100MW 的风力发电机组，每年可减排 30 万 t 二氧化碳。

3. 风电容量发展

全国最早最大风电厂是新疆达坂城风电三厂，装机容量 20 万 kW；现阶段已有多处百万风电电场，单机由 1500、3000、6000kW 向 7000kW 迈进；2010 年全国并网发电的风力机组容量为 3107 万 kW，2012 年为 7532 万 kW，2013 年为 9332 万 kW，2014 年为 9581 万 kW，2015 年为 1.45 亿 kW。

4. 风电建设规模

在沿海和中部地区，强化并网配套工程建设，有效发展风电。建设 6 个陆上和 2 个沿海及海上大型风电基地，新装机 7000 万 kW 以上，风电将会出现新的增长期。

5. 风电技术跨越

全球最大的全永磁悬浮微风风力发电机制造基地在我国建设，其新型风力发电机获第35 届日内瓦国际发明博览会最高奖——特别金奖，在海外已成立 10 多家分支机构，产品覆盖北美、南美、澳洲、欧洲和非洲。我国具有自主知识产权的变速恒频风力发电机组研制成功德国船级社认证。风电新技术不断涌现，探索低电压穿越，解决风电并网的关键技术已突破，避免出现风电群与电网解列事故；实现极限情况的零电压穿越；风电高效安全利用的各种途径正在展现。

（二）太阳能建设

太阳能是一种辐射能，将太阳能转化成电能，是人类寻求新能源的探索。自 1954 年实用光伏电池问世以来，国外有较大的发展；我国 20 世纪 70 年代起步，20 世纪 90 年代进展，至 2007 年光伏电池产量已超过德国、日本，排名世界第一位，产品出口许多国家。

1. 晶硅基电池发电

单晶硅太阳能电池是以单晶硅棒切成片，组成单芯片经过特殊工艺，制成太阳能电池板，太阳照射后光电的转换率达 15%。还有多晶硅电池发电、非晶硅发电电池的种别。

2. 薄膜太阳能电池

硅基薄膜太阳能电池已有较大发展，走出晶体硅电池发电的瓶颈；光电集群控制系统研发早已起步并取得进展。

3. 光伏发电的布局

太阳能转变为电能的装置，分光热发电和光伏发电，太阳能发电以光伏发电为主；又分为独立系统和并网发电系统。根据地域、容量、用户特点，应合理高效设计和布局。

4. 我国太阳能发展

2007 年是我国太阳能发展的里程碑之年，2008 年已达到 200 万 kW，2013 年达 1479 万 kW，2015 年达 4565 万 kW。计划到 2030 年，全国光伏发电将达 1 亿 kW。

5. 太阳能利用轨迹

全球在太阳能利用方面有很大进展，如单晶硅、多晶硅、磊晶技术、砷化镓、薄膜太阳能系列，研发硅纳米晶体太阳能设备等。目前，单晶硅或多晶硅发电成本是火电成本的 10 倍，非晶硅发电成本是火电成本的 3 倍；降低太阳能发电成本是各国继续研发的课题。

（三）新生和可再生能源

1. 可再生能源利用

可再生能源是相对常规煤炭、石油等化石能源而言的另类能源，包括太阳能、风能、水能、生物质能、地热能、环境热能、海洋能（潮汐能、波浪能、海流能、海洋温差能）等。应充分利用自然界中可以不断再生、永续利用的能源。

2. 可再生生物质能

在石油、煤炭、天然气和生物质能 4 种含碳的一次能源中，只有生物质能是可再生的含碳能源。我国和世界各国均已用生物质发电，并探索多方位的生物质能的利用和发展。

3. 能量转换和蓄能

抽水蓄能电站是我国电源结构中能-能转换的优质绿色电源。2009 年我国建成 24 座，装机容量 1563.3 万 kW，占全国总装机容量的 1.79%。2015 年抽水蓄能电站装机容量达 4100 万 kW。风能储能和利用的研发也正在进行。

4. 多能源转换发电

多能源转换发电包括地热发电、海洋波浪发电、潮流发电、垃圾电厂、垃圾发电制肥、垃圾填埋气体发电、可燃冰开发利用、煤层气发电、煤炭液化煤渣发电、微动能转化电能、牲畜粪便发电、水藻提炼油能、温差发电、低瓦斯发电、燃草发电、分子发电机、人体电池、振动转化电能等。

5. 循环经济的良友

积极发展新能源和可再生能源，促进分布式能源系统的推广应用，产生良好的循环经济。生物质能、水能、风能、太阳能、环境热能（蕴藏在环境水、空气和土壤中的热能）等为可再生能源，与传统的化石能源相辅相成，再生能源要扩展到现代科技含量高的循环经济中。

（四）我国核电发展及警示

核电建设是世界各国替代燃煤火力发电厂的必由之路。法国、日本、韩国已率先发展，美国核电建设在三哩岛核事故后封杀 30 年又重新启动；我国由适度发展核电，转为积极推进安全核电建设。

1. 核电起步发展

1954 年在苏联莫斯科建起世界最早的核电站；美国同期起步，并在 1960 年美国第一座压水堆核电站和沸水堆核电站投入运营；法国核电站装机容量比例最大；日本、韩国核电发展是后起之秀；1983 年国际原子能机构接纳我国为成员国。

2. 我国核电建设

我国 1987 年引进核电设备开始建设，1991 年末开始试投，填补我国核电空白。到 2020 年可达 8000 万 kW。日本福岛核电事故后，我国于 2011 年 3 月 16 日国务院下令缓建十多座核电厂，进行安全论证评价，核查在建核电项目安全性，停止审批核电新项目。到 2014 年已解冻，核电建设正在安全稳步进行。以三代核电为主力，"华龙一号"及 CAP - 1400 先进压水堆、高温气冷核电、聚变堆、行波堆已启动。

3. 核电事故认知

核电事故同其他行业事故均应力求为零，这是努力方向。现在，多种事故确在减少，然而，各类事故还是发生，验证"墨菲法则"的正确。

各国重视核安全，政府关注核安全，人们恐惧核事故。担心核辐射后患是有缘由的，因为核泄漏事故较其他事故的危害和影响深远。正视事故，防范事故，要从事故理念、设计标准、选厂方略、设备功能、自控逻辑、软件管理、防范机制、核料能效、乏料处置、灾害叠加、应对敏捷、预案得力中探索，应以高科技高水平力保安全，迎接全球核电时代的到来。

4. 核电事故警示

核电事故要警钟长鸣，政府严加管理，制订特别审核审查批准程序，选厂要远离人口稠密及水源要地，和平年代建设要有战事思维，确保本国和邻国安全。

5. 当前核电状况

世界有 439 个核电厂；美国有核堆 64 座；建在内陆，俄罗斯占 100％、美国占 75.7％。我国内陆 5 座核电正在安全论证，高温气冷堆型已启动，第三代非能动型先进压水堆核电厂正在建设。我国核电技术发展规划是近期热中子反应堆、中期快中子增殖反应堆、远期聚变堆。

三、能源转换与技术管理

（一）能量

能量是物质的重要属性之一，它能为人类造福，也能给人类带来灾难，它有许多形式，可分为动能和位能两大类。

（1）动能。是物质运动而具有的能量，如风能、蒸汽动力能等。

（2）位能。是由系统状态而具有的能量，如化学能、核能、电动势能等。

（二）能源

提供各种能量的物质资源为能源。其类别如下：

1. 按成因分

（1）一次能源：包括煤、原油、天然气、生物燃料、水能、核能、太阳能、风能、地热、海域能、潮汐能、波浪能等。

（2）二次能源：包括电、蒸汽、煤气、各种汽油、液化石油气等。

2. 按使用状况分

（1）常规能源：包括煤、石油、水力。

（2）新能源：包括核能、太阳能、风能、海域能、海波能、潮汐能等。

3. 按性质分

按性质分为燃烧能源和非燃烧能源。

4. 按再生性分

按再生性分为可再生能源、非再生能源。

5. 按能源结构分

按能源结构分为化石能源、非化石能源。

6. 按来源分

（1）一类：地球外。

（2）二类：地球内。

（3）三类：地球与天体的作用。

7. 新生和再生能源区别

非石化而能为人类利用的能源为新生能源，自然界长存或改造后可持续利用的能源为再生能源。

（三）电能特征与能源转换

1. 电能特征

（1）以电联结形成世界最大的机器光源网络。

（2）技术资金最密集行业。

（3）最清洁二次能源。

（4）最广泛应用的能源产品。

（5）最快捷的光明使者。

（6）火电、核电是污染之源。

2. 能源转换

火力发电厂五大能量同时转换：化学能→热能→动能→机械能→电能。

核电站五大能量同时转换：核能→热能→动能→机械能→电能。

水电、风电三大能量同时转换：位能→机械能→电能、风能→机械能→电能。

3. 电能应用特点

电能应用特点是产、供、销瞬间完成。

4. 能源政策

（1）结构调整。

（2）节能减排达国际标准。

（3）减排浓度国家确定新的提升标准。

（四）工程技术概述

1. 现代工程

现代工程是人们运用现代科学知识和技术手段，在社会、经济和时间等因素的限制范围内，为满足社会某种需要而创造新的物质产品的过程。

现代工程的特点是有明确的社会目标，设计经过选择、实践和优化，讲究经济效益，考虑环境保护；现代工程和工业生产集中体现出自动化、智能化、信息化、动态化等特点。

2. 技术

原始概念就是熟练、技巧。

广义概念：技术是人类为实现社会需要而创造和发展起来的手段、方法和技能的总和。

技术是社会生产力的社会总体技艺力量，含工艺技巧、劳动经验、信息知识和实体工具装备。技术是社会人才、技术装备和技术资料的总称。

技术和经济是同时存在、不可分割的统一体。经济是生产关系、是投入产出的指标、是人类社会活动。技术经济中的技术是广义技术，体现是生产力；经济主要是指造价、成本和节约程度。

3. 自然科学

自然科学是研究自然界不同事物的运动、变化和发展规律的科学。自然科学主要特点是知识形态的生产力，是一种系统知识，具有重复验证性。

自然科学由基础科学、技术科学和应用科学组成。建设工程的技术属于应用科学范畴，是运用技术科学的理论成果，创造性地解决具体工程中的技术问题；涉及专业技术、实验技术和生产技术。

（五）电厂容量与参数

1. 电厂单机容量

1500、3000、1.2万、2.5万、5万、10万、12.5万、20万、30万、60万、80万、90万、100万kW以及超百万千瓦机组。目前，世界火电单机容量单轴、双轴俄罗斯、美国均有130万kW机组；双轴最大功率汽轮机是美国西屋公司制造的60Hz的139万kW。核电AP-1000为单机百万机组，是美国研发的第三代核电机组，特征是自然驱动力形成的非能动安全系统，首台建在中国；世界核电最大单机容量是170万kW机组（EPR170），是欧洲第三代核电设备，由法国、德国联合开发，首台建在芬兰，我国广东台山电厂正在建设。第四代核电是超临界压水堆、行波堆、快冷堆、聚变堆，核燃料利用率大大提高。

2. 电厂总容量

（1）20世纪60年代亚洲第一电厂：辽宁电厂65万kW，20世纪80年代我国电厂容量最大的是谏壁电厂。

（2）我国第一个超百万电厂：1983年清河发电厂装机容量133万kW。

（3）四年时间（2004年6月～2008年6月）华能玉环电厂投产4台单机百万机组，总容量为400万kW。

（4）广东台山火力发电厂规划8×60万kW共480万kW，2003年12月21日首台投产。

（5）三峡水电站是世界最大水电站，容量为1820万kW。

（6）我国单机百万火力发电厂：包括浙江玉环、山东邹县、宁波北仑、泰州、潮州三百门、安徽铜陵、湖北蒲圻、广西贺州、安徽铜陵、辽宁绥中等40多个电厂，我国单机百万核电机组在建项目很多。

3. 电厂机组参数

（1）火力发电厂机组压力界定：低压为1.6MPa、中压为4.0MPa、高压为10MPa、超高压为14MPa、亚临界压力为18MPa、临界压力为22.115MPa、超临界压力$22.2MPa<p<25MPa$、超超临界压力$25MPa<p<31MPa$、特超压力为32～35MPa。

（2）火力发电厂蒸汽温度：有400℃以下、450、500、540、566、571、600、610℃，向700℃迈进。

（3）大机组回热再热系统：

1）回热系统：7～8段。

2）再热系统：一次再热、二次再热。

（六）工程技术管理

1. 管理概念

管理泛指组织、指挥、监督、检查、协调的综合性工作。直接管理是对机构、人员，间接管理是对事和物。科学管理应分清管理层次、管理跨度、管理容度。

2. 工业管理分类

工业管理包括设计管理、工程管理、技术管理、施工管理、基建管理、生产管理、信息管理、合同管理、质量管理、安全管理、进度管理、造价管理、技经管理、财务管理、后勤管理等。

3. 工程项目管理

监理单位对设计、监理、施工、调试、监造均可承包管理，必须有相应资质和有资格人员；对工程可单项管理，也可项目总承包。

4. 工程项目管理模式

有30余种，根据顾客要求，结合监理资质，按签订的承包模式及合同条款严格执行。

四、冬期施工监理管控

东北、西北、华北、内蒙古等较寒冷地区的电厂建设，经常会在冬季继续进行施工作业。此时，对吊装机械、土建、设备及焊接工程有特殊技术要求。施工质量必须严格管理，机械设备必须监控。监理对冬期施工方案进行审批、日志书写，以及巡视、旁站、平检时，要特别关注如下管控数据。

（一）吊装机械

监理在严寒地区冬季对起重机械管控时，按厂家说明书中规定的使用地区环境温度和工作环境温度进行管理；没有注明或查找不到的，吊车制作钢材是镇静钢（而不是沸腾钢），则在地区环境温度为－40～＋40℃、吊车工作环境温度为－20～＋40℃时进行监管。

气温低于下限值，金属冷脆性加大，易产生裂纹、缺口或钢轨断裂；太冷气温钢丝绳挠性减弱易出槽、电缆胶质硬度大易损坏。

在特定条件下，吊车满负荷作业应在白天进行；若一定要在低于－20℃的工作环境温度，长时间进行吊车满负荷作业，应请厂家明确是否可以使用；或咨询制造厂、有关技术部门，核算疲劳结构和承载结构在动载荷下许用的拉、弯应力值，在吊车承力最大杆件内应力较大的区域内，粘贴应力片测试应力，检测应力值，是否在许用应力范围内，决定是否可用。

（二）土建工程

1. 地基工程

（1）土方回填时，每层铺土厚度应比常温施工时减少20％～25％，预留沉陷量比常温施工时增加。

（2）对大面积回填或有路基的道路及人行道的回填有冻土，粒径不应大于150mm，其冻块含量不应大于30％。但边坡1m内不准回填冻土。

（3）基槽或管沟冻土回填时，粒径不应大于150mm，其冻块含量不应大于15％，要逐层夯实。

（4）室内基槽或管沟冻土回填时，厚度不超过200mm，夯实厚度为150～200mm。

（5）桩基施工时，冻土层超过500mm厚，应采用机械挖孔，孔径比桩径大20mm。

2. 砌体工程

（1）搅拌砂浆的砂块不应大于100mm。

（2）砂浆拌和温度不大于80℃，砂加热温度不大于40℃，水泥不应与80℃以上的水直接接触。

（3）外加剂：宜采用氯化钠为主，当温度低于－15℃时，可与氯化钙复合使用。环境温度为－16～－20℃时，两者掺和比例为6％：2％；当环境温度为－21～－25℃时，两者掺和比例为7％：3％。

（4）砌筑时砂浆温度不应低于5℃。

（5）设计无要求时，当最低温度低于－15℃时，砌体砂浆等级应比常温高一个等级。

（6）采用氯盐砌体，每日砌筑高度不应超过1.2m，墙预留洞口与交接墙处不应小于500mm。

（7）不准采用氯盐砂浆建筑：包括对装饰工程有特殊要求的建筑物，环境湿度大于80％的建筑物，配筋、钢埋件无可靠防腐措施的砌体，变电站和发电厂，处在地下水范围及未设防水层的结构中。

（8）暖棚法施工时，棚内最低温度不应低于5℃。

3. 钢筋工程

（1）钢筋调直时冷拉温度不宜低于－20℃，预应力钢筋张拉温度不宜低于－15℃。

（2）钢筋在负温焊接，可采用闪光对焊、电弧焊、电渣压力焊。当采用细晶粒热轧钢筋时，焊接工艺由试验确定。环境温度低于－20℃时，应停止施焊。

（3）环境温度低于－20℃时，不得对HRB335、HRB400钢筋进行冷加工。

（4）钢筋电弧焊的层间温度控制在150～350℃之间。

（5）帮条接头或搭接接头的焊缝厚度不小于钢筋直径的30％，焊缝宽度不小于钢筋直径的70％。

（6）负温时电渣压力焊焊剂，在使用前应在250～300℃进行烘焙2h。

（7）负温电渣压力焊有关参数见表 10-3。

表 10-3　　　　　　　　　　　　负温电渣压力焊有关参数

钢筋直径 （mm）	焊接温度 （℃）	焊接电流 （A）	焊接电压（V）		焊接通电时间（s）	
			电弧过程	电渣过程	电弧过程	电渣过程
14～18	−10 −20	300～350 350～400	35～45	18～22	20～25	6～8
20	−10 −20	350～400 400～450			25～30	8～10
22	−10 −20	400～450 500～550				
25	−10 −20	450～500 550～600				

焊接完毕，停止 20s 方准卸夹具收焊剂。

4. 混凝土工程

（1）冬季浇筑混凝土，其临界强度的要求：

1）有防护措施后，采用硅酸盐水泥，受冻临界强度不应小于设计强度等级值的 30%，采用其他水泥，受冻临界强度不应小于设计强度等级值的 40%。

2）当室外温度不低于−15℃时，采取综合蓄热法或负温养护法的受冻临界强度不应小于 4.0MPa；室外温度不低于−30℃，采取综合蓄热法或负温养护法的受冻临界强度不应小于 5.0MPa。

3）对强度等级等于或高于 C50 的混凝土，不宜小于设计混凝土强度等级值的 30%。

4）对抗渗混凝土，不宜小于设计混凝土强度等级值的 50%。

5）对抗冻混凝土，不宜小于设计混凝土强度等级值的 70%。

（2）混凝土最小水泥用量不宜低于 280kg/m³，水胶比（水与胶凝材料之比）不应大于 0.55。

（3）冬期施工混凝土不采用加温法时，应添加含引气组分或掺入引气剂，含气量应小于 3%～5%。

（4）钢筋混凝土掺用氯盐类的防冻剂时，其量不得大于水泥量的 1%。不宜用蒸汽养护。

（5）砂石加热温度可达 100℃，但水泥不能与 80℃水直接接触。

（6）混凝土搅拌最短时间：坍落度小于或等于 80mm 时为 90～180s，坍落度大于 80mm 时为 90～135s。

（7）蒸汽养护法混凝土，采用普通硅酸盐水泥最高养护温度不得超过 80℃；采用矿渣硅酸盐水泥最高养护温度可达 85℃；采用内部通汽法控制在 60℃。"600℃·日"期龄计算法，0℃不计入。

（8）升温速度：依结构的表面系数决定蒸汽升温速度为 10～15℃/h，蒸汽降温速度为 5～10℃/h。

（9）暖棚法：暖棚内不应低于 5℃，测点应离地面 500mm，24h 测温不少于 4 次。

（10）硫铝酸盐水泥混凝土负温施工：

1）可在不大于$-25℃$环境温度下施工；需掺和$NaNO_2$比例为$0.5\%\sim4\%$（环境温度越低，加量越大）或$LiCO_3$比例为$0.02\%\sim0.1\%$。

2）硫铝酸盐水泥可与硅酸盐水泥合用，比例控制在10%。

3）拌合物温度宜控制在$5\sim15℃$，水温不宜超过$50℃$，坍落度比普通水泥增加$10\sim20mm$，水泥不能与高于$30℃$热水直接接触。

4）混凝土随时搅拌随时用，在拌和好后$30min$应浇筑完，入模温度不应低于$2℃$。

5）无论哪种防护措施养护温度不应高于$30℃$。

5. 保温防水装饰工程

（1）应满足规程相应要求，屋面防水工程应创造条件，避开冬期施工。

（2）屋面保温：沥青胶结，气温不低于$-10℃$；采用水泥、石灰等胶结，应在$5℃$以上。

（3）隔气层施工温度不应低于$-5℃$。

6. 钢结构工程

（1）材料。

1）负温下钢结构用低氢型焊条，烘焙温度宜为$350\sim380℃$，保温时间为$1.5\sim2h$，烘焙后应缓慢冷却存放在$110\sim120℃$烘箱内；负温下焊条外露超过$4h$，应重新烘焙，但烘焙不超过2次。

2）焊剂在使用前进行烘焙，其含水量不得大于1%，焊剂重复使用时间间隔不超过$2h$，否则应进行烘焙。

3）气体保护焊采用CO_2，气体纯度按体积比不宜低于99.5%，含水量不得超过0.005%。

（2）制作。

1）普通碳素结构钢工作环境温度低于$-20℃$、低合金钢低于$-15℃$不得剪切、冲孔；普通碳素结构钢工作环境温度低于$-16℃$、低合金钢低于$-12℃$不得进行冷矫正和弯曲；当环境温度低于$-30℃$时，不宜进行火焰切割作业。

2）焊接作业区环境温度低于$0℃$时，各方向应在大于两倍钢板厚度且不小于$100mm$内的母材进行预热，加热到$20℃$进行施焊，且在焊接过程中均不得低于$20℃$。

3）在负温下进行中厚板及厚钢板（厚度为$30\sim70mm$）或厚结构钢管的预热温度，一般控制在$36℃$；钢板厚大于$70mm$或管壁厚大于$50mm$、焊接环境温度小于$0℃$时，其预热温度为$100℃$；低合金钢构件钢材厚度小于$40mm$，预热温度为$36℃$；低合金钢构件钢材厚度大于或等于$40mm$，预热温度为$100\sim150℃$。

4）负温下钢板大于$9mm$焊接时，应分多层焊接；焊接钢结构环境温度低于$-10℃$时，焊接区域应采取保温措施；$-30℃$时，必须搭设暖棚。

5）焊接场地环境温度低于$-15℃$时，宜提高焊机的电流强度，每降低$3℃$，电流应提高2%。

6）采用低氢焊条焊接，焊后进行$200\sim250℃$的消氢处理，$25mm$厚不小于$0.5h$，厚度增加处理时间放长，$1h$左右为宜。

7）厚钢板焊接后，在焊缝两侧钢板厚度$2\sim3$倍的宽度，进行$150\sim300℃$焊后热处理；保温冷却$1\sim2h$，降温速度不应大于$10℃/min$。

8）负温钢结构矫正时，钢材加热矫正温度应控制在$750\sim900℃$。

9）在负温焊接钢结构等强接头和需要焊透焊缝时，应进行 100% 超声检查；其余按 30%～50% 抽检。

10）钢结构加固焊接时：镇静钢钢板厚不大于 30mm，环境空气温度不应低于 -15℃；当钢板厚度大于 30mm 时，环境空气温度不应低于 0℃；当施焊沸腾钢板时，环境空气温度应高于 5℃。

7. 其他

（1）混凝土构件运输、吊装和安装时，混凝土强度等级不应小于设计值的 75%。

（2）采用混凝土连接时，承受内力接头，其受冻临界强度不应低于设计强度等级值的 70%。

（3）采用独立式基础或桩基时，基础梁下面进行掏空处理，强冻胀性的土可预留 200mm，弱冻胀性的土可预留 100～150mm，空隙两侧用砖挡住回填土。

（4）采用条形基础时，可在基础两侧回填厚度为 150～200mm 的混砂、炉渣或贴一层油毡纸，其深度宜为 800～1200mm。

（三）安装工程冬期施工环境要求

（1）允许进行焊接操作的最低环境温度因钢材不同分别为：

1）A-Ⅰ 类为 -10℃。

2）A-Ⅱ、A-Ⅲ、B-Ⅰ 类为 0℃。

3）B-Ⅱ、B-Ⅲ 为 5℃。

4）C 类不作统一规定（由焊接工艺评定确定）。

5）安装工程钢材施焊切割作业，按土建钢结构工程控制。

（2）应采取措施减小焊接场所的风力，现场风速应符合 GB 50236—2011《现场设备、工业管道焊接工程施工规范》中 2.0.4.2 的规定。

（3）焊接现场应该具有防潮、防雨、防雪设施。

（4）化学水衬胶设备及管件，要在 5℃ 及以上的环境温度里保管和施工安装。

五、监理实用技术方略

监理受业主委托后的管理控制活动及相关服务，其管控对象是机构、人员和事物。在大容量高参数电厂工程建设中，会遇到许多技术问题，项目监理机构要面对众多专业、庞大队伍、先进设备、自动化程度很高的系统工程。监理工程师除掌握法规标准外，还必须具有工程技术理论、丰富的实践经验、质量安全技术掌控能力。在施工组织设计编制、方案审查、危险性较大项目监控等监理实践中，要尊重科学、遵循法规，掌握标准，核算计算、措施优化等技术难题并进行处理，技术是管控能力强弱潜在表现，监理要运用高智商有依据慎重地进行技术管理。下面对有关技术问题及处理简述如下。

（一）大容量锅炉钢架叠梁安装

2000、3000t/h 级和以上的锅炉，板梁承载很大，常规板梁结构的强度和刚度均超标。因此，设计成叠梁结构，上、下两个梁用螺栓紧固连接；又因为炉膛跨度大，两个单根梁端头对接用螺栓连接又形成较长的组合梁。所以，叠梁是纵横均有高强度螺栓连接副的组合梁。

叠梁顶标高在 90.96、118.95m 不等；单层组合的板梁重在 180t 左右；叠梁的底层梁吊装就位后，吊上层组合板梁需在空中进行组装，用纵向螺栓副连接，最后形成完整的组合叠梁。

技术问题：

（1）吊车吊重、吊幅要精心选配，合理可行。

（2）单台起重机吊装或两台起重机抬吊，其方案应认真计算。

（3）吊点及受力值，计算校核后提供给锅炉制造厂。

（4）上层板梁不能用常规的钢丝绳绕套索具吊装，而应要求制造厂设置有足够安全系数的承载吊点的索具固定装置。

（二）锅炉超压试验值的确定

（1）按施工技术规程规定，一次水汽系统为工作压力的 1.25 倍、二次汽系统为工作压力的 1.5 倍。以 350MW 的锅炉为例：省煤器入口设计压力为 30.57MPa×1.25 ＝ 38.21MPa；过热器出口压力为 26.67MPa×1.25 ＝ 33.34MPa；两者取高值为试验压力。再热器设计压力为 5.68MPa×1.5 ＝ 8.52MPa。

（2）按设计技术规范规定，一次水汽和二次汽管系在厂试验压力为工作压力的 1.5 倍。有时厂家现场代表坚持 1.5 倍压力值进行现场锅炉一次系统的水压试验，监理提出异议后并要求制造厂必须提供书面资料。

（三）高压加热器压力试验

（1）超临界及超超临界机组的高压加热器，容器及管系的试验压力很高，争取建设单位支持监理意见，在厂家水压试验时，建设、监理、施工单位派员到厂家共同见证并联合签署试压验收单。

（2）若现场一定进行高压加热器系统水压试验，要参考厂家试验值，不设堵板时要考虑阀门强度试验值、给水泵最高压力值、给水管路水压试压值等，综合考虑选取最佳值进行试验。

（3）根据新的技术规范对四大管道进行 100％探伤，可不进行水压试验的规定。在取得建设单位同意，有高压加热器制造厂的水压试验合格证明书、焊口检验证明书，材质合格证书齐全、完整，现场进行抽检复核无异议时，高压加热器可不做现场水压试验，用高压给水泵试运时以最高压力进行查验。

（四）烟囱内套结构材质与施工

（1）采用耐酸砖及耐火胶泥抹面内筒，造价较低，效果欠佳，寿命周期短，北方不适宜选用。

（2）采用耐酸露点钢板制作的钢内筒，造价适中，寿命周期较长，底段可更新。

（3）采用钛钢复合板制作烟囱钢内筒，造价较高，效果很好，寿命周期长，施工工艺复杂。

监理虽然不能决策设计，但是，当设计图纸出版后，监理要依设计烟囱内筒形式及材料，认真编制实施细则，提出预控意见，指出某些后患，留有痕迹；若是钛钢复合板制作烟囱钢内筒，则工艺流程及检测要详细安排和认真检查，吊装方案要优选并要周密计算核算。

（五）脱硝装置的选择性催化与非催化

电厂选择性催化还原法（selective catalytic reduction，SCR）脱硝系统是将锅炉烟气中的氮氧化合物（NO_x）在催化剂和还原剂（NH_3）作用下，将氮氧化合物还原为氮气和水。脱硝系统上的催化剂（Catalyst），在 SCR 反应中，促使还原剂选择性地与烟气中的氮氧化物在一定温度下发生化学反应的物质。目前，最常用的催化剂

为 V_2O_5-WO_3（MoO_3）/TiO_2 系列（TiO_2 作为主要载体、V_2O_5 为主要活性成分）。形式有板式催化剂模块和蜂窝式催化剂模块。

SCR 脱硝工艺，脱硝剂为纯氨。利用催化剂，促使烟气中氮氧化物与氨供应系统喷入的氨气混合后生成还原反应，将氮氧化物转变为氮气和水；烟气中氧很少与 HN_3 反应。

SNCR 脱硝工艺，在高温和没有催化剂情况下，通过烟道气流中产生的氨自由基与 NO_x 反应，烟气中的氧参与反应，放热量大，效率为 $30\%\sim50\%$。多采用尿素等为还原剂。

（六）施工起重机械管理与控制

安全生产管理法定监理职责里，对施工机械具备使用条件进行检查，监理确定起重机械具备条件有很多内容，应逐项进行核查。下列事项及数据应给予关注：

1. 起重机械照明安全事项

起重机械设置四芯电缆供电时，照明电源应取自零线与相线；当采用三根滑触线供电时，照明电源应取自安全隔离变压器的次级端。若用金属结构作 220V 照明回路，在车轮与轨道间断路或接触不良时，吊钩、钢丝绳、金属结构上的电位可能达到 220V，容易发生触电事故。若三根滑触线供电，而又未设隔离变压器时或使用四芯电缆供电，应取自零线和相线。另外，还应让施工单位检查在轨道上铺设绝缘材料，测钢结构等处是否带电。

2. 施工升降机进行吊笼坠落试验条件

（1）确保制动器工作正常。

（2）应配上对重。

（3）不允许有人，坠落试验前不得解体或更换安全器。

（4）用标准砝码精确度为 $\pm1\%$。

（5）在吊笼空载、额定载荷、超载试验合格之后进行测试：卸载后检查、坠落试验的升降机的结构及连接应无任何损坏及永久变形，检查吊笼板在各方向的水平度偏差不大于 $31mm/m$。

3. 起重机械主要受力构件断面腐蚀量

构件断面腐蚀不应超过原尺寸的 10%；当承载能力降低至原设计承载能力的 87% 时，会影响受力构件的整体稳定性。当主要受力断面腐蚀达原厚度的 10% 时，如不能修复，应停止使用。

4. 塔式起重机的安全装置防护设施检验

（1）高度限位器检验。

（2）起重量限制器检验。

（3）行程限位器检验。

（4）强迫换速检验。

（5）防倾翻装置检验。

（6）风速仪检验。

（7）缓冲器和端部的止挡检验。

（8）扫轨板检验。

（9）防护罩检验。

5. 塔式起重机的垂直度检查

塔身垂直度合格指标是在空载无风的状态下，塔身轴心线对支承面的侧向垂直度小于或等于 4/1000。

6. 桥式起重机金属结构的接地电阻值

起重机轨道及起重机上任何一点的接地电阻值均不得大于 4Ω；若加重复接地，则电阻不大于 10Ω；起重机金属结构（大车轨道）的接地电阻应限制在接地电阻与漏电保护器动作电流的乘积不大于 50V。

7. 起重机控制中的零位保护和失压保护的检查

（1）零位保护是指为防止当机构电动机控制器手柄不在零位时，起重机供电电源失压后又恢复供电时，造成电动机的误启动，而设置的一种保护方式。

（2）失压保护是指供电电源中断后能够自动断开总电源回路，恢复供电时，不经过手动操作总电源回路不能自行接通的一种保护方式。

（七）汽轮机本体应用可拆式保温层

以往汽轮机本体、主汽门、调节汽门、给水泵汽轮机的绝热层是隔热保温灰打底、纤维毡层包裹捆绑，用钉钩铁线锁定，外层再抹绝热保温灰层。这种工艺不仅易出现裂纹，加大散热量，影响观感；而且大修时保温层全部损坏，增大检修费用，又加长检修时间。

现在，有先进的保温工艺设施，汽轮机本体及主汽门等设备采用可拆式保温绝热设施，可模块化定制生产、外形美观、安装便捷、施工周期短，保温效果好，绝热达标，解除污染、减少散热损失，起到重要作用。其优点：

（1）可拆式保温结构合理，易拆卸、可重复利用，降低生产运行和维护检修成本。

（2）采用这种新型结构及材质，绝热性能好，汽缸上、下温差小。

（3）施工洁净无污染，有利于环境保护和设备清洁。

（4）保温工程的工艺简化，减少与汽轮机管道安装交叉，加快汽轮机整体施工进度。

（八）厂用电源切换

（1）正常运行中需要切换厂用电时，应有双向切换功能，即"工切备"和"备切工"；当工、备电源属同一系统时，宜选并联切换。

（2）在电气事故或不正常运行时切换，应能自动切向备用电源，再跳工作电源断路器。

（3）串联切换应同时开放：

1）快速切换。在母线残压与备用电源电压第一次反相位之前，合上备用电源断路器，是一种延时最短、合闸冲击电流最小的切换方式。

2）同相位切换。在母线残压与备用电源电压第一次反相位之后，合上备用电源断路器，是一种延时较短的切换方式。

3）残压切换。母线残压较低时才合上备用电源断路器，是一种延时较长的切换方式。

（4）在并联切换过程中，应防止两电源长期并列形成环流，并列时间不宜超过 1s。

（5）具有自动复位功能，复位后仍不能正常工作，应发出异常信号或信息。

（6）快速切换装置动作时间不大于 15ms，柴油发电机并入保安段应为 10～12s。

（九）谐振与预防

（1）成因。有电阻、电感、电容的交流电路中，电路两端的电压、电流、相位有些不同。如果调整电感和电容的参数或电源频率，可以使相位相同，则电路呈纯电阻性，电路呈现这种状态即为谐振。此时，电路总阻抗达到极限值，可分为串联谐振和并联谐振。

（2）种类。

1）串联谐振：是电感电压与电容电压等值异号，即电感电容吸收等值异号的无功功率，电路吸收无功功率为零，电场能量和磁场能量此增彼减地造成振荡，激励供给电路能量转为电阻发热。

2）并联谐振：是电感电流与电容电流等值异号，使电路吸收的无功功率为零，则能量转换出现振荡，电阻发热等现象与串联谐振相同。

3）铁磁谐振：分设备铁磁谐振、系统铁磁谐振。

（3）防范。

1）中性点不接地的消谐措施。

2）中性点直接接地系统谐振消除法。

3）计算机消谐装置。

4）运行操作防谐振。

5）控制阻抗比小于或等于 0.01、大于或等于 3。

（十）熟知常用代号

熟知下列常见代号意义：

（1）B - MCR：锅炉连续最大蒸发量。

（2）BRL：锅炉额定负荷（铭牌出力）。

（3）MFT：燃料控制跳闸系统。

（4）IGCC：整体煤气化联合循环。

（5）ETS：汽轮机紧急停机系统。

（6）VWO：汽轮机调节汽门全开工况。

（7）T - MCR：汽轮机连续最大出力。

（8）TRL：汽轮机铭牌出力（额定电负荷汽耗）。

（9）OFT：油燃料跳闸系统。

（10）EDTA：稳定络合物的（锅炉管道）清洗工艺。

（11）TSI：汽轮机安全控制系统。

（12）AST：汽轮机手动打闸停机系统。

（13）ECS：电气检测控制系统。

（14）PSS：电力系统稳定系统。

（15）GCM：发电机绝缘过热监测装置。

（16）DI/DO：开关量输入/输出。

（17）PI/PO：脉冲量输入/输出。

（18）APS：汽轮机自动启停系统。

（19）FDG：湿法烟气脱硫装置。

（20）AGC：自动发电量控制系统。

（21）ADS：自动调度系统。

（22）GIS：组合电气设备。

（23）AI/AO：模拟量输入/输出。

（24）RDA：远程数据采集站。

（25）FCS：现场总线系统。

（26）CEMS：烟气连续检测系统。

（十一）特殊图解认知

（1）波德图（BODE）：汽轮发电机找平衡时应用的图谱，是幅频响应与相频响应的线图。

（2）萨玛图（SAMA）：SAMA 是美国科学仪器制造协会的缩写，广为自动控制系统应用，清楚的表示系统功能、信号、执行为一体的组态图例。热控"质量监检"时查验 SAMA 图的应用状态。

（3）坎贝尔频谱图（CAMBERLL）：是测量转子速度变化时的频谱，确定转子在整个转速范围内的工作特性，横坐标表示转速、纵坐标表示频率，其中强迫振动部分（与转速有关的频率成分）呈现在以原点引出的射线上，振幅以圆圈表示，圆圈直径大小表示振幅大小；自由振动部分呈现在固定频率线上。由此可见，坎贝尔频谱图是检测动态转子的检查点的振动幅值作为转速和频率的函数。

厂家应提供末级和次末级叶片的坎贝尔频谱图，现场静态测自由叶片频率的方法和叶片频率分散率数值与厂供的坎贝尔频谱图比较，鉴定自由叶片制造和组装质量。

（4）公制莫里耳图：即莫里耳焓-熵图，是饱和水和过热蒸汽的重要热力值，横坐标是熵、纵坐标是焓，坐标内有水和蒸汽的压力值、饱和度及温度值、过热蒸汽温度值，查其对应的焓熵值。

（5）锅炉压力元件计算线算图：线算图有多种，查阅计算校核快速便捷。

六、电力发展技术动态

（一）超低排放指标及进展

1. 节能减排新标准

国家发布《煤电节能减排升级与改造行动计划》及《燃煤电厂超低排放和节能改造工作方案通知》的要求，火力发电厂改造机组向大气排放启动新标准：烟尘小于或等于 $10mg/m^3$、SO_2 小于或等于 $35mg/m^3$（标准状态）；NO_x 小于或等于 $50mg/m^3$（标准状态）；Hg 及其有害化合物小于或等于 $0.03mg/m^3$。

新建煤电机组要达到燃气机组排放标准：烟尘小于或等于 $5mg/m^3$（标准状态）；SO_2 小于或等于 $20mg/m^3$（标准状态）；NO_x 小于或等于 $30mg/m^3$（标准状态）。

2. 实现节能减排新标准途径

SCR＋FGC＋ESP＋FGD＋WESP 方案，即高效脱硝系统＋低温省煤器＋低低温静电除尘器＋高效除尘的脱硫系统＋湿式静电除尘器。实现综合脱硫效率大于或等于 99.4%，脱硝效率大于或等于 91.5%，高效除尘 FGD 脱硫系统的除尘效率大于或等于 75%，实现超低排放。

3. 超净电袋烟尘排放达标

实现超低排放：SCR＋超净电袋除尘器＋FGC＋FGD＋WESP 方案。现有精细的超净电袋除尘器实现烟尘排放低于 $5mg/m^3$（标准状态），如珠海发电厂。

4. 超低排放的燃煤机组

神华舟山电厂 4 号机组完成 168h 试运，投入商业运行。该机组是 35 万 kW，锅炉排放指标：烟尘为 $1.98mg/m^3$（标准状态）、二氧化硫为 $1.06 mg/m^3$（标准状态）、氮氧化物为 $26.78mg/m^3$（标准状态）。

5. 神皖安庆电厂 4 号机组指标

平均负荷率为 100.5%，厂用电率为 4.01%，发电煤耗为 273.9g/kWh，汽轮发电机最大轴振为 $50\mu m$，发电机漏氢量为 $5.8m^3/d$（标准状态），烟尘、SO_2、NO_x 排放分别为 2.3、5.2、$19.7mg/m^3$（标准状态）。

6. $PM_{2.5}$ 含义与控制

从污染源排到空气中的固体颗粒，是一次粒子和二次粒子的综合物为 $PM_{2.5}$。其污染源有烟囱排放的烟气、机动车尾气、工地扬尘、雾霾风尘等。污染源直接排放的固体颗粒为一次粒子；工业排放的 SO_2、硫酸盐、硝酸盐，在空气湿度温度适合条件下，能附着到空气中微小的灰尘和水汽当中，形成直径小于 $2.5\mu m$ 的二次粒子。二次粒子若附着有毒物，更有害身体健康，$PM_{2.5}$ 呼吸可入肺，直至致癌，应主动有效控制。我国湿法静电除尘技术可有效控制 $PM_{2.5}$ 排放，效率达 95%。

7. 脱硫达标举措

SO_2 排放达 $20mg/m^3$（标准状态），脱硫效率需达到 99.4%。其举措：

(1) 提供吸收浆液的传质速率：设置单（双）塔双循环洗涤塔、托盘塔、液柱塔、填料塔、串级塔及喷射式鼓泡塔等。

(2) 改变循环浆液喷嘴。

(3) 优化除雾器。

(4) 除尘协同脱 SO_x 技术：利用烟尘的吸附作用同时脱除部分 SO_x，在低低温静电除尘器、湿法脱硫、湿式除尘器、湿烟囱筒型并冷凝液回收方面进行优化设计，达到一同除去粉尘、SO_2、SO_3 等污染物的目的。

(二) 电力"五新"发展新成果

国务院的《工业转型升级规划》提出"五新"：新技术、新工艺、新流程、新装备、新材料。

(1) 我国首台 66 万 kW 超超临界二次再热发电机组投入运行。华能安源电厂 1 号机组，平均负荷率为 100.3%，热效率为 44.37%，厂用电率为 3.92%，发电煤耗为 277.16g/kWh。二次再热发电技术代表世界领先水平，有高效率、低能耗、低排放优势，但热力系统较为复杂。热效率比一次再热机组高 2%，CO_2 减排约低 3.6%。机组主蒸汽压力为 32.45MPa、温度为 605℃，一、二次再热蒸汽温度为 623℃。我国大型二次再热机组已投运 5 台、筹建在建 19 台，其中 66 万 kW 机组 4 台，100 万 kW 机组 20 台。

(2) 哈尔滨锅炉厂设计制造的莱芜 2 台 100 万 kW 特超临界二次再热机组正在建设，是塔式锅炉，参数为 32.87MPa/605℃/623℃/623℃；锅炉超压试验压力为 51.67MPa；特超机组及试验压力已攀世界之峰。

(3) 国电泰州 1000MW 的 3 号二次再热机组。

1) 参数：31MPa/600℃/610℃/610℃。

2) 性能测试：发电效率为 47.82%，发电煤耗为 256.8g/kWh。

3）超低排放：烟尘为 $2.3mg/m^3$（标准状态），SO_2 为 $15mg/m^3$（标准状态），NO_x 为 $31mg/m^3$（标准状态）。

（4）设置 0 号高压加热器提高热效率：将高压段工业抽汽或再热热段蒸汽引入 0 号高压加热器，与锅炉给水进行热交换，提升进入省煤器的给水温度，达到工业用汽所需的温度后输出。设置 0 号高压加热器避免喷水减温带来的工质能级降低而造成的热能损失，将热量回收至系统内，提高了整个循环的热经济性。

（5）强化智能建筑管理：智能建筑主要由 4A 组成：

1）BA 大楼自动化系统。

2）OA 办公自动化系统。

3）CA 通信自动化系统。

4）SA 安全自动化系统组成。

智能建筑自动化的各个子系统具有独立性，之间又是相互联系的协调整体。因此，可实现集中管理与协调管理，构成智能建筑的自动化控制网络。

（6）±1100kV 特高压换流阀项目已通过验收。由国网智能电网研究院牵头，研制出世界首个 ±1100kV/5500A 直流换流阀，为 ±1100kV 超大输送容量直流工程奠定技术基础。我国 ±1100kV 特高压电网设计和建设已启动。

（7）双水内冷发电机：我国首创，1958 年世界首台诞生在上海发电机厂，容量为 12.5 万 kW 机组；经不断改进、完善，已生产 66 万 kW 双水内冷发电机。35 万双水内冷发电机有关数据如下：

1）发电机数据：QDS-350-2 型，额定容量为 412MVA，额定功率为 350MW，定子额定电压为 20kV，定子额定电流为 11887A，突然短路力矩为 $13650 \times 10^3 N \cdot m$，临界转速一次约为 820r/min、二次为 2400r/min。

2）励磁数据：额定励磁电流为 2031A，额定励磁电压为 485V；空载励磁电流为 706A，空载励磁电压为 147 V。

3）冷却方式："水水风"、双水内冷＋外风冷。

4）发电机重量数据：转子重 58t；定子运输重＋包装（包括运输盖板、端盖、运输底架及吊攀）为 193t＋6t。

（8）我国在四川白马电厂于 2013 年建成 600MW 超临界循环流化床机组后，又于 2015 年在山西国金电厂建成世界首台 350MW 超超临界机组循环流化床锅炉，且是"光煤互补"的清洁高效发电厂。1 号机组已完成 168h 试运，均是东方锅炉厂研制的 CFB 低热值、大容量、高参数的示范机组。创新工艺系统：在塔炉炉顶和煤场屋顶安装镜场，吸热器安装在烟尘 115m 的平台上，凝结水泵出口水分流到吸热器，水温提升后可控自流到脱氧器。设计供电煤耗为 306.6g/kWh，脱硫脱硝在炉床内进行，高效 SNCR 使 NO_x 排放低于 $50mg/m^3$（标准状态），尾部 SO_2 排放低于 $35mg/m^3$（标准状态）。

（9）分布式能源：小型灵活作为智能电网的补充。它既是生产或存储电能装置，又是电能热能的用户的总和，是产生、利用和控制的综合体。能源可利用水、风、光能及生物质能等就地取源。

（10）节能型智能化配电变压器推广和使用：现有 25 家变压器厂列入名录。要求空载损耗降低 $10\% \sim 13\%$，负载损耗降低 $17\% \sim 19\%$。在节能减排道路上，变压器节能十分重要，其损耗占电网损耗的 30％，我国所有变压器自身损耗占全国发电量的 3％。

(11) 我国已终止核电二代的电厂建设审批；华龙一号、AP1000、EPR1700、CPR1400 等核三代是我国当前核电建设主力；气冷堆、行波堆、聚变堆等四代核电已起步研制和建设。

(12) 太阳能热发电是光热发电的又一生力军，由太阳能-聚光镜-吸热器-热介质-高温压力蒸汽-汽轮发电机组构成，全球已有 500 万 kW。我国已起步，装机数万千瓦，现储热已过关，青海的德令哈塔式太阳能热电站已投产。到 2020 年我国计划建设太阳能热发电容量达 1000 万 kW。

(13) 我国同世界研发特超或超超临界压力的蒸汽 700℃ 及以上机组：欧盟 35～37.5MPa/700℃/720℃ 500MW 机组；日本第一步 35MPa/700℃/720℃ 650MW 机组，第二步 35MPa/750℃/700℃，第三步向 800℃ 挺进；美国 37.9MPa/732℃/760℃ 750MW 机组；我国 35～37.5MPa/703℃/720℃，容量大于或等于 600MW 机组。

华能科研、制造、设计、安装、生产等十个单位设计研发 700℃ 关键部件的验证试验平台，于 2015 年 12 月 30 日在南京电厂 2 号机组实现蒸汽参数 700℃ 运行。标志我国火电机组 700℃ 技术的发展迈入了新的阶段。

(三) 树立全球火电行业旗帜

(1) 中国已诞生脱硫岛零能耗系统火电节能减排的飞跃；高低位分轴布置汽轮发电机的 251 工程，将成为世界火电领导者。上海外高桥第三发电有限公司凝聚中国智慧，突破传统、升华理论、创新技术，其成果具有划时代意义。

(2) 火力发电厂煤耗和厂用电率越上新台阶：2012 年 2 月 29 日，中国电力企业联合会对"外三"运行指标复核检查：其供电煤耗 276.02g/kWh、综合厂用电率 4.13％ 两项主要技术经济指标（含脱硫、脱硝）予以认可。

(3) 我国正全方位建设特高压骨架电网，特高压电网内的超（超）临界大容量机组汽轮机出现新的课题，必须认真研究解决。

1) 汽轮机调频的影响：电网频率是电网监测电能质量和安全的重要指标之一，特高压输电需要保证电压和电流的稳定性，输电参数恒定不变，当因故联结的终端降压后的电网周波变化，当地汽轮发电机组需承担更重的调峰任务和调频任务，以维持电网稳定性和发电经济性。

2) 汽轮机特性影响：为了调频，变化蒸汽流量，节流损失非线性增加；变化参数，机组循环效率降低；长时间低负荷运行厂用电大幅上升。要求机组有新的增效改造，同时调整、改进辅机运行方式。

3) 特高压电网故障时对机组影响：励磁和调速系统有新的考验；会引起轴系较大的扭应力；特高压电网线路开关合闸、近距离短路、负序电流及次同步震荡均对汽轮发电机组的轴系扭振有影响。我国大电网中的高参数大机组已开始研发改进，率先适应特高压电网里的机组运行方式、规程和效率保证。

(4) 我国首次实现电网电能分布灵活控制，自主知识产权 UPFC 工程在南京投运。UPFC 是统一潮流控制器，是国际上首个使用模块化多电平换流（MMC）技术的 UPFC 工程。标志着全球能源互联网最先进的柔性交流技术的成熟，我国已走在世界的最前列。

(5) 世界上电压等级最高、输送容量最大的厦门 ±320kV 双极柔性直流输电工程在我国投运，它是从伪双极提升至真双极接线，柔性直流输电可在传输能量的同时，灵活调节与之相连的交流电网电压。输电容量 100 万 kW，线路总长 10.7km，全部陆地电缆及海底隧道和换流站相连接，采用 1800mm² 直流电缆敷设。柔性直流是以电压源换流器为核心的新一代直流输电技术：

1）有功无功分控。

2）提高低电压穿越能力。

3）建立多端直流网络。

（6）创燃煤机组新一代：突破 700℃ 二次再热机组发展瓶颈，将昂贵的主蒸汽管道缩短 85％，并将建造 1350MW 两次再热超超临界机组的最佳功率等级，可实现 251g/kWh 的超低煤耗革新指标。突破 700℃ 的二次再热机组已在世界处于领先阶段。

（四）世界跨国能源创新战略

1. 构建全球能源互联网

我国催生全球互联网就是"特高压电网为基础＋智能电网为核心＋清洁能源为内涵"的电网洲际互联化。全球诸国以特优能源惠及村民，人类共同志向迈进石化资源殆尽的新时代，是超越国界的能源战略，是国际协作挑战石化危机最佳途径，是全球携手面向美好未来的新征程。

2. 构建全球能源互联网意义

据 2014 年统计，全球煤炭还能开采一个世纪，石油、天然气够用半个多世纪。地球人类面临全球石化能源危机，各国要清醒地意识到，那是多么严重的事件，那一时刻并不遥远。响应中国倡议，迅速认真行动，诚意协调实施。

3. 构建全球能源互联网方式

全球能源互联网方式是"一极一道""沙漠利用""两个替代"。一极是开发北极风源，一道是赤道光源利用，均变为绿色能源入网；西非的撒哈拉沙漠铺满光伏电池板，能满足人类至 2050 年的能源需求；以清洁能源代替石化能源，以实施电能替代其他能源，已成为历史必然。

4. 构建全球能源互联网步骤

国内联网、洲内联网、洲际联网三大步骤。到 2020 年，各国加快推进清洁能源开发和国内互联智能电网建设；到 2030 年洲内大型能源基地开发和电网跨国互联应具规模；2050 年实现电网跨洲互联。七国集团峰会提出：到 2050 年要实现 100％ 利用风、光、水等清洁能源。到 2020 年，我国预计水电、风电、太阳能发电装机容量将分别达到 3.5 亿、2.4 亿、1 亿 kW。

5. 构成全球能源互联网展望

洲际互联网建成时，每年替代相当于 240 亿 t 标准煤的石化能源，减排二氧化碳 670 亿 t，碳/排放量可在 115 亿 t 以内，能够实现全球温升控制在 2℃ 以内的目标。能源生产和能源消费革命：努力实现能源生产清洁化，大力发展能源消费电气化，世界共享资源配置全球化。

附录 A　国际工程项目管理模式

A.1　CM：建筑工程管理模式（有代理型和非代理型）。

A.2　BT：建设-移交模式。

A.3　BOO：建造-拥有-经营模式。

A.4　BOT（Build，Operate，Transfer）模式：建造-运营-移交模式。（有特许权协议，含特许经营年限，一般 20 年，特优惠达 40 年。）

A.5　BOOT（Build，Own，Operate，Transfer）模式：建造-拥有-运营-转让模式。

A.6　EPC（Engineering，Procurement，Construction）工程总承包模式：设计-采购-施工（含工程管理、调试等）总管交钥匙工程管理模式。

A.7　EPCm 为设计-采购-建造总承包，不与施工单位签合同，但对施工及施工单位进行管理的一种模式；EPCs 为设计-采购-监理总承包；EPCa 为设计-采购-咨询总承包。

A.8　PM：工程项目管理。

A.9　PMC：工程项目承包。其模式有三种：

（1）业主与设计、施工、供货签订合同，委托 PMC 承包商管理。PMC 承包商作为业主管理队伍的延伸，代表业主对工程项目进行质量、安全、进度、费用、合同等管理和控制。

（2）业主与 PMC 签订项目管理合同，业主指定或招标选择设计、施工、供货商，由 PMC 分别签订合同。

（3）业主与 PMC 承包商签订项目管理合同，由 PMC 自主选择施工、供货商，不负责设计。PMC 保证项目费用不超过一定限额（即总价承包或限价承包）。

A.10　PT（partnering）：合伙模式。共同利益，集资经营，建造共管。

A.11　PPP：政府与社会资本合作项目管理模式。属特许权（BOT、PFT、PPP）里的一种。

A.12　DB（Design，Build）：设计-建造模式。

A.13　DBM：设计-施工管理模式。

A.14　DM：设计-管理。

A.15　DBB：传统的项目管理模式。设计-招标-建造。

A.16　EP：设计-采购模式。

A.17　PC：采购-施工模式。

A.18　BRT：建造-租赁-转让模式。

A.19　DBOM：设计-建设-经营-维护模式。

A.20　FBOOT：投资-建设-拥有-经营-转让模式。

A.21　BOOST：建设-拥有-经营-补助-转让模式。

A.22　FEED：前端工程设计管理模式（前期设计并施工的管理合同）。石油项目较多。

A.23　TPMP：一体化项目管理团队。是业主与承办商结合的优化项目管理的组织结构。

附录 B　电力建设常用缩写代号

（1）A（金属）——断面延伸率。

（2）AAVR——励磁调节器。

（3）ABC（automatic boiler control）——锅炉自动控制。

（4）AC（alternating current）——交流（电）。

（5）ACC（automatic combustion control）——燃烧自动控制。

（6）A_{c1}管材的下临界温度。

（7）ACP（auxiliary control panel）——辅助控制盘。

（8）ACS（automatic control system）——自动控制系统。

（9）ACT（actuator）——执行机构。

（10）A/D［analog/digital（conversion）］——模/数（转换）。

（11）ADP（annunciation display panel）——报警显示板。

（12）ADS（automatic dispatch system）——电网自动调度系统。

（13）AEH（analog electro‐hydraulic control）——模拟式电液调节。

（14）AFC（air flow control）——送风控制。

（15）AGC（automatic generation control）——自动发电量控制（大电网受控机组）。

（16）AI（analog input）——模拟量输入。

（17）A/M（automatic/manual）——自动/手动。

（18）AMS——美国航天材料规格。

（19）AN——静叶可调轴流风机。

（20）AIS——户外敞开式配电装置。

（21）AO（analog output）——模拟量输出。

（22）AP——动叶可调轴流风机。

（23）AP——汽轮机部分进汽工况。

（24）AP1000——美国第三代核电堆型。

（25）APC（automatic plant control）——电厂自动控制。

（26）APS——机组自启停系统。

（27）ASS（automatic `synchronized system ）——（发电机）自动同期系统。

（28）ARP（auxiliary relay panel）——辅助继电器盘。

（29）ATC（automatic turbine startup or shutdown control system）——汽轮机自动控制系统。

（30）AST——汽轮机危急遮断系统。

（31）AVC——电网自动电压控制。

（32）AVR——电压自动调节装置。

（33）AVT——给水处理全挥发碱洗工况。

（34）BCS（burner control system）——燃烧器控制系统。

（35）BR——油开关状态。

（36）BECR——锅炉经济连续蒸发量。

（37）BF（boiler follow）——锅炉跟踪。

（38）BFC（boiler fuel control）——锅炉燃料控制。

（39）B-MCR——锅炉连续最大蒸发量。

（40）BIPV——建筑光伏一体化。

（41）BMS（Burner Management System）——燃烧器管理系统。

（42）BOD——生化需氧量。

（43）BOD_5——采用20℃培养5天的生物化学过程需氧量。

（44）BOP——（核电常规岛）配套设备。

（45）BOT——有特许权承包管理模式。

（46）BPC（by-pass control system）——旁路控制系统。

（47）BPS（by-pass control system）——（汽轮机）旁路控制系统。

（48）BRL——额定工况锅炉蒸发量。

（49）BS——电厂报价决策系统。

（50）BTG（boiler turbine generator（panel））——锅炉、汽轮机、发电机（控制盘）。

（51）BWR——核电沸水堆。

（52）CAP——中国自主知识产权核岛系列堆型。

（53）CCR（central control room）——单元（中央）控制室。

（54）CCS——电厂协调控制系统（又称闭环控制系统）。

（55）CCS——碳捕捉与封存（技术）。

（56）CDM——清洁发展机制。

（57）CEMS——烟气连续检测系统。

（58）CFBC——循环流化床。

（59）CFR（Cost and Freight）——成本加运费的内价。

（60）CHS（coal handling system）——输煤控制系统。

（61）CIF（Cost Insurance Freight）——到岸价或成本加保险费运费价。

（62）CINS——现代集成制造系统。

（63）CJC（cold junction compensator）——冷端补偿器。

（64）CEMS——环保在线检测。

（65）CNP——中国第一代核堆型。

（66）COD——化学需氧量。

（67）CPI——居民消费价格指数。

（68）CPM——关键路线代号。

（69）CPU（central processing unit）——中央处理器。

（70）CPU——负荷率。

（71）CPU CCTV——工业电视监视控制系统。

（72）CRT（cathode-ray tube）——阴极射线管屏幕显示器。

（73）Ca/S——湿法脱硫工艺的钙硫比。即吸收剂耗量比（除1mol SO_2需钙的摩尔数）。

(74) CPR1000——中国第二代改进型核电压水堆堆型。

(75) CPI——消费者物价指数。

(76) CPT——静力触探试验。

(77) CRT——终端。

(78) CV——核岛安全壳。

(79) CWM（Coal Water Mixture）——水煤浆。

(80) CWT——（加药系统）加氨加氧联合处理工艺。

(81) D/A ［digital/analog（conversion）］——数/模（转换）。

(82) DAS（data acquisition system）——数据采集系统（或称计算机监视系统）。

(83) DAVC——数字式自动电压控制器。

(84) DBM——设计-施工管理模式。

(85) DAVR——自动励磁调节器。

(86) DC（direct current）——直流（电）。

(87) DCE（data circuit terminating）——数据电路终端设备。

(88) DCS（distributed control system）——分散控制系统。

(89) DDC（direct digital control）——直接数字控制。

(90) DEH（digital electro - hydraulic control system）——数字式电液（调速）控制系统。

(91) DI——热控开关量输入。

(92) DLS——数字逻辑站。

(93) DP——有压回油。

(94) DO——热控开关量输出。

(95) DPU——分散处理单元。

(96) DPT——动力触探试验。

(97) Ds——电弧盖面。

(98) DT——（灰熔融性）变形温度。

(99) DV——无压回油。

(100) EA——环境因素。

(101) EB——（离子脱硫）电子束辐照法。

(102) ECS——电气监控系统。

(103) ECR——燃用设计煤种工况。

(104) EDTA——形成稳定络合物的清洗工艺。

(105) EFCS——电气现场总线控制系统。

(106) EH——汽轮发电机液压控制系统。

(107) EMS——环境管理体系。

(108) E/P ［electro/pneumatic（converter）］——电/气（转换器）。

(109) EPS——低低温静电除尘器。

(110) EPRS——炉膛有效辐射受热面。

(111) EPC——设计-采购-施工管理模式。

（112）EPD——电子纸显示技术。

（113）EPR——法国第三代核岛堆型（已达 1750MW）。

（114）EPRI——美国电力研究院。

（115）EPS——低低温静电除尘器。

（116）ES（expert system）——专家系统。

（117）ETS（emergency trip system）——汽轮机紧急停机系统。

（118）ET——（无损）涡流探伤检验。

（119）EWS（engineer work station）——工程师工作站。

（120）EXP——工程合同管理及事物处理软件。

（121）FA——汽轮机全周进气工况。

（122）FATT——钢材脆性转变温度。

（123）FC——固体炭。

（124）FCB（fast cut back）——（机组）快速甩负荷（停机不停炉工况）

（125）FCB——发电机组独立运行装置（电网无法输出时有孤岛运行能力）。

（126）FCD——核岛底筏。

（127）FCS——现场总线控制系统。

（128）FDC——炉膛压力控制。

（129）FGC——低温省煤器。

（130）FGD——湿法烟气脱硫。

（131）FOB（Free on board）——装运港船上交货价。

（132）FSS（furnace safety system）——炉膛安全系统（炉膛燃料安全保护系统）。

（133）FSSS（furnace safeguard supervisory system）——燃烧器控制系统和炉膛安全监控系统（即 BCS 和 FSS）。

（134）FT——（灰熔融性）流动温度。

（135）GATT——关贸总协议。

（136）GCB（Generator Circuit Breaker）——发电机断路器。

（137）GC——高压调节门按钮。

（138）GCM——发电机绝缘过热监测装置。

（139）GDAPC（AHPCD：A Hybrid Polymeric Consinietion Technology）——（烟囱防腐）杂化聚合结构层技术。

（140）GDP——人均国内生产总值。

（141）GGH——（湿法脱硫）烟气加热系统。

（142）GIS——组合电气设备。

（143）GPS——（电气自动装置中的）时钟同步系统。

（144）GPS——广域测量系统（卫星定位）。

（145）GPS——检测平面和高程控制起算数据的可靠性联测法。

（146）GTAW——手工钨极氩弧焊。

（147）HAPs——有害空气污染物。

（148）HBC——硬度。

（149）HGI——哈氏可磨指数。

（150）HGIS——复合式组合电器。

（151）HP——电站压力油。

（152）HT——（灰熔融性）半球温度。

（153）HR3C——ASME SA213 TP310HCbN 的钢材简称。

（154）HWR——核电重水堆。

（155）KKS——编码系统。

（156）LCD（liquid – crystal display）——液晶显示器。

（157）L/G——湿法脱硫工艺的液气比（单位体积烟气需含碱性剂浆液体积）。

（158）LHEC——低热微膨胀水泥。

（159）LIFAC——燃煤锅炉内喷射石灰石粉烟气脱硫工艺。

（160）LIMB——炉内喷钙多段燃烧降低氮氧化物的脱硫技术。

（161）LOT——BOP（配套设备）的下属项目。

（162）LVDT——主汽门行程变送器。

（163）M/A（manual/automatic）——手动/自动。

（164）MCC（motor control center）——（低压）电动机控制中心。

（165）MCR（B – MCR）（maximum continuous rating）——（锅炉）最大连续运行负荷。

（166）MCS（modulating control system）——模拟量控制系统。

（167）MEH［（BFPT）micro-electro-hydraulic control system］——（锅炉给水泵汽轮机）电液控制系统。

（168）METS——给水泵汽轮机危急跳闸系统。

（169）TF——汽包水位。

（170）MFT（managbement fuel trip）——总燃料跳闸（或称锅炉燃烧控制系统 锅炉安全保护系统）。

（171）MHC（mechanical hydraulic control）——机械液压式控制。

（172）MIG——熔化极自动惰性气体保护焊。

（173）MIS（management information system）——管理信息系统。

（174）MMI（man-machine interface）——人-机接口。

（175）MPS——中速辊式磨煤机。

（176）MTSI——给水泵汽轮机本体安全监视系统。

（177）MLFT（即 MT）——磁粉探伤检验。

（178）MST——手动停炉保护系统。

（179）MTSI——给水泵汽轮机监控仪表。

（180）MTBF——平均故障间隔时间。

（181）MW——（负荷调节）中环功率调节回路。

（182）NC（normally closed）——常闭。

（183）NCS——电站计算机监控系统。

（184）NGCC——天然气联合循环发电机组。

（185）NO（normally open）——常开。

（186）NOS（Network Operating System）——网络操作系统。

（187）N. D. E——非破坏性检查。

（188）OA——操作员自动控制。

（189）OCS（on-off control system）——开关量控制系统。

（190）OFT——油燃料跳闸。

（191）OHS——职业健康安全。

（192）OHSMS——职业健康安全管理体系。

（193）OPC（overspeed protection control）——（汽轮机）超速保护控制（或称汽轮机转速控制系统）。

（194）OPGW——复合光缆。

（195）OS（operator station）——操作员站。

（196）OT——加氧处理。

（197）P3（Primavera Project Planner）——工程计划软件。

（198）PC（programmable controller）——可编过程控制器。

（199）PC——（厂用低压系统）动力中心。

（200）PCU——微机。

（201）PCV——过热器出口的锅炉电磁泄放阀。

（202）PDM——工程数据管理技术。

（203）PED——欧盟承压设备指令。

（204）PERT——计划评审技术。

（205）PFBC——增压流化床。

（206）PHC——摩擦桩。

（207）PHO——高压加热器切除工况。

（208）PI（purse input）——脉冲量输入。

（209）PI——热控给煤累计装置。

（210）PLC——可编程控制器。

（211）PLC（programmable logic control system）——控制系统。

（212）PMI——项目管理协会。

（213）PO（pulse output）——脉冲量输出。

（214）PPCP——（离子脱硫）脉冲电晕法。

（215）PPI——工业品出厂价格指数。

（216）PPS——汽轮机防进水控制。

（217）PSC——锅炉吹灰系统程控。

（218）PSS——电力系统稳定器。

（219）PT——（无损）着色探伤检验。

（220）P. Ⅰ——一类硅酸盐水泥（不掺和混合料）。

（221）P. Ⅱ——二类硅酸盐水泥（掺加不超过 5% 的石灰石和矿渣混合料）。

（222）P. O——普通硅酸盐水泥。

（223）P. S——矿渣水泥。

（224）P. F——粉煤灰水泥。

（225）P. C——复合硅酸盐水泥（掺石膏）。

（226）PWR——核电压水堆。

（227）PWR——压水堆。

（228）QMS——质量管理体系。

（229）RB（run back）——（故障）快速减负荷。

（230）RD（run down）——迫降。

（231）Re——（金属）屈服强度。

（232）R. FAC——快硬铁铝酸盐水泥。

（233）Rm——（金属）抗拉强度。

（234）RMS——（电除气流均布测试）相对均方根值法。

（235）RO——反渗透（装置）。

（236）RSI——平均用户供电可靠性。

（237）R. SAC——快硬硫铝酸盐水泥。

（238）RT——（无损）射线探伤检验。

（239）RTD——定子绕组电阻式温度探测仪。

（240）RTU——调度系统远动终端（含远动采集、微机五防闭锁功能）。

（241）RTUDI——电网远程发出单元。

（242）SAW——自动埋弧焊。

（243）SC（Supercritical）——超临界。

（244）SCR——选择性催化还原（脱硝装置）（脱销工艺）。

（245）SCS（sequence control system）——顺序控制系统。

（246）SEDC——汽轮发电机附加励磁阻尼控制。

（247）SEQ——过程控制。

（248）SFAC——自应力铁铝酸盐水泥。

（249）SI——国际单位制（中国法定单位制等同）。

（250）SIS——厂级监控信息系统。

（251）SMAW——手工电弧焊盖面。

（252）SMS——安全管理体系。

（253）SOE——事故采集装置。

（254）SOT——记忆功能。

（255）SPE——（汽轮机叶片）固体颗粒冲蚀。

（256）SPT——标准贯入试验。

（257）S. SAC——自应力硫铝酸盐水泥。

（258）ST（smart transmitter）——智能变送器。

（259）ST——（灰熔融性）软化温度。

（260）SWT——表面波试验。

（261）TAS（turbine automatic system）——汽轮机自动控制系统。

（262）TB——风机风量风压考核工况。

（263）TBP（turbine by - pass system）——汽轮机旁路系统。

（264）TC——高压调节汽门按钮。

（265）TCS（turbine control system）——汽轮机控制系统。

（266）TDM——汽轮机瞬态数据管理系统（汽轮发电机组振动监测分析故障诊断系统）。

（267）TGO（Trimble Geometic Office）——测量基线解算和平差软件。

（268）THA——额定电负荷低汽耗（机组热耗率验收工况）。

（269）THD——定子电压波形不规则性全谐波畸形。

（270）TRL——汽轮机的铭牌工况（额定电负荷的汽耗）。

（271）T - MCR——汽轮机的最大连续出力工况。

（272）TSI（turbine supervisory instrument）——汽轮机（本体安全）监控仪表。

（273）TSR——汽轮发电机扭振保护抑制次同步谐振。

（274）UCC（unit coordinate control）——机组协调系统。

（275）ULD［unit load demand（command）］——机组负荷指令。

（276）UNDP——联合国开发计划署。

（277）UNFCCC——《联合国气候变化框架公约》。

（278）UPS（Uninterruptable Power System）——不间断供电系统。

（279）USC（Ultra-Supercritical）——超超临界。

（280）UT——（无损）超声探伤检验。

（281）VPI——（电动机定子）真空压力整浸无溶漆工艺。

（282）VWO——最大电负荷机组调节门全开工况（机组试验工况）。

（283）WARMAP——电网广域监视分析保护控制系统。

（284）WESP——湿式静电除尘器。

（285）WS——（负荷调节）外环转速一次调频回路。

（286）Ws——全氩弧焊接。

（287）WTS（water treatment contrd）——水处理控制系统。

附录 C　电力常用法定计量单位及换算

法定单位是国家以法令的形式规定必须使用的计量单位。我国法定单位是以国际单位制为基础的，包括 SI 基本单位、SI 辅助单位、SI 导出单位，非国际单位制 15 个，还有组合单位、倍数和分数单位。以下是科技领域应用的法定单位，以及与法定单位进行换算的常用单位。（商贸应用另有规定）

C.1　长度法定单位

（1）米 m。

（2）海里 n mile。

（3）1 海里＝1852m。

（4）常用的还有千米 km、厘米 cm、毫米 mm、微米 μm、纳米 nm、皮米 pm、飞米 fm。

（5）英制换算如下：

1 英寸＝2.54cm

1 英尺＝30.48cm

1 码＝91.44cm

1 英里＝5280 英尺＝1609.344m

1 英海里（1nmile）＝1.853184×10^3m

以上均以 1 英制单位与相应的法定单位换算。

（6）航空速度单位为节，指每小时的海里数，单位符号是 Kn，换算式为

$$1Kn＝1nmile/h＝1853/3600＝m/s$$

C.2　面积法定单位

（1）平方米 m^2。

（2）常用的还有平方千米 km^2、平方分米 dm^2、平方厘米 cm^2、平方毫米 mm^2。

（3）英制换算如下：

1 平方英里＝2.58999881km^2

1 英亩＝4016.86m^2

1 平方英尺 $(ft)^2$＝0.092903m^2

1 平方英寸 (in^2)＝6.452cm^2

1 平方码 (yd^2)＝0.836127m^2

1 靶恩（核反应截面单位）b＝$10^{-28} m^2$

C.3　体积法定单位

（1）立方米 m^3。

（2）升 L 或 l。1L＝1dm^3＝1000mL。

（3）常用还有立方分米 dm^3、立方厘米 cm^3、立方毫米 mm^3；百升 hL、分升 dL、厘升 cL、毫升 mL。

（4）英制换算如下：

1 立方码（yd^3）＝$0.7646m^3$

1 立方英寸（in^3）＝$16.39cm^3$

1 立方英尺（ft^3）＝28.32L

1 美加仑（USgal）＝3.785L

1 英加仑（UKgal）＝4.546L

1 液盎司（floz）＝2.841cL

1 美石油桶＝158.99L

C.4 时间、频率单位

（1）时间法定单位是秒 s、分 min、小时 h、日 d。

常用还有周、月、年（a）。

（2）频率法定单位是赫兹 Hz。（频率应淘汰的有周、千周、兆周）

$1Hz=1s^{-1}$。

（3）机械旋转频率的法定单位是每秒 s^{-1}，通称转每秒 r/s，常用转每分 r/min 表示。"转 r"指转数。

C.5 平面角、立体角单位

（1）平面角法定单位叫弧度，符号 rad，整圆为 2π rad。

平面角 $\alpha = L$（弧长）$/r$（半径）

国家选定的平面角法定单位为度（°）分（′）秒（″）。其换算如下：

$1° = 60′ = (\pi/180)$ rad＝0.017453 rad

$1′ = 60″ = 2.9089 \times 10^{-4}$ rad ；$1″ = 4.8481 \times 10^{-6}$ rad

1rad ＝ $180°/\pi = 57.2957795°$

（2）椎体的立体角法定单位叫球面度，符号为 sr，一个整球的立体角为 4π sr。

C.6 质量法定单位

（1）千克（公斤），国际符号 kg［公斤可用，但不是优选］；

常用还有兆克 Mg、克 g、毫克 mg、微克 μg。

（2）吨，符号 t（国家选定）。

$1t = 1Mg = 10^3 kg = 10^6 g$

（3）原子质量单位，符号为 u 。过去称"统一的原子质量单位"

$1u \approx 1.6605655 \times 10^{-27} kg$

应淘汰现仍沿用及书籍中的单位与法定单位的换算如下：

1 磅（Ibs）＝0.453592kg

1 英吨（长吨）（ton）＝1016kg

1 美吨（短吨）（shton）＝907kg

1 盎司（常衡）＝28.3495g

1 盎司（药衡、金衡）＝31.1035g

1 道尔登（Dalton）＝1u＝$1.6605655 \times 10^{-27} kg$

C.7 密度、相对密度、线密度单位

（1）密度。线密度、面密度、体密度简称密度，是指体密度。

体密度的法定单位有千克每立方米 kg/m^3、还有 g/m^3、kg/dm^3、g/cm^3。

（2）相对密度。是指在相同的特定条件下某一种物质的密度与另一参考物质的密度之比。为一无量纲量。

比重是相对密度的特例，指一物质的密度与 4℃水的密度的比值。

注意：教科书的比重是某物质重量与其体积的比值。可见，分子是重力，而不是质量。因而，用克力、千克力、吨力表示，即 gf/m^3、kgf/m^3、tf/m^3 与质量单位的 g、kg、t 相区别。

（3）溶液的密度。利用密度计（比重计）可测定。密度计有两种，刻度不等的叫比量计，刻度距离相等的叫波美计（波美表），测其密度称为波美度，用符号 $B'e$ 表示。

（4）比容。又称比体积，其法定单位为 m^3/kg。

（5）重度（容重）。其法定单位是牛顿每立方米 N/m^3。

在工程单位制中力的单位是千克力 kgf，重度的单位是千克力每立方米 kgf/m^3。不能用密度单位 kg/m^3 表示，只能用 N/m^3。

（6）线密度的法定单位是特克斯（tes），是指 1km 长均匀分布 1 克质量的线密度，即 $1tex = 1g/km$。

C.8 力、重力、加速度单位

（1）力（F）是物体质量（m）与加速度（a）之积。即

$$F = ma$$

（2）重力（W）是受地球向地心的引力，即

$$W = mg$$

其法定单位是牛顿，符号为 N。

$$1N = 1kg \cdot m/s^2$$

常用的倍数与分数单位有 MN、kN、mN、μN。

有用应淘汰的单位与法定单位的换算如下：

1 达因（dyn）（$g.cm/s^2$）$= 10^{-5}N$

1 克力（gf）（gf）$= 9.80665mN$

1 千克力（kgf）（kgf）$= 9.80665N$（$1N = 0.1019716kgf$）

1 吨力（tf）（tf）$= 9.80665kN$

（3）牛顿是国际单位制（SI）中的力的单位。是 1 千克的物体获得 $1m/s^2$ 的加速度的力；"千克力"是工程单位制（米制）中力的单位。是 1 千克物体获得 $9.80665m/s^2$（标准重力加速度）的力。

$1kgf = 9.80665kg.m/s^2 = 9.80665N \approx 10N$

$1N = 0.10191716kgf \approx 0.1kgf$；$1kN \approx 100kgf$

（4）加速度法定单位是米每二次方秒 m/s^2 或用 cm/s^2 表示。

C.9 压力、压强、应力、黏度单位

（1）压力在工程中就是压强。

国际计量大会给定 N/m^2 一个专门名称叫帕斯卡 Pa

常用的压力、压强单位的倍数与分数单位有吉帕 GPa、兆帕 MPa、千帕 kPa、百帕 hPa、毫帕 mPa、微帕 μPa。

（2）应力：正应力 σ、切应力 τ、弹性模量 E、切变模量 G、体积模量 R 的法定单位也是帕斯卡 Pa。

常用还有牛顿每平方米 N/m^2 及 cN/m^2、mN/m^2。

1）应该淘汰而书籍遇到的压强单位与法定单位换算如下：

1 毫巴（mbar）＝1hPa

1 巴（bar）＝0.1MPa

1 标准大气压（atm）＝101.325kPa

1 工程大气压（at）＝98.0665kPa

1 毫米水柱（mmH_2O）＝9.80665Pa

1 毫米汞柱（mmHg）＝133.322Pa

1 千克力每平方米（kgf/m^2）＝9.80665Pa

1 千克力每平方厘米（kgf/cm^2）＝$0.0980665N/mm^2$（MPa）＝98.0665kPa

2）工业近似计算如下：

$1MPa＝1000kPa＝1000kN/m^2＝1000000N/10000cm^2＝100N/cm^2＝1N/mm^2$

$1MPa＝10.19716kg/cm^2≈10kgf/cm^2≈100N/cm^2≈0.1kgf/mm^2$

$1kgf/cm^2＝98.0665kPa≈100kPa＝0.0980665MPa≈0.1MPa≈0.1N/mm^2$

$1MPa＝10.197162 kgf/cm^2≈10 kgf/cm^2$

（3）混凝土与水泥的标号换成法定计量单位。

$1kgf/cm^2＝0.0980665N/mm^2≈0.1N/mm^2$

1）混凝土旧标号（kg/cm^2）与新等级（N/mm^2）对照：100/10　150/15　200/20　250/25　300/30　400/40　500/50　600/60。

2）水泥的抗压强度旧标号（kg/cm^2）与新等级（N/mm^2）对照：325/32.5 425/42.5 525/52.5　625/62.5。

（4）黏度：分动力黏度和运动黏度。一般把动力黏度简称为黏度。

1）动力黏度是描述流体黏滞性质的一个物理量。流体间内摩擦力 F 与接触面 A 成正比，与速度梯度成反比。

动力黏度的单位是 Pa·s（帕·秒）

2）运动黏度 γ 是动力黏度 η 与该流体密度 ρ 之比。

动力黏度的单位为 $\gamma＝\eta/\rho＝Pa·s÷kg/m^3＝m^2/s$，读作二次方米每秒。

C.10　功、能、热、功率单位

（1）功、能、热的法定单位。

1）焦耳（J）。

2）电子伏，单位符号为 eV。换算如下：

$1eV≈1.6021892×10^{-19}J$

$1J＝1N·m＝1kg·m^2·s^{-2}$　　（$1N＝1m·kg/s^2$）

机械能、电能、热能、化学能（及辐射能）均是物体做功的一种形式，因此，在法定单位中，功、能、热都用同一个单位焦耳。

（2）电能常用千瓦时（kW·h）表示。它是法定单位的组合单位，也属法定单位。代替"度"。与焦耳的换算如下：

$1kW·h＝3.6MJ$（兆焦）

（3）电子伏（eV）是国家选定的非国际单位的法定单位，常用于核结合能。1 电子伏等

于一个电子经过真空中的电位为 1 伏特的电场所获得的动能，即

$1eV \approx 1.602\ 189\ 2 \times 10^{-19}J$（焦耳）

（4）应淘汰而旧书刊可见的单位与法定单位 [卡路里（cal）等] 的换算如下：

1 热化学卡（cal_{th}）＝4.184J

1 20℃卡（kal_{20}）＝4.1816J

1 平均卡（cal_{mean}）＝4.190 02J

1 英热单位（Btu）＝1055.06J

1 马力小时（米制）＝2.648MJ

1 马力小时（英制）＝2.684 52MJ

1 千克力米（kgf·m）＝9.806 65J

（5）标准煤、油、气发热量：

1）标煤：过去沿用 7000 大卡/公斤，应改为 29.27 兆焦/千克 [是乘以 1 20℃卡（kal_{20}）＝4.1816J 换算的数据。企业所用。下同。]。

2）标油：过去沿用 10 000 大卡/公斤，应改为 41.82 兆焦/千克。

3）标气：过去沿用 10 000 大卡/立方米，应改为 41.82 兆焦/米^3。

（6）功率单位为 $kg·m^2·s^{-3}$，给定一个专门名称叫瓦特。符号为 W。就是功率的法定单位。

1）瓦特定义：1s 内产生 1 焦耳能量的功率为 1 瓦特。

2）功率应淘汰而旧书刊可见的单位与法定单位的换算如下：

1 米制马力＝735.499W（瓦特）

1 英制马力＝745.700W

1 锅炉马力＝980.950W

1 电工马力＝746W

1 国际瓦特（Wint）＝1.000 19W

绝对瓦特（Wabs）＝1W（瓦特）

1 千克米每秒＝9.806 65W

（7）热导率也叫导热系数。表示平壁材料导热能力大小的物理量，其法定单位是瓦特每米开尔文 W/（m·K）其换算如下：

1 千卡每米小时开尔文 [$kcal_{1T}$/（m·h·K）]＝1.163W/（m·K）

1 瓦特每米开尔文 [1W/（m·K）]＝0.859 845 2$kcal_{1T}$/（m·h·K）

（8）传热系数法定单位是瓦（特）每平方米开（尔文），符号为 W/（m^2·K）＝W/（m^2·℃）

这里的开（尔文）可以用摄氏度代替。

换算如下：

1 千卡每平方米小时开尔文 [$kcal_{1t}$/（m^2·h·K）]＝1.163W/（m^2·K）

C.11　温度单位

（1）定义：

1）温度。指彼此处于热平衡的状态特性。通俗地理解为物体的冷热程度。

2）温标。热平衡以数字描述温度的标尺为温标。

热力学温标是 1948 年英国科学家开尔文首先提出。用这种温标确定的温度为热力学温度。其 SI（国际单位制简称）单位是开尔文。

国际实用温标指几经国际计量大会修改，用标准仪器、插补，保证国际上温度计量的一致性实用温标。

（2）热力学温度法定单位是开尔文，符号为 K。1 开尔文规定为水的三相点热力学温度是 1/273.16°。

水的三相点是唯一的（即 611.8Pa、273.16K）；而水冰点是 273.15K，冰随压力而变化，不是唯一的。水的三相点复现精度是 ±0.000 05K，而冰是 0.001K。

（3）摄氏度。摄氏温标是瑞典科学家摄尔修斯在 1942 年创立的，后经史密特修正。将水在 101.325kPa 的压力下的凝固点定为 0，将沸点定为 100，其间划 100 等分，每 1 等分为 1 摄氏度，符号为℃。

（4）摄氏度与开尔文的关系。

摄氏度/开尔文相对应数值：100℃/373.15K、0℃/273.15K、−273.15℃/0 K。

由上可见，当表示温度间隔或温差时，单位摄氏度等于单位开尔文，即 1K＝1℃。如热导率单位 W/（m・K）可以用 W/（m・℃），传热系数单位 W/（m^2・K）可以用 W/（m^2・℃），热容单位 J/K 可以用 J/℃。

（5）华氏温标。是德国物理学家华伦海特 1724 年创立的。规定在 101.325kPa 时冰溶点为 32、沸点为 212，中间划分 180 等分作为 1 华氏度。这种温标确定的温度为华氏温度，符号为°F。

换算如下：

1°F＝5/9℃＝5/9 K

（6）列氏温标。是法国物理学家列奥尼尔创立的。将水的冰点定为 0，沸点定为 80，中间等分 80，每等分为 1 列氏度。这种温标确定的温度为列氏温度。

换算如下：

1 列氏度＝1.25℃＝1.25 K

C.12 电磁学量的单位

（1）电磁学的单位制。

1）绝对静电单位制（CGSE）：取真空电容率（真空介电常数）$\varepsilon_0＝1$，导出其他电磁量。

2）绝对电磁单位制（CGSM）：真空磁导率 $\mu_0＝1$。

3）高斯制（CGS）：是混合制，真空电容率与真空磁导率都取 1，即 $\varepsilon_0＝\mu_0＝1$。

4）实用单位制（MKSA）。四量纲制（米、千克、秒、安培）。

5）国际单位制（电磁量的）。消除 MKSA 的 4π 因子，产生有理制的 MKSA，这就是电磁量的国际单位。

（2）电流的法定单位是安［培］，符号为 A，属国际单位制，是以法国数学家安培的名字命名的。

（3）电荷量的法定单位库仑，符号为 C，1C＝1A・s，常用安培小时（A・h）。

1A・h＝3600C＝3.6kC

（4）电压法定单位伏特，符号为 V，1V＝1W/A。

常用还有 MV、kV、mV、μV。

（5）电容法定单位：拉法，符号为 F。

1F＝1C/V（C 库伦、V 伏特）

常用还有 mF、μF、nF、pF。

（6）电阻法定单位：欧［姆］，符号为 Ω。

1Ω＝1V/A

常用还有 kΩ、MΩ、mΩ。

（7）电导是电阻的倒数，专门名字叫西［门子］，符号 S。

$1S＝1Ω^{-1}$

常用还有 kS、mS、μS。

（8）电感法定单位是亨利，符号为 H。

1H＝1V. S/A

常用还有 Mh、μH、nH、pH。

（9）磁通量专门名称为韦［伯］，符号为 Wb。

1Wb＝1V. s

过去常用麦克斯韦 Mx。

$1Mx＝10^{-8}Mb$

（10）磁通量密度（磁感应强度）是磁通量与面积之比。法定单位是特［斯拉］，符号为 T。

$1T＝1Wb/m^2$

过去用高斯（Gs），不再使用。换算如下：

1Gs＝0.1mT（毫特）

（11）磁场强度法定单位是安［培］每米，符号为［H］＝A/m。

过去用的奥斯特（Oe），应不再使用。换算如下：1Oe＝79.577A/m

（12）电功率：单位统一名称瓦［特］，符号为 W。

1）视在功率单位为伏安，符号为 VA，是法定组合单位，（可作功率的法定单位，但不再仅指视在功率。）

2）无功功率单位：过去用乏（var），1var＝1W。因国际上还在使用，可暂时使用。

C. 13　光及电磁辐射量的单位

（1）发光强度的法定单位是坎［德拉］，符号为 cd，对波长为 0.555 微米的单色光，光源产生 1 流［明］的光通量需要的功率为 1/683 瓦。

（2）光通量的法定单位是流［明］，符号为 lm。

$[Φ_v]＝1cd. sr＝1lm$

（3）光照度与光出射度的法定单位都是流［明］每平方米。即 lm/m^2 给定一个专门名称叫勒［克斯］，符号为 lx。

$1lx＝1lm/m^2＝1cd·sr/m^2$（sr 球百度）。

（4）光亮的单位是流秒，符号为 lm·s。

1lm·s＝1cd·sr·s。

（5）曝光量法定单位是勒秒，符号为 lx·s。

$1lx \cdot s=1cd \cdot sr \cdot s/m^2$。

（6）光亮度的法定单位是坎［德拉］每平方米，符号为 cd/m^2。

（7）辐通量（辐射能通量）法定单位用瓦［特］。

（8）辐射强度单位是（W/sr），即瓦/球面度。

（9）辐射亮度单位是（$W/sr \cdot m^2$），即瓦/（球面度·米^2）。

C.14　声学中的级差单位

声学中级差包括声压级、声功级、声强级等，以及振幅级差、场级级差、功率级差等。它们的法定单位都是分贝，符号为 dB。

C.15　物质的量、摩尔质量的单位

（1）物质的量是反映物质系统基本单元（以 0.012 千克碳-12 的原子数目为计数单位）多少的物理量。量的符号为 n。

（2）物质的量的法定单位是摩尔，符号为 mol。其定义为系统的基本单元数目和 0.012 千克碳-12 的原子数目相等，该物质的量就是 1mol。

（3）0.012 千克碳-12 的原子数目是 6.02×10^{23} 个。这就是阿伏伽德罗常数的数目。

（4）物质的摩尔质量是质量除以物质的量，即 $M=m/n$

其法定单位是千克每摩［尔］，符号为 kg/mol。常用 g/mol。

C.16　浓度单位

（1）分子浓度：表示单位体积所含 B 成分分子数目多少。

法定单位为 $1/m^3=m^{-3}$

（2）质量浓度 ρ_B：表示单位体积所含 B 成分质量数目多少。

法定单位为 kg/m^3

（3）物质的量浓度：表示单位体积所含 B 成分物质的量。

法定单位为 mol/m^3，常用 mol/dm^3，即 mol/L。

（4）质量摩尔浓度：溶质 B 的物质的量与溶剂的质量比。

法定单位为摩尔每千克，即 mol/kg

过去所用的克分子浓度（体积摩尔浓度）和当量浓度已不在使用，应改为物质的量浓度。

（5）ppm、ppb、ppt 国家不提倡使用。（英、德的表示还不一致）

1）ppm 是百万分数，$1ppm=1/10^6$，比如氨水浓度为 5ppm，即 5 份氨加入 1 百万份（10^6）水配成的溶液，即 $5/10^6+5 \approx 5/10^6$，即百万分之五。

2）ppb：十亿分之一，即 $1/10^9$。

3）ppt：万亿分之一，即 $1/10^{12}$。

C.17　核反应和电离辐射量的单位

（1）放射性活度 A：物质的放射性衰变中，在给定时刻，处于特定能态的一定量放射性核素在 dt 时间内发生核跃迁数的期望值 dN 除以 dt。$A=dN/dt$

法定单位是贝可［勒尔］，符号为 Bq。$1Bq=1$ 次核衰变/秒=1 秒$^{-1}$　，即 $1Bq=1s^{-1}$。

（2）吸收剂量：度量当电离辐射与任一物质相互作用时，在单位质量物质中吸收能量多少的物理量。

其定义为：吸收剂量 D 是任何电离辐射授予质量为 dm 的物质的平均能量 dE 除以

dm，即

$D = dE/dm$

法定单位是戈［瑞］，符号为 Gy 。

$1Gy = 1J/kg$

（3）剂量当量是用于辐射防护的物理量。

定义：研究的（生物）组织中某点处的吸收剂量 D、品质因素 Q 和其他一切修正因素 N 的乘积。即

$H = DQN$

剂量当量的法定单位是希（沃特），符号为 $SvSv = 1J/kg$，或称希弗（Sv）并有毫希弗（nSv）、微希弗（μSv）。

希弗：是衡量辐射对生物组织的伤害。

1Sv：每千克人体组织吸收 1 焦耳为 1 希弗。

（4）将照射量：表示 X 或 γ 辐射在空气中产生电离能力大小的物理量。它只适用于 X 或 γ 辐射。

法定单位是库［仑］每千克，符号为 C/kg 。

（5）应淘汰的辐射量单位。它们和法定单位关系如下：

1）放射性活度应当用贝克（勒尔）Bq，不用居里 Ci。

$1Ci = 3.7 \times 10^{10} Bq$

2）吸收剂量单位应当用戈（瑞）Gy，不用拉德 rd。

$1rd = 10^{-2} Gy$

3）剂量当量单位应当用希（沃特）Sv。

$1Sv = 100rem$ 雷明（或雷姆）

4）照射量的单位应当用库（仑）每千克（C/kg），不用伦琴（R）。

$1R = 2.58 \times 10^{-4}$ C/kg　（标准值）

注释 1：构成十进倍数和分数单位的词头因数/名称/符号：10^{18}/艾（可萨）/E；10^{15}/拍（它）/P；10^{12}/太（拉）/T；10^{9}/吉（加）/G；10^{6}/兆/M；10^{3}/千/k；10^{2}/百/h；10^{1}/十/da；10^{-1}/分/d；10^{-2}/厘/c；10^{-3}/毫/m；10^{-6}/微/μ；10^{-9}/纳（诺）/n；10^{-12}/皮（可）/p；10^{-15}/飞（母拖）/f；10^{-18}/阿（托）/a。

注释 2：常用法定单位新旧换算。

1 埃（°A）$= 0.1nm = 10^{-10}$ m　　　　1 海里（nmile）$= 1852m$

1 光年 $= 9.461pm = 9.461 \times 10^{15}$ m　　1 码（yd）$= 91.44cm$

1 英尺（ft）$= 30.48cm$　　　　　　1 英寸（in）$= 25.4mm$

1 链（chain）$= 20.12m$　　　　　　1 密耳（mil）$= 25.4\mu m$

1 英里（mile）$= 1609m$　　　　　　1 市尺 $= 0.3m = 0.3333m$

1 飞米（feimi）$= 1fm = 10^{-15}$ m　　　1 英亩（acre）$= 4047m^2$

1 公亩（are）$= 100m^2$　　　　　　1 靶恩（b）$= 10^{-28} m^2$

1 公顷（ha）$= 10^5 m^2$　　　　　　1 升［L（l）］$= 1dm^3$

1 美加仑（USgal $= 3.785dm^3$　　　　1 英加仑（UKgal）$= 4.546dm^3$

1 美盎司（USfloz）$= 29.57cm^3$　　　1 英盎司（UKfloz）$= 28.41cm^3$

1 度（°）$=17.45\text{mrad}$

1 分（′）$=290.9\mu\text{rad}$

1 秒（″）$=4.848\mu\text{rad}$

1 天（日、day）$=86400\text{s}$

1 节（kn）$=0.5144\text{m/s}$

1 伽（Gal）$=10^{-2}\text{m/s}^2$

1 转（r/min）$=0.1047\text{rad/s}$

1 磅（lb）$=453.6\text{g}$

原子质量单位（u）$=1.661\times10^{-27}\text{kg}$

1 盎司（oz）$=28.35\text{g}$

1 吨（t）$=10^3\text{kg}$

1 克拉（carat）$=2\times10^{-4}\text{kg}$

1 特克斯（tex）$=10^{-6}\text{kg/m}$

1 达因（dyn）$=10^{-5}\text{N}$

1 坦尼尔（denier）$=111.1\times10^{-6}\text{kg/m}$

1 千克力（kgf）$=9.807\text{N}\approx10\text{N}$

1 磅力（lbf）$=4.448\text{N}$

1 吨力（tf）$=9.807\times10^3\text{N}\approx10\text{kN}$

1 巴（bar）$=10^5\text{Pa}$

1 磅力每平方英寸（psi）$=6895\text{Pa}$

1 毫米水柱（mmH$_2$O）$=9.807\text{Pa}$

1 毫米汞柱（mmHg）$=133.3\text{Pa}$

1 托（torr）$=133.3\text{Pa}$

1 标准大气压（atm）$=101.3\text{kPa}$

1 工程大气压（at）$=98.07\text{kPa}$

1 泊（po）$=0.1\text{Pa}\cdot\text{s}$

1 斯托克斯（st）$=10^{-4}\text{m}^2/\text{s}$

$1\text{kcal}=1.133\times10^{-3}\text{kWh}$

1 马力$=735.5\text{W}$

1 国际蒸汽表卡（cal）$=4.187\text{J}$

1 热化学卡（calth）$=4.184\text{J}$

1 英热单位（But）$=1055\text{J}$

1 尔格（erg）$=10^{-7}\text{J}$

1 电子伏特（eV）$=0.1602\text{aJ}-0.1602\times10^{-18}\text{J}$

1 瓦小时（Wh）$=3600\text{J}$

1 马力小时$=2.648\times10^6\text{J}$

1 奥斯特（Oe）$=79.58\text{A/m}$

1 高斯（Gs）$=10^{-4}\text{T}$（特斯拉）

1 麦克斯韦（Mx）$=10^{-8}\text{Wb}$

1 伦琴（R）$=2.58\times10^{-4}\text{C/kg}$

1 居里（Ci）$=3.7\times10^{10}\text{Bq}$（贝可勒尔）

1 雷明（姆）（rem）$=0.01\text{Sv}$（希沃特）

1 拉德（rad）$=0.01\text{Gy}$（戈瑞）

1 尼特（nt）$=1\text{cd}$（坎德拉）$/\text{m}^2$

1 熙提（sb）$=1\text{cd/cm}^2$

1 辐透（ph）$=10^4\text{lx}$（勒克斯）

附录 D　电力安装常用起重机械性能表

D.1　有轨起重机部分

（1）ZSC70240/80t 塔式起重机。一档载荷（最大起重量）为 0～80t，起升速度为 0～6m/min），共分四档。ZSC70240/80t 塔式起重机参数见表 D.1

表 D.1　　　　　　　　　　　　ZSC70240/80t 塔式起重机参数

项目	参数											
幅度（m）	3～25	28	30	32	34	36	38	40	42	44	46	48
起重量（t）	80	72	66.7	62	57.9	54.2	50.9	48.0	45.3	42.9	40.7	38.7
幅度（m）	50	52	54	56	58	60	62	64	66	68	70	
起重量（t）	36.8	35.1	33.5	32.0	30.6	29.3	28.1	27.0	25.9	24.9	24.0	

（2）DBQ 系列塔式起重机参数见表 D.2，DBQ 塔式起重机工作特性见表 D.3，塔式工作起重量降荷表见表 D.4。

表 D.2　　　　　　　　　　　　DBQ 系列塔式起重机参数

型　号		DBQ1000 型	DBQ1500Ⅱ型	DBQ3000Ⅱ型	DBQ4000 型
起重量	主钩	25～50t	10～50t	100～160t	140～200t
	付钩		10t	10t	15t
工作幅度	主钩	13～31m	40～44m	16～60m	19.3～55.3m
	付钩		44～48m	20.4～58.6m	22～59.3m
最大提升高度	主钩	180m	95m	118m	121m
	付钩	—	99m	121m	125m
提升速度	主钩	15.3/1.28 m/min	4.5m/min	4.59～9.18m/min	6.46～12.9m/min
	付钩		19.7m/min	20m/min	16m/min
变幅时间		8min	10～12.5min	7～11min	10min
回转速度		0.17r/min	0.17r/min	0.137r/min	0.125r/min
行走速度		10m/min	10m/min	10m/min	10m/min
输入电源		380V、50Hz	380V、50Hz	380V、50Hz	380V、50Hz
塔架起升方式		自扳起	自扳起	自扳起	自扳起

表 D.3 DBQ 塔式起重机工作特性表

主臂长 （m）	工作幅度 （m）	不同副臂长度时的起重量（t）						工作幅度 （m）
		24m	30m	36m	42m	48m	54m	
54.32	17.1	100.0	—	—	—	—	—	17.1
	18.0	100.0	—	—	—	—	—	18.0
	18.8	—	100.0	—	—	—	—	18.8
	20.0	100.0	98.1	—	—	—	—	20.0
	20.4	—	—	100.0	—	—	—	20.4
	22.0	975	92.4	92.7	90.4	—	—	22.0
	23.7	—	—	—	—	72.5	—	23.7
	24.0	91.3	88.0	85.9	81.3	71.1	—	24.0
	25.3	—	—	—	—	—	60.0	25.3
	26.0	83.9	83.7	80.5	74.4	64.3	57.7	26.0
	28.0	77.3	76.1	76.2	68.9	59.0	52.3	28.0
	30.0	70.7	69.6	70.3	64.4	54.7	48.0	30.0
	32.0	63.4	63.8	64.1	60.4	51.1	44.4	32.0
	32.1	63.0	—	—	—	—	—	32.1
	34.0	—	58.5	58.7	55.1	48.0	41.4	34.0
	36.0	—	53.3	53.9	50.6	44.9	38.8	36.0
	37.5	—	49.0	—	—	—	—	37.5
	38.0	—	—	49.6	46.6	41.9	36.5	38.0
	40.0	—	—	45.4	43.0	39.3	34.5	40.0
	42.0	—	—	41.3	39.7	36.9	32.7	42.0
	43.0	—	—	39.2	—	—	—	43.0
	44.0	—	—	—	36.6	34.6	31.0	44.0
	46.0	—	—	—	33.6	32.5	29.5	46.0
	48.0	—	—	—	30.5	30.5	28.0	48.0
	48.4	—	—	—	29.9	—	—	48.4
	50.0	—	—	—	—	28.5	26.6	50.0
	52.0	—	—	—	—	26.5	25.2	52.0
	53.8	—	—	—	—	24.6	—	53.8
	54.0	—	—	—	—	—	23.9	54.0
	56.0	—	—	—	—	—	22.5	56.0
	58.0	—	—	—	—	—	21.0	58.0
	59.3	—	—	—	—	—	20.0	59.3

表 D. 4　　　　　　　　　塔式工作起重量降荷表（DBQ-3000t/m）

主臂长 （m）	工作幅度 （m）	不 同 副 臂 长 度 时 的 起 重 量（t）						备注
		24m	30m	36m	42m	48m	54m	
54.32	18.0	91.2	—	—	—	—	—	
	19.0	91.2	90.9	—	—	—	—	
	20.0	91.2	89.0	—	—	—	—	
	21.0	90.0	86.0	87.8	—	—	—	
	22.0	88.8	83.4	83.5	—	—	—	
	23.0	86.8	81.1	79.9	76.0	—	—	
	24.0	82.6	79.0	76.7	71.8	62.3	—	
	25.0	78.8	77.1	73.9	68.1	58.6	—	
	26.0	75.3	74.8	71.4	64.9	55.5	51.5	
	27.0	72.0	70.8	69.1	62.0	52.7	48.7	
	28.0	68.7	67.2	67.1	59.4	50.2	46.1	
	29.0	65.5	63.9	64.7	57.1	47.9	43.9	
	30.0	62.3	60.8	61.2	55.0	45.9	41.8	
	31.0	58.9	57.9	58.0	53.0	44.0	39.9	
	32.0	55.1	55.1	55.0	51.0	42.3	38.3	
	33.0	—	52.5	52.3	48.3	40.7	36.7	
	34.0	—	49.9	49.7	45.8	39.3	35.3	
	35.0	—	47.4	47.3	43.5	37.8	33.9	
	36.0	—	44.8	45.0	41.4	36.2	32.7	
	37.0	—	42.1	42.9	39.3	34.7	31.5	
	38.0	—	40.8	37.4	33.3	30.5		
	39.0	—	—	38.7	35.6	32.0	29.4	
	40.0	—	—	36.7	33.9	30.7	28.5	
	41.0	—	—	34.7	32.3	29.5	27.5	
	42.0	—	—	32.7	30.7	28.3	26.7	
	43.0	—	—	30.6	29.2	27.2	25.8	
	44.0	—	—	—	27.7	26.2	25.0	
	45.0	—	—	—	26.2	25.1	24.3	
	46.0	—	—	—	24.8	24.1	23.5	
	47.0	—	—	—	23.3	23.1	22.8	
	48.0	—	—	—	21.9	22.2	22.1	
	49.0	—	—	—	—	21.2	21.4	
	50.0	—	—	—	—	20.3	20.7	
	51.0	—	—	—	—	19.4	20.1	
	52.0	—	—	—	—	18.4	19.4	

主臂长 （m）	工作幅度 （m）	不同副臂长度时的起重量（t）						备注
		24m	30m	36m	42m	48m	54m	
54.32	53.0	—	—	—	—	17.4	18.8	
	54.0	—	—	—	—	—	18.1	
	55.0	—	—	—	—	—	17.5	
	56.0	—	—	—	—	—	16.8	
	57.0	—	—	—	—	—	16.2	
	58.0	—	—	—	—	—	15.5	
	59.0	—	—	—	—	—	14.7	
吊钩质量（t）		5.3	5.3	5.3	5.3	5.3	3.4	
滑轮倍率		10	10	10	10	8	6	

（3）QTS 系列塔式起重机参数见表 D.5。

表 D.5　　　　　　　　　　QTS 系列塔式起重机参数

型　号		QTS2240 型	QTS3150 型	QTS3200 型	QTS3450 型
起重量	主钩	28～100t	125t	32～125t	32～125t
	付钩	16t		16t	16t
工作幅度	主钩	22.4～50m	25.2～50m	20～50m	20～50m
	付钩	22.5～56m		22～55m	22～55m
最大提升 高　度	主钩	128m	110m	115m	116m
	付钩	132m		119m	120m
提升速度	主钩	5～12.5m/min	4～16m/min	4～16m/min	4～16m/min
	付钩	20～32m/min		20m/min	20m/min
变幅时间		11min	≈14.9min	≈14.9min	≈14.9min
回转速度		0.1r/min	0.125r/min	0.125r/min	0.125r/min
行走速度		10m/min	10m/min	10m/min	10m/min
输入电源		380V、50Hz	380V、50Hz	380V、50Hz	380V、50Hz
塔架起升方式		上部液压自顶升	上部液压自顶升	上部液压自顶升	上部液压自顶升

（4）FZQ 自升塔式起重机比较见表 D.6。

表 D.6　　　　　　　FZQ 系列自升塔式起重机比较表

项目	FZQ600Ⅱ	FZQ1250	FZQ1800
最大额定起重量（t）	35	50	80
最大工作幅度（m）	35	52	55
臂架铰点高度（m）	81	98.5	102
最大起升高度（m）	116	155	146.2

续表

项目		FZQ600Ⅱ	FZQ1250	FZQ1800
最大起重力矩（kN·m）		6000	13500	18000
副钩起重量（t）		10	—	12.5
整机自重	附着式（t）	195	488	440
	自行式（t）	200	—	420

（5）MK2500/140t 附着式塔式起重机布置及性能。MK2500/140t 附着式塔式起重机布置于锅炉固定端；中心位于 K3 列，离锅炉 B1 排 6800mm。伸臂选用 64.2m 长度，起重机随着钢架的增高而自己顶升，先附着于钢架标高 50.0m 梁，待顶升后附着于钢架标高 67.6m 梁时，拆除 50.0m 附着抱攀。MK2500 附着式塔式起重机性能见表 D.7。

表 D.7　　　　　　　　　　　**MK2500 附着式塔式起重机性能表**

项目	参数								
回转半径（m）	7.5	10.0	20.0	30.0	40.0	50.0	60.0	63.3	66
起重量（t）	140.0	137.5	107.1	75.6	50.0	34.7	24.6	22.1	16

（6）FZQ1250/50t 附着式塔式起重机布置及性能。FZQ1250/50t 附着式塔式起重机布置于锅炉扩建端，中心位于 K5 列，离锅炉 B10 排 3500mm。起重机随着钢架的增高而自己顶升。FZQ1250/50t 附着式塔式起重机性能见表 D.8。

表 D.8　　　　　　　　　　　**FZQ1250/50t 附着式塔式起重机性能表**

项目	参数					
回转半径（m）	27	32.6	39.69	50.4	52.0	54.0
起重量（t）	50.0	41.5	29.5	20.3	18	10

D.2　履带式起重机部分

（1）7650/650t 履带式式起重机（日本神钢生产）。

1）履带工作时长 14.19m、车宽 12.00m、自重约 520t，发动机为康明斯 KTA-19-C600 水冷柴油机，功率为 441kW，主卷筒速度为 2.6/1.1km/h。

2）主臂长 24m/650t、工作半径为 6m，工作半径 23.3m、117t，工作半径 20m、112t，工作半径 62m、16t。

3）主臂 30m＋副臂 24m，最大额定负荷为 230t、半径为 16m；最小额定负荷为 135m，工作半径为 24m。

4）在主臂 78m＋副臂 60m，最大额定负荷为 120.8t、半径为 12m；最小额定负荷为 26.5t、工作半径为 34m。

（2）KH180-₃履带式起重机主臂额定负荷见表 D.9，绳索数缚住及最大负荷见表 D.10，吊杆长度及重量见表 D.11，A1500-HC 基本尺寸见表 D.12，A1500-HC 配重伸出情况见表 D.13，KH700-2 液压履带式起重机主要技术参数见表 D.14。

表 D.9   **KH180₋₃履带式起重机主臂额定负荷**   t

工作半径	主 臂 长 度													
	13m	16m	19m	22m	25m	28m	31m	34m	37m	40m	43m	46m	49m	52m
3.7m	50.00	—	—	—	—	—	—	—	—	—	—	—	—	—
4.0m	45.80	4.1m×44.20	—	—	—	—	—	—	—	—	—	—	—	—
4.5m	38.60	38.55	4.6m×36.8	—	—	—	—	—	—	—	—	—	—	—
5.0m	32.10	32.00	31.90	5.15m×30.20	—	—	—	—	—	—	—	—	—	—
5.5m	27.60	27.50	27.40	27.30	5.7m×26.40	—	—	—	—	—	—	—	—	—
6.0m	24.60	24.50	24.40	24.20	24.10	6.2m×22.80	—	—	—	—	—	—	—	—
7.0m	19.50	19.40	19.30	19.20	19.10	19.00	18.90	—	—	—	—	—	—	—
8.0m	16.20	16.10	16.00	15.90	15.70	15.50	15.40	15.30	15.30	—	—	—	—	—
9.0m	13.80	13.70	13.60	13.50	13.40	13.30	13.20	13.10	13.00	12.90	12.80	—	—	—
10.0m	12.10	12.00	11.90	11.80	11.70	11.60	11.50	11.40	11.40	11.30	11.20	11.10	10.1m×10.75	—
12.0m	9.50	9.40	9.30	9.30	9.15	9.05	8.90	8.80	8.80	8.75	8.70	8.55	8.40	8.20
14.0m	12.3m×9.25	7.80	7.70	7.60	7.50	7.40	7.30	7.20	7.20	7.10	7.00	6.90	6.80	6.70
16.0m	—	14.9m×6.80	6.50	6.40	6.30	6.20	6.10	6.00	6.00	5.90	5.80	5.70	5.60	5.50
18.0m	—	—	17.5m×5.60	5.50	5.40	5.30	5.20	5.10	5.10	5.00	4.90	4.80	4.70	4.60
20.0m	—	—	—	4.70	4.70	4.60	4.50	4.40	4.40	4.30	4.20	4.10	4.00	3.90
22.0m	—	—	—	—	4.10	4.00	3.90	3.80	3.80	3.70	3.60	3.50	3.40	3.30
24.0m	—	—	—	—	22.7m×3.90	3.50	3.40	3.30	3.30	3.20	3.10	3.00	2.90	2.80
26.0m	—	—	—	—	—	25.3m×3.20	3.00	2.90	2.85	2.75	2.70	2.50	2.40	2.35
28.0m	—	—	—	—	—	—	27.9m×2.55	2.60	2.50	2.40	2.35	2.20	2.10	2.00
30.0m	—	—	—	—	—	—	—	2.30	2.25	2.15	2.05	1.90	1.80	1.70
32.0m	—	—	—	—	—	—	—	30.5m×2.25	1.90	1.85	1.75	1.60	1.50	1.40
34.0m	—	—	—	—	—	—	—	—	33m×1.75	1.60	1.50	1.30	1.20	1.10

表 D. 10   **绳索数缚住及最大负荷**   kg

钩容量（kg）		50000	30000	15000
钩重量（kg）		570	330	280
额定负荷	9-部线	50000	—	—
	8-部线	44800	—	—
	7-部线	39900	—	—
	6-部线	34200	30000	—
	5-部线	28500	28500	—
	4-部线	22800	22800	—
	3-部线	17100	17100	15000
	2-部线	11400	11400	11400
	1-部线	5700	5700	5700
备 考		主钩用		

表 D. 11   **吊 杆 长 度 及 重 量**

吊杆长度	6.10m	9.15m	12.20m	15.25m
吊杆重量	700kg	850kg	1000kg	1150kg

注   1. 上述额定负荷是指起重机在平坦坚硬地面、履带伸出时，不能超过倾卸负荷的 78%。

      2. 额定负荷包括全起重装置重量，如钩、斗等。实际起升的负荷，应由额定负荷中扣除全升举装置重量。

      3. 使用吊杆或辅助吊杆，实际的起升负荷为额定负荷加上吊杆、臂等质量。

      4. 吊杆可以装配上 22～43m 长的主臂使用。

      5. 辅助吊杆可以装配上 13～46m 长的主臂使用。

      6. 平衡重为 15900kg、2 块。

表 D. 12   **A1500－HC 基本尺寸**   mm

A	配重宽度	4267	I	履带两转动齿轮中心线间距离	7389
A1	车身机械部分宽度	3480	I1	驱动轮中心至转动中心	3588
A2	中心线至驾驶室外侧	1829	I2	被动轮中心至转动中心	3800
A3	驾驶室宽度	1016	J	车身宽度	3300
B	驾驶室高度	3658	K	履带整体长度	8585
C	吊车后半部长度（配重收回状态）	5867	K1	驱动轮外侧至转动中心	4162
C1	吊车后半部长度（配重伸出下）	9525	K2	被动轮外侧至转动中心	4377
D	转动中心至吊杆脚部	1066	M	履带踏面宽（标准）	1118
E	地面至吊杆根部中心	2032	M	履带踏面宽（可选项）	1270
F	吊杆卷扬机高	3850	N	两履带外侧间宽度（1118mm 履带）	6807
G	地面至配室底部	1391	N	（1270mm 履带）	6960
H	离地面的最小间隙	495	N1	履带轴长度	5963

表 D. 13 A1500 - HC 配重伸出情况

主 臂	工作半径（m）	仰 角（°）	负 荷（t）	高 度（m）
15.2m	4.0	82.0	181.44	17
	8.0	66.3	91.35	16
	15.0	29.2	36.47	9
18.3m	4.3	82.4	181.44	20
	10.0	63.6	64.74	18
	18.0	26.8	28.51	10
21.3m	4.6	82.6	170.43	23
	9.0	70.5	75.92	22
	15.0	51.9	36.51	19
33.5m	26.0	43.8	17.2	25
	28.0	38.5	15.59	23
	32.0	25.2	12.87	16
36.6m	6.4	82.8	100.95	39
	17.0	65.6	30.65	35
	36.0	19.9	10.72	14
39.6m	6.7	32.9	94.51	42
	13.0	73.7	44.21	40
	20.0	62.9	24.41	37
27.4m	20.0	48.5	24.61	22
	22.0	42.5	21.61	20
	26.0	27.5	17.16	14
30.5m	5.3	82.6	113.49	33
	15.0	64.5	36.49	30
	30.0	21.4	14.23	13
33.5m	6.1	32.7	107.28	36
	14.0	68.8	40.03	33
	24.0	48.5	19.22	27
21.3m	16.0	48.3	33.49	18
	18.0	40.5	29.56	16
	20.0	31.0	24.76	13
24.4m	4.9	82.8	158.61	27
	12.0	65.4	49.71	24
	24.0	23.5	19.23	11
27.4m	5.2	83.0	147.57	30
	11.0	70.6	56.19	28
	19.0	51.3	26.38	23

主　臂	工作半径（m）	仰　角（°）	负　荷（t）	高　度（m）
39.6m	22.0	59.5	21.4	36
	30.0	44.6	13.89	30
	38.0	23.4	9.73	17
42.7m	7.3	82.6	87.40	45
	19.0	66.3	26.07	41
	42.0	18.8	8.15	15
45.7m	7.6	82.7	70.37	48
	12.0	77.2	49.41	47
	17.0	70.7	30.40	45
54.9m	32.0	56.7	12.13	46
	42.0	42.9	7.77	39
	54.0	17.1	4.79	13
57.9m	9.0	82.8	53.96	60
	28.0	63.2	14.71	54
	56.0	20.1	4.28	21
51.8m	8.2	82.9	61.83	54
	22.0	67.1	21.01	50
	50.0	21.0	5.78	20
54.9m	8.5	83.0	57.98	57
	16.0	75.1	32.74	55
	30.0	59.1	13.38	49
45.7m	18.0	69.3	28.09	45
	30.0	52.0	13.80	38
	44.0	22.1	7.59	19
48.8m	7.9	82.8	66.94	51
	20.0	68.2	24.17	47
	48.0	17.9	6.37	16
61.0m	9.4	82.8	44.26	63
	28.0	64.6	14.67	57
	60.0	16.6	3.62	19
64.0m	9.8	82.9	40.90	66
	15.0	78.2	35.37	65
	24.0	69.8	18.08	62
67.1m	10.1	83.0	37.59	69
	24.0	70.7	17.95	65
	50.0	44.0	5.16	48

主　臂	工作半径（m）	仰　角（°）	负　荷（t）	高　度（m）
67.1m	52.0	41.5	4.72	46
	58.0	32.9	3.62	38
	66.0	16.1	2.15	20
70.1m	10.7	82.8	34.52	72
	34.0	62.7	10.43	64
	70.0	12.4	1.02	16
73.2m	11.0	82.8	31.81	75
	34.0	63.9	10.29	68
	70.0	20.3	0.51	28

表 D.14　　　　　KH700-2 液压履带式起重机主要技术参数

项　目　名　称	单位符号	数　　值
最大额定起重量	t	150
主臂长度	m	18～81
副臂长度	m	13～31
主臂＋副臂最大长度	m	69＋31
起重臂变幅角度	（°）	30～80
提升钢丝绳速度	m/min	高速60、低速30
下降钢丝绳速度	m/min	高速60、低速30
起重臂上升钢丝绳速度	m/min	22×2
起重臂下降钢丝绳速度	m/min	22×2
回转速度	r/min	高速2、低速1
行走速度	km/h	高速1、低速0.5
爬坡能力	%	30（基本臂在后方）
柴油机型号	—	五十铃12、PB1
柴油机额定输出功率	kW	184
接地比压	MPa	0.093（基本臂带150钩）
配重质量	t	54.6（4块组成）
整机质量	t	150.6（基本臂带150钩）
主机尺寸（长×宽×高）	mm	13910×6450×3775

（3）LR1750/750t 履带式起重机性能见表 D.15、表 D.16。

表 D.15　　　　　LR1750/750t 履带式起重机性能表（SDWB、87°工况）

项目	参数								
回转半径（m）	22	26	30	32	34	36	38	40	44
起重量（t）	122	116	110	107	104	102	99	97	94

表 D.16　　　　　　　LR1750/750t 履带式起重机性能表（SDWB、77°工况）

项目	参数								
回转半径（m）	44	46	48	50	52	54	56	58	60
起重量（t）	115	113	110	107	105	103	102	99	97

（4）LS248RHS 型 150t 履带式起重机在使用。

D.3　门座式起重机

门座式起重机改造为炉顶吊的主要技术参数见表 D.17。

表 D.17　　　　　　　门座式起重机改造为炉顶吊的主要技术参数

最大起重力矩	10^4N·m			300
最大额定起重量	t		主钩	30
			副钩	6
最大工作幅度	m		主钩	25
			副钩	27
起升速度	m/min	主钩	满载	8
			空载	16
		副钩	满载	20
			空载	40
变幅速度	m/min			1.5
回转速度	r/min			0.26
大车行走速度	m/min			8.78
轨距×基距				9000×10110
行走范围	m			−120

注　改造设计增加重量：回转反底装置 3.4t，门架及梯子 17.2t。

D.4　液压汽车起重机

TG-500E 型（最大额定起重量 50t）参数如下：

（1）主臂 5 节，副臂 2 节，为主、副臂全伸出工况性能。

（2）副臂离主臂中心线 5°时的最佳倾角最大起重量：高 32m/12.0t、（32＋9）m/4.0t、（32＋14.5）m/2.5t。

（3）副臂离主臂中心线 30°时的最佳倾角最大起重量：高 32m/6.5t、（32＋9）m/2.0t、（32＋14.5）m/1.0t。

D.5　其他起重机

（1）QTZ40（TC4208）平臂塔式起重机技术参数见表 D.18、表 D.19。

表 D.18　　　　QTZ40（TC4208）平臂塔式起重机（42m 工作幅度）技术参数

幅度（m）		2～11.6	12	12.46	14	16	18	20
吊重（kg）	小值	2000	2000	2000	2000	2000	2000	2000
	大值	4000	3845	3688	3214	2748	2390	2106

续表

幅度（m）		2～11.6	12	12.46	14	16	18	20
幅度（m）		20.87	22	24	26	28	30	32	34
吊重（kg）	许用值	2000	1876	1685	1532	1394	1269	1166	1079
幅度（m）		36	38	40	42	—	—	—	—
吊重（kg）	许用值	994	923	858	800	—	—	—	—

表 D.19　　QTZ40（TC4208）平臂塔式起重机（36m 工作幅度）技术参数

幅度（m）		2～12.46	13	14	16	18	20	22
吊重（kg）	小值	2000	2000	2000	2000	2000	2000	2000
	大值	4000	3812	3498	2995	2608	2300	2052
幅度（m）		22.47	24	26	28	30	32	34	36
吊重（kg）	许用值	2000	1846	1672	1524	1396	1285	1187	1100

（2）建筑用的平臂塔式起重机 QTZ160（6516）10t 载荷特性见表 D.20。

表 D.20　　　　　　　　QTZ160（6516）10t 载荷特性表

臂长（m）	倍率	M幅	T重	30	34	38	42	46	50	55	58	60	65（m）
65	Ⅳ	15.84	10.0	4.70	4.02	3.48	3.04	2.69	2.39	2.08	1.92	1.82	1.60（t）
	Ⅱ	18.00	5.00	4.70	4.02	3.48	3.04	2.69	2.39	2.08	1.92	1.82	1.60（t）
60	Ⅳ	18.41	10.0	5.58	3.88	4，24	3.64	3.32	2.97	2.61	2.42	2.30（t）	—
	Ⅱ	32.8	5.00	5.00	4.88	4.24	3，64	3.32	2.97	2.61	2.42	2.30（t）	—
55	Ⅳ	19.86	10.0	6.13	5.29	4.68	4.13	4.13	3.29	2.90（t）	—	—	—
	Ⅱ	35.43	5.00	5.00	5.00	4.68	4.13	4.13	3.29	2.90（t）	—	—	—

注　1. M幅是 T重允许的限幅值（m）；T室是在 M吊幅内最大吊室（t）。

　　2. 另有 QTZ125（6015）10t、QTZ80 8t、QTZ63 6t、QTZ50 4t、QTZ40/31.5 4/3t。

2008 年中国核电建设集团公司与世界第三大工程机械生产商美国特雷克斯（TEREX）在北京签署关于 CC8800-1 双臂履带式起重机订购合同，起重能力为 3200t，吊臂长度 156m，能在 228m 的空中吊装设备。"巨无霸"起重机合同金额 2 亿人民币。用在核电站建设工地，如图 D.1 所示。

图 D.1　用在核电站建设工地

附录 E 化学元素序列表

化学元素代号及序列见表 E.1。

表 E.1   化学元素代号及序列表

元素名称	氢	氦	锂	铍	硼	碳	氮	氧
元素符号	H	He	Li	Be	B	C	N	O
原子序数	1	2	3	4	5	6	7	8
原子量	1.0079	4.00260	6.94_1	9.01218	10.81	12.011	14.0067	15.999_4
元素名称	氟	氖	钠	镁	铝	硅	磷	硫
元素符号	F	Ne	Na	Mg	Al	Si	P	S
原子序数	9	10	11	12	13	14	15	16
原子量	18.998403	20.17_9	22.98977	24.305	26.98154	28.085_5	30.97376	32.06
元素名称	氯	氩	钾	钙	钪	钛	钒	铬
元素符号	Ce	Ar	K	Ca	Sc	Ti	V	Cr
原子序数	17	18	19	20	21	22	23	24
原子量	35.453	39.94_8	39.098_3	40.08	44.9559	47.9_0	50.9415	51.996
元素名称	锰	铁	钴	镍	铜	锌	镓	锗
元素符号	Mn	Fe	Co	Ni	Cu	Zn	Ga	Ge
原子序数	25	26	27	28	29	30	31	32
原子量	54.9380	55.84_7	58.9332	58.70	63.54_6	65.38	69.72	72.5_9
元素名称	砷	硒	溴	氪	铷	锶	钇	锆
元素符号	As	Se	Br	Kr	Rb	Sr	Y	Zr
原子序数	33	34	35	36	37	38	39	40
原子量	74.9216	78.9_6	79.904	83.80	85.467_8	87.62	88.9059	91.22
元素名称	铌	钼	锝	钌	铑	钯	银	镉
元素符号	Nb	Mo	Tc	Ru	Rh	Pd	Ag	Cd
原子序数	41	42	43	44	45	46	47	48
原子量	92.9064	95.94	(99)	101.0_7	102.9055	106.4	107.868	112.41
元素名称	铟	锡	锑	碲	碘	氙	铯	钡
元素符号	In	Sn	Sb	Te	I	Xe	Cs	Ba
原子序数	49	50	51	52	53	54	55	56
原子量	114.82	118.6_9	121.7_5	127.6_0	126.9045	131.30	132.9054	137.33
元素名称	镧	铈	镨	钕	钷	钐	铕	钆
元素符号	La	Ce	Pr	Nd	Pm	Sm	Eu	Gd
原子序数	57	58	59	60	61	62	63	64

续表

原 子 量	138.905$_5$	140.12	140.9077	144.2$_4$	(147)	150.4	151.96	157.2$_5$
元素名称	铽	镝	钬	铒	铥	镱	镥	铪
元素符号	Tb	Dy	Ho	Er	Tu	Yb	Lu	Hf
原子序数	65	66	67	68	69	70	71	72
原 子 量	158.9254	162.5$_0$	164.9304	167.2$_6$	168.9342	173.0$_4$	174.96$_3$	178.4$_9$
元素名称	钽	钨	铼	锇	铱	铂	金	汞
元素符号	Ta	W	Re	Os	Ir	Pt	Au	Hg
原子序数	73	74	75	76	77	78	79	80
原 子 量	180.974$_9$	183.8$_5$	186.207	190.2	192.2$_2$	195.0$_9$	196.9665	200.5$_9$
元素名称	铊	铅	铋	钋	砹	氡	钫	镭
元素符号	Ti	Pb	Br	Po	At	Rn	Fr	Ra
原子序数	81	82	83	84	85	86	87	88
原 子 量	204.3$_7$	207.2	208.9804	(209)	(210)	(222)	(223)	226.0254
元素名称	锕	钍	镤	铀	镎	钚	镅	锔
元素符号	Ac	Th	Pa	U	Np	Pu	Am	Cm
原子序数	89	90	91	92	93	94	95	96
原 子 量	227.0278	232.0381	231.0359	238.029	237.0482	(244)	(243)	(247)
元素名称	锫	锎	锿	镄	钔	锘	铹	𬬻
元素符号	Bk	Cf	Es	Fm	Md	No	Lr	Rf
原子序数	97	98	99	100	101	102	103	104
原 子 量	(247)	(251)	(254)	(257)	(258)	(259)	(260)	(261)
元素名称	𬭊	𬭛	𬭶	𬭳	鿏	𫟼	錀	鎶
元素符号	Db	Sg	Bh	Hs	Mt	Ds	Rg	Cn
原子序数	105	106	107	108	109	110	111	112
原 子 量	(262)	(266)	(264)	(269)	(268)	(271)	(272)	(285)
元素名称	𫓧	镆	鿬	鿫				
元素符号	Nh	Mc	Ts	Og				
原子序数	113	115	117	118				
原 子 量	(284)	(288)	—	—				

注　1. 原子量以 $^{12}C=12$ 为基准。

　　2. 原子量尾数小字号准至±3，其他准至±1。

　　3. 稀土类金属代号为 R，含序数 57～71。

　　4. 原子序数 57～71 属镧系。

　　5. 原子序数 89～103 属锕系。

　　6. 原子序数 95～110 是人造放射元素。

　　7. 原子量带括号部分，尚需进一步验证。

　　8. 原子序数 111～112 是超重元素。

　　9. 原子序数 113～118，于 2015 年 12 月 30 日，国际纯粹与应用化学联合会（IUPAC）初步认定，暂无统一命名。正在征询命名原子序数的化学元素名称、符号。

附录 F 常用工业材料比重

常用工业材料比重见表 F.1。

表 F.1   常 用 工 业 材 料 比 重

序号	材料名称	比 重（g/cm³）	序号	材料名称	比 重（g/cm³）
1	泡沫塑料	0.2	31	钠	0.97
2	杉木	0.376	32	生石灰	1.1
3	臭冷杉	0.384	33	有机玻璃	1.18
4	刨花板	0.4	34	熟石灰	1.2
5	红皮云杉	0.417	35	水泥	1.2
6	华山松	0.437	36	纤维纸板	1.3
7	红松	0.44	37	天然浮石	0.4～0.9
8	四川红杉	0.458	38	地沥青	0.9～1.5
9	山杨	0.486	39	钙	1.55
10	铁杉	0.5	40	普通黏土砖	1.7
11	软木	0.1～0.4	41	电木（胶木）	1.3～1.4
12	马尾松	0.533	42	工业镁	1.74
13	大叶榆（榆木）	0.548	43	赛璐珞	1.35～1.4
14	胶合板	0.56	44	聚氯乙烯	1.35～1.40
15	云南松	0.588	45	铍	1.85
16	柏木	0.588	46	聚乙烯	0.92～0.95
17	长白落叶松	0.594	47	硬聚氯乙烯板	1.35～1.60
18	皮革	0.4～1.2	48	电玉	1.45～1.55
19	楠木	0.61	49	石墨	1.9～2.1
20	桦木	0.615	50	黏土耐火砖	2.1
21	兴安落叶松	0.625	51	石英玻璃	2.2
22	水曲柳（柃木）	0.686	52	碳化钙（电石）	2.22
23	柞栎（柞木）	0.766	53	耐高温玻璃	2.23
24	木炭	0.3～0.5	54	硅	2.33
25	钾	0.86	55	硼	2.34
26	石蜡	0.9	56	平胶板	1.6～1.8
27	竹材	0.9	57	实验室用器皿玻璃	2.45
28	聚苯乙烯	0.91	58	平板玻璃	2.5
29	纯橡胶	0.93	59	五号铸造铝合金	2.55
30	地蜡	0.96	60	镁质耐火砖	2.6

序号	材料名称	比重（g/cm³）	序号	材料名称	比重（g/cm³）
61	花岗石	2.6～3.0	97	石板石	2.7～2.9
62	纤维蛇纹石石棉	2.2～2.4	98	白刚玉	3.9
63	六号铸造铝合金	2.6	99	金刚砂	4
64	五号防锈铝	2.65	100	金刚石	3.5～3.6
65	四号锻铝	2.65	101	钛	4.51
66	七号铸造铝合金	2.65	102	普通刚玉	3.85～3.90
67	二号防锈铝	2.67	103	硒	4.84
68	十三号铸造铝合金	2.67	104	砷	5.7
69	二号锻铝	2.69	105	钒	6.11
70	硅质耐火砖	1.8～1.9	106	碲	6.24
71	高铬质耐火砖	2.2～2.5	107	10-5锌铝合金	6.3
72	砂岩	2.2～2.5	108	锑	6.62
73	石膏	2.3～2.4	109	4-3铸锌铝合金	6.75
74	廿一号防锈铝	2.73	110	铸锌	6.86
75	三号硬铝	2.73	111	4-1铸锌铝合金	6.9
76	铝板	2.73	112	铈	6.9
77	一号硬铝	2.75	113	灰口铸铁	6.6～7.4
78	五号锻铝	2.75	114	铬	7.19
79	陶瓷	2.3～2.45	115	锌板	7.2
80	十二号硬铝	2.8	116	锰	7.43
81	十四号硬铝	2.8	117	10-3-1.5铝青铜	7.5
82	八号锻铝	2.8	118	可锻铸铁	7.2～7.4
83	九号锻铝	2.8	119	9-4铝青铜	7.6
84	镁铬质耐火砖	2.8	120	9-2铝青铜	7.63
85	四号超硬铝	2.8	121	不锈钢（含铬13%）	7.75
86	二号锻铝	2.8	122	铸钢	7.8
87	云母	2.7～3.1	123	锡	7.3～7.5
88	十一号硬铝	2.84	124	7铝青铜	7.8
89	十五号铸造铝合金	2.95	125	高碳钢（含碳1%）	7.81
90	碳化硅	3.1	126	中碳钢（含碳0.4%）	7.82
91	大理石	2.6～2.7	127	钢材	7.85
92	石英	2.5～2.8	128	低碳钢（含碳0.1%）	7.85
93	石灰石	2.6～2.8	129	工业纯铁	7.87
94	滑石	2.6～2.8	130	锡基轴承合金	7.34～7.75
95	钡	3.5	131	白口铸铁	7.4～7.7
96	角内石石棉	3.2～3.3	132	60-1-1铝黄铜	8.2

序号	材料名称	比 重（g/cm³）	序号	材料名称	比 重（g/cm³）
133	5 铝青铜	8.2	163	90 黄铜	8.8
134	2 铍青铜	8.23	164	6-6-3 铸锡青铜	8.82
135	高速钢（含钨 9%）	8.3	165	96 黄铜	8.85
136	62-1 锡黄铜	8.45	166	43-0.5 锰白铜	8.89
137	60-1 锡黄铜	8.45	167	4-4-4 锡青铜	8.9
138	3-1 硅青铜	8.47	168	4～0.3 锡青铜	8.9
139	58-2 锰黄铜	8.5	169	工业镍	8.9
140	59-1-1 铁黄铜	8.5	170	40-1.5 锰白铜	8.9
141	59-1 铅黄铜	8.5	171	铜材（紫铜材）	8.9～9.0
142	62 黄铜	8.5	172	钴	8.9
143	63-3 铅黄铜	8.5	173	铋	9.84
144	70-1 黄铜锡	8.54	174	铅基轴承合金	9.33～10.67
145	铌	8.57	175	钼	10.2
146	77-2 铝黄铜	8.6	176	银	10.5
147	80-3 硅黄铜	8.6	177	铅	11.35
148	15-20 锌白铜	8.6	178	铅板	11.37
149	68 黄铜	8.6	179	钍	11.5
150	镉	8.64	180	15 钨钴钛合金	11.0～11.7
151	80 黄铜	8.65	181	5 钨钴钛合金	12.3～13.2
152	3-12-5 铸锡青铜	8.69	182	汞	13.6
153	高速钢（含钨 18%）	8.7	183	6 钨钴合金	14.6～15.0
154	74-3 铅黄铜	8.7	184	3 钨钴合金	14.9～15.3
155	9 镍铬合金	8.72	185	8 钨钴合金	14.4～14.8
156	85 黄铜	8.75	186	钽	16.6
157	4-4-2.5 锡青铜	8.79	187	钨	19.3
158	4-3 锡青铜	8.8	188	金	19.3
159	6.5～0.1 锡青铜	8.8	189	铂	21.4
160	28-2.5-1.5 镍铜合金	8.8	190	铱	22.4
161	90-1 锡黄铜	8.8	191	锇	22.5
162	5-5-5 铸锡青铜	8.8			

附录 G GB、JIS、ASTM、DIN 钢管及结构钢对照表

GB、JIS、ASTM、DIN 钢管及结构钢对照表见表 G.1。

表 G.1   GB、JIS、ASTM、DIN 钢管及结构钢对照表

钢种	中国 GB	日本 JIS		美国 ASTM	德国 DIN		
	牌号	牌号	标准号	钢号	钢号	材料号	标准号
	Q235	GGP STPY41	G3452 G3457	A53 钢种 F、A283 - D	(St33)	1.0033	DIN1626
碳素钢管	10	STPG38	G3454	A135 - A A53 - A	(St37)	1.0110	DIN1626
		STPG38	G3456	A106 - A	St37 - 2	1.0112	DIN17175
		STS38	G3455	—	St35.8 St35.4	1.0305 1.0309	DIN1629/4
		STB30	G3461	A179 - C A214 - C	St35.8	1.0305	DIN17175
		STB33	G3461	A192 A226	St35.8	1.0305	DIN17175
		STB35	G3461		St35.8	1.0305	DIN17175
	20	STPG42	G3454	A315 - B A53 - B	(St42) St42 - 2	1.0130 1.0132	DIN1626
		STPT42	G3456	A106 - B	St45 - 8	1.0405	DIN17175
		STB42	G3461	A106 - B	St45 - 8	1.0405	DIN17175
		STS42	G3455	A178 - C A210 - A - 1	St45 - 4	1.0309	DIN1629/4
低合金钢管	16Mn	STS49 STPT49	G3455 G3456	A210 - C	St52.4 St52	1.0832 1.0831	DIN1629/4 DIN1629/3
	15MnV	STBL39	G3464	—	—	—	—
低温钢管	16Mn	STPL39	G3460	A333 - 1.6	TT St35N	1.0356	SEW680
	15MnV	STBL39	G3464	A334 - 1.6	—	—	—
	09Mn2V	—	—	A333 - 7.9 A334 - 7.9	TT St35N	1.0356	SEW680
	(06A1NbCuN)	STPL46 STBL	G3460 G3464	A333 - 3.4 A334 - 3.4	10Ni14	1.5637	SEW680
	(20Mn23A1)	—	—	A333 - 8 A334 - 8	X8Ni9	1.5662	SEW680

钢种	中国 GB	日本 JIS		美国 ASTM	德国 DIN		
	牌号	牌号	标准号	钢号	钢号	材料号	标准号
耐热钢管	16Mo	STPA12 STBA12 STBA13	G3458 G3462	A335 – P1 A369 – FP1 A250 – T1 A209 – T1	15Mo3	1.5414	DIN17175
	12CrMo	STBA20	G3462	A335 – P2 A369 – FP2 A213 – T2	—	—	—
	15CrMo	STPA22 STBA22	G3458 G3462	A335 – P12 A369 – FP12 A213 – T12	13CrMo44	1.7335	DIN17175
	12Cr1MoV	STPA23 STBA23	G3458 G3462	A335 – P11 A369 – FP12 A199 – T11 A213 – T11	—	—	—
	Cr2Mo 10MoWVNb	STPA24 STBA24	G3458 G3462	A335 – P22 A369 – FP22 A199 – T22 A213 – T22	10CrMo910	1.7380	SEW610
	Cr5Mo	STPA25 STBA25 STPA26 STBA26	G3458 G3462 G3458 G3462	A335 – P5 A389 – FP5 A213 – T5 A335 – P9 A369 – FP9 A199 – T9 A213 – T9	12CrMo195	1.7362	DIN17175
不锈耐酸钢管	(1Gr13)	SUS410 TP	G3463	A268 TP410	X10Cr13	1.4006	DIN17440
	(2Cr13)	—	—	(SISI 420)	X20Cr13	1.4021	DIN17440
	(1Cr17)	SUS430 TB	G3463	A268 TP430/TP429	X8Cr17	1.4016	DIN17440
	0Cr18Ni9	SUS304 TP/TB	G3459 G3463	A312、A376、 TP304、A213、 A249、A268、 TP304	X5CrNi189	1.4301	DIN17440
	(1Cr18Ni9)	—	—	—	X5CrNi189	1.4301	DIN17440
	0Cr18Ni10Ti 1Cr18Ni9Ti	SUS321 TP/TB	G3459 G3463	A312、A376 TP321 A213、A249、 A266、TP321	X10CrNiTi189	1.4541	DIN17440
	0Cr18Ni13 Mo2Ti	SUS316 TP/TB	G3459 G3463	A312、A376 TP316、A213、 A249、A266、 TP316	—	—	—

钢种	中国 GB	日本 JIS		美国 ASTM	德国 DIN		
	牌号	牌号	标准号	钢号	钢号	材料号	标准号
不锈耐酸钢管	0Cr18Ni13Mo3Ti	SUS317 TP/TB	G3459 G3463	A312、A376 TP316、A213、A249、A268、TP317	—	—	—
	00Cr18Ni10	SUS304L TP/TB	G3459 G3463	A312、A376 TP34L、A213、A249、A268、TP304L	X2CrNi189	1.4306	DIN17440
	00Cr17Ni13Mo2	SUS316L TP/TB	G3459 G3463	A312、A376 TP316L、A213、A249、A268、TP316L	X2CrNi810	1.4404	DIN17440
	00Cr17Ni13Mo3	SUS317L TP/TB	G3459 G3463	A312、A376、TP317L、A213、A249、A268 TP317L	—	—	—
合金结构钢	20Mn2	20Г2	1320，1321	150M19	SMn420		20Mn5
	30Mn2	30Г2	1330	150M28	SMn433H	32M5	30Mn5
	35Mn2	35Г2	1335	150M36	SMn438（H）	35M5	36Mn5
	40Mn2	40Г2	1340	—	SMn443	40M5	—
	45Mn2	45Г2	1345	—	SMn443	—	46Mn7
	50Mn2	50Г2	—	—	—	～55M5	—
	20MnV	—	—	—	—	—	20MnV6
	35SiMn	35СГ	—	En46	—	—	37MnSi5
	42SiMn	35СГ	—	En46	—	—	46MnSi4
	40B	—	TS14B35	—	—	—	—
	45B	—	50B46H	—	—	—	—
	40MnB	—	50B40	—	—	—	—
	45MnB	—	50B44	—	—	—	—
	15Cr	15X	5115	523M15	SCr415（H）	12C3	15Cr3
	20Cr	20X	5120	527A19	SCr420H	18C3	20Cr4
	30Cr	30X	5130	530A30	SCr430		28Cr4
	35Cr	35X	5132	530A36	SCr430（H）	32C4	34Cr4
	40Cr	40X	5140	520M40	SCr440	42C4	41Cr4
	45Cr	45X	5145，5147	534A99	SCr445	45C4	
	38CrSi	38XC	—				
	12CrMo	12XM	—	620CR. B	—	12CD4	13CrMo44
	15CrMo	15XM	A387Cr B	1653	STC42	12CD4	16CrMo44

续表

钢种	中国 GB		日本 JIS		美国 ASTM	德国 DIN		
	牌号	牌号	标准号	钢号	钢号	材料号	标准号
合金结构钢	—	—	—	—	STT42	—	
	—	—	—	—	STB42	—	
合金结构钢	25Cr2Mo1VA	25X2M1ΦA	—	—	—		
	20CrV	20XΦ	6120	—	—		22CrV4
	40CrV	40XΦA	6140	—	—		42CrV6
	50CrVA	50XΦA	6150	735A30	SUP10	50CV4	50CrV4
	15CrMn	15XΓ，18XΓ	—	—	—		—
	20CrMn	20XΓCA	5152	527A60	SUP9		—
	30CrMnSiA	30XΓCA	—	—	—		
	40CrNi	40XH	3140H	640M40	SNC236		40NiCr6
	20CrNi3A	20XH3A	3316	—		20NC11	20NiCr14
	30CrNi3A	30XH3A	3325	653M31	SNC631H	—	28NiCr10
	—	—	3330	—	SNC631		
	20MnMoB	—	80B20	—			
	38CrMoAlA	38XMIOA	—	905M39	SACM645	40CAD6.12	41CrAlMo07
	40CrNiMoA	40XHMA	4340	871M40	SNCM439	—	40NiCrMo22
弹簧钢	60	60	1060	080A62	S58C	XC55	C60
	85	85	C1085	080A86	SUP3	—	—
	—	—	1084	—	—	—	—
	65Mn	65Γ	1566	—	—	—	—
	55Si2Mn	55C2Γ	9255	250A53	SUP6	55S6	55Si7
	60Si2MnA	60C2ΓA	9260	250A61	SUP7	61S7	65Si7
	—	—	9260H	—	—	—	—
	50CrVA	50XΦA	6150	735A50	SUP10	50CV4	50CrV4
	0Cr18Ni11Ti	SUS321	321	—	X10CrNiTi189	Z6CNT18.10	08X18H10T
	0Cr18Ni11Nb	SUS347	347	347S17	X10CrNiNb189	Z6CNNb18.10	08X18H12F

附录 H 火电安装中常用钢材临界点

火电安装中常用钢材临界点见表 H.1。

表 H.1   火电安装中常用钢材临界点

序号	材　质	临界温度（近似值,℃）	
		A_{C1}	A_{C3}
1	10	724	876
2	20	735	855
3	20G	735	855
4	22G	735	855
5	35	724	802
6	12CrMoG	720	880
7	15CrMoG	745	845
8	30CrMo	757	807
9	35CrMo	755	800
10	12CrMoVG	820	945
11	12Cr1MoV	774～803	882～914
12	12Cr3MoWVTiB	812～830	900～930
13	12Cr3MoVSiTiB	870～879	965～970
14	T23	810	980
15	T24	815	960
16	P91	800～830	890～940
17	P92	800～845	900～920

注　1. A_{c1} 为加热时珠光体向奥氏体转变的开始温度，A_{c3} 为加热时先共析铁素体全部转变成奥氏体的终了温度。

　　2. 高合金钢管应避免热校。

　　3. 材质标准号见 DL/T 869—2012《火力发电厂焊接技术规程》。

附录 I 低合金钢耐热钢蠕变损伤评级表和铁碳合金相图

低合金钢耐热钢蠕变损伤评级表见表 I.1。

表 I.1 低合金钢耐热钢蠕变损伤评级表

评级	微 观 组 织 形 貌
1	新材料，正常金属组织
2	珠光体或贝氏体已经分散，晶界有碳化物析出，碳化物球化达到 2～3 级
3	珠光体或贝氏体基本分散完毕，略见其痕迹，碳化物球化达 4 级
4	珠光体或贝氏体完全分散，略见其痕迹，碳化物球化达 5 级，碳化物颗粒明显长大且在晶界呈具有方向性（与最大应力垂直）的链状析出
5	晶界上出现一个或多个晶粒长度的裂纹

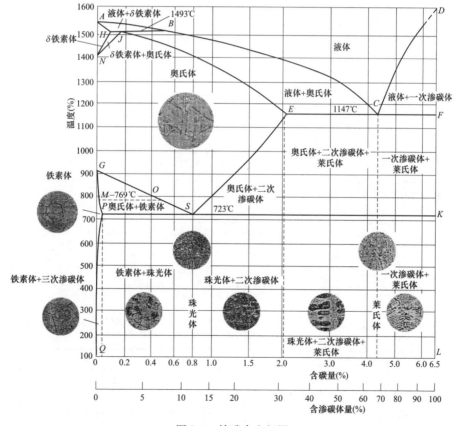

图 I.1 铁碳合金相图

A—1534℃，0%C；B—1493℃，0.51C；C—1147℃，4.3%C；D—≈1600℃，6.67%C；
E—1147℃，2.06%C；G—910℃，0%C；H—1493℃，0.10%C；J—1493℃，0.16%C；
M—769℃，0%C；N—1392℃，0%C；O—769℃，≈0.5%C；P—723℃，0.02%C；
Q—0%C，0.008%C；S—723℃，0.8%C

附录 J 电厂常用金属材料硬度值表

电厂常用金属材料硬度值见表 J.1。

表 J.1 　　　　　　　　　　　　　　**电厂常用金属材料硬度值表**

序号	材　　料	参考标准及要求　　(HB)	控制范围 (HB)	备　注
1	210C	ASTM A210，≤179	130～179	ASTM：美国材料与试验协会标准
2	Tia、20MoG STBA12、15Mo3	ASTM A209，≤153	125～153	
3	T2、T11、T12、T21 T22、10CrMo910	ASTM A213，≤163	120～163	
4	P2、P11、P12、P21 P22、10CrMo910	—	125～179	
5	P2、P11、P12、P21、P22、10CrMo911 类管件	—	130～197	焊缝下限不低于母材，上限不大于 241
6	T23	ASTM A213，≤220	150～220	
7	12Cr2MoWVTiB（G102）		150～220	
8	T24	ASTM A213，≤250	180～250	
9	T91/P91、T92/P92 T911、T122/P122	ASTM A213，≤250 ASTM A335，≤250	180～250	"P" 类管的硬度参照 "T" 类管
10	(T91/P91、T92/P92 T911、T122/P122) 焊缝	—	180～270	
11	WB36（15Ni1MnMoNbCu）	ASME 标准号 2353，≤252	180～252	焊缝不低于母材硬度
12	A515、A106B、A106C、A672 B70	—	130～197	焊缝下限不低于母材，上限不大于 241
13	12CrMo	GB 3070，≤179	120～197	
14	15CrMo	JB 4726，118～180（R_m：440～610）JB 4726，115～178（R_m：430～600）	118～180 115～178	
15	12Cr1Mo1V	GB 3077、≤179	135～179	
16	15Cr1Mo1V	—	135～180	
17	F2	ASTM A182，143～192	143～192	
18	F11、1 级	ASTM A182，121～174	121～174	
19	F11、2 级	ASTM A182，143～207	143～207	锻制或轧制管件、阀门和部件
20	F11、3 级	ASTM A182，156～207	156～207	
21	F12、1 级	ASTM A182，121～174	121～174	
22	F12、2 级	ASTM A182，143～207	143～207	

序号	材料	参考标准及要求 （HB）	控制范围（HB）	备注
23	F22、1 级	ASTM A182，≤170	130～170	锻制或轧制管件、阀门和部件
24	F22、3 级	ASTM A182，156～207	156～207	
25	F91	ASTM A182，≤248	175～248	
26	F92	ASTM A182，≤269	180～269	
27	F911	ASTM A182，187～248	187～248	
28	F122	ASTM A182，≤250	177～250	
29	20	JB 4726，106～159	106～159	压力容器用碳素钢和低合金钢锻件
30	35	JB 4726，118～180（Rm：440～610） JB 4726，115～178（Rm：430～600）		
31	16Mn	JB 4726，121～178（Rm：450～600）	121～178	
32	20MnMo	JB 4726，156～208（Rm：530～700） JB 4726，136～201（Rm：510～680） JB 4726，130～196（Rm：490～660）	156～208 136～201 130～196	
33	35CrMo	JB 4726，185～235（Rm：620～790） JB 4726，180～223（Rm：610～780）	185～235 180～223	
34	0Cr18Ni9、0Cr17Ni12Mo2	JB 4726，139～187（Rm：520） JB 4726，115～178（Rm：490）	139～187 131～187	压力容器用不锈钢锻件
35	1Co18Ni9	GB 1220，≤187	140～187	
36	0Cr17Ni12Mo2	GB 1220，≤187	140～187	
37	0Cr18Ni11Nb	GB 1220，≤187	140～187	
38	TP304H、TP316H、TP347H	ASTM A213，≤192	140～192	
39	1Cr13	—	192～211	动叶片
40	2Cr13	—	212～277	动叶片
41	1Cr11MoV	—	212～277	动叶片
42	1Cr12MoWV	—	229～311	动叶片
43	ZG20CrMo	JB/T 7024，135～180	135～180	
44	ZG15Cr1Mo	JB/T 7024，140～220	140～220	
45	ZG15Cr2Mo1	JB/T 7024，140～220	140～220	
46	ZG20CrMoV	JB/T 7024，140～220	140～220	
47	ZG15Cr1Mo1V	JB/T 7024，140～220	140～220	
48	35	DL/T439，146～196	146～196	螺栓
49	45	DL/T439，187～229	187～229	螺栓
50	20CrMo	DL/T 439，197～241	197～241	螺栓
51	35CrMo	DL/T 439，241～285	241～285	螺栓直径 $d>50$mm

序号	材　料	参考标准及要求　（HB）	控制范围（HB）	备　注
52	35CrMo	DL/T 439，255～311	255～311	螺栓直径 $d \leqslant 50$mm
53	42CrMo	DL/T 439，248～311	248～311	螺栓直径 $d > 65$mm
54	42CrMo	DL/T 439，255～321	255～321	螺栓直径 $d \leqslant 65$mm
55	25Cr2MoV	DL/T 439，248～293	248～293	螺栓
56	25Cr2Mo1V	DL/T 439，248～293	248～293	螺栓
57	20Cr1Mo1V1	DL/T 439，248～293	248～293	螺栓
58	20Cr1Mo1VTiB	DL/T 439，255～293	255～293	螺栓
59	20Cr1Mo1VNbTiB	DL/T 439，252～302	252～302	螺栓
60	20Cr12NiMoWV（C432）	DL/T 439，277～331	277～331	螺栓
61	2Cr12NiW1Mo1V	东方汽轮机厂标准	291～321	螺栓
62	2Cr11Mo1NiWVNbN	东方汽轮机厂标准	290～321	螺栓
63	45Cr1MoV	东方汽轮机厂标准	248～293	螺栓
64	R－26（Ni－Cr－Co 合金）	DL/T 439，262～331	262～331	螺栓
65	GH445	DL/T 439，262～331	262～331	螺栓
66	ZG20CrMo	JB/T 7024，135～180	135～180	汽缸
67	ZG15Cr1Mo　ZG15Cr2Mo ZG20Cr1MoV ZG15Cr1Mo1V	JB/T 7024，140～220	140～220	汽缸

注　表中 Rm 为材料的抗拉强度，单位为 MPa。

附录 K 焊接接头分类检验的范围、方法和比例

焊接接头分类检验的范围、方法和比例见表 K.1。

表 K.1　　　　　　　　焊接接头分类检验的范围、方法和比例

焊接接头类别	范　　围	检 验 方 法 及 比 例（%）					
		外　观		无 损 检 测		光谱	硬度①
		自检	专检	射线	超声		
I	工作压力 $p \geqslant 22.13$ MPa 的锅炉受热面管子	100	100	50	50	10	5
	9.81 MPa $\leqslant p < 22.13$ MPa 的锅炉受热面管子	100	100	25	25	10	5
	外径 $D > 159$ mm 或壁厚 $\delta > 20$ mm，工作压力 $p > 9.81$ MPa 的锅炉本体范围的管子及管道	100	100	100		100	100
	外径 $D > 159$ mm 且工作温度 $T > 450$℃蒸汽管道	100	100	100		100	100
	工作压力 $p > 8$ MPa 汽、水、油、气管道	100	100	50		100	100
	工作温度为 300℃$< T \leqslant 450$℃的汽水管道及管件	100	50	50		100	100
	工作压力为 0.1 MPa $\leqslant p \leqslant 1.6$ MPa 的压力容器	100	50	50		100	100
II	工作压力为 $p > 9.81$ MPa 的锅炉的受热面管子	100	25	25		不规定②	5
	工作温度为 150℃$< T \leqslant 300$℃的汽水管道及管件	100	25	5		不规定②	100
	工作压力为 4 MPa $\leqslant p \leqslant 8$ MPa 汽、水、油、气管道	100	25	5		不规定②	100
	工作压力为 1.6 MPa $< p < 4$ MPa 汽、水、油、气管道	100	25	5		不规定②	100
	承受静载荷的钢结构	100	25	按设计要求		不规定	100
III	工作压力为 0.1 MPa $\leqslant p \leqslant 1.6$ MPa 汽、水、油、气管道	100	25	1		不规定	不规定
	烟、风、煤、粉、灰等管道及附件	100	25	100%渗油检查		不规定	不规定

焊接接头类别	范围	检验方法及比例（%）					
		外观		无损检测		光谱	硬度[①]
		自检	专检	射线	超声		
Ⅲ	非承压结构及密封结构	100	10	不规定		不规定	不规定
	一般支持结构（设备支撑、梯子、平台、栏杆等）	100	10	不规定		不规定	不规定
	外径 $D<76mm$ 的锅炉水压范围外的疏水、放水、排污、取样管子	100	100	不规定		不规定	不规定

注 摘自 DL/T 869—2012《火力发电厂焊接技术规程》。

① 经焊接工艺评定及首件硬度检验合格，并按照 DL/T 819《火力发电厂焊接热处理规程》要求确定焊接热处理工作质量合格的同批焊接接头，A 类钢的焊接接头可免去硬度试验。

② 如涉及 AⅢ、B、C 类钢材的焊接接头，要做光谱分析。

附录 L 焊接工程分类和质量验收评定抽查样本数量一览表

焊接工程分类和质量验收评定抽查样本数量一览表见表 L.1。

表 L.1　　焊接工程分类和质量验收评定抽查样本数量一览表

工程类别		范　围	焊接接头类别	质量检查检验项目及抽查样本数量（%）					
				表面测控检查		检测试验结果及记录检查			
				施工专业检查	验收批抽查	无损检测报告	热处理曲线记录	硬度报告	光谱报告
A	1	压力 $p_g \geqslant 9.81$MPa 的锅炉受热面管子	Ⅰ	$\geqslant 2$	0-1	5	5	2	5
	2	外径 $D_w > 159$mm 或 $\delta > 20$mm、$p_g \geqslant 9.81$MPa 的锅炉受热面管子及管道	Ⅰ	$\geqslant 5$	0-3	10	20	20	100
	3	$D_w > 159$mm、温度 $t_g > 450$℃ 的蒸汽管道	Ⅰ	10	0-5	10	20	20	100
	4	$p_g > 8$MPa 的汽、水、油、气管道	Ⅰ	$\geqslant 5$	0-3	10	10	20	50
	5	$t_g > 450$℃ 且 $\leqslant 450$℃ 的汽水管道管件	Ⅰ	$\geqslant 2$	0-1	10	10	20	50
B	1	$p_g < 9.81$MPa 的锅炉受热面管子	Ⅱ	$\geqslant 5$	0-3	5	5	5	5
	2	$t_g > 150$℃ 且 $\leqslant 300$℃ 的汽水管道管件	Ⅱ	10	0-5	10	10	10	10
	3	$p_g = 4 \sim 8$MPa 的汽、水、油、气管道	Ⅱ	10	0-5	10	10	10	10
	4	$p_g > 1.6$MPa 且 < 4MPa 的汽、水、油、气管道	Ⅱ	10	0-5	10	10	10	10
C	1	$p_g = 0.1 \sim 1.6$MPa 的汽、水、油、气管道	Ⅲ	10	0-5	10	—	—	—
	2	$D_w < 76$mm 的锅炉水压范围内的小径管	Ⅲ	$\geqslant 2$	0-1	10	5	—	5
D	1	$p_g = 0.1 \sim 1.6$MPa 的压力容器	Ⅰ	$\geqslant 5$	0-3	20①	—	—	—
	2	$p_g < 0.1$MPa 的容器	Ⅲ	$\geqslant 2$	0-1	5	—	—	—
E	1	承重钢结构（锅炉钢架、起重设备结构、主厂房屋架、支吊架等）	Ⅱ	$\geqslant 2$	0-1	5	—	—	—
	2	烟、风、煤、粉、灰等管道及附件	Ⅲ	$\geqslant 2$	0-1	—	—	—	—
	3	一般支撑钢结构（支撑、梯子、平台、步道、拉杆、一般承重钢结构）	Ⅲ	$\geqslant 2$	0-1	—	—	—	—
	4	密封结构	Ⅲ	$\geqslant 2$	0-1	—	—	—	—
F	1	铝母线	—	10	0-5	10	—	—	—
	2	凝汽器管板	—	—	—	—	—	—	—

注　1. 摘自 DL/T 5210.7—2010《电力建设施工质量验收及评定规程　第 7 部分：焊接》。
　　2. 抽查样本数量以 DL/T 869—2012 规定的各类检验比例为基数。
　　3. 焊接热处理曲线及记录的抽样检查数量以实际热处理的焊口数为基数，应该符 DL/T 819—2010。
　　① 丁字接头的抽查数量不得少于总样本量的 50%。

附录 M　钢丝绳破断力选用示例

钢丝绳按其股的断面、股数和股外层钢丝的数目分类：圆形钢丝绳分 9 组 9 类，异形钢丝绳分 5 组 5 类；绳芯分纤维芯和钢芯；根据钢丝绳结构不同，可查出钢丝绳重量、最小破断力（kN）、公称抗拉强度（MPa）等力学性能，详见 GB 8918—2006《重要用途钢丝绳》。下面只列其中一种，供参考。钢丝绳力学性能见表 M.1。

表 M.1　　　　　　　　　　　　　　钢丝绳力学性能

钢丝绳公称直径		钢丝绳参考重量（kg/100m）			钢丝绳公称抗拉强度（MPa）									
					1570		1670		1770		1870		1960	
					钢丝绳最小破断拉力（kN）									
D（mm）	允许偏差（%）	天然纤维芯	合成纤维芯	钢芯	纤维芯	钢芯	纤维芯	钢芯	纤维芯	钢芯	纤维芯	钢芯	纤维芯	钢芯
12		54.7	53.4	60.2	74.6	80.5	79.4	85.6	84.1	90.7	88.9	95.9	93.1	100
13		64.2	62.7	70.6	87.6	94.5	93.1	100	98.7	106	104	113	109	118
14		74.5	72.7	81.9	102	110	108	117	114	124	121	130	127	137
16		97.3	95.0	107	133	143	141	152	150	161	158	170	166	179
18		123	120	135	168	181	179	193	189	204	200	216	210	226
20		152	148	167	207	224	220	238	234	252	247	266	259	279
22		184	180	202	251	271	267	288	283	305	299	322	313	338
24		219	214	241	298	322	317	342	336	363	355	383	373	402
24		257	251	283	350	378	373	402	395	426	417	450	437	472
28		298	291	328	406	438	432	466	458	494	484	522	507	547
30		342	334	376	466	503	496	535	526	567	555	599	582	628
32	$-5\sim0$	389	380	428	531	572	564	609	598	645	632	682	662	715
34		439	429	483	599	646	637	687	675	728	713	770	748	807
36		492	481	542	671	724	714	770	757	817	800	863	838	904
38		549	536	604	748	807	796	858	843	910	891	961	934	1010
40		608	594	669	829	894	882	951	935	1010	987	1070	1030	1120
42		670	654	737	914	986	972	1050	1030	1110	1090	1170	1140	1230
44		736	718	809	1000	1080	1070	1150	1130	1220	1190	1290	1250	1350
46		804	785	884	1100	1180	1170	1260	1240	1330	1310	1410	1370	1480
48		876	855	963	1190	1290	1270	1370	1350	1450	1420	1530	1490	1610
50		950	928	1040	1300	1400	1380	1490	1460	1580	1540	1660	1620	1740
52		1030	1000	1130	1400	1380	1490	1610	1580	1700	1670	1800	1750	1890
54		1110	1080	1220	1510	1490	1610	1730	1700	1840	1800	1940	1890	2030

附录 N 饱和水及饱和水蒸气压力、温度表

饱和水及饱和水蒸气压力、温度见表 N.1。

表 N.1   饱和水及饱和水蒸气压力、温度表

压力 （MPa）	饱和温度 （℃）	压力 （MPa）	饱和温度 （℃）	压力 （MPa）	饱和温度 （℃）
0.001	6.699	0.60	158.84	3.00	234.60
0.002	17.204	0.70	164.96	3.20	238.40
0.003	23.775	0.80	170.42	3.40	240.88
0.004	28.645	0.90	175.36	3.60	244.16
0.005	32.550	1.00	179.88	3.80	247.31
0.006	35.828	1.10	184.06	4.00	250.33
0.007	38.661	1.20	187.96	5.00	263.92
0.008	41.164	1.30	191.60	6.00	275.56
0.009	43.441	1.40	195.04	7.00	285.80
0.010	45.83	1.50	198.28	8.00	294.98
0.020	60.09	1.60	201.37	9.00	303.31
0.040	72.51	1.70	204.30	10.00	310.86
0.060	85.95	1.80	207.10	11.00	318.04
0.080	93.51	1.90	209.79	12.00	324.64
0.10	99.63	2.00	212.37	13.00	330.81
0.12	104.81	2.10	214.85	14.00	336.63
0.14	109.32	2.20	217.24	15.00	342.12
0.16	113.32	2.30	219.54	16.00	347.32
0.18	116.93	2.40	221.78	17.00	352.26
0.20	120.23	2.50	223.94	18.00	356.96
0.25	127.43	2.60	226.03	19.00	361.14
0.30	133.54	2.70	228.02	20.00	365.71
0.35	138.88	2.80	230.00	21.00	369.79
0.40	143.62	2.90	231.80	22.00	373.68
0.50	151.85	—	—	22.115	374.12（临界点）

附录 O 电力工程管理技术代号释解精选汇总表

电力工程管理技术代号释解精选汇总表见表 O.1。

表 O.1　　　　　　　　　　电力工程管理技术代号释解精选汇总表

序号	项目代号	项 目 名 称	备 注
一、管理通用部分			
1	MIS	管理信息系统	IT 管理系统（含 MIS、SIS）
2	SIS	监控信息系统	
3	OA	办公管理系统	office automation
4	ERP	经营及资产管理	
5	ISO	国际标准化组织	
6	QMS	质量管理体系	
7	EMS	环境管理体系	
8	OHSMS	职业健康安全管理体系	
9	HSE	健康安全环境管理	
10	EF	环境因素	
11	EQA	国际认证中心	
12	IONet	国际认证联盟	
13	NGCC	天然气联合循环发电机组	
14	DNW	挪威船级社	
15	SC	超临界	
16	USC	超超临界	
17	GPS	广域测量系统	卫星测量系统
18	DCS	分散控制系统	集散控制系统
19	DAS	数据采集系统	
20	CCS	协调控制系统	
21	SCS	顺序控制系统	
22	MCS	模拟量控制系统	
23	FCS	现场总线控制系统	
24	NCS	电网计算机监控系统	
25	ADS	电网自动调度系统	
26	AVC	电网自动电压控制	
27	AGC	电网发电量自动控制	
28	RTU	远动终端装置	
29	FIDIC	国际咨询工程师联合会	
30	ILO	国际劳工组织	

序号	项目代号	项 目 名 称	备 注
31	IPMP	国际项目管理专业资质认证	
二、常 用 国 内 标 准			
1	GB	中华人民共和国标准	
2	GBJ	工程建设国家标准	
3	GBZ	国家职业安全卫生标准	
4	GJB	国家军用标准	
5	DL/DLJ	电力/电力行业标准	NB：能源局标准；NB/T：能源局推荐标准
6	SL/SLJ	水利/水利行业标准	
7	SD/SDJ	水利电力/水利电力行业标准	
8	JG/JGJ	建筑/工程建筑行业标准	
9	CECS	工程建设标准化协会标准	
10	CJ/CJJ	城镇建设行业标准	
11	YB/YBJ	黑色冶金/黑色冶金标准	
12	YS/YSJ	有色冶金/有色冶金标准	
13	HG/HGJ	化工/化工行业标准	
14	SY/SYJ	石油/石油天然气标准	
15	SH/SHJ	石化/石化行业标准	
16	TB/TBJ	铁路/铁路运输标准	
17	JT/JTJ	交通/交通行业标准	
18	MT/MTJ	煤炭/煤炭行业标准	
19	JB/JBJ	机械/机械行业标准	
20	DB/DBJ	地震局/地震行业标准	
21	JC/JCJ	建材/建材行业标准	
22	CB/CBM	船舶/船舶行业标准	
23	QC	汽车行业标准	
24	QJ	航天行业标准	
25	AQ	安全行业标准	HSE：健康安全环境
26	HJ	环境保护行业标准	
27	SJ	电子行业标准	
28	WB	物资管理行业标准	
29	LY	林业行业标准	
30	EJ	核工业行业标准	
31	WM	外经贸行业标准	
32	DA	档案行业标准	
33	CH	测绘行业标准	
34	QX	气象行业标准	

序号	项目代号	项目名称	备注
35	JJF	国家计量检定规范	
36	JJE	国家计量检定规程	
37	HB	航空工业行业标准	
38	CNS	中国台湾标准	
三、常用国外标准			
1	ISO	国际标准化组织	
2	IEC	国际电工委员会标准	
3	ITU	国际电讯联盟	
4	BIPM	国际计量局	
5	CIE	国际照明委员会	
6	IAEA	国际原子能机构	
7	IATA	国际航空运输协会	
8	ICRU	国际辐射单位及测试委员会	
9	ICRP	国际辐射防护委员会	
10	IIR	国际制冷协会	
11	OIML	国际法制计量组织	SI：国际单位制
12	UIC	国际铁路联盟	
13	WCO	国际海关组织	
14	ICAO	国际民航组织	
15	IEEE	国际电气电子工程师学会标准	
16	ANSI	美国国家标准	代号＋字母类号＋序号＋批准年份
17	ASTM	美国材料与试验协会标准	
18	ASME	美国机械工程师学会标准	
19	AISI	美国钢铁学会标准	
20	AISC	美国钢结构学会标准	
21	AWS	美国焊接学会标准	
22	ASNT	美国无损探伤学会标准	
23	SA	美国锅炉压力容器标准	
24	NRC	美国核管会法规 RG：法规导则	ASME 属下有核电标准
25	API	美国石油学会标准	
26	IEEE	美国电气与电子工程师协会	
27	NEMA	美国全国电气制造商协会标准	
28	EIA	美国电子工业协会	
29	NSPS	美国新电厂性能环保标准	
30	NFPA	美国防护保护协会标准	
31	TIN	美国通信工业协会标准	

续表

序号	项目代号	项 目 名 称	备 注
32	PFI	美国管子制造商协会标准	
33	SAE	美国动力机械工程师协会	
34	NASA	美国国家航天航空局	
35	NAS	美国宇航标准	
36	AIA	美国航天协会	
37	AIAA	美国航天航空协会	
38	ACI	美国混凝土学会	
39	ABMA	美国轴承制造商协会	
40	AGMA	美国齿轮制造商协会	
41	ARI	美国空调与制冷协会	
42	SSPC	美国防腐涂料协会	钢结构油漆委员会标准
43	ASME	美国核电标准	
44	NFPA	美国防火保护协会标准	
45	NSPS	美国新电厂性能（环保）标准	
46	HEI	美国热交换学会标准	
47	SAE	美国汽车工程师协会标准	
48	SSPC	美国钢结构油漆委员会标准	
49	SAEA	美国试验汽车飞机污染标准	三协会液压油污染标准
50	ASQC	美国管理协会	
51	MIL	美国军用标准	
52	EN	欧盟标准	
53	EC	欧盟法规	
54	ETS	欧洲电信联盟	
55	BSI	英国国家标准	英国协会标准
56	BS	英国皇家标准	英国标准：代号＋序号＋制定年份
57	CIOB	英国皇家特许权建造师协会	
58	NF	法国国家标准	代号＋字母类号＋小类号＋序号＋年份
59	AFNOR	法国标准化协会	
60	NF. M	法国核电标准	
61	DIN	德国国家标准	
62	JIS	日本国家标准	工业标准调查会的标准
63	KS	韩国标准	代号＋序号＋批准年份
64	ГОСТ	苏联国家标准	白俄罗斯、乌、哈、塔、吉、土仍沿用
65	GOST	俄罗斯标准	
66	CSA	加拿大标准	代号＋编制机构代号＋原序号＋制定年份
67	AS	澳大利亚标准	

序号	项目代号	项目名称	备注
68	NZS	新西兰标准	代号＋序号
69	UNI	意大利标准	代号＋四位或五位数字
70	DS	丹麦标准	代号＋序号
71	NEN	荷兰标准	代号＋序号＋批准年份或修改年份
72	ONORM	奥地利标准	代号＋序号＋批准年份
73	SIS	瑞典标准	代号＋序号＋制定年份
74	SNV	瑞士标准协会标准	代号＋六位数字
75	PN	波兰标准	代号＋字母类号＋四位数字
76	STAS	罗马尼亚国家标准	代号＋序号＋制定年份
77	BIS	印度标准	代号＋序号＋制定年份
78	PS	巴基斯坦	代号＋制定年份＋字母类号＋数字组号
79	TCVH	越南国家标准	代号＋序号＋制定年份
80	EOV	等效采用国际标准	IDC
四、锅炉及燃烧系统			
1	BRL	锅炉额定负荷	
2	B-MCR	锅炉连续最大蒸发量	
3	BECR	锅炉经济连续蒸发量	
4	MFT	总燃料跳闸系统	燃料控制系统
5	0FT	油燃料跳闸	
6	OFA	燃烧器燃尽风	
7	FSSS	燃烧器控制和炉膛监控系统	BCS 和燃烧器控制
8	FSS	炉膛安全系统	
9	MST	手动停炉保护系统	
10	BCS	燃烧器控制系统	CWM：水煤浆（液体煤炭，可喷射燃烧）
11	BMS	燃烧器管理系统	PM：主燃烧器
12	BFC	锅炉燃料控制	
13	RB	快速减负荷	RD：迫降
14	MTF	汽包水位	
15	ABC	锅炉自动控制	
16	ACC	燃烧自动控制	
17	OFT	油燃料跳闸	
18	PSC	锅炉吹灰系统程控	
19	BF	锅炉跟踪	炉跟机协调运行
20	PFBC	增压硫化床	
21	CFB	大型硫化床	
22	CFBC	循环流化床	

序号	项目代号	项 目 名 称	备 注
23	CRV	再热主汽门调节联合阀	
24	PCV	过热器出口电磁泄放阀	ERV 电磁泄压阀；EBV 气动泄压阀阀
25	CV	调节阀	
26	FDC	炉膛压力控制	FGC 低温省煤器
27	WR	宽负荷调节比	EPS 低低温静电除尘器
28	HGI	哈氏可磨指数	WESP 湿式静电除尘器
29	DT	灰熔性变形温度	
30	FT	灰流动温度	
31	AP	动叶可调轴流风机	
32	CHS	输煤控制系统	
33	GB/GC	压力管道级别	GB：分两级、GC：分四级
34	D1/D2	压力容器级别 D1/A1 第一类高压	D2/A2 第二类（中、低压）
35	SCR	选择性催化还原法脱销装置	
36	SNCR	选择性非催化还原装置	
37	IGCC	整体煤气化联合循环	燃机汽机联合发电机组

五、汽 轮 机 及 系 统

序号	项目代号	项 目 名 称	备 注
1	TRL	汽轮机铭牌出力	额定电负荷汽耗
2	T‑MCR	汽轮机最大连续出力工况	
3	VWO	汽轮机调速门全开工况	
4	THA	机组热效率试验工况	低汽耗
5	TSI	汽轮机（本体安全）监控仪表	
6	ETS	汽轮机紧急停机系统	
7	TAS	汽轮机自动控制系统	
8	TCS	汽轮机控制系统	
9	OPC	汽轮机转速控制系统	
10	AST	汽轮机危机遮断系统	
11	EH	汽轮发电机液压控制系统	
12	DEH	数字式电液（调速）控制系统	
13	AEH	模拟式电液调节系统	
14	TBP	汽轮机旁路系统	
15	BPS	汽轮机旁路控制系统	
16	TDM	汽轮机故障诊断分析系统	
17	PHO	高加切除工况	
18	ATC	汽轮机自启停控制系统	
19	METS	给水泵汽轮机紧急停机系统	
20	MTSI	给水泵汽轮机监控系统	

序号	项目代号	项 目 名 称	备 注
21	MEH	给水泵汽轮机电液控制系统	
22	FCB	快速甩负荷	锅炉满负荷又非停机工况
23	PPC	汽轮机防进水控制	
24	MSV	汽轮机主汽门	
25	TPC	主蒸汽压力控制系统	
26	TPL	主蒸汽压力限制系统	
27	TV	高压主汽门	HEV 高压通风阀
28	VVV	进汽回路通风阀	（在 600～3050r/min 关闭）
29	RV	中压主汽门	即再热主汽阀
30	GV	高压调速汽门	
31	IV	中压调速汽门	即再热调节阀
32	LV	低压调速汽门	DDV 驱动式伺服阀
33	WV	进汽回路通风阀	
34	HEV	高排通风阀	发电机并网后，延迟 1min 关
35	NRV	高排止回阀	OPC 油压建立，靠高排气流顶开
36	HBP	高压旁路阀	HP：高压、IP：中压、LP：低压
37	LBP	低压旁路阀	
38	IMP	调节级压力	
39	AST	手动打闸系统	
40	LVDT	阀芯零位环线定位	
41	PID	参数设定调节	压力、温度、流量、液位等
42	ACC	变频调速装置	
43	BODE	波德图	幅频响应与相频响应图线
44	PNT	机组甩负荷记录曲线图	即压力转数时间曲线图
六、发 电 机 及 电 气 部 分			
1	ASS	（发电机）自动同期系统	
2	AGC	自动发电量控制	大电网受控机组
3	ADS	自动调度系统	电网控制
4	ARP	辅助继电器盘	
5	AVC	电网自动电压控制	
6	AVR	电压自动调节装置	励磁系统
7	AAVR	励磁调节器	
8	AC	交流电	
9	AIS	敞开式高压开关（500kV 系统）	
10	AMR	自动抄表	
11	ATS	厂用电源快切换装置	

序号	项目代号	项 目 名 称	备 注
12	CECS	公用电气系统	
13	CT	电流互感器	
14	CVT	电流电容互感器	
15	DAVC	数字式自动电压控制器	
16	DAVR	自动励磁调节器	
17	DSP	电气软件控制系统	远程监控，含单机片、各类软件
18	DA	配电自动化	
19	DMS	配电管理系统	
20	ECS	电气自动控制系统（总线制）	也称 EFCS 电气自动系统（快速甩负荷）
21	ECMS	厂用电监控管理系统	EMS 电网能量管理系统、扭应力分析系统
22	FCB	发电机组独立运行装置	快速减负荷；具备孤岛运行能力
23	FATT	脆性形貌转变温度	发电机绝缘漆
24	GCB	发电机断路器	
25	GCM	发电机绝缘过热监控装置	
26	GIS	组合电器设备（高压开关）	气体绝缘金属全封闭
27	GPS	时钟同步系统	电气自动装置
28	HGIS	母线紧凑高压开关比 AIS、GIS 优越	金属密闭气压的高压设备和高压装置
29	MCC	电动机控制中心	低压电机部分
30	NCS	电网微机监控系统（远动五防闭锁）	MK 灭磁开关
31	PC	动力中心	
32	0PGW	光纤复合架空线	
33	PT	电压互感器	
34	PVT	电压电容互感器	
35	PE	接地	
36	PEN	接零	
37	PMU	功角测量系统	
38	PSS	电力系统稳定器系统	
39	RTD	定子绕组电阻式温度探测仪	
40	RTU	远动终端	
41	SA	变电站自动化	
42	SEDC	发电机附加励磁阻尼控制	
43	TSA	扭应力分析系统	
44	TA	接线端子	按承受电流容量分型
45	UPS	不间断供电系统	
46	CWG	中国线规	AWG 美国线规、SWG 英国线规
47	LJ	裸铝绞线	L：铝、J：绞制

序号	项目代号	项目名称	备注
48	LGJ	钢芯铝绞线	G：钢
49	LGJJ	加强型钢芯铝绞线	J：加强型
50	LGJQ	轻型钢芯铝绞线	Q：轻型
51	LGJF	防腐型钢芯铝绞线	F：防腐形
52	LGJJF	防腐加强型钢芯铝绞线	
53	LGJQF	防腐轻型钢芯铝绞线	

七、热工仪表及控制部分

(一)常规热工仪表及控制代号

1	DCS	集散控制系统	TDCS、总集散控制系统
2	DAS	数据采集系统	
3	CCS	协调控制系统	
4	SCS	顺序控制系统	
5	MCS	模拟量控制系统	
6	FCS	现场总线控制系统	FB：现场总线
7	NCS	网络监控系统	
8	MFT	总燃料跳闸	燃烧控制系统
9	FSSS	燃烧器控制系统	炉膛安全监控系统
10	ABC	锅炉自动控制	
11	RB	快速减负荷	事故状态减负荷而不停炉；RD：迫降
12	ETS	紧急停机系统	汽轮机
13	METS	给水泵汽轮机紧急跳闸系统	给水泵汽轮机或引风机汽轮机
14	TSI	汽轮机监控系统	汽机本体
15	MTSI	给水泵汽轮机监控系统	给水泵汽轮机或引风机汽轮机
16	TAS	汽轮机自动控制系统	
17	DEH	数字式电液控制系统	汽轮发电机调速系统
18	EH	液压控制系统	汽轮发电机液压调速
19	MEH	给水泵汽轮机数字电液控制系统	给水泵汽轮机或引风机汽轮机
20	OPC	超速电保护控制	汽机转速电控制系统
21	MST	手动停炉保护系统	
22	ACS	自动控制系统	BA：大楼自动化系统（智能建筑）
23	AGC	自动发电控制	OA：办公自动化系统（智能建筑）
24	APS	机组自动启停系统	CA：通信自动化系统（智能建筑）
25	ADS	自动调度系统	SA：安全自动化系统（智能建筑）
26	ACP	辅助控制盘	
27	ATC	汽轮机自启动负荷自动控制系统	ACT：执行机构
28	BACE	CCS运行基本方式	CCS运行方式之一

续表

序号	项目代号	项 目 名 称	备 注
29	TF	机跟炉	CCS 运行方式之二
30	BF	炉跟机	CCS 运行方式之三
31	COS	机炉协调	CCS 运行方式之四
32	CRMS	控制室管理系统	
33	SCC	监督控制系统	
34	WMS	工作管理系统	
35	TDM	瞬态数据管理系统	汽轮机
36	SCADA	数据采集与监控系统	
37	DMS	需求侧管理	DPU 分散处理单元
38	HCS	分级控制系统	
39	EWS	工程师站	负荷调节 IMP：内环调节级压力回路
40	RDA	远程数据采集站	负荷调节 MW：中环功率调节回路
41	OS	操作员站	负荷调节 WS：外环转速一次调频回路
42	OIS	操作员接口站	
43	OA	操作员自动控制	
44	HDS	历史数据站	
45	PRS	打印站	
46	DDC	直接数字控制	
47	LCP	就地控制柜	
48	PID	比例积分微分控制	P 比例、I 积分、D 微分
49	PIO	过程输入输出（通道）	
50	AI	模拟量输入	AO 模拟量输出
51	DI	开关量输入	DO 开关量输出
52	PI	脉冲量输入	PO 脉冲量输出
53	I/O	输入/输出	O/I 输出/输入
54	A/D	模拟/数字（转换）	D/A 数字/模拟（转换）
55	A/M	自动/手动	M/A 手动/自动
56	NC/NO	常闭/常开	NO/NC 常开/常闭
57	CCR	单元（中央）控制	就地上位机
58	CPU	工业电视监视控制系统	（中央处理器）（负荷率）
59	CRT	终端	
60	DPU	分散处理单元	
61	LCD	液晶显示器	
62	I&C	仪表与控制	
63	IDP	集中数据处理	
64	INT	联锁	BC 站控制板

序号	项目代号	项 目 名 称	备 注
65	MMI	人—机接口	MCP 测速卡
66	MST	手动停炉保护系统	VCC 阀门控制板
67	PC	可编程控制器	
68	SOE	事故采集装置	
69	SOT	记忆功能	
70	ST	智能变送器	
71	TE	温度传感器	
72	VE	振动传感器	
73	CIS	用户信息系统	
74	PAS	电力应用软件	
75	MCR	额定负荷	或以 Pe 表式
76	EMS	能量管理体系	电网调度系统

(二) 特殊仪表功能及逻辑类型代码

序号	项目代号	项 目 名 称	备 注
77	TE	绝对膨胀	
78	AS	轴向位移	
79	DF	偏心率	
80	RE	相对膨胀	
81	KP	键相器	
82	AV	轴承振动	
83	BV	轴承盖振动	
84	SP	同步器行程	
85	PP	油动机行程	
86	RV	相对振动	
87	NOT	"非"门"反"门	X'
88	AND	"与"门"及"门"且"门	$X \cdot Y$
89	NAND	"与非"门"反及"门	$(X \cdot Y)'$
90	OR	"或"门	$X+Y$
91	NOR	"或非"门	$(X+Y)'$
92	XOR	"异或"门	$(X+Y) \cdot (X \cdot Y)'$
93	XNOR	"同或"门	"反互斥或"门

八、化 学 与 环 保 部 分

序号	项目代号	项 目 名 称	备 注
1	AVT	给水处理全挥发碱性工况	挥发处理
2	BOD	生化需氧量	
3	COD	化学需氧量	EMS 环境管理体系
4	CEMS	烟气连续监测系统（环保在线）	EA 环境审核
5	CWT	加氨加氧联合处理工艺	EL 环境标志

序号	项目代号	项 目 名 称	备 注
6	WTS	水处理控制系统	EPE 环境行为评审
7	OT	加氧处理	LCA 环境周期评审
8	AVT	挥发处理	
9	ACE	二甲基甲酮	C_3H_6O：丙酮
10	DMKO	二甲基酮肟	丙酮肟（炉液相防腐佳品）
11	RO	反渗透	装置
12	UF	超滤装置	
13	SCR	选择性催化还原法（脱硝）	SNCR 选择性非催化还原法
14	FGD	湿法烟气脱硫装置	氨法脱硫装置代号同
15	Ca/S	钙硫比	FGD 运行指标
16	L/G	液气比	FGD 运行指标
17	EDTA	形成稳定络合物清洗工艺	超超临界机组应用
18	HEDP	螯合清洗工艺	用于高合金、奥氏体钢
19	EB	电子束辐射法	脱硫
20	FGD	氨法脱硫装置代号	
21	FRP	玻璃钢质管路	
22	GGH	烟气加热系统	湿法脱硫
23	GFT	高性能防腐蚀涂料	
24	GDAPC	杂化聚合结构层技术	烟囱防腐（AHPCD）
25	JNS	耐硫酸露点腐蚀钢	
26	S－TEN1	耐酸钢板	S-TEN2
27	GFT－1	高性能防腐蚀涂料	
28	MC	烟囱防腐涂料	RMS 气流分布相对均方根值法
29	FRP	玻璃钢鳞片树脂粘接剂	
30	CRT	阴极射线管	
31	CCl_2F_2	氟利昂	二氯二氟甲烷
32	CFC	氯氟化合物	
33	CFCs	氯氟烃	2010 年已停止使用
34	HCFC	氢氯氟碳化物（2016 年限用）	2040 年全球停用
35	YD	硬度	
36	ZD	浊度	
37	DD	导电率	
38	QG	全固体	
39	PPCP	脉冲电晕法	
40	LIMB	炉内喷钙多段燃烧脱硫	LIMB：燃烧中降低氧化物的脱硫技术
41	HAPS	对人体直接危害的空气污染物	LIFAC：炉内喷射石灰石燃烧中脱硫

序号	项目代号	项 目 名 称	备 注
42	OT	加氧处理	
43	ACE	丙酮肟（C_3H_6O）	ACE 又名二甲基甲酮
44	MSDS	化学品安全技术说明书	
九、焊 接 金 属 监 督 部 分			
1	ABCDEF	焊接工程类别	计六类 19 项
2	Ⅰ Ⅱ Ⅲ	焊接接头类别	计分三类
3	AW	电弧焊	
4	TIG	钨极氩弧焊	
5	GTAW	手工钨极全氩弧焊接	实芯或药芯焊丝
6	SMAW	手工电弧焊盖面	
7	Ws	全氩弧焊接	
8	Ws＋Ds	氩弧打底＋电弧盖面	金属温度的临界点
9	SAW	自动埋弧焊接	A_{C1}加热时珠光体向奥氏体转变开始温度
10	FCAW	药芯焊丝 CO_2 保护焊	A_{C3}加热共析铁素体全部转变奥氏体终结温度
11	GMAW	CO_2 半自动焊	A_{r1}冷却时奥氏体向珠光体转变的开始温度
12	FCW－G	气体保护药芯焊丝电弧焊	Ms 淬火时马氏体的转变起始温度
13	MIG	溶化极半自动惰性气保护焊接	A_2 770℃在 $Fe-Fe_3C$ 图上铁素体磁性转变温度
14	OFW	气焊	
15	LBW	激光焊	热处理加热方法符号：DR 电加热、GR 感应加热、
16	FW	闪光焊	HR 火焰加热、LR 炉内加热
17	FRW	摩擦焊	热处理类别：PWHT 焊后热处理、POH 后热、
18	EXW	爆炸焊	PRH 预热
19	ESW	电渣焊	
20	ABCDEF	焊接工程类别	六类 19 项
21	A－Ⅰ	A类Ⅰ级钢 碳素钢	屈服强度小于 275MPa
22	A－Ⅱ	A类Ⅱ级钢 普通低合金钢	屈服强度为 240～379MPa
23	A－Ⅲ	A类Ⅲ级钢 高强低合金钢	屈服强度为 400～440MPa
24	B－Ⅰ	B类Ⅰ级钢 珠光体耐热刚	屈服强度为 205～375MPa
25	B－Ⅱ	B类Ⅱ级钢 贝氏体耐热钢	屈服强度为 205～440MPa
26	B－Ⅲ	A类Ⅲ级钢 马氏体耐热钢	屈服强度为 205～490MPa
27	C－Ⅰ	C类Ⅰ级钢 马氏体不锈耐热钢	$Re\geqslant343MPa$、Rm 为 538MPa
28	C－Ⅱ	C类Ⅱ级钢 铁素体不锈耐热钢	$Re\geqslant177MPa$、Rm 为 412MPa
29	C－Ⅲ	C类Ⅲ级钢 奥氏体不锈耐热钢	$Re\geqslant206MPa$、Rm 为 520MPa
30	FATT	钢材脆性转变温度	
31	Ac_1	焊接材料熔敷金属的转变点	下临界温度
32	A	延伸率（相当于 δ_5）	金属及高强螺栓断面性能

序号	项目代号	项 目 名 称	备 注
33	Z	收缩率	高强螺栓性能
34	A_{kv}	冲击韧性	高强螺栓 A_{kv2}（V形缺口试样）冲击值
35	R_e	屈服强度（相当于 σ_s）	高强螺栓 $R_{po.2}$
36	R_m	抗拉强度（相当于 σ_b）	
37	BT	弯曲试验	
38	HB	布氏硬度	HBS钢质球试验的布氏硬度
39	HR	洛氏硬度	HRA、HRB — HRL、HEM
40	VB	维氏硬度	
41	LB	里氏硬度	
42	HL	韦氏硬度	
43	f_{yk}	钢筋强度标准值	f_{pyk}
44	f_y	钢筋抗拉强度设计值	f_{py}
45	f_y'	钢筋抗压强度设计值	f_{py}'
46	RT	射线探伤检验	无损检测
47	UT	超声探伤检验	无损检测
48	PT	渗透探伤检验	无损检测
49	MT	磁粉探伤检验	无损检测 MLFT
50	ET	涡流探伤检验	无损检测
51	VT	外观检查	
52	AET	声发射检测检验	
53	LT	泄漏检测	

十、土 建 工 程 部 分

（一）土 建 工 程 通 用 部 分

序号	项目代号	项 目 名 称	备 注
1	P.I	一类硅酸盐水泥	不掺合混合料
2	P.II	二类硅酸盐水泥	掺合≤5％石灰石、矿渣料
3	P.O	普通硅酸盐水泥	
4	P.S	矿渣水泥	
5	P.F	粉煤灰水泥	
6	P.C	复合硅酸盐水泥	掺石膏
7	R.FAC	快硬铁铝酸盐水泥	
8	R.SAC	快硬硫铝酸盐水泥	
9	S.SAC	自应力硫铝酸盐水泥	
10	HSGM	大型机械灌浆料（如汽轮机）	分 A/B/C/D 四种类型
11	LHEC	低热微膨胀水泥	
12	CGM	高强无收缩灌浆（如锅炉柱）	普通型、加固型、超流型
13	H	无收缩灌浆料	系列

序号	项目代号	项 目 名 称	备 注
14	SPT	标准贯入度试验	
15	SWT	表面波试验	
16	DPT	动力触探试验	
17	CPT	静力触探试验	
18	ρ_d	干密度（g/cm³）	$\rho_{d\,max}$ 最大干密度
19	δ_s	湿陷系数	$\delta<0.015$ 为非湿陷性土
20	ω_{opt}	最优含水率	％
21	λ_e	夯实压实系数	最高为 1
22	K_{2S}	砂砾岩夹砂岩	白垩系上白垩统形成
23	Q_S	第四系人工堆积层	
24	$Q_4{}^{ml}$	第四系中更新统坡积层	耕植土
25	$Q_P{}^{4al+el}$	第四系更新统冲洪积层	粉土中砂黏土（$Q_4{}^{al+el}$）
26	$Q_P{}^{al+el}$	第四系更新统残积层	黏性土砂层（Q_{el}）
27	K_{2S}	白垩系上白垩统形成	砂砾岩夹砂岩
28	S_1	志留下统形成	碎石、页岩风化层
29	f_{ak}	岩土承载力特征值	（kPa）
30	E_S	岩土压缩模量值（MPa）	
31	RQD	岩石质量指标（％）	
32	SBS	长纤聚酯胎改性沥青防水卷材	
33	APP	改性沥青防水卷材	

（二）建筑工程常用构件部分

序号	项目代号	项目名称	序号	项目代号	项目名称
34	B	板	50	DGL	轨道连接
35	WB	屋面板	51	CD	车挡
36	KB	空心板	52	QL	圈梁
37	CB	槽型板	53	GL	过梁
38	ZB	折板	54	LL	联系梁
39	MB	密肋板	55	JL	基础梁
40	TB	楼梯板	56	TL	楼梯梁
41	GB	盖板或沟盖板	57	KL	框架梁
42	YB	挡雨板或檐口板	58	KZL	框支梁
43	DB	吊车安全过道板	59	WKL	屋面框架梁
44	QB	墙板	60	LT	檩条
45	TGB	天沟板	61	WJ	屋架
46	L	梁	62	TL	托梁
47	WL	屋面梁	63	CJ	天窗架
48	DL	吊车梁	64	KJ	框架
49	DDL	单轨吊车量	65	ZJ	支架

续表

序号	项目代号	项 目 名 称	备 注		
66	Z	柱	77	T	梯
67	KZ	框架柱	78	YP	雨篷
68	GZ	构造柱	79	YT	阳台
69	CT	承台	80	LD	梁垫
70	SJ	设备基础	81	M	预埋件
71	ZH	桩	82	TD	天窗端壁
72	DQ	挡土墙	83	W	钢筋网
73	DG	地沟	84	G	钢筋骨架
74	ZC	柱间支撑	85	J	基础
75	CC	垂直支撑	86	AZ	暗柱
76	SC	水平支撑	87	Y	（前冠 Y）为预应力

十一、常见塑料树脂代号

序号	代号	名称	序号	代号	名称
1	ABS	丙烯腈-丁二烯-苯乙烯共聚物	25	PVC	聚氯乙烯
2	A/S	丙烯腈-苯乙烯共聚物	26	PVCA	聚氯乙烯-乙酸乙烯酯
3	A/S/A	丙烯腈-苯乙烯-丙烯酸酯共聚物	27	PVCC	氯化聚氯乙烯
4	CF	甲酚-甲醛树脂	28	PVDC	聚偏二氯乙烯
5	POM	聚甲醛	29	PVDF	聚偏二氟乙烯
6	PP	聚丙烯	30	PVF	聚氟乙烯
7	PPC	氯化聚丙烯	31	PVFM	聚乙烯醇缩甲醛
8	PPO	聚苯醚	32	PVP	聚乙烯基吡咯烷酮
9	PPOX	聚氧化丙烯	33	RF	间苯二酚-甲醛树脂
10	PPS	聚苯硫醚	34	RP	增强塑料
11	PS	聚苯乙烯	35	UF	脲甲醛树脂
12	PTFE	聚四氟乙烯	36	UP	不饱和树脂
13	PUR	聚氨酯	37	VC/E	氯乙烯-乙烯共聚物
14	PVAC	聚乙酸乙烯酯	38	VC/MA	氯乙烯-丙烯酸甲酯物
15	PA	聚酰胺（尼龙）	39	VC/VDC	氯乙烯-偏二氯乙烯共聚物
16	PAA	聚丙烯酸	40	CN	硝酸纤维素
17	PB	聚丁烯-1	41	CP	丙酸纤维素
18	PC	聚碳酸酯	42	CS	酪素（塑料）
19	PCTFE	聚三氟氯乙烯	43	EP	环氧树脂
20	PE	聚乙烯	44	GPS	通用聚苯乙烯
21	PEC	氯化聚乙烯	45	GRP	玻璃纤维增强塑料
22	PF	酚醛树脂	46	HIPS	高冲击强度聚苯乙烯
23	PIB	聚异丁烯	47	E/P/D	乙烯-丙烯-二烯三元共聚物
24	PVB	聚乙烯醇缩丁醛	48	FEP	全氟乙烯丙烯共聚物

续表

序号	项目代号	项　目　名　称	备　注
十二、钢丝绳状态形式及选用			
（一）钢丝绳表面状态			
1	NAT	光面钢丝	
2	ZAA	A 级镀锌钢丝	钢丝镀锌层分：B、AB、A 三级
3	ZAB	AB 级镀锌钢丝	
4	ZBB	B 级镀锌钢丝	
（二）钢丝绳结构形式			
5	FC	纤维芯	
6	NF	天然纤维芯（天然或合成）	
7	SF	合成纤维芯	
8	IWR	金属丝绳芯	
9	IWS	金属丝股芯	
10	V	三角钢丝	
11	R	扁形钢丝	
12	Q	椭圆形钢丝	
13	W	瓦林吞式钢丝绳	
14	S	西鲁式钢丝绳	
15	Fi	填充式钢丝绳	
16	无代号	圆形钢丝绳	
（三）钢丝绳捻向			
17	Z	钢丝绳右向捻	
18	S	钢丝绳左向捻	
19	ZZ	钢丝绳右向同捻	
20	ZS	钢丝绳右交互捻	
21	SZ	钢丝绳左交互捻	
（四）钢丝绳破断力计算			
22	F_0	钢丝绳最小破断力　（kN）	$F_0 = K'D^2R_0/1000$　（kN）
23	D	钢丝绳公称直径　（mm）	
24	R_0	钢丝绳公称抗拉强度　（MPa）	
25	K'	钢丝绳的最小破断拉力系数	
（五）钢丝绳安全系数 N 选用			
26	N 缆	缆风钢丝绳	$N = 3.5$
27	N 手	手动起重设备钢丝绳	$N = 4.5$
28	N 机	机动起重设备钢丝绳	$N = 5 \sim 6$
29	N 吊	吊索用钢丝绳	$N = 6 \sim 7$

续表

序号	项目代号	项 目 名 称	备 注
30	N 绑	捆绑吊索钢丝绳	$N=8\sim10$
31	N 载	载人升降机钢丝绳	$N=14$
（六）钢 丝 绳 重 量 m 计 算			
32	m	钢丝绳重量　（kg/100m）	$M=KD^2$　（K 为钢丝绳重量系数）